中国石油地质志

第二版·卷十一

苏浙皖闽探区

苏浙皖闽探区编纂委员会　编

石油工业出版社

图书在版编目（CIP）数据

中国石油地质志 . 卷十一，苏浙皖闽探区 / 苏浙
皖闽探区编纂委员会编 . —北京：石油工业出版社，
2022.11

ISBN 978-7-5183-5182-4

Ⅰ . ① 中… Ⅱ . ① 苏… Ⅲ . ① 石油天然气地质 – 概况
– 中国 ② 油气田开发 – 概况 – 华东地区 Ⅳ . ① P618.13
② TE3

中国版本图书馆 CIP 数据核字（2021）第 275101 号

责任编辑：刘俊妍　孙　娟　马新福
责任校对：罗彩霞
封面设计：周　彦

审图号：GS 京（2022）0046 号

出版发行：石油工业出版社
　　　　　（北京安定门外安华里 2 区 1 号　100011）
　　　　　网　　址：www. petropub. com
　　　　　编辑部：（010）64523707　图书营销中心：（010）64523633
经　　销：全国新华书店
印　　刷：北京中石油彩色印刷有限责任公司

2022 年 11 月第 1 版　2022 年 11 月第 1 次印刷
787 × 1092 毫米　开本：1/16　印张：44
字数：1120 千字

定价：375.00 元

ISBN 978-7-5183-5182-4

《中国石油地质志》

（第二版）

总编纂委员会

主　编：翟光明

副主编：侯启军　马永生　谢玉洪　焦方正　王香增

委　员：（按姓氏笔画排序）

万永平	万　欢	马新华	王玉华	王世洪	王国力
元　涛	支东明	田　军	代一丁	付锁堂	匡立春
吕新华	任来义	刘宝增	米立军	汤　林	孙焕泉
杨计海	李东海	李　阳	李战明	李俊军	李绪深
李鹭光	吴聿元	何文渊	何治亮	何海清	邹才能
宋明水	张卫国	张以明	张洪安	张道伟	陈建军
范土芝	易积正	金之钧	周心怀	周荔青	周家尧
孟卫工	赵文智	赵志魁	赵贤正	胡见义	胡素云
胡森清	施和生	徐长贵	徐旭辉	徐春春	郭旭升
陶士振	陶光辉	梁世君	董月霞	雷　平	窦立荣
蔡勋育	撒利明	薛永安			

《中国石油地质志》

第二版·卷十一

苏浙皖闽探区编纂委员会

主　任：方志雄　李东海

副主任：李亚辉　唐建东　吴聿元

委　员：邱旭明　张　淮　肖秋生　朱相羽　刘炳官　刘启东

　　　　陈　刚　吴　群　余文端　严元锋　刘玉瑞　丁建荣

编写组

组　长：刘玉瑞　严元锋　刘启东　吴　群

成　员：刘东鹰　王文军　马英俊　林涨年　屠世杰　张春峰

　　　　李云翔　闫泗民　刘成杰　熊学洲　郑开富　张健伟

　　　　刘世丽　段宏亮　李鹤永　仇永峰　邓　辞　王小群

　　　　王　力　季红军　张雅君　于雯泉　陆　英　管永明

　　　　罗　义　刘义梅　王康月　薛承刚　秦鹏飞　罗　南

　　　　谌廷姗　蔡新民　高　峰　王　显　骆　瑛　马　宏

　　　　王海妹　熊欣雅　蔡楠松　何希鹏　史海英　夏在连

　　　　刘计勇　花彩霞　刘志华　柴方圆　张婉璐　许玉萍

　　　　唐成鸽　刘厚裕　葛瑞麟　臧志华　毕天卓

统稿审稿组

组　　长：李亚辉

副组长：邱旭明　张　淮　肖秋生

成　　员：刘启东　严元锋　于雯泉　段宏亮　李鹤永　余文端

　　　　　陈　军　尤启东　蒋阿明　陈习峰　熊学洲　娄国泉

序

  三十多年前，在广大石油地质工作者艰苦奋战、共同努力下，从中华人民共和国成立之前的"贫油国"，发展到可以生产超过 1 亿吨原油和几十亿立方米天然气的产油气大国，可以说是打了一个大大的"翻身仗"，获得丰硕成果，对我国油气资源有了更深的认识，广大石油职工充满无限信心、继续昂首前进。

  在 1983 年全国油气勘探工作会议上，我和一些同志建议把过去三十年的勘探经历和成果做一系统总结，既可作为前一阶段勘探的历史记载，又可作为以后勘探工作的指引或经验借鉴。1985 年我到石油勘探开发科学研究院工作后，便开始组织编写《中国石油地质志》，当时材料分散、人员不足、资金缺乏，在这种困难的条件下，石油系统的很多勘探工作者投入了极大的热情，先后有五百余名油气勘探专家学者参与编写工作，历经十余年，陆续出版齐全，共十六卷 20 册。这是首次对中华人民共和国成立后石油勘探历程、勘探成果和实践经验的全面总结，也是重要的基础性史料和科技著作，得到业界广大读者的认可和引用，在油气地质勘探开发领域发挥了巨大的作用。我在油田现场调研过程中遇到很多青年同志，了解到他们在刚走出校门进入油田现场、研究部门或管理岗位时，都会有摸不着头脑的感觉，他们说《中国石油地质志》给予了很大的启迪和帮助，经常翻阅和参考。

  又一个三十年过去了，面对国内极其复杂的地质条件，这三十年可以说是在过去的基础上，勘探工作又有了巨大的进步，相继开展的几轮油气资源评价，对中国油气资源实情有了更深刻的认识。无论是在烃源岩、油气储层、沉积岩序列、构造演化以及一系列随着时间推移的各种演化作用带来的复杂地质问题，还是在石油地质理论、勘探领域、勘探认识、勘探技术等方面都取得了许多新进展，不断发现新的油气区，探明的油气田数量逐渐增多、油气储量大幅增加，油气产量提升到一个新台阶。截至 2020 年底（与 1988 年相比），发现的油田由 332 个增至 773 个，气田由 102 个增至 286 个；30 年来累计探明石油地质储量增加 284 亿吨、天然气地质储量增加 17.73 万亿立方米；原油年产量由 1.37 亿吨增至 1.95 亿吨，天然气年产量由 139 亿立方米增至 1888 亿立方米。

油气勘探发现的过程既有成功时的喜悦，更有勘探失利带来的煎熬，其间积累的经验和教训是宝贵的、值得借鉴的。《中国石油地质志》不仅仅是一套学术著作，它既有对中国各大区地质史、构造史、油气发生史等方面的详尽阐述，又有对油气田发现历程的客观分析和判断；它既是各探区勘探理论、勘探经验、勘探技术的又一次系统回顾和总结，又是各探区下一步勘探领域和方向的指引。因此，本次修编的《中国石油地质志》对今后的油气勘探工作具有新的启迪和指导。

在编写首版《中国石油地质志》过程中，经过对各盆地、各地区勘探现状、潜力和领域的系统梳理，催生了"科学探索井"的想法，并在原石油工业部有关领导的支持下实施，取得了一批勘探新突破和成果。本次修编，其指导思想就是通过总结中国油气勘探的"第二个三十年"，全面梳理现阶段中国各油气区的现状和前景，旨在提出一批新的勘探领域和突破方向。所以，在2016年初本版编委会尚未完全成立之时，我就在中国工程院能源与矿业工程学部申请设立了"中国大型油气田勘探的有利领域和方向"咨询研究项目，全国有32个地区石油公司参与了研究实施，该项目引领各油气区在编写《中国石油地质志》过程中突出未来勘探潜力分析，指引了勘探方向，因此，在本次修编章节安排上，专门增加了"资源潜力与勘探方向"一章内容的编写。

本次修编本着实事求是的原则，在继承原版经典的基础上，基本框架延续原版章节脉络，体现学术性、承续性、创新性和指导性，着重充实近三十年来的勘探发展成果。《中国石油地质志》修编版分卷设置，较前一版进行了拆分和扩充，共25卷32册。补充了冀东油气区、华北油气区（下册·二连盆地）两个新卷，将原卷二"大庆、吉林油田"拆分为大庆油气区和吉林油气区两卷；将原卷七"中原、南阳油田"拆分为中原油气区和南阳油气区两卷；将原卷十四"青藏油气区"拆分为柴达木油气区和西藏探区两卷；将原卷十五"新疆油气区"拆分为塔里木油气区、准噶尔油气区和吐哈油气区三卷；将原卷十六"沿海大陆架及毗邻海域油气区"拆分为渤海油气区、东海—黄海探区、南海油气区三卷。另外，由于中国台湾地区资料有限，故本次修编不单独设卷，望以后修编再行补充和完善。

此外，自1998年原中国石油天然气总公司改组为中国石油天然气集团公司、中国石油化工集团公司和中国海洋石油总公司后，上游勘探部署明确以矿权为界，工作范围和内容发生了很大变化，尤其是陆上塔里木、准噶尔、四川、鄂尔多斯等四大盆地以及滇黔桂探区均呈现中国石油、中国石化在各自矿权同时开展勘探研究的情形，所处地质构造区带、勘探程度、理论认识和勘探进展等难免存在差异，为尊重各探区勘探研究实际，便于总结分析，因此在上述探区又酌情设置分册加以处理。各分卷和分册按以下顺序排列：

卷次	卷名	卷次	卷名
卷一	总论	卷十四	滇黔桂探区（中国石化）
卷二	大庆油气区	卷十五	鄂尔多斯油气区（中国石油）
卷三	吉林油气区		鄂尔多斯油气区（中国石化）
卷四	辽河油气区	卷十六	延长油气区
卷五	大港油气区	卷十七	玉门油气区
卷六	冀东油气区	卷十八	柴达木油气区
卷七	华北油气区（上册）	卷十九	西藏探区
	华北油气区（下册）	卷二十	塔里木油气区（中国石油）
卷八	胜利油气区		塔里木油气区（中国石化）
卷九	中原油气区	卷二十一	准噶尔油气区（中国石油）
卷十	南阳油气区		准噶尔油气区（中国石化）
卷十一	苏浙皖闽探区	卷二十二	吐哈油气区
卷十二	江汉油气区	卷二十三	渤海油气区
卷十三	四川油气区（中国石油）	卷二十四	东海—黄海探区
	四川油气区（中国石化）	卷二十五	南海油气区（上册）
卷十四	滇黔桂探区（中国石油）		南海油气区（下册）

　　《中国石油地质志》是我国广大石油地质勘探工作者集体智慧的结晶。此次修编工作得到中国石油、中国石化、中国海油、延长石油等油公司领导的大力支持，是在相关油田公司及勘探开发研究院 1000 余名专家学者积极参与下完成的，得到一大批审稿专家的悉心指导，还得到石油工业出版社的鼎力相助。在此，谨向有关单位和专家表示衷心的感谢。

中国工程院院士　　翟光明

2022 年 1 月　北京

FOREWORD

Some 30 years ago, under the unremitting joint efforts of numerous petroleum geologists, China became a major oil and gas producing country with crude oil and gas producing capacity of over 100 million tons and billions of cubic meters respectively from an 'oil-poor country' before the founding of the People's Republic of China. It's indeed a big 'turnaround' which yielded substantial results, allowed us to have a better understanding of oil and gas resources in China, and gave great confidence and impetus to numerous petroleum workers.

At the National Oil and Gas Exploration Work Conference held in 1983, some of my comrades and I proposed to systematically summarize exploration experiences and results of the last three decades, which could serve as both historical records of previous explorations and guidance or references for future explorations. I organized the compilation of *Petroleum Geology of China* right after joining the Research Institute of Petroleum Exploration and Development (RIPED) in 1985. Though faced with the difficulties including scattered information, personnel shortage and insufficient funds, a great number of explorers in the petroleum industry showed overwhelming enthusiasm. Over five hundred experts and scholars in oil and gas exploration engaged in the compilation successively, and 16-volume set of 20 books were published in succession after over 10 years of efforts. It's not only the first comprehensive summary of the oil exploration journey, achievements and practical experiences after the founding of the People's Republic of China, but also a fundamental historical material and scientific work of great importance. Recognized and referred to by numerous readers in the industry, it has played an enormous role in geological exploration and development of oil and gas. I met many young men in the course of oilfield investigations, and learned their feeling of being lost during transition from school to oilfields, research departments or management positions. They all said they were greatly inspired and benefited from *Petroleum Geology of China* by often referring to it.

Another three decades have passed, and it can be said that though faced with extremely complicated geological conditions, we have made tremendous progress in exploration over the years based on previous works and acquisition of more profound knowledge on China's oil and gas resources after several rounds of successive evaluations. New achievements have been made in not only source rock, oil and gas reservoir, sedimentary development, tectonic evolution and a series of complicated geological issues caused by different evolutions over time, but also petroleum geology theories, exploration areas, exploration knowledge, exploration techniques and other aspects. New oil and gas provinces were found one after another, and with gradual increase in the number of proven oil and gas fields, oil and gas reserves grew significantly, and production was brought to a new level. By the end of 2020 (compared with 1988), the number of oilfields and gas fields had increased from 332 and 102 to 773 and 286 respectively, cumulative proved oil in place and gas in place had grown by 28.4 billion tons and 17.73 trillion cubic meters over the 30 years, and the annual output of crude oil and gas had increased from 137 million tons and 13. 9 billion cubic meters to 195 million tons and 188.8 billion cubic meters respectively.

Oil and gas exploration process comes with both the joy of successful discoveries and the pain of failures, and experiences and lessons accumulated are both precious and worth learning. *Petroleum Geology of China*'s more than a set of academic works. It not only contains geologic history, tectonic history and oil and gas formation history of different major regions in China, but also covers objective analyses and judgments on discovery process of oil and gas fields, which serves as another systematic review and summary of exploration theories, experiences and techniques as well as guidance on future exploration areas and directions of different exploratory areas. Therefore, this revised edition of *Petroleum Geology of China* plays a new role of inspiring and guiding future oil and gas exploration works.

Systematic sorting of exploration statuses, potentials and domains of different basins and regions conducted during compilation of the first edition of *Petroleum Geology of China* gave rise to the idea of 'Scientific Exploration Well', which was implemented with supports from related leaders of the former Ministry of Petroleum Industry, and led to a batch of breakthroughs and results in exploration works. The guiding idea of this revision is to propose a batch of new exploration areas and breakthrough directions by summarizing 'the second 30 years' of China's oil and gas exploration works and comprehensively sorting out current statuses and prospects of different exploratory areas in China at the current stage. Therefore, before the editorial team was fully formed at the beginning of 2016, I applied to the Division of Energy and Mining Engineering, Chinese Academy of Engineering for the establishment of a consulting research project on 'Favorable Exploration Areas and Directions of Major Oil and Gas Fields in China'. A total of 32 regional oil companies throughout the country participated in the research project, which guided different exploratory areas in giving prominence to analysis on future exploration potentials in the course of compilation of *Petroleum Geology of China*, and pointed out exploration directions. Hence a new dedicated chapter of 'Exploration Potentials and Directions of Oil and Gas Resources' has been added in terms of chapter arrangement of this revised edition.

Based on the principles of seeking truth from facts and inheriting essence of original works, the basic framework of this revised edition has inherited the chapters and context of the original edition, reflected its academics, continuity, innovativeness and guiding function, and focused on supplementation of exploration and development related achievements made in the recent 30 years. This revised edition of *Petroleum Geology of China*, which consists of sub-volumes, has divided and supplemented the previous edition into 25-volume set of 32 books. Two new volumes of Jidong Oil and Gas Province and Huabei Oil and Gas Province (The Second Volume ·Erlian Basin) have been added, and the original Volume 2 of 'Daqing and Jilin Oilfield' has been divided into two volumes of Daqing Oil and Gas Province and Jilin Oil and Gas Province. The original Volume 7 of 'Zhongyuan and Nanyang Oilfield' has been divided into two volumes of Zhongyuan Oil and Gas Province and Nanyang Oil and Gas Province. The original Volume 14 of 'Qinghai-Tibet Oil and Gas Province' has been divided into two volumes of Qaidam Oil and Gas Province and Tibet Exploratory Area. The original volume 15 of 'Xinjiang Oil and Gas Province' has been divided into three volumes of Tarim Oil and Gas Province, Junggar Oil and Gas Province and Turpan-Hami Oil and Gas Province. The original Volume 16 of 'Oil and Gas Province of Coastal Continental Shelf and Adjacent Sea Areas' has been divided into three volumes of Bohai Oil and Gas Province, East China Sea-Yellow Sea Exploratory Area and South China Sea Oil and Gas Province.

Besides, since the former China National Petroleum Company was reorganized into CNPC, SINOPEC and CNOOC in 1998, upstream explorations and deployments have been classified based on the scope of mining rights, which led to substantial changes in working range and contents. In particular, CNPC and SINOPEC conducted explorations and researches under their own mining rights simultaneously in the four major onshore basins of Tarim, Junggar, Sichuan and Erdos as well as Yunnan-Guizhou-Guangxi Exploratory Area, so differences in structural provinces of their locations, degree of exploration, theoretical knowledge and exploration progress were inevitable. To respect the realities of explorations and researches of different exploratory areas and facilitate summarization and analysis, fascicules have been added for aforesaid exploratory areas as appropriate. The sequence of sub-volumes and fascicules is as follows:

Volume	Volume name	Volume	Volume name
Volume 1	Overview	Volume 14	Yunnan-Guizhou-Guangxi Exploratory Area (SINOPEC)
Volume 2	Daqing Oil and Gas Province	Volume 15	Erdos Oil and Gas Province (CNPC)
Volume 3	Jilin Oil and Gas Province		Erdos Oil and Gas Province (SINOPEC)
Volume 4	Liaohe Oil and Gas Province	Volume 16	Yanchang Oil and Gas Province
Volume 5	Dagang Oil and Gas Province	Volume 17	Yumen Oil and Gas Province
Volume 6	Jidong Oil and Gas Province	Volume 18	Qaidam Oil and Gas Province
Volume 7	Huabei Oil and Gas Province (The First Volume)	Volume 19	Tibet Exploratory Area
	Huabei Oil and Gas Province (The Second Volume)	Volume 20	Tarim Oil and Gas Province (CNPC)
Volume 8	Shengli Oil and Gas Province		Tarim Oil and Gas Province (SINOPEC)
Volume 9	Zhongyuan Oil and Gas Province	Volume 21	Junggar Oil and Gas Province (CNPC)
Volume 10	Nanyang Oil and Gas Province		Junggar Oil and Gas Province (SINOPEC)
Volume 11	Jiangsu-Zhejiang-Anhui-Fujian Exploratory Area	Volume 22	Turpan-Hami Oil and Gas Province
Volume 12	Jianghan Oil and Gas Province	Volume 23	Bohai Oil and Gas Province
Volume 13	Sichuan Oil and Gas Province (CNPC)	Volume 24	East China Sea-Yellow Sea Exploratory Area
	Sichuan Oil and Gas Province (SINOPEC)	Volume 25	South China Sea Oil and Gas Province (The First Volume)
Volume 14	Yunnan-Guizhou-Guangxi Exploratory Area (CNPC)		South China Sea Oil and Gas Province (The Second Volume)

Petroleum Geology of China is the essence of collective intelligence of numerous petroleum geologists in China. The revision received vigorous supports from leaders of CNPC, SINOPEC, CNOOC, Yanchang Petroleum and other oil companies, and it was finished with active engagement of over 1,000 experts and scholars from related oilfield companies and RIPED, thoughtful guidance of a great number of reviewers as well as generous assistance from Petroleum Industry Press. I would like to express my sincere gratitude to relevant organizations and experts.

Zhai Guangming, *Academician of Chinese Academy of Engineering*

Jan. 2022, Beijing

前　言

苏浙皖闽探区位于中国大陆东南部，区域面积 $47.32 \times 10^4 km^2$，地域辖区包括江苏、安徽、浙江、福建和上海四省一市，区内自然条件优越，经济基础雄厚，科教文化发达，人口密集，交通便利，是我国工农业生产的重要基地。区域构造横跨华北准地台、秦岭褶皱系、扬子准地台、华南褶皱系和东南沿海褶皱系五大构造单元，沉积岩分布很广，各个构造单元都有油气生成、聚集成藏的物质基础，如华北地台有石炭系—二叠系石油天然气和煤成气勘探领域 $4 \times 10^4 km^2$，扬子准地台有中生界—古生界海相碳酸盐岩勘探领域近 $20 \times 10^4 km^2$，以及遍及全区的中生代—新生代陆相中小盆地有 100 多个，勘探面积约 $20 \times 10^4 km^2$。虽然早在 20 世纪 50 年代就已经开始了区域地质调查和油气普查工作，特别是在 70 年代苏浙皖地区石油会战之后，展开了大量的石油地质勘探和综合研究工作，但是由于区域基础条件复杂，勘探难度大，不少国内外专家、学者寄予厚望的下扬子海相中生界—古生界油气勘探领域至今尚未取得战略性突破，截至 2018 年底仅在苏北盆地中生界—新生界油气勘探取得了较为丰硕的成果。截至 2018 年底，区内已发现中、小型油气田 62 个，其中苏北盆地 60 个，下扬子中生界—古生界 2 个，累计探明石油地质储量 $3.59 \times 10^8 t$、天然气地质储量 $175.96 \times 10^8 m^3$（其中二氧化碳气 $142.01 \times 10^8 m^3$），最高年产原油 $211 \times 10^4 t$，累计生产原油 $5297 \times 10^4 t$、天然气 $24.42 \times 10^8 m^3$，建成了我国南方地区重要的油气生产基地。

1988 年出版的《中国石油地质志·卷八 苏浙皖闽油气区》是由当时江苏、浙江和安徽三家石油单位分工合作，在归纳总结了整个探区区域地质情况、含油气评价及主要勘探方向的基础上，分江苏油气区、安徽油气区和浙闽地区三个篇章，系统总结了三个省区及其区内 20 多个具有代表性的盆地（地区）前 30 多年油气普查成果，以及主要勘探成果和认识。自 1988 年出版以来，又一个 30 年过去，苏浙皖闽探区虽然没有取得惊天动地的油气勘探成果，但对区内含油气盆地及其主要含油气凹陷石油地质勘探和认识已经有了沧海桑田的变化，特别是在苏北盆地独具特色的复杂小断块油气藏勘探开发诸多方面，通过大量的勘探开发研究与实践，不断取得新理论和新认识、新技术和新方法、新突破和新发现，积累了丰富的石油地质资料。本次修编工作按照中国石油地质志总编委要求的"学术性、承续性、创新性、指导性"原则，基本框架延续了1988年版的章节脉络，从现实条件考虑，专门选取了30多年来投入了一定的勘探实物工作量，并开展了较为系统的石油地质综合评价研究的盆地（坳陷），按照苏北盆地、下扬子中生界—古生界和其他中、小盆地三个篇章分别进行修编工作，使用数据截至2018年底，大事记截至2019年底。中国石化江苏油田分公司与华东油气分公司两家单位对修编大纲展开了多轮次的讨论、协商，并进行了分工安排，苏北盆地和其他中、小盆地两个篇章主要由江苏油田分公司负责、华东油气分公司参与完成，下扬子中生界—古生界篇初稿主要由华东油气分公司负责、江苏油田分公司参与完成；此外，中国石油浙江油田分公司提供了相关部分资料和数据，全卷最后由江苏油田分公司负责统编成稿。

本卷由苏浙皖闽探区编纂委员会负责组织撰写，全书分苏北盆地、下扬子中生界—古生界和其他中、小盆地三个篇章，系统总结了苏北盆地、下扬子中生界—古生界和其他五个中、小盆地（坳陷）60多年来油气普查和勘探开发成果，以及石油地质综合研究成果，主要包括：地层、构造、烃源、沉积和储层等基本石油地质条件，以及油气藏形成与分布规律，主要油田地质特征和开发现状，油气资源潜力及勘探方向。本次修编新增了天然气、页岩油、地层水与地热资源等方面的研究内容，反映了其他类型资源在苏北盆地资源分布、成藏条件、勘探现状和发展方向等方面的最新认识成果。本次修编还特别新编了"典型油气勘探案例"章节，专门选取了五个具有苏北盆地典型特征的含油气区带，从勘探思路、勘探技术、勘探方法、勘探认识和勘探成果，以及勘探启示等多方面进行了归纳和总结。

本次修编初稿由刘玉瑞统一汇编，最终由肖秋生、严元锋、于雯泉、段宏亮、李鹤永等分工负责统一编审成稿。其中：前言由肖秋生、严元锋编写；第一篇，第一章概况和第二章勘探历程由严元锋、李云翔编写；第三章地层由刘玉瑞、闫泗民编写；第四章构造由刘玉瑞、刘东鹰、李鹤永编写；第五章沉积环境与相由马英俊、刘玉瑞、刘成杰编写；第六章烃源岩由王文军、刘玉瑞、李鹤永编写；第七章储层由刘成杰、刘玉瑞编写；第八章油气田水文地质由熊学洲、郑开富编写；第九章天然气地质由张健伟、刘世丽编写；第十章页岩油地质由段宏亮编写；第十一章油气藏形成与分布由刘玉瑞、罗义编写；第十二章油气田各论由王康月、薛承刚、邓辞、秦鹏飞、罗南、谌廷姗、蔡新民、高峰、王显、骆瑛、马宏、王海妹、熊欣雅、蔡楠松等编写；第十三章典型油气勘探案例由严元锋、仇永峰、林涨年、王力、季红军、张雅君、于雯泉、屠世杰、张春峰、何希鹏、史海英等编写；第十四章油气资源潜力与勘探方向由严元锋、李鹤永、王小群编写；第二篇由夏在连、刘计勇、花彩霞、刘志华、柴方圆、张婉璐、俞昊、印燕铃、王馨、许玉萍、唐成鸽、刘厚裕、葛瑞麟、段宏亮、刘义梅、张健伟等编写；第三篇由严元锋、管永明、张健伟、陆英、刘成杰、罗义等编写；大事记由严元锋、臧志华编写。在修编过程中，邢玉洁、杨鹏举、付茜、黄洪升、陈同飞、胡龙天、胡阁、唐焰、汪深、刘欣、马晓东、薛野、王海峰、刘明、王怀生、谭胜章、周正东等在文稿修改与校审、图件编制与清绘，以及基础资料整理等方面做了大量工作。

在本卷的修编和统稿过程中，李亚辉、邱旭明、张淮、肖秋生、刘启东、吴群、余文端等专家对书稿进行了全面审核与把关，朱相羽、刘炳官、陈刚、丁建荣、陈军、尤启东、蒋阿明、陈习峰、娄国泉、王勇、杨贵祥、刘金凯、张才仁、骆卫峰等专家给予了指导和帮助。特别感谢中国石化总部蔡勋育、张宇、赵培荣，中国石化勘探开发研究院戴少武、徐旭辉、杨伟利、邓平等专家在百忙中多次莅临审阅和指导，提出许多宝贵意见。李长征、史政、臧志华、毕天卓等在修编工作过程中进行了有效的组织和协调，在此一并致谢！

本次修编周期跨度长，所涉资料多，参编单位变动大，参与修编人员多，而且大多是在职业务骨干人员，他们在承担着日常繁忙的科研与生产任务的同时，尽可能挤出有限的时间参与修编工作，真正能够用于修编工作的时间并不宽裕，故在各类成果、观点、认识的消化、吸收和使用上必定存在不足和不妥，在文稿组织和文字表述上也可能会存在谬误和不当，敬请批评指正。本卷中所汇集的石油地质勘探成果和认识，凝聚了多年来中国石油、中国石化，以及地矿等系统在苏浙皖闽探区艰难创业的广大干部和职工的汗水与智慧，但限于撰写和修编人员的水平，以及志书篇幅的限制，未能将长期实践的成果与认识全部反映在本卷内，期盼各位读者不吝赐教。

PREFACE

Jiangsu-Zhejiang-Anhui-Fujian Exploratory Area is located in the southeastern Chinese mainland, with a total area of $47.32 \times 10^4 km^2$, covering four provinces and one city including Jiangsu, Anhui, Zhejiang, Fujian and Shanghai. With superior natural conditions, strong economic foundation, developed science education and culture, dense population and convenient transportation, the district is an important base for industrial and agricultural production in China. The regional structure stretches across five tectonic units : North China paraplatform, Qinling fold system, Yangtze paraplatform, South China fold system and Southeast Coastal fold system, where Sedimentary rocks are widely distributed. Each structural unit has the material basis for oil and gas generation and accumulation. For example, the North China platform has oil-gas and coal exploration field with a area of $4 \times 10^4 km^2$ in Carboniferous and Permian, the Yangtze paraplatform has an exploration area of about $20 \times 10^4 km^2$ in Mesozoic and Paleozoic marine carbonate strata, and there are more than 100 Meso Cenozoic continental small and medium-sized basins throughout the region with an exploration area of about $20 \times 10^4 km^2$. Although the geological survey and oil and gas exploration were started as early as the 1950s of the founding of the people's Republic of China, especially after the oil exploration battle in Jiangsu, Zhejiang and Anhui in the 1970s, a great amount of petroleum geological exploration and comprehensive research work were carried out. However, due to the complex regional basic geological conditions and great difficulties in exploration, so far, no strategic breakthrough has been made in the field of marine Mesozoic and Paleozoic oil and gas exploration in the lower Yangtze Region which many experts and scholars at home and abroad have placed high hopes on. At present, only Mesozoic and Cenozoic Oil and gas exploration in the Subei basin has achieved fruitful results. By the end of 2018, 62 small and medium-sized oil and gas fields had been discovered in the area, including 60 in the Subei Basin and 2 in the Mesozoic and Paleozoic in lower Yangtze Region, with a cumulative proved geological oil reserve of $3.59 \times 10^8 t$, natural gas geological reserves $175.96 \times 10^8 m^3$ (including carbon dioxide gas $142.01 \times 10^8 m^3$). The maximum annual output of crude oil is $211 \times 10^4 t$, producing $5297 \times 10^4 t$ crude oil, and natural gas $24.42 \times 10^8 m^3$, which has built an important oil and gas production base in southern China.

Based on the summarization of the regional geological conditions, oil and gas evaluation and main exploration directions of the whole exploration area by cooperation among three petroleum units in Jiangsu, Zhejiang and Anhui at that time, the 1988 edition of *Petroleum Geology of China* (Volume 8) of Jiangsu-Zhejiang-Anhui-Fujian Exploratory Area was divided into three parts : Jiangsu oil and gas exploratory area, Anhui oil and gas exploratory area and Zhejiang and Fujian exploratory area, which systematically summarizes the oil and gas survey results and the main exploration achievements and understanding of the three provinces and more than 20 representative basins (regions) in the past 30 years. Since the publication of *Petroleum Geology of China* (Volume 8) of Jiangsu-Zhejiang-Anhui-Fujian Exploratory Area in 1988, another 30 years have passed. Although the Jiangsu, Zhejiang, Anhui and Fujian exploration area has not achieved earthshaking oil and gas exploration results, the petroleum geological exploration and understanding of the oil and gas bearing basins and their main petroliferous depressions in the area have changed greatly. Especially in many aspects of exploration and development of complex small fault block oil and gas reservoirs with unique characteristics in Subei basin, through a large number of exploration and development research and practice, we have continuously obtained new theories and new understandings, new technologies and methods, new breakthroughs and new discoveries, and accumulated a large amount of petroleum geological data. Following the principle of "academic, continuity, innovativeness and guidance" proposed by the editorial committee of *Petroleum Geology of China*, the basic framework continues the parts and chapters' structure of the 1988 edition. Considering the actual conditions, the basins (depressions) that have invested a certain amount of exploration material workload in more than 30 years and carried out systematic comprehensive evaluation and research of petroleum geology are specially selected, The revision work is carried out according to the three chapters of Subei basin, Mesozoic and Paleozoic in lower Yangtze Region and other small and medium-sized basins. The data used are as of the end of 2018 and the memorabilia are as of the end of 2020. Jiangsu Oilfield Branch Company and East China Oil & Gas Branch Company of SINOPEC have carried out several rounds of discussions and consultations on the revised outline, and made division of work arrangements. The two parts of Subei Basin and other small and medium-sized basins are mainly responsible by Jiangsu Oilfield Branch Company and with the participation of East China Oil & Gas Branch Company. The first draft of Mesozoic and Paleozoic in the lower Yangtze Region is mainly in the charge of East China Oil & gas company and Jiangsu Oilfield Branch participates in the completion. In addition, Zhejiang Oilfield Branch Company of PetroChina provides some relevant materials and data. The full volume was finally compiled by Jiangsu Oilfield Branch Company.

This volume is organized and written by the Compilation Committee of *Petroleum Geology of China* of Jiangsu-Zhejiang-Anhui-Fujian Exploratory Area. The book is divided into three parts : Subei basin, Mesozoic and Paleozoic in the lower Yangtze Region and other 5 small and medium-sized basins (depressions). It systematically summarizes the results of oil and gas survey, exploration and development and comprehensive research results of petroleum geology in these areas over the past 60 years, mainly including basic petroleum geological conditions such as stratum, structure, hydrocarbon source, sedimentation and reservoir, the formation and distribution law of oil and gas reservoirs, the geological characteristics and development status of main oilfields, the potential of oil and gas resources and the exploration direction. This revision adds research results on natural gas, shale oil, formation water and geothermal resources, reflecting the latest research achievements in resource distribution, forming conditions, exploration status and developing direction of these types of resources. The chapter on "typical oil and gas reservoir exploration cases" is newly compiled in this revision, which specially selects five oil and gas bearing zones with typical characteristics of the Subei basin and summarizes from several aspects such as exploration ideas, exploration technology, exploration methods, exploration understanding and achievement, inspirations for oil-gas exploration, etc.

The first draft of this revision was compiled by Liu Yurui, and the final draft was compiled and reviewed by Xiao Qiusheng, Yan Yuanfeng, Yu Wenquan, Duan Hongliang and Li Heyong. The preface of the volume was written by Xiao Qiusheng and Yan Yuanfeng. In the first part of the volume, Chapter 1 Introduction and Chapter 2 The Course of Petroleum Exploration were compiled by Yan Yuanfeng and Li Yunxiang, Chapter 3 Stratigraphy by Liu Yurui and Yan Simin, Chapter 4 Geology Structure by Liu Yurui, Liu Dongying and Li Heyong, Chapter 5 Sedimentary Environment and Facies by Ma Yingjun, Liu Yurui and Liu Chengjie, Chapter 6 Hydrocarbon Source Rock by Wang Wenjun, Liu

Yurui and Li Heyong, Chapter 7 Reservoir Rock by Liu Chengjie and Liu Yurui, Chapter 8 Hydrogeology of Oil and Gas Field by Xiong Xuezhou and Zheng Kaifu, Chapter 9 Natural Gas Geology by Zhang Jianwei and Liu Shili, Chapter 10 Shale Oil Geology by Duan Hongliang, Chapter 11 Reservoir Formation and Distribution by Liu Yurui and Luo Yi, Chapter 12 Geologic Description of Oil and Gas Fields by Wang Kangyue, Xue Chenggang, Deng Ci, Qin Pengfei, Luo Nan, Chen Tingshan, Cai Xinmin, Gao Feng, Wang Xian, Luo Ying, Ma Hong, Wang Haimei, Xiong Xinya, Cai Nansong, etc., Chapter 13 Typical Exploration Cases by Yan Yuanfeng, Qiu Yongfeng, Lin Zhangnian, Wang Li, Ji Hongjun, Zhang Yajun, Yu Wenquan, Tu Shijie, Zhang Chunfeng, He Xipeng, Shi Haiying, etc. Chapter 14 Petroleum Resources Potential and Exploration Prospect by Yan Yuanfeng Li Heyong and Wang Xiaoqun. The second part of the volume was compiled by Xia Zailin, Liu Jiyong, Hua Caixia, Liu Zhihua, Chai Fangyuan, Zhang Wanlu, Yu Hao, Yin Yanling, Wang Xin, Xu Yuping, Tang Chengge, Liu Houyu, Ge Ruilin, Duan Hongliang, Liu Yimei, Zhang Jianwei, etc. The third part was prepared by Yan Yuanfeng, Guan Yongming, Zhang Jianwei, Lu Ying, Liu Chengjie, Luo Yi, etc. Appendix Main Events by Yan Yuanfeng and Zang Zhihua. In the process of revision, Xing Yujie, Yang Pengju, Fu Qian, Huang Hongsheng, Chen Tongfei, Hu Longtian, Hu Ge, Tang Yan, Wang Shen, Liu Xin, Ma Xiaodong, Xue Ye, Wang Haifeng, Liu Ming, Wang Huaisheng, Tan Shengzhang, Zhou Zhengdong, etc. have done a lot of work in manuscript revision, proofreading, drawing preparation, and basic data collection.

During the revision and compilation of this volume, experts of Jiangsu Oilfield Branch Company of SINOPEC such as Li Yahui, Qiu Xuming, Zhang Huai, Xiao Qiusheng, Liu Qidong, Wu Qun and Yu Wenduan have comprehensively reviewed and checked the manuscript, and additional guidance and help is given by Zhu Xiangyu, Liu Bingguan, Chen Gang, Ding Jianrong, Chen Jun, You Qidong, Jiang Amin, Chen Xifeng, Lou Guoquan, Wang Yong, Yang Guixiang, Liu Jinkai, Zhang Cairen and Luo Weifeng of Jiangsu Oilfield Branch Company of SINOPEC. Special thanks to Cai Xunyu, Zhang Yu and Zhao Peirong of SINOPEC headquarters and Dai Shaowu, Xu Xuhui, Yang Weili and Deng Ping of Exploration and Development Research Institute of SINOPEC for their review and guidance and for sharing many valuable opinions. Thanks to Li Changzheng, Shi Zheng, Zang Zhihua, Bi Tianzhuo and others for having made effective organization and coordination in the process of revision.

The revision cycle of *Petroleum Geology of China* (Volume 11) is long, involving many data and many personnel. Moreover, most of these revision personnel are on the job. While undertaking the daily busy scientific research and production tasks, they squeeze out limited time to participate in the revision work as much as possible, and the time they can really use for the revision work is not abundant. Therefore, there must be deficiencies and inappropriateness in the digestion, absorption and use of various research data, views and understandings, and there may be mistakes and errors in the document organization and text expression in the volume. Please oblige us with your valuable comments and active discussions. The petroleum geological exploration achievements and understandings in this volume have integrated the hard work and wisdom of the cadres and employees who are from petroleum, petrochemical, geological and mining systems and enterprises and have been making intensive and pioneering effort in Jiangsu-Zhejiang-Anhui-Fujian Exploratory Area for many years. However, owing to the limitation of our knowledge and the limitation of the length of the volume, all the achievements and understandings of long-term petroleum exploration and development practice may not be reflected in this volume, and we look forward to your comments.

目　录

第一篇　苏北盆地

第一章　概况 ………………………………………………………………… 3

　第一节　自然地理 ………………………………………………………… 3

　第二节　油气勘探简况 …………………………………………………… 4

　第三节　主要成果与认识 ………………………………………………… 6

第二章　勘探历程 …………………………………………………………… 8

　第一节　区域地质调查与油气普查阶段（1956—1975 年） …………… 8

　第二节　重点凹陷评价勘探阶段（1975—1986 年） …………………… 11

　第三节　重点区带突破勘探阶段（1987—1999 年） …………………… 14

　第四节　主力凹陷精细勘探阶段（2000—2012 年） …………………… 20

　第五节　优选区带高效勘探阶段（2013 年以后） ……………………… 27

第三章　地层 ………………………………………………………………… 30

　第一节　中生界上白垩统 ………………………………………………… 31

　第二节　新生界 …………………………………………………………… 36

第四章　构造 ………………………………………………………………… 59

　第一节　区域构造背景 …………………………………………………… 59

　第二节　基本构造特征 …………………………………………………… 64

　第三节　构造演化特征 …………………………………………………… 70

　第四节　断裂特征 ………………………………………………………… 81

　第五节　岩浆活动特征 …………………………………………………… 100

第六节　构造与油气 ……………………………………………… 103

第五章　沉积环境与相 …………………………………………… 111

第一节　层序特征 ………………………………………………… 111

第二节　上白垩统—古新统 ……………………………………… 119

第三节　始新统 …………………………………………………… 137

第六章　烃源岩 …………………………………………………… 161

第一节　烃源岩发育环境及展布 ………………………………… 161

第二节　烃源岩有机地球化学特征 ……………………………… 164

第三节　油源对比 ………………………………………………… 173

第七章　储层 ……………………………………………………… 187

第一节　上白垩统 ………………………………………………… 187

第二节　古新统 …………………………………………………… 196

第三节　始新统 …………………………………………………… 212

第八章　油气田水文地质 ………………………………………… 219

第一节　地层水化学特征 ………………………………………… 219

第二节　地层水化学分布特征 …………………………………… 220

第三节　地层水与油气关系 ……………………………………… 228

第四节　地热资源 ………………………………………………… 232

第九章　天然气地质 ……………………………………………… 243

第一节　天然气特征 ……………………………………………… 243

第二节　天然气藏分析 …………………………………………… 247

第三节　天然气分布 ……………………………………………… 253

第十章　页岩油地质 ……………………………………………… 256

第一节　页岩油勘探概况 ………………………………………… 256

第二节　页岩油形成条件 ………………………………………… 261

第三节 页岩油资源潜力 …………………………………………………………… 269

第十一章 油气藏形成与分布 ………………………………………………………… 271

第一节 圈闭及油气藏 ……………………………………………………………… 271

第二节 油气藏形成基本条件 ……………………………………………………… 294

第三节 油气藏分布规律 …………………………………………………………… 339

第十二章 油气田各论 ………………………………………………………………… 365

第一节 真武油田 …………………………………………………………………… 365

第二节 陈堡油田 …………………………………………………………………… 369

第三节 沙埝油田 …………………………………………………………………… 373

第四节 高集油田 …………………………………………………………………… 377

第五节 赤岸油田 …………………………………………………………………… 380

第六节 黄珏油田 …………………………………………………………………… 384

第七节 闵桥油田 …………………………………………………………………… 388

第八节 联盟庄油田 ………………………………………………………………… 392

第九节 草舍油田 …………………………………………………………………… 395

第十节 帅垛油田 …………………………………………………………………… 399

第十三章 典型油气勘探案例 ………………………………………………………… 403

第一节 高邮凹陷北斜坡复杂断块群勘探案例 …………………………………… 403

第二节 高邮凹陷深凹带隐蔽油气藏勘探案例 …………………………………… 414

第三节 金湖凹陷石港断裂带勘探案例 …………………………………………… 421

第四节 溱潼凹陷西斜坡勘探案例 ………………………………………………… 428

第五节 海安凹陷曲塘次凹勘探案例 ……………………………………………… 433

第十四章 油气资源潜力与勘探方向 ………………………………………………… 439

第一节 资源评价 …………………………………………………………………… 439

第二节 资源状况 …………………………………………………………………… 441

第三节 勘探方向 …………………………………………………………………… 444

第二篇　下扬子中生界—古生界

第一章　概况 ··· 455

　　第一节　自然地理 ··· 455

　　第二节　油气勘探简况 ··· 456

第二章　地层和沉积演化 ··· 460

　　第一节　地层沉积特征 ··· 460

　　第二节　沉积盆地演化 ··· 469

第三章　构造 ··· 477

　　第一节　区域构造特征 ··· 477

　　第二节　构造单元划分及特征 ···································· 482

第四章　烃源岩 ·· 491

　　第一节　烃源岩展布及地球化学特征 ·························· 491

　　第二节　烃源岩成烃演化 ·· 504

　　第三节　油气源对比 ··· 507

第五章　储层 ··· 513

　　第一节　碎屑岩储层 ··· 513

　　第二节　碳酸盐岩储层 ··· 525

第六章　储盖组合和保存条件 ······································· 540

　　第一节　储盖组合 ·· 541

　　第二节　保存条件 ·· 541

第七章　油气藏形成与分布 ·· 553

　　第一节　油气显示特征 ··· 553

　　第二节　油气运聚特征 ··· 555

　　第三节　油气成藏控制因素 ······································· 558

第八章　典型油气田（藏） ·· 561

第一节　泰兴油田 ·· 561

第二节　句容油藏 ·· 566

第三节　泰山古油藏 ·· 568

第四节　朱家墩气藏 ·· 570

第五节　黄桥 CO_2 气田 ·· 574

第九章　油气资源潜力与勘探方向 ····································· 578

第一节　资源潜力 ·· 578

第二节　勘探方向 ·· 580

第三篇　其他中小盆地

第一章　周口坳陷（阜阳地区） ·· 587

第一节　勘探历程 ·· 588

第二节　地层 ·· 589

第三节　构造 ·· 591

第四节　成藏条件 ·· 595

第五节　资源评价与勘探方向 ·· 598

第二章　黄口坳陷 ·· 599

第一节　勘探历程 ·· 599

第二节　地层 ·· 600

第三节　构造 ·· 603

第四节　烃源岩 ·· 605

第五节　储层及生储盖组合 ·· 606

第三章　合肥坳陷 ·· 608

第一节　勘探历程 ·· 608

第二节　地层 ·· 609

第三节　构造 ………………………………………………………… 612

第四节　烃源岩 ……………………………………………………… 614

第五节　储层 ………………………………………………………… 617

第六节　盖层与生储盖组合 ………………………………………… 619

第四章　宁波盆地 …………………………………………………… 621

第一节　地层 ………………………………………………………… 621

第二节　构造 ………………………………………………………… 623

第三节　成藏条件 …………………………………………………… 625

第四节　油气保存条件 ……………………………………………… 626

第五章　举岚盆地 …………………………………………………… 628

第一节　地质构造特征 ……………………………………………… 628

第二节　石油地质条件 ……………………………………………… 632

参考文献 ……………………………………………………………… 634

附录　大事记 ………………………………………………………… 651

CONTENTS

Part I   Subei Basin

Chapter 1   Introduction ·· 3

  1.1   Overview of Physical Geography ························· 3

  1.2   Overview of Oil and Gas Exploration ················· 4

  1.3   Main Research Achievements and Understanding ··········· 6

Chapter 2   The Course of Petroleum Exploration ················· 8

  2.1   Stage of Regional Geological Survey and Oil and Gas Survey (1956—1975) ··· 8

  2.2   Evaluation and Exploration Stage of Main Sags (1975—1986) ··········11

  2.3   Exploration Breakthrough Stage of Main Structural Belts (1987—1999) ············14

  2.4   Fine Exploration Stage of Main Sags (2000—2012) ················20

  2.5   High–Efficiency Exploration Stage of Preferred Zones (after 2013) ················27

Chapter 3   Stratigraphy ··30

  3.1   Upper Cretaceous of Mesozoic ·························31

  3.2   Cenozoic ···36

Chapter 4   Geology Structure ······································59

  4.1   Regional Tectonic Background ·························59

  4.2   Basic Structural Features ······························64

  4.3   Characteristics of Tectonic Evolution ················70

  4.4   Fault Characteristics ····································81

  4.5   Characteristics of Magmatic Activity ·············· 100

4.6　Structure and Petroleum ·· 103

Chapter 5　Sedimentary Environment and Facies ····················· 111

5.1　Sequence Stratigraphic Framework Characteristics ············· 111

5.2　Sedimentary Characteristics of Upper Cretaceous and Paleocene ··········· 119

5.3　Sedimentary Characteristics of Eocene ···························· 137

Chapter 6　Hydrocarbon Source Rock ·································· 161

6.1　Hydrocarbon Generation Environment and Distribution of Source Rock ·········· 161

6.2　Organic Geochemical Characteristics of Hydrocarbon Source Rock ············· 164

6.3　Crude Oil and Hydrocarbon–Source Correlation ·················· 173

Chapter 7　Reservoir Rock ··· 187

7.1　Upper Cretaceous Reservoir ······································· 187

7.2　Paleocene Reservoir ··· 196

7.3　Eocene Reservoir ·· 212

Chapter 8　Hydrogeology of Oil and Gas Field ····················· 219

8.1　Chemical Characteristics of Water in Oil and Gas Field ·········· 219

8.2　Distribution Characteristics of Formation Water ·················· 220

8.3　Relationship Between Formation Water and Petroleum ············ 228

8.4　Geothermal Resources ·· 232

Chapter 9　Natural Gas Geology ·· 243

9.1　Characteristics of Natural Gas ····································· 243

9.2　Analysis of Natural Gas Reservoir ································· 247

9.3　Natural Gas Distribution ··· 253

Chapter 10　Shale Oil Geology ·· 256

10.1　Overview of Shale Oil Exploration ······························· 256

10.2　Formation Conditions of Shale Oil ······························· 261

10.3　Resource Potential of Shale Oil ·································· 269

Chapter 11　Reservoir Formation and Distribution ················ 271

11.1　Traps and Oil and Gas Reservoirs　················· 271

11.2　Basic Conditions for Oil and Gas Reservoir Formation ·············· 294

11.3　Distribution Law of Oil and Gas Reservoirs ················· 339

Chapter 12　Geologic Description of Oil and Gas Fields ··············· 365

12.1　Zhenwu Oilfield ················· 365

12.2　Chenbao Oilfield ················· 369

12.3　Shanian Oilfield ················· 373

12.4　Gaoji Oilfield ················· 377

12.5　Chian Oilfield ················· 380

12.6　Huangjue Oilfield ················· 384

12.7　Minqiao Oilfield ················· 388

12.8　Lianmengzhuang Oilfield ················· 392

12.9　Caoshe Oilfield ················· 395

12.10　Shuaiduo Oilfield ················· 399

Chapter 13　Typical Exploration Cases ················· 403

13.1　Exploration Case of Complex Fault Block Group in North Slope of Gaoyou Sag ··· 403

13.2　Exploration Cases of Subtle Reservoirs in Deep Depression of Gaoyou Sag ··· 414

13.3　Exploration Case of Shigang Fault Zone in Jinhu Sag ················· 421

13.4　Exploration Case of West Slope of Qintong Sag ················· 428

13.5　Exploration Case of Qutang Sub Sag in Hai'an Sag ················· 433

Chapter 14　Petroleum Resources Potential and Exploration
　　　　　　Prospect ················· 439

14.1　Evaluation of Oil and Gas Resources ················· 439

14.2　Oil and Gas Resource Potential ················· 441

14.3　Oil and Gas Exploration Direction ················· 444

Part II　Mesozoic and Paleozoic in Lower Yangtze Region

Chapter 1　Introduction ··· 455

　1.1　Overview of Physical Geography ······················· 455

　1.2　Overview of Oil and Gas Exploration ················· 456

Chapter 2　Stratigraphic and Sedimentary Evolution ············· 460

　2.1　Stratigraphic and Sedimentary Characteristics ············ 460

　2.2　Sedimentary Basin Evolution ····························· 469

Chapter 3　Geology Structure ····································· 477

　3.1　Regional Structural Characteristics ······················ 477

　3.2　Division and Characteristics of Structural Units ············ 482

Chapter 4　Hydrocarbon Source Rock ····························· 491

　4.1　Distribution and Geochemical Characteristics of Source Rocks ············ 491

　4.2　Hydrocarbon Generation and Evolution of Source Rocks ············ 504

　4.3　Oil and Gas and Hydrocarbon–Source Correlation ············ 507

Chapter 5　Reservoir Rock ··· 513

　5.1　Clastic Rock Reservoir ·································· 513

　5.2　Carbonate Reservoir ···································· 525

Chapter 6　Reservoir Cap Assemblage and Preservation Conditions ······ 540

　6.1　Reservoir Cap Assemblage ······························ 541

　6.2　Preservation Conditions ································· 541

Chapter 7　Reservoirs Formation and Distribution ················ 553

　7.1　Oil and Gas Display Characteristics ····················· 553

　7.2　Hydrocarbon Migration and Accumulation Characteristics ············ 555

　7.3　Control Factors of Oil and Gas Accumulation ············· 558

Chapter 8 Geologic Description of Oil and Gas Fields (Reservoirs) ··· 561

8.1 Taixing Oilfield ·· 561

8.2 Jurong Oil Reservoir ··· 566

8.3 Taishan Ancient Oil Reservoir ·· 568

8.4 Zhujiadun Gas Reservoir ·· 570

8.5 Huangqiao Gas Field ··· 574

Chapter 9 Petroleum Resources Potential and Exploration Prospect ··· 578

9.1 Oil and Gas Resource Potential ·· 578

9.2 Oil and Gas Exploration Direction ·· 580

Part III Other Small and Medium-Sized Basins (Depressions)

Chapter 1 Zhoukou Depression (Fuyang Exploration Area) ·············· 587

1.1 The Course of Petroleum Exploration ·· 588

1.2 Stratigraphy ··· 589

1.3 Geology Structure ·· 591

1.4 Hydrocarbon Accumulation Conditions ··· 595

1.5 Petroleum Resource Assessment and Exploration Prospect ····················· 598

Chapter 2 Huangkou Depression ··· 599

2.1 The Course of Petroleum Exploration ·· 599

2.2 Stratigraphy ··· 600

2.3 Geology Structure ·· 603

2.4 Hydrocarbon Source Rock ·· 605

2.5 Reservoir Rock and Source-Reservoir-Cap Assemblage ························· 606

Chapter 3 Hefei Depression ··· 608

3.1 The Course of Petroleum Exploration ·· 608

3.2 Stratigraphy ··· 609

3.3 Geology Structure ·· 612

3.4 Hydrocarbon Source Rock ··· 614

3.5 Reservoir Rock ··· 617

3.6 Cap Rock and Source–Reservoir–Cap Assemblage ···················· 619

Chapter 4 Ningbo Basin ·· 621

4.1 Stratigraphy ··· 621

4.2 Geology Structure ·· 623

4.3 Hydrocarbon Accumulation Conditions ································· 625

4.4 Petroleum Preservation Conditions ····································· 626

Chapter 5 Julan Basin ··· 628

5.1 Geology Structure ·· 628

5.2 Petroleum Geological Conditions ······································· 632

References ·· 634

Appendix Main Events ·· 651

第一篇
苏北盆地

第一章 概 况

第一节 自 然 地 理

　　苏北盆地是苏北—南黄海中生代—新生代盆地的陆地部分，地理位置在长江以北的江苏省北部地区，以及安徽省东端天长地区。南以江都、姜堰、海安一线为界，北至灌南、响水，西起盱眙、天长，东临黄海滩涂，大体处于东经118°00′～121°00′、北纬32°20′～34°10′的地理范围，面积3.70×10⁴km²。所属行政区域主要包括江苏省扬州、泰州、南通、盐城、淮安和南京，以及安徽省滁州七市所辖26个县市（区）（图1-1-1）。

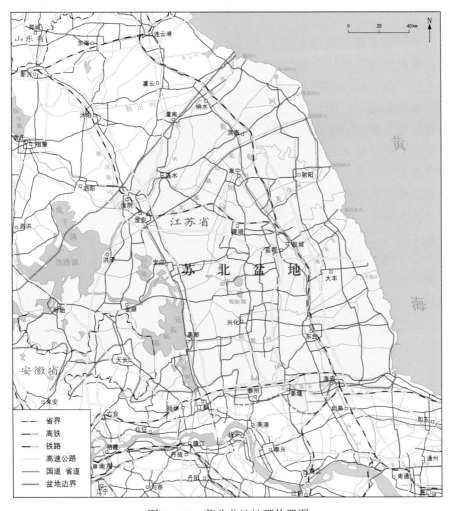

图 1-1-1　苏北盆地地理位置图

区域地形主要由长江、黄河、淮河冲积而成，故称江淮平原和黄淮平原。区内地势平坦，自西北向东南方向和缓倾斜，其高程大部分在 30m 以下，一般为 0～10m，东部沿海地区高程仅 5m 左右。黄淮平原北部，河道较少，地势平坦。大运河以东、串场河以西、苏北灌溉总渠以南和通扬运河以北的广阔原野，习惯上称为里下河地区，地势低平，整体呈现周高中低，地面高程不到 2m。由于地势低洼，湖荡众多，水网密布，是江苏省著名的湖汊洼地之一。

区内地表水系十分发育，河网纵横，湖荡密布，主要水系有大运河、串场河、通榆运河、通扬运河和苏北灌溉总渠等。大运河贯穿南北，是江苏省内主要河道之一，也是国家南水北调东线工程大通道。大运河以西多湖泊，分布有洪泽湖、白马湖、骆马湖、宝应湖、高邮湖和邵伯湖等。最大的洪泽湖面积 2000km^2，最小的邵伯湖面积 80km^2。

苏北盆地地处中国大陆东部沿海地区和南北气候过渡带，气候温和，雨量适中，四季分明。大致以淮河和苏北灌溉总渠一线为界，以北属暖温带湿润、半湿润季风气候，以南属亚热带湿润季风气候。区内年平均气温 13～15℃，1 月平均气温 0～4℃，7 月平均气温 26～28℃，年平均降水量 800～1200mm，主要集中在 6—8 月。区内季风显著，冬季多偏北风，夏季多东南风，全年无霜期约 217 天，主要灾害性气候有台风、梅雨、冰雹等。

区域及其周边水陆空交通非常发达，长江横贯东西，京杭大运河纵贯南北。京沪、宁启、沿海铁路及徐宿淮盐、连淮扬镇等高铁与四通八达的高速公路，以及密如蛛织的公路网，连接了滨江临海的南京、扬州、泰州、南通、盐城等诸多港口，扬州泰州、南通、盐城、淮安等国际机场，加上周边密布的上海浦东、上海虹桥、南京禄口、常州奔牛、无锡硕放等十多个国际机场，为区域经济发展提供了极为有利的条件。

苏北平原素有"鱼米之乡"的美誉，土壤肥沃，排灌配套，农业开发历史悠久。区内主要种植水稻、小麦、棉花、油菜、蔬菜，水产资源极其丰富，精品养殖业发达。通榆运河以东，是近代向海洋伸展出来的新陆地，地势低平，多为农场、林场、盐场、养殖场，以及沿海滩涂生态自然保护区。

江苏是全国人口密度最高的地区之一，也是世界上人口分布最密集的地区之一，人口密度每平方千米为 700～800 人。靠近东部沿海地带，人口密度相对减低。区内历史悠久，景色优美，山川平原错落有致，江湖河海布局谐美，人文资源丰富，名胜古迹众多，古镇村落与生态湿地、自然保护区完美交融，故人们形容在苏北盆地勘探开发油气，犹如"油井打在花园里"。

第二节　油气勘探简况

1956 年地质部华东地质局组建华东石油普查大队，对苏、浙、皖三省及其毗邻地区开展石油地质调查工作。地质部物探局航磁大队，以及华北石油普查大队陆续在苏北平原展开区域地质概查工作。

1958 年石油工业部组建华东石油勘探局，负责华东地区五省一市的石油及天然气普查工作，苏北盆地是当时的重点勘探地区。同年，地质部成立江苏石油普查大队和华东石油物探大队，两单位在江苏省石油领导小组的协调下，展开苏北盆地石油地质普查工作。

1962年地质部将江苏石油普查大队改称第六普查勘探大队（简称"六普"），将原华东石油物探大队改为第六物探大队（简称"六物"），直属地质部石油局领导，继续坚持该区的勘探工作。

1970年国家计划委员会地质总局将在江汉盆地工作的第四物探大队（简称"四物"）和第五普查勘探大队（简称"五普"）调入江苏，连同原来的两个大队，组成了江苏省石油勘探指挥部（简称勘探指挥部），统一领导该区的石油勘探工作。"六普"当年在溱潼凹陷戴南构造所钻的苏20井，在古近系戴南组首次突破工业油流。

1973年安徽石油勘探处（后改为安徽石油勘探公司，1998年并入江苏石油勘探局）开始在苏北盆地西部安徽省境内的金湖凹陷天长地区部署石油普查工作，并在乔田构造钻探天深6井首先发现阜一段工业油流。

1974年"六普"在高邮凹陷南部真武构造所钻的苏58井，"五普"在金湖凹陷北部刘庄构造所钻的东60井，相继试获高产油气流。

1975年石油化学工业部成立江苏石油勘探开发会战指挥部（简称会战指挥部）。1983年改称为江苏石油勘探开发公司，1986年又改称江苏石油勘探局，2000年国家油气勘探开发业务改制分设中国石油化工股份有限公司江苏油田分公司（统称江苏油田），主要开展江苏地区石油及天然气勘探开发工作。石油会战开始之后，地矿部门所属队伍逐步退出了苏北盆地部分地区的勘探工作，主要集中在溱潼凹陷，以及金湖、海安凹陷部分地区。江苏油田在此期间，以高邮、金湖、海安凹陷为重点，主攻古近系，侦察中生界—古生界，逐步扩大成果，相继勘探发现了真武、永安、曹庄、黄珏、联盟庄、富民、卞东、杨家坝、高集、崔庄、安丰等油气田，并建成了具有一定规模的石油和天然气生产、生活基地，1995年产原油达到 100×10^4 t。

1983年地质矿产部将江苏省石油勘探指挥部改名为地质矿产部华东石油地质局（1997年改为中国新星石油公司华东石油局，2000年随中国新星石油公司一起整体并入中国石油化工集团公司，2002年重组改制分设华东油气分公司），自此开展以勘查海相为主、兼顾陆相，以"四新"（新领域、新地区、新构造、新层位）为主要内容的第二轮油气普查勘探工作。

1998年国家石油、石化单位重组，以及2000年改制上市之后，中国石化江苏油田分公司、华东油气分公司继续开展苏北盆地的石油及天然气勘探开发工作，重点围绕高邮、金湖、溱潼等主力凹陷，以及海安、盐城等外围地区，通过精细的勘探开发工作，勘探成果不断扩大，石油产量逐年递增，先后发现了沙埝、花庄、瓦庄、帅垛、李堡、张家垛、朱家墩等油气田。

2000年中国石油浙江油田分公司、冀东油田分公司等相关单位陆续在苏北盆地洪泽、白驹、海安等凹陷展开油气勘探工作，并取得重要突破，先后发现了白驹、海安两个油田。

截至2018年底，在苏北盆地内累计完成二维地震测线95467km，三维地震满覆盖面积13914km²，累计完成各类探井2164口，进尺 539.37×10^4 m（表1-1-1）。其中高邮、金湖、溱潼、海安等主力凹陷勘探程度比较高，主要含油区带基本实现三维地震全覆盖，高邮凹陷含油主体部位，以及金湖、溱潼凹陷部分地区已经实施了三维地震二次采集和高精度三维地震覆盖，探井密度达到12～25口/100km²。盐城、白驹、洪泽等外围凹陷和低凸起等地区，除在部分含油区带完成三维地震覆盖之外，主要以二维地震为主，测网密度相对较稀。

表 1-1-1　苏北盆地主要勘探工作量及储量统计表

勘探单位	时间	地震		探井		工业油气探井/口	探明储量	
		二维/km	三维/km²	井数/口	进尺/10⁴m		石油/10⁴t	天然气/10⁸m³
石油系统相关单位	1958—1965年	6547		100	10.52			
地矿系统相关单位	1958—1982年	26776		356	73.78	35		
江苏油田相关单位	1975—2018年	53210	9527	1369	353.50	521	28575	29.78
华东油气相关单位	1983—2018年	6750	3040	200	59.49	73	6619	
浙江油田相关单位	2000—2018年	2184	1347	139	42.08	58	639	
合计		95467	13914	2164	539.37	687	35833	29.78

第三节　主要成果与认识

通过60多年石油地质综合研究和油气勘探实践，取得了丰富的勘探成果，同时对苏北盆地的基础地质结构、基本石油地质条件及其油气分布规律等都有了较为明确的认识。

（1）苏北盆地是在海相中生界—古生界古地貌基础上发育起来的中生代—新生代含油气盆地，总体呈现"两坳两隆"隆坳相隔、凸凹相间的构造格局。东台坳陷主要包括高邮、金湖、溱潼、海安、白驹和临泽六个凹陷，盐阜坳陷主要包括盐城、阜宁、涟水和洪泽四个凹陷，其中高邮、金湖、溱潼和海安四个凹陷是苏北盆地的主力含油凹陷，盐城、白驹、洪泽、临泽等其他凹陷只在局部地区有油气发现。

（2）苏北盆地形成于晚燕山期，受区域构造背景控制，中生代—新生代经历了坳陷—断陷—坳陷构造演化，先后发生了仪征运动、吴堡运动和三垛运动三次较大的区域性构造事件。苏北盆地发育的凹陷大多呈现"南断北超"箕状断陷结构特征，通常发育斜坡带、深凹带及断裂（阶）带等二级构造单元，在纵向剖面上主要呈现为泰州组—阜宁组、戴南组—三垛组、盐城组—东台组三套构造层。

（3）苏北盆地中生界—新生界发育三套主力烃源岩，自下而上分别是泰二段（K_2t_2）、阜二段（E_1f_2）、阜四段（E_1f_4），发现四套主力含油层系，自下而上分别是泰州组（K_2t）、阜宁组（E_1f）、戴南组（E_2d）、三垛组（E_2s）。烃源岩与含油层系的结合主要形成 K_2t_2—K_2t+E_1f_1（！）、E_1f_2—E_1f_1+E_1f_2+E_1f_3（！）及 E_1f_4—E_2d+E_2s（！）等下、中、上三套含油气系统。

（4）苏北盆地多期构造运动造成盆地内断层非常发育，不同级别、不同性质、不同期次的断层相互叠加和交织，形成复杂的断裂构造体系。同时，不同时期形成的多套火成岩在地层中顺层或穿层侵入，使断裂组合关系更为复杂，造就了现今极其复杂的断裂构造格局，断层对油气成藏及其分布起到关键控制作用。苏北盆地复杂断裂体系相互组合构筑了多类型复杂断块油气藏基本面貌，主要发育三大类八亚类 19 小类油气藏类型，其中断鼻、断块型是构造油气藏的主要类型，而断层—岩性型是已经发现隐蔽油气藏的主要类型。

（5）苏北盆地总计勘探发现油气田 60 个（图 1-1-2），截至 2018 年底，累计探明石油地质储量 3.5833×10^8t，含油面积 334.28km^2，探明天然气地质储量 29.78×10^8m^3，含气面积 9.50km^2。已经投入开发油气田 57 个，最高年产原油 211×10^4t，2018 年产原油 158.29×10^4t，累计生产原油 5296.96×10^4t；2018 年产天然气 0.45×10^8m^3，累计生产天然气 9.41×10^8m^3。据"十三五"油气资源评价，苏北盆地常规石油地质资源量 8.27×10^8t，石油资源探明率 43.32%，仍具有比较大的勘探潜力。此外，非常规页岩油地质资源量 8.80×10^8t，有待进一步攻关探索。

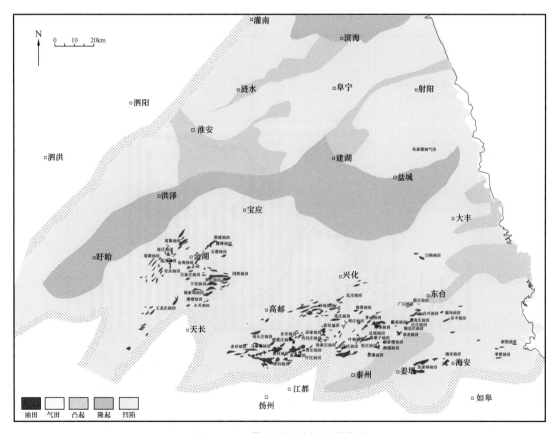

图 1-1-2　苏北盆地油气田分布图

第二章　勘探历程

苏北盆地石油地质勘探工作始于 1956 年，至今已有 60 多年的历史。在此期间，地质部和石油工业部所属勘探队伍，先后对苏北盆地复杂的地质情况进行了长期的普查和探索，并发现了工业油气流。1975 年石油会战以来，来自石油、石化和地矿系统的多家单位，经过坚持不懈的攻关和艰苦卓著的努力，相继发现一批富集高产的复杂小断块油气田，建成年产原油超过 $210 \times 10^4 t$ 的石油生产基地（图 1-2-1）。以 1975 年开始石油会战为标志，苏北盆地勘探历程大体可分为油气区域普查和油气勘探开发两大阶段，油气勘探开发阶段又可细分为重点凹陷评价勘探、重点区带突破勘探、主力凹陷精细勘探和优选区带高效勘探四个勘探阶段。

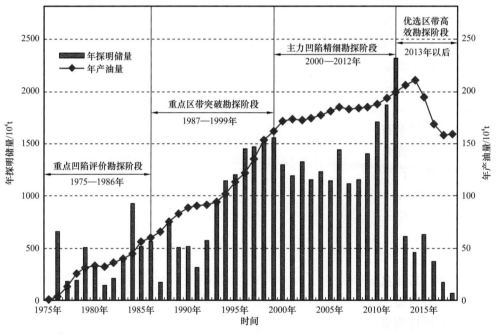

图 1-2-1　苏北盆地油气勘探阶段划分图

第一节　区域地质调查与油气普查阶段（1956—1975 年）

一、区域地质调查，初步认识广阔的沉积盆地

1956 年 2 月，地质部第二次全国石油普查工作会议决定，由华东地质局组建华东石油普查大队（372 队），对苏、浙、皖三省及其毗邻地区开展石油地质调查，历时一年多的工作，查实和新发现油气苗 147 处，证实区内龙潭组煤系上下砂岩具区域性含油现

象，栖霞组石灰岩及中三叠统—下三叠统青龙组石灰岩晶洞、裂隙含油具有普遍性。同时指出区内构造条件复杂，火成岩较发育，应将工作转向覆盖区，特别是苏北平原和太湖平原。与此同时，地质部物探局航磁大队（904队）在华北平原南部，以及包括苏北平原在内的周围地区，进行1：100万航磁测量，其中江苏地区航磁测量面积79097km²。根据成果解释认为苏北平原北部为太古宇变质岩组成的稳定地块，向东倾没延伸入海，南部地区磁场较弱，为一新的沉积坳陷。

1957年，地质部华北石油普查大队在苏北平原开展1：100万重力测量，并在苏北平原东部完成一条近南北方向的电测深和地震区域大剖面，验证了航磁成果，进一步认为苏北平原是一个广阔的沉积盆地，为确定其为油气远景地区提供了重要依据。

1958年，根据国务院"关于石油勘探方向要东移"的战略指示精神，石油工业部和地质部分别组建专业勘探队伍，两单位在江苏省石油领导小组的协调下，确定了"以苏北为重点、兼顾苏南"的普查勘探方针，并根据当时两部勘探队伍的分布情况，决定地质部主要在东台坳陷开展普查，石油工业部主要对盐阜坳陷进行普查。

二、石油工业部普查，完成区域找油战略侦察任务

1958年8月，石油工业部从新疆、四川、青海、玉门、银川和华北等石油单位，抽调3个地质队、2个重磁力联合队、5个钻井队、1个电测队，组建华东石油勘探局，拉开了苏北盆地石油地质普查工作序幕。先后展开了区域地面地质调查、重磁电法详查、地球化学试验、地震勘探区域普查和局部详查，以及大量的石油钻探工作，取得了丰硕的勘探成果。

1958年，华东石油勘探局301和303重磁联队首先在北起沭阳—灌云，南到长江，西起运河，东至黄海，面积为41000km²地区进行1：10万重力、磁力详查，其目的是明确凹陷范围，了解基岩起伏情况，并寻找局部重力异常。通过一系列工作认为苏北盆地面积达25000km²，凹陷内中生界—新生界厚度可达4000～5000m，并划出北部淮安—阜宁凹陷带，宝应—建湖—龙王庙隆起带，南部高邮—东台—海安凹陷带，扬州—泰州隆起带四个次一级的构造单元，发现27个重力高异常，初步认识了盆地结构及其复杂性。

1959年，苏北盆地开始光点地震勘探。首先在泰县—滨海、高邮—黄海边地区完成两条区域大剖面，接着在盐阜东部、东台凹陷中部进行面积详查，共完成地震剖面6547km。之后地震队伍虽然逐步增加，每年由3个增至5个，但苏北地区多次波干扰严重，0.8～0.9s以后的反射大部分为多次反射，因而相应1000m以下的反射资料大部分不可靠。开始动用两个电法队在苏北地区开展工作，经过三年施工共完成7条区域剖面1709.5km。电法测量结果将苏北地区的沉积岩划分为三套构造层，上构造层包括第四系和新近系，中构造层包括古近系、白垩系、侏罗系和上三叠统，下构造层包括中三叠统—下三叠统青龙灰岩及其以下地层。将东台坳陷西部重磁力异常详细划分出五个正向构造带，发现三个局部隆起。同年，组成901队先后在引水沟、丁村、三垛等构造进行地面放射性勘探试验。1960年成立501队进行石油微生物普查试验，至1961年底，在三垛、博镇和梁垛三个地区进行方法试验，普查总面积895km²。

苏北盆地从1958年起进行石油钻探，开钻的第一口井是位于阜宁凹陷的阜宁基准

井。1960年，钻井工作达到高峰，共有21个钻井队在江苏地区工作。至1965年，华东石油勘探局总共打井100口，进尺105171m，其中中深井和深井27口，进尺48421m，先后围绕解剖重力高、局部构造共钻探了蛤蜊港、洋马港、引水沟、梁垛、三垛、博镇、小海、四义村、阜宁、张灶等11个构造和地区。浅井73口，进尺56740m，主要在博镇、小海、三垛、梁垛、引水沟、洋马港、东荡、双甸和蛤蜊港9个重力高上钻构造制图井和区域剖面上钻剖面井。

苏北盆地初期的石油钻探，经历了"由北到南""由西到东""由隆起到凹陷"的过程。在阜宁地区进行的基准井钻探，在新近系以下发现470余米的灰黑色阜宁组地层，具有很好的生储油条件，为进一步勘探奠定了基础。在凹陷背景上的三垛重力高钻探垛5井在三垛组下部首次见到了油砂。在射阳凹陷北新灶—洋马港构造带解剖钻探，以及在引水沟和扬州隆起、海安凹陷东部等地区部署4口参数井钻探结果，初步查明苏北盆地内有阜宁、射阳（即盐城）、高邮、海安四个主要凹陷，凹陷内古近系分布面积大，生油岩厚，储层分布井段长，生油指标高，储油物性好，并已见到确切的油气显示，明确是盆地内的主要勘探目的层，认为高邮凹陷东部和海安凹陷是找油最有利的地区，为此华东石油勘探局已经完成了苏北盆地找油的战略侦察任务。

三、地质部普查，取得战略性油气勘探突破

1958年10月，地质部成立江苏石油普查大队和华东石油物探大队，开始了苏北盆地石油地质普查工作。按照"以苏北为重点，兼顾苏南"的普查勘探方针，通过区域展开和重点解剖相结合，先后在苏北盆地南部的溱潼、高邮和金湖等凹陷取得油气勘探战略性突破。

1958年，以苏北平原为重点，采用中深钻、浅钻与地震、电法工作相结合，完成纵横平原的数条区域大剖面，进行1:10万重力、磁力测量，在平原西北部边缘零星露头区，完成1:20万石油地质填图，面积达27400km²。初步证实苏北平原为中生代—新生代沉积坳陷区，明确坳陷基底为"南相"中生界—古生界，排除当时认为苏北平原第四系覆盖之下即为古老变质岩的论断。初步划出苏北盆地的主要构造单元，即北部为盐阜坳陷，中部为建湖隆起，南部为东台坳陷。通过对主要目的层的构造、岩相研究，深化了对苏北盆地的区域地层、构造和油气聚集条件认识，厘清了苏北盆地的西南边界，完成东台坳陷金湖、高邮、溱潼、海安、白驹五个凹陷的划分。

在苏北盆地南部坳陷区，结合物探、钻探资料，对一些重力高和地震隆起，如蛤蜊港、引水沟、大丰、小海等进行了重点解剖，比较完整地建立了中生代—新生代地层系统，进一步划出三级构造单元。指出东台坳陷为含油气远景最大地区，在坳陷的斜坡较高部位及隆起上主要目的层系（阜宁组）发育保存不全，而在深凹部位主要生油层阜宁组发育齐全，厚度大，保存好，认为邻近深凹部位的构造是有利的勘探对象。在高邮凹陷三垛构造带以南和博镇构造带以南的深凹部位（即高邮、溱潼凹陷的南部深凹带）两侧，尤其是南侧"陡坡带"的局部构造是最有利的构造。同时，针对当时普查勘探工作主要在隆起上和斜坡浅部的状况，明确指出洼陷区是在苏北找油的主要方向。

1962年，"六物"的野外工作队伍全都调往华北，"六普"也大为紧缩，只留下少量队伍坚持工作。1963年，在汉留地震隆起上钻苏3井，发现在三垛组之上、阜宁组之下

发育的"过渡层"（戴南组）有较好的生储盖条件，是值得重视的勘探层段。1964 年，在没有地震队配合的情况下，为了坚持实践"下凹陷"的方向，根据原有的光点地震资料，选择位于高邮凹陷南部陡坡带（吴堡低凸起）的殷家庄地震隆起钻苏 5 井，钻至井深 1827m 在"过渡层"（三垛组）中发现三组含油砂岩，在钻井过程中黑色原油随泥浆流出，这是苏北盆地钻井首次见到原油。1965 年，在高邮凹陷花家庄地震隆起上钻苏 8 井，又在戴南组发现了物性好、油质轻的新含油层。

1970 年，国家计划委员会地质总局又将在江汉盆地工作的第四物探大队和第五普查勘探大队调入江苏，连同原来的两个大队，组成了江苏省石油勘探指挥部，统一领导该区的石油勘探工作。在江苏省石油勘探指挥部统一安排下，"四物""六物"利用模拟磁带地震仪分别在海安凹陷和溱潼凹陷进行地震面积普查，工作侧重点为以往用光点地震已发现的殷家庄、花家庄、戴南、吴堡、叶甸、史家堡、祝庄、莫庄、草舍等构造，并提供探井钻探井位。1970 年，"六普"在溱潼凹陷戴南构造苏 20 井钻探发现戴南组油层，经测试获得日产原油 14.5m^3，这是苏北盆地石油钻探首次突破工业油流关。1971 年，"五普"在溱潼凹陷祝庄构造东 7 井钻探发现了阜一段油层并获得了工业油流。

1973 年，江苏省石油勘探指挥部认真总结了前一时期的普查勘探成果和经验教训，提出将普查勘探重点转向最有油气远景的地区——高邮、金湖凹陷。1974 年 9 月，"六普"在紧邻高邮凹陷南部深凹的真武构造上部署钻探苏 58 井，钻至 2385m 即钻穿了垛一段和戴二段较好的油砂层而提前完井，射孔测试日产原油 56m^3，首次获得了自喷高产油流。同年 12 月，"五普"在金湖凹陷北部斜坡刘庄构造上的东 60 井钻探首次发现阜宁组油气层，测试阜一段油层获日产 5.5m^3 工业油流，阜二段生物灰岩试获日产天然气 21×10^{4}m^3。之后又在该构造部署的东 64 井阜二段获得日产 112×10^{4}m^3 的高产气流。"六普"也相继在溱潼凹陷南部断裂带储家楼构造上的苏 59 井戴南组获得日产 168m^3 的高产自喷油流。高邮、金湖和溱潼凹陷相继发现高产油气井，标志着苏北盆地新生界油气普查勘探取得战略性突破，苏北盆地石油勘探工作进入了一个崭新的历史阶段。

第二节 重点凹陷评价勘探阶段（1975—1986 年）

1975 年 3 月，石油化学工业部组建江苏石油勘探开发会战指挥部，并从胜利、四川、长庆、新疆等地成建制抽调石油勘探开发专业队伍参加会战。江苏石油勘探开发会战指挥部在原江苏省石油勘探指挥部普查勘探基础上进行新的整体勘探部署，从会战初期勘探部署主要着眼于"大构造""大突破""大油田"的指导思想，经过会战初期五年的摸索，历经三次转折，从苏北盆地现实条件出发，明确了新的勘探战略目标，重点针对高邮、金湖等已经取得突破的凹陷，确立了"主攻新生界中、小断块油藏，兼探中生界—古生界"勘探目标方向，以及"主攻高邮凹陷深凹带，主要勘探三垛组、戴南组次生油藏"等勘探部署思路。期间以源控论为指导，以中大型背斜构造为对象，主要应用二维地震勘探技术，先后钻探发现和扩大了真武、许庄、周庄、永安、曹庄、黄珏、联盟庄、富民等油气田，探明石油地质储量 4312×10^{4}t，年均探明储量 392×10^{4}t，原油

年产达到 30×10^4t，由此形成苏北盆地勘探开发进程中第一个储量发现和产量持续增长期。

一、详探大构造，勘探效果差强人意

会战初期，会战指挥部首先选择了高邮凹陷南部石油地质条件比较好的真武、永安等大构造开展详探工作，在 $100km^2$ 构造范围内准备打 $10 \sim 15$ 口样板井，力争控制 $30km^2$ 的含油面积，尽快建成年产 30×10^4t 的井口生产能力并投入开发。

1975 年会战开始后，第一批上的 10 台钻机都布置在真武、永安两个构造上。从控制整个构造范围着眼，采用十字剖面法按 $1.5 \sim 2km$ 井距部署的第一轮探井，钻探效果并不理想。真武构造完钻的 5 口井，4 口获油层，除了真 6 井钻遇垛一段、戴二段油层，获得日产原油 40t 以上，其余几口井效果都不如预期。永安构造完钻的 5 口井，只有 2 口见到油气层。经综合研究确认真武构造三垛组、戴南组油层为受断层、岩性控制的断块油藏，油层紧靠断层分布，含油宽度比较窄。1976 年，重新调整了井位部署，在真武构造两个已经见油断块的高部位部署真 11、真 12 评价井，分别钻获油层 70.0m 和 53.4m，经试油自喷分别日产原油 231t 和 430t，展现了两个富集高产的含油断块，并在真 12 断块高点上后续钻探的真 20 评价井垛一段试获日产 1020t 的千吨油井。至 1977 年底，真武油田完钻探井 23 口，试获工业油流 18 口，基本探明真 11、真 12 和真 16 三个主力含油断块，探明石油地质储量 848×10^4t。永安构造地下地质情况非常复杂，重新调整方案后，先后钻探 6 口探井，效果依然不理想，其后经过三年钻探，完钻探井 11 口，只找到 3 个出油点，整体构造和断块情况还是没有搞清楚。

金湖凹陷西部斜坡带刘庄构造是一个在斜坡背景上发育的断鼻构造，圈闭面积 $60km^2$。勘探指挥部在构造顶部完钻的东 64 井钻探发现高产天然气之后，初步认为刘庄油气田是一个圈闭面积大、目的层埋藏浅、气层产量高、具有气顶油环的大油气田。为了加快刘庄油气田的勘探开发步伐，从 1975 年 12 月开始，会战指挥部陆续抽调 5 台钻机转战金湖凹陷。按照简单的构造油气藏的模式，第一轮、第二轮部署的 8 口探井是从控制 $30 \sim 50km^2$ 含油气范围着眼，按照 $3 \sim 5km$ 的井距在 $60km^2$ 的断鼻构造上一次性均匀部署，但钻探结果大失所望，两轮 8 口探井全部落空。1976 年底，会战指挥部调整勘探部署，按照油气藏面积较小的思路，在构造顶部布置详探井，先占高点，再由已知含油气区由里向外逐步扩展，了解油气层分布状况及含油气边界。至 1978 年底，刘庄油气田累计完成探井 28 口，试获工业油气流井 10 口。实践证明，刘庄构造虽然面积较大，但断鼻构造内部发育小断层，油气层仅分布在构造顶部断块区内，紧贴断层分布，含油气带窄，含油气面积仅 $2.53km^2$，探明石油地质储量 110×10^4t，天然气地质储量 $4.17 \times 10^8m^3$。

二、解剖古潜山，钻探结果大失所望

由于会战初期勘探着眼于发现大油田，按照简单的大型构造油藏模式布井效果并不十分理想，苏北盆地古近系断层发育、构造破碎、油层分散，构造圈闭内油气充满程度低，构造范围大，含油面积小，由此有人提出勘探要有大的突破，必须立足中生界—古生界的提法。1977 年，在当时华北任丘古潜山油藏勘探取得巨大成功的鼓舞下，勘探思路开始发生转变，会战指挥部明确提出"以中生界—古生界石灰岩为主，兼探中生界—新生界砂岩"的勘探方向。

通过对苏北地区古潜山进行专题研究，初步划分出 20 个潜山带，确定江都—吴堡—博镇潜山带为勘探重点，随即集中会战大部分钻机，全面部署以寻找古潜山油藏为主要目标的勘探工作。当时古潜山分布地区，磁带地震资料品质很差，古生界内幕结构，其至古潜山顶面构造形态都辨认不清，同时，加上钻井、测井等配套技术、设备也不够完善，主要采用钻井打短剖面的方法，对西起邵伯、东至戴窑的整个潜山带逐条进行钻探，重点解剖许庄和博镇两个潜山。

1977—1979 年，会战指挥部动员比较多的力量集中勘探中生界—古生界目标，开始有 7 台钻机投入钻探，后来逐步增加到 11 台钻机，占当时钻井队总数的 73%。三年时间，苏北盆地以中生界—古生界为主要目的层共钻探井 33 口，主要分布在高邮凹陷南部江都—吴堡—博镇断裂构造带上，少量分布在金湖凹陷西部斜坡刘庄断裂带和宝应斜坡。钻探结果几乎是全军覆没，仅有真 43 井寒武系白云岩试获最高日产 4m³ 的低产油流，原油具有相对密度高、凝固点高、含蜡量高的"三高"特点，油源分析来自古近系，属新生古储型油藏。通过分析认为地震资料质量差，古生界内幕结构不清，以及钻井配套技术也不够完善，勘探工作带有一定的盲目性，当时并不具备大规模勘探古潜山的条件。

与此同时，高邮、金湖凹陷新生界构造勘探陆续发现周庄、许庄和闵桥等油田分布的小型油气藏，真武油田通过进一步详探评价扩大了含油面积，增加了地质储量，建成年产 25×10⁴t 生产规模。至 1979 年底，苏北盆地总计探明石油地质储量 1548×10⁴t，含油面积 15km²，年产原油达到 30×10⁴t 台阶，初步展示了新生界油气资源良好勘探潜力。

三、主攻高邮深凹带，连续获得一系列突破

会战指挥部通过进一步总结经验教训，根据对苏北盆地石油地质条件分析及对诸多勘探领域的认识程度，以及现有工艺技术状况，在 1980 年年度勘探部署中首次确立了"主攻第三系"的勘探方针，明确提出"优先选择围绕有利生油凹陷分布的构造带，主攻第三系，兼探中生界—古生界"的勘探方向。1981 年，会战指挥部制定"六五"勘探部署规划认为，拿储量、上产量的地区主要是在东台坳陷，高邮凹陷作为找油的重点地区，金湖、海安等凹陷为勘探接替战场，中生界—古生界则适当开展战略侦察。

高邮凹陷是苏北盆地诸多凹陷中油气资源最丰富的一个凹陷，其中深凹带石油地质条件尤为优越，按照"主攻高邮凹陷深凹带，主要勘探三垛组、戴南组次生油藏"的勘探部署思路。1979 年，开始利用引进的法国 SN338/48 道数字地震仪，集中 4 个队连续几个地震年度开始在高邮凹陷南部展开工作。1984 年，在凹陷南部运河以东地区形成 1km×1km 数字地震测网。1985 年，又完成凹陷东部刘陆次凹及其邻区连片数字地震普查，测网密度为 2km×2km。围绕着中央深凹带，沿两侧控凹断裂带，以三垛组、戴南组为主要目的层系，地震资料落实局部构造的可信度量明显提高，探井部署依据更可信，大大促进了勘探效果。1980 年，曹庄构造、黄珏构造先后钻探发现工业油流。1981 年，马家嘴构造钻探取得突破。1983 年，联盟庄构造发现厚层油藏。1984 年，富

民构造拿下主体部位整装富集油田。同时，深凹南侧真武—吴堡断裂带的肖刘庄、徐家庄、周庄构造相继钻探发现工业油流区块。到1984年，原油产量结束在$30×10^4$t上下徘徊的局面，产原油达到$40.79×10^4$t。1985年，原油产量又跃上了$50×10^4$t的新台阶，达到$51.39×10^4$t。截至1986年，高邮深凹带三垛组、戴南组累计探明石油地质储量$3285×10^4$t，占同期探明储量总数的90%，从而为苏北盆地勘探开发进程中第一个储量发现和产量增长高峰期的形成奠定了重要基础。

四、评价重点凹陷，发现四个小油田

在围绕高邮深凹带展开重点详探同时，金湖、海安、白驹等重点凹陷也在展开评价工作。

金湖凹陷主要由三河、汊涧、龙岗和氾水四个次凹组成，初期评价认为北部三河次凹是金湖凹陷内面积最大、沉降最深的一个次凹，生油条件好。1978年开始，主要围绕三河次凹及其周边地区进行地震普查和局部详查，逐步构成连片分布的1km×1km地震基干测网，先后发现了一批构造和圈闭。江苏省石油勘探指挥部首先在石港断裂带钻探取得突破，苏147井在戴一段见到三个含油层，并试油获日产13.70t原油，发现了腰滩油田。江苏石油勘探开发会战指挥部先后在桥河口、塔集、唐港、崔庄等构造进行了钻探，同时，应用数字地震资料尝试进行地震地层学研究，在三河次凹发现若干个阜宁组三角洲前缘砂体，选择陈庄、雷庄和新街西三个砂体进行钻探没有取得成功。重点评价钻探东部氾水次凹与龙岗次凹之间的闵桥背斜构造，探明石油地质储量$72×10^4$t，并投入试采。安徽石油勘探公司在汊涧次凹先后预探谢家冲、陈家营、王龙庄、吴庄等构造，发现王龙庄油田，探明石油地质储量$249×10^4$t。

海安凹陷从1981年开始进行地震普查。1982—1984年，在石油工业部组织协调下，集中苏、浙、皖三省石油勘探单位7个地震队，统一部署，分片实施，针对凹陷主体部位进行连片地震普查和局部详查，地震测网密度一般为1km×2km，局部达到1km×1km。重点围绕北部孙家洼次凹、富安次凹，以及安曹断裂带和海中断隆带等地区，优选目标，重点突破，区域展开。至1986年，先后钻探18个局部构造圈闭，发现4个含油构造。其中，安丰1在泰一段获5层21.0m油层，试油抽汲获得日产23t的工业油流，首次发现安丰油田，探明石油地质储量$181×10^4$t。此后两年，海安凹陷又陆续部署钻探了24口探井，但都没有进一步获得比较大的勘探突破发现。

白驹凹陷从1978年开始进行地震普查。1978—1980年，江苏石油勘探开发会战指挥部在白驹凹陷西南部和西部完成磁带地震测量，测网密度达到2km×2km～4km×4km，先后钻探了白参1、白2、海3等探井，没有取得勘探发现，初步揭示盐一段—阜一段遭受剥蚀，证实泰二段发育好生油岩，具有较好的勘探潜力。

第三节　重点区带突破勘探阶段（1987—1999年）

苏北盆地重点围绕高邮凹陷深凹带的勘探经历了从寻找较整装的背斜构造，直到寻找"低幅微隆"构造的过程，路子越走越窄，致使勘探工作逐渐步入低谷。随着高邮凹

陷深凹带勘探程度提高，具有比较好构造背景、可供勘探的圈闭目标数量越来越少，构造面积越来越小，勘探效益越来越低，江苏油田在1985—1987年总计部署钻探84口井，获得工业油气流井15口，探井成功率只有18%。其中1985年实施探井钻探22口，只成功3口井，其余都落空，不仅探井成功率跌至历史最低点，甚至被迫钻探构造幅度仅20m左右、圈闭面积不足$1km^2$的低幅微隆构造，苏北盆地现有发现最小油田之一的邱家油田就是在这个时期钻探发现的，勘探形势迫切要求寻找更好的接替资源。1987年，卞东水上油田的发现、卞闵杨构造带的连续突破进一步深化了区带石油地质认识，并由此带动了苏北盆地重点勘探目标开始了"三个转变"的过程，即重点勘探区带从深凹带向斜坡带、断隆带转变和延伸，重点勘探层系从上部三垛组、戴南组，向中下部的阜宁组、泰州组转变和延伸，重点勘探目标从背斜、断背斜构造为主，向断鼻、断块构造为主转变和延伸，由此进入了以斜坡带、断裂带为主要目标区带，以阜宁组、泰州组为主要目的层系，以断鼻、断块构造为主要目标圈闭的重点区带评价勘探突破阶段。这一时期勘探工作，按照"主攻高邮、金湖凹陷，发展海安凹陷，积极评价盐城、洪泽、白驹等外围凹陷"部署思路，以优质生油岩高效生烃理论为指导，以三维地震勘探为先导，大力推广应用水陆两栖地震、定向斜井、数字测井等技术，重点针对金湖凹陷下闵杨断隆带、西部斜坡带，以及高邮深凹两侧断裂带、北部斜坡带等重点区带进行整体解剖和评价勘探，先后拿下9个1000×10^4t以上储量规模的增储上产重点区带，探明8个500×10^4t以上储量规模的整装构造油藏，期间新增探明石油地质储量13564×10^4t，其中阜宁组油藏占新增储量的70%，直接带来了苏北盆地石油储量和产量快速增长的高峰期，年均探明储量970×10^4t，原油产量从55×10^4t/a快速上升到155×10^4t/a。

一、会战卞闵杨高带，发现三个水上油田

金湖凹陷是苏北盆地内勘探面积最大的一个凹陷，早期勘探已经发现刘庄、闵桥等油气田，但勘探场面总体进展不大。1986年下半年，加大勘探力度地震先行，首先在龙岗和氾水两个次凹之间闵桥—塔集—卞塘构造高带（后改称卞闵杨断隆带）进行新一轮数字地震详查工作。针对区内水网发育、河湖大面积分布的现实情况，采用水陆两栖数字地震和定向斜井、丛式井组等技术，沿二级构造带展布方向，展开系统的区带评价和有利构造钻探，先后勘探发现并集中会战卞东、杨家坝等水上油田，以及闵桥油田主力含油断块，拿到两个1000×10^4t储量规模含油区带。

首战发现卞东水上油田。早在20世纪70年代末期，江苏油田磁带地震队曾在该区域采集施工，工区内引淮入江泄洪道（宽3～4.5km）自北而南流入高邮湖，当时地震队缺乏水上作业手段，地震测线只能做到入江泄洪道岸边，两岸陆上地震测网密度达到1km×1km～1km×2km。1986年，研究人员重新解释地震资料，推测入江水道与湖湾会合处可能存在构造圈闭，但水域没有地震勘探资料难以落实。随即通过组织陆上数字地震队，采用等浮电缆下湖施工，经过艰苦的努力完成3条水陆连接测线，发现卞东断鼻构造圈闭面积约$7km^2$，高点位于湖湾水域下面。为钻探阜三段、阜二段和阜一段三套目的层的高点，设计了一口定向预探井水平位移994m，卞1井钻探发现三套含油层系9层20.6m油层，试油获得日产原油38.9t，酸化后日产油58.5t，由此打破金湖凹陷多年勘探始终徘徊不前的局面。

次战拿下杨家坝水上油田。卞东突破后及时抽调当时在高邮凹陷作业的中法地震队，采用144道水陆两栖遥测数字地震仪在卞东地区，包括水域、水陆过渡带和陆地施工，完成水域工作量600余千米，在卞东含油构造的南边又发现和落实了杨家坝构造圈闭面积6.0km^2，地处入江水道与高邮湖湖湾会合处，有三分之二面积位于水域内。1988年，在构造高部位完钻的定向探井杨1井钻遇阜二段、阜一段油层19层49.8m，试油获得日产81.1t高产油流。至1990年底，两个水上油田合计探明石油地质储量1007×10^{4}t，含油面积9.0km^2。卞杨油田发现给金湖凹陷勘探工作注入新思维，勘探部署思路大大拓宽，斜坡带成为寻找整装油田的主攻方向，评价认为金湖凹陷东、西部斜坡都是十分有利的含油构造带，其中东部斜坡的卞闵杨断隆带是增储上产的现实地区，具有古构造背景的闵桥断背斜构造带再度引起高度重视。

再战探明闵桥火山岩油藏。闵桥构造是1974年"四物"通过磁带地震普查发现的一个被断层复杂化的大型背斜构造，构造面积有19km^2。早期先后在该构造钻探16口探井，6口获工业油流，发现了5个出油点。但由于地质构造复杂，磁带地震资料品质差，阜三段砂岩油层薄、厚度变化大，油井试采产量低、递减快，后期基本停止钻探。卞杨油田勘探突破后，勘探人员挥师再战闵桥。1988年冬季，部署水陆两栖遥测数字地震队在闵桥地区进行数字地震详查；1989年，部署钻探再上闵桥构造，在闵桥构造北部区块钻探闵7井首次发现阜二段火山岩含油储层11层37.4m，试油获得日产原油14.6t，投产初期日产油稳定在35～40t之间，由此取得闵桥火山岩油藏勘探重要突破。随后，在闵桥地区展开三维地震勘探，先后发现和落实20个断鼻、断块构造。至1994年，共计钻探34口探井，28口获工业油流，探明22个含油断块，探明石油地质储量1184×10^{4}t，含油面积14.0km^2。再上闵桥油田评价钻探，意外发现富集高产的火山岩油藏，以及主力含油区块，新增储量规模超过新发现的卞东、杨家坝两个水上油田，大大鼓舞了勘探人员在金湖凹陷进一步拓展评价的信心。

二、评价金湖西部斜坡，发现三个复杂断块油田

金湖凹陷东部斜坡逐步打开勘探新局面，提升勘探新认识的同时，西部斜坡的区带评价勘探工作也在陆续部署展开，并掀起了新一轮增储上产会战高潮。金湖西部斜坡东临生烃次凹，自北而南分布有三河、东阳和汊涧三个次凹，石油地质条件非常优越。1988年起，加大勘探力度，逐步展开二维数字地震详查、精查和三维地震连片勘探，先后针对范庄、崔庄、高集等有利构造高带，进行预探和滚动评价勘探。至1996年底，连续钻探发现和落实三个复杂断块小油田，新增探明石油地质储量1628×10^{4}t。

首攻范庄发现两个窄条小油田。范庄构造是在斜坡地层上倾方向被一系列反向正断层切割形成的断鼻构造带，"六普"早期曾在主体构造低部位钻探苏77井未获工业油流。1991年，在构造高部位钻探范1井，钻获阜一段砂岩和阜二段生物灰岩两套油层，并分别试获工业油流。1992年，部署实施高分辨率三维地震勘探落实西部断鼻构造，南1井钻探分别在阜二段、阜三段试获日产原油28.3t和24.7t。投入开发后，新增探明石油地质储量454×10^{4}t，含油面积3.7km^2。

三上崔庄拿下复杂断块群油田。崔庄构造是前期"四物"根据磁带地震资料发现的一个断背斜构造，地震资料品质差，地震构造资料的可信度低。早在1975年，"五普"

在构造东翼倾没端钻探东 61 普查井仅见到油气显示。1926 年，江苏油田根据磁带地震资料在构造西部部署钻探崔 1 井试油出水带少量原油。1987 年，根据前期二维数字地震资料，在构造东部断鼻钻探崔 2 井突破工业油流。1993 年，根据新完成的数字地震和三维地震资料，重新解释呈现的是一个近南北向的长轴断背斜构造，构造圈闭面积 11km²。通过两年部署钻探 12 口井，先后发现 9 个含油断块，新增探明石油地质储量 476×10⁴t，含油面积 4.8km²。

三战高集少量探井探明新油田。高集构造是在斜坡构造背景上被众多断层切割形成的断鼻、断块群，区域地处淮河入江水道上，地震资料品质比较差，断块构造比较复杂。早在 20 世纪 70 年代，"五普"在对刘庄油气田探边过程中，钻探东 66 井首先发现阜二段油层。其后为追踪阜二段油层，"六普"分别甩开钻探两个断块均没有收获新的发现。1987 年，通过二维数字地震进一步落实断鼻构造，钻探高 1 井在阜二段试获工业油流。后续经过三个队年地震施工，相继完成三块连片三维地震精查，在三河水域及其南北两岸进一步发现和落实高集断块群主体构造，部署钻探 5 口井，其中 4 口获工业油流，发现了高 6、高 7 等主力含油断块，新增探明石油地质储量 698×10⁴t，含油面积 6.7km²。

三、突破高邮北部斜坡，发现三个整装断块油田

高邮凹陷北部斜坡为一继承性发育的斜坡带，区内古近系火成岩穿插严重、断层发育、断块破碎，地质条件极为复杂。早在 20 世纪 60—70 年代，石油和地矿单位先后展开过石油地质评价钻探工作，前期共钻探井 52 口，油气显示非常活跃，但只有个别井见到油流，钻探效果很不理想。受金湖凹陷斜坡带勘探阜宁组油藏的启发，90 年代依托数字地震和三维地震连片部署实施，再上高邮北部斜坡区带评价勘探取得重要突破，由此带动了凹陷、区带、层系资源接替和战略转移，五年勘探发现三个油田，初步形成三个 1000×10⁴t 以上储量规模的增储上产区带。

重上西北斜坡发现码头庄油田。码头庄构造位于斜坡西北部，地处高邮湖畔，地表条件比较复杂，早期"六普"磁带地震普查发现断背斜构造。1976 年，钻探苏 82 井发现阜三段油层，接着钻探的 4 口探井全部落空。经过数字地震详查进一步落实构造，1990 年，在构造轴部断块部署钻探庄 1 井，因钻遇火山岩发育区，构造圈闭并不很落实，主要目的层阜三段全部断缺。1993 年，针对数字地震资料分别进行第二轮次精细目标处理和第三轮次目标特殊处理，优选构造南部火山岩不发育、圈闭相对比较可靠的断鼻构造进行钻探取得重要突破，庄 2 井在阜二段、阜一段两套层系发现油层 12 层 54.5m，阜一段砂岩油层试获日产原油 18.1t，阜二段鲕状灰岩油层试获日产原油 16.9t。通过展开早期油藏描述和油藏评价工作，并在进一步完成三维地震覆盖的基础上进行滚动勘探开发会战，至 1995 年底，完成滚动开发井 32 口，探明石油地质储量 491×10⁴t，含油面积 2.5km²，新建原油产能 10×10⁴t/a，当年产油 8.36×10⁴t。

甩开西斜坡发现赤岸油田。赤岸断块群位于斜坡西部，1981 年，马家嘴油田突破发现后，为了拓展汉留断层上升盘含油气情况，先后采用 48 道数字地震仪在赤岸地区做过二维地震普查和局部详查，并部署钻探 1 口探井没有取得成功。1993 年，码头庄油田突破发现后，连续两个年度在斜坡西部地区（包括水域在内）开展连片三维地震精查，

初步发现并落实了一个东西长约18km、南北宽5km的鼻状构造带，主要由一组近东西向的反向正断层切割成6个断块组成断块构造群。1996年，优选圈闭钻探韦2井在阜一段、阜二段发现油层20层47.5m，试油射开阜一段油层抽汲获得日产22.7t工业油流。其后，又连续钻探发现韦5、韦8两个整装含油构造。至2000年，赤岸油田探明石油地质储量1130×10^{4}t。

再上北斜坡发现沙埝油田。沙埝构造位于斜坡中东部，早在20世纪70年代，"六物"磁带地震普查时发现断鼻构造。80年代，先后采用48道和120道数字地震仪进行地震详查和精查工作。由于地下地质构造复杂，而且火成岩异常发育，地震资料品质较差，加上二维地震资料的局限性，构造圈闭落实程度依然比较低，前人在沙埝地区勘探经过几上几下先后钻了30多口探井，均未能取得实质性突破。90年代，开始在高邮北斜坡整体部署实施三维地震采集，进一步优选构造带中部的断鼻构造钻探沙7、沙11两口探井均获得成功，分别试获日产34.9t、26.4t工业油流。接着，又在构造带主体部位钻探的沙19、沙20两口探井发现阜二段、阜一段整装富集构造油藏。至2000年底，共计探明石油地质储量1102×10^{4}t。

四、解剖复杂断裂带，发现富集高产断块油田

随着三维地震在苏北盆地主力凹陷重点区带连片部署实施，长期受到复杂断裂和破碎构造困扰制约的控凹断裂构造带勘探逐步打开新场面。重点解剖吴堡、汉留和石港等复杂断裂构造带，相继取得重要突破和发现，累计探明石油地质储量2842×10^{4}t。

石港断裂带两套含油层系打开新局面。石港断裂带为纵贯金湖凹陷北部地区发育的控凹断裂带，由于地表分布有老三河、新三河交织，同样地下断裂、构造更复杂，勘探工作几经反复，始终没有取得大的突破。1991年，江苏油田采用两栖地震队完成桥河口三维地震采集，接着用两个地震队年完成石庄北和石庄南两块三维地震，在石港断裂构造带中南段实现三维地震连片，先后发现和落实了金南、石庄、桥河口等局部构造。1995年之后，连续部署钻探4口探井获得成功。其中桥7井戴一段试油获得日产104t的高产油流，这是金湖凹陷探井首次突破百吨大关。至1996年底，石港油田两套含油层系，探明石油地质储量505×10^{4}t。同期，华东石油地质局重点针对石港断裂带腰滩、金南等地区展开评价钻探，发现了腰滩、金南和淮建等油田，新增储量564×10^{4}t。

汉留断裂带打破20年勘探沉寂。位于高邮凹陷汉留断层下降盘的永安油田早在油田会战初期就已发现并进行多轮次评价，但由于火成岩穿层侵入、断层发育、构造破碎等多种复杂因素的影响，长期以来勘探一直没有取得大的进展，发现两个含油断块，仅获得探明石油地质储量60×10^{4}t。1993—1994年采用DFS-V/240道地震仪重新进行三维地震精查，依据三维地震新成果资料，部署预探井3口全部获得工业油流。其中，汉留断裂带上升盘的永21井钻探发现戴一段油层试油放喷获得日产80.7t的高产油流。经过进一步滚动勘探开发，至2000年底，永安油田探明石油地质储量462×10^{4}t。

吴堡断裂带发现富集高产整装油田。1996年，吴堡断裂带部署展开三维地震勘探，进一步查清断鼻、断块展布格局。1997年，部署两口探井分别钻探陈2和陈3断鼻构造取得重要突破，位于吴①、吴②断层之间低断阶上的陈2井阜一段发现油层6层14.8m，试获日产28.2t工业油流。吴①断层上升盘高台阶上部署钻探陈3定向井，钻遇阜一段、

泰一段油层32层105.2m，试油获得日产68.9t的高产油流。随后通过滚动勘探开发，又相继发现了阜三段和赤山组油层。1998年陈堡油田两个含油断块、四套含油层系，探明石油地质储量1287×10⁴t，建成年产31×10⁴t原油生产能力，这是苏北盆地勘探开发史上一次提交探明储量最多和一次建成生产能力最大的油田。

五、详探溱潼凹陷，发现一批复杂断块小油田

溱潼凹陷油气勘探始于1968年，江苏省石油勘探指挥部早期依靠模拟地震发现了戴南、祝庄、草舍、叶甸等局部构造。1970年开始钻探，同年在戴南构造上部署的苏20井戴二段发现油气并试获工业油流，实现了苏北盆地油气勘探的第一个重要突破。1975年以后，江苏省石油勘探指挥部陆续将高邮凹陷，以及金湖凹陷大部分区域移交给江苏油田，主要开展以勘查下扬子海相中生界—古生界为主，兼顾陆相中生界—新生界，以新领域、新地区、新构造、新层位"四新"为主要内容的第二轮油气普查勘探工作，在苏北盆地的勘探工作重点转向溱潼凹陷，以及金湖、海安等凹陷部分地区，扩大了勘探成果，发现了一批复杂断块小油田。

1978年以后，江苏省石油勘探指挥部采用数字地震勘探方法，在溱潼凹陷进行地震勘探工作，重点围绕深凹带先后部署钻探了南部断阶带11个局部构造，先后发现茅山、角墩子、溪南庄、陶思庄等油田。1989年，华东石油地质局首次在溱潼凹陷开展三维地震部署，相继完成了储家楼—祝庄、戴南、草舍、莫庄、茅山、港口、淤溪8块三维地震采集、处理和解释，解决了该区带复杂小断鼻、断块识别难题，钻探发现洲城油田，扩大了储家楼、角墩子、陶思庄、草舍、溪南庄等油田。

20世纪80年代甩开钻探溱潼凹陷北斜坡，先后在斜坡中段茅山构造、东段台兴构造取得阜三段、垛一段油气重要突破，由此确立了北斜坡勘探以阜宁组为成藏重点层系，三垛组、戴南组为次要含油层系的勘探部署思路。90年代利用三维地震技术，在北斜坡西南段边城地区部署实施三维地震，精细落实断块构造，其后陆续部署钻探苏256、苏257、苏259、苏261、苏271五口探井，揭示阜三段良好的勘探潜力。在北斜坡东段台南—兴圩地区发现台兴油田阜三段、垛一段含油区块，成为溱潼凹陷北斜坡新油田。

六、评价外围凹陷，发现朱家墩天然气田

"八五"以后，苏北盆地按照"主攻高邮、金湖凹陷，发展海安凹陷，积极评价盐城、洪泽、白驹等外围凹陷"部署思路展开勘探工作，外围凹陷区带评价勘探取得明显进展，盐城凹陷勘探取得重要突破，洪泽凹陷钻探发现低产油流，以及膏盐类固体矿产。

盐城凹陷位于盐阜坳陷东部，是盐阜坳陷内地质条件评价最好的凹陷。20世纪60年代华东石油勘探局进行光点地震概查，70年代地矿单位进行多轮次地震普查和局部详查，先后部署钻探6口探井仅在阜二段见到含油显示。江苏油田于1987年开始进行数字地震详查，1990年在凹陷南部南洋次凹钻探盐参1井，在泰州组下部发现玄武岩储层1层22.6m，MFE测试获得日产天然气269m³。1997年，通过二维地震老资料处理和评价解释，在南洋次凹南部进一步发现并落实朱家墩背斜构造，部署钻探盐城1井在阜

二段底部发现泥岩裂缝油层 4 层 52.6m，MFE 测试日产原油 31.4t，在泰州组砂岩试获日产天然气 $5.8 \times 10^4 m^3$。同时根据盐城 1 井钻探资料，复查盐参 1 井测录井资料认为阜一段底砂层应是含油气层，打开盐参 1 井目的层段重新测试，获得日产 $13 \times 10^4 m^3$ 天然气流，折算无阻流量 $130 \times 10^4 m^3$。此后又在构造南翼钻探新朱 1 井，并发现阜三段油层。至此，朱家墩构造先后发现阜三段、阜二段、阜一段和泰州组四套含油气层系，以及砂岩、玄武岩和泥岩裂缝三种类型油气层，特别是高产天然气藏的发现，是苏北盆地外围凹陷油气勘探的重要突破。

洪泽凹陷位于盐阜坳陷西部，地跨苏皖两省，洪泽湖横贯中部地区。20 世纪 70—80 年代，地矿单位分别进行地震普查和局部详查，钻探井 7 口见到油气显示。江苏油田从会战初期即陆续展开区域评价工作，并在洪泽湖区进行水上地震勘探试验。从 1990 年开始，分别在凹陷北部顺和集次凹进行二维地震普查，测网密度 2km×2km，以及在湖区进行拖缆试验剖面；在凹陷南部管镇次凹进行二维地震详查，地震测网密度 1km×1km，局部达到 0.5km×1.0km，发现和落实主要构造圈闭。1992—1993 年，部署钻探兴隆 1、管 1、管 1-1、管 2、铁 1、郑场 1 六口探井，其中仅管镇次凹钻探的管 1 井发现油气显示 19 层 24.07m，测井解释油层、油干层 4 层 6.2m，试油获得日产 0.4t 低产油流。洪泽凹陷油气勘探工作虽然没有取得预期效果，但通过实施探井钻探陆续发现了岩盐、芒硝、硬石膏和天然碱等膏盐类固体矿产，其中陆地部分估算岩盐远景资源量 $213.7 \times 10^8 t$，无水芒硝储量 $11.87 \times 10^4 t$，为江苏油田后期开发膏盐矿产奠定了重要基础。

第四节　主力凹陷精细勘探阶段（2000—2012 年）

"九五"期间，苏北盆地迎来储量增长高峰，五年探明石油地质储量 $6915 \times 10^4 t$，年均探明储量达到 $1383 \times 10^4 t$，创历史最好水平。但是进入 21 世纪后，勘探人员面临新的难题，作为苏北盆地增储上产主体战场的高邮、金湖两大主力凹陷石油资源探明程度接近 50%，有的主力区带探明程度甚至超过 70%，随着勘探程度越来越高，勘探难度越来越大，勘探对象变得更加破碎、更加隐蔽、更加复杂、埋藏更深，苏北盆地勘探历史进程中走到了又一个十字路口。在深刻分析了当时形势任务和现实资源条件的基础上，从中国石油化工集团公司"东部硬稳定"的战略高度，按照"立体勘探，精细勘探，二次勘探"指导思想，提出了"围绕三个层次战略部署，打好三个勘探进攻仗，实现三个 1000 万吨工作目标"的战略思路。针对高邮、金湖等主力凹陷重点区带三维地震已经连片覆盖的现状，进一步展开有利区带三维地震二次采集、高精度采集，持续主攻高邮北斜坡复杂断块群、精雕细刻复杂断裂构造带、重点聚焦高邮深凹带隐蔽油气藏，以及深化拓展勘探程度相对比较低的东部洼陷区，实现苏北盆地多区带、多层系、多类型精细勘探新突破和新发现，期间苏北盆地新增探明石油地质储量 $18373 \times 10^4 t$，年均探明储量 $1413 \times 10^4 t$，2012 年当年新增探明储量 $2316 \times 10^4 t$，创历史最好水平，原油年产稳中有升，踏上了 $200 \times 10^4 t$ 台阶。特别是江苏油田新增探明储量连续 16 年保持在 $1000 \times 10^4 t$ 以上，新增三级储量连续 10 年保持在三个 $1000 \times 10^4 t$ 以上，创造了苏北盆地勘探发展史上又一个黄金十年。

总结这一阶段勘探丰硕成果取得主要得益于坚持创新思维，关键在于勘探思路不断拓宽，勘探认识不断丰富，勘探技术不断进步。归纳起来主要体现在：一是勘探思路"六个转变"为打好"三个勘探"进攻仗拓宽了视野。通过思路创新，突破禁锢，转变思路，勘探重心逐步向复杂断块群、复杂断裂带和深层低渗透等复杂领域延伸，勘探重点不断向隐蔽油气藏、低勘探程度区和外围新区凹陷"三新"领域推进，把过去认为的一些不利地区，甚至是勘探"禁区"变成了一个个增储上产的新阵地，为精查细找勘探拓宽了视野。二是勘探认识"三个突破"为打好"三个勘探"进攻仗指明了方向。通过理论创新，突破认识，勇于探索，在前期阜宁组低熟油认识突破、实现斜坡勘探大发展的基础上，进一步创新提出了泰州组和戴南组优质烃源勘探设想和自生自储原生油藏模式，建立健全了苏北盆地复杂断块隐蔽油气藏成藏机理和勘探模式，总结完善了海安凹陷泰州组"低熟、短运、近聚"，以及阜宁组"高效排烃，近源成藏，箱内富集"等成藏模式，为精查细找勘探指明了方向。三是勘探技术"五个创新"为打好"三个勘探"进攻仗提供了支撑。通过技术创新，突破瓶颈，攻坚克难，初步形成了一批以水网地区地震勘探技术、隐蔽性断层评价识别技术、大位移定向斜井技术和薄层测井评价技术等为代表的先进实用特色技术，配套形成了以复杂地质地表条件下高精度三维地震采集、复杂断裂带地震处理解释、复杂小断块圈闭识别评价、复杂断块隐蔽油气藏评价描述和低孔低渗油藏储层改造等为核心的技术系列，为精查细找勘探提供了有力支撑。

一、主攻斜坡带复杂断块群，形成增储上产重点新区带

高邮凹陷北斜坡作为油田增储上产的重点区带，随着几个高带主体部位整装富集含油区块的陆续发现和投入开发，进一步勘探目标和思路逐步向复杂断裂带和复杂断块群转变，主要以沙埝构造高带为重点，并向其两翼及低勘探程度内外斜坡展开。按照"小断层可以控制富油藏"的勘探思路，通过不断创新和发展复杂断块群断裂系统模式评价、低序级隐性断层识别和解释、火成岩发育区圈闭评价描述等系列技术，在原先构造特征不甚明显和圈闭不甚发育的地区，加强三维地震资料的精细处理和精细解释，勘探开发一体化滚动评价钻探，探明储量越找越多，勘探场面越滚越大。"十五"以来，先后采集完成三维地震 14 块 1200km^2，钻探井 143 口，探明 53 个含油断块，新增探明石油地质储量 4350×10^4t。

滚动勘探沙埝高带实现储量翻番。沙埝油田主力含油层系为阜三段、阜一段，但由于区内火成岩广泛发育，主要目的层段受其穿插、"屏蔽"、干扰严重，目标反射层波组难以辨识，往往无法找准真正的构造圈闭，制约了进一步滚动勘探，该区早期钻探 14 口井仅 4 口成功。依托三维地震大连片处理，加强地震处理、解释一体化攻关研究，逐步形成了具有江苏油田自主特色的火成岩发育区地震资料处理解释技术，攻克火成岩多期侵入、地震资料信噪比低的勘探"瓶颈"，由此，沙埝老区年年滚动勘探有发现，先后发现沙埝东部次含油高带、往外坡延伸、向内坡迅速扩展的含油格局。通过滚动勘探开发，先后发现 18 个新的含油断块，新增探明储量 1462×10^4t，累计探明储量 2565×10^4t，实现储量大翻番。

甩开钻探斜坡东部发现瓦庄油田。沙埝地区连续发现富集含油断块，促使勘探目标进一步向东部高带拓展，2000年以后，在河口东地区部署实施三维地震精查，一方面加强火成岩区油气运聚规律研究，另一方面进行地震资料目标处理，加强圈闭精细解释与描述评价，重新认识断裂构造系统，发现和落实有利构造圈闭。优选目标部署实施预探瓦2井、瓦3井，连续取得突破发现，瓦2井阜三段发现油层12层35.5m，试油获得日产34t的高产油流；瓦3井阜三段解释油层4层10.5m，试油获得日产23.4t的工业油流，由此发现瓦庄油田。2003年，针对河网密布的瓦庄东空白地区，继续部署实施三维地震精查，发现和落实了一批有利圈闭，进一步向东部甩开部署瓦X6井，钻探发现阜一段和泰州组两套含油层系，并在泰州组油层试获日产28.6t工业油流，这是高邮凹陷首次钻探发现泰州组原生油藏，一次新增探明储量544×10^4t。通过进一步实施滚动勘探开发，到2010年底，瓦庄油田累计探明石油地质储量1049×10^4t。

评价高带两翼迎来花庄大发现。花庄地区位于高邮凹陷北斜坡东部，西邻沙埝构造高带，东部、南部紧靠刘陆、刘五舍两个生油次凹，油源条件十分有利。该区早期打过多口探井以失利告终，1996年部署5口探井，花6井钻探突破工业油流，仅探明储量28×10^4t，多口探井都打出"裤衩井"，之后数年勘探更是停滞不前，圈闭落实问题是勘探成功的关键因素。沙埝地区连续突破发现，进一步提升了整个区域地质评价认识，2002年，花庄地区部署实施三维地震二次采集之后，甩开钻探内坡带花10井获得成功，增强了勘探信心。2005年，在花庄北部部署钻探花16井，该井是由近东西向断层和一条新发现的断距只有40m的北东向小断层共同控制的断块圈闭。经钻探在断缺阜三段上部120m地层的情况下，仍然有160m的油气显示井段，阜三段电测解释油层7层20.3m，试油日产油12.1t。进而地质上基于阜三段沉积微相和小断层、辉绿岩等对成藏影响的研究，2006年优选出位于花16块以南，同样由北东向小断层和近东西向断层共同控制的花17断块钻探获得成功，按照"小断层控制富油藏"隐蔽性断层勘探思路，花庄地区先后钻探发现一批新的含油断块，截至2018年底，探明石油地质储量1015×10^4t。

二、精雕细刻复杂断裂带，拿下五个规模储量新阵地

高邮凹陷南部断裂带钻探发现陈堡高产富集油田，有效带动了勘探部署思路更加重视复杂断裂构造带的评价勘探。超越固有模式的限制，打破原有方法的桎梏，摆脱传统认识的束缚，通过对控凹大断裂重新解剖，对复杂断裂系统重新梳理，对上下地质层系重新认识，对正负构造单元重新评价，整体部署实施高精度连片三维地震，部分进行二次采集，加强地震资料精细处理解释，大规模应用多靶点、小靶径定向斜井配套技术，先后在真武、汉留、铜城、石港和杨村五个断裂构造带勘探获得规模发现，形成复杂断裂带重要增储新阵地。"十五"以来，先后部署采集完成三维地震15块1214km²，钻探探井97口，发现36个含油断块，新增探明石油地质储量3379×10^4t。

解剖高邮凹陷南部断裂带油气增储上规模。高邮南部断裂带是最早上三维地震的区带，但早期采集仪器道数少、三维地震区块小、覆盖次数低，随着勘探的深入已经难以满足勘探的需要。2000年以后，断裂带主体重新实施三维地震二次采集和高精度三维地震勘探，焕发出新的勘探活力。首先通过实施中段真武—许庄三维地震二次采集，结合老井复查钻探许浅1井取得新发现，打破了许庄断阶带二十多年的勘探沉默，先后探明

8个含油断块，新增探明石油地质储量668×10⁴t。接着部署实施西段黄珏南三维地震精查，黄珏油田含油范围从深凹带迈上中台阶，钻探发现方4、方5、方6、中港1等含油断块，新增探明石油地质储量221×10⁴t。其后又部署实施东段周庄三维地震二次采集后，吴堡断裂带钻探发现4个含油断块，新增探明石油地质储量428×10⁴t。此外，陈堡、邱家、徐家庄、肖刘庄油田在断裂带均有新发现，高邮凹陷南部断裂带共计发现23个含油断块，新增探明石油地质储量1652×10⁴t。

精查高邮北侧汉留断裂带老油田发现新区块。汉留断裂带进入21世纪之后仅在永安油田钻探一些探井有少量发现，主要原因是该区断裂极其发育，加之火成岩干扰严重，滚动勘探拓展难有进步。2007—2008年永安地区实施高精度三维地震重新采集138km²，勘探徘徊不前的局面才被又一次打破，沿断裂带先后钻探永33、永35、永42、永43等探井获得成功，几乎保持年年有发现。但仍反映出该区的复杂性，如2009年探明的永33块，4个井区分8个计算单元计算探明石油地质储量仅92×10⁴t，显示油藏规模总体破碎。2001—2014年，在汉留断裂带勘探累计新增探明石油地质储量803×10⁴t。

甩开钻探铜城—杨村断裂带发现新油田。进入21世纪江苏油田加大了金湖凹陷控凹断裂带评价勘探，2001—2002年实施完成铜城三维地震，2004—2005年完成石庄三维地震二次采集，为石港断裂带精雕细刻评价勘探奠定基础。通过三维地震二次采集资料，重新梳理石港断裂带的构造格局和断裂特征，使断裂带的断层展布、构造特征、圈闭形态更符合客观实际，连续部署钻探金4、石4、桥12等探井获得成功。2008年，通过小关西三维地震部署实施和处理解释，重点对杨村断层东段进行了整体构造解剖和地质综合评价研究，认为杨村断裂带东段下降盘戴南组是以龙岗次凹阜宁组成熟烃源岩为油源，以戴一段砂岩储层和顶部泥岩为盖层，具有优越石油地质条件的勘探挖潜领域，评价优选关5井钻探戴南组获得成功，发现小关油田。2009—2010年，在杨村断裂带西段秦营地区实施三维地震精查。2012年，在便宜集构造带钻探天95断块试获工业油流。期间金湖凹陷石港、铜城、杨村三个控凹断裂带钻探新增探明石油地质储量1015×10⁴t。

攻关致密砂岩油藏发现连片含油区带。"十一五"期间，中国石化华东油气分公司逐步加大了致密砂岩油藏勘探技术攻关力度，2008年在金湖凹陷石港断阶带下降盘腰滩构造带新深2井于阜一段压裂测试获原油日产20.1t，实现了石港断裂下降盘深层低渗油藏勘探重要突破。2010年，按照花状构造立体勘探的工作思路，利用腰滩高精度二次采集叠前深度偏移资料，通过构造精细解释、储层有利相带预测、油气成藏类型分析技术，银1井、银2井、银3井等勘探井取得良好油气显示，发现银集构造带戴南组、阜三段、阜二段油藏。2011年，为了探索阜二段薄互层致密砂岩储层含油性，通过引进非常规油气藏评价技术，在构造精细解释的基础上，选择构造稳定区金南1号构造部署金页-1HF井，采用分段压裂于阜二段试获日产15.0t工业油流，实现了苏北盆地致密砂岩油藏勘探重要突破。其后部署的金2-1HF井实钻油层296m，压裂后日产油12t。金页-1HF井和金2-1HF井的突破完善了水平井分段压裂等工程工艺，实现了应用水平井分段压裂技术评价致密砂岩油单井产能的可能性，为致密砂岩油藏整体有效开发动用奠定了基础。2013年根据"源储一体、致密连片、富砂富油"的认识，对金南阜宁组进行整体评价，钱1井阜二段试获日产26t的高产油流，钱101井、钱102井在阜二段泥灰岩均获得突破。陈庄1井在孔隙度为8%，声波时差234μs/m的层段压裂后获得日产油

1.11t。金南 1 井阜三段压裂后日产油 7.90t，金南 3 井阜三段压裂后日产油 4.35t，揭示金湖凹陷阜宁组成藏具有"广泛含油、高带富集"的特征，发现了具有 2500×10^4t 储量规模致密砂岩油藏连片含油区带。

三、聚焦高邮深凹带隐蔽油藏，展现叠合连片含油新场面

随着主力凹陷勘探程度越来越高，断块圈闭越找越少，构造油藏越找越小，从构造油气藏逐步向隐蔽油气藏勘探目标转变是断陷盆地实现资源有效勘探接替的必然选择。重点聚焦高邮深凹带，加强高精度层序地层基础研究，建立完善以"三模一测"技术为核心的适合苏北盆地复杂小断块特点的他源型隐蔽油气藏勘探思路和配套技术方法，从北部缓坡区到南部陡坡带，从三角洲前缘砂体到近岸水下扇体，开拓出了一片以高邮凹陷中西部地区戴南组隐蔽油藏为主体的探明储量超过 3000×10^4t 的勘探场面，首次呈现了储量发现三足鼎立的勘探格局。

加强隐蔽油气藏评价研究，深凹带西部首先取得重要突破。2000 年以前，在黄珏、马家嘴、联盟庄等油田滚动勘探开发中，含油范围已超出断背斜、断块的圈闭范围，而且构造圈闭内砂岩变化大，油水关系复杂，具有构造、岩性双重控制的油藏特征。通过组织多学科、产学研联合攻关，以高精度层序地层学理论为基础，精细研究他源型隐蔽油藏的形成条件与控制因素，建立基本的成藏模式。2002 年，首先在联盟庄地区开展隐蔽圈闭识别与评价工作，落实戴一段 1、2 砂层组、戴二段 4、5 砂层组隐蔽圈闭，叠合圈闭面积 $16.0km^2$，优选钻探联 X30 井在戴南组发现油层 6 层 20.1m，油水同层 3 层 12.2m，试油获日产 49.08t 的高产油流。

寻找砂控型隐蔽油气藏，西部地区初步实现叠合连片。通过"十五"攻关和实践，建立具有江苏特色的沉积背景分析方法、层序地层学方法、地震高分辨率处理技术、层位标定技术、地震属性提取和分析技术及地震反演技术六项关键技术为核心内容的隐蔽圈闭勘探技术系列，形成"断阶为床、断坡控砂、断层输导、砂体控藏、分层叠合、联片含油"的苏北盆地复杂小断块隐蔽油藏成藏认识，逐步明确"沿断裂、贴断层、追物源、找砂体、查异常、占高位"勘探思路，隐蔽油藏勘探成效明显。2002 年继联盟庄油田获得突破后，2003 年在马家嘴油田钻探马 X31 井，2004 年在黄马结合部钻探马 33 井，2005 年在黄珏油田西部地区钻探黄 X88 井连续获得成功，初步形成高邮凹陷西部地区环凹含油叠合连片态势。

探索隐蔽油气藏新类型，陡坡扇勘探取得新的突破。在高邮深凹带北部缓坡区，斜坡砂控—断控型隐蔽油气藏勘探不断取得发现的同时，研究人员勘探思路不断拓宽，瞄准高邮深凹南部陡岸带，积极探索陡坡近岸水下扇，认为扇中砂体与断层配置可以形成构造—岩性复合圈闭；同时通过构造、沉积模式与地震相结合，标定出扇体各亚相的地震响应，并利用多种技术描述有利储层的分布，在邵伯地区戴南组识别出多个岩性圈闭。2008 年，优选邵 14 陡坡扇钻探完井电测综合解释油层 3 层 12.4m，试油射开戴二段油层，8mm 油嘴自喷初期获得日产 94.38t 的高产油流。2009 年，向深凹部位部署钻探风险探井邵深 1 井，首次发现戴南组深层原生油藏，并试获日产原油 2.3m³，使勘探领域进一步向盆地中心和深部层系延伸。

拓展隐蔽油气藏新区带，规模储量勘探场面不断扩大。按照"精细评价中、西部，扩大戴南组断层—岩性油藏勘探场面；拓展评价中、东部，实现隐蔽油藏区带和层系上突破"的勘探思路，以邵伯次凹、樊川次凹为主，进一步拓展刘五舍次凹，加强了陡坡带物源体系、沉积体系研究，建立戴南组"源—坡"耦合控砂模式，加强了黄邵、永联、肖徐、周徐等老油田结合部的拓展勘探，先后钻探9个砂体或扇体。2011年针对樊川次凹岩性上倾尖灭型隐蔽圈闭钻探的永X38井取得成功，2013年针对陡坡带扇控型岩性油藏钻探曹X64井取得新发现，2014年在肖刘庄油田东部钻探肖X14井发现长井段多层系扇控型岩性油藏，2016年拓展刘五舍次凹钻探周X64A井戴南组试获日产24.56m³工业油流，2017年钻探肖X15井在戴南组、阜宁组两套层系测井解释油层20层201.1m，并在戴一段试获高产油气流。隐蔽油藏勘探实现由局部叠合连片到环凹连片再到不同区域、不同层系的拓展延伸，勘探场面进一步扩大。截至2018年，高邮深凹带隐蔽油藏累计探明石油地质储量3110×10⁴t。

四、拓展评价东部凹陷，形成富集含油区带新接替

苏北盆地经过"八五""九五"勘探快速发展，高邮、金湖凹陷勘探程度明显提高，而东部洼陷区勘探程度相对比较低，海安凹陷油气资源探明程度仅5%左右，资源接替矛盾开始显得非常突出。为此，向外围低勘探程度区转变，积极加快东部洼陷区评价勘探，重点加强溱潼、海安等主力凹陷勘探力度，力争形成资源战略接替。

深化评价溱潼斜坡发现构造岩性含油区带。20世纪90年代以后，华东石油局加大了三维地震勘探力度，逐步覆盖整个溱潼凹陷。在三维地震资料的支持下，溱潼凹陷油气勘探工作开始转向斜坡，重点勘探层系由三垛组、戴南组转向阜宁组，在东北斜坡台南—兴圩构造发现台兴油田。随着三维地震连片覆盖和连片处理，溱潼斜坡带勘探不断有所发现，分别发现了边城、北汉庄、台兴、广山等油田，提交探明储量473×10⁴t。2008年以后，油气勘探思路进行了重大调整，确立了以阜三段为主力输导层，构造岩性复合控藏的理念，从复杂小断块单断块微型小油藏勘探为主，转向以斜坡带阜三段及戴南组构造岩性复合型油藏勘探为主，进一步注重整体评价和区带评价，发现了一批规模储量。在西部斜坡带发现茅山—帅垛千万吨级含油气构造带，包括蔡家堡、顾庄、帅西和帅东四块，共计提交三级储量1055×10⁴t，其中探明储量420×10⁴t。

拓展评价海安凹陷南部次凹发现两个"低熟"油藏。20世纪90年代初，苏北盆地东部地区盐城、白驹、海安凹陷对外开放，与壳牌公司合作勘探未能有油气发现。1997年，江苏油田恢复成立了苏北外围勘探项目，进入21世纪勘探进一步总结得失，通过对前期钻探的50多口探井反馈评价，对三套含油层系细化研究，解剖安丰和梁垛两个典型油藏，针对海安凹陷烃源岩热演化程度、油源丰度较低和晚熟短聚的特点，建立了"低熟、短运、近聚"成藏模式，进一步深化烃源灶评价研究，优选配套条件较好构造高带，加大勘探评价力度。2000—2001年，部署海中断裂带四灶三维地震，钻探评价通余构造的安13A井率先得手，终于打破十多年的勘探沉寂。接着在海中地区先后钻探台3、台5等8口探井，6口获得工业油流，发现新街油田。甩开评价南部的海北次凹，优选李堡构造带钻探堡1井获得日产22.4t的工业油流，发现李堡油田。两个油田探明

石油地质储量 $412 \times 10^4 t$。

滚动评价曲塘次凹发现规模储量含油区带。早在 20 世纪 70 年代，江苏省石油勘探指挥部按照"查构造、追高点、求突破"的勘探思路，针对海安凹陷展开一轮地震面积普查和局部详查，并部署钻探一批探井，仅在曲塘次凹钻探的苏 88 井阜三段压裂试获日产油 4.3t，其余钻井只见到低级别油气显示，当时对海安凹陷南部初步认识是"皮厚肉薄"，资源有限，其后的勘探工作一直没有取得大的进展。2000 年之后，随着对海安凹陷资源规模、油藏类型，以及成藏主控因素认识的不断深化，提出了"瞄准区带、立足阜三、寻找岩性、重新评价"的勘探思路，华东油气分公司于 2009 年首先在张家垛构造部署张 101 井，在阜三段压裂获日产 6.15t 工业油流。2010 年，在曲塘次凹完成新三维地震部署工作，并对张家垛构造重新进行精细解释。在此基础上，分别在张家垛构造高带先后完钻了张 2、张 3、张 4、张 5 共 4 口探井，见到良好的油气显示，其中张 2 井在阜三段油层压裂试获日产 12.22t 的工业油流，戴一段油层常规测试获得日产 24.1t 的工业油流，张 3 井阜三段试获日产 23.8t 的高产油流。2011 年进一步在曲塘斜坡部署钻探阜三段岩性油藏，曲 1 井在阜三段上砂层组试获日产 11.89t 的工业油流，曲 101–1HF 在低部位试获日产 51.92t 高产油流。与此同时，中国石化浙江油田分公司也在曲塘次凹斜坡带及其主干断裂带东、西两端进行了卓有成效的评价工作，按照"整体控制含油区、评价落实甜点区，直井探边扩展、水平井评价产能"滚动勘探评价一体化工作思路展开，深化了曲塘次凹阜三段"满凹含砂、整体含油、局部富集"低熟低渗薄层高凝油藏评价认识。两个单位在曲塘次凹相继发现两个油田，总计探明石油地质储量 $1939 \times 10^4 t$，含油面积 $26.75 km^2$，取得了苏北盆地东部凹陷拓展评价勘探良好成效。

五、加大力度勘查外围凹陷，突破工业油流发现新油田

2000 年以后，中国石油天然气股份有限公司加大力度在新区、新带、新盆地进行油气勘查，先后在苏北盆地的洪泽、白驹、海安等凹陷登记了一批勘查矿权区块，并组织勘探队伍陆续开始在洪泽、白驹等外围凹陷展开评价研究工作，相继突破工业油流。

洪泽凹陷勘探首次突破工业油流。在盐阜坳陷西南部的洪泽凹陷，重点选择烃源条件比较好的管镇次凹和苏巷次凹进行了勘查评价。2001 年首先通过对江苏油田 90 年代初期钻探的老井——管 1 井进行清蜡解堵，重新试油获得工业油流，实现了洪泽凹陷油气勘探初步突破。接着在管镇次凹分年度完成 $416 km^2$ 三维地震部署采集，钻探完成 11 口探井，相继发现管 3、管 4、管 5、管 10 共 4 个含油区块，控制石油地质储量 $433 \times 10^4 t$。

白驹凹陷滚动勘探发现新油田。在东台坳陷东北部的白驹凹陷，2002 年首先在洋心次凹部署二维地震测线 15 条 500km，地震测网 $2km \times 2km \sim 2km \times 4km$，局部达到 $1km \times 1km \sim 0.5km \times 1km$。2006 年，部署钻探丰参 1 井，首次完整取得洋心次凹系统油气地质参数资料，接着在丰探 1 井泰一段试获日产 $9.46 m^3$ 工业油流，实现了白驹凹陷油气勘探历史性突破。2006—2008 年，又相继完成凹陷内第一块三维地震采集，以及在洋心次凹完成三维地震精查。针对开阳开泰断块、陈家庄断鼻等实施滚动勘探开发，部署探井 8 口、评价井 9 口，共获油流井 7 口，探明石油地质储量 $53.55 \times 10^4 t$。

第五节　优选区带高效勘探阶段（2013年以后）

2013年以来，针对国内外经济形势新变化，特别是2014年国际油价断崖式下跌并长期低位徘徊，油田企业大面积陷入经营性亏损，中国石油化工集团公司从"打造世界一流企业，保障国家能源安全，奉献清洁绿色能源"战略高度，相继提出了"两个三年、两个十年"战略规划和"大力提升油气勘探开发力度"七年行动计划，要求加快形成新的发展方式，把推动发展的立足点转到提高质量和效益上来。改变管理模式，更加突出商业发现；改善评价方法，更加突出经济价值；改进考核机制，更加强调质量与效益。按照勘探开发一体化运行工作思路，立足苏北老区，聚焦主力凹陷，突出价值引领，加强隐蔽油藏评价，深化推进高效勘探，努力提供可动用储量。加大"三新"领域勘探力度，适当甩开风险勘探，力争取得战略性突破。加快页岩油、致密油气等非常规油气勘探攻关，为可持续发展夯实基础。

中国石化江苏油田分公司紧紧围绕"两转变、两调整、五提升"，认真落实高效勘探发展战略，以增加经济可采储量为中心，全力以赴打好勘探进攻仗，积极寻找规模优质储量，保障油气资源平稳接替，全方位推进高质量发展。加强勘探区带优选优化，严格按照"两不定、三不打"原则，突出圈闭预探，强化风险勘探，优化评价勘探，优先选择储量品位比较高、动用条件比较好的勘探目标进行钻探。加强勘探思路转变，推动勘探目标从构造油气藏为主向构造岩性油气藏和地层岩性油气藏为主转变，从以油为主向油气并举、常非并进转变。加强勘探开发一体化高度融合，建立完善适合复杂断块油田勘探开发一体化协同工作机制，突出可动用储量滚动发现，注重未动用储量有效动用，实现增量目标和增效目标，有效遏制苏北盆地老区主力油田产量快速下降的趋势，努力提升油田整体效益，"十三五"与"十二五"同口径对比，探井钻探成功率提高26%，储量发现成本下降45%，成功实现油田整体经营扭亏为盈的高效勘探与效益开发目标。

中国石化华东油气分公司着重苏北盆地中生界—新生界勘探，突出中浅层优质储量勘探，积极评价规模储量，以中浅层为主要目标，以优质储层为主要对象，以提高单井产量为抓手，努力实现从重视储量的数量向重视储量的质量和价值转变。以浅层优质储量为开发目标，将高效勘探的储量建成有效的产能，在保持有效益的情况下，确定原油生产合理的规模，实现按产能配产向效益配产的转变。在具体实施过程中，坚持立足中浅层，强调"三干、三缓、三不打"，提高勘探决策的科学性及规划的执行力，力争一年发现一个小而肥油藏，实现可持续发展。通过"四精研究"，发现规模优质储量，确保在苏北盆地常规油资源储量的逆势持续增长，原油年产量连续跨越20×10^4t、30×10^4t、40×10^4t三个台阶。

一、精细构建控砂、控圈、控藏新模式，优选区带隐蔽油藏勘探取得一批新突破

高邮凹陷、金湖凹陷、海安凹陷隐蔽油气藏多层系拓展勘探取得重要突破。在高邮深凹带隐蔽油气藏勘探实现环凹叠合含油连片后，为进一步拓展隐蔽油气藏勘探场面，"十三五"以来，以剩余资源为基础，以盆地尺度开展新一轮沉积体系展布与凹陷结构

匹配关系研究，通过选区、选层、选类型，明确高邮凹陷阜宁组、金湖凹陷阜宁组及戴南组、海安凹陷泰州组为隐蔽油气藏勘探进一步拓展方向。为此，勘探部署思路进行新的调整，隐蔽油藏勘探目标由高邮深凹带进一步向斜坡带延伸，由高邮凹陷进一步向金湖、海安凹陷延伸，由戴南组进一步向阜宁组和泰州组延伸。针对隐蔽油气藏勘探目标先后部署实施了 6 口预探井，4 口井取得成功，高邮北斜坡阜宁组、金湖西斜坡戴南组、海安新街南斜坡泰州组等隐蔽油气藏勘探相继取得重要突破。

溱潼凹陷戴南组超覆尖灭带油藏勘探获得重要突破。溱潼凹陷具有南断北超的构造背景，戴一段砂体自东南向北西展布，砂体自下而上逐层超覆尖灭，西北斜坡处于扇三角洲前缘相带，各小层泥岩盖层分布稳定，砂地比适中，具有岩性油藏勘探的地质基础；同时斜坡带断裂发育，尤其是发育长期活动的导油断层，有利于油气纵向输导至戴一段，油气成藏条件优越。戴南组具有"相控圈闭、近源成藏、立体输导"的成藏模式。以发现优质储量为目标，针对溱潼凹陷西斜坡戴南组地层岩性圈闭开展了一系列的工作。依托区域钻井及三维地震资料，应用层序地层学、沉积微相分析、储层预测技术，精细预测戴一段砂体展布特征，落实西北斜坡戴一段有利区带；通过输导体系研究及成藏综合分析，明确戴南组超覆尖灭带勘探目标。溱潼凹陷西北斜坡是戴一段岩性圈闭勘探的主要区域。在 2011 年发现帅垛油田戴南组、三垛组构造—岩性叠合复合油气藏，实现 5 个"当年"的基础上，2014 年于陈家舍圈闭部署陈 2 井常规测试，获日产 61.4t 的高产油流，首次实现了戴南组超覆尖灭带类型油藏突破。

溱潼凹陷阜三段滩坝砂岩性油藏勘探取得商业发现。2014 年，加强溱潼凹陷西部斜坡带岩性与低级序断层配置圈闭识别和储层预测，阜三段构造—岩性油藏勘探取得商业发现。陈 4 井、南华 1 井、曹 101 井、帅 7 井获工业油流突破。通过古地貌研究表明，南华—仓吉地区为继承性构造高带，受断层分割形成众多块垒结构，是油气运聚指向区。2018 年，针对吉 2 块、吉 3 块部署吉 2 井、仓西 2 井、吉 3 井、吉 201 井，均获成功，证实了仓吉阜三段滩坝砂岩性油藏规模，落实优质储量 $953 \times 10^4 t$，新建产能 $5.4 \times 10^4 t$。研究认为：西部斜坡带发育北东—南西向和近东西向两组断层，吴堡期形成的北东向断层起横向输导主要作用，控制了阜三段油气，构造—岩性复合控藏、坝砂富油是该区带阜三段的主要成藏特征。

二、深化构造高带、构造转换带针对性攻关，成熟区带复杂断块油藏形成一批规模性商业新发现

在扭张构造控油理论指导下，围绕斜坡区构造高带、复杂断裂区构造转换带大力开展针对性攻关研究，主要包括高邮、金湖凹陷斜坡带主力层系，真武、汉留、石港及杨村等复杂断裂带等区带，这些地区勘探均取得了重要进展，扩大了复杂断块构造油藏的规模，深化了对苏北盆地资源潜力的认识。按照"挖潜油气富集区，拓展低勘探程度区，坚持多层系立体勘探"的勘探思路，重点挖潜主含油高带的结合部，以及低勘探程度区和低勘探层系。从区域应力分析入手，着重加强扭张构造体系的构造高带展布特征研究，建立发散型和聚敛型两种分布模式，指导沙花瓦、崔高、卞闵杨等资料复杂区构造高带的刻画，拓展低勘探层系，在高邮、金湖凹陷斜坡带新发现含油断块 11 个，新增储量 $934 \times 10^4 t$，勘探场面进一步向纵深延伸。针对复杂断裂带地震资料品质差、构造落实程度低的勘探难

点，重点加强高精度三维地震采集、高密度三维地震勘探等新技术攻关，综合运用逆时偏、叠前时间偏、叠前深度偏等新技术开展地震资料的连片重复处理，开展断层性质和构造样式研究，建立构造解释模式，指导梳理构造格局和精细圈闭落实。先后在真武断裂带、汉留断裂带和石港断裂带评价勘探中，形成一批规模性商业发现。

三、加强阜宁组页岩油攻关探索，深凹区带展现了一批探井非常规资源新潜力

"十一五"以来，以苏北盆地高邮、金湖凹陷阜二段和阜四段为主要目的层，开展全区页岩油地质评价，通过烃源岩品质、储层品质、油藏品质、可压裂性、可动性等方面综合评价认为 $E_1f_2^{页1}$、$E_1f_2^{页2}$ 最有利，$E_1f_2^{页3-页5}$、$E_1f_4^{页1}$、$E_1f_4^{页2}$ 次之。通过开展老井复查及页岩出油井解剖，明确页岩油控制因素：高丰度、中成熟纹层状（块状）钙质泥岩是富集的物质基础，脆性矿物含量是影响页岩油富集的重要条件，夹层物性及裂缝发育程度控制富集程度与可动用性，异常高压是页岩油高产的关键。开展区带优选，指出金湖凹陷铜城断裂带东侧及汉涧地区是"砂岩夹层型"页岩油勘探的有利区带，高邮、金湖凹陷深凹—内坡带是"碳酸盐岩夹层型"页岩油勘探的有利区。江苏油田在高邮和金湖凹陷针对泥页岩油气有意识地实施常规井兼探，先后部署一批探井。在高邮深凹带汉留断层下降盘联盟庄油田部署钻探的联 38-1 井，钻至阜四段泥岩裂缝段气测显示活跃，电测解释储层 4 层 20.6m，对 37 号层储层试油，压裂后获得日产油 4.1m³。在高邮凹陷南断阶许庄油田部署钻探的许 X38 井，阜二段泥页岩综合解释油层 2 层 29m，完井试油射开电测解释 1、3 号层 2 层 3.3m，常规试油抽汲日产油 14.4m³。在高邮凹陷北斜坡花庄油田部署钻探的花 X28 井，钻遇阜二段"王八盖"泥岩段时气测明显异常，全烃含量从 4.885% 上升到 99.9%。录井油气显示 39 层 177m，综合解释阜二段泥岩裂缝油层 11 层 65.5m。许 X38、联 38-1、花 X28 等一批探井的成功探索，证实阜宁组页岩油勘探类型多样，为苏北盆地泥页岩油藏勘探提供了潜力空间。

华东油气分公司在溱潼、金湖及海安探区内开展页岩油评价工作，发现阜二段油气显示活跃，19 口探井钻遇油气显示，有 11 口试获低产油流，主要分布在溱潼内斜坡带、海安凹陷曲塘次凹及金湖凹陷北港区块。通过中国石化组织的资源评价及重大先导项目研究，明确了溱潼—海安具有良好的页岩油形成地质条件，探区页岩油资源量 $2.05 \times 10^8 t$，评价出 3 个页岩油 I 类区，分别为金湖凹陷三河深凹带、溱潼凹陷深凹带、海安凹陷南部张家垛—曲塘深凹带。2014 年在金湖凹陷石港断层下降盘三河深凹部署钻探的北港 1 井，阜二段泥页岩测井解释裂隙含油层 4 层 64.5m，阜三段致密砂岩油层 7 层 17.2m，压裂后分别试获日产 5.68t、4.37t 的工业油流。2015 年在金湖凹陷三河次凹专门针对页岩油气部署钻探的北港 1-1HF 井，阜二段钻遇裂隙含油层 17 层 405.78m，2016 年针对 7 段中最底部 2 段进行压裂（4110～3977.3m），试获日产 22.03t 的工业油流，对 3607.3～3700.3m、3776.3～3977.3m 井段分 4 段压裂，日产油 4.5t。2020 年为探索阜二段页岩油勘探潜力，在溱潼深凹带实施风险探井沙垛 1 井，完钻井深 3900m，该井分 7 段压裂，日产油 35.7t，气油比 43～47m³/t。分析认为沙垛地区页岩油具有"物质基础好、演化适中、纹层发育、高压控产"的特征，苏北盆地页岩油领域的勘探实践证实阜宁组页岩油勘探类型多样，具有较大的勘探潜力。

第三章　地　层

　　苏北盆地是在晚三叠世—侏罗纪前陆盆地系统基础上发育的裂陷伸展盆地。地台基底包括新太古代—古元古代的结晶变质岩和中—新元古代的浅变质岩两套基底岩系，基底之上发育了元古宇、古生界、中生界和新生界盖层沉积地层，地层发育较齐全，厚度大。苏北盆地已发现油气主要分布在上白垩统—新近系，上白垩统泰州组与上覆的古近系阜宁组基本上是整合接触，反映盆地演化的连续性（表1-3-1）。苏北盆地上白垩统—新生界自下而上保留有中生界浦口组、赤山组和泰州组，新生界阜宁组、戴南组、三垛组、盐城组和东台组，地层总厚度逾7000m，根据苏北盆地大量钻探获取的录测井、岩矿和古生物等丰富资料，分别阐述其岩性和电性特征、古生物面貌、地层分布及其地层接触关系等。

表1-3-1　苏北盆地晚白垩世—第四纪地层简表

系	统	组	段	亚段	年龄/Ma	岩性描述	厚度/m	反射界面	构造事件	盆地演化
第四系		东台组		Qd	2.58	褐黄、土黄、灰绿色粉砂质黏土、黏土、泥质粉细砂层、细砂层、砂砾层，含海陆相化石	60~360		东台	热沉坳陷
新近系	上新统	盐城组	二	$N_2y_2^2$ （5.33） $N_2y_2^1$ （11.6）	5.33	有4个正韵律旋回，旋回下部为浅灰、灰白色砂岩、不等粒砂岩，上部为棕、灰绿、土黄色泥岩；第一旋回下部砾石成分多见黑色燧石、白色石英的"黑白"砾；含化石	20~1020	T_1^1	盐城樊川	热沉坳陷
	中新统		一	$N_2y_1^2$ $N_2y_1^1$	23	有3个正韵律旋回，旋回下部为特厚层灰白色砂岩、砾岩，上部为棕红、灰绿色泥岩；部分地区第二旋回上部有黑色玄武岩；第三旋回上部泥岩较厚、分布稳定，为对比标志层；含化石	0~1163			
古近系	渐新统	三垛组	二	$E_2s_2^{1-4}$	33.9 / 37.8	浅棕、浅灰色细砂岩、粉砂岩夹灰绿、棕红色泥岩、砂质泥岩，顶部泥岩较发育，含化石	0~875	T_2^0	三垛	伸展断陷
	始新统		一	$E_2s_1^{1-5}$ $E_2s_1^6$ $E_2s_1^7$	47.8	上部浅灰、棕红色砂岩与紫红、绿灰、棕红色泥岩略等厚互层，局部见玄武岩；中部紫红、棕红色泥岩夹浅灰、浅棕色中厚层砂岩及一些浅灰色泥岩，底有一套暗灰色玄武岩；下部、浅棕色块状砂岩，含砂砾岩夹薄层棕红、灰绿色泥岩，夹一层稳定分布的深灰色泥岩低阻标志层；含化石	0~683	T_2^3	真武	
		戴南组	二	$E_2d_2^{1-5}$		棕灰、灰色泥岩、砂质泥岩与浅棕、浅灰色泥岩不等厚互层；含化石	0~822	T_2^3 T_2^4		
			一	$E_2d_1^{2-3}$	56.0	上部4~5层深灰色泥岩、棕灰色泥岩夹浅灰色砂岩，深灰色泥岩为标志层；中部暗紫、棕灰色泥岩与浅棕色砂岩不等厚互层；下部杂色泥岩与砂岩，含砂砾岩、砾岩、泥屑流岩不等厚互层；含化石	0~769	T_3^0	吴堡	伸展坳陷
	古新统	阜宁组	四	$E_1f_4^{1-2}$	59.2	上部黑色灰质泥岩夹同色薄层泥灰岩；下部深灰灰质泥岩，为标志层，金湖、盐城凹陷夹砂岩、少量鲕粒灰岩；洪泽凹陷为泥岩、岩盐夹砂岩；富含化石	0~850	T_3^1		
			三	$E_1f_3^{1-2}$		深灰色泥岩与灰白色粉砂岩互层，部分地区主要为深灰色泥岩，洪泽凹陷见岩盐，富含化石	0~380	T_3^2		
			二	$E_1f_2^{1-3}$	61.6	深灰色泥岩、油页岩夹薄层泥灰岩，金湖凹陷下部间夹生物灰岩、砂岩，为标志层，富含化石	0~436	T_3^3		
			一	$E_1f_1^1$ $E_1f_1^{2上}$ $E_1f_1^{2下}$	66.0	上部深灰、暗棕色泥岩夹浅棕、浅灰色砂岩；下部暗棕色泥岩与浅灰、浅棕色砂岩不等厚互层，向下砂岩变粗，局部地区底部见细砾岩；东部地区岩性细暗、西部地区岩性粗红；含化石	0~1075	T_3^4		
白垩系	上统	泰州组	二	$K_2t_2^1$ $K_2t_2^2$		盆地东部，上部深灰、棕灰色泥岩夹灰白色砂岩；下部深灰色泥质岩、油页岩、泥灰岩，为标志层，富含化石。盆地西部，暗棕色泥岩夹浅灰、浅灰色砂岩，含化石	0~510	T_4^0	仪征	
			一	$K_2t_1^{1-3}$	83.6	浅灰色砂岩夹灰、暗棕色泥岩，下部砂岩粗、厚度大；底部见块状砾岩、砂岩；含化石				
		赤山组		K_2c		砖红、棕红色粉砂岩、细砂岩	0~1905			裂陷
		浦口组		K_2p		上部为棕红、黑色泥岩、粉砂岩、细砂岩互层；中部为膏化泥岩；下部为咖啡、黑、棕红色泥岩、粉砂岩、细砂岩互层段；底部为粗砾岩夹薄层泥岩	0~2730	T_5^0	燕山	
		前浦口组			100.5					

第一节 中生界上白垩统

苏北盆地中生界上白垩统主要包括浦口组、赤山组和泰州组，其中泰州组是苏北盆地四套主要含油层系之一进行重点描述。

一、浦口组（K_2p）

浦口组视厚度 0～2730m，岩性主要为暗棕红色泥岩、粉砂质泥岩，间夹浅棕—灰白色泥质粉砂岩、粉砂岩、细砂岩，有时含膏或夹硬石膏层、盐岩层；底部主要为浅灰、浅棕、棕、深灰色砾岩，间夹含砾、云质粉细砂岩。浦口组与下伏地层整合或不整合接触。

浦口组视电阻率曲线自上而下可分为三段："平直段"，视电阻率 4～6Ω·m；"尖峰段"，视电阻率基值为 5Ω·m 左右，尖峰密集，其阻值为 4～20Ω·m；"高阻段"，视电阻率基值较高，为 10Ω·m 左右。

浦口组产介形虫：*Tangxiella-Talicypridea-Cypridea* 组合，轮藻：*Euaclistochara mundula-Maedlerisphaera corollacea* 组合，孢粉：*Classopollis-Schizaeoisporites* 组合。

浦口组残留地层在苏北地区厚度大，分布集中，除建湖隆起的东西两端、高邮凹陷深凹带、通扬隆起东端外，其余各地均有分布，且具有海安、高邮、白驹、淮安及盐城五个沉积中心，地层产状基本一致，呈北东—北东东走向，视厚度一般为 1000～2500m。淮安地区厚度最大，N 参 1 井视厚度 2730m。

二、赤山组（K_2c）

赤山组视厚度 0～1095m，岩性主要为砖红、棕红色粉—细砂岩，胶结疏松。赤山组与下伏浦口组浦四段整合接触。

赤山组电阻率 4Ω·m 左右，自然电位曲线为"高负异常段"，与上覆泰州组的底砾岩及其对应的"高电阻段"划分界线明显。

赤山组古生物主要是介形虫和轮藻，介形虫主要包括 *Talicypridea obesa*，*T.elliptica*，*Cypridea*（*Pseudocypridina*）*longiellipsoidea*，*Eucyprischishanensis* 等，轮藻主要包括 *Porochara anluensis*，*Retusochara chishanensis*，*Songliaochara huadongensis* 等。

残留的赤山组分布较零星，主要分布于兴化—六合一线，最大厚度 665.5m，并零散分布于泰州、海安、淮阴、刘庄等地区。

三、泰州组（K_2t）

泰州组视厚度 0～510m，自下而上具有粗—细—较粗旋回变化，可分为泰一段（K_2t_1）、泰二段（K_2t_2）。

1. 岩电性特征

1）泰一段（K_2t_1）

细分 3 个亚段，分别为一亚段（$K_2t_1{}^1$）、二亚段（$K_2t_1{}^2$）、三亚段（$K_2t_1{}^3$）。典型剖面如海安凹陷安 10 井 2809～2962m 井段，地层视厚度 153m。

一亚段（$K_2t_1^1$）：深灰、绿灰色泥岩夹浅灰色细砂岩，富含介形类、轮藻、孢粉等微体化石，以及腹足类、双壳类、鱼类等小古生物化石。

二亚段（$K_2t_1^2$）：灰绿、棕色泥岩与浅灰、浅棕色细—中砂岩不等厚互层，含多门类化石。

三亚段（$K_2t_1^3$）：浅灰色块状中砂岩、不等粒砂岩夹薄层棕色泥岩，底部可见杂色砾岩，盐城、金湖凹陷等局部地区见大套的玄武岩；含少量微体化石。

泰一段砂岩测井自然电位（SP）曲线呈中幅负异常，电阻率（RT）中—低值，泥岩RT一般低于砂岩，有些巨厚块状砂岩RT低于泥岩；由泰一段三亚段——一亚段，SP曲线呈箱形、箱—钟形、钟—指—齿形变化，RT呈低值小起伏曲线，到中值与低值间互指状多尖峰变化，泰一段三亚段含砾砂岩、砾岩为中高RT，底部常见RT高峰值。

泰一段与下伏地层界线：二者不整合接触，主要与浦口组接触，其次有赤山组、侏罗系，局部为古生界。

2）泰二段（K_2t_2）

细分2个亚段，分别为一亚段（$K_2t_2^1$）、二亚段（$K_2t_2^2$），典型剖面如吴堡低凸起镇4井2120～2350m，地层视厚度230m。

一亚段（$K_2t_2^1$）：深灰色瘤状泥岩夹棕色泥岩、灰白色薄层粉砂岩、细砂岩，富含介形虫、轮藻、孢粉、藻类等微体化石，以及腹足类、双壳类等古生物化石。

二亚段（$K_2t_2^2$）：深灰色、灰黑色灰质泥岩，下部一般夹6层同色泥灰岩、云质灰岩、油页岩，为优质烃源岩段，总厚度15～35m；富含微体化石。

泰二段泥岩的自然伽马（GR）值比泰一段明显升高，其中泰二段二亚段泥岩RT低阻，泥灰岩、油页岩RT则呈高阻尖峰，构成"六尖峰"组合特征，自下而上尖峰逐渐变小，为区域性岩电性标志层；泰二段一亚段泥岩呈较平滑的RT低值曲线，中上部间夹中等RT值尖峰、指峰，且泥岩RT基值自下而上逐渐略升高，表现为反旋回变化特点。

泰二段与下伏泰一段呈整合接触。

2.古生物特征

泰州组产丰富的介形类、轮藻、孢粉、腹足类、双壳类等化石，尤其泰二段微体化石极丰富（表1-3-2）。

介形类：泰一段主要产 *Mongolocypris gigantea*（大型蒙古星介）-*Quadracypris reniformis*（肾形方星介）-*Talicypridea amoena*（愉快类女星介）组合，有10属15种，化石数量较少。泰二段主要产 *Cypridea (C.) vitrea*（亮女星女星介）-*Disopontocypris mundula*（净润海星介）-*Quadracypris favosa*（蜂巢方星介）组合，有15属32种，化石极丰富，深灰色岩心常见化石呈芝麻状分布，甚至为"芝麻饼"介形类灰岩。

轮藻：泰一段产 *Grambastichara yuntaishanensis*（云台山格氏轮藻）-*Euaclistochara*（真开口轮藻）组合，化石有10属14种，数量较少；泰二段主要产 *Collichara xiaohekouensis*（小河口颈轮藻）-*Latochara cylindrica*（柱形宽轮藻）组合，化石有16属37种，数量较丰富。

孢粉：泰一段主要产 *Classopollis*（克拉梭粉）-*Exesipollenites*（隐孔粉）-*Schizaeoisporites*（希指蕨孢）组合；泰二段主要产 *Ulmipollenites*（榆粉）-*Podocarpidites*（罗汉松粉）-*Jiangsupollis*（江苏粉）组合。

表 1-3-2 苏北盆地泰州组—盐城组古生物化石组合特征简表

界	系	统	组	段	介形类组合	轮藻组合	孢粉组合
新生界	第四系	更新统—全新统	东台组				
新生界	新近系	上新统—中新统	盐城组	二	*Ilyocypris radiate–Cyprinotus（Heterocypris）chiuhsienensis*	*Nitellopsis meriani–Sphaeocharaparaovata*	*Pinaceae–Maynastriatites howardi–Fupingopollenites*
新生界	新近系	上新统—中新统	盐城组	一		*Hornichara lagenalis–Sphaeocharachinensis–Croftiella zhui*	*Pinaceae–Polyodium–Juglans*
新生界	古近系	渐新统					
新生界	古近系	始新统	三垛组	二	*Cyprinotus（Heterocypris）jingheensis–Cyprinotus（C.）hubeiensis–Pinnocypris posti-acuta*	*Obtusochara jianglingensis–Gyrogona qianjiangica*	*Nitrariadites–Retitricolpites–Euphorbiacites*
新生界	古近系	始新统	三垛组	一	*Echinocyprisaff. jingshaensis–Cyprinotus（C.）gaoyouensis–Limnocythere posterocosta*	*Obtusochara jianglingensis–Gyrogona qianjiangica*	*Taxodiaceaepollenites–Caryapollenites*
新生界	古近系	始新统	戴南组	二	*Cypris decaryi–Sinocypris reticulata–Eucypris subtriangularis*	*Neochara huananensis–Obtusochara longicolumnaria*	*Ulmipollenites–Inaperturopollenites–Pterisisporites*
新生界	古近系	古新统	阜宁组	四	顶：*Neomonoceratina bullata–Sinocypris funingensis* 上：*Sinocypris funingensis–Sinocypris multipuncta* 下：*Sinocypris multipuncta–Eucypris subtriangularis–Metacypris haianensis*	*Gobicharadeserta–Stephanochara kiangsuensis–Peckichara longa*	*Polypodiaceoisporites–Proteacidites–Pinaceae*
新生界	古近系	古新统	阜宁组	三	上：*Sinocypris multipuncta–Eucypris subtriangularis–Caspiocyprismodesta* 下：*Ilyocypris cf.yangzhouensis–Sinocypris jinhuensis*	*Gobicharadeserta–Stephanochara kiangsuensis–Peckichara longa*	*Polypodiaceoisporites–Proteacidites–Pinaceae*
新生界	古近系	古新统	阜宁组	二	*Sinocypris pulchra–Parailyocypris obesa–Homoeucypris bucerusa*		*Pentapollenites–Rhoipites–Ephedripites–Cedripites*
新生界	古近系	古新统	阜宁组	一	*Sinocyprishaianensis–Eucypris beilingensis–Cypridea（C.）posterotunda*	*Stephanochara huangjianensis–Gyrogona wubaoensis–Latochara curtula*	*Ulmipollenites–Ephedripites–Classopollis*
中生界	白垩系	上统	泰州组	二	*Cypridea（C.）vitrea–Disopontocypris mundula–Quadracypris favosa*	*Collichara xiaohekouensis–Latochara cylindrica*	*Ulmipollenites–Podocarpidites–Jiangsupollis*
中生界	白垩系	上统	泰州组	一	*Mongolocypris gigantea–Quadracypris reniformis–Talicypridea amoena*	*Grambasticharayuntaishanensis–Euaclistochara*	*Classopollis–Exesipollenites–Schizaeoisporites*
中生界	白垩系	上统	赤山组		*Talicypridea obesa，T.elliptica，Cypridea（Pseudocypridina）longiellipsoidea，Eucyprischishanensis*	*Porochara anluensis，Retusochara chishanensis，Songliaochara huadongensis*	
中生界	白垩系	上统	浦口组		*Tangxiella，Talicypridea，Cypridea*	*Euaclistochara mundula，Maedlerisphaera corollacea*	*Classopollis，Schizaeoisporites*

腹足类：泰一段主要产 *Goniobasis jiangxiensis*（江西基角螺）-*Pachychiloides macilenta*（瘦拟厚唇螺）组合、泰二段主要产 *Mesolanistes dongtaiensis*（东台中屠螺）-*Gypsobia sinensis*（中华兀鹰螺）组合。

双壳类：多见于泰一段，主要产 *Pseudohyria cardiiformis*（鸟蛤形假嬉蚌）、*Limnocyrenashantungensis*（山东湖生蚬）、*L.wangshihensis*（王氏湖生蚬）等。

微体浮游藻类：多见于泰二段，主要产 *Chytroeisphaeridia*（钵球藻属）-*Fromea*（弗罗姆藻属）组合，化石单调稀少。

此外，泰二段还见数枚昆虫化石；海安凹陷安 15 井泰一段见 2 条鱼化石（六合鲏），安 10 井泰二段见 1 块较完整的真骨鱼化石。

3. 地层分布特征

1）地层分区

晚白垩世晚期，苏北地区结束隆升剥蚀、反转沉降，开始新盆地演化，广泛接受泰州组沉积，受古地貌、物源、气候、湖泊等因素影响，形成 3 片地层分区（图 1-3-1、图 1-3-2）。（1）暗色地层区：湖泊沉积产物，剖面下粗红、上细暗，生物丰富，发育优质烃源岩。分布在图 1-3-1 的 A 区，东台坳陷东部诸凹陷、凸起、低凸起单元，海安、白驹、溱潼凹陷和吴堡低凸起地层剖面都较典型。（2）红色地层区：主要为陆地沉积体系区，剖面下粗红、上细红，生物较少。分布在图 1-3-1 的 B 区，东台坳陷西部诸凹陷、低凸起、凸起单元，以金湖凹陷为代表，高邮凹陷中部处于东西岩性过渡变化带，泰二段可见灰色泥岩。（3）杂色地层区：为陆地和滨浅湖沉积体系区，剖面呈下粗红、

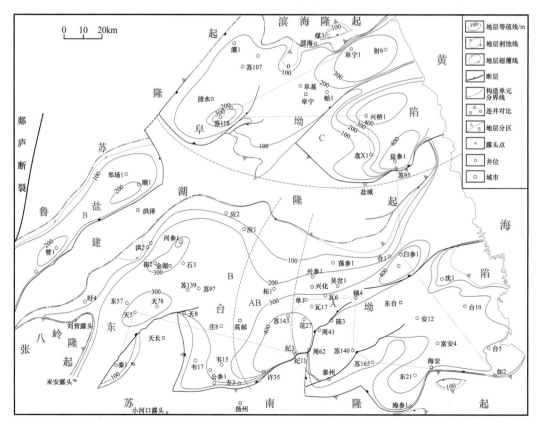

图 1-3-1　苏北盆地泰州组残留地层厚度分布图

- 34 -

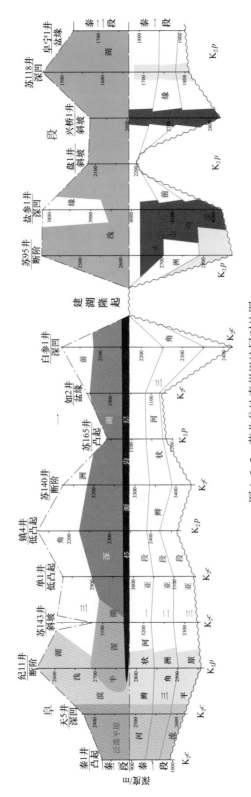

图 1-3-2 苏北盆地泰州组地层对比图

剖面位置参见图 1-3-1；苏 143 井泰二段上部断缺，如 2 井、苏 165 井泰二段顶部剥蚀，上覆为三垛组，其余井均为阜一段

上细灰杂，上部灰色泥岩较发育，东部比西部岩性细暗，泰二段缺乏深水湖泊沉积，尚未见优质烃源岩。分布于图1-3-1的C区，除洪泽凹陷外，盐阜坳陷其他凹陷、凸起单元皆属此类。

2）地层展布

泰州组原始呈披覆式广布各构造单元（图1-3-2）；古新世末，吴堡事件抬升地层遭受不同程度剥蚀，根据钻井、地震及露头资料，残留地层分布有如下特点：一是现今各凹陷、低凸起保存了比较完整的泰州组，只是凹陷、低凸起的边缘有遭受不同程度剥蚀（图1-3-1），白驹凹陷西北坡剥蚀严重、地层缺失；井下地层厚度60～510m，一般厚度100～400m，高邮凹陷东南部最厚，白驹凹陷次之，金湖、盐城凹陷大于400m分布区都是大套玄武岩局部增厚形成的，正常沉积岩在350m内；从厚度变化看，地层厚度总体起伏较小。二是各凸起广泛残留有不等厚泰州组，泰一段残留多、泰二段剥蚀严重，小海凸起东部、大东凸起北段泰州组剥蚀殆尽。三是隆起区残留少量泰州组沉积期微断陷，滨海隆起区煤3井揭示泰州组厚度161m；苏南隆起东段海安南地区，地震资料显示存在多个微断陷，其地震反射特征与海安凹陷泰州组极相似。四是苏南隆起中段扬州市西南仪征地区有泰州组零星露头，盆地西南部阜宁组露头紧邻张八岭隆起，根据苏北盆地地层分布规律，其下伏必有泰州组分布。由此可见，盆地南、北、西隆起区曾经有泰州组建设。

该组与下伏赤山组、浦口组、侏罗系或古生界呈区域角度不整合接触，金湖凹陷西斜坡等地区，地震资料清晰反映了泰州组削截下伏不同层位地层的剖面，钻测井地层对比发现，相邻井泰州组与下伏不同层段接触。仪征露头剖面测得泰州组与赤山组为角度不整合，二者地层倾向不同、倾角不一。

第二节　新　生　界

苏北盆地新生界包括古近系阜宁组、戴南组、三垛组，新近系盐城组和第四系东台组，其中古近系阜宁组、戴南组和三垛组是苏北盆地三套主要含油层系。

一、阜宁组（E_1f）

阜宁组广泛分布于苏北盆地各凹陷中的不同构造部位，厚度1200～1600m，最大厚度达2000m以上。阜宁组在凹陷中保存完整，在凸起部位遭受了不同程度的剥蚀，盆地西南部仪征市有零星露头。该组具下红上黑、下粗上细的沉积特征，有多个粗—细—较粗旋回复合叠加演化形成的四分岩电性特征，自下而上划分为阜一段（E_1f_1）、阜二段（E_1f_2）、阜三段（E_1f_3）、阜四段（E_1f_4）。

1. 岩电性特征

1）阜一段（E_1f_1）

阜一段细分为一亚段（$E_1f_1^1$）、二亚段（$E_1f_1^2$）、三亚段（$E_1f_1^3$）、四亚段（$E_1f_1^4$），典型剖面如高邮凹陷镇4井1314～2120m，地层视厚度806m。

一+二亚段（$E_1f_1^{1+2}$）：灰、暗棕色泥岩夹灰白色粉砂岩、细砂岩，局部泥岩含石膏，盆地东部地区阜一段二亚段底部有 2 层深灰色低 RT 泥岩；金湖凹陷、菱塘低凸起局部发育多套玄武岩。

三＋四亚段（$E_1f_1^{3+4}$）：紫棕、灰绿、暗棕色泥岩、砂质泥岩与浅灰、浅棕色泥质粉砂岩、粉砂岩、细砂岩不等厚互层，局部泥岩含石膏；盆地西部地区阜一段四亚段底部见砂砾岩。

阜一段砂岩 SP 曲线为中幅度负异常，以钟形、指形、齿形为主，底部可见箱形；RT 值中等，泥岩 RT 值低于砂岩。阜一段底部一般有厚层状砂岩，与下伏泰二段上部较小厚度砂岩与泥岩组合相区别，表现在 RT 曲线上基值有一些幅度差异，拐点即为二者分界线。

阜一段与下伏泰二段呈整合接触。

2）阜二段（E_1f_2）

阜二段细分为一亚段（$E_1f_2^1$）、二亚段（$E_1f_2^2$）、三亚段（$E_1f_2^3$），典型剖面如高邮凹陷周 9 井 2267.5～2536.5m 井段，地层视厚度 269m。

一亚段（$E_1f_2^1$）：上部灰黑色含灰质泥岩，中部灰黑色灰质泥岩、泥灰岩，下部灰黑色灰质页岩与泥灰岩互层；洪泽凹陷灰色泥岩夹膏质泥岩、硬石膏岩、白色石盐岩。

二亚段（$E_1f_2^2$）：灰黑色灰质泥岩、页岩夹薄层泥灰岩、云灰岩，局部夹凝灰质沸石岩、薄层介形虫灰岩；金湖凹陷下部相变为深灰色泥岩与浅灰色细砂岩互层，斜坡带发育虫管灰岩、鲕状灰岩、藻灰岩，边缘局部见砂砾岩；洪泽凹陷为灰色泥岩夹膏质泥岩、硬石膏岩。

三亚段（$E_1f_2^3$）：灰黑色灰质泥岩、页岩夹薄层泥灰岩；金湖凹陷为暗棕、灰色泥岩与浅灰色细砂岩不等厚互层，斜坡带夹鲕状灰岩、虫管灰岩、生物灰岩，闵桥—塔集凹陷夹多层玄武岩；高邮凹陷底部间夹细砂岩、薄层鲕状灰岩；洪泽凹陷灰色泥岩夹膏质泥岩，边缘有含砾砂岩、砂砾岩；海安凹陷、溱潼凹陷夹 1～3 层凝灰质沸石岩。

阜二段测井曲线特征突出，阜二段一亚段上部为 RT 低值段，俗称"泥脖子"段；中部为 RT 中低值段，俗称"王八盖或龟背"段；下部 RT 为低、高值间互段，俗称"七尖峰"段。阜二段二亚段为较低 RT 夹四层高 RT 段，俗称"四尖峰"段；阜二段三亚段为较低 RT 夹多层中高 RT 段，中间所夹 RT 峰较高，俗称"山"字形段。由此组成了全盆地区域岩电性对比标志层。

阜二段与下伏阜一段呈整合接触。

3）阜三段（E_1f_3）

阜三段自上而下细分为一亚段（$E_1f_3^1$）、二亚段（$E_1f_3^2$）、三亚段（$E_1f_3^3$），典型剖面如高邮凹陷周 9 井 1923～2267.5m 井段，地层视厚度 344.5m。

各亚段岩性相似，以深灰色含灰质泥岩夹浅灰色泥质粉砂岩、粉砂岩为主，部分地区砂岩欠发育；金湖凹陷西南部、盐城凹陷夹细砂岩、中砂岩，金湖凹陷、涟水凹陷西缘夹少量砂砾岩，洪泽凹陷为灰色泥岩、膏质泥岩夹砂岩、石盐岩、石膏岩。总体上，阜三段三亚段、阜三段一亚段砂岩比阜三段二亚段稍发育。

阜三段测井曲线呈泥岩 RT 低值夹中等 RT 峰值曲线，底部泥岩 RT 特征与下伏阜二段一亚段"泥脖子"相似，阜三段底部低 RT 泥岩"小尾巴段"开始，上翘变换点后转变为阜二段"泥脖子"段 RT 低值。

阜三段与下伏阜二段呈整合接触。

4）阜四段（E_1f_4）

一亚段（$E_1f_4^1$）：上部为灰黑色灰质泥岩、页岩与薄层泥灰岩或泥质云灰岩不等厚互层，下部为灰黑色灰质泥岩、页岩夹薄层泥灰岩或泥质云灰岩；洪泽凹陷还有粉砂岩、膏质泥岩、硬石膏岩、石盐岩、芒硝岩。

二亚段（$E_1f_4^2$）：灰黑色泥岩与含粉砂质泥岩相间组成韵律层，局部夹薄层介形虫灰岩；金湖凹陷西南隅、盐城凹陷为深灰色泥岩与浅灰色砂岩不等厚互层，金湖凹陷砂岩段顶部见数层薄层虫管灰岩、鲕状灰岩；洪泽凹陷为灰色石盐岩、芒硝岩与深灰色泥岩、灰质泥岩不等厚互层。

阜四段测井曲线特点突出，为全盆地区域岩电性对比标志层：阜四段一亚段呈泥岩 RT 低值段夹 RT 中高值多尖峰状薄层灰岩，俗称"多尖峰"段，上部尖峰明显多于下部，其间夹 2 层 RT 低值稳定段；阜四段二亚段泥岩 RT 基值为 $0.5 \sim 2\Omega \cdot m$，形态波状起伏似拉伸弹簧，俗称"弹簧"段。

阜四段与下伏阜三段呈整合接触。

2. 古生物特征

阜宁组化石门类较多，尤其盛产介形类、轮藻、孢粉等微体化石，组合见表 1-3-2。

介形类：阜一段主要产 Sinocypris haianensis（海安中华金星介）-Eucypris beilingensis（北陵真星介）-Cypridea（C.）posterotunda 组合，仅 5 属 9 种化石，种群单调、数量稀少。阜二段主要产 Sinocypris pulchra（美丽中华金星介）-Parailyocypris obesa（肥似土星介）-Homoeucyprisbucerusa（角状纯真星介）组合，化石丰富，16 属 32 种，分异度高，以组合名 3 种分子大量出现为特征。阜三段下部主要产 Ilyocypriscf. yangzhouensis（扬州土星介比较种）-Sinocypris jinhuensis（金湖中华金星介）组合 I，化石有 12 属 34 种，以组合名 2 种分子为优势。阜三段中上部产 Sinocypris multipuncta（细网纹中华金星介）-Eucypris subtrianguaris-Caspiocypris modesta（平静里海金星介）组合 II，化石有 14 属 25 种，组合名的前 2 分子最丰富。阜四段下部产 Sinocypris multipuncta-Eucypris subtriangularis-Metacypris haianensis 组合 I，有 10 属 19 种，化石丰度高，以组合名 3 分子及 Sinocypris funingensis（阜宁中华金星介）等分子丰富为特点。阜四段上部为 Sinocypris funingensis-Sinocypris multipuncta 组合 II，化石有 8 属 11 种，属种数量相对单调而个体数量甚为丰富，以组合名第 1 分子成层为特点，顶部产 Neomonoceratina bullata（膨胀新单角介）-Sinocypris funingensis 组合 III，化石有 7 属 15 种，以组合名第 1 分子大量出现构成该组合带的化石为特征，并与组合第 2 种分子共生。

轮藻：阜一段产 Stephanochara huangjianensis（黄尖冠轮藻）-Peckichara varians（变异培克轮藻）-Latochara curtula（稍短宽轮藻）组合，计有 15 属 41 种，以组合名前 2 属、Grovesichara 属空前繁盛和 Latochara 尚有个别孑遗分子为特点。阜二段贫乏轮藻，少量属种化石与阜三段的一样。阜三段产 Gobichara deserta（荒漠戈壁轮藻）-Stephanochara kiangsuensis（江苏冠轮藻）-Peckichara longa（长柱形培克轮藻）组合，化石达 12 属 40 种，以组合名 3 属种轮藻极盛和中生代 Latochara 属完全绝灭为特点，该组合也常见于阜四段。

孢粉：阜一段下部产 *Ulmipollenites*（榆粉）-*Ephedripites*（麻黄粉）-*Classopollis*（克拉梭粉）组合Ⅰ，主要特征为被子类花粉占优势，平均含量75%左右，裸子类花粉次之，蕨类孢子很少；阜一段上部及阜二段见 *Pentapollenites*（五边粉）-*Rhoipites*（漆树粉）-*Ephedripites*-*Cedripites*（雪松粉）组合Ⅱ，其特征以被子类花粉为主，平均含量63%左右，裸子类花粉次之，平均含量32%左右，蕨类孢子最少，平均5%左右。阜三段、阜四段产 *Polypodiaceoisporites*（具环水龙骨孢）-*Proteacidites*（山龙眼粉）-*Pinaceae*（松科）组合，该组合以被子类花粉占优势为特征，裸子类花粉次之，蕨类孢子最少；榆粉、脊榆粉、亚三孔粉等具孔类花粉占20%左右，三沟、三孔沟类花粉如网面三沟粉、栗粉、栎粉及 *Retitricolporites*（网面三孔沟粉）等有一定含量，五边粉、漆树粉退居次要位置；蕨类孢子中凤尾蕨孢最多（5.4%），*Deltoidospora*（三角孢）、*Toroisporis*（具唇孢）和海金沙孢等常见，*Polypodiaceoisporites*（水龙骨单缝孢）等连续出现，但含量不高，该组合也常见于阜四段。

腹足类：阜二段—阜四段产 *Valvata changzhouensis*（常州盘螺）-*Parhydrobia macilenta*（瘦近水螺）组合，化石较丰富。

3. 地层分布特征

苏北盆地现今阜宁组为残留地层（图1-3-3至图1-3-6），既保留了原始沉积分区特点，又呈现出残留展布。

古新世，苏北盆地继承了泰州组沉积期统一的大盆地格局，并将湖盆推向鼎盛发育期，在盆地内部各构造单元和周缘隆起都有广泛的沉积，受物源、沉积环境、构造演化等因素影响，控制着阜宁组的纵横岩性分区和厚度变化。同时，盆地后期全面抬升，阜宁组遭受剥蚀，如图1-3-3至图1-3-6所示，自凹陷→斜坡→低凸起、凸起→隆起，残留地层渐少、厚度渐小，以至于范围小于泰州组面积，且上部残留范围小于下部。凹陷残留厚度最大可达2300m，一般厚度为1200～1600m，低凸起上残留较多，凸起上大部分剥蚀殆尽，不同构造单元差异很大。

1）阜一段地层展布

与下伏泰州组呈连续沉积，原始建造范围超过泰州组沉积期。地层广泛残留于各凹陷、低凸起单元，凸起边缘、隆起区有不同程度残留分布（图1-3-7）。分3个地层片区：（1）暗色地层区。剖面下粗红、上细暗，中部暗棕、紫、灰色泥岩，上部暗棕、深灰色泥岩，分布在图1-3-3的A区诸构造单元；凹陷、低凸起剖面较完整，漆潼、白驹凹陷和吴堡低凸起地层较厚，厚度500～800m，海安、盐城等其他凹陷厚度300～420m，盐城南洋次凹可达590m；诸凹缘、凸起地层剥蚀严重，白驹凹陷从内坡白参1井剥蚀已超过350m。（2）砂泥岩区。剖面呈砂泥岩互层变化，分布在图1-3-3的B区，高邮、金湖凹陷和菱塘低凸起地层厚度一般为300～900m，高邮凹陷南部厚度较大，最厚925m。（3）含膏地层区。图1-3-3的C区洪泽凹陷为独立沉积单元，泥岩含石膏；地层较薄，厚度100～420m。

此外，如图1-3-3所示，滨海、苏南隆起局部有阜一段残留，煤3井残留27m；张八岭隆起边缘来安、苏南隆起小河口有阜一段露头。

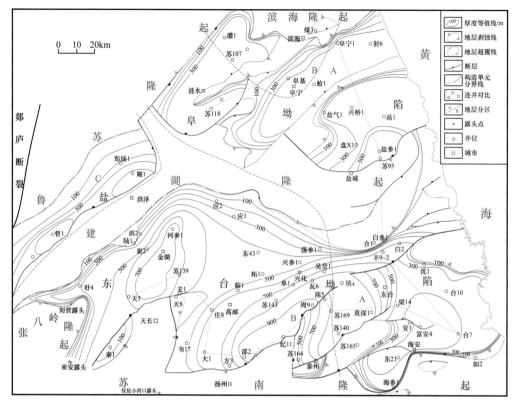

图 1-3-3　苏北盆地阜一段残留地层厚度分布图

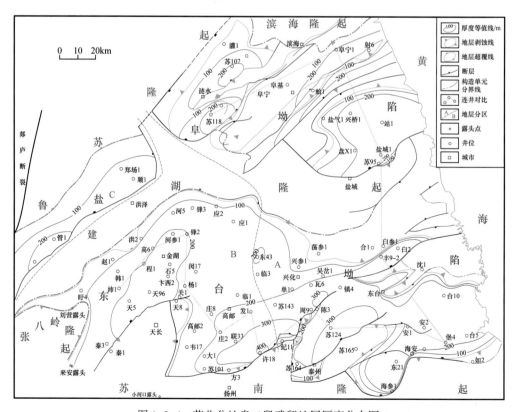

图 1-3-4　苏北盆地阜二段残留地层厚度分布图

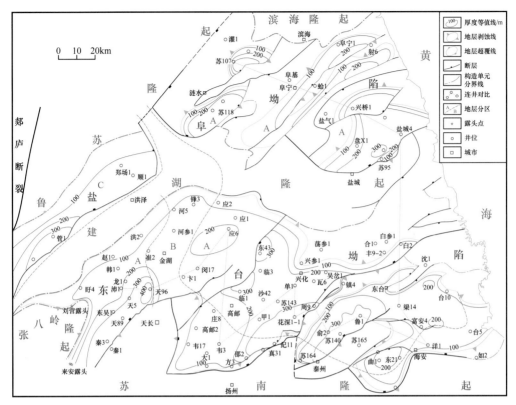

图 1-3-5　苏北盆地阜三段残留地层厚度分布图

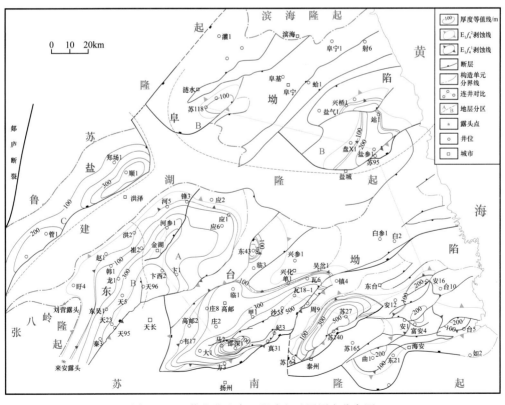

图 1-3-6　苏北盆地阜四段残留地层厚度分布图

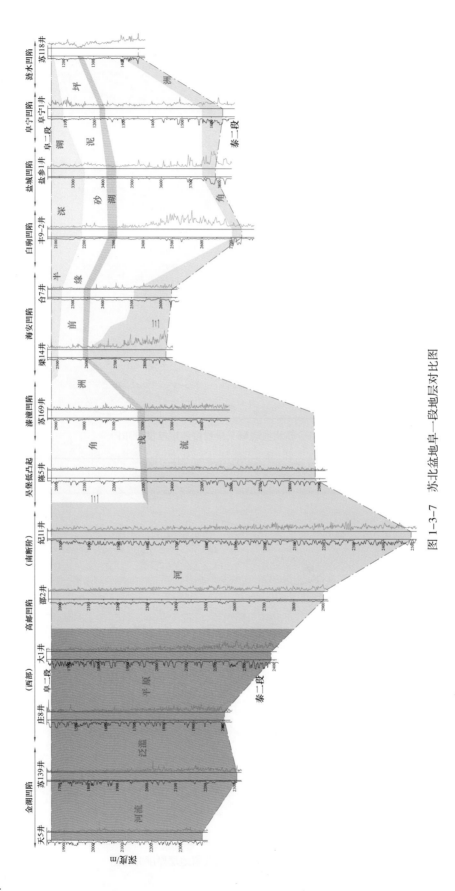

图 1-3-7　苏北盆地阜一段地层对比图

2）阜二段地层展布

与下伏阜一段连续沉积，为盆地第2期全域性湖侵产物，原始格局超过阜一段范围。凹陷边缘、低凸起、凸起、隆起区，地层剥蚀更严重，导致残留分布小于阜一段范围（图1-3-8）。地层分3个片区：（1）无砂岩区。岩性如安1井为灰黑色泥岩、泥灰岩，分布在图1-3-4的A区诸凹陷、低凸起、凸起等单元，岩电性完全一致，对比极好；凹陷完整剖面厚度一般为150～310m，凹缘地层剥蚀严重，低凸起地层有剥缺，凸起地层基本剥光。（2）下部充砂岩区。图1-3-4东台坳陷B区阜二段下部见砂岩沉积，如图1-3-8自东向西充砂层位逐渐升高，高邮凹陷充砂在阜二段三亚段下部，砂岩上覆可见薄层鲕粒灰岩，金湖凹陷充砂至阜二段二亚段中部，且斜坡区还发育藻、鲕状、虫管灰岩；阜二段完整剖面厚120～320m，高邮深凹带许18井最厚438m。（3）膏盐岩区。分布于洪泽凹陷，地层厚度一般为60～280m。

3）阜三段地层展布

与下伏阜二段连续沉积，为区域湖侵结束、水退回返建造产物，原始格局与阜二段大致相当。残留范围明显小于阜二段分布，凹缘、低凸起地层剥蚀更强，凸起、隆起无残留（图1-3-9）。地层分3个区：（1）砂泥岩区。为三角洲前缘建造的深灰色泥岩夹砂岩，分布在图1-3-5的A区诸凹陷、低凸起单元；完整剖面厚度一般为150～350m，金湖龙岗次凹最厚超400m，各斜坡边缘已不同程度遭受剥蚀，致使厚度小于100m，低凸起地层剥缺扩大、残留少。（2）泥岩区。为前三角洲前缘建造的泥岩区，局部夹少许薄层砂岩，如图1-3-9的韦3、洋1井；分布在图1-3-5的B区，完整剖面厚度一般为100～320m，高邮深凹带邵2井最厚381m。（3）盐岩区。洪泽凹陷属此类，地层厚度一般为80～350m。

4）阜四段地层展布

与下伏阜三段连续沉积，为古新世第3期区域湖侵产物，原始格局超下伏各段。现各处地层剥蚀严重，残留范围小于下伏各段，洪泽、金湖、高邮、溱潼凹陷地层残留多，海安、白驹、阜宁、涟水、盐城凹陷地层剥蚀更强烈，低凸起地层几乎剥蚀殆尽，凸起地层被剥光，阜四段一亚段残留范围小于阜四段二亚段（图1-3-10）。地层分布可划分为3个区：（1）无砂岩区。深湖沉积产物，分布在图1-3-6的A区，残留厚度差异大，凹陷主体区阜四段一+二亚段残留厚度一般为200～450m，高邮凹陷真31井最厚524m。（2）阜四段二亚段有砂岩区。阜四段一+二亚段残存三角洲前缘沉积，分布在金湖凹陷汊涧地区及盐城、涟水凹陷，汊涧地区地层较厚，为150～450m，盐涟地区残留厚度一般为100～250m。（3）盐岩区。洪泽凹陷盐湖沉积更为兴盛，地层厚度一般为100～450m。

二、戴南组（E_2d）

戴南组岩性一般具有粗—细—较粗的旋回演化，可分为戴一段（E_2d_1）、戴二段（E_2d_2）。

1. 岩电性特征

1）戴一段（E_2d_1）

戴一段细分为一亚段（$E_2d_1^1$）、二亚段（$E_2d_1^2$）、三亚段（$E_2d_1^3$），典型剖面如高邮凹陷富44井2654～3301m，地层视厚度647m。

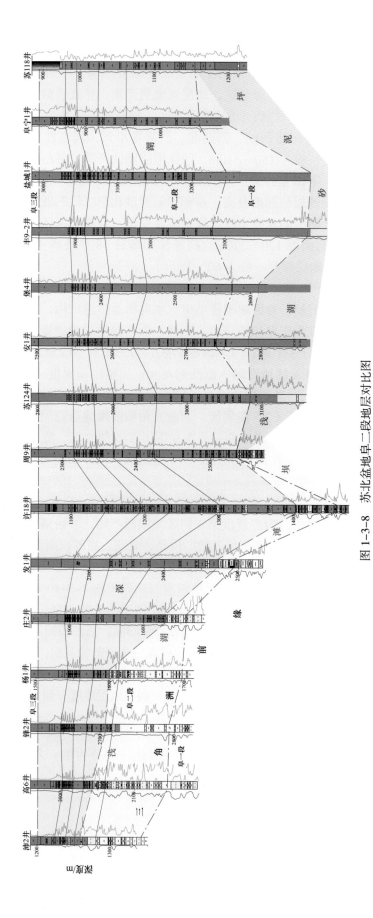

图 1-3-8 苏北盆地阜二段地层对比图

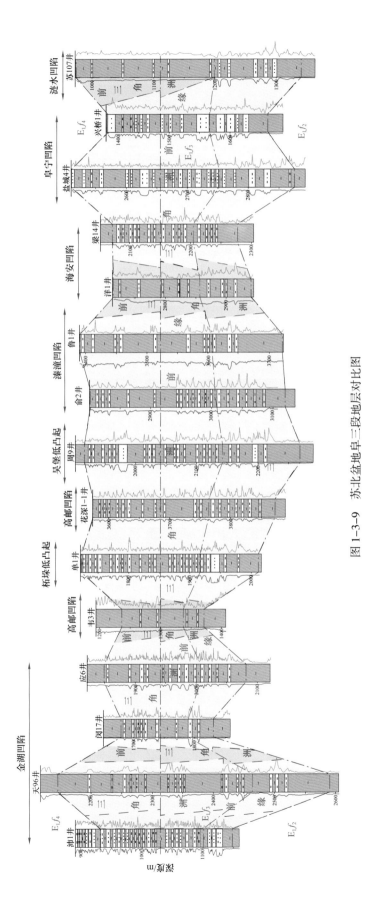

图 1-3-9　苏北盆地阜三段地层对比图

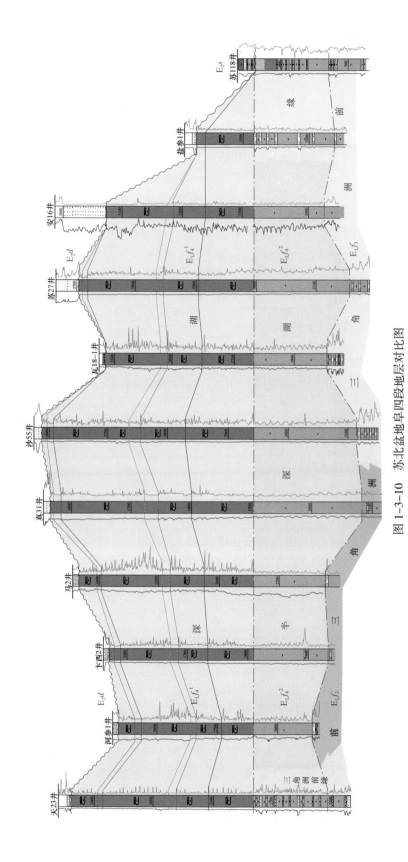

图 1-3-10 苏北盆地阜四段地层对比图

一亚段（$E_2d_1^1$）：灰、深灰色泥岩、泥页岩间夹暗紫、暗棕色泥岩、不等粒砂岩，深灰色泥岩在高邮凹陷一般有 5 个单层，断陷边缘层数减少，溱潼凹陷和金湖、海安凹陷局部次凹一般有 4 个单层；含较丰富原生化石和少量再沉积介形类化石。

二亚段（$E_2d_1^2$）：紫灰、暗棕、褐色泥岩与浅棕色不等粒砂岩互层，局部见砂砾岩、泥屑流岩；含原生化石和少量再沉积介形类化石。

三亚段（$E_2d_1^3$）：灰、暗棕、褐色泥岩、砂质泥岩与浅灰色细砂岩、含砾不等粒砂岩不等厚互层，底部常见砂砾岩、砾岩，局部地区常呈大套泥屑流岩、泥石流岩；含原生和再沉积化石。

戴一段一亚段深灰色泥（页）岩具特低 RT 值特征，一般为 $0.5\sim1.5\Omega\cdot m$，单层曲线呈"V"形或"U"形，构成 5 层或 4 层低 RT 值夹砂岩中高 RT 值组合特点，俗称"五高导岩性段"，厚 $60\sim180m$，为区域性对比标志地层；中部呈砂泥岩互层的曲线形态，物性差的（砂）砾岩具较高 RT 值特点；下部为梳状、尖峰状中高 RT 砂（砾）岩与较低 RT 泥岩构成的下高、上低正三角形状韵律组合。此外，大套泥屑流岩、泥石流岩呈泥岩 SP 基线、低 RT 值曲线的特殊情况。

戴一段与下伏阜四段呈区域角度不整合接触。

2）戴二段（E_2d_2）

戴二段自上而下细分为一亚段（$E_2d_2^1$）、二亚段（$E_2d_2^2$）、三亚段（$E_2d_2^3$）、四亚段（$E_2d_2^4$）、五亚段（$E_2d_2^5$），典型剖面如高邮凹陷永 38 井 $2460\sim3250m$ 井段，地层视厚度 $790m$。

一＋二亚段（$E_2d_2^{1+2}$）：浅灰色不等粒砂岩夹红棕色泥岩、砂质泥岩，含原生和少量次生化石。

三亚段（$E_2d_2^3$）：紫、灰棕色泥岩、砂质泥岩夹浅灰色不等粒砂岩，含原生和少量次生化石。

四＋五亚段（$E_2d_2^{4+5}$）：浅灰色不等粒砂岩夹褐棕色泥岩、粉质泥岩，含原生和少量次生化石。

戴二段砂岩 SP 中高幅负异常，下部多呈箱形—钟形组合，中部呈指状—钟形组合，上部呈箱形，泥岩具较低 RT 值，砂岩 RT 值中等。

戴二段与下伏戴一段呈整合接触。

2.古生物特征

介形类：戴南组产 *Cypris decaryi*（德卡里金星介）-*Sinocypris reticulata*（网纹中华金星介）-*Eucypris subtriangularis*（近三角真星介）组合（表 1-3-2），化石群有 15 属 36 种，特征是阜宁组沉积期 *Sinocypris* 属基本消失，仅剩一个种 *S.reticulata*；新生 *Cypris decaryi* 为该组的带化石。

轮藻：戴南组产 *Neochara huananensis*（华南新轮藻）-*Obtusochara longicolumnaria*（长柱形钝头轮藻）组合，化石多达 14 属 46 种，新出现种达 11 个；其中 *Neochara*，*Rhabdochara* 属及 *Obtusocharalongicolumnaria* 种十分发育，*Neochara* 分异度高、丰度高，多达 9 种，以新轮藻属繁盛，而阜宁组的 *Stephanochara*，*Peckichara*，*Gobichara* 属大为衰减，二者生物群差别很大。

孢粉：戴南组产 *Ulmipollenites-Inaperturopollenites-Pterisisporites* 组合，主要特征

为被子类花粉在组合中平均占 55% 左右，尤以个体较小的具孔类花粉丰富；三沟、三孔沟类花粉有一定量。

腹足类：戴一段化石繁盛有 13 属 20 种，以 *Bithynia* 属最丰富。

3. 地层分布特征

古新世末，苏北—南黄海泰州组—阜宁组统一盆地解体，转入始新世各凹陷独立的箕状断陷发展阶段，戴南组为典型断陷盆地群的沉积产物，因各断陷相互独立，各凹陷地层差异极大。

1）地层分区

各断陷受发展期、沉降幅度、物源、古地貌、沉积环境等有明显差异影响，各凹陷戴南组沉积地层特征差异显著，大致可分为 4 种地层分区（图 1-3-11）：（1）高邮型。断陷从戴一段三亚段开始发育，地层厚度大，剖面呈下粗灰褐色、中细灰色、上较粗棕红色，总体特征是砂泥岩不等厚互层，中部戴一段一亚段五高导深灰色泥岩发育良好，深凹带成为烃源岩。（2）金湖型。断陷也从戴一段三亚段开始发育，地层厚度较大，剖面呈下粗红色、上较粗红色的砂泥岩不等厚互层，戴一段一亚段高导灰色泥岩不甚发育，仅龙岗、三河次凹中央少数井见 4 个高导灰色泥岩，厚度小，其 RT 值比高邮凹陷戴一段一亚段的明显大。（3）溱潼型。断陷始于戴一段二亚段沉积期，地层厚度小，剖面呈下粗红色、中较细暗色、上较粗红色，砂岩发育夹泥岩为主，戴一段一亚段高导段变为 4 个高导灰色泥岩；包括溱潼凹陷、海安曲塘次凹、盐城、洪泽凹陷戴一段一亚段高导段仅 2~3 层稍清楚。（4）海安型。断陷始于戴二段，地层厚度很小，剖面岩性主要由褐色泥屑流岩构成，包括海安凹陷的孙家洼、富安、新街、北凌次凹和临泽凹陷北次凹，临泽剖面为砂泥岩互层。

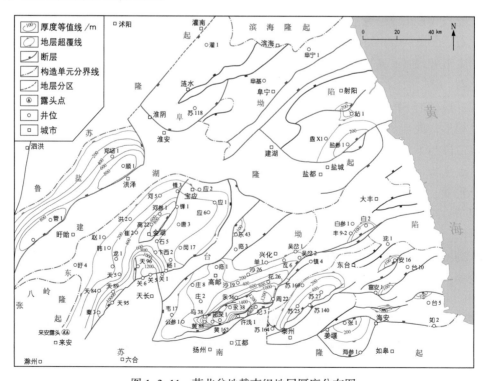

图 1-3-11　苏北盆地戴南组地层厚度分布图

2）地层展布

如图 1-3-11 所示，戴南组分布于 7 个凹陷的 12 块，独立展布，各凹陷戴南组沉积范围均小于其所在地残留的阜四段面积，呈典型断陷充填超覆沉积。高邮凹陷：戴南组接近满凹分布，仅西部边缘、南部断阶带高台阶缺少沉积；其中，如图 1-3-12 所示，戴一段三亚段仅局限于深凹带，戴一段一 + 二亚段扩展至斜坡，戴二段再扩大到斜坡边缘。该凹陷为苏北盆地最早形成的戴南组断陷，沉降幅度最深，沉积地层最厚，戴南组厚度一般为 800～1400m，邵伯、樊川次凹中央地层厚度最大，邵深 1 井戴南组视厚度 1591m；戴二段厚度略大于戴一段，仅南部断阶带中台阶纪 3—真 31 断块受纪③断层活动影响，相对抬升缺失戴二段；斜坡区戴一段充填超覆沉积明显晚于深凹带，地层厚度一般为 100～800m，戴一段明显薄于戴二段，到边缘只有戴二段。金湖凹陷：戴南组接近满凹展布，斜坡四周边缘缺少沉积无地层；三河、龙岗次凹沉降早，有戴一段三亚段分布，是苏北盆地仅有的 2 处戴一段三亚段区之一，其后各亚段扩展分布规律与高邮凹陷一致；其中，龙岗次凹戴南组厚度 600～1200m，关 8 井戴南组视厚度 1215m，三河次凹戴南组厚度 600～920m，桥 8 井戴南组视厚度 910m，斜坡区戴南组一般小于 400m。溱潼、洪泽凹陷：除凹陷斜坡边缘缺少沉积无戴南组外，接近满凹展布；溱潼凹陷戴南组厚度一般为 0～495m，洪泽凹陷达 0～930m。海安、盐城、临泽凹陷：戴南组仅各次凹中心有分布，面积极小，斜坡区均无沉积而缺失地层。其中，海安曲塘次凹分布在戴一段二亚段—戴二段，厚度 0～297m；孙家洼、富安、新街、北凌次凹只有戴二段，厚度均不足 200m。盐城凹陷南洋、新洋次凹戴一段一 + 二亚段厚度 0～141m，戴二段厚度 0～125m。临泽凹陷北次凹只有戴二段，厚度 0～114m。

此外，白驹、阜宁、涟水凹陷和所有低凸起、凸起，均无戴南组沉积，缺少地层。

三、三垛组（E_2s）

三垛组自下而上具有粗—细—稍粗旋回，可分为垛一段（E_2s_1）、垛二段（E_2s_2）。

1.岩电性特征

1）垛一段（E_2s_1）

垛一段细分为一亚段（$E_2s_1^1$）、二亚段（$E_2s_1^2$）、三亚段（$E_2s_1^3$）、四亚段（$E_2s_1^4$）、五亚段（$E_2s_1^5$）、六亚段（$E_2s_1^6$）、七亚段（$E_2s_1^7$），典型剖面如高邮凹陷真 8 井 2038～2684m 井段，地层视厚度 646m。

一 + 二亚段（$E_2s_1^{1+2}$）：浅棕色细砂岩与灰绿、紫、棕色泥岩不等厚互层，局部发育玄武岩；含少量化石。

三 + 四亚段（$E_2s_1^{3+4}$）：灰、紫红、棕红色泥岩夹浅灰棕色粉砂岩、细砂岩；含少量化石。

五亚段（$E_2s_1^5$）：浅灰、浅棕色砂岩与褐灰、棕红色泥岩不等厚互层，下部有 1～3 层黑色玄武岩，为凹陷局部对比标志层；含少量化石。

六亚段（$E_2s_1^6$）：浅灰、浅棕色厚层细砂岩、中砂岩夹棕色泥岩，底部为 4～15m 具低 RT 值的深灰色泥岩，分布稳定，为区域对比标志层；含较丰富的化石。

七亚段（$E_2s_1^7$）：浅灰、浅棕色含砾砂岩、不等粒砂岩夹棕红、灰绿色泥岩。

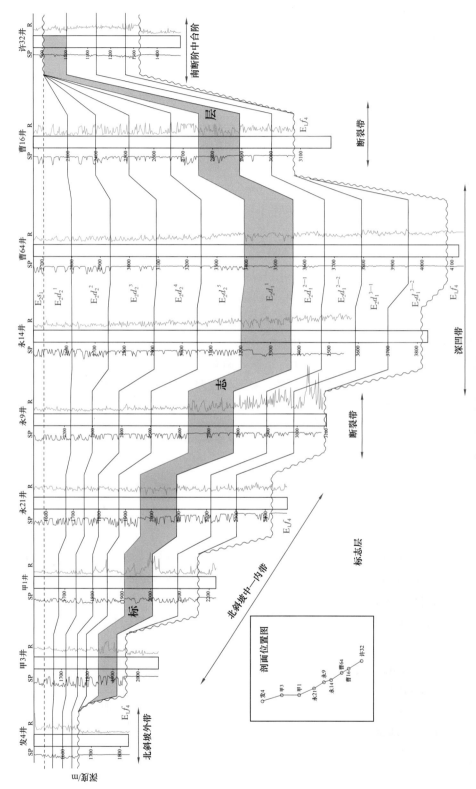

图 1-3-12 苏北盆地高邮凹陷戴南组地层对比图

垛一段中上部 SP 呈基线段间夹指形中幅负异常曲线，泥岩 RT 值较低，砂岩 RT 值高于泥岩夹于其中，俗称"泥包砂段"，作为辅助对比标志层；下部普遍存在一套高电导率深灰色泥岩，俗称"高导黑泥岩层"，厚度 5～30m，RT0.5～1.5Ω·m，曲线呈"V"形或"U"形，是区域标志层。一般以垛一段黑色高导泥岩之下 2 个 SP 箱形块状砂层作为垛一段与戴二段分界，或横向对比与此相当的几个小砂层组底为界。

三垛组与下伏戴二段呈区域假整合接触，与下伏阜宁组、泰州组呈区域不整合接触。

2）垛二段（E_2s_2）

垛二段细分为一亚段（$E_2s_2^1$）、二亚段（$E_2s_2^2$）、三亚段（$E_2s_2^3$）、四亚段（$E_2s_2^4$），典型剖面如高邮凹陷真 8 井 1242～2038m，地层视厚度 796m。

一亚段（$E_2s_2^1$）：棕、灰、灰绿色泥岩、粉砂质泥岩夹浅灰棕色薄层粉砂岩，或二者不等厚互层，上部泥岩较下部发育，东部地区有一层较低 RT 值的灰色含煤泥岩或碳质泥岩；含化石。

二—四亚段（$E_2s_2^{2-4}$）：浅灰棕色粉砂岩夹浅褐、红棕色砂质泥岩、泥岩；含化石。

垛二段上部 SP 呈基线夹指形低幅负异常，RT 值总体较低，带小尖峰状；中下部砂岩 SP 呈箱形中幅负异常，RT 中低值夹泥岩，俗称"砂包泥段"，作为辅助标志层；部分地区钻井液 RT 高于地层水，出现砂岩 RT 低值、SP 中幅正异常；海安、溱潼、白驹、盐城凹陷及周缘凸起领域，垛二段一亚段、垛二段三亚段各发育一层碳质泥岩或含煤泥岩，具有 RT 低值约 1.2Ω·m、感应电导率高值约 500mΩ·m 的特征，地层视厚度 8～20m 不等，为该地区的对比标志层。一般以垛二段下部"砂包泥段"与垛一段上部"泥包砂段"有较明显的岩电性组合变化拐点为界作为垛一段与垛二段的界线。

垛二段与下伏垛一段呈整合接触。

2. 古生物特征

介形类：垛一段主要产 *Echinocypris aff.jingshaensis*（荆沙棘星介亲近种）-*Cyprinotus（C.）gaoyouensis*（高邮美星美星介）-*Limnocythere posterocosta*（后脊湖花介）组合，特点是 11 属 18 种，个体数量明显减少，戴南组带化石 *Cypris decaryi* 消失，*Sinocypris* 绝灭，*Cyprinotus（C.）*sp. 成为此期的重要分子，*Echinocypris* 是组合的带化石。垛二段主要产 *Cyprinotus（Heterocypris）jingheensis*（荆河异星美星介）-*Cyprinotus（C.）hubeiensis*（湖北美星美星介）-*Cyprois xiangxiangensis*（湘乡柔星介）组合，化石属种非常单调，5 属 6 种，以 *Cyprinotus（Heterocypris）jingheensis* 相对丰富，为组合的带化石，组合名另 2 分子较少。

轮藻：垛一段化石稀少，归入垛二段组合，有 *Gobichara deserta*，*Nemegtichara prima*，*Grovesichara changzhouensis*，*Stephanochara fortis* 等。垛二段产 *Obtusochara jianglingensis*（江陵钝头轮藻）-*Gyrogona qianjiangensis*（潜江扁球轮藻）组合，有 9 属 14 种，属种单调、数量少，以组合名 2 属种为主要分子。

孢粉：垛一段产 *Taxodiaceaepollenites*（杉粉）-*Caryapollenites*（山核桃粉）组合，主要特征为被子类花粉占优势（51.5%），裸子类花粉次之（43.1%），蕨类孢子很少（5.1%）；被子类花粉中，*Caryapollenites* 为优势分子（21.9%）。

腹足类：垛一段产水栖淡水前鳃类 *Valvata* 属和陆栖肺螺 *Physa* 属为主，计4属6种，主要见于垛一段中部。

3.地层分布特征

1）地层分区

三垛组继承戴南组箕状断陷体制，并将断陷推向演化末期衰退阶段，总体呈现披覆式沉积格局，并受多物源、多水系影响，建设了不同的岩性地层区（图1-3-13、图1-3-14）：（1）海安型。剖面灰绿色泥岩较发育，垛二段有2套横向稳定的碳质泥岩；分布在海安、白驹凹陷及周缘地区。（2）高邮型。剖面下部"泥包砂"、上部"砂包泥"，如高邮、溱潼凹陷与周缘低凸起，以及金湖次凹带等地区。（3）盐城型。剖面砂砾岩较发育，如盐城凹陷、金湖凹陷斜坡带、高邮凹陷西部黄珏—秦栏地区。

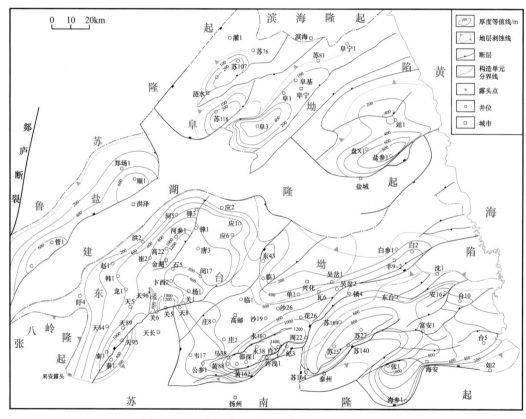

图1-3-13　苏北盆地三垛组残留地层厚度分布图

2）地层展布

从图1-3-11与图1-3-13对比可知，三垛组断陷范围较戴南组明显增大，东台坳陷9个分隔的戴南组断陷，以及白驹凹陷、4个（低）凸起等无戴南组沉积的地区连成统一的断陷格局，盐城凹陷范围扩大，阜宁、涟水凹陷出现沉积区，三垛组沉积末全面抬升剥蚀。残留地层展布：东台坳陷各构造单元广泛分布，三垛组厚度一般在200～800m之间，次凹厚、斜坡中、（低）凸起薄，边缘小于200m；高邮深凹带厚度最大，一般在1000～1500m之间，肖2井厚达1558m；金湖凹陷龙岗、三河次凹厚达约1200m，铜城断裂东盘受构造反转抬升剥蚀，地层厚度不足600m，明显小于两侧；溱潼凹陷地层一

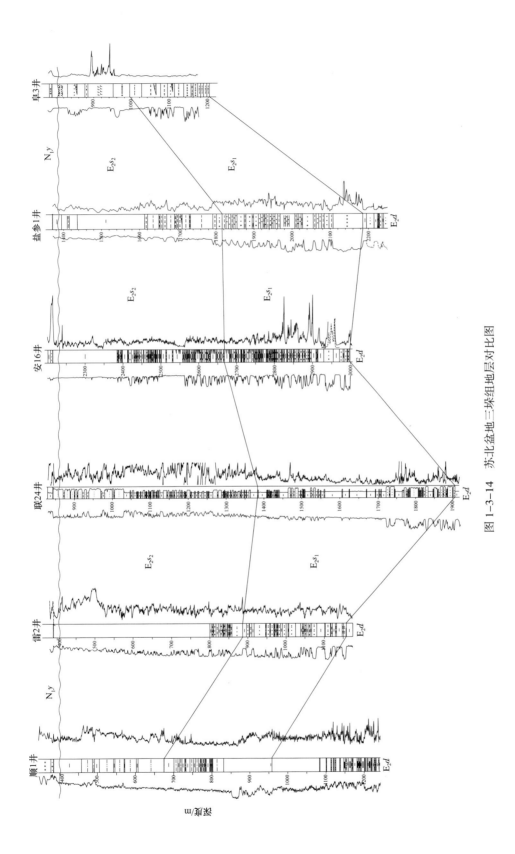

图 1-3-14 苏北盆地三垛组地层对比图

般在 400～800m 之间，最厚 1040m；海安凹陷地层厚度一般在 200～780m 之间，曲塘次凹张 1 井厚达 1043m；白驹凹陷仅洋心次凹及周缘有地层，白 2 井最厚仅 428m。盐城、洪泽凹陷地层厚度一般在 600m 内，南洋次凹地层厚达 830m；阜宁凹陷地层厚度一般小于 200m，最厚约 415m。

四、盐城组（$N_{1+2}y$）

盐城组自下而上沉积旋回具有两分性，本书采纳油田生产通用的分段方案，将其分为下部盐一段（N_1y_1）、上部盐二段（$N_{1+2}y_2$）。

1. 岩电性特征

1）盐一段（N_1y_1）

盐一段细分为一亚段（$N_1y_1{}^1$）、二亚段（$N_1y_1{}^2$）、三亚段（$N_1y_1{}^3$），典型剖面如海安凹陷安 16 井 1304～2215m 井段，地层视厚度 911m。

一亚段（$N_1y_1{}^1$）：上部土黄、棕红色粉砂质泥岩、泥岩，厚 30～80m，横向分布较稳定；中下部为灰黄色中—粗砂岩、砂砾岩与浅棕红、灰绿色砂质泥岩组成的河流二元结构下粗上细岩性，纵向呈多个二元结构正旋回不等厚剖面叠加；临泽凹陷东 43 井、菱塘低凸起东 54 井一线顶部发育一套玄武岩；含小哺乳类、鱼及介形虫、轮藻、孢粉化石。与下伏盐一段二亚段呈不整合—假整合—整合接触。

二亚段（$N_1y_1{}^2$）：为灰黄、灰白色粗砂岩、含砾粗砂岩、砂砾岩与浅棕红、灰绿色砂质泥岩组成的下粗上细二元结构岩性，纵向呈多个正旋回不等厚剖面叠加；含小哺乳类、鱼及介形虫、轮藻、孢粉化石。小海凸起、吴堡低凸起东段，白驹凹陷局部，高邮凹陷大部，金湖凹陷闵桥地区，在盐一段一亚段上部广泛发育灰黑色玄武岩层，一般有 1～3 层，累计厚度 10～90m，层位较稳定；盐一段一亚段底部一层玄武岩厚 19m，仅见于真武地区真 29 井。

三亚段（$N_1y_1{}^3$）：为灰白色含砾粗砂岩、砂砾岩或砾岩与棕红、棕色砂质泥岩、泥岩组成的下粗上细二元结构岩性，纵向呈多个正旋回不等厚剖面叠加；单旋回下部粗粒厚度明显大于上部细粒的，下旋回比上旋回颗粒粗、厚度大；盐一段下部厚层、特厚层块状高 RT、长箱状砂砾岩、砾岩粗岩性段，与垛二段上部的泥岩较发育段或砂泥岩段存在明显的岩性、电性基值、峰值差异，二者拐点作为盐城组与三垛组的分界。含小哺乳类、鱼及介形虫、轮藻、孢粉化石。盐一段三亚段顶部在海安梁垛、溱潼台兴地区见一套厚 3～20m 玄武岩，安 8、安 15 井盐一段三亚段底见一套厚 6～12.5m 玄武岩。

盐一段为典型的下部辫状河流、上部曲流河沉积产物，顶部一套泥岩具 RT 低值（2～6Ω·m）特征，是该组区域对比标志层；其他层泥岩 RT 值较低，与下部粗岩性 RT 中高值呈正三角形状，组成典型的河流岩电性组合特征，粗岩性 SP 曲线呈中低幅负异常，箱状、长箱状组合。

盐一段与下伏三垛组呈区域不整合接触。

2）盐二段（$N_{1+2}y_2$）

盐二段细分为一亚段（$N_2y_2{}^1$）、二亚段（$N_1y_2{}^2$）、三亚段（$N_1y_2{}^3$）、四亚段（$N_1y_2{}^4$），典型剖面如海安凹陷安 16 井 307～1304m，地层视厚度 997m。

一亚段（$N_2y_2{}^1$）：为浅灰白、灰黄色砂砾层与棕黄、浅棕红色黏土层、粉砂质黏土层组成的下粗上细二元结构岩性，纵向呈多个正旋回不等厚剖面叠加。

二亚段（$N_1y_2^2$）：为浅黄、灰白色粗砂层、砂砾层与浅灰绿、浅棕色黏土层组成的河流二元结构岩性，纵向由多个正旋回不等厚剖面叠加；金湖凹陷西南部、天长凸起及六合一带发育多层玄武岩，层数差异大，横向变化快，厚度变化大，一般为20～50m。

三亚段（$N_1y_2^3$）：为灰白色含细砾粗砂层、砂砾层、砾层与浅棕黄、浅灰色粉砂质黏土、黏土组成的河流二元结构岩性，纵向由多个正旋回不等厚剖面叠加，各旋回下粗段厚度明显大于上细段部分；含小哺乳类、鱼及介形虫、轮藻、孢粉化石。

四亚段（$N_1y_2^4$）：为浅灰、灰白色砂砾层、砾层与灰绿、棕黄、棕红色黏土组成的河流二元结构岩性，纵向呈多个正旋回不等厚剖面叠加，底部砾石成分以白色石英砾和黑色燧石砾为主，组成黑、白色砾石层，俗称"黑白砾层"，厚度40～100m。盐二段四亚段下部箱状"高阻黑白砾层"与盐一段顶部RT值泥岩存在明显的分界，拐点为二者分界线。

盐二段下部为辫状河、上部为曲流河沉积产物，盐二段三+四亚段粗岩性呈特高RT值曲线（80～150Ω·m），夹低RT值黏土层组合；底部"黑白砾层"RT值最高，是区域性的岩电辅助对比标志层；$N_{1-2}y_2^{1+2}$粗岩性高RT值曲线呈三角形状夹低RT值黏土层组合形态。

盐二段与下伏盐一段呈区域假整合接触。

2. 古生物特征

小哺乳类牙齿化石：海安凹陷安1井盐一段三亚段产 *Eumyarion* sp.（似真仓鼠），盐一段二亚段产 *Sciuridae* gen. et sp. indet.［松鼠科（未定种）］，盐一段一亚段产 *Cricetidae*？ gen. et sp. indet.［仓鼠科（未定种）］。

介形类：盐一段—盐二段三+四亚段产 *Ilyocypris radiata*（放射土星介）–*Cyprinotus*（*Heterocypris*）*chiuhsienensis*（邱县异星美星介）–*Limnocychere cinctura*（带形湖花介）组合，化石属种单调、个体数量稀少，以 *Ilyocypris*，*Cyprinotus*（*C.*），*Cyprinotus*（*H.*），*Eucypris* 属繁盛为主。

轮藻：盐一段一+二亚段主要产 *Hornichara lagenalis*（匏状栾青轮藻）–*Sphaeochara chinensis*（中华球状轮藻）–*Croftiella zhui*（朱氏克氏轮藻）组合。

孢粉：盐一段主要产 *Pinaceae*（松科）–*Polyodium*（水龙骨孢属）–*Juglans*（胡桃属）组合，主要特征为裸子植物花粉居组合优势地位，以松科为主，其中 *Pinus*（松属）最丰富。盐二段三+四亚段产 *Pinaceae-Maynastriatites howardi*（哈氏粗肋孢）–*Fupingopollenites* 组合，被子类花粉类型单调、数量少，以菜黄花序植物花粉为主。

鱼类：盐城组获得比较丰富的牙齿化石，有 *Cyprinidae indet*（鲤科），*Ctenopharyngodon* sp.（草鱼）等，以及一些碎骨。

3. 地层分布特征

苏北盆地经历泰州组—阜宁组大型坳陷、戴南组—三垛组分隔断陷两期主成盆后，受三垛事件影响全面抬升剥蚀，遭受长达14.8Ma沉积间断；新近纪，盆地转入热沉降萎缩坳陷发展阶段，广泛接受盐城组河流沉积体系建造，各段、各亚段岩性横向差异较小、厚度有变化；期间，发生樊川事件、盐城事件不同程度造成地层剥蚀，地层残留分布变化较大。另外，玄武岩很发育，不同期次分布差异极大。

1）地层展布

新近纪，苏北—南黄海盆地再次连片，形成以白驹凹陷为沉降中心的大型沉积区，特点如下：一是东台坳陷东部地层厚度最大，西部和盐阜坳陷厚度小。总体上，中新世早期苏北盆地主要边界断裂仍有较弱的活动，控制盐一段底部充填补平沉积，而后披覆于包括隆起的各级构造单元（图1-3-15）；局部地区断裂活动较长，形成东台坳陷东部多个局部沉降中心，地层厚度一般大于1000m，中心厚度大，如白驹凹陷海3井厚达2185m，海安凹陷曹灶安16井厚1908m，溱潼凹陷戴南苏161井厚1446m，高邮凹陷竹泓周16井厚1479m。二是东台坳陷西部、盐阜坳陷存在盐一段的地区，地层厚度一般在400～800m之间；无盐一段的地区，地层厚度一般小于600m，涟水凹陷、洪泽凹陷、金湖凹陷西南部及其周缘隆起区地层厚度小于400m。三是盐一段分布范围明显小于盐二段，沿南部临古1—都4井以南，西部韦25—闵1—刘3井以西，北部河5—应2—阜3—阜宁1井西北地区，受樊川、盐城事件剥蚀，地层缺失。其中，盐一段一亚段受樊川剥蚀更加严重，分布范围更小，如图1-3-15沿马2—苏69—高邮2—苏106井一线以西盐一段一亚段剥蚀殆尽，仅剩盐一段二+三亚段，主要是盐一段二亚段（图1-3-16）。四是上新世盐二段一亚段受后期东台事件广泛剥蚀，如图1-3-15所示，残留地层主要分布在东台坳陷东部、盐城凹陷南部，以及这两区之间的建湖隆起段，地层厚度一般在200m以内，厚度中心在海3—沈1—安8井一线，安21井最厚227m。

由此可见，该组分布最广泛的是盐二段二亚段—四亚段，盆地西部、周缘隆起区皆属这套地层。

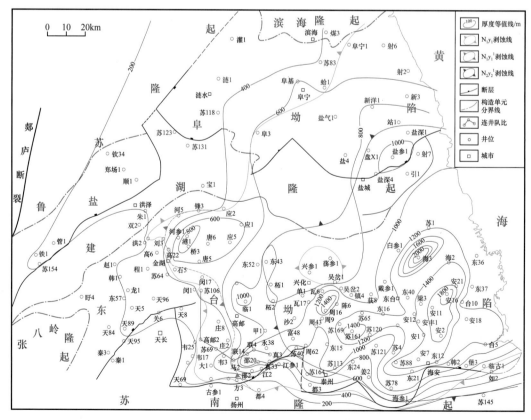

图1-3-15 苏北盆地盐城组残留地层厚度分布图

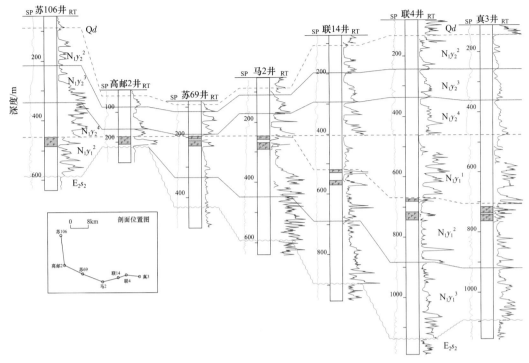

图 1-3-16 苏北盆地盐城组地层对比图

2）玄武岩展布

新近纪，苏北盆地岩浆活动再次进入活跃期，属于环太平洋基性岩浆岩喷发带的一部分。该阶段岩浆喷发可分5期，各期规模差异很大，纵向多层位分布，平面广泛展布，从第1期到第5期具有自东部地区向西部领域不断迁移喷发现象，以玄武岩为主，仅高邮凹陷北斜坡沙埝地区沙1井、沙2井钻遇辉绿岩。

第1期玄武岩：位于盐一段三亚段沉积旋回底部，覆盖于垛二段区域剥蚀面上，为一次性小规模岩浆喷发，仅海安凹陷安8井、安15井钻遇，单层厚度分别为12m、6m。

第2期玄武岩：位于盐一段三亚段沉积旋回顶部，也是一次性小规模岩浆喷发，分布局限，平面呈3个小面积点状，分别是海安、溱潼凹陷之间的梁垛—台兴结合部，安14井、东16井等钻遇，白驹凹陷海3井、高邮凹陷东部竹1井钻遇，厚度3～20m。

第3期玄武岩：如图1-3-16所示，位于盐一段二亚段沉积旋回顶部，有3个特点。一是多分片不同规模展布，东部小海凸起、白驹—裕华、吴堡博镇段这3片规模稍小，平面范围有限，中部高邮凹陷—金湖凹陷闵桥片区大面积分布，覆盖高邮凹陷大部分地区有分布，仅西部大仪集—韦庄西部无分布，南抵隆起区都4井，西到金湖凹陷东部闵桥地区，连片面积超过1900km²。二是间歇性多次大规模岩浆喷发，层间夹沉积岩形成多层状剖面，一般2～3层，海3井多达16层，构成沉积—喷发—沉积—喷发—再沉积的旋回变化；玄武岩总体厚度不大，厚度一般为10～35m，横向变化相对小，马家嘴、卸甲庄地区局部厚达70～90m。三是岩浆以裂隙式、溢流相大规模喷发为主，呈岩被披覆于沉积岩上，横向层位较稳定，形成地震T_1^2反射波组，可作为地层对比辅助标志层。

第4期玄武岩：位于盐一段一亚段沉积旋回顶部，喷发规模小于第3期，大于第1、第2期，平面上主要分布于菱塘低凸起中段地区，以及临泽凹陷东43井附近，钻井揭示厚度 9～12.5m。

第 5 期玄武岩：位于盐二段二亚段沉积旋回中，盐二段三亚段旋回顶部个别井也有。一是为新近纪最后一期大规模岩浆喷发，连片面积超过 2600km²，广泛分布于金湖凹陷西南部、天长凸起地区。二是钻井揭示厚度一般为 20～50m，横向变化急剧。三是间歇性多次岩浆喷发，少者 1 层、多者 5 层以上，与沉积岩呈互层状展出；横向厚度、层数差别大，体现了中心式喷发为主，喷发强度大，为溢流相、岩颈相、爆炸相等均发育的岩浆活动，有别于第 3 期喷发方式、熔岩流动性。

五、东台组（Q*d*）

该区广泛分布第四系东台组，因资料贫乏，研究较少。河流及滨海沉积土黄、灰绿色粉砂质黏土与浅灰黄色泥质粉砂层、砂砾层不等厚互层，底部砾石层，黏土含铁质锰结核；含丰富的介形类、腹足类、双壳类及海相有孔虫等化石；地层厚度 40～329m，东部厚、西部薄。与下伏盐城组呈区域假整合接触。

第四章 构 造

苏北盆地是苏北—南黄海盆地的西部陆上部分，以断层密集、断块碎小、演化多变、构造复杂为主要特征，享有"地质家考场"之称。近60年石油地质勘探评价工作，对断层、断块及其控藏作用认识取得极大进展，盆地性质、构造体制、演化历程分歧依然存在：20世纪50年代当作扭动、挤压的新华夏体系一部分；60年代认为属断陷、坳陷拉张性质，具断陷、坳陷交替多旋回发展特征；90年代认为盆地拉张是基础，兼有走滑、挤压等作用（刘玉瑞等，2004；邱旭明，2002，2004）。随着地球物理勘探、钻探等资料及其勘探成果不断丰富，盆地基本构造格局、断裂体系逐步完善，泰州组—阜宁组原型盆地认识得到深化。

第一节 区域构造背景

苏北盆地是叠加在下扬子区复杂基底上的晚白垩世—新生代陆相伸展盆地。其西北毗邻鲁苏隆起，西侧为郯庐断裂，南与苏南隆起分界，东与南黄海盆地南坳连为一体，面积约 $3.7 \times 10^4 km^2$（图1-4-1）。盆地基底破碎复杂，盖层受频发地质事件强烈改造，断层成为构造主特征，形成4个一级、22个亚一级构造单元。

一、区域地质特征

1. 地球物理场特征

1）区域重力异常特征

布格重力异常是地下各地质体密度差异在地面上的综合反映。苏北盆地区布格重力异常总体走向以北东向为主，呈两个负异常区夹一个重力高带（图1-4-2）。

金湖—如皋负异常区。南界大致位于靖江—通州一线及六合—邵伯湖一线，南部的西界大致沿泰州—泰兴一线，北部的西界位于滁州—盱眙一线。总体以宽缓变化的负异常为特征，反映中生界—新生界较发育，凸起与凹陷间的差异主要表现为地层厚度的变化。

盱眙—洪泽—建湖重力高带。自西而东沿盱眙—洪泽—宝应—建湖一线分布，至建湖分成两叉，一叉沿建湖东北展布，另一叉沿建湖—盐城一线分布。整个重力异常高带，表现为西段走向北东、中段走向东西、东段一叉走向南北、另一叉走向北东东的特点，对应盆地的建湖隆起单元。钻井揭示西段缺失上古生界，盐城组直接覆盖于下古生界之上。

涟水—阜宁—射阳负异常区。异常带分布总体以北东走向为主，从形态看分为东、西两块。西块在负异常背景上由北部手指状伸入两个正异常带，从而使该区形成正负相间的重力异常格局，重力低与重力高紧密排列带反映中生界—新生界厚度较小，基底上升。东块为1个重力负异常带，负异常带与中生界—新生界沉积分布区相吻合。

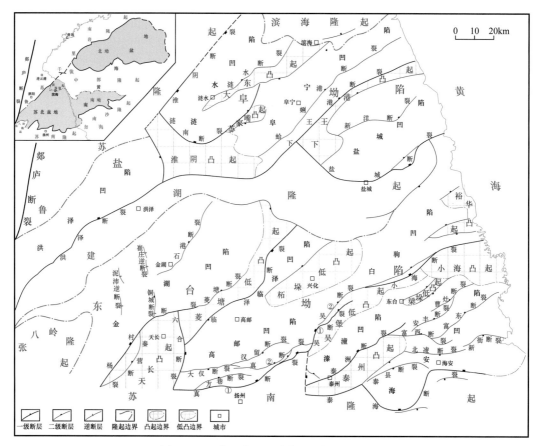

图 1-4-1　苏北盆地区域位置及构造纲要图

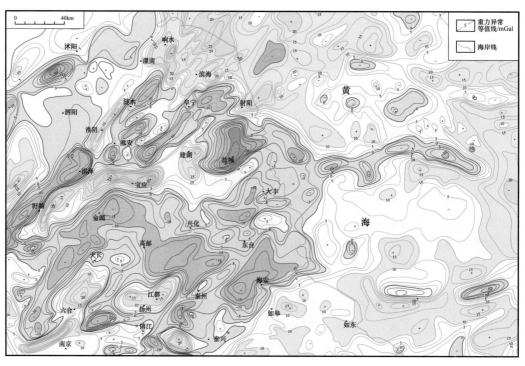

图 1-4-2　苏北盆地区布格重力异常图

2）区域磁力异常特征

苏北盆地及邻区的航磁异常（δT）变化在 ±200nT 之间，以浑圆、短轴宽缓的异常体为主，异常变化幅度相对较小（图1-4-3）。航磁异常与区域构造单元之间没有很好的对应关系，但不同区域航磁异常幅度和走向也有一定的差异。总体上，盆地西侧张八岭、西南侧天长、北侧鲁苏的新生代隆起及盆内建湖隆起以正磁异常体为主，反映弱磁性变质基底埋深较浅；盆内磁异常值比较低，而且没有明显的优势走向，磁异常轮廓与盆内构造单元轮廓也不一致。其中，相对升高的宽缓正磁场同样也是弱磁性浅变质基底的反映；而强度大的正值异常块可能是具磁性岩浆岩体的反映。

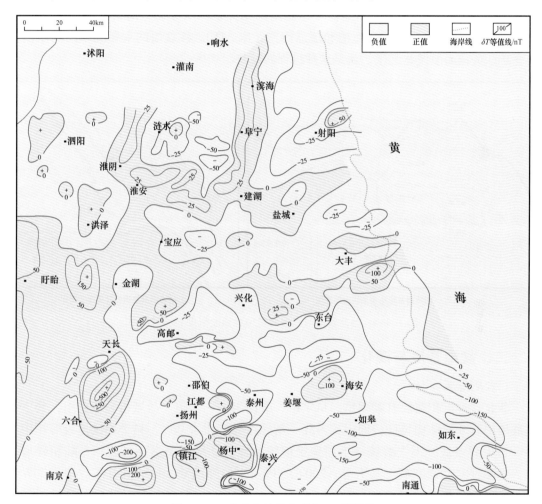

图 1-4-3　苏北盆地航空磁力 δT 异常图

2. 地壳结构特征

莫霍面深度图显示，苏北盆地所在地区的地壳厚度呈东西向延伸的轴状（图1-4-4a），最大深度达到33km。与邻区及渤海湾盆地相比，地壳厚度较大，向四周变薄；与松辽、渤海湾典型裂陷盆地的莫霍面与盆地基底呈镜像关系有明显区别（图1-4-4b），说明其成因机制与典型的裂谷盆地不同。

苏北盆地莫霍面深度与新生代沉积厚度呈同相而非镜像倒映关系，说明盆地为非经典的裂谷盆地，可用"单剪切继承性薄皮盆地"模式阐明其形成机制，即壳内低速层是引张过程中物质不均衡的调节层，边界大断层力学性质的转换（逆冲、推覆转为引张滑动）和帚状断裂体系构造骨架的继承，是盆地构造演化的重要特点。因盆地处于下扬子区北部，其形成在很大程度上受三大板块相互作用的控制，随着晚白垩世—古近纪库拉—太平洋板块俯冲作用加强，印度板块向亚洲板块的聚敛，引起地壳缩短转化为中国大陆大规模走滑和分体东移（钱基，2001），导致郯庐断裂逆转为大规模右旋走滑拉张，下扬子大陆岩石圈在单剪作用下拆离（与纯剪作用不同的是单剪作用不发生明显的地壳或岩石圈颈缩现象），形成不对称断陷盆地。由于这种拆离作用和地幔对流后期的向东南波动，造成该区莫霍面与断陷盆地形态呈同相关系。从苏北—南黄海盆地（K_2—E_2）到东海盆地（E_1—N_1）、冲绳海槽和琉球海沟（N_2—Q），各盆地的主要沉降期向东南方向变新，莫霍面呈波状起伏，就是这种过程的反映。

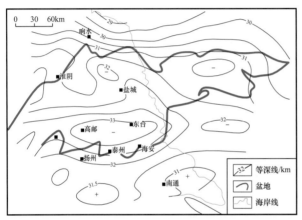

a. 苏北—南黄海盆地地壳莫霍面等深图　　　　　　　b. 渤海湾盆地地壳莫霍面等深图

图 1-4-4　苏北盆地与渤海湾盆地莫霍面深度等深对比图

二、盆地基底与演化

1. 盆地基底

苏北盆地沉积盖层有泰州组、阜宁组、戴南组、三垛组、盐城组和东台组，其下伏基底地层有4层结构特征，即中元古界—新元古界变质岩基底，扬子稳定地台海相中生界—古生界基底，上三叠统—下白垩统前陆盆地活动陆缘型海陆过渡相、陆相碎屑岩类、中酸性岩浆岩基底（马力等，2004），以及上白垩统陆相碎屑岩基底。中元古界—新元古界变质岩基底具有双层结构（张永鸿，1991），一套为变质较浅、可塑性强的碎屑岩浅变质基底，与上覆海相中生界—古生界和下伏深变质岩系的接触面都是滑移面；另一套为厚度变化大、刚性体的混杂岩、深变质岩、花岗岩类组成的深成变质岩系。若把深成变质岩系的刚性基底比作"核"，其上覆和外围的浅变质塑性基底比做"肉"，那么，中元古界—新元古界变质岩基底是一个"核小肉厚"的稳定性较弱、塑性较强的不稳定基底。这种不稳定使得上覆中生界—古生界基底、上三叠统—下白垩统基底和上白垩统基底，在各期构造运动影响下变得支离破碎，晚白垩世—新生代苏北盆地就上叠在这样复杂的基底之上，导致盖层的构造非常破碎、断裂极其复杂。

上述 4 套基底当中，泰州组—三垛组盖层主要直接覆盖在赤山组、浦口组基底上，金湖凹陷西斜坡北部有较大范围泰州组—阜宁组直接覆于侏罗系基底上，仅极少量井点直接覆于古生界基底上。

2. 基底演化

1）震旦纪—中三叠世海相地层建造阶段

震旦纪—中三叠世，除缺失晚志留世—中泥盆世沉积外，下扬子区基本有连续的沉积记录。其中，震旦纪为海侵层序巨厚的陆源碎屑岩—碳酸盐岩沉积；寒武纪、奥陶纪、早志留世—中志留世为一套完整的海侵—海退旋回的碳酸盐岩、碎屑岩岩系；晚泥盆世以陆表海环境为主，晚泥盆世—早石炭世为一套含砾砂岩、砂岩、粉砂岩及部分碳酸盐岩的磨拉石建造；晚石炭世进入台地陆表海环境，沉积了晚石炭世—早三叠世一套开阔台地相建造；中三叠世早期，海水大规模退出，以有限的蒸发台地沉积结束了晚古生代—中生代的陆表海盆地发育阶段。

2）晚三叠世—中侏罗世前陆变形与沉积阶段

中三叠世末期，华北与扬子板块在印支事件中沿大别—苏鲁造山带发生陆—陆碰撞，形成大别—苏鲁碰撞造山带，同时使其南侧的扬子板块北部成为前陆变形带（马力等，2004），从而形成了一系列平行于苏鲁造山带走向北东东的北倾逆冲断层。此期，郯庐断裂带开始活动，在碰撞造山中作为陆内转换断层错开大别与苏鲁造山带，同时影响着前陆变形构造，使那些北倾逆冲断层的走向随着接近郯庐断裂带，而向郯庐断裂带方向偏转，即转变成北东至北北东走向（朱光等，2006）。在印支期前陆变形之后，下扬子区随着造山带的隆升而成为挠曲坳陷区，形成了沿江前陆盆地，充填着上三叠统黄马青组、范家塘组含煤碎屑岩，以及中侏罗统—下侏罗统象山群夹煤层的陆相碎屑岩。

3）晚侏罗世—早白垩世强烈改造阶段

中生代晚期，太平洋区大洋板块（Izanagi 板块）的斜向俯冲，使郯庐断裂带再次发生左行平移（朱光等，2003），形成了大规模的左旋走滑韧性剪切带。中国东部晚侏罗世处于区域性隆起状态（朱光等，2009；张旗等，2008），下扬子区发育了一系列走滑拉分火山岩盆地，盆内堆积了原逾千米的晚侏罗世—早白垩世火山碎屑沉积岩。在隆起带发育一系列褶皱，其轴向北东呈左行雁列，褶皱形态主要表现为背斜、向斜相间的紧闭线性复式褶皱，也有倒转、平卧褶皱，并伴有逆冲断裂及推覆构造。

4）晚白垩世伸展沉积阶段

晚白垩世时期，黄桥转换事件使下扬子区的区域应力场从挤压转变为拉张（张永鸿，1991），形成面积广阔的浦口组陆相盆地，其范围遍及苏北、南黄海及皖南地区。赤山组内陆盆地主要为河流环境，局部厚度较大，有不同的残留分布，仪征事件下扬子区整体抬升剥蚀。印支事件致使下扬子区稳定和缓地上升隆起，使海水逐渐退出，地壳发生大型坳隆形变，并经上升剥蚀使下扬子区中生界—古生界成为复向斜。中侏罗世以后的早燕山事件，导致下扬子区基底—盖层、盖层层间的两极拆离、逆冲—推覆造山，使包括中侏罗统—下侏罗统在内的中生界—古生界遭受强烈的挤压形变、位变与序变。苏北盆地区位于下扬子区的北部，多期构造运动使中生界—古生界变形强烈，形成大量逆断层和推覆体、冲断带。基底的变形变位对盆地的形成和演化具有重大影响，早期发育的基底断层对盆地断层的形成和演化具有重要的影响作用。

第二节 基本构造特征

苏北盆地是叠加于下扬子地台上的中生代—新生代沉积盆地，次级构造单元有两隆（滨海、建湖）和两坳（盐阜、东台）。坳陷内次级构造单元为凸起（或低凸起）和凹陷。盆地内部的主要构造变形是发育不同尺度的断层，多数表现为正断层，少数为离散型走滑断层和逆断层，显示以伸展构造为主，局部伴有扭动和挤压构造，整体表现为箕状半地堑结构特征。

一、构造单元划分

1988年版《中国石油地质志·卷八 苏浙皖闽油气区》对苏北盆地构造区划有明确的原则。本书沿用该原则，构造单元基本继承原来的方案。同时，根据多年勘探实践成果，对部分单元做适当修改，以适应生产研究需要。

1. 划分原则

总体以泰州组—三垛组构造层为主，依据主要构造特征、盆地基底形态、主干断裂作用、盖层沉积结构、构造制约油气等基本原则，具体如下。

（1）构造单元分界：多以断层和盖层剥蚀、超覆尖灭线为界，次沿构造突变带走向趋势线延展。

（2）构造单元级别：以盆地为基本单元，划分一级（坳、隆）、亚一级（凹、凸）；以凹陷为基础，划分二级（断阶、深凹、中隆、斜坡）、三级（正向构造带）。

（3）构造单元名称：以各级构造基本性质（正向——隆起区、隆起、凸起、中隆、构造带；负向——盆地、坳陷、凹陷、次凹），冠以地名进行命名。

（4）构造单元区分：隆起——缺失泰州组—三垛组沉积盖层、基底埋藏很浅的正向一级构造区；凸起——缺失戴南组及阜二段—阜四段严重剥缺，基岩埋藏较浅；低凸起——缺失戴南组及阜二段—阜四段部分残留，基岩埋藏较浅。坳陷——以凹陷为主、（低）凸起为次的负向一级构造区；凹陷——正向（亚）一级构造（隆起、凸起、低凸起）所分割的独立负向沉降、沉积现今构造单元。

（5）构造单元归属：与隆起大段相接、且无明显分界的下构造层微小断残片，均归属隆起；与隆起相接的低凸起，一般以断层或构造鞍部为界划归坳陷；对凹陷起明显分割作用的较大型翘倾抬升块体或拱垒，一般单独区划为凸起或低凸起；对凹陷无明显分割作用的较小型翘倾抬升块体或拱垒，一般归属于凹陷的中部隆起带。

2. 划分方案

1）一级构造单元

苏北盆地一级构造单元区划中，若与前述原则无关键矛盾就沿袭前人的方案，矛盾较大的做修改和调整，区划简述如下（图1-4-1、表1-4-1）。

（1）构造区划变动情况。

一是涟南、涟北凹陷相通连体，并为涟水凹陷。二是取消原菱塘桥和柳堡低凸起，统一为菱塘低凸起。原菱塘桥、柳堡低凸起间的鞍部，也即西部金湖凹陷与东部高邮凹陷之间的通道鞍部，在戴南组沉积期处于剥蚀区，缺失戴南组沉积，阜三段、阜四段剥蚀较严重，起分隔金湖、高邮两凹作用，符合低凸起定义，原菱塘桥、柳堡低凸起合并为一个大的低凸起单元，并按照现菱塘乡地名称为菱塘低凸起。三是取消原通洋港凹陷、蛤蜊港凸起，并入阜宁凹陷；取消射阳凸起，并入新的下王港凸起。根据地震资料解释新成果，原蛤蜊港凸起不明显，不起分隔原阜宁、通洋港凹陷作用，统一划入阜宁凹陷；原下王港、射阳凸起呈统一的凸起，合并称下王港凸起。四是采纳生产所用的天长凸起单元。该单元夹于金湖凹陷东南部与高邮凹陷西部之间，区内大部分泰州组—阜宁组剥蚀殆尽，缺失戴南组沉积，仅秦营地区有泰州组、阜一段残留和三垛组沉积；该区曾是泰州组—阜宁组统盆沉积区的一部分，其盖层保剥状况、演化作用特点与小海凸起相似。

表 1-4-1 苏北盆地（亚）一级构造单元划分表

一级构造单元		亚一级构造单元			
单元名称	面积 /km²	负向单元名称	面积 /km²	正向单元名称	面积 /km²
滨海隆起	2500				
盐阜坳陷	10590	洪泽凹陷	1800	淮阴凸起	800
		涟水凹陷	2020	大东凸起	400
		阜宁凹陷	2640	苏家嘴凸起	100
		盐城凹陷	2300	下王港凸起	530
建湖隆起	4940				
东台坳陷	18970	金湖凹陷	4980	天长凸起	900
		高邮凹陷	2600	菱塘低凸起	800
		临泽凹陷	610	柘垛低凸起	800
		溱潼凹陷	1080	吴堡低凸起	550
		白驹凹陷	2000	梁垛低凸起	100
		海安凹陷	3000	泰州凸起	620
				小海凸起	650
				裕华凸起	280

（2）构造单元分布情况。

如图 1-4-1、表 1-4-4 所示，苏北盆地有一级构造单元 4 个，为滨海隆起、盐阜坳陷、建湖隆起、东台坳陷；亚一级构造单元 22 个。盐阜坳陷包括洪泽、涟水、阜宁、盐城 4 个凹陷，淮阴、大东、苏家嘴、下王港 4 个凸起；东台坳陷包括金湖、高邮、临泽、白驹、溱潼、海安 6 个凹陷，菱塘、柘垛、吴堡、梁垛 4 个低凸起，天长、泰州、小海、裕华 4 个凸起。这样苏北盆地坳陷区面积 29560km²，隆起区面积为 7440km²。其中，负向单元凹陷总面积为 23030km²，占盆地总面积 62.2%；正向单元隆起、凸起、低凸起总面积 13970km²，占总面积的 37.8%。

2）二级构造单元

二级构造单元位于亚一级构造单元内部，正向单元称为二级构造带，负向单元称为次凹。次凹基底埋藏深度大，盖层发育齐全，生油岩厚度大，是油气生成的基本单元。二级构造带依据其构造变形特征、与主干断层关系可以划分为斜坡带、断裂带、断阶带、构造带和断隆带等几种类型。

"断阶带"及"断裂带"是地台基底卷入型主干断层的断裂变形带。前者是指由两条以上同向主断层夹持的断块、总体上由断裂带下盘断块向上盘断块呈阶梯状下降的断裂构造带，如高邮凹陷南部断阶带。后者则是一条主干断层和若干分支断层构成的断裂构造带，如金湖凹陷石港断裂带和杨村断裂带。

"斜坡带"是次凹与低凸起、凸起或隆起的过渡性构造区带，多属于半地堑断陷的构造斜坡，如高邮凹陷北斜坡带和金湖凹陷西斜坡带。

"构造带"及"断隆带"是分隔次凹的正向构造区带，地层面构成宽缓的背斜、穹隆或鼻状构造区带。

依据以上二级构造单元划分原则，主要对苏北盆地内部高邮、金湖、溱潼、海安和盐城凹陷的二级构造单元进行划分。高邮和溱潼仍沿用三带划分方案，金湖、海安和盐城凹陷则是由多个二级断层或构造带分割的具有多个沉积中心或次凹的泛湖凹陷，其内部二级构造单元主要结合次凹及构造带变形特征进行划分和命名（表1-4-2）。

表1-4-2　苏北盆地主要凹陷二级构造单元划分表

亚一级构造单元	二级构造单元	
	负向单元	正向单元
高邮凹陷	中部深凹带（邵伯—樊川—刘五舍—刘陆次凹）	南部断阶带、北部斜坡带
溱潼凹陷	中部深凹带	南部断阶带、北部斜坡带
金湖凹陷	西部次凹带（汉涧—龙岗—东阳—三河次凹）、东部次凹带（氾水次凹）	西部斜坡带、卞闵杨断隆带、宝应斜坡带、杨村断裂带、铜城断裂带、石港断裂带
海安凹陷	南部次凹带（曲塘—海北—新街次凹）、北部次凹带（富安—丰北—孙家洼次凹）	南部斜坡带、海中断隆带、北部斜坡带
盐城凹陷	南部次凹带（南洋次凹）、北部次凹带（新洋次凹）	南部断裂带（盐城断裂带）、中部断隆带、北部斜坡带

二、剖面结构特征

苏北盆地各凹陷普遍表现为箕状结构的半地堑特征，剖面结构有如下特点：

一是总体南断北翘或北超、具三带组成的半地堑系。如图1-4-1所示，控凹边界断层以北倾为主，走向北东、北东东或东西，控制了东台坳陷的高邮、金湖、溱潼、白驹、海安凹陷，盐阜坳陷的盐城、阜宁、涟水、洪泽凹陷等南断北超的半地堑、复式半地堑系统；只有临泽凹陷为北断南翘的半地堑，以及海安凹陷南部次凹带的曲塘、新街、北凌次凹呈北断南超的结构特征。各半地堑凹陷内部皆可划分出断裂带或断阶带、深凹带或次凹和斜坡带3部分（图1-4-5），各带宽窄不一。

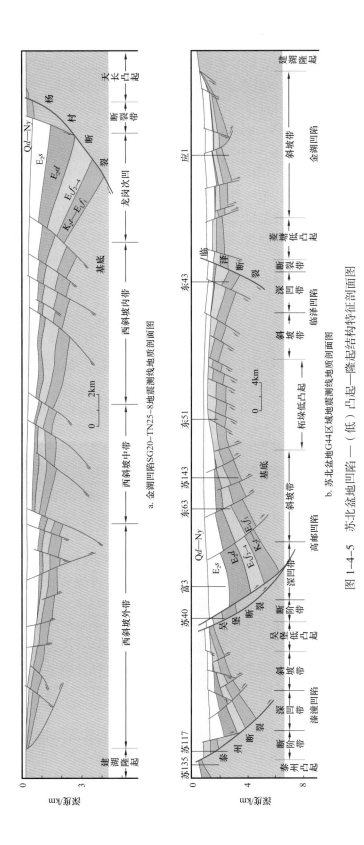

图 1-4-5 苏北盆地凹陷—(低)凸起—隆起结构特征剖面图

a. 金湖凹陷SG20-TN25-8地震测线地质剖面图

b. 苏北盆地G44区域地震测线地质剖面图

二是呈现上、中、下三层不同成因构造层剖面结构。以影响盆地发育历史的两期大的不整合（分别为吴堡和三垛事件形成的区域性不整合）为界，划分为上、中、下三套构造层。下构造层泰州组—阜宁组整体表现为坳陷特征局部受断层控制明显的断坳型结构。如图 1-4-5 所示，高邮、溱潼、临泽凹陷从深凹带→斜坡带→低凸起，泰州组—阜一段厚度呈大致板状或稍减薄变化；阜二段—阜四段厚度呈楔状减薄，这是吴堡事件差异剥蚀地层形成的，从深凹、斜坡、（低）凸起阜宁组剥蚀幅度明显增大，不是原始的箕状形态。金湖凹陷西斜坡为泰州组—阜宁组原型坳陷的西界，地层既有原始减薄，也有剥蚀变化。下构造层除洪泽凹陷外，其他的陡坡断层均为断截式边界，不是原边界；缓坡为顶削式边界。中构造层戴南组—三垛组为典型箕状半地堑断陷型结构，如图1-4-5 所示的戴南组层系主要发育于深凹带及内斜坡带；陡坡断层均为断超式边界，为原始沉积边界，缓坡戴南组为超覆式边界，三垛组为超覆式和顶削式重叠边界。由此形成下构造层剥蚀"箕形"剖面与中构造层沉积箕状剖面叠合的半地堑结构特征。上构造层盐城组—东台组为典型的坳陷型结构，呈披覆式沉积的萎缩坳陷型特征，地层厚度大致呈板状或向边缘减薄变化。

三、平面展布特征

一是总体正负相间的帚状形态。平面上，盆地呈隆与坳、凸与凹相间的展布格局，长轴走向自西到东由北东转向北东东变化；形态上，总体向西南郯庐断裂收敛，朝东部海安—盐城地区撒开的半地堑、复式半地堑边界断层帚状构造组合特征，并与南黄海盆地合成菱形的完整盆地。在区域拉张背景下，存在扭动应力作用（邱旭明，2002）。

二是大盆地、小凹陷、形态各异。全盆 10 个凹陷，最大面积金湖凹陷 4980km^2，海安凹陷 3000km^2，其余 610～2640km^2 不等；次凹更小，高邮、溱潼深凹带，金湖凹陷龙岗、三河次凹稍大；12 个（低）凸起面积介于 100～900km^2。在二级断层参与下，各凹陷呈不同的平面形态，高邮凹陷呈反向汉留断裂参与、深凹带双断地堑结构的铲式复式半地堑，呈短轴宽、延伸长的开阔形态；金湖凹陷有石港走滑断裂参与，盐城凹陷有新洋断裂参与，涟水凹陷有涟水断裂参与，为平面雁列、同向倾斜的铲式半地堑族系，前二者呈长短轴比较小的开阔形态，后者为长短轴比较大的窄形态；溱潼、白驹、洪泽、临泽凹陷皆呈典型的铲式简单半地堑，均为长短轴比较大的窄形态；阜宁凹陷呈蛤蜊港断裂参与的板式多米诺半地堑族系，也呈窄形态；海安凹陷总体表现为宽缓的地堑—地垒复杂系统，北部发育 4 条北倾帚状断层组同向倾斜的南断北翘半地堑族系，南部存在 3 条南倾断层组同向倾斜的北断南超半地堑族系，中间夹持断隆地垒，凹陷呈长短轴较小的开阔形态。

三是 5 种二级构造带 3 种不同组合凹陷。区内可分断阶带、断裂带、次凹（带）、斜坡带和凹间隆起或断隆带 5 种二级构造带，包括断阶带—深（次）凹带—斜坡带组合，如高邮、溱潼凹陷；断裂带—次凹—斜坡带组合，如金湖凹陷西部、盐城、临泽、白驹、洪泽、阜宁、涟水凹陷；斜坡—次凹—断隆（凹间隆）—次凹—断裂带，如金湖凹陷东部、海安凹陷。

四、构造沉降特征

一是 5 种不同沉降类型凹陷（图 1-4-6）。高邮凹陷持续高幅沉降型，3 个构造层沉降大，总幅度最大达 7580m；金湖、溱潼凹陷持续中高幅沉降型，3 个构造层沉降较大，总幅度介于 5000～6000m；海安、白驹、盐城凹陷晚期高幅沉降型，下构造层沉降中等，中构造层沉降较小，上构造层沉降幅度大，总幅度介于 4000～5000m，其中，海安曲塘次凹沉降特征与溱潼凹陷相似，有别于其他 6 个次凹；洪泽、临泽凹陷属间断中幅沉降型，下构造层沉降中等，上、中构造层有 1 个沉降幅度较小，总幅度介于 3000～4000m；阜宁、涟水凹陷不持续沉降型，下构造层沉降中等，上、中构造层有长期间断，仅有小幅度沉降，总幅度不足 2400m。

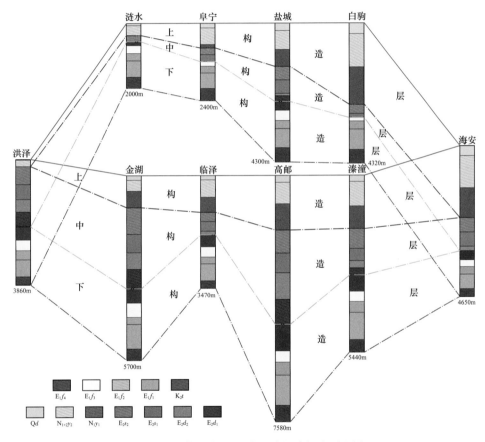

图 1-4-6　苏北盆地 10 个凹陷沉降幅度对比图

二是 3 个构造层沉降差异显著。如图 1-4-6 所示，下构造层总体沉降大，幅度横向差异较小，高邮凹陷为沉降中心，其次金湖、溱潼凹陷沉降也大，涟水、阜宁、白驹、海安凹陷受吴堡事件剥蚀最强烈，现存沉降幅度变小；中构造层沉降幅度差异很大，高邮、金湖凹陷沉降最早，高邮深凹带沉降幅度最大，其次为金湖凹陷三河、龙岗次凹，其他地区受吴堡事件持续效应影响，沉降较晚、幅度较小，沉积戴南组—三垛组薄，白驹、阜宁、涟水凹陷持续无戴南组沉积；上构造层中西部受樊川、东台事件剥蚀，以及区域沉降中心向东部小海地区迁移的叠加影响，海安、白驹凹陷沉降幅度最大，中部地区中等沉降幅度，西部涟水、洪泽凹陷沉降小、地层薄。

第三节　构造演化特征

苏北盆地为中三叠世—第四纪西太平洋活动陆缘旋回的一个伸展构造单元。从成盆受控区域应力场，演化循着"裂陷盆地形成→岩浆活动→热沉降"等构造事件序列，壳幔呈非镜像关系看，苏北盆地属被动裂陷，与其经历均匀伸展、集中伸展和挤压反转三个阶段相一致。主动裂陷盆地演化循着"热隆起→岩浆活动→裂陷盆地形成→热沉降"等构造事件序列，壳幔呈镜像关系，如渤海湾、松辽盆地。

一、主要构造事件

苏北盆地在演化过程中发生了多次构造事件，包括仪征、海安、吴堡、叶甸、真武、周庄、三垛、樊川、盐城和东台等事件（表1-4-3）。其中，海安、叶甸、周庄事件研究少，有不同看法，为存疑事件；一般认为仪征、吴堡、三垛事件对盆地演化影响重大。

表1-4-3　苏北晚白垩世—新生代盆地构造事件简表

地层系统					地质年龄/Ma	地震反射界面	地质事件特征					盆地演化旋回
界	系	统	组	段			构造层	沉积充填	构造变形	接触关系	构造事件	
新生界	第四系		东台组Qd		2.58		上构造层	海陆交互相	早期，控凹基底断层继承性活动，少量盖层正断层继承性活动；至中期断层消亡，多次大范围抬升剥蚀、岩浆活动		东台事件	东台—樊川旋回　热沉降坳陷
	新近系	上新统—中新统 盐城组		$N_{1+2}y_2$	11.6	T_1^1		河流相为主，冲积扇次要			盐城事件	
				N_1y_1	23.0	T_2^0					樊川事件	
	古近系	渐新统			33.9			整体隆抬，长期剥蚀、夷平			三垛事件	
		始新统	三垛组	E_2s_2	37.8	T_2^2	中构造层	冲积扇、河流、三角洲、短暂湖泊	主干基底正断层继承性活动，盖层正断层卷入正断层继承性活动；大规模岩浆岩喷发	?———	周庄事件	三垛旋回　中小型断陷群
				E_2s_1	42.5	T_2^3				?———	真武事件	
			戴南组	E_2d_2	47.8	T_2^4		河流、（辫状河/扇）三角洲、水下冲积扇、湖泊		?———	叶甸事件	
				E_2d_1	51.5				盆地解体，断块差异升降剥蚀		吴堡事件	
		古新统	阜宁组	E_1f_4	56.0	T_3^0	下构造层	湖泊、三角洲、河流	主干基底正断层继承性活动，盖层正断层活动，大量基底卷入正断层活动，走滑或扭动断层活动；大规模岩浆岩侵入	?		吴堡旋回　大型坳陷
				E_1f_3	59.2	T_3^1						
				E_1f_2	61.6	T_3^2					海安事件	
				E_1f_1	66.0	T_3^3				?		
中生界	白垩系	上统	泰州组	K_2t_2	75.0	T_3^4		冲积扇、河流、三角洲、湖泊	基底断层复活形成众多不同规模的正断层，大量基底卷入正断层活动；岩浆活动			
				K_2t_1	83.6	T_4^0					仪征事件	
			赤山组 K_2c				直接基底	大型河流或沙漠	盆地解体，整体抬升剥蚀夷平			基底旋回
			浦口组 K_2p					大型陆相沉积体系				

1. 仪征事件

该事件指上白垩统泰州组与下伏赤山组或浦口组或侏罗系基底间的区域性角度不整合构造事件，见表1-4-3，奠定形成了晚白垩世—新生代苏北—南黄海盆地。1963年地质部"六普"在进行地质图检查修编时发现该事件，1973年根据江苏省仪征县（现仪征市）小河口镇采石场的露头剖面命名。该事件以强烈的断裂活动、差异隆升影响到全区，使赤山组、浦口组、侏罗系及下伏地层遭受极为强烈的不均衡剥蚀，最终夷平地势趋近准平原化。尔后，地壳重新沉降，开始新的构造旋回，接受了周围隆起区的碎屑物质，披覆沉积于全盆地。不整合主要特点如下：

（1）钻探证实泰州组与下伏地层的岩电性、岩相呈突变关系。泰州组底部常见底砾岩，地层呈披覆式广泛沉积于苏北—南黄海盆地，与下伏基底赤山组、浦口组、侏罗系不同时代和层段的地层直接接触，个别覆于中生界—古生界海相地层。赤山组、浦口组、侏罗系各组段残留地层厚度极悬殊，如赤山组各地残留厚度0～1100m，各亚一级构造单元都不同程度见泰州组直接覆于赤山组或浦口组上，海安、盐城凹陷多覆于浦口组上，说明事件强烈、剥差巨大；小海凸起东36井盐城组覆于赤山组上，厚达1098m未穿，反映波状起伏悬殊剥差，在后期准平原化；凹陷中常无赤山组，而斜坡、低凸起、凸起常见其较厚残留，说明断裂、断块体反转构造活动极其强烈。如图1-4-1所示，距盆地南界21km的小河口露头，泰州组底部较复杂的砾岩中，见颗粒大小达50cm×28cm下伏赤山组砂岩的砾石，底砾岩与下伏赤山组砖红粉—细砂岩呈小角度不整合。

（2）地震剖面呈广泛的不整合层序边界。泰州组地震反射波T_4^0削截下伏基底地层呈明显的不整合关系，倾角测井反映泰州组与下伏基底在界面上下产状有明显差异，如富27井泰州组地层倾向南偏西、倾角18°，下伏浦口组倾向南偏东、倾角50°。

2. 吴堡事件

1963年地质部"六普"注意到盆地西缘来安地区阜宁组与上覆红层之间存在微角度不整合现象，因未取得盆内的证据未予命名；1970年地质部"六物"发现溱潼凹陷西斜坡阜四段与戴一段界面T_3^0发射波，由凹陷向斜坡反映出超覆不整合特征，T_3^0发射波与下伏反射波组有一定的角度关系，将其命名为吴堡运动（现称事件）。事实上，直到20世纪70年代末，戴南组、阜宁组含义定型后，吴堡事件才真正明确，系指发生于阜宁组沉积末、戴南组沉积前的一次构造运动，表现为盆地整体回返抬升，阜宁组遭受全域性显著剥蚀，断块强烈差异活动，泰州组—阜宁组统一盆地解体，形成凸凹相间格局和箕状断陷，戴南组充填超覆沉积，范围明显缩小；盆地东部剥蚀强烈，运动强度有东强西弱的特点。戴一段与下伏阜四段呈区域性低角度不整合接触，主要表现如下：

（1）盆地内阜四段剥蚀严重，上覆戴南组充填超覆现象明显。阜四段剥蚀幅度自深凹向斜坡、低凸起及断阶带有规律递增（图1-4-7），总体上东部凹陷剥蚀强度高于西部地区。上覆戴南组具有充填超覆特征，同一凹陷阜四段剥蚀越多的地方，戴南组起始充填沉积一般越晚，地层厚度越薄。各断陷都呈此类沉积结构；同时，各不同构造单元普见地震T_3^0反射波削截下伏阜宁组，上覆戴南组则呈深凹充填、断阶和斜坡超覆结构。

（2）生物种群出现灭绝和新生，阜宁组作为戴南组物源再沉积现象十分普遍。戴南组出现新生物属种群和阜宁组属种群大量灭绝，*Neomonoceratina*等阜宁组标准化石再沉积现象得到证实，反映自然环境的突变；高邮、金湖凹陷常见阜宁组泥岩剥蚀再沉积的戴南组下部泥屑流扇，海安凹陷戴南组也有此类沉积（刘玉瑞，2011a，2016a，2017a）；砂岩常见阜宁组鲕粒灰岩、泥灰岩等岩屑，重矿物、稀土元素等反映凹陷周缘凸起供给阜宁组物源。

吴堡事件控制苏北盆地东部溱潼、海安、盐城凹陷戴南组沉积少、分布窄、厚度小，并导致白驹、阜宁、涟水凹陷及各低凸起、凸起区长期隆升剥蚀，缺失戴南组建设。

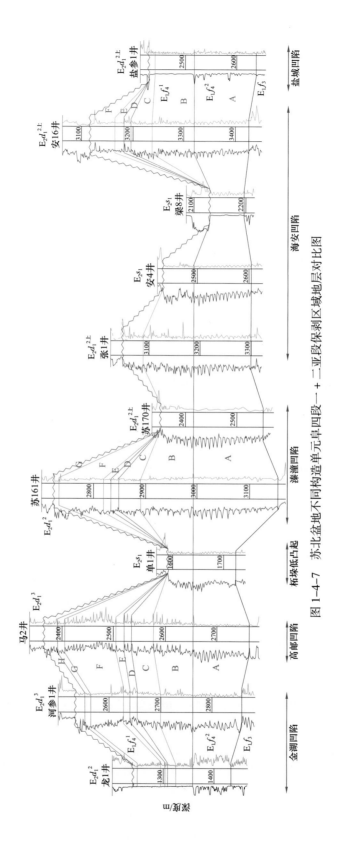

图 1-4-7 苏北盆地不同构造单元阜四段—二亚段保剥区域地层对比图

3. 真武事件

1977年，江苏油田穆曰孔提出三垛组与戴南组间存在真武事件后，此次盆地抬升运动得到认可。三垛组与戴南组之间为整合—假整合接触，与下伏其他层位呈区域不整合接触，主要表现如下：

（1）垛一段披覆于下伏戴南组、阜宁组、泰州组不同层位上，沉积范围较戴南组断陷显著扩大，反映了真武事件的确广泛存在，只是强度较弱。如金湖、溱潼、盐城凹陷及高邮凹陷多数地区垛一段／戴二段分界含糊不清，是各组界线最难区分的，仅少部分二者分界清楚，如高邮凹陷竹1等少数井，海安凹陷钻井的垛一段／戴二段岩电性分界清楚。

（2）三垛组生物种群与戴南组属种有较大差异的大量灭绝，且露头区见到再沉积的戴南组、阜宁组。

4. 三垛事件

该事件指发生于古近纪三垛组沉积后、新近纪盐城组沉积前的构造事件，造成盐城组与古近系呈区域不整合接触，因发现于高邮凹陷三垛地区而得名。主要特点体现如下：

（1）盆地整体抬升遭受区域性长期剥蚀和沉积间断。三垛组沉积末期，盆地开始回返，全面遭受剥蚀、夷平，盐城组以极平缓产状广泛披覆于各凹陷与凸起、坳陷与隆起的不同时代地层上，古生物地层时代反映，本次地质事件造成长达14.8Ma的地层间断。各凹陷三垛组从深凹带→斜坡带→低凸起→隆起区，地层剥蚀幅度逐渐增大，东、西部凹陷皆如此，未见明显的西强东弱现象。

（2）古近系、新近系盆地构造格局、沉积面貌差异巨大。泰一段—阜四段沉积期，为拉张伸展坳陷盆地，苏北、南黄海盆地连通统一，湖盆辽阔，建设大型沉积体系；戴一段—垛二段沉积期，为拉张伸展分隔断陷盆地，戴南组各凹陷呈独立盆地，三垛组东台坳陷诸构造单元形成统一的断陷，建造中小型沉积体系；盐一段—东台组沉积期，为热沉萎缩坳陷盆地，发育红粗的河流沉积体系。海安凹陷安8、安15井见盐一段三亚段底部玄武岩直接覆盖于垛二段之上，反映为该事件诱导岩浆喷发产物。

（3）地球物理资料对此区域剥蚀面反映清晰。地震资料 T_2^0 波组明显削截下伏地层反射波组；常规测井在该界面有十分明显的突变现象，地层倾角测井显示为角度不整合；如联24-1井三垛组地层产状 $350° \angle 10°$，盐一段地层产状为 $50° \angle 7.5°$，二者产状差异明显。

5. 樊川事件、盐城事件及东台事件

新近纪、第四纪还有3次已证实的地质事件，分别如下（表1-4-3）。

（1）樊川事件，指发生于盐一段二亚段末、盐一段一亚段前的一次较广泛的地质事件；因发现于高邮凹陷樊川地区得名，主要体现为：一是盐一段一亚段／盐一段二亚段间广泛的沉积间断、剥蚀现象，高邮凹陷中西部、金湖凹陷大范围剥蚀，明显呈现东弱、西强特点（图1-3-16）；二是盐一段二亚段末期广泛的大规模岩浆喷发；三是地震资料在界面处出现削截下伏地层现象；四是各凹陷边界断裂活动全部结束。

（2）盐城事件，指发生于盐一段一亚段顶部、盐二段四亚段前的一次广泛地质事件，由盐城会议确定名称，主要体现为：一是盐二段四亚段／盐一段一亚段间存在全盆地性的沉积间断面，上、下河流相岩性突变不连续，沉积旋回各异，测录井界面突变清

楚，但是，地层剥蚀缺失不很明显、幅度较小；二是盐一段沉积期具多沉积、沉降中心格局，盐二段沉积期原格局消失，苏北—南黄海呈白驹—小海单一沉降中心格局；三是盐二段沉积范围显著扩大，披覆于各构造单元的不同层位上。

（3）东台事件，指发生于盐城组顶、东台组沉积前的一次地质事件，主要表现为：一是盐城组沉积顶部遭受区域剥蚀，缺失地层幅度不等；二是盐城组沉积期有强烈的大规模岩浆喷发活动；三是东台组沉积期沉积环境发生巨变，结束了前期陆相统治地位，开启了海陆交互相建设，海侵频繁。

二、盆地构造演化

盆地基底特点：区内元古宇扬子板块"小核"变质基底，震旦系—中三叠统稳定地台海相基底，上三叠统—中侏罗统前陆盆地基底，上侏罗统—下白垩统火山岩盆地基底，经印支、燕山事件两期强烈的北西—南东向挤压兼左旋剪切作用，形成北北东—北东东走向的北倾逆冲断层、紧闭褶皱、推覆带等变形构造；晚白垩世早期，太平洋—库拉板块转以北北西方向低倾角俯冲于亚洲板块东部陆缘，导致陆壳由水平挤压转为北西—南东向拉张，浦口组、赤山组陆相盆地沿先存构造产生一系列的北东向张性断层，又经仪征事件二次抬升改造。因此，基底破碎及北北东—北东走向先存断层发达是成盆的重要背景。

区域应力场特点：晚白垩世—古近纪始新世，随着太平洋—库拉板块俯冲增强，以及印度板块向亚洲板块聚敛作用，引起地壳缩短转化为中国大陆大规模地走滑拉张、分体东移，导致郯庐大断裂逆转为大规模右旋走滑运动，构造应力场变为拉张，其中，泰州组—阜宁组沉积期为北西—南东向拉张，戴南组—三垛组沉积期转为南北向拉张。渐新世—第四纪，太平洋板块转以正向俯冲亚洲板块，印度板块与亚洲板块相互碰撞，亚洲大陆再次受到较强的挤压作用，区域应力场转变为压性右旋剪切。

晚白垩世后期，苏北盆地在如此复杂的基底背景上发育起来，其形成和演化受区域伸展应力场控制，兼受郯庐大断裂右旋走滑运动的地质营力作用，基底先存断层对盆地成长有重要的影响。同时3期区域应力场的转变，2期构造事件重大变革，制约了成盆各演化阶段特征。

1.均匀伸展统一坳陷湖盆演化阶段

晚白垩世—古新世裂陷早期，苏北地区受北西—南东向区域性拉张应力场作用，在仪征事件区域不整合夷平面上发生深陷形成统一的陆相盆地，发生3次区域性湖侵（图1-4-8），将湖盆发展推向鼎盛阶段，从3次区域湖侵湖水平面与全球海平面升降对比看，二者升降变化趋势不一致，反映该区湖侵与海侵无关。此期，泰州组盆地拉张率较小，沉积速率最小，各凹陷13.1～28.4m/Ma；阜宁组拉张率最大，沉积速率也最大，各凹陷阜一段速增至132～210m/Ma，阜二段、阜三段达到顶峰190～313m/Ma，再到阜四段略为减小，断层活动性由泰州组沉积期的较弱至阜宁组沉积中后期达到最强。泰州组—阜宁组以满盆暗细岩性沉积为主，相序跨不同构造单元连续展布，古新世末，吴堡事件使盆地全面抬升、统盆解体，断块体强烈差异升降改造，残留地层剖面呈"楔状"外形，平面呈"箕状"展布，主要构造形迹断层呈北东、北北东走向展布，与现存箕状断陷的坳陷与隆起、凹陷与凸起相间排列格局相似（图1-4-1），各组段的边缘相剥蚀殆尽，导致原型盆地轮廓不可恢复，对此期盆地构造体制属性分歧极大。

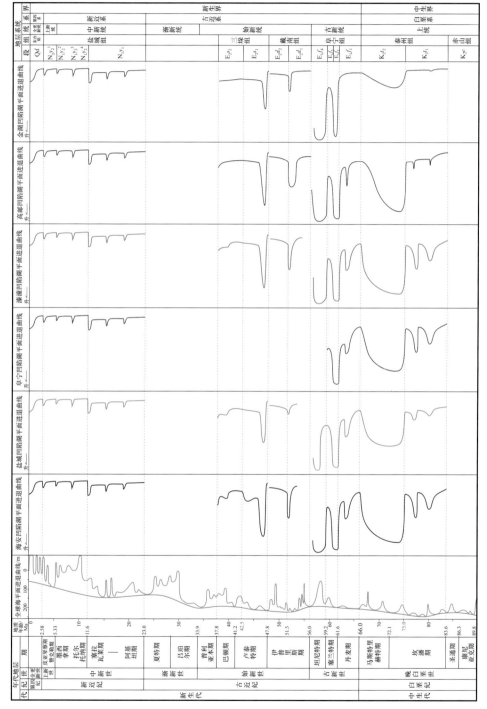

图 1-4-8　苏北盆地各凹陷水平面升降曲线与全球海平面升降曲线对比图

全球海平面进退曲线根据 John B. Sangree、Peter R. Vail 著，张宏逵译的《应用层序地层学》；年代地层根据国际地层委员会 2013 年版的《国际年代地层表》

1）均匀伸展统一坳陷湖盆的主要标志

（1）盆地不同单元构造变形具有均衡性。一是无集中的局部构造发育区，T_4^0—T_3^1各反射层图反映，全盆无明显集中的局部构造发育区，三级或准三级构造呈较均衡地分散于一、二级构造单元区，而且这些构造高带在该期只是幅度很小的雏形，后期得到不断强化才形成现存的明显高带；高邮、金湖、溱潼凹陷 T_3^3 断鼻断块带（群）散布在各斜坡区。二是主干大断层虽然延伸长、断距规模较大、变形较强，但全盆呈稀疏分布；三至五级断层单条延伸短、断距小、变形小，但数量多、密集分布于断裂带以外的其他各二级构造单元，主、次断层变形总量呈现相对均衡状况（图1-4-9、图1-4-10）。三是斜坡带三至五级断层多以多米诺式变形组合为主，反映断层生长主要为均衡伸展纯剪变形。四是盆地古地貌变形坡度极小，根据泰州组—阜宁组厚度计算得到，盆内古地貌坡度最大不到0.5°，反映盆地的古构造变形很小，属均匀伸展变形。五是尽管金湖、高邮凹陷局部发育走滑断裂、逆断裂，以及如溱潼凹陷北斜坡部分断层呈现一定的扭动特点，这是郯庐大断裂右旋走滑产生扭动营力叠加作用的结果，且随着与郯庐大断裂距离增大，其影响明显减弱，不是区域伸展作用的产物。

（2）盆地不同单元沉积建设具有均衡性。一是除洪泽凹陷外，各坳陷、凹陷、（低）凸起、斜坡带及断裂带的不同构造单元，泰州组—阜宁组厚度呈缓慢变化的特点，总体无明显的厚度突变带，尤其是泰州组—阜二段；阜三段、阜四段沉积期，随着断层活动性增强，同生断层附近地层厚度差扩大；无论是泰州组—阜一段沉积末期，还是戴南组沉积前，构造演化剖面都反映泰州组—阜宁组伸展变形较为均匀、横向差异小；而从泰州组—阜宁组保存完整的领域也清楚反映了这点（图1-4-9、图1-4-10）。二是泰二段二亚段、阜二段二亚段、阜四段二亚段各套区域标志层横跨各凹陷、（低）凸起，其地层厚度没有明显增减，有些略变薄、有的还略增厚，总体呈均匀缓变。三是凹陷与凹陷间、凹陷与凸起间、深凹带与斜坡带间，沉积速率均差异较小，没有明显的沉积速率突变带。四是泰州组—阜宁组沉积期发生3次较长时间的区域湖侵和1次短暂的区域湖侵，形成4套三级层序，各组段无论是水体很浅的低位体系域，还是水体深的湖侵体系域，再变浅的高位体系域，其沉积体系均横跨现存的不同构造单元展布，相带横向变化缓慢；从泰州组—阜二段沉积中心一直处于盆地东部海安、白驹凹陷及小海凸起一带，从阜三段到阜四段阶段，沉积中心逐渐转向以东台坳陷东南部一带，既反映统一坳陷湖盆均匀变化的特点，也反映盆地演化由早期均匀伸展逐渐向后期差均匀伸展的过渡变化。

2）统一坳陷的后期改造

古新世末，吴堡事件造成苏北—南黄海盆地全面抬升、水体退出，结束泰州组—阜宁组原型坳陷历程，沉积岩顶面全部暴露地表遭受风化、差异剥蚀。构造上，断层活动加剧，断块体发生强烈旋转、翘倾升降，上、下两盘地层差异剥蚀显著增强，地层剥蚀古地貌变形角可超过4°，彻底解体了泰州组—阜宁组原型统一坳陷盆地体制，形成以北东、北北东走向断层构造形迹为主，呈现2坳3隆、10个凹陷与10个（低）凸起相间排列的框架（图1-4-1），凹陷呈"箕状断陷"结构，复杂断块为局部构造主特征。地层上，以邵深1井阜四段残留地层为参照系，各凹陷区阜宁组剥蚀量小于700m，（低）凸

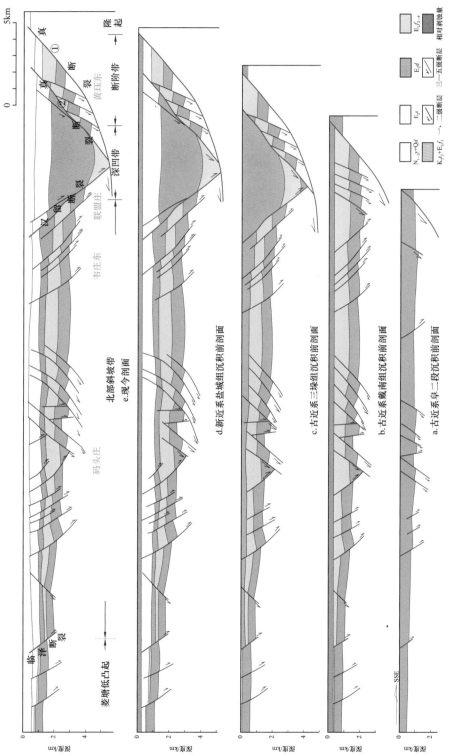

图 1-4-9 高邮凹陷中部（G12.5 测线）构造演化剖面图

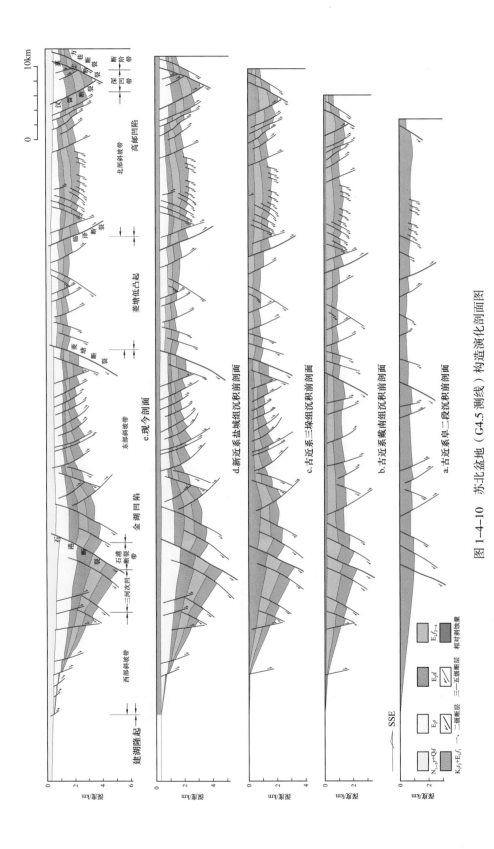

图 1-4-10 苏北盆地（G4.5 测线）构造演化剖面图

起剥蚀量超过1000m，造成阜宁组残留地层平面呈箕状展布，从下部阜一段到上部阜四段距剥蚀面越近，箕状越明显，越像由箕状断陷形成，剖面呈主干断裂控制的半地堑结构，即现存凹陷深凹地层厚，斜坡厚度减小，低凸起地层更薄，凸起区阜宁组剥光、仅剩泰州组部分残留，苏南、滨海隆起仅见个别泰州组—阜宁组早期残片微断陷。岩相上，各组段的沉积边缘相剥蚀殆尽，大型沉积体系被切割成多个片区分布于不同的构造单元。

2. 集中伸展分隔断陷湖盆演化阶段

始新世，苏北—南黄海盆地区域构造应变由前期北西—南东拉张的分散伸展、整体沉降，转变为南北拉张、集中伸展、局部沉降，导致一、二级断层继承性强烈活动，大断层面发生明显的铲式旋转或翘倾，成为独立沉积单元的边界，开始了典型的箕状断陷群盆地演化。

（1）统一盆地解体，先后演化出多个独立的戴南组、三垛组箕状断陷。早始新世，全盆在7个凹陷中先后发育出12个分隔的戴南组箕状小断陷，规模较小，这12个断陷范围都没有超出残留阜四段分布区，有8个断陷呈南断北超箕状，4个断陷呈北断南超箕状，分别为临泽凹陷、海安凹陷的曲塘、北凌、新街次凹。其中，东台坳陷6个亚一级负向构造单元有5个形成9个小断陷，各断陷分割独立成盆，凹陷周缘隆起、（低）凸起高地，包括泰州组—阜宁组露头皆成为物源区。各断陷形成有先后，金湖、高邮凹陷成盆最早，深凹带自戴南组沉积早期开始沉积，而后逐渐扩大，沉积最厚、面积最大，海安凹陷呈彼此独立的5个微断陷，溱潼凹陷和海安曲塘次凹从戴一段沉积中期接受成盆，海安凹陷另外4个微断陷和临泽凹陷成盆最晚，到戴二段沉积期才有沉积，而白驹凹陷戴南组沉积期始终处于隆升剥蚀状态，无沉积。盐阜坳陷只有洪泽、盐城凹陷发育成小断陷，后者呈2个分割的微断陷，涟水、阜宁凹陷持续裸露剥蚀，未接受戴南组沉积。早始新世末，发生真武事件，各断陷抬升结束戴南组建设。中始新世，盆地再次集中伸展沉降、范围明显扩大，形成了6个南断北超、规模不同的箕状断陷。其中，东台坳陷全部6个亚一级负向构造单元、7个正向构造单元连片成为整体南断北超的戴南组半地堑断陷，接受以浅水三角洲、河流为主的沉积，只是凸起单元仅有一部分沉积、另一部分仍裸露剥蚀；盐阜坳陷发育出5个独立断陷，盐城凹陷前期2个微断陷连片统一，洪泽凹陷继承发展，涟水、阜宁凹陷新生成3个小断陷。中始新世末，发生三垛事件，苏北盆地再次整体隆起，晚始新世—渐新世长期剥蚀、沉积间断长达14.8Ma，断层活动趋于平静，结束了戴南组—三垛组同生箕状断陷演化。

（2）构造变形强烈，伸展差异很大。一级断裂继承性强烈活动，二级断裂达到活动高峰，伸展集中规模大，成为控制断陷或深凹、次凹的边界，控制沉降中心生长和沉积建设；斜坡带部分次级断层继承生长，新生成一些断层，伸展变形强度远小于断裂带变形区；断陷的古地貌变形角显著增大，纵横地貌势差变化差异也大，造成不同构造单元的地层厚度显著差异，如图1-4-9、图1-4-10所示。

（3）具有典型的同生箕状断陷沉积特征。一、二级断裂成为陡坡坡折带，控制陡坡带发育水下冲积扇、泥屑流扇、泥石流扇、扇三角洲等沉积体系组合；斜坡形成缓坡坡折带，发育河流—辫状河三角洲或曲流河三角洲体系组合；中间成为滨浅湖、半深湖区，建设滨浅湖滩坝、浊积扇和湖相泥岩沉积组合。三垛组沉积后期，湖水逐渐退出，演化为以陆地河流为主、局部沼泽沉积的组合。三垛事件盆地从近南北向的拉张环境转变为近东西向的挤压环境，区内整体抬升长期剥蚀；根据地层对比（图1-4-11），从二级构造单元地层保剥状况看，都是次凹三垛组沉积厚、剥蚀少、保存较全，斜坡带次之，（低）凸起地层沉积薄、剥蚀多、保存少，反映出箕状断陷演化的特性；从各凹陷沉降中心地层保剥状况看，各深次凹之间沉积厚度有一定的差异，而剥蚀残留的层位差异较小，反映三垛事件以盆地反转整体抬升为主，横向翘倾差异性较小。

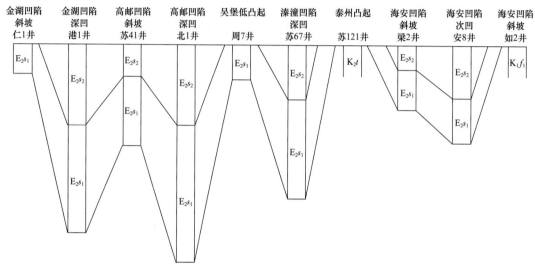

图 1-4-11　苏北盆地三垛组对比图

由此可见，苏北盆地戴南组—三垛组才真正处于南断北超的同生箕状断陷体制，并完成了苏北盆地断陷格局。

3. 热沉降萎缩统一坳陷湖盆演化阶段

新近纪—第四纪，区域应力场转变为近东西向的挤压环境，前期分割的戴南组—三垛组断陷体制转为热沉降萎缩统一坳陷体制，除凹陷边界同生断裂继续活动到盐一段沉积期外，凹陷内大量的次级正断层此时基本停止活动。盆地呈整体沉降，沉积跨越坳陷、隆起各构造单元，沉积范围从盐一段、盐二段到东台组逐步扩大。期间，陆续发生樊川、盐城、东台事件，造成盐一段、盐二段不同程度剥蚀。同时，受印度板块的长期推挤作用，盆地的西部抬升，东部下沉，沉降量由早期的"中部大、东西小"变为盐城组—东台组沉积期的"东大西小"，小海成为苏北—南黄海盆地此期的沉降中心，接受巨厚的河流相为主的粗碎屑岩建造。

总之，苏北盆地经历早期泰州组—阜宁组均匀伸展的原型坳陷体制建设，经吴堡事件强烈改造形成的后生断陷格局，下构造层以满盆暗细岩性为主，相序跨不同构造单元连续展布；中期戴南组—三垛组集中伸展的同生箕状断陷体制建设，中构造层以发育典型的箕状断陷沉积体系、以杂色粗岩性为主；晚期盐城组—东台组热沉降萎缩坳陷体制建设，上构造层以全域广泛分布的河流沉积为主。成盆演化构造体制的非继承性、3个构造层沉积体系的差异性是苏北盆地的主要特征。

第四节 断 裂 特 征

苏北盆地是在经历了多期构造大转换和盆地大改造的基础上发育起来的中—新生代盆地，作为改造型断陷盆地，苏北盆地内断裂非常发育是其独特的构造风格。盆地内不同级别的断层可达数千条之多，张性断裂、走滑断裂、挤压断裂体系的交错纵横，加剧了构造系统的复杂性。

一、断层分级与分类

1. 断层分级

根据断层对盆地不同构造单元的控制作用，分为五级。（1）一级断层：盆地和（亚）一级构造单元的边界断层（图1-4-1，表1-4-4），具有早期生成、长期发育、多期活动的特点，对现存盆地的形成、发展起重要作用；如真①、杨村、吴堡、泰州、盐城、海安断裂等。（2）二级断层：凹陷与凸起、凹陷内部的分界，是控制新生界沉积、沉降中心的重要因素，大多具有早期生成、长期发育、多期活动的特点，强烈活动多在吴堡事件期；如汉留、石港、泰县断裂等。（3）三级断层：分布于各二级构造带内，对圈闭形成具有重要作用，平面有一定的延伸范围，断距150～800m，一般有一期或两期活动；譬如卞1、庄2、沙20、叶甸、茅山断层等。（4）四级断层：将单斜、断阶带、断裂带、三级构造和次凹内部切割成块的低序次断层，可独立形成断块圈闭，断距60～250m、延伸1.5～5km，一般为一期活动。（5）五级断层：将局部构造、圈闭切割复杂化，或参与组成断块的小断层，断距一般小于80m，延伸0.5～1.5km，为一期活动。

另外，按断层与卷入地层关系，分为元古宇变质基底卷入型断层、古生界海相基底卷入型断层、中生界陆相及岩浆岩基底型断层和中生界—新生界沉积盖层滑脱型断层4种类型。按断层活动性与成藏期关系，分成藏前的早期断层，贯穿成藏期的同期断层，成藏后依然活动的长期断层，成藏后形成的为晚期断层。

按断层生长层位状况，分为吴堡期（K_2t—E_1f）、真武期（E_2d）、三垛期（E_2s）、盐城期（Ny）及其这4期的不同组合断层。其中，吴堡期、真武期、吴堡—真武期为早期断层，盐城期为晚期断层，其他的为同期或长期断层。

按断层在地震剖面上的识别难易，分为显性断层、隐蔽性断层。一至三级断层皆属显性断层，四至五级有显性、隐蔽性断层，隐蔽性断层可参与形成断块圈闭。

2. 断层体系分类

苏北—南黄海盆地处于区域引张伸展应力场背景下，同时局部存在扭动、挤压应力环境（邱旭明，2003），已被井震资料证实。因此，苏北盆地不仅发育大量的张性正断层体系，构成盆地构造的主要形式，也存在一些扭动的离散走滑断裂体系，挤压的逆断层体系（图1-4-1、图1-4-12），尤其盆地西部毗邻郯庐断裂带的金湖凹陷，多种断层体系同时清楚呈现。

1）正断层体系

盆地发育多组不同走向、规模、序次的正断层体系，成为主要构造形迹，其分布特点如前，不予赘述（图1-4-1、图1-4-12）。

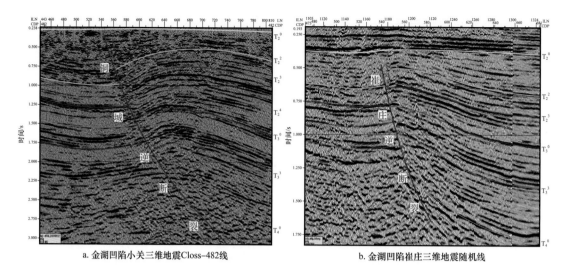

图 1-4-12 金湖凹陷逆断层及伴生构造地震剖面图

2）走滑断层体系

迄今，金湖、高邮凹陷识别出 4 条走滑断层；其中，石港、杨村西段、吴堡离散型走滑断裂走向北北东、倾向北西西，形成早、长期活动，延伸长、断距大、规模大，成为控制现存凹陷、次凹的边界；铜城"P"走滑断裂走向近南北，南段 4km 长呈逆断层形式（图 1-4-12），中北段 10km 长变成高陡正断层形式，该断裂形成于吴堡中晚期，三垛期活动最强烈。走滑断层共性特点如下。

一是平面上具有离散走滑断裂的三大特征。（1）主断层呈一条舒缓波状线性延伸的主位移带，主位移带一端分化成马尾状撒裂，并走向衰亡；（2）主断层旁侧伴生一系列羽状正断层，走向近东西，断开层位阜宁组—三垛组，构成了扭动构造组合中的雁列构造；（3）主断层与伴生的低序级断层组成右行"入"字形构造，与郯庐断裂的派生构造一致。

二是剖面具有离散走滑断裂的四个特点：（1）基底生长断层，形成于燕山期，古近纪为主活动期，上盘呈下掉形式，两盘落差普遍较大；（2）主断层面陡，下部以高角度呈单根插入基底，向上分叉撒开呈锥形破裂面的特征；（3）主断层上盘根部中—深部地层正牵引强烈形变，变形最强部位恰好位于主断层向上撒开转弯处，形成了区域单斜层；（4）主位移带既窄又碎，不发育断阶，由此导致断裂带油气勘探的复杂性；（5）下构造层主断层呈一条完整的断裂；到中构造层主断层分解为右阶右行雁列状排列的一系列小断层。

三是断层两侧岩石具有扭动变形特征：（1）石港断裂带桥 6 井岩心观察到水平擦痕、光亮镜面、角砾岩，压裂、压碎、片理化和糜棱岩化发育，有微观构造吕德尔线，这些代表了扭性、压性破裂面地质特征。（2）见到部分代表拉张性质结构面的特征，两期被方解石或石英充填裂缝等。

南黄海南坳西部断层呈右阶斜列，具有右行走滑特征，东部断层为左阶斜列，具有左行走滑特征；地震资料清晰反映，新生界存在逆断层。这些现象反映苏北与南黄海盆地构造表现的一致性。

3）逆断层体系

截至 2018 年底，只在金湖凹陷证实存在崔庄、泥沛逆断层，铜城走滑断裂南部逆断层段，特点如下。

（1）逆断层伴生褶皱，与区域构造应变一致。如图 1-4-12 所示，金湖铜城、崔庄逆断层走向北北西、倾向北东东，断面倾角 $65°\sim75°$；伴生有逆冲褶皱构造，其轴向与逆断层走向相同，也与区域伸展形成的金湖西斜坡三级构造褶皱轴走向一致；铜城南段逆断层走向与伴生褶皱轴向也一致。可见，金湖凹陷逆断层、伴生褶皱、伸展构造是在统一应力场下的共生产物。

（2）规模相对较小。地震反映，泥沛、崔庄逆断层表现明显，平面都呈两段发育，前者两段总延长约 16km，后者两段总延长约 17km，二者 T_3^3 断距一般小于 100m，最大约 160m，属三级断层；铜城南段逆断层延伸很短，T_3^0 断距在 $200\sim650m$ 之间，与中北段组成二级断层。

（3）生长期有差异。地震资料反映，泥沛逆断层切开泰州组—戴南组层系，卷入基底，基本定型于真武期；崔庄、铜城南段逆断层切开泰州组—三垛组层系，卷入基底，吴堡期形成，三垛期有强烈活动，三垛末期定型。南黄海地震剖面清晰反映，新生界逆断层及伴生褶皱规模要大些。

二、主干断裂特征

盆内控制盆地及凹陷演化的一、二级断裂称为主干断裂。苏北盆地主干断层有几十条（表 1-4-4），如图 1-4-1 所示，分布于盆地、坳陷、凹陷和次凹边界，以近北东走向一组断层为主，少量为东西、北西、近南北走向断层，随着与郯庐断裂的距离增加，由西南向东部断层总体呈大喇叭状弧形撒开展布；倾向以北西为主，其次为东南倾向，还有向西南倾、东倾的。主干断层皆具同生性质，对地层厚度建造都具明显的控制作用，生长控制着现存的盆地和发育；断层多由先存基底断层在拉张背景下复活、回滑形成，一般从仪征—三垛事件长期活动，部分至盐城期才停止活动；其中，部分二级断层形成稍晚，如真①、吴①断裂派生的真②、吴②断裂，主要活动期在吴堡—三垛事件期。断层延伸长度一般 $20\sim120km$ 不等，规模大；断层面形态有上陡下缓的犁式、坡坪式和板式，一般具有不同程度的斜向滑动特点；断距上小下大，在 T_4^0 上最大断距在 $800\sim4800m$ 之间，断距变化极大。

表 1-4-4　苏北盆地主要断裂要素表

序号	名称		断面形态	长度 /km	走向	倾向	倾角 /(°)	断层落差 /m	级别
1	杨村断裂		板式为主、铲式	>84	NNE—NEE	NWW—N	40~65	T_4^0: 1000~4800	I
2	石港断裂		下板式、上花式	45	NNE	NWW	50~65	T_4^0: 200~2300	II
3	铜城断裂		南逆、北正陡铲式	14	SN	NW、SE	65~75	T_4^0: 500~1600	II
4	六合断裂		板式	70	SN	E	50~70	T_4^0: 400~1200	I
5	真武断裂	真①	（平缓）铲式	80	NEE	NNW	20~41	T_4^0: 600~3500	I
		真②-1	铲式	24	EW—NNE	N—NWW	40~55	T_2^5: 200~1600	II
		真②-2	坡坪式、铲式	25	NEE—NE	NNW—NW	34~50	T_2^5: 420~1900	
6	方巷断裂		板式、铲式	26	NEE	NNW	45~52	T_4^0: 200~1000	II

序号	名称		断面形态	长度/km	走向	倾向	倾角/(°)	断层落差/m	级别
7	汉留断裂		铲式、板式	40	NE	SE	45～55	T_2^5: 100～1200	Ⅱ
8	吴堡断裂	吴①	陡铲式、板式	35	NNE	NWW	38～65	T_4^0: 200～3800	Ⅰ
		吴②	板式	25	NNE	NWW	55～63	T_4^0: 800～1800	Ⅱ
9	临泽断裂		板式、铲式	90	NNE	SSE	40～55	T_3^3: 100～1400	Ⅰ
10	泰海断裂		板式、铲式	72	NEE—NW—NE—EW	N	45～60	T_4^0: 500～1000	Ⅰ
11	泰州断裂		铲式	60	NE	NW	45～60	T_4^0: 1000～4000	Ⅰ
12	泰县断裂		铲式	33	NEE	SSE	64～70	T_4^0: 300～2600	Ⅱ
13	北凌断裂		铲式、坡坪式	53	EW	S	30～60	T_4^0: 200～800	Ⅱ
14	新街断裂		铲式、坡坪式	>24	NEE—NWW	SSE—SSW	30～65	T_4^0: 200～1900	Ⅱ
15	富东断裂		铲式	21	NE	NW	26～55	T_4^0: 200～1000	Ⅱ
16	富西断裂		铲式	26	EW—NW—EW	N—NE—N	40～65	T_4^0: 200～1400	Ⅱ
17	安丰断裂		铲式、坡坪式	25	NEE	NNW	25～56	T_4^0: 100～1400	Ⅱ
18	曹灶断裂		铲式、坡坪式	28	NE	NW	23～62	T_4^0: 100～1600	Ⅱ
19	小海断裂		铲式	>82	NEE	NNW	40～60	T_4^0: 200～2300	Ⅰ
20	洪泽断裂		铲式	110	NE	NW	30～55	T_3^0: 500～1500	Ⅰ
21	涟南断裂		板式、铲式	38	NW—NE	NE—NW	40～55	T_4^0: 400～1200	Ⅰ
22	淮阴断裂		板式	90	NE	SE	45～55	T_4^0: 100～800	Ⅰ
23	涟水断裂		板式	80	NE	NW	40～55	T_4^0: 200～800	Ⅱ
24	蛤蜊港断裂		板式	>100	NE	NW	30～50	T_4^0: 200～2000	Ⅱ
25	下王港断裂		板式	>120	NE	NW	30～45	T_4^0: 200～2600	Ⅰ
26	盐城断裂		板式、铲式	>95	NW—NEE	NNW	30～50	T_4^0: 600～3500	Ⅰ
27	新洋断裂		板式、铲式	>55	NE	NW	30～50	T_4^0: 200～3000	Ⅱ

主干断裂对盆地发生、发展起重要控制作用，与油气关系最密切，研究最深入的包括真武、吴堡、汉留、杨村、石港和泰州断裂等。

1. 真武断裂

真武断裂是高邮凹陷南部真①、真②断裂的统称，二者限制了高邮凹陷南部断阶带的范围。

1）真①断裂

具有盆地基底卷入特征的一级断层（图1-4-1），西抵天长凸起，东与吴堡断裂相连，走向北东东、倾向北西西，总长度约80km，为苏北盆地和高邮凹陷的现存南部边界，与苏南隆起分隔。断裂由基底逆断层在成盆期反转回滑形成，泰州组—阜宁组原型属盆内断层，下切穿中生界—古生界基底，元古宇结晶变质基底卷入；根据下盘南部小河口露头泰州组视厚度240.4m，与上盘最邻近的苏98、方3井视厚度为270m、155m，远点的邵2井视厚度约287m，最远东部纪3井全盆最厚视厚度522m对比，沉积时长17.6Ma，反映此期沉降速率低，断层生长指数小、活动微弱，东部稍强；阜宁组沉积期断裂活动性增强，断距扩大，上盘地层同比其他地区明显增厚。吴堡事件使盆地整体抬升，断裂强烈活动、下盘泰州组—阜宁组剥蚀殆尽，演变为现存盆地边界。戴南组—三垛组沉积期继续强烈活动，后期断距逐渐减少，进入盐城组沉积期活动大为减弱，直到停止；空间上，断裂自西向东活动性呈递增变化。断面轨迹呈不规则波状弯曲，形成3个向北突出的鼻状构造；断面形态起伏变化大，总体呈上陡下缓的坡坪式、铲式，西部秦栏段断面呈缓铲式，中部黄珏至真武段断面呈坡坪式、极缓铲式，最小倾角仅20°，东部小纪到徐家庄段断面又变为较缓的铲式。断距横向变化也大，不同构造层断距差异更大，T_4^0断距一般为600~3500m，东段邵伯—徐家庄地区断距明显大于西段方巷至秦栏地区，中段邵伯地区南部确切边界尚无地震资料证实。

2）真②断裂

由真①断裂活动派生出的同向二级断层（图1-4-1），西起黄珏、东至周庄，总体走向北东东、倾向北西西，形成晚于真①断裂，卷入基底收敛于真①断面，长期活动，上切至盐城组；表现形式和断距变化大，下构造层T_4^0—T_3^0呈一条连续断裂，延伸长46km，断面轨迹呈拉伸"W"东、西双弧形，相连部发育真武牵引构造，阜宁组断距300~2900m，东弧段断距大、西弧段断距小；吴堡事件断裂强烈活动，双弧在真武结合部分裂，中构造层T_2^5—T_2^0呈首尾相叠不相连的2条分支断层，即东弧段许庄至徐家庄的真②-1断裂，西弧段黄珏至许庄的真②-2断裂；戴南组、三垛组沉积期为主要活动阶段，断距大于真①断裂，总断距与真①断距呈相互补偿关系，至盐城组沉积期活动逐渐停止，断距显著变小。

真②-1断裂是由真②断裂东弧段在吴堡事件演化形成的分支断层，走向北东东、倾向北西西，延伸长度24km；其东段交接于吴①断裂，西段与真②-2断裂近平行相叠，中间为构造变换带，发育真武逆牵引断背斜；平面轨迹呈拉长小"W"弧状，分别控制了刘五舍、樊川次凹的形成演化和沉积建造；戴南组—三垛组沉积期，断裂持续强烈活动，戴南组沉积期最强，取代真①断裂成为戴南组断陷边界，T_2^5断距200~1600m，三垛组沉积期减弱，沉积越过真②断裂，盐城组沉积期衰退消亡（图1-4-13）。

真②-2断裂是由真②断裂西弧段在吴堡事件演化形成的分支断层，主体走向北东东，西端尾段拐向北西西，迅速消亡于黄珏油田南部，东端消亡于真武—许庄变换构造带，主体倾向北北西、局部北北东，总长度约25km；平面轨迹呈拉长弧状，控制着邵伯次凹的形成演化和沉积建造；戴南组—三垛组沉积期，断裂强烈活动，戴南组沉积期最强，取代真①断裂成为凹陷边界，T_2^5断距420~1900m，三垛组沉积期再减弱，沉积越过真②断裂，盐城组沉积期衰退消亡（图1-4-13）。

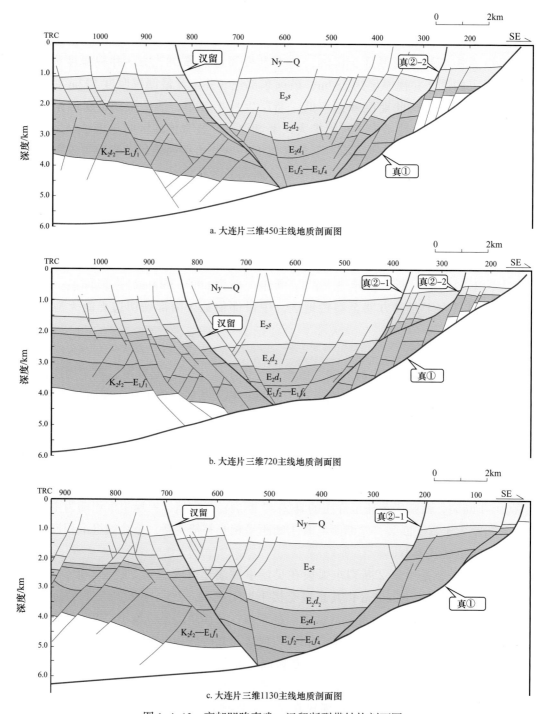

图 1-4-13　高邮凹陷真武—汉留断裂带结构剖面图

3）断阶带

（1）网状断层分布，双层结构组成。真①、真②断裂所围限的断阶带，内部派生出大量的次级断层，如图 1-4-13 所示；其中，与两条边界断裂近平行或小角度相交的断层规模一般较大，有诸多三级断层，其他走向基本为四、五级小断层，平面组成不规则的网状断层分布。边界断裂断面较陡呈铲式的，断阶带窄；断面平缓呈坡坪式的，断阶带较宽。从断阶带地层看，下构造层泰一段—阜四段相对齐全，抬升较高者，阜宁组上部剥蚀严重，如许庄高台阶、小纪构造阜四、阜三段剥缺。中构造层戴南组、三垛组发育差异大，早期随真①断裂活动性向真②断裂迁移，前者丧失控制戴南组同生断陷边界作用，后者断距显著增大，成为主控戴南组建造断裂，上盘地层厚全，下盘无沉积或地层很少，仅真②-1、真②-2断裂转换带部位有戴南组沉积，真②-1与小纪断裂夹持的断阶有戴一段残留；后期，真②断裂控制作用减弱，三垛组越过该断裂推进沉积，除真②-2断裂控制的许庄构造高台阶无沉积外，其他地区有不同程度的三垛组沉积。上构造层盐城组、东台组跨越真①、真②断裂，断阶带消失。

（2）南北高低台阶，东西波状起伏。纵向上，断阶带受内部三级断层分割，形成自南到北逐渐降低的多个台阶（图1-4-13）；高台阶隆升大、埋藏浅，阜四段、阜三段剥缺强烈，中台阶地层保存较好，成为圈闭有利发育带，低台阶地层全、埋深大，有利于烃源岩成熟供油。

2. 吴堡断裂

吴堡断裂是高邮凹陷东部吴①、吴②断裂的总称。

1）吴①断裂

具有盆地基底卷入特征的右旋离散走滑一级断层（图1-4-1），南部起始于吴堡低凸起与真武断裂交会处，走向北北东、倾向北西西，向北延伸至陈堡地区转入吴堡低凸起内部逐渐消失，延伸长度35km，与吴②断裂共同组成高邮凹陷的东部边界，与吴堡低凸起相分割。断裂由基底先存隐伏断裂在成盆期复活形成，泰州组—阜宁组原型属盆内断层，下切入中生界—古生界基底、元古宇变质基底卷入，上切入盐城组，长期活动（图1-4-14）。

根据地层对比，吴①、吴②断裂两盘泰州组—阜一段厚度接近，吴堡低凸起北部获垛地区下盘地层甚至比上盘地层更厚；晚古新世，上盘阜四段同比下盘明显增厚，反映断裂进入主要活动阶段。空间上，断裂南段活动性强、规模大，断面轨迹呈相对平直的微弧状，剖面呈陡铲式或板式，T_4^0、T_3^3断距2800～3800m；吴堡事件使盆地整体抬升解体，断裂强烈活动，下盘阜三段、阜四段遭剥蚀；戴南组沉积期断裂活动性增强，下盘成为物源区，并控制刘五舍次凹的形成演化和沉积建造东部边界；至三垛组沉积期，断裂活动性大为减弱，凹陷与低凸起又融为一体。断裂北段处于低凸起内，其活动明显弱、规模小，断面产状变缓38°～50°，T_4^0、T_3^3断距在陈堡分别为1800m、1000m，向北延伸迅速减小，直至消亡；戴南组沉积期活动强，下盘隆起剥蚀为物源区，三垛组沉积期活动性再减弱，盐城组沉积期南北段活动性都较弱，T_2^0断距一般小于100m。地震上，南段只能看到一条断层，测井地层对比反映，该断裂一般由2～3条密集分布的断层组成，即一条破碎的主位移带，断裂面较陡呈板状，两旁侧派生的一系列羽状小断层指示右旋，上盘根部正牵引变形构造等呈现出明显的右旋离散走滑特征。

2）吴②断裂

为吴①断裂北段通过变换带派生出的右旋离散走滑同向二级断层（图1-4-1），南起于陈堡油田，与吴①断裂相交接，北延伸至获垛地区后拐向北东，并与北东东走向小海断裂西段相连，总体走向北北东、倾向北西西，全长约25km；断面轨迹较平直，剖面呈较陡板状（图1-4-14b、图1-4-14c），向下切穿泰州组—阜宁组，中生界基底卷

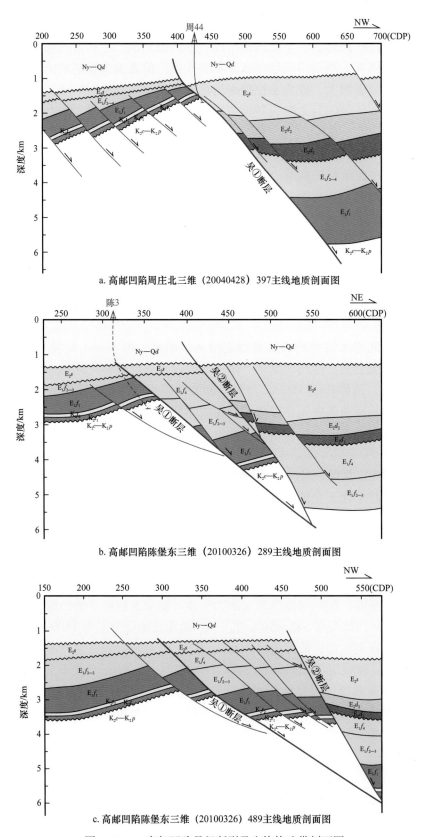

a. 高邮凹陷周庄北三维（20040428）397主线地质剖面图

b. 高邮凹陷陈堡东三维（20100326）289主线地质剖面图

c. 高邮凹陷陈堡东三维（20100326）489主线地质剖面图

图 1-4-14　高邮凹陷吴堡断裂及变换构造带剖面图

入，收敛于吴①断裂，上切入盐城组；其形成晚于吴①断裂，泰州组—阜宁组沉积早期活动弱，阜宁组沉积后期活动性增强，T_4^0断距800~1800m，中间大、末端小。吴堡事件期，断裂强烈活动，下盘阜宁组剥蚀严重，为戴南组物源区，控制戴南组断陷东北部边界；戴南组沉积期，断裂继续强烈活动，控制刘陆次凹形成和沉积；三垛组沉积期，断裂活动明显减弱，至凹陷与低凸起合一；盐城组沉积期仍有活动，局部较强，T_2^0断距100~600m，成为高邮凹陷盐城组沉降中心。总体上，吴②、吴①断裂之间的断距相互补偿，存在位移传递、总断距基本不变现象。断裂在地震上呈一条断层，井资料反映一般是多条密集断层的破碎主位移带，断裂面较陡呈板状，两侧羽状小断层指示右旋，上盘根部正牵引变形构造向北与吴①断裂组成马尾状撒裂构造，反映出右旋离散走滑特征。

吴①、吴②断裂断阶带不甚发育，只有长15km的重叠地带，中间夹持3~4km宽的断阶变换构造带（图1-4-14b、图1-4-14c）。两断裂上盘、断阶带地层发育保存较齐全，断阶带南部戴南组薄、北部缺沉积，三垛组厚度下盘明显小于上盘；下盘泰州组—阜宁组岩性、原始厚度与前者连续变化，后期阜三段、阜四段剥蚀殆尽，无戴南组沉积，三垛组较东、西两侧厚度都薄。

3. 汉留断裂

为高邮凹陷真武断裂的反向补偿性二级断层，与真武断裂大致平行分布，位于箕状断陷缓坡侧的北斜坡与中央深凹带相接的转折部位。如图1-4-1、图1-4-13所示，断裂在下构造层呈一条长拉伸"S"形轨迹，西起马家嘴油田，与大仪断裂交接，东抵富民油田北，与真②断裂东段相交，走向北东东、倾向南南东，延伸长度40km；在中构造层，演化形成左阶首尾相接的3条分支断裂，即西支马家嘴—联盟庄、中支永安、东支永安东—富民西。断裂面呈板式、犁式，中生界—古生界基底卷入后，受真武断裂面限制而终止，上切入盐城组消亡。断裂形成晚于真②断裂，中西段生成于阜宁组沉积早期，阜三段、阜四段沉积期生长活动增强，联盟庄地区两盘可见地层厚度差，东段生成稍晚；戴南组沉积期活动性最强，中段活动强度大，与真②断裂共控中央深凹带形成演化和沉积建设，联盟庄T_2^5断距达1200m，东西末端断距逐渐减少；三垛组沉积期活动性居次，T_2^3断距一般为450~800m；生长持续到盐城组沉积期，T_2^0断距50~300m。

断裂两盘地层发育和保存齐全，下盘地层厚度小于上盘，戴南组差异最大。平面上，中构造层断裂两盘发育一系列同向的次级断层，一般与主断裂小角度斜交，以及其他产状的小断层，构成复杂的断裂带面貌；剖面上，在下构造层主要发育与真武断裂同向的断层组，构成多米诺组合，中构造层下盘发育与汉留断裂同向的断层组，构成阶梯状组合（图1-4-13），上盘发育同向的次级断层组，同时，派生更低序次的反向断层，组成"Y"形组合。

4. 杨村断裂

具有盆地基底卷入特征的一级断层（图1-4-1），南起始于秦营之南，北抵小关东消亡，实际是由南、北段不同性质的断裂组成，分界在与铜城断裂相交处，总长超过84km，为金湖凹陷现存南部边界，与天长凸起分隔（图1-4-15）。断裂由基底先存隐伏断层在成盆期复活形成，泰州组—阜宁组原型属盆内断层，下切入中生界—古生界基底，元古宇变质基底卷入；南段下盘天长凸起秦1井、北段下盘菱塘低凸起天8井泰州组厚度与上盘厚度无差异，反映此期断裂活动微弱；阜三段、阜四段沉积期，活动性增强，上盘形成较明显的沉降中心；吴堡事件使断裂强烈活动，下盘泰州组—阜宁组几乎剥蚀殆尽，演变为现存盆地、凹陷南部边界和物源区；戴南组—三垛组沉积期，断裂强烈活动，控制戴南组、三垛组沉积和分布范围；盐城组沉积期有微弱余动。这一生长特点与真武、吴堡、泰州、盐城断裂等活动规律基本一致，反映区域断裂构造演化的统一性。断裂南段延伸长度超过 60km，走向北北东、倾向北西西，具有右旋离散走滑特点；北段延伸长 24km，走向北东东、倾向北北西，具有拉张性质。

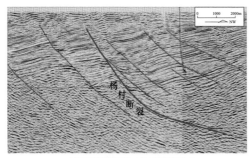 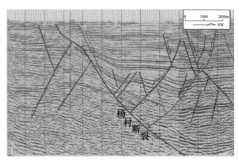

a. 杨村断裂带南段y2地震解释剖面   b. 杨村断裂带北段y6地震解释剖面

图 1-4-15   金湖凹陷杨村断裂带地震剖面图

平面上，南段断裂呈一条线性主位移带，下盘隆升高，盖层泰州组—阜宁组几乎剥缺、戴南组—三垛组无沉积，上盘地层较齐全，派生一系列走向近东西、倾向北的低序次断层，羽状分布与主断裂构成"入"字形断层体系，反映右旋离散走滑，如图 1-4-19 所示；北段断裂上盘地层也较齐全，发育一些与主断裂近平行或小角度相交的次级断层，构成复杂破碎断裂带特点。剖面上，断裂活动性强、长期生长，断距变化大，西南端秦营、东北端小关东 T_4^0 断距最小约 1000m，南、北段转折点两侧 T_4^0 断距最大 4800m；北段中间小关地区活动最强，东端最弱，南段北部活动强度大于南部；南段断面呈板式，上盘次级断层与主断裂倾向相同，构成阶梯式断层组合，北段断面呈较陡铲式，上盘发育一系列次级断层，倾向与主断裂多相同，向下交于主断裂，构成反"Y"形断层组合。

5. 石港断裂

具有盆地基底卷入特征的右旋离散走滑二级断层，位于金湖凹陷中部，南起于金南构造，北抵建湖隆起消亡，走向北北东、倾向北西西，延伸长 45km，分割了西部三河次凹和东部唐港构造带（图 1-4-1）。断裂在泰州组沉积期生成或处隐伏状态，下切中生界—古生界基底卷入，阜宁组沉积后期活动增强，吴堡事件使断裂由一条分化为一组左阶雁列断层；戴南组沉积期活动强度最大，三垛组沉积期活动逐渐减弱，至盐一段沉积期停止活动，各期活动强度均表现为南强北弱。

平面上，下构造层 T_4^0—T_3^1 断裂呈一条舒缓波状线性延伸的大规模主位移带，呈上盘下掉、下盘上升的形式，T_4^0 断距中—南段 1200～2300m，北段一般 100～800m，南端呈 8km 长的马尾状撒裂甩向西南逐渐衰亡，T_4^0 断距则由 2000m 向马尾末端迅速消失；两盘派生一系列的羽状张性断层，走向近东西，断开古近系，断面下端缓（30°～35°）、上端变陡（50°～55°），组成"入"字形构造，旁侧局部构造褶皱轴向近南北走向，组成斜交雁列构造（图 1-4-16），控制形成 T_2^4 反射层一系列断鼻构造；始新世，断裂右旋活动增强，在中构造层 T_3^0—T_2^0 上分解为一系列左阶右行的断层组，断层下盘全部倾向北西，呈扭动构造组合的右行雁列展布；左盘派生构造与主断面相交锐角指向北北东，右盘的则指向南南西，反映主断面右行走滑现象。

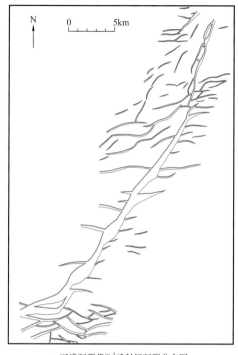

a. 石港断裂带 T_3^3 反射层断裂分布图　　　b. 石港断裂带 T_2^4 反射层断裂分布图

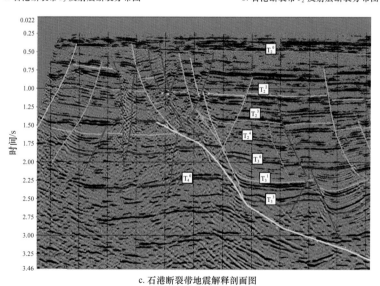

c. 石港断裂带地震解释剖面图

图 1-4-16　金湖凹陷石港断裂带构造特征组合图

剖面上，断裂下部以 50°～75° 呈单根插入基底，上部分叉撒开呈锥形破裂面的负花状构造；主断裂上盘根部中—深地层正牵引强烈形变，形成整体西倾的区域强制单斜层；主位移带既窄又碎，桥 6 井阜二段断裂带岩心见很多水平擦痕、光亮镜面、次棱状角砾岩，压裂、压碎、片理化和糜棱岩化，微观构造吕德尔线，以及平行裂面的构造透镜体等，反映扭压性破裂面的岩石变形地质特征。同时，也见到部分代表拉张性质结构面的特征，像两期较宽裂缝，多被方解石或石英所充填等。石港断裂右旋走滑活动与此间郯庐断裂右行平移活动产生的应力场派生构造一致，反映后者的制约控制作用。

6. 泰州断裂

具盆地基底卷入特征的一级断层，西南起于泰州市西南，东北抵达海安梁垛构造消亡，走向北东、倾向北西，延伸长60km，为溱潼凹陷东南边界，与泰州凸起分隔（图1-4-1）。断裂由基底先存隐伏断层在成盆期复活形成，泰州组—阜宁组原型属盆内断层，下切中生界—古生界基底，元古宇变质基底卷入，上切入盐城组，长期活动。泰州组沉积期，断裂活动性微弱、两盘地层厚度差很小，阜宁组沉积后期活动强度增大；吴堡事件使断裂强烈活动，下盘强烈抬升阜宁组几乎剥光，形成泰州凸起；戴南组沉积期活动性再次增强，下盘成为物源区，并控制戴南组断陷东南边界；三垛组沉积期活动减弱，沉积越过中北段断裂，至盐城组沉积期停止活动；断面呈陡铲式或板式，T_4^0断距1000～4000m（图1-4-17），表现为两端弱、中间强的特点；上盘派生一系列的近平行和小角度相交的次级断层，中段形成窄断阶带，发育祝庄、草舍构造等。

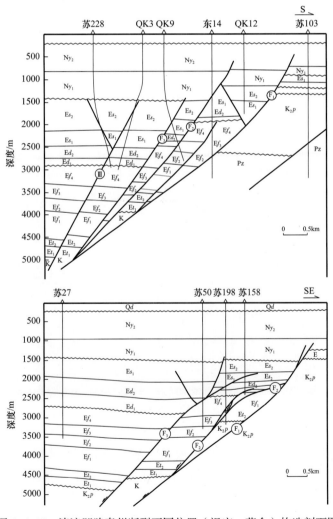

图1-4-17 溱潼凹陷泰州断裂不同位置（祝庄—草舍）构造剖面图

7. 盐城断裂

具有盆地基底卷入特征的一级断层（图1-4-1），西起始于建湖西北与下王港断裂相接，东延伸至盐东镇入南黄海，西段走向北西西、倾向北北东，东段走向北东东、倾向北北西，呈弧形断面轨迹，延伸长度超过95km，成为盐阜坳陷和盐城凹陷的南边界，与建湖隆起分隔。断裂由基底先存隐伏断层在成盆期复活形成，下切入中生界—古生界基底，元古宇变质基底卷入；泰州组沉积期，断裂西段活动性强于东段，对西部古地貌起一定的分隔作用；阜宁组沉积期，断裂活动性依然较弱，成为原型盆内断层；吴堡事件期，断裂活动强度最大，下盘剧烈抬升剥光泰州组—阜宁组，建湖隆起东段形成，断裂演变为现存坳陷、凹陷的南部边界；戴南组—三垛组沉积期，断裂活动性依然很强，下盘成为物源区，控制戴南组—三垛组断陷范围和沉积格局；盐一段沉积期，活动性减弱至停止，沉积越上建湖隆起，与东台坳陷连体。断面呈上陡下缓的铲式，T_4^0断距600～3500m（图1-4-17），中段大、两端小。

同时，吴堡事件使盐城断裂下盘强烈隆升，导致弧形断面突出部发生折断，截弯取直形成盐②断层，断面呈不清晰的复杂变形带，产状高陡、直立、逆转皆有，属真武—三垛期断层。

8. 小海断裂

具盆地基底卷入特征的一级断层，西起于获垛构造与吴②断裂相连，东延伸至草庙镇入南黄海，走向北东东—东西、倾向北北西—南北，延伸长度超过82km，为白驹凹陷南边界，与吴堡低凸起、小海凸起分隔（图1-4-1）；前人将其与吴堡、真武断裂当一条连续断裂，称江都—吴堡断裂，现认为属末端相接的3条不同断裂。由基底先存隐伏断层在成盆期复活形成，泰州组—阜宁组原型属盆内断层，下切入中生界—古生界基底，元古宇变质基底卷入。泰州组—阜宁组沉积期，根据上盘泰州组—阜一段与下盘吴堡低凸起和海安凹陷同比地层厚度差异很小的情况，认为此期断裂活动性微弱；吴堡事件期，断裂活动性最强，泰州组—阜一段下盘强烈抬升，阜宁组几乎剥光，形成泰州凸起、吴堡低凸起东段，演化成为现存凹陷边界；戴南组沉积期，断裂持续活动，两盘一致抬升剥蚀戴南组无沉积；三垛组沉积期，断裂继续活动，两盘断距扩大，控制三垛组沉积和凹陷南边界；至盐城组沉积早期，断裂仍有较强烈活动，形成苏北—南黄海盆地盐城组沉降中心。断面呈上陡下缓铲式，T_4^0断距200～2300m，表现为中间强、两端弱的特点。

9. 洪泽断裂

具有盆地基底卷入特征的一级断层，西南起于苏巷与郯庐断裂相交，东北抵达建湖隆起消亡，走向北东、倾向北西，延伸长110km，为洪泽凹陷东南边界，与建湖隆起隔开（图1-4-1）。前人将其延伸穿过建湖隆起与下王港断裂相连，称洪泽—下王港断裂，现认为这是两条不同断裂。断裂由基底先存隐伏断裂在成盆期复活形成，下切入中生界—古生界基底，元古宇变质基底卷入，长期活动。泰州组—阜宁组沉积期，断裂活动强度大，控制断陷东南边界和沉积建设，发育陡坡扇边缘相；戴南组—三垛组沉积期，断裂活动性稍有减弱，依然控制断陷格局和沉积，至末期活动逐渐停止，其活动强度低于其他几条主干断裂。断面呈上陡下缓铲式，且两端弱、中间强的特点，T_3^0断距500～1500m。

三、次级断层特征

除主干断裂之外，盆内发育大量的低序次三—五级断层，称为次级断层，有如下特征。

一是不同数量4组走向的断层。（1）北东走向最多，密度大，表现最强，广泛分布于各二级构造单元，尤其是斜坡带；三级断层发育，延伸远、规模大；这组断层延伸与斜坡走向大致相同。（2）东西走向较多，一般在二级构造带的局部较集中展出；三级断层较多，延伸较长，断距可达400~800m，如金湖凹陷卞闵杨断隆带、高邮凹陷西北斜坡韦庄—码头庄地区等（图1-4-18、图1-4-19）；这组断层延展要么与东西边界断层大致平行，如韦庄地区断层，要么与北北东走向离散走滑边界断层呈锐角关系，如杨村、吴堡断裂上盘和石港断裂两盘旁侧的低序次断层。（3）北西走向再次，多为四、五级断层，少量的三级断层，一般延伸较短、规模小。（4）南北走向最少，延伸短、规模小。

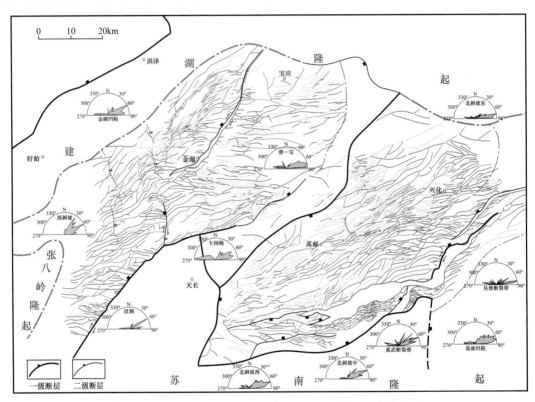

图1-4-18　金湖—高邮凹陷T₃³构造断层展布及走向玫瑰图

二是不同单元、层系分布有明显差异。平面上，高邮、金湖、溱潼凹陷这类断层最发育，其次为海安、盐城、临泽、白驹、洪泽凹陷，阜宁、涟水凹陷比较少。单元上，断阶带次级断层密度最大（图1-4-18、图1-4-19），倾向多与主干断层同向，如高邮南断阶的以北倾为主；斜坡带断层密度居次，高邮、溱潼凹陷北部斜坡、金湖凹陷东、西部斜坡这类断层极发育，倾向北居多，倾向南居次；断裂带低序级断层也相当发育，如石港、吴堡、铜城断裂带；次凹区断层一般较少；与斜坡、次凹相比，断阶、断裂带的低序级断层走向更多样。纵向上，下构造层断层密度最大，三级断层较发育，都卷入基底，也有不少四级断层卷入基底，有的断层在吴堡期末停止活动，成为早期断层，有的在三垛期继承生长，成为同期断层；斜坡区的断层倾向一般与地层产状呈反倾向关系，多数与主干断裂呈同向关系，这与该期处于北西—南东向拉张的区域分散伸展构造应变密切相关。从图1-4-18、图1-4-19变化来看，断层从下构造层密集分布到中构造层数量有所减少；斜坡区除继承性断层外，新生断层倾向一般与斜坡产状呈同倾向关系，与控凹边界断裂呈反倾向关系，这与该期处于近南北向拉张的区域集中伸展构造应变密切相关；至T_2^0不整合面，断层已然很少，到盐一段沉积早期，低级断层几乎消失。

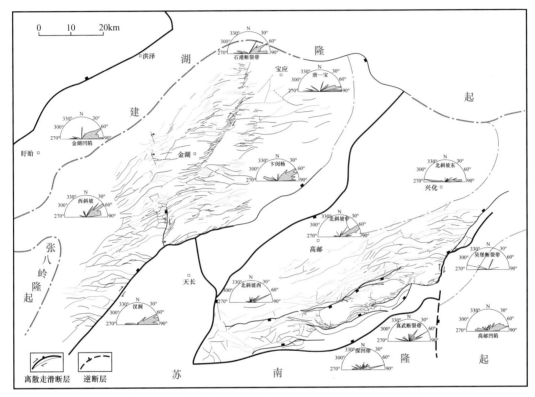

图1-4-19　金湖—高邮凹陷T_2^5构造断层展布及走向玫瑰图

三是隐蔽性小断层以多种方式、多个区带分布。仪征—吴堡期，北北东向先存基底断层复活时与北西—南东向区域拉伸呈小角度相交，存在基底断层连续断开型、雁列状正断层型、连续断层型和断续分布斜拉断层型4种复活方式，在高邮北斜坡、吴堡断裂带、真武断裂带和金湖杨村断裂带、西斜坡等地区，发育成不同展布、较多数量的隐蔽性断层，延伸短、断距小，基本不单独形成圈闭，可作为大、小多条断层控圈不可缺少的小断层，参与组成断块，譬如，花17块、天79块油藏等。

四、断层组合特征

1. 剖面组合样式

依据苏北盆地断层在盖层滑脱及切割地层状况，陆相和岩浆岩中生界基底、地台海相古生界基底、结晶元古宇基底卷入差异，以及剖面组合关系，将其划分为10种组合样式（图1-4-20）。

类型		主要特征	示意图	分布区带
I	变质基底卷入铲式正断层扇	主干断层为铲式,向下可切割基底,分支断层向下收敛在主干层上,形成正断层扇,与深层拆离断层直接连接	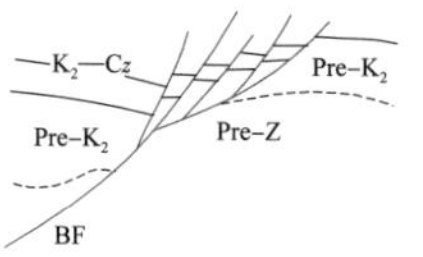	主边界断裂带
II	变质基底卷入正断层断阶带	主干断层为铲式,向下可切割基底,分支断层为平行式同向断层,向下尖灭,与主干层为软连接	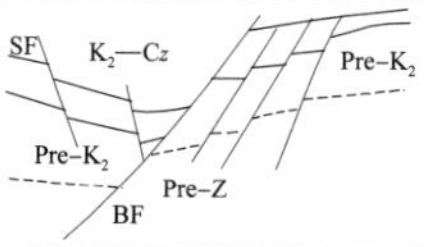	主边界断裂带 主断层下盘次凸
III	地台基底卷入非旋转共轭正断层系	两组共轭的板式正断层,单条断层位移较小,向下在地台基底或沉积盖层的软岩层中滑脱或尖灭	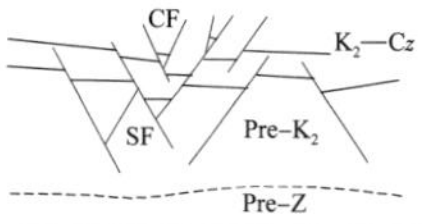	台地 次凸顶部
IV	地台基底卷入旋转共轭正断层系	两组共轭的铲式正断层,断层旋转形成宽缓背斜背景,单条断层位移较小,向下在地台基底或沉积盖层中滑脱或尖灭	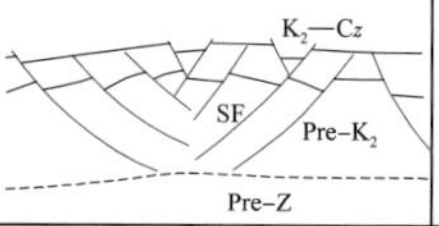	次凸顶部
V	地台基底卷入非旋转正断层断阶带	产状相似的一组板式正断层阶梯状断层系,单条断层位移较小,向下在地台基底或沉积盖层中滑脱或尖灭	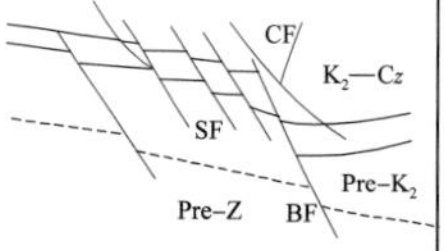	斜坡带
VI	地台基底卷入多米诺断层系	产状相似的一组旋转断层系,单条断层为板式或铲式,位移较小,向下在地台基底或沉积盖层中滑脱或尖灭	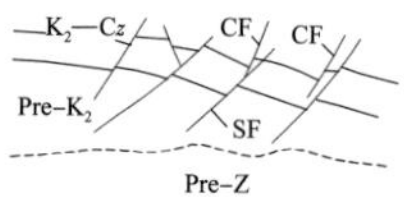	次凹内部 次凸两翼斜坡带
VII	盆地盖层滑脱(尖灭)正断层断阶带	产状相似的一组板式正断层阶梯状断层系,单条断层位移较小,在盆地沉积层中表现为生长断层,并多在盆地沉积层中滑脱或尖灭	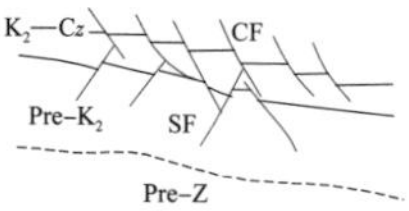	斜坡带
VIII	盆地盖层滑脱(尖灭)共轭正断层系	共轭的两组正断层构成X形、V形样式,单条断层位移较小,在盆地沉积层中表现为生长断层,并多在盆地沉积层中滑脱或尖灭	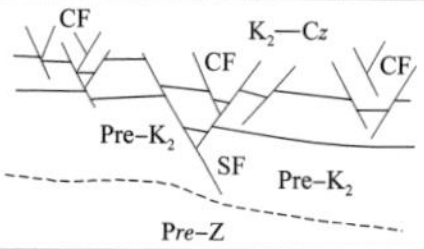	次凹、斜坡
IX	地台基底卷入走滑断裂带	近直立的走滑主干断层与分支断层构成花状构造样式,主干断层局部在剖面上表现为逆断层,向下可能切割到地台基底,与深层拆离断层相交	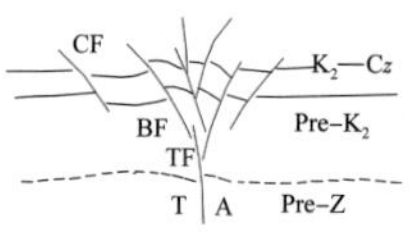	变换带 铜城断裂
X	地台基地卷入复杂走滑变形构造带	在总体走向与主干断层斜交的次凸或低幅度背斜构造带上发育斜列的共轭正断层系,变换断层不发育	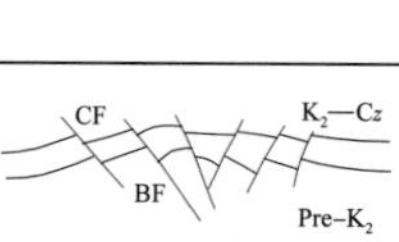	横向次凸内部 横向斜坡带

图 1-4-20 苏北盆地断层剖面组合样式示意图

BF—变质基底卷入断层(可切割结晶基底或变质岩基底);SF—地台基底卷入断层(古生代地层中滑脱或尖灭);
TF—构造转换带;K$_2$—Cz—晚白垩世—新生代盆地盖层;Pre-K$_2$—晚白垩世之前的地层,主要是地台基底及沉积盖层;
Pre-Z—震旦纪之前的地层,主要是变质岩基底;CF—盆地盖层断层(中生代—新生代地层中滑脱或尖灭);T/A—走滑
断层两盘移动方向,T表示向观察者而来,A表示离观察者而去

1）变质基底卷入型主干边界断裂带构成的Ⅰ、Ⅱ组合样式

样式Ⅰ为基底卷入正断层铲式扇，主干断裂面为铲式，向下切割到基底；次级断层由多条同向倾斜断层构成，向深层延伸收敛到一条主断层上构成正断层铲式扇，分布在盆地或凹陷的边界断裂构造带。样式Ⅱ为基底卷入正断层构造带，基本特征与样式Ⅰ相似，只是次级断层彼此以软连接方式组合在一起，向深层位移减小并在地台基底尖灭，只有主断层与深层拆离断层连锁在一起，分布在盆地或凹陷的断裂构造带和凸起或低凸起。

2）地台基底卷入型断层构成的Ⅲ、Ⅳ、Ⅴ、Ⅵ组合样式

就单条断层而言，在几何形态上可以表现为板式、铲式；在运动学上，表现为非旋转和旋转正断层。断层彼此间产状基本相同或共轭出现，剖面可构成X形、V形、A形、W形、Y形等不同形式组合。这4种是有代表性的组合样式，盆内还有更多其他组合样式。

样式Ⅲ为地台基底卷入非旋转共轭正断层系，两组共轭的板式正断层，单条断层位移较小，向下在地台沉积盖层的软岩层（如志留系）中滑脱或尖灭。样式Ⅳ为地台基底卷入旋转共轭正断层系，两组共轭的铲式正断层，旋转形成宽缓背斜背景，单条断层位移较小，向下在地台基底或沉积盖层中滑脱或尖灭。样式Ⅴ为地台基底卷入非旋转正断层断阶带，产状相似的一组板式正断层阶梯状断层系，单条断层位移较小，向下在地台基底或沉积盖层中滑脱或尖灭。样式Ⅵ为地台基底卷入多米诺断层系，产状相似的一组旋转正断层系，单条断层为板式或铲式，位移较小，向下在地台基底中滑脱或尖灭。

3）盖层滑脱（尖灭）伸展断层构成的Ⅶ、Ⅷ组合样式

这类构造变形的共同特点是正断层主要发育在盆地盖层内部，向下切割至下构造层中滑脱或尖灭，在中部构造层中表现为同沉积断层特征，有些可以一直切割到上构造层底部。单条正断层垂直落差较小，剖面上可构成X形、V形、A形、W形、Y形等不同形式组合，分布不如地台基底卷入的正断层密集。

样式Ⅶ为盖层滑脱正断层断阶带，产状相似的一组板式正断层阶梯状断层系；样式Ⅷ为盖层滑脱共轭正断层系，共轭的两组正断层构成X形、V形样式；其共同点，单条断层位移较小，在盖层中表现为生长断层，并多在其中滑脱或尖灭。

4）地台基底卷入型具走滑特征断层构成的Ⅸ、Ⅹ组合样式

样式Ⅸ是地台基底卷入走滑断裂构造带，主干断裂呈铲式，向上发散为分支断层，形成负花状构造，如石港断裂带；主干断裂近直立，向上发散为分支断层，呈负花状构造，断裂带一段可发育逆断层，如铜城断裂带。主干断裂向下可能切割到地台基底，与深层拆离断层相交。样式Ⅹ为地台基底卷入复杂走滑变形构造带，主干断裂上方的断层总体走向与主干断裂斜交或发育斜列的共轭正断层系，剖面样式类似地台基底卷入旋转共轭正断层系（样式Ⅳ），平面上是斜列正断层组。

2. 平面组合样式

断层平面组合包括平行式、相交式和辫状式三大基本类型。

1）平行式断层组合

指2条或多条断层呈平行或近于平行分布，断面倾向相同，也可反向，剖面呈阶梯式、垒堑式，可细分为三亚类：（1）直线状平行式组合。单条断层为直线，断层间相互平行分布；主要由三、四级盖层断层构成，也可由一、二级变质基底卷入型断层或地台

基底卷入型断层与其派生的次级断层共同构成；主要分布于凹陷斜坡带，也见于边界断裂构造带。（2）弧线状平行式组合。单条断层呈弧形，断层间相互平行分布，倾向多为同向，剖面呈阶梯式；主要由三、四级盖层滑脱断层构成；主要分布于凹陷斜坡带，高邮凹陷沙埝构造较典型。（3）斜列状平行式组合。单条断层为直线，多条断层间相互平行分布，并呈斜列式或雁列式排列，常见左阶排列，主要分布于凹陷斜坡带，少见右阶排列，主要由三、四级盖层断层构成。

2）相交式断层组合

指 2 条或多条断层相交，断面倾向相同或反向，剖面类型多样，细分为五亚类。

一是主要由一、二级变质基底卷入型主干断层或地台基底卷入型断层与其派生的次级断层共同构成，有三种组合：（1）羽列型相交式断层组合。主干断裂与其派生的多条次级断层锐角相交，构成羽状组合，分布于凹陷边界断裂构造带。（2）梳列型相交式断层组合。主干断裂与其派生的多条次级断层近直角相交，构成梳状组合，分布于凹陷内部断裂带，如金湖凹陷铜城断裂带。（3）树杈型相交式断层组合。主干断裂末端分裂成若干小断层，呈树杈状，主要分布于一、二级断层构造带。

二是多由三、四级盖层断层构成，也可由一、二级变质基底卷入型主干断层或地台基底卷入型断层与次级断层共同构成，分 2 种组合：（1）斜交型相交式断层组合。由 2 条或 3 条断层锐角相交而成，各凹陷广泛分布。（2）正交型相交式断层组合。由 2 条平行断层与其间的横向断层构成，发育在断层变换带，横向断层为传递断层或走向斜坡中的横向断层，分布在凹陷斜坡或边界断裂构造带。

3）辫状式断层组合

单条断层呈弧形或 S 形，多条断层构成辫状，剖面多为花状构造。如石港断裂带中构造层组合。

由上述 2 种及其以上的断层组合交融在一起，形成了规则或不规则的网状组合。

五、变换构造特征

苏北盆地和凹陷边界都由基底断裂系统构成，每个系统又由多条主要断层组成；同时，在盆内和边界断裂带又发育大量的不同尺度分支断层、次级断层。它们之间几何学、运动学的差异可导致发育不同尺度、不同样式的变换构造带。

1. 坳陷尺度的变换构造特征

苏北盆地发育多条坳陷、凹陷及次凹的一、二级边界断层，在发育过程中形成位移相互补偿，在盆地、坳陷大尺度范围保持位移守恒，构成不同类型的变换构造。

1）同向平行型调节带

盐阜坳陷为由一系列近平行的同向断层（多为北倾）组成，各凹陷、次凹呈错落排列，反映了断层位移的补偿效应。东部盐城凹陷及次凹位置在断层中部，中部阜宁凹陷及次凹位置在断层两侧，且较深的次凹位于断层北侧，西部涟水凹陷其断层和凹陷均发育在南侧，北侧进入滨海隆起，从而形成了各断层的断距横向补偿。同时，为平衡上述补偿，地层发生弯曲，通过斜坡进行调节。

2）共轭聚敛型调节带

高邮凹陷—柘垛低凸起—临泽凹陷是由真武—吴堡断裂与临泽断裂夹持的由 3 个亚

一级构造单元组成的构造带，真武—吴堡断裂北倾、断距大，上盘为高邮凹陷；临泽断裂南倾、断距相对较小，上盘为临泽凹陷；两凹陷间的柘垛低凸起呈向西倾伏的鼻状隆起，为共轭调节带走向背斜。

3）同向重叠型调节带

溱潼凹陷泰州断裂与海安凹陷的富东、安丰、曹灶断裂均为北倾，泰州断裂最大断距约为4000m，而富东、安丰、曹灶断裂最大断距分别约为1000m、1400m、1600m；后3条断裂总断距补偿1条大断裂的断距，形成断距横向补偿，同时形成不同类型的构造调节带，如斜坡、斜向鼻状构造等。

此外，还有共轭离散型调节带，如菱塘低凸起；同向共线型调节带等，如吴堡断裂与小海断裂的连接部，泰州断裂与富安断裂的连接部，均通过横向鼻状隆起进行调节。

2. 凹陷尺度的变换构造特征

凹陷尺度的变换构造为其内部主要受二级断层控制的变换构造。

真武断裂系统是由真①、真②和汉留断裂及大量次级和派生断层组成，不同类型和级别断层通过不同的变换构造相联接（图1-4-21）。该系统受真①断裂控制，真②和汉留断裂在深部均收敛于真①断裂之上（图1-4-13）。

真①与真②断裂分别是高邮凹陷南部断阶带的南北边界，二者同倾向近平行延伸。真①、真②断裂所夹断阶带，正是2条断裂的变换构造，这与一般情况下平行断层以走向斜坡形式过渡有所区别。盆地早期，真①断裂与大量的北倾多米诺式次级正断层活动，真②断裂活动性较弱，它们共同控制了整个高邮凹陷的变形；吴堡事件期，真①、真②断裂活动性调整，断阶带基本形成；中期戴南组—三垛组沉积期，真②断裂活动明显增强，与真①断裂共控南断阶逐渐定型，二者间变换构造通过总断层的消长和变换，南断阶内小断层分散位移，来平衡总变形量，真①与真②断裂沿走向上各自的断距具有良好的互动性，但并不互补。

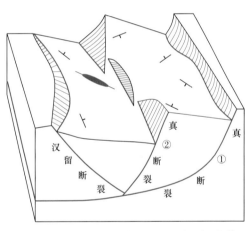

图1-4-21　高邮凹陷真武—汉留断裂调节带示意图

真②断裂在深部收敛于真①断裂上，浅部发散为首尾叠置不相连的近平行真②-1、真②-2断裂，因真②断距受真①断裂控制，其自身断距并不绝对守恒。但是，在2条断裂叠置地区，真②-1断裂由东向西断距减小，而真②-2断裂自西向东断距减小，相叠置部分浅层总断距相对守恒，形成许庄—真武走向斜坡。

汉留断裂与真武断裂走向基本平行、倾向相反，深部收敛于后者之上；真②断裂分叉发育部位，对面的汉留断裂表现为连续延伸位移集中区，汉留断裂分叉部位又对应真②断裂的位移集中区。汉留断裂与真②断裂直接相对，活动性在时间和空间上都具有一定的互补性，伸展位移在真②断裂和汉留断裂上的分配，形成走向斜坡和走向背斜（图1-4-21）。

海安凹陷各时期主要断层的水平断距表现出互补性，当一条断层的水平断距变小时，相邻断层的断距增大。如泰县断裂与北凌断裂之间进行位移传递，在两条断裂平面相互重叠部分，前者水平位移自西而东逐渐变小，后者水平断距自东朝西渐变小，总断距相对守恒，二者间存在位移传递，形成走向斜坡，或者成为与变换构造相关的次级断层多发地带。

凹陷间或主要断裂带间的位移传递是局部地区断层极其发育的重要原因。梁垛构造既是溱潼凹陷与海安凹陷相连接的变换构造部位，也是溱潼泰州断裂与海安安丰、富西断裂的位移调节地带，在梁南断层西端与东 22 井断层之间、安丰断层与东 22 井断层及梁南断层之间都存在着位移传递，梁垛构造极复杂、小断层多与此有无。富安次凹曹灶断裂与富东断裂间、海中断隆的新街断裂与富东断裂间都存在着位移传递，而这些构造部位都是次级断层发育密集的部位。说明主断裂间位移的传递与次级构造的形成具有一定的联系。

3.局部尺度的变换构造特征

各级断层均可形成局部构造尺度的变换构造，分布广、类型多样，三、四级断层控制居多。

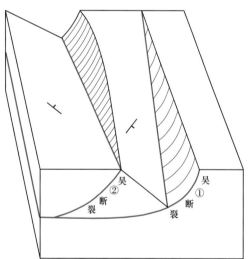

图 1-4-22　吴堡断裂带的走向斜坡示意图

高邮凹陷吴①与吴②断裂的断距相互消长，吴①断距从西南向东北逐渐减小，到获垛地区断距消失，而吴②断距则随吴①断距减小而增大，表明吴①、吴②断裂在位移断距上有补偿性质，两条断层首尾叠置部分形成了转换构造带。构造转换带中形成多种成因的断层，其中与主断裂近垂直的为横向连接断层、与主断裂斜交的为派生断层等。各类断层相互作用，使地层发生倾斜、弯曲，与断层组成断块、断鼻等局部构造。吴①、吴②断裂所夹持的地层总体向西南倾斜，为走向斜坡（图 1-4-22）。

海安凹陷海北次凹李堡地区有 3 条雁列断层，3 条断层的断距彼此消长、相互补偿，在叠置部位形成走向斜坡和堡 1 断鼻构造。

第五节　岩浆活动特征

苏北盆地岩浆岩分布十分广泛，横向上遍及各个凹陷，纵向上从泰州组、阜宁组到盐城组、东台组均有分布。岩石类型包括喷发岩类的橄榄玄武岩和碱性橄榄玄武岩，浅层侵入岩类的碱性辉绿岩、拉斑辉绿岩和方沸正长岩。

一、岩浆岩分布

苏北盆地玄武岩分布极为广泛（图 1-4-23），根据玄武岩喷发活动强弱与构造层的关系将它们划分为不同的火山活动旋回。早期旋回，包括泰州组、阜宁组玄武岩；中期旋回，包括戴南组、三垛组玄武岩；晚期旋回，包括盐城组、东台组玄武岩。其中，以阜一段、垛一段及盐一段这三个沉积期活动强烈，尤以垛一段、盐一段玄武岩分布最广。

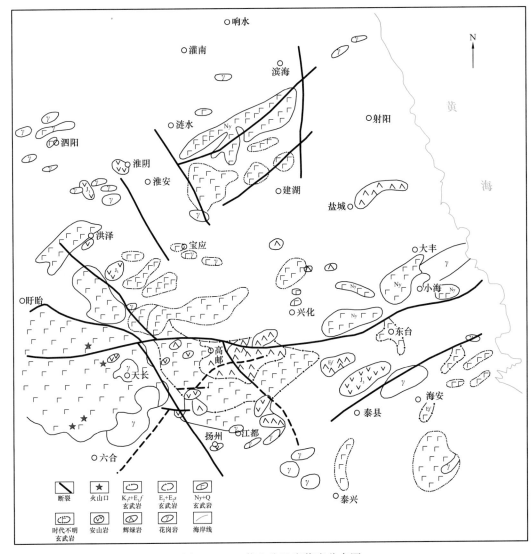

图1-4-23　苏北盆地岩浆岩分布图

晚白垩世，泰州组玄武岩主要分布在金湖、盐城、临泽凹陷的局部，如金湖凹陷刘庄地区东66井发育3层总厚度达51m。古新世，阜宁组玄武岩喷发活动分4期，多呈较集中的喷发产出，阜一段玄武岩主要发育在菱塘低凸起中部、金湖凹陷东部闵桥—宝应地区，海安凹陷零星有分布，菱塘低凸起东54井有32层、总厚度达360.5m。阜二段玄武岩在盆地西部零星分布，金湖凹陷闵桥玄武岩成为该区油田主要储层之一，菱塘低凸起以东54井为代表，有3层总厚度54m。阜三段玄武岩在金湖、海安凹陷及菱塘低凸起仅有零星分布，如海安凹陷灶参1井9层厚度20.5m，张家灶玄武岩体面积180km²。阜四段玄武岩在金湖、盐城凹陷呈零星分布，盐城南洋次凹盐深4井见到1层29.5m。

始新世，戴一段玄武岩在高邮凹陷码头庄、金湖凹陷唐港地区出现，如高邮苏82井钻遇1层20m。戴二段玄武岩在高邮凹陷时堰、沙埝地区，金湖凹陷金南地区，以及溱潼凹陷莫庄地区均有分布，如溱潼东10井见到1层1m。垛一段玄武岩分布范围甚广，高邮、金湖、溱潼、海安、涟南、阜宁凹陷及泰州、吴堡低凸起等部位均有广泛分布，该期玄武岩活动是盆地规模最大、影响范围最广的1期岩浆活动。垛二段玄武岩发育较少，主要分布在高邮、金湖凹陷，如高邮沙埝东63井见3层总厚度31m。

新近纪，盐城组玄武岩有5期喷发，第1、第2期分别在盐一段三亚段底部和顶部，零星见于海安、溱潼凹陷；第3期发育在盐一段二亚段顶部，在小海、裕华、吴堡（低）凸起和白驹凹陷有一些分布，高邮凹陷、金湖凹陷东部广泛分布，如苏41井见1层69m，该套玄武岩与上覆盐一段一亚段或盐二段四亚段有角度关系，下有地层剥蚀、上有地层充填超覆，所在层位与樊川事件的位置相一致；第4期发育在盐一段一亚段顶部，仅见于菱塘低凸起东54井、东33井及其周缘地区，分布较局限；第5期见于盐一段二亚段沉积旋回中，广泛分布在东台坳陷金湖凹陷西南部及周缘凸起、隆起露头区，在盐阜坳陷的阜宁、洪泽凹陷及西北隆起区也有分布。第四纪，东台组玄武岩见于金湖凹陷西南部，也零星见于盆地南部隆起露头区。

从泰州组到盐城组各组有不同程度见到辉绿岩，可呈岩墙、岩株、岩枝、岩脉和岩床产出，以岩床分布最为广泛。海安凹陷泰州组多见岩株辉绿岩，高邮、溱潼凹陷北斜坡阜二段—阜四段常见1~3套的岩床分布，也见少部分岩株体，一般呈顺层或小角度穿层侵入；高邮深凹带富民构造见戴南组、三垛组岩墙辉绿岩，永安—沙埝南地区见岩株、岩床辉绿岩，高邮北斜坡沙1井盐一段二亚段见2层总厚166m岩株。

二、岩浆岩与构造活动关系

从平面分布看，苏北盆地晚白垩世—古近纪玄武岩由老至新具有自西北向东南迁移分布特点，而新近纪由老至新具有自东南向西北迁移分布的特点。这与盆地周边构造环境有关，仪征事件以来，郯庐断裂对苏北盆地的影响次序是由西向东发展的，早期泰州组玄武岩分布在盆地的西部金湖、洪泽凹陷，随着时间的推移逐渐向东南迁移。三垛事件后，盆地构造特征已基本定型，郯庐断裂影响逐渐减弱，太平洋板块持续向亚洲板块俯冲，直接影响地壳深部岩浆物质的迁移，对盆地的影响是先东南后西北，从而造成新近纪的岩浆活动逐渐向西北迁移的格局。

从纵向分布看，断层活动甚为强烈的吴堡事件未造成大规模的岩浆活动，动荡的戴南组沉积阶段岩浆活动也甚微弱，规模较小的真武事件却诱导了大规模的垛一段玄武岩喷发，强烈的三垛事件未见强烈的岩浆活动，局部地区的樊川事件却形成了相当规模的盐一段玄武岩喷发，表明构造运动的积累效应控制着岩浆活动，构造运动的积累应力由岩浆的喷发释放出来，使岩浆的活动期迟于构造运动的活动期。

盆地断陷的形成使上地幔受到的压力极不平衡，岩浆沿断层上溢，断陷形成的过程，也就是地下岩浆物质能量积累的过程。构造事件初期应力积累尚属初期阶段，能量不足，构造运动后期地下岩浆物质能量积累足够大时，才得以释放，造成岩浆活动。即使在构造运动的后期，岩浆尚不足以达到上溢的程度，也处于一触即发的状态，以后若遇一些小规模的构造运动也足以形成一次大规模的岩浆活动，直到新的应力平衡为止。

断层活动的规模越大,断陷形成越深,上地幔岩浆物质受到的差异压力越大,岩浆活动的规模也就越大,高邮、溱潼、金湖凹陷岩浆活动的规模大于其他地区就是基于这一原因。

苏北盆地多凸多凹、分割性极强的性质和构造运动阶段性的发展特征,决定了构造旋回和岩浆旋回的统一性和差异性,也决定了岩浆活动的多期次、多旋回的特点。基底断层复活与区域伸展,是苏北盆地构造沉降的重要因素,断陷形成基本受基底—应力二者制约。苏北盆地的演化经历了均匀伸展统一坳陷湖盆、集中伸展分割断陷湖盆、热沉降坳陷发育三个阶段,是盆地生成、发展、结束的连续演化过程,也是基底卷入式边界主干断层在区域伸展应力作用下不断成长、演化的过程,在集中伸展期控制着盆地的沉降、沉积作用,也控制了盆地的结构,最终逐渐停止活动,盆地整体沉降,直至停止生长结束。

第六节　构造与油气

沉积盆地的构造演化、几何形态及其所控制的古地形和古气候条件控制着其内部充填沉积物层序的性质,从而影响盆地中生储盖层的分布,同时,构造演化对油气的生成、运移、聚集具有控制作用。苏北盆地经历了三个演化阶段:均匀伸展统一坳陷湖盆演化阶段,是盆地发育的兴盛期,盆地的拉张率最大、沉积速率也最大,随着持续伸展作用和溢出点的增高,盆地的沉积速率小于其可容纳空间的增长速率,盆地处于饥饿状态,因此以湖泊沉积为主,盆内三套主要烃源岩均在此阶段形成。集中伸展分割断陷湖盆演化阶段,是典型箕状断陷发育期,边界断层活动强烈,具有较强的分割性,受边界断层控制,地层厚度和沉积相变化都大,导致储层横向变化大,对岩性油藏的形成较为有利。盆地坳陷发育期,断裂活动逐渐停止,沉积以粗碎屑为主。不同的演化阶段,形成不同的沉积环境和不同的沉积序列,进而形成了不同的生储盖组合。

一、构造与烃源岩

苏北盆地3套主要烃源岩泰二段、阜二段、阜四段的建造期是均匀伸展统一坳陷盆地演化阶段,坳陷湖盆整体处于水下,使烃源岩在全盆地中均接受沉积,生长断层对厚度有一定的影响,有机质丰度受沉积相控制,以盆地为单元,不是以凹陷为单元均匀变化,平面上差异小,泰二段东部好于西部。

各套烃源岩成熟演化受上覆沉积层控制,尤其集中伸展断陷演化阶段。受断层分割作用影响,不同凹陷具有不同的沉降史,不同凹陷的烃源岩也具有不同的演化过程。持续高幅沉降型、持续中高幅沉降型凹陷的深凹带、次凹和内斜坡烃源岩成熟较早,一般在三垛事件期已生排烃提供油源,而斜坡中—外带烃源岩处于未成熟无效情况,如高邮、金湖、溱潼凹陷;晚期高幅沉降型凹陷烃源岩成熟较晚,仅泰二段部分烃源岩达到成熟有效,阜二段和阜四段烃源岩成熟度很低,如海安、盐城凹陷;间断中幅沉降型烃源岩热演化最高也仅达低成熟,未持续沉降型凹陷烃源岩都未成熟,这两类凹陷烃源岩基本都无效,前者如临泽、洪泽凹陷,后者如阜宁、涟水凹陷。(低)凸起上残留烃源岩埋藏过浅，未成熟无效，如柘垛、吴堡低凸起泰二段、阜二段烃源岩，泰州凸起泰二段烃源岩，菱塘低凸起阜二段烃源岩等。

总之，苏北盆地烃源岩热成熟受构造演化控制，具有建造的统一性和演化的分割性特点，进一步造成不同凹陷的油气资源和富集差异特点。

二、构造与储层

不同构造演化阶段所形成不同盆地特征，控制着不同沉积体系的形成，进而控制沉积砂体的分布。均匀伸展统一坳陷湖盆演化阶段的泰州组、阜宁组储层是在广湖背景下沉积的，水域面积大，沉积范围广，为河流—三角洲—湖泊沉积体系，沉积相变化相对较小，储层相对连续发育，优质储集砂体发育在三角洲前缘的水下分流河道、河口沙坝和前缘席状砂之中。非均匀伸展分割湖盆演化阶段的戴南组、三垛组储层是在若干小湖盆背景下沉积的，水域面积小，沉积范围窄，受边界断层的控制明显，为陡坡冲积扇—近岸水下扇—扇三角洲沉积体系、缓坡河流—三角洲体系，沉积相变化相对较大，储层横向变化也大，优质储集砂体发育在近岸水下扇的扇中水道、扇三角洲前缘的水下分流河道、（辫状河）三角洲前缘的水下分流河道等微相之中。

构造转换带对砂体的发育也起到了重要的控制作用。

走向斜坡、横向低凸起控制砂体发育及展布。走向斜坡是两条侧列断层叠覆的地区，也是两条断层断距减小消失的地区，在断层下盘形成相对低洼的古地貌，主物源水系首先向下盘低洼处聚集后再沿走向斜坡进入湖盆；而横向低凸起与走向斜坡对接，主水系沿走向斜坡汇聚入盆后，沿相对高而平缓的低凸起向湖盆深处长距离推进，形成规模较大的扇三角洲。高邮凹陷南部断裂带许庄—真武地区戴南组沉积期是一个典型的走向斜坡—横向低凸起构造转换带。真②-2断层在许庄东部断距变小，其下盘为一相对低洼的古地貌，来自南部通扬隆起及下盘高部位主物源水系首先向许庄东部汇聚，沿许庄走向斜坡进入湖盆；同时，由于真②-1断层在真武中西部断距逐渐变小直至消失，在断层上盘相应发育了真武低凸起构造转换带以达到沿走向位移及应变守恒，沿许庄走向斜坡进入湖盆的主物源水系沿横向低凸起高而平缓的古地貌向湖盆深处推进，形成真武—曹庄扇三角洲沉积体系（图1-4-24）。

变换断层是主物源水系入盆的重要通道。变换断层发育位置往往是主控断层位移变小处，一般与下盘相对低洼处对接；同时，变换断层与主控断层呈大角度相交且产状较陡，断层断距较大，其形成的断槽是主物源水系沿下盘高部位向低洼处汇聚后进入湖盆的重要通道。高邮凹陷竹墩地区纪3断层为一典型的变换断层。

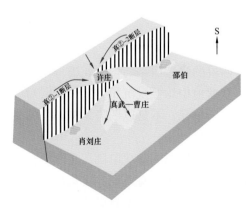

图1-4-24 许庄—真武地区走向斜坡控制
沉积作用示意图

该断层形成于阜宁组沉积末期，北北东走向，断层西倾，与控盆断层真①断层和控凹断层真②-1断层近于正交，断层断距大，产状陡。戴南组沉积期，纪3断层上盘为一典型断槽，是主物源水系进入湖盆的重要通道，断层上盘沉积了较厚的砂岩地层，下盘由于抬升沉积缺失。主物源水系沿纪3断层上盘进入湖盆后，由于物源充足，向湖盆推进距离较远，发育了规模较大的富民扇三角洲沉积体系（图1-4-25）。

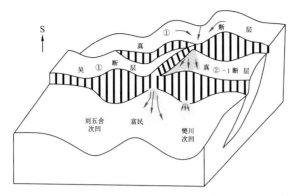

图1-4-25　竹墩—富民地区转换断层控制沉积作用示意图

三、构造与圈闭

苏北盆地构造圈闭以断块和断鼻为主，少量为断背斜。根据历年统计，断鼻、断块占总量90%以上，断层参与以多种组合出现。

苏北盆地与中国东部其他断陷盆地相比，从构造样式看，没有像样的三级构造，圈闭都是复杂小断鼻、小断块四级构造及一些复合类型。若将有成生联系的相邻四级构造群组合看作（准）三级构造，按其成因、形态、分布有如下类型：断鼻带、堑式断背斜、滚动断背斜、复断鼻、断块断鼻群、断块与复合圈闭群。

1.斜坡区下构造层断鼻带

斜坡区带是下构造层后生箕形断陷的主要二级构造单元，晚白垩世—古新世，盆地受北西—南东向区域拉张均匀伸展和郯庐断裂右旋扭动双重营力作用，斜坡带被一系列北北东、北东东、东南走向的反向断层切割，形成一系列近北西西、南北轴向的雁状排列断鼻带三级构造，各排规模不同，圈闭以断鼻为主，次为断块（图1-4-26）。如金湖凹陷东、西斜坡 T_3^3 反射层有10排断鼻带三级构造，西斜坡自南到北呈右阶雁列展布，东斜坡呈并行排列；高邮凹陷北斜坡 T_3^3 反射层自西向东发育8排断鼻带三级构造；溱潼凹陷北斜坡 T_3^1 反射层见到6排断鼻带三级构造；海安、盐城凹陷此类高带少、规模小。其中，单个断鼻或断块的形态、大小受控于断层规模、延伸及地层产状配置关系；断层规模大、延伸长，四级构造面积大、幅度高，断鼻一般呈长条状形态，断块形态则多样。此外，斜坡区还存在由显性与隐蔽性断层共控的"假"断鼻、断块圈闭群带，如花瓦三级构造（图1-4-26）。

2.斜坡区下构造层中隆堑式断背斜

下构造层斜坡局部地区存在基底古微隆起、岩浆岩活动台隆或挤压形成的微隆起背景，被多条近东西走向的三级断层分割，诸多四级断层复杂化，形成中间地堑以断块为主、断鼻为辅，南、北两翼相对抬高，以断鼻为主、断块为辅的三级构造；如图1-4-26所示，金湖凹陷闵桥、高邮凹陷码头庄、溱潼凹陷台南地区，T_4^0、T_3^3、T_3^1 反射层呈不同规模的堑式断背斜三级构造。

始新世，盆地区域压力场转变为南北拉张集中伸展状态，原型统一坳陷解体为一批独立同生断陷，在一、二级张性断裂强烈活动作用下，各凹陷的深凹带或次凹逐步形成规模，断裂上盘根部成为沉降中心，控制中构造层沉积和地层变形，受断裂伸展活动、沉积差异压实和下伏古地形等因素影响，断裂上盘地层发生逆牵引形成滚动背斜或半背斜三级构造，受一系列的派生断层、次级断层复杂化，呈破碎断背斜、断鼻三级构造。譬如，高邮深凹带真②断裂控制了真武、黄珏、徐家庄等断背斜三级构造，汉留断裂控制了联盟庄断背斜三级构造等。同时，在深凹带次凹之间可发育倾伏的较大鼻状背景，受诸多三、四级断层切割，形成以断鼻为主、断块次之的复断鼻三级构造，如高邮富民、永安复断鼻三级构造。

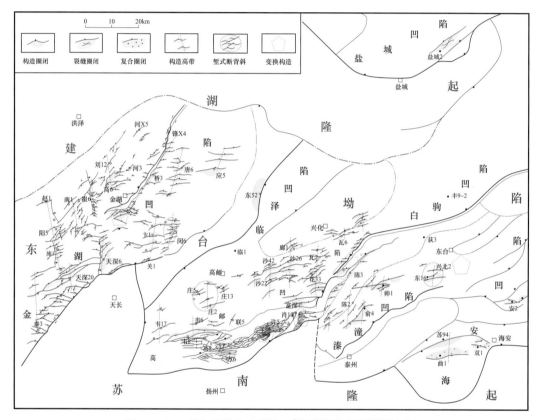

图 1-4-26 苏北盆地主力凹陷 T_3^3 断鼻断块圈闭带展布图

3. 断阶带、变换带复杂断鼻、断块群

一是断阶带复杂断鼻断块群。盆地一、二级张性断裂长期强烈活动，有些演化形成了断阶带；如高邮凹陷真①、真②断裂夹持的南部宽断阶带，溱潼凹陷泰州断裂形成的南部窄断阶带。在断阶带内部，受派生断层、次级断层分割，形成了一系列的屋脊状小断鼻、小断块和交叉断块等极复杂的四级构造群，下构造层断鼻、断块最发育，中构造层较少，且单块面积更小。其中，具有构造背景的正向单元区，断鼻、断块更发育，组合成一定规模的三级构造；如图1-4-26所示高邮南断阶带的竹墩、许庄、方巷三级构造，溱潼南断阶带的祝庄、草舍、红庄三级构造等。

二是变换带复杂断鼻断块群。在高邮凹陷真②与小纪断裂相交的竹墩构造，真②-1与真②-2断裂首尾叠置的许庄构造，真②与方巷断裂首尾叠置的方巷构造，吴①与吴

②断裂首尾叠置的陈堡构造，金湖凹陷石港与铜城断裂走向连桥的金南构造，溱潼凹陷泰州断裂北端与海安凹陷安丰、富西断裂西端走向连桥的梁垛构造等，这些单元既是变换构造带，也成为不同规模的三级构造，内部受诸多三至五级断层切割，变成一批复杂的小断块、断鼻圈闭群。

4.走滑断裂带复杂断鼻、断块群

一是下构造层上盘清一色锐角断块群三级构造。盆内石港、杨村、吴堡和铜城走滑断裂，在下构造层主断面呈一条舒缓波状线性延伸的大规模主位移带，上盘形成平行强制单斜层，地层上倾方受主、次断层封闭，在T_4^0、T_3^3、T_3^1层都形成了一系列的锐角断块群，其组合紧贴主断面呈左阶雁列展布，构成上盘的清一色断块群三级构造，如图1-4-26所示。

二是下构造层下盘假断鼻断块群三级构造。与此对应，主断面下盘走滑扭动挤压、平行强制单斜层也被一系列派生的北倾羽状断层分割，主、次断层封闭地层上倾方向，下构造层在主断面走向的外凸部成为推隆褶曲中心，形成断鼻或假断鼻，单斜层处则形成一批断块，由此在T_4^0、T_3^3、T_3^1上组成了一系列假断鼻断块群的准三级构造。如吴①走滑断裂下盘发育一系列阜一段、泰一段、赤山组断鼻断块群三级构造，紧邻主断面叠置展布；石港、铜城走滑断裂下盘发育一系列阜二段、阜一段与阜三段假断鼻断块群准三级构造，紧贴主断面沿走向展布；杨村走滑断裂因下盘抬升过高，下构造层被剥蚀。

三是中构造层断鼻断块左阶雁列展布。始新世，石港断裂右旋走滑增强，导致原先呈一条的主断面在阜四段大套软泥岩滑脱、分裂，在戴南组层系主断层瓦解为平面呈左阶右行雁列的一系列断层，同时派生一批次级小断层，构成复杂断裂带，剖面呈负花状构造，由雁列断层独立或与次级小断层共控，生成了一批断鼻、断块，沿走滑断裂走向展布，在破裂带中发育断层岩片圈闭。铜城走滑断裂发育较晚，戴南组—三垛组沉积期主断面依然呈一条主位移带，与下构造层一样，两盘被羽状断层切割，形成了由一批左阶雁列假断鼻、断块组成的准三级构造。杨村、吴堡走滑断裂下盘抬升高，缺乏戴南组无圈闭，上盘羽状断层继续发育，也形成了一批以锐角为主的断块群，局部受岩性影响，发育断层—岩性复合圈闭，如吴堡断裂周庄地区（图1-4-27）。

5.深凹带中构造层滚动断背斜、复断鼻

发育于张性断裂形成的深凹带中构造层，其分布主要受断裂、沉积差异压实和古地形等因素控制。构造形态整体呈背斜或大断鼻，但被一系列次级断层复杂化，成为破碎构造。如高邮深凹带，紧贴真②断层有真武、黄珏、徐家庄等断背斜，紧贴汉留断层有永安、联盟庄断背斜，深凹中央富民地区发育自北向南倾覆的较大型断鼻。

6.深凹带中构造层断块与复合圈闭群

高邮凹陷真武、汉留断裂在戴南组沉积期构成深凹带南北两侧的陡坡坡折带，控制着深凹带扇体类型、砂体规模和展布方向，沿真武断裂坡折带发育一批泥屑流扇、泥石流扇、水下冲积扇、扇三角洲，沿汉留断裂坡折带建设一批泥屑流扇、滨浅湖滩坝、三角洲，中央建设浊积扇；这些扇体发育水下分支河道朵叶砂体、滩坝砂体、浊积砂体，单层砂体厚度较小、横向变化快、宽度窄，延伸长度不远，易于发生侧向尖灭、倾向物性变差致密，砂体上倾方受断层切割，易于形成断层—岩性复合圈闭，若地层产状反转也有形成上倾尖灭圈闭的，且一般与区内断块、断鼻共生组成了多样性圈闭的准三级构造，如图1-4-27所示的马家嘴、黄珏、联盟庄及永安等三级构造。

总之，由于断层是苏北盆地变形的主要构造要素，圈闭形成直接或间接受断层的形成和演化控制，断层的几何学、运动学特征对构造圈闭形式有重要影响。

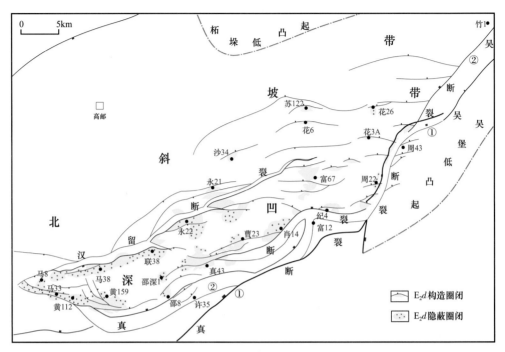

图 1-4-27　高邮凹陷深凹带 T_2^5 构造圈闭及复合圈闭展布图

四、构造与油气运移

构造演化对油气运移具有控制作用。下构造层为广湖沉积，具有"丰式"运移的特点，而中构造层为分割小盆地沉积，具有"卅式"运移的特点（图 1-4-28）。

下构造层"丰式"具有长距离侧向运移特点。作为下、中组合初次排烃载体的泰一段、阜二段底部和阜一段上部砂岩和阜二段石灰岩，属大型三角洲、浅湖、滩坝沉积体系，相带连续广泛展布，横向输导连通好，具有长距离侧向运移的前提。初次排烃载体上覆有泰二段和阜二段两套稳定区域盖层约束，是长距离运移的必要条件。受同期断层沟通，部分油气沿断层—储层通道向上逃逸至阜三段砂岩，但受阜四段巨厚盖层限制，依然以侧向运移而聚集于阜三段圈闭，只有大断裂带才转以垂向运移为主。

中构造层"卅式"具有短距离侧向—垂向运移特点。戴南组沉积体系规模小、相变快，砂体发育，横向连通性差，纵向相互叠置。缺乏厚而稳定的区域盖层，砂体易被断层沟通，形成断层—储层网络通道，便捷垂向运移。断层发育，沟通了不同断块体的储层，形成纵横交错的立体网络，促进油气向上运移和聚集。

构造对油气藏的作用涉及生、储、盖、圈、运、保等各个方面，构造演化对油气藏生成、运移、聚集、保存均具有控制作用。苏北盆地构造复杂、断层发育，构造演化具有断层长期发育、早期统一大盆、后期分散小盆等，致使油气藏具有小、碎、贫、散的特点。不同沉降类型的凹陷，油气富集程度不甚相同。持续发育型凹陷油气富集程度高，早期发育型凹陷油气富集程度次之，晚期发育型凹陷油气富集程度低，持续不发育型凹陷尚未发现油气藏。

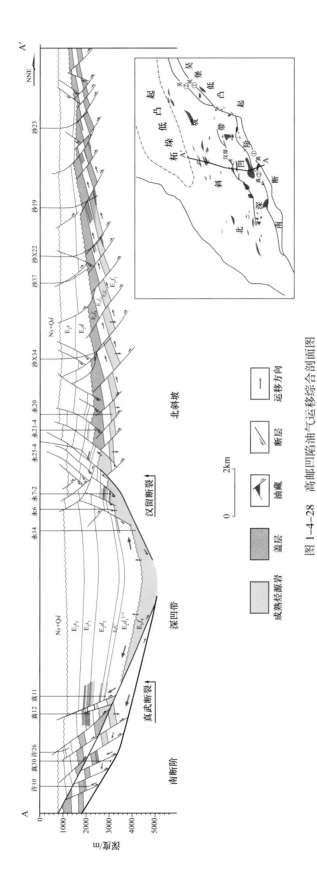

图 1-4-28 高邮凹陷油气运移综合剖面图

五、构造与油气成藏

苏北盆地断层十分发育，已发现的油气藏均与断层有关。断层既可以作为圈闭的遮挡条件，阻止油气的逸散，又可以作为油气运移的通道。断层在油气成藏方面具有非常重要的作用。

断层是构成圈闭的主要要素。苏北盆地发现的构造圈闭以断鼻、断块为主，构造—岩性复合圈闭也都是断层—岩性复合圈闭，可见断层在构成圈闭中的重要作用。与主干基底断层相关的构造圈闭、与次级基底断层相关的构造圈闭、与盖层滑脱断层相关的构造圈闭、与变换构造相关的构造圈闭等在前面已叙述。在苏北盆地的各种构造样式中，要形成圈闭必须有断层的作用。

断层封堵作用是圈闭形成的重要条件。断层封闭性的主要影响因素包括：对置盘砂岩百分含量、断距大小（断层级别）、断层活动期、断层倾角（断面形态）、断层埋深、目标盘地层产状与断层产状的配置关系等。大量油藏解剖表明，苏北盆地断层封挡可归纳为4大类9亚类。

断层的规模对油气的聚集有重要影响。在复杂断鼻、断块群圈闭中，断层起到了聚集油气的作用。苏北盆地的资源丰度不高，油气成藏需要较大的供烃范围，断层起到了捕获油气的作用。断层越长，拦截的宽度越广，越有利于聚集油气。例如，高邮凹陷沙埝地区，沙19—沙7断层、沙20—沙26断层和甲1—沙16断层是该区发育的三条规模最大、延伸范围最广的断层。其中沙19—沙7断层和沙20—沙26断层所控制的圈闭发现一系列富集含油断块，其控制的石油储量占沙埝地区总储量的74%以上，规模小的断层控制的含油断块富集程度低，发现石油储量少。

断层与其控制的圈闭在空间的匹配关系不同形成富集程度悬殊的断块。按照断层与圈闭的匹配关系可分为四种。圈闭位于断层的中部，圈闭具有很强的聚油能力，如韦2、韦5块，其石油储量超过韦庄地区总储量的85%；圈闭位于断层的上倾部位，圈闭具有较强的聚油能力，如发2块；圈闭位于断层的下倾部位，圈闭聚油能力较弱，如卸甲庄的一系列 T_3^3 圈闭；断层延伸范围小，其控制的圈闭聚油能力差，如发4块。总之，断层在圈闭的形成、遮挡和聚集油气方面起重要作用。

第五章　沉积环境与相

　　苏北盆地3期不同构造体制演化控制形成了3套迥异的二级层序地层，即伸展坳陷层序组Ⅱ₁、伸展断陷层序组Ⅱ₂、热沉坳陷层序组Ⅱ₃。受古地貌背景、古坡折带、古气候、古水介质、古水动力、物源体系和构造事件等影响，二级层序都具有次级的多旋回演化、多类型沉积，构成不同的低级层序和体系域组合，控制着各体系域的沉积建造、岩相类型和砂体展布。本次修编利用最新研究成果，先交代盆地充填层序特征，分别介绍层序边界特征、层序格架特征及各三级层序特征，再按上白垩统—古新统（K_2、E_1f）和始新统（E_2d、E_2s）系统分析不同地质时期的沉积背景、沉积相类型和沉积体系演化及平面展布特征，展示了近30年来苏北盆地沉积研究的最新进展。

第一节　层序特征

　　根据层序地层学理论，以岩心、露头、岩相、古生物、测井和地震等资料为基础，地质、地震层位精细标定，明确各反射波组的地质属性；综合识别出苏北盆地上白垩统泰州组—新近系盐城组的主要等时面界面8个，分别用 SB_1、SB_2、SB_3、SB_4、SB_5、SB_6、SB_7、SB_8 表示；其中，一级层序边界1个（SB_1），二级层序边界2个（SB_5、SB_7），Ⅲ级层序边界5个（SB_2、SB_3、SB_4、SB_6、SB_8）；以此为基础，划分出3个二级层序、8个三级层序，建立了盆地层序地层格架，分析了三级层序的基本特征及层序类型。

一、层序边界特征

1. 一、二级层序边界

1）SB_1（T_4^0）边界

　　为晚白垩世仪征事件形成的区域不整合面，对应地震 T_4^0 反射波，具有削截下伏不同层位地层，可见金湖凹陷西斜坡北段泰州组上超在 T_4^0 界面的特征；仪征野外露头见前泰州组古风化壳，泰州组底砾岩；井下边界见泰州组覆盖在赤山组、浦口组、侏罗系等不同层位上，可见底砾岩，界面岩电性突变，上、下生物群突变。为苏北盆地泰州组—东台组地层旋回底部起始的一级层序边界。

2）SB_5（T_3^0）边界

　　为古新世末吴堡事件形成的区域不整合面，对应地震 T_3^0 反射波，见下伏地层顶部削截、上覆地层底部充填—超覆沉积现象；界面下伏阜宁组被区域性剥蚀，部分作为断陷期的蚀源区剥蚀再沉积，形成泥屑流沉积；边界上、下盆地体制差异很大，下部为大型统一的均匀伸展坳陷湖盆，上部为分隔独立的集中伸展断陷湖盆，二者构造—岩相带差异极大，岩电性呈突变特征，上、下古生物属种群面貌大变样（图1-5-1），如介形类

Sinocypris 属经历阜宁组沉积期极度繁盛后，到戴南组沉积期仅保留了一种，而代之以 *Cypris decaryi* 的兴盛，以及下伏各层段化石的再沉积。为划分苏北盆地泰州组—阜宁组与戴南组—三垛组旋回的二级层序边界。

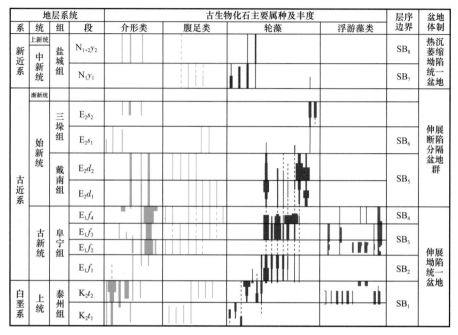

图 1-5-1 苏北盆地晚白垩世泰州期—新近纪盐城期生物演化突变图

3）SB$_7$（T$_2^0$）边界

为始新世晚期三垛事件形成的区域不整合面，对应地震 T$_2^0$ 反射波，见区域性下部削截和上部披覆结构特征；本次抬升剥蚀间断时间长达 14.77Ma，造成边界盆地体制、沉积体系、岩电性及古生物种群的突变；井下普遍见到盐城组底砾岩覆盖于三垛组、阜宁组、泰州组等不同层位上。为划分苏北盆地戴南组—三垛组与盐城组—东台组旋回的二级层序边界。

2. 三级层序边界

1）SB$_2$（T$_3^4$）边界

由区域性泰二段二亚段高位体系域（代号 HST）与阜一段低位体系域（代号 LST）相转换面构成，呈整合关系，对应地震 T$_3^4$ 反射波；边界上、下的环境变化，导致地层岩电性、古生物特征的突变现象，如图 1-5-1 所示，边界下伏地层 *Cypridea* 属种生物群极度发育，而到上覆地层仅剩个别种的孑遗分子，介形类总体很少，而轮藻相当繁盛。

2）SB$_3$（T$_3^3$）边界

为区域性阜一段高位体系域向阜二段湖侵体系域（代号 TST）的首次湖泛相转换面（图 1-5-2），对应地震 T$_3^3$ 反射波；界面上、下的岩性、电性变化明显，地层边界较易识别划分；如图 1-5-1 反映生物种群也发生很大变迁，像介形类进入第二次极度繁盛生长期，属种多、化石极丰富。

3）SB$_4$（T$_3^1$）边界

如图 1-3-10 所示，为区域性阜三段高位体系域向阜四段湖侵体系域的相转换面，

对应地震 T_3^1 反射波；界面下伏阜三段三角洲前缘砂泥岩组合，上覆阜四段区域标志层
"弹簧段"泥岩，岩性、电性易于划分。

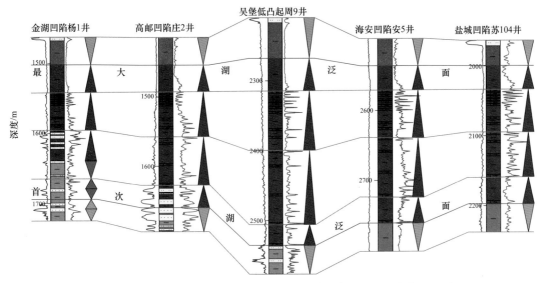

图 1-5-2　苏北盆地坳陷期无坡折带阜二段首次湖泛面和最大湖泛面图

4）SB$_6$（T_2^3）边界

为早始新世末真武事件形成的区域假整合面，对应地震 T_2^3 反射波，界面上、下岩
电性及生物种群有变化，上覆的垛一段见底砾岩、箱形河道砂沉积，图 1-5-1 显示边界
生物属种差异较大。

5）SB$_8$（T_1^1）边界

为中新世中期盐城事件形成的假整合面，对应地震 T_1^1 反射波；界面上覆盐二段
四亚段高电阻率黑白色底砾岩，下伏盐一段一亚段低电阻泥岩，全区岩电性分界明显，
图 1-5-1 反映古生物群属种发生较大变化。

二、层序格架特征

20 世纪 90 年代，开始引入层序地层学理论研究苏北盆地，迄今油田和院校已做了
多次工作，推动了该项技术在生产中的发展。在吸收前人有益的成果基础上，根据三级
层序边界特征，控制泰州组—阜宁组、戴南组—三垛组、盐城组各层序组的盆地体制、
坡度带类型差异等，重新识别体系域界面，再建层序地层格架单元。

1. 体系域界面识别

1）坳陷层序组体系域界面特征

苏北盆地泰州组—阜宁组沉积体系是在苏北—南黄海统一的大型盆地下建造形成
的，除西部洪泽凹陷为统盆的卫星断陷外，其他地区岩相都是跨一、二级不同构造单元
展布的，根据各组段残留地层判断，泰州组沉积期盆地古地貌（古斜坡）坡折带对体系
域变换具重要控制作用，同生断裂仅真①、盐城、涟南断裂起到坡折带作用，其他凹陷
断裂仅影响厚度大小；到阜一段沉积期，古地貌坡折带大为削弱，断裂坡折带消失，至
阜二段—阜四段沉积期，古地貌坡折带也消失。因此，泰州组—阜宁组沉积体系适合坳
陷层序地层模式，不宜采用断陷模式；将湖平面首次跨越多个凹陷古斜坡地形坡折带作

为初始湖泛面，湖平面扩张到最大后开始下降的相转换面作为最大湖泛面，确定三级层序内部沉积体系域的界面。

层序Ⅲ$_1$体系域界面：泰二段出现南部跨越东台坳陷海安、白驹、溱潼、高邮凹陷和泰州凸起、吴堡低凸起等古斜坡的湖泛面，沉积泰二段二亚段灰黑色泥灰岩、灰质泥岩，水生生物群大量繁盛，北部跨越盐阜坳陷盐城、阜宁凹陷和下王港凸起等单元，沉积灰色泥岩，即为初始湖泛面；界面岩电性特征明显，地震上具较强反射，对应T$_4^0$两相位波组上轴，可连续追踪。当泰二段湖侵沉积转换为前三角洲进积体时为最大湖泛面，该面不甚稳定，要依靠井震联合对比。

层序Ⅲ$_2$体系域界面：阜一段二亚段下部出现跨越东台坳陷东部、盐阜坳陷东部的各凹陷和（低）凸起等古斜坡，沉积了一套10～30m稳定分布的灰色泥岩，即为初始湖泛面，对应地震T$_3^{3下}$波组；本次湖侵影响范围较小，东台坳陷仅抵达高邮凹陷东部地区，西部构造单元为陆地沉积体系，靠井震对比确定。当阜一段二亚段下部由半深湖亚相泥岩转为进积型三角洲前缘亚相砂泥岩时，为最大湖泛面。

层序Ⅲ$_3$体系域界面：此期断陷湖盆古地形坡折带消失，以广泛湖侵沉积起始，即SB$_3$边界也是该层序的初泛面，即阜二段三亚段底首现跨区域性的灰黑色泥灰岩标志层，金湖凹陷古斜坡出现沙泥坪、碳酸盐岩台地，即为初始湖泛面，对应地震T$_3^3$三相位波组底轴。当阜二段一亚段由深湖亚相泥岩转为阜三段进积型前三角洲亚相泥岩时，为最大湖泛面。如图1-5-2所示，这两界面岩电性易识别和全盆对比。

层序Ⅲ$_4$体系域界面：继承前期断陷无坡折带湖盆环境，仍以广泛快速湖侵沉积起始，SB$_4$边界是层序Ⅲ$_4$湖侵的初泛面，建造满盆灰黑色岩性；测录井易识别和追踪对比，对应地震较弱的T$_3^1$波组。当阜四段由深湖亚相转为半深湖—浅湖亚相，岩性由黑灰色优质烃源岩变为灰、深灰色交替的贫有机相泥岩面，为最大湖泛面。

2）断陷层序组体系域界面特征

戴南组—三垛组沉积期，苏北—南黄海统一湖盆解体为一系列分隔的箕状断陷和凸起，断陷以断裂坡折带和古地形坡折带为特征，共同控制各体系的沉积体系展布和演化；故此，把湖平面首次越过坡折带作为初始湖泛面，湖平面继续上升达到最远上超点的面为最大湖泛面。

层序Ⅲ$_5$体系域界面：戴一段一亚段底部第1套深灰色泥岩首跨高邮深凹两侧断裂坡折带（图1-5-3），金湖西斜坡古地形坡折带的对应面，溱潼凹陷北部古斜坡、南部泰州断裂的坡折带，为初始湖泛面；界面以具有RT低值的暗色泥岩标志层起始，易于划分和跟踪对比。戴一段一亚段顶部末套低RT值深灰色泥岩到达斜坡远点，沉积由退积转进积或加积的变换面，暗色泥岩标志层结束，即最大湖泛面。两界面在高邮、金湖、溱潼凹陷及海安曲塘次凹追踪良好，其他地区可识别性较差。

层序Ⅲ$_6$体系域界面：经前期戴南组充填沉积后，古地貌势差大为缩小，三垛组断陷湖盆明显变浅，此时垛一段六亚段下部深灰色泥岩首现跨过断裂坡折带或古地形坡折带的面，即为初始湖泛面，低RT值暗色泥岩标志层各凹陷可追踪对比。当垛一段六亚段由湖侵退积变为三角洲进积或加积时，即为最大湖泛面。当垛一段一亚段湖水退净，转入陆地河流冲积沉积时的面，即为湖区高位体系域与陆地河流冲积体系域（代号FST）的变换面。这2界面横向不稳定，主要靠测录井识别划分，配合地震追踪对比。

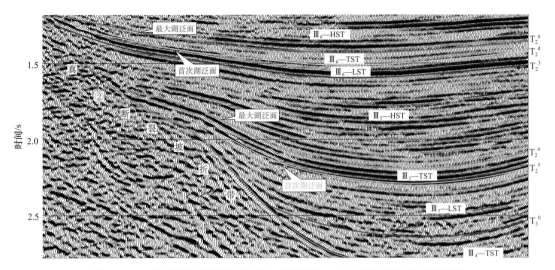

图1-5-3　高邮断陷期断裂坡折带与首次湖泛、最大湖泛地震响应特征图

3）萎缩坳陷层序组体系域界面特征

新近纪，盆地全面萎缩，层序Ⅲ$_7$、Ⅲ$_8$只发育河流—泛滥冲积沉积体系域。

2. 层序格架建立

依照层序地层学原理，根据前述识别出的一、二级层序3个边界，首先将泰州组—盐城组划分出3个二级层序，分别对应坳陷层序组Ⅱ$_1$、断陷层序组Ⅱ$_2$和坳陷层序组Ⅱ$_3$；与苏北盆地经历了伸展坳陷统一盆地、伸展断陷分隔盆地群、热沉降萎缩坳陷盆地的演化阶段完全一致，反映二级层序是受区域构造因素控制形成的（图1-5-4）。

在二级层序划分基础上，按照层序边界细分出8个三级层序；根据层序体系域界面、内部结构特征和层序组合关系，识别出4类19个体系域，建立了苏北盆地层序地层框架。其中，坳陷层序组Ⅱ$_1$呈现以东部为中心的"半碟"状统一盆地，与南黄海盆地以西部为中心的"半碟"状统一盆地，正好联成一个完整的碟状盆地；湖盆早期有断裂、古地貌坡折带，中期只有古地貌坡折带，后期无坡折带，以大型披覆沉积体系为主，多旋回建造形成了多套生储盖组合，按照层序边界可识别出4个三级层序Ⅲ$_1$、Ⅲ$_2$、Ⅲ$_3$、Ⅲ$_4$。断陷层序组Ⅱ$_2$形成于原先统一湖盆解体后的伸展断陷阶段，根据层序边界细分为2个三级层序Ⅲ$_5$、Ⅲ$_6$；层序Ⅲ$_5$呈现12个分隔独立的半地堑或地堑断陷，断裂、古地形坡折带很发育；层序Ⅲ$_6$呈现6个分隔独立的半地堑或复式地堑断陷，断裂、古地形坡折带控制沉积。萎缩坳陷层序组Ⅱ$_3$形成于热沉降再统一坳陷阶段，以河流冲积沉积体系为主，可分为2个三级层序Ⅲ$_7$、Ⅲ$_8$，以及顶部第四纪东台组层序。

总之，苏北盆地泰州组—盐城组可分为1个一级层序，3个二级层序，8个三级层序，19个体系域，46个五级层序。

三、三级层序特征

1. 坳陷三级层序基本特征

1）层序Ⅲ$_1$

该层序相当于泰州组，建造在仪征事件形成的SB$_1$区域不整合面上，因沉降区古地貌差异，形成诸多古地貌坡折带，沉积体系主要受古地貌坡折带控制；同时，临近盆地边界的真①、盐城等少数断裂对岩相有一定的影响，起到断裂坡折带作用。由此，共控形成了具坡折的坳陷层序，具有完整的低位体系域、湖侵体系域、高位体系域沉积系列，可细分出 6 个五级层序。

系	统	组	段	亚段	年代/Ma	二级	三级	体系域	五级	层序边界	反射界面	构造事件	盆地演化
新近系	上新统	盐城组	二	$N_2y_2^1$	5.33	II_3	III_8	FST	4个	SB_8	T_1^1	盐城	热沉坳陷
	中新统			$N_1y_2^{2-4}$	11.6								
			一	$N_1y_1^{1-3}$			III_7	FST	3个	SB_7			
					23.0						T_2^0	三垛	
	渐新统				33.9								
古近系	始新统	三垛组	二	$E_2s_1^{1-4}$	37.8			FST	4个				伸展断陷
				$E_2s_1^{1-5}$	42.5		III_6	HST	5个	SB_6			
			一	$E_2s_1^6$				TST	1个				
				$E_2s_1^7$	47.8	II_2		LST	1个		T_2^3	真武	
		戴南组	二	$E_2d_2^{1-5}$	51.5			HST	5个				
				$E_2d_1^1$			III_5	TST	1个	SB_5	T_2^5		
			一	$E_2d_1^{2-3}$	56.0			LST	2个		T_3^0	吴堡	
	古新统	阜宁组	四	$E_1f_4^{1-2}$	59.2		III_4	TST	2个	SB_4	T_3^1		
			三	$E_1f_3^{1-3}$			III_3	HST	3个	SB_3			
			二	$E_1f_2^{1-3}$	61.6			TST	3个		T_3^3		
			一	$E_1f_1^{1-2}$		II_1		HST	1个				伸展坳陷
				$E_1f_1^{2下}$			III_2	TST	1个	SB_2			
				$E_1f_1^{3-4}$	66.0			LST	3个		T_3^4		
白垩系	上统	泰州组	二	$K_2t_2^1$				HST	2个				
				$K_2t_2^2$			III_1	TST	1个	SB_1			
			一	$K_2t_1^{1-3}$	75.0			LST	3个			仪征	
		前泰州组			83.6						T_4^0		

图 1-5-4　苏北盆地泰州组—盐城组层序地层格架图

低位体系域：相当于泰一段，地势西高东低，建湖隆起中—西段分隔南北两坳，东段连通南北坳，盆地呈多古地貌坡折、局部断裂坡折的似连片坳陷区。主物源来自西南张八岭隆起、建湖隆起中西段，次有苏南、西北隆起物源。南坳发育河流、辫状河三角洲和滨浅湖，自西向东横跨一、二级构造单元依次展布；盆地西南缘发育冲积扇，高邮凹陷南缘见辫状河三角洲。北坳为辫状河三角洲与滨浅湖叠置体系，西部岩性粗红、东部细暗，局部见较厚的火山岩喷溢相。准层序组呈加积或进积式；砂岩粗、厚度大、分布广、连通性好，是一套重要的储集岩。

湖侵体系域：相当于泰二段二亚段，可容纳空间扩大，湖水自东向西越过多个凹陷古地形坡折，形成南坳海安—溱潼—白驹—高邮东—临泽凹陷连片的深水湖区，沉积了黑色泥灰岩、泥岩；北坳东部属浅—半深湖区，沉积了灰色泥岩、泥页岩；高邮西、涟水西部为滨浅湖，金湖—洪泽凹陷为河流—泛滥平原体系。该段建造了盆地第 1 套优质烃源岩，厚度 15～35m 不等。

高位体系域：相当于泰二段一亚段，建湖隆起中段已接受沉积，沉积范围继续扩大，而湖区面积逐渐变小，湖水渐浅，沉积变为进积、加积，准层序组呈进积或加积式；湖区由先前浅湖—半深湖建设，到后来叠置了三角洲前缘沉积，沉积深灰色泥岩夹浅色砂岩，暗色泥岩不纯，生烃品质差。

2）层序 III_2

该层序相当于阜一段，发育在 SB_2 层序边界上，苏北盆地经层序 III_1 建造，盆内地势差明显减小，连片范围扩大，断裂坡折作为微弱，古地貌坡折带依然存在；因此，层序模式仍为具坡折坳陷层序，低位体系域、湖侵体系域、高位体系域发育齐全，可细分出 5 个五级层序。

低位体系域：相当于阜一段三亚段—四亚段，南坳东部，北坳涟水、阜宁凹陷南部和盐城凹陷，即图 1-3-3 的 A 区，各二级构造单元主要为滨浅湖、三角洲前缘相区，呈加积、进积叠置准层序组建设；在图 1-3-3 的 B 区各构造单元，以及西南边缘露头区，为河流沉积体系，有些地区河床占主导，砂岩、砂砾岩较发育，有的地区河泛、泛滥盆地占优势，泥岩较发育；洪泽凹陷孤立，沉积含膏地层。

湖侵体系域：相当于阜一段二亚段下部，在上述范围的 A 区，沉积了浅湖—半深湖泥岩，呈退积式准层序；B 区、C 区继承了前期的岩相类型建设。

高位体系域：相当于阜一段一亚段—二亚段中部，东部 A 区转变为三角洲、滨浅湖相，以退积、进积叠置准层序组；西部、北部 B、C 区继续前期的岩相发展。

3）层序 III_3

该层序相当于阜二段—阜三段，发育在 SB_3 层序边界上；此期，苏北盆地经历前面 2 套三级层序的披覆沉积，多次湖进、湖退演化，盆地内外地貌差显著缩小，湖盆范围更加扩大，古地貌坡折消失，除洪泽断裂外，其他大断裂都成为盆内断层，只影响一定程度的厚度，不对岩相起作用，层序模式为无坡折坳陷层序，湖盆水侵迅速，仅发育湖侵体系域、高位体系域，可细分出 6 个五级层序。

湖侵体系域：相当于阜二段，湖水横贯全盆地，形成统一的大型欠补偿深水湖泊体系，呈退积式准层序组，建造大套的灰黑色灰质泥岩、页岩、泥灰岩、油页岩，形成 60～300m 的优质烃源岩。如图 1-3-4 所示，南坳西部，早期还有砂岩、生物灰岩展布，是良好的储集岩；中、晚期也全部演变为深湖沉积烃源岩。洪泽凹陷受建湖隆起分隔，呈半封闭盐湖环境，发育多层含泥膏岩、含泥盐岩。

高位体系域：相当于阜三段，发育金湖西南隅三角洲前缘、南北坳中央大型浅水三角洲前缘、半深湖及洪泽凹陷半封闭盐湖体系；两个三角洲前缘沉积呈进积式准层序组，中央三角洲前缘横跨南北坳 8 个凹陷、4 个凸起和建湖隆起中—东段，南北跨度 150km、东西最宽 130km，仅残留前缘亚相，水下分流河道微相占优势，粉砂岩与深灰色泥岩互层，砂体分布广，叠置连片，是良好储层。

4）层序 III_4

该层序相当于阜四段，发育在 SB_4 层序边界上，继承了下伏层序 III_3 古地貌背景，层序模式为无坡折坳陷层序，只有湖侵体系域、高位体系域建设，可分出 2 个五级层序。

湖侵体系域：相当于阜四段一亚段—二亚段，本轮湖侵强度、广度较前期历次都要大，达到坳陷湖盆发展鼎盛，水体迅速波及全盆地，为最大湖侵建造。早期阜四段二亚段，金湖西南三角洲前缘继承发育，并不断向湖边河流注入口区退缩，南北坳中央三角洲前缘体系后退到北坳，南坳水体加深变为半深湖—深湖环境；中期阜四段一亚段，这2个三角洲前缘亚相也消失，全盆变为深水湖泊环境，建造满盆灰黑色灰质泥岩、页岩夹油页岩、泥灰岩，准层序组呈退积式。洪泽凹陷继承半封闭盐湖体系，准层序组呈退积式。该层序下部阜四段二亚段泥岩微含粉砂，属差烃源岩，上部阜四段一亚段黑灰色泥岩属良好烃源岩。

2. 断陷三级层序基本特征

1）层序Ⅲ₅

该层序相当于戴南组，建造在 SB_5 区域不整合面上，有断陷边界断裂、洼陷边缘断裂、缓坡古地貌和沉积地形等坡折带，下伏泰州组—阜宁组岩系、基底岩系新老双重物源共同控制沉积体系，具有物源—坡折—扇相—砂体的良好对应关系；高邮、金湖、溱潼、盐城和洪泽凹陷有低位体系域、湖侵体系域、高位体系域，高邮、金湖凹陷可分8个五级层序，溱潼、盐城、洪泽凹陷为短剖面沉积，五级层序较少，海安、临泽凹陷零星沉积，体系域、五级层序都不齐，涟水、阜宁凹陷无沉积。

低位体系域：相当于戴一段二亚段—三亚段，仅金湖、高邮、溱潼、盐城、洪泽凹陷和海安曲塘次凹主体部位有沉积，不同断陷、不同坡折带沉积相差别很大。如金湖凹陷西南部古地貌凸缘坡折带，建造了断陷区内的辫状河流、辫状河三角洲主体，东南部凹沟坡折带则形成了小股泥石流扇。高邮凹陷南部陡坡断裂带有2种情形：一是单断裂构成凹沟坡折带，发育一系列小型泥屑流扇、泥石流扇；二是多级断裂形成凸缘坡折带，发育扇三角洲，各扇沿断裂带呈"群边"状横向交叉、纵向叠置展布，岩性粗细不一，以粗砂岩为主。高邮凹陷北部缓坡斜坡带发育三角洲、辫状河三角洲，中央次凹为滨浅湖沉积区。呈进积式—叠加准层序组。该段厚约450m。

湖侵体系域：相当于戴一段一亚段，湖水越过断裂带和古地形坡折带，沉积范围扩大，坡折趋缓，凸缘、缓坡控制的相带继承前期格局，范围显著扩大；陡坡凹沟控制的相带泥屑流扇锐减，逐渐被扇三角洲代替；中央深凹带出现浅湖—半深湖体系，沉积了深灰色泥岩夹浅灰色砂岩，呈退积式准层序组。由于本次湖侵具有短暂性和震荡性，半深湖泥岩与各类扇前缘亚相砂岩交互，暗色泥岩单层厚5~20m，高邮凹陷一般有5层，是断陷层序组唯一的烃源岩，但有机质丰度低，生烃潜力差。

高位体系域：相当于戴二段，沉积范围略有扩大，沉积补偿加快，水体变浅，中央深凹带转为滨浅湖体系，盆地周缘基本继承前期沉积格局，三角洲逐渐扩大，水下扇、泥屑流扇局限在高邮凹陷邵伯、肖刘庄等个别单断凹沟地区；高邮吴堡单断裂坡折带由陡明显变缓，沉积体系也由水下扇转为扇三角洲、辫状河三角洲。该期沉积了浅色细—中砂岩与紫、棕、杂色泥岩，呈不等厚互层。准层序组呈进积—加积式。

层序Ⅲ₅各体系域砂体都比较发育，是重要的储集岩；不同相带砂岩含量变化较大，单砂体一般具有延伸短、分布窄的特点，易于形成复合圈闭。

2）层序Ⅲ₆

该层序相当于三垛组，建造在 SB_6 区域假整合面上，该层序发育期，断陷由鼎盛转向萎缩，南坳各凹重归统一，北坳各凹依然独立，坡折控相减弱，湖侵短暂，以过补偿沉积为主，陆地沉积体系占主导，粗碎屑发育，见 4 种不同的体系域，可细分出 11 个五级层序。

低位体系域：相当于埌一段七亚段，断裂活动弱，盆地沉降缓慢，沉积基准面低、可容纳空间小，各凹陷以辫状河、曲流河沉积为主，广泛发育厚层块状含砾砂岩、中粗砂岩；而后，逐渐出现中小型三角洲、滨浅湖体系，砂岩发育，间夹杂色泥岩，准层序组呈进积式，是一套良好储集岩，该段厚 80～150m。

湖侵体系域：相当于埌一段六亚段，伴随盆地一次短暂的快速沉降，发生一次短暂的湖侵，沉积一套厚 5～25m 的深灰色泥岩，且分布广泛；同时，伴有三角洲沉积体系，退积式准层序组。

高位体系域：相当于埌一段一亚段—五亚段，湖水逐渐消退，曲流河、季节性三角洲和滨浅湖体系（部分深凹存在残留湖泊）发育，沉积了一套绿灰、棕红色泥岩夹棕色砂岩，进积式准层序组。

冲积体系域：相当于埌二段，全盆地为陆地沉积体系，河流冲积平原发育，红棕、灰棕色粉砂岩夹棕红、紫红色泥岩；晚期盆地逐步向东部倾斜，海安凹陷沉积了浅色砂岩夹灰色碳质泥岩。准层序组呈叠置的加积式、退积式。

3. 萎缩坳陷三级层序基本特征

1）层序Ⅲ₇

该层序相当于盐一段，建造在 SB₇ 区域不整合面上，该期苏北盆地处于热沉降萎缩坳陷阶段，仅发育河流冲积体系域，可细分出 3 个五级层序。发育河流沉积，以砾岩、砂砾岩、中—粗砂岩为主，夹薄层泥岩；准层序组呈叠置的加积式、退积式。

2）层序Ⅲ₈

该层序相当于盐二段，建造在 SB₈ 区域假整合面上，仅发育河流冲积体系域，可细分 4 个五级层序。主要发育河流沉积，后期临近南黄海地区，有数次短暂海侵的滨海与河流冲积交互相；砂砾岩、不等粒砂岩与泥岩不等厚互层；准层序组呈叠置的加积式、退积式。

第二节　上白垩统—古新统

一、沉积背景和环境

1. 古构造背景

发生于早白垩世晚期—晚白垩世早期的黄桥转换事件，结束了印支运动以来的挤压造山构造运动机制，开启了苏皖—下扬子地区的伸展沉降演化阶段。黄桥转换事件后，全区变为拉伸环境，拉伸构造的发生，迁就已有的断面，往往是推覆体上盘沿已有的断坡回滑，然后沿断坪的滑脱面后退。因为此时处于拉张离散环境，加之早白垩世大规模岩浆火山作用后的热沉降作用，这时形成以苏北—南黄海为中心的广盆，面积超过 $25×10^4km^2$。区内浦口组沉积达数千米，不整合于不同时代的褶皱基底之上。由于当时气候干燥，主要沉积了一套红色碎屑（含盐）岩系。

苏北盆地是在燕山运动末期仪征事件夷平的区域不整合面后，区域构造应力场转变为北西—南东向均匀伸展发展起来的裂陷，泰州组—阜宁组沉积期古构造背景有如下特点：

一是除洪泽凹陷为独立分隔的沉积单元外，包括建湖隆起的东段部分，苏北与南黄海盆地其他的现存亚一级正、负构造单元为统一的整体沉积单元。

二是盆内基底剥蚀夷平面相当的平坦宽阔，全域仅海安凹陷、泰州凸起的局部见很小的潜山微凸起，影响了泰一段沉积厚度。该区总古地貌呈西、北、南三面高和中间、东部低的态势，由此控制了泰州组—阜宁组湖盆水体西浅东深、沉积地层西薄东厚、岩性西红粗东暗细的基本格局；海安—白驹一线最低，成为沉积中心，而中部高邮凹陷沉降快、幅度大，成为沉降中心。

三是盆地周缘有张八岭、鲁苏—千里岩、苏南隆起环绕于西南、西北和南部，但现存分界不是原型盆地的边界，鲁苏—千里岩隆起南部洪泽凹陷段受郯庐大断裂限制，基本为原始隆起边界，北部千里岩段、张八岭、苏南隆起，其原始边界应该比现存盆地边界明显后退，如苏南隆起与盆地接壤段，从西到东至少存在宽 $21\sim25km$ 的泰州组—阜宁组沉积岩遭受剥蚀殆尽，现仅局部残留；同时，建湖隆起西段（盱眙—洪泽—淮阴—宝应段）横亘于盆地西部，将洪泽凹陷与主体盆地完全切割，中段（宝应—建湖段）向东倾覆于东台坳陷和北部盐阜坳陷间，东段（盐城段）尚未形成，处于盆地基准面之下接受沉积；此时，滨海隆起也尚未形成，为原型盆地沉降区的一部分，接受泰州组—阜宁组沉积，现有泰州组、阜一段残留地层。张八岭、千里岩、苏南和建湖西段隆起，成为盆地主要的物源供给区，向其供给大量的碎屑和化学物质。

四是剥蚀缓坡古地貌成为盆地主要的坡折带类型，控制以牵引流古水动力建造的大型沉积体系为主。其中，泰州组—阜一段沉积期，古地貌坡折带相对较陡，局部地区存在断裂坡折带，控制形成了具坡折的坳陷层序；阜二段—阜四段沉积期，古地貌坡折带逐渐消失，控制形成了无坡折的坳陷层序。

五是盆地发生多期的快速沉降、缓慢抬升的多次震荡构造运动过程，引发 3 次快速的区域性湖侵、持久沉降和 1 次较短暂的沉降，控制形成了 4 套三级层序地层，不同的体系域组合、沉积体系类型和展布；而且，每次抬升都低于盆地沉积基准面，未造成地层剥蚀；相反，每次沉降呈现明显增强的变化，阜二段沉积期发生全盆广泛湖侵，阜四段沉积期盆地扩至最大范围、湖侵达到鼎盛。

2. 古气候环境

根据上白垩统—阜宁组丰富的孢粉资料，该区所属古气候类型如下。

1）浦口组古气候类型

浦口组沉积期是以与希指蕨属有关的希指蕨孢属占优势，还有与卷柏属有关的棘刺孢属，紫萁属及少量亲缘关系不明的孢子，如三花孢属、多环孢属等。裸子植物是与麻黄属有关的麻黄粉属，与苏铁杉属有关的皱球粉属，与柏科、杉科有关的无口器粉属为主；此外还有与苏铁科、银杏科有关的单远极沟粉属，与百岁兰属有关的百岁兰粉属及松属等。被子植物是与山毛榉科、杨柳科有关的分子。这样的孢粉组合反映了以蕨类植物为主的古植被景观。虽然浦口组沉积期出现了一些温带植物分子，但仍然是以热带—

亚热带植物分子为主，反映了热带—亚热带的气候特征。

2）泰州组古气候类型

泰一段沉积期，产克拉梭粉—隐孔粉—希指蕨孢组合，被子类花粉、裸子类花粉、蕨类孢子平均含量分别为28.8%、49.5%、21.7%；其中，山地针叶植物占1.63%，旱生植物占12.94%，热带—亚热带植物约占31.36%，此期该区属南亚热带半干旱气候。泰二段沉积期，产榆粉—罗汉松粉—江苏粉组合，被子类花粉占优势含量达45.5%～63.4%，裸子类花粉、蕨类孢子减少；其中，山地针叶植物占7.4%，旱生植物占9.5%，热带亚热带植物约占31.9%，为北亚热带半湿润气候。

3）阜宁组古气候类型

阜一段沉积期，产榆粉—麻黄粉—克拉梭粉组合，被子植物平均含量达75.6%，裸子类花粉、蕨类孢子较少；其中，山地针叶植物占5.2%，旱生植物占12.4%，几乎未见湿生水生植物，热带—亚热带植物约占23.7%，此期又转变为中亚热带干旱气候。阜二段沉积期，产五边粉—漆树粉—麻黄粉—雪松粉组合，被子植物、蕨类孢子有所减少，裸子类花粉增加；其中，山地针叶植物约占10.3%，旱生植物占11.4%，湿生、水生植物占2.2%，热带—亚热带植物约占34.2%，代表了中南亚热带偏湿润气候。阜三段、阜四段沉积期，孢粉化石很丰富、面貌很近似，为具环水龙骨孢—山龙眼粉—松粉组合，被子类花粉、裸子类花粉、蕨类孢子和菌藻类平均各占48.3%、35.4%、11.8%、4.5%，菌藻类最高可达41%；其中，山地针叶植物占15.4%，旱生植物占10.8%，热带—亚热带植物约占27.9%，湿生、水生植物占3.8%，古植被为阔叶针叶混交林，代表中南亚热带湿润气候。

二、沉积相类型

该区上白垩统—阜宁组是在伸展作用控制下连续沉积形成的，共发育2类4套三级层序及其体系域组合；在层序地层框架、沉积环境背景下，以岩石颜色、结构构造、古生物、测录井等相标志和化验资料为依据，识别出冲积扇、辫状河、曲流河、辫状河三角洲、三角洲、扇三角洲、近岸水下扇、浊积扇、湖泊、盐湖10种沉积相、29类亚相和几十类微相，主要岩相阐述如下。

1. 冲积扇相

见于泰一段、阜一段三＋四亚段低位体系域，依岩石颜色、结构构造、岩电性等特征分3类亚相。

1）扇根亚相

由灰白色块状砾岩、砂砾岩组成的河道充填沉积物，厚度变化较大，从1m到几十米不等；砾石成分主要有石灰岩、喷出岩、砂岩、燧石和石英岩，次棱角状至次圆状，多以泥和粉砂构成基质支撑，横向变化迅速；扇根顶部常覆盖有泥石流沉积。

2）扇中亚相

主要由砾质辫状河道、砂质辫状河道和砂质或砂砾质坝微相组成。砾质辫状河道和砾质坝多见叠瓦状构造和平行层理，砂质河道与砂质坝常发育大型板状—槽状交错层理；剖面结构上，一般呈正韵律，但也出现从下至上由多个正韵律组成的向上粒级变粗、厚度增大的反韵律特征。与扇根亚相区别：砾石粒径逐渐变小，沉积厚度增大，分选磨圆度相对变好，胶结由基底式变为接触式，呈颗粒支撑；由不显层理变为沉积构造相对发育，并见滑动构造和虫迹；在透镜状泥岩中见腹足类化石及炭化植物碎片；测井SP曲线常呈现几个齿形合并的底部渐变箱形—钟形曲线，异常幅度较大，向上合并层数减少，曲线幅度也相应变小。

3）扇端亚相

主要由紫红色泥岩夹薄层泥质粉砂岩、粉砂岩组成，泥岩常含石膏和钙质团块，具水平纹理和块状构造，粉砂岩发育沙波纹层理，见较多生物扰动、虫穴构造；有时扇端洼处积水，并含腹足类与介形虫化石碎片。这些特征代表了洪水流呈悬浮状态搬运沉积的产物。

2. 辫状河相

在泰一段低位体系域见此类沉积，因泰一段取心资料较少，依据露头剖面（图1-5-5）结合区域沉积背景、岩屑录井和岩电性特征综合分析。辫状河沉积的水动能较强，河道迁移迅速，稳定性差，发育不对称二元结构特点，形成2类亚相及多种微相。

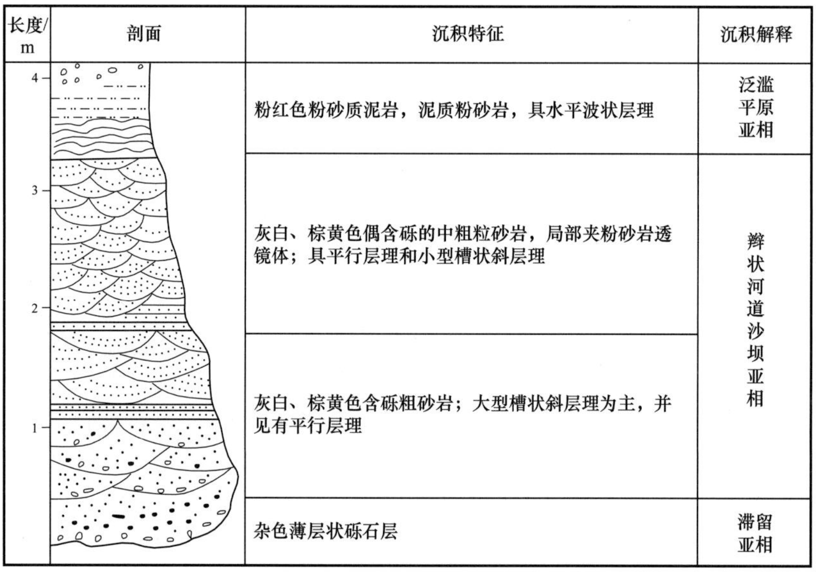

长度/m	剖面	沉积特征	沉积解释
4		粉红色粉砂质泥岩，泥质粉砂岩，具水平波状层理	泛滥平原亚相
3		灰白、棕黄色偶含砾的中粗粒砂岩，局部夹粉砂岩透镜体；具平行层理和小型槽状斜层理	辫状河道沙坝亚相
2 1		灰白、棕黄色含砾粗砂岩；大型槽状斜层理为主，并见有平行层理	
		杂色薄层状砾石层	滞留亚相

图1-5-5　苏北盆地南缘泰一段小河口露头辫状河沉积特征图

1）河床亚相

主要由河床底部滞留、主河道心滩等粗碎屑微相构成，沉积发育相对较好、厚度较大。

2）溢岸亚相

由天然堤、决口扇、泛滥平原等细粒微相组成，沉积发育相对较差、厚度较薄。

盆地南缘仪征小河口露头泰一段发育完整的辫状河沉积序列（图1-5-5）。下部河床亚相：包括底部冲刷面上沉积砾岩、砂砾岩河床滞留微相，块状或不明显平行层理；下部沉积心滩微相，为大型槽状—板状交错层理组成的砂砾岩层，砾石局部具叠瓦状构造，长轴垂直水流方向。上部泛滥平原亚相：包括天然堤、决口扇和河间洼地微相，主要由小型槽状—板状交错层理及水平波状和沙波纹层理的砂岩、粉砂质泥岩组成。各微相以心滩沉积厚度最大，并与河床滞留微相组成辫状河道的主体，上部天然堤与河间洼地微相极薄或不发育。

金湖凹陷西南部东57、天深5、崔2井及天长凸起秦1井，高邮凹陷方3井等剖面，也表现出与小河口剖面相似的岩性特征；由大套杂色砂砾岩夹暗棕、灰、灰绿色泥岩组成，砂砾岩单层厚度最大达30m，SP曲线以箱形为主，具有典型的河流沉积特征。

3.曲流河相

见于阜一段三+四亚段低位体系域，岩性为棕色砂泥岩互层，具典型的二元结构和氧化环境沉积特征，SP、GR曲线以钟形和箱形为主，砂岩粒度总体较细，以细砂岩为主，粉砂岩次之，中砂岩、粗砂岩少，砾岩罕见，有河床、溢岸等亚相。

1）河床亚相

包括河道滞留和边滩微相。主要为浅灰、浅棕色细砂岩、不等粒砂岩，下部平行、上部小交错层理，单层均呈下粗上细正韵律，SP曲线以箱形和钟形为主，单层底部常见冲刷面，其上常含泥砾，泥砾有磨圆和定向排列特点，反映较强水动力的牵引流沉积、多期河道叠加的河流沉积标志。

2）溢岸亚相

主要见天然堤、泛滥平原微相。天然堤微相：主要为暗棕色泥质粉砂岩和粉砂质泥岩，呈细—粗—细的复合韵律变化，发育波状层理、沙纹交错层理，生物扰动强烈，沉积水动力较弱、水体较浅；纵向上，该亚相往往与河道沉积或决口扇沉积交替出现。泛滥平原微相：以高邮凹陷黄19井第5、6次取心段为例，主要由暗棕色泥质粉砂岩、粉砂质泥岩和泥岩组成，发育水平层理、遗迹构造，反映氧化环境、弱水动力、浅水环境，具有河流泛滥平原的沉积特征。

4.辫状河三角洲相

泰一段低位体系域广泛建设此类沉积，岩性较粗，辫状河三角洲前缘亚相极发育，辫状河三角洲平原亚相次之；其中，常见辫状水道、前缘分支河道、河口沙坝、河道间湾等微相。

1）辫状河三角洲平原亚相

主要由辫状河三角洲平原分流河道、河间沼泽微相组成。分流河道微相见杂色砾岩、砂砾岩和浅灰色中细砂岩、不等粒砂岩，砾岩、砂砾岩可占50%，砾石次棱角—圆状，分选较差—好，有变质岩、火成岩、硅质岩、石灰岩、砂岩等砾石，为盆外物源一定距离搬运供给；冲刷现象频繁，块状、平行层理，呈下砾上砂正粒序变化，具多期河道叠加沉积特征。高邮凹陷南部竹墩纪3井较典型，以砾岩为主，厚度达数百米，圆状2～3cm砾石磨圆、分选、成分成熟度皆高。

河间沼泽微相主要由暗棕、棕色泥岩、粉砂质泥岩、泥质粉砂岩组成，见斜层理、水平层理、生物扰动构造，SP曲线常呈较平直的低幅状。

2）辫状河三角洲前缘亚相

有前缘水下分流河道、分流间湾、重力流沟道等微相（图1-5-6）。

水下分流河道微相：由含砾砂岩、不等粒砂岩、细砂岩组成，砾石有盆外杂色砾、内碎屑灰色泥砾；与平原辫状河道相比，砾岩显著减少，以砂岩为主，单砂层底部冲刷面频繁，平行层理发育，正粒序变化，单层韵律厚度明显大于平原分流河道，具有多期河道叠加，沉积稳定性增加。

分流间湾微相：主要由暗棕、灰绿色粉砂质泥岩、泥质粉砂岩组成，具水平层理、小型沙纹交错层理，生物扰动强烈，反映河道间沉积水动力较弱、沉积速率较慢的滨浅水湖盆环境特征。

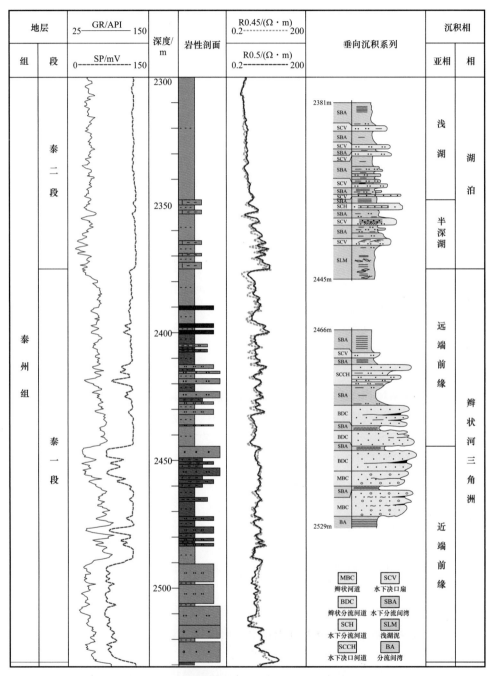

图 1-5-6　海安凹陷安 3 井泰州组沉积相剖面图

重力流沟道微相：为泰一段—亚段辫状河三角洲前缘的一种特殊类型，特征为：（1）与前缘分支河道、分支间湾沉积相邻，岩心见重力流沉积构造，多次叠覆冲刷，由多个底部含泥砾的正韵律砂体组成，递变粒序层理、液化变形滑塌及包卷层理、撕裂状泥砾团块较发育，显示为水下沉积物滑塌后再短距离搬运的砂质碎屑流沉积特征。譬如，海安凹陷安丰5井2355.25~2360m岩心见4套底部冲刷的正韵律层。（2）测井SP曲线呈齿化箱状，齿化钟形、漏斗形。（3）砂岩沉积厚度陡然增大，反映为阵发性、短暂瞬间、快速堆积的事件产物，分布局限，平面呈透镜体状。譬如，海安凹陷堡1-3井泰一段一亚段重力流沟道化单砂层厚度达55.8m，为该凹陷泰一段单层最厚，该井周边安11、安丰2、安丰8、堡1、堡1-2、堡1-4井等均为常见的泰一段一亚段泥岩夹砂岩组合，单砂层只有1~5m，砂岩总厚度一般为8~20m，远小于沟道化单砂体厚度。

泰一段一亚段重力流沟道化沉积是因辫状河三角洲前缘存在水下断层坡折带，砂体向前推进过程中在坡折带处发生滑塌、液化，形成局部水下重力流，并强烈下切侵蚀，形成沟道化砂体。

3）前辫状河三角洲亚相

位于辫状河三角洲前缘末端前方，水体相对较深，岩性为深灰、灰色泥岩和粉砂质泥岩，水平纹理、透镜状层理和块状层理，潜穴构造发育，SP曲线平直、微齿化。

5.三角洲相

为泰州组、阜宁组主要岩相类型。发育三角洲平原、三角洲前缘、前三角洲亚相及多种微相类型。不同时期三角洲类型和沉积特征有明显差异，泰一段、阜一段沉积期三角洲为滨浅湖氧化环境，水体浅，泥岩多为棕、灰绿色，水动力相对强，砂岩粒度较粗；泰二段沉积期三角洲为滨浅湖—半深湖氧化—弱还原环境，水体深浅不一，泥岩棕、灰绿、灰色，粒度粗细皆有；阜三段沉积期为浅湖—半深湖还原环境，水体深，远源大型三角洲，泥岩全部为深灰色，粒度以粉砂级为主。

1）三角洲平原亚相

有4个微相。

平原分流河道微相：岩性以浅棕、棕灰色含砾砂岩、中—细砂岩、粉—细砂岩为主，正韵律，底见冲刷面，块状层理、槽状—板状交错层理、平行层理和沙波纹层理；单层厚3~5m。粒度概率累计曲线多为2~3段式，其中跳跃总体约占80%以上；SP曲线呈箱形，中等幅度，当出现边滩或点沙坝时，在箱形曲线之上频繁出现向上渐变、幅度减小的齿形曲线。

天然堤微相：以粉砂岩、泥质粉砂岩为主，单层厚0.5~1m，发育小型波痕、爬升层理，越堤顶部常见植物化石碎片，生物钻孔与扰动构造多见，在远离河道方向，天然堤砂体迅速变为砂泥岩互层，向河间洼地泥岩过渡。

决口扇微相：在分流河道演化中较突出，分决口、越岸充填，促使分流河道分汊改道，一般厚1.5~3m，比天然堤砂体粗，主要由粉—细砂岩组成，底见冲刷面，见递变层理和块状层理，向上及远端可出现小型流水沙波纹层理，它可以呈正韵律，也可见反韵律。

河间洼地微相：棕红色泥岩，季节性干旱可见含钙质、膏质泥岩；潮湿气候期含植物碎片较多，碳质成分较多，可变成暗色泥岩，水平纹理或块状构造，见暴露构造。

2）三角洲前缘亚相

为分布最广泛的亚相类型，储层有水下分流河道、河口沙坝、远沙坝、席状砂等微相砂体（图1-5-7）。

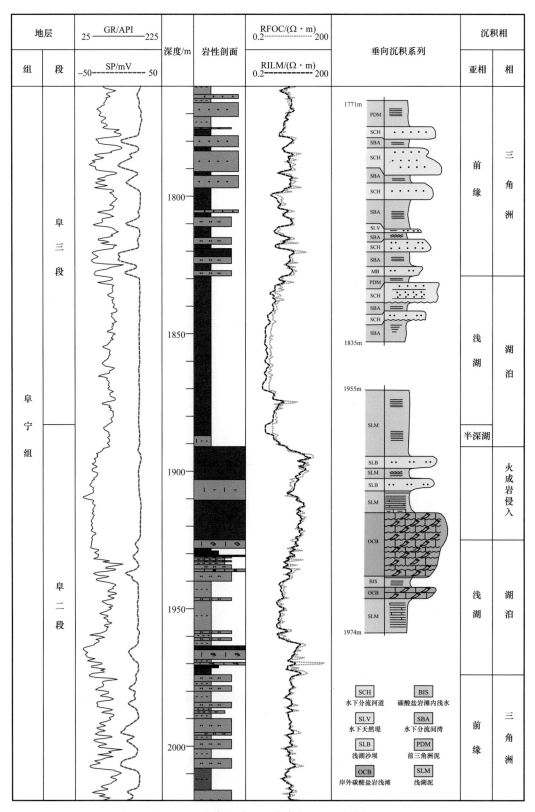

图 1-5-7　金湖凹陷阳 2 井阜宁组沉积相剖面图

水下分流河道微相：三角洲主体部分，以中—细砂岩、粉砂岩为主，单砂体底部常见冲刷面，有些其上见磨圆定向排列的泥砾，向上出现槽状交错、平行、中小型交错、波状层理等，构成向上变细的正韵律，上部往往发育生物潜穴和扰动；围岩有暗棕、绿灰、灰、深灰等不同色的泥岩，显示为氧化、还原不同环境形成的；单砂体厚度一般为2～5m，SP曲线呈钟形或小箱形。

河口沙坝微相：以细砂岩、粉砂岩为主，砂体呈下细上粗的反韵律或细—粗—细粒序的复合韵律，砂体顶、底与泥岩呈渐变或弱突变接触，多发育平行、波状、斜层理等，也有块状构造，其顶、底部往往生物扰动强烈；泥岩灰绿、杂色，显示为水下氧化还原界面附近的沉积环境；单层沉积厚度一般为1～3m，SP曲线多为漏斗形、指状或复合形。

远沙坝和席状砂微相：由水下分流河道、河口沙坝、远沙坝砂体湖浪改造形成，以粉砂岩、泥质粉砂岩为主，多呈反韵律或复合韵律，顶、底与泥岩呈渐变接触，生物扰动强烈，泥岩暗棕、棕、灰绿、杂色，形成环境多样；沉积厚度较薄，一般为0.5～1m，SP曲线多为指状。前缘末端砂体可被波浪改造成为浅湖沙坪、沙泥坪，砂体呈席状展布；如曲塘次凹阜三段砂体等。

分流间湾微相：平面上，分流间湾与水下分流河道相连，由河道漫过水下天然堤或决口形成。除河道漫溢或决口水道形成的粉砂沉积外，水下分流间湾区常常分布席状砂，共同组成了分流间沉积序列。高邮凹陷南部断阶带取心见到较多的分流间湾，阜一段以暗红、棕、灰绿或杂色泥岩为主，多夹泥质粉砂岩或粉砂岩条带，氧化环境沉积为主；阜三段以水下还原环境的深灰色泥岩为主。

3）前三角洲亚相

位于三角洲前缘前方，水体较深，以灰、深灰色泥岩、粉砂质泥岩为主，水平纹理、透镜状、块状层理，潜穴构造发育；SP曲线平直或微齿状，前三角洲泥岩与滨浅湖泥岩相带界线，可根据岩石颜色、含砂质、古生物、相共生组合加以区别。

6. 湖泊相

湖泊贯穿整个坳陷演化期，总体呈东深西浅的统一湖盆，伴随3次大规模湖侵扩张，盆地陆相淡水湖泊发展达到顶峰，导致深水分层底质碱性化沉积了碳酸盐岩，局部卤水化沉积了岩盐。

1）滨湖亚相

近线状物源区，可发育滨岸砂砾滩，如金湖凹陷西斜坡仁1—洪2—陆2井一线，砂砾岩、砾岩为主，砾石成分复杂，分选较差，SP曲线异常幅度较小，RT值较高；相带整体规模较小，沿岸带状分布。远离物源区，一般发育灰棕、咖啡色粉砂质泥岩、泥质粉砂岩及浅棕色粉砂岩互层，灰质含量较高；见水平、波状、楔状或低角度交错层理，揉皱变形等构造，可见暴露标志；含少量的介形虫、螺蚌碎片及植物干茎，轮藻化石丰富，潜穴构造较发育，多为倾斜浅虫穴；SP曲线泥岩呈微低起幅直线状，薄砂岩呈小幅负异常。

2）浅湖亚相

位于湖岸开阔浅水地带，受波浪作用强烈，常见沙坪、泥坪、混合坪微相。沙坪微相：水动力强，常常形成浅湖滩坝砂体，以浅灰色细砂岩为主，夹暗棕、褐、灰色泥岩；砂岩分选较好，多灰质胶结，平行、小波状、交错、块状层理；单砂层一般薄—中厚层，个别达厚层，平面分布较广；金湖、高邮凹陷砂层顶部常见一些薄层的鲕粒灰岩或生屑灰岩等共生；泥岩含介形类、轮藻、孢粉等化石；SP 曲线呈中幅负异常指形（图 1-5-7）。泥坪微相：以暗褐、灰、深灰色泥岩、含粉质泥岩为主，可夹薄层粉砂岩、泥质粉砂岩，水平层理、小波状纹理、块状层理；古生物很丰富，有介形类、轮藻、孢粉、腹足类、双壳类、叶肢介等化石，潜穴构造、生物扰动强烈；SP 曲线以平直为主，有小的起伏。该微相向深水过渡为泥岩相区。混合坪微相：由沙泥坪构成，沉积特征大致介于上述二者之间，单砂层较薄，侧向相变较快。

3）半深湖—深湖亚相

发育在 4 套三级层序的湖侵体系域，即泰二段、阜一段中部、阜二段、阜四段沉积期；其中，阜一段中部沉积期较短暂，只有厚度不大的半深湖沉积，其他 3 套建造时间长、厚度大。岩性为灰黑、深灰色泥岩、泥页岩、钙质页岩、油页岩夹同色薄层泥灰岩，岩性细腻、含钙质，滴酸起泡强烈；发育水平层理、季节性纹理和块状构造，富含介形类、孢粉、微体浮游藻类、腹足类，以及叶肢介、鱼类等化石，有机质含量较高，为良好烃源岩；SP 曲线呈典型的泥岩基线，泥岩段 RT 曲线呈略平的很低值直线，夹层油页岩、泥灰岩呈尖峰曲线；属于安静的深水还原环境沉积体系。

4）湖泊碳酸盐岩亚相

碳酸盐岩是坳陷期湖泊沉积的重要特征。在湖扩张下，陆源物质供应相对不足，湖泊处于清水环境；生物极为兴盛，介形类、浮游藻类及腹足类、双壳类等大量繁殖，提供了丰富的碳酸盐埋葬物质；同时，湖泊很深，导致水体垂向分层，湖底质转变为碱性水介质环境，有利于碳酸盐沉淀。阜二段沉积期，全盆广泛发育深水的薄层泥灰岩或灰质泥岩，在金湖凹陷西斜坡发育近岸浅水生物滩碳酸盐岩，金湖—高邮凹陷发育远岸浅水鲕粒滩碳酸盐岩沉积；阜四段沉积期，深水泥灰岩、灰泥岩也十分发育，在金湖凹陷西南部一带见薄层生屑、粒屑灰岩。具体可分为 3 个微相。

（1）浅湖近岸碳酸盐生物丘滩微相。发育于缓坡浅湖环境，近平行湖岸线带状展布，向岸与滨湖相带毗邻、向湖与浅湖沙（灰）泥坪相带过渡。岩性以藻灰岩、虫管灰岩、介形类灰岩等为主，构成不同成分的多样岩类，以及碳酸盐岩与陆源碎屑的混积类型，后期成岩可转变为相应类型的白云岩。根据几十口井取心和仪征小河口、盱眙刘营郭露头观察分析，按照岩石成因分为 3 类：一是生物碎屑滩。处于浅湖较强水动力区的高能量环境，主要由虫管、介形类、藻类、腹足类等碎屑堆积形成，也见一些鲕粒，往往能见到层理构造和冲刷面，单层厚度一般为 1～4m，最厚约 10m，平面分布稍广；如西斜坡崔庄、桃园地区。二是生物丘。由一定数量的原地生物骨架组成，具有强的抗风浪能力，主要是虫管灰岩、藻灰岩，纵向往往与碎屑灰岩频繁交替出现；如刘庄—宋庄地区生物丘，叠层藻灰岩、虫管灰岩十分发育，分布局限，厚度一般为 1～5m，累计厚度也较小。三是生物层。为生物丘与生物碎屑滩的过渡，如范庄油田 6～15m 此类沉积。

该相带发育状况严格受古地形控制（图 1-5-8），建造在岸坡平缓的岸外浅湖沙滩高带背景上，水深适中，太深、过浅都无此沉积；同时，受水体阳光充足、温度适宜，生物繁盛，陆源碎屑供给减少，古生界碳酸盐岩物源化学物质相对增加的清水环境等因素制约，并受波浪、沿岸流水动力的影响。波浪自半深水向近岸浅湖推进过程中，受底部摩擦、波能作用加强，出现破浪带，堆积了内碎屑、鲕粒，并栖息着多毛纲蠕虫与藻类等生物，形成岸外碳酸盐岩浅滩。西南隅汊涧地区受注入水系的干扰，不发育此微相；向宝应斜坡水体稍深，虫管、藻灰岩明显不发育，而以薄层鲕粒灰岩为主。

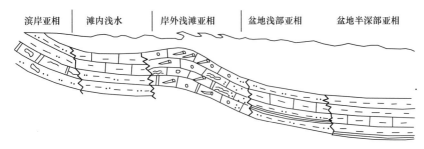

| 滨岸亚相 | 滩内浅水 | 岸外浅滩亚相 | 盆地浅部亚相 | 盆地半深部亚相 |

图1-5-8　苏北盆地层序Ⅲ₃湖侵体系域碳酸盐岩相类型及沉积模式图

（2）浅湖碳酸盐鲕粒席微相。发育于古地貌稍陡的缓坡浅湖区，盆内局部微隆区的浅湖环境，如金湖闵桥—宝应岩浆岩喷出台地，高邮码头庄浅湖沙坪微隆高带。岩性以鲕粒灰岩为主，也有表鲕、球粒、凝块石、藻团粒及发育不良的藻核形石灰岩等，有些含虫管、腹足类等生物碎屑。纵向上，单层厚度多为1~2m，一般有1~2层，少数有5层，单层和累计厚度占所处亚相的比例都极小；其生长底质有玄武岩台地、沙滩和深灰色泥坪，上覆则为深灰色泥岩。平面上，呈鲕粒席展布，有一定的延伸分布范围，在低洼处形成泥晶白云岩。此微相发育在浅湖环境，水动力能量较强，生长受水下古地形基座控制，水体较近岸生物丘滩深，而浅于泥灰岩席，属陆源碎屑减少的清水环境。其中，玄武岩基座以金湖闵桥地区阜二段碳酸盐鲕粒席沉积为代表，发育1~2个薄层，有些井单层稍厚点；砂质基座如仪征小河口阜二段露头，金湖宝应、高邮码头庄地区阜二段二亚段及金湖汊涧地区阜四段二亚段，一般只有1~2个薄层鲕粒灰岩；泥质基座如唐港地区阜二段二亚段，也是薄层鲕粒灰岩。

（3）深水碳酸盐灰泥席微相。发育在静水的半深湖—深湖区，这里湖泊很深，水体纵向分层，底质呈碱性水介质，当陆源减少供给泥质时，水体处于清水环境，就沉积了深灰、灰黑色泥灰岩，顶底与同色灰质泥岩、含灰质泥岩呈过渡变化，富含微体介形类、浮游藻类和孢粉等化石；多呈薄层席状产出，发育水平层理、水平纹理。纵向上，单层以1~2m厚为主；平面上，横向分布极为稳定，多数呈满盆展布，成为区域对比标志层。

7. 深水盐湖相

苏北盆地有两种不同形式、岩性组合和分布格局的（含）盐岩沉积：一是以硫酸盐、氯化物为主的盐湖沉积，仅见于洪泽凹陷阜三段、阜四段，为深水分层盐湖成因。二是为含石膏的碎屑岩沉积，见于三级层序低位体系域泰一段、阜一段，分布构造单元不限，以及洪泽凹陷泰二段、阜二段，为季节性干旱蒸发成因，河流、三角洲、滨浅湖相带地层有不同程度的含膏沉积。

洪泽凹陷是与主盆地分隔的独立断陷，其沉积特征与东部统一坳陷有显著差异，泰州组、阜一段为陆地沉积体系，阜二段转为滨浅湖，阜三段顺河次凹加深到半深湖，阜四段次凹处于深湖环境。苏北盆地自阜二段到阜四段沉积期，古气候始终处于湿润环境，深水湖泊不可能靠干旱蒸发变成盐湖；此期，坳陷区地层都不含石膏，而洪泽断陷为半咸水—盐湖，其成因：一是随着盆地沉降，断陷可容纳空间持续扩大，湖泊不断加深，至阜三段、阜四段顺河次凹水深明显超过15m，从而产生垂向分层，上部水体密度小、下部水体密度大，形成"分层卤水"。二是顺河次凹毗邻建湖隆起淮阴浦口组盐岩物源，向顺河提供丰富的盐类化学物质，使次凹水体碱度、盐度显著增大，加剧了深水湖泊的水体垂向分层，形成盐湖和盐类沉积；而管镇次凹远离淮阴盐岩物源，南部又有多个河流水系注入，水体受半咸化，沉积含膏地层；东部坳陷湖泊辽阔，即便有淮阴供给的盐类物质，也被巨量淡水体稀释，只在深湖水体分层的底质出现碱性化，而湖泊仍处淡水环境。

三、沉积体系展布和演化

1.浦口组、赤山组沉积展布及演化

晚侏罗世—早白垩世，下扬子地区分别与相邻的北边胶辽地块、南边怀玉地块碰撞，在原苏皖地块的边界断裂区，形成中国东部燕山期碰撞高原中相对高峻的地带。黄桥事件后，全区处于拉张离散环境，加之早白垩世大规模岩浆火山作用后的热沉降作用，形成以苏北—南黄海为中心的广盆，发育巨型的冲积扇沉积体系。从盆地边缘至中心分别发育冲积扇—河流—湖泊（盐湖）沉积体系。

盐城地区典型井浦口组下部（长期基准面上升半旋回）由下而上依次发育：冲积扇扇中（辫状河道）→辫状河三角洲平原→辫状河三角洲前缘、浅湖沉积系列；浦口组上部（长期基准面下降半旋回）由下而上依次发育：浅湖（前辫状河三角洲）→滨浅湖、冲积扇扇缘（局部冲积扇扇中）沉积系列，具半湿润—半干燥型气候特点。

淮安地区典型井浦口组下部（长期基准面上升半旋回）由下而上依次发育：冲积扇扇中（辫状河道）→冲积扇扇缘、滨浅湖→蒸发盐湖沉积系列；浦口组上部（长期基准面下降半旋回）由下而上依次发育：蒸发盐湖→滨浅湖、冲积扇扇缘、风成砂沉积系列，具干燥型气候特点。

赤山组则是浦口组沉积晚期由于荒漠化作用而形成的以风成沉积为主的同期异相产物。

2.泰州组沉积展布及演化

坳陷初期，基底沉降缓慢，可容纳空间小，地势西高东低，气候半干旱，西部处于陆地环境，东部为浅水湖泊；此时，断层活动未成为盆地边界和坡折带，剥蚀古地貌是主要坡折带，张八岭、苏南、鲁苏—千里岩隆起和建湖隆起中西段为主物源区，供给丰富的粗碎屑，泰州组沉积呈南北分区、东西分带格局特点。

1）泰一段（K_2t_1）

（1）东台坳陷：冲积扇—辫状河/曲流河—辫状河三角洲/三角洲—滨浅湖充填形式（图 1-5-9）。

金湖凹陷西斜坡有个小冲积扇，汊涧发育辫状河，中北部为曲流河，建造西部大范围的河流相；坳陷南北多支辫状河与西部河流从多方向注入湖泊，形成各自的辫状河三角洲与三角洲平原亚相，同时汇水建造了巨大的前缘亚相叠合体，如陈堡地处 3 股河流汇聚区，泰一段三亚段、二亚段、一亚段砂体都极发育、单层厚度大、累计厚度大，海安、白驹凹陷处于叠合前缘末端，泰一段一亚段砂体明显较少，尤其前缘侧翼砂体明显减少、变薄；东部为滨浅湖沉积，砂体不发育。纵向上，下部泰一段三亚段辫状河、辫状河三角洲最发育，粗相带分布广，有砾岩和砂砾岩，单砂体厚、总厚度大；泰一段二

亚段相带次之，泰一段—亚段逐渐演化为曲流河和三角洲，细相带展布广，单砂体变薄、累计厚度变小。平面上，自西向东、自两侧向中间，相带呈逐渐变细展布，并随着湖泊扩展，湖岸线向陆地不断推进，相带发生迁移。

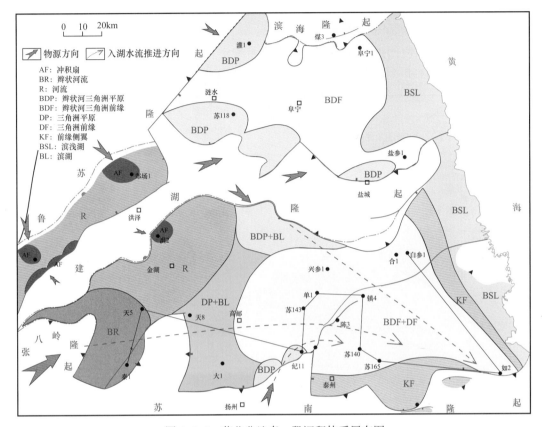

图 1-5-9　苏北盆地泰一段沉积体系展布图

（2）盐阜坳陷：辫状河三角洲—滨浅湖充填形式。

此期，滨海隆起为坳陷湖盆的一部分，包括其在内以辫状河三角洲为主，南缘、西缘有少量平原亚相残留，中部地区前缘亚相规模大；东部临海地带为滨浅湖沉积，并与东台坳陷的同相带相连。其沉积纵横演化特点与东台坳陷规律一致。

（3）洪泽坳陷：冲积扇—河流充填形式。

以河流沉积为主，缓坡、陡坡带局部见小规模的冲积扇。

2）泰二段下部（$K_2t_2^2$）

坳陷经低位体系域泰一段充填后，内部及与周缘的地势差变小，可容纳空间扩大，气候逐渐转为北亚热带半湿润环境，自东向西的大规模湖侵使湖泊水体显著加深，建湖隆起东段（淮阴以东）完全湮没于水下，南北两坳融为一体，开始泰二段二亚段湖侵域建造。

（1）东台坳陷：曲流河—三角洲/滨浅湖—半深湖/深湖充填形式。

本次湖侵抵达柳堡—高邮一线，湖岸线呈大致南北走向的西凸弧形，岸线以西为继承性曲流河沉积，以东至临近纪11—苏143—兴参1井一线，为滨浅湖建设，见小规模的三角洲；再向东进入半深湖—深湖，沉积深灰色泥岩、泥灰岩互层，是良好的烃源岩，厚度15～30m。

（2）盐阜坳陷：浅湖—半深湖充填形式。

主要为浅湖环境，沉积灰色泥岩、砂质泥岩夹薄层砂岩；阜宁凹陷东部水体达到半深湖，有深灰色泥页岩沉积，水体不太深，有丰富的小双壳类化石。

本次湖侵持续短，建造地层总厚度仅 15～40m，因此，相带纵横演变相对较小。

3）泰二段上部（$K_2t_2^1$）

坳陷湖盆开始缓慢回返，河流推进增强，带来丰富的粗碎屑，开始泰二段一亚段高位体系域建设（图 1-5-10）。

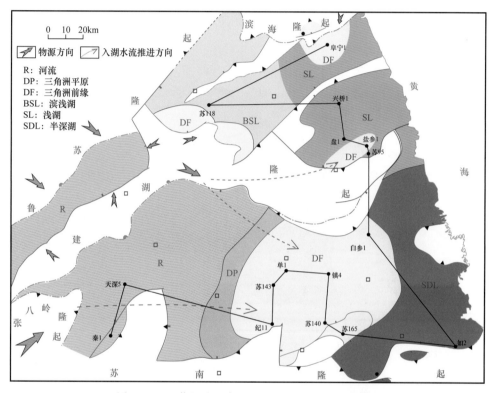

图 1-5-10　苏北盆地泰二段一亚段沉积体系展布图

（1）东台坳陷：曲流河—三角洲—半深湖充填形式。

金湖西南河流水动力最强劲，不断向东推进，建湖隆起河流作用减弱，高邮南部河流明显退化，对沉积影响小；该期曲河流河床亚相不甚发育，溢岸亚相广泛展布，岩性较细。三角洲发育在中部，平原亚相小范围展布，前缘亚相规模较大，横跨亚一级构造不同单元展布，以细砂岩为主，单层薄—中厚，累计厚度不大，砂地比明显小于泰一段低位体系域。到东部以半深湖沉积为主，晚期可夹一些三角洲前缘末端砂体。纵向上，河流为加积式建造，三角洲自下而上为进积式沉积旋回，东部由半深湖到晚期为浅湖与三角洲前缘沉积体系。平面上，河流、三角洲不断向东部推进，早期东部全部为深灰色泥岩相区，晚期为浅湖与三角洲前缘交替相带。

（2）盐阜坳陷：河流、三角洲—滨浅湖—浅湖充填形式。

坳陷南缘有 2 个独立的三角洲，北缘滨海和阜宁地区有三角洲，受后期剥蚀，仅残留三角洲前缘的一部分；水体较前期变浅，西部为滨浅湖沉积，东部为浅湖沉积。沉积纵、横演化也是自下而上进积式的。

3. 阜一段沉积展布及演化

坳陷层序Ⅲ$_2$建造在下伏充填回返后的SB$_2$（T$_3^4$）边界相转换面上，此期气候转为干旱环境，阜一段沉积期湖盆水体明显变浅，地势继承西高东低特点，仍存在古地貌坡折带，但控制沉积作用明显减弱。

1）阜一段下部（E$_1f_1^{3+4}$）

古新世早期，盆地水体呈缓慢加深过程，形成正旋回沉积。建湖隆起东段与南北坳陷融为一体，南北地层厚度、岩电性等特征几乎一样，为冲积扇—曲流河—三角洲—滨浅湖充填形式（图1-5-11）；岩性细砂—中砂岩较发育，砂地比较泰二段一亚段高、比泰一段低，砂岩浅灰、浅棕色，泥岩多为褐、暗棕、棕红色，地层常见含膏。纵向上，下粗红、上细暗，下部河流相分布广，向上分布范围减小，滨浅湖则扩大。平面上，西部红粗、东部暗细，冲积扇仅见于西部洪2井区，河流相在东台坳陷西部广泛分布，中部则以三角洲前缘为主，其前端见一些改造的浅湖滩坝；盐阜坳陷南缘、北缘有三角洲前缘残留，其余为与东台坳陷连通、相带一致的滨浅湖沉积。

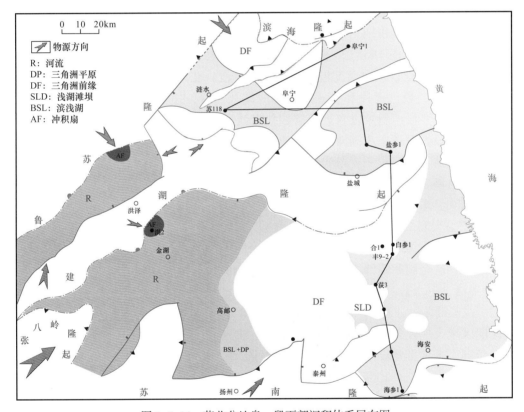

图1-5-11　苏北盆地阜一段下部沉积体系展布图

2）阜一段中部（E$_1f_1^{2\text{下}}$）

本次湖侵短暂、规模小，主要波及中东部地区，水位上升接近半深湖，沉积一套厚度20~45m的深灰色泥岩，有机质丰富较低，为非烃源岩；其他地区基本继承前期沉积，相带有退进。

3）阜一段上部（E$_1f_1^{1+2\text{中}}$）

发育冲积扇—曲流河—三角洲—浅湖—半深湖充填形式。平面上，东台坳陷湖泊范围较低位体系域时明显向西推进扩大，洪 2 井区仍有冲积扇，河流向西后退到金湖凹陷中西部地区；相应地，三角洲也向西后退，分布在金湖凹陷东部及高邮凹陷，从周庄—吴岔河一线以东主要为浅湖沉积，末期东部转为半深湖沉积，沉积深灰色泥岩，顶部已达良好的烃源岩级别。盐阜坳陷南北两个三角洲继续发育，只有前缘一部分得以保存，三角洲之间为浅湖，东部相带与东台坳陷是一体的，顶部也见近百米的烃源岩。纵向上，先是河流、三角洲向湖区推进，后期都向陆地后退。

4. 阜二段、阜三段沉积展布及演化

盆地经下伏两套层序充填，湖盆地势差很小，古地貌消失成为无坡折带坳陷；层序 III_3 在区域相转换面 SB_3（T_3^3）边界上，开始新一轮更大湖侵，湖水迅速横扫全盆地，建设阜二段、阜三段无低位体系域层序。

1）阜二段（E_1f_2）

（1）坳陷盆地：河流—三角洲—滨湖—浅湖—岩浆岩喷溢—半深湖/深湖—湖泊碳酸盐充填形式。

河流相受后期剥蚀无残留，东台坳陷西部持续发育三角洲，为退积式，仅残留前缘亚相，阜二段三亚段沉积期三角洲前缘达到高邮韦庄地区，至阜二段二亚段沉积期退缩到金湖西南隅分布（图 1-5-12）；金湖西斜坡边缘仁 1—洪 2—陆 2 井一带，局部分布湖滨岸砂砾岩滩；受自东向西湖侵、水体逐渐变浅，张八岭陆源物源不间断供给影响，金湖凹陷下部阜二段三亚段和二亚段下部浅湖较发育，广泛建设浅湖沙坪、沙泥坪和泥坪，阜二段二亚段西斜坡发育近岸碳酸盐岩浅滩，东斜坡和高邮西部韦码地区阜二段三亚段和二亚段发育薄层浅湖滩坝、台地碳酸盐岩浅滩；闵桥—宝应地区有较大规模的岩浆岩喷溢，多为阜一段一亚段岩浆岩活动的延续；中东部地区自阜一段一亚段末，高邮凹陷中部自阜二段三亚段下部，金湖凹陷自阜二段二亚段上部，全部转入半深湖—深湖，沉积深灰、黑色含灰泥岩夹同色薄层泥灰岩，岩电性特征横向稳定，地球化学指标差异微小，为大套良好烃源岩；湖泊碳酸盐岩从阜二段底见第一层沉积，薄层席状展布，而后纵向呈间夹出现，自下而上依次出现"山字形""四尖峰""七尖峰""王八盖"区域标志层，从金湖凹陷沛 2 井到涟水凹陷苏 118 井对比很好；单层泥灰岩不足独立划相，"七尖峰、王八盖"泥灰岩较集中。

（2）洪泽断陷：三角洲—扇三角洲—滨浅湖（微咸水）—浅湖（咸水）充填形式。

此期区域大规模湖侵，使该区由陆地变为湖泊环境，自成封闭体系，在陡坡带发育了扇三角洲，缓坡带建设了三角洲；南部水浅，有多方河流注入，水体淡，陡缓坡间为淡水或微咸水滨浅湖；北部顺河次凹水深达浅湖，并受建湖隆起淮阴浦口组盐岩物源影响，水体半咸化—咸化，沉积地层常含石膏，夹少量石膏、钙芒硝岩、石盐岩。

2）阜三段（E_1f_3）

盆地开始回返，并随着真武断裂活动显著增强，古地势发生调整，西部维持高，南部高显著后退，对现存残留阜三段相带影响微弱，东北部地势明显抬升向盆内西南倾，使东部不显地势低；由此，西南、东北两大河流控制着坳陷沉积体系的基本格局，且坳陷湖泊平坦、水浅，陆源碎屑长途搬移，建造满盆粉砂岩为主的层序 III_3 高位体系域三角洲，砂体粒度明显小于下伏各段（图 1-5-13）。

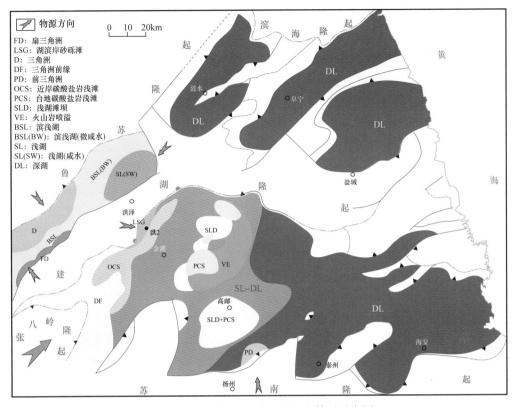

图 1-5-12　苏北盆地阜二段沉积体系展布图

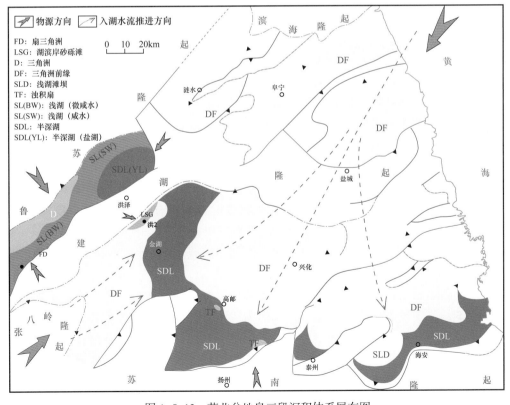

图 1-5-13　苏北盆地阜三段沉积体系展布图

（1）坳陷盆地：河流—三角洲—浅湖滩坝—浊积扇—半深湖充填形式。

受后期抬升影响，河流和三角洲平原剥蚀殆尽，仅残留两大三角洲前缘。西南三角洲前缘分布于金湖凹陷西南部，残留面积约 $2300km^2$，地层厚度 $100\sim430m$。中央（阜宁—东台）大型浅水三角洲前缘，从阜宁—盐城横跨建湖东段，抵达东台坳陷，残留在9个凹陷和3个低凸起上，南北跨度达 $190km$、东西最宽约 $165km$，地层厚 $250\sim350m$，东台坳陷三角洲前缘残留面积约 $7200km^2$。两大前缘亚相以水下分流河道微相最发育，次有河口沙坝、席状砂和远沙坝微相，砂岩粉粒级，与深灰色泥岩互层，砂体分布广，叠置连片，是良好储层，反映属浅水环境。海安曲塘地区见到由中央三角洲前缘末端被波浪改造的浅湖滩坝微相，砂体呈薄—中厚层间夹于巨厚层深灰色泥岩中；高邮码头庄见到微型的浊积扇，许庄见来自南部远源形成的微型浊积扇。此外，在两大三角洲前缘间为半深湖，沉积了深灰色泥岩。

（2）洪泽断陷：三角洲—扇三角洲—浅湖（微咸水/咸水）—半深湖（盐湖）充填形式。

湖泊水体继续加深，南部水质略微咸化，地层常含石膏，陡坡带继承扇三角洲建设，缓坡带继续三角洲沉积，二者间浅湖沉积深灰色泥岩、含膏泥岩夹粉砂岩；北部水质明显咸化，顺河次凹半深湖水体分层，下部成为盐湖环境，沉积深水盐岩类地层，次凹周缘为咸水浅湖含膏盐类碎屑岩沉积。该期发育的深灰色泥岩、泥灰岩富含有机质，为烃源岩。

5. 阜四段沉积展布及演化

继上轮大规模湖侵回返后，盆地地势更为平坦、无坡折带，在区域相转换面 SB_2（T_3^4）边界上，新一轮更大规模的沉降和湖侵，开启了阜四段坳陷无坡折、无低位体系域层序Ⅲ₄建设。

（1）坳陷盆地：河流—三角洲—半深湖/深湖—湖泊碳酸盐充填形式。

早期，湖侵水体逐渐加深，前期两大三角洲在阜四段二亚段继承发育，但分布明显朝河口后退（图1-5-14），金湖西南三角洲前缘后退稍小点，中央三角洲前缘退到盐阜坳陷，前期发育在东台坳陷的前缘部分已被半深湖—深湖取代，沉积了深灰色泥岩；此期，残留的三角洲前缘特征与层序Ⅲ₃高位体系域阜三段的几乎一样，只是在末期，砂体顶部发育了 $1\sim2$ 个薄层的鲕粒灰岩或腹足类灰岩。中期，两大三角洲均撤出现存残留盆地范围而消失，阜四段一亚段全坳陷变为深水湖泊环境，建设满盆灰黑色含灰质泥岩夹薄层油页岩及深水湖泊薄层泥灰岩，生物极度繁盛，有机质丰富，为良好烃源岩。后期，坳陷区域性抬升剥蚀，河流和三角洲平原沉积剥蚀殆尽。

（2）洪泽断陷：三角洲—近岸水下扇—浅湖（微咸水/咸水）—深湖（微咸/盐湖）充填形式。

此期，断陷湖泊最深，南部水质保持微咸化，沉积含膏地层，陡坡带建设如管3井的近岸水下扇，缓坡带仍为三角洲相，其间为浅湖—深湖深灰色（含膏）泥岩；北部顺河次凹水质咸化和水体分层加剧呈盐湖，沉积了大套的深水盐岩类地层，成为良好的盐岩矿床，其沉积特征纵向呈多级韵律旋回，横向呈环带状"牛眼"构造展布，次凹周缘和斜坡为以咸水浅湖泥岩为主的含膏盐类碎屑岩沉积。深灰色泥岩、泥灰岩为该区主要烃源岩。

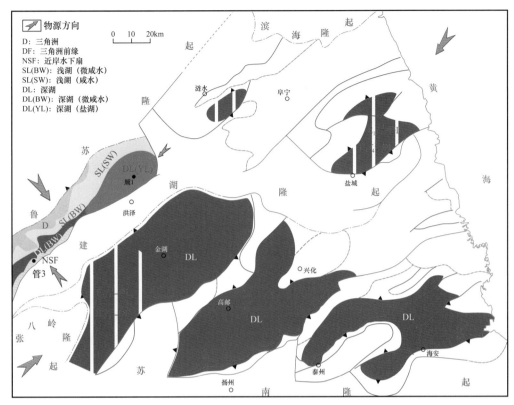

图 1-5-14 苏北盆地阜四段沉积体系展布图

第三节 始 新 统

古新世末，吴堡事件造成苏北—南黄海盆地全面抬升，泰州组—阜宁组统一坳陷湖盆解体和全面暴露剥蚀；始新世，盆地进入分隔的独立箕状断陷群体制演化阶段，控制着戴南组、三垛组建造。

一、沉积背景和环境

1. 古构造背景

古新世末，苏北—南黄海盆地反转抬升、结束统一坳陷体制演化；始新世，开启了断陷体制演化的新纪元，统盆解体呈现为 10 个凹陷与 10 个（低）凸起相间排列的格局，断陷具有如下背景特点。

一是亚一级单元升降差异显著，制约着沉积和剥蚀。（1）统盆解体后，形成相间排列的亚一级构造单元，在始新世各单元升降差异不同，沉降地成为负向单元断陷接受沉积，上升的成为隆起区作为物源剥蚀。（2）升降差异构成断陷纵横分合差异，戴南组沉积期，苏北盆地发育出 12 个独立的断陷，其中海安凹陷有 5 个微断陷，白驹、阜宁、涟水凹陷未成盆；三垛组沉积期，全盆呈 6 个独立的断陷，东台坳陷的正向、负向亚一级构造单元合并成为统一的断陷；盐阜坳陷盐城凹陷前期 2 个断陷合并为 1 个，阜宁凹陷生成 1 个断陷，涟水凹陷形成 2 个断陷。只有洪泽凹陷自泰州组—三垛组，均为继承性的断陷体制。(3)沉降差异制约断陷充填差异,高邮断陷沉降幅度最大,水体最深,沉积地层厚、范围广;其次为金湖断陷,地层较厚、分布广;再次溱潼、盐城、洪泽断陷,临泽断陷戴南组沉积再小,阜宁、涟水断陷仅在三垛组沉积期有小幅沉降,零星沉积、地层薄。由此可见,早期断陷与晚期断陷缺乏继承性,古构造背景也不同;同期断陷,横向发育差异很大。

二是新老双层结构"基底",断陷周缘受泰州组—阜宁组围限。(1)古地质反映,戴南组断陷直接"基底"是新沉积、成岩弱的泰州组—阜宁组岩系,间接基底是盆地的共同基底,中生界赤山组、浦口组和侏罗系;三垛组断陷很大一部分直接"基底"也是泰州组—阜宁组。(2)戴南组断陷周缘近端被阜四段巨厚泥岩露头全面围限,远端受阜三段—泰州组砂泥岩露头和隆起基岩包围。泰州组—阜宁组原型坳陷是自下而上湖盆逐渐扩大,4个三级层序原始沉积范围是泰州组<阜一段<阜二段—阜三段<阜四段,残留面积大小是泰州组>阜一段>阜二段—阜三段>阜四段,各体系域剥蚀露头呈宽窄不一的环带状展布,成为围限戴南组断陷的古地质露头,戴南组断陷小于阜四段泥岩露头范围,向外过渡为受阜三段—泰州组砂泥岩露头包围,再外才受隆起基岩围限;三垛组断陷范围扩大,东台坳陷组成一个断陷,也没超出泰州组—阜宁组残留边界。(3)新露头以巨厚泥岩为主的,地层软弱,剥蚀古地貌呈低矮凹状;以砂泥岩为主的,露头古地貌稍高,呈凸起状;基岩露头硬老,呈高抬起的突入断陷状,露头越硬、凸起越高,突进越明显。

可见,苏北盆地戴南组、三垛组断陷有独特的古地质背景,断陷有新老双层结构"基底",受新老双重地层围限,由此形成了独特的成盆沉积条件。这点与渤海湾、北部湾等断陷盆地有很大的不同。

三是断陷多呈南断北超,可分三带。剖面上,在12个戴南组断陷中,除海安南部的曲塘、新街、北凌3个微断陷北断南超,临泽次凹微断陷西断东超外,其余断陷均呈南断北超箕状结构;6个三垛组断陷皆为南断北超形式。平面上,各断陷都呈断裂坡陡带窄、剥蚀缓坡带宽、中央深凹宽窄不一的不对称结构,控制了沉积体系的不同类型和展布。空间上,早期断裂活动强、断块体翘倾大,断陷水域小、水体相对较深;晚期,断陷水体变浅、范围扩大。

2. 坡折带特征

断陷古地貌势差大,地形坡度发生突变的地貌坡折带,对沉积层序、储层和非构造圈闭的发育有重要控制意义(蔡希源等,2003)。林畅松等(2000)把断陷盆地沉积构造长期活动引起的古地貌突变带称为构造坡折带,半地堑盆地有4种边缘类型的断裂坡折带;蔡希源等(2003)称构造坡折带为构造古地貌,分断褶型、断坡型2大类坡折;王英民等(2003)认为陆相盆地有侵蚀、构造和沉积3种地质营力形成的断裂、挠曲、沉积、侵蚀4类坡折带,常呈多级坡折带特点;张善文(2006)将断裂活动引起的沉积古地貌称为断坡,分同沉积断坡、前沉积断坡2大类坡折,控相定储的称为断坡控砂。

坡折带分类多以成因为主,分类和术语尚不统一、各具特色;譬如,三角洲前缘古地貌有叫同沉积坡折,也有称前沉积盆内坡折。本书将苏北盆地戴南组的坡折带分为3类10种:一是先按成因断裂、侵蚀、挠曲3大类坡折。将坡折带平面形态向断陷内部凸进的叫凸缘坡折,向断陷外缘凹进的叫凹缘坡折。二是再按断裂位置、断阶结构、断面形态和坡折的平面凹凸，分陡坡带断裂坡折6种，洼陷边缘断裂坡折1种。三是依缓坡剥蚀面和物源区性质及坡折平面形态，分靠老山的缓坡侵蚀带——凸缘坡折，靠新山的缓坡侵蚀带——凹缘坡折。戴南组建于阜宁组区域剥蚀面上，坡折带平面凹凸与底层性质密切相关，底层为阜宁组砂岩及基岩的坡折带呈凸缘边界，物源粗，建设富砂相区；底层为阜宁组大套泥岩的呈凹缘坡折，物源暗细，发育富泥相区，这一坡折控扇、控砂规律相当突出。这点与渤海湾盆地边界沟槽控制物源入口和储层发展方向差别很大。三垛组沉积期，主要分陡坡断裂坡折带、缓坡侵蚀坡折带，此时，凹缘、凸缘控相、控砂作用已不明显。断陷周缘低凸起、凸起泰州组——阜宁组，隆起区基底岩系皆成物源区。

3. 古气候环境

始新世，孢粉组合与古新统阜宁组化石面貌有明显不同，而气候则由早期相似变为晚期不同。

一是戴南组古气候类型。早始新世，产榆粉——无口器粉——凤尾蕨孢组合，被子类花粉、裸子类花粉、蕨类孢子、菌藻类平均含量分别为55.1%、32.1%、11.5%、1.3%，菌藻类含量最高可达60%；其中，山地针叶植物占8.78%，旱生植物占11.83%，湿生、水生植物占1.37%，热带亚热带植物占29.56%，此期该区仍然处于中——南亚热带湿润气候。

二是垛一段古气候类型。中始新世早期，产衫粉——山核桃粉组合，被子类花粉、裸子类花粉、蕨类孢子平均含量分别为51.7%、43.1%、5.2%；其中，山地针叶植物占10.51%，旱生植物占1.28%，湿生、水生植物占0.29%，热带——亚热带植物占65.33%，代表中——南亚热带湿润气候。

三是垛二段古气候类型。孢粉面貌与前期有很大不同，产拟白刺粉——网面三沟粉——大戟粉组合，被子类花粉、裸子类花粉、蕨类孢子平均含量分别为81.0%、5.7%、13.3%；其中，山地针叶植物占0.5%，旱生植物占14.05%，热带——亚热带植物占18.85%，代表着中亚热带干旱气候。

4. 双重物源体系

随着泰州组——阜宁组大型统一坳陷湖盆解体，各戴南组、三垛组众多中——小断陷的物源体系发生了巨大变革，继承性物源区仅张八岭隆起，其余皆为新物源区，围绕断陷周缘的隆起、凸起、低凸起上的泰州组——阜宁组岩系，成为距离最近的剥蚀物源，构成独特的新、老双重物源体系，特点如下。

一是泰州组——阜宁组新岩系物源极丰富，优先供给沉积。泰州组——阜宁组作为戴南组、三垛组的重要物源之一，得到诸多资料证实：（1）沿坡折带低位体系域戴一段三亚段和二亚段岩心常观察到阜宁组深灰色泥岩、泥灰岩物源的砂级——极细砾级岩屑，如高邮周25、周26、竹1井，金湖崔2井；（2）戴南组、三垛组古生物面貌混产再沉积的泰州组——阜宁组标准化石，再沉积化石产出时序与原时序呈镜像反时序关系，如周15、周25、竹1井等；（3）戴南组砂岩薄片常有阜宁组鲕粒灰岩、泥灰岩的砂屑；（4）锆石同位素年龄对比发现，戴南组与泰州组——阜宁组既具有相似的年龄段和峰值，反映后者作为前者沉积物的再旋回物源，也有不同的年龄段和峰值，为来自断陷周缘隆起基岩、盆地基底岩系及大别山南麓的长英质片岩、浅粒岩、花岗片麻岩和苏鲁造山带的花岗片麻岩。

可见，新岩系作物源确凿无疑，其供给有这些特点：（1）优先剥蚀、就近堆积。戴南组、三垛组断陷受泰州组—阜宁组包围，戴南组断陷更小，早期低位体系域戴一段三亚段仅金湖、高邮凹陷深凹处有沉积，后来范围扩大仍受阜四段泥岩围限；早期古地貌势差大，优先剥蚀断陷周缘的新岩系露头阜宁组岩系，就近快速沉积于断陷湖泊周缘，以泥岩为主、砂岩为次的新物源，使得戴南组低位体系域匮乏粗粒，缺少大规模的粗砾岩相。（2）巨量的泥岩物源。阜二段—阜四段原始大面积展布、大套泥岩夹泥灰岩和砂岩，剥蚀量最小超过 500m、最大超过 2000m，提供了大量的泥级、砂级、细砾级的泥岩陆屑，再沉积于断陷中（戴南组下部最多），对低位体系域常规砂岩含量偏低和砂体展布有显著的影响。

二是基底岩系物源距断陷较远，供给逐渐递增。断陷期，东台、盐阜、洪泽坳陷受张八岭、苏南、建湖、鲁苏和滨海隆起分隔和围限，这些隆起成为临近的断陷湖盆母岩区，主要供给丰富的粗碎屑物质；而且，随着湖盆扩大、水体变浅，断陷边界与基岩露头的距离缩小，粗碎屑物源供给逐渐增多。

三是新、老双源互为消长，泥岩、砂岩双源互为消长。断陷早期，古地貌差大，新岩系物源优先剥蚀阜宁组上部巨厚的泥岩，供给了大量的泥岩质粗碎屑，基岩老岩系距离断陷较远，物源供给较少，沉积相带、砂体含量和展布影响要小；断陷晚期，随着湖盆扩张，新岩系剥蚀地势差变小，供给物源逐渐减少，而基岩物源供给则明显增加，砂岩沉积明显增多。就新岩系而言，上部以泥岩系为主夹砂岩，自然供给以泥岩的粗、细碎屑为主；下部为砂泥岩系，当剥蚀到此层段时，砂岩粗碎屑物源增多，泥岩的粗、细碎屑物源显著减少。

由此可见，断陷沉积阶段，新老双重物源供给，砂、泥此消彼长格局，深刻影响了断陷沉积体系建设；过去长期忽略此条件，导致对戴南组扇相类型、砂体建设及展布规律认识不清。

二、沉积相类型

始新世，在断陷体制约束下建造了戴南组—三垛组沉积体系，共发育 2 套三级层序及体系域组合；在层序地层框架下，结合古构造背景、坡折带、物源、沉积环境和水动力条件，以岩石颜色、结构构造、古生物和测录井等相标志和化验分析资料为依据，识别出辫状河、曲流河、水下冲积扇、泥屑流扇、泥石流扇、扇三角洲、近岸水下扇、辫状河三角洲、三角洲、湖底扇（或滑塌浊积扇）、湖泊 11 种沉积相、30 类亚相及其相应微相，现对与油气有关的主要岩相类型阐述如下。

1. 曲流河相

见于洪泽断陷的戴南组，广泛发育于各断陷三垛组。岩性以棕红、紫红、棕色细砂岩、粉砂岩为主，低位体系域垛一段七亚段有砾岩、含砾砂岩、中砂岩；沉积构造丰富，下粗上细正旋回，具有二元结构序列，分为河床、溢岸亚相。

1）河床亚相

包括河床滞留、边滩微相。河床滞留微相一般为含砾砂岩、砾岩，底部见明显的冲刷构造，砾石成分复杂，物源的砾石居多，亦有河床下伏冲刷的内碎屑砾石，常呈叠瓦状排列，一般厚度不大，呈透镜状断续分布于河床底部，向上过渡为边滩；如富 51 井岩心见河床滞留砾石沉积。

边滩微相一般为浅灰、浅棕色细砂岩、粉砂岩，也见中砂岩及砾状砂岩，自下而上由粗变细正韵律；下部具有大型板状、槽状交错及平行层理，往上层理规模变小，为小型交错层理、波状层理、爬升层理，顶部常具有暴露大气的标志，如钙质结核、泥裂等；SP曲线呈箱形、钟形。如富46、富51井取心段发育边滩沉积，有板状交错、槽状交错和平行层理等。

2）溢岸亚相

包括天然堤、决口扇、泛滥平原微相。天然堤沉积在河床亚相上部，岩性较细，主要为棕红、棕、灰色粉砂质泥岩、泥质粉砂岩，沉积厚度较薄，有小型波状交错层理、爬升沙纹层理，水平层理发育；因常间歇性暴露水面，发育钙质结核，泥岩可见干裂、雨痕、虫迹及植物根。泛滥平原微相为河流沉积二元结构的上部细相带部分，沉积于天然堤外侧的地势低洼处，洪水期水流漫过天然堤，流速降低，主要由悬浮沉积物垂向加积形成；SP曲线较平直，RT曲线多呈低值的线状或微齿化线形。如富51、富46井泛滥平原沉积相当发育，岩性主要为棕色粉砂质泥岩、泥岩，以块状层理为主，局部见波状层理。

2. 水下冲积扇相

断陷陡岸扇体发育，类型多样，命名较混乱。如高邮凹陷陡坡带湮没于滨浅湖的同一扇体，名称有近岸浊积扇、扇三角洲、近岸水下扇、近岸水下冲积扇等；而这些扇体特征，与渤海湾、南襄盆地的近岸水下扇有本质差异。根据吴崇筠等（1992）的定义：（1）具扇平原、扇前缘和扇前三层结构的为扇三角洲。（2）湖扩期，以辫状河道沉积为主，剖面具粒序、韵律、旋回三正特征，全没于滨浅湖水下的扇形砂砾岩体为水下冲积扇。（3）湖扩期，全没于浪基面以下深湖的重力流砂砾岩扇体为近岸浊积扇，其外扇呈C、D、E段鲍马层序。现在，近岸浊积扇被重新定义为近岸水下扇，专指重力流携带的沉积物在深湖内发生卸载形成的扇体。

苏北盆地戴南组各断陷均缺少深水湖泊，仅戴一段一亚段湖侵期在高邮、溱潼断陷有半深湖环境。据此，将洪水携带的沉积物卸载湮没于断陷滨浅湖，并具有三正结构特征的扇体称为水下冲积扇。主要见于高邮凹陷陡坡断裂坡折带控制的层序Ⅲ$_5$——戴一段三亚段和二亚段低位体系域，可分为扇根、扇中和扇端亚相。

1）扇根亚相

扇根位于扇体顶端，正对着凸缘坡折带的沟口，呈喇叭状展布；岩性粗，由灰白、灰、浅棕色砂砾岩、含砂砾岩、砂岩与棕、暗棕、灰、褐色泥岩、砂质泥岩组成，砾岩颗粒支撑、基质支撑；分选极差，常见大小颗粒混杂；层理不显，常见块状层理，粗糙平行层理、递变层理，底部冲刷面或岩性突变，向上略显正粒序；SP曲线为幅度不明显的或低幅的齿状，RT呈中高阻曲线，其中砂砾层呈下高上低的齿状，外包络线呈高阻的正三角形状。

2）扇中亚相

位于扇根前方，呈半圆形，为水下冲积扇的主体，也是扇体厚度最大的部位，砂岩较发育，砾岩减少，泥岩夹层增多、增厚，细分为3个微相。扇中辫状水道微相：由一系列分流辫状水道组成，主要岩性为浅棕、浅灰色含砾砂岩、中—细砂岩，泥岩褐、暗棕色，与砂层组成正韵律；底部冲刷面发育，常见平行层理、交错层理、块状层理；纵向常构成多层叠加的叠合正韵律砂体，含腹足类、介形类等化石；SP曲线呈微齿化箱形或漏斗—箱形。扇中前缘微相：扇面坡度变缓，水道基本消失，岩性多为细砂岩、粉砂岩、泥质粉砂岩与泥岩互层，砂泥呈正韵律组合，砂岩厚度减薄，泥岩含化石；见波状层理、小型交错层理、平行层理和浪成波纹层理，以及变形构造等；SP曲线呈钟形、齿化漏斗—钟形。扇中水道间微相：以砂泥岩互层为主，砂岩较薄、粒度细，见水平层理、小型交错层理；SP曲线呈近对称齿状、指状或齿化钟形。扇中RT外包络线呈中—高阻的正三角形状。

3）扇端亚相

位于扇中前方，已经进入浅湖区，岩性以暗棕、灰褐、褐灰色泥岩为主，夹薄层粉砂岩、泥质粉砂岩，见水平层理、波状层理、波状交错层理；含较丰富的介形类、腹足类、轮藻、孢粉等化石；SP曲线呈指状、齿状，RT外包络线呈中低阻的正三角形状。

此类扇体泥岩中常见腹足类、介形类等古生物化石，岩心未见水上沉积标志，未见深灰色水平层理的泥岩，反映沉积物全部湮没于水下的滨浅湖环境。

3. 扇三角洲相

见于戴南组断陷陡坡带，以层序Ⅲ₅低位体系域、高位体系域最发育，湖侵体系域也有。岩石以氧化色为主，泥岩呈棕红、棕、暗棕色为主，部分为灰色，砂岩、砂砾岩棕红、浅棕、浅灰色；岩性较粗，为细砂岩—砂砾岩；牵引流、重力流成因构造丰富，有水平、平行、波状、脉状、波状交错、爬升交错、粒序、块状层理，揉皱、滑塌和冲刷充填构造，以及生物扰动构造。可分为扇三角洲平原、扇三角洲前缘和前扇三角洲亚相及相应的微相组合。

1）扇三角洲平原亚相

由辫状分流河道、分流间湾、决口扇、决口河道和废弃河道微相组成。岩性主要为浅棕、棕红色砂砾岩、砾状砂岩、含砾不等粒砂岩夹棕黄、棕灰色泥岩，缺乏沼泽、泥炭沉积。以黄10井戴二段二亚段为例，普遍含砾，多为砾状砂岩、含砾不等粒砂岩、含砾泥质砂岩，砾石大小一般为4mm×6mm，最大40mm×35mm，为次圆状—次棱角状，多呈正韵律，单层砂体为1～3m，砂砾岩层内混杂块状层理，局部见变形平行层理；SP曲线为低中幅的齿化钟形或箱形。

2）扇三角洲前缘亚相

为扇三角洲主体，平面展布面积大，纵向厚度大，主要发育水下分流河道、分流河道间、席状砂微相，河口沙坝微相不甚发育（图1-5-15）。

水下分流河道微相：以大套浅灰、棕色细砂岩为主，垂向上砂体多次叠加，使砂体厚度加大；SP曲线为中—高幅箱形、漏斗形。从沉积物粒度概率曲线看，呈跳跃总体和悬浮总体的两段式，交截点为3.5ϕ左右，跳跃总体含量大于75%（图1-5-16）；从$C—M$图看，主要分布在PQ和QR段，反映高能量、迁移快的水下河道携带沉积物，同时受湖浪、湖流等影响，是扇三角洲水下分支河道的典型特征，有别于三角洲稳定的水下分支河道沉积。

分流河道间微相：主要由棕色泥岩、砂质泥岩组成，偶夹薄层灰色粉砂岩，水平、块状层理；SP曲线呈平直基线段或微低幅状。

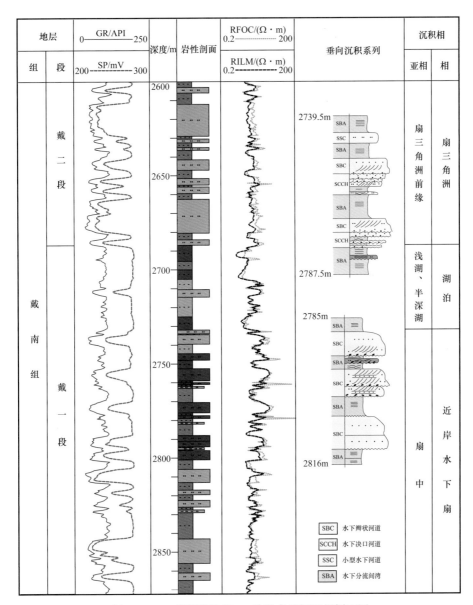

图 1-5-15　高邮凹陷花 3A 井戴南组沉积相剖面图

前缘席状砂微相：由水下分流河道砂体受波浪改造而来，在分流河道间及水下分流河道前端形成单层厚度薄、分布面积大的席状砂，岩性以粉砂岩、泥质粉砂岩为主，SP曲线常呈指状；受湖进、湖退影响，前缘席状砂与滨浅湖泥岩呈交互沉积。

3）前扇三角洲亚相

主要由暗棕、灰色泥岩、砂质泥岩和泥质粉砂岩组成，其前端与滨浅湖泥岩相接。见扇三角洲前缘沉积物滑塌后，以砂质碎屑流或浊流沉积于该亚相区，其砂体夹于前扇三角洲泥岩中；如果季节性洪水的作用很强烈，则此类重力流成因的砂体规模会更大。

4.近岸水下扇相

见于高邮断陷陡坡带的戴南组湖侵体系域。为湮没于半深湖浪基面之下的沉积体，岩石多为杂乱滑塌岩、颗粒支撑砾岩、基质支撑砾岩、砾质砂岩、块状砂岩、厚层块状泥岩、粉砂质泥岩和薄层粉砂岩，沉积构造丰富，以重力流成因为主（图1-5-17）；可分为扇根、扇中和扇端3个亚相。

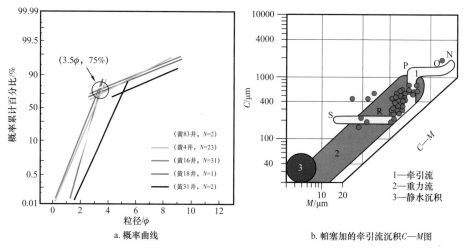

a. 概率曲线

b. 帕塞加的牵引流沉积C—M图

图 1-5-16　高邮凹陷黄珏地区戴南组粒度概率曲线和 C—M 图

含泥质粉砂岩，滑塌构造，
黄18井，2329.6m

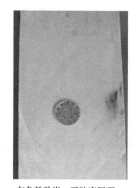

灰色粉砂岩，正粒序层理，
邵深1井，3260m

细砂岩，平行层理，
肖3井，3174.3m

基质支撑砾岩，底冲刷，
富43井，2861.8m

图 1-5-17　高邮凹陷陡坡带层序Ⅲ₅湖侵体系域戴一段一亚段近岸水下扇相标志图

1）扇根亚相

主要由滑塌堆积物和补给水道组成，水道内发育砂质碎屑流的砂砾岩，有块状颗粒支撑砾岩、块状基质支撑砾岩、块状含砾泥岩和块状砾质泥岩，发育块状层理和递变层理，滑塌岩则杂乱地堆积在陡坡带根部和补给水道旁。扇根沉积环境由携带粗碎屑的洪水控制，沉积物结构成熟度低，泥质含量高。

2）扇中亚相

为扇主体部分，岩性较粗，结构成熟度较低，分中扇水道、水道间和扇缘席状砂3个微相。中扇水道发育砂砾岩、砂岩，有块状、平行、爬升交错、递变层理和冲刷充填、变形构造等；中扇水道间主要为细粒沉积物，发育水平层理和各种小型交错层理；扇缘席状砂以粉砂岩、泥质粉砂岩与泥岩薄互层的形式产出，见波状交错、爬升交错层理等（图1-5-15）。

3）扇端亚相

水体较深，以厚层灰色泥岩为主夹薄层粉砂质泥岩，见水平层理，生物化石丰富。

5. 辫状河三角洲相

见于断陷层序Ⅲ₅缓坡带和Ⅲ₆——垛一段下部。岩石有棕、棕红、暗棕、灰和灰绿色泥岩，灰、浅棕色细砂岩、中砂岩、砾状砂岩、含砾不等粒砂岩；发育水平、平行、波状、块状、波状交错、爬升交错、浪成波纹交错、递变、楔状交错等层理，以及冲刷充填、漂砾、准同生变形和生物扰动等构造（图1-5-18）。反映沉积物以牵引流为主，见重力流、风暴和古地震等成因，沉积环境水体浅、水动力较强。可分为辫状河三角洲平原、辫状河三角洲前缘和前辫状河三角洲3个亚相。

浅灰色细砂岩，
板状交错层理，
富86井，2127.5m，$E_2s_1^5$

棕红色砂质泥岩，
生物扰动，水平纹理，
富86井，2173m，$E_2s_1^5$

褐色油浸细砂岩，
楔状交错层理，
富86井，2219.6m，$E_2s_1^6$

上部灰色泥砾砂岩，
叠覆冲刷构造，
永18井，2023.8m，$E_2s_1^6$

灰白色含砾不等粒砂岩，
块状层理，
永18井，2023.8m，$E_2s_1^6$

灰色粉砂岩，
波状交错层理、平行层理，
联16井，1858m，$E_2s_1^7$

灰色含砾不等粒砂岩，
块状层理，
联16井，1871.5m，$E_2s_1^7$

图1-5-18 高邮凹陷垛一段下部辫状河三角洲相标志图

1）辫状河三角洲平原亚相

主要发育辫状河分支水道、分支水道间。辫状河分流水道以细—粗砂岩、含砾砂岩、砾状砂岩为主，单层厚，累计厚度大；分流水道间以泥岩、砂质泥岩为主（图1-5-19）。

2）辫状河三角洲前缘亚相

该区浅水辫状河三角洲前缘砂岩很发育，剖面多呈"砂包泥"特征，有下列微相。

水下分流河道微相：沉积物以灰色含砾不等粒砂岩、砾状砂岩、细—中砂岩为主，泥质较少；见丰富的交错、波状层理及冲刷充填构造，SP曲线呈微齿化的箱形或钟形。

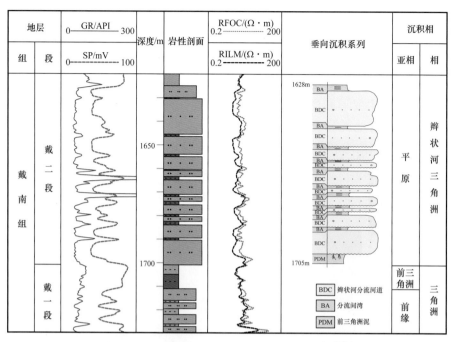

图 1-5-19 高邮凹陷沙 20 井戴南组沉积相剖面图

水下天然堤微相：以灰绿、灰色泥质粉砂岩、粉砂岩为主，见小波状层理等。

分流间湾微相：以棕、灰色泥岩、泥质粉砂岩、粉砂岩为主，泥岩常夹一些漫溢的孤立砂体，其岩性及粒度变化大，从含砾砂岩至粉砂岩，结构成熟度较低；发育水平、小型沙纹层理等，局部可见植物残屑及黄铁矿晶体，生物遗迹较发育，SP 曲线为微齿化或光滑的直线。

河口沙坝微相：以粉—细砂岩为主，偶见含砾粗砂岩；见板状交错、平行、波状交错等层理，垂向呈下细上粗的反韵律，SP 曲线呈漏斗形。

席状砂微相：砂体受波浪改造发生横向迁移，与河口沙坝砂体常连成一片，较难区分；席状砂岩性更细，一般为粉细砂岩、粉砂岩、泥质粉砂岩与泥岩互层，分选和磨圆较好，垂向多呈反韵律，砂岩厚度较薄；砂岩见交错、沙纹层理，泥岩有水平层理；SP 曲线呈中低幅指形。

3）前辫状河三角洲亚相

以灰、灰绿色泥岩、砂质泥岩为主，见块状、水平层理。

6. 三角洲相

见于断陷层序 $Ⅲ_5$ 缓坡带和 $Ⅲ_6$—垛一段。岩石呈弱氧化—弱还原的颜色，主要有不等粒砂岩、粉—中砂岩、砂质泥砾岩和泥岩等；牵引流成因构造为主，有水平、波状、脉状、平行、波状交错、爬升交错、浪成波纹交错和递变层理等，以及冲刷充填、生物扰动构造等（图 1-5-20）。分三角洲平原、三角洲前缘和前三角洲 3 个亚相。

1）三角洲平原亚相

发育分流河道、天然堤、决口扇和分流间湾等微相。

分流河道微相：以砂质沉积为主，粒度比邻近微相粗，垂向呈下粗上细的间断性正韵律，底部有冲刷充填构造，下切幅度不深，横剖面呈透镜状，顺河床走向发育，化石少见，常发育平行层理和各种中—大型交错层理；受取心限制，未观察到板状交错、槽状交错层理。

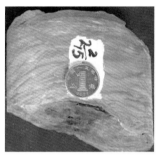

浅灰色细砂岩（含泥砾），
斜层理、韵律层理，
永19井，2572.8m，$E_2d_2^1$

浅棕色砂质泥岩，
生物扰动，水平层理，
联4井，2298.5m，$E_2d_2^3$

灰色泥质粉砂岩，
小型波状交错层理，
联14井，2542.5m，$E_2d_2^4$

浅灰色粉砂岩，顶泥岩，
平行层理，正韵律，
永23井，3084m，$E_2d_2^4$

灰色泥质角砾岩与砂岩混杂，
冲刷构造，联1井，
3009.87m，$E_2d_2^5$

浅灰色粉砂岩，
浪成波纹交错层理，
马13-1井，1564m，$E_2d_1^1$

灰色粉砂岩与泥岩互层，
平行、波状层理，
联28井，2953m，$E_2d_1^2$

灰色含灰质中砂岩，
略显平行层理，
永12井，2835.5m，$E_2d_1^3$

图 1-5-20　高邮凹陷戴南组三角洲相标志图

天然堤微相：粉砂质沉积为主，粒度偏细，见小波状交错、爬升交错层理。

决口扇微相：砂岩粒度比天然堤的略粗，比河道细，可形成一定面积的席状砂层，呈反韵律。

分流间湾微相：以泥质粉砂岩、粉砂质泥岩和泥岩为主，见波状、水平层理。

整体看，该亚相呈下粗上细的类似河流相的二元结构特征。

2）三角洲前缘亚相

有水下分流河道、河口沙坝、远沙坝、席状砂和分流间湾等微相。

水下分流河道微相：岩性主要以浅灰、浅棕色中—细砂岩、粉砂岩为主，以及浅棕色含泥砾砂岩，单砂层一般厚3～6m；具槽状、波状交错层理及平行层理及生物遗迹构造；垂向上，呈向上变细的正韵律结构，常见多次河道叠加，底部见冲刷构造，冲刷面含泥砾；成分成熟度及分选中等，粒度概率累计曲线具两段式（图1-5-21），如马家嘴—联盟庄地区戴南组砂岩；C—M图主要分布在QR和RS段，其中PQ段以悬浮搬运为主，含有少量滚动组分，QR段为递变悬浮搬运，沉积物从底向上依次变细，RS段是均匀悬浮搬运，反映较弱的水流。C—M图反映马家嘴—联盟庄地区沉积水动力条件弱于南部陡坡带的黄珏地区。SP曲线多为钟形、微齿的箱形或者箱—钟形，其异常幅度向上减小，往上细齿增多，齿中线内收敛，底部有突变和渐变两种。

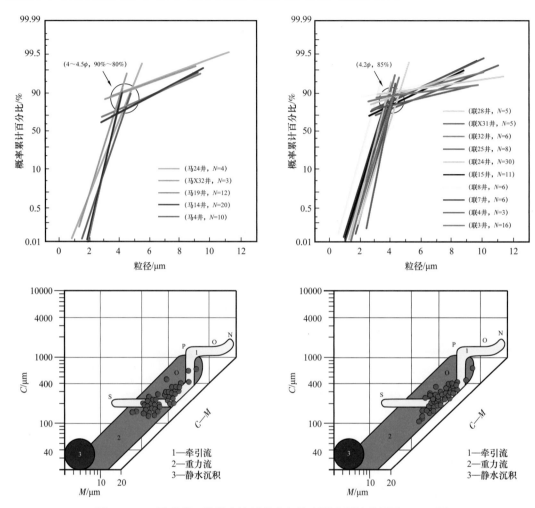

图1-5-21　马家嘴—联盟庄地区戴南组粒度概率累计曲线及C—M图

河口沙坝微相：岩性自下而上由泥质粉砂岩—粉砂岩—细砂岩组成，有波状、小型交错、槽状交错、平行层理等，成分成熟度较高；该区该微相总体发育较差，砂层厚度一般为2～3m。

远沙坝、沙坪、席状砂微相：由水下分流河道在洪水期继续向湖方向延伸沉积形成，呈泥质粉砂岩、粉砂岩的反韵律结构，具水平、波状交错层理及小型虫穴构造；沙坪和席状砂是前缘其他微相砂体受波浪改造形成，单砂层薄，粒度分选好，常与泥岩呈互层状；SP曲线为中高幅指形。

支流间湾微相：主要为棕、暗棕色泥岩和砂质泥岩，水平层理、缓波状层理较发育，见生物扰动构造；SP曲线多呈泥岩基线或微起幅状，RT曲线呈低值微齿状。

3）前三角洲亚相

以泥岩为主，具水平纹理、透镜状层理和块状层理，SP曲线呈泥岩基线；前端与滨浅湖泥岩相接，相带难以区分。

7. 湖底扇相

见于高邮断陷戴南组的深凹带，由断陷湖盆陡坡的各类扇或缓坡的辫状河三角洲、三角洲在外力作用下滑塌再搬运，转化成高密度流，在其前方水体相对较深的环境沉积形成的扇体。有些学者将该区湖底扇定为远岸浊积扇，与典型的湖底扇有所区别，该区扇体不具供给水道，分内扇、中扇和外扇3个相带。

1）内扇亚相

主要发育泥岩、砂岩和砾岩混杂的滑塌堆积体微相，由紧临坡折带构造高部位先前堆积的沉积物在自身重力失衡或古风暴、古地震等外因触发下，沿斜坡发生滑动，在坡脚堆积形成的，具有滑动错断、滑塌搅混、包卷层理等准同生变形构造，泥砂砾混杂的块状层理；SP曲线多呈低—中幅弱齿化的箱形、钟形或复合形。

2）中扇亚相

为湖底扇主体，包含中扇水道、水道间微相，主要发育砂质碎屑流沉积、泥质碎屑流沉积和少量浊流沉积；其中，沉积物重力流由近端块体重力流（或滑塌堆积体）演化而来。中扇水道为多期的砂、砾岩叠置而成，单期砂砾岩体多呈正韵律，块状层理、反—正递变层理、粗尾递变层理、叠覆冲刷构造、漂砾构造和准同生变形构造（如古地震成因）非常发育，局部见受原生或次生牵引流影响的沉积构造类型，如平行层理、波状交错层理、爬升交错层理和浪成波纹交错层理等；中扇水道间多为薄互层状细粒沉积，受牵引流的影响更为明显，缺少明显的冲刷充填构造；SP曲线多呈中—高幅钟形、指形。

3）外扇亚相

为末梢细粒沉积，剖面呈泥岩与粉砂岩薄互层，浊流沉积比较发育，有各种小型交错层理、水平层理、粒度递变层理和准同生变形构造，SP曲线多呈低幅钟形和指形。

8. 湖泊相

湖泊相贯穿于戴南组、垛一段，以滨浅湖为主，局部出现半深湖。

1）滨浅湖亚相

在始新统湖盆的各体系域广泛存在，主要发育滨浅湖泥坪、滨浅湖沙泥坪和浅湖沙坪或浅湖滩坝3个微相，前2个微相分布在湖泊边缘，后一种发育在断陷中央深凹带。泥岩、砂质泥岩颜色丰富，有紫、褐、棕、灰、棕红、暗棕、灰绿色；粗岩性主要是浅棕、灰色泥质粉砂岩、粉砂岩、细砂岩；泥岩常见块状层理和丰富的生物扰动构造，也有波纹、水平层理，砂岩有波状、波状交错、爬升交错、浪成波纹交错层理和生物遗迹构造等，局部见准同生变形构造，含介形虫、轮藻和腹足类等化石；泥坪SP曲线呈泥岩基线，沙泥坪呈低幅指形，沙坪或滩坝呈中幅指形。

2）半深湖亚相

该区各期、各个断陷的湖盆皆以浅水环境为主，在高邮、溱潼和海安曲塘断陷戴一段湖侵期，以及东台断陷三垛组沉积期，水体存在半深湖环境，沉积深灰色泥岩、泥页岩，含丰富的古生物化石。其中，戴一段一亚段有4～5期湖侵的半深湖，每期都很短暂，呈现震荡式的湖进、湖退变化，单期建设的深灰色泥岩厚5～20m，高邮深凹带的暗色泥岩达到良好的烃源岩级别；垛一段六亚段为一期短暂湖侵的半深湖，沉积5～25m厚的暗色泥岩。这些暗色泥岩SP曲线呈基线，RT为低值呈"V"形或"U"形特征，成为区域地层对比标志层。

三、沉积体系展布和演化

1. 戴南组沉积展布及演化

始新世初，在统一湖盆解体和剥蚀夷平面上，逐渐发展出一批独立的断陷湖盆；不同地区的断陷，其成盆时间、湖泊范围、水体深浅、坡折带类型、物源条件有显著差异，控制着不同的沉积体系类型、展布格局及其演化；主力凹陷建设了低位、湖侵、高位体系域完整的三级层序。

1）戴一段中下部（$E_2d_1^{2+3}$）

（1）戴一段三亚段沉积期：泥屑流扇/泥石流扇—水下冲积扇/扇三角洲—辫状河三角洲/三角洲—滨浅湖充填形式。

此期，苏北盆地仅高邮、金湖凹陷的深凹带发育出小范围的断陷湖盆，建设了层序Ⅲ₅低位体系域下部沉积地层，分布范围很局限，岩相类型较丰富（图1-5-22）。

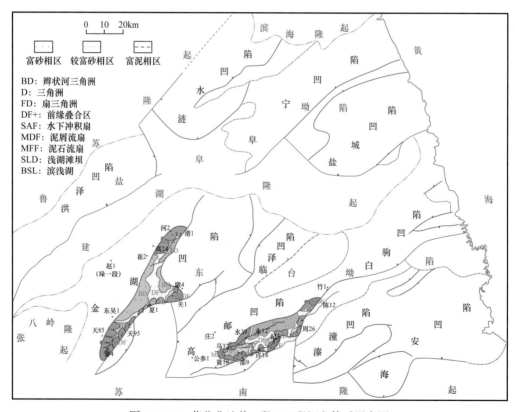

图1-5-22　苏北盆地戴一段三亚段沉积体系展布图

一是断裂陡坡、侵蚀缓坡凹缘坡折带沉积以泥屑流扇为主、少量泥石流扇的相带组合。在高邮、金湖断陷长轴、短轴的沟槽处，受凹缘坡折带和新生的阜宁组丰富泥岩物源控制，形成一系列的小型泥屑流扇、泥石流扇（表1-5-1）。高邮断陷陈堡—瓦庄、马家嘴—黄珏、周庄南、联盟庄、永安西和金湖断陷小关—墩塘、秦营、高集—三河等地区发育泥屑流扇，高邮的邵伯、肖刘庄发育泥屑流扇夹泥石流扇沉积；各沟槽处扇体平面呈叠置裙边状展布，扇体两侧向毗邻相带过渡，共同构成环绕断陷周缘展布的一系列不同相带、不同规模的扇体群。各泥屑流扇发育状况差异很大，厚度从29~311m不等，占该段地层比例9%~60%（表1-5-1）。

表1-5-1　苏北盆地戴南组泥屑流岩代表井扇体厚度及占该段地层比例

地区	断陷长轴沟槽凹缘坡折带													断陷短轴沟槽凹缘坡折带						
	崔庄—高集—三河			小关—墩塘			秦营	海安		秦栏	马黄	陈堡—瓦庄		邵伯	联盟	周庄南		肖刘庄	韦—码	
井号	港1	崔2	高7	关1	关3	墩4	秦4	东吴1	安16	公参1	马32	竹1	瓦19	邵深1	联18	周63	周26	肖14	纪3	庄2
层位	$E_2d_1^3$	$E_2d_1^2$	$E_2d_1^2$	$E_2d_1^{2+3}$	$E_2d_1^2$	$E_2d_1^3$	$E_2d_1^3$	$E_2d_1^2$	E_2d_2	$E_2d_1^2$	$E_2d_1^3$	E_2d	$E_2d_1^2$	$E_2d_1^3$	$E_2d_1^3$	$E_2d_1^3$	$E_2d_1^{2+3}$	$E_2d_1^3$	$E_2d_1^3$	$E_2d_1^2$
厚度/m	95	69	12	192	76	83	77	18	121	10	119	248	42	311	310	280	55	270	29	17
占比/%	35	47	25	81	79	44	35	17	100	32	24	83	100	54	59	60	48	57	9	100

二是断裂陡坡凸缘坡折带建造水下冲积扇，或者扇三角洲相带。在陡坡凸缘坡折带处，沉积区距基岩物源较近、影响大，而新物源又以阜宁组下部砂泥岩为主，从而控制形成了较富砂、砂砾的扇体。高邮断陷滨浅湖水体相对较深，沿真武断裂陡坡凸缘处建设了真武—许庄砂砾岩的小型水下冲积扇，小纪、周庄北沉积了较富扇的小型水下冲积扇；金湖断陷湖泊较浅，沿杨村断裂夏家营和石港断裂石庄、桥河口的陡坡凸缘处，沉积了富砂的小型扇三角洲。

三是侵蚀缓坡凸缘坡折带建设辫状河三角洲或三角洲相带。此类坡折带控制的相区背靠老山物源和新山阜宁组砂泥岩剥蚀区，物源供给了较丰富的正常粗碎屑，形成较富砂的沉积相。高邮凹陷北斜坡沉积了较大型的三角洲，砂岩含量一般20%~35%；金湖凹陷西、东斜坡建设了较大型的辫状河三角洲，砂岩含量达30%~68%。

四是中央地带为滨浅湖、陡坡与缓坡的扇体前缘延伸交叉沉积相带组合。此期断陷窄小、水体浅，湖泊为滨浅湖环境，在陡坡、缓坡扇体之间及中央地带沉积了泥坪、沙泥坪。同时，陡坡、缓坡两侧的扇体都向湖中心推进，在狭窄的中央地带交会沉积，出现不同微相砂体交叉叠置现象；高邮深凹带局部可见小规模的浊积扇或湖底扇。

（2）戴一段二亚段沉积期：河流—泥屑流扇—扇三角洲—辫状河三角洲—三角洲—滨浅湖充填形式。

此期，高邮、金湖断陷低位体系域湖盆范围不断扩大；同时，新生成溱潼、洪泽、盐城南洋和新洋、海安曲塘5个断陷。受物源、坡折和断陷湖泊深浅差异影响，发育了不同的沉积体系组合（图1-5-23）。

一是断裂陡坡带建造富砂、富泥的两类扇三角洲相。随着断陷扩大、物源变化，断陷陡坡带岩相也发生变化。在凹缘坡折带，短轴沟槽区泥屑流扇、泥石流扇消失，演化为富泥的扇三角洲，如高邮的周庄南、肖刘庄、邵伯、黄珏戴一段二亚段扇体砂岩含量仅5%～12%；长轴沟槽区仅剩高邮的陈堡—瓦庄、秦栏和金湖的小关—墩塘、秦营地区，继承性发育泥屑流扇。在凸缘坡折带，金湖凹陷夏家营继承生长富砂的扇三角洲；高邮凹陷真—许、小纪、周庄北原先的水下冲积扇逐渐演化为戴一段二亚段富砂的扇三角洲，砂岩含量20%～55%；溱潼凹陷沿泰州断裂凸缘坡折带生长多个富砂的扇三角洲。

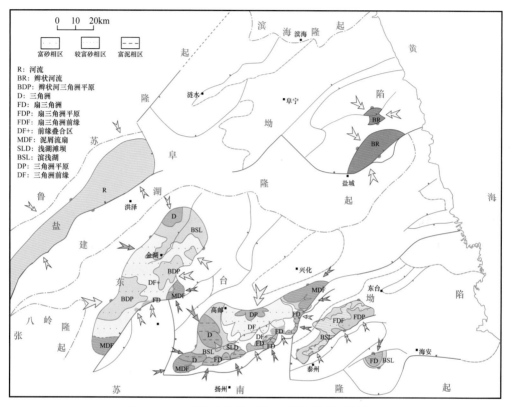

图1-5-23　苏北盆地戴一段二亚段沉积体系展布图

二是侵蚀缓坡建设富砂的辫状河三角洲相、富泥的三角洲相。金湖凹陷在凸缘坡折带，西斜坡泥沛、东斜坡闵桥的辫状河三角洲继承生长，岩性粗，砂岩含量高达30%～75%；在北部凹缘坡折带，新生长出了一个三河北三角洲，砂岩含量较低。高邮凹陷在北斜坡沙埝凸缘坡折带，三角洲继承性生长、扩大，而含砂量明显较前期戴一段三亚段高，达到25%～55%；西部马家嘴、韦庄凹缘坡折带，原先戴一段三亚段的泥屑流扇消亡，演化为富泥的三角洲建设，砂岩含量不足12%。溱潼凹陷北斜坡多呈凹缘坡折情况，沉积相砂岩较少。

三是中央地带滨浅湖和陡缓坡的扇体叠合沉积相带。金湖凹陷中央接受东、西两大辫状河三角洲交叉沉积，长轴两端转为滨浅湖相建设。高邮凹陷中部的中央地带为3方4个不同扇体前缘沉积的叠合区，即北部沙埝三角洲前缘与南部真许、小纪和东部周庄北的扇三角洲前缘交叉沉积带；在东部、西部的各扇体间，主要为滨浅湖沉积；在汉留断裂上盘浅湖区，见三角洲前缘改造形成滩坝或沙坪微相，以及由扇三角洲、三角洲前缘滑塌转变为重力流再沉积的小规模湖底扇或浊积扇。

从低位体系域下部戴一段三亚段和上部戴一段二亚段相图及统计表可知，该区泥屑流扇沉积展布特点如下：平面上，戴南组泥屑流扇主要发育在 11 个区块，其他地区零星见到；扇体生长在断陷湖盆边界凹缘沟槽区，以早期断陷长轴端、断裂凹缘区的扇厚度大，如马黄、邵伯、联盟庄，扇厚达 60～311m，中晚期扇薄厚度小，如秦栏扇体不足 30m，古斜坡凹缘坡折区扇体规模明显小于断裂坡折带的，如韦—码戴一段二亚段泥屑流扇仅 17m 厚。纵向上，低位体系域戴一段二亚段和三亚段、高位体系域戴二段各可发育一套泥屑流扇，仅高邮凹陷的陈堡—瓦庄、秦栏地区两套都有，其他地区仅发育其中一套，以戴一段二亚段和三亚段沉积期的一套最发育，如金湖、高邮凹陷戴一段三亚段共有 7 个区块建设大规模此类扇体；戴一段二亚段沉积期，多数此类扇体演变为扇三角洲、富泥的三角洲沉积，少数继承性生长，如小关戴一段二亚段和三亚段此类扇体总厚达 192m。同时，随着湖盆扩张，原长轴端不断外迁，生成新的较薄泥屑流扇，仅陈堡—瓦庄此类扇体规模较大，竹 1 井戴一段二亚段扇厚 102m；戴二段钻遇此类扇两处，即高邮的竹 1 井厚 146m，海安的安 16 井厚 121m，另外，高邮秦栏多口井垛一段底钻遇泥屑流沉积，据此推测秦栏地区戴二段沉积期有泥屑流扇展布。

2）戴一段上部（$E_2d_1^1$）

随着盆地基底沉降加速，戴一段断陷范围继续扩大，高邮、溱潼、金湖、曲塘断陷出现周期性的震荡湖侵，开始层序Ⅲ5 湖侵体系域戴一段一亚段建造，有的湖泊水体达到半深湖，有的水体稍加深即刻又退出，洪泽、盐城断陷则仍然处于陆地沉积体系建设，由此各断陷沉积相差异很大（图 1-5-24）。

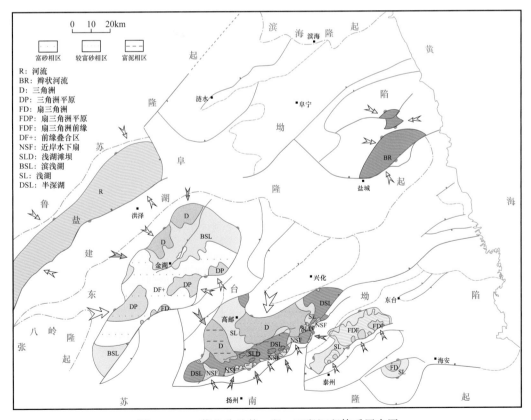

图 1-5-24　苏北盆地戴一段一亚段沉积体系展布图

（1）高邮凹陷：近岸水下扇—三角洲—滨浅湖—半深湖充填形式。

高邮凹陷垛一段—亚段湖泊水体最深，位居各断陷之首，有较大范围的浅湖—半深湖水域。

一是断裂陡坡带建造富砂、富泥的两种近岸水下扇相。在陡坡凹缘坡折带控相区，前期发育了富泥的扇三角洲，该区洪水携带富泥的沉积物注入半深湖区，形成富泥的近岸水下扇，如周庄、肖刘庄、邵伯、黄珏戴一段—亚段扇的砂岩含量仅5%～13%；在陡坡凸缘坡折带处，前期的富扇三角洲也演化为富砂的近岸水下扇，真—许、小纪戴一段—亚段扇的砂岩含量为15%～30%，方巷凸缘新生长的近岸水下扇砂岩含量达20%～45%。

二是侵蚀缓坡建设富砂、富泥的两种三角洲相。北斜坡凸缘坡折带，沙埝富砂三角洲继续生长，分布范围略朝物源区后退，砂岩含量维持在20%～55%的高值；西部凹缘坡折带，马家嘴富泥的三角洲也继承建设，砂岩含量较低，三角洲前缘砂岩含量不足10%，近物源的后部也不到15%；韦庄地区边界变为凸缘坡折带，生长一个微小三角洲，砂岩含量超过20%。

三是中央地带及扇间为湖泊相带。中央深凹带及南部陡坡带近岸水下扇间为半深湖环境，沉积以深灰色泥岩为主；在北部建设三角洲、南部发育近岸水下扇期间，深凹带有些地方水体处于浅湖环境，北部三角洲或南部水下扇推进抵达该区，有些被浅湖波浪改造成浅湖滩坝或沙坪，有些垮塌滑动进入半深湖成为湖底扇或浊积扇；西斜坡缓坡带水体以浅湖为主，三角洲之间展布着浅湖泥坪、沙泥坪沉积。

（2）金湖凹陷：扇三角洲—三角洲—滨浅湖充填形式。

金湖凹陷湖侵期湖泊水体加深很少、范围很小、时间很短，仅龙岗、三河次凹主体沉积了4层很薄的灰色泥岩；其他地区依然处于滨浅湖环境，沉积体系类型和展布有所变化。

一是断裂陡坡凸缘坡折带继承扇三角洲相。夏家营富砂的扇三角洲继续生长，范围较前期稍微缩小；石港断裂沿上盘断槽，从金南向石庄、桥河口方向发育水下重力流水道砂体。

二是侵蚀缓坡带建设富砂、富泥的两种三角洲相。前期西部泥沛、东部闵桥辫状河三角洲随着湖侵转变为三角洲，两三角洲在断陷中央融汇成一体；两大沉积体系不断后退、范围不断扩大，而砂岩含量未见降低；同时，小关—墩塘沟槽处也演化为闵桥三角洲沉积的一部分，泥屑流扇彻底消亡。断陷北部凹缘沟槽处，三河北三角洲继续生长，仁和集生出新的三角洲，这两相带皆受凹缘坡折控制，砂岩含量比泥沛、闵桥三角洲低得多。北部其他领域和秦营地区为滨浅湖沉积。

（3）溱潼凹陷：扇三角洲—浅湖—半深湖充填形式。

该断陷湖侵水体比金湖深，较高邮浅，有4次短暂的浅湖—半深湖期，沉积4层深灰色泥岩。因该断陷狭窄，缓坡物源影响很小，沉积体系主要受陡坡的泰州凸起物源体系影响，沿陡坡带继续生长扇三角洲，其前端和侧翼主要为浅湖沉积。

（4）海安凹陷：扇三角洲—浅湖—半深湖充填形式。

该期该断陷的沉积环境与溱潼断陷十分相似，沉积体系类型和展布规律也一样，规模很小。

3）戴二段（E_2d_2）

经历短暂湖侵后，断陷湖盆发生水退、回返，开始过补偿的高位体系域沉积体系建设（图1-5-25）。其中，洪泽、盐城断陷继承河流沉积，海安凹陷新发育了北凌、新街、富安、孙家洼微断陷，临泽凹陷也出现微断陷，5个微断陷皆以沉积泥屑流扇为主，规模小、厚度小，这4个凹陷沉积不予详述。

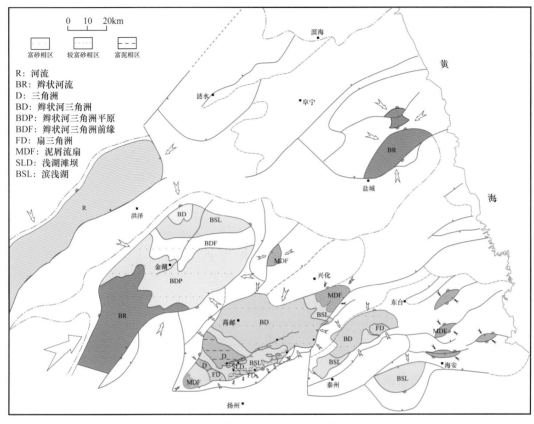

图1-5-25　苏北盆地戴二段沉积体系展布图

（1）高邮凹陷：泥屑流扇—扇三角洲—辫状河三角洲—三角洲—滨浅湖充填形式。

此期，断陷湖泊水体退回到滨浅湖环境，戴二段沉积体系即建设于如此水域中。

一是断陷长轴两端重现泥屑流扇相。在断陷长轴沟槽的陈堡—瓦庄、秦栏沉积地区，凹缘坡折带控制再度建设泥屑流扇，沉积展布范围向物源区后退，规模明显比低位体系域的要小。

二是断裂陡坡带发育富砂、富泥的两种扇三角洲相。在真武断裂陡坡凹缘坡折带控制相区，前期富泥的近岸水下扇又演化为富泥的扇三角洲，如肖刘庄戴二段此类扇的砂岩含量8%～20%，邵伯、黄珏戴二段此类扇的砂岩含量多小于10%；在真武断裂陡坡凸缘坡折带控制相区，前期富砂近岸水下扇也变为富砂扇三角洲，真—许、方巷戴二段此类扇的砂岩含量20%～35%；同时，吴堡断裂周庄段和真武断裂小纪段的坡折带控制相区，沉积发生很大变化，凹缘、凸缘不再影响相带的粗细差异，物源成为控砂主要因素，发育了极富砂的辫状河三角洲相，砂岩含量高达23%～75%。

三是侵蚀缓坡建设富砂、富泥的两种三角洲相。北斜坡凸缘坡折带控制相区，沙埝富砂三角洲继续成长，沉积展布范围更广，砂岩极发育，含量为30%～95%，多在50%以上；韦庄三角洲沉积稍微扩大，砂岩含量20%～35%。凹缘坡折带控制相区，马家嘴富泥三角洲继承成长，砂岩含量5%～18%。

四是中央地带及扇体间为滨浅湖相带。中央深凹带水体稍深为浅湖环境，沉积以泥坪、沙泥坪为主，局部发育南、北扇体前缘被波浪改造的浅湖滩坝或沙坪微相，如邵伯次凹马—联、樊川次凹的滩坝；其他地区，扇体之间主要为滨浅湖泥坪、沙泥坪沉积。

（2）金湖凹陷：辫状河流—辫状河三角洲—滨浅湖充填形式。

湖盆水体很浅，以粗红沉积为主，西南部演化为陆地辫状河流沉积体系，中间被西部的泥沛辫状河三角洲与东部的闵桥辫状河三角洲汇合占据，辫状河三角洲平原相当发育，砂岩含量高；北部三河北小型三角洲演变为辫状河三角洲，其余地区为滨浅湖沉积。

（3）溱潼凹陷：扇三角洲—辫状河三角洲—滨浅湖充填形式。

断陷水体浅，沉积了红、粗相地层，砂岩含量很高。一是断裂陡坡坡折带控制的北部红庄扇三角洲继承成长，南部祝庄演变为辫状河三角洲，与缓坡辫状河三角洲融为一体。二是侵蚀缓坡带物源供给明显增多，控制形成了辫状河三角洲沉积，与陡坡带辫状河三角洲和扇三角洲融合，难以划分具体边界。三是西南部和扇体间见小范围的滨浅湖沉积。

2. 三垛组沉积展布及演化

戴南组沉积末期，发生真武事件使盆地再次抬升，经短暂剥蚀后又再沉降形成三垛组断陷；此期盆地处于萎缩演化阶段，为以河流为主、短暂浅水湖泊环境，过补偿沉积，断裂陡坡、侵蚀缓坡坡折作用差异消失，沿断裂带没有形成常见的断陷陡坡扇体群，而是各体系域相带横向比较一致，纵向呈短暂沉积低位、湖侵体系域和持久建设高位、河流冲积体系域的不对称三级层序特点。

1）垛一段

垛一段七亚段沉积期，东台坳陷的各正、负亚一级构造单元统一成为整体断陷，盆内地势差很小，总体呈西高、东低的态势，建造了辫状河流沉积体系，平面广泛分布，纵向持续短暂，地层厚度50～80m；其中，以河床亚相沉积为主，岩性主要为细—粗砂岩，次有砂砾岩、含砾砂岩，夹泥岩。盐城凹陷、洪泽凹陷也是类似的沉积体系特征。

垛一段六亚段沉积早期，发生一次短暂的区域湖侵，在东台坳陷垛一段六亚段底部建造了一套厚5～25m的深灰色泥岩；其后，湖水迅速退出，转入辫状河三角洲沉积，北部、西部物源供应充足，南部物源影响很小，发育了大面积的毯式浅水辫状河三角洲，呈现"砂包泥、粒度粗"的特点。盐城、洪泽凹陷与此类似。

在垛一段五亚段下部，东台坳陷继承了前期辫状河三角洲建设；到垛一段五亚段上部，演化为曲流河沉积，延续到垛一段四亚段至一亚段结束。其中，垛一段四亚段至二亚段沉积期以溢岸亚相的泛滥平原微相为主，呈现一套棕、紫红色泥岩夹薄层粉砂岩、粉细砂岩的"泥包砂、粒度细"特征（图1-5-26）；垛一段一亚段沉积期以河床亚相逐渐增多，砂岩层相应增多，仍以"泥包砂"为主。盐城、洪泽凹陷与此类似。

2）垛二段

此期，总体继承垛一段断陷格局，东台坳陷西高东低更明显，西部物源作用更突出，南部物源增多，以曲流河建造为主，秦栏地区见辫状河流沉积，东部海安凹陷为滨浅湖沉积（图1-5-27），岩性呈西部红粗、东部灰绿细变化；在垛二段五亚段至二亚段层段，河床亚相占据主导，沉积一套棕红色细砂岩、粉砂岩为主夹棕红、紫红色泥岩，呈"砂包泥"特征，末期垛二段一亚段层段，主要为灰绿色泥岩夹薄层粉砂质泥岩。盐城、洪泽凹陷及新生成的阜宁、涟水断陷，沉积体系大致与东台坳陷类似。

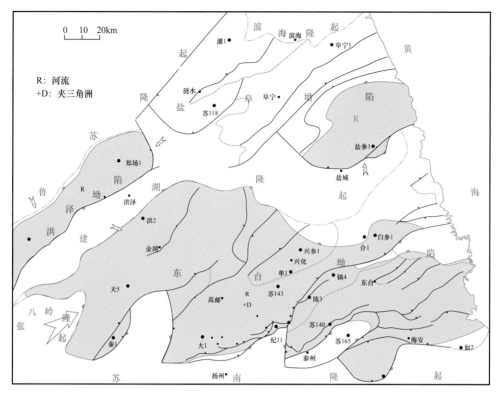

图 1-5-26 苏北盆地垛一段沉积体系展布图

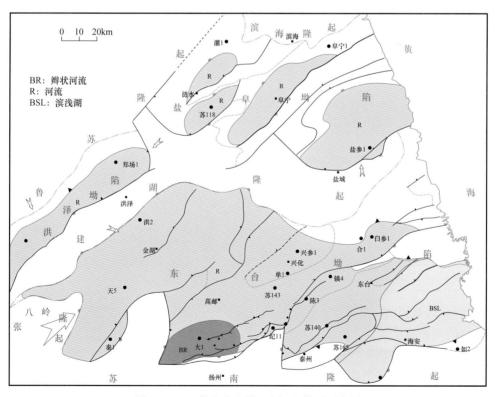

图 1-5-27 苏北盆地垛二段沉积体系展布图

3. 断陷沉积控砂机制

戴南组—三垛组沉积体系类型、展布与泰州组—阜宁组有显著差异，这是控砂机制不同造成的；而戴南组与三垛组又有极大不同，同样也是控砂机制不同的具体表现。

三垛组为萎缩断陷建造产物，不同类型坡折带控相作用差异消失，断陷陡坡、深凹、缓坡3带沉积差异主要体现在厚度不同、相带差异微小，物源影响也较小，古地貌整体态势成为控制沉积相带展布的主因，构造沉降和基准面升降成为控制纵向沉积体系变化和周期旋回的关键。因此，三垛组各体域砂岩展布很明朗，即低位体系域垛一段七亚段辫状河流、湖侵体系域垛一段六亚段辫状河三角洲分流河道砂体广泛分布，单层厚度较大，横向较稳定；高位体系域垛一段五亚段至一亚段曲流河溢岸亚相砂体呈"泥包砂"稀疏展布，单层厚度较小，横向变化较快；河流冲积体系域垛二段五亚段至二亚段曲流河河床亚相砂体呈"砂包泥"展布，单层厚度、累计厚度大，横向差异小，砂岩太多。

戴南组为断陷鼎盛期建造产物，其陡坡、深凹、缓坡3带环境不同，受物源、古坡折带等多种因素差异控制作用，形成了平面沉积体系类型的多样性、相带展布的多变性、同相含砂量的差异性、纵向沉积相类型的演变性、展布的迁移性，不同勘探目标，选择扇体对象差异明显。

1）构造活动控制作用

早始新世，构造活动既强烈又有显著作用差异，制约着各戴南组断陷成盆和沉积。一是形成具有新老双层结构"基底"，周缘近端被阜四段巨厚泥岩露头全面围限，中端受泰州组—阜三段砂泥岩露头限制，远端受基岩露头包围的独特古地质背景戴南组断陷。二是构造沉降极不均衡，形成不同可容纳空间的断陷，沉积差异显著（表1-5-2）；同时，控制着基准面的上升、下降，形成了不同长短周期的沉积旋回变化。如高邮、金湖、溱潼断陷戴南组—三垛组沉降幅度居前3位，控制含油性列前3位，高邮、金湖凹陷可容纳空间大，泥屑流扇最发育。三是总体沉降速率偏小、幅度较小，水体浅、可容纳空间小，以过补偿沉积为主，稳定湖泊短暂，砂岩发育，尤其戴二段满凹砂。四是断裂、断块体活动差异形成不同的古地貌坡折带，高低新物源砂泥含量不同、远近新老物源有别的供给体系，进而控相控砂。

表1-5-2　苏北盆地各凹陷戴南组、三垛组最大地层厚度对比

层位	凹陷									
	金湖	高邮	临泽	溱潼	海安	白驹	盐城	阜宁	涟水	洪泽
E_2s/m	1400	1560	590	1050	790	430	815	410	290	780
E_2d/m	1215	1700	120	550	300	0	265	0	0	930

2）物源体系控制作用

独特的双物源供给，深刻影响了戴南组扇建设、相类型、砂岩含量及其纵横展布。

一是有泰州组—阜宁组新岩系、基底老岩系两套物源，新物源泥岩、砂泥岩影响互为消长，新老双物源自下而上供给互为消长。断陷早期，古地貌差大，新岩系优先剥蚀阜宁组上部以泥岩为主、砂岩为次露头，低位体系域期普遍匮乏粗粒物源，导致砾岩普遍不甚发育，砂岩含量也偏低；随着湖盆扩张，断陷周缘地势差变小、与外缘基岩露头

距离缩小，新岩系剥到下部砂泥岩系，泥岩物源影响显著减小，粗物源和老岩系供给增加，使岩相含砂不断增加，到戴二段砂岩含量显著增高，部分凹缘坡折富泥的沉积现象也逐渐消失，形成泥屑流岩条件逐渐衰亡，由此控制着各体系域岩相总格局，砂岩含量呈低位体系域戴一段三亚段＜戴一段二亚段＜湖侵体系域戴一段一亚段＜高位体系域戴二段变化。如高邮北斜坡沙垎三角洲戴一段三亚段砂岩含量10%～32%，岩屑以沉积岩为主，次有变质岩，东部朵叶体富16井3281.3m、西部朵叶体永12井2850m等薄片见再沉积阜二段鲕粒灰岩岩屑；到戴一段一亚段砂岩含量增至20%～55%，岩屑以变质岩为主，沉积岩次之；至戴二段辫状河三角洲，砂岩含量30%～95%，岩屑变质岩占比更大。又如陡坡、缓坡沟槽区受新物源长期影响，发育富泥的扇类，如缓坡码—马沟槽戴一段三亚段为泥屑流扇、戴一段二亚段—戴二段为富泥的三角洲，砂岩含量一般小于10%，最大18%，戴二段砂岩常见阜二段鲕粒灰岩（马14井1670.2m薄片）；陡坡黄珏、邵伯、肖刘庄沟槽也是如此。

二是频发高密度块体重力流，形成特殊类型扇体。新物源的大套泥岩供给了大量的砂级泥岩陆屑，极易形成泥质碎屑流沉积；如高邮断陷周缘分布着低位体系域戴一段三亚段的12个复合扇体，有6个泥屑流扇、2个泥屑流扇和泥石流扇，另4个也有一些泥屑流岩石，尤其长轴端沟槽处，戴南组始终受阜四段围限，长期建设泥屑流扇；金湖断陷也如此。

三是影响扇体类型、相域变迁和储层分布。把戴南组各体系域相图与断陷古地质、古物源背景对照，发现同类扇物源较相似，异类扇物源差异大；富砂扇对应老物源、砂泥岩新物源，富泥扇有丰富的阜宁组泥岩物源；缓坡带，大水系、大物源控制大的沉积体系；陡坡带，小水系、多物源，形成多类型、小相域扇体。由此控制了砂体发育和展布格局。

3）古坡折带控制作用

与其他陆相盆地一样，该区戴南组断陷坡折带控扇、控砂明显。

一是坡折控制戴南组扇生长位置、相类型及砂体贫富程度。由相图反映，戴南组扇都环绕断陷四周坡折带发育，中央凹陷区的扇体则受洼陷边缘坡折、挠曲坡折制约；陡岸、缓坡和盆内坡折带控制的沉积体系类型、规模大小、空间展布及成长演化是不同的。如高邮凹陷，从低位体系、湖侵体系到高位体系自下而上，陡坡带分别为泥屑流扇／泥石流扇—水下冲积扇—扇三角洲、近岸水下扇、扇三角洲为主—少量泥屑流扇的充填形式演化，缓坡带则由泥屑流扇—三角洲、三角洲、辫状河三角洲演变，中央深凹带由滨浅湖—滩坝—湖底扇／浊积扇、浅湖—滩坝—湖底扇／浊积扇、滨浅湖—滩坝演化建设。

二是坡折类型控制着体系域不同的沉积体系类型和相域变迁。无论断裂陡坡或侵蚀缓坡，凸缘坡折带控制的相区，沉积了较富砂到极富砂的各种扇或洲，正常砂岩含量多高于20%，储层发育、砂体规模大，许多戴二段扇或洲砂岩含量高达50%～95%；如高邮真武断裂带的小纪、真—许、周庄北凸缘的水下冲积扇、扇三角洲、近岸水下扇，北斜坡凸缘沙垎（辫状河）三角洲。凹缘坡折带控制的相区，建设了泥屑流扇、泥石流扇和富泥的各种扇或洲，正常砂岩含量一般小于10%，砂体规模小、横向变化快；如南部断裂带陈堡—瓦庄、肖刘庄、邵伯凹缘的泥屑流扇、富泥扇三角洲、近岸水下扇等，北斜坡凹缘的码—马三角洲。从规模看，陡坡坡折带控制的扇体明显较小，呈众多中小水系形成的扇体沿断裂带叠置成群展布；缓坡坡折带控制的洲体规模明显较大，斜坡带一般有一个主要的洲体建设，如高邮北斜坡沙埝三角洲，金湖西斜坡泥沛辫状河三角洲等。

4）搬运输送体系控制作用

戴南组沉积水体搬运方式有牵引流、重力流，受双重物源此起彼消影响，形成了陆源组分多样、含量多变的沉积物流态；尤其戴一段二亚段和三亚段重力流体系，在断裂陡坡带、侵蚀缓坡带沿岸，处处见踪影，形成丰富的泥屑流扇、水下冲积扇、扇三角洲、近岸水下扇等。输送体系既影响物源注入口道、扇或洲生长位置，也控制相类型与演化，控制着扇或洲的各种水道、河口坝、前缘、浊积及滩坝等各类砂体的规模发育与展布。

此外，古气候对区域整体大环境有影响，戴一段沉积期古气候相对潮湿，湖盆水体稍深；戴二段沉积期相对干旱，水体很浅，以氧化环境为主。

总之，戴南组扇相和砂体受控于构造、物源、坡折和输送主要因素耦合控制（表1-5-3）。这一控扇定砂规律的发现，在勘探中应用效果丰硕，成为沉积—砂体—成藏建模和储层预测"三模一测"戴南组隐蔽圈闭勘探技术的关键理论，也是"沿断层、追双源、探砂体"高效发现戴南组隐蔽油藏的部署依据，取得黄88—马33—黄162、联38—马38井、邵14井、肖14井等一批重要油气突破，实现了高邮深凹带西部隐蔽圈闭含油的大连片。同时，弥补了其他盆地所没有的沉积规律和隐蔽圈闭勘探模式。

表1-5-3　苏北盆地断陷层序Ⅲ₅（E_2d）物源—坡折带—体系域—扇相与含砂关系（据刘玉瑞，2016a）

层位及体系域	断裂陡坡、侵蚀缓坡—凸缘坡折带			断裂陡坡、侵蚀缓坡—凹缘坡折带			盆内坡折带
	物源特征	断裂陡坡 A 型	侵蚀缓坡 C₁ 型	物源特征	断裂陡坡 B 型	侵蚀缓坡 C₂ 型	注断 D 型挠曲 E 型
		岩相类型			岩相类型		
E_2d_2 HST	基岩及泰州—阜宁组砂泥岩	极富砂辫状河三角洲、富砂扇三角洲	极富砂辫状河三角洲	富阜宁组砂泥岩	富泥扇三角洲、少量泥屑流扇	富泥三角洲	滩坝
$E_2d_1^1$ TST		富砂近岸水下扇、富砂扇三角洲	富砂三角洲		富泥近岸水下扇	富泥三角洲	滩坝、浊积扇/湖底扇
$E_2d_1^2$ LST	基岩为主，阜宁组砂泥岩次之	较富砂扇三角洲和水下冲积扇	富砂三角洲、富砂辫状河三角洲	极富阜宁组泥岩	富泥扇三角洲、和水下冲积扇、泥屑流扇	富泥三角洲、泥屑流扇	湖底扇、滩坝
$E_2d_1^3$ LST		水下冲积扇	较富砂三角洲、富砂辫状河三角洲		泥屑流扇、泥石流扇	泥屑流扇	浊积扇、湖底扇

第六章 烃 源 岩

苏北盆地经历半个多世纪的油气勘探，油气的来源逐步明确，烃源岩生烃理论也在油气勘探实践中不断发展，同时新的生烃理论也进一步指导了苏北盆地的油气勘探发现。20世纪80年代根据岩性和部分有机地球化学指标提出古近系（含上白垩统泰州组）生油岩共有6个层段，自下而上为泰州组、阜一段、阜二段、阜三段、阜四段和戴一段，同时指出阜二段、阜四段和泰二段为有机质含量丰富、干酪根类型好的生油层。20世纪90年代以来，随着勘探程度的深入，进一步将生油岩划分为两类：一类为淡水湖相泥岩，另一类是受海侵影响的咸化—半咸化湖相暗色泥岩和泥灰岩，后者形成优质生油岩，主要分布于阜四段上部（$E_1f_4^1$）、阜二段中下部（$E_1f_2^{2-3}$）和泰二段下部（$K_2t_2^2$）。通过油源对比，发现的绝大部分油气藏来自阜四段上部、阜二段中下部和泰二段下部三套优质烃源岩。

第一节 烃源岩发育环境及展布

苏北盆地油气经油源对比，主要来自原型坳陷的阜四段、阜二段和泰二段等三套深湖相烃源岩，另外，高邮凹陷还发现1个戴一段油藏（因油品差、产量低，未升级探明），为戴南组油源。苏北盆地4套烃源岩的沉积环境皆以淡水湖泊体系为主，岩性为暗色泥岩、黑色灰质页岩、灰质泥岩和泥灰岩，有机质丰富，在盆地广泛分布。

一、泰二段烃源岩

泰二段湖侵沉积期，苏北盆地坳陷演化进入相对稳定发展阶段，地壳运动相对平静，基底沉降加速，陆源碎屑供给相对不足，在盆地东部形成水体较深的湖区环境。东台坳陷建造了湖侵体系域半深湖—深湖相暗色泥岩，连片分布于高邮凹陷东部及溱潼、海安、白驹凹陷和吴堡、泰州（低）凸起，盐阜坳陷也有湖侵体系域滨浅湖—半深湖相暗色泥岩沉积。

依据岩电性特征，纵向上分下部泰二段二亚段、上部泰二段一亚段两套暗色泥岩。其中，东台坳陷泰二段二亚段六尖峰岩性段有机质最富集，岩性为灰黑色灰质页岩、灰质泥岩和泥灰岩；盐阜坳陷泰二段二亚段不发育灰质泥岩、泥灰岩，有机质含量明显低于东台坳陷；泰二段一亚段岩性不纯，暗色泥岩夹杂它色泥岩和一些砂岩。

泰二段暗色泥岩和泰二段二亚段烃源岩发育状况受岩相控制，盆地东部暗色泥岩发育、厚度大（图1-6-1），西部洪泽、金湖凹陷为陆地沉积体系；东台坳陷东部泰二段二亚段烃源岩建设良好，烃源岩纵向连续厚度一般小于30m，高邮凹陷东部、溱潼、白驹、海安凹陷及周缘（低）凸起连片分布，面积达8600km²；盐阜坳陷盐城、阜宁、涟水凹陷暗色泥岩虽然也较发育，厚度较大，但达到中—好烃源岩的极少，整体欠缺烃源岩（图1-6-1）。

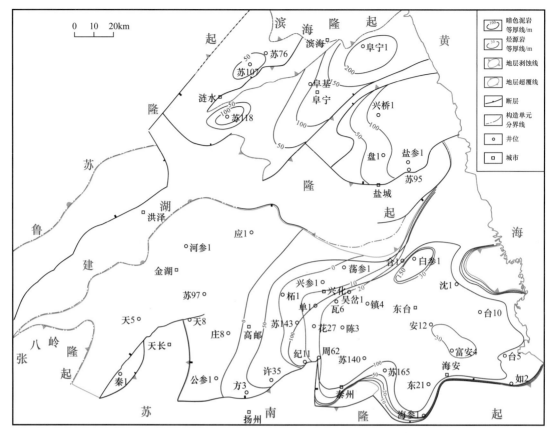

图 1-6-1　苏北盆地泰二段暗色泥岩及烃源岩残留厚度图

二、阜二段烃源岩

阜二段沉积期，苏北盆地经历下伏具坡折带的泰州组—阜一段沉积和埋藏演化，盆地更加稳定，周缘地势更加平坦，在区域性基底快速沉降作用下，湖水自东向西快速湖侵，迅速淹没全盆地，发育了阜二段无坡折带的坳陷湖侵体系域沉积体系，而且碳酸盐岩化学沉积异常发育，建造了大套的黑色灰质泥岩、泥页岩、泥灰岩。除盆地西部洪泽凹陷外，暗色地层满盆分布，形成了一套良好的烃源岩，其有机质丰度为全盆地各套地层最高。

根据前述地层介绍，阜二段自上而下有 5 个岩性段标志层，除上部"泥脖子"段泥岩较纯、有机质含量偏低外，中、下部岩性段均为良好烃源岩。只是金湖凹陷"四尖峰"段下部和"山"字形段相变为砂泥岩互层或夹生物灰岩，成为储油层段。

苏北盆地广泛残留阜二段烃源岩（图 1-6-2），总面积 19100km²。纵向上，烃源岩连续厚度大，高邮凹陷深凹带厚度超过 300m，最大厚度达 370m，溱潼凹陷主体区厚度略大于 300m，海安、盐城凹陷厚度一般在 200～230m 之间，边缘受剥蚀厚度减薄，金湖凹陷较薄，主体区连续厚度一般在 50～90m 之间，其西南部近物源区厚度不足 50m，盐阜地区残留厚度也较大。平面上，东台坳陷残留阜二段烃源岩呈连片面积达13800km²，各凹陷残留厚度较大，成为后期生烃中心，低凸起烃源岩残留较多，凸起烃源岩几乎剥蚀殆尽；盐阜坳陷阜二段烃源岩呈各凹陷分隔残留分布，盐城凹陷残留较广、厚度较大，阜宁、涟水凹陷残留少，洪泽凹陷无该套烃源岩。

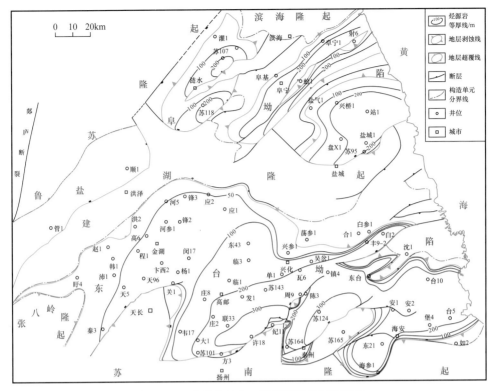

图 1-6-2　苏北盆地阜二段烃源岩残留厚度图

三、阜四段烃源岩

阜四段沉积期，苏北盆地泰州—阜宁组原型坳陷发展达到鼎盛，进入新一轮阜四段无坡折带湖侵体系域、高位体系域沉积体系建设，此期湖盆水面较层序Ⅲ₃更加辽阔，形成全盆性的早期半深湖、中期深湖和晚期半深湖—浅湖环境，沉积了大套的深灰、灰黑色灰质泥岩夹薄层泥灰岩，发育了一大套良好的烃源岩。根据其电性特征，阜四段下部为阜四段二亚段泥岩"弹簧段"，上部为阜四段一亚段泥岩夹石灰岩的多尖峰段，烃源岩发育于阜四段一亚段多尖峰段，洪泽凹陷为独立的盐湖断陷，阜四段一亚段、阜四段二亚段皆为烃源岩夹盐岩、芒硝矿地层。

苏北盆地阜四段一亚段烃源岩原型广泛发育，受吴堡事件抬升强烈剥蚀影响，各单元阜四段残留不一，呈"箕形断陷"残留分布（图1-6-3），总面积9270km²。断陷中残留多、地层厚，斜坡地层残留少、厚度薄，低凸起只有阜四段二亚段非烃源岩残留。高邮、溱潼凹陷阜四段一亚段烃源岩原始建造较厚，高邮凹陷阜四段一亚段残留面积2200km²、厚度80～380m，金湖凹陷阜四段一亚段残留面积3250km²、厚度60～250m，溱潼凹陷阜四段一亚段残留面积2200km²、厚度80～300m。海安、盐城凹陷阜四段一亚段剥蚀严重，烃源岩呈零星残留，白驹、阜宁、涟水凹陷及诸（低）凸起地区阜四段一亚段烃源岩剥蚀殆尽。

四、戴一段烃源岩

戴一段沉积期，阜宁组统一湖盆解体，演化为一系列独立发育的小型断陷湖盆。不同地区的断陷由于断陷活动强度、沉积充填速度等因素差异较大，其湖泊范围、水体深浅显著不同。其中高邮凹陷断陷活动最强，在戴一段沉积末期湖泊水体最深，位居各断陷之首，并在深凹带内达到半深湖水体环境。由于湖水深浅的周期性震荡，形成了一套岩性由暗色泥岩夹砂岩组成、测井曲线上泥岩呈五个高电导层特征的"五高导"区域标准层。该段地层在高邮凹陷深凹带厚度 100～200m，向斜坡逐渐减薄。半深湖相暗色泥岩分布稳定、面积较广，水体较深，有利于有机质的富集和保存，形成了苏北盆地戴南组内部一套较有利的烃源岩。截至 2018 年底，只在高邮凹陷深凹带发现有该套烃源岩来源的原油。

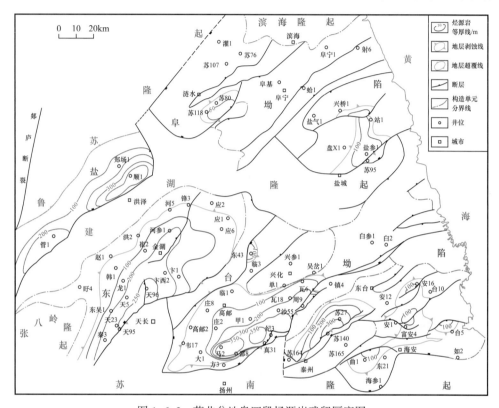

图 1-6-3　苏北盆地阜四段烃源岩残留厚度图

第二节　烃源岩有机地球化学特征

　　泰二段下部、阜二段中下部、阜四段上部和戴一段上部均为苏北盆地湖（海）侵形成的半深湖—深湖泊沉积，具有微咸化—半咸化强还原特征，含薄层石灰岩或灰质云质泥页岩（除戴一段上部），为有机质丰度高、类型好的优质烃源岩。由于四套烃源岩所在的凹陷总体埋深不大，地温不高，镜质组反射率（R_o）总体小于 1.20%，因此盆地内有机质热演化总体处于低成熟—成熟生烃阶段。

一、有机质丰度

　　有机质丰度是烃源岩生烃的物质基础。有机碳含量（TOC）、氯仿沥青"A"含量、总烃含量（HC）、生烃潜量（S_1+S_2）是评价烃源岩品质的主要指标。现以中国陆相烃源岩行业标准评价苏北盆地有机质丰度（表 1-6-1）。

表 1-6-1　苏北盆地各凹陷烃源岩有机质丰度统计表

层位	高邮 TOC/%	高邮 氯仿沥青"A"/%	高邮 S_1+S_2/mg/g	金湖 TOC/%	金湖 氯仿沥青"A"/%	金湖 S_1+S_2/mg/g	溱潼 TOC/%	溱潼 氯仿沥青"A"/%	溱潼 S_1+S_2/mg/g	海安 TOC/%	海安 氯仿沥青"A"/%	海安 S_1+S_2/mg/g	盐城 TOC/%	盐城 氯仿沥青"A"/%	盐城 S_1+S_2/mg/g	洪泽 TOC/%	洪泽 氯仿沥青"A"/%	洪泽 S_1+S_2/mg/g
$E_2d_1^1$	1.792[①]/15	0.1595/14	8.343/15				0.77/44		1.46/11									
$E_1f_4^1$	1.39/96	0.1680/80	4.91/61	1.52/32	0.0742/22	6.61/12	1.30/295	0.080	7.71/65	1.43/18	0.1330/3	5.30/4	1.71/17	0.0500/17	6.36/16	1.72/46	0.1147/22	9.18/46
E_1f_2	1.49/75	0.1646/83	7.57/27	1.66/188	0.1699/149	6.58/116	1.59/172	0.120	6.15/65	1.67/51	0.1770/53	7.40/14	1.97/21	0.2111/20	7.68/20	0.99/25	0.0940/25	2.86/25
$K_2t_2^2$	1.54/65	0.1026/37	7.62/57				1.3/31		6.2/20	2.32/290	0.1461/95	13.52/278	1.08/42	0.0381/22	0.68/39			

① 表示平均值/样品数。

1. 泰二段

统计表明，东台坳陷东部地区泰二段二亚段为有机质富集段（图1-6-4），暗色泥岩 TOC 范围 0.32%～6.80%、均值 2.17%，氯仿沥青"A"含量范围 0.0034%～0.4316%、均值 0.1339%，S_1+S_2 范围 0.14～46.2mg/g、均值 12.52mg/g，HC 范围 15～3209μg/g、均值 865μg/g，整体达到好烃源岩级别。从丰度分布区间看，泰二段二亚段纵向存在有机质丰度的非均质性变化，但并未发现纵向稳定分布、平面可连续追踪的有机质富集层或贫瘠层，高值、低值多以单块样品出现，说明泰二段二亚段烃源岩总体相对均质，其中，海安凹陷泰二段二亚段烃源岩有机质丰度整体明显好于高邮凹陷，前者 TOC 均值 2.32%，后者为 1.54%，氯仿沥青"A"含量均值前者 0.1461%，后者为 0.1026%，S_1+S_2、HC 等指标也如此，反映高邮凹陷泰二段二亚段烃源岩仅达好级的下限。东台坳陷泰二段一亚段暗色泥岩 TOC 范围 0.06%～2.22%、均值 0.9%，氯仿沥青"A"含量范围 0.0013%～0.2761%、均值 0.0248%，S_1+S_2 范围 0.02～7.45mg/g、均值 0.71mg/g，HC 范围 9～2192μg/g、均值 166μg/g，尽管该套泥岩厚度达 60～150m，少数样品地球化学指标品质较好，但整体丰度低，主要为差级、非烃源岩。盐阜坳陷盐城、阜宁凹陷泰二段不发育泥灰岩，全段暗色泥岩较发育，其有机质丰度较低，属差级、非烃源岩。

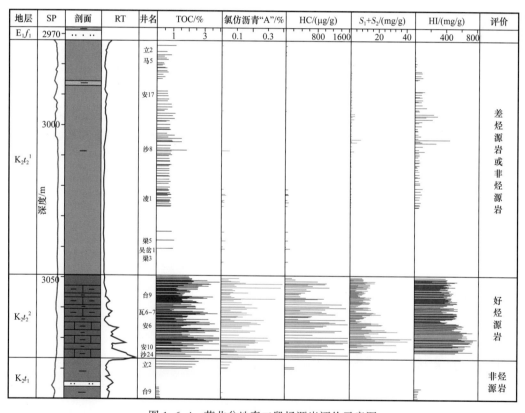

图 1-6-4　苏北盆地泰二段烃源岩评价示意图

平面上，烃源岩有机丰度分布与泰二段沉积相带一致，即东台坳陷东部海安、白驹、溱潼凹陷和吴堡低凸起地区，泰二段二亚段油页岩、泥灰岩稳定发育、岩性相对均质，其有机质丰度普遍较高、也相对均质。高邮凹陷东部湖区水体变浅，泥灰岩不甚发育、分布不稳定，烃源岩有机质丰度降低、非均质性相应增强，至高邮凹陷西部则相变为非烃源岩。

2. 阜二段

统计反映，阜二段除顶部"泥脖子"泥岩外，其余层段总体有机质相对较高（图1-6-5），暗色泥岩TOC范围0.37%～6.08%、均值1.64%，氯仿沥青"A"含量范围0.0114%～0.9254%、均值0.1724%，S_1+S_2范围0.20～30.38mg/g、均值6.92mg/g，整体达到好烃源岩级别。同时，从阜二段内部有机质丰度分布看，纵向、平面都存在一定的非均质性，同样地，未发现纵向稳定分布、横向可连续追踪的有机质富集层或贫瘠层，反映阜二段烃源岩也是总体相对均质、差异较小。平面上，从东台坳陷到盐阜坳陷，除洪泽凹陷外，各构造单元有机碳含量变化较小，东部稍好于西部，表1-6-1充分反映了这点。譬如，金湖、高邮、海安凹陷平均TOC、氯仿沥青"A"含量、S_1+S_2都很接近，盐城凹陷氯仿沥青"A"含量与前者也接近，仅平均TOC、S_1+S_2稍高些。洪泽凹陷平均TOC为0.99%，氯仿沥青"A"含量为0.0940%，S_1+S_2为2.86mg/g，明显低于其他构造单元，为差烃源岩或非烃源岩。

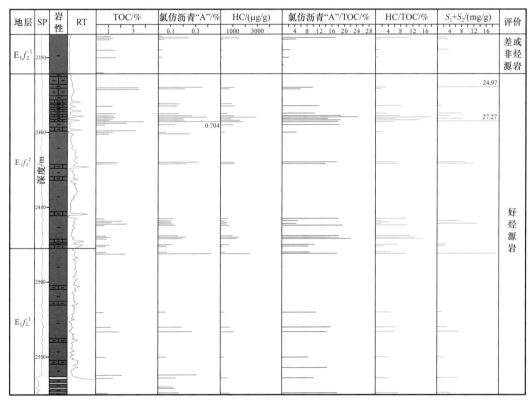

图1-6-5　苏北盆地阜二段烃源岩评价示意图

3. 阜四段

纵向上，除洪泽凹陷外，其他地区上部阜四段一亚段有机质丰度较高（图1-6-6），暗色泥岩TOC范围0.44%～4.07%、均值1.45%，氯仿沥青"A"含量范围0.0076%～0.7251%、均值0.1338%，S_1+S_2范围0.22～25.89mg/g、均值5.40mg/g，整体属于好烃源岩级别。下部阜四段二亚段暗色泥岩TOC为0.21%～1.08%、均值0.71%，氯仿沥青"A"含量为0.0022%～0.0532%、均值0.0127%，S_1+S_2为0.05～1.77mg/g、均值0.66mg/g，为差或非烃源岩。另外，阜四段一亚段有机质丰度纵横存在非均质性，同样未形成稳定可连续追踪的有机质富集层或贫瘠层，表明阜四段一亚段烃源岩纵横相对均质；其中，阜四段一亚段上部较阜四段一亚段下部薄层石灰岩更发育，有机质丰度也更高些。从阜三段—阜四段沉积期，洪泽凹陷为盐湖沉积，建造了阜三段—阜四段好烃源岩、盐岩和芒硝。平面上，表1-6-1统计数据反映，各凹陷有机质丰度差异较小，洪泽凹陷盐湖环境有机质丰度稍高，金湖、高邮、溱潼、海安和盐城凹陷差异不大，而阜三段只有洪泽凹陷有好烃源岩，其他凹陷尽管暗色泥岩相当发育，其有机质丰度很低，均为非烃源岩。

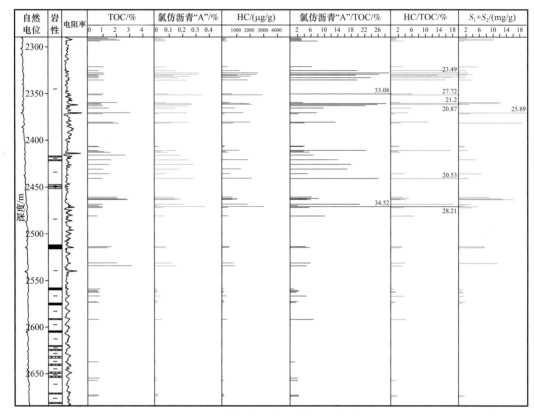

图1-6-6　苏北盆地阜四段烃源岩评价图

4. 戴一段

高邮凹陷深凹带戴一段上部暗色泥岩有机质丰度较高，暗色泥岩TOC范围0.38%～4.29%、均值1.792%，氯仿沥青"A"含量范围0.0041%～0.5928%、均值0.1595%，S_1+S_2范围0.12～34.75mg/g、均值8.343mg/g，属于好烃源岩级别。戴一段烃源岩有机质丰度在平面上分布受沉积环境的限制明显，自湖盆边缘向中心有机质丰度逐渐增大。深凹内部样品的有机质丰度较高，有机碳含量介于1.01%～4.29%，平均2.49%，氯仿沥青"A"含量介于0.07%～0.59%，平均0.27%；总烃含量主要分布在371.17～4446μg/g之间，平均1860μg/g，大部分样品达到了好烃源岩以上的级别。而深凹带边缘及斜坡区有机碳含量介于0.34%～2.18%，平均1.05%；氯仿沥青"A"含量介于0.003%～0.09%，平均0.03%；总烃含量小于180μg/g，属较差烃源岩。

二、有机质类型

有机质丰度反映的是有机质的数量，而类型则反映其质量，不同的成油母质类型具有不同的油气生成能力。由于苏北盆地各个凹陷主要烃源岩样品成熟度总体不高，主要采用以热解的降解率（Dr）、结合氢指数（HI）、镜下鉴定等进行统计。

1. 泰二段

由于苏北盆地古近系烃源岩有机质总体热演化程度不高，采用分析样品较多的热解资料进行干酪根分类统计更能说明有机母质的质量。根据统计数据可以看出（表1-6-2），泰二段泥页岩Ⅰ—Ⅱ$_1$型干酪根占6.7%～31.5%，平面上，以海安凹陷Ⅰ—Ⅱ$_1$型干酪根占比较多，有机质类型好于高邮凹陷。

表1-6-2　苏北盆地各凹陷泥页岩有机质类型百分含量统计表　　　　单位：%

层位	项目	高邮				金湖				海安				盐城			
		Ⅰ	Ⅱ$_1$	Ⅱ$_2$	Ⅲ	Ⅰ	Ⅱ$_1$	Ⅱ$_2$	Ⅲ	Ⅰ	Ⅱ$_1$	Ⅱ$_2$	Ⅲ	Ⅰ	Ⅱ$_1$	Ⅱ$_2$	Ⅲ
$E_2d_1^1$	干		44.4	11.2	44.4												
	热	6.7	33.3	26.7	33.3												
E_1f_4	干	54.9	24.4	17	3.7	32.1	46.4	14.3	7.1		55	40	5	33.3	33.3	8.3	25
	热	4.2	46.3	28.4	21.1	3.4	60.3	19	17.2		43.3	31.7	25		54.5	22.7	22.7
E_1f_2	干	48.6	32.4	13.5	5.4	40.9	26.4	23.6	9.1	22.2	53.3	24.5		78.4	7.1	7.1	7.1
	热	14.6	51.2	16.5	17.7	12.5	50	14.1	23.4	19.1	61.7	12.8	6.4	6.7	80	6.7	6.7
K_2t_2	干	21.9	28.1	28.1	21.9					9.8	29.3	43.9	17.1		6.9	55.2	37.9
	热		6.7	23.3	70					12.4	19.1	9	59.6			10.3	89.7

注："干"表示干酪根镜下鉴定，"热"表示有机质热解分析。

从泰二段有机质显微组分构成看（表1-6-3），含矿物沥青基质的显微组分（TMCS$_3$）明显高于不含矿物沥青基质的显微组分（TMC）；TMCS$_3$组分当中，腐泥组分（S、S$_3$）含量占绝对优势，如海安凹陷平均含量占88.6%，高邮凹陷平均含量占88.0%，且各样品间差别较小。

显微组分TMCS$_3$中，矿物沥青基质（S$_3$）含量最高，大多数在70%以上；镜质组（V）含量一般小于10%，最高不超过15%；惰质组（I）含量极少，通常小于1%；壳质组（E）含量稍高于V、I组分。在显微组分TMC中，腐泥组（S）和壳质组占优势，成为主要为显微组分，S含量一般为30%～60%，最高达92%，E含量一般为10%～55%，最高70%。各组分相对含量依次为矿物沥青基质＞藻类体＞壳质体＞镜质体＞惰质体，各凹陷总体上呈现出腐泥组占优势，镜质组和壳质组相对发育，惰性组贫乏的特点；这种显微组分的分布和组成，反映了苏北盆地烃源岩有机质水生和陆生的双重来源。

从TMCS$_3$统计可见，反映藻类的无定型有机质（S）海安凹陷平均含量占20.3%，高邮凹陷仅3.5%；有机质物源变化与泰二段沉积相带是一致性的。

2. 阜二段

从阜二段干酪根类型统计看（表1-6-2），阜二段烃源岩有机质属Ⅰ型的，高邮、金湖、海安、盐城凹陷分别占14.6%、12.5%、19.1%和6.7%；属Ⅰ—Ⅱ$_1$型的，分别占

65.8%、62.5%、80.8% 和 86.7%。有机质类型的分布变化特点，与区域岩相一致，即东部海安、盐城为阜二段一亚段沉积期沉积中心，远离物源供给区，Ⅰ—Ⅱ₁型有机质类型含量最高，西部金湖凹陷距离物源近，Ⅰ—Ⅱ₁型有机质类型较少。

表 1-6-3　苏北盆地各凹陷有机显微组分组成变化表

凹陷	层位	样品 / 个	TMCS$_3$	TMC	TMCS$_3$ 显微组分相对含量 /%				
			占全岩体积 /%		V	I	E	S	S$_3$
高邮	E$_1$f$_4$	7	$\frac{23\sim74^{①}}{53.1}$	$\frac{4\sim32}{19.6}$	$\frac{2\sim5}{3.3}$	$\frac{微\sim1}{微}$	$\frac{5\sim18}{12}$	$\frac{4\sim26}{16.6}$	$\frac{57\sim86}{67.6}$
	E$_1$f$_2$	9	$\frac{23\sim78.3}{55.8}$	$\frac{2\sim14.5}{6.8}$	$\frac{微\sim3}{1.6}$	$\frac{微\sim1}{微}$	$\frac{1\sim6}{3.4}$	$\frac{1\sim14}{7}$	$\frac{81\sim95}{88}$
	K$_2$t	2	$\frac{15.5\sim24}{19.8}$	$\frac{0.8\sim5}{2.9}$	$\frac{1\sim4}{2.5}$	微	$\frac{2\sim11}{6.5}$	$\frac{2\sim5}{3.5}$	$\frac{79\sim95}{84.5}$
金湖	E$_1$f$_4$	2	$\frac{15\sim27}{21}$	$\frac{1.5\sim5.8}{3.7}$	$\frac{4\sim5}{4.5}$	$\frac{0\sim微}{微}$	$\frac{3\sim10}{6.5}$	$\frac{2\sim7}{4.5}$	$\frac{79\sim90}{84.5}$
	E$_1$f$_2$	32	$\frac{7\sim90.7}{49.7}$	$\frac{0.3\sim11.3}{3.6}$	$\frac{微\sim15}{2.2}$	$\frac{0\sim1}{微}$	$\frac{0\sim18}{3.1}$	$\frac{0\sim10}{3.8}$	$\frac{67\sim99}{90.6}$
海安	E$_1$f$_2$	2	$\frac{38.5\sim73.2}{55.9}$	$\frac{11.8\sim13.5}{12.6}$	$\frac{1\sim9}{5}$	$\frac{微\sim1}{微}$	$\frac{9\sim19}{14}$	$\frac{5\sim8}{6.5}$	$\frac{65\sim84}{74.5}$
	K$_2$t$_2$	4	$\frac{21\sim53.7}{37.8}$	$\frac{4\sim18.6}{12.8}$	$\frac{2\sim6}{4.3}$	$\frac{0\sim1}{微}$	$\frac{6\sim8}{6.8}$	$\frac{3\sim29}{20.3}$	$\frac{61\sim81}{68.3}$
盐城	E$_1$f$_4$	1	34	10	2	1	15	11	71
	E$_1$f$_2$	4	$\frac{36.6\sim62}{49.2}$	$\frac{3.2\sim8}{5.6}$	$\frac{微\sim2}{微}$	微	$\frac{2\sim7}{4.5}$	$\frac{3\sim10}{6}$	$\frac{83\sim92}{88.8}$
洪泽	E$_1$f$_4$	13	$\frac{18.6\sim96.8}{47.2}$	$\frac{2.8\sim16}{7.6}$	$\frac{1\sim7}{4.3}$	$\frac{0\sim1}{微}$	$\frac{2\sim11}{3.4}$	$\frac{1\sim27}{11}$	$\frac{55\sim97}{80.8}$
	E$_1$f$_2$	8	$\frac{25.4\sim79.7}{48.2}$	$\frac{3.9\sim14}{7.5}$	$\frac{1\sim9}{4.1}$	$\frac{0\sim1}{微}$	$\frac{1\sim9}{3.4}$	$\frac{2\sim40}{11.5}$	$\frac{74\sim94}{80.9}$

① 表示 $\frac{最小值\sim最大值}{平均值}$。

从阜二段有机质显微组分统计看（表 1-6-3），阜二段有机质在 TMCS$_3$ 组分中，腐泥组分（S、S$_3$）含量同样占了绝对优势，高邮、金湖、海安、盐城凹陷分别占 95.0%、94.4%、81.0% 和 94.8%，可见各凹陷差异较小。镜质组含量一般小于 5%，高邮凹陷占 1.6%，金湖凹陷占 2.2%，海安凹陷占 5.0%，盐城凹陷则微量。惰质组含量极少，所有凹陷均为微量。

阜二段烃源岩在不含矿物沥青基质的 TMC 组分中，腐泥组和壳质组成为主要显微组分（＞75%）；S 含量一般在 25%~60%；E 含量一般为 18%~55%；镜质组（V）次之，含量为 0~25%，离陆源近的洪泽、金湖凹陷含量较高大于 20%，而远离陆源的高邮、海安和盐城凹陷则小于 20%；各凹陷惰质体（I）含量低微。各组分相对含量依次为藻类体＞壳质体＞镜质体＞惰质体；各凹陷具有腐泥组占优势，镜质组和壳质组相对发育，惰性组贫乏的特点。有机质显微组分的构成特点，同样反映了该区阜二段烃源岩有机质水生和陆生的双重来源；同时，反映了藻类的无定型有机质含量大于陆生的壳质体含量，说明藻类是阜二段生烃的重要有机物质。

3. 阜四段

根据阜四段统计数据（表1-6-2），阜四段一亚段烃源岩Ⅰ型有机质主要分布在高邮、金湖凹陷，分别为4.2%和3.4%，Ⅰ—Ⅱ₁型金湖凹陷占63.7%、高邮凹陷占50.5%，海安凹陷占43.3%，盐城凹陷占54.5%；阜四段一亚段烃源岩与阜二段相比较，其Ⅰ型有机质含量略低于后者，反映阜二段烃源岩质量稍好于阜四段一亚段。

从有机质显微组分看（表1-6-3），阜四段一亚段在显微组分TMCS₃中，腐泥组分（S、S₃）含量占有明显优势；其中，高邮凹陷占84.2%，金湖凹陷占89.0%，盐城凹陷占82.0%，洪泽凹陷占91.8%，自西向东略微降低。镜质组含量一般小于5%，高邮凹陷占3.3%，金湖凹陷占4.5%，盐城凹陷占2.0%，洪泽凹陷占4.3%，同样呈东低西高的变化。惰质组含量极少，仅在盐城凹陷有检出。

在显微组分TMC中（表1-6-4），阜四段一亚段烃源岩各凹陷腐泥组和壳质组占优势，为主要显微组分（>71%）。其中，高邮凹陷占89.6%，金湖凹陷占71.0%，盐城凹陷占89.6%，洪泽凹陷占77.0%，含量呈西低东高变化特点。镜质组含量小于30%，高邮凹陷占10.3%，金湖凹陷占29.0%，盐城凹陷占6.9%，洪泽凹陷占23.0%，含量变化为西高东低。惰质体（Ⅰ）含量低微。各组分相对含量依次为藻类体>壳质体>镜质体>惰质体，各凹陷总体呈腐泥组富，镜质组和壳质组较富，惰性组贫的特点。

表1-6-4 苏北盆地阜四段烃源岩TMC显微组分统计表

凹陷	V/%	I/%	E/%	S/%
高邮	10.3	0	37.6	52.0
金湖	29.0	0	41.9	29.0
盐城	6.9	3.4	51.7	37.9
洪泽	23.0	0	18.2	58.8

4. 戴一段

戴一段上部烃源岩的有机显微组分变化较大，其平面上的分布与有机质丰度具有较好的一致性，深凹带内部样品有机质类型为Ⅱ₂—Ⅰ型，而深凹边缘及斜坡区主要为Ⅲ型。从热解数据看，Ⅰ型有机质占6.7%，Ⅱ₁型有机质占33.3%，Ⅱ₂型有机质占26.7%，主要分布在高邮凹陷深凹带内部；Ⅲ型有机质占33.3%，主要分布于深凹带边缘。干酪根镜下鉴定也表明，深凹带内部的永14和花2井壳质组含量较高，五个样品均大于65%，其中四个大于80%，属Ⅱ型干酪根；而位于深凹带边缘的黄18、马14和联15等井镜质组含量均低于60%，最低仅为9%，属Ⅲ型干酪根。

三、有机质成熟度

四套烃源岩的演化程度普遍不高，除深凹带局部达到高成熟外，大部分地区为成熟和低—未成熟。烃源岩的门限深度从西向东有加深的趋势（图1-6-7至图1-6-9）。

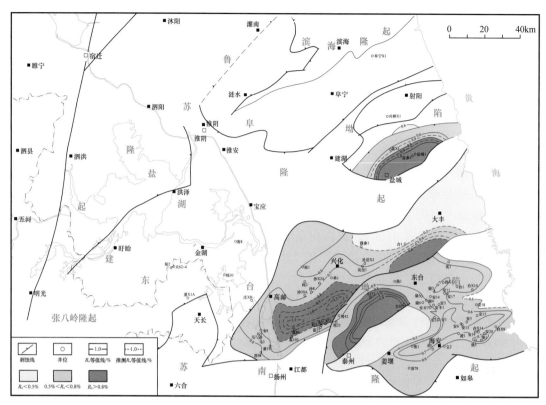

图 1-6-7　苏北盆地泰二段生油岩 R_o 等值线图

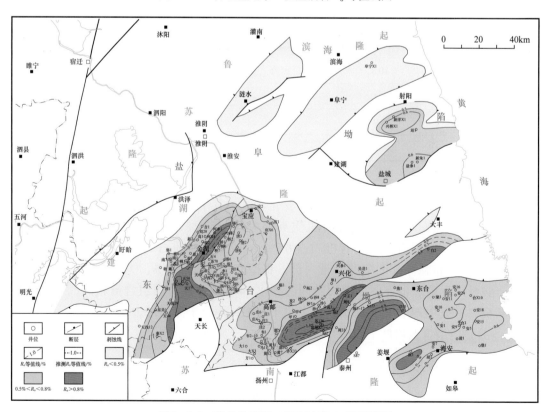

图 1-6-8　苏北盆地阜二段生油岩 R_o 等值线图

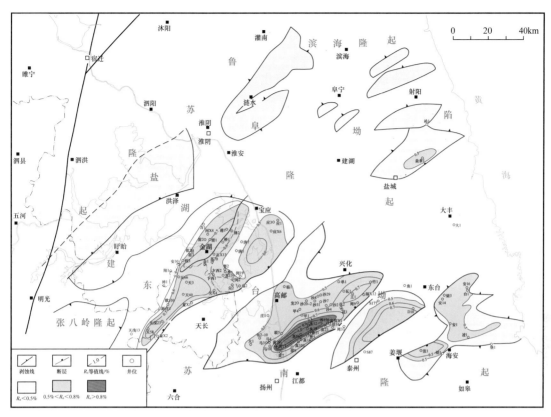

图1-6-9 苏北盆地阜四段生油岩 R_o 等值线图

苏北盆地泰二段泥页岩热演化程度均小于1.1%，处于成熟演化阶段，以生油为主。其中高邮、盐城、海安凹陷的深凹和斜坡带泥页岩 R_o 多大于0.5%，进入生油门限。

阜二段除高邮深凹带 $R_o > 1.0\%$ 外，其他地区如高邮凹陷斜坡带、金湖、盐城、海安凹陷深凹和斜坡带泥页岩成熟度均小于1.0%，处于成熟阶段，以生油为主。

阜四段页岩有机质成熟度除高邮深凹带、金湖三河深凹和龙岗深凹泥页岩成熟度相对较高，大于0.7%外，其他地区页岩成熟度多介于0.5%～0.7%，为低成熟阶段，以生油为主。

戴一段暗色泥岩有机质成熟度相对较低，成熟门限深度为2900m左右，成熟范围基本局限于高邮凹陷深凹带内部，其他地区均处于未成熟—低成熟阶段。

第三节 油源对比

苏北盆地泰二段、阜二段、阜四段及戴一段烃源岩共向13个层段供源形成工业油气藏，高邮凹陷纵向4套烃源灶（含戴一段一亚段），溱潼凹陷3套，金湖、海安凹陷2套，白驹、盐城、洪泽、临泽凹陷1套。断裂带见纵向多套烃源灶混源成藏，斜坡带、深凹带是单套烃源灶各自供源成藏，叠置构成多源、多层含油叠合聚集带。现利用原油生物标志物等特征，对高邮、金湖、溱潼、海安、盐城凹陷等原油进行分类对比。

一、原油分类及油源判别

1. 原油分类

苏北盆地烃源岩具有统一沉积、分隔演化，形成凹陷单元的独立"生烃灶"特点；同时，不同层位烃源岩存在沉积环境、生源输入的差异，各凹陷之间也存在着构造运动的不均衡性，以及成熟演化的差异性，形成了原油的物性和化学性质差异，可分为4类原油（表1-6-5）。

表1-6-5　苏北盆地3套烃源灶原油特征对比参数

	对比参数	$E_1f_4^1$	E_1f_2	$K_2t_2^2$	$E_2d_1^1$
饱和烃色谱	正构烷烃含量	高	中	中	高
	生物标志物含量	中	丰富	中	中
	主峰	n-C_{21}，n-C_{23}	n-C_{20}，n-C_{22}	n-C_{27}，n-C_{28}，n-C_{30}	n-C_{17}，n-C_{23}，n-C_{27}
	OEP	0.84~1.18，>1.0较多	0.72~1.16，<1.0较多	0.8~1.17	1.07~1.68
	Pr/Ph	0.5~1.3	0.1~0.6	0.5~1.0	1.26~1.58
	Ph/n-C_{18}	<1.0	>1.0	>1.0	1.17~1.25
	（Ph/n-C_{18}）/（Pr/n-C_{17}）	0.9~1.6	1.7~6.0	1.0~1.4	1.48~1.71
	β-胡萝卜烷	贫	丰富	中等	贫
	甾烷含量	C_{29}、C_{28}>C_{27}	C_{29}>C_{28}>C_{27}	C_{29}>C_{27}>C_{28}	C_{29}>C_{27}>C_{28}
生物标志物	$C_{29}S/(S+R)$	高邮0.22~0.63，金湖0.20~0.40，洪泽0.17~0.24	高邮0.14~0.61，金湖0.18~0.50，盐城0.17~0.29，海安0.14~0.39	海安0.16~0.52，高邮0.33，白驹0.20	0.34~0.47
	Ts/Tm	高邮0.27~1.96（多大于0.6）	高邮0.17~1.97（多小于0.6）	海安0.16~1.59（多小于0.50）	0.55~0.69
	γ-蜡烷	低	高	中	低
油田分布	层位	E_2s、E_2d、E_1f_4	E_1f_3、E_1f_2、E_1f_1、K_2t_1、K_2c	E_1f_1、K_2t	E_2d
	地区	高邮深凹带、金湖次凹带、溱潼深凹带、洪泽次凹带	高邮斜坡带、断阶带，金湖斜坡带、断裂带，溱潼斜坡带，海安曲塘次凹，盐城南洋次凹	海安、高邮、溱潼、白驹	高邮深凹带

第一类：原油密度小（<0.880g/cm³），黏度低，凝固点中等（30~40℃），在油藏中普遍有较高的气/油比值。原油族组分中以饱和烃为主（>50%），沥青质含量低（<10%），芳香烃中等（10%~20%）。饱和烃气相色谱中，以正构烷烃占绝对优势，类异戊二烯烷烃及甾萜烷含量低，弱植烷优势至姥植均势，一般Pr/Ph>0.5，正烷烃主峰以奇数碳 n-C_{21} 或 n-C_{23} 为主，OEP在1.0~1.2之间（图1-6-10a）。这些特征与阜四段一亚段

烃源岩极为相似，具有较好的亲缘关系。主要分布于高邮深凹带，少量在南断阶及北斜坡内坡沙垛—花庄南部，次要分布在金湖凹陷三河次凹及石港断裂带，龙岗次凹及杨村—铜城断裂带，以及溱潼凹陷次凹区及泰州断裂带，洪泽凹陷管镇次凹也有少量低产油藏。

第二类：原油以轻—中质密度、低黏度、低凝固点为主，少量为重质、高黏度品类；正构烷烃中一般以 $n\text{-}C_{22}$ 或 $n\text{-}C_{20}$ 为主峰碳，偶碳优势较明显，OEP$<$1.0 居多；植烷优势或略有优势，一般 Pr/Ph$<$0.5、Ph/$n\text{-}C_{18}$$>$1.0，甾萜烷及 β- 胡萝卜烷含量较高（图 1-6-10b）。这些地球化学特征十分类似于阜二段烃源岩。原油所在地质构造不同，表现出的原油物性有些差异。高邮、金湖、溱潼凹陷阜宁组均为此类原油，成为苏北盆地主力含油层系之一，海安、盐城也有一些油藏或油田分布；具有纵向层位多、平面领域广、成熟度差异较大的特点。

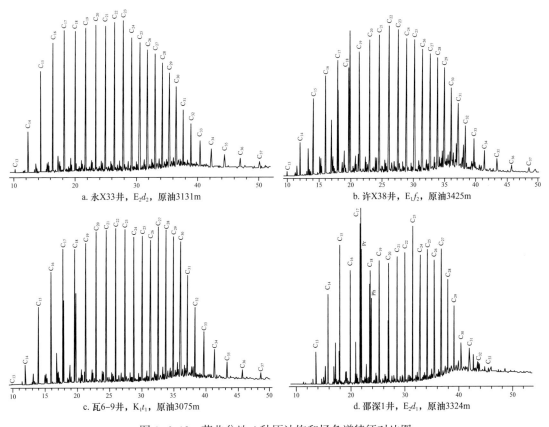

a. 永X33井，E_2d_2，原油3131m

b. 许X38井，E_1f_2，原油3425m

c. 瓦6-9井，K_1t_1，原油3075m

d. 邵深1井，E_2d_1，原油3324m

图 1-6-10　苏北盆地 4 种原油饱和烃色谱特征对比图

第三类：原油分布在海安凹陷的安丰、梁垛、新街和李堡油田，以泰州组和阜宁组下部为储层；高邮凹陷瓦 6、瓦 8 等油藏。饱和烃气相色谱中以 $n\text{-}C_{27}$ 为主峰碳，且在 $n\text{-}C_{20}$ 为另一主峰碳，高碳数的正构烷烃中具有奇偶优势等，OEP 接近 1.00，姥植烷均势或弱优势，Pr/Ph$>$0.5，Ph/$n\text{-}C_{18}$ 接近 1.00，甾萜化合物含量明显低于前一类（图 1-6-10c）。这一类原油与泰二段下部烃源岩的地球化学特征相一致。

第四类：该类原油发现于高邮凹陷深凹带邵深 1 井戴南组砂岩和联 18 井戴一段一亚段泥岩裂缝油藏中。饱和烃气相色谱中以 $n\text{-}C_{17}$、$n\text{-}C_{23}$ 或 $n\text{-}C_{27}$ 为主峰碳，正构烷烃奇碳优势较明显，OEP 接近 1.07～1.68，姥植烷具有弱优势，Pr/Ph$>$1、Ph/$n\text{-}C_{18}$$>$1，

C_{27}—C_{28}—C_{29} 规则甾烷分布上具有较低的 C_{28} 和较高的 C_{29} 含量特征。这一类原油与戴一段"五高导"烃源岩的地球化学特征相一致。

2. 油源判别

苏北盆地上述 4 类原油与烃源岩的关系，一般可用下列 4 种方法判别。

1) 正构烷烃分布

苏北盆地 4 套烃源岩在正构烷烃分布上有较大差异，泰二段烃源岩通常表现为双峰群，前峰群以 C_{20} 为主峰，中间有 C_{23} 尖顶，后峰群以 C_{27}、C_{28} 为主峰，C_{30} 时而显高。阜二段烃源岩则表现为 C_{22} "尖顶"，成熟度越低越明显；当成熟度升高时，正构烷烃成光滑曲线，但仍保留不太明显的 C_{22} 尖顶特点。阜四段一亚段烃源岩有很强的奇碳优势，成熟度越低越明显；当成熟度升高时，正构烷烃成光滑曲线，主峰或为"园顶"，或保留不太明显的奇碳主峰。戴一段烃源岩则表现为明显的双峰，前峰以 C_{17} 为主峰，后峰则以 C_{23} 或 C_{27} 为主峰，前峰 C_{17} 主峰是区别于其他三类烃源岩的重要特征。

正构烷烃分布差异是高邮、金湖、溱潼凹陷区分阜二段、阜四段不同烃源岩的重要特点之一。如金湖凹陷桥 7 井戴一段、墩 2-2 井戴一段等油样，正构烷烃分布具"C_{22}—C_{23} 平顶主峰"或 C_{23} 尖顶特征（图 1-6-11），为阜四段烃源灶油源；而阜二段来源油表现为 C_{22} 尖顶主峰，或 C_{22} 尖顶、C_{28} 主峰。

2) 原生甾烷 C_{27}、C_{28}、C_{29} 分布

上述正构烷烃分布具"C_{22}—C_{23} 平顶"特征的油样，同时在原生甾烷 C_{27}、C_{28}、C_{29} 分布上具"V"形分布（图 1-6-12），C_{27} 含量高于 C_{29} 含量；来自阜二段烃源岩的油样，普遍具有"椅式"或直线分布特点，原生甾烷 C_{29} 含量高于 C_{27}、C_{28} 含量。

3) 姥植比、β- 胡萝卜烷

阜二段烃源岩的油以其强烈的植烷优势有别于阜四段、泰州组及戴一段来源油（图 1-6-10），丰富的 β- 胡萝卜烷是阜二段和泰州组两类油的主要标志，阜四段和戴一段原油 β- 胡萝卜烷很低。例如，高邮凹陷瓦 6 井泰州组原油以明显的姥植均势排除了阜二段来源的可能性，说明油源来自泰二段烃源岩。

4) 多参数联合图版

应用 Pr、Ph、甾烷、三萜烷 4 项参数的关系图版，可以对 3 套烃源岩的不同来源油进行较好的区分（图 1-6-13）。X 轴坐标为 lg [2 (PhN/PrN) / (Pr/Ph)]，这是为扩大阜二段烃源岩与阜四段、泰二段烃源岩的 Pr、Ph 差别而设计，Y 轴坐标 lg [2.5 (H/S) / SM] 则是为避免藿烷相对甾烷比值随成熟度增加而增大的现象设计。阜二段来源油显示强植烷优势，PhN/PrN [即（Ph/n-C_{18}）/（Pr/n-C_{17}）] 大、Pr/Ph 小；阜四段、泰二段来源油弱植烷优势至姥植均势，PhN/PrN 小、Pr/Ph 大，二者相除则扩大了它们的差别。H/S 为 C_{30} 藿烷与 $\alpha\alpha\alpha C_{29}$（$20R$）甾烷比值，此值随成熟度增加增大，为消除成熟度影响，除以甾烷 $C_{29}S/(S+R)$（记为 SM），即可达到这一目的，该参数主要用来区分阜四段与阜二段、泰二段原油。

该图版首先在区分 3 套烃源岩中获得通过，3 套烃源岩明显分为 3 个区，左下角主要分布泰二段烃源岩，右下角为阜二段烃源岩，左上角则为阜四段烃源岩。不过也有一些相互交叉现象，交叉的样品有些属非生油岩，不具代表性，有些是母质和环境的相近。这部分似是而非的样品，还需利用多项指标进行判别。

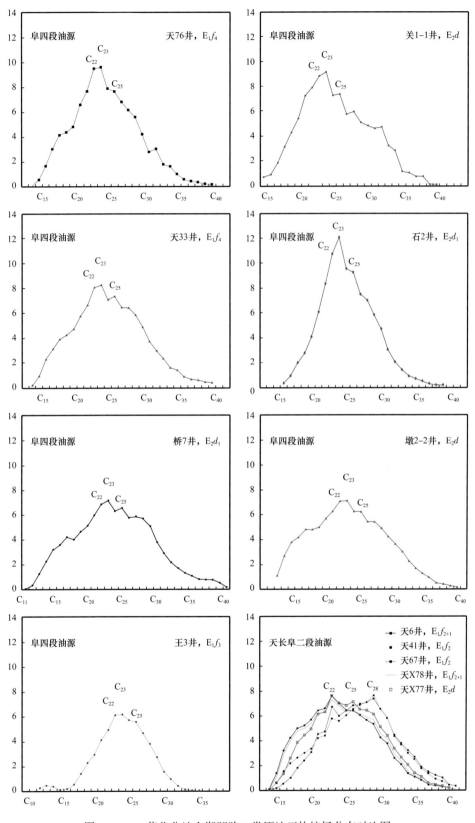

图 1-6-11　苏北盆地金湖凹陷 2 类原油正构烷烃分布对比图

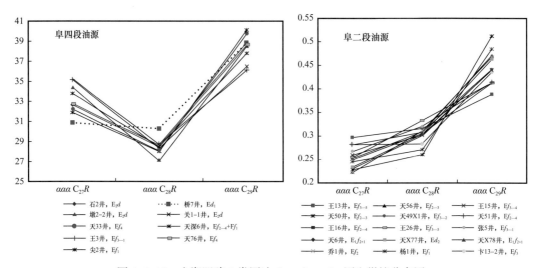

图 1-6-12　金湖凹陷 2 类原油 C_{27}、C_{28}、C_{29} 原生甾烷分布图

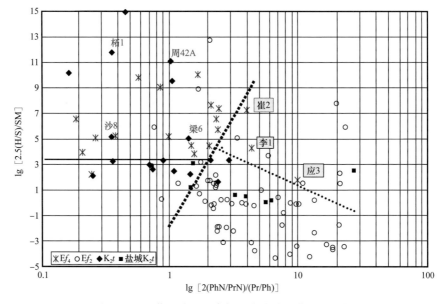

图 1-6-13　苏北盆地 3 套烃源岩姥植甾萜关系图版

　　根据联合图版等的多项指标，在全盆地 300 多个油样中应用获得明确区分，结果表明，每个凹陷至少有 2 种油源，"二源"各自成藏、叠合成藏带较普遍，纵向穿插的很少，不同层系油源混合现象不多。高邮凹陷有 4 类油源，阜二段、阜四段油源并重，阜二段油主要在阜一段、阜二段、阜三段聚集，阜四段油主要在戴南组、三垛组储集，戴一段原油主要在戴南组储层聚集；金湖凹陷以阜二段油源为主，阜四段油源次之，阜二段油主要在阜一段、阜二段储集，阜四段油在阜四段、戴南组成藏；海安凹陷原油以泰二段来源为主，阜二段次之，泰二段油在泰州组、阜一段储集，阜二段油在阜三段、阜二段储集。

二、分区油源对比

　　油／岩对比表明，油藏富集层位、分布地域严格受烃源灶控制，原油性质受烃源灶和后期保存影响，3套烃源岩沉积环境和生源既有相似性，又有差异性，油源对比相对容易区别。

1. 高邮凹陷油源对比

1）阜宁组—泰州组油藏

该区阜宁组—泰州组油藏分布在北斜坡、吴堡断裂带、南部断阶带，产出地质构造背景不同，原油的物性、成熟度和烃源灶不同。北斜坡中部永安—沙埝阜一段、阜二段、阜三段运聚单元，为沙埝、花庄、瓦庄油田富集区，产成熟原油；西部韦庄—马家嘴阜一段、阜二段运聚单元，是另一油气富集区，也产成熟原油，到韦庄西油气运移较远，油藏较浅，受生物降解成为普通稠油；西北部码头庄—发财庄阜宁组运聚单元，主要产较高密度（＞0.88g/cm³）、较高黏度和较高凝固点的低成熟—中成熟原油；东部瓦庄运聚单元，如瓦6油藏等产中成熟—成熟原油；刘五舍—陈堡单元，在吴堡断裂带宋家垛泰一段、陈堡油田泰一段、阜一段、阜三段产成熟油藏；南断阶单元见阜一段、阜二段成熟、中成熟原油。这些地区所产原油成熟度有差异，而地球化学特征有诸多相似性：正构烷烃多以 $n\text{-}C_{22}$ 为主峰碳，偶碳优势较明显，多数 OEP＜1.0；强植烷优势，一般 Pr/Ph＜0.5，Ph/$n\text{-}C_{18}$＞1.0，甾萜烷及 β- 胡萝卜烷含量较高，质谱甾烷峰高呈 C_{29} 含量大于 C_{27}、C_{28} 含量的规律，C_{28} 一般含量稍高 C_{27} 或者部分 C_{28} 含量比 C_{27} 含量略低（图1-6-14、图1-6-15）。

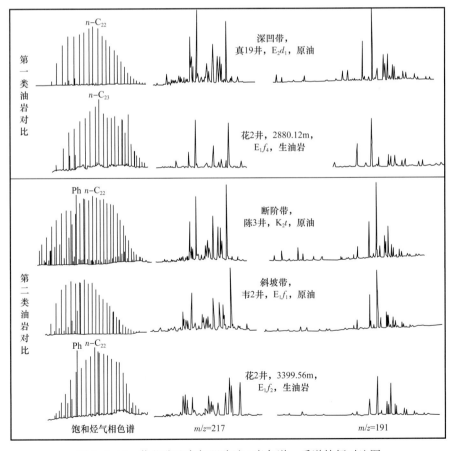

图1-6-14　苏北盆地高邮凹陷油/岩色谱、质谱特征对比图

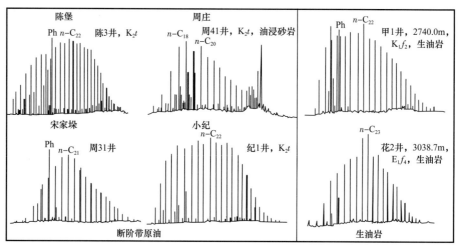

图 1-6-15　苏北盆地高邮凹陷断阶带原油与烃源岩饱和烃气相色谱对比图

　　斜坡带各油田阜一段、阜二段、阜三段油藏的原油地球化学特征与斜坡区阜二段烃源岩特征十分类似，区别是不同运聚单元的烃源岩埋深成熟差异，供烃源灶成熟度不同，所产出的原油成熟度有些差异，主要为成熟油源，少部分中等成熟原油，低成熟油仅在码头庄西北部有极少量，无商业规模，不具勘探价值。

　　吴堡断裂带、南断阶带阜宁组和泰州组油藏，原油正构烷烃色谱图具有 2 种不同特征类型。其中，陈堡油田的原油色谱、质谱特征与阜二段烃源岩很相似，油源来自深凹阜二段烃源灶；周庄、许庄泰一段原油与深凹阜四段烃源岩地球化学特征相似（图 1-6-16），许庄、方巷阜一段、阜二段油田，部分油藏与阜二段烃源岩地球化学特征相似，有些油藏与阜四段烃源岩地球化学特征相似，与断阶阜二段烃源灶、深凹阜四段烃源灶双供混源相匹配。

　　从油藏 / 烃源灶成熟度匹配看，凡烃源岩成熟度较高（$R_o > 0.68\%$）者，油藏 / 烃源灶成熟关系匹配良好，小者如许 X34、沙 20 块油藏与该地烃源岩成熟程度不匹配，不是供源关系。

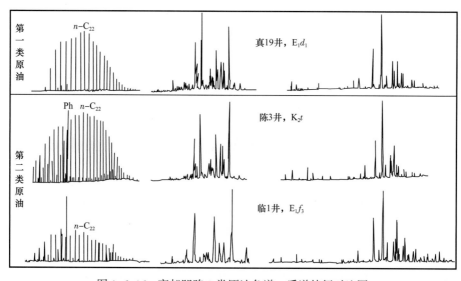

图 1-6-16　高邮凹陷 2 类原油色谱、质谱特征对比图

2）三垛组—戴南组油藏

高邮深凹带环绕各次凹周缘分布戴南组、三垛组油藏，原油密度小于 $0.88g/cm^3$，黏度低，凝固点 30～40℃，油藏气/油比较高；族组分中以饱和烃为主（>50%），沥青质含量低（<10%），芳香烃中等（10%～20%）；饱和烃气相色谱图反映，正构烷烃占绝对优势（除黄 4 井生物降解外），类异戊二烯烷烃及甾萜烷含量低，弱植烷优势或姥植均势，一般 $Pr/Ph>0.6$，主峰碳 $n\text{-}C_{21}$、$n\text{-}C_{23}$，OEP 接近 1.0；色质甾烷 $C_{29}S/(S+R)$ 为 0.22～0.63；甾烷峰高呈 $C_{27}>C_{28}<C_{29}$ 规律变化，多数 C_{29} 高于 C_{27}。这些特征与深凹带阜四段烃源岩亲缘相似，油藏/烃源灶成熟度匹配关系很好（图 1-6-12）。原油产地有马家嘴、黄珏、联盟庄、真武、富民、曹庄、永安、宋家垛油田等。另外，北斜坡沙埝、花庄油田也有少数戴南组油藏，经对比来自内斜坡阜四段中成熟—成熟烃源灶，与斜坡阜二段烃源灶地球化学特征明显不同。深凹带烃源岩成熟良好，与周缘油藏供源关系很匹配。

2. 金湖凹陷油源对比

1）阜宁组油藏

该区阜一段、阜二段、阜三段油藏原油色谱正构烷烃多以 $n\text{-}C_{22}$ 为主峰碳，偶碳优势，一般 $Pr/Ph<0.5$，$Ph/n\text{-}C_{18}>1.0$，$\beta\text{-}$ 胡萝卜烷、$\gamma\text{-}$ 蜡烷含量相对较高，甾萜烷含量较高；质谱甾烷峰高呈 $C_{29}>C_{27}、C_{28}$ 规律，地球化学特征与阜二段烃源岩很相似（图 1-6-17），也与高邮凹陷阜二段来源油特征一致。油藏以中成熟—成熟油为主，分布在三河次凹主烃源灶的西斜坡刘庄、高集、崔庄、范庄、南湖、安乐油田（图 1-6-17），龙岗次凹主烃源灶的西斜坡王龙庄油田，东斜坡的卞东、杨家坝、闵桥油田等，这些原油成熟度较高，$C_{29}S/(S+R)\geq0.30$，以及桥河口次凹的石港油田，以中等成熟油为主，$C_{29}S/(S+R)$ 为 0.21～0.28。正常原油以正构烷烃为主，生物标志化合物的类异戊二烯烷烃及甾萜化合物含量相对较低，原油密度一般小于 $0.88g/cm^3$，黏度较低，凝固点（30～40℃）中等；西斜坡处于油气运移较边缘的刘庄油田及宋 1 井、阳 5 井等油藏埋深浅，原油受细菌氧化生物降解，在饱和烃气相色谱图上多数正构烷烃被生物降解，环状和异构化合物含量较高，导致原油物性呈高密度、高黏度、低凝固点等特征，但与低成熟油有明显区别。

在阜二段油藏当中也有少量低成熟油或中成熟—低成熟油，见于阜二段烃源灶的唐港油气运聚单元，主要地球化学特征为 $C_{29}S/(S+R)<0.25$，存在明显的 $5\beta\text{-}$ 乙基粪甾烷，$\beta\text{-}$ 胡萝卜烷、$\gamma\text{-}$ 蜡烷含量更高，正构烷烃中类异戊二烯烷烃和甾萜化合物含量较高，植烷优势更强（图 1-6-17）。从油藏/烃源灶成熟度匹配看，凡烃源岩成熟度 $R_o>0.65\%$ 的油藏/烃源灶成熟匹配关系良好；$R_o<0.6\%$ 的烃源岩都与该地油藏成熟度不匹配，反映二者不是供源关系。

另外，金湖凹陷西南部汉涧地区发育阜四段二亚段砂岩储层，形成了天 95 块等阜四段二亚段油藏，色谱、质谱地球化学特征都与阜二段烃源岩差别很大，而与该地阜四段烃源岩极相似，甾烷峰高呈 $C_{27}>C_{28}<C_{29}$ 规律变化，而正构烷烃中类异戊二烯烷烃和甾萜化合物较阜二段明显要低，以 $C_{29}S/(S+R)$ 为 0.20～0.30 的中成熟油为主，汉涧内斜坡天 76 块阜四段二亚段低产层为低成熟油。

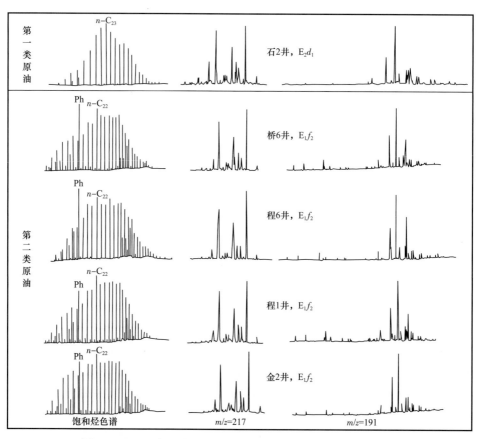

图 1-6-17　金湖凹陷 2 类原油的饱和烃气相色谱、质谱对比图

2）戴南组油藏

该区戴南组油藏分布于三河、龙岗次凹主体的周缘构造中，即石港、杨村带、铜城断裂带及西斜坡、东斜坡的内坡区，含油层系以戴一段为主，石港带次有戴二段；主要为中成熟—成熟原油，$C_{29}S/(S+R)$ 为 $0.21\sim0.40$；正构烷烃以 $n\text{-}C_{23}$ 为主峰（图 1-6-17 石 2 油藏），奇碳优势，$OEP>1.0$，植烷优势弱，$Pr/Ph>0.5$，$Pr/n\text{-}C_{18}<1.0$；质谱甾烷峰高呈 $C_{27}>C_{28}<C_{29}$ 规律变化；原油物性相对阜宁组原油密度较轻（$<0.88\text{g/cm}^3$），凝固点较高（$>40℃$）。这些特征与三河、龙岗次凹阜四段烃源岩极为相似，油藏 / 烃源灶成熟度也相互匹配（图 1-6-18），而与油藏邻近的断裂带、斜坡区阜四段烃源岩的正构烷烃成熟度差别较大，反映油藏 / 烃源灶不匹配。从三河、龙岗次凹运聚单元看，油藏 / 烃源灶成熟匹配关系良好。

3. 溱潼凹陷油源对比

该区在北斜坡带、泰州断裂带、深凹带的不同层系，发现了来源于泰二段、阜二段、阜四段烃源岩的油藏（表 1-6-6）。泰州断裂带面向深凹 3 套油源，其断阶带戴一段、戴二段和垛一段有较多油藏，也有阜三段、阜一段和泰一段油藏；油源比较复杂，一般有 2 套不同层系烃源灶供给油源，甚至 3 套油源。其中，草舍油田最复杂由 3 套油源供给，以阜二段烃源灶为主；陶思庄、洲城油田以泰二段、阜二段油源为主；红庄、淤溪油田则为阜二段、阜四段源供给形成；角墩子、储家楼为阜四段烃源灶供给油气聚集成藏。

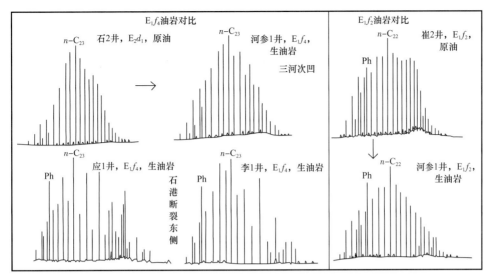

图 1-6-18 金湖凹陷油／岩饱和烃气相色谱对比图

表 1-6-6 溱潼凹陷各油田原油的油源

构造带	油田	垛一段	戴二段	戴一段	阜三段	阜一段	泰一段
断阶带	淤溪				▲		●
	洲城	●○		●○			
	祝庄	●			●○	●	
	角墩子	▲	▲	▲			
	储家楼			▲			
	草舍北	●▲	●	●			
	草舍中—南			●○		●	●
	陶思庄	●○	●○	●○			
	溪南庄	●					
	红庄	▲●	▲●	▲●	●		
内斜坡	边城			●	●○		
	北汉庄	●				●	
	华港				●		
	戴南		●				
	帅垛				●		
	台兴				●○		
外斜坡	殷庄						○
坡垒带	茅山	●			●		

注：○来源于泰二段；●来源于阜二段；▲来源于阜四段。

北斜坡带油藏主要分布于阜三段，部分在阜一段、戴一段、戴二段、垛一段和泰一段见到。殷庄泰一段油藏明确油源来自该地区泰二段成熟烃源灶，台兴、边城油田也有小部分油与泰二段烃源岩地球化学特征极为相似，主要与阜二段烃源岩相似。斜坡区帅垛、边城、茅山、华港、北汉庄等大量的阜三段油藏，以及阜一段、戴南组、垛一段油藏，都是由次凹及内坡阜二段成熟烃源灶供给油气形成的。苏228油藏/烃源灶亲缘且成熟匹配，苏290油藏/烃源灶亲缘，但成熟度不匹配。

4. 海安凹陷油源对比

1）泰州组、阜一段油藏

该区泰一段、泰二段、阜一段底油藏，原油正构烷烃多呈双峰群态，后峰群高于前峰群，前峰群以 C_{20} 为主峰，后峰群以 C_{27} 或 C_{28} 为主峰（图1-6-19）， C_{30} 峰也显高；OEP接近1.0，姥植烷均势或弱优势，Pr/Ph为0.5～1.0，Ph/n-C_{18}接近1.0，甾萜烷含量高于阜四段、低于阜二段烃源岩；质谱上甾烷峰高呈 C_{29}＞C_{27}、C_{28} 规律，C_{28}、C_{27} 互有高低，差异相对 C_{29} 明显要小（图1-6-20）。

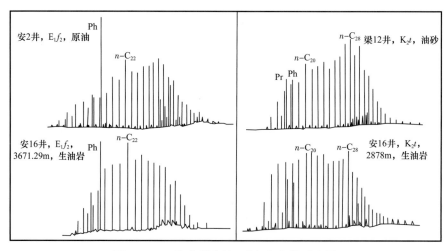

图1-6-19　海安凹陷油/岩气相色谱对比图

上述这些地球化学特征与阜二段、阜四段烃源岩及其供源的原油有较鲜明的差异，而与泰二段烃源岩地球化学特征一致。油气主要聚集于泰一段上部、泰二段和阜一段底部储层，海安凹陷形成安丰、梁垛、新街、李堡等油田。

安丰油藏：位于富安次凹斜坡带西北的安丰断鼻圈闭。储层为泰州组砂岩，埋深2300m左右；历次原油甾 $C_{29}S/(S+R)$ 为0.21～0.28；同时，存在明显的 C_{31}、C_{32}17β21β藿烷、5β-乙基粪甾烷，饱和烃色谱图中甾萜烷含量较高，与油藏低部位斜坡的安10井泰二段烃源岩有些相似，后者成熟度过低，$C_{29}S/(S+R)$ 为0.13，属未成熟—低成熟无效烃源岩，反映油源来自富安次凹烃源灶。

梁垛油田安12、安11块泰州组、阜一段油藏，与安丰油田原油具有相同的地球化学特征，成熟度有所差异，为来自丰北次凹泰二段烃源灶供成藏。

2）阜三段、阜二段油藏

该区阜三段油藏主要分布于曲塘次凹，其他次凹见安2块阜二段烃源灶夹层玄武岩油藏，安16块阜三段砂岩低产油层、阜二段烃源灶裂缝低产油藏。原油饱和烃气相色谱明显呈现为：n-C_{22} 为主峰碳，OEP 趋近 1.0，强植烷优势，Pr/Ph<0.5，Ph/n-C_{18}>1.0，甾萜烷及 β-胡萝卜烷等生物标志化合物含量较高；质谱上甾烷峰高呈 C_{27}、C_{28}<C_{29} 规律，C_{27}、C_{28} 含量较接近、互有高低，比 C_{29} 明显低等特点。这些与阜二段烃源岩的正构烷烃地球化学特征十分相似。

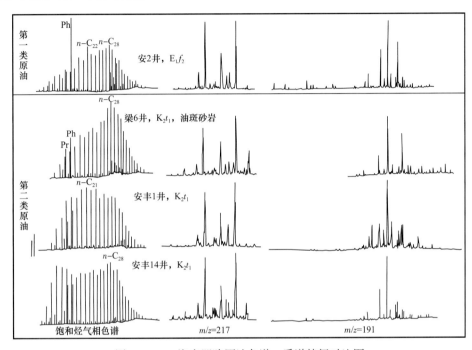

图 1-6-20 海安凹陷原油色谱、质谱特征对比图

安 2 井油藏位于海中断隆带，油层为阜二段烃源岩夹 2m 玄武岩，原油具典型的低成熟特点：成熟度 $C_{29}S/(S+R)$ 为 0.18，CPI、OEP 趋近 1.0；正构烷烃具奇偶优势（图 1-6-19），主峰碳为 n-C_{20}，强植烷优势，Pr/Ph 为 0.23，Ph/n-C_{18} 为 4.70；质谱上含 5β-乙基粪甾烷，存在 $13\alpha14\alpha$ 三环萜烷等不稳定化合物，高含量的伽马蜡烷。孙家洼次凹安 16 井阜三段、阜二段成熟原油地球化学特征也与阜二段烃源岩相似。

曲塘次凹张家垛油田含油层位以阜三段为主，其次有阜一段、戴一段、垛一段；原油地球化学特征与阜二段烃源岩一致，说明后者为供烃源灶。从油藏/烃源灶亲缘样品对比看出，二者成熟度相互匹配的一定是中成熟—成熟油/岩类型的，低成熟的匹配较一般，未成熟烃源岩完全与油不匹配。

5. 其他凹陷油源对比

1）盐城凹陷油/岩对比

该区南洋次凹在朱家墩构造盐城 1 井阜一段、阜二段井段 3180~3255m 电测解释 3 层共 50.6m 泥岩、泥灰岩裂缝含油，中途测试日产原油 31.45t；原油密度 0.8870g/cm^3，黏度 2170mPa·s，凝固点 36℃，具有典型的低成熟原油"三高"特征；饱和烃气相色谱具 n-C_{22} 主峰碳，n-C_{20}、n-C_{22} 偶碳优势明显，OEP 虽仅 0.67、而 CPI 达到了 1.11，强植烷优势，Pr/Ph 为 0.07，Ph/n-C_{18} 为 4.41；含较高的甾萜烷及 β-胡萝卜烷等；质谱中 m/z=217 存在 5β-乙基粪甾烷，m/z=191 存在高含量的伽马蜡烷，$C_{29}S/(S+R)$ 为 0.17，$C_{31}S/(S+R)$ 为 0.44，表明属低成熟油类型。新朱 1 井阜三段砂岩油藏原油物性、色谱、质谱和成熟度特征与盐城1井油源极相似。这些与南洋次凹该地阜二段烃源岩地球化学特征一致性很好（图1-6-21），反映前者为典型的阜二段烃源岩自生自储油藏，后者为其供源运移油藏。

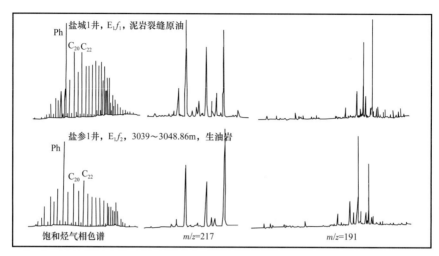

图1-6-21　盐城凹陷油/岩色谱、质谱特征对比图

2）洪泽凹陷油/岩对比

该区管镇次凹管1井发现阜四段和戴一段油层，试获低产油流，原油密度0.8829g/cm³，黏度82.1mPa·s和凝固点39℃，饱和烃含量较高65.4%，正构烷烃色谱图具奇碳优势，主峰碳为 $n-C_{23}$，OEP为0.92，植烷优势Pr/Ph为0.44，Ph/$n-C_{18}$ 为1.89，甾萜烷化合物含量较低，质谱上甾烷峰高呈 C_{27}、$C_{29}>C_{28}$ 规律，C_{27}、C_{29} 含量接近。这些特征类似于次凹唯一的阜四段烃源岩（图1-6-22），成熟度反映管1井产低成熟—中成熟油，其 $C_{29}S/(S+R)$ 为0.17~0.24，与该地斜坡烃源岩 $C_{29}S/(S+R)$ 仅0.06完全不匹配，反映油源来自深次凹低成熟—中成熟烃源灶。

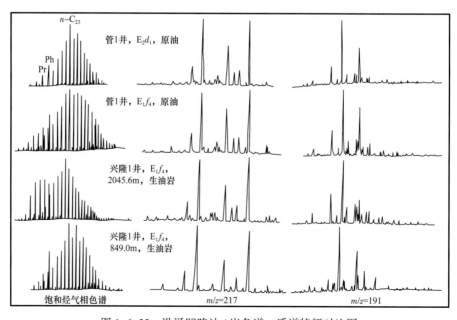

图1-6-22　洪泽凹陷油/岩色谱、质谱特征对比图

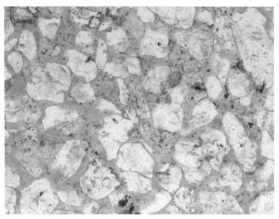

a. 颗粒间发育粒间溶孔，周44-6井，铸体薄片

b. 长石溶蚀形成次生粒内孔，陈3-72井，扫描电镜

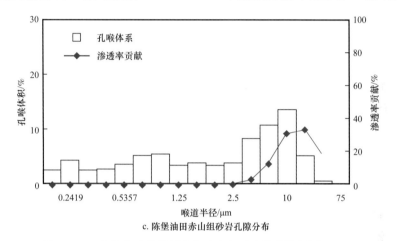

c. 陈堡油田赤山组砂岩孔隙分布

图 1-7-1　苏北盆地吴堡低凸起赤山组砂岩储层特征图

表 1-7-1　苏北盆地吴堡低凸起赤山组砂岩孔隙类型统计表

类别	原生粒间孔 /%	溶蚀粒间孔 /%	粒内溶孔 /%	铸模孔 /%
范围	1.2～2.8	4.8～9.8	1.1～2.8	0.7～1.1
平均值	2.3	7.3	2.1	0.9

　　砂岩平均孔隙半径 20.92μm，孔径分布区间 15.46～128.74μm，其中 30～40μm 区间的孔径分布频率占绝大部分。平均孔喉比 5.03，喉道比较发育，但孔喉配合程度不高，平均配位数仅为 0.53。片状、弯片状喉道是主要喉道，偶见可变断面的收缩部分。该区喉道中值半径在 0.184～4.85μm 之间，平均为 2.35μm，陈堡地区喉道半径相对较大（图 1-7-1c）。压实作用对喉道产生破坏作用，形成大孔、细喉的孔隙结构，虽有一定的储集空间，但连通性不好。

　　2）储层物性特征

　　（1）浦口组砂岩储层：浦口组下部砂岩、砂砾岩储层孔隙度 2.4%～18.9%，平均 7.0%；渗透率 0.1～1482.0mD，平均 30.0mD。除个别样品达到中高孔渗标准，余为低孔低—特低渗储层。浦口组上部测井解释单层孔隙度 10.9%～15.5%，厚度加权平均

13.0%，渗透率 8.2～29.5mD，厚度加权平均 15.2mD，为中—低孔、低—特低渗储层。

（2）赤山组砂岩储层：根据物性分析，陈堡赤山组砂岩孔隙度 17.2%～26.4%、平均 22.1%，渗透率 1.7～24.4mD、平均 10.0mD，属中孔低渗储层。周庄赤山组砂岩孔隙度 22.7%～32.1%、平均 26.9%，渗透率 9.71～72.5mD、平均 41.5mD，属高孔低渗储层（表 1-7-2）。储层孔隙度与渗透率相关性比较高。

表 1-7-2　苏北盆地吴堡低凸起赤山组砂岩物性统计表

断块	层位	样品数 / 块	孔隙度 /%		渗透率 /mD		碳酸盐 /%		代表井
			范围	平均	范围	平均	范围	平均	
周 44	K_2c	27	22.7～32.1	26.9	9.71～72.5	41.5	0.9～23.4	7.82	周 44-6
陈 3	K_2c	44	17.2～26.4	22.1	1.7～24.4	10.0	1.0～25.0	3.3	陈 3

参照 SY/T 6285—1997 石油天然气行业标准对陈堡、周庄地区储层进行综合分类评价，陈堡、周庄地区赤山组储层：孔隙度主要分布在 18%～30%，渗透率主要分布在 5～80mD，平均喉道半径 2.35μm，属中—高孔、低渗—中渗、细喉类储层。

4. 成岩作用及对储层物性的影响

影响储层储集条件的因素主要是沉积作用和成岩作用。沉积作用决定储层的岩性特征即粒度、分选、杂基含量等，也直接影响了储层孔隙结构及储集性能。具体体现在浦口组下部冲积扇扇中辫状河道、扇三角洲、辫状河三角洲砂体及赤山组风成砂体为较有利储集相类型。此外，成岩作用对储层储集性能有重要影响（以赤山组储层为例）。

1）压实作用

该区赤山组储层埋深范围在 1500～2300m 之间，随着埋深的增加，压实作用增强，沉积物内部温度升高，蒙皂石、伊利石等易膨胀黏土矿物可塑性增强，砂岩颗粒接触趋于紧密，从上到下接触方式由点—线接触逐渐过渡为线—点接触，局部线接触，孔隙逐渐减小，喉道变为片状、弯片状。周庄地区埋藏较浅粒内溶孔较发育，但由于黏土矿物的含量较高，孔隙连通性变差。陈堡地区虽然埋藏较深，但是由于粒度中等，多为细砂岩且分选相对较好，物性相对周庄地区要好。

2）胶结作用

胶结作用主要表现为黏土矿物胶结，黏土矿物主要有高岭石、伊利石和伊/蒙混层黏土。高岭石呈鳞片状充填于孔隙之中，多分布于粒间孔，伊利石多分布于粒间孔和粒表，部分呈片状。据 X 射线衍射黏土矿物含量分析，周庄、陈堡油田赤山组储层砂岩黏土矿物组合为伊/蒙（I/S）混层—高岭石（K）—伊利石（I）—绿泥石（C）。各黏土矿物相对平均含量为伊/蒙混层 16.1%，伊利石 5.4%，高岭石 73.3%，绿泥石 5.2%。整体特征表现为富伊/蒙混层和高岭石，而伊利石较少。胶结作用对孔喉产生的影响是使孔喉缩小，使原来较大的孔隙被分割成为微细晶晶间孔隙，从而使渗透率大大降低，储层物性变差。

3）溶蚀作用

该区赤山组储层砂岩属于成分成熟度中等的长石岩屑石英砂岩类，长石、岩屑含量较高，长石不稳定，易溶解，粒间孔隙。赤山组储层中常见溶蚀粒间孔、粒内溶孔

（图 1-7-1），这两种类型的次生孔隙占到了该层段总孔隙的 50% 以上，对改善储层物性有一定的积极意义。

二、泰州组储层

1. 宏观分布特征

盆内泰州组广布于盆地各亚一级构造单元，地层厚度 60～510m。纵向上，沉积呈粗—细—较粗的完整旋回结构，泰一段砂岩发育，以中厚—特厚层为主，水下分流河道为砂体主要类型（表 1-7-3），吴堡低凸起砂体最发育；泰二段泥岩发育，上部间夹砂岩增多，垂向构成良好的生储盖组合（泰一段储—泰二段二亚段生—泰二段盖）。平面上，泰一段砂岩处处丰富，只在东部和东南部前缘侧翼砂体不甚多；泰二段东部地区砂岩发育范围明显小于泰一段。不过，含油气砂岩，现仅出现东台坳陷东部单元，高邮凹陷西部及以西因缺油源配套，未见成藏。

表 1-7-3　苏北盆地泰一段储层主要砂体类型及厚度数据表

地区	单层厚度 /m	单层最厚 /m	累计厚度 /m	砂体类型
高邮凹陷东部	2～10	30	80～120	水下分流河道、河口沙坝、席状砂
吴堡低凸起	5～30	60	100～150	水下分流河道、河口沙坝
溱潼凹陷	2～12	30	90	水下分流河道、河口沙坝、席状砂
海安凹陷	1～12	52	70～86	水下分流河道、河口沙坝、席状砂

2. 岩石特征

海安凹陷泰一段储层主要为中砂岩、细砂岩、（含砾）不等粒砂岩，较少粗砂岩、粉砂岩。碎屑颗粒成分，石英含量 50%～70%，长石含量 10%～27%，岩屑含量 10%～30%；岩屑有变质岩、中酸性岩浆岩、石英岩和硅质岩等。颗粒次棱角状—次圆状，分选中—好，平均粒径 2.02ϕ～6.44ϕ，标准差为 0.53ϕ～3.39ϕ。胶结物平均含量碳酸盐 5.3%、泥质 1.7%，泰一段以碳酸盐胶结为主，泰二段顶部以泥质胶结为主；胶结类型有孔隙—接触式、接触式、孔隙式等。

高邮凹陷和吴堡低凸起储层主要为粗—中砂岩、细砂岩、不等粒砂岩，部分砂砾岩、粉砂岩，以岩屑长石石英砂岩及长石岩屑石英砂岩为主；砂体颗粒分选中等，次棱角—次圆状；碎屑组分含量石英 60%～67%、长石 16%～20%、岩屑 17%～24%；主要粒径范围 0.13～0.8mm，最大粒径 0.85mm。胶结物平均含量碳酸盐 6.8%、泥质 1.9%；吴堡低凸起多见孔隙式胶结，高邮凹陷多为接触—孔隙式胶结。

3. 成岩特征

1）主要成岩作用

（1）压实作用：使沉积物改变填集方式，减小孔隙空间，储集性能变差。该区砂岩见颗粒呈点—线接触，少量镶嵌接触，片状矿物顺层定向排列，云母片弯曲变形，长石双晶断裂变形，压实作用对硬性碎屑为主的岩石影响较之片状碎屑和柔性组分含量多的砂岩影响为小。高邮东部、海安、溱潼凹陷压实作用对泰州组物性影响十分明显，吴堡低凸起影响小。

（2）胶结作用：泥质和碳酸盐为主要胶结物，胶结作用较发育，对储层性能影响较大。泰一段砂岩碳酸盐矿物多于泥质，泰一段顶部相反；尚有硅质，少见硫酸盐及黄铁矿胶结。碳酸盐胶结物有方解石、含铁方解石、白云石、含铁白云石及菱铁矿，粉—细晶为主，分布不均。泥质常呈纤状、星点状、鳞片状及隐晶状，主要为伊/蒙混层矿物、高岭石、绿泥石和伊利石，多分布于颗粒周缘及接触处，部分呈团块状充填于孔隙。硅质胶结物主要以石英次生加大出现，少量以小晶粒充填孔隙。

（3）交代作用：有泥质和碳酸盐胶结物交代碎屑颗粒，镜下常见部分颗粒被交代成不规则状、港湾状边缘、漂浮状胶结残余，长石高岭石化等现象；碳酸盐胶结物间的交代，铁方解石交代方解石，铁白云石交代铁方解石和白云石；泥质与碳酸盐胶结物间的交代；泥质间的交代，主要为伊/蒙混层矿物和高岭石向伊利石和绿泥石的转化。

（4）溶蚀作用：有机质向烃类转化的同时，产生大量有机酸和CO_2，含有机酸和碳酸的水溶液，能强烈溶蚀砂岩中碳酸盐矿物和斜长石等不稳定硅酸盐矿物，产生大量溶蚀次生孔隙，改善储层性能。砂岩中常见碳酸盐胶结物溶解残余，颗粒边缘被溶蚀呈港湾状。

2）成岩阶段划分

根据泰州组砂岩成岩变化特征，常见碳酸盐、含铁碳酸盐矿物，呈粉—细晶，以交代、胶结形式出现；长石、石英等颗粒和碳酸盐胶结物被溶蚀，颗粒边缘常呈不规则状，发育次生孔隙；石英次生加大见弱—强，自形晶面发育，电镜下可见自生晶体向孔隙空间生长，交错相接，堵塞孔隙；黏土矿物以伊/蒙混层、高岭石和绿泥石为主，次为伊利石。按照碎屑岩成岩阶段划分"行标"，海安、白驹凹陷泰州组砂岩埋深小于2600m为早成岩B期，2600~3800m为中成岩A期，推测埋深大于3800m为中成岩B期；吴堡低凸起泰州组砂岩埋深小于2200m为早成岩B期，埋深2200~2800m为中成岩A期；高邮凹陷东部、溱潼凹陷泰州组砂岩埋深小于2000m为早成岩B期，埋深2000~3500m为中成岩A期，埋深3500~4500m为中成岩B期。

4. 储集性能特征

1）孔隙类型及孔喉分布特征

根据铸体薄片、扫描电镜和岩心观察，砂岩以溶蚀粒间孔为主，次为原生粒间孔，偶见铸模孔、粒内溶孔（表1-7-4、图1-7-2）。溶蚀粒间孔形态呈不规则状、多边形状、超大孔隙状，孔隙边缘见明显的溶蚀现象，部分呈溶蚀港湾状，孔隙分布较均匀；原生粒间孔形态呈三角形、多边形、不规则状等，孔隙边缘平直，未见明显的溶蚀现象；粒内溶孔在局部长石、易溶岩屑等内部受溶形成，偶见；铸模孔形态多为长石铸模孔，偶见。储层平均孔径16.98~86.48μm，平均喉道半径为0.18~12.43μm，喉道均值6.08ϕ~13.53μm，属中孔径、中—细喉为主储层。

2）物性特征

海安凹陷泰一段砂岩孔隙度2.1%~27.6%，各砂层组平均孔隙度12.8%~19%；渗透率1~2663mD，各砂层组平均渗透率84.7~1378mD（陈莉琼，2006）。受沉积条件和成岩作用的影响，各砂层组孔、渗分布变化较大，泰一段三亚段以中孔—中渗储层为主，局部高孔—高渗储层；泰一段二亚段以中孔—中渗和低孔—低渗储层为主；泰一段一亚段以中低孔—低渗和特低渗储层为主，少量中孔—中渗储层。自下而上砂层组物性泰一段三亚段＞泰一段二亚段＞泰一段一亚段，依次降低，这与砂体规模、厚度自下而上明显变小有关。同一层段储层随埋深加大，物性逐渐变差；埋深相同，上覆缺失戴南组和三垛组地层薄的地区，储层物性明显比戴南组、三垛组厚度大的地区好。泰二段砂岩孔隙度8.7%～21.8%，渗透率1～25.0mD，主要为中低孔—特低渗储层。

表1-7-4　苏北盆地泰一段砂岩铸体孔隙结构参数统计表

层位	面孔率/%	平均孔径/μm	原生粒间孔/%	溶蚀粒间孔/%	粒内溶孔/%	铸模孔/%
$K_2t_1^1$	2～15.6/8.9/23[①]	8.9～65.7/33.1/23	19～60.2/33.3/10	30.1～66.7/55.4/10	4.2～6.9/5.7/10	3.4～8.3/5.6/10
$K_2t_1^2$	2.3～13/8.9/16	13.3～67/36.1/16	8.8～40/28.7/11	34.6～69.1/53.8/11	2.6～20.7/6.9/10	6.3～26.4/10.5/11
$K_2t_1^3$	14.0/1[②]	87.0/1				

① 表示最小值～最大值/平均值/样品数。
② 数值/样品数。

 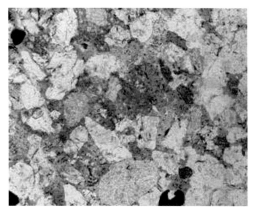

a. 梁9井，2783.79m，溶蚀作用后含铁白云石交代现象，×100，（-）　　b. 安丰2井，2409.52m，主要为粒间溶孔，次为粒内溶孔，少量次生加大，×200，（-）

图1-7-2　海安凹陷泰一段砂岩铸体薄片孔隙结构特征图

高邮凹陷南断阶泰一段砂岩孔隙度4.7%～17.4%、平均14.2%，渗透率1～59.6mD、平均8.8mD，属低—特低孔、低—特低渗储层；北斜坡瓦庄泰一段砂岩孔隙度为12.5%～18.7%、平均15.9%，渗透率11～144mD、平均55.1mD，碳酸盐含量平均10.6%，属中低孔渗为主储层。吴堡低凸起泰一段砂岩孔隙度9.1%～33.9%、平均25.8%，渗透率1～14420mD、平均1559mD，属中高孔渗为主储层；柘垛低凸起泰一段砂岩孔隙度6.3%～23.8%、平均13.9%，渗透率1～293mD、平均21.7mD，属中低—特低孔、低—特低渗为主储层。白驹凹陷含油在泰一段一亚段砂岩，砂体发育程度较差，物性以中低孔渗为主。

从储层$\phi-K$关系看，二者有较好的相关性（图1-7-3a）。在孔隙结构参数上，排驱压力、中值毛细管压力、最大连通喉道半径、中值喉道半径排驱压力、喉道均值、平均喉道半径与储层物性有较好的相关性，如最大连通喉道半径与储层渗透率相关图（图1-7-3b）。

3）影响砂岩储集性能的因素

（1）沉积作用与储集性能。一是碎屑粒度因素。砂岩粒度越粗，物性越好；反之，物性越差（图1-7-4a）。这也反映了沉积水动力条件与储集性能的关系，即水动力强，颗粒粗、分选好，储层物性好；反之，物性差。二是沉积微相因素。根据统计，辫状河三角洲前缘砂体物性好于曲流河三角洲前缘的，其中，水下分流河道微相砂体物性好于河口沙坝的，后者又好于远沙坝、席状砂，三角洲前缘侧翼砂体物性最差；如周庄、陈堡和安丰油田泰一段二亚段和三亚段含油砂岩，皆为辫状河三角洲前缘水下分流河道砂体，油层物性明显好于上覆泰一段一亚段曲流河三角洲前缘水下分流河道，海安新街油田泰一段一亚段油层处于前缘侧翼砂体，物性最差、单井产量最低；又如，安12井泰一段三角洲前缘水下分流河道平均孔隙度18.4%、渗透率36mD，其河口沙坝微相砂体平均孔隙度14.4%、渗透率1mD。同时，微相直接控制砂体沉积厚度，而厚度对物性有十分明显的影响，厚—特厚层砂体物性好于中厚层的，明显高于薄层砂体。

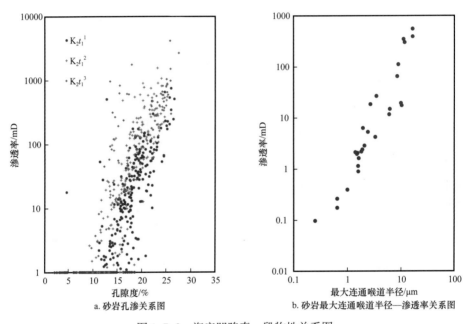

a. 砂岩孔渗关系图 b. 砂岩最大连通喉道半径—渗透率关系图

图 1-7-3　海安凹陷泰一段物性关系图

（2）成岩作用与储集性能。受成岩作用影响，各层段、各砂体的孔渗变化范围较大。压实作用表现为随着埋深的增大物性逐渐变差（图1-7-4b），反映了各层段砂岩物性随埋深增大而下降的总趋势。

充填胶结作用使孔隙含量减少，储层物性变差（图1-7-4c），如泰州组碳酸盐胶结物含量与储层渗透率关系图，反映出渗透率与胶结物含量呈明显负相关。泰一段一亚段砂岩碳酸盐含量明显高于泰一段二+三亚段，同井垂向剖面，埋深大的泰一段二+三亚段砂岩物性却明显好于泰一段一亚段的。

（3）油气注入作用与储集性能。当储层孔隙被油气饱和时，孔隙空间的化学沉淀作用便中断，早期油气充注对胶结作用有明显的抑制作用，起到保护储层孔隙作用，表现为：一是现今埋深较大的砂岩油层仍具有较好的储集条件，与相当微相、岩性、埋深水层相比更明显；如海安凹陷安11井泰一段一亚段含油砂岩井深3052m，平均孔隙度18.5%，平均渗透率47.6mD，明显好于该凹陷不含油气的同层位砂体。二是较细的粉砂岩因原油充注，而有较好的孔渗物性，如安丰5井泰一段一亚段含油粉砂岩。

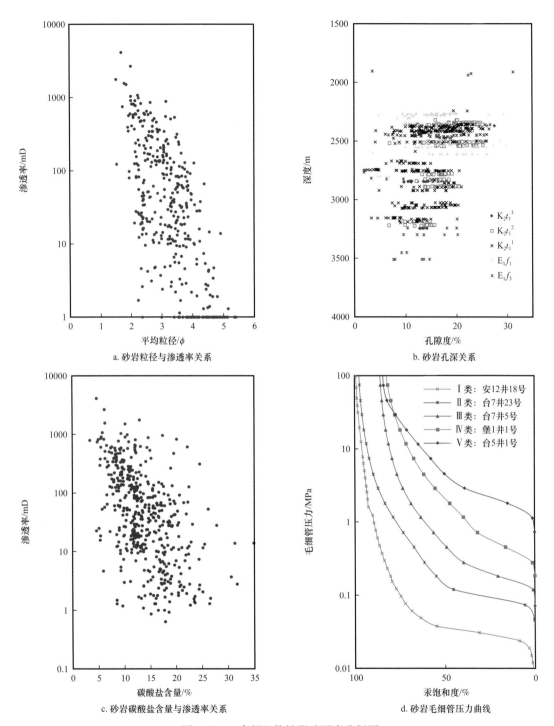

图 1-7-4 泰州组物性影响因素分析图

5.储层综合评价

1）储层分类

依据储层物性、孔隙结构参数和各类储层典型毛细管压力曲线（图 1-7-4d），将其分为五级（表 1-7-5），分类特征如下。

Ⅰ类：主要为中砂岩、细砂岩，以粒间扩大孔和粒间溶孔为主，储集性能好。

Ⅱ类：主要为中—细砂岩、含砾中—细砂岩，以原生粒间孔和粒间溶孔为主，储集性能较好。

Ⅲ类：主要为细砂岩、含砾细砂岩，以原生粒间孔和粒内溶孔为主，储集性能较差。

Ⅳ类：主要为细、极细、粉细砂岩，以粒间孔和微孔隙为主，储集性能差。

Ⅴ类：主要为粉砂岩、灰质粉砂岩，以微孔隙为主，为无效储集岩。

表 1-7-5　苏北盆地砂岩储层分类参数评价表

类别	Ⅰ类	Ⅱ类	Ⅲ类	Ⅳ类	Ⅴ类
孔隙度 /%	>25	20~25	15~20	10~15	<10
渗透率 /mD	>500	100~500	10~100	1~10	<1
排驱压力 /MPa	<0.05	0.05~0.08	0.08~0.2	0.2~0.6	>0.6
中值毛细管压力 /MPa	<0.2	0.2~0.6	0.6~2	2~4	>4
最大连通孔喉半径 /μm	>15	10~15	4~10	1~4	<1
中值孔喉半径 /μm	>4	1~4	0.4~1	0.2~0.4	<0.2

2）综合评价

根据砂岩储集性能影响因素和试验资料综合分析，对东台坳陷东部泰州组储层平面分布综合评价，应考虑因素：（1）沉积、成岩是影响储层物性的两大要素。（2）与沉积作用相关的沉积相带、砂体厚度，均与储集性能有较好的相关性，厚度是评价储层平面分布的主要指标。（3）储层埋深是控制成岩作用的主要因素，以储层厚度为基础，再依埋深划分储层不同性能发育区等；吴堡低凸起泰州组储层最有利，海安、溱潼、高邮、白驹凹陷不同砂层组，其砂体微相、厚度有差别，不同构造单元的埋深差异更大，因此需要分别具体评价。

第二节　古　新　统

苏北盆地古新统阜宁组碎屑岩、湖相碳酸盐岩和火山岩三类主要储层均有发育。阜宁组在纵向剖面上呈粗—细—粗—细的复合旋回结构，砂岩储层主要发育于阜一段、阜三段，局部发育于阜二段、阜四段；湖相碳酸盐岩储层发育于高邮、金湖凹陷阜二段中下部；火山岩储层主要分布于阜二段中下部—阜一段上部。

一、碎屑岩储层

1. 宏观分布特征

1）阜一段砂岩

阜一段广泛发育曲流河、三角洲和滨浅湖沉积体系，尤其含油气区东台坳陷，砂地比一般小于 0.45，砂体呈与泥岩互层或夹层出现；其中，河流边滩、三角洲平原分流河道、三角洲前缘的水下分流河道、河口沙坝、席状砂、浅湖滩坝，这些微相是砂体主发育带，尤以上述各类的河道砂体分布广、厚度大（表 1-7-6）。东台坳陷中西部（金湖、高邮），自阜一段三亚段和四亚段低位体系域到阜一段一亚段高位体系域，砂岩都相当丰富，以中厚—厚层为主；溱潼凹陷砂岩主要在阜一段三亚段和四亚段低位体系域，上部以泥岩为主；而海安、白驹凹陷仅低位体系域底部阜一段四亚段有砂体，从阜一段四亚段中部到高位体系域阜一段一亚段基本为泥岩。盐阜坳陷涟水、阜宁凹陷砂岩比盐城凹陷发育，后者仅在阜一段底部见少量砂岩。

表 1-7-6 苏北盆地阜宁组砂体厚度及主要微相类型

层位	单元	区带	单层厚度 /m	单层最厚 /m	累计厚度 /m	主要砂体类型
E_1f_4	金湖	汊涧	2～6	10	0～75	水下分流河道、河口沙坝、浅湖滩坝
	盐城	南洋	1～4	8	0～45	水下分流河道、河口沙坝、浅湖滩坝
E_1f_3	盐城	南洋	1～4	10	75～130	水下分流河道、河口沙坝、席状砂
	金湖	西斜坡	2～6	12	60～145	水下分流河道、河口沙坝、席状砂
		东斜坡	1.5～2.5	4.5	25～50	席状砂、河口沙坝、水下分流河道
	高邮	北斜坡	3～7	10	80～100	水下分流河道、河口沙坝、天然堤、席状砂
	溱潼	溱潼	0.5～5	8	20～80	水下分流河道、河口沙坝、天然堤、席状砂
	海安	曲塘	0.5～4	5	0～35	浅湖滩坝、席状砂
		梁垛—富安	0.5～3	4	0～55	河口沙坝、水下分流河道、席状砂
E_1f_2	金湖	西斜坡	2～5	15	60～290	水下分流河道、河口沙坝、浅湖滩坝
		东斜坡	1～4	10	100～190	浅湖滩坝或沙泥坪、席状砂、水下分流河道
E_1f_1		西斜坡	2～8	15	120～270	河道、天然堤、决口扇
		东斜坡	1～4	10	50～160	河道、天然堤、决口扇、泛滥平原
E_1f_1	吴堡	低凸起	2～6	10	100～220	水下分流河道、河口沙坝、天然堤、浅湖滩坝
E_1f_2		北斜坡	1～4	7	0～12	水下分流河道、浅湖滩坝
E_1f_1	高邮	北斜坡	3～7	15	200～350	（水下）分流河道、河口沙坝、天然堤、决口扇
		南断阶	2～5	12	200～420	河道、（水下）分流河道、河口沙坝、浅湖滩坝
$E_1f_1^{3+4}$	溱潼	溱潼	1～6	8	120～260	水下分流河道、河口沙坝、天然堤、浅湖滩坝
$E_1f_1^{4底}$	盐城	南洋	1～4	16.5	32	水下分流河道、分流间湾
	海安	海安	1～5	16	40	水下分流河道、河口沙坝

2）阜二段砂岩

阜二段在盆地主体部位以泥质沉积为主，砂岩局限于东台西部分布。其中，高邮北斜坡阜二段三亚段底部有少量砂体，许庄—方巷见南部搬运来的前三角洲薄层砂体和个别滑塌中—厚层砂体。金湖凹陷阜二段三亚段、阜二段二亚段下部以三角洲前缘、浅湖滩坝砂体为主，西斜坡中段—南段砂岩很发育，北段砂岩明显减少、变薄，东斜坡砂地比小于0.3，以滩坝或沙泥坪砂体为主，砂岩厚度较小。

3）阜三段砂岩

阜三段为砂泥互层沉积，总体上砂岩储层发育，砂岩发育程度受北东、南西两大物源体系控制而有所差异。其中，中央三角洲前缘砂体，在金湖东部、高邮、溱潼、海安凹陷呈大面积叠置连片展布，以薄—中厚层为主，砂地比一般小于0.3，砂体向南部倾覆尖灭；金湖西南三角洲前缘砂体较为发育，自西南向东北砂体逐渐减少、变薄，砂地比由泥沛的0.6，到铜城—崔庄降至0.1左右。

4）阜四段砂岩

阜四段在盆地主体部位为泥质沉积。在下部阜四段二亚段弹簧段继承了阜三段两大物源体系，不过沉积显著后退，砂体分布大为缩小，金湖西南三角洲前缘局限残留于高集—龙岗一线以西，中央三角洲前缘仅盐城、阜宁凹陷有残留，这些砂体沉积特征与阜三段基本一样；到晚期阜四段一亚段，全部相变为深湖无砂岩沉积，建设大套黑色泥岩夹薄层泥灰岩的烃源岩。此外，洪泽断陷阜四段发育三角洲、近岸水下扇和浅湖砂体，规模较小。

2. 岩石特征

1）阜一段、阜二段砂岩

储层以细砂岩为主，次有不等粒砂岩、粉砂岩、中砂岩，少见粗砂岩；岩石以长石岩屑质石英砂岩为主，部分长石质岩屑砂岩。碎屑组分含量石英56.3%～67%，平均62%，阜二段较阜一段石英含量略高；长石15.8%～23%，平均18.6%；岩屑16%～24.8%，平均20.8%，岩屑成分岩浆岩4.5%～11.6%、变质岩2.1%～9.1%、沉积岩3.9%～14.3%。胶结物以灰质、云质为主，泥质较少，偶见硅质。主要粒径0.03～0.50mm，中粉砂—中砂级，细砂占主导，阜二段颗粒更细；分选中到好，次圆状—次棱角状，风化中—浅；胶结类型以接触式、孔隙式、孔隙—接触式为主，深层阜一段见基底—孔隙式和压嵌式。

2）阜三段、阜四段砂岩

以粉砂岩占优势，西南三角洲还有细砂岩、中砂岩；岩石以长石岩屑质石英砂岩为主，少数岩屑质长石砂岩和长石质岩屑砂岩。碎屑组分含量石英55%～63.4%，平均59.2%；长石16%～21.2%，平均18.1%；岩屑18.7%～24%，平均21.8%，成分有岩浆岩、变质岩和沉积岩；填隙物泥质4.9%～10%，灰质1.5%～22.1%，云质1%～5%，含少量硅质。主要粒径0.005～0.1mm，以粉砂为主，金湖西南部粒度明显较粗；颗粒分选中—好，次圆状—次棱角状，风化浅中—浅；胶结类型以孔隙—接触式为主，次有接触式、接触—压嵌式，偶见基底式。

3. 成岩特征

1）主要成岩作用

（1）压实作用：使阜宁组砂岩物性降低变差的重要因素。一是同层序持续沉降，压实程度增高、物性变差。二是早期抬升的低凸起、凸起或继承性斜坡外带，压实作用较弱，物性较好；如吴堡低凸起阜一段砂岩属中高孔渗储层，而北斜坡以中低孔、低渗储层为主。三是长期沉积间断地区，压实作用弱、物性好；如盐城凹陷阜一段砂岩埋深大于3500m，其孔渗依然较高，比高邮、金湖、溱潼同深度阜一段砂岩物性好得多。四是含泥质砂岩易受压实改造，使孔渗明显降低。

（2）胶结作用：常见碳酸盐、黏土矿物、石英3类胶结物。碳酸盐类：成岩早期方解石多以孔隙充填形式产出，成岩中期粒间充填含铁白云石和含铁方解石及菱铁矿，呈嵌晶胶结、连晶胶结或矿物交代等形式产出，含量0.5%～35%；碳酸盐胶结物使孔渗降低，随含量增加、物性下降明显，同时，它又是次生溶蚀的物质基础，含量过低、可溶解的少，太高胶结致密难溶解，含量为8%～18%最有利。黏土矿物类：有伊/蒙混层、高岭石、绿泥石、伊利石，呈孔隙衬垫、充填和矿物交代等形式，堵塞孔喉造成物性降低，渗透率下降更快。石英类：石英次生加大常见于较深埋藏砂岩中（图1-7-5a），它使粒间的管状喉道变为"片状"或"缝状"，不易再溶蚀，显著降低砂岩储集性能。

（3）交代作用：表现为碳酸盐、高岭石、绢云母等对长石、岩屑颗粒的交代，碳酸盐矿物间的交代，温度升高，pH值增大，交代作用增强。因此，随埋深加大，碳酸盐的交代作用明显增强。

（4）溶蚀作用：普遍存在于阜宁组砂岩中，尤其阜一段、阜二段以方解石等胶结物溶解为主，形成胶结物次生溶孔、粒间溶孔；阜三段以长石颗粒、云灰质和杂基溶解为主，形成粒内溶孔、铸模孔及粒间溶孔。溶蚀提高了砂岩的孔隙性，改善了渗流能力（图1-7-5b）。

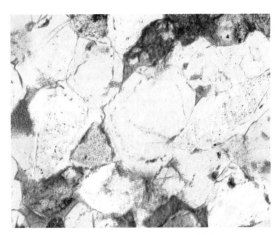 

a. 花17-8井，E_1f_3，2967.2m，石英次生加大　　b. 高6-104井，E_1f_2，1914.7m，长石颗粒溶蚀

图1-7-5　阜宁组储层成岩作用显微特征

2）成岩阶段划分

根据阜宁组砂岩成岩特征和"行标"，高邮北斜坡外带阜一段一亚段和二亚段、阜二段三亚段和阜三段砂岩，溱潼北斜坡外带阜一段一亚段和二亚段、阜三段砂岩，金湖斜坡中—外带阜一段一亚段、阜二段和阜三段砂岩，吴堡低凸起阜一段一亚段和二亚段、阜三段砂岩，海安、盐城凹陷阜三段砂岩，处于早成岩B期；高邮北斜坡中带阜一

段一亚段和二亚段、阜二段三亚段和阜三段砂岩，溱潼北斜坡中带阜一段一亚段和二亚段、阜三段和断阶带阜一段、阜三段砂岩，金湖斜坡内带阜一段一亚段、阜二段砂岩，吴堡低凸起阜一段三＋四亚段砂岩，海安曲塘次凹阜三段砂岩，盐城、海安斜坡中带一次凹阜一段四亚段底、阜三段砂岩，处于中成岩 A 期；高邮北斜坡内带阜一段一＋二亚段、阜三段和南部断阶带阜一段砂岩，溱潼北斜坡内带阜一段一＋二亚段、阜三段砂岩和断阶带阜一段砂岩，金湖凹陷次凹阜一段一亚段、阜二段和阜三段砂岩，处于中成岩 A—B 期。苏北盆地阜宁组砂岩基本未进入晚成岩阶段。

4. 储集性能特征

1）砂岩孔隙类型及孔喉分布特征

根据铸体薄片、阴极发光、扫描电镜等资料，阜宁组储层有多种孔隙类型，不同层位有差异。

（1）原生粒间孔。根据孔隙中有无胶结物，将原生粒间孔分为正常和残余粒间孔。阜宁组砂岩粒间孔多为残余粒间孔，各段含量不等，大小不一，直径一般为 20～100μm，连通性好—差（图 1-7-6a）；面孔率 0～1.1%，占总面孔率的 15.3%，呈边缘较平直的三角形状、多边形状、片状或不规则状。

（2）粒间溶孔。指颗粒边缘、粒间胶结物和杂基溶解形成分布于颗粒之间的孔隙。该区较为发育，面孔率为 0.8%～4.6%，占总面孔率的 40.9%，占次生溶蚀孔隙的 48.9%，其形态多样，有港湾状溶蚀、长条状溶蚀、特大溶蚀和蜂窝状溶蚀（图 1-7-6b）。

a. 沙53井，E_1f_3，2853m，原生粒间孔　　b. 花10井，E_1f_3，3631m，粒间溶孔　　c. 崔6-3井，E_1f_2，1553m，微裂缝

图 1-7-6　阜宁组储集空间显微特征

（3）粒内溶孔。指长石、岩屑等颗粒溶蚀形成的孔隙，其中，有颗粒内部呈孤立状的粒内溶孔，也有沿颗粒边缘或解理缝溶蚀的孔隙（图 1-7-5b）。为一类发育孔隙类型，面孔率 0～3.7%，占总面孔率的 42.8%。其中，主要为长石溶孔，几乎所有薄片中均可观察到。

（4）填隙物内孔隙。指孔径极小、存在于杂基和胶结物内的微孔，在铸体薄片中很难分辨，也即晶间孔。主要分布于黏土杂基质点间、高岭石晶体之间和部分岩屑中；常见高岭石和伊利石充填于粒间孔体系中，使孔隙体积减小并产生大量的微孔隙，孔径一般 1～10μm，甚至更小。区内晶间孔含量很少，面孔率 0～0.2%，仅占总面孔率的 1.1%。

（5）裂隙。有一定的发育，见开启颗粒裂隙、胶结物裂隙，局部见充填—半充填裂缝（图 1-7-6c）。这些裂隙有些经历了一定溶蚀，尽管数量上占比小，一旦存在可明显改善渗透率。层段上，阜一段、阜二段砂岩由原生粒间孔、次生粒间孔、粒内溶孔、胶结物溶孔、铸模孔及较丰富的微裂隙组成，不同地区有所差异；总体上，平均孔宽 32.8～61.8μm，面孔率 8.1%～18.6%，平均配位数 2～4，孔喉比 4～10.1。阜三段、阜四段砂岩由粒间孔、粒内溶孔、胶结物溶孔、铸模孔及微裂隙组成，粒间孔是主要储集空间，不同埋深、单元差异相当明显；整体上，平均孔宽 26.6～51μm，面孔率 3.6%～15.7%，平均配位数 0.8～3，孔喉比 1.6～4.8。

  2）物性特征

  （1）阜一段、阜二段砂岩。不同区带砂岩平均孔隙度 11.4%～24%、渗透率 11.1～321mD，孔渗性平面差异大，以金湖西斜坡、吴堡低凸起物性较好，属中高孔、高中渗储层；其他地区一般为中低孔、中低渗储层，甚至特低渗储层；其中，碳酸盐胶结物含量普遍较高，是影响储层物性的原因之一（表 1-7-7）。

表 1-7-7 苏北盆地阜宁组下部砂岩物性统计表

层位	凹陷/凸起	区带	孔隙度 /%			渗透率 /mD			碳酸盐平均含量 /%
			最小	最大	平均	最小	最大	平均	
$E_1f_1^1$+$E_1f_2^{2+3}$	金湖	西斜坡	9	34	19	<1	957	114.5	12.6
		石港—铜城	7	22	13	<1	168	11.8	15
		东斜坡	10	30	18	<1	241	40	17.4
$E_1f_1^{1+2}$	高邮	北斜坡 中东部	3.2	28.5	16.3	1	637.8	42.5	22.8
$E_1f_1^{1+2}$		西部	3.4	25.2	17.2	<1	663	31.5	22.0
$E_1f_1^1$		内坡	1.8	18.1	11.4	1	43.9	4.45	16.7
E_1f_1		南断阶区	7.6	18	17.9	5.14	16.8	11.1	27.4
E_1f_1	吴堡	低凸起带	4.7	30.7	24.0	4.1	3282	321	16.2
$E_1f_1^{4底}$	海安	全区	10	30	17	<1	2259	294	15.8
	盐城	南洋	10	20	16	<1	643	93	6

  （2）阜三段砂岩。砂岩平均孔隙度 17%～28.7%，渗透率 10.1～480mD，在高邮凹陷北斜坡内坡物性明显变差；总体物性普遍比下伏阜二段、阜一段好，碳酸盐含量很低，为中—高孔、中—低渗储层（表 1-7-8）。

  （3）阜四段砂岩。盐阜坳陷阜四段砂岩无油源不成藏，不予赘述。金湖凹陷西南部砂岩孔隙度平均 23%，渗透率平均 105mD，碳酸盐含量 12%，属中—高孔、中—高渗为主储层。

  3）影响碎屑岩储集性能的因素

  （1）沉积作用与储集性能。与泰州组有发达的河流、辫状河三角洲建设的砂体粒度粗、单层厚度大相比，阜宁组以曲流河三角洲前缘、浅湖滩坝或沙泥坪沉积砂体为主，砂岩粒度细、单层厚度普遍小；因此，砂体物性总体属于中低孔、低渗特低渗水平，其中水下分流河道砂体物性明显好于河口沙坝、席状砂、浅湖滩坝和沙坪等微相。

  （2）成岩作用与储集性能。一是机械压实作用。砂岩随埋深增大，其孔隙度、渗透率和喉道宽度明显降低，是导致物性降低的主要原因，其变化规律与泰州组砂岩一样，只是砂岩颗粒更细小，物性递减更快、更明显。二是胶结作用。阜宁组湖泊更加辽阔、水体更深，砂岩碳酸盐胶结物更加丰富，全区阜一段、阜二段碳酸盐平均含量达17.8%，全区泰一段为10.4%，导致阜一段、阜二段胶结强烈、物性下降；阜三段碳酸盐平均含量全区仅4.3%，但泥质含量明显增多、最低为4.9%，加之粉砂级粒度，渗透率物性普遍差。三是交代、重结晶作用。黏土矿物、碳酸盐对长石、岩屑的交代，铁方解石、铁白云石对方解石的交代，随埋深加大碳酸盐的交代作用明显增强，以及黏土矿物重结晶成自形矿物，泥微晶碳酸盐结晶成中细晶甚至粗大的晶体，都使砂岩物性下降。四是溶解作用。阜一段、阜二段砂岩碳酸盐胶结物含量高，含量为8%～18%的碳酸盐溶解作用最为强烈，形成胶结物次生溶蚀孔隙增加的效果为佳；此外，还有颗粒粒间溶孔、粒内溶孔、铸模孔等，提高了砂岩的孔隙性，改善了渗流能力。

表1-7-8　苏北盆地阜宁组上部砂岩物性统计表

层位	凹陷/凸起	区带	孔隙度/%			渗透率/mD			碳酸盐平均含量/%
			最小	最大	平均	最小	最大	平均	
$E_1f_4^2$	金湖	汊涧	12	32.1	23	<1	1690	105	12
E_1f_3	盐城	南洋	17	26	23	2.7	2072	417	1.7
	金湖	西斜坡	10	32	22.5	<1	3889	261	10.5
		卞闵杨	15	33	25	3.4	1117	136	2.1
	高邮	北斜坡	14.7	20.9	24.3	1	5334.4	209.5	1.6
	吴堡	低凸起带	22.3	34.5	28.7	32.9	2409.7	343.0	1.8
	海安	全区	9	25	17	<1	60.3	10.1	3.3

（3）盆地演化与储集性能。苏北—南黄海盆地经历多次构造事件的抬升和剥蚀，每次都改变了盆地构造体制和沉积格局，控制着地层的连续性和间断性，向深处埋藏或抬升变浅，影响着古地温和古水文环境变化，进而影响砂岩物性变化。分析发现，新近纪盆地即便沉降深、沉积厚，其对下伏砂岩物性的影响也不大；而古近纪不同构造单元演化史对物性影响明显，戴南组＋三垛组沉积薄，阜宁组砂岩物性就好，相反，则物性差。

（4）古地温与储集性能。一是古地温作用。该区地温梯度呈双层结构特点，东台组—戴南组地温梯度较低，平均2.8℃/100m，阜宁组—泰州组地温梯度较高，平均3.9℃/100m；这使得阜宁组成岩普遍较强，如高邮凹陷阜宁组砂岩埋深超过3800m后，孔隙度降低到6%以下，渗透率为特低—超低渗。二是岩浆岩侵入作用。高邮、溱潼凹陷北斜坡阜宁组不同程度侵入了辉绿岩，使两侧砂岩成岩作用强度明显高于同深度、同层位的正常地层，岩石受温较高、物性明显变差，只有一部分的变质岩带有一定的储集性能。

5. 储层综合评价

1）储层分类

根据表1-7-5储层分类，结合阜宁组砂岩毛细管压力曲线、排驱压力、孔喉分布等特征分析（图1-7-7），阜宁组砂岩很少属于Ⅰ类储层，储油气砂岩属于Ⅱ类储层的也不是太多，储油气砂岩以Ⅲ类、Ⅳ类储层为主，以及少部分Ⅴ类中孔渗相对大的储层，储油孔隙度下限在8%左右，低于该界限的即便砂体含油，储层酸化、压裂改造的效果也极差。

2）综合评价

该区阜宁组砂岩颗粒普遍细，埋藏浅—中—深皆有，大多处于早成岩B期—中成岩A期，深埋的进入中成岩B期，储层物性以中低孔、低—特低渗为主。

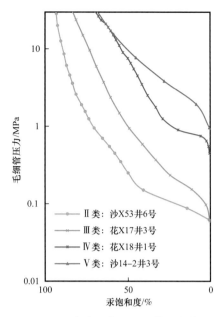

图1-7-7 阜宁组典型毛细管压力曲线分类图

二、湖相碳酸盐岩储层

1. 宏观分布特征

阜二段碳酸盐岩储层砂体类型包括生物碎屑滩、生物丘、生物层、鲕粒席等，生物丘、生物滩储层厚度较大，有中厚—厚层状的，但分布局限，生物层和鲕粒席基本为薄层状储层。平面上，主要发育于金湖凹陷西斜坡中段的岸外碳酸盐岩浅滩，有一定规模的较厚碳酸盐岩储层；金湖东斜坡、高邮凹陷北斜坡的台地浅湖，仅见薄层的碳酸盐岩席储层。纵向上，金湖凹陷西斜坡碳酸盐岩主要发育于阜二段二亚段层位，单层厚度0.5～8m，累计厚度2～30m；受岸外浅湖水下古地形隆起控制，碳酸盐岩呈条带状、团块状或鸡窝状分布，长轴走向近平行岸线，其中，刘庄、范庄和东阳构造生物灰岩、虫管灰岩、藻灰岩最发育，储层中厚—厚层状，累计厚度5～30m。金湖西南部受丰富的碎屑物源影响，该区阜二段二亚段仍分布三角洲前缘砂体。金湖东斜坡闵桥、唐港、宝应阜二段二＋三亚段玄武岩为台坪浅湖滩坝环境，其上部常见1～4个薄层鲕粒灰岩，次有虫管灰岩等，累计厚度为4～6m，厚度薄、储集性能差，尤其夹于深灰色泥岩中的薄层鲕粒灰岩，一般无储集性能；闵桥、唐港一般厚2～4m，局部厚4～6m；高邮凹陷北斜坡西部码头庄—韦庄地区在阜二段三亚段底浅湖滩坝上，发育少量薄层鲕粒灰岩、虫管灰岩，单层厚度0.1～2m，累计厚度1～5m，一般物性较差，有微裂缝者较好。

2. 碳酸盐岩储层岩石特征

金湖西斜坡阜二段碳酸盐岩储层以生物碎屑灰岩、虫管灰岩、藻灰岩为主，部分鲕粒灰岩。碎屑灰岩的砾屑含量7%～80%，砂屑5%～70%，虫管灰岩的虫管残体含量30%～75%，介形虫灰岩的介形类含量25%～78%，藻灰岩的藻屑含量30%～85%，鲕状灰岩的鲕粒占20%～87%；泥晶基质、亮晶胶结物含量变化范围也很大，前者为0～100%，后者为0～70%；陆源碎屑含量一般小于10%，如西斜坡浅湖生物滩坝区，局部含量较高大于25%，如卞塘—闵桥地区；鲕粒以表鲕为主，次为正常鲕，少见空心鲕，鲕粒直径一般0.1～0.5mm，以0.15～0.3mm为主，核心被陆源碎屑、泥晶灰质充填。

3. 储集性能特征

1）碳酸盐岩孔隙类型及孔喉分布特征

区内碳酸盐岩储层可分原生孔隙、次生孔隙两类（表1-7-9）。

表 1-7-9 苏北盆地阜二段碳酸盐岩孔隙特征表

孔隙类型		形成阶段和机理	主要岩石类型	微相
原生孔隙	生物体腔孔、粒间孔	生物硬体和其他颗粒原地堆积而成	生物介壳灰岩、虫管灰岩	浅滩、生物丘
	生物骨架孔	生物原地生长而成	藻灰岩、礁灰岩	生物丘
次生孔隙	粒内溶孔、粒间溶孔、晶间溶孔、溶洞	大气淡水淋滤作用和溶解作用	介形虫灰岩、生物碎屑灰岩	浅滩、堤坝
	裂缝	成岩作用和构造应力作用	各种类型均有	各相带

（1）原生孔隙：有粒间孔、粒内孔（生物体腔孔）、生物骨架孔等，受成岩作用影响，大部分原生孔隙失去或被改造。岩心观察和镜下鉴定表明，礁丘状虫管灰岩仍保留了部分生物体腔孔、骨骼间孔等，但往往与次生孔隙难以准确区分。

（2）次生孔隙：一是溶孔。包括藻间溶孔、粒内溶孔、粒间溶孔和晶间溶孔，普遍发育。如范庄、刘庄油田，铸体薄片常见此类孔隙；其中，以藻间溶孔、粒内溶孔和粒间溶孔的孔喉半径较大，面孔率高。二是晶间孔。重结晶作用在碳酸盐岩晶体间形成的孔隙，亮晶灰岩中较发育，孔隙形状相对规则，但面孔率相对较低。三是裂缝。十分发育，有构造缝、溶缝和缝合线，分布不均、大小不一；其中，构造裂缝较粗大，岩心可见多条裂缝，面孔率可达 3%；范 1 井镜下见网状微裂缝，缝宽 0.01～0.05mm。裂缝发育段岩心往往十分破碎，反映裂缝对改善碳酸盐岩的储油性能起着重要作用。

从各油田岩心看，碳酸盐岩原生、次生的各种孔隙类型都有，基本为复合类型，孔隙大小不一、形状各异是主要特征。孔隙结构类型可分为 6 种孔喉组合结构，即粗孔大喉型、粗孔中喉型、细孔中喉型、粗孔小喉型、细孔小喉型、微细孔微喉型（表 1-7-10）。虫管灰岩、藻灰岩、生物灰岩常呈显孔—微孔大喉道组合，物性好；泥晶灰岩多见隐孔—微孔微喉道组合，物性很差；其他包括内碎屑灰岩、鲕灰岩等介于二者间，或呈交互出现，表现为强烈的非均质性和多变性。

表 1-7-10 苏北盆地阜二段碳酸盐岩孔隙结构分类表

结构类型	中值喉宽 /μm	渗透率 /mD	孔隙度 /%	评价	孔隙类型
粗孔大喉型	>2	>10	>15	好储层	粒间溶孔、孔洞
粗孔中喉型或细孔中喉型	2～0.125	10～0.25	15～8	较好储层	溶孔、粒间溶孔、生物体腔孔、骨架孔
粗孔小喉型或细孔小喉型	0.125～0.05	0.25～0.02	8～2	中等储层	晶间孔、溶孔
微细孔微喉型	<0.05	<0.02	<2	差储层	微晶间隙、晶间孔及溶孔

2）碳酸盐岩物性特征

岩心观察和化验资料反映（表 1-7-11），碳酸盐岩物性非均质性极强，储层内部结构各向异性明显，虫管灰岩物性最好，骨架孔隙和骨内孔隙呈"蜂窝"状发育，金湖凹陷西斜坡北段整体物性最好，如刘庄—宋庄平均孔隙度 26%；渗透率差异更明显，高集虫管灰岩渗透率达 1492mD。滩坝碳酸盐岩物性差异大，鲕灰岩物性一般较好；搬运再沉积的粒屑灰岩物性较差，如金湖凹陷西斜坡南段戴家圩—桃园，孔隙度 3%～30%，平均 8%，渗透率多数小于 1mD。此外，碳酸盐岩的非均质性还表现在层间上，如范 1 井 1421～1437m 井段，生物灰岩孔隙度 4%～31%、平均 14%，渗透率 1～1483mD，物性相差悬殊。

表 1-7-11　苏北盆地阜二段碳酸盐岩储层物性统计表

地区	孔隙度 /%			渗透率 /mD				主要岩性
	最大	最小	平均	最大	最小	平均	备注	
刘庄—宋庄	37	17	26	403.6	3.8	74.5		虫管、藻、鲕状灰岩
崔庄—高集	26	3	11	1492	<1	79.8	40%K<1	虫管、核形石、鲕粒、藻屑灰岩
南湖—范庄	31	3	13	1483	<1	30.4		虫管、藻叠层、藻、鲕粒、介形虫、核形石灰岩
戴家圩—桃园	30	3	8	79.2	<1	2.2	80%K<1	虫管、鲕粒灰岩，虫管云岩
卞闵杨	32	1	12	>13000（有微裂缝）	<1	69	40%K<1	虫管、鲕粒、核形石灰岩，砂屑、砾屑白云岩
塔集	30	6	19	197	<1	25		鲕状、虫管灰岩
码头庄	27	3	8	424.8	<1	16	80%K<1	鲕粒灰岩
韦庄	19	3	10	403.8	<1	75.6		鲕粒、藻屑、虫管灰岩

4.影响碳酸盐岩储集性能的因素

发育在"暖、浅、清、亮"浅湖滩坝的阜二段碳酸盐岩，可以成为油气储层；在半深湖—深湖相泥灰岩，则成为良好的烃源岩。在相带基础上，阜二段碳酸盐岩储层的物性主要受成岩作用控制。

（1）压实和胶结作用：压实包括机械、化学作用，碳酸盐沉积后即开始发生压实、胶结作用，使沉积物随埋藏物性急剧下降；当埋深达到一定程度时，转化为化学压溶作用，岩石变得非常致密；胶结物主要成分是结晶方解石、白云石，使储层原生孔隙或次生缝洞减小，储集性能变差。

（2）白云化作用：相当普遍，起双重作用。一是形成晶体紧密镶嵌，使储层性能变差；二是形成一定的孔隙空间，改善了储集条件。如范庄油田，碳酸盐岩物性与白云石含量密切相关，当白云石含量为 4%～25% 时，储层孔隙度随白云石含量增加反而减小；当白云石含量为 25%～60% 时，孔隙度随着白云石含量增加而增加。

（3）溶蚀、溶解作用：对改善阜二段碳酸盐岩储集性能十分明显，在浅湖沙坪 / 沙坝上发育的碳酸盐岩，因下伏砂体地下水较活跃，溶蚀、溶解作用比夹于泥坪上的碳酸盐岩要强烈的多，岩心和镜下常见到发育的溶孔、溶洞，形成良好的次生孔隙。

（4）构造作用：形成裂缝既增加有效储集空间，又极大改善渗透性能，促进溶蚀、溶解发生。

三、喷出岩储层

苏北盆地中生代—新生代岩浆岩活动相当强烈和频繁，岩浆岩纵横广泛发育、不均衡分布，岩石类型主要为喷出岩和浅层侵入岩。其中，金湖凹陷闵桥阜一段、阜二段喷出岩作为储层聚集油气成藏，并形成了规模油田；其他地区也有个别喷出岩油藏，规模微小，如海安凹陷安2块阜二段玄武岩油藏。同时，高邮、金湖、溱潼凹陷的浅层侵入岩及伴生的变质岩带都见到作为储层成藏的，不过尚未发现成规模的。近几年，溱潼凹陷发现与岩浆岩活动相关的3种油藏，如帅4块隐爆角砾岩型油藏、帅5块接触蚀变型油藏、帅8块侧向遮挡型油藏，勘探效果良好。下面主要阐述闵桥喷出岩储层特征。

1. 喷出岩相带划分及分布特征

1）剖面相分带

金湖凹陷闵桥地区喷出岩主要为喷溢相，以喷出熔岩为主，纵向熔岩流剖面具有分带性，可划分出4个带（图1-7-8a）。一是顶部岩流自碎角砾状熔岩相带。岩浆喷溢出火山口，与空气接触迅速冷却首先硬结，硬壳被继续流动的熔岩搓碎而形成自碎角砾。二是上部气孔—杏仁状熔岩带。富含气孔、杏仁，常显拉长状，可用以指示岩浆流动方向。三是中部致密块状熔岩带。该带岩浆冷却较慢，压力较大，岩性致密，仅含少量的圆形气孔。四是下部气孔—杏仁状熔岩带。这是熔岩带最底部一带，由于熔岩流沿潮湿的地表或沿水底流动，下部水分进入岩流，从而形成大量气孔。上述4个岩流单元带，前2个带常常缺失，后2个带是组成岩流单元的主体。据统计，该区岩流单元最大厚度24.3m，最小厚度1.5m，平均厚度6.35m；第2与第3个带的厚度比约1：1.3。

2）平面相分带

平面上，熔岩流同样具有分带性。该区岩浆活动主要表现为喷溢作用，具多次喷溢特点，为中心式岩浆喷发地喷出岩相模式，由岩浆喷口向外，依次划分近岩浆喷口相带、过渡相带和远岩浆喷口相带（图1-7-8b）。近岩浆喷口相带主要由崩落堆积形成的岩浆喷出粗碎屑和富气孔的熔岩组成，过渡相带主要由溢流熔岩组成，还可见空落堆积地喷出碎屑，远岩浆喷口相带主要由薄层熔岩和正常沉积岩交互组成。

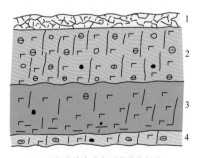

1—顶部岩流自碎角砾状熔岩相带
2—上部气孔—杏仁状熔岩带
3—中部致密块状熔岩带
4—下部气孔—杏仁状熔岩带

a. 熔岩流剖面相带划分示意图

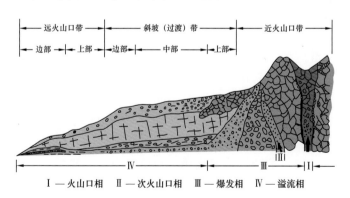

Ⅰ—火山口相　Ⅱ—次火山口相　Ⅲ—爆发相　Ⅳ—溢流相

b. 喷出岩相模式图

图1-7-8　金湖凹陷闵桥地区喷出岩相带划分及喷发模式图

3）喷出岩分布

根据钻探统计，闵桥喷出岩发育在阜一段、阜二段，主要分布于金湖凹陷东斜坡的闵桥—卞东—塔集—高邮湖地区，大致以卞东、杨4井一线以东，呈东厚、西薄的楔状体特征，东部最厚达320m，西部、西南部逐渐尖灭；平面有2处厚度高值区，一个是闵15、闵16井一带，另一个是东南方向的盛1井一带。

2. 岩石特征

据薄片鉴定，闵桥阜一段、阜二段喷出岩的主要造岩矿物有橄榄石、单斜普通辉石、基性斜长石，偶见斜方辉石。这3种主要造岩矿物除橄榄石仅见斑晶外，其他矿物在斑晶和微晶中均有产出，橄榄石是最先结晶矿物相，抗蚀变能力极差；岩石矿物一般结晶细，并遭受强烈蚀变。该区喷出岩以玄武质熔岩类为主，次为由熔岩类派生的角砾岩类。

1）熔岩类

（1）气孔、杏仁状玄武岩。按气孔和杏仁体含量，细分3小类：气孔、杏仁含量小于5%，为含气孔、杏仁状玄武岩；气孔、杏仁含量介于5%～20%，为气孔、杏仁状玄武岩；气孔、杏仁含量大于20%时，为密集气孔、杏仁状玄武岩。气孔、杏仁的形态和大小在一个岩流单元中变化较大，其底部常见扁平拉长的气孔、杏仁体。

（2）致密玄武岩。岩石极少或几乎不含气孔、杏仁体。按橄榄石含量，细分为玄武岩（橄榄石含量小于5%）和橄榄玄武岩（橄榄石含量大于5%）。以黑、深灰色为主，其次为灰、紫红色，颜色差异是因蚀变（风化、水化等）和氧化程度不同造成。这类玄武岩常构成一个岩流单元的中部或中下部，以发育垂直于熔岩流表面的柱状节理缝为特征。

2）角砾岩类

（1）淬碎角砾岩。系炽热熔岩流进入地表水体或饱含水而尚未固结的软泥沉积时，迅速淬火冷却碎裂而成。角砾成分为玄武岩，大小不一，大于10cm巨砾约占10%，0.2～2cm小角砾约占40%；角砾形态以平直半棱角状为主，胶结物有强烈蚀变的玄武岩和橙玄玻璃岩屑，或上述角砾蚀变水化而成的皂石、方解石、铁白云石等。

（2）自碎角砾岩。系岩浆喷溢过程中表层弱固结的熔岩受中部或新的熔岩流拖曳而成。此岩类明显特征是没有外来碎屑和胶结物，角砾之间没有大的位移，具可拼性。

（3）构造角砾。已固结的原岩经应力作用或构造作用破碎而成。其碎块边缘平直或较规则，角砾面常呈摩擦镜面，棱角状，与构造破碎带的规模或宽窄呈正相关；角砾间充填物以次生矿物为主，常见亮晶方解石、含铁方解石，还有绿泥石—蒙皂石、自生石英等。

（4）岩屑角砾岩。由陆源玄武质岩屑组成的正常沉积碎屑岩。以角砾级为主，一般1～5cm，大者达10cm以上，呈飘浮或孤立状分布，个别井（如闵17井）见到由下部基岩开始，向上角砾含量逐渐减少，粒径相应变小的正粒序递变层理；角砾成分以玄武岩为主，组构上有较大差异。一是有的角砾气孔或杏仁体很发育，一般为20%～25%，高者达50%～70%；有的不发育。二是结晶粗细不一，橄榄石斑晶含量不同。岩石中常见砂砾岩角砾、砂砾碎屑、泥砾粉砂状石英碎屑、鲕粒等。胶结物以泥晶云质为主，其中见到介形类、腹足类等化石或碎片，反映了岩石各种成分为同生沉积作用形成。

3. 成岩作用

该区喷出岩的成岩后作用强烈，经充填、蚀变和溶蚀等作用，矿物组分特征发生了较大变化。

充填作用：据岩矿分析，该区喷出岩的充填矿物种类较多，常见的有碳酸盐、方沸石、绿泥石，其次有石英、黄铁矿等，充填降低了其储集性能。

蚀变作用：分表生风化淋滤和埋藏后的热液交代蚀变2种地质环境。该区喷出岩是多期次喷发，多次间断，裸露地表期间，古气候潮湿多雨，风化淋滤作用强烈。在喷出岩台坪的顶部，普遍存在数米厚的风化壳，玄武岩风化成土状或蜂窝状，原岩面目全非。热液蚀变使玄武岩的主要造岩矿物黏土化，镜下鉴定见橄榄石蚀变为蛇纹石、皂石、绿泥石、伊丁石和碳酸盐矿物，火山玻屑蚀变为蒙皂石、伊利石和沸石。

蚀变强度与岩性密切相关，X射线衍射分析反映，气孔杏仁状玄武岩的泥质平均含量达10.9%（32个样品），岩石蚀变强；玄武质角砾岩的泥质平均含量为5.6%（3个样品），蚀变较强；致密玄武岩的泥质含量很少，蚀变弱。不同岩流单元蚀变差异大，一般上部单元蚀变程度较重，中下部单元蚀变较轻。黏土矿物成分以蒙皂石为主，相对含量占65%～95%；其次为皂石、高岭石和伊/蒙混层。各种黏土矿物的相对含量在岩流单元纵向上有一定的规律，上部气孔杏仁状玄武岩以蒙皂石、高岭石、伊利石为主，不含皂石，中部致密玄武岩主要为皂石。

4. 喷出岩储集性能

闵桥阜一段、阜二段喷出岩的孔隙类型较多。按成因，有原生孔隙和次生孔隙；按形态，分孔、洞、缝；按孔径大小，分为宏观和微观孔隙。原生孔隙包括气孔、晶间孔、粒间孔和柱状节理缝，次生孔隙包括溶蚀的孔、洞、缝。按孔隙类型组合及渗流特点，可将该区喷出岩储层孔隙分为宏观洞缝系统和基块系统。

1）宏观缝洞系统

（1）宏观缝洞发育特点。根据6口井215.3m岩心统计，阜一段、阜二段喷出岩宏观裂缝密度为3.7～11.3条/m，裂缝强度为0.52～1.45m/m，裂缝开度主要在0.1～0.5mm；含油裂缝占总裂缝的12%～81%，以高角度裂缝为主，反映高角度缝开启性好；大部分裂缝见碳酸盐、绿泥石等矿物充填。不同岩性产生裂缝的机率差异较大，由高到低依次为：自碎和淬碎角砾岩、致密玄武岩、气孔—杏仁状玄武岩、云质岩屑角砾岩。在致密玄武岩中，裂缝产生机率虽较高，但为原生节理缝，且存在充填作用，只有后期的构造作用使其再次开展，并和油气运移相匹配，才成为有效的含油裂缝（表1-7-12）。

表1-7-12　苏北盆地闵桥喷出岩不同岩类宏观裂缝发育状况统计表

岩性	裂缝密度/条/m	裂缝强度/m/m	含油裂缝占比/%	统计井	岩心总长/m
云质岩屑角砾岩	3.7	0.52	57	闵16、闵18、闵20、闵22	9.3
自碎、淬碎玄武岩	11.3	1.45	81	闵15-2、闵15	27
气孔杏仁状玄武岩	4.4	0.75	39	闵15、闵16、闵18、闵20	95
致密玄武岩	5.2	0.93	12		84

宏观孔洞由原生残留气孔和经淋滤、溶蚀形成的溶蚀孔洞组成。根据17口井934m岩心2179个宏观孔洞统计，结果表明：宏观孔洞直径1~2mm者最多，占总孔洞个数的31.8%，2~3mm占24.6%，3~4mm占14.2%，这3类孔洞占总数的70.6%以上，以中—小孔洞为主。

（2）宏观孔洞缝系统的组合类型。宏观孔洞缝在三维空间相互连通构成宏观洞缝系统。据岩心观察，宏观洞缝系统有两大类组合：一是宏观孔洞直接与宏观裂缝相连。此种组合有利于宏观孔洞中的油进入宏观裂缝，是一种较好的宏观孔洞和缝的配置关系。二是宏观孔洞沟通微裂缝随后与宏观裂缝相连，此种结构相对于前一种结构要复杂和较差。

（3）宏观孔洞缝系统的渗透率。宏观孔洞缝系统的渗透率一般无法直接测定，有两种间接求取方法。

方法一：单条裂缝渗透率值的理论计算公式为 $K=b^2 \cdot \cos\alpha/12$（$b$ 为开度，α 为计算方向与裂缝方向的夹角）。那么，0.1mm开度裂缝的最大渗透率为8.33mD。该方法开度确定比较困难，因为这个开度必须是一条裂缝中最窄部分的开度。

方法二：用孔洞缝发育的全直径岩心实验测量值，代表宏观孔洞缝系统的渗透率（表1-7-13）。由此可见，当宏观孔洞缝发育时，全直径岩心渗透率较大，高者达1494mD，变化范围很大。由于基块渗透率一般小于1mD，与宏观孔洞缝系统的渗透率相比是可以忽略的。因此，宏观孔洞缝系统的渗透率一般在数百至数千毫达西范围内。

表1-7-13 苏北盆地闵桥喷出岩小岩柱和全直径岩心物性对比表

井号	井深/m	岩性	孔隙度/%		空气渗透率/mD		备注
			小柱	全直径	岩心单向	岩心径向	
闵16	1708.65	灰色自碎角砾岩	19.6	18.3	27.61	26.73	大小角砾间，孔洞含油
	1724.39	灰黑色气孔—杏仁状玄武岩	21.3	20.7	2.08	4.91	半充填杏仁
	1726.45	灰色气孔—杏仁状玄武岩	20.9	20.3	2.12	69.44	半充填杏仁
	1734.18	灰色气孔—杏仁状玄武岩	21.0	21.6	6.98	1.75	含油为主，极少闭缝
	1736.16	灰色杏仁状玄武岩	24.0	18.8	9.80	1.57	含油为主，极少闭缝
	1739.73	浅灰色气孔—杏仁状玄武岩	23.3	19.4	1.89	347.8	含油为主，极少闭缝
闵18	1607.49	浅灰色气孔—杏仁状玄武岩	13.4	11.6	1.12	0.026	
闵15	1642.37	灰色虫管灰岩		9.31		483.51	孔洞微缝发育
	1642.96	灰色气孔—杏仁状玄武岩		19.84		461.17	孔洞微缝发育

井号	井深 /m	岩性	孔隙度 /%		空气渗透率 /mD		备注
			小柱	全直径	岩心单向	岩心径向	
闵 15	1654.13	灰色气孔—杏仁状玄武岩		15.09		0.076	
	1666.99	灰色玄武岩（孔洞发育）		27.58		1494.44	大量孔洞
	1699.34	灰色杏仁状玄武岩		22.35		0.053	

2）基块系统

为该区喷出岩的第二类孔隙系统，主要由毛细管孔隙、微毛细管孔隙组成。从大量压汞资料反映，小于 0.1μm 的孔隙体积占百分比很大，说明基块系统以其特低的渗透率为特征。

（1）基块岩性。根据 521m 岩心统计，喷出岩基块不同岩性比例分别为云质岩屑角砾岩占 4%，自碎、淬碎角砾岩占 5%，气孔杏仁状玄武岩占 47%，致密玄武岩占 44%，以后两种为主。

（2）基块孔隙结构。孔隙大小：据铸体薄片统计，基块孔隙直径分布区间为 16～1000μm，主要为 16～88μm。另外电镜下，还可见到大量的晶间微孔隙、微裂缝、微溶蚀孔等。孔隙喉道形态及分布：以片状喉道为主，存在晶间、孔间的短小喉道。多种实验资料反映，喉道大小可分 4 种：一是粗喉道，喉道大于 5.0μm；二是中喉道，喉道介于 1.0～5.0μm；三是细喉道，喉道介于 0.1～1.0μm；四是微喉道，喉道小于 0.1μm。

（3）基块物性。孔隙度、渗透率：各种岩性基块孔隙度，除致密玄武岩表现为低孔隙度外，其余多呈中—高孔隙度（表 1-7-14），基块储集容量较大。统计 497 块小样品的实验数据，渗透率小于 1mD 的占 66.6%，在 1～10mD 之间的占 15.7%，在 10～100mD 之间的占 5.6%，大于 1000mD 的占 1%，且大于 10mD 的样品一般具有宏观裂缝，反映基块渗透率普遍较低，以中渗至特低渗为主，不同岩性类型有明显差异（表 1-7-15）。孔渗相关性：根据 94 组孔渗数据线性回归，求得回归方程为 $\phi=0.53935K+12.309$（$R=0.32005$）；二者相关系数极低，说明孔隙度、渗透率之间无线性相关。

表 1-7-14 苏北盆地闵桥喷出岩各类岩性孔隙度分析数据表

岩性	孔隙度 /%				分析样品数 / 块	评价
	最大	最小	一般	平均		
混积角砾岩	24.2	8.8	19.4～9.3	12.0	48	中孔
自碎和淬碎玄武岩	32.2	5.6	12.2～28.6	20.0	50	高孔
气孔杏仁状玄武岩	29.0	4.2	11.4～25.6	14.8	343	较高孔
致密玄武岩	13.2	1.1	2.0～8.0	6.2	95	低孔

表 1-7-15　苏北盆地闵桥喷出岩各类岩性渗透率分析数据表

岩性	渗透率 /mD				分析样品数 / 块	评价
	最大	最小	一般	平均		
混积角砾岩	24.2	8.8	0.974～0.027	1.58	6	中渗
自碎和淬碎玄武岩	32.2	5.6	19.44～0.207	9.38	10	中渗
气孔杏仁状玄武岩	29.0	4.2	1.0～0.087	0.71	63	低渗
致密玄武岩	13.2	1.1	0.129～0.011	0.09	11	特低渗

总之，闵桥喷出岩储集空间结构复杂，有宏观孔洞缝系统、基块系统，双重孔隙介质类型；岩心实验孔隙度较高、渗透率普遍很低，但油井产能一般为30～50t/d，充分反映了储层双重介质裂缝系统对产能的重要贡献。

5. 影响喷出岩储集性能的因素

1）成岩及成岩次生作用的影响

闵桥玄武岩成岩及成岩次生作用序列为：分异结晶作用阶段→蚀变作用阶段；伊利石化、蒙皂石化、绿泥石化→气孔充填阶段；沸石化、碳酸盐化、自生石英→溶蚀作用阶段。在气孔充填作用阶段，大量的原生孔隙被充填；溶蚀作用阶段，大量的次生溶蚀孔隙形成。岩体不同部位次生作用强度有差异，纵向从上往下可划分为风化蚀变带、溶蚀作用带、微风化蚀变带、原岩带。横向上，喷出斜坡带（过渡相带）上部以风化蚀变带、溶蚀作用带为主，斜坡中部以溶蚀作用带为主，斜坡边部以蚀变高岭土化为主（图1-7-8）。

2）岩性岩相带的影响

闵桥喷出岩属陆上中心式喷溢形成，后期为陆上喷发流入水中，在水下堆积成岩的。因此，从喷出岩分布厚度看，离喷出口越远，喷出岩厚度越小，储层总厚度也小，岩性以杏仁状玄武岩和致密玄武岩为主，基块物性变差；如位于喷出过渡相带中上部的闵15井孔渗较好的基块比例为44%，位于火山过渡相带中部的闵18井基块好的比例仅7.5%。淬碎角砾岩微相带是良好的储集岩带。该区火山活动末期，由于水进作用，熔岩流入水体，在饱含水尚未固结的软泥中，发生淬火碎裂而形成淬碎角砾岩，主要分布在闵17、闵15、闵13等井区，呈透镜体状。近喷出口带未见好储层。

3）三种不同成因界面的影响

喷出岩体内有三种不同成因和性质的界面，分别为喷出岩顶面的古风化剥蚀面、沉积夹层之下的火山喷溢间歇界面和岩流单元之间的界面。一是界面上主要岩性为混积角砾岩、蚀变严重的气孔杏仁状玄武岩，该套岩性含油性好，具有较好的双重孔隙介质储层；二是界面上主要岩性为混积角砾岩、气孔杏仁状玄武岩，含油性较好，为一套双重孔隙介质储层；三是界面上主要岩性为气孔杏仁状玄武岩、杏仁状玄武岩，含油性变化大，为一套较好至一般的双重孔隙介质储层和仅有裂缝的孔隙介质储层。

4）构造及断裂作用的影响

苏北盆地经历吴堡事件、三垛事件等构造运动，使该区玄武岩不同程度产生裂缝。同时，区内断层活动强烈，也使裂缝更加发育，可使原生节理缝进一步开启，与油气运移相匹配时形成通道；并且，有利于次生溶蚀孔洞的形成。如闵18井相带比闵15、闵16井的差，但断层作用强度大，吴堡期—三垛期断层落差达600m，裂缝发育，地下流体运动能力强，造成宏观孔、洞、缝发育；统计表明，闵18井代表宏观孔洞缝的大类储层厚度占比与闵15井相近、较闵16井多，该井投产后产量稳定在40～50t/d达一年之久，主要原因是宏观孔洞缝发育。

第三节　始　新　统

苏北盆地始新统主要发育戴南组、三垛组两套碎屑岩储层。

一、戴南组储层

1. 宏观分布特征

戴南组为过补偿沉积产物，砂岩广泛分布。海安、洪泽凹陷仅见戴南组砂岩零星含油，盐城凹陷戴南组砂岩无油气，不予详述；主要含油气砂岩分布在东台坳陷的高邮、金湖、溱潼凹陷，其不同体系域、不同坡折带控相区、不同物源供给对象，砂岩发育程度差异很大，分布极不均衡。高邮凹陷戴南组砂岩宏观分布与物源—坡折带—体系域—扇相类型密切相关，主要砂体微相列入表1-7-16中，平面上，凸缘坡折带控富砂各类扇或洲相带，砂体丰富，而凹缘坡折带控富泥各种扇或洲相带，砂岩较少；纵向上，自低位、湖侵到高位体系域，凸缘坡折带的各扇或洲砂岩含量呈增加变化，有的递增迅速，导致砂岩太多、盖层缺失、储盖失效，凹缘坡折带的相区由泥质岩屑杂砂岩变为正常砂岩，出现良好储层和储盖组合，并有利于发育隐蔽圈闭。金湖、溱潼凹陷各体系域戴南组砂岩都很丰富，金湖只在断陷长轴沟槽端戴一段三亚段沉积期正常砂岩分布少和三河北部戴南组砂岩分布较少；在戴一段沉积期，溱潼凹陷北斜坡砂岩分布稍少。

2. 岩石特征

高邮、金湖、溱潼凹陷戴南组主要为长石岩屑质石英砂岩、岩屑长石质石英砂岩，不同区带、层位有所差异，平均含量差异不大（表1-7-17）。高邮凹陷砂岩碎屑组分，石英平均57.5%～62.1%，长石平均18.6%～21.4%，岩屑平均17.5%～23%；主要粒径范围0.04～0.55mm，以细砂、中砂、不等粒砂为主，分选中—好，磨圆度次圆—次棱角状，颗粒间多呈点接触，深凹带呈点—线接触，风化中—浅；胶结物灰质平均含量5.5%～8.8%，云质平均3%～4.2%，泥质平均2.9%～4.6%，胶结类型以孔隙—接触式为主，深凹带见压嵌—接触式。金湖凹陷砂岩碎屑成分，石英平均60.5%～64.8%，长石平均18.2%～19.1%，岩屑平均16.1%～21.3%；主要粒径范围0.05～0.65mm，主要为细砂、中砂、粗砂、不等粒砂、含砾不等粒砂，分选中—好，磨圆度次圆状—次棱角状，颗粒间点接触，风化中—浅；胶结物灰质平均含量5.5%～14.9%，云质平均4.1%～5.1%，泥质平均2.5%～3.3%，孔隙—接触式胶结为主。

表 1-7-16 苏北盆地戴南组—三垛组砂体厚度及主要微相类型

层位	单元	区带	单层厚度/m	单层最厚/m	累计厚度/m	主要砂体类型
E_2s_2	苏北	全区	2～15	40	50～400	河道、边滩、决口扇
E_2s_1		全区	2～10	30	50～260	河道、心滩、决口扇、天然堤
E_2d_2	高邮	北斜坡	5～15	35	150～265	河道、心滩、分流河道、河口坝、决口扇
		马一联	1.5～7	12	80	水下分流河道、天然堤、滩坝
		真一邵一黄	1.5～9	16	150	水下分流河道、河口坝、天然堤、滩坝
		永一富一周	2～8	25	380	河道、（水下）分流河道、河口坝、决口扇、天然堤
	金湖	全区	2～15	38	50～370	河道、心滩、分流河道、决口扇、天然堤
	溱潼	全区	3～13	30	170	河道、心滩、水下分流河道、河口坝、天然堤
E_2d_1	高邮	北斜坡	3～9	15	100～150	河道、分流河道、河口坝、决口河道
		马一联	1～5	8	60	分流河道、决口河道、天然堤、浊积体
		真一邵一黄	1～5	10	150	分流河道、河口坝、决口河道、天然堤、浊积体
		永一富一周	2～7	10	200	分流河道、河口坝、决口河道
	金湖	全区	3～8	18	50～300	各种河道、心滩、边滩、河口坝、天然堤
	溱潼	全区	3～10	25	120	河道、分流河道、河口坝

表 1-7-17 苏北盆地戴南组碎屑岩岩石组分统计表

层位	凹陷	区带	碎屑成分/%			胶结物成分/%			主要粒径/mm
			石英	长石	岩屑	泥质	灰质	云质	
E_2d_2		深凹带	61.1	21.4	17.5	3.9	5.5	4.2	0.06～0.52
E_2d_1	高邮	北斜坡带	57.5	19.5	23	2.9	7.1	3	0.09～0.55
		南部陡坡带	62.1	19.7	18.2	4.6	7.5	3.9	0.04～0.50
		汉留断裂带	61.2	18.6	20.2	3	8.8	3.6	0.06～0.45
	金湖	西斜坡带	64.8	19.1	16.1	2.5	14.9	4.1	0.05～0.60
		石港断裂带	60.5	18.2	21.3	3.3	8	5.1	0.10～0.65

3. 成岩特征

1）主要成岩作用

（1）压实作用：在高邮、金湖凹陷镜下主要表现为，一是片状矿物和碎屑颗粒定向；二是塑性组分变形，挤入孔隙中，形成假杂基或与胶结物中的黏土有时很难分清接触界线。压实作用的宏观影响表现为随埋深增加，砂岩物性变差，戴一段砂岩埋深大于2700m，由早成岩期压实作用减少的原生孔隙达12%～33%。

（2）胶结作用：一是碳酸盐胶结。戴一段砂岩碳酸盐胶结物含量变化大，一般为4%～15%，以细晶粒状为主，常伴有交代碎屑颗粒现象；经染色鉴定，矿物包括方解石、白云石、铁方解石、铁白云石；部分砂岩的方解石和白云石胶结物见不规则外形，铁方解石和铁白云石呈围绕方解石或白云石分布，显示了铁方解石、铁白云石形成时间较晚。二是石英和长石胶结。戴一段碎屑石英的次生加大现象和自生石英较普遍，其程度随埋深增大而逐渐增强，加大边呈现靠近孔隙部分宽，靠近喉道部分窄；石英加大强烈的砂岩中，颗粒呈凹凸接触，石英之间却呈点接触。长石次生加大和自生长石数量不及石英的高，长石加大边的钠含量较高，形成于晚成岩B期的钠长石化过程，该区的长石次生加大多见于3000m以下。三是黏土矿物胶结。黏土矿物含量一般小于5%，以高岭石、伊利石和绿泥石为主。高岭石根据成因可分为溶液沉淀的和长石蚀变的两类，前者常见于颗粒粗、分选好的砂岩中，自形程度高，晶粒大，多呈蠕虫状和书页状，后者多呈堆积状，内部有时可见蚀变长石残缕。伊利石按成因可分为自生伊利石和陆源伊利石，扫描电镜下，前者呈蜂窝状，后者呈弯曲片状且颗粒较大。绿泥石在戴一段储层较广泛分布，形状呈叶片状，产状有孔隙充填式和衬垫式。四是硬石膏胶结。局部戴一段砂岩含硬石膏斑状分布，含量1%～15%，镜下见溶蚀边，形成于大规模溶蚀之前。

（3）溶蚀作用：该区戴一段砂岩溶蚀作用比较普遍，被溶蚀组分主要有填隙物溶蚀，以方解石溶蚀最显著，硬石膏只有微量溶蚀，常与陆源碎屑共溶形成扩大孔或超大孔；骨架颗粒溶蚀以长石和岩屑的溶蚀为主，多形成肋状孔、铸模孔、包壳孔和蜂窝状孔等，其他颗粒如石英等只在边缘溶蚀，形成晶缘孔。

2）成岩阶段划分

根据规范，高邮、金湖、溱潼凹陷戴一段砂岩大多进入中成岩阶段，多处在中成岩A期，高邮深凹带处于中成岩B期。中成岩A期埋深2400～3100m，成岩特点是压实、胶结作用对岩石性质的影响已不显著，随埋深增加、地温升高，泥岩中蒙皂石向伊利石转化，生烃的酸性溶液进入储层，产生溶蚀孔隙；如富民地区戴一段次生孔隙带主要位于2700～2800m。中成岩B期，埋深大于3100m，地温增高，此期黏土矿物继续向伊利石和绿泥石转化，混层中蒙皂石含量小于20%，高岭石含量明显减少，地层水向碱性转化，铁碳酸盐含量增高，石英、长石次生加大较强，储层物性变差。高邮、金湖、溱潼凹陷戴二段砂岩主要处于早成岩B期，部分处于A期，成岩相对较弱，成岩特点主要是压实和胶结作用，原生孔隙保持较多。

4. 储集性能特征

1）孔隙类型及孔喉分布特征

根据扫描电镜和铸体薄片等分析，高邮凹陷戴南组砂岩孔隙主要有原生粒间孔、粒间溶孔、粒内溶孔、铸模孔，以溶蚀粒间孔为主，次为原生粒间孔，少粒内溶孔、铸模孔，可见晶间微孔。一是原生粒间孔。砂岩薄片观察中见到原生孔隙周围没有溶蚀痕迹，岩石表面洁净、填隙物较少，因而孔隙的连通性好，分布较均匀，具有较高的渗透性能，其含量多少决定了岩石物性好坏，此类孔隙在真武油田较发育，是其主要储集空间类型（图1-7-9a）。二是粒间溶孔。指颗粒边缘及粒间胶结物和杂基溶解所形成的分布于颗粒之间的孔隙，其形态多样，有港湾状、锯齿状等；粒间溶孔与原生粒间孔在常规显微镜下有时难区分（图1-7-9b）。三是粒内溶孔。主要是长石、易溶岩屑溶蚀形成的粒内溶蚀孔隙，既有颗粒内部呈孤立状的粒内溶孔，又有沿颗粒边缘或解理缝溶蚀的溶孔（图1-7-9c）。四是铸模孔。指颗粒等被完全溶解而形成的孔隙，其外形与原组分外形特征相同，据形态推测多为长石铸模孔。金湖、溱潼凹陷戴南组砂岩埋深明显更浅，储层孔隙可以分为原生孔隙和次生孔隙两大类。

a.原生孔隙发育，颗粒边缘较平直，真157井，2836.7m，铸体薄片，10×20，(-)

b.永38井，典型粒间溶孔，扫描电镜

c.永35井，典型长石溶孔，扫描电镜

图1-7-9　高邮凹陷戴南组砂岩孔隙结构特征图

铸体薄片反映，高邮深凹带戴南组砂岩的孔喉配置主要有中孔中喉型、中孔细喉型、小孔细喉型。其中，中孔中喉型储层对应优质—中等储层，以中砂岩、细砂岩为主，其次为粉砂岩；孔隙以粒间溶蚀孔隙和原生残余粒间孔为主，喉道以孔隙缩小型和缩颈型为主，孔喉连通性较好，是该区主要的优质储层。小孔细喉型储层在该区所占比例较小，储层物性差，以粉砂岩、泥质粉砂岩为主，且胶结作用强烈，严重破坏储层物性，孔隙以原生残余粒间孔为主，喉道则以弯片状、片状为主，孔喉连通性差。总体上，戴二段储层明显优于戴一段储层。

2）物性特征

因不同地区砂岩的相带、成岩差异，其储层物性差异显著。

高邮凹陷邵伯油田戴一段砂岩孔隙度13.4%～15.7%、平均14.5%，渗透率3.4～16.8mD、平均7.7mD，属中—低孔低渗储层；戴二段砂岩孔隙度19%～30.3%、平均25.6%，渗透率4.26～1010mD、平均316.4mD，属高孔中渗储层。黄珏油田戴一段孔隙度10.3%～24.7%、平均16.7%，渗透率1.4～1328mD、平均37.6mD，属中孔低渗储层；戴二段孔隙度10.3%～24.7%、平均16.7%，渗透率1.4～1328mD、平均37.6mD，属中孔低渗储层。花庄油田戴一段孔隙度12%～21.5%、平均16.8%，渗透率8.8～651.8mD、平均124.2mD，属中孔渗储层。真武油田戴二段孔隙度16.3%～26.4%，渗透率59.0～13475.0mD，属中—高孔渗储层。

金湖凹陷石港油田戴一段砂岩孔隙度12%～27%、平均22.6%，渗透率5.6～488.6mD、平均156.9mD，属中孔渗储层。墩塘油田戴一段测井解释孔隙度20.6%～25.3%、平均22.9%，渗透率11.4～82.6mD、平均48.1mD，属中孔低渗储层；小关油田戴一段储层孔隙度10.5%～17%、平均13%，水平渗透率0.42～10.8mD、平均7.2mD，为低孔渗储层。

3）影响砂岩储集性能的因素

（1）沉积作用与储集性能。戴南组沉积体系类型多样、纵横相带多变，砂岩储层物性差异显著。从相带讲，从辫状河三角洲、三角洲、扇三角洲、近岸水下扇、水下冲积扇、浅湖滩坝、湖底扇、浊积扇到泥石流扇，各洲、扇或滩的主要砂体储集性能呈下降变化；同类的洲或扇，富砂型的砂岩物性明显比富泥型的好；从微相看，分流河道、水下分流河道、扇中水道砂岩储集性能最好，其次是河口坝，再次为席状砂、远沙坝、滩坝的砂体；砂岩单层厚度大的物性明显高于薄层的，颗粒粗的好于细的。

（2）成岩作用与储集性能。一是机械压实作用。高邮凹陷戴南组砂岩压实明显强于金湖、溱潼凹陷同层位储层；尤其深凹带戴一段砂岩，使原生孔隙不占优势，次生孔隙为主；高邮戴二段和金湖、溱潼凹陷戴南组砂岩压实较弱，多以原生孔隙为主，储集性能普遍良好。二是胶结作用。戴南组碳酸盐胶结物含量总体明显低于泰州组—阜宁组的砂岩，泥质含量平均也不高，胶结程度相对要弱；不过，富泥的各类扇、洲或滩岩性偏细、泥质含量偏高，物性变差。三是溶解作用。高邮深凹带戴一段砂岩普遍存在溶蚀作用，成为主要储集空间，改善物性。

5. 储层综合评价

1）分类评价

依据该区砂岩物性、孔喉结构、排驱压力等特征，按照表1-7-5分类，高邮凹陷深凹带戴一段砂岩主要属Ⅱ—Ⅳ类储层，北斜坡戴一段为Ⅱ—Ⅲ类储层，深凹带戴二段主要属Ⅱ—Ⅲ类储层，部分Ⅰ类储层；金湖、溱潼凹陷戴南组主要为Ⅰ—Ⅲ类储层。

2）综合评价

该区戴南组砂岩储层埋藏浅—中深为主，部分属于深层。高邮深凹带戴一段储层以中低孔—中低渗储层为主，戴二段储层和北斜坡以中孔—中渗储层为主，部分高孔—高渗储层；金湖、溱潼凹陷主要为中高孔—中高渗储层。在储盖组合上，高邮凹陷相对较好，深凹带中西部砂岩含量适中，可作为构造圈闭储层，也有利于发育隐蔽圈闭富集油气；其次为溱潼凹陷，金湖凹陷泥岩分布不稳定，储盖组合差。

二、三垛组储层

1. 宏观分布特征

三垛组主要为河流沉积、砂岩发育。其中，垛一段六＋七亚段砂层组砂岩广泛分布于东台坳陷各构造单元，以辫状河道、分流河道砂体为主，单层厚度较大，横向变化相对小；高位体系域垛一段五亚段至一亚段砂层组，以溢岸亚相沉积砂岩为主，砂体单层相对较薄，砂岩含量较低，总体也不缺砂岩；河流冲积体系域垛二段砂岩十分发育，满盆砂，单层厚度大、累计厚度大。

2. 岩石特征

三垛组油气主要见于高邮深凹带垛一段砂岩，其次为溱潼凹陷垛一段砂岩，海安曲塘次凹个别垛一段砂岩油藏；其他地区无油气，不予评价。高邮深凹带垛一段岩石以长石质岩屑石英砂岩为主，碎屑组分石英平均含量55.3%，长石平均19.9%，岩屑平均25.3%；主要粒径0.03～0.3mm，粉砂级的较多，分选性中—好，磨圆度为次棱角状—次圆状，风化浅—中等；胶结物平均含量灰质7.3%、云质2.2%、泥质6%，主要为孔隙式、孔隙—接触式胶结类型。

3. 成岩特征

1）主要成岩作用

（1）压实作用：垛一段成岩压实总体较弱，碎屑颗粒主要为点接触。

（2）胶结作用：尽管胶结物碳酸盐和泥质平均总量达15.8%，但胶结不强，岩石较疏松。

此外，见一些黏土矿物转化和溶蚀作用现象，总体上成岩作用较弱；高邮深凹带垛二段砂岩成岩更弱，全部为很疏松砂岩，取心极易破碎。

2）成岩阶段划分

依据行标，高邮深凹带垛一段砂岩主要处于成岩演化的早成岩B期，部分仍在早成岩A期、少部分进入中成岩A期；溱潼凹陷垛一段砂岩和高邮凹陷垛二段砂岩主要处于早成岩A期。

4. 储集性能特征

1）孔隙类型及孔喉分布特征

孔隙类型：垛一段砂岩以原生粒间孔为主，可见次生孔隙和晶间孔等类型。

孔喉分布：压汞曲线类型分选中等，略粗—粗歪度，垛一段六亚段砂层组歪度最粗，垛一段五亚段、垛一段七亚段歪度相近。孔喉分布有单峰、双峰类型，垛一段五亚段曲流河道砂、垛一段六亚段辫状水下分流河道砂、垛一段七亚段辫状河道砂主要呈单峰型，垛一段七亚段河口沙坝砂有单峰类型和双峰类型。单峰型主要孔隙区间与渗透率分布曲线峰值所对应的孔喉区间基本一致，少数渗透率分布曲线峰值偏向大孔喉一侧。双峰型渗透率分布峰值主要集中于孔喉较大的峰值区间，孔喉峰值区间孔隙体积一般不超过25%，最高可达42%。

2）物性特征

高邮深凹带垛一段油层砂岩孔隙度平均24%，渗透率平均655mD，主要属中—高孔、中—高渗储层。

3）影响储集性能的因素

（1）沉积作用与储集性能。三垛组各体系域之间沉积体系有差异，体系域内部相带横向差异较小。下部垛一段六＋七亚段辫状河流、辫状河三角洲砂体岩性粗、单层厚，储层物性好；中—上部垛一段一亚段至五亚段曲流河溢岸沉积砂体岩性细、单层相对薄，物性不如下伏砂体。

（2）成岩作用与储集性能。总的说，垛一段砂岩成岩较弱，原生孔隙很发育，体现为：渗透率与孔隙度呈正相关（图1-7-10a）；渗透率与平均孔喉半径呈正相关，随平均孔喉半径的增大而增大（图1-7-10b）；渗透率与中值毛细管压力呈负相关，随中值毛细管压力增加、渗透率减小（图1-7-10c）。垛一段砂岩物性是各套含油层系中最好的。

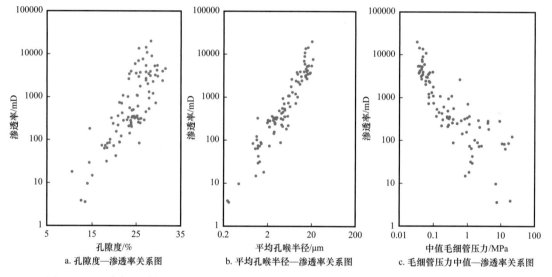

图1-7-10　高邮凹陷垛一段砂岩孔隙度、平均孔喉半径、毛细管压力中值与渗透率关系图

5. 储层综合评价

1）储层分类

按照表1-7-5分类，高邮深凹带垛一段砂岩主要为Ⅰ—Ⅱ类储层，部分为Ⅲ类储层。

2）综合评价

该区垛一段砂岩处于浅—中埋深，储层物性以中—高孔、中—高渗为主，横向差异较小。储盖组合上，垛一段有区域深灰色泥岩和大套"泥包砂"地层，构成较好的储盖组合；垛二段砂岩极度发育，盖层太薄且不稳定，不利于油气保存。

第八章 油气田水文地质

苏北盆地油气田主要分布在高邮、金湖、溱潼和海安凹陷，有丰富的油田水资料，其他地区资料少。其中，高邮、金湖凹陷陆续开展过一些水文地质研究。下面以此为重点，简要介绍高邮、金湖凹陷的水文地质基本特征，以及苏北盆地地层水热资源类型及其分布特点。

第一节 地层水化学特征

一、地层水化学成分

大气水、地表水和地下水都有比较复杂的成分，地下水参与了自然界水的总循环，并且埋藏、运动于地壳岩石孔隙之中，不断地与周围介质相互作用，形成了复杂的溶液。地下水中已发现有 62 种以上的元素，化学组分可以划分为 5 组：盐类离子组分、微量元素、有机组分、气体组分、稳定同位素组分；其中，盐类离子组分是油田水化学研究中最为重要的组分。

油田水中分布最广的离子有 Cl^-、SO_4^{2-}、HCO_3^-、Na^+、Mg^{2+}、Ca^{2+} 及 K^+ 七种离子，这些离子占所有溶解岩类的 90% 以上，并决定了水的化学类型。由于 Na^+ 和 K^+ 化学性质相似，一般情况下这两种离子放在一起讨论。油田水通常处于封闭—半封闭的还原环境，Cl^-、$Na^+ + K^+$ 含量较高，SO_4^{2-} 含量甚少。水化学成分阳离子排列顺序一般为 $Na^+ + K^+ >$ $Ca^{2+} > Mg^{2+}$；阴离子排列顺序一般为 $Cl^- > HCO_3^- + CO_3^{2-} > SO_4^{2-}$，有时为 $Cl^- > SO_4^{2-} >$ HCO_3^- 或 $HCO_3^- + CO_3^{2-} > Cl^- > SO_4^{2-}$。

二、地层水化学类型

按化学组分的特点，对地下水进行分类，可以全面系统地反映地下水化学性质在空间上的变化特征，推测地下水的水文地球化学环境及与油气等矿产分布的关系。

一是苏林分类。水化学成分的形成主要取决于它所处的环境，在不同的环境中，可以形成各种不同性质的水，其中含有不同的盐类，反之，某些典型盐类或特有组分的出现，可以反映水所形成的环境，这就是苏林分类的依据。根据水中 Na^+、Cl^-、Mg^{2+} 及 SO_4^{2-} 四种离子之间的当量比例，苏林把水划分为硫酸钠（Na_2SO_4）型、碳酸氢钠（$NaHCO_3$）型、氯化镁（$MgCl_2$）型及氯化钙（$CaCl_2$）型四种水型。

苏林认为，水型确定了水在地面和地壳中存在的环境，每一种水型都与一定的环境相联系，即：Na_2SO_4、$NaHCO_3$ 型存在和形成于大陆环境；$MgCl_2$ 型存在和形成于海洋环境；$CaCl_2$ 型存在和形成于深层环境。根据实际资料研究，Na_2SO_4 型通常表示地层的水文地质封闭性差；$CaCl_2$ 型则常出现在水文地质封闭性良好的地壳内部；$NaHCO_3$ 型和 $MgCl_2$

型则常以过渡型的形式分布在油田垂直剖面上。

二是舒卡列夫分类。实践证明，苏林分类对海相油田水化学研究更有实际意义，陆相油田地层水化学分类采用舒卡列夫分类法较为合理。舒卡列夫分类是根据主要的6种阴阳离子：Cl^-、CO_3^{2-}+HCO_3^-、SO_4^{2-}、Mg^{2+}、Ca^{2+}、Na^+的当量百分数对油田水进行的化学分类。按成因可以划分为：（1）大气水类（$Cl \cdot HCO_3$）；（2）泥岩压实排出水类（$Cl \cdot HCO_3$、$Cl \cdot HCO_3 \cdot SO_4$）；（3）越流—蒸发浓缩类（$Cl \cdot SO_4$、$Cl \cdot SO \cdot HCO_3$）；（4）蒸发变质类（$Cl$）。

苏北盆地高邮凹陷油田水的阳离子组成以Na^+为主（表1-8-1），各层系地层水中Na^+毫克当量百分数均大于85%，Mg^{2+}和Ca^{2+}的毫克当量百分数均低于10%。

高邮凹陷地层水水型以Cl型为主，其次为$Cl \cdot HCO_3$型。水型在各层位和各地区的分布存在一定的差异（图1-8-1）。

表1-8-1　高邮凹陷不同层段油田水阳离子百分毫克当量范围

油层	三垛组/%	戴南组/%	阜一段/%	阜三段/%
Na^+	90.2～99.2	87.3～99.9	86.4～99.6	90.1～98.9
Ca^{2+}	0.4～7.3	0.06～9.95	0.2～8.7	0.5～8.9
Mg^{2+}	0.1～2.5	0～4.8	0～4.9	0.2～2.5

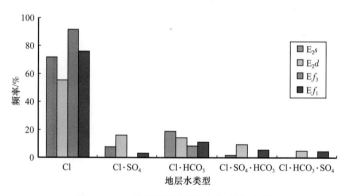

图1-8-1　高邮凹陷地层水水型分布图

第二节　地层水化学分布特征

在沉积盆地演化过程中，影响孔隙水化学性质的主要因素及其影响能力随着埋深增加发生阶段性变化，导致油田水化学场在剖面上具有分带性。而局部水动力单元是控制地下水化学成因的关键因素，导致油田水化学场在平面上具有分区性。

一、地层水化学纵向变化

1. 油田水化学剖面单元类型

随着埋深的增加，诸因素对地下水化学性质阶段性的影响，造成了油田水的矿化度、离子浓度在纵向上不是简单地随埋深增加或时代变老而增加（或减小）的变化规律，即油田水化学具有垂向上分带性。水化学剖面单元是指被一个或几个紧密相关的影响油田水化学场的因素所控制的，在纵向上有一定变化趋势的水化学剖面段。根据常用的地下水矿化度和Cl^-浓度变化等特征，通常可以划分出以下五种典型的水化学剖面单元（表1-8-2）。

表1-8-2 油田水化学剖面单元类型及其成因解释

水化学剖面单元类型	代号	矿化度和Cl^-浓度趋势	深度/m	成因机理解释
大气水下渗淡化带	A		0～1500	大气水下渗淡化作用
近地表蒸发浓缩带	B		0～1500	近地表蒸发浓缩作用
越流过程中压滤—蒸发浓缩带	C		1500～2500	压滤浓缩作用、蒸发浓缩作用
泥岩压实排水、黏土矿物脱水淡化带	D		2500～3500	泥岩压实排水作用、黏土矿物脱水淡化作用
深部渗滤浓缩带	E		>3500	深部渗滤浓缩作用

（1）大气水下渗淡化带（A带）。一般盆地边缘或局部隆起区都会不同程度地受大气水渗入淡化作用的影响，大气水从盆地边缘和局部隆起区不对称渗入后，在重力作用下往盆地中心方向形成向心流。

（2）近地表蒸发浓缩带（B带）。蒸发作用是导致孔隙水离子浓度、矿化度增加的最主要因素之一，其强度随着埋深的增加而明显减弱，主要发生在近地表数十米深的沉积盖层中，往往与大气水渗入淡化作用共存。二者的相对强度主要受控于水动力场模式和气候，通常供水区以淡化作用为主，表现为低矿化度和低离子浓度，泄水区以蒸发作用为主。

（3）越流过程中压滤—蒸发浓缩带（C带）。越流泄水是指盆地沉积层中的地下水穿越层面，垂直于等势面由相对高势区流向相对低势区的地下水流动。泄水方式包括越流泄水和蒸发泄水，在越流过程中，地层流体压力快速下降，盐类富集在压力高的层段，而经过压滤渗出的水，盐类的浓度降低。因此，在越流过程中，地下水发生了较强烈的浓缩作用。

（4）泥岩压实排水、黏土矿物脱水淡化带（D带）。沉积淤泥具有高孔隙度、高含水量，几乎保存了原始湖盆水系的水化学性质，矿化度、离子浓度低。泥岩压实排出的孔隙水，进入具有更好孔渗和水势相对低的砂体中，使得渗透层的Cl^-、Na^+浓度、矿化度降低，盐化系数变小；SO_4^{2-}、$CO_3^{2-}+HCO_3^-$浓度增大，脱硫系数及钠氯系数变大，使地下水淡化。

（5）深部渗滤浓缩带（E带）。地下水渗透过程中，黏土矿物具有隔膜渗滤浓缩作用，不同浓度的盐溶液若被半渗透隔膜隔开，则将引起溶液浓度较低的一侧通过隔膜移向浓度较高的一侧，在高浓度一侧产生较大的压力。

2. 区带水化学纵向变化

苏北盆地内凹陷结构主要表现为单断结构，凹陷二级结构单元可简单地分为断裂带（或断阶带）和斜坡带，只有高邮凹陷表现为双断结构，凹陷二级结构单元分为南部断阶带、中部深凹带和北部斜坡带。受沉积、构造及水动力条件的影响，不同区带地层水化学特征纵向变化也不同。以高邮凹陷为例，分别表述不同区带地层水化学特征纵向变化。

1）南部断阶带

（1）0～1700m：浅部地层大气水下渗，矿化度、Cl^-、$K^+ + Na^+$ 浓度较低，随着埋藏深度增加，HCO_3^- 为相对高值，往向心流方向逐渐减小。对南部断阶带浅层油气藏起破坏作用。

（2）1700～2700m：深部泥岩压实排出水断层越流浓缩，与浅部大气水下渗向心流交汇，形成矿化度和 Cl^-、$K^+ + Na^+$ 浓度高值区，HCO_3^- 浓度相对低值区。紧邻真武大断裂受断层越流淡化地层水的影响，矿化度和 Cl^-、$K^+ + Na^+$ 浓度随深度变化不甚明显，竹墩地区地层水矿化度普遍偏高，为离心流末端越流压滤浓缩地层水。

（3）2700～3100m：泥岩压实排水淡化带。泥岩压实排水，以及黏土矿物脱水作用使得渗透层的矿化度、Cl^-、$K^+ + Na^+$ 浓度相对较低，HCO_3^- 浓度相对高值。

（4）大于3100m：深部渗滤浓缩带。随着埋深的进一步加大，地层压实程度不断增加，地层水在渗滤过程中逐渐浓缩，矿化度、Cl^-、$K^+ + Na^+$ 浓度随埋深增大逐渐增大。

2）中部深凹带

（1）0～1600m：大气水下渗作用淡化，形成矿化度、Cl^-、$K^+ + Na^+$ 浓度相对低值区，随埋深增加，大气水入渗强度减弱，矿化度、Cl^-、$K^+ + Na^+$ 浓度增大；HCO_3^- 浓度变化趋势与地层水矿化度、Cl^-、$K^+ + Na^+$ 相反。

（2）1600～3400m：深部泥岩压实排出水往浅部越流过程中不断浓缩，矿化度、Cl^-、$K^+ + Na^+$ 浓度增大。富民油田位于两个次凹间的构造高带，离心流末端越流压滤浓缩导致地层水矿化度普遍偏高；曹庄油田位于南部大气水下渗向心流区和凹陷内部泥岩压实排水离心流区之间的越流泄水区，地层水矿化度也普遍偏高；马家嘴油田受断裂沟通大气水淡化影响，矿化度较低；联盟庄和真武油田由于深部泥岩压实排出的淡水在断层沟通作用下直接上涌，越流泄水带地层水矿化度相对较低。

（3）3400～4000m：泥岩压实排水淡化带。泥岩压实排水、黏土矿物脱水淡化，形成地层水矿化度、Cl^-、$K^+ + Na^+$ 浓度相对低值区，且随埋深增大，压实强度减弱，矿化度、Cl^-、$K^+ + Na^+$ 浓度逐渐增大。

3）北部斜坡带

地层水矿化度、Cl^- 浓度整体相对较高，为深凹流体远距离侧向运移过程中不断汇聚浓缩所致，垂向上由浅至深同样可划分为大气水下渗淡化带、越流浓缩带、泥岩压实排水淡化带及深部渗滤浓缩带。

西部赤岸油田地层水化学性质随深度变化不明显，地层水矿化度相对较低。码头庄油田深部泥岩压实排出水在越流过程中不断浓缩，地层水矿化度较高，属离心流末端越流压滤浓缩地层水。北斜坡中部是一个长期发育、宽缓的大型鼻状构造带，地层向东、南、西三个方向倾斜，为三侧深凹或鞍槽的泥岩压实水离心流共同指向区，地层水在越流过程中不断浓缩，导致沙埝油田等地层水矿化度普遍较高。

二、地层水化学横向变化

局部水动力单元是控制地下水化学成因的关键因素。在同一地质历史时期，不同局部水动力单元中影响水化学性质的因素有明显差别，即平面上具有选择性，从而导致水化学场在平面上具有分区性，水化学场平面分区界限与局部水动力单元的分界线基本一致。

1. 地下水动力特征

1）局部水动力单元类型

含油气沉积盆地地下水动力单元大致可以划分为：泥岩压实排水离心流、大气水下渗向心流、（层间）越流、越流—蒸发泄水和滞流 4 种类型。

（1）泥岩压实排水离心流。在埋藏过程中，泥岩压实排水进入相邻的渗透层，由此引起的势能差异导致由凹陷中心往边缘放射状的地下水流动，称为泥岩压实排水离心流。离心流区的地层压力以高压为主，在离心流方向上，地下水被泥岩压实排出水交替，压力系数呈不规则环状降低。

（2）大气水下渗向心流。由于地形高差，或地下地层内部能量降低，从盆地边缘和隆起剥蚀区，在重力势能作用下大气水下渗，形成下渗向心流。

（3）越流、越流—蒸发泄水。越流是穿越层面的地下水流动方式。水由液态转为气态进入大气的过程称为蒸发。越流泄水由盆地深部流向浅部和地表。

（4）滞流。随地层埋深增加，泥岩压实排水枯竭，大气水下渗又受阻，就会出现地下水滞流现象；盆地构造隆升，局部相对封闭空间的能量下降，也会出现滞流现象。

2）水动力体系

水动力体系是指具有完整独立的流体供、排系统，在成因上有紧密联系的几个局部水动力单元的最小组合。水动力体系以盆地凹陷为中心，以盆地边缘或相邻的隆起脊线为边界，从边缘往凹陷中心方向，依次发育大气水下渗向心流和（或）越流、离心流（图 1-8-2）。

3）水文地质旋回

水文地质旋回即从区域下沉和水侵开始（包括其后的隆起和水退）到下一次沉降和水侵前结束。一个水文地质旋回分为两个阶段：沉积水文地质阶段，为压实排水形成的离心流发育阶段；渗入水文地质阶段，为大气水下渗形成的向心流发育阶段。

2. 地层水化学横向变化

在同一地质历史时期，不同局部水动力单元中影响水化学性质的因素有明显差别，即平面上具有选择性，表现在不同地质历史时期沉积的地层水化学性质的变化。苏北盆地主要含油层系自下至上依次为白垩系赤山组、泰州组，古近系阜宁组、戴南组、三垛组。下面主要以高邮凹陷为例，描述三垛组、戴南组、阜宁组地层水化学性质的变化。

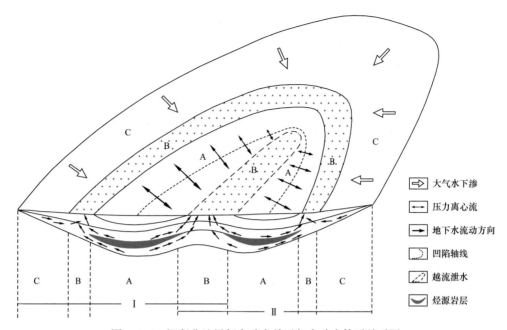

图 1-8-2　沉积盆地局部水动力单元与水动力体系关系图

Ⅰ，Ⅱ—水动力体系；A—泥岩压榨水离心流区；B—越流泄水区；C—大气水下渗向心流区

1）三垛组

高邮凹陷三垛组地层水矿化度、Cl⁻浓度（表 1-8-3）平面上的变化趋势基本一致，南部断阶带和黄珏油田南矿化度和 Cl⁻浓度均很低，矿化度在 3.57～10.48g/L 之间，Cl⁻浓度在 1.46～4.70g/L 之间，主要是由于该地区断层发育，大气水下渗淡化所致。深凹带内的真武、曹庄等油田，矿化度和 Cl⁻浓度较大，其中，富民油田矿化度和 Cl⁻浓度值最大，在 26.40～29.74g/L 之间。

表 1-8-3　高邮凹陷三垛组地层水化学性质统计表

构造单元	中部深凹带		北部斜坡带		南部断阶带	
	矿化度 /(g/L)	Cl⁻/（g/L）	矿化度 /(g/L)	Cl⁻/（g/L）	矿化度 /(g/L)	Cl⁻/（g/L）
最大值	29.74	15.98	22.00	12.59	10.48	4.70
最小值	6.70	2.34	4.67	1.69	3.57	1.46
平均值	19.13	10.51	15.20	8.12	6.93	2.89

深凹带离心流区，有机质演化及脱硫作用产生的 CO_2 溶解于水，增加了 HCO_3^- 浓度。在离心流流动方向上，由于离心流交替强度减弱及地层压力降低方解石沉淀，HCO_3^- 浓度降低。南断阶由于大气水下渗，HCO_3^- 浓度较高。在向心流流动方向上，由于大气水下渗数量和交替强度减弱，HCO_3^- 浓度降低。深凹带泥岩压实排出的淡水导致 SO_4^{2-} 浓度较低。越流过程中，由于孔隙水被泥岩压实排出水交替强度的减弱，导致 SO_4^{2-} 浓度往北斜坡逐渐增加。膏盐岩的发育可能是局部地区 SO_4^{2-} 浓度较高的原因。在南部断阶带，受大气水渗入淡化影响，地层水 SO_4^{2-} 浓度低。

三垛组由于受大气水下渗作用影响较大，钠氯系数及脱硫系数分布规律较为特殊，南部断阶带、汉留断裂及吴堡断裂附近区域，大气水在断层沟通下下渗，变质系数相对较大。受泥岩压实排出水及大气水渗入淡化影响，盐化系数在深凹带及南部断阶带相对较低，往北斜坡越流过程中地层水不断浓缩，盐化系数增加。富民油田为两侧离心流共同指向区，地层水在越流过程中不断浓缩，为盐化系数相对高值区。

2）戴南组

高邮凹陷戴南组地层水矿化度、Cl⁻浓度在平面上的变化趋势也基本一致，南部断阶带受断裂沟通的大气水下渗淡化影响，地层水矿化度和Cl⁻浓度低；中部深凹带受泥岩压实水排出的淡水影响，地层水矿化度和Cl⁻浓度也较低；北部斜坡带为越流泄水区，地层水在越流过程中不断浓缩，导致矿化度和Cl⁻浓度较高。富民油田位于两个次凹之间，为两侧离心流共同泄水区，地层水矿化度和Cl⁻浓度较高。周庄油田西部出现矿化度和Cl⁻浓度局部低值区，可能是次凹内泥岩压实排出水沿吴堡断裂上涌导致地层水淡化，往周缘矿化度和Cl⁻浓度逐渐增加（图1-8-3）。

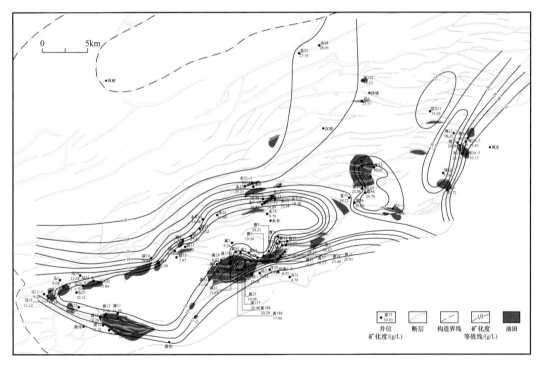

图1-8-3　高邮凹陷戴南组地层水矿化度平面变化图

高邮凹陷深凹带离心流区，有机质演化及脱硫作用产生的CO₂溶解于水，增加了HCO_3^-浓度，在离心流流动过程中，由于离心流交替强度减弱及地层压力降低，方解石沉淀，导致HCO_3^-浓度往北斜坡逐渐降低。南部断阶带由于大气水下渗作用，易溶组分被带走，Cl⁻浓度降低，相应增加了HCO_3^-的百分毫克当量，形成高值区，在向心流方向上，大气水下渗数量和交替强度减弱，导致HCO_3^-浓度降低。

南部断阶带受大气水渗入淡化影响，地层水SO_4^{2-}浓度低，深凹带泥岩压实排出的淡水也导致SO_4^{2-}浓度较低。越流过程中，由于孔隙水被泥岩压实排出水交替强度的减弱，导致 SO_4^{2-} 浓度往北斜坡逐渐增加，膏盐岩的发育可能是局部地区 SO_4^{2-} 浓度较高的原因。高邮凹陷深凹带，泥岩压实排出水降低了 Cl^- 浓度，同时由于长石的溶解作用，增加了 Na^+ 浓度，变质系数大。在离心流流动方向上，由于渗滤浓缩和孔隙水被泥岩压实排出水交替强度减弱，Cl^- 浓度增加，同时地下水浓缩过程中钠长石加大边沉淀，导致 Na^+ 部分消耗，变质系数降低，脱硫系数具有类似规律。深凹带离心流区泥岩压实排出水降低了 Cl^- 浓度，同时有机质演化及脱硫作用产生的 CO_2 溶解于水，增加了 HCO_3^- 浓度，盐化系数小。在离心流流动方向上，由于 Cl^- 渗滤浓缩，同时 CO_3^{2-} 与 Ca^{2+} 结合沉淀自生方解石，$CO_3^{2-}+HCO_3^-$ 浓度降低，导致盐化系数往北斜坡越流泄水区增大。南断阶由于大气水下渗淡化，Cl^- 浓度低，而 HCO_3^- 浓度较高，使得盐化系数低。在向心流流动方向上，由于大气水下渗数量和交替强度减弱，地下水浓缩过程中 Cl^- 浓度增加，HCO_3^- 浓度降低，盐化系数增大。

3）阜三段

高邮凹陷北斜坡花庄一带阜宁组泥岩压实排出的淡水导致矿化度、Cl^- 浓度降低，北斜坡中部是一个向东、南、西方向倾的古构造高带，是三个方向泥岩压实水离心流的共同指向区，地层水在越流过程中不断浓缩，导致矿化度、Cl^- 浓度普遍较高。HCO_3^- 及 SO_4^{2-} 浓度变化具有类似规律，花庄一带泥岩发育，由于烃源岩伴随有机质热演化和脱硫作用，产生 CO_2 溶解于水中，增加了 HCO_3^- 浓度，周缘 HCO_3^- 浓度逐渐降低。SO_4^{2-} 浓度从北斜坡中部沙埝油田往东南逐渐增加（图1-8-4）。

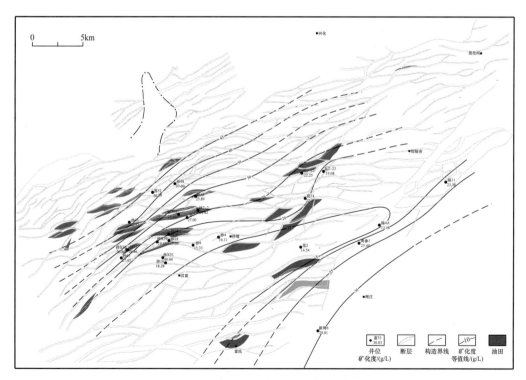

图1-8-4 高邮凹陷阜三段地层水矿化度平面变化图

周庄一带由于吴堡断裂沟通作用，大气水下渗淡化，Cl^- 浓度低，变质系数大。往北斜坡流动过程中，大气水渗入和交替强度减弱，地层水浓缩，Cl^- 浓度增加，导致变质系数减小。越流泄水区钠氯系数为相对低值带，地层水 SO_4^{2-} 浓度较高，脱硫系数大。盐化系数与矿化度分布规律一致，花庄一带由于烃源岩伴随有机质热演化和脱硫作用，产生 CO_2 溶解于水中，增加了 HCO_3^- 浓度，盐化系数低，周缘由于离心流交替强度减弱及地层压力降低方解石沉淀，HCO_3^- 浓度逐渐降低，导致盐化系数往北斜坡越流泄水区增加。

4）阜一段

高邮凹陷阜一段地层水矿化度和 Cl^- 浓度在平面上的分布规律与戴南组地层水矿化度和 Cl^- 浓度的变化趋势一致，凹陷内部为泥岩压实排水区，由凹陷中心往边缘矿化度、Cl^- 浓度环状增加。凹陷南部边缘地区有明显的大气水下渗—向心流淡化带，矿化度、Cl^- 浓度明显偏低，且在向心流推进方向上逐渐增大，与凹陷内部的泥岩压实排出水交汇形成越流泄水带，如黄珏和真武、曹庄油田。HCO_3^- 浓度与矿化度变化趋势相反。

深凹带由于烃源岩伴随有机质热演化和脱硫作用，产生的 CO_2 溶解于水中，增加了 HCO_3^- 浓度。在流动过程中，由于离心流交替强度减弱及地层压力降低，方解石沉淀，导致 HCO_3^- 浓度往北斜坡逐渐降低。SO_4^{2-} 浓度在深凹带为低值，往北斜坡逐渐增加。由于长石溶解作用，深凹带钠氯系数相对较高，往周缘逐渐降低，脱硫系数具有类似规律，盐化系数与矿化度分布规律一致，深凹带及南断阶相对较低，往北斜坡不断增加。盐化系数越大，反映油田水蒸发浓缩作用越强，越有利于油气聚集和富集，油气随地层水在凹陷内部的压实离心流驱动下，向北斜坡侧向远距离运移，遇到合适的圈闭，即可聚集成藏（图1-8-5）。

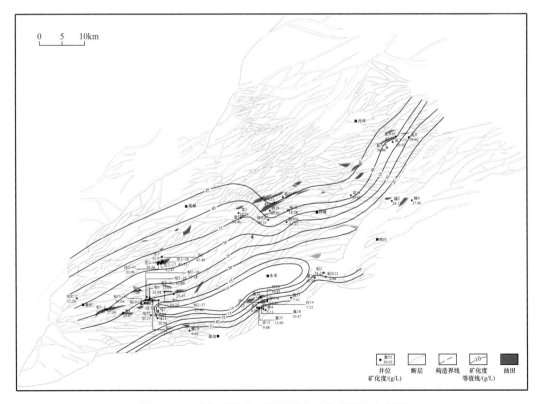

图 1-8-5　高邮凹陷阜一段地层水矿化度平面变化图

第三节　地层水与油气关系

地层水地球化学性质与油气的运移、聚集和保存密切相关。在油气生成、运移、聚集、保存和散失过程中，地层水与周围介质（包括围岩和油气）之间存在物质与能量的交换过程，并且蕴含了许多与油气藏形成和保存相关的信息。地层水化学纵向和横向变化与油气运移、聚集、保存存在成因上的紧密联系，大气水下渗—向心流区，油气遭受大气水下渗淋滤、生物降解，易形成稠油，油气保存条件差；泥岩压实排水—离心流区，油气在伴随离心流运移过程中遇合适圈闭即可聚集成藏；越流压滤—蒸发泄水区，是油气运移的指向区，有利于油气聚集成藏。

一、地层水化学组合系数与油气关系

1. 变质系数（rNa^+/rCl^-）

为水中 Na^+、Cl^- 离子的当量数比值，是地层封闭性、地层水变质程度和活动性的重要指标，反映地层水变质程度与油气藏保存的环境。标准海水的变质系数平均值为0.85，变质系数越大，反映地层水受渗入大气水的影响越强，对烃类的保存越不利；变质系数越小，对烃类的保存越有利。

2. 脱硫系数 $[100 \times rSO_4^{2-}/(rCl^- + rSO_4^{2-})]$

油田水的特性是没有或含有少量硫酸盐，脱硫系数十分微小，可作为油气运聚成藏有利区和保存条件良好的判别指标。一般脱硫系数越小地层越封闭，还原环境越强，对有机质向油气转化及油气的保存越有利。脱硫作用与地层岩性、油气藏的开启程度、地层温度等因素有关，通常缺氧的还原环境对油气保存有利。

3. 盐化系数 $[Cl^-/(CO_3^{2-} + HCO_3^-)]$

在沉积埋藏过程中，地层水浓缩，Cl^- 浓度不断增加，CO_3^{2-} 与 Ca^{2+}、Mg^{2+} 结合沉淀形成自生矿物，降低了 $CO_3^{2-} + HCO_3^-$ 浓度，导致盐化系数增大。大气水下渗区盐化系数小，越流、蒸发泄水区盐化系数大。因此，盐化系数也可以作为预测油气运聚成藏有利区和评价油气保存条件的指标。

二、水文地质旋回与油气运聚关系

1. 局部水动力单元与油气运聚

流体在地下的流动过程中，在流速减慢的地区或准停滞带，在孔隙压力下降、或流动方向突然改变、或跨越渗透性边界时，都会发生烃类的聚集。对沉积压实盆地来说，压实排水流长期流向的地区，往往就是油气富集的地带，如果盆地一侧供水，另一侧泄水，油气田主要在靠泄水区一侧分布。亚科布松将盆地划分为三个带：

A 带——古折算压力最高的地带，盆地生油气层中最早向储层提供沉积水和油气的地带；

B 带——古折算压力最低的地带，为最终接受油气的地带，一般为盆地边缘地区；

C 带——处于 A 带和 B 带的过渡带上，是油气聚集的主要地区。

离心流的强度、泄水区的位置、圈闭位置及岩性、岩相和构造在空间上的组合关系，决定了油气在离心流—越流泄水过程中的聚集位置。

2. 水文地质旋回与油气阶段性运移、阶梯式—环带状分布

油气的运移和聚集作用具有明显的阶段性和多期性。通常含油气沉积盆地历经多次水文地质旋回，每个旋回又可划分为压实排水离心流阶段和大气水下渗向心流阶段。离心流是沉积盆地油气运移的主要动力，决定了油气的阶段性运移和一个独立的水动力体系中阶梯式—环带状的油气分布规律，即油分布在离心流区、越流泄水区，气分布在越流泄水区，向心流区为水区的总体分布规律。

三、水场与油气关系

1. 区域水场特征与油气运聚

高邮凹陷油气藏绝大多数位于越流—蒸发泄水区，如北斜坡的沙埝、韦庄、码头庄油田和凹陷内的富民油田等。离心流流动过程中，油气遇合适圈闭也可聚集成藏，如永安、联盟庄、黄珏、真武等油田。越流泄水区矿化度、Na^++K^+、Cl^- 浓度和盐化系数相对较高，SO_4^{2-}、$CO_3^{2-}+HCO_3^-$ 浓度和脱硫系数、变质系数则相对较低。大气水下渗向心流区受大气水淋滤淡化作用影响，地层水矿化度、Na^++K^+、Cl^- 浓度和盐化系数相对较低，油气保存条件差，不利于油气聚集成藏。高邮凹陷油田的分布受断裂控制比较明显，如真武油田断裂发育，断层连通性比较好，凹陷内泥岩压实排出水沿断裂带垂向运移，地层水浓缩程度较弱，纵向上表现出越流泄水带矿化度增加不明显。南部断阶带许庄油田和黄珏南部地区受真①断裂影响，地层封闭能力相对较差，浅部地层具有明显的大气水下渗现象，地下水被大气水淡化交替，形成了矿化度相对低值区。

金湖凹陷油气藏绝大多数位于越流泄水区，如西部斜坡带的高集、崔庄、安乐油田和汊涧斜坡带的王龙庄油田等。油气伴随离心流在运移过程中聚集成藏，油气保存条件较好，但西部斜坡带外缘受大气水下渗影响，尤其是浅部地层，大气水下渗较为强烈，属自由交替带，对油气藏起破坏作用，油气保存条件较差，大气水下渗向心流区由于水文地质开启程度大，受大气水淋滤淡化作用影响，地层水矿化度、Na^++K^+、Cl^- 浓度和盐化系数相对较低。下闵杨地区位于两侧龙岗次凹和氾水次凹离心流之间的汇合泄水区，为油气运移有利指向区，油气保存条件好，有利于油气大量富集。越流泄水区矿化度、Na^++K^+、Cl^- 浓度和盐化系数相对较高，SO_4^{2-}、$CO_3^{2-}+HCO_3^-$ 浓度和脱硫系数、变质系数则相对较低。

2. 重点地区水场特征与油气运聚

1）真武—许庄地区水场特征与油气运聚

真武—许庄地区位于高邮凹陷深凹带南侧中部。从水化学角度来看，平面上各层系均呈现南北低中间高趋势，南部受大气水下渗影响，矿化度较小，北部由于泥岩压实排水淡化，矿化度同样较小，中间夹持的地区为大气水下渗向心流和泥岩压实排水离心流的共同指向区，矿化度相对较大，是油气的有利聚集区。纵向上，泥岩压实排水特征非常明显，由深部至浅部，地层水矿化度逐渐增大，但由于受真②断裂影响，凹陷深部泥岩压实排出的淡水在断裂沟通作用下，直接上涌，淡化地层水，压滤浓缩作用较小，导致地层水矿化度普遍偏低。

从地层压力来看，与水化学平面分布特征一致，南部许庄地区以常压为主，油田北

部的泥岩压实排水离心流区发育弱高压，中间夹持的越流泄水区为弱低压区。垂向上，真武油田由浅至深可划分为正常压力带、弱低压带和弱高压带，深部油气随泥岩压实排出水沿断层向浅部运移，原油密度较大，运移速度慢，遇合适圈闭即可成藏，而天然气组分较轻，运移速度快，沿断层大量散失，流体运移补给无法及时弥补天然气漏失导致的能量损失量，在三垛组、戴南组上部普遍发育弱低压，至浅部地层，断层沟通良好，流体补给与天然气漏失导致的能量损失大体平衡，以常压为主。

从流体势来说，北部泥岩压实水在断层沟通下向浅部垂向越流，南部受大气水下渗影响，二者在中间越流泄水区汇合。真武、曹庄油田均表现出深部水力梯度较浅部大，可能是由于其断层深部连通性相对浅部差，地层水流动过程中能量损失较大。平面上，油势的运移方向由北部深凹带指向南部；垂向上，由于断层沟通，原油由深部向浅部运移，但真武、曹庄油田深部油势梯度较浅部大，表明断层深部连通性相对浅部较差，导致原油在深部运移过程中能量损失较大。许庄油田垂向上油势梯度差异不大，表明其断层垂向连通性整体较好。天然气与油势变化趋势类似，平面上也是由北部深凹带指向南部断阶带，垂向上由深部向浅部运移，但由于天然气密度小，渗透性强，运移速度快，运移过程中的能量损失由深到浅差异不大，气势梯度近似为常数值。

综合分析以上水化学和水动力特征，可以建立高邮凹陷真武—许庄地区现今水动力场模式，北部深凹带为泥岩压实排水离心流区，南部许庄地区为大气水下渗向心流区，中间为越流泄水区，真30和许26块附近为大气水下渗向心流和越流泄水叠合区，油层多数都分布在越流泄水区。

2）永安油田水场特征与油气运聚

永安构造位于高邮凹陷汉留断裂的中部，东邻富民构造，西接联盟庄构造，南邻深凹，受泥岩压实排水淡化影响，由南往北，地层水矿化度变化趋势为9.79g/L～18.38g/L～18.75g/L～22.0g/L～23.21g/L～26.08g/L，显示了地层水从凹陷内部向北斜坡方向运移过程中不断浓缩，地层水矿化度逐渐增大。油气伴随地层水从凹陷北部往北斜坡运移，遇合适圈闭即可聚集成藏。永安油田南部处于泥岩压实水离心流区，往北逐渐过渡到越流泄水区。西侧联盟庄油田紧邻邵伯次凹，受凹陷深部泥岩压实排水淡化影响，地层水矿化度较低，东部富民油田位于樊川和刘五舍次凹之间的构造高带，为两侧离心流的越流泄水共同指向区，地层水矿化度相对较高，地层水整体上呈现由西向东，矿化度逐渐增大的趋势。纵向上，永安油田由于受汉留大断裂影响，浅部地层大气水淋滤淡化导致矿化度比较低，深部地层水体现了泥岩压实排出水特征，中部的垛一段、戴二段和戴一段为大气水下渗向心流和泥岩压实排水离心流的共同指向区。

从地层压力角度分析，永安油田整体以常压为主，局部如永7断块附近三垛组、戴南组发育低压，深部地层为泥岩压实排水离心流区，发育弱高压。流体沿汉留断裂往浅部运移，天然气逸散，浅部地层由于局部盖层原因，大气水下渗补给受阻，流体补给不能及时弥补天然气逸散造成的能量亏损，导致三垛组、戴南组发育低压。永7断块始新统戴一段下部发育气藏，说明该区天然气沿断裂带往浅部运移、漏失，部分在适宜条件下聚集形成天然气藏。

在断层沟通下，流体由深部向浅部运移，深部戴一段水头及油势数据点分布非常分散，反映永安油田深部地层非均质性相对较强，储层连通性相对较差。

3）沙埝—花庄油田水场特征与油气运聚

沙埝—花庄地区位于高邮凹陷北斜坡中部，阜一段和阜三段地层水化学特征相差较大，阜一段含石膏，但较为分散，不成层，影响了阜一段地层水化学成分，使得地层水矿化度相对较高，普遍在 $40\sim55g/L$ 之间。而阜三段以砂岩为主，地层水矿化度大都在 $20\sim25g/L$ 之间，明显较阜一段矿化度低，同层系地层水化学性质随深度变化不明显，表明该区地层水化学垂向变化主要受控于层系。沙埝油田以正常压力为主，局部地区阜三段发育弱高压。阜一段和阜三段储层油势和气势各自沿两条独立曲线由深部向浅部地层运移，水头垂向上变化规律不明显。花庄油田浅部戴一段为正常压力，深部阜宁组发育高压，推测与该处泥岩欠压实及地层封闭性较好有关。

北斜坡中部阜一段油藏均以侧向运移成藏为主，阜三段油藏则是先通过断层垂向运移后再沿砂岩储层侧向运移成藏，二者油水分布特征存在一定差异。此外，该区存在多期辉绿岩侵入，自南向北刺穿于阜一段—阜二段—阜三段—阜四段—戴南组中，对油气运移和聚集具有一定的影响。

4）金湖西斜坡水场特征与油气运聚

金湖凹陷西斜坡阜一段、阜二段受大气水下渗影响较为明显，尤其是外坡带，地层水矿化度低，普遍小于 $10g/L$。三河次凹泥岩压实水离心流强度不大，由于越流带的迁移，西斜坡越流泄水带较宽，但越流浓缩程度不大。沉积埋藏期，离心流强度大，仅在西北缘局部隆起区发育小范围的大气水下渗向心流；抬升剥蚀期，断裂活动开启，大气水下渗强度大，影响范围自西北向东南方向推进，仅在次凹中心发育弱的离心流。因此，西斜坡形成一个宽广的越流泄水区，这个移动（迁移）的越流泄水带导致油气平面上分布广且较为分散。凹陷西部阜三段、阜四段地层水矿化度和 Na^++K^+、Cl^- 平面分布规律与阜一段、阜二段类似，离子浓度较阜一段、阜二段低。

西斜坡邻近建湖隆起，发育大气水下渗向心流。西北缘大气水下渗淋滤作用强，原油发生氧化降解，外坡带宋1井和阳6井原油表现出明显的氧化降解特征。三河次凹是金湖凹陷的主要生烃区，油气伴随离心流向西斜坡运移。西斜坡位于向心流和离心流的汇合越流泄水区，长期继承性古斜坡与良好阜一段、阜二段输导层的结合，使高势区三河次凹阜二段生成的油气伴随离心流沿输导层向低势区的斜坡上三、四级构造圈闭运移、富集成藏。油气运移方式以侧向运移为主，垂向运移为辅。因此，西斜坡是油气运移指向区，有利于油气的聚集成藏。

5）汉涧斜坡水场特征与油气运聚

金湖凹陷汉涧斜坡带与西斜坡南部类似，主要发育反向断层，地层水侧向流动距离有限，流动过程中越流浓缩程度较大，地层水矿化度高。烃源岩生成的油气主要沿储层向高部位运移，汉涧斜坡为流体势低值区，长期继承性的古斜坡是油气运移的指向区，有利于油气聚集成藏。西北侧靠近张八岭隆起，受大气水下渗作用影响明显；东南侧紧邻汉涧次凹，为泥岩压实排水离心流影响范围，斜坡位于向心流和离心流之间的汇合越流泄水区，是油气运移的有利指向区。由于反向断层的阻隔，汉涧次凹内部泥岩压实作用排出的地层水在越流过程中快速浓缩，矿化度和 Cl^- 浓度总体较高，钠氯系数、脱硫系数小，盐化系数大。王龙庄地区阜三段、阜四段由于受大气水下渗淡化影响，地层水矿化度明显低于阜二段，其受到大气水下渗淋滤氧化，油质变稠，原油密度介于

0.8821～0.9647g/cm³，除邻近汉涧次凹的井原油密度稍小一些属中质原油外，其余均为重质油。阜二段原油密度介于0.8532～0.9120g/cm³，均属中—轻质原油，油质偏重的为秦X2、秦3、天28井。

6）卞闵杨水场特征与油气运聚

金湖凹陷卞闵杨构造背景与高邮凹陷的富民构造类似，为凹中隆，是北部汜水、西南部龙岗生烃次凹泥岩压实离心流的共同指向区，油气伴随离心流向隆起运移，有利于油气富集。平面上，阜宁组地层水矿化度总体较高，东部闵桥油田局部地区矿化度呈现低值；纵向上，卞闵杨地区地层水矿化度及原油密度分布均较为分散，原油密度大于0.90g/cm³中质油偏重的部分，主要分布在卞闵杨构造带北部塔集及东部闵桥油田的阜二段。阜三段原油密度与地层水矿化度随埋深变化趋势相对于阜一段、阜二段明显较小，可能反映阜三段连通性相对较好。卞闵杨西部邻近龙岗次凹，油源条件优越。主要发育一系列近东西向正断层，来自西部龙岗次凹的油气伴随离心流沿断层向构造高部位运移，地层水在越流过程中不断浓缩，矿化度增加。卞闵杨东部地区由于断裂发育，断块破碎，部分断层开启，浅部地层受大气水下渗作用影响较强烈，地层水淡化，由浅至深阜三段—阜二段—阜一段地层水矿化度逐渐增加。卞闵杨东部原油密度偏高，普遍大于0.90g/cm³。一方面可能是混有低成熟原油；另一方面可能与该区断裂发育，断块破碎，断裂沟通大气水下渗，导致原油遭受降解有关。从流体势分布情况看，总体上，卞闵杨地区北东、南西势能高，向隆起逐渐降低，与流体主要来源于东北的汜水次凹和西南的龙岗次凹相吻合。

第四节　地 热 资 源

苏北盆地的地温场特征与其大地构造位置、地层时代及热演化活动历史密切相关，根据223口井系统测温和109口井试油资料，初步确定了该区现今地温场和地热资源特征。

一、地热成因

1. 大地热流分布特征

根据资料统计（表1-8-4），苏北盆地热流值分布具有以下三个特征。

1）盆地热流值总体呈由东南向西北依次增高的趋势

苏北盆地不同构造单元井的热流值由东南向西北具有依次增高的趋势。如高邮凹陷庄1井为64.3mW/m²，金湖凹陷金1井为61.6mW/m²、河参1井为64.1mW/m²和刘1井为61.2mW/m²，洪泽凹陷苏160井为79.4mW/m²。在基底埋深相近的条件下，热流值相近，如庄1井、金1井、河参1井和刘1井的热流值均在61.2～64.3mW/m²之间；随着基底埋深的变浅，热流值明显增高，如由东南到西北热流值从61.2mW/m²增加到69.8mW/m²，再增加到79.4mW/m²。

2）凹陷的深凹带热流值普遍小于斜坡带和低凸起

金湖凹陷三河次凹热流值为61.2～71mW/m²、龙岗次凹为43.6～59mW/m²，东斜坡下闵杨构造带为 89.1mW/m²；如唐 2、卞西 1 井处在凹陷基底相对高部位，其热流值分别为 82.6mW/m² 和 89mW/m²。高邮深凹带绝大多数小于 60mW/m²，北斜坡多数大于 60mW/m²，相邻的吴堡低凸起热流值在 70～80mW/m² 之间。

总体上，苏北盆地大地热流一般在 60mW/m² 以上，最高达到 89.11mW/m²。

3）控凹断裂附近热流值存在局部高异常

真武、吴堡、汉留断裂带附近热流值偏高，如周 20 井为 81mW/m²、联 12 井为 72.1mW/m²、韦 8 井为 76.15mW/m²。深部热流沿控凹断裂上涌形成高热流，同时控凹断裂沟通浅层大气水形成低热流值点，如周 52 井为 59.6mW/m²、大 1 井为 60.7mW/m²。

表 1-8-4　苏北盆地大地热流数据表

单元	井名	热流值/mW/m²	井名	热流值/mW/m²	井名	热流值/mW/m²	井名	热流值/mW/m²	井名	热流值/mW/m²
高邮凹陷	肖 9	50.34	真 2	57.00	联 12	72.05	富 11	65.10	沙 8	55.30
	许 31	45.81	真 18	65.20	联 5	51.35	富 38	62.61	瓦 X6	56.32
	许浅 1-1	42.03	真 86	77.60	苏 136	65.50	富深 X1	74.95	瓦 1	62.14
	许 28	50.70	黄 9	55.00	富 7	80.70	大 1	60.65	花 1	59.98
	许古 1	73.00	黄 12	55.00	富 12	89.21	韦 8	76.15	庄 1	64.33
金湖凹陷	卞 11	52.23	闵 4	59.00	唐 2	82.60	天深 3	59.00		
	卞西 1	89.11	闵 8	60.00	刘 1	61.15	天 X76	72.38		
	金 1	61.57	闵 25	69.82	东 66	71.00	天 X77	43.62	崔 2	63.29
海安凹陷	台 2	64.15	台 11	58.40	堡 1	67.31	安 2	63.00	安 1	76.00
	台 4	60.51	海参 1	73.00	凌 1	73.77	安 3	78.30	苏 151	67.00
溱潼凹陷	苏 111	68.00	苏 73	62.20	苏 39	52.90	苏 170	81.00	苏 169	83.00
吴堡低凸起	周 52	59.55	周 4	60.00	周 20	81.00	镇 4	76.00	获 7	70.00
泰州凸起	苏 129	78.00	苏 103	70.90	苏 88	62.00				
洪泽凹陷	苏 160	79.40	苏 166	73.00	苏 176	64.00				
涟水凹陷	苏 80	62.00								
盐城凹陷	苏参 1	38.00								

2.地温场分布特征

通过系统测温井和试油温度进行对比，系统测温与试油温度总体分布趋势相同，温度随深度加大而呈线性增加，具有较好相关性。

从垛一段、戴二段底界地温看，以高邮凹陷温度最高，同一凹陷从深凹到斜坡逐渐降低，垛一段底界地温在 40～90℃之间，深凹地温高，斜坡地温低。金湖和海安凹陷地温变化相对复杂些，总体上仍呈地温深凹高、斜坡低的特征。戴二段底界，除高邮深凹和海安凹陷安 16 井最高地温达到 100℃以上外，一般地温介于 40～80℃；金湖凹陷戴二段底界的最高温度仅为80℃（图1-8-6）。

苏北盆地内，地温总体呈随深度加大而逐渐增高的趋势。建湖、苏南、鲁苏隆起及柘垛低凸起等正向构造单元带，受断裂、大地热流值等因素影响，其地温相对高一些，而金湖、高邮、溱潼凹陷的深凹部位为相对低温区。

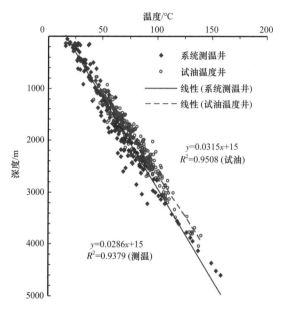

图1-8-6　苏北盆地系统测温井和试油井温度—深度对比剖面图

3. 地温梯度特征

统计苏北盆地地温梯度与深度关系，地温梯度变化范围在20～35℃/km之间。

苏北盆地平均地温梯度为28～32℃/km，相关系数0.97～0.98。浅部地温梯度明显低于全井段平均值，表明该层段受地下水活动的影响强烈；深部拟合程度高，受地下流体活动影响相对较弱。平面上基岩凸起处地温梯度大，凹陷处地温梯度小，这主要是由于盆地基底与覆盖层岩石导热性质的差异导致热流在地壳浅部实行再分配的结果。

从地温梯度平面分布图来看，同一凹陷地温梯度从深凹带向斜坡带递增，高邮凹陷和海安凹陷深凹带三垛组—戴南组地温梯度一般为28～30℃/km，金湖深凹带地温梯度相对较低，为26～28℃/km。

4. 岩浆影响特征

苏北盆地是在前陆盆地基础上发育的裂陷伸展盆地，自晚白垩世以来，经历了仪征、吴堡、真武、三垛等多次构造事件，伴随着地质构造运动，引发了强烈的岩浆活动，除形成大面积分布的喷发岩——玄武岩外，还有大量在新生界中的侵入岩。苏北盆地侵入岩分布较为广泛，其中以高邮凹陷分布最广，以辉绿岩为主，单层厚度一般几米至几十米，平面呈碟状或串珠状广泛分布。

岩浆余热对局部地温和热流都有增大作用。总之，苏北盆地现今地温场主要受地壳厚度、基底结构和基底埋深、岩石热导率、沉积和剥蚀速率、沉积物中的放射性元素生热率及盆地构造和岩浆活动等因素控制。各凹陷间的热流分布差异，主要受基底构造形态和沉积盖层厚度控制。

二、地热资源特征

1. 热储类型

苏北盆地以中浅层低温传导型地热水资源为主，以多种成因类型出现。

1) 中浅层孔隙型

苏北盆地地热资源主要为砂岩孔隙型热储类型，主要分布于新近系盐城组和古近系三垛组、戴南组中，呈层状产出，属于传导型的中浅层低温孔隙型地热资源。由高孔隙度和高渗透率储层和黏土或泥岩阻隔层构成，储层主要是砂砾岩、砂岩，与隔层黏土或泥岩频繁交互叠置，沉积相控制着优质热储的空间展布。热源类型主要为传导型，局部地区在附加热源的作用下，可存在地温异常。

2) 构造裂隙型

该类型的热储条件严格受"源、通、储、盖"控制，热源主要为自然增温，构造是该类型地热发育的先决条件，碳酸盐岩是最理想的储层，泥质含量较少的脆性地层亦可作为地热储层，另外要有一定厚度的隔盖层（热传导率低的地层）才能保证地热资源温度。

在苏北盆地主干断裂带，如盆地南部杨村、真武—吴堡、泰州断裂带，北部盐城断裂带，以及坳陷与隆起接壤的构造突变带，是构造裂隙型地热资源发育的远景区。地热资源沿断裂呈带状分布，主要受北东走向张性断裂控制。构造裂隙型的热储类型发育层位较多，有中生界—新生界碎屑岩、古生界碳酸盐岩和碎屑岩，热源类型以传导型为主，局部地区存在对流型热源。

3) 古构造面岩溶型

此类地热资源主要受控于古岩溶风化溶蚀面，与断裂构造作用关系不甚明显。地热勘查中，几乎所有的地热井都与断裂构造有关，因此，此类地热资源分布规律有待进一步研究。

2. 传导型地热资源

传导型地热主要隐伏于苏北盆地内，通过自然地温梯度和深度对地下地层进行增温。换句话讲，深度越大，地温越高。苏北盆地垛一段和戴二段砂岩发育，含水丰富，其埋藏深度一般大于1000m，水温在40℃以上，因此属于构造沉陷区热传导型地热。

1) 新生界地热

（1）热储层简况。

古近系埋深适中的热储主要赋存于垛一段和戴二段砂岩、砂砾岩中。根据测试，高邮凹陷真武油田真3、真158井垛一段下部（$E_2s_1^{6+7}$）储热层中部实测地温81℃，井口水温度64～74℃，真158井日产水1680m³；真72、永14、曹7井在戴二段上部（$E_2d_2^{1+2}$）储热层中部实测地温72.02～94.21℃，其他井实测垛一段下部和戴二段上部的热储产水量、温度（井口水温）均满足地热资源开发利用的规范。

金湖凹陷垛一段和戴二段有少数井测试资料，如东斜坡苏102井垛一段砂岩厚度2.8m抽吸产水50.6m³/d，西斜坡刘5井垛一段砂岩厚度8m抽吸产水27m³/d，崔14井1049.5～1100m戴二段砂岩测试获得产水量37m³/d、地温42℃。截至2018年底，该区尚未进行热储层划分和地热开发，从上述数据看，开发有一定应用前景，现选择以垛一段和戴二段整个层段的砂岩作为热储目标层位进行分析。

泰州凸起上的泰热1井新近系盐城组砂岩、砂砾岩储层，井深750m，井口水温45℃，矿化度6.53g/L，水型为NaCl型；溱潼凹陷的溱湖地热1井，新近系盐城组砂岩、砂砾岩储层，井深1000m，井口水温40.5℃，矿化度1.67g/L，水型为$NaHCO_3$型。这些皆属传导型地热资源。

（2）热储层平面展布。

从苏北盆地垛一段和戴二段砂岩看，垛一段砂岩厚度最大达300m，分布广泛，主要分布在东台坳陷和盐阜坳陷盐城凹陷中；戴二段砂岩厚度最大达300m，分布较局限，主要在高邮、金湖、溱潼凹陷中，砂岩厚度大，便于形成有效的热储层。根据热储发现和开发应用情况，考虑到三垛组和戴南组砂岩发育及构造埋深情况，研究热储范围重点在高邮、金湖凹陷。

从高邮、金湖凹陷垛一段和戴二段区域构造深度分布看，热储层主要分布在深凹带和内斜坡带地区，高邮凹陷戴二段分布范围较小，垛一段分布广泛。金湖凹陷垛一段和戴二段分布皆较广。

高邮凹陷垛一段热储层深度在1000m以上的热储面积为1823km²，热储层平均温度达到62.4℃，深凹带温度超过85℃；戴二段热储面积为1622km²，热储层平均温度达到68.2℃。

金湖凹陷垛一段热储层埋深大于1000m的面积1590km²，其平均温度53.17℃；戴二段热储面积2126km²，其平均温度58.58℃，比高邮凹陷温度低，主要是因地温梯度为2.3℃/km，高邮凹陷为2.5℃/km。

（3）热储层厚度。

一是热储层垛一段下部厚度展布。垛一段下部热储层厚度与沉积相密切相关，总体上，东台坳陷、盐阜坳陷盐城凹陷垛一段下部沉积相很相似，地层砂地比较高、横向厚度有些变化，深凹较厚、斜坡稍薄。如高邮深凹带真86井热储层厚117m、永14井厚118m，向东苏6井厚102m，富16井厚104m，主体范围垛一段下部热储厚度可称为"百米砂岩"区。深凹周缘热储层厚度变薄，向西邵6井厚31m，向北联12井厚37m、永27井厚49m，向南曹14井厚42m，深凹带垛一段下部热储层平均厚度约76m。金湖凹陷垛一段热储层厚度呈环三河、龙岗次凹分布，深凹处沉积较厚，最厚超过200m，如天深19井厚达231m，至外斜坡一带减薄，如洪2井厚度87m，热储层平均厚度在120m左右。溱潼凹陷垛一段下部热储层与高邮凹陷东部接近，海安、白驹凹陷及周缘凸起区该套热储层厚度略小点。

二是热储层戴南组厚度展布。此期，苏北盆地处于分隔的独立断陷演化，各断陷沉降沉积差异显著。其中，高邮凹陷大致以真武—永安—车逻鞍槽一线为界，东部地区主要为富砂型的辫状河三角洲和扇三角洲建设，砂地比很高，热储层砂岩发育，平均厚度约230m，为地热富水区；西部地区主要为滨浅湖和富泥型的三角洲沉积，砂地比很低，热储层砂岩不甚发育，平均厚度约70m。金湖凹陷除北部小范围戴南组为滨浅湖环境外，大部分地区为辫状河流、辫状河三角洲和扇三角洲沉积，砂地比一般为0.40~0.85，热储层厚度在中—南部十分发育，呈环龙岗、三河次凹分布，龙岗次凹戴二段、戴一段厚度都超过300m，斜坡区厚度减薄。溱潼凹陷戴南组主要为富砂扇三角洲、辫状河三角洲沉积，砂地比值高，砂岩很发育，地层厚度不大、热储层厚度不小。

（4）热储层岩性及物性。

一是垛一段下部热储层岩性和孔渗特征。根据前节沉积及储层研究，垛一段下部主要以（水上、水下）各类河道细—中砂岩、含砾不等砾砂岩为主夹泥岩，少量砾岩，东台坳陷、盐城凹陷广泛分布。其中，高邮凹陷深凹带该套热储层平均厚度76.5m，埋深较大，平均孔隙度23%、渗透率294mD；高邮凹陷斜坡带及金湖、溱潼、海安、白驹凹陷等，热储层较浅或为晚期埋藏，物性更好。因此，垛一段下部热储层属于高孔、中高渗—特高渗的Ⅰ类为主、Ⅱ类次之的物性类型。

二是戴南组热储层岩性和孔渗特征。各凹沉积有差异，高邮、溱潼凹陷以扇三角洲、辫状河三角洲为主，金湖、盐城凹陷以辫状河流、辫状河三角洲为主，岩性为细—中砂岩、（含砾）不等砾砂岩与泥岩不等厚互层。高邮深凹带戴二段上部热储层平均厚度65m，平均孔隙度18.7%，渗透率125.5mD，属中孔—中渗储层，戴一段以中—低孔、中—低渗储层为主；金湖、溱潼、盐城凹陷戴南组砂岩比高邮凹陷发育得多、埋藏浅、厚度大，物性好得多，属高孔、高渗—特高渗热储层为主的类型。

2）中生界地热

中生界热储层主要赋存于中侏罗统—下侏罗统象山群砂岩中，属孔隙裂隙含水层。苏北盆地南缘之苏南隆起的扬州地区和溱潼凹陷罗村古潜山等地区有揭示。如扬州市瘦西湖景区新热1、新热2井发现象山群砂岩多套热储层，日产水1000m³左右，进行了开发利用。象山群岩性主要为灰黄、灰紫、灰绿、灰白色中—细粒岩屑长石石英砂岩、含砾中粒岩屑长石石英砂岩、石英砂岩、粉砂岩和泥质粉砂岩，下部夹煤层、煤线5～15层，地层最大厚度超过2213m。

扬州地区象山群热储层特征以新热1井为代表，埋深1400～2445m，测试产水量968m³/d，井口水温63.5～69.5℃，水质较好，矿化度为1.25～1.36g/L，水型为NaHCO₃型。

从中侏罗统—下侏罗统含水热储层测试看，单井每米产水量在1.13～30.5m³/（d·m）。其中，出水量高者，可能与裂隙发育有关（表1-8-5）。

表1-8-5　扬州地区中生界中侏罗统—下侏罗统砂岩单井每米热储层产水量统计表

井号	顶深/m	底深/m	热储层厚度/m	日产水量/m³	折算产能/［m³/（d·m）］
新热1	1416	2445	155	968	6.25
新热2	1698	2249	54	1650	30.50
铁道1	1550	1800	72	84.6	1.17
苏扬1	741	794	75	542	7.27
华盟1	844	1010	107	1.13

新热2井是该区钻探揭示中侏罗统—下侏罗统最多的一口井，从其热储条件看，单层厚度一般较薄，为2.3～17.1m，物性较差，平均最低孔隙度为1.68%，一般最低为0.10%，平均最高孔隙度为10.61%，平均最低渗透率为0.97mD，一般最低为0.10mD，平均最高渗透率为12.29mD。

另外，扬州市区东部泰安镇凤凰1井中侏罗统—下侏罗统浅灰色细砂岩热储层物性较好，孔隙度18.1%～30.6%，渗透率10.5～78.3mD，属于一、二类储层（表1-8-6）。

表1-8-6　扬州地区凤凰1井中侏罗统—下侏罗统细砂岩测井解释成果表

井段 /m	层厚 /m	孔隙度 /%	渗透率 /mD	泥质含量 /%	解释结论
1708.0～1717.7	9.7	24.00	60.30	11.00	二类储层
1724.4～1728.6	4.2	26.50	55.40	26.30	二类储层
1738.6～1744.5	5.9	27.60	78.30	13.70	一类储层
1758.1～1761.1	3.0	18.10	10.50	15.70	二类储层
1767.4～1774.7	7.3	30.60	78.50	17.50	一类储层
1784.5～1794.0	9.5	24.60	17.50	16.00	二类储层
1804.8～1818.9	14.1	25.50	56.80	11.10	二类储层

可见，中生界中侏罗统—下侏罗统为砂岩孔隙型热储，存在较高的孔渗储层，有较丰富的地热资源。

3）古生界地热

赋存于寒武系—奥陶系白云质灰岩、灰质白云岩及震旦系白云岩、石灰岩中，属岩溶裂隙含水层。苏北盆地主要见于建湖隆起、苏南隆起（江都地区）及泰州凸起（表1-8-7），其上部存在古暴露面时，古岩溶发育，具有良好的富水性。如建湖隆起宝热1井钻遇寒武系—奥陶系石灰岩，在1024～1206m井段试获产水量2200m³/d，井口水温74℃；苏南隆起北缘真武断裂带真31井钻遇奥陶系热储层，白云质灰岩顶面埋深2747m，出水量504m³/d，井口水温74℃。

表1-8-7　苏北盆地及周边隆起带古生界寒武系—奥陶系碳酸盐岩热储层单井出水量统计表

井号	顶深 /m	底深 /m	热储层厚度 /m	产水量 /（m³/d）	折算产能 /［m³/（d·m）］	井口出水温度 /℃
古参1	1376.4	1379.7	3.30	155.7	47.2	35
许2	2493.6	2591.2	97.64	480.0	4.9	93
许4	1876.2	1883.6	7.40	63.0	8.5	62
	1912.3	1982.6	70.28	271.0	3.9	65
真31	2748.2	2758.2	10.00	259.0	25.9	75
	2775.0	2794.0	19.00	378.0	19.9	76
获7	2491.5	2507.3	15.80	96.0（喷）	6.1	96
宝热1	1024.0	1206.0	178.00	2200.0	12.4	74
金地1	2488.0	3003.1	125.40	1505.0	12	93
金地1-1	2380.0	2950.0	95.00	1200.0	12.6	87
凤凰1	2100.0	2230.0	130.00	600.0	4.6	67
洋热1	1890.0	2803.7	103.68	1505.0	14.5	91

3.对流型地热资源

该类地热资源一般存在于隆起区，形成原因和深大断裂有关，热储层一般为裂隙—岩溶型中生界—古生界碳酸盐岩。这种地热具有埋藏浅、温度高、易开发等优点，仅见于建湖隆起盱眙地区。

建湖隆起老子山 T_3 井深度 200m，井口水温 60℃，出水量 1210m³/d，为 Na_2SO_4—$CaSO_4$ 微咸水型，pH 值 7.2～7.7，总矿化度为 0.792～0.853g/L，是区内典型的对流型地热田。

老子山地热田地处江苏省洪泽县，位于洪泽湖南岸、老子山东北淮河口。地热田的热储层为震旦系灯影组，该套地层岩溶、裂隙发育，富水性好，涌水量大。老子山 T_1、T_2、T_3、T_4 井在 106.8～255.8m 井段，井口水温 60℃，局部岩溶发育段单井出水量可达 2000m³/d，一般地段产水量在 500～1000m³/d。热储层主要为强风化带、构造破碎带和岩溶发育带，溶洞最大直径达 3m，岩心中见蜂窝状溶孔。盖层为第四系和古近系，厚 50～140m，第四系岩性为黏土、亚黏土、粉砂、中粗砂等，古近系为泥岩、粉砂质泥岩。

通常，在北东、北西走向断裂构造交会带和隆起与坳陷的结合部，印支面之上为第四系、新近系及古近系，印支面之下发育的古生界，常具有对流型地热水的特征。印支面之下的古生界中，沿深大断裂上对流的地热水止于印支面，并被第四系—古近系封存于印支面之下。沿断裂带经深循环的地热水，具有相对较高的温度，并成为上覆松散层的附加热源，形成浅部地温异常。

三、地热资源潜力

1.坳陷区

苏北盆地是中国东部一系列中生代—新生代断陷盆地之一，形成两隆两坳构造格局，北部滨海隆起、中间建湖隆起，南北分别为东台和盐阜坳陷（洪泽坳陷为盐阜坳陷的次一级构造单元），各坳陷分别由若干次级构造单元组成。晚白垩世，伴随区域快速沉陷，形成了泰州组坳陷盆地，沉积以湖相砂泥质成分为主，因气候干热，其岩层含石膏、盐岩夹层。晚白垩世—古近纪，盆地为泰州—阜宁组坳陷沉积；始新世，为戴南组—三垛组断陷建设，沉积厚度近 3000m；新近纪，为大套河流砂岩、砂砾岩沉积。

苏北盆地新生界盖层地温梯度变化为 27～50℃/km，大地热流值 55～83mW/m²，凸起区相对高，凹陷区相对低，埋深 1000m 处的温度 43～60℃。苏北盆地平均地温梯度为 30℃/km，与中国东部其他中生代—新生代盆地相比略低，但在下扬子区内部，却明显偏高，如苏南地区平均地温梯度 19～25℃/km，苏鲁造山带亦低于 30℃/km。

据此认为，苏北盆地地热资源较丰富，热储以戴南组—三垛组储盖较好，深部向浅部传导热源，孔隙型储集空间，地热深度 1000～2500m，水型以 Na_2HCO_3 型为主，水温度 40～60℃，水产量大于 1000m³/d。以东台坳陷和盐阜坳陷盐城凹陷为有利区带，地热田/藏类型为层状+带状。

2.隆起区

隆起区主要发育中生界—古生界，热储主要分布在寒武系—奥陶系碳酸盐岩中，储层非均质性强，优质热储为岩溶、裂隙型，其形成受控于沉积演化及构造运动等地质条件。

高邮凹陷南部断阶带的古井寺—许庄—戴窑一带，下古生界寒武系—奥陶系碳酸盐岩地层测试获地热水井共12口（表1-8-8）。其中，有6口井日产量水大于100m³，主要分布在许庄地区，许4井1998年2—6月采水，平均日产水247～263m³，井口水温62℃、最高65℃，说明许庄地区碳酸盐岩存在着较丰富的地热水资源，具有开发利用价值。

表1-8-8　高邮凹陷南部及兴化地区古生界寒武系—奥陶系碳酸盐岩试井日产水量统计表

单元	地区	井号	井段 /m	厚度 /m	日产水量 /m³
真武—吴堡断裂带	许庄	许2	2492.3～2952.24	459.9	480
		许4	1912.13～1980.59	68.28	271
		许9	2241.77～2622.38	380.61	460
			2241.77～2277.0	35.23	362
		许15	2557.45～2950	392.35	43
		许24	1370～1377.56	7.56	55
		许古1	2970～3000	30	87
		真31	2748.2～2768.0	19.8	254
			2784.0～2794.0	10.0	60
			2748.2～2794.0	45.8	504
	江都	古参1	1376.4～1379.7	3.3	56
	荻垛	荻3	2628.49～2644.8	16.31	15
		荻4	2557.6～2567.6	10.0	86
		荻7	2491.5～2507.31	15.81	96
	戴窑	戴参1	2228.59～2270.4	41.81	71.5
柘垛低凸起	兴化	兴参1	2042～3600	558	43.5

许庄地区寒武系—奥陶系碳酸盐岩分布于苏南古隆起西段扬州—江都的北斜坡（上覆高邮凹陷南断阶带）。从中志留世—三叠纪，地壳抬升，由南向北推覆和倒转形成古隆起，碳酸盐岩长期遭受剥蚀，古剥蚀面北倾，由南向北埋深加大，从许24井顶面埋深1352.5m，到真43井顶面埋深3452m，形成了上部斜坡倾角为25°，向下增大到30°的古斜坡。在寒武系—奥陶系碳酸盐岩推覆体中，夹有高家边组泥页岩（许古1井3021～4006.7m井段取心见栅笔石、纤笔石化石）。该区从寒武系—志留系，由于多期构造演变叠加，成为一个较复杂的地质体。在剥蚀面上覆地层有侏罗系—白垩系和新生界碎屑岩，其构造划为高邮凹陷南部断阶带。

许庄地区许2、许4、许9和真31等井为代表的寒武系—奥陶系储层岩性以白云岩为主，少数井或井段为石灰岩、含少量灰质白云岩。岩石颜色以灰、灰白色为主，少量深灰、淡红色，许4、真31、许古1井含薄层浅棕色。白云岩矿物为白云石，呈隐晶—

粉晶结构，致密、性硬脆，镜下观察普遍有小孔、洞和微裂缝。有空缝，也有被方解石充填呈脉网状充填缝，缝宽 1mm。在顶部岩心可见风化作用明显，岩性较破碎，如许 2 井。以白云岩为主的岩性与苏南地区海相地层相比，其层位应归为寒武系—奥陶系。在许庄地区钻遇寒武系白云岩（含石灰岩）井 17 口，揭示白云岩厚度最大的是许 24 井，厚达 1061.11m，其次是真 51 井，厚 884.56m。通过地层对比认为海相碳酸盐岩——白云岩（含灰质白云岩和石灰岩）岩性稳定，由隐晶—粉晶结构的白云石矿物组成。

获垛地区获 7 井，于井深 2500m 处测得白云岩地层静压 24.93MPa，地温 96℃，压力系数 0.997，地温梯度 3.94℃/100m。兴化地区兴参 1 井于井深 2000m 测得地层压力 18.55MPa，地温 85℃，推算到白云岩井深 3321m 处的地层静压为 32.16MPa。

综上所述，隆起区带的地热资源潜力在热储组合上可分为两套，第一套主要为中侏罗统—下侏罗统储、中侏罗统—下侏罗统盖，热源为深部向浅部传导，主要分布在苏南隆起扬州—江都段；第二套主要为下古生界储、中生界＋新近系盖，热源为深部向浅部对流、传导，主要分布在建湖隆起带及其边缘带。勘探目的层主要为侏罗系象山群和古生界，热储岩石类型为粉砂岩、细砂岩＋碳酸盐岩，热储类型以孔隙—裂隙型为主，兼溶蚀孔洞—裂隙型。勘探地热的深度 1000~3000m，地热水型以 $CaCl_2$ 型、Na_2HCO_3 型为主，少量 $CaSO_4$ 型，地热水温度大于 60℃，预测地热水产量大于 1000m³/d。勘探区域主要为苏北盆地建湖隆起、苏北盆地南部的苏南隆起，以及盆地内凹陷中的低凸起带，地热田（藏）类型有带状、块状和层状。

四、地热资源综合开发利用

1. 工业利用——油井保温

为确保地热开发利用供热项目先导性实验任务的完成，在高邮深凹带地热调查和国内工艺技术调研基础上，优选了真 3、真 158 井区的两口报废油井进行研究、设计与实施地热开发利用系统工程。

首先是实施真 3 井和真 158 井的井口、井身结构改造，然后对含水层段进行射孔获得地热水资源，最后将地热水联网进入集油站、油井及输油管网保温。

通过上述工作，真 3 井在古近系垛一段下部、戴二段上部两个层位与真 158 井垛一段下部一个层位获得日产水 1366m³（最高达 3276m³）、井口水温 72℃的地热资源。

2. 冬季保温取暖

真 3 井和真 158 井地热资源开发的成功，用于油井保温后还有丰富的热能，为了充分利用该资源，开展了冬季保温取暖的应用。供热范围初次选择真武油区的试采一厂二号院、试采一厂幼儿园、试采一厂作业大队、钻井固井队等单位，采暖面积为 $8.6 \times 10^4 m^2$。在供暖期间，真 158 井第一次单井供热，井口水温 71~72℃，来回水温度从 40℃升至 60℃；第二次单井供热时，井口水温达到 73℃，来回水温度从 45℃升至 60℃；真 3、真 158 井并网供热时，井口水温 72~73℃，来回水温度从 45℃升至 65℃。冬季供热期，真 3、真 158 两口井，累计生产地热水 $19.7 \times 10^4 m^3$，井口总平均水温 72℃，来水温度平均 42℃，计算开发地热总量为 $591 \times 10^4 kcal$ 的热量。从生产时间段和运行方式分析，真 158 井垛一段下部为主要供热储层，以平均瞬时排量 73.9m³/h，日产水量 1773m³，动液面最终稳定在 168m（按该层中部原始地层压力推算动液面在

174.8m），井口平均水温稳定在73℃（该层中部地温81℃），说明埠一段下部有足够的能量，计算的地热水储量是可靠的。

上述地热冬季取暖保温应用表明，供暖面积为 $8.6 \times 10^4 m^2$，供暖时间累计107d，共采出地热水量 $19.7 \times 10^4 m^3$，相当于提供 $59.1 \times 10^8 kcal$ 的热量，也相当于5000kcal锅炉用煤2149t。煤炭按市场价600元/t计算，需要128.9万元，扣除采水成本7.6万元、大修5万元、资源费13.8万元外，节约102.5万元。

3. 其他综合利用

地热资源的综合利用是根据地热资源不同类型对其进行逐级多目的利用。地热资源因温度、矿化度、化学成分、气体成分、放射性元素等含量的不同而具有多种用途，在世界各国，地热资源在发电、采暖、温室种植、水产养殖、各种工艺流程、医疗、旅游、沐浴、游泳、瓶装矿泉水、提取化工原料等方面获得广泛利用，已有许多逐级综合利用的典型实例可供参照。

对于高温地热资源（>90℃），可以用于工业发电，而对于中、低温地热资源则可分级梯级应用。对于小于90℃的地热资源，可实现以下方式应用：一是75℃热水工业综合利用，包括水泥制品、木器家具、饲料、制桶作坊、皮革加工及洗毛等。二是75℃热水为 $18 \times 10^4 m^2$ 的温室供热，40～45℃热水为乳牛栏、猪圈、鸟房等设施供热。三是75℃热水采暖及热供水，30～40℃热水生活综合利用，如游泳池、浴池、洗衣房等。四是经上述多种目的利用后的地热尾水（25～30℃）均被排到沉淀池，处理后的尾水（20～25℃）被利用于农田灌溉及养鱼。

苏北盆地地热资源有利于直接开发利用，古隆起带之下的地下热水水质较好，产水量大，温度高。盆地内的地下热水埋藏较浅，产水量较大，属低温型热水资源。从真3井和真158井的地热水开发利用所取得的效果看，是油田可持续发展、可综合利用的清洁能源资源，取得非常好的节能效益、经济效益和社会效益。地热为绿色能源，无环境污染，有利于环境保护。利用地热能源，能够降低劳动强度，又可提高安全生产水平。

第九章 天然气地质

1974年苏北盆地金湖凹陷西斜坡刘庄构造东60井在阜二段生物灰岩试获工业气流，发现刘庄油气田；随后在吴堡低凸起吴①断层上升盘周2井钻探发现盐一段气藏，在高邮凹陷三垛组、戴南组陆续发现了一些小型气藏，这些气藏地质储量均小于 $3 \times 10^8 m^3$。1998年盐城凹陷盐城1井在泰一段试获工业气流；其后老井复查发现盐参1井阜一段底砂岩气层，并试获日产天然气 $13 \times 10^4 m^3$，发现古生新储朱家墩气田，探明天然气地质储量 $22.22 \times 10^8 m^3$。截至2018年底，苏北盆地先后在刘庄、永安、肖刘庄、周庄及朱家墩五个油气田，累计探明天然气地质储量 $29.78 \times 10^8 m^3$，含气面积 $9.50 km^2$。气藏总体数量不多，而且规模小，主要有生物降解气、凝析气（或伴生气）和原油裂解气三种成因类型。

第一节 天然气特征

一、天然气地球化学特征

1. 烃类组分特征

根据该区勘探已发现的代表性油气田天然气组分，可将其划分为干气和湿气两大类（表1-9-1）。

表1-9-1 苏北盆地天然气组成分类表

分类	产地	层位	CH_4/%	C_{2+}/%	N_2/%	CO_2/%	C_1/C_{1-5}
干气烃类	刘庄油气田	E_1f_2	94.58~96.53	0.97~1.86	1.85~3.31	0.26~1.25	0.99
	黄珏油田	E_2s	93.42	2.8	3.67	0.11	0.97
	朱家墩油气田	$E_1f_1+K_2t$	91.89~96.57	2.09~4.99	0~4.37	0.2~1.49	0.95~0.98
	周庄油气田	N_1y_1	96.52		3.47		1.0
湿气烃类	永安、肖刘庄油气田	E_2d	80.34~80.59	13.98~15.75	2.86~4.4	1.03~1.05	0.84~0.85
	部分油田溶解气	E_{1-2}	51.2~83.06	8.68~38.17	1.42~9.94	0.48~2.87	0.58~0.9

参见表1-9-1，产干气的朱家墩气藏甲烷含量最高可达到96.57%，C_1/C_{1-5}可以达到0.98；刘庄油气田上部气层所产天然气甲烷含量达到96.53%，C_1/C_{1-5}可以达到0.99，属干气类型；周庄气藏甲烷含量高达96.52%，缺失重烃组分；黄珏油田黄5块甲烷含量虽为93.42%，但C_1/C_{1-5}高达0.97。产湿气的主要有永安、肖刘庄气藏，以及主要油田

的溶解气，从烃类组分来看，永安、肖刘庄凝析气藏甲烷含量低，最高也只有80.59%，C_1/C_{1-5}只有0.85。

2. 碳同位素特征

天然气C_{1-5}、CO_2碳同位素是区分其成因的重要依据，一般认为生物（细菌）成因气的$\delta^{13}C_1 < -55‰$，过渡带气的$\delta^{13}C_1$分布在$-55‰$~$-48‰$之间，油型气的$\delta^{13}C_1 \geq -48‰$；油型气的$\delta^{13}C_2 < -29‰$、$\delta^{13}C_3 < -27‰$；煤型气的$\delta^{13}C_2 \geq -27‰$、$\delta^{13}C_3 \geq -26‰$。

1）$\delta^{13}C_1$—$\delta^{13}C_{CO_2}$关系分布

运用CH_4、CO_2碳同位素法（戴金星，1993），将苏北盆地天然气划分为2大类（图1-9-1、表1-9-2）。

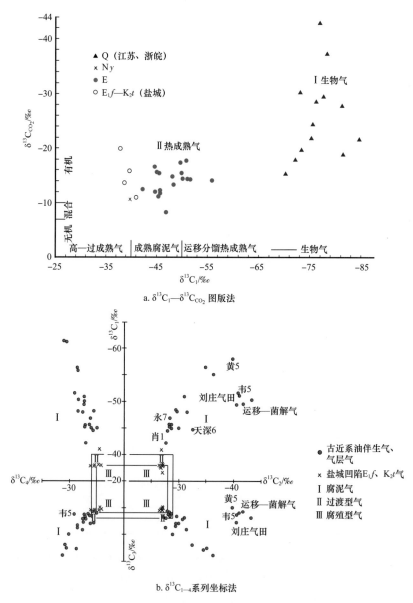

图1-9-1 苏北盆地天然气成因及母质类型划分图

- 244 -

表 1-9-2 苏北盆地不同地区单井天然气 C_{1-5}、CO_2 碳同位素统计表

凹陷	井号	井深 /m	层位	$\delta^{13}C_1$/‰	$\delta^{13}C_2$/‰	$\delta^{13}C_3$/‰	$\delta^{13}C_4$/‰	$\delta^{13}C_{CO_2}$/‰
洪泽湖地区		<60	Qd	−81.45				−19.11
高邮	黄 5	1156.2	E_2s_1	−58.08	−39.81	−25.02		
	黄 8	1557.8	E_2d_2	−55.76	−27.71	−28.77	−28.53	−14.11
	联 3	2508.4	E_2d_1	−45.28	−28.26	−26.34	−27.23	−11.22
	真 98	2569.6	E_2d_1	−45.58	−28.73	−26.74	−27.11	−12.2
	真 48	2766.6	E_2d_1	−45.61	−28.44	−26.35	−26.33	−11.78
	富 22	2893.1	E_2d_1	−45.02	−30.13	−27.96	−25.99	−15.51
	黄 27-4	2119.4	E_2d_1	−48.2	−29.71	−27.93	−25.61	−13.37
	周 36	2145	E_2d_1	−47.95	−31.57	−29.17	−27.6	−14.77
	富 5	2754	E_2d_1	−45.1	−28.43	−26.07	−25.04	−15.35
	永 7	2995.4	E_2d_1	−46.82	−28.4	−26.44	−26.19	−8.22
	肖 1	3143.8	E_2d_1	−44.57	−27.96	−25.69	−25.78	−16.39
金湖	东 60	1138	E_1f_2	−49.78	−40.42	−27.03		−15.47
	东 64	1139.5	E_1f_2	−51	−41.09	−26.08		−14.37
	刘 9	1167.6	E_1f_2	−49.5	−41.74	−25.86		−17.37
	刘 10	1137	E_1f_{2+1}	−51.47	−40.18	−26.06		−14.28
海安	安丰 1	2353.4	K_2t_1	−49.94	−33.18	−31.46	−28.68	−15.7
盐城	盐参 1	3766	E_1f_1	−39.2	−28.7	−32.9	−30.8	
		4028	K_2t_1	−40.99	−27.06	−24.88	−24.44	−10.95
	盐城 1	3788	K_2t_2	−38	−27.1	−25.2	−24.2	
	新朱 1	3770	E_1f_1	−38.1	−26.6	−25.5		
	盘 X1	1915	E_1f_1	−38.5	−28.3	−29.9	−28.6	−13.6
		2188	K_2t_1	−39.6	−27.2		−28.2	−15.8

一是生物气。与国内外的生化甲烷气同位素组成相似，来自第四系浅层气（浅于 60m），由最偏负的 $\delta^{13}C_1$ 和 $\delta^{13}C_{CO_2}$ 同位素组成，$\delta^{13}C_1$ 为 −83.89‰～−70.13‰，$\delta^{13}C_{CO_2}$ 为 −43.09‰～−15.42‰。此类气主要分布在长江两岸、黄河古河道及沿海一带，储气层主要是全新世或更新世的含砾砂层、砂层、贝壳砂层等，其生气层为沉积淤泥中的有机物。

二是热成因气、原油生物降解气。其 $\delta^{13}C_1$ 为 −58‰～−36‰，$\delta^{13}C_{CO_2}$ 为 −20‰～−11‰，包括黄珏油田黄 5、黄 8 块等含较多重烃并与油伴生的烃气，以及盐城、高邮、金湖凹陷的气层气、油伴生气均属于热成因气。

2）$\delta^{13}C_{1-4}$ 系列分布

根据 $\delta^{13}C_{1-4}$ 同位素资料（图 1-9-1b、表 1-9-3），苏北盆地热成熟气又还可细化为 3 种类型。

表 1-9-3　苏北盆地不同成因天然气碳同位素分布表

天然气成因分类	$\delta^{13}C_{CO_2}/‰$	$\delta^{13}C_1/‰$	$\delta^{13}C_2/‰$	$\delta^{13}C_3/‰$	$\delta^{13}C_4/‰$
生物气	−34.1～−15.4	−83.9～−70.1			
古近系腐泥型气	−16.4～−8.22	−48.2～−44.2	−33.18～−27.9	−31.4～−25.7	−28.7～−25.6
古近系原油生物降解气	−14.3～15.5	−58.1～−37.8	−41.7～−27.7	−28.7～−25.0	−28.5
盐城混合偏腐殖型气	−10.9～20.1	−41～−37.8	−29.9～−26.6	−31～−24.9	−31.5～−24.2

（1）上白垩统—古新统烃源岩的热解成熟原油伴生气。来自高邮、金湖、溱潼、海安、白驹凹陷戴南组、三垛组、阜宁组及少部分泰州组的天然气，其 $\delta^{13}C_2<-29‰$、$\delta^{13}C_3<-27‰$，主要显示为腐泥气特征，如永安、肖刘庄气藏等。

（2）古新统烃源岩的热解成熟原油生物降解气。刘庄油气田、赤岸油田韦 5 井、黄珏油田黄 5 井等浅层运移气样品，其碳同位素值与古近系其他气样存在明显差异，表现为 $\delta^{13}C_1$、$\delta^{13}C_2$ 偏负，$\delta^{13}C_3$ 偏正。这些气层埋深小于 1500m，其原油存在明显的生物降解和稠化特征，天然气由后者生物降解就近或运移、聚集形成。

（3）海相古生界烃源岩的热裂解成熟气。如盐城凹陷朱家墩气田的样品，其 $\delta^{13}C_1$ 分布在 −41‰～−36.7‰ 之间，$\delta^{13}C_2$ 分布在 −27.1‰～−26.5‰ 之间，$\delta^{13}C_3$ 分布在 −25.6‰～−24.9‰ 之间，$\delta^{13}C_4$ 分布在 −25.6‰～−24.4‰ 之间，同位素组成面貌与古近系油伴生气存在较大差异，总体倾向偏腐殖和腐泥型混合气特征。

3. 轻烃异庚烷值特征

利用天然气的轻烃异庚烷值，即 "2-甲基己烷与 3-甲基己烷" 之和与 "1 顺 3-，1 反 3-，1 反 2- 二甲基环戊烷" 之和的比值，可以反映天然气的成熟度；当比值小于 3 时，指示低成熟—成熟，比值 3～8 为高成熟，大于 8 为过成熟。

该区几种不同类型天然气分别具有不同的成熟度特征。古近系刘庄、黄珏等浅层运移气的异庚烷值一般小于 2，属低成熟—成熟气；永安、富民、肖刘庄凝析油—湿气的异庚烷值在 3 左右，指示气源来自成熟过渡气（乙烷、丙烷碳同位素指示属腐泥气），推断来自高邮深凹带阜宁组烃源岩；朱家墩气田异庚烷值高达 5～7.6，指示为高成熟阶段生成的天然气（图 1-9-2），与盐城凹陷阜宁组烃源岩无关。

二、气源分析

根据该区天然气组分、碳同位素及成熟度等特征，结合区域地质条件，认为天然气分别来自古新统和古生界烃源岩。气源对比表明，除盐城凹陷外，高邮、金湖和海安凹陷古近系天然气 $\delta^{13}C_1$ 分布在 −58‰～−45‰ 之间（表 1-9-2），与古新统阜二段、阜四段烃源岩酸解烃的 $\delta^{13}C_1$ 分布值较接近（表 1-9-4），而与古生界烃源岩热解气的碳同位素值差异很大，$\delta^{13}C_2$、$\delta^{13}C_3$ 也反映了此情况；而且，古近系天然气以腐泥型成熟气为主，反映气、岩的母质类型、成熟度皆吻合。因此，东台坳陷各亚一级构造单元泰州组—三垛组气藏、油气藏的天然气主要来自阜二段、阜四段烃源岩。

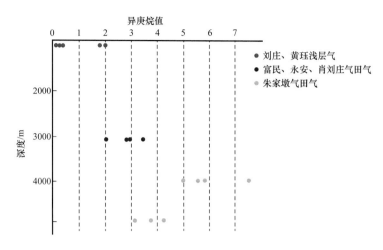

图 1-9-2　异庚烷值判别苏北盆地天然气成熟度

表 1-9-4　苏北地区不同层系烃源岩热解气与盐参 1 井天然气碳同位素对比

井号	层位	岩性	δ¹³C/‰				原始 R_o/%	加热后 R_o/%	对比结果
			C_1	C_2	C_3	C_4			
河参 1	E_1f_2	黑色纹层灰质泥岩	−46	−39.6	−34.2	−30.8	0.75	酸解烃	与古近系气可比
戴 1	E_1f_2	黑色纹层灰质泥岩	−40.5	−30.4	−33	−31.2	0.54	酸解烃	
李 1	E_1f_4	黑色纹层灰质泥岩	−42.7	−29.2	−30.9	−31.7	0.52	酸解烃	
荻 3	O_3w	黑色泥岩	−35.6	−32.7	−31	−33.1	1.73	1.5	无
91−2	P_2d	黑色泥岩	−29.2	−24.4	−22.7	−26.9	0.86	2.0	可能有
黄验 1	$P_{1-2}l$	灰黑色泥岩	−26.4	−21.9	−21.5	−17.9	1.18	2.0	无
苏 174	P_2q	灰黑色泥岩	−30.9	−27.7	−27.3	−21.6	1.0	2.0	有
苏 121	$\in_1m$	灰黑色泥岩	−32.1	−28	−25.7	−20	2 ±	2.5	有
容 2	T_1x	灰—深灰色泥灰岩	−33.4	—	—	—	0.60	2.0	

　　从表 1-9-2 与表 1-9-4 对比可知，盐城凹陷朱家墩气田，以及盘 X1、新朱 1 井天然气样的碳同位素与古新统阜宁组烃源岩酸解烃的碳同位素差异显著，而与古生界二叠系栖霞组（苏 174 井）和寒武系府山组（苏 121 井）烃源岩热解气碳同位素值接近，气、岩从 δ¹³C_1—δ¹³C_4 分布皆有一定的可对比性，二者成熟度也较为匹配，表明该区天然气来自古生界烃源岩。

第二节　天然气藏分析

　　苏北盆地天然气可分为古生界烃源岩热降解气（古生新储气藏）、新生界油藏生物降解气（新生新储气层）、新生界烃源岩热降解气（新生新储气藏），各类型的代表性气藏或气层如下。

一、古生新储热裂解成因气藏

迄今仅发现了朱家墩气藏。1998年在盐城凹陷钻探盐城1井于泰州组3788～3976m试获日产天然气58367m³的工业气流；1999年老井复查在盐参1井阜一段3766～3782.6m试获日产13×10⁴m³的高产气流，证实了朱家墩气藏，探明含气面积6.1km²、天然气地质储量22.22×10⁸m³（图1-9-3），成藏要素如下。

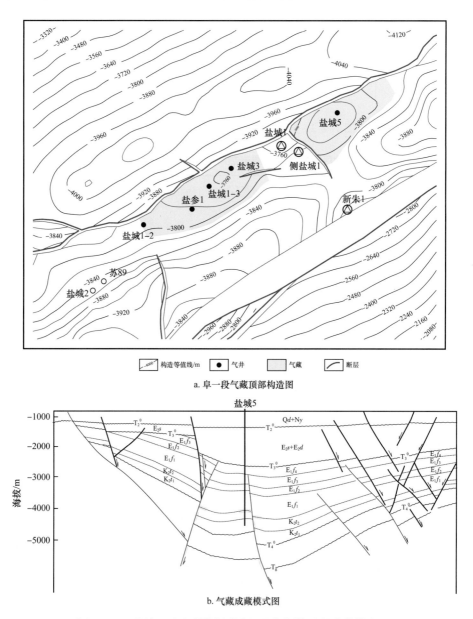

图 1-9-3　盐城凹陷朱家墩气藏阜一段气顶构造及成藏模式图

一是南洋次凹断鼻圈闭。朱家墩构造位于盐城凹陷南洋次凹，为一由走向北东东的盐③反向断层控制的阜一段—泰州组断鼻构造，T₃⁴圈闭面积6.5km²，高点埋深3740m，闭合幅度60m。圈闭低部位盐②断层长期活动，沟通下伏古生界气源。

二是古生界气源。前已述及，朱家墩气源为古生界烃源岩热裂解形成的天然气，经盐②断层垂向输导，聚集于朱家墩构造阜一段—泰州组储层成藏。该区残留古生界烃源岩，成熟度高，有一定厚度和分布面积。根据盆模分析，新近纪末烃源岩 $R_o > 2\%$，处于大量生气阶段；朱家墩断鼻处于晚期生烃范围内，盐②断层长期活动至盐城组末才停止活动，成为古生界气源向上运移的重要渠道，输送气至朱家墩构造阜一段—泰州组汇聚成藏。包裹体分析，盐参1井阜一段在3769m处均一温度为98～119℃，盐城1井泰二段在3905.3m处均一温度为96.4～116℃，新朱1井阜一段在3660.9m处均一温度为80.4～84.7℃，与古地温—埋藏史对比，天然气充注主要在盐城组沉积期。

三是中—低孔、中—低渗砂岩储层。盐城凹陷阜一段四亚段为三角洲前缘沉积，一般发育3个砂体，①号、②号河口坝或远沙坝砂体，薄—厚层状，横向相变快、连通性稍差，③号水下分支河道砂体，厚—特厚层状，为主力含气层，以细—中砂岩、含砾中—粗砂岩为主，平均孔隙度16%（最高19.9%）、平均渗透率93mD（最大642.5mD），物性较好。泰二段以三角洲前缘河口坝、远沙坝砂体为主，薄—厚层状，砂体相变快，粉—细砂岩，物性差，属特低—低孔、特低渗储层。泰一段为喷发玄武岩夹辫状河三角洲沉积，砂体薄—厚层状、相变快；测井解释砂岩为特低孔—低孔储层，玄武岩为裂缝、气孔状储层，玄武岩岩心孔隙度2%～13.1%、平均8%，渗透率一般小于1mD。泰二段砂岩为次要含气层，泰一段砂岩及玄武岩含少量气。

四是保存条件好。阜一段底部气层上覆有阜一段滨浅湖和阜二段深湖巨厚的泥岩，泰二段、泰一段有泥岩夹层盖层，整体储盖良好。控制朱家墩断鼻的盐③断层未断穿 T_3^0 层位，属成藏前的早期断层，断距100～140m，阜一段底部砂岩气层与下降盘阜一段泥岩对接遮挡，断层封闭性良好。

五是古生新储成藏模式。盐城凹陷基底古生界烃源岩生成天然气，经盐②断层向上输导，在上覆阜一段—阜二段巨厚盖层抑制下，天然气沿阜一段—泰州组储层发生侧向运移，在朱家墩断鼻圈闭高部位聚集，形成古生新储的朱家墩气藏（图1-9-3b）。

二、新生新储生物降解成因气层（藏）

苏北盆地埋深浅于1500m的油藏普遍存在生物降解现象，在油藏顶部或上覆圈闭形成了生物降解气藏或气层；如高邮凹陷黄5、许浅1、韦8块等油藏顶部气层，吴堡低凸起周2气藏等，其中以金湖凹陷刘庄油气田上部的生物降解气层规模最大，最具代表性。1974年金湖西斜坡刘庄构造钻探东60井，测井解释阜二段气层4层15.4m，阜一段油层1层3.0m，试油射开阜一段油层抽汲日产油5.5m³，射开阜二段气层7mm油嘴放喷日产天然气 $4 \times 10^4 m^3$，酸化后日产天然气 $21 \times 10^4 m^3$，证实为带气顶的油气藏，探明含气面积2.0km²、天然气地质储量 $4.17 \times 10^8 m^3$，含油面积2.5km²，石油地质储量 $110 \times 10^4 t$，成藏要素如下。

一是斜坡带断鼻圈闭。刘庄构造为一受北北东走向的反向正断层控制的断鼻构造，T_3^3 圈闭面积2.5km²，高点埋深1120m，幅度160m；主控断层长期活动，延伸长度6km（图1-9-4）。

二是油藏原油生物降解气源。刘庄构造面向三河次凹阜二段成熟烃源灶，由后者供给油源成藏，因圈闭埋深浅于1300m，地下水和生物细菌活跃，使原油遭受水洗氧

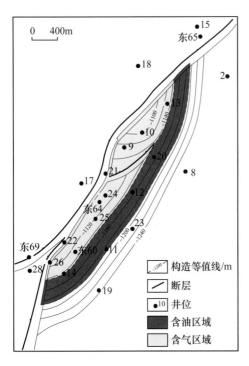

图 1-9-4 金湖凹陷刘庄油气藏构造图

化、生物降解（图 1-9-5），生成天然气聚集于圈闭顶部，并造成剩余原油稠化，密度达到 $0.91 \sim 0.93 g/cm^3$，毗邻的同油源高集油田埋深大于 1700m 未生物降解，原油密度 $0.850 \sim 0.875 g/cm^3$。

三是浅湖滩坝碳酸盐岩和砂岩储层。该区阜二段为浅湖滩坝沉积，发育生屑灰岩、虫管灰岩、藻灰岩，薄—厚层状，累计厚度 $5 \sim 33.5 m$，常呈"鸡窝"状分布，次生溶蚀孔、洞、缝发育，平均孔隙度 26%、渗透率 74.5mD，物性好、非均质性强；砂岩以细粒为主，薄—中厚层，埋藏浅，物性较好，为高孔、中渗储层。

四是保存条件较好。圈闭由阜二段、阜三段区域大厚度泥岩封盖，控圈断层活动性与成藏同期，两盘断距 $120 \sim 250 m$，目的层砂体受对盘阜三段、阜四段遮挡，阜三段砂岩含量不足 18%，断层具有完全封闭能力。因圈闭埋藏浅，位于斜坡中带靠外，地下水活动相对活跃，存在较强的生物细菌作用，使得原先聚集于圈闭中的原油发生水洗稠化和生物降解。

五是新生界油藏生物降解气成藏。三河次凹阜二段烃源岩处于成熟阶段，主要提供成熟石油向西斜坡运移成藏，油藏均呈低气油比、低饱和压力特点，天然气为少量的溶解气，无独立气藏或气层。刘庄油气田的气层为原先油藏在细菌作用下，原油降解生成的天然气再聚集于圈闭顶部形成。金湖凹陷西部斜坡安乐油田，以及高邮凹陷北部斜坡带赤岸油田、深凹带黄珏油田、南部断裂带许庄油田等在埋深浅于 1500m 以内，都见有类似成因和分布的气藏。

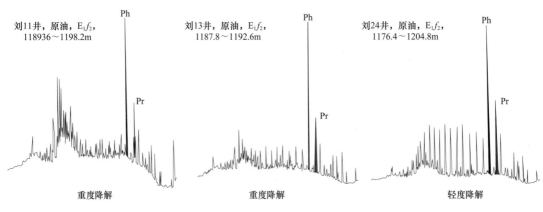

图 1-9-5 刘庄油气田原油饱和烃色谱图

三、新生新储凝析气（或伴生气）

苏北盆地泰二段、阜二段、阜四段烃源岩达到成熟有效供烃的，其镜质组反射率 R_o 多在 0.7%～1.3% 演化阶段，提供以石油为主的烃源。只有高邮深凹带部分烃源岩 R_o 达到大于 1.3% 的高成熟阶段，热降解生成天然气，可形成气藏。迄今仅发现 2 个此类气藏，即永安油田永 7 块戴一段凝析气藏，探明含气面积 0.8km²、天然气地质储量 2.69×10⁸m³；肖刘庄油田肖 1 块戴一段气藏，含气面积 0.3km²、天然气地质储量 0.36×10⁸m³，可见该区天然气资源严重不足。永 7 块为此类气藏的代表，成藏特点如下。

一是复杂断块群中心圈闭。高邮深凹带北缘发育了永安等三级构造（或三级断块群），该构造整体呈横跨汉留断裂的北高南低破碎鼻状背景，实为一系列断块组成的复杂断块群，永 7 断块处于此背景的轴部中心，为受多条断层控制的圈闭（图 1-9-6a）。1975 年钻探永 7 井在埒一段获油层 5 层 8.4m、油水同层 2 层 6.6m、油干层 1 层 1.6m，在戴一段二亚段获油层 2 层 6.8m、油水同层 4 层 9m；戴一段三亚段获油层 5 层 6.8m，油气同层 7 层 17.6m；对 2995.4～3029.4m 油气同层 5 层 13m 试油，抽汲日产气 20700m³、油 2.07m³，为含油气层。多年勘探证实，永 7 断块为永安复杂断块群当中最富集的主力油气藏（图 1-9-6b），油气层见于从埒一段五亚段到戴一段三亚段各体系域砂层组，油气层顶、底跨度达到 1200m，上部埒一段、戴二段、戴一段一亚段和戴一段二亚段聚集油层；下部戴一段三亚段上砂层组聚集凝析气层，下砂层组仍为油层，含油气断块整体呈"上油下气底油"的格局。

二是深凹带成熟—高成熟烃源岩供气。永 7 块气层 CH_4 含量小于 95%，属湿气。从气层与该块油伴生气碳同位素组成看，二者特征极为相似，反映同源；从气的氩同位素看，永 7 块 $^{40}Ar/^{36}Ar$ 为 469，与古新统腐泥型气 $^{40}Ar/^{36}Ar$（354～469）相一致；而朱家墩气该值为 608，黄桥—溪桥气该值为 716～717，气源皆来自古生界。从气成熟度看，永 7-1 井戴一段油伴生气轻烃异庚烷值为 2.42，庚烷值为 33%，为成熟烃源岩供气成藏；永 7-8 井戴一段三亚段气层气轻烃异庚烷值为 3.73，庚烷值为 36%，为烃源岩进入高成熟初期生成气供给成藏，成熟度前低后高，反映两期成藏，可能发生晚期的气替换早期聚集油的过程。永安构造面临高邮凹陷深凹带，邵伯、樊川次凹阜四段烃源岩在三垛末期已进入成熟大量排烃供给油气阶段，在次凹周缘形成了诸多富集的油田；烃源岩后期埋藏继续加热进入高成熟阶段，提供了较丰富的气源，形成气藏或气层，或补充进入前期的油层，使得次凹周缘戴南组油藏普遍呈较高气油比的特点，油气藏饱和压力明显高于上覆层系和其他地区的。

三是砂泥岩互层储盖组合。戴南组是高邮凹陷主力含油层系之一，永安地区处于北部缓坡带控制相带，低位体系域为三角洲前缘沉积，戴一段三亚段砂岩含量小于 20%，戴一段二亚段砂岩含量为 15%～35%，泥岩可构成局部盖层；湖侵体系域戴一段一亚段为浅湖和三角洲前缘末端沉积，砂岩少，"五高导"泥岩发育成为区域盖层；高位体系域戴二段处在辫状河三角洲前缘，砂岩含量达 30%～60%，储层很发育，泥岩隔盖层分布不稳定，戴二段储盖有随机性。总体看，戴一段砂岩含量适中，储层物性虽然不如上覆戴二段，而盖层较厚，储盖组合相对好。

四是低砂岩含量层段有利于气藏保存。永 7 断块受多条同期断层控制，目的层缺乏

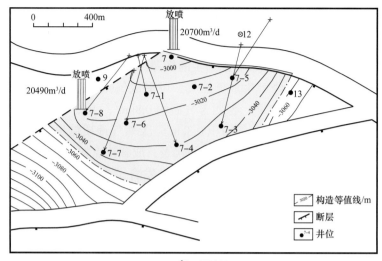

a. $E_2d_1{}^3$气顶构造图

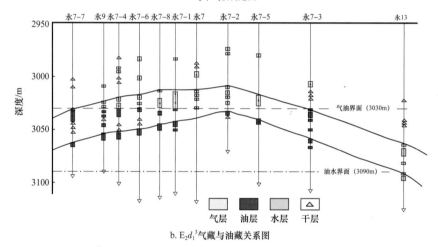

b. $E_2d_1{}^3$气藏与油藏关系图

图 1-9-6　高邮凹陷永安油田永 7 断块戴一段三亚段凝析气藏特征图

大套稳定的泥岩盖层遮挡，断层纵向呈分段封堵的变化特征，由此决定了纵向不同储盖组合构造的有效性，使得油层、气层与水层呈间互产出。从断层侧向封堵要素看，戴一段三亚段、戴一段一亚段砂岩含量较低，都在 20% 以内，最有利于形成断层墙封堵；戴二段砂岩含量高，断层纵向封堵层位具有随机性。该块油气层呈上油下气分布与此有密切关系。

　　五是次凹供烃两期成藏。永 7 断块紧邻深凹带、面向樊川次凹阜四段成熟—高成熟烃源灶，在戴二段沉积早期，油气就开始沿不整合和断层输导体系进入上覆戴南组，再充注于次凹周缘戴南组、垛一段圈闭中，成藏持续到三垛事件末；后期，阜四段烃源岩继续深埋加热，进入高成熟裂解大量生气窗口，丰富的天然气就近聚集于下部戴一段储盖组合中，受温度、压力影响，形成凝析气藏，构成永 7 断块的上油下气分布特点（图 1-9-7）。樊川次凹南部肖刘庄构造具有相似的成藏地质背景，形成了油藏、油气藏和气藏共生的情况。

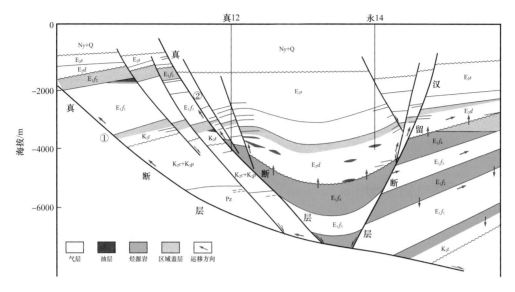

图 1-9-7　苏北盆地凝析气藏成藏模式图

与此同时，高邮深凹带真武、联盟庄、黄珏、曹庄等油田，其戴一段油藏或油气藏常常有较高的气油比、饱和压力和地层压力，上覆戴二段、垛一段层系和离开深凹带的戴一段油藏，其气油比较低、饱和压力低、地层压力正常。

第三节　天然气分布

苏北盆地在坳陷、隆起上不同程度见到天然气显示，在高邮、金湖、溱潼和盐城凹陷发现少量微小规模的气藏或气层，这与天然气资源分布状况密切相关。

一、天然气资源

根据"十三五"资源评价结果，认为苏北盆地古生界烃源岩生成的天然气资源量为 $2389 \times 10^8 m^3$，生气中心主要在盐阜坳陷（表 1-9-5）；新生界天然气资源量为 $236 \times 10^8 m^3$，生气中心在高邮和金湖凹陷。

表 1-9-5　苏北盆地古生界烃源岩生成的天然气资源量表

评价单元	面积 /km²	生气量 /10¹¹m³	资源量 /10⁸m³	可采资源量 /10⁸m³
涟水—滨海冲断带	4213	213.8	52	20.8
盱眙—洪泽冲断带	2169	384.8	57.5	23.0
宝应南推覆体	2642	873.8	241.9	96.8
射阳推覆体	1669	230.3	189.2	116.2
盐城北推覆体	1210	297.7	221	143.7
建湖—大丰推覆体	2888	827.5	355.8	142.3
天长—兴化逆冲构造带	3209	1190.59	258.7	103.5

评价单元	面积 /km²	生气量 /$10^{11}m^3$	资源量 /10^8m^3	可采资源量 /10^8m^3
江都—东台推覆体	1392	498.1	552.9	221.2
泰兴—李堡对冲带	4501	479.1	446.3	178.5
南通—如东地区	2085	12.58	13.7	5.5
合计		5008.27	2389	1051.4

二、天然气区带分布

从苏北盆地白垩系和古近系烃类天然气分布特点来看，平面上取得发现的地区主要分布在高邮凹陷、金湖凹陷及盐城凹陷，而阜宁凹陷、涟水凹陷及凸起或隆起带只见到了气显示；纵向上气藏和气显示层位包括古近系、新近系和白垩系泰州组、浦口组。

1. 高邮凹陷

高邮凹陷为苏北盆地天然气显示最丰富、气显示级别最高、取得发现最多的地区，其产气井集中分布在真武、吴堡断裂带附近的联盟庄、真武、肖刘庄及永安油气田，产气层位主要为戴南组和三垛组。肖刘庄油气田肖 1 井在戴一段 3143.8～3156.2m 井段，试气测试用 3mm 油嘴放喷日产气 17710m³，日产油 5.2t，试油结论为凝析气层，该块含气面积 0.3km²，探明储量 0.36×10^8m^3；黄珏油田黄 5 井在三垛组 1158.2～1160.4m 井段电测解释油层，试获日产气 64718m³，日产油 0.37t，为含油气层。

除了戴南组和三垛组这两套层系之外，盐城组和阜宁组也取得了零星发现。周庄油气田周 2 井在盐城组 950.4～962.4m 井段，测井解释沥青气层 1 层 12.0m，试获日产气 17.2×10^4m^3，试气结论为气层，该块气藏面积 0.3km²，探明地质储量为 0.34×10^8m^3。赤岸油田韦 8 块有四口井（韦 8-12 井、韦 8-32 井、韦 8-36 井、韦 8-13 井），在阜二段、阜一段 1100～1120m 井段试获了天然气，获气顶气储量 0.53×10^8m^3。

2. 金湖凹陷

该区天然气富集程度低，截至 2018 年底，只在金湖凹陷西斜坡阜二段发现了刘庄油气田，欧北油田有多口开发井生产过程中在阜四段产出了少量天然气。其中刘庄气田高部位钻探的东 60 井在阜二段发现了天然气显示，测井解释为气层，对阜二段 1138.0～1157.4m 井段 2 层 3.0m 气层试油，7mm 油嘴放喷日产气 39938m³，后进行酸化措施，获得日产气 21×10^4m^3 的工业气流，含气面积 2.03km²，探明天然气地质储量 4×10^8m^3。欧北油田欧北 3X1 井、欧北 4X1 井、欧北 6X1 井、欧北水 2X1 井投产过程中阜四段 1180～1220m 井段中有少量天然气产出，累计产气只有 70.5×10^4m^3，规模不大。除了上述产气井之外，金湖凹陷苏 70 井、苏 102 井、东 53 井在三垛组见到了气测异常，气测异常段埋深 1000m 左右，气测基值、峰值均较低。

总体来看，金湖凹陷天然气富集层位分散，在阜二段、阜四段、三垛组中都有气的显示，气显示层段埋深小于 1500m，属于浅层气范畴，在平面上气显示井均分布在次凹的斜坡带。

3. 盐阜坳陷

该区天然气显示频率高，平面上盐城、阜宁、涟水凹陷都见到了天然气的显示，纵向上显示层段包括浦口组、泰州组、阜宁组、三垛组和盐城组。浦口组天然气显示井主要分布在盐城凹陷斜坡带和淮安凸起，在上述地区有七口井见到了气测异常，气测异常值最高的是盐参 1 井，气测基值 0.1%，峰值 1.9%，升高 19 倍；泰州组和阜宁组天然气显示井主要分布在盐城凹陷南洋次凹深凹带，其中位于南洋次凹朱家墩构造高部位的盐参 1 井在阜一段试获日产气 $13 \times 10^4 \mathrm{m}^3$，同一构造的盐城 1、盐城 2、盐城 3 井也在泰州组、阜一段钻探获得了气层，该块阜一段探明天然气地质储量 $10.58 \times 10^8 \mathrm{m}^3$；三垛组（5 口井）和盐城组（12 口井）天然气显示井主要分布在淮安凸起、唐洼—大喇叭凸起之上，气显示级别有气喷、气测异常和槽面气泡，其中淮安凸起的淮 1 井在盐二段 140～141m 井段发生了气喷，喷高 12m 持续 30min，盐城凹陷的苏 84 井在盐一段 1086～1111m 井段见到了气测异常，异常峰值 1.28%，升高 11.8 倍。总体上，在浦口组、泰州组、阜宁组、三垛组及盐城组显示频率最高。

第十章　页岩油地质

页岩油指赋存于富有机质页岩层系中的石油。富有机质页岩层系烃源岩内粉砂岩、细砂岩、碳酸盐岩单层厚度不大于5m，累计厚度占页岩层系总厚度比例小于30%。无自然产能或低于工业石油产量下限，需采用特殊工艺技术措施才能获得工业石油产量。截至2018年底，已在美国中西部海相页岩层系（如Eagle Ford、Marcellus等页岩），我国东部渤海湾盆地、南襄盆地、江汉盆地钻探获得了工业油流，页岩油气正成为勘探的新领域。

第一节　页岩油勘探概况

晚白垩世—古新世，苏北盆地受构造—沉积控制，广泛沉积了泰二段、阜二段、阜四段陆相富有机质泥页岩层系。其中，泰二段泥页岩厚度多小于30m、分布局限；而阜二段和阜四段泥页岩厚度大、分布广，成熟区钻探油气显示活跃，部分井已经获得工业油流，反映有一定的勘探前景。

一、页岩地层划分

基于岩心观察、薄片鉴定及X射线衍射全岩矿物等资料，结合岩电性、岩石构造（纹层状、层状或块状）、矿物组成等特征，在苏北盆地阜二段、阜四段泥页岩层系识别出7种主要岩石相类型，即泥页岩、含钙页岩、钙质（纹层）页岩、含钙泥岩、层—块状泥岩、层—块状含钙泥岩、层—块状钙质泥岩。依据阜二段、阜四段泥页岩层系纵向岩石相、电性特征，在阜二段划分出5个页岩层段，自上而下分别对应"王八盖、七尖峰、四尖峰、'山'字形上、'山'字形下"电性层（图1-10-1），并分别记为页1、页2、页3、页4、页5；其中页1+页2相当于阜二段一亚段中下部、页3相当于阜二段二亚段、页4+页5相当于阜二段三亚段。在阜四段一亚段划分出4个页岩层段，自上而下分别对应"H段、十八尖峰、三尖峰-C段、多尖峰"电性层（图1-10-2），并分别记为页1、页2、页3、页4；阜四段二亚段页岩不发育未参与划分。

二、页岩地层分布

苏北盆地阜二段页岩广泛分布（图1-10-3），特别是在各凹陷和低凸起均有阜二段页岩广泛分布，高邮深凹带最厚达350m；溱潼、海安、盐城凹陷厚度一般为200～250m；金湖凹陷阜二段下部相变页岩发育程度低，上部厚度一般为60～120m；阜宁、涟水凹陷页岩厚度较薄，且都未熟无效；洪泽凹陷无该套烃源岩。

页1厚27～31m，RT稍高，曲线呈鼓包状。岩石相略有差异，高邮凹陷为深灰色薄层含灰泥岩相，盐城凹陷为深灰色块状硅质泥岩相，海安凹陷为深灰色块状含灰泥岩

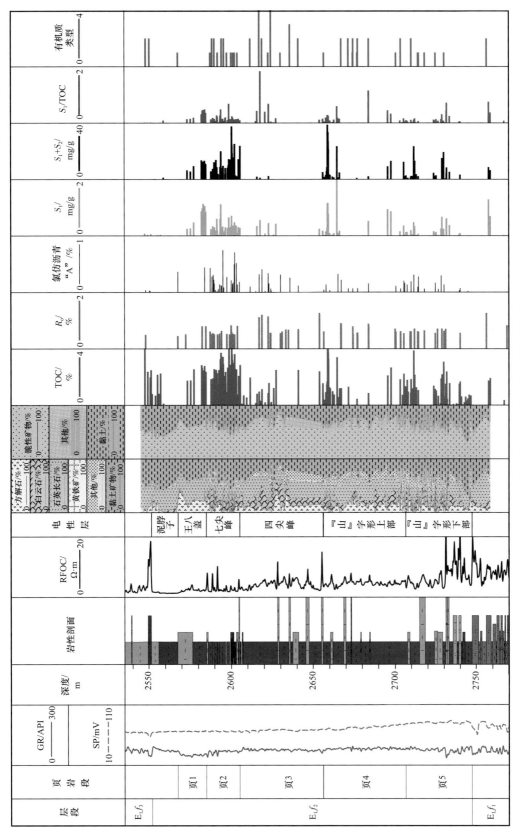

图 1-10-1 苏北盆地阜二段页岩层地层综合柱状图

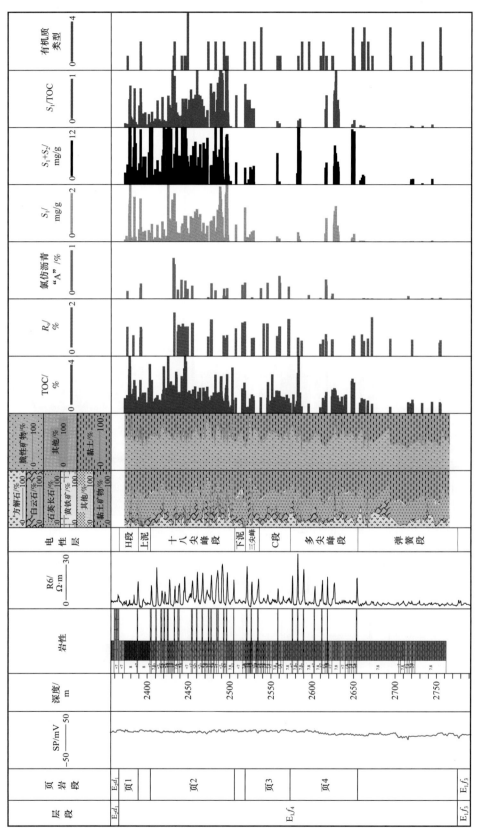

图 1-10-2 苏北盆地阜四段页岩地层综合柱状图

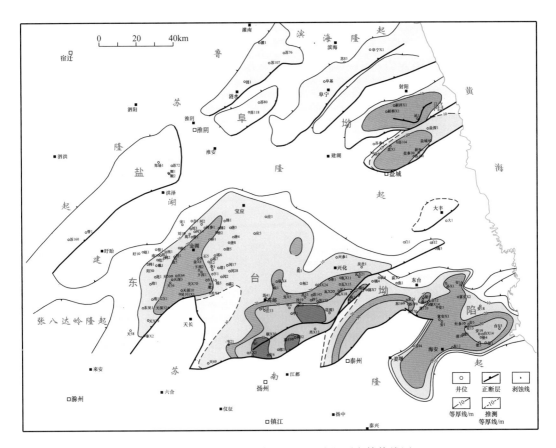

图 1-10-3　苏北盆地阜二段页 2 残留厚度等值线图

相。需要指出的，金湖凹陷西南部页 1+页 2 夹有薄层砂岩，单层厚 1m 左右，累计厚 2~4m。

页 2 厚 12~35m，为灰黑色泥岩、油页岩与含灰泥岩、泥灰岩互层，泥岩 RT 低值，油页岩、泥灰岩呈 RT 中—高值的七尖峰状，局部尖峰可增减。除洪泽凹陷外，全盆地广泛稳定分布。

页 3 厚 50~80m，为灰黑色泥岩夹 4 层泥灰岩，泥岩 RT 低值，泥灰岩具 RT 中等值尖峰。高邮凹陷为灰黑色薄层状含灰泥岩相，金湖凹陷下部相变为浅湖滩坝相，上部总体呈层—块状泥岩、含灰泥岩相和局部页岩相，盐城凹陷呈灰黑色薄—纹层云质或灰质泥岩、含云或含灰泥岩相，海安凹陷安 1 井见灰黑色纹层泥灰岩相。

页 4 厚 50~90m，高邮凹陷为灰黑色泥页岩相，盐城凹陷为灰黑色薄层含云泥岩、云质泥岩、泥云岩相，局部页理发育，海安凹陷为灰黑色纹—薄层泥灰岩相，金湖凹陷相变成非烃源岩，岩心整体较完整，局部地区页岩较发育。泥岩 RT 低值，泥灰岩呈 RT 中等值的尖峰状，一般中间一层 RT 最高，组成呈"山"字形峰态。

页 5 厚 20~45m，为灰黑色块状泥岩、泥云岩相，在海安、溱潼、高邮和盐城凹陷广泛分布，高邮凹陷自中部向西部地区在底部夹有砂岩。岩心总体较破碎，以块状为主，层理不发育。泥岩呈 RT 低值平直线，泥灰岩呈尖峰。

苏北盆地阜四段页岩层残存范围小（图 1-10-4），成熟供烃的仅高邮、溱潼、金湖凹陷。其中页1厚20～60m，岩电性呈低RT泥岩与中等RT灰泥岩互层（图1-10-2），以灰质或含灰泥岩相为主，岩心总体较完整，层理发育，以纹—薄层状为主。页2厚约100m，RT曲线呈低阻泥岩与中—高阻泥灰岩互层特征，一般有16～18个尖峰，为深灰色灰质泥岩、泥灰岩相，岩心发育薄层状、纹层状、页状层理。页3和页4两套页岩厚80～180m，为深灰色低阻泥岩与中高阻灰质泥岩、泥灰岩互层，RT曲线呈低阻夹稀疏多尖峰状；岩心总体较完整，层理较发育，以薄—纹层状为主。

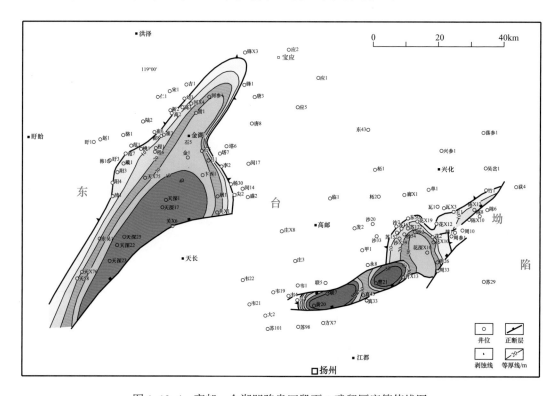

图1-10-4　高邮—金湖凹陷阜四段页1残留厚度等值线图

三、页岩油勘探现状

苏北盆地专门针对页岩油的钻探极少，在前期常规油气勘探中，有80余口井在阜四段页岩层系见到油气显示，有150余口井在阜二段页岩层系见油气显示，主要分布于高邮、金湖、盐城、海安、溱潼凹陷的深凹带及内坡带，其中有17口井试获油流。金湖凹陷天X96井和北港1井在阜二段，高邮凹陷许X38井在阜二段、联38-1井在阜四段、盐城凹陷盐城1井在阜二段试获工业油流，高邮凹陷黄20井在阜四段累计捞获原油1820t，花2井在阜二段累计试获原油35t。

苏北盆地阜二段和阜四段页岩发育，厚度大、分布广，常规油气勘探在泥页岩层系见到丰富的油气显示，部分井试获工业油流，证实阜二段和阜四段具备页岩油形成和聚集的条件。

第二节 页岩油形成条件

页岩的岩石相类型、生油性、储油性、含油性和可压裂改造性是页岩油形成的基本条件和评价的关键内容。前节已阐述过岩石相特征，因研究基础薄弱，下面着重阐述阜二段和阜四段页岩的生油性、储油性和可压裂改造性特征。

一、页岩生油条件

页岩油生油条件评价参数除总有机碳含量、有机质类型和热演化程度等地球化学参数外，可溶烃 S_1 和氯仿沥青 "A" 含量能够反映残留烃量，是页岩油评价的关键指标。

1. 阜二段页岩地球化学特征

纵向上，阜二段各页岩段 TOC 有差异、变化有规律，页1TOC 最高，其次为页2，页3次之，页4和页5最差（表1-10-1）；横向上，不同页岩段、不同凹陷页岩TOC 也有一定的差异，盐城、金湖凹陷页1和页2的 TOC 较高，海安、高邮凹陷稍低，从页3到页5盆地东部海安、盐城凹陷TOC 高，西部高邮凹陷的低。阜二段泥页岩可溶烃 S_1 含量普遍小于 1.0mg/g，残留烃含量普遍偏低；氯仿沥青 "A" 含量多在 0.1%～0.4% 之间，可溶有机质含量偏低。不同凹陷、不同页岩层有机质类型差异很大（图1-10-5），整体看，东部海安、盐城凹陷阜二段页岩有机质类型优于西部高邮、金湖凹陷，其页岩品质及生烃潜力可能也优于西部。其中，海安凹陷页4有机质类型最好，以偏腐泥型为主；盐城凹陷页3有机质类型也具有偏腐泥型的特点；高邮凹陷页2有机质类型最好，以偏腐泥型为主，其次是页4，除偏腐泥型有机质外，还有较多的偏腐殖型有机质；其他页岩有机质类型总体上以偏腐殖型为主。金湖凹陷页2和页3有机质类型较好，其次是页4。

表 1-10-1 苏北盆地页岩有机地球化学特征统计表

页岩层	岩石相	TOC/%				S_1/（mg/g）				氯仿沥青 "A" /%			
		高邮	金湖	海安	盐城	高邮	金湖	海安	盐城	高邮	金湖	海安	盐城
$E_1f_2^{页1}$	层—块状钙质泥岩	2.25	3.21	2.21	3.41	0.50	0.57	0.16	0.49	0.19	0.32	0.16	0.15
$E_1f_2^{页2}$	钙质页岩	2.02	2.51	2.25	2.99	0.50	0.44	0.26	0.60	0.22	0.26	0.22	0.21
$E_1f_2^{页3}$	层—块状钙质泥岩	1.29	1.53	1.67	2.27	0.32	0.64	0.16	0.37	0.16	0.20	0.27	0.18
$E_1f_2^{页4}$	钙质页岩	1.00		1.44	2.29	0.25		0.18	0.80	0.05		0.18	0.15
$E_1f_2^{页5}$	层—块状钙质泥岩	0.96		1.71	1.88	0.16		0.20	0.20	0.10		0.33	
$E_1f_4^{页1}$	含钙页岩	1.48	1.07			0.42	0.07			0.12	0.04		
$E_1f_4^{页2}$	含钙页岩	1.15	1.70			0.46	0.07			0.29	0.12		
$E_1f_4^{页3}$	含钙页岩	1.00	1.36			0.23	0.06			0.24	0.03		
$E_1f_4^{页4}$	含钙页岩	1.16	1.20			0.45	0.09			0.35	0.10		

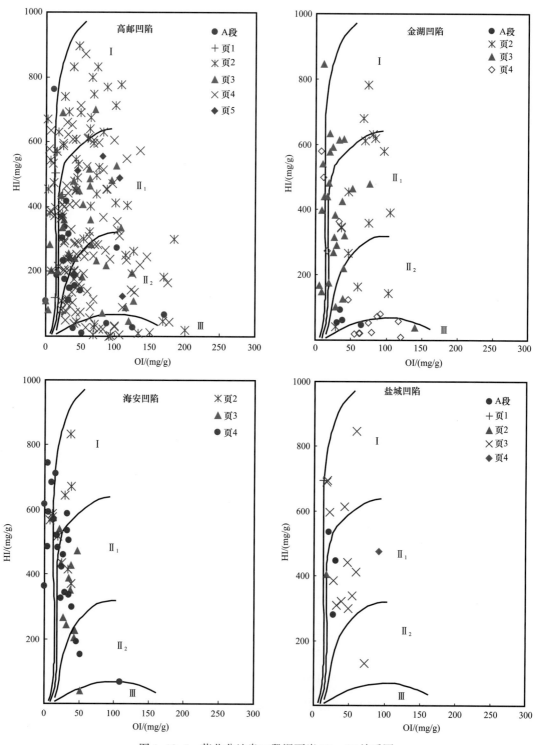

图 1-10-5　苏北盆地阜二段泥页岩 HI—OI 关系图

苏北盆地阜二段除高邮凹陷深凹带 R_o>1.0% 外，其他地区，包括高邮凹陷斜坡带，以及金湖、溱潼、盐城、海安凹陷深凹带和斜坡带泥页岩成熟度均小于 1.0%，处于成熟阶段，以生油为主。

2. 阜四段页岩地球化学特征

苏北盆地阜四段页岩 TOC 普遍较低，除金湖凹陷页 2TOC 平均为 1.7% 外，其余页岩层 TOC 平均都小于 1.5%；可溶烃 S_1 普遍小于 0.5mg/g，氯仿沥青 "A" 含量普遍小于 0.4%（表 1-10-1）；有机质类型以 I—II_1 型为主，其中高邮凹陷页 1 有机质类型整体较好，以 I 和 II_1 型为主；页 2 各种类型均有，但以 II_1 型和 II_2 型为主；页 3 有机质类型较为单一，为 II_1 型；页 4 有机质类型以 II_1 型为主，部分为 II_2 型（图 1-10-6）。金湖凹陷整体以 II 型和 III 型为主。苏北盆地阜四段页岩有机质类型纵、横向差异的存在，与各页岩层所处的沉积环境和沉积相带不同有关。

苏北盆地阜四段页岩有机质 R_o 在高邮凹陷深凹带大于 0.8%，另在其外围和金湖三河次凹、龙岗次凹页岩成熟度相对较高，即 $R_o > 0.7\%$，其他地区页岩成熟度多介于 0.5%～0.7%，处于低成熟阶段。

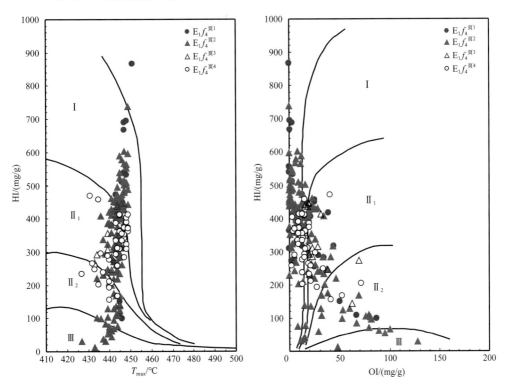

图 1-10-6　高邮凹陷黄 158 井阜四段页岩 HI—OI 关系图

二、页岩油储集条件

页岩油储集条件主要包括页岩储集空间类型及储集物性等，其中页岩储集空间类型、大小和排布不仅影响页岩的物性，而且还影响页岩油气的原地赋存与聚集。

1. 储集空间类型

苏北盆地阜二段和阜四段页岩发育 4 类 5 期裂缝和 3 类 9 种孔隙（表 1-10-2）。

1）裂缝特征及含油性

第 I 期缝为平移式剪裂缝，形成于吴堡运动；第 II 期缝为正向剪裂缝，形成于真武运动；第 III 期裂缝为顺层缝，形成于三垛运动中期；第 IV 期缝为正向剪裂缝，形成于三

表 1-10-2 苏北盆地阜宁组页岩裂隙成因类型及特征统计表

I级分类	孔隙									裂缝			
II级分类	有机质孔		晶（粒）间孔				溶孔			平移式剪裂缝	正向剪裂缝	逆向剪裂缝	顺层缝
III级分类	有机质内部孔	有机质边缘孔	黄铁矿晶间孔	黏土晶间孔	碳酸盐晶（粒）间孔	长英质粒间孔	晶（粒）间溶孔	晶（粒）内溶孔	基质溶孔	平移式剪裂缝	正向剪裂缝	逆向剪裂缝	顺层缝
平面形态	蜂窝状	新月形	多边形—椭圆形	房室状、长条形、三角形	多边形	不规则多边形、近椭圆形	半环状	近圆形	椭圆—圆形	倾角80~90°	断面倾角60°	断面倾角30°	平行层面
孔径/μm	1.76	0.15	0.22	0.84	1.65	2.85	2.45	0.22	7.08				47.9
孔缝间距/μm	1.53		1.15	0.9	1.84	2.72	3.61	1.43					
连通性	不定	好	好	好	较好	较好	好	差	较差				
有无充填	个别		无充填						部分	多无充填，方解石充填或见油迹	无充填，方解石充填或油迹都见	少见充填	方解石或有机质充填，多见原油显示
宏孔发育比重	中等	中等	少量	中等	主要	主要	全部	少量	全部				全部
微-介孔发育比重	中等	中等	大量	中等	少量	少量	无	主要	无				无
发育程度	主要	主要	次要	主要	主要	次要	主要	次要	主要				主要

埝运动晚期；第Ⅴ期缝为逆向剪裂缝，形成于三垛运动末期。第Ⅲ期顺层缝和第Ⅳ期正向剪裂缝均形成于三垛运动期，即三垛组沉积中—晚期，与阜四段大规模生排烃期（垛一段沉积晚期—垛二段沉积期）匹配较好，而且油气显示丰富，气测异常明显，为有效裂缝。而第Ⅰ期和第Ⅱ期裂缝由于形成时间与大规模生排烃期匹配较差，且未见油气显示，属于无效缝；第Ⅴ期裂缝属于压性缝，缝面闭合，且与油气形成时间匹配较差，亦属无效缝（表1-10-3）。页岩油裂缝型储层预测应以三垛运动中—晚期的构造应力场强度为重要参数。

表1-10-3　苏北盆地阜四段页岩及裂缝充填物碳氧同位素分析表

采样位置 / m	样品描述	$\delta^{13}C_{PDB}$ / ‰	$\delta^{18}O_{PDB}$ / ‰	T/℃	Z	E_1f_4 顶埋深 / m	形成时期
3253.37	第Ⅱ期缝充填方解石	1.8	−7.9	57.5	126.6	974.3	真武运动期
3187.65	灰黑色泥岩	3.9	−6.1	47.8	131.8	—	—
	第Ⅲ期缝充填方解石	5.3	−8.5	60.8	133.5	1063.7	三垛运动中期
3148.46	灰黑色泥岩	3.1	−7.9	57.5	129.3	—	—
	第Ⅲ期缝充填方解石	4.3	−8.9	62.9	131.2	1122.67	三垛运动中期
3161.96	灰黑色泥岩	2.9	−7.8	57.0	128.9	—	—
	第Ⅲ期缝充填方解石	4.5	−8.5	60.8	131.8	1066.9	三垛运动中期
3179.67	灰黑色泥岩	4.5	−6	47.3	133.1	—	—
	第Ⅲ期缝充填细晶方解石	4.7	−8.5	60.8	132.3	1064.7	三垛运动中期
3370	灰黑色泥岩	2.2	−6	47.3	128.4	—	—
	第Ⅲ期缝充填方解石	4	−9.2	64.6	130.5	1135.6	三垛运动中期
3227.52	第Ⅳ期缝充填粗晶方解石	3.8	−9	63.5	130.2	1126.3	三垛运动晚期
3430.6	灰黑色泥岩	2.6	−7	52.7	128.7	—	—
	第Ⅳ期缝充填方解石	3.1	−9.8	67.5	128.3	1209.1	三垛运动晚期
3439	灰黑色泥岩	1.4	−8.9	62.9	125.3	—	—
	第Ⅳ期缝充填方解石	2.8	−10	68.9	127.6	1235.1	三垛运动晚期

注：同位素测试由中国石化胜利油田分公司地质科学研究院完成；T=14.8−5.41δ^{18}O，Z=2.048［δ^{13}C（PDB）+50］+ 0.498［δ^{18}O（PDB）+50］（据刘德良等，2006）。

2）微孔隙成因类型及有效性

依据"成因—成分"综合命名方案，同时兼顾孔隙形态、成因与发育位置，将页岩孔隙划分为3类9种。

（1）有机质孔隙。为有机质排烃过程中形成的微孔隙，多呈马蜂窝状，由多个单体孔径小于5μm的微孔隙组成；孔径平均为0.71μm（表1-10-2）；形态和大小不尽相同。

有机质孔隙发育程度与有机质含量和成熟度密切相关，一般发育于 TOC＞2% 的页岩中，可进一步细分为有机质内部孔隙和有机质边缘孔隙。有机质内部孔一般呈集合体蜂窝状分布于有机质絮团内部，单孔多呈规则—不规则椭圆形。孔径变化范围广，从纳米级到微米级均有分布，平均为 1.76μm；面孔率可达 30%。有机质边缘孔多呈新月形—环形围绕有机质发育，也可切穿到有机质内部。孔径一般小于 1μm，平均为 154nm。有机质孔在有机质内部形成了良好的网络系统，连通性好，不仅是油气的良好储集空间，而且还是很好的运移通道。

（2）晶（粒）间孔隙。为原生孔，平均孔径 1.78μm（表 1-10-2）。可进一步划分为黏土矿物晶（粒）间孔、碳酸盐矿物晶（粒）间孔、长英质等其他颗粒晶（粒）间孔及黄铁矿晶间孔 4 种类型。黏土矿物晶（粒）间孔呈房室状、长条形或三角形发育于伊利石等黏土矿物之间，连通性好，均径 836nm。碳酸盐矿物晶（粒）间孔呈多边形或环形孤立分布于白云石、方解石等碳酸盐矿物间，均径 1.65μm。长英质等其他颗粒晶（粒）间孔呈多边形或近椭圆形发育于颗粒周边，多孤立分布，均径 2.85μm。黄铁矿晶间孔呈多边形—椭圆形集簇状分布于黄铁矿内部，均径 219nm。晶（粒）间孔在区内页岩中广泛发育，是重要的微孔隙。

（3）溶孔。平均孔径为 3.27μm（表 1-10-2），可进一步细分为晶（粒）间溶孔、晶（粒）内溶孔和基质溶孔。溶孔形态取决于被溶颗粒和溶蚀程度，随着溶蚀程度的增强，其连通性增加。晶（粒）间溶孔呈半环或多边形分布于晶（粒）周边，均径为 2.45μm，随溶蚀作用增强其连通性增加。晶（粒）内溶孔呈不同程度的椭圆—圆形孤立分布于矿物颗粒或晶体内部，孔径均小于 1μm，均径为 217nm。基质溶孔呈椭球形—长条形洞穴状散布于基质中，少量被泥质和云母等充填，连通性较差，均径为 7.08μm。

总体来看，页岩主要发育溶孔、黏土矿物晶（粒）间孔、碳酸盐矿物晶（粒）间孔、有机质孔等 5 种孔隙，其中溶孔最为发育，其次为晶间孔（包括碳酸盐岩晶间孔和黏土矿物晶间孔），再次为有机质溶孔。从孔径大小看，基质溶洞最大，为 7.08μm；其次为长英质粒间孔和粒（晶）间溶孔，孔径分别为 2.85μm 和 2.45μm；再次为碳酸盐粒（晶）间孔和有机质内部微孔隙，孔径分别为 1.65μm 和 1.76μm；其余孔隙孔径均介于 0.1~1μm。环境扫描电镜／能谱分析在苏北盆地阜二段和阜四段页岩晶间孔（平均孔径为 1.65μm）和晶间溶孔（平均孔径为 2.45μm）中发现原油，证实页岩晶间孔和晶间溶孔具备储集油气的能力，为有效储集空间。据此，推测孔径相对较大的有机质内部孔（平均孔径为 1.76μm）、长英质粒间孔（平均孔径为 2.85μm）、基质溶孔（平均孔径为 7.08μm）也应具备储集油气的能力，为有效储集空间。

此外，应用核磁共振（NMR）技术，取 T_2 截止时间为 6ms（对应样品孔喉半径为 0.18μm），优选黄 158 井阜四段页岩进行系统取样和可动流体含量测试。结果表明，阜四段泥页岩岩心 T_2 谱多具单峰特征，可动流体含量为 0；少数样品 T_2 谱具双峰或三峰特征，岩样中含有一定的可动流体，其含量一般小于 20.68%，平均 6.11%。但页岩可动流体含量与其有机碳含量、孔隙度线性关系不明显，意味着该可动流体可能主要为页岩裂缝贡献，即页岩油主要赋存空间应以裂缝为主，微孔隙（包括纳米孔）为次要赋存空间；T_2 谱三峰或分离的双峰也说明页岩储层孔隙空间复杂，可能有微裂缝存在，从而决定了页岩油赋存相态应以游离态为主，吸附态次之。

综上所述，苏北盆地阜二段和阜四段页岩油储集空间以高角度或低角度构造裂缝及顺层发育的层间缝或层理缝为主。

2.储集物性

苏北盆地阜四段泥页岩样品渗透率均小于0.001mD，孔隙度介于0.79%～13.2%，其中薄层状钙质泥岩孔隙度最高，平均5.50%；其次为页岩，孔隙度平均为4.41%；层—块状钙质泥岩孔隙度最低，平均3.64%。阜四段页岩孔隙度均较好，平均大于5%；其中$E_1f_4^{页3}$孔隙度最大，为6.54%；其余页岩层孔隙度均介于5.2%～5.4%（表1-10-4）。据此推测苏北盆地阜二段5个页岩层孔隙度应介于5%～6%，具有一定的储集条件。

铜城—龙岗地区测井解释表明，金湖西斜坡阜二段页1和页2滩脊、滩席及滩脊间等沉积的夹层砂岩物性普遍较差（表1-10-5），以低孔、特低渗储层为主；其中页1砂岩夹层物性最好，页2和页3相对较差；滩脊微相砂岩物性最好。

表1-10-4 苏北盆地黄158井阜四段页岩物性统计表

层位	全直径		岩心柱		岩心柱核磁共振	平均/%
	ϕ/%	K/mD	ϕ/%	K/mD	ϕ/%	
$E_1f_4^{页1}$	5.22～5.58/5.40（2）①	0.40～0.83/0.62（2）	4.70～12.20/8.10（4）	0.92～110/29.10（4）	0.24～6.58/2.10（17）	5.20
$E_1f_4^{页2}$	1.72～9.94/4.49（6）	0.08～1.48/0.39（6）	4.20～11.10/7.50（26）	0.57～404/4.47（26）	0.26～13.20/4.20（89）	5.40
$E_1f_4^{页3}$	5.29～6.74/6.02（2）	0.13～0.16/0.15（2）	5.30～9.10/7.60（8）	0.40～28.20/4.75（8）	1.50～10.18/6.00（32）	6.540
$E_1f_4^{页4}$	4.03（1）②	0.68（1）	3.50～9.60/5.76（6）	0.59～7.87/2.47（6）	1.39～10.36/6.20（36）	5.330

① 范围/平均值（样品数）。

② 数值（样品数）。

表1-10-5 铜城—龙岗地区砂岩夹层测井解释物性统计表

层位	井号	井段/m	ϕ/%	K/mD
$E_1f_2^{页1}$	天96	2643.10～2646.00	4.61～13.25/10.03①	0.10～7.37/3.07
$E_1f_2^{页2}$	天96	2656.30～2658.30	6.06～8.15/7.67	0.24～0.87/0.68
		2661.00～2664.40	1.51～11.13/5.92	0.10～3.42/0.72
		2689.10～2691.40	0.01～5.31/3.15	0.10～0.13/0.10
		2694.00～2698.80	0～8.55/4.52	0.10～1.07/0.34
$E_1f_2^{页3}$	天96-1	2427.60～2434.50	0～8.53/3.69	0.10～1.06/0.21
		2489.60～2492.30	0～5.09/2.19	0.10～0.11/0.10

① 范围/平均值。

三、页岩压裂改造条件

页岩可压裂改造性是页岩在水力压裂条件下能够被有效压裂改造的能力，与材料脆性和韧性有关，可以通过页岩的脆性矿物含量和岩石力学参数（杨氏模量和泊松比）来表征。

1. 页岩脆性评价

苏北盆地阜二段和阜四段页岩层矿物组成以黏土矿物、石英和碳酸盐矿物为主，次为长石和方沸石，少量黄铁矿和微量石膏（表1-10-6）。页岩脆性矿物含量均大于50%，且主要以石英和碳酸盐矿物为主，均具较好的脆性。其中阜二段页1脆性矿物含量最高，达64.44%；阜四段页4脆性矿物含量最低，为50.72%。

表1-10-6　苏北盆地页岩矿物组成统计表　　　　单位：%

页岩层	石英	斜长石	钾长石	黄铁矿	方解石	白云石	铁白云石	菱铁矿	石膏	方沸石	黏土矿物
$E_1f_4^{页1}$	28.83	8.59	1.32	1.73	11.19	2.07	2.29	0.82	0.79	0.00	42.38
$E_1f_4^{页2}$	27.94	8.01	1.49	1.69	12.65	4.81	3.95	0.39	0.79	0.02	38.25
$E_1f_4^{页3}$	27.93	6.05	1.28	1.87	11.86	3.49	10.01	0.25	0.88	0.07	36.36
$E_1f_4^{页4}$	26.81	5.14	1.12	1.08	10.32	0.11	7.22	0.00	1.46	0.00	46.73
$E_1f_2^{页1}$	29.23	5.74	0.99	1.52	22.25	6.14	0.05	0.04	0.10	2.33	31.61
$E_1f_2^{页2}$	23.05	4.72	0.75	1.17	11.03	14.47	1.45	0.18	1.69	1.11	40.38
$E_1f_2^{页3}$	16.21	3.81	1.00	1.64	12.88	10.57	10.96	0.54	0.83	11.78	29.77
$E_1f_2^{页4}$	20.14	6.89	1.40	1.31	13.95	15.40	0.30	0.49	0.75	10.97	28.39
$E_1f_2^{页5}$	19.13	6.90	1.38	0.60	15.10	14.16	0.37	0.31	0.93	7.18	33.95

苏北盆地页岩杨氏模量整体较低，一般小于20GPa，与泌页1井核三段上亚段（$E_1h_3^{上}$）和东营凹陷沙三段下亚段（$E_1s_3^{下}$）页岩相当，远小于Barnett页岩和我国南方海相龙马溪组页岩；与之相反，泊松比却略高于上述页岩；页岩层脆性指数也较高。其中阜二段页2脆性指数最高，为64.25%；页4和页5次之，脆性指数分别为46.94%和46.75%；再次为阜四段页1、页3和阜二段页1，脆性指数分别为44.71%、44.49%和44.39%；阜二段页3脆性指数较小，为42.38%；阜四段页4脆性指数最小，仅为30.10%。总体来说，苏北盆地阜二段和阜四段页岩均具有较好的脆性，与我国东部断陷盆地其他页岩层相似。

2. 页岩可压裂性评价

利用唐颖（2012）建立的可压裂系数的数学模型，对苏北盆地9套页岩可压裂性进行了综合评价（表1-10-7），总体来看，阜二段页2、页1、页4和阜四段页1、页3、页2脆性系数和可压裂系数均较高，属优质可压裂页岩；阜二段页5和页3次之，阜四段页4可压裂改造性最差。

综上所述，苏北盆地阜二段和阜四段页岩有机质丰度相对较低，TOC＞2%的页岩纵向上主要分布于阜二段页 2 和页 3，页岩成熟度相对较低；但页岩可压裂改造性优于中国东部济阳坳陷东营凹陷和泌阳凹陷。

表 1-10-7　苏北盆地页岩可压裂改造性评价表

评价参数	权重	页岩层								
		$E_1f_4^{页1}$	$E_1f_4^{页2}$	$E_1f_4^{页3}$	$E_1f_4^{页4}$	$E_1f_2^{页1}$	$E_1f_2^{页2}$	$E_1f_2^{页3}$	$E_1f_2^{页4}$	$E_1f_2^{页5}$
脆性指数 /%	0.56	44.71	40.88	44.49	30.10	44.39	64.25	42.38	46.94	46.75
天然裂缝 /%	0.12	0.10	0.24	0.10	0.26	0.37	0.24	0.22	0.35	0.15
石英含量 /%	0.26	28.83	27.94	27.93	26.81	29.23	23.05	16.21	20.14	19.13
成岩作用 R_o/%	0.06	0.71	0.71	0.72	0.72	0.80	0.80	0.81	0.82	0.82
可压裂系数 /%		0.49	0.47	0.48	0.29	0.66	0.81	0.31	0.53	0.41
可压裂性评价		Ⅲ	Ⅲ	Ⅲ	Ⅰ	Ⅲ	Ⅲ	Ⅱ	Ⅲ	Ⅱ

第三节　页岩油资源潜力

页岩油资源潜力是页岩油勘探开发选区评价和目标优选的关键因素之一，是页岩油勘探规划和决策的基础资料。其中页岩油资源评价既要考虑地质因素的不确定性，也要考虑技术、经济上的不确定性。不同勘探开发阶段适用的方法不同，关键参数不同，参数获取方式不同，资源估算结果也有较大差异。截至 2018 年底，美国已经形成了成因法、类比法、统计法、综合分析法和盆地模拟法等多种页岩油资源评价方法。中国石化于 2013 年基于矿权区内页岩油研究和评价，形成了《中国石油化工集团公司企业标准陆相页岩油资源评价方法》（Q/SH 0503—2013），苏北盆地页岩油资源潜力评价即是在该方法的指导下完成的。

一、页岩油资源量

页岩油有游离和吸附两种赋存形式，但真正有贡献、通过采取一定措施能够开采出来的应该为游离烃，因此页岩油地质资源量主要计算的是游离烃的地质资源量和可采资源量。

依据该区阜二段和阜四段有机质丰度将其进一步细分为阜四段一亚段（包括页 1 至页 4）、二亚段和阜二段一亚段（页 1、页 2）、二亚段及三亚段（页 3 至页 5）4 个计算单元，由于阜四段二亚段泥页岩有机质丰度小于 1%，生油条件有限，最终仅对其余三套含油页岩层的 9 个评价单元进行了评价。依据《中国石油化工集团公司企业标准陆相页岩油资源评价方法》，求取各项参数，计算苏北盆地三套评价层的 9 个评价单元共有页岩油气地质资源量 8.80×10^8t。苏北盆地页岩油资源纵向上主要分布于阜二段二亚段和三亚段含油页岩层，其次为阜二段一亚段含油页岩层，阜四段一亚段含油页岩层资源量最少。横向上，页岩油主要分布于高邮、金湖、溱潼、海安等主力凹陷，其次在盐城、临泽等外围凹陷有少量分布。

二、页岩油富集区带

采用"油气富集概率"—"资源价值"评价模型，对苏北盆地高邮、金湖、海安、盐城 4 个凹陷 9 套页岩共 32 个评价单元依据岩石相和有机质丰度，以及试油情况进行了初步优选；将有机质丰度大于 2% 的页岩和试获工业油流的盐城凹陷阜二段页 5、高邮凹陷阜四段页 1 和页 2 等 13 个单元作为重点评价对象，评价认为金湖凹陷阜二段页 1 不仅具有较好的页岩油形成条件，而且具有较好的资源价值，是苏北盆地最有利页岩层；其次为高邮凹陷阜二段页 2，再次为高邮凹陷阜二段页 1 和盐城凹陷阜二段页 4，高邮凹陷阜四段页 1 和页 2 紧随其后，均具有较高的页岩油富集概率和资源价值，是页岩油勘探的主要目的层。其中金湖凹陷阜二段页 1 和高邮凹陷阜四段页 1 属于 II_1 类单元，其页岩油形成条件好，富集概率高，但资源规模较小；另外 11 个重点页岩层均属 II_2 类单元，其页岩油形成条件较好，富集概率较高，而且具有较大的资源规模，仍需要加强地质条件研究。

结合页岩油富集的主要控制因素，包括岩石相、厚度、有机质丰度、有机质成熟度、脆性矿物含量、黏土矿物含量、油气显示及试油成果等对前述重点层进行了有利区和"甜点"区预测，获得页岩油富集"甜点"区 8 个，叠合面积 1294km^2；在这些"甜点"区外围发育有利区，其中高邮凹陷黄珏地区阜四段一亚段页岩有机碳含量大于 1.5%，成熟度大于 0.7%，页岩油气显示丰富，而且已试获工业油气，最为有利。

页岩油作为一种新的非常规油气资源类型，在我国尚处于探索阶段。苏北盆地虽有部分井（如北港 1-1、许 X38、联 38-1、花 X28、天 X96 井）在阜二段和阜四段泥页岩层系获得油气发现，但对于这些油气的赋存特征和富集主控因素尚不清楚。此外盆地内尚未针对页岩油井实施过水平钻井和大型压裂改造，对于页岩可压裂改造性认识尚需实际压裂效果印证。加强页岩油渗流和驱动机理及经济可采性研究，是苏北盆地乃至中国东部陆相断陷盆地页岩油评价研究的主要方向。

第十一章　油气藏形成与分布

苏北盆地是中生代—新生代伸展型盆地，经历了多期构造运动，发育多套烃源岩，形成多种类型的油气藏，具有烃源岩演化程度差异性、构造复杂性、成藏多样性等特点。纵向上主要存在三套主力烃源岩层和多套储盖组合，形成三套主要的含油气系统，平面上总体呈现非连续性分布特征，断层在油气运移、聚集和成藏过程中起到关键控制作用。

第一节　圈闭及油气藏

苏北盆地以断鼻、断块圈闭为主，复合圈闭占一定比例，岩性圈闭也比较常见，相应地，断鼻、断块油气藏占多数，随着勘探程度的不断提高，复合油气藏呈逐年增加的趋势。按照圈闭赋存的流体性质，绝大多数为油藏，个别油气藏或气藏，油气藏有多种不同样式的油、水系统类型及流体分布规律。

一、圈闭类型

苏北盆地缺乏大中型的背斜、半背斜、断鼻或断块，尽管有些局部构造可称作三级构造，也不会整体俘获油气富集成藏，即油气不是直接聚集于三级构造，而是赋存于规模更小、面积小的四级构造，甚至五级构造，如含油面积仅 0.02～0.3km² 的微型断块油藏。苏北盆地聚集油气的局部构造以复杂小断块为主，油气藏具有"小、碎、贫、散、窄"的特点。统计表明，按照单个圈闭成因和形态特征，苏北盆地圈闭类型可分为：构造、岩性和复合三大类，计有 8 类、19 小类（表 1-11-1）。

二、油藏类型

苏北盆地油气藏流体以石油为主，天然气多为伴生气，少部分为原油生物降解气，个别微型天然气藏。因此，以油藏为代表来描述该区油气藏特征。

1. 构造油藏

按照圈闭成因，分背斜和断层（断鼻、断块、岩体刺穿）两类 9 小类构造油藏（表 1-11-1）。

1）逆牵引小断背斜油藏

苏北盆地逆牵引小断背斜油藏是依托真武、黄珏两个逆牵引构造形成的。

圈闭成因：苏北盆地一、二级断裂 29 条，这些断裂在泰州组—阜宁组未形成任何的逆牵引构造，但在戴南组—三垛组，高邮凹陷真②断裂控制形成了真武、黄珏逆牵引构造，受主断裂派生的一系列羽状断层切割，这两个构造破碎为断背斜。其中，戴一段构造呈破碎断鼻，戴二段上部成为逆牵引断背斜，垛一段断背斜最大，构造面积真武油田 21km²、黄珏油田 12km²，到垛二段构造逐渐消失。在苏北盆地，这两个断背斜是最具规模的"典型"三级构造，油气不以断背斜聚集整体含油，而以羽状断层分割形成的一系列四级构造成藏，逆牵引小断背斜是其中一种类型，圈闭独立成藏（图 1-11-1a）。

表 1-11-1 苏北盆地圈闭成因分类

大类	类		小类	油藏实例	大类	类	小类	油藏实例
构造	背斜		逆牵引小断背斜	真武油田 E_2s—E_2d	岩性	岩性	砂体上倾尖灭	墩塘油田 墩 2-2 井 E_2d_1
	断层	断鼻	反向断层屋脊断鼻	陈堡油田 E_1f—K_2c			泥岩裂缝	朱家墩油气田 E_1f_2
			同向断层牵引断鼻	张家垛油田 E_2d		岩性—断层	岩性—同向断层断鼻	联盟庄油田 联 7 井 E_2d_1
		断块	反向断层断块	闵桥油田 E_1f	复合		岩性—反向断层断鼻	卞东油田 卞 1 井 E_1f_3
			交叉断层断块	曹庄油田 曹 29 井			岩性—断层断块	沙埝油田 沙 19 井 E_1f_3
			隐蔽性断层断块	花庄油田 花 17 井		断层—岩性	单断层—岩性	张家灶油田 曲 1 井 E_1f_3
			同向断层断块	黄珏油田 黄 76 井			双断层—岩性	永安油田 永 22 井 E_2d_1
			断层岩片	真武油田 真 43 井 $\in$			交叉断层—岩性	黄珏油田 黄 88 井 E_2d_1
		岩体刺穿	岩浆岩体刺穿	富民油田 富 18 井		地层—断层	潜山—断层	周庄油田 周 38-2 井 K_2c
				帅垛油田 帅 4 井			地层超覆—断层	边城油田 陈 2 井 E_2d_1

圈闭形态：平面上，真武、黄珏构造被羽状断层分割成诸多独立的小断背斜、断鼻和断块，小断背斜位于构造主体区，如真武构造分为真 11、真 12、真 16 等 9 个主块，真 11、真 12 小断背斜层圈闭最大面积 1.5km²，圈闭闭合幅度小于 30m；黄珏构造黄 4—黄 5 小断背斜层圈闭最大面积 1.2km²，圈闭闭合幅度 40～80m。纵向上，两个小断背斜均发育在戴二段二亚段至埝一段四亚段层系，每套储盖组成独立层圈闭成藏。

圈闭分布：逆牵引滚动构造生长在伸展盆地张性断裂带，要求断裂面产状较平缓，

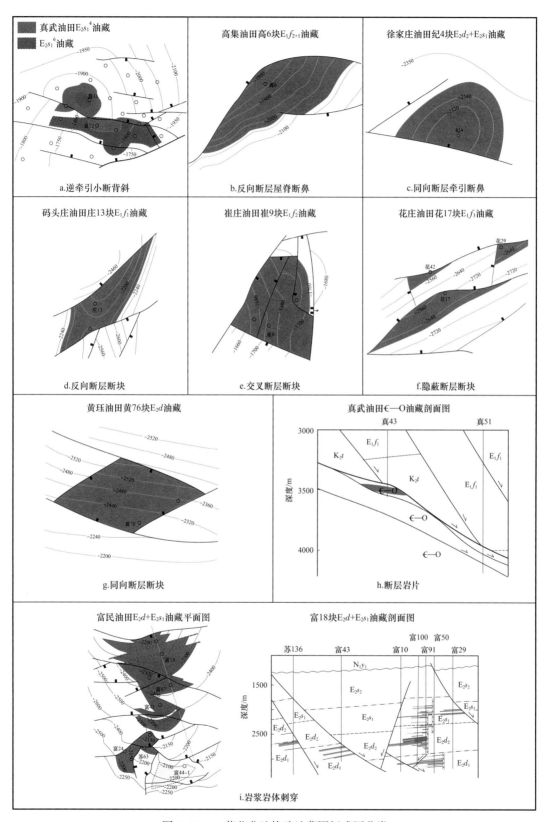

图 1-11-1　苏北盆地构造油藏圈闭成因分类

地层岩性砂、泥岩比例1：3左右。因此，苏北盆地诸多断裂中，走滑（或斜滑）断裂、高陡断裂、高含砂岩断裂，如吴堡、杨村、石港、汉留、盐城断裂等，均不利于发育逆牵引构造。只有真②断裂具备这样的良好条件，戴南组—三垛组多处形成了逆牵引局部构造，是发育逆牵引小断背斜的基础。

成藏特点：一是真武、黄珏构造紧邻高邮凹陷深凹带，有真②断裂和羽状断层沟通下伏阜四段成熟烃源灶，油源条件良好，小断背斜处于三级构造的核心部位；二是纵向小断背斜层圈闭独立成藏，有独自含油边界、流体性质、油水界面和压力系统，形成了多油水系统油藏，其核部油气富集程度较高；三是各层圈闭油气富集差异大，断层侧向封堵越好，层圈闭油气越富集。反之，各块的有效圈闭和含油范围越小，即各层圈闭的油气充满度差异大，总体偏低。如真11小断背斜垛一段四亚段含油面积$0.5km^2$，圈闭充满度0.33；垛一段六亚段含油面积$0.1km^2$，圈闭充满度仅0.15；真武构造各块充满度为0.15～0.8，整体断背斜平均充满度约0.41，断鼻侧向封闭好，充满程度高。

2）断鼻油藏

（1）反向断层屋脊断鼻油藏。在苏北盆地中，反向断鼻油藏是最富集油气的圈闭类型对象，也是常见的油藏类型。

圈闭成因：在区域单斜背景区，鼻状构造的上倾方向被一条反地层倾向的断层所切割，另一侧被不渗透泥岩或断层泥等遮挡所形成的圈闭，断层封闭性决定了断鼻的圈闭可靠性。从控断鼻断层级别看，一级至四级断层都有，三级断层居多，如沙20、韦2、杨1块等断鼻；少数为一、二级断层，如陈3断鼻、安丰断鼻；沙X23、程1块为四级断层断鼻。按断层平面形态，有庄2、韦2、范1块等平直断层，沙20、崔6、高6块等内弧形断层（图1-11-1b），杨1、下1块等外弧形断层，永25块等扭曲断层。

圈闭形态：如图1-11-1b所示，储层顶面等高线与断层相交，平面呈鼻状构造形态；纵向上，断层与下盘上升的地层组合，剖面呈屋脊状结构。

圈闭分布：一是从基底赤山组、盖层泰一段—垛二段总计11个层系都有此类断鼻。泰州组—阜宁组，断鼻侧向遮挡物主要是泰二段、阜二段、阜四段三套区域盖层，断层侧向封闭条件好，构成纵向泰一段、阜一段和阜二段、阜三段三套储层保存良好的圈闭组合，圈闭闭合幅度较高，阜宁组此类断鼻数量最多。戴南组—三垛组，断鼻侧向遮挡层有戴一段—亚段凹陷级盖层，断裂带有上升盘阜宁组大套泥岩参与，侧向遮挡条件较好，更多断层以戴南组—三垛组砂泥岩段遮挡，侧向封闭性较差，一般形成纵向储盖组合层位不固定、较低闭合幅度的层圈闭组。二是斜坡带和断裂带下盘为其主分布区带。高邮、金湖、溱潼凹陷斜坡区阜一段—阜三段，三级、四级断层极其繁多，此类断鼻最发育，一般成带、成群出现。如金湖凹陷东部斜坡下杨断鼻带有5个富集油藏，高邮凹陷北部斜坡西段韦庄断鼻群有9个富集油藏，中段沙埝断鼻群有10多个富集油藏；吴堡断裂带发育一批泰一段、阜一段、阜三段断鼻群，石港断裂带生长阜宁组断鼻群，汉留断裂带有永25、永21等戴南组断鼻油藏。此外，深凹带也有少量这类断鼻。

成藏特点：一是圈闭油源供给条件好，俘获油气能力强。这类圈闭一般由盆地主要断层控制形成，或紧邻成熟生油次凹，或面向丰足烃源灶，或依托斜坡区倾向、斜向三级断层与烃源灶沟通，圈闭规模一般大于其他类型的，汇聚油气面开阔，又是二级构造带的局部构造主要成员，俘获油气能力强。同时，断鼻仅一条断层控制，侧向封堵是该区各类构造圈闭中最小风险的，纵向上紧邻区域盖层的储层段油气最富集。二是油藏多种不同油水分布形式。受储层类型、断层活动性等影响，形成多样的油水系统、油藏高度与油柱高度关系：① 层状或块状储层统一油水系统油藏，油藏高度与油柱高度一致；② 层状砂岩统一油水系统与多油水系统叠合油藏，油藏高度大于油柱高度；③ 层状砂体梯级油水系统油藏，油藏高度小于油柱高度；④ 层状砂岩多油水系统油藏，油藏高度大于油柱高度的如阜一段油藏，也有小于油柱高度的如阜三段油藏。三是油藏品质苏北盆地前列。单块油藏含油面积、储量丰度、含油带宽度、油层厚度、油柱高度和油藏高度位居各类圈闭前列。在油源有效波及范围内，圈闭充满度一般为0.8~1，居各类圈闭首位。

（2）同向（顺向）断层牵引断鼻油藏。同向断层断鼻油藏也是苏北盆地常见的富集油藏。

圈闭成因及分布特点：一是控制圈闭断层倾向与地层产状同向，断层对上盘地层牵引，使其倾斜覆于断面上形成鼻状构造，平面形态与反向断鼻相似（图1-11-1c），剖面呈单阶地状。这类控圈断层多为二级、三级断层，少数四级的，泰州组—阜宁组断鼻，若侧向封堵为同构造层的大套泥岩，则封堵条件良好；若为砂泥岩层段，封闭性较差。戴南组—三垛组断鼻，侧向遮挡体通常有高砂岩含量的垛一段—戴一段参与，封闭性具较大随机性，由此形成纵向不固定、中—低闭合幅度的层圈闭系；若是二级断裂控制的圈闭，封闭性往往较好。二是高邮、海安凹陷为此类圈闭主要分布区。截至2018年底，泰州组—阜宁组仅见3个此类断鼻，即海安凹陷张家垛阜三段油藏、盐城凹陷新朱1块阜三段油藏、金湖凹陷高5块阜二段油藏；高邮凹陷戴南组—三垛组此类断鼻最多，主要沿真②、汉留断裂下降盘展布，成为深凹带8个油田的主力含油断块，如真11、曹7、联3、纪4、永7等油藏。

成藏特点：一是圈闭供源和俘获油气条件与反向断鼻相当，只是盖层条件、断层侧向封堵一般不如后者有利，油气多以纵向不固定的层圈闭聚集为主；在砂岩含量适中、盖层相对厚的层段，层圈闭较易聚集油气。二是油藏流体分布有两种形式：① 层状砂岩不规则多油水系统油藏，常见纵向油层组与水层间互出现，形成多个独立层圈闭油藏叠置的油藏组，各油藏高度与油柱高度关系既有大于的、也有小于的；② 层状砂岩多油水系统油藏，油藏高度一般小于油柱高度，如张家垛阜三段油藏高度只有83.5~178m，油柱高度则达到960m。三是油藏品位仅次于反向断鼻的，同向断层断鼻含油以戴南组—三垛组为主，圈闭充满度低于同层系阜宁组反向断鼻类。

3）断块油藏

（1）反向断层断块油藏。反向断层断块是苏北盆地油藏中常见的圈闭类型。

圈闭成因及分布特点：一是由两条或多条倾向不同、向外侧断落的断层切割地层组成的局部小构造（图1-11-1d）。依据断层数量、交会关系，可细分3种组合形态：① 屋脊断块油藏。单斜地层上倾方向受两条反地层倾向的断层以钝角相交切割，形成平面宽扇形、剖面屋脊状的断块构造，因地层没有明显挠曲，其形态特征与反向断鼻较相似，故俗称"假断鼻"，如联5、周41、天20等油藏。② 窄地垒断块油藏。地层受倾向不同、向外侧断落的两条或多条断层相交切，组合成平面窄扇形或窄条形、剖面地垒状的断块构造，如天60、程2油藏。③ 马鞍形垒断块油藏。马鞍状地层两高翼方向各被一条反地层倾向的断层切割，组成平面马鞍形、剖面双屋脊状的断块构造，圈闭有双高点，如

图 1-11-1d 所示的庄 13、秦 3 油藏。上述 3 种以假断鼻油藏最多，圈闭也较富油气。二是此类断块侧向封闭性较为复杂，各断层遮挡条件直接影响了断块圈闭的有效性和油气富集程度。三是由一级或二级断裂与低序次断层共同组成的此类局部构造，圈闭沿断裂带分布；由三级、四级、五级断层组合构成的此类断块，圈闭主要分布在斜坡带；纵向上，泰州组—阜宁组是此类断块及油藏的主要发育层系，戴南组—三垛组较少见到。

成藏特点：本质上，反向断层断块成藏条件与反向断鼻的无多大差异，只是圈闭的侧向封闭性、汇聚油气流能力不如后者，构造的有效性差于后者；油藏流体分布状况，有层状砂岩多油水系统、层状砂岩统一油水系统、块状砂岩（块状喷出岩）统一油水系统 3 种情况，以及这 3 类油水系统相应的油藏高度与油柱高度关系；"假断鼻"圈闭充满度与反向断鼻类相当，窄地垒断块、马鞍形垒断块油气充满度不如反向断层断块、假断鼻。反向断层断块油藏是苏北盆地戴南组—三垛组的主要油藏类型之一。

（2）交叉断层断块油藏。苏北盆地交叉断层断块油藏数量仅次于反向断层断块、断鼻油藏。

圈闭成因及分布特点：一是由一条（或多条）向内侧断落的断层与一条（或多条）向外侧断落的断层相交切单斜组合成的断块构造（图 1-11-1e），平面组合形态多样，有扇形、三角形、长条形、菱形、梯形等。二是断层控圈作用有主次之分，级别高、规模大的断层往往起主要作用，如一、二级断层；地层上倾方向的断层一般起主导作用，戴南组—三垛组圈闭其反向断层通常起主控作用。三是真武、吴堡、泰州、杨村等断裂带为交叉断层断块的主要发育区，斜坡带、深凹带此类圈闭较少。

成藏特点：控制高部位断层对断块有效性起主要作用，在真武、吴堡、泰州、杨村断裂带，此类断块油藏最常见，汉留、石港断裂带戴南组—三垛组也常见此类圈闭油藏。

（3）隐蔽性断层断块油藏。2004 年以来，苏北盆地高邮、金湖凹陷相继发现了一批控制圈闭断层具有隐蔽性特征的断块油藏。据此，总结出隐蔽性断层控制形成的断块油藏新类型（图 1-11-1f）。

圈闭成因及分布特点：一是由一条显性反向断层与一条隐蔽性反向断层共同切割地层，组合成平面扇形、剖面屋脊状的断块，形态多呈假断鼻面貌，其他特征与反向断层断鼻、假断鼻相似。这类隐蔽性断层一般级别较低、断距较小、消亡早，通常难以发现；或因地震资料品质较差，掩盖了断层真面貌，常规手段难以识别。二是圈闭主要发育在阜宁组，高邮北斜坡花庄—瓦庄、金湖西斜坡汉涧地区阜宁组此类圈闭成群分布，尤其阜三段。其成因是泰州组—阜宁组发育北北东、北东东走向两组基底复活断层与东西走向盖层新生断层，在区域南北拉张应力场下，北东东、东西走向两组断层活动性强、断距大，生长成显性断层，北北东走向断层处于斜向拉张状态，伸展活动较弱，多被东西、北东东断层所限制，造成其连续性差、断距小，并不断被后者掩盖而成为隐蔽性断层，这组断层与东西、北东东走向显性断层组合形成一系列的隐蔽性断块。如花庄—瓦庄地区阜三段已发现此类油藏 21 个，花 17 块探明储量 214×10⁴t；汉涧地区阜宁组发现 4 个此类油藏，天 83 块探明储量 152×10⁴t。其次，在吴堡、真武等断裂带，存在调节带型的隐蔽性断层断块。

这类圈闭成藏特点与同层系的反向断层断鼻、假断鼻相似。

（4）同向断层断块油藏。苏北盆地断层虽然众多，由向内侧断落的两条或多条断层组合成的扇形地堑、封闭地堑断块并不多见，此类圈闭油藏也少见；已知有黄76封闭地堑块戴一段二亚段油藏（图1-11-1g），天33-3扇形地堑块戴一段三亚段油藏，含油面积微小、储量少。

（5）断层岩片油藏。系指断裂破碎带中的岩片断块，具有不确定的形态、发育位置和储集保存油气条件等特征。如真武断裂带真43块寒武系白云岩岩片油藏（图1-11-1h），此类油藏极小，难预测。

4）岩浆岩体刺穿油藏

苏北盆地中生代—新生代岩浆岩活动强烈，广泛见到喷出的玄武岩、侵入的辉绿岩，辉绿岩侵入有岩株、岩墙、岩床、岩枝等产状形式，已经发现了多个与辉绿岩刺穿相关的油藏。

圈闭特点：由岩浆岩体刺穿接触遮挡地层形成圈闭，平面呈岩浆岩切割地层组合成的断鼻、断块形态，剖面呈岩墙遮挡地层构成的屋脊形状，或者岩株遮挡地层组成的伞状。如溱潼凹陷斜坡油气聚集带帅垛地区阜宁组岩株形成阜三段鼻状构造（帅4、帅5块等）；又如高邮深凹带富民地区富18块有3套近平行分布、埋深不同、走向北东东的岩墙刺穿遮挡南倾鼻状地层，组合成纵向3个叠置的岩墙—鼻状构造圈闭，形成戴一段、戴二段、垛一段等不同层位圈闭油藏（图1-11-1i）。

成藏特点：高邮凹陷富民油田岩浆岩体刺穿圈闭，戴一段、戴二段、垛一段油藏近岩墙部位油气富集、油层多，油层宽窄度不一，有的向低部位变化差异大，纵向形成了多油水系统油藏，油藏高度大于油柱高度。溱潼凹陷帅垛油田阜宁组岩株刺穿，既可作为侧向遮挡阜三段圈闭成藏，又可在阜四段顶部形成隐爆角砾岩、阜宁组接触变质储层，如帅4、帅5井阜四段、阜三段油藏。

2. 岩性油藏

岩性圈闭是指储集体因岩性横向变化或纵向沉积连续性中断而形成的圈闭，包括砂体上倾尖灭、古河道、透镜状等圈闭，储集体层间裂缝、生物礁块、物性封闭等圈闭。苏北盆地此类圈闭油藏少，仅见其中2种，数量也少。

1）砂体上倾尖灭油藏

截至2018年底，苏北盆地在高邮、金湖凹陷共发现戴一段砂体上倾尖灭油藏3个。

圈闭特点：由原始沉积产状下倾的（扇）三角洲前缘尖灭砂体，受断层横向截切，下降盘断截的前缘下倾尖灭砂体随断层活动加剧产状逆转，变为砂体上倾尖灭线与构造等高线相交切，形成岩性圈闭。圈闭平面呈断截的舌形，如金湖墩2-2块戴一段二亚段砂体（图1-11-2a），高邮永38块戴一段一＋二亚段砂体、邵8块戴一段一亚段砂体。这3种砂体分属辫状河三角洲前缘、三角洲前缘、扇三角洲前缘亚相，砂体下倾方分别受墩2断层、永38断层、真②断裂截切，上倾砂体尖灭形成圈闭。此类圈闭分布在各类扇体前缘地带，并具备砂体尖灭、产状逆转、断层截切的条件。

成藏特点：一是墩2-2、永38、邵8块戴一段油藏由下倾截切断层沟通下伏阜四段烃源灶油源。二是戴一段油藏砂体物性较好，圈闭各砂体基本满充。三是圈闭内单砂体往往独立充注成藏，形成多油水系统关系；圈闭富集程度与尖灭砂体层数、厚度、物性及断层供烃状况密切相关。

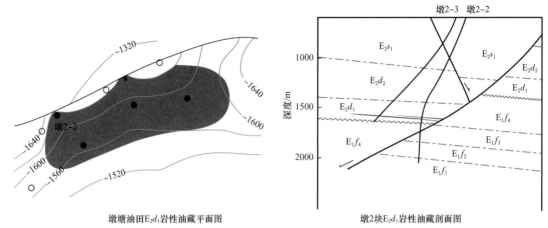

墩塘油田E₂d₁岩性油藏平面图 墩2块E₂d₁岩性油藏剖面图

a.砂体上倾尖灭

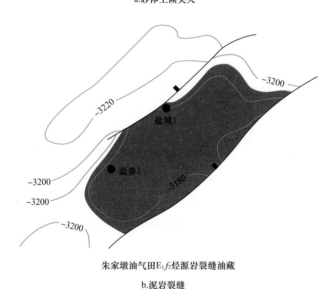

朱家墩油气田E₁f₂烃源岩裂缝油藏

b.泥岩裂缝

图 1-11-2　苏北盆地岩性油藏圈闭成因分类

2）泥岩裂缝油藏

苏北盆地在高邮、金湖、盐城、溱潼凹陷内，探井钻遇阜二段、阜四段成熟烃源岩可普遍见到良好的油气显示，尤其气测显示突出。在阜二段烃源岩，有许 X38、天 X96、盐城 1、安 16 井等（图 1-11-2b），在阜四段烃源岩有黄 20、联 X38-1 井等，分别试获不同产能的原油（表 1-11-2），属泥岩裂缝油藏。

成藏特点：一是烃源岩成熟良好，具备自供烃条件。二是烃源岩受断裂、挠曲等构造作用，泥岩、泥灰岩产生较多的裂缝，具备自储空间。三是油藏形态不规则，难以准确描述边界。四是油藏普遍具有异常高压特征，压力系数明显高于苏北盆地常规储层的油藏，后者压力系数多在 0.96～1.06 的常压范围；此类油藏产能递减快，地层压力衰退迅速，投产后即成为低产油井；许 X38 井阜二段烃源岩裂缝油藏，试油阶段抽汲前后所得的油藏地层压力就一降再降（表 1-11-2）。

表 1-11-2 苏北盆地成熟烃源岩裂缝油藏测压及试采产量数据

凹陷	地区	井号	层位	产量	中垂深 / m	静压 / MPa	压力系数	结论	备注
高邮	深凹带	黄 20	E₁f₄	累计产油 1820t	3154	43.5	1.41	油层	
		联 X38-1		累计产油 1681t				油层	
	内斜坡	花 X28	E₁f₂	测试产油 3.67m³/d	3342	43.23	1.32	油干层	
				测试产油 1.36m³/d	3459	48.02	1.42	油干层	
	深凹带	富深 X1			3684	45.15	1.25	油干层	
	断阶	许 X38		抽汲产油 12.4m³/d 累计产油 303.1t	2804	33.09	1.20	油层	抽汲前测试
						28.52	1.04	油层	抽后一关
						26.04	0.95	油层	二关
金湖	断裂带	天 X96		油 3.7m³/d，累计产油 916t	2314	20.01	0.88	油层	安 2 井为阜二段成熟烃源岩包裹 2m 厚玄武岩油层
海安	深凹带	安 16		试油累计产油 2.37t	3680	39.44	1.09	低产油层	
	凹间	安 2		累计产油超过 700t	2935	35.49	1.23	油层	
盐城	深凹带	盐城 1		折算日产油 36.8m³	3204	48.78	1.55	高产油层	
		盐城 2			3042	31.07	1.04	油干层	

3. 复合油藏

系指由两种以上地质遮挡因素共控形成的圈闭油藏，包括构造、断层、岩性、地层等诸因素之间相互配合形成的不同种类圈闭。在苏北盆地，有下列 3 类 8 小类复合油藏（图 1-11-3）。

1）岩性—断层油藏

圈闭特点：由断层因素为主、岩性因素为辅共控形成的圈闭，或者说在断层圈闭当中，有岩性因素参与形成的圈闭。根据断层圈闭形态，细分为 3 小类：（1）岩性—同向断层断鼻（图 1-11-3a）；（2）岩性—反向断层断鼻（图 1-11-3b）；（3）岩性—断层断块（图 1-11-3c）。其中，当岩性因素在断层构造闭合线外部起圈闭作用时，复合圈闭的有效范围和含油面积将扩大到构造闭合线以外的岩性控圈领域，如图 1-11-3a 联 7 块戴一段三亚段油藏。当岩性因素只在断层构造闭合线内部起作用时，复合圈闭的有效范围和含油面积将变小，如图 1-11-3b、图 1-11-3c 所示的下 1、沙 19 块阜三段油藏。因此，岩性—断层圈闭的平面形态取决于断层圈闭和岩性尖灭线的叠合关系，剖面形态与其断层圈闭相似。岩性—同向断层断鼻主要分布在高邮深凹带，紧邻断层发育；岩性—反向断层断鼻、岩性—断块主要发育在泰州组—阜宁组。

成藏特点：一是断层沟通油源，同时又能封闭遮挡油气。二是油气分布受岩性、构造双重因素控制；岩性影响闭合线内时，可使油层和油区减少，含油带变狭窄，或呈不规则分布；岩性影响到闭合线外时，将增加含油面积，含油带增宽，含油层数增加。

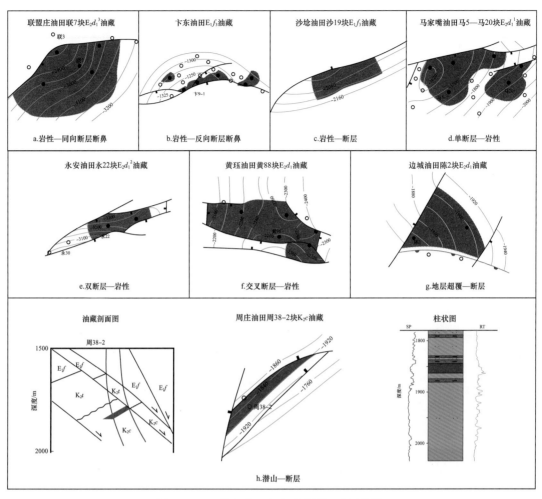

图 1-11-3　苏北盆地复合油藏圈闭成因分类

2）断层—岩性油藏

圈闭由岩性、断层双因素共控形成，高邮凹陷戴南组已发现较多的此类复合油藏。

圈闭成因及形态：根据控圈断层、岩性的作用差异，分成 3 小类圈闭（图 1-11-3d、图 1-11-3e、图 1-11-3f）。（1）侧断层—岩性圈闭：一侧受一条反向断层（或多条外倾向断层），或受一条同向断层（或多条内倾向断层）控制，其他侧受岩性控制而形成；前者如图 1-11-3d 所示的马 20 块戴南组油藏，后者如马 5 块戴一段油藏一条同向断层控制，戴二段油藏 2 条同倾向断层参与。平面形态取决于断层与单砂体、叠合砂体的组合形状，单砂体主要是水下分流河道条带状砂体，次有浅湖滩坝砂体；剖面形态有同向断层控制的阶状，也有反向断层控制的屋脊状。（2）双侧断层—岩性圈闭：在两条同向断层或者反向断层夹持的单斜断块内，由两条侧断层、一侧砂体或两侧砂体尖灭围起的，如图 1-11-3e 所示的永 22 块油藏。平面形态取决于断层、砂体尖灭组合的几何形状，两同向断层的剖面形态呈阶状，两反向断层的剖面呈地垒式。（3）交叉断层—岩性圈闭：在单斜区块背景上，由岩性与反向和同向的多条断层共控形成的；如图 1-11-3f 所示的黄 88 块油藏，由两条同向断层、三条反向断层与岩性组合成的复合油藏。平面形态是由断层、砂体形态的组合形状，剖面形态呈阶状与屋脊状的结合类型。

圈闭分布：平面上，断层—岩性圈闭主要分布在高邮深凹带，以真②、汉留断裂坡折带控制的沉积体系，各类扇规模较小、水道砂体窄、侧向相变快，砂体沉积推进方向与断层走向大角度交切，与断层组合易形成复合圈闭，可成带发育；尤其环邵伯次凹周缘、樊川—刘五舍次凹南缘的凹缘坡折带扇体，易发育复合圈闭。金湖三河次凹戴一段有个别此类油藏，海安凹陷泰一段有可疑的此类油藏。纵向上，此类圈闭以戴一段最发育，次为戴二段。规模上，砂岩含量与复合圈闭生长密切相关，砂岩含量5%～18%是形成复合圈闭的最适合条件，可由多个韵律层组成较大规模的复合储集体，形成较大规模的复合圈闭，数量多、可成带发育；砂岩含量高于30%地区，极不利于生成此类圈闭；含量18%～30%地区，此类圈闭数量明显减少，规模一般较小。

成藏特点：一是戴南组圈闭生长在阜四段成熟烃源灶上方，并有同期断层沟通二者渠道，油源供给条件好。二是控圈断层具有沟通油源与封闭遮挡双重性作用，实现油气运移和俘获聚集。三是多以单砂体或韵律砂体组合成藏，纵向形成多油水系统叠合油藏，单砂体油层或单个油水系统油层分布较为狭窄，油层横向连通性差，多个砂体油层叠置可形成连片含油面积。

3）地层—断层油藏

地层油藏指地层超覆、地层不整合、潜山圈闭的油气聚集。苏北盆地没有单一因素的地层圈闭，都是与断层共控的复合圈闭，根据其组合因素差异，有下列2小类圈闭及油藏。

（1）地层超覆—断层油藏。多年来，在高邮、金湖凹陷及吴堡低凸起等领域，相继预探数十个此类目标均告失利，2014年在溱潼凹陷北部斜坡带发现陈2块戴一段属此类油藏（图1-11-3g）。

圈闭成因：由沉积在阜宁组不整合面上戴一段地层超覆线与构造等高线、断层相交切组成。

圈闭分布：苏北盆地泰州组披覆沉积于基底不整合面，不发育超覆圈闭，且缺乏油源配套；因此该层系不具备勘探地层油藏条件。阜宁组大型统一湖盆抬升全面剥蚀后，解体成十几个独立的箕状小断陷湖盆，戴南组充超沉积凹陷内，在斜坡带形成了多个水体进退的地层超覆尖灭线，底板为不整合面下伏阜宁组非渗透泥岩，顶部为戴南组自身泥岩，具备发育地层圈闭的前提条件，如高邮、溱潼凹陷北斜坡、金湖凹陷西斜坡等领域。但是，斜坡区断层多而密集，将戴南组超覆尖灭线切割成多小段，加之顶板戴南组缺乏稳定分布的厚层状泥岩遮挡，难以形成与区域不整合、地层超覆线相匹配的大中型规模的地层超覆圈闭，仅在阜宁组区域不整合面的斜坡部位，地层超覆线与构造等高线、断层相交，形成局部的小型地层超覆—断层圈闭。同时，受超覆地层厚度小、储集体厚度小、储层段与顶板段岩性差异小等因素影响，地层超覆线、顶板难以准确刻画和预测，即圈闭识别和形态描述极难，因此这类对象勘探效果不佳。

成藏特点：圈闭与烃源灶相距较近，由断层、地层超覆体沟通阜二段油源，具有"相控圈闭、立体输导、近源成藏"特点，油藏产层物性好，陈2井试油抽汲获得60.3t/d高产油流。

（2）潜山—断层油藏。截至2018年底，苏北盆地在吴堡断裂带陈3块、周43块、周44块（周38-2井）赤山组发现基底油藏3个。其中，陈3、周43块泰一段与赤山组不整合接触，上、下砂岩无隔层，泰一段为间夹少量薄层泥岩的特厚层细—中砂岩，剖面厚度130m左右，赤山组为几百米厚的大套细砂岩，局部夹不稳定薄泥岩隔层，赤山组油层与泰一段油层为连续分布的统一油水系统油藏，因此该油藏不是真正意义的潜山类型。周38-2井赤山组油藏（图1-11-3h），平面呈吴①断裂与羽状断层夹持断块，剖面呈赤山组内部非渗透性泥岩形成的局部储盖，圈闭由断层与潜山内幕储盖共控，油藏规模微小，油气富集程度低。

20世纪70年代末，江苏油田在真武—吴堡—博镇断裂构造带等领域，展开潜山油气藏勘探，3年时间先后部署钻探了22口井，除真43井获得寒武系断层岩片油藏，最高日产原油4m³，并很快停产外，其他井全部落空。其后，在高邮、金湖凹陷断裂构造带实施的少量预探井，也都未成功。

三、油藏流体系统特征

统计苏北盆地已发现的断层、岩性、复合油藏，按照成藏圈闭中油、水分布关系及特点，以及储集油气的岩性类型，可将油藏分为统一油水系统油藏和多油水系统油藏2大类（图1-11-4）；前者有3小类，后者有5小类，各类油藏流体分布有其自身的成因机制和油气富集分布规律。

1.统一油水系统油藏及成因

1）统一油水系统类型

苏北盆地有块状砂岩、块状喷出岩和层状砂岩3种统一油水系统油藏类型（图1-11-4a至图1-11-4c）。

（1）块状砂岩统一油水系统。此类油藏储层为特厚层的块状砂岩，属典型的统一油水界面底水块状油藏。如图1-11-4a所示，主要包括高邮凹陷吴堡断裂带陈3块泰一段、赤山组断鼻油藏，周41块泰一段断块油藏，北斜坡瓦6块泰一段断鼻油藏等。

（2）块状喷出岩统一油水系统。这种油藏储层是块状性质的喷出岩，储层中高陡裂缝往往较发育，构成统一油水界面底水块状油藏。如图1-11-4b所示，金湖凹陷闵桥油田闵15块阜二段、阜一段断鼻油藏，闵7块阜二段断鼻油藏等。

（3）层状砂岩统一油水系统。该类油藏储层岩性为互层状砂泥岩，砂岩厚度一般为1.5~7m，厚者达12m；泥岩厚度一般为2~12m，最厚约46m，可有效分隔不同砂体。油气富集于断块体屋脊圈闭层状砂体中，单油层砂体呈边底水特征，各油层砂体油水界面一致，整个油藏具有统一的底水特点。泰州组—阜宁组常见此类油藏，如图1-11-4c所示，金湖凹陷东西斜坡区崔6块、卞1块、杨1块阜二段、阜一段断鼻油藏，高邮北斜坡庄2块、韦2块、沙20块阜二段、阜一段断鼻油藏，沙23块阜三段断鼻油藏，以及海安斜坡区堡1块泰一段断鼻油藏等；戴南组—三垛组也见此类油水系统油藏。

分析发现，统一油水系统油藏具有如下特点：① 圈闭为单断层控制的反向断鼻，断层活动期贯穿整个油气运聚期。② 油藏主要分布在泰州组—阜宁组斜坡区，三套稳定生储盖组合是形成基础，区域盖层泥岩是断层侧向遮挡层，断距小于盖层厚度，断层横向完全封闭，纵向有封通双重性；戴南组—三垛组当中由戴一段一亚段较厚的泥岩段封盖和遮挡的圈闭，也见这种油水系统油藏。③ 油气充注点一般有2处，圈闭低部位砂体注入点和断层面注入点。④ 圈闭充满度高，油柱高度受控于构造幅度、最大断距和盖层厚

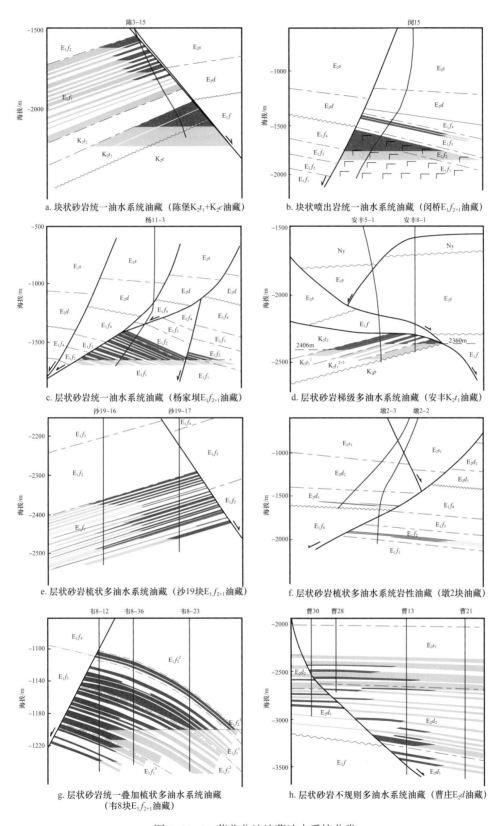

图 1-11-4 苏北盆地油藏油水系统分类

度三者配置关系，油柱高度与油藏高度一致相等。油藏有 3 处不同的油气溢出点：当构造幅度＜最大断距＜盖层厚度时，油气充满圈闭后自低部位砂体逸出，如杨 1 块、下 1 块油藏；当最大断距＜构造幅度和盖层厚度时，圈闭低点断面两盘砂砂"见面"，油气充满圈闭后自该处横向逸出，如崔 6 块、庄 2 块油藏。此外，油藏断面顶部存在满溢出点。

2）统一油水系统成因

块状储层必然形成统一界面的底水油藏。然而，苏北盆地层状砂岩形成了众多的统一油水系统油藏，则有其必然因素。根据石油地质学原理，圈闭类型、储层性状、保存条件、油气运聚方式和流体势能等，都是影响油藏流体分布的因素。就苏北盆地储层性质而言，层状砂岩是形成前述多种类型油水系统油藏的前提，但不是决定因素。就流体势能而言，它是位能、压能和动能之和，位能显然非动因。统计表明，大部分层状砂岩不同油水系统油藏属正常压力系统，原始地层压力系数为 0.96～1.06，即压能差异小；成藏期，油气二次运移的载体、路径、动力有差异，即动能不同，它是可能的成因之一。

理论上，层状砂岩单砂层可构成圈闭，即形成独立油藏。若层状油藏各油层砂体温压相同、油水界面统一，则说明各砂体组成了一个整体独立圈闭。那么，肯定有沟通不同砂体的途径，才能使其构成整体圈闭，排除圈闭形态类型和流体势能后，只有两种可能：一是泥岩隔层不稳定或发育微裂缝，沟通了上、下油砂体。地层精细对比和岩心观察表明，阜宁组和泰州组泥岩隔层普遍稳定，也确有个别油藏砂岩、泥岩微裂缝较为发育，可形成沟通网络，如韦 2 块油藏，但多数油藏不具备此条件。二是断层渠道窜通，这是层状砂岩统一油水系统油藏的共性。

断层在油气成藏中具有双重作用，它既可作为油气运移通道，又可作为油气聚集的遮挡层；正是控制圈闭同期断层的双重性作用，在 3 套区域稳定生储盖组合的合适配置条件下，断层横向完全封闭，纵向却可沟通和封堵，使得不论是来自圈闭低部位层状砂岩输导体系的油气，还是断层渠道输导体系运移来的油气，经主断层路径上下窜通，最终聚集形成统一油水界面油藏（图 1-11-5a）。

2. 多油水系统油藏及成因

1）多油水系统类型

苏北盆地层状砂岩油藏有 5 种不同的油水分布情况，即形成 5 种多油水系统油藏类型。

（1）层状砂岩梯级多油水系统。这类油藏储层性状与层状砂岩统一油水系统油藏相似，油气富集层位相同，但是，油水分布关系不同。单油层砂体或紧邻的几个油层砂体组成一个油水系统，呈边水分布特点；整个油藏有多套油水系统，且油水界面深度自外向内逐步抬高。如图 1-11-4d 所示，海安凹陷富安次凹斜坡区安丰油田泰一段断鼻油藏，上部泰一段一亚段油砂层组油水界面深度为 2406m，下部泰一段二 + 三亚段油砂层组油水界面深度为 2360m；金湖凹陷西斜坡高 6 块、高 7 块、高 11 块阜二段、阜一段断鼻、断块油藏有类似现象，上部阜二段含油范围最广，油水界面最深，越近圈闭核部阜一段含油面积越小，油水界面越浅。

这类油藏主要地质特点：① 圈闭是反向断层断鼻或断块，断层是如高 6、高 7 的早期断层，或者是如安丰的坡坪式长期断层，油层分布在低缓断面的坡坪处。② 油藏分

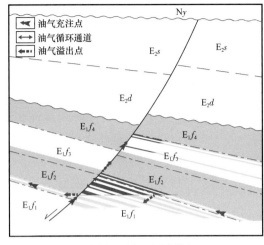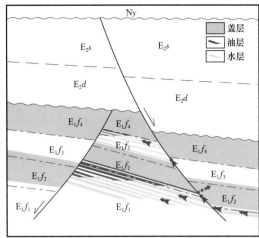

a. 层状砂岩统一油水系统成藏模式   b. 层状砂岩梯级油水系统成藏模式

图 1-11-5 苏北盆地层状砂岩不同油水系统成因

布在泰州组—阜宁组斜坡区泰二段（生烃封盖）—泰一段（输导储集）、阜二段（生烃封盖）—阜二段、阜一段（输导储集）组合中，断层侧向封堵好，但断距大小不一定与遮挡层泥岩厚度匹配。③ 油气充注点只在圈闭低部位砂岩输导体系处，圈闭低部位都有一条同向同生断层调节供给油气。④ 圈闭内渗透性砂岩越靠上部充满度越高，当油源充足时，顶部油层段油柱高度等于圈闭幅度，下部油层段油柱高度小于圈闭幅度，且都与断距大小无关，如金湖凹陷高 6 块、高 7 块和高 11 块油藏；当油源欠丰沛时，圈闭不充满，但上部砂体充满度明显高于下部砂体，如图 1-11-4d 所示的海安凹陷安丰油藏。⑤ 油气溢出点在圈闭低部位。

（2）层状砂岩梳状多油水系统。这类油藏储层与统一油水系统、梯级油水系统层状砂岩油藏相似，皆为与泥岩不等厚互层的砂岩，油气富集于屋脊断块圈闭层状砂岩中，油层纵向呈梳状展布，含油层段不夹水层，单油层砂体或紧邻的几个油层砂体形成独立油水系统。此类油藏见于各套储盖组合中，可细分为 2 种类型：① 不等梳状多油水系统油藏，油藏高度明显大于各油水系统的油柱高度。如图 1-11-4e 所示的高邮凹陷北斜坡沙 19 块阜二段、阜一段断鼻油藏，纵向存在多套不同深度的油水系统，在圈闭内含油带宽度不等，各套油水界面深度变化无章可循；又如高邮凹陷花 17 块阜三段断鼻油藏，断裂带陈 3 块阜一段断鼻油藏、陈 2 块阜三段断块油藏，深凹带永 7 块戴一段断块油藏。② 等梳状多油水系统油藏，油藏高度可小于或大于油柱高度。如图 1-11-4f 所示的金湖凹陷龙岗次凹斜坡墩 2 块阜二段断鼻油藏，纵向单砂体含油宽度基本一致，并与圈闭宽度吻合。

（3）层状砂岩统一叠加梳状多油水系统。高邮凹陷赤岸油田油藏过去认为都属层状砂岩统一油水系统类型，其共性是：油气运聚期断层控制圈闭，盖层为阜二段、阜三段、阜四段连续沉积泥岩，厚度巨大，并成为侧向封挡泥岩，横向和顶部遮挡好，圈闭内砂体由断层沟通有共同溢出点，主要油藏油气来自东部马家嘴烃源灶区，油气从断面注入，北部韦 6 块油源来自车逻鞍槽，油气从断层和砂体注入，过去认识是形成了统一油水界面油藏。但是，赤岸油田投入开发多年后，如图 1-11-4g 所示，韦 5 断鼻、韦 8

断鼻油藏在统一油水界面之下钻遇新油层，新油层在紧靠断层砂体高部位，含油宽窄不一、总体狭窄，呈不等梳状多油水系统分布。如韦 8 油藏上部老油藏油柱高 115m，含油面积 1.3km²、含油带宽度 580m，圈闭油气很富集；新油层段油藏高度 40m，含油面积 0.2km²、含油带宽度 200m，下部油藏油气不甚富集。韦 5 断鼻老油藏下部新油层更少、含油带更窄小。这是苏北盆地在一套良好储盖组合、统一油水界面油藏之下，首次发现此类新油层，整体油藏呈上部统一油水系统与下部梳状多油水系统紧密叠加的特点。尽管下伏梳状多油水系统油气富集程度明显低于上覆的统一油水系统油藏，也明显差于前述的层状砂岩梳状多油水系统油藏类型，但依然具有解剖和老区挖潜意义。

（4）层状砂岩不规则多油水系统。这类油藏储层也是砂泥岩互层剖面的砂体，如图 1-11-4h 所示，油气沿断层一侧或两侧富集分布，流体分布有两大特征：一是单油层砂体具有边水特征；二是油层层间水发育，油水系统多，即一套层系油层与水层间互，纵向可能有几套含油层系，油水关系最复杂。泰州组—三垛组都有此类油藏，戴南组—三垛组最多，如高邮凹陷深凹带真武、曹庄、徐家庄、马家嘴油田等，各种形式的戴南组、三垛组断背斜、断鼻、断块和断层—岩性油藏多属此类型，金湖凹陷石港、杨村断裂带戴南组油藏也常见此类型；泰州组—阜宁组，如高邮凹陷北斜坡沙 26 块阜一段断鼻油藏，金湖凹陷西斜坡阳 2 块阜三段断块油藏等。

2）多油水系统成因

按照石油地质学的定义，油气藏指油气在单一圈闭中的聚集，具有统一的油水系统和温压体系。显然，多油水系统油藏是由一系列独立的层圈闭形成独立油水系统油藏叠加组成的，即层圈闭组合成的一系列油藏组，只是油田现场生产方便，习惯将一套储盖组合的各层圈闭油层组统称作"一个油藏"，而其油水分布多样性则有不同的成因。

（1）梯级多油水系统。梯级油水系统油藏就是一套储盖组合内通常由 2～4 个独立油水系统层圈闭油层组纵向叠加构成的，且自外向内油水界面逐级提高。根据此类油藏流体分布特点分析，苏北盆地早期断层、低缓断面同生断层封堵极好，只起封堵油气聚集作用，不作运移通道，也不沟通储盖组合中的上、下砂体，这是形成此类油藏的前提条件。对于泰州组—阜宁组而言，上生烃、下排烃输导组合（泰二段生烃—泰一段输导和阜二段生烃—阜二段 、阜一段输导）来讲，由于紧邻烃源岩的砂岩输导层供烃势本身就强，加上油气从圈闭低部位有同向断层通道调节注入，油气运移总趋势也是盖层之下的输导体系，故上部砂体油源最丰足，砂体油气充满度高，下部供烃势逐步减弱，充满度逐渐降低，就形成了油水界面逐级抬高的梯级油藏模式（图 1-11-5b）。

（2）梳状多油水系统。等梳状多油水系统反映一套储盖组合中的各层圈闭具有相同的俘获油气能力和条件，其成因是：① 一套储盖组合中的单砂体是一个独立的层圈闭，各层圈闭砂体具有相同的圈闭要素，圈闭为早期断层控制，或者区域盖层作侧向封挡层的同期断层控制，断层封闭性极好，不能上下沟通圈闭内砂体。② 不同油水界面的油砂层组都具丰富的油源条件，油气自圈闭低部位砂体或同期断层注入，充满单砂体后自低部位溢出。不等梳状多油水系统说明一套储盖组合的不同层圈闭砂组有不同的俘获油气能力，其成因为：① 早期断层控制圈闭，油气自低部位砂体注入，油气充注点和油源存在差异，造成纵向不同砂体聚集油气程度不同，形成不等宽的含油带。② 同期断层控制圈闭，侧向遮挡层有砂岩参与，砂岩含量超过 20%，横向有砂砂"见面"，断层封闭纵横向有一定的差异性和随机性，无论油气自圈闭低部位或者自断层注入，各层状砂体聚油能力和泄漏能力不同，形成宽窄不一的油砂体。这两种常见于斜坡带阜三段油藏，以及一些阜二段、阜一段油藏。③ 圈闭由错开区域盖层的断裂控制，层圈闭无统一的顶部泥岩封盖，断层对纵向各层圈闭砂岩封闭性存在明显差异，油气以断层通道向上充注形成，此类多见于一、二级断裂构造带各层位。

（3）不规则多油水系统。这类油水系统比不等梳状多油水系统成藏条件差，成因是：① 圈闭断层遮挡物不是区域盖层泥岩，是砂泥岩互层段，断层纵向封堵能力不同，横向可能有砂砂"见面"泄漏点，层状砂岩被封闭则形成层圈闭，泄漏则无圈闭，并随砂岩含量增高，封堵能力降低，这种断层封闭的差异性和随机性，造成层圈闭封聚油气能力不同，纵向层圈闭砂体与无圈闭砂体间互出现。如戴南组—三垛组砂泥岩遮挡各级断层圈闭，断层封闭性差异大，纵向封通能力非均质，横向泄漏点多，即层圈闭砂体聚油能力不同，故此戴南组、三垛组无论是断块、断鼻或岩性复合圈闭，一般形成不规则多油水系统油藏。② 油气以断层垂向运移充注为主，多向充注，即圈闭供烃动能和流体势有差异。如深凹带三垛组、戴南组圈闭、断裂带阜宁组圈闭、斜坡带阜三段圈闭，油源来自下伏阜四段或阜二段烃源灶，阜三段油源来自阜二段烃源灶，油气主要经断层通道向上运移聚集，同时也经断层桥梁横向调节运移聚集，由于断层沟通砂岩后的二次运移输导层发育，对任何储盖组合中的不同层砂岩来讲，供烃势和动能是不一样的，由此形成了不规则多油水系统油藏。正是这种油气封堵、充注差异性，造成这类油藏含油带宽度、油柱高度、油藏规模往往小于其他类型的油藏，但纵向却可形成长串珠状的油层分布特点。

（4）统一叠加梳状多油水系统。这是统一与梳状油水系成因综合的体现：① 韦8、韦5控制油藏同期断层规模大，是油气注入的主要输导网络，反映为韦8块上层圈闭油藏、下层圈闭油藏总油柱高度155m，该断块油气显示总高度达到198m，说明断层起极好的向上充注和输导油气作用。② 统一油水界面之上是一个独立层圈闭，圈闭幅度与断鼻闭合幅度一致，闭合线为其油气溢出点；其下伏砂体相当于无统一顶封的情况，能否俘获油气聚集成藏，取决于断层能否封堵砂体形成独立的层圈闭。韦庄区域盖层厚度大于断层断距，横向封闭极好，但砂体隔层泥岩仅3～8m，难以形成有幅度的纵向封闭，只能封闭紧贴断层砂体部分，从而形成了狭窄的一系列独立层圈闭，俘获油气形成梳状多油水系统油藏。

四、油藏压力系统特征

据李明诚方案，油藏原始地层压力系数小于0.75属超低压、0.75～0.9属低压、0.9～1.1属常压、1.1～1.4属高压、大于1.4属超高压。统计苏北盆地13个层系各类储层油藏640组测压数据（表1-11-3），结合表1-11-2的阜二段、阜四段烃源岩8个裂缝油藏12组测压数据，以及8个主含油层系108个油藏116组高压物性数据（表1-11-4）。结果反映，油藏85.78%属常压系统、12.03%属高压系统、0.16%属超高压系统、2.03%属低压系统；油藏饱和压力均低于今地层压力，属不饱和油藏类型，地层压力与饱和压力比值（下称静压/饱压）较大，地层压力系统分布具有明显的分凹、分层、分带性及其成因机制。

表 1-11-3 苏北盆地各凹陷油藏地层压力系数分布统计表

层位	系数 0.75～0.9/ 个	系数 0.9～1.1/ 个	系数 1.1～1.4/ 个	系数 > 1.4/ 个	小计
E_2s_1		高邮 0.91～1.03/42； 海安 1.0/1			43
E_2d_2		高邮 0.92～1.09/55； 金湖 0.96～1.0/3	高邮 1.12/1		59
E_2d_1	高邮 0.72/1； 高邮 0.83～0.89/4	高邮 0.92～1.1/97； 金湖 0.92～1.03/23； 溱潼 0.98～1.03/4； 海安 1.01/2； 洪泽 0.93/1	高邮 1.11～1.31/16		148
E_1f_{3+4}	金湖 0.83/1； 洪泽 0.75/1	高邮 0.90～1.1/63； 金湖 0.91～1.1/37； 溱潼 0.90～1.0/2； 海安 0.97～1.08/7； 洪泽 0.97/1； 盐城 1.01/1	高邮 1.11～1.36/22； 海安曲塘 1.1～1.38/10； 临泽 1.11/1		146
E_1f_{2+1}	高邮 0.82～0.89/2； 金湖 0.77～0.88/4	高邮 0.93～1.1/62； 金湖 0.96～1.06/95； 海安 1.02～1.08/3； 溱潼 1.05/1； 盐城 1.04～1.05/3	高邮 1.13～1.34/9； 海安 1.13～1.23/6		185
K_2t	（E_1f_2、E_1f_4 油源）	高邮 0.98～1.05/8	高邮 1.14/1； 溱潼 1.18/1		10
	（$K_2t_2{}^2$ 油源）	高邮 1.02/2； 白驹 1.02～1.03/2； 溱潼 1.02～1.07/2； 海安 0.97～1.10/20	海安 1.11～1.31/10	海安 1.47/1	37
	（Pz 气源）	盐城 0.99～1.01/4（气藏）			4
其他		高邮 0.93～1.05/7； 盐城 0.99/1			8
小计	13	549	77	1	合计：640

表 1-11-4 苏北盆地油藏饱和压力及静压 / 饱压比变化范围

层位	凹陷	饱和压力范围 /MPa	静压 / 饱压范围	静压 / 饱压 < 3	静压 / 饱压 ≥ 3	总数 / 个
E_2s_1	高邮	1.52～12.10	1.2～12.5	3 个 / 占 30%	7 个 / 占 70%	10
E_2d_2		1.09～15.60	1.4～19.6	5 个 / 占 35.7%	9 个 / 占 64.3%	14
E_2d_1	高邮	0.34～22.99	1.3～65.3	11 个 / 占 50%	11 个 / 占 50%	22
	金湖	0.52～0.82	25.5～29.3		2 个	2
	溱潼	0.93～3.81	6～29.9		4 个	4

层位	凹陷	饱和压力范围 /MPa	静压 / 饱压范围	静压 / 饱压<3	静压 / 饱压≥3	总数 / 个
E₁f₃	高邮	3.08～12.62	1.6～7.9	6 个 / 占 46.2%	7 个 / 占 53.8%	13
	金湖	0.18～2.81	6.2～63.1		4 个	4
	溱潼	3.7～3.81	6～6.3		2 个	2
E₁f₂₊₁	高邮	1.78～13.82	2.2～10.1	3 个 / 占 18.7%	13 个 / 占 81.3%	16
	金湖	0.26～4.46	3.3～55.2		19 个	19
	溱潼	3.35	8.8		1 个	1
K₂t₁+K₂c	高邮	1.05～3.41	6.1～27.4		4 个	4
K₂t₁	海安	0.62～2.16	13.5～44.5		4 个	4
	溱潼	4.02	8.7		1 个	1
合计				28 个 / 占 24.1%	88 个 / 占 75.9%	116

1. 各层系油藏压力系统

1）泰州组油藏压力特点

（1）泰二段供烃的泰州组油藏压力系统。这类油藏发现于海安、高邮、溱潼、白驹凹陷。其中，海安凹陷泰州组油藏共有 31 组地层测压数据，仅 3 组水层压力系数，介于 0.97～1.01，油层压力系数介于 1.02～1.47；其中，常压系统占该测组的 64.52%，高压占 32.26%，超高压仅台 9 井 1 个、油藏压力系数 1.47；见表 1-11-3，只有海安凹陷泰州组油藏存在高压、超高压现象。表 1-11-4 反映海安凹陷泰州组油藏饱和压力 0.62～2.16MPa，静压 / 饱压 13.5～44.5，饱和压力水平仅仅稍高于金湖凹陷戴一段油藏，低于苏北盆地其他层系油藏，属很低饱和压力油藏。截至 2018 年底，高邮凹陷只有瓦 6 块泰一段油藏是自供源形成的，油层压力系数 1.02，油藏饱和压力 1.05MPa，静压 / 饱压为 27.4；溱潼凹陷只有苏 191 块泰一段油藏是自供源形成的，油层压力系数 1.02～1.07；白驹凹陷有多块自供源泰一段油藏，油层压力系数 1.02～1.03。

（2）阜二段、阜四段供烃的泰一段、赤山组油藏压力系统。高邮凹陷吴堡断裂上升盘、真武断裂断阶带和溱潼凹陷泰州断裂断阶带，常见以深凹带阜二段、阜四段烃源灶为油源的泰一段油藏，陈 3 断块油气更是充满泰一段圈闭后，其下伏赤山组也充注油气，形成如图 1-11-4a 所示的巨厚油层块状油藏。根据 12 组泰一段油层、3 组赤山组油层和 1 组浦口组、1 组古生界水层的 17 个压力数据，泰一段、赤山组油藏基本属常压系统，高邮周 X62 油藏、溱潼苏 126 油藏压力系数分别为 1.14 和 1.18，属高压系统。高压物性资料反映，高邮泰一段、赤山组油藏和溱潼凹陷泰一段油藏饱和压力 1.05～4.02MPa，静压 / 饱压 6.1～27.4，属很低饱和压力油藏。

（3）古生界供烃的泰州组、阜一段气藏压力系统。盐城凹陷朱家墩气田为下伏古生界供给气源聚集于泰一段玄武岩、砂岩、砂砾岩、泰二段砂岩及阜一段底部砂岩形成的气藏，地层测压资料反映，各层系气层压力系数 0.99～1.05，属常压系统。

2）阜宁组油藏压力特点

（1）阜二段、阜一段油藏压力系统。根据高邮、金湖、溱潼、盐城、海安凹陷185

组测压数据，低压系统占该测组 3.24%，常压系统占 88.65%，高压系统占 8.11%；低压点见于高邮、金湖凹陷，高压系统分布在高邮、海安凹陷，尤其海安凹陷高压地层比例明显偏高。油藏饱和压力 0.26～13.82MPa，静压/饱压 2.2～55.2，多数属很低饱和压力油藏，高邮凹陷有一部分属中饱和压力油藏（表 1-11-4）。

（2）阜四段、阜三段油藏压力系统。根据高邮、溱潼、海安、盐城、临泽、洪泽凹陷阜三段油藏和金湖凹陷阜四段、阜三段油藏 146 组测压数据，低压系统占该测组 1.37%，常压系统占 76.03%，高压系统占 22.60%；低压点在金湖、洪泽凹陷，高压系统主要分布在高邮凹陷、海安曲塘次凹，尤其曲塘次凹油藏 12 组，有 10 组压力系数在 1.1～1.38，最低压力系数 1.05，明显高于其他地区和层系，反映该区存在明显的异常高压力场。油藏饱和压力介于 0.18～12.62MPa，静压/饱压 1.6～63.1；其中，高邮凹陷一部分油藏达到中—高饱和压力，其余的和金湖、溱潼凹陷属很低饱和压力油藏。

（3）阜二段、阜四段烃源岩裂缝油藏压力系统。苏北盆地有多口井在金湖、海安、盐城凹陷阜二段烃源岩和高邮阜二段、阜四段烃源岩试获工业油流或低产油流，有 8 口井取得 11 组地层测压资料。其中，有 7 口井 8 组阜二段裂缝油藏原始地层压力 20.01～48.78MPa，压力系数 0.88～1.55，有 1 组属低压、2 组属常压、3 组属高压、2 组属超高压。阜四段烃源岩裂缝油藏只有黄 20 井 1 组数据，压力系数 1.41，属超高压系统。低压和常压并不代表烃源岩裂缝油藏的原始地层压力，依据是：

① 许 X38 块阜二段裂缝油藏地层压力衰竭十分迅速。许 X38 井抽汲产油前原始地层压力属高压系统，抽汲后测试有 1 组属常压、1 组属低压。该井对 3019～3080m 井段 2 层 9m 油气显示段射孔（中部垂深 2804m），首次 MFE 测试二开一关成功，但因测试芯轴堵死而改抽汲解堵，本次测得原始地层压力 33.09MPa、压力系数 1.20；抽汲累计产油 7.18m³ 后，再下测试管柱一关测试地层压力降到 28.52MPa、压力系数降到 1.04，二关测试地层压力再降至 26.04MPa、压力系数降至 0.95，可见油藏压力下降之迅速。

② 低成熟烃源岩都存在明显的异常高压力。海安凹陷安 2 井油层为 2m 薄层玄武岩，完全包裹于阜二段低成熟烃源岩中，测试油层压力系数达到 1.23，反映该井阜二段烃源岩流体压力不应低于油层静压。

③ 天 X96 井低压推测与泄压有关。天 X96 井阜二段成熟烃源岩既形成自生自储的裂缝油藏，也向下伏阜二段砂岩供烃成藏，油藏压力系数达 1.10，邻块天 6 井该层系油藏压力系数也达 1.08，天 X96 井烃源岩作为烃源灶，其地层压力不应低于砂岩油藏。

④ 同套烃源岩地层压力系统有一定变化。见表 1-11-2 花 X28 井，上下层段烃源岩地层压力系统有明显的差异。

3）戴南组油藏压力特点

（1）戴一段油藏压力系统。高邮、金湖、溱潼、洪泽凹陷戴一段油藏以阜四段主烃源灶供源，海安凹陷以阜二段烃源灶供源，局部有两种油混源，以及 1 个戴一段一亚段烃源灶供源油藏。根据这些地区 148 组数据，地层压力系数介于 0.72～1.31，超低压系统占该测组 0.68%，低压占 2.70%，常压占 85.81%，高压占 10.81%；低压、高压系统都在高邮凹陷，超低压仅马 X41 井 1 个测点，压力系数 0.72；联 X38 油藏地层压力系数最高 1.31。另据 28 组油藏高压物性资料，饱和压力 0.34～22.99MPa，静压/饱压 1.3～65.3；其中，高邮凹陷近 50% 油藏达到中—高饱和压力，高邮凹陷花 6、周 4、永 21

块和金湖、溱潼凹陷油藏属很低饱和压力类型，高邮凹陷其余的油藏属中低饱和压力类型。高邮深凹带戴一段烃源灶供源的邵深1块戴一段油藏，地层压力系数1.10，达常压系统高限。

（2）戴二段油藏压力系统。根据高邮、金湖凹陷59组测压数据，地层压力系数0.92~1.12，常压系统58组占98.3%，高压系统1组占1.7%，高压在高邮凹陷。高邮凹陷14组高压物性数据，油藏饱和压力1.09~15.6MPa，静压/饱压1.4~19.6，油藏中—高饱和压力占35.7%，其余为很低饱和压力类型。

4）三垛组油藏压力特点

根据高邮、海安凹陷垛一段油藏43组测压数据，地层压力系数0.91~1.03，全属常压系统；另外，海安凹陷还有垛一段水层1组测压数据，压力系数1.02。据10组高压物性资料，高邮垛一段油藏饱和压力1.52~12.10MPa，静压/饱压1.2~12.5，大约30%油藏属中—高饱和压力，其余属很低饱和压力类型。

2. 不同压力系统展布

1）低压测点展布

苏北盆地低压油藏很少，共有10个断块13层低压测点，埋深1800~3650m，分布在高邮凹陷汉留断裂带马X41、联X30、联X40、永X49井戴一段断块，真武断裂带许X44井戴一段，纪2井阜一段断块，金湖凹陷杨村断裂带关X1、关X6井阜一段和天X95井阜三段断块，洪泽凹陷管1井阜四段断块（表1-11-3）。与此同时，这些断裂带赋存着大量的常压油藏和少量高压油藏，事实上，这些井还有同层段或异层系地层测压资料，除关X1井外，其他井属常压系统，许X44井阜二段断块压力系数达1.15，属高压系统。由此可见，低压油藏只是零散分布的局部地质现象，苏北盆地不存在成带展布的地层低压系统。这类低压油藏具有以下基本共性：圈闭主要依托大断裂生长，并与旁侧小断层共控围成封闭的交叉断块或断层岩片，断块体微小；砂体薄—中厚层为主，个别厚层，物性多属低孔渗或特低孔渗，储集性能差；断块缺乏大套泥岩遮挡，砂体侧向封闭随机性较大，不利于油气长期保存。小圈闭、低物性、差保存耦合，导致成藏后阶段，一旦油气沿断裂扩散损耗，地层能量就难以得到有效补充，地层形成低压系统，油藏表现为低产油层、油干层或低产液量的含油水层、水层。此外，洪泽凹陷油藏异常低压，还与其阜四段供烃源灶处于低成熟有关，烃源岩成熟度较低，形成了原油具有高密度、高黏度、高胶质的特点。

2）常压系统展布

表1-11-3反映苏北盆地常压系统油藏最为广泛，有如下展布特点：（1）无关层位和埋深。从盖层盐城组、三垛组、戴南组、阜宁组、泰州组到基底赤山组、浦口组、古生界，从最浅的950m到最深的4000m，即浅层、中深层、深层范围，皆广泛存在地层常压系统。（2）与泥岩欠压实系统穿插。沉积岩处于正常埋藏压实阶段，地层也处于常压系统，当进入泥岩欠压实埋藏阶段，泥岩就会形成异常高压系统，其中砂体往往存在异常高压。声波时差反映，苏北盆地各凹陷阜宁组泥岩都存在欠压实异常高压现象，但是，常压系统砂体普遍穿插于这种异常高压系统泥岩和砂体当中，二者常常共存。（3）无关构造单元类型。常压系统存在于包括深凹带在内的任何构造单元。（4）各凹陷有差异。洪泽、金湖、盐城凹陷盐城组—泰州组、浦口组各层系，高邮凹陷上部盐城组—戴

二段层系，溱潼凹陷上部盐城组—戴一段层系，海安凹陷盐城组—阜三段层系，除高邮黄X162井戴二段有1组压力系数1.12外，其余常规储层油藏全部属常压系统；高邮凹陷戴一段、阜三段、阜一段、泰一段，溱潼凹陷阜三段、阜一段、泰一段，海安凹陷阜一段、泰州组，大部分常规储层属常压系统。可见，苏北盆地西部、北部凹陷为常压系统，中东部凹陷呈常压、高压系统并存，这种展布格局与其泄压、增压差异密切相关。

3）高压系统展布

表1-11-3反映常规储层超高压仅1个测点，即海安凹陷台5油藏台9井，而台5井压力系数1.31属高压系统，由此可见，苏北盆地常规储层油藏不存在系统性的超高压力场。同时，高邮、溱潼、海安凹陷部分层系，常规储层油藏明显存在系统性的地层高压带，烃源岩裂缝油藏广泛存在异常高压特征，各系统展布规律如下。

（1）高邮凹陷3套高压系统展布。

上部戴一段高压系统：平面上，沿高邮深凹带邵伯次凹及周缘戴一段低砂地比领域展布，发现深度为1700～4000m地带；纵向上，处于戴一段和阜四段泥岩欠压实异常带内，以靠近下伏阜四段成熟烃源岩的油层压力系数较高，向上覆油层压力系数呈降低变化，直至常压系统，如黄X160、联X38、马32、永38、真24等诸块油藏，实际上戴一段常压系统油藏也有自下而上压力系数降低的普遍现象。证明阜四段成熟烃源灶具有异常高压能量，油气依托异常高压力和浮力双重作用向上供烃，并随油气运移距离增大，能量传递逐渐降低，直至以浮力正常运移为主。

中部阜三段高压系统：平面上，沿高邮凹陷北斜坡内坡亚带的沙埝—花庄南部地区展布，见到深度在2400～3750m之间；纵向上，夹持于上覆阜四段泥岩欠压实和下伏阜二段烃源岩异常高压带之间，以靠近下伏阜二段成熟烃源岩的油层常见异常高压，向上覆油层压力一般有降低现象，如花X26、花深X1、沙X64等油藏；也有阜三段中部或顶部油藏属高压系统的，如花X10块油藏是顶、底油层高压系统，中间油层常压系统。这种现象同样反映了下伏阜二段异常高压成熟烃源灶供给油气，发达断层和层状砂体组成网状侧—垂向油气输导路径，具有异常高压力和浮力双重动力供烃，并随油气运移距离增大能量传递逐渐降低的现象。

下部阜二段、阜一段高压系统：平面上，沿高邮凹陷北斜坡内坡亚带的沙埝—花庄—瓦庄南部地区展布，深度在2200～3300m之间；纵向上，处于阜二段烃源岩异常高压带之下，以靠近上覆阜二段成熟烃源灶的油层压力较高，向下伏油层压力系数逐步降低，直至常压系统的变化特点，如富深X1、花14、花X33等油藏。这种现象同样表明阜二段异常高压烃源灶，油气依托异常高压力向下伏输导层排烃和聚集成藏，距上覆高压烃源灶越远，油气运移能量传越低，直至正常系统为止。

（2）海安凹陷3套高压系统展布。

上部阜三段高压系统：平面上，沿海安凹陷曲塘次凹明显存在连片的异常高压力系统，根据伊顿法预测的异常压力分布，次凹中央地层压力最高，向南北两侧逐步降低，东部高于西部，向次凹边缘逐步降低，直至正常压力。纵向上，夹于阜二段、阜四段欠压实烃源岩间，油层埋深大的压力系数高于埋深浅的；阜三段上部和阜四段压力系数最大，向下压力系数有降低的趋势。

中部阜一段底部、泰二段高压系统：截至2018年底，海安凹陷仅在台6、台11、安 17 井阜一段砂岩、安 12 井泰二段砂岩见 4 个测点属高压系统，数据量太少，难以反映系统的平面展布变化。

　　下部泰一段高压系统：平面上，沿富安次凹、新街次凹和丰北次凹及紧邻的斜坡区展布，油藏压力系数有随与次凹距离增大降低的趋势，见到深度在 2300～3400m 之间；纵向上，处于泰二段烃源岩和泰二段欠压实泥岩之下。

　　（3）烃源岩高压及超高压系统展布。

　　表 1-11-2 反映，尽管苏北盆地各凹陷烃源灶经历过大量的生烃、排烃和泄压降能量阶段，在深凹带、斜坡带和断阶带上分布的阜二段、阜四段烃源岩，只要达到成熟状态，依然广泛残留着明显的高、超高地层压力系统，或者高于其周缘常规储层油藏的地层压力系统；由此反映，成熟烃源灶具有以异常高压向常规储层排泄油气、传递能量的作用，并可以形成部分高压系统油藏。

　　分析发现，苏北盆地油藏高压、超高压系统是下列几个地质场带耦合的综合产物，并在耦合场带中间或顶、底临近的层位形成和展布。一是低砂泥比剖面带。地层砂泥比低于 20%，利于泥岩形成欠压实异常压力带。二是成熟烃源岩带。烃源岩成熟可形成异常高压带，提供地层高能量场。三是地层水停滞场。地层高压带都处于凹陷较深部位，此处地层水处于交替停滞状态，提供了异常压力发挥作用的能量场。四是垂向封盖良好场。这些高压系统都处于优越区域盖层或良好局部盖层当中和下伏。

　　事实上，苏北盆地整体能量场的变化，都是这些不同性质场带耦合的不同产物。如东部海安、盐城凹陷阜宁组、泰州组剖面砂地比最低，高压系统带地区断层稀少，垂向封盖带优越，虽然烃源岩成熟度明显低于中西部溱潼、高邮和金湖凹陷，若以压力系数 1.0 作为平衡点（图 1-11-6），这两个凹陷油藏压力系数大部分高于该界限，最小压力系数 0.97，油藏地层压力系数整体明显高于金湖凹陷。对比发现，西部金湖凹陷烃源岩成熟度高于海安、盐城凹陷，低于高邮凹陷，但其阜宁组、泰州组剖面砂地比明显高于

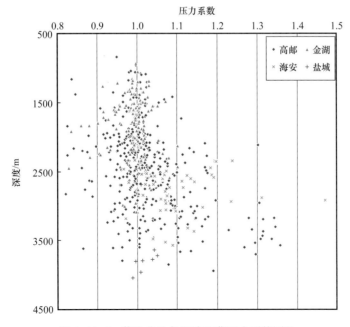

图 1-11-6　苏北盆地各凹陷油藏压力系统对比

后者，断层也异常发育，故有较多的油藏压力系数低于 1.0 平衡点的，最低仅 0.77；处于东、西部的高邮凹陷，其剖面砂泥比值也介于二者之间，烃源岩成熟度最高，形成了丰富的常压、高压系统油藏并存的局面。

此外，从苏北盆地 108 个油藏的静压 / 饱压与地层压力关系看，二者间无明显相关性，即高饱和压力油藏与高压、超高压系统无关。金湖、溱潼、海安、盐城凹陷油藏饱和压力明显低于高邮凹陷，所有中—高饱和压力油藏都分布在高邮凹陷深凹带及北斜坡内斜坡亚带，与两因素密切相关：一是烃源岩达到良好的成熟状态；二是剖面具低砂地比，油藏保存条件好。

第二节 油气藏形成基本条件

油气藏形成是生、储、盖、圈、运、聚、保在时空上相互配置的结果，这 7 要素的优劣及其配置关系，控制着油气藏的形成与规模、分布与规律。苏北盆地与其他含油气盆地一样，既有形成油气藏要素的基本地质条件，又有其油气成藏的独特地质特征：多期成盆，多次抬升，改造大于继承，局部构造、储集体、圈闭类型别具一格；满盆烃源岩，局部成熟，有限供烃，断层控藏，无断层不成藏，油气分布与断层紧密相关。

一、油源条件

苏北盆地已证实的泰二段、阜二段、阜四段和戴一段共 4 套烃源岩供给油气形成的油气藏，其中阜二段、阜四段是主力烃源灶，泰二段次之，戴一段烃源灶仅发现邵深 1 油藏，预测储量 104×10^4t，油品差，产量低，储量未能升级。这 4 套烃源岩质量品位属同一级别，但其体积规模、热演化程度、生排烃输导配置、油气运移动力等方面差异，造成有效烃源岩范围和效能差异大，烃源灶油气运聚单元和成藏富集程度明显不同。

1. 泰二段烃源灶

1）烃源岩规模有限，油源欠丰

（1）烃源岩体积小、物质基础少。泰二段烃源岩仅建造在东台坳陷东部地区，包括海安、溱潼、白驹凹陷，吴堡、柘垛低凸起，以及高邮凹陷东部等领域（图 1-11-7）。连片面积 8600km²，厚度仅 15～30m，烃源岩总体积小，物质规模少，远不如阜二段、阜四段烃源岩。

（2）烃源岩成熟范围小、资源有限。成熟有效的烃源岩范围远小于未成熟无效的烃源岩面积，尤其海安、白驹凹陷烃源岩质量最好、厚度大，但成熟度最低、范围最小，低成熟—成熟总面积仅 2480km²。

（3）烃源灶分割强、油气汇聚差。高邮凹陷东部、溱潼凹陷成熟烃源灶大范围连片，但三级、四级断层多，烃源灶汇流分隔槽多，油气分散；海安、白驹凹陷次凹生烃中心断层虽少，但烃源灶规模偏小。因此，泰二段烃源灶油气资源量有限、丰度较低、油源不足，形成的油藏规模较小、油层数量少、圈闭充满度低，效能明显低于阜二段、阜四段烃源灶。如安丰断鼻是苏北盆地泰一段规模最大圈闭，面积 9km²，闭合幅度 540m，位于富安次凹斜坡，面向海安最大的泰二段成熟烃源灶，油气汇流畅通，探

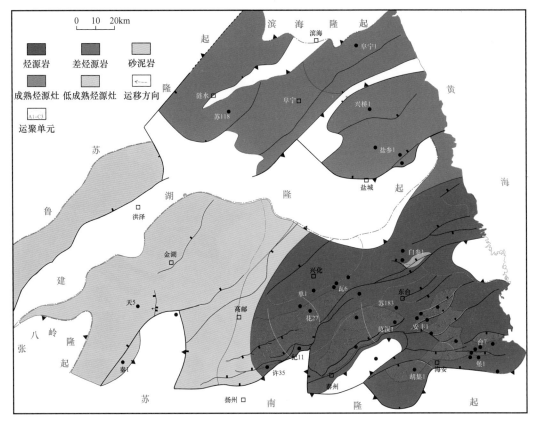

图 1-11-7　苏北盆地泰二段烃源灶区及运聚单元展布图

明石油地质储量 284×10^4t，为泰二段供源最大的油藏。主含油层泰一段一砂层组紧邻烃源岩，含油面积 2.3km²，油柱高度 146m，油藏高度约 40m，层圈闭充满度 0.26；下部泰一段二、三砂层组含油面积仅 0.2km²，油柱高度 40m，层圈闭充满度仅 0.02。又如高邮凹陷北斜坡瓦 6 断鼻，泰一段油藏由成熟良好的泰二段烃源灶供源，圈闭充满度 0.9；阜一段油藏由同一地区阜二段烃源灶供源，圈闭充满度达 1。

2）烃源灶供源半径小，油气运移距离短

以次凹成熟烃源岩为供油中心，油气向周缘斜坡侧向运移聚集为主，烃源灶外部油藏与烃源灶边缘最大距离不足 3km，与烃源灶中心最大距离不足 10km；因此，平面上朝着烃源灶的首排圈闭较有利，二排的较不利，后排的目标油源已枯竭不成藏。纵向上，油藏高度一般小于油柱高度，油气多聚集于泰一段，尤其泰一段一砂层组；少量在阜一段底部砂层组、个别阜一段二砂层组成藏。由此可见，泰二段烃源灶油气运移和供给半径很小。

2. 阜二段烃源灶

1）满盆巨厚烃源岩，主凹大范围成熟，油源丰富

（1）烃源岩体积巨大。苏北盆地阜二段烃源岩几乎满盆建造，连续厚度 60～350m，东台坳陷连片残留，盐阜坳陷除洪泽凹陷外，其他凹陷也广泛分布（图 1-11-8），总规模面积达 19100km²。

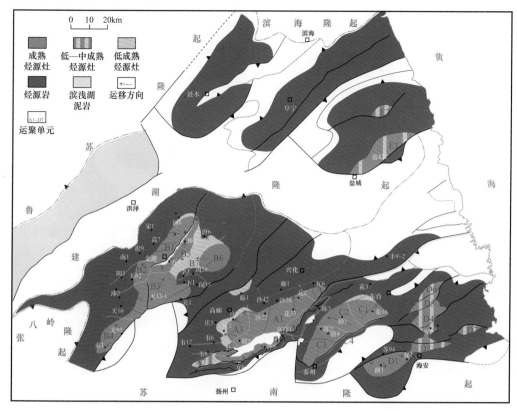

图 1-11-8　苏北盆地阜二段烃源灶区及运聚单元展布图

（2）烃源岩成熟范围大。高邮、金湖、溱潼凹陷及曲塘次凹有总面积 2990km² 成熟良好的烃源岩，有效总体积大、资源量大。

（3）主烃源灶连片油气汇流强。次凹生烃区断层相对少，内斜坡生烃区断层较发育，但成熟烃源岩厚度大，构成主探区大范围连片高效能烃源灶，油气汇流能力较强、资源颇丰，在油源有效波及范围内，皆可形成较多油层的商业油藏，圈闭充满度一般可达 1。但是，以低成熟烃源灶供给的油气聚集，油藏规模小、油层数量少，圈闭不充满。

2）烃源灶供源半径大，油气运移距离远

以次凹和内斜坡成熟烃源灶为供油气中心，向周缘上倾方向的储层侧向运移聚集，或通过断层向上覆储层运移聚集。平面上，烃源灶外部油藏与烃源灶边缘最大距离达到 10km，与烃源灶中心最大距离超过 25km，在油源有效波及范围的运移路径上，各排圈闭皆可成藏，圈闭充满度普遍达到 1。纵向上，油气可聚集于赤山组、泰州组、阜宁组、戴南组、三垛组各段，以阜一段、阜二段、阜三段最多，含油面积最大，油藏高度等于、大于和小于油柱高度都有。由此反映，阜二段烃源灶油气纵横运移距离较远，有效供给半径较大。

3.阜四段烃源灶

1）主凹残留大套烃源岩，局限范围成熟，油源贫富差异大

（1）烃源岩体积大，物质较丰沛。苏北盆地原始阜四段烃源岩满盆建造，连续厚度达到 150～350m。受吴堡事件抬升剥蚀，残留烃源岩明显小于原始范围（图 1-11-9），总面积 9270km²，其中，高邮、金湖凹陷烃源岩残留规模最大，物质基础较富足。

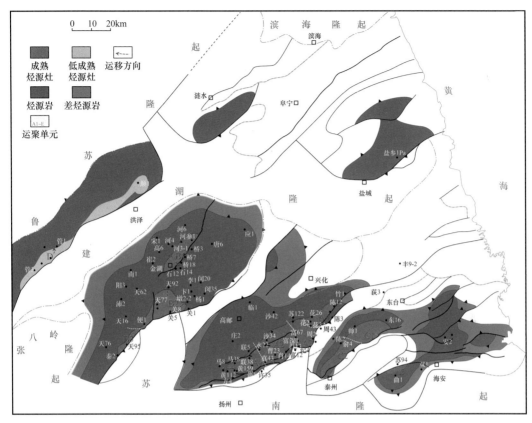

图 1-11-9　苏北盆地阜四段烃源灶区及运聚单元展布图

（2）烃源岩局部成熟，烃源灶孤立分布，资源差异大。成熟烃源岩范围远小于残留分布领域，成熟区合计面积仅 1010km²，其中：高邮深凹带烃源岩成熟度最高、面积最大，油气资源较为丰富；金湖三河次凹、龙岗次凹、溱潼深凹带和海安曲塘次凹烃源岩达到中成熟—成熟状况，油源总体欠丰；洪泽凹陷、海安凹陷烃源岩局部达到低成熟，油源严重不足；其他大部分地区处于未成熟，为无效烃源岩。

2）不同烃源灶区供源效能、油气波及半径差异大

以阜四段烃源灶为油气供给中心，向上覆储集体垂向运聚成藏，不同成熟度烃源灶油气供给差异大。

（1）高邮凹陷异常高压、高效能、长运距成熟烃源灶。生烃区处于深凹带连片展布，烃源岩成熟良好，烃源灶具有异常高压生排烃过程，地层压力系数很高，为苏北盆地同等面积油气资源最富有的烃源灶，主供上覆戴一段、戴二段、垛一段成藏，少部分可达垛二段，纵向供烃层系多，有效运移距离达到 3km。

（2）金湖凹陷中低效能、中短运距、中成熟—成熟烃源灶。生烃区仅有三河、龙岗次凹主体部分，烃源岩成熟度以中等成熟为主，部分达到成熟状况，油源欠丰，主要供给戴一段成藏，戴二段次之，纵向供烃层系少，受烃层段距离在 1km 内，油藏规模小，圈闭充满度低。

（3）溱潼凹陷中低效能、中短运距、中成熟—成熟烃源灶。生烃区处于深凹带，烃源岩中成熟—成熟，油气纵向主供戴一段、戴二段，部分达到垛一段成藏，纵向运移距

离小于 1km。

（4）其他地区低效能、短运距、低成熟烃源灶。洪泽凹陷次凹部分烃源岩达到低成熟，就近向阜四段、阜三段和戴一段底部砂岩运聚成藏，油气垂向运移距离不超过300m，平面运移距离 3km 内；因烃源灶成熟度低，原油具高密度、高黏度、高含蜡特征，油井产量低，必须采用特殊采油工艺，因此该区迄今无探明储量，为极低效、无效烃源灶区。此外，海安凹陷曲塘、富安等次凹中心部分烃源岩可能处于低成熟—中成熟状态。

4.戴一段烃源灶

1）烃源岩规模很小，油源欠佳

苏北盆地戴一段烃源岩建造十分局限，仅分布于高邮凹陷深凹带领域，高邮凹陷北斜坡戴一段暗色泥岩，溱潼、海安、金湖凹陷戴一段暗色泥岩皆属非烃源岩（图 1-11-10）。烃源岩单层厚 2～10m，5 层累计厚度 10～40m，厚度、面积、总体积都很小，资源物质基础薄弱，烃源岩于上新世—第四纪达到成熟，范围仅限深凹带邵伯、樊川、刘五舍次凹主体，油气资源极有限，原油品质差，尚无探明储量。

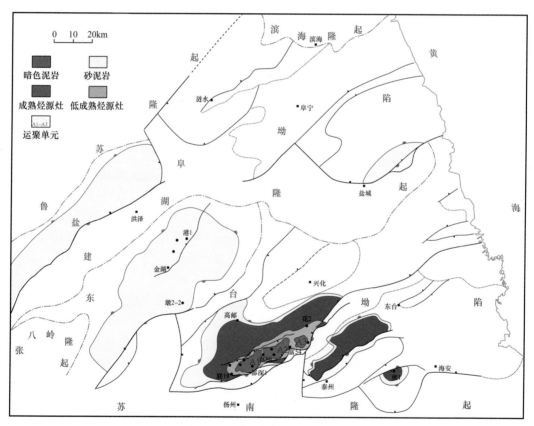

图 1-11-10　苏北盆地戴一段烃源灶区及运聚单元展布图

2）烃源灶低效能，油气属地就近运移

高邮凹陷戴一段烃源灶油源运聚效能低，只在戴一段发现油藏和油气显示；油气纵向运移距离小于 100m，平面为属地就近聚集成藏；此外，从邵深 1 油藏压力系数判断，烃源灶具有一定的异常高压现象。平面上，邵伯次凹烃源灶运聚单元（A1）在联盟庄烃源灶见到油气显示，成熟良好，如邵深 1 井戴一段油藏原油甾烷 $C_{29}S/(S+R)$ 为

0.38～0.51；樊川次凹烃源灶运聚单元（A2）、刘五舍次凹烃源灶运聚单元（A3）尚未见油气显示和油藏。

二、储集条件

苏北盆地储层由不同构造体制盆地建造形成，经历沉积后的不同改造和成岩作用，储集性能不同，构成了不同配置油藏要素之一，储层以碎屑岩为主，也有其他岩类。

1. 14套储集层系

苏北盆地是在前震旦纪结晶基岩、震旦系—古生界—中生界海相岩系、中生界陆相岩系3重基底上发育起来的中生代—新生代陆相盆地，相应地，控制形成了该区多套不同的储集层系。根据已发现油藏层位，自下而上有8套含油气层系14个层段，包括基底岩系的寒武系—奥陶系、白垩系浦口组和赤山组，盖层岩系的泰一段、泰二段，阜一段、阜二段、阜三段、阜四段，戴一段、戴二段，垛一段、垛二段和盐一段。其中泰一段，阜一段、阜二段、阜三段，戴一段、戴二段和垛一段为主要含油层系，寒武系—奥陶系和白垩系浦口组试获油气流，未达工业标准。此外，基底震旦系白云岩等岩系不同程度见到油气显示，尚未发现油藏。

第一，储集体以砂岩为主，分布在基底赤山组和盖层泰州组、阜宁组、戴南组、三垛组、盐城组等12个层系。赤山组、泰一段砂岩孔渗较高，储集性能良好；阜一段—阜四段砂岩以中低孔渗为主，储集性能中等；戴一段砂岩中低孔渗，戴二段、垛一段砂岩中高孔渗，储集性能差异大。

第二，碳酸盐岩主要有阜二段生物灰岩（白云岩）、鲕粒灰岩（白云岩）、藻灰岩（白云岩）。在金湖凹陷西部斜坡中—北段呈礁丘、滩坝展出，金湖凹陷东部斜坡、高邮凹陷为薄层状鲕粒灰岩。碳酸盐岩孔渗物性差异大、非均质性很强。

第三，火成岩储层以玄武岩、火山碎屑岩为主。闵桥地区该套储层厚度大、分布广、裂缝发育，储集性能较好，其他地区玄武岩储层仅零星见到，局部地区还有辉绿岩裂缝储层及其变质岩带储层。此外，在烃源岩层段不同程度见到不规则分布的裂缝性储层。

2. 泰州组和阜宁组"切糕"状砂体

除洪泽凹陷外，苏北盆地古新世泰州组—阜宁组沉积期为统一的大型坳陷湖盆，经古新世末吴堡事件强烈改造，解体成后期"箕状断陷"，构成改造型的砂体与构造配置、油藏类型关系（表1-11-5）。

第一，苏北盆地从泰一段到阜四段残留岩相主要为大型、特大型扇三角洲、辫状河三角洲、三角洲沉积体系，其相、亚相规模都在数百至数千平方千米，甚至上万平方千米。如阜三段中央三角洲前缘亚相在东台坳陷残留面积达 $7200km^2$，与残留在盐城地区连片，其面积将超过 $1×10^4km^2$。中小型沉积体系只有浅湖滩坝、生物礁丘，相、亚相面积也达到数十至数百平方千米。

第二，不论单砂体微相类型、厚度大小，原始单砂体面积都在数十至数百平方千米，砂体叠置连片可达数千平方千米。因此，砂体规模巨大，横向连通性普遍好，尤其层状、块状砂岩带。

第三，绝大部分砂体前缘尖灭带始终保持原产状倾向，后期极少发生倾向反转的，难以广泛形成反转型的砂体上倾尖灭圈闭。

表 1-11-5　苏北盆地泰州组—阜宁组沉积相带、砂岩带、构造配置与油藏类型关系

层位	相带	砂体部位	砂岩带	单层砂岩	砂岩总厚	砂岩含量/%	连片/连通	后期形态	构造配置	油藏类型
E_1f_4	三角洲	前缘核部	层状砂岩带 席状砂岩带	中厚—厚 薄—中厚	中 小	20~50 <20	连片/好	切糕状	断层	断层油藏
	三角洲	前缘核部	层状砂岩带	中厚—厚	中	20~50	连片/好	切糕状	断层	断层油藏
E_1f_3	三角洲	前缘末端 浅湖滩坝	层状砂岩带 席状灰岩带	薄—中厚	小	<20	连片/好 部分侧变	切糕状	断层	断层油藏 少数岩性/复合油藏
	三角洲	前缘核部	层状砂岩带	薄—厚	中	20~40	连片/好	切糕状	断层	断层油藏
E_1f_2	浅湖	沙泥坪	席状砂岩带	薄—中厚	小	<20	连片/好	切糕状	断层	断层油藏
	浅湖	礁滩坝	丘状灰岩带 滩状灰岩带	中厚—厚 薄—中厚	小		连片/较好	切糕状	断层	断层油藏
		火山台地	块状玄武岩	厚—巨厚	大		连片/好	切糕状	断层	断层油藏
E_1f_1	三角洲/浅湖	前缘核部	层状砂岩带	中厚—厚	较大	20~60	连片/好	切糕状	断层	断层油藏
		前缘末端 浅湖滩坝	席状砂岩带	薄—中厚	小	<20	多连片 少侧变	切糕状	断层	断层油藏
K_2t	扇三角洲 辫状河三角洲 三角洲	前缘核部	块状砂岩带	厚—巨厚	大	35~90	连片/极好	切糕状	断层	断层油藏
	三角洲	前缘侧翼	层状砂岩带 席状砂岩带	中厚—厚 薄—中厚	中 小	20~40 <20	连片 部分侧变	切糕状	断层	断层油藏 少数复合油藏

注：为了方便，将阜二段层状碳酸盐盖岩、玄武岩储层一并列入表中。

第四，大型砂体被大量断层切割成断块体，面积多至十几平方千米，规模远小于原始单砂体带，即后期砂体呈分割"切糕"状产出，由此与断层、构造高低配置，形成以断层圈闭占绝对优势的油藏类型。在泰一段、泰二段和阜三段席状砂岩带末端或侧翼，可形成少量的复合、岩性圈闭及油藏。

3. 戴南组和三垛组"多快变"砂体

苏北盆地始新世戴南组和三垛组沉积为典型的箕状断陷群演化产物，各凹陷呈独立的小型断陷湖盆，建设一系列规模不一的扇体群和砂体，与构造配置可形成多种油藏类型（表 1-11-6）。

表 1-11-6　苏北盆地戴南组—三垛组沉积相带、砂岩带、构造配置与油藏类型关系

沉积体系	位置/层位	相带	砂体部位	砂岩带	单层砂岩	砂岩总厚	砂岩含量/%	连片连通	构造配置	油藏类型
富泥沉积体系	凹缘坡折带 E_2d_2 $E_2d_1^1$ $E_2d_1^2$ $E_2d_1^3$	扇三角洲 三角洲 水下冲积扇 泥屑流扇 泥石流扇 浊积扇 浅湖滩坝	前缘/扇中/滩坝	条状砂岩带 席状砂岩带	薄—中厚 少量厚层	小—中	<20	侧缘断续不连片/差	断层	复合油藏 断层油藏 岩性油藏
	$E_2s_1^{1-5}$	河流	河泛	层状砂岩带 条状砂岩带	薄—厚	小—中	10～30	尚连片/中	断层	断层油藏 复合油藏
富砂沉积体系	凸缘坡折带 E_2d_2 $E_2d_1^1$ $E_2d_1^2$ $E_2d_1^3$	河流 辫状河三角洲 扇三角洲 三角洲 水下冲积扇	河道/平原/前缘/扇根/扇中	块状砂岩带 层状砂岩带	中厚—巨厚	大	20～90	连片/好	断层	断背油藏 断层油藏
	E_2s_2	曲流河	河道	块状砂岩带	厚—巨厚	大	40～75	连片/好	断层	断层油藏
	$E_2s_1^{6-7}$	辫状河三角洲	前缘							

第一，苏北盆地在戴一段沉积早期仅 2 个断陷（高邮、金湖断陷），戴一段沉积中—晚期 6 个断陷（新增洪泽、溱潼、盐城和海安曲塘断陷），戴二段沉积期增至 11 个断陷（新增临泽 1 个、海安 4 个微断陷）。但到垛一段沉积期，东台坳陷 9 个凹陷（断陷）、5 个低凸起再次统一，形成单一的箕状断陷，盐阜坳陷有 3 个断陷，到垛二段沉积期新增涟阜 3 个断陷，共计 6 个断陷。这些断陷控制着不同地域、不同期次的扇体群及其砂体建设。

第二，戴南组沉积期沿高邮、金湖、溱潼断陷的陡坡断裂、缓坡侵蚀坡折带，发育了一系列不同规模、不同类型扇体群。其中，凹缘坡折带控制的扇体规模小、砂体相变快、砂岩含量低，主要储集体位于各洲前缘、扇中和滩坝亚微相，砂体呈条状带、席状带，侧缘断续变化，横向连通性较差，这类砂体与构造等高线、断层配置，可以构成复合、岩性圈闭。

第三，由凸缘坡折带控制的扇体群，砂岩含量高、砂体规模大、连片连通普遍好，砂体多呈块状、层状带展布，有利油气输导和构造圈闭储集，不利于生成复合圈闭。

第四，垛一段沉积晚期发育河流泛滥砂体，以条状、层状砂岩带为主，具有形成复合圈闭的较有利条件，是今后勘探拓展新型圈闭和油藏的方向。

三、盖层条件

苏北盆地泰州—阜宁组沉积期3期区域性广泛湖侵，建造了3套分布广、厚度大的良好区域盖层。在盆地演化全过程中，还发生多次短暂的局部湖侵，在层序地层格架中建设了多套局部盖层。

1. 区域盖层

1）泰二段区域盖层

由苏北盆地首次广泛湖侵建造泰二段底部15～35m厚的暗色烃源岩段和随后高位体系域泰二段上部沉积60～150m厚的暗色泥岩段组成，连续厚度较大、分布较稳定，并存在欠压实异常高压力带。南部东台坳陷，平面上从高邮凹陷东部地区，一直到海安、白驹凹陷和小海凸起的各构造单元，连片分布着这套半深湖—深湖相的暗色泥岩区域盖层，从高邮凹陷西部地区逐渐相变为滨浅湖环境的杂色泥岩剖面，到金湖、洪泽凹陷则为红色泥岩间夹砂岩的剖面。北部盐阜坳陷，阜宁凹陷北部区域这套盖层以半深湖相泥岩为主；阜宁凹陷南部区域，以及盐城、涟水凹陷盖层变为浅湖相泥岩间夹砂岩的剖面。受后期吴堡事件等抬升剥蚀影响，凸起区盖层保存不完整。

2）阜二段区域盖层

苏北盆地阜二段沉积期发生全域性的广泛湖侵，湖水淹没了包括建湖隆起东段在内的各构造单元，建造了第一套全盆分布的暗色泥岩区域盖层，连续厚度40～410m，横向稳定，全盆地存在欠压实异常高压力带。金湖凹陷盖层厚度40～120m，西南隅地区最薄40～60m；高邮、溱潼、海安、盐城凹陷和菱塘、吴堡低凸起等地区，阜二段盖层厚度一般150～350m，高邮凹陷临近真武断裂的许庄地区最厚达410m。此外，东台坳陷在阜三段两大三角洲前缘间的半深湖相区缺乏砂岩沉积，这些地区阜二段、阜三段、阜四段泥岩构成600～1000m巨厚的统一盖层。受吴堡事件等剥蚀影响，不同构造单元本套盖层剥蚀和残留不一，高邮、金湖、溱潼凹陷基本保留完整，海安、盐城凹陷部分剥蚀，白驹、阜宁、涟水凹陷和部分的低凸起剥蚀严重，所有凸起受剥蚀盖层缺失。

3）阜四段区域盖层

苏北盆地阜四段沉积期湖侵达到新生代鼎盛阶段，全区处于统一的半深湖—深湖环境，沉积了第二套满盆黑的暗色泥岩，连续厚度100～800m，横向极为稳定，普遍存在明显的欠压实异常高压力带。湖侵早期，金湖凹陷西南部、盐城凹陷阜四段沉积早期继承前期的三角洲前缘砂泥岩建造，洪泽凹陷为含膏深湖、盐湖沉积，其他地区均为半深湖环境，连续沉积了厚80～250m的大套暗色泥岩；湖侵晚期，全盆地阜四段沉积晚期为深湖环境，建造了厚100～320m的优质烃源岩；至高位体系域阜四段沉积末期，在苏北盆地最深的高邮凹陷邵伯次凹邵深1井钻遇289m半深湖相泥岩，残留面积仅50km²。阜四段区域盖层在盆地各构造单元剥蚀和残留差异很大，东台坳陷临泽、海安凹陷剥蚀较严重，高邮、金湖、溱潼凹陷湖侵体系域沉积段残留相对较多；盐阜坳陷洪泽凹陷残留较多，盐城、涟水凹陷局部残留；阜宁、白驹凹陷，以及全盆的凸起阜四段剥蚀殆尽，低凸起阜四段大部分剥缺。

2. 局部盖层

1）阜一段局部盖层

苏北盆地在阜一段沉积中期发生一次自东向西湖侵，东台坳陷影响范围西达高邮凹陷东部，盐阜坳陷遍及盐城、阜宁凹陷，沉积以灰、深灰色泥岩为主，东厚西薄，连续厚度30～120m，平面分布较广，是良好的局部盖层。在海安、白驹、盐城、阜宁凹陷，此套泥岩与阜二段连续沉积，构成统一的巨厚盖层，但是，它也成为阻碍阜二段烃源岩向下初次排烃的隔层，使得区内阜二段生成油气缺乏顺畅的输导系统。

2）阜三段局部盖层

苏北盆地阜三段沉积期，大部分区域为金南三角洲前缘、盐东中央三角洲前缘沉积体系所覆盖，在两大三角洲前缘带之间为半深湖环境，沉积200～350m厚的泥岩盖层。在两大三角洲前缘末端，过渡为前缘席状沙泥坪或浅湖沙泥坪环境，泥岩较发育，可连续沉积40～80m厚的泥岩段，成为良好的局部盖层。如溱潼、海安凹陷，金湖凹陷下闵杨、铜城断裂带等地区。

3）戴一段局部盖层

苏北盆地泰州、阜宁组解体为戴一段小型断陷群后，首先在高邮、金湖凹陷发生沉积。其中，高邮凹陷邵伯次凹呈现南、北、西三面凹缘坡折带特征，东面又与樊川次凹毗邻；下伏构造层阜宁组大套暗色泥岩成为首先剥蚀的物源区，由此建造了一套戴一段下部砂地比很低、砂岩含量不足20%的砂泥岩互层剖面，地层厚度400～600m，成为良好的局部盖层，也是该区戴一段高压系统油藏的重要原因。

4）戴一段上部局部盖层

苏北盆地戴一段晚期为独立的小型断陷群格局，在高邮、金湖、溱潼、海安凹陷沉积了3～5层稳定分布的半深湖相深灰色"高电导"泥岩，与三角洲前缘、扇三角洲前缘砂体呈交互沉积，构成较稳定分布的局部盖层。高邮凹陷深凹带及内斜坡"五高导"发育齐全，盖层段厚150～200m，向斜坡外带"五高导"逐渐减少，直至消失，剖面厚度一般20～120m；溱潼凹陷只有"四高导"泥岩层，剖面厚度一般为35～110m，最厚约160m；金湖凹陷仅三河、龙岗次凹的主体部位有这套"五高导"灰色泥岩，剖面厚度80～120m，其他地区相变为红色泥砂岩剖面；海安凹陷仅曲塘次凹见"四高导"泥岩剖面，厚约110m。其他地区不发育这套盖层。

5）垛一段局部盖层

苏北盆地垛一段沉积早期，发生了一次较广泛的快速下沉湖侵、迅速回返水退事件，沉积了一层厚仅3～15m深灰色"高电导"泥岩，横向较稳定，遍布东台坳陷各凹陷和部分低凸起、凸起单元；以东部海安凹陷盖层最厚，高邮、溱潼、金湖凹陷厚度较小，盐阜坳陷这套"高电导"泥岩不甚发育。单就该套泥岩而言，对油气控制作用微弱；但是，其上覆高位体系域沉积了以厚层棕紫色砂质泥岩、泥岩夹砂岩的"泥包砂"层段，弥补了纯泥岩段厚度小的不足，构成了对油气垂向富集有明显控制作用的局部盖层。

6）盐一段上部局部盖层

新近纪，苏北盆地发育多期河道和洪泛盆地构成多个正旋回沉积，每一旋回顶部发育厚度不等的砂质泥岩。其中，盐一段上部发育一套厚50~120m的泥岩、粉质泥岩，构成全盆地较广泛分布的局部盖层。

四、成藏组合及含油系统

苏北盆地泰二段、阜二段、阜四段、戴一段各套有效烃源岩平面呈多中心烃源灶供源格局，尽管断层繁多、储层发育，油气侧向、垂向输导运移发达，4套烃源岩都有明确的油气供给和聚集层系，绝大部分油藏属单一层系油源供给的产物，油源对比清楚，仅少数断裂带存在2种油源混合成藏现象，故该区有明确的生储盖组合和含油系统。

1. 生—储—盖组合

1）中部泰二段烃源岩生烃—下部泰一段砂体储层—上部泰二段泥岩盖层组合

生烃源灶为层序Ⅲ₁湖侵体系域泰二段烃源岩，其上覆高位体系域泰二段一亚段西部地区为砂泥岩剖面，有砂岩输导层但无烃源岩，东部地区为大套的贫有机质泥岩，缺乏砂岩输导层，成为初次排烃的区域隔层；其下伏低位体系域泰一段三角洲、辫状河三角洲前缘砂体广泛发育，与烃源岩呈面状接触，构成连片良好的输导体系（图1-11-11）。在上覆区域隔盖层抑制下，泰二段烃源灶生成油气主要向下伏砂岩储层排泄，油气再经此输导层发生二次运移，由此构成上盖—中生—下储的生储盖组合。

2）中部阜二段烃源岩生烃—下部阜二段、阜一段砂体储层—上部阜二段、阜三段泥岩盖层组合

生烃源灶为层序Ⅲ₃湖侵体系域阜二段烃源岩，大部分地区阜二段顶部深灰色"泥脖子段"泥岩贫有机质，厚度30m左右，其上覆高位体系域阜三段底部有套深灰色贫有机质的泥岩，厚度约30m，共同构成阻挡阜二段烃源岩初次排烃的隔层；在金湖凹陷西南部地区，阜二段顶部泥岩相变为烃源岩，阜三段底部泥岩相变为砂岩；东台坳陷中西部地区，烃源岩与下伏阜二段底部和阜一段上部连片分布砂体或丘状、条带生物灰岩、鲕粒灰岩多以面状接触，少量呈互层状关系，组成良好的初次排烃输导载体（图1-11-12）。在上覆区域隔盖层控制下，阜二段烃源岩生成的油气主要向下排烃，再运移到储集体聚集成藏；金湖凹陷西南部阜二段上覆盖层消失，烃源岩上下双向排烃，故阜三段底部油气显示良好，成为油气聚集层段。如图1-11-12所示，海安、盐城凹陷烃源岩顶底都缺乏初次排泄的砂岩储层（图1-11-13），如安11井排烃输导不畅，无油气显示，相反，其他凹陷输导条件好的井，普遍见到良好的油气显示或汇聚成富集的油藏；因此，海安、盐城地区阜二段烃源岩效能极低，都未发现商业油藏。这是阜二段烃源岩构成上盖—中生—下储供给油源的基本模式。

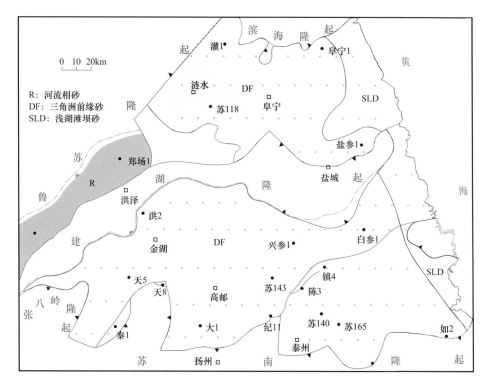

a.下部泰一段砂岩储层展布

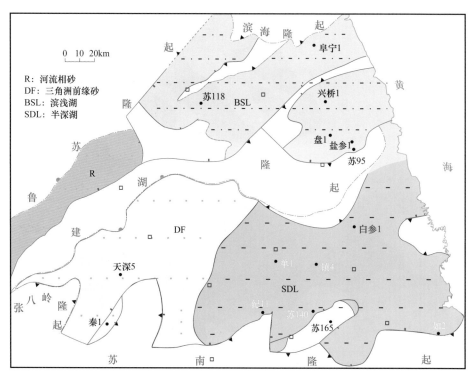

b.上部泰二段一亚段砂岩储层展布

图 1-11-11 苏北盆地泰二段烃源岩上下砂岩储层展布

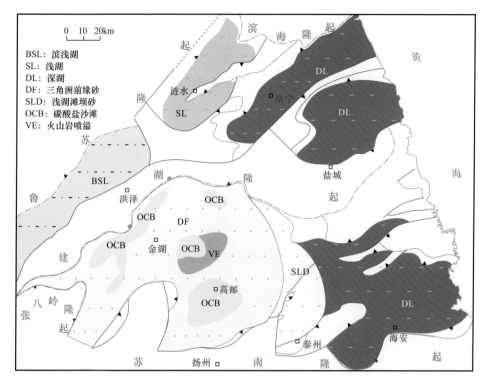

BSL：滨浅湖
SL：浅湖
DL：深湖
DF：三角洲前缘砂
SLD：浅湖滩坝砂
OCB：碳酸盐沙滩
VE：火山岩喷溢

a.下部阜二段、阜一段砂岩储层展布

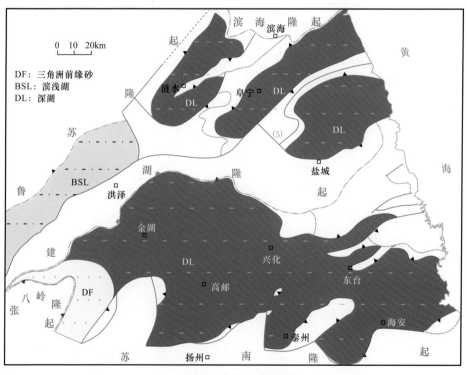

DF：三角洲前缘砂
BSL：滨浅湖
DL：深湖

b.上部阜三段底部砂岩储层展布

图 1-11-12 苏北盆地阜二段烃源岩上下砂岩储层展布

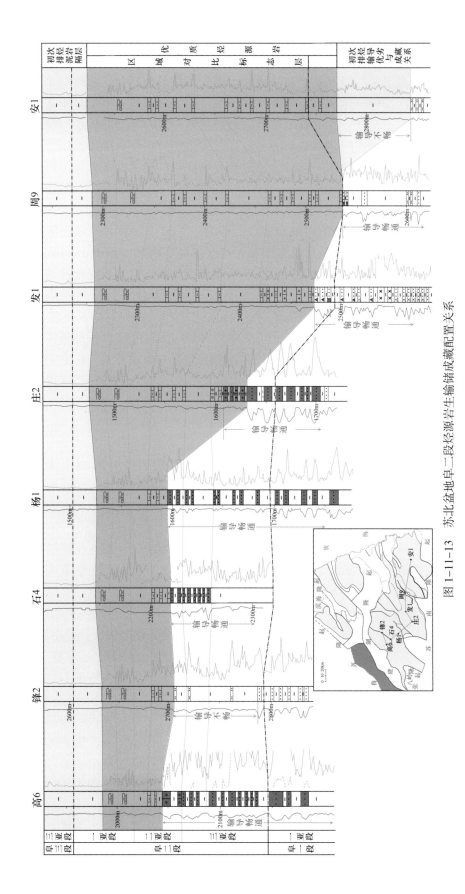

图 1-11-13 苏北盆地阜二段烃源岩生储成藏配置关系

此外，高邮北斜坡、溱潼斜坡成熟烃源岩区断层密集，不仅使烃源岩破裂程度显著增加，改善初次排烃效率；而且使原来单一的生烃—储层面状接触，变为面状与断墙共享接触，有效提高了阜二段大套烃源岩内部生烃向外排泄的几率，也可与阜三段砂岩直接接触，向其初次排烃，体现为：这两领域阜三段油气较其他地区明显丰富，阜三段下部砂岩油气显示也很活跃。在北斜坡辉绿岩刺穿地区，还存在变质岩带与烃源岩接触形成的排烃输导层。在海安凹陷曲塘次凹，阜二段成熟烃源岩存在异常高压，初次排烃突破了上覆泥岩阻隔，油气向阜三段砂岩排泄和聚集成藏，异常高压弥补了该区顶底都有泥岩盖层的不足。

3）阜四段烃源岩生烃—上部戴一段砂体储层—下部阜四段泥岩盖层组合

生烃源灶为层序Ⅲ₄湖侵体系域阜四段烃源岩，下部阜四段早期湖侵体系域深灰色泥岩贫有机质，厚度80～250m，成为烃源岩初次排烃下隔层（图1-11-14），仅金湖凹陷西南隅有阜四段下部砂岩输导层；因阜四段烃源岩上覆高位体系域全盆地基本剥蚀殆尽，经不整合面与戴一段直接接触，后者底部广泛沉积三角洲、水下冲积扇等砂体，生烃—储层呈广阔的面状接触；同时，生烃区存在大量断层，由此构成不整合面—砂岩面—断墙面良好的立体运移输导网络，生成油气多数向上覆断陷沉积储集体排烃，在戴南组、三垛组运移聚集，形成上储层—下生烃供给油源的基本模式。在金湖西南隅，下伏阜四段泥岩隔层消失，阜四段烃源岩上部不成熟、下部成熟较好，初次排烃改向下伏阜四段下部砂岩输送和成藏。在洪泽凹陷，阜四段、阜三段烃源岩连续，内部间夹砂体，构成向自身砂岩和上覆戴一段底部砂岩排烃组合。

4）戴一段烃源岩生烃—源内生储盖组合

这是盆地断陷期湖盆唯一的烃源岩，仅分布在高邮断陷层序Ⅲ₅湖侵体系域戴一段中，五层薄—厚层的烃源岩与砂岩储层呈互层状关系，烃源岩初次排烃输导很好，为上下双向排烃的生储盖组合。

2. 含油系统划分

按照含油系统划分原则，苏北盆地4套烃源岩生成的油气，都有比较明确的运移指向、聚集层系，与储层、盖层和圈闭共同组成下、中、上三套主要含油系统，以及局部分布的戴南含油系统（图1-11-15）。

1）下含油系统 $K_2t_2^2$—$K_2t+E_1f_1$（！）

（1）下含油系统。以层序Ⅲ₁湖侵体系域泰二段烃源岩为供烃源灶，层序Ⅲ₁低位体系域泰一段砂岩为主要输导层和储层，层序Ⅲ₁高位体系域泰二段砂岩、层序Ⅲ₂低位体系域阜一段中下部砂岩为次要含油层系，断层圈闭为主要类型，构成 $K_2t_2^2$—$K_2t+E_1f_1$（！）含油系统，简称下含油系统，也称下成藏组合。

（2）子含油系统及成藏期。原始半坳陷建造的泰二段烃源岩受后期断裂分割，分布于不同构造单元，受各构造单元埋藏史、热史差异影响，各地烃源岩热演化成熟差异显著；根据油／岩亲缘性对比，甾萜烷成熟度参数、CPI、R_o，结合钻探烃源岩、储层油气显示和埋藏史、生烃史，综合确定该套烃源岩有5个子含油系统（图1-11-7），呈不同的供烃展布、受烃对象和关键时刻成藏期。

海安凹陷：泰二段烃源岩被分割成多次凹展布，各次凹供烃源灶成熟度不同，构成2个不同的子含油系统。富安—北凌子系统呈多次凹的成熟连片格局，计有孙家洼、丰

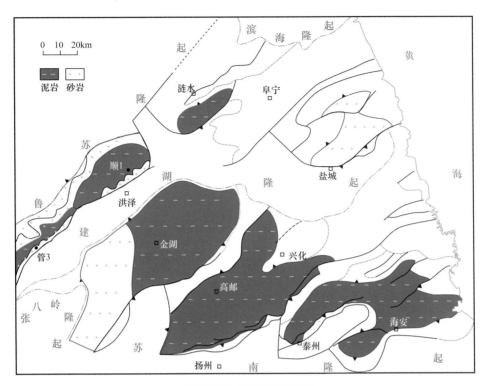

a. 下部阜四段二亚段砂岩储层展布

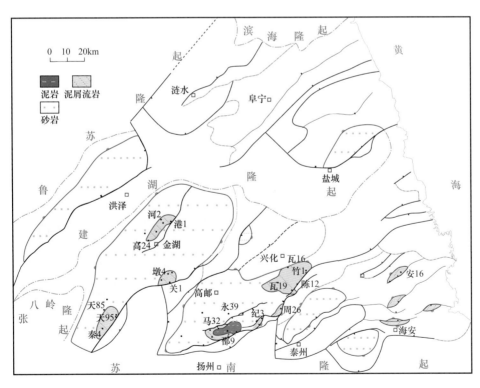

b. 上部戴一段砂岩储层展布

图 1-11-14 苏北盆地阜四段烃源岩上下砂岩储层展布

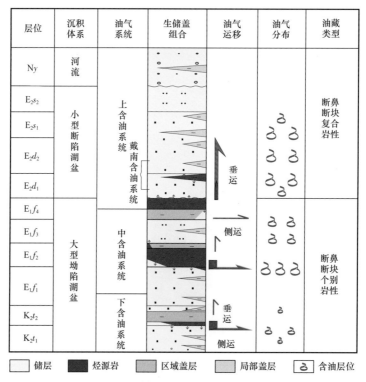

层位	沉积体系	油气系统	生储盖组合	油气运移	油气分布	油藏类型
Ny	河流	上含油系统				
E_2s_2	小型断陷湖盆					断鼻断块复合岩性
E_2s_1		戴南含油系统		垂运		
E_2d_2						
E_2d_1						
E_1f_4	大型坳陷湖盆	中含油系统		侧运		断鼻断块个别岩性
E_1f_3						
E_1f_2						
E_1f_1						
K_2t_2		下含油系统		垂运		
K_2t_1				侧运		

□ 储层　■ 烃源岩　▨ 区域盖层　▨ 局部盖层　ᠣ 含油层位

图 1-11-15　苏北盆地生储盖组合及含油系统

北、富安、北凌、海中和曲塘 6 个供烃源灶分区单元，其中，富安—北凌、新街子系统已发现一批泰一段油藏和少数泰二段、阜一段油藏。富安—北凌子系统的富安、丰北次凹供烃源灶区和新街子系统存在明显的异常高压力现象，其油藏具高压、超高压特点；该区油气成藏在垛二段沉积期—三垛事件期（表 1-11-7），为一期油气充注。

表 1-11-7　苏北盆地下含油系统泰州组包裹体法油气成藏期

子系统	烃源灶区	油藏	均一温度主频值 / 均值 /℃	成藏时间 /Ma
高邮北斜坡	瓦庄内斜坡	瓦 6 块	80～120/93	垛一段沉积晚期—三垛事件（44—24）
海安富安—北凌	富安次凹	安丰	80～105/100	垛二段沉积末期—三垛事件（37—25）
	丰北次凹	梁垛	80～110/98	垛二段沉积末期—三垛事件（36—24）
	新街次凹	台 7 块	80～110/97	垛二段沉积末期—三垛事件（37—24）

溱潼凹陷：泰二段供烃源灶也是连片展布，构成 1 个子含油系统；截至 2018 年底，已发现 1 个泰一段油藏。该区缺乏泰州组储层有机包裹体资料分析油气成藏期，根据其烃源岩埋藏史、生排烃史介于高邮、海安凹陷之间，成藏期应在垛二段沉积末期—三垛事件期。

高邮凹陷：泰二段烃源灶形成 1 个独立的子含油系统，在泰一段、阜一段各见 1 个油藏。采用综合法判别成藏期，即以储层自生矿物有机包裹体形成期为基础，结合烃源岩主生排烃期，油气显示和运移遗留痕迹，区域构造抬升运动的促动力作用和断层封通油气差异作用，确定高邮凹陷 K_2t_2—$K_2t+E_1f_1$（！）子含油系统主成藏期在 44—24Ma，即垛一段沉积末期—三垛事件期（表 1-11-7），呈一期油气充注。

白驹凹陷：有洋心次凹子系统，已发现多个中成熟—低成熟微油藏。吴堡事件后，凹陷长期裸露无戴南组沉积，垛一段沉积期再次沉降接受沉积，盐城组沉积期成为苏北—南黄海盆地沉降中心，属典型的晚期沉降凹陷，泰二段烃源岩埋藏成熟很晚，油气二次运移距离极短，推测主成藏期为上新世—第四纪。

2）中含油系统 E_1f_2—E_1f_1+E_1f_2+E_1f_3（！）

（1）中含油系统。以层序 III_3 湖侵体系域阜二段烃源岩为供烃源灶，层序 III_3 湖侵体系域下部阜二段砂岩、石灰岩、喷出岩及层序 III_2 高位体系域阜一段砂岩、层序 III_1 高位体系域阜三段砂岩为主要含油层系，溱潼凹陷油源可向上覆断陷戴南、三垛组供烃成藏，以断层圈闭作聚集的主要类型，组成 E_1f_2—E_1f_1+E_1f_2+E_1f_3（！）含油系统，简称中含油系统，也称中成藏组合。

（2）子含油系统及成藏期。阜二段烃源岩是泰州组—阜宁组 3 套当中残留范围最广的，也是平面上分割受热演化成熟差异最大的，形成 9 个子系统，每个子系统有不同成熟度的油气汇聚单元（图 1-11-8）。

高邮凹陷：烃源岩大面积连片成熟，构成 1 个独立子含油系统，烃源灶具有明显的异常高压力场，自深凹区向内斜坡异常高压力逐渐降低。烃源灶主要分布于北斜坡区带，部分在南部断阶带及秦栏次凹。受北斜坡中东部、西部埋藏演化差异，斜坡、断阶、次凹构造单元埋藏史不同影响，各地烃源岩受热史、生排烃史和油气成藏史有明显差异。因此，平面上形成了烃源岩不同成熟度和烃源灶油气不同成熟度的供源格局。如图 1-5-8 所示，可分北斜坡主体成熟烃源灶区，西部断凹槽马家嘴成熟烃源灶区，南部断阶带成熟—中成熟烃源灶区，这 3 个烃源灶区都有丰富油源，以及北斜坡西缘码头庄低成熟、油源不足的烃源灶区。尽管该子含油系统平面有不同的供烃区，但其油气聚集多为一期成藏，主要在垛二段沉积期—三垛事件期，深凹圈闭油气成藏期早于斜坡、断裂带的油藏（表 1-11-8）。

表 1-11-8　苏北盆地中含油系统阜宁组包裹体法油气成藏期

子系统	烃源灶区	油藏	均一温度主频 /℃	成藏时间 /Ma
高邮	深凹富民	富深 1 块阜一段	75～140	垛一段沉积中期—三垛事件（46—24）
	深凹花庄	陈 2 块阜一段	80～110	垛二段沉积早期—三垛事件（42—30）
	深凹马家嘴	韦 8 块阜二段	75～90	垛二段沉积晚期—三垛事件（39—32）
	内斜坡	甲 1 块阜一段	85～110	垛二段沉积早期—三垛事件（42—32）
	内斜坡	沙 7 块阜二段	80～110	垛二段沉积中期—三垛事件（40—30）
	车逻鞍槽	庄 2 块阜一段	75～85	垛二段沉积晚期—三垛事件（39—34）
金湖	三河次凹	河参 1 块阜二段油砂	95～105	垛一段沉积末期—三垛事件（43—33）
	三河次凹	崔 2 块阜二段	70～90	垛二段沉积早期—三垛事件（41—34）
	氾水浅次凹	唐 5 块阜二段	115～120	垛二段沉积中期—三垛事件（39—30）

子系统	烃源灶区	油藏	均一温度主频 /℃	成藏时间 /Ma
溱潼	深凹	东 34 块阜三段	80～108	垛二段沉积中期—三垛事件（39—31）
	深凹	苏 198 块阜三段	90～110	垛二段沉积晚期—三垛事件（38—32）

尽管高压物性显示，高邮凹陷油藏饱和压力全部小于今地层压力，现为不饱和油藏，但是，其中有一部分油藏饱和压力较高。分析认为，这些高饱和油藏在成藏期已达到天然气饱和或接近饱和状态，属于饱和油藏。结合其他地质资料，认为可以运用油藏饱和压力法计算这些油藏的成藏期埋深和成藏时间（表 1-11-9）；其中，南断阶许庄阜一段油藏、北斜坡沙埝阜三段油藏，油气聚集成藏期在垛二段沉积末期，北斜坡花庄阜三段圈闭成藏期在垛二段沉积中期，与包裹体法等其他手段的结论基本一致。

表 1-11-9　苏北盆地高邮凹陷上—中含油系统饱和压力法油气成藏期

子系统	烃源灶区	油藏	层位	中垂深 / m	地层压力 / MPa	饱和压力 / MPa	成藏埋深 / m	对应成藏期
高邮 E_1f_2	断阶带	许 X33	E_1f_1	2924	30.82	13.82	1410	垛二段沉积末期
	内斜坡	沙 11	E_1f_3	2163	20.56	12.5	1275	垛二段沉积末期
		沙 X53		2730	28.00	12.62	1290	垛二段沉积末期
		花 X17		2630	26.76	10.15	1035	垛二段沉积中期
高邮 E_1f_4	邵伯次凹	黄 15	E_2s_1	1590	14.14	12.1	1235	三垛事件
		黄 24	E_2d_1	2205	21.47	16.07	1640	
		黄 29		2309	23.94	17.48	1780	
		马 3	E_2d_2	1630	15.56	10.3	1050	垛二段沉积末期—三垛事件
		联 6	E_2d_1	2305	22.38	15.6	1590	三垛事件
		联 3		2511	27.06	21.3	2170	
		联 6		2530	26.62	20.08	2050	
		联 7		2749	28.92	19.53	1990	
		邵 7	E_2s_1	2000	20.0	8.50	870	垛二段沉积晚期
		真 80	E_2d_1	3073	34.4	16.04	1640	
	樊川次凹	永 X33	E_2d_2	2940	28.26	10.02	1020	垛二段沉积中期
		永 X35	E_2d_1	3350	33.69	14.98	1530	
	刘五舍次凹	苏 136	E_2d_1	2706	27.01	11.34	1160	垛二段沉积晚期
		周 22		2960	27.36	12.42	1270	

金湖凹陷：烃源岩成熟范围呈大致连片展布，构成 1 个完整的子含油系统。受烃源灶区次凹深浅不同、斜坡区埋深差异大影响，控制了不同单元的烃源灶成熟差异，形成了多个不同成熟度油源的供给情况。有三河、龙岗次凹成熟烃源灶区，氾水、石桥、东阳、秦营浅次凹中成熟烃源灶区，油源较丰富；唐港—吕庄低成熟烃源灶区，油源不足（图 1-5-15）。该区圈闭为一期油气充注成藏，垛二段沉积期—三垛事件是主成藏期。

溱潼凹陷：该凹陷较小、结构较简单，烃源岩成熟连片呈 1 个子含油系统。烃源岩整体成熟良好，油源较丰富，在西斜坡北缘有小范围的低成熟烃源灶区。祝庄、草舍油田阜宁组圈闭油气主要为一期充注聚集成藏，草舍油田垛一段圈闭呈两期油气充注成藏特点，第二期略晚于第一期，成藏期都在垛二段沉积期—三垛事件期。

海安凹陷：该区各次凹断陷阶段沉降、沉积差异极显著，导致泰州—阜宁组烃源岩分割强烈差异演化，形成不同成熟度的 3 个子含油系统。其中，曲塘次凹子系统达到成熟良好的烃源灶区，提供了较丰富的油源，成藏期无直接资料，根据其次凹埋藏演化与溱潼凹陷相近，推测成藏期也应相当；富安—北凌次凹、新街次凹 2 个烃源灶皆属低成熟—中成熟油源，加之该区缺乏初次排烃输导体系，烃源灶效能极为低下，迄今未发现有商业价值的油藏。

盐城凹陷：南洋、新洋次凹阜二段烃源岩局部达到低成熟—中成熟，形成 2 个子含油系统。南洋次凹阜二段油气显示活跃，裂缝试获工业油流，阜三段油藏产高密度、高黏度、高含蜡原油，属难采储量；新洋次凹为推测子含油系统。这些子系统缺乏初次排烃输导，烃源灶效能极低，缺乏商业价值。

临泽凹陷：次凹形成 1 个子含油系统，烃源岩只达到低成熟，不能提供形成工业价值油源。

3）上含油系统 $E_1f_4^1$—E_2d+E_2s（！）

（1）上含油系统。以层序Ⅲ$_4$湖侵体系域阜四段烃源岩为供烃源灶，戴南组—三垛组层序Ⅲ$_5$低位体系域戴一段砂岩为主要输导层，层序Ⅲ$_5$体系域戴南组砂岩、层序Ⅲ$_6$体系域三垛组砂岩为主要储集对象，断层圈闭、复合圈闭、岩性圈闭为油气聚集主场所，形成 $E_1f_4^1$—E_2d+E_2s（！）含油系统，简称上含油系统，也称上成藏组合。

（2）子含油系统及成藏期。阜四段烃源岩为泰州—阜宁组坳陷湖盆水侵鼎盛期建造产物，虽经吴堡事件强烈剥蚀，依然全盆大范围残留，分布规模仅次于阜二段烃源岩；但是，这套烃源岩后期埋藏热演化成熟差异极大，只有较小部分达到成熟状态，平面上形成了 6 个子系统（图 1-11-9）。

高邮凹陷：深凹带及北斜坡内缘烃源岩热演化达到良好成熟，形成 1 个子含油系统；平面上，有邵伯、樊川、刘五舍次凹 3 个主供烃中心，油气资源丰富，烃源灶上覆圈闭形成诸多富集的油藏。资料反映，多数油田戴一段、戴二段、垛一段油藏有机包裹体呈一期均一温度分布，如真武、曹庄、黄珏、联盟庄、肖刘庄、周庄、徐家庄、花庄等油田，说明油气二次运移聚集基本为一期成藏，包裹体法、饱和压力法计算得出的圈闭油气主要成藏期都在垛二段沉积期—三垛事件阶段（图 1-11-16、表 1-11-9、表 1-11-10）；局部受岩浆岩侵入影响严重的地区和层系，如永安、富民油田有两期有

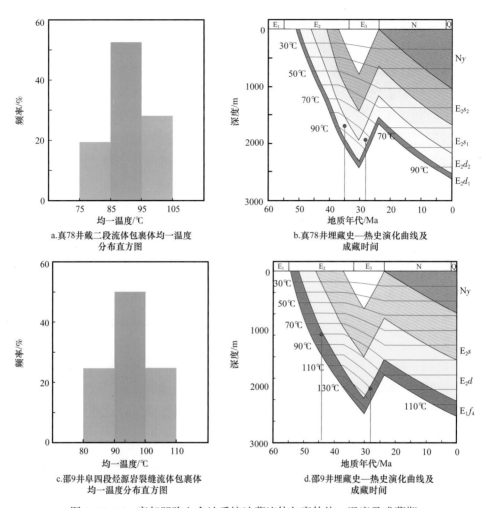

图 1-11-16　高邮凹陷上含油系统油藏流体包裹体均一温度及成藏期

机包裹体，其中有一期与其他油田可对比，属正常成藏期的，另一期具高温特点，反映与岩浆热液活动有关，如永安三垛组、富民戴二段、三垛组油藏有高温包裹体，说明后期存在油气调整和聚集。表 1-11-10 还反映，戴南组—三垛组自下而上成藏期逐渐变晚，深凹圈闭成藏早于斜坡的，烃源岩裂缝成藏略早于圈闭砂岩的。

金湖凹陷：阜四段烃源岩后期埋藏沉降幅度普遍偏小，仅在三河、龙岗次凹主体达到中成熟—成熟状态，形成 2 个独立的子含油系统（图 1-11-9）；两烃源灶油源丰度偏低，上覆圈闭普遍不充满、油藏也较少，推测油气为一期充注，垛二段沉积期—三垛事件为主成藏期。

溱潼凹陷：深凹带烃源岩达到中成熟—成熟，为 1 个子含油系统；油气资源量不足，油气为一期充注成藏，成藏期为垛二段沉积期—三垛事件期。

洪泽凹陷：已证实管镇次凹低成熟子含油系统，已发现 3 个低成熟油藏，油品具有密度、黏度、含蜡量"三高"特征，采油极难，不能升级为探明储量。

海安凹陷：曲塘次凹低成熟—中成熟子含油系统，尚无油藏发现。

表 1-11-10　苏北盆地上含油系统戴南组—三垛组包裹体法油气成藏期

子系统	烃源灶区	油田/油藏	均一温度主频值/℃	成藏时间/Ma
高邮	邵伯次凹	黄2块垛一段	50～60	垛二段沉积末期（39—37）
		黄12块垛一段	50～60	垛二段沉积末期（39—38）
		黄31块戴一段	80～90	垛一段沉积早期—三垛事件（41—32）
		联3块戴二段	85～95	垛二段沉积末期—三垛事件（37—31）
		黄158井阜四段烃源岩裂缝	108～139	垛二段沉积期（42—37）
		邵9井阜四段烃源岩裂缝	80～110	垛一段沉积中期—三垛事件（44—28）
	邵伯—樊川次凹	真78块戴一段、戴二段、垛一段	85～95、85～100、80～90	垛二段沉积早期—三垛事件（41—36、35—28、34—28）
	樊川次凹	曹13块戴一段	90～100	垛二段沉积早期—三垛事件（41—31）
		永13块戴一段	80～110	垛二段沉积早期—三垛事件（42—28）
	樊川—刘五舍次凹	富38块戴一段、戴二段、垛一段	80～100、85～105、75～105	垛二段沉积早期—三垛事件（41—30、37—28、35—28）
	刘五舍次凹	徐18块戴一段	80～100	垛二段沉积中期—三垛事件（39—30）
		周36块戴一段	85～95	垛二段沉积末期—三垛事件（37—29）
		徐18井阜四段烃源岩裂缝	80～110	垛二段沉积中期—三垛事件（40—32）
	内斜坡	花3A块戴一段	90～100	垛二段沉积中期—三垛事件（39—27）
溱潼	深凹	苏120块*垛一段	70～115	垛二段沉积末期—三垛事件（37—30）

* 苏120块资料引自陆黄生等（2008b）。

4）戴南含油系统 $E_2d_1^1$—E_2d（！）

（1）戴南含油系统。以层序Ⅲ$_5$湖侵体系域戴一段烃源岩生成油气为烃源灶，层序Ⅲ$_5$低位体系域顶部、湖侵体系域内部、高位体系域底部戴南组砂岩为储层，以断层圈闭、隐蔽圈闭为聚集场所，构成 $E_2d_1^1$—E_2d（！）含油系统，即戴南含油系统，或称戴南成藏组合。

（2）子含油系统及成藏期。高邮凹陷这套戴一段烃源岩沉积厚度小、分布局限、埋藏较浅，因此，仅在深凹带的邵伯—樊川次凹、刘五舍次凹两片达到成熟状态，形成2个子含油系统（图1-11-10）。根据埋藏史、热演化史资料反映，戴一段烃源岩新近纪达到成熟生排烃，推测主成藏期为22—5Ma。

五、油气运移

油气运移贯穿整个生排烃、运移、聚集过程，是实现烃源岩效能、圈闭成藏的保障，其内容包括油气运移动力、相态、路径、方向、时期和数量等。石油初次运移相态有水溶相、油相和气溶相等观点，争论颇多，二次运移游离相是主流理论，这里不予赘述。

1. 输导体系

油气输导体系作为沟通烃源岩与圈闭的桥梁，在运聚成藏过程中控制着油气的分布及其油气藏规模。层状储层（或骨架砂体）、断层、不整合（或层序界面）、裂缝及其组合是输导体系的主要类型。苏北盆地不同地质沉积、构造差异显著，形成了不同特性的输导体系。

1）泰州组—阜宁组输导体系

苏北盆地泰州组—阜宁组有大型岩相砂体、大套区域盖层和密集断层共存的地质特点，构成以层状储层为主、断层为次的输导体系基本模式，同时，局部岩浆岩刺穿、异常高压裂缝使输导体系多元化。

（1）大型层状砂岩输导格架。第一，纵向 3 套区域性层状输导体系。从苏北盆地岩相图、汲烃层图可知，泰一段、阜一＋二段、阜三段建造大型、特大型沉积体系，不仅层状砂体大面积连片展布，横向连通良好，而且阜二段层状碳酸盐岩、玄武岩和火山碎屑岩与砂岩紧密伴生，连通性也好；同时，湖侵建设 3 大套区域性盖层，极大地抑制了油气垂向逃逸，构成泰一段—泰二段、阜一＋二段—阜二段、阜三段—阜四段稳定的区域性输导体系与封盖组合，既是泰二段、阜二段成熟烃源岩的初次排油气汲烃层体系，也是油气二次运移主输导体系和聚集成藏层系。第二，横向砂体输导性能随埋深和砂地比递减而降低。储层输导性能取决于储层岩性、岩相、厚度、物性、连通性和分布范围等因素。泰一段、阜一＋二段、阜三段砂体都呈横向连通展布的特点，输导性能取决于其微相、厚度和物性；前缘侧翼、浅湖滩坝、沙泥坪砂体单层薄、砂地比小于 20%，在深凹—内斜坡区砂体孔渗随埋深加大而迅速下降，多为特低孔渗—低孔渗物性，差于辫状河三角洲前缘、三角洲前缘砂体，反映从深到浅、从凹到坡砂体横向输导性能逐渐变好，深凹砂地比小于 5% 的地区，输导性能最差。阜二段碳酸盐岩、玄武岩分布在较浅斜坡区，基质物性差异虽大，但高角度张开裂缝普遍发育，输导性能总体良好。第三，砂体平面无优势输导通道。在泰二段、阜二段成熟烃源岩范围，即烃源灶内及紧邻周缘，探井钻遇输导层普遍见到油迹及以上级别的油气显示，显示频度超过 90%（刘玉瑞，2003）。此领域有圈闭皆可成藏，圈闭几乎满充，油藏围绕烃源灶呈扇形分布，反映油气二次运移平面（或侧向）无优势通道。第四，输导层砂岩物性有下限。统计岩心油气显示与物性关系，3 套砂岩输导下限为孔隙度 7%，低于此值砂岩罕见油气显示。

（2）同期断层作为输导渠道。从 T_4^0、T_3^3、T_3^1 构造图可知，各层发育大量断层，按断层活动史与油气运聚史关系，分早期、同期两类断层，前者起封堵作用；一、二级断裂皆为同期断层，广阔斜坡区则有早期、同期断层，后者具封通双重作用，是油气重要的输导体系。第一，初次排烃辅助输导体系。苏北盆地 3 套烃源岩厚度大、岩性纯，内部缺乏砂岩输导层，烃源岩与汲烃砂岩呈单面状接触，排烃效率偏低；大量断层及伴生裂缝参与，显著扩大了烃源灶内部与输导体系的接触面积和排泄通道，提高了烃源岩效能。第二，油气垂向运移通道。非汲烃层圈闭成藏就是同期断层沟通油源的结果，如真武、吴堡、杨村、泰州、泰县等断裂带赤山组、泰州组、阜宁组油藏，斜坡区同期断层也有此作用，譬如 T_3^1 构造成藏，就是断层沟通阜一＋二段输导体系油源，或阜二段成熟烃源岩借助断层与阜三段砂岩接触，向断面和砂岩载体初次排烃，再向阜三段圈闭运聚成藏。第三，油气侧向运移渠道。走向为斜坡倾向、斜向的反向断层，若断距明显小于盖层厚度，两盘砂砂不见面段纵向封盖条件好，两侧泥岩对接之下断面段成为油气向斜坡上倾长距离输送的渠道，并在沿途圈闭聚集成藏。如韦庄地区阜二段、阜三段、阜四段泥岩连续厚度达 400～600m，大于该区三级断层断距，韦庄油田主要含油断块就靠这类断层沟通深凹马家嘴阜二段油源形成的。第四，油气横向断块沟通桥梁。当油气侧向运移遇反向断层时，可向对盘新层位调整运聚。高邮、金湖、溱潼凹陷斜坡区 T_3^1 圈闭成藏途径之一，就是阜一+二段输导体系油源跨断层向对盘阜三段转移，如沙 23 块、南 1 块阜三段油藏及阳 5 块阜四段油藏。当油气侧向运移遇同向断层，可向对盘远离汲烃层油源的老地层调整，使圈闭油层更多、油藏高度更大，如高 6 块油藏下部阜一段油层、安丰油藏下部泰一段油层。第五，次生油藏供源通道。油藏主控断层再活动时，油气可沿油藏断面顶部渗漏出去，再运移到上覆层位圈闭聚集成藏，溢出油气组分相对较轻，形成下伏滞留的原生油藏原油密度大于上覆次生油藏的情况，如下 1 块阜一+二段油藏后期再调整形成更轻的阜三段油气藏。

（3）纵向断层—层状储层组合立体输导体系。泰州组—阜宁组各套原始大型的汲烃层、砂岩输导层，后期被大量断层切割，形成"切糕"状砂块，因此三套层状储层作骨架、大量断层作桥梁，组成网状输导体系，油气沿层状储层侧向运移为主，同期断层横向、垂向和调整运移为次。但是，断层与层状储层相比，具有截流、汇聚和通道优势，输送油气能力更强，表现为断面墙附近储层比纯粹斜坡区，油气显示更强、高度明显大。这种断层—层状储层网状输导体系，控制着断裂带、斜坡带油气聚集成藏和分布规律，油藏以平面"穿糖葫芦"状在斜坡区呈扇形展布。高邮韦码（图 1-11-17）、沙花瓦油区，金湖下闵杨、高崔安王油区，溱潼台兴、华垛油区等，主要油藏皆属此类运聚的产物。

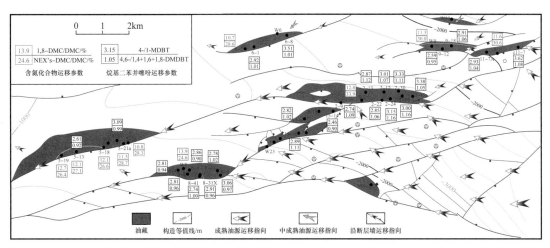

图 1-11-17　苏北盆地韦庄地区阜一段断层—砂体网状输导体系油气运移及油藏分布

（4）岩浆岩刺穿变质岩带输导体系。苏北盆地各组地层不同程度侵入岩浆岩，以高邮凹陷北斜坡沙花瓦地区侵入套数最多，其中两套辉绿岩厚度大、分布广，对阜宁组油气输导、运移和聚集成藏影响颇大，即穿插于阜一段—阜二段—阜三段—阜四段—戴南组的下辉绿岩和阜四段—戴南组—三垛组的上辉绿岩（图 1-11-18）。这两套多呈顺层岩床、低角度岩枝侵入，并造成顶、底沉积围岩接触热变质，变质岩有一定的孔渗性成为输导体系，与致密辉绿岩一道分别起油气输导和隔板作用。第一，烃源岩初次排油气汲烃体系。辉绿岩侵入阜二段、阜四段大套烃源岩，形成了渗透性的变质岩带，可成为烃源岩内部初次排烃的汲烃层，进而提高排烃效能，高邮、溱潼、海安凹陷等都有此类现象。第二，油气二次运移输导体系。变质岩带作为油气二次运移通道见于诸多地区，如图 1-11-19 北斜坡下辉绿岩由沙花瓦中南部侵入阜二段烃源岩内，向北部再刺入阜三段、阜四段剖面，结束于戴南组层位，侵入期早于油气运聚期，T_3^3 断层多未错开阜二段、阜三段区域盖层，沙花瓦阜一段、阜三段油藏均系阜二段供给油源，其油气运聚和成藏特点与无辉绿岩影响的同层系有诸多不同。

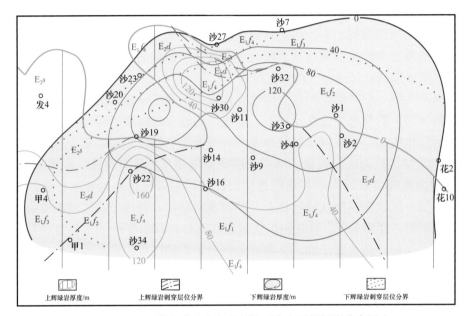

图 1-11-18　苏北盆地高邮北斜坡两套主要辉绿岩分布图

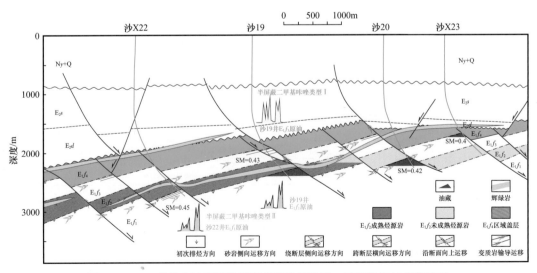

图 1-11-19　苏北盆地辉绿岩刺穿变质岩带输导、隔板作用与成藏关系

① 跨层输导作用。辉绿岩墙同侧储层油气显示、富集规律相似，不同侧的差异大，不同于仅靠断层—砂体网络的油气运移规律，表明刺穿变质岩带输导作用，油气可斜跨断块穿层位运移（图 1-11-19）。

② 穿层隔板作用。辉绿岩上、下油藏由阜二段烃源岩的不同地区供烃，如瓦 3 块油藏辉绿岩侵入阜三段下部，其上阜三段一亚段油样 $C_{29}S/（S+R）$ 为 0.29～35，原油达成熟级别，其下阜三段三亚段油样 $C_{29}S/（S+R）$ 为 0.22，属低成熟—中成熟类型，说明二者烃源灶区不同。同样地，沙 19、沙 22 断块辉绿岩之上阜三段原油与之下阜一段原油有不同的半屏蔽二甲基咔唑类型，说明阜二段上排原油与下排原油的特征差异（图 1-11-19）。

③ 运移通道作用。同期断层控制的上、下层位断块油藏，阜三段原油密度常大于阜一段油藏的，说明阜三段油源不是经控藏断层调整下伏阜一段油藏形成的次生油藏，而是经其他更远的通道运移来的。如沙 33 块阜三段原油密度 0.872g/cm³，其下伏沙 22 井阜一段原油密度 0.853g/cm³，反映油气差异运聚的结果，不是油藏再调整重力分异运聚产物。

④ 圈闭储层作用。沙 18 断块阜二段变质岩平均孔隙度 12%、平均油层厚度 10.5m，试获 6t/d 工业油流。侵入岩若有构造裂缝，也可作输导和储层，如金湖凹陷石港断裂带桥 6 井阜二段煌斑岩试获 8.7t/d 工业油流，西斜坡天 48 井阜四段辉绿岩试获低产油流，铜城断裂带天 6 井阜一段辉绿岩裂缝油层与相邻致密砂岩油层合试获工业油流，累计产油 27544t，采油稳产期和总产量明显超过该区带其他井。由此可见，致密辉绿岩起油气运移的分隔墙作用，裂缝性的也可作储油层，上、下变质岩带主要起输储油气的载体作用。

（5）裂缝非均质输导体系。苏北盆地砂岩、碳酸盐岩、岩浆岩不同程度存在裂缝系统，成为油气辅助输导通道。金湖凹陷闵桥地区阜一 + 二段玄武岩普遍发育构造成因的中—高角度张开裂缝，是油气输导体系和成藏储集空间；西斜坡阜二段生物灰岩基质孔隙较好，常见溶蚀缝、构造缝，构成良好的输导和储集性能。砂岩一般不甚发育裂缝，局部可见构造成因的张开缝和微裂缝，非均质性极强。如金湖凹陷程 2 井阜二段砂岩岩心见 1～3mm 宽的高角度张开缝，缝壁沾满原油，该井原油日产量和稳产期远超区内其他井；石 5 断块阜二段油藏砂岩网状微裂缝非均质分布，石 5 井油层岩心见较丰富的微裂缝，日产油量较高、稳产期长，相邻石 5-1 等井微裂缝不发育，单井产油量明显低于前者。又如，金湖凹陷杨 1 断块、高邮凹陷韦 2 断块阜一 + 二段油藏，砂岩网状裂缝相当发育、非均质分布。海安凹陷曲塘次凹阜二段成熟烃源岩存在异常高压系统，推测存在异常高压成因的微裂缝输导体系，成为油气突破阜二 + 三段泥岩隔层，向阜三段砂岩输导油气的重要渠道，并形成了达 960m 油柱高度的油藏。

此外，在烃源岩中也常见层理缝、成岩缝和高陡不同产状的构造缝，层理缝、成岩缝呈小段范围之间的不均衡发育和分布，而构造缝则呈整体的极不均匀分布。裂缝有全充填、部分充填和未充填 3 种状况，成熟烃源岩的可见张开缝充填原油，反映了烃源岩有效排烃信息。

2）戴南组—三垛组输导体系

苏北盆地阜宁组与戴南组为区域不整合接触，戴南组形成于阜四段泥岩剥蚀面上，风化面无输导载体；三垛组主体部分与戴南组呈假整合接触，边缘与阜宁组砂泥岩呈区域不整合接触，但边缘领域阜四段、阜二段烃源岩未成熟、无效。因此，这两个不整合风化带都不是油气输导体系，戴南组和三垛组砂岩丰富、断层密集，缺乏区域盖层，地层以常压系统为主，岩浆岩局部影响，这些特点构成了层状砂岩与断层并重的输导体系。

（1）砂岩输导层丰富，输导性能存差异。第一，剖面上砂岩输导层很发育。苏北盆地仅高邮、金湖、溱潼凹陷阜四段烃源灶形成商业油藏，戴南组、垛一段是主含油层系，垛二段仅高邮凹陷联17、永2、永7-15块3个微油藏。另外，洪泽凹陷阜四段烃源灶形成的微油藏，包括阜四段和戴一段油层尚无商业价值。岩相反映，戴一段—垛二段砂岩含量多在20%～70%之间，单砂体多为中厚—特厚层，规模不一。戴一段二+三亚段有"砂包泥、砂互泥、泥包砂"及泥屑流岩等不同剖面，砂泥比变化大；戴一段一亚段"砂互泥"岩性，戴二段"砂包泥"为主、"泥包砂"次之；垛一段六+七亚段"砂包泥"、垛一段一亚段—五亚段"泥包砂"、垛二段"砂包泥"组合，这些剖面输导性能随含砂量增高而变好。第二，平面上砂体输导层分布不均。苏北盆地戴南组沉积期，各凹陷属独立断陷湖盆，海安凹陷有5个微断陷，不同的凹陷、体系域、坡折带，扇相类型、砂地比不同。其中，凸缘坡折带建造富砂扇体，砂岩含量20%～90%，砂体较大、横向连片、输导性好；凹缘坡折带形成富泥扇体，砂岩含量小于20%，砂体窄小、断续展布，输导性差，高邮、金湖凹陷不夹砂岩的泥屑流扇无输导能力。到三垛组沉积期，东台坳陷呈统一断陷湖盆，相带连续，砂体横向连片、输导好、差别小。第三，不同物性体系砂岩，输导物性下限不同。戴一段—垛二段砂岩物性体系差异极大，戴一段特低孔渗砂岩体系，输导下限为孔隙度7%；戴二段中孔、中渗砂岩体系，输导下限为孔隙度10%；三垛组高孔、高渗砂岩体系，输导下限为孔隙度15%。

（2）同期断层输导发育。在戴南组—三垛组，一、二级断裂和多数三级断层继承性生长，又新生众多同期三、四级断层，在戴南组、三垛组中密集展布，成为油气输导主渠道。第一，阜四段烃源岩初排烃载体。这点与泰州组—阜宁组的断层作用相似。第二，油气垂向运移通道。多数戴南组油藏和全部三垛组油藏叠置于阜四段烃源灶正上方，油层纵向分布跨度大，大部分油层远离阜四段烃源灶、戴一段底部砂体汲烃层油源，不可能依靠断层外的渠道供源成藏。因此，断层成为油气运移至戴南组、三垛组圈闭成藏的关键途径：① 实现部分砂体与阜四段成熟烃源岩接触、直接汲烃和汇源运聚成藏；② 沟通戴一段底部汲烃层油源或断面载体油源，油气再沿断面向上运送，并向两侧砂体分流，使上覆戴南组、三垛组圈闭成藏；③ 作为断块横向沟通桥梁，实现油气跨断块运移和聚集。

（3）层状砂岩—断层网状组合，油气强垂向—短横向输导运聚。输导体系的层内和层间非均质性，输导层顶面、断层底面及其产状，以及运移动力是控制油气优势运移通道的三要素，油气沿砂体运移的主动力是浮力，沿断层垂向运移的主动力是构造作用力。戴南组—三垛组砂体与断层结合是主流的输导体系，其构成特点：① 层状砂岩输导层丰富，砂体普遍厚而窄、横向变化快，缺乏区域盖层，砂体间泥岩隔层厚薄不一，无稳定的储盖组合。② 不同规模同期断层耸立密布，一、二级断裂和三、四级断层皆有，有反向、同向产状断层，有倾向、斜向和走向等多变方位，这些断层相互交织。③ 戴南组、三垛组缺乏抑制油气垂向逃逸的区域盖层稳定顶面，无法汇流油源作侧向长距运移；相反，同期断层纵横交织成网，其产状、动力要素比砂体输导体系更具优势，尤其

一、二、三级断层。

戴南组—三垛组层状砂体—网状断层立体输导体系（图1-11-20），油气沿断层垂向运移输导占优势，顺砂体横向输导短。① 平面上，高邮、金湖、溱潼凹陷绝大多数戴南组、三垛组油藏，生长在阜四段供烃源灶正上方；高邮凹陷是苏北盆地阜四段油源最丰富的断陷，油气输导也甚少超出烃源灶边界水平距离3km外，仅深凹带马家嘴西部戴南组油藏与东部烃源灶边缘达10km。② 剖面上，戴一段底汲烃层砂岩油气显示频度明显高于上覆戴南组、三垛组非汲烃层砂岩的，自下而上戴一段→戴二段→垛一段油气显示频度、含油级别逐渐降低，到垛二段罕见油气显示。与此不同，油气多在上覆戴南组、三垛组非汲烃层砂岩聚集成藏，同断块紧邻同期断层的探井钻遇油层和油气显示的概率明显高于远离断层的同层位探井，且前者油气显示级别也明显好于后者，后者常常全井无油气显示。同断块的砂岩油层、油气显示层与水层纵向常呈间互出现，在断层渠道沿途，油层紧贴断面呈纵向串珠状分布格局，最浅的油层或油气显示层与最深的油层或油气显示层高差很大。如高邮凹陷深凹带各油田在戴一段下部油气显示多、油层少，在戴一段中部到垛一段下部油层最多，断层圈闭的顶底油层纵跨分别600～1500m，最浅油层与阜四段烃源灶垂距分别可达800～2000m，沿断层面斜距更大，复合油藏的油层分布纵跨明显小于前者；金湖凹陷三垛组无油气，戴南组油层纵跨分布可达590m，油层与阜四段烃源灶最小垂距50m；溱潼凹陷戴南组、三垛组油层分布纵跨达600m，油层与阜四段烃源灶最小距离50m。

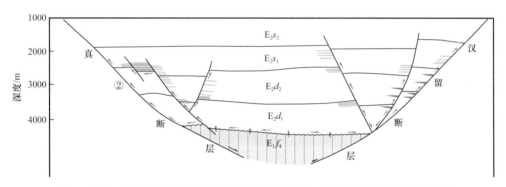

图1-11-20 苏北盆地高邮深凹带上含油系统砂体—断层输导体系及油气成藏

由此可见，层状砂体—网状断层组合是戴南组、三垛组的主导输导体系，具有强劲的油气沿断面向上输送能力和优势通道，富油凹陷油气垂向运移距离可达2000m左右，斜向运距超过3000m，显著高于泰州组—阜宁组油气垂向运移距离；而油气沿砂体输导层侧向运移很短，水平距离多在4km内，最大不超过10km，明显小于泰州组—阜宁组油气侧向输导供烃半径。

2. 油气初次运移

1）油气初次运移的相态

根据石油地质理论，油气初次运移主要有3种相态模式：水溶相，适合烃源岩未成熟阶段或深水高热盆地；分散油相或连续状的游离油相，适合成熟烃源岩；气溶相（包括油溶气相、气溶油相、游离气相），适合高成熟、过成熟烃源岩。苏北盆地各套烃源岩多处于未成熟无效、成熟有效的热演化阶段，仅高邮深凹带局部达到高成熟烃源灶，全盆无过成熟烃源灶；从油藏相态看，大部分属溶解气不饱和油藏，高邮凹陷深凹带和内斜坡带，有部分高饱和油藏，在其成藏期可能达到或接近天然气饱和状态。可见，苏北盆地石油初次运移的相态以油相或游离油相为主，油溶气相为辅。

2）油气初次运移的动力

油气初次运移的动力和阻力都与烃类的相态和运移的通道特征密切相关。一般来讲，油气初次运移的动力主要有浮力、烃源岩与输导层间的孔隙流体压差、烃源岩与输导层接触界面孔隙由细到粗的毛细管压力差，以及轻烃的分子扩散力4种。苏北盆地烃类主要以游离油相态、油溶气相态进行初次运移，需要克服烃源岩内部通道孔隙的毛细管阻力；由于油相浮力不能克服烃源岩细小孔隙巨大的毛细管阻力束缚，烃源岩内部无界面毛细管压力差的动力作用，天然气含量少，轻烃扩散运移微弱。因此，苏北盆地只有各套烃源岩与紧邻输导层间的孔隙流体压差超过油气运移的毛细管阻力，油气才能从母岩中排出。

烃源岩与输导层间的孔隙流体压差是多因素促成的，包括正常压实作用的瞬时剩余流体压力、欠压实产生的异常高压、蒙皂石脱水增压、流体热胀增压、有机质生烃增压和溶液盐度差渗透压等。张厚福等（1999）归纳出烃源岩有3种排烃运移模式：未成熟阶段正常压实排烃模式，成熟阶段异常压力排烃模式，过成熟阶段异常压力和轻烃扩散辅助运移模式。按照前述油藏地层压力系统分析可知，苏北盆地各套成熟烃源岩所形成的油藏都不同程度存在着异常高压系统现象，而泰二段、阜二段、阜四段烃源岩则依然残存着明显的异常高压系统特征，乃至戴一段烃源岩供源的邵深1块油藏也属常压系统高限。据此判断，苏北盆地4套成熟烃源岩在生排烃阶段，地层普遍存在欠压实、高压和超高压系统，是烃源岩排烃初次运移的主要动力。

3）油气初次运移的方向

烃源岩排烃运移有几种方式，即烃源岩顶、底板层状输导层垂向泄油，断层面、层状砂体错动面载体的侧向排泄，通常以顶、底板层状输导体系为主要的汲烃层；初次运移通道包括较大孔隙、微层理面、构造裂缝、断层、微裂缝、有机质或干酪根等网络；排烃方向取决于烃源灶动力层、输导层（运载层）和阻隔层三者间的结构配置关系。其中，与成熟烃源岩纵横相接触、相沟通、流体压力低于动力层的输导体系是初次排烃的良好运载层，如图1-11-11至图1-11-14所示的泰一段、阜一+二段、戴一段汲烃层系；厚度大横向展布稳定的贫有机质泥岩、泥屑流岩是烃源岩初次输导的阻隔层，存在欠压实泥岩段也是向外排液的动力层，成为阻隔油气排运的良好屏障；如图1-11-13所示的苏北盆地普遍存在阜二段上部与阜三段下部"泥脖子"段阻挡阜二段烃源岩向上直接排烃，海安凹陷还存在阜一段顶部泥岩段阻挡阜二段烃源灶向下排泄，如图1-11-14所示的高邮、金湖凹陷局部沉积戴一段底部泥屑流岩阻挡了阜四段烃源灶向上排泄。

利用岩相、地球化学、测录井和地层测试等资料，可以有效识别和描述烃源灶动力层、汲烃层、阻隔层。地层测试直接反映烃源岩、输导层、油藏的地层压力系统特点；声波测井是研究泥岩欠压实的异常高压分布和动力层流体运移趋向的主要手段。泥岩动力层的声波时差表现为孔隙度（或低密度）偏离正常压实趋势而偏大，压实段值则符合正常压实趋势线，输导层处于正常压实段或低于动力层的压实段，欠压实段和压实段相邻搭配构成了流体供给—接收的双方，实现烃源灶油气的有效排出和运移输导。苏北盆地各含油系统的烃源灶动力层、输导层、阻隔层纵横配置不同，形成了不同的油气初次运移方向（图1-11-21）。

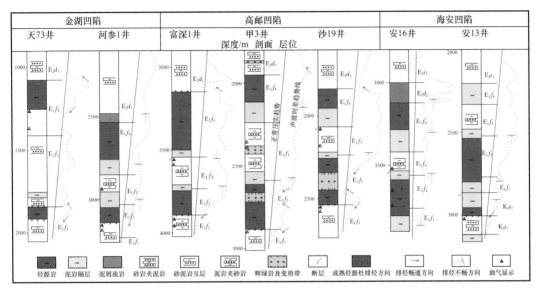

图1-11-21　苏北盆地声波时差法示踪烃源岩排烃初次运移方向

（1）下含油系统烃源灶单向下排油气运移。该系统泰二段烃源岩分布在东台坳陷东部，烃源灶仅限高邮、溱潼、白驹和海安凹陷（图1-11-7）。地层测压反映，海安富安、新街次凹油藏存在高压、超高压系统，说明烃源灶存在高压动力；如图1-11-21所示的声波测井也表明，安13井泰二段烃源灶存在高于正常压实的流体压力体系动力层，其下伏泰一段砂岩输导层物性良好，流体压力低于动力层，是汲烃接受层；其上覆泰二段上部为大套泥岩，也具欠压实异常高压现象，成为上排烃阻隔层。如图1-11-11所示，该系统的动力层、汲烃层和阻隔层组合，在东台坳陷东部纵横向较稳定。因此，该系统烃源灶初次排油气方向是下伏泰一段顶部层状砂体载体，各凹陷油气资源量和油藏规模差异，主要受子含油系统烃源岩成熟度控制，进而影响其总效能。这一组合特点决定了下含油系统勘探领域应以泰一段为主要目的层，在有同期断层调节地区，存在向下伏泰一段中下部砂层组和上覆阜一段底部砂层或对接的阜一段中部砂体运载成藏。

（2）中含油系统烃源灶以向下排油气运移为主。该系统阜二段烃源岩空间展布主要位于东部海安、盐城凹陷，包括阜一段一亚段顶部和阜二段连续层段，中部溱潼、高邮、临泽凹陷阜二段，西部金湖凹陷阜二段（图1-11-8）。测试证实，高邮、溱潼、海安、盐城凹陷常规储层油藏和烃源岩裂缝油藏，存在高压系统或超高压系统，成熟烃源岩具有明显的异常高压动力驱动作用；图1-11-21也反映，不同凹陷各井阜二段烃源岩存在欠压实异常高压成为动力层，与不同地区的顶底输导层、阻隔层纵横配置有明显变化；同时，在辉绿岩侵入烃源岩的地区，改变了原有的动力、输导和阻隔层配置关系，形成了中含油系统在不同地区、不同子系统的油气初次运移多变向的特点。

一是西部金湖子系统局部油气向上下初次运移。如图1-11-21所示，汉西地区天73井阜二段烃源岩顶底双面与砂岩输导层直接接触，无大套泥岩和异常高压地层阻隔层，该区烃源灶具备上下双向排泄油气运移畅通，烃源灶效能充分发挥。这种烃源灶初次排油气模式，造就该区阜二段、阜三段下部具备良好的油源和运聚成藏条件；如秦3断块阜二段、阜三段下部油藏。

二是中西部4个子系统油气向下初次运移。除汉西地区外，金湖、临泽、高邮、溱潼凹陷各子系统阜二段烃源灶动力层与下伏阜二段下部砂岩、石灰岩或阜一段砂岩正面接触，上部受阜二段顶部与阜三段下部"泥脖子"欠压实的大套泥岩覆盖，如图1-11-21所示的河参1—富深1—沙19井的声波时差所反映，形成了烃源灶动力层与下伏汲烃接收层、上覆封盖层的组合。可见，高邮、金湖、溱潼凹陷阜二段成熟烃源岩主要是向下伏排烃初次运移的，故此阜一+二段汲烃层系成为苏北盆地油气最富集、油藏最多的层系；在有大量断层调节下，油气可从汲烃层向上覆阜三段输导层转移、运聚成藏，如高邮北斜坡、溱潼西斜坡阜三段油藏。

三是东部4个子系统油气初次运移不畅。如图1-11-21安13、安16井所示，东部阜二段烃源灶动力层是全盆厚度最大的，其上覆、下伏则皆为欠压实的大套泥岩盖层，加之烃源灶处于低成熟—中成熟状况，成熟度偏低，烃源灶动力层相比上下泥岩层异常高压没有优势，导致烃源灶上下双向排烃输导不畅；部分阜二段烃源岩的沥青含量特别高，少数高达0.5%~0.6%，印证了排烃不畅。多年实践表明，东部海安、盐城凹陷子系统勘探阜二段烃源灶油藏的难度极大，烃源岩效能很低；这种初次运移欠输导的烃源灶，不利于形成常规油藏，而有利于形成自生自储的裂缝油藏或致密油藏。盐城凹陷盐城1井阜二段烃源岩裂缝油藏试获高产油流，海安凹陷安16井阜二段烃源岩裂缝油气显示试出低产油流（表1-11-2）。

四是海安曲塘次凹子系统存在异常高压油气向上排烃运移。该区钻探测试证实，阜三段油藏为高压、超高压系统类型，同时声波资料反映，海安曲塘次凹阜二段烃源灶异常高压更为明显，且高于上覆"泥脖子"泥岩段的，加之地层产状陡，这些因素有利于发育微裂缝，使得该区烃源灶可向上覆阜三段砂岩排泄油气输导，并形成具有异常高压的张家垛阜三段断鼻油藏和上倾尖灭岩性油藏。

五是辉绿岩刺穿隔板作用及两侧变质岩带输导。苏北盆地辉绿岩侵入异常发育，尤其高邮凹陷北斜坡沙花瓦地区，溱潼凹陷西斜坡帅垛地区，由此带来两点地质作用：① 致密辉绿岩带隔板作用。辉绿岩侵入阜二段烃源岩内，若岩体致密无裂缝，起上下两侧烃源岩排泄和输导层油气的隔板作用。如北斜坡图1-11-19沙垱辉绿岩隔板上侧阜三段原油与下侧阜一段原油存在两种不同的半屏蔽二甲基咔唑分布类型，瓦庄辉绿岩隔板上侧阜三段原油与下侧阜三段原油成熟度差异明显。② 围岩变质岩带油气初次输导作用。辉绿岩所到之处使紧贴的围岩形成"烘烤变质带"。变质带岩性疏松，是良好的初次、二次运移输导层。由于辉绿岩以一定角度穿过阜二段、阜三段层位，所以，它的侵入实际为阜二段烃源直接向上进入阜三段储层打开了通路。分析泥岩声波时差曲线表明，在阜四段—阜二段欠压实带内凡有岩浆岩侵入时，均破坏了原有的欠压实密封体系而变为"压实"段，打开了向上通路，使阜三段从非接收层变成了"接收层"，如图1-11-21所示的甲3、沙19井等。高邮凹陷北斜坡阜三段所以大范围含油，一方面有反向断层调节因素，另一方面是岩浆岩刺穿形成的油气运移通道。除高邮北斜坡、溱潼西斜坡岩浆岩侵入中组合形成较广泛的油气运移通道外，海安凹陷海中地区也存在岩浆岩侵入的变质岩带输导通道，如台3井阜二段油源在阜三段成藏，就是辉绿岩起到了输导通道作用。对那些缺乏输导层的地区来说，岩浆岩刺穿是很有益的输导通道补充。

（3）上含油系统烃源灶以向上排油气运移为主。该系统阜四段成熟烃源灶面积远小于烃源岩残存范围（图1-11-9）；各凹陷阜四段烃源岩存在不同程度的欠压实异常高压，高邮凹陷黄20井烃源岩裂缝油藏原始地层压力达到超高压状态，邵伯次凹戴一段油藏普遍存在高压现象，即阜四段成熟烃源岩存在欠压实和生烃增压等成因的异常高压动力层（图1-11-21）；苏北盆地除洪泽凹陷外，其他地区阜四段下部"弹簧段"泥岩贫有机质，成为上覆烃源灶的下排烃阻隔层，金湖凹陷西南隅则为砂泥岩互层，具有输导条件（图1-11-14）；烃源灶上覆戴一段底部砂岩广泛沉积，且地层压力系统低于下伏烃源灶体系，成为排烃接收层，由此构成烃源灶向上排油气运移为主的组合，以戴南组、三垛组砂岩储层为主要聚集成藏对象；金湖汉西地区烃源岩可双向排烃，但因上部烃源岩成熟度不足，实际只是下部烃源岩向下阜四段下部砂岩排烃和运聚成藏；洪泽凹陷阜四段烃源岩内夹砂岩，内部可排烃和接收油气成藏，也向上覆戴一段砂岩排烃成藏。此外，局部地区存在岩浆岩侵入和变质岩带，另辟了输导通道，油气运聚成藏具有不确定性。

（4）戴南组含油系统上下双向排油气运移。该系统戴一段烃源岩仅分布于高邮凹陷，达到成熟排烃的局限于深凹带（图1-11-10），生烃层与砂岩呈互层状，故烃源灶上下双向初次排油气输导。

总之，苏北盆地各套成熟烃源岩初次排烃方向和运移输导，对其后的油气二次运移和聚集起重要的控制作用。由于凹陷规模较窄，成熟烃源灶小，层状砂体发育，断层通道发达，油气二次运移距离有限，初次运移输导层也是二次运移输导层和油气聚集层。同时，各凹陷各套烃源岩规模和成熟范围，汲烃层性能和输导组合，盖层发育状况，岩浆岩刺穿，以及烃源灶初次排烃动力和方向等存在较多差异，导致各含油系统的烃源岩效能存在差异（表1-11-11）。

3. 油气二次运移

油气进入输导体系后的一切运移称二次运移。在地层条件下，二次运移的动力有浮力、水动力、构造应力等，阻力是毛细管压力；不同的流体类型和相态，有不同的动力作用机制，如水动力对水溶相的油气运移具有重要作用；石油主要呈游离相运移，也有水溶相和气溶相。就苏北盆地而言，各含油系统油气成藏期多在垛二段沉积期—三垛事件间，构造应力作用相似，主要体现为三垛运动对二次运移的驱动作用；各凹陷水动力场均属压实离心流型，部分凹陷或层系存在流体高压作用，动力有所差异；石油运移以游离相为主，局部有气溶相（油溶气相），由此控制了苏北盆地油气二次运移特点和汇聚格局。

1）单动力石油二次运移

前已述及，金湖凹陷全部油藏压力系数不大于1.1，其中不大于1.06占97%，而不大于1.0的占了73%，输导体系属常压系统；尽管凹陷呈深、浅多次凹样式，水动力场仍呈简单压实流类型。根据系统做的油气二次运移阻力、动力和临界条件的定量研究，认为该区为浮力单动力驱动油气二次运移地区，这也是苏北盆地油气二次运移的主要动力类型。

表 1-11-11 苏北盆地各含油系统烃源岩初次运移排烃流向及效能评价

含油系统	子系统	主烃源灶状况	向上排汲烃层及评价		向下排汲烃层及评价		总效能
E_2d 含油系统	高邮	中成熟—成熟	E_2d_1	优	E_2d_1	优	低
上含油系统（$E_1f_4^1$ 油源）	高邮	成熟	E_2d_1，深凹局部不畅	良—优	$E_1f_4^2$ 不畅	差	高
	金湖、溱潼	中成熟	E_2d_1，金湖局部不畅	良—优	金湖汉西 $E_1f_4^2$	差	中
	洪泽	低成熟	E_2d_1	良	E_1f_{3+4}	良	低
中含油系统（E_1f_2 油源）	高邮	成熟	断层 E_1f_3，变质岩带	中	E_1f_{2+1}，变质岩带	优	高
	金湖	中成熟—成熟	汉西 E_1f_3，其他不畅	良、差	E_1f_{2+1}	优	高
	溱潼	中成熟—成熟	断层 E_1f_3，变质岩带	良	E_1f_{2+1} 不畅	差	高
	海安	低成熟—中成熟	E_1f_3 不畅	差	E_1f_{2+1} 不畅	差	低
	海安曲塘	成熟	断层、裂缝 E_1f_3	良	E_1f_{2+1} 不畅	差	中高
	盐城	低成熟—中成熟	E_1f_3 不畅	差	E_1f_{2+1} 不畅	差	低
	临泽	低成熟	$E_1f_3^3$ 不畅	差	E_1f_1	优	极低
下含油系统（$K_2t_2^2$ 油源）	高邮、溱潼	成熟	$K_2t_2^1$ 不畅	差	K_2t_1	优	中
	海安	低成熟—成熟	$K_2t_2^1$ 不畅	差	K_2t_1	优良	中
	白驹	低成熟—中成熟	$K_2t_2^1$ 不畅	差	K_2t_1	优良	低

（1）地下水动力场特征。根据该区各层位上百个地层水化验数据，其水化学特征如下：① 按苏林法分类阜一 + 二段、阜三段、戴南组和三垛组地层水多为 $NaHCO_3$ 型，个别 Na_2SO_4 型，属较单一稳定分布的原生水型。② 自次凹到斜坡，同层位地层水矿化度逐渐降低，如三河次凹到西斜坡阜一 + 二段地层水总矿化度由 15g/L 降到 4g/L 左右。由老层系到新层系，不同层位水矿化度逐渐降低。断裂带亦如此，如石港带阜二段地层水总矿化度为 18.8g/L，上覆地层戴一段总矿化度为 13.2m/L，反映水化学场的规律变化。可见，凹陷处于水动力封闭环境。盆地模拟法计算地史期的压实水流速度表明，中含油系统成藏期和现今的侧向压实水运移速度都极缓慢，次凹区最低小于 500m/Ma，斜坡区未超过 2000m/Ma；主含油层系阜二段砂岩毛细管阻力最小 3920Pa，按照 500m/Ma 和 2000m/Ma 压实流速度，油气沿输导层侧向运移的水动力临界长度分别需要 49.5km、

12.4km；临界长度大于箕状次凹，说明压实流不足以克服毛细管阻力。此外，输导体系地层处于常压系统，无剩余异常高压动力。可见，水动力对金湖凹陷油气二次运移不起主导作用，对侧向、垂向运移影响微弱。

（2）输导体系毛细管阻力。根据实测 6 个油田 11 组阜一 + 二段原油样品，界面张力在 13.1～26.5mN/m 之间，取平均值 20.3mN/m。统计 291 块润湿性化验资料表明，亲水岩样 246 块占 84.5%，偏亲水 29 块，中性 14 块，偏亲油仅 2 块，反映该区岩石润湿性基本未发生转变，故可取石英颗粒水润湿角 30° 值，各油田的储层喉道、孔隙半径取实测平均值。依据这些参数，采用油气在饱和水的输导体系中运移的毛细管阻力理论公式，计算得出各区块油相二次运移的阻力（表 1-11-12）。可见，闵桥油田阜一 + 二段玄武岩储层毛细管阻力最小，西斜坡北部刘庄、中部安乐等 5 个油田，以及东斜坡卞东、杨家坝 2 个油田，砂岩储层毛细管阻力相近、也较小，石港断裂带砂岩毛细管阻力较大，唐港地区的最大。

表 1-11-12　金湖凹陷各油田储层成藏期毛细管阻力及油气二次运移连续油相临界长度

油田 / 地区	平均孔喉半径 / μm	平均喉道半径 / μm	孔喉比	样品数 / 块	倾角 / (°)	毛细管阻力 / Pa	油相临界长度 / m
高集—刘庄	23.4	5.4	4.3	37	12	4920	13.8
崔庄	26.1	6.6	4.0	41	11	3920	12
范庄—东阳	23.3	6.1	3.8	54	4～8	4190	17.6～35
卞杨	25.7	6.0	4.3	14	13	4420	10.6
闵桥	39.5	13.1	3.0	45（玄武岩）	13	1770	4.2
石港	22.2	2.2	10.1	32	6	14200	81.5
唐港	18.9	1.8	10.3	24	3～5	17400	142～236

（3）二次运移油相临界条件。石油在倾斜输导层中侧向运移，必须满足浮力大于输导层的毛细管阻力，即游离相石油必须达到一定的连续油相临界长度，才有足够的浮力克服阻力，促使石油运移。根据石油在地层水介质中的浮力表达式，各参数取值如下：地下原油密度根据西斜坡、卞杨、闵桥、石港、唐港 5 个油区高压物性统计，分别取值 0.825g/cm³、0.810g/cm³、0.810g/cm³、0.830g/cm³、0.856g/cm³；地层水密度取值 1.0g/cm³；利用盆地模拟法恢复金湖凹陷阜一 + 二段成藏期输导层古构造面貌取值，地层倾角列入表 1-11-12 中，浮力大小取表 1-11-12 阻力值。经计算得到各油区在浮力条件下，油滴连续相沿倾斜输导层顶部向上运移的临界长度（表 1-11-12）。

由此可见，毛细管阻力最小的闵桥油田阜一 + 二段玄武岩，二次运移所需的油相临界长度仅 4.2m；西斜坡 5 个油田、东斜坡 2 个油田，二次运移的油相临界长度在 10.6～35m 之间；石港断裂带阜二段砂岩输导层，二次运移的油相临界长度约 81.5m；唐港地区孔喉比最大，地下石油密度最大，毛细管阻力最大，构造平缓，浮力最小，油相临界长度最大，需要 142～236m。把各区块计算的油相临界长度与对应地区的油藏含油带宽度对比，发现油相临界长度要远小于含油带宽度。如杨家坝油田阜一+二段含油带最宽约1020m，是该区油相临界长度的96倍；石港断裂带桥3块阜二段油藏含油带最宽1220m，为其油相临界长度的14.9倍；唐港地区阜二段油藏富集程度最低，唐7块含油带最宽约510m，为其油相临界长度的2.2～3.6倍。可见，浮力作金湖凹陷中含油系统油气二次运移的主动力符合实际，且与油气运移方向、汇聚单元和油藏分布相吻合。

金湖凹陷计算浮力、阻力的各项参数分布有如下特点：一是输导体系性能以中—差等为主，石港、唐港地区低孔、特低渗输导层孔喉比大，属盆地最差的储层类型。二是阜二段油源的地下原油密度属中—高的，三河、龙岗成熟烃源灶，提供较小密度石油；石港、安乐中成熟烃源灶，原油密度中等；唐港低成熟烃源灶，地下原油密度全盆地最大。三是输导层产状不一，高集、卞闵杨油田地层较陡，石港、唐港为构造最平缓的油区。四是油气运移距离不等，范庄、卞闵杨油田为长运距，高集、石港、东阳属中运距，唐港是短运距。

由此可见，金湖凹陷油气二次运移的阻力、浮力和油相临界条件，涵盖了全盆中等—最大毛细管阻力，中等—最小的浮力，中等—最大油相临界长度，说明该区浮力单动力驱动油气运移临界条件可作为其他凹陷的参照。根据测压统计，高邮凹陷泰一段、戴南组、三垛组，溱潼凹陷泰一段、戴南组、三垛组，盐城凹陷阜三段，白驹凹陷泰一段和洪泽凹陷阜四段、戴一段，输导体系皆属常压系统，只有浮力是二次运移动力。其中，高邮、溱潼凹陷储层物性好于金湖凹陷东西斜坡，毛细管阻力小于后者；高邮凹陷阜四段烃源灶成熟度高，供给上述层系的地下原油密度仅 $0.710～0.801g/cm^3$，浮力显著增大，反映两个凹陷这些层系的油气运移油相临界条件明显低于金湖凹陷三河、龙岗次凹，尤其高邮凹陷。盐城凹陷阜三段、白驹凹陷泰一段和洪泽凹陷阜四段、戴一段的原油品质很差，与金湖凹陷唐港地区类似，输导层孔喉比略小，其油相临界长度略小于唐港的。

2）双动力石油二次运移

高邮凹陷阜一+二段、阜三段、戴一段，海安凹陷泰州组、阜三段，溱潼凹陷阜三段，其输导体系存在异常高压现象，说明这些层系油气二次运移动力不仅有浮力，还有流体高压差动力，即双动力驱动。分析表明，这种异常高压能量是由深凹和内斜坡成熟烃源岩排烃传递来的，起初排烃时的流体高压差方向是指向下伏或上覆汲烃输导层的。随着压差能量传递到输导体系后，其流体高压差方向转变为与输导层压实流方向一致，即异常高压力作用的油气运移方向，与浮力作用的运移方向一致。另外，从输导层性能看，这些层系都不差于金湖凹陷石港阜二段砂岩；海安凹陷泰州组地下石油密度 $0.817～0.850g/m^3$，高邮凹陷阜一段—阜三段地下石油密度 $0.753～0.836g/m^3$，高邮凹陷戴一段地下石油密度 $0.637～0.812g/cm^3$，输导层产状明显大于石港地区。由此可得，高邮凹陷存在异常高压地区的阜一段、阜三段、戴一段输导体系，油气二次运移显著优于金湖凹陷最好的地区，油气运聚更为强劲；海安凹陷油气二次运移不会差于金湖凹陷石港地区。

此外，根据油藏饱和压力资料等综合分析，高邮凹陷深凹及内斜坡阜一段、阜三段、戴一段有部分油藏在成藏期属饱和压力，即油气可能呈气溶相（油溶气相）作二次运移，气溶相比游离相在输导体系中有更大的运移能力，并随着温度、压力降低，而转变为游离相。可见，高邮凹陷中、上含油系统无论是油气运移的浮力和压力驱动力，还是油气二次运移的相态，都有利于其发生大规模的油气运移和聚集，成为最富集油气资源的领域。

3）油气二次运移的主要特点

苏北盆地构造体制是泰州组—阜宁组原型坳陷被改造成的断陷与戴南组—三垛组断陷的叠合体，坳陷控制烃源岩建造，断陷控制烃源岩保存和成熟演化，两套不同体制叠合形成了该区油气运移的主要特点。

（1）油气运移发散中心。苏北盆地泰二段、阜二段、阜四段烃源岩受泰州组—阜宁组原型坳陷体制约束，半坳或满盆广泛沉积分布，3套残留烃源岩埋藏热演化成熟，则受戴南组—三垛组断陷格局重要影响，仅断陷深次凹及内斜坡的烃源岩才能达到成熟有效排烃，形成烃源灶。烃源灶区内砂体为主的汲烃层接收油气，成为油气二次运移源头中心，由次凹向四周发散运移，自内斜坡朝上倾方向输送运移，从下伏汲烃层系向上覆输导体系传递运移。高邮、溱潼凹陷的深凹及内斜坡，金湖、海安凹陷的三河、龙岗和曲塘、新街、富安等次凹，高邮凹陷车逻、金湖桥河口鞍槽等，3套烃源岩独立构成烃源灶区和运聚单元，这些深凹不是烃源岩发育中心，而是埋藏成熟中心和烃源灶区油气二次运移发散中心。

（2）两种体制，两种油气运聚体系。油气二次运移方向宏观上受区域构造背景与流体势场控制，微观上则受输导体系制约。泰州组—阜宁组断陷体制，油气二次运移以侧向为主、垂向为辅。苏北盆地中、下成藏组合隶属泰州组—阜宁组，经历晚白垩世—古新世的同生坳陷，古新世末的统一盆地解体，始新世改造成的"箕形"泰州组—阜宁组断陷，由此提供了断凹高势、斜坡低势的流体势场基本格局。同时，继承了大型坳陷的沉积体系、广泛的连通砂体和稳定的区域储盖组合，并与大量同期断层结合，构成断层—层状储层立体输导体系，加之，断陷深凹烃源灶具有流体异常高压能量，其中一部分经初次排烃传递给了汲烃层系，使得深凹油源区高势能更加强劲，与斜坡区流体势差更大，油气自深凹高势向斜坡低势运移成为泰州组—阜宁组断陷的主要指向，异地聚集成藏是普遍的现象。油层高压物性资料就反映了高邮、金湖凹陷中组合油气侧向运移程度（图1-11-22a）。

下成藏组合油气短距离侧向运移。苏北盆地海安、白驹、高邮、溱潼凹陷泰二段烃源灶所聚集油藏，或位于烃源灶区内，或紧邻其边缘展布，层位以泰一段汲烃层为主，少量泰二段、阜一段层系，后者全部依靠底部位反向断层沟通对接盘泰一段输导体系的油气运聚成藏，迄今，尚未发现泰二段油源沿断层垂向运聚的油藏和油气显示。可见，下组合泰二段烃源灶确实只向泰一段输导体系排烃，油气只沿输导层短距离侧向运移，一部分借助反向断层桥梁跨断块后，再短距离侧向运移。

中成藏组合油气中—长距离侧向运移。以阜二段为油源的中组合，油气主要聚集在储层阜一段+二段—盖层阜二段组合、储层阜三段—盖层阜四段组合，具有明显的侧向运移优势。如图1-11-22a所示，高邮凹陷北斜坡西段韦庄油田从东部韦2→西部韦5油藏，北斜坡中段沙埝油田自南部油藏→北部油藏，随着油气二次运移距离增大，运移系数不断提高。金湖凹陷斜坡区同样呈现这一特点，西斜坡高集、崔庄油田距三河阜二段烃源灶近，油气运移系数小，至范庄→南湖油田距三河次凹远，安乐油田天60油藏距

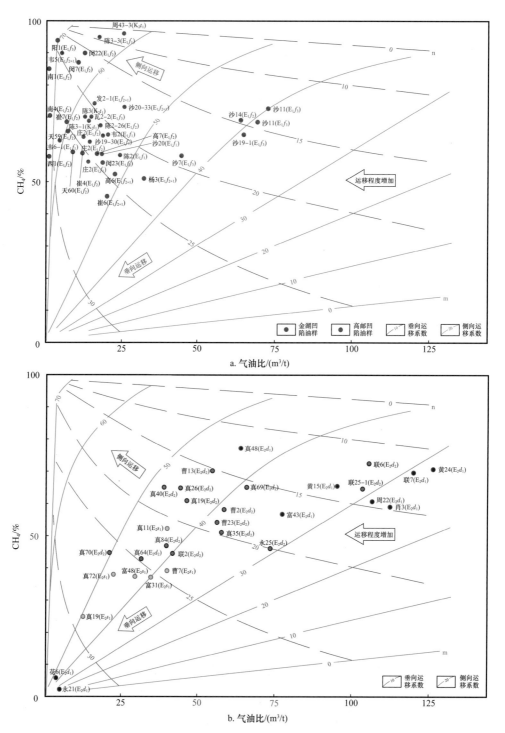

图 1-11-22　苏北盆地上、中组合油气运移系数图

安乐阜二段烃源灶近，到阳 1 油藏运移距离增加，东斜坡从杨家坝油田紧邻龙岗阜二段烃源灶，闵桥油田远离该烃源灶，这些油藏随着距油源增远，油气运移系数变大，韦庄、范庄、闵桥等油田与烃源灶中心水平距离超过 15km，与烃源灶边缘达到 5～10km。其中，阜三段油藏供源主要途径是断层沟通下伏输导层阜一＋二段油源到达，或者反向

断层跨断块转送运移，反映为短距离垂向运移和调整，也有些是借助侵入岩变质岩带沟通烃源灶侧向运移输导形成的。

上成藏组合油气二次运移以垂向为主、侧向为辅。上成藏组合属典型的同生箕状断陷，尽管具有断凹—斜坡流体势场格局，但因阜四段烃源灶局限于深凹，戴一段是主汲烃层系；而断陷戴南组扇体小、砂体小、连通差，无区域盖层，构成不稳定的戴南组—三垛组储盖组合，并有大量同期断层组成层状砂体—断层网状输导体系。因此，自戴南组底部汲烃层向上覆输导体系的流体势递减梯度，明显高于由次凹至斜坡流体势递减梯度，油气经网状输导体系向上运移是上组合的主流，在丰富的层状砂体横向短距离运聚成藏，上组合油层高压物性充分反映了这点（图 1-11-22b）。

高邮、金湖、溱潼凹陷戴南组、三垛组油藏与油源关系，反映油气运移特点：一是油藏近凹运移程度较低，远凹运移程度较高的"近低远高"变化；如深凹富民油田→内斜坡花 6 油藏，永安油田从邻凹的永 25 油藏→背凹的永 21 油藏（图 1-11-22b）。二是近下伏阜四段烃源灶的戴一段油藏运移程度较低，上覆戴二段、垛一段运移程度较高的"下低上高"变化；如真武、富民和曹庄油田从戴一段→戴二段→垛一段都如此，随着油气二次运移程度提高，以垂向运移为主的特点逐渐明显。三是以阜四段为烃源灶的油藏未离开深凹，绝大部分叠置在烃源灶区内或其边缘，反映油气侧向运移近，仅马家嘴西侧运移最远。金湖凹陷秦营阜四段烃源灶，在阜四段下部圈闭运聚成藏也是这样。四是断层对戴一段汲烃层以上的戴南组、三垛组成藏至关重要，上部油层与断层紧密相依，油气从断层进入上部砂层以后，大部分向构造低部位作反倾向运移并储集断层通道。五是复合圈闭油藏运移距离、运移程度低于构造圈闭油藏，体现为邵伯次凹联盟庄、黄珏油田戴南组及刘五舍次凹周 22 油藏，岩性—断层或断层—岩性复合圈闭油藏运移系数最低。此外，高邮凹陷以戴一段为烃源灶的戴南成藏组合，油气侧向、垂向都是短距离运聚成藏的。

六、断层作用

苏北盆地呈断凹、断凸相间排列格局，密集断层是二级构造带的主要形迹，烃源灶油源形成，圈闭发育状况，以及油气运聚成藏都与断层密切相关，断层起关键作用。

1. 断层控制油源

1）控制烃源岩残留状况

苏北盆地主要烃源岩发育在泰州组—阜宁组坳陷层序沉积体系当中，即三级层序 III_1、III_3、III_4 的湖侵体系域时期，原型坳陷盆地严格控制着泰二段、阜二段、阜四段优质烃源岩的建造，烃源岩的沉积规模、纵横展布、地球化学品质呈典型的坳陷盆地变化特点，受坳陷体制约束，而不受各级断层控制；一至三级同生断层仅在小范围内影响了局部地层和烃源岩的厚度。原型盆地 4 套三级层序沉积范围是自下而上逐渐变大，即面积大小层序 III_1（K_2t）<层序 III_2（E_1f_1）<层序 III_3（E_1f_{2+3}）<层序 III_4（E_1f_4），烃源岩原始面积是泰二段<阜二段<阜四段。

古新世末，苏北—南黄海盆地发生区域性的构造运动——吴堡事件，使原型坳陷盆地整体抬升，随着一、二级断裂强烈活动纷纷发生铲式旋转翘倾，上下两盘地层差异剥蚀显著增强，彻底解体了泰州组—阜宁组原型统一坳陷盆地，形成坳与隆、凹与凸相间外形的"箕形"泰州组—阜宁组断陷格局；同时，斜坡区大量三、四级断层切割活动，形成了大小不一的断块体，造成断块体地层不同程度剥蚀。断层控制形成后生箕状断陷，并全面控制着各构造单元地层的差异剥蚀，上部层序地层剥蚀强烈、残留少，下部地层剥蚀少、残存多，4套三级层序残留面积大小与原型分布正好相反，自下而上逐渐变小，即层序Ⅲ$_1$（K$_2$t）＞层序Ⅲ$_2$（E$_1$f$_1$）＞层序Ⅲ$_3$（E$_1$f$_{2+3}$）＞层序Ⅲ$_4$（E$_1$f$_4$），原始范围层序Ⅲ$_4$（E$_1$f$_4$）最大，与南黄海连片面积超过10×10^4km^2，高位体系域仅残存50km^{2}半深湖相泥岩。断层控制形成后生箕状断陷和地层残留分布格局，进而控制着3套烃源岩的残留状况，如图1-11-7至图1-11-9所示，烃源岩平面呈箕状格局残留，残留烃源岩面积阜二段大于阜四段，层序Ⅲ$_4$湖侵体系域下部差烃源岩面积阜四段二亚段大于湖侵体系域上部优质烃源岩阜四段一亚段，剖面上，烃源岩厚度呈原型板状改造成的楔状变化。

2）控制烃源岩成熟格局

古新世末，吴堡事件不仅把泰州组—阜宁组改造成"箕形"残留形态，而且导致3套烃源岩埋藏热演化中断停止。始新世，苏北盆地区域构造应变由前期的分散伸展、整体沉降，转变为集中伸展、局部沉降，导致众多一、二级断裂复活和强烈生长，断裂铲式翘倾显著增强，先后形成一系列相分隔的箕状断陷，接受戴南组、三垛组沉积。断层通过控制断陷盆地格局和沉积建设，进而控制各凹陷烃源岩的继续埋藏热演化和成熟状况。

凹陷接受戴南组、三垛组沉积越厚，泰二段、阜二段、阜四段烃源岩热演化程度越高，烃源灶规模越大，尤其戴南组影响显著，决定了烃源岩的有效性和效能规模。一、二级断裂控制形成的箕状断陷越深、戴南组越厚，烃源源岩成熟越好，由此控制形成了局限于戴南组沉积主体范围的泰二段、阜二段、阜四段烃源岩生油气中心，烃源灶呈非对称的箕状格局，阜四段烃源灶更是仅限于戴南组次凹区，呈孤立分布，如高邮凹陷戴南组沉降幅度最大、沉积最厚，相应地3套烃源岩成熟较好，烃源灶规模较大，金湖、溱潼凹陷戴南组沉积厚度次之，有效烃源岩规模也次之，相反，白驹、临泽、海安凹陷戴南组沉积薄或缺少，烃源岩基本处于未成熟或低成熟状态，阜宁、涟水凹陷和全部（低）凸起，缺失戴南组，且三垛组极薄，残留的烃源岩全部未成熟无效。

2. 断层控制圈闭

1）控制圈闭形成

前章已介绍，苏北盆地油藏圈闭有构造、岩性和复合3大类。构造圈闭主要是断层形成的断鼻、断块，部分为断层参与的逆牵引小断背斜和岩浆岩体刺穿圈闭，且逆牵引构造本身就是大断裂控制形成的。复合圈闭则由断层与岩性、断层与地层共控形成的。岩性圈闭也与断层作用密切相关，即泥岩裂缝圈闭，裂缝本身就属断层的概念范畴，裂缝又是断层诱导形成的；砂体上倾尖灭圈闭，则是断层截切（扇）三角洲前缘尖灭砂体，并造成断舌砂体的产状逆转，形成了砂体上倾尖灭。可见，苏北盆地断层控制圈闭形成，无断层则无圈闭，断层形成了一系列不同类型的圈闭群。

2）控制圈闭展布

苏北盆地断层不仅控制形成圈闭，同时控制着圈闭的展布，不同级别规模、不同力学性质、不同生长时期的断层，控制圈闭及其展布规律各不相同，归纳有如下特点。

（1）伸展型一、二级断裂控制着断阶带泰州组—阜宁组断块圈闭群和上盘戴南组—三垛组逆、正牵引构造展布（图1-4-26），真武、汉留断裂即属此类。真武断裂带在地震T$_4^0$、T$_3^3$构造层上，表现为真①断裂下盘剥缺、真②断裂上盘呈下降的反向单斜，圈闭不发育，但两断裂形成了宽窄不一、深浅不同和伴生大量低序次断层的断阶带，在正向单元处形成许庄、方巷、小纪 3 个极破碎的三级构造，控制着较多的四级断块圈闭，尤其转换带处是圈闭的有利展布区；在埋藏较深的翼部和鞍部，也展布着较多的小断块圈闭。在戴南组—三垛组沉积期，真①断裂基本停止活动不再控制沉积，即在地震 T_2^5、T_2^3、T_2^2 反射构造层上，真②断裂控制上盘形成真武、黄珏、徐家庄等逆牵引构造和曹庄、邵伯正牵引构造，汉留断裂控制上盘形成了马家嘴、联盟庄、永安等正牵引构造，这些三级构造在低序次断层参与下，控制着一系列的四级断块圈闭展布。

（2）离散走滑型（或扭张型、斜向伸展型）的一、二级断裂，控制着泰州组—阜宁组两带圈闭群、戴南组—三垛组左阶雁列式圈闭群展布，吴堡、石港、铜城、汉涧断裂皆属此类。这几条断裂在地震 T_4^0、T_3^3、T_3^1 构造层上，均表现为上、下两盘沿主断层走向展布的一系列不同类型的断层圈闭带：下盘为推隆断鼻和羽状断层共控的断块群，如吴①断裂与旁侧羽状断层共控了宋家垛、陈堡断鼻及一批钝角断块圈闭，石港断裂与派生的羽状断层共控了金南、石庄、桥河口断鼻及一批断块圈闭，上盘则为主断层与派生羽状断层共控的一系列锐角断块圈闭；两盘圈闭如图 1-4-26 所示，断鼻、断块成带展布。又如，铜城断裂与旁侧分支断层相交，主断裂东盘形成以断鼻为主、西盘仅发育断块的格局，两盘一系列的断鼻、断块皆呈左阶雁列展布。在地震 T_2^5、T_2^4 构造层上，汉涧、吴堡断裂下盘缺失地层，上盘则继续发育以锐角断块为主的圈闭群；石港断裂则演化为左阶雁列的一断层组，由此形成了一批左阶雁列展布的断鼻和断块群，成带展布；铜城断裂带 T_2^4 局部构造大致继承前期的格局，圈闭有所减少。

（3）斜坡区三、四级断层与地层起伏变化，共控着断鼻、断块带展布。苏北盆地高邮凹陷北部斜坡带、金湖凹陷西部和东部斜坡带、溱潼凹陷北部斜坡带，在 T_4^0、T_3^3、T_3^1 构造层上广泛发育断鼻、断块圈闭，多数呈成带、成群展布。

（4）断层控制着各类隐蔽圈闭的展布。高邮、溱潼、海安、金湖凹陷在 T_4^0、T_3^3、T_3^1、T_3^0、T_2^5 等构造层，不同程度发育着隐蔽圈闭，无论是岩性圈闭，或者复合圈闭，其形成都与断层有关，由此可见，断层控制了此类圈闭的展布。

（5）隐蔽性断层发育区控制着隐蔽性断层圈闭的展布。据研究，苏北盆地在高邮凹陷北部斜坡带东段、吴堡断裂带、真武断裂带，以及金湖凹陷西部斜坡带南段秦营地区，较为广泛发育着不同成因的隐蔽性断层，这些断层与显性断层结合可形成隐蔽性断层圈闭，如高邮凹陷沙花瓦地区 T_3^1 构造层即广泛发育此类圈闭，已找到丰富的这类油藏储量，反映了隐蔽性断层控制圈闭群展布的作用。

3. 断层控制成藏

1）断层沟通油气运移

前已介绍，苏北盆地大量断层不仅是烃源岩初次排烃的汲烃体之一，有效弥补了生烃层—储层—盖层面状组合的不足，而且是泰州组—阜宁组断层—层状储层组合、戴南组—三垛组层状砂岩—断层组合输导体系的主要通道之一，即断层构成了油气运移输导的重要立体网络通道，起到沟通油源、控制运移方向、调整运移路径，进而控制油气聚集的作用。

（1）断层是油气垂向运移通道，控制纵向成藏层位。断层作为区内立体输导网络的垂向路径，油气穿越泥岩隔层、隔水层做垂向运移，不仅可使一套储盖圈闭的含油层更多，而且能够在断层沿途多套储盖组合圈闭中聚集成藏，纵向上形成多油水系统"穿糖葫芦"的多套油藏，只要油源足够丰富，油气可运达同期断层顶部末梢层位汇聚成藏。这种作用是最普遍的，如高邮、溱潼、金湖凹陷的深凹带阜四段油源，在上覆戴南组—三垛组成藏都与油气沿断层垂向运移有关，尤其控制次凹阜四段成熟烃源灶的大断裂，如真武、汉留、泰州、泰县、石港、杨村断裂，以及贯穿油气运聚期的三级断层。同样如此，高邮、金湖、溱潼凹陷阜二段油源，在高邮北斜坡花瓦、溱潼凹陷帅垛和叶甸、金湖凹陷闵桥、海安凹陷曲塘等斜坡区阜三段圈闭群，发现比较丰富的阜三段油藏均属此种情况，有些地区阜二段油气可沿断层运达阜四段、戴一段或垛一段成藏。

（2）倾向同期断层是油气侧向长距离运移的主通道，控制着油源平面波及范围。高邮、金湖、溱潼凹陷的阜二段、阜四段烃源灶，存在的几条长距离运移路线，其输导体系都是由倾向或斜向的同期断层构成，起沟通成熟烃源灶的重要作用，使得油气沿断面渠道向斜坡区上倾方向长距离运移，并在沿途圈闭聚集成藏。如图1–11–26所示，高邮凹陷韦庄油田即是同期三级断层沟通马家嘴凹槽阜二段油源，向西长距离运聚形成了富集的阜一+二段油藏群；金湖凹陷西斜坡高集—范庄、东斜坡下闵杨富集的阜一+二段油藏群，溱潼凹陷北斜坡帅垛、叶甸、华港富集的阜三段、戴南组油藏群，也是这样形成的油气富集区。

（3）反向断层调整油气向临块新层位聚集。当油气侧向运移遇到反向的同期断层时，油气可朝上向临块新层位调整运移，这在高邮、金湖、溱潼斜坡区十分普遍，如高邮北斜坡沙26断块阜一段油藏，与北部相邻的沙40断块阜三段圈闭对接，结果油气调整到阜三段成藏，导致该块阜一段圈闭缺乏油源落空。海安凹陷梁垛阜一段油藏，也是由反向断层对接泰一段输导层油源形成的。

（4）同向断层调整油气向临块老层位聚集。当油气侧向运移中遇到同向断层时，油气可向对盘上部老地层调整运移，这样可向远离烃源灶的非汲烃砂岩层系输送油气，形成油藏高度大、油层更多的油藏。如海安凹陷安丰油田圈闭为泰一段反向断鼻，自上而下泰一段一砂层组、二砂层组、三砂层组均成藏，油源来自富安次凹泰一段上覆泰二段成熟烃源岩，一砂层组为汲烃层，油气可直接输导运聚成藏，而二、三砂层组砂层则是通过圈闭低部位的一条同向断层，沟通了一砂层组输导层油气运抵成藏的，其油水界面明显高于前者，形成了梯级油水系统油藏；金湖凹陷高集油田高6断鼻，阜一+二段油藏高度比较高、阜一段油层比较多也是这样形成的。

2）断层封堵油气聚集

苏北盆地绝大部分圈闭是在断层参与下形成的，断层作为四级构造或复合圈闭的边界之一，能否遮挡油气，决定了这些目标是否有效，以及油气勘探价值。苏北盆地有大量正断层和少量走滑断层、逆断层，因断层的几何要素、力学性质、岩性组合、活动性及与油气成藏期配套等存在诸多差异，封堵油气成藏能力不同，根据断层封堵机理评价数据集，将断层遮挡归纳为4类8种基本模式（图1–11–23）。

（1）砂泥岩对接封闭型。系指断层封闭性由泥岩遮挡形成，即控制局部构造的断层两侧，目标盘储层为砂岩、石灰岩、玄武岩等岩性；封挡盘为大套泥岩，多为区域盖层厚泥岩（图1–11–23a）。渗透性储层与断层对盘非渗透泥岩存在很大的毛细管压力差，油气不能横向运移，纵向逸散有限，是断层封闭能力最好的模式。

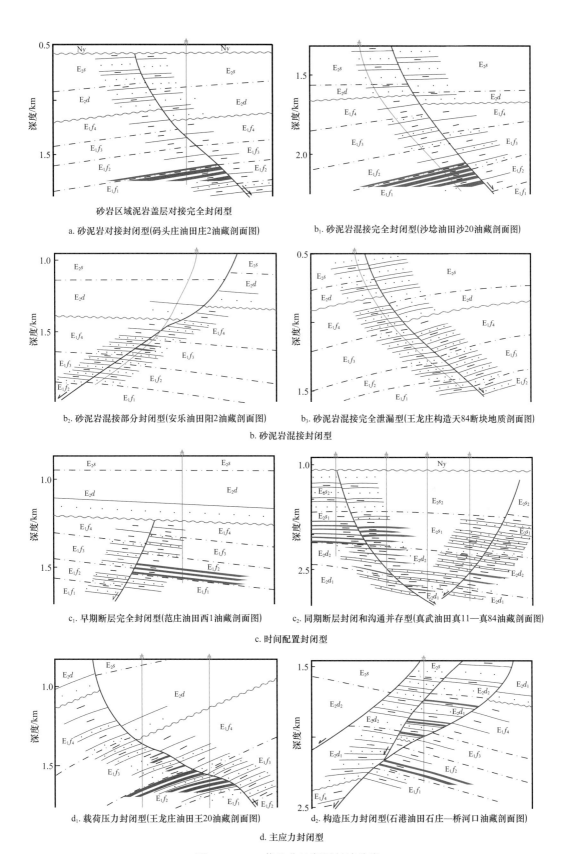

a. 砂泥岩对接封闭型(码头庄油田庄2油藏剖面图)

砂岩区域泥岩盖层对接完全封闭型

b_1. 砂泥岩混接完全封闭型(沙垎油田沙20油藏剖面图)

b_2. 砂泥岩混接部分封闭型(安乐油田阳2油藏剖面图)

b_3. 砂泥岩混接完全泄漏型(王龙庄构造天84断块地质剖面图)

b. 砂泥岩混接封闭型

c_1. 早期断层完全封闭型(范庄油田西1油藏剖面图)

c_2. 同期断层封闭和沟通并存型(真武油田真11—真84油藏剖面图)

c. 时间配置封闭型

d_1. 载荷压力封闭型(王龙庄油田王20油藏剖面图)

d_2. 构造压力封闭型(石港油田石庄—桥河口油藏剖面图)

d. 主应力封闭型

图 1-11-23　苏北盆地断层封堵分类

苏北盆地泰州组—阜宁组发育的3套区域盖层,当断层断距小于大套泥岩厚度,未错开盖层时,二者相匹配,即可构成此类封闭模式,形成了盆地最富集的断层圈闭油藏。如高邮凹陷赤岸、码头庄油田阜一+二段油藏,沙垲油田阜三段油藏;金湖凹陷西斜坡范1、崔8、高7等断块阜一+二段油藏,闵桥油田阜三段油藏,溱潼凹陷茅山油田阜三段油藏,以及海安凹陷李堡油田泰一段油藏,盐城凹陷朱家墩阜一段气藏等。

(2)砂泥岩混接封闭型。局部构造由同期断层控制,目标盘储层与遮挡盘砂泥岩剖面对接形成,储层与遮挡层泥岩对接、也与砂岩接触,两盘渗透性砂岩存在"见面"情况,砂岩含量增多,见面概率增大,储层与遮挡层间毛细管压力差缩小,油气穿越断面作横向运移和纵向逃逸可能性越大(图1-11-23b、图1-11-24a)。

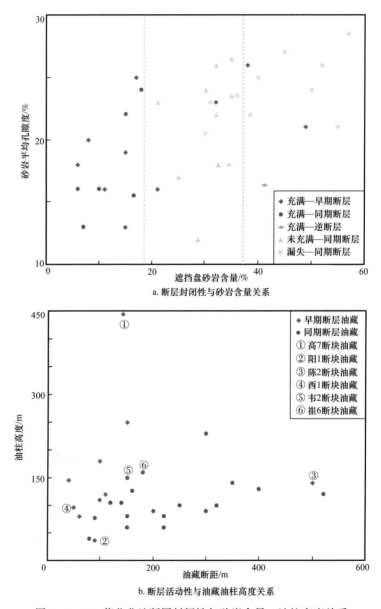

图1-11-24 苏北盆地断层封闭性与砂岩含量、油柱高度关系

根据定量统计，同期断层封闭性与遮挡段砂岩含量密切相关，按封闭能力与砂岩含量门槛值关系，可分 3 种情况：一是遮挡段砂岩含量小于 18%，砂泥岩混接断层完全封闭（图 1-11-23b₁），断块构造有效性高，圈闭面积等于或接近断块构造面积，圈闭含油段连续、油柱高度大。二是遮挡段砂岩含量介于 18%~37%，砂泥岩混接断层封闭随机，部分段横向封闭、部分段开启（图 1-11-23b₂），并随砂岩含量增高、物性变好，断层封闭能力下降，圈闭面积均小于断块范围，即断块有效性属中等—低下；圈闭充满度明显低于前一类的，油层段常不连续，油水层间互，油柱高度较小，含油带窄。三是遮挡盘砂岩含量大于 37%，砂泥岩混接断层基本不封闭，成为泄漏通道，断块捕获油气成藏能力低，多属无效构造，构成断层砂泥混接泄漏式（图 1-11-23b₃）。

研究表明，砂泥岩混接封闭是苏北盆地广泛存在的断层遮挡类型。泰州组—阜宁组发育多套区域盖层，泥岩厚度大，多形成图 1-11-23b₁ 型封闭，其次是图 1-11-23b₂ 型封闭。如高邮凹陷沙 19、沙 20 断鼻，金湖凹陷崔 6、卞 1、杨 1 断鼻等阜一+二段油藏，都属图 1-11-23b₁ 型封闭类型。戴南组—三垛组发育局部盖层或泥岩相对集中段，多形成图 1-11-23b₂ 型封闭，也见图 1-11-23b₁ 型封闭，如高邮深凹带戴南组—三垛组油藏，金湖凹陷石港带戴南组油藏。在砂岩含量高、厚度大，泥岩不甚发育的地区，断层以图 1-11-23b₃ 型泄漏为主；如金湖凹陷闵桥戴南组断背斜、泥沛断鼻构造带，以及高邮凹陷富民地区的部分断鼻等都没能富集油气。

（3）时间配置封闭型。系指断层封闭性受其活动期与含油系统关键时刻的配置关系控制，即成藏期前停止活动的断层封闭性好（图 1-11-23c、图 1-11-24b）；反之，断层可能成为油气运移通道。苏北盆地 3 个含油系统成藏期在 44—24Ma 间，按下限 44Ma 划分断层活动期与成藏期关系，此前结束活动的属早期断层，活动贯穿油气成藏的属同期断层，这两种断层封闭性和通道性差异显著，形成了两种封闭模式。

44Ma 前消亡的早期断层纵横向完全封闭。早期断层多数发育在泰州组—阜宁组中，消亡于阜四段沉积末期；少部分生长在戴南组—三垛组中，消亡于戴二段沉积末期。其活动性均早于成藏时刻，这些三至五级断层往往是圈闭的重要边界，对油气聚集有很好的封闭作用，构成时间配置完全封闭（图 1-11-23c₁），其作用特点如下：一是起油气运移分隔槽作用，即断层一侧可能出现无油气运移的盲区，如高集早期断层东侧油气显示十分活跃，油藏富集，其西侧构造更高，钻探却不见显示，说明油气不能跨早期断层横向运移。二是圈闭油柱高度与控藏断层规模无关，如高 7 断鼻阜一+二段油藏最大断距 140m、油柱 445m，阳 1 块阜三段油藏断距 90m、油柱 35m，也与遮挡层砂岩含量关系不明显（图 1-11-24b）。三是油藏富集程度受控于断块幅度，小断层可高富集油气，圈闭充满度高，如图 1-11-24b 所示的早期断层油藏油柱高度普遍大于断距，而同期断层则全部小于断距，陈 2 断鼻阜三段、阜一段油藏断距 500m、构造幅度 140m，西 1 块阜二段油藏断距 40m、构造幅度 97m，这个两圈闭完全满充。四是油藏油砂层或油砂层组油水系统不一，分布复杂，反映油气是自圈闭低部位注入，单砂体独立成藏，断层纵向欠连通性，封闭性好。可见，早期断层纵横向具良好封闭能力。

44Ma 后仍活动的同期断层具封通双重性。同期断层按照发育时间和层位分 2 类：一是生长于泰州组—阜宁组、一直活动至三垛组沉积末期的三、四级断层，或消亡于盐一段沉积早期的一、二级断层，属长期断层；二是发育于戴南组—三垛组的戴南组沉积期，消亡于三垛组沉积末期，属三—五级的中期断层。这类断层活动性贯穿油气运聚期，对油气成藏具遮挡和沟通双重作用（图 1-11-23c₂），一般是高序次断层封闭性好于低级次的，凹陷边界断层好于凹内断层，其封闭性取决于砂岩含量、断距大小、盖层厚度等诸因素匹配关系。

同期断层封闭性体现为：一是断层活动期间照样可捕获油气聚集成藏，如一、二级断裂和众多三级断层既作油源通道，又可控制油藏圈闭的边界。二是断层纵横向呈现局部有限封闭，如断块油气显示段长，而油柱高度较小，都不大于控藏断距（图 1-11-24）；油柱受构造幅度、断距、溢出点和遮挡共控，若构造幅度小于断距，断层属图 1-11-23a 型、图 1-11-23b₁ 型封闭的，油柱可接近于幅度；如韦 2 油藏为图 1-11-23a 型封闭，断距 150m，油柱 150m；崔 6 油藏为图 1-11-23b₁ 型封闭，断距 180m，油柱 160m；若构造幅度大于断距，断层为图 1-11-23b₂ 型封闭，油柱介于断距最大值与最小值之间。同时，纵向又能形成原生油藏叠置富集区，如图 1-11-23c₂ 型。三是封闭与通道具脉动式转换特征，断层在活动强烈期纵向具突发开启性，或者油藏浮力超过断层带排驱压力临界值，断面可突发性开启，油气沿油藏顶部溢出；当断层活动强度降低或油藏的剩余浮力又达到封溢平衡时，断面纵向重新封闭。反映在叠置油藏区下部原生油藏密度重，上部次生油藏密度轻的渗漏型分异聚集规律，说明溢出点在油藏顶部，溢出上部轻质组分，如卞东油田下伏阜一＋二段油藏重，上覆阜三段油气藏轻。

同期断层通道性表现为：一是断层起油气运移纵向通道和横向沟通桥梁作用，如油气沿斜坡穿越阶梯状断层，横向运达 25km 之外成藏，沿断层面可在垂向数千米层段内分布，如图 1-11-23c₂ 型；若断层属图 1-11-23b₃ 泄漏式，断块难聚集油气。二是断块油藏存在三处溢出点，构造低部位、断面低点和断面顶点，可形成两类油水系统油藏。若属图 1-11-23a 型或图 1-11-23b₁ 型封闭圈闭，无论油气自构造低部位或断面注入，层状或块状储层皆形成统一油水系统油藏，含油带宽，如杨 1、庄 2 油藏等，说明断层起循环通道使得分隔的层状储层变成同一压力和流体的圈闭体系，这点与早期断层圈闭层状储层，只能形成多油水系统的层状油藏不同。若属图 1-11-23b₂ 或图 1-11-23c₂ 型封闭圈闭，存在横向溢出点时，则形成多油水系统层状油藏，含油带较窄，如沙 26、沙 19 块油藏，以及大量的戴南组、三垛组油藏。

（4）主应力封闭型。此类断层封闭能力受控于所承载的应力特征，即受主应力性质、延伸方向、强度及岩石抗压强度控制。根据控制断层封闭性的力学性质和封闭机制，可分为 2 种封闭类型（图 1-11-23d）。

载荷压力封闭式（图 1-11-23d₁）。由上覆地层重力载荷大于断层带岩石抗压强度，使得断面闭合的封闭形式；若断面紧闭，则断层纵向封闭，可阻挡油气纵向运移；否则，断面开启，成为流体运动通道。断面闭合度可用断面所受正压力大小来衡量，若正压力大于岩石抗压强度，断面必将合陇封闭；若小于抗压强度，则断面不封闭。苏北盆地正断层按断面产状分 3 种，断面倾角上部 70°～60°、下部 35°～30° 的铲式断层，断面倾角 40°～65° 的板式断层，断面上、下陡、中间平缓倾角 11°～27° 的坡坪式断层，结合区内不同类岩石实测抗压强度，定量测算断层闭合压力和封闭性特征：一是断面正压力小于 12MPa，封闭评价为差，相当于埋深小于 1000m，各类岩性都无效。二是断面正压力 12～16MPa，封闭评价中等，埋深 1000～1500m，泥质岩类可形成图 1-11-23d₁

型封闭，这点与已知浅层油藏埋深大于 1200m，以大套泥岩遮挡相一致。三是断面正压力 16～30MPa，封闭评价较好，埋深 1500～3200m，多数碎屑岩类具备形成图 1-11-23d$_1$ 型封闭的倾向，此范围是盆内复杂断块油藏最丰富的深度。四是断面正压力大于 30MPa，封闭评价好，埋深大于 3200m。定量反映，低倾角断层有很高的闭合压力，形成典型的断面图 1-11-23d$_1$ 型封闭，油藏呈多油水系统特征；如金湖王龙庄王 20 断块阜二段油藏，海安安丰 1 断鼻泰一段油藏。

构造应力封闭式（图 1-11-23d$_2$）。由区域构造压应力使得断面闭合的封闭形式，此类封闭常见于一、二级断裂，因其构造作用力大，造成断面强烈破碎、碾磨，形成细碎屑构造岩封闭带，如真武、泰州、泰县断裂，石港、吴堡、铜城走滑断裂和崔程逆断层等。这些断裂带已在多层系发现富集油藏，其形成与构造压应力产生的封闭因素直接有关，如石港断裂带石 4 块阜二段油藏、桥 12 块戴南组油藏，吴堡断裂带陈 3 块泰州组、阜宁组油藏，崔程带阜宁组油藏。

统计反映，断块成藏与构造应力形成的断层泥岩涂抹量存在一定的统计相关性，可用断层泥岩涂抹系数（SSF）定量评价，即断层围岩中泥岩含量越高，涂抹层就越连续，SSF 就越小，断层带毛细管排驱压力越高、封闭性越好。如石港油田戴南组油层段 SSF 大部分小于 1.63，水层段一般大于该值，换算成地层泥岩含量相当于 61% 左右，与砂泥混接砂岩含量 37.5% 上限大致相当（表 1-11-13）。

表 1-11-13　苏北盆地戴南组油层段和水层段断层泥质涂抹量对比表

油藏	油层段的 SSF	水层段的 SSF
石 2	1.37　1.38　1.32　1.32　1.47　1.63　1.48	1.39　1.49　1.73　1.57 1.85　1.93　2.02　2.51　1.98
桥 7	1.63　1.61　1.63　1.59　1.42　1.58　1.46　1.43　1.41　1.54 1.59　1.55　1.59　1.51　1.46　1.47　1.40　1.48　1.28　1.41 1.36　1.27　1.44　1.45　1.62　1.47　1.53　1.43　1.43　1.31 1.62　1.46	1.86　1.82　1.76　2.52　1.74 1.66　1.97　3.65　3.57　3.86
桥 12	1.17　1.20　1.14　1.12　1.13　1.11　1.30　1.39　1.40　1.44 1.49　1.46　1.57　1.34　1.20　1.25　1.38　1.61　1.67　1.68 1.46　1.20　1.19　1.39　1.35　1.44　1.41　1.48　1.57　1.67 1.67　1.65　1.66　1.59　1.51　1.47　1.56　1.50　1.52　1.41 1.28　1.16　1.56　1.38　1.24　1.25　1.19　1.22　1.21　1.50 1.40　1.27　1.23　1.28　1.26　1.28　1.33　1.32　1.37　1.44 1.43　1.24　1.26　1.29	1.22　1.23　1.30　1.44　2.00　2.11　2.40 2.18　2.04　2.49　2.49　2.71　2.49　2.20 2.20　1.56　1.58　1.61　1.62　1.53　1.35 1.39　2.07　2.09　2.14　2.08　2.21　2.39 2.32　2.21　2.34　2.14　1.90　1.95　1.99 2.18　2.34　2.37　2.13　2.19　2.11　1.32 1.46　1.26　1.28

第三节　油气藏分布规律

苏北盆地历经 60 多年勘探，已经发现 60 个中、小型油气田，主要分布在高邮、金湖、溱潼、海安、白驹、盐城 6 个凹陷，以及赤山组、泰州组、阜宁组、戴南组、三垛组、盐城组 6 套含油气层系。油气藏分布严格受有效烃源灶制约，临近烃源灶的断层圈闭、构造岩性圈闭成为俘获油气的有利目标，在深凹带及其两侧断裂带和斜坡带形成了相对富集的油气分布带，不同含油系统油气富集程度及分布规律差异明显。

一、油藏分布特点

苏北盆地 3 套商业价值的含油系统（或成藏组合），发育着不同数量和规模的油藏，主要为复杂断块圈闭油藏，次为隐蔽的复合圈闭油藏，赋存于不同的油气聚集带上的油藏，具有不同的分布特点。

1. 平面分布特点

1) 下含油系统

苏北盆地泰二段烃源灶下含油系统在东台坳陷发现一些油藏，属微小块规模，分布特点如下（图 1-11-25）：从坳陷的亚一级构造单元看，油藏多发现在海安凹陷，少量见于高邮、白驹、溱潼凹陷。如图 1-11-25 所示，油藏分布在海安子系统的富安、新街、北凌、丰北和海中运聚单元，高邮、溱潼子系统的东部运聚单元，以及白驹子系统的洋心运聚单元；油藏多分布在烃源灶次凹斜坡带，不超出烃源灶外缘 4km，以面向烃源灶的斜坡带第一排圈闭油藏最多，少数分布在控烃源灶次凹断裂带。此外，盐城凹陷南洋次凹分布着由下伏古生界气源供给，阜一段底部砂岩主要含气段，泰二段、泰一段砂岩、玄武岩次要含气段的气藏，为古生新储他源天然气藏，属古—新复合含气系统。

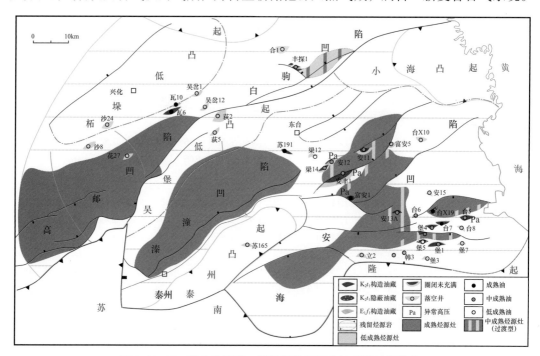

图 1-11-25　苏北盆地泰二段烃源灶及下含油系统油藏分布

2) 中含油系统

苏北盆地阜二段烃源灶中含油系统油气资源最丰富，已发现大量的油藏和个别油气藏，阜宁组、泰州组油藏以中、小块规模为主，戴南组、三垛组油藏全是微小断块（图 1-11-26）。按坳陷的亚一级构造单元，油藏分布在高邮、金湖、溱潼、海安凹陷和吴堡低凸起；盐城凹陷分布有阜二段泥页岩裂缝和阜三段砂岩油藏，原油品质差、难采出、未探明。按藏灶单元，油藏主要分布在高邮、金湖、溱潼凹陷及海安曲塘次凹子系统，如图1-11-26所示，分布特点如下：一是斜坡带油藏围绕箕状烃源灶内外，沿走向呈扇形环带、倾向呈"串珠"状分布。在倾向、斜向同期断层输导区，烃源灶外部油藏丰富，分布范围与烃源灶外缘距离达15km，如高邮凹陷韦庄油藏带，金湖凹陷下闵杨油藏群，溱潼凹陷帅垛油藏群、边城——华港油藏带；在走向同期断层输导区，油藏近邻烃源灶分布，在灶外缘5km范围内，如高邮凹陷沙埝油藏群。二是断裂带油藏紧邻烃源灶控凹断裂两盘呈带状展布。如图1-11-26所示的石港、吴堡、铜城、泰县断裂带分布着一批油藏，陈堡泰州组、赤山组油藏极富集，石港桥3、铜城天深6阜一+二段油藏、张家垛阜三段断鼻油藏面积大。三是断阶带油藏呈星点状展布。如高邮凹陷南部断阶带许庄、肖刘庄、小纪构造散布着一些小块油藏。

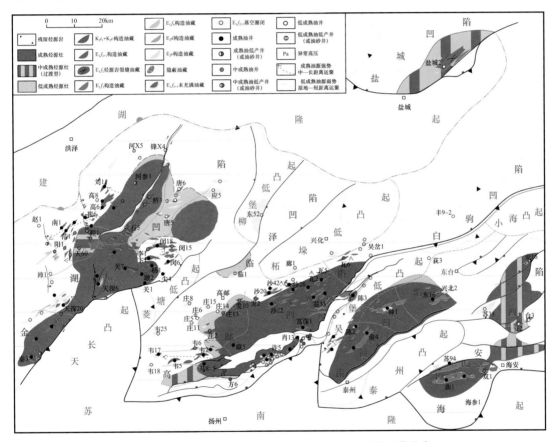

图1-11-26　苏北盆地阜二段烃源灶及中含油系统油藏分布

3）上含油系统

苏北盆地阜四段烃源灶上含油系统各凹陷油气贫富差别大，油藏分布极不均，已发现较多的油藏和少量油气藏，构造油藏以极复杂的小断块为主，隐蔽油藏单油层面积较小、叠置含油面积较大（图1-11-27）。在坳陷亚一级构造单元，油藏分布于高邮、金湖、溱潼凹陷及吴堡低凸起，洪泽凹陷几个阜四段、戴一段微型油藏，油品极差、难采出，未探明。按藏灶单元，油藏主要分布于高邮凹陷含油子系统，以及金湖三河、龙岗、溱潼深凹、洪泽管镇子系统，如图1-11-27所示，特点如下：一是多数油藏叠置于成熟烃源灶区上覆分布，部分油藏分布在紧邻烃源灶外缘，只有高邮凹陷西部马家嘴地区，依托倾向同期断层输导和丰富油源，油藏分布距烃源灶外缘达到了 8km。二是环绕深凹烃源灶区，沿控凹断裂带分布着最多的油藏，如图 1-11-27 真②、吴①、石港、泰州断裂带聚集着丰富的油藏，形成油气富集带。三是具有三级构造背景或者砂体快速变化带领域，油藏叠置连片含油分布，无这些背景地区，油藏呈零星点缀分布。

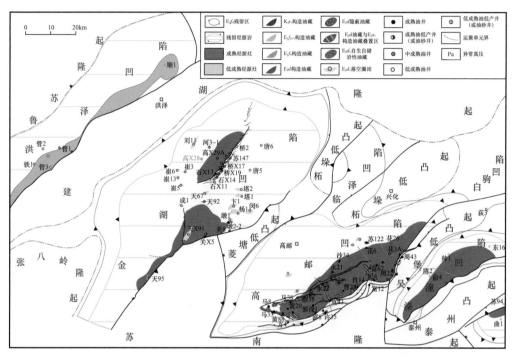

图 1-11-27　苏北盆地阜四段烃源灶及上含油系统油藏分布

2. 纵向分布特点

1）下含油系统油藏

纵向上，油藏及油层分布均具相对集中的特点：一是各凹陷的油藏埋深范围较集中。海安、高邮、溱潼凹陷油藏埋深介于 2270～3500m，小于 2000m 浅层领域钻探未见油气显示；白驹凹陷油藏埋深在 1300～2800m 之间。二是纵向含油层系少、相对集中。泰二段烃源灶上覆仅个别油层分布在阜一段底部、中部圈闭，下伏也仅少数圈闭泰一段三砂层组上部砂体有油气聚集成藏，油气多聚集于泰一段一砂层组汲烃层砂体及相邻的泰一段二砂层组砂体中。三是同断块的不同层系油藏分布跨度较集中。安 12 断块跨度最大，从阜一段油层顶到泰一段油层底纵跨 130m。四是油藏的油层段较集中。油藏高度一般小于 80m，安丰油藏高度最大 120m、油柱高度 136m；白驹凹陷油藏高度最小，在 40m 以内。

2）中含油系统油藏

纵向上，具有油藏分布较分散，而油藏的油层段分布较集中的特点：一是各凹陷的油藏埋深范围都较宽。埋深介于 1000～3600m，以浅层—中深层为主，深于 3600m 的领域钻探稀少，未来可能会突破该分布深度。二是油藏分布层系多。自下而上有基底赤山组砂岩层系，泰州组—阜宁组中的泰一段、阜一段、阜二段、阜三段和阜四段，以及戴南组—三垛组的戴一段、戴二段、垛一段和垛二段，共计5组9段。其中，阜一＋二段和阜三段是主要含油层系，油藏最多，广泛分布在斜坡带、断裂带和断阶带，下伏赤山组、泰州组和上覆戴南组、三垛组为次要聚集层系，油藏多见于断裂带，也分布在斜坡外环带。三是同块不同段油藏跨度大，呈较长"糖葫芦"状分布。斜坡带断块常见阜一＋二段和阜三段一起成藏，断裂带断块常见不同段、不同组一起成藏，如吴堡断裂带陈3断鼻从赤山组、泰一段—阜一段均有油藏，油层纵跨达595m。四是油藏的油层段较集中。油层多在阜二段、阜四段区域盖层下方储层中，分布较集中，阜一＋二段和阜三段单块油藏高度大、油柱高度大、含油带较宽，如陈2断鼻阜三段油藏高度270m，陈3断鼻阜一段油藏高度290m，而受泰二段区域泥岩封盖的泰一段、赤山组油藏，油柱高度达175m，油层所夹泥岩隔层很薄，高7断鼻阜一＋二段油藏油柱高度达445m，曲塘张家垛阜三段油藏高度178m、油柱高度960m。

3）上含油系统油藏

纵向上，油藏及油层分布均具较分散的特点：一是油藏埋深介于1050～3600m，深层勘探领域正在不断加大。二是含油层系多、油藏分布散。有基底奥陶系—寒武系、浦口组，泰州组—阜宁组中的泰一段、阜一段、阜二段、阜三段和阜四段，戴南组—三垛组的戴一段、戴二段、垛一段和垛二段，以及盐一段含气层系，计7组12段。其中，戴南组、三垛组为油气主聚集层系，油藏丰富，主要分布在深凹带，其次在断裂带、斜坡内带，其他为次要聚集层系，油藏分布在断裂带。三是同块不同段油藏跨度大，呈长"糖葫芦状"展布。如高邮凹陷真②、汉留、吴堡断裂控制深凹烃源灶，沿这些断裂带纵向油藏丰富、成串分布，同块纵向多个独立油藏间断叠置产出，含油段跨度高达1100m，金湖、溱潼凹陷油藏分布层系和跨度明显不如高邮凹陷。四是油藏的油层发育段较分散。主力层系从戴一段底部到垛一段上部砂体均见油气聚集成藏，油层宽窄不一、油水层间互、油水系统复杂，含油层井段长度、油层数量变化很大。

3. 不同类型的油藏分布特点

1）不同油气聚集带的油藏分布

油气聚集带系指同一个二级构造带或岩性岩相变化带中，互有成因联系、油气聚集条件相似的一系列油气田的总和。据此，以苏北盆地二级构造单元为基础，相似的油气运移聚集成藏为主线，将高邮、金湖、溱潼、海安和白驹凹陷划分为断裂型油气聚集带、斜坡型油气聚集带、深凹型油气聚集带。因5个含油凹陷的结构差异很大，各凹陷二级构造单元数量、规模和样式明显不同，各带油气聚集特点大不相同。

（1）断裂型油气聚集带。系指由一条或相邻两条断裂控制形成的一系列油气田总和，断裂为控制凹陷或次凹边界的一、二级断裂，一般有阜二段、阜四段双源供烃。根据断裂差异，以及与油气聚集关系，可分为4种聚集带。

一是具宽断阶的伸展断裂油气聚集带，像真武断裂带。真①、真② 两条伸展断裂形成泰州组—阜宁组宽断阶，发育一系列的泰一段、阜一段复杂断块，真②上盘在戴南组—三垛组发育逆牵引、牵引构造背景的一系列戴南组、三垛组断鼻断块，以及岩性岩相变化带参与的戴南组隐蔽圈闭群，成为苏北盆地最富集的两条油气聚集带之一，上盘构造、隐蔽油藏最多。

二是具窄断阶的伸展断裂油气聚集带，如汉留、泰州断裂带。汉留断裂控制上盘和窄断阶戴南组—三垛组牵引构造、砂体变化带的一系列戴南组、三垛组断鼻断块和隐蔽圈闭，以及下盘少量的断鼻断块；泰州断裂形成以窄断阶和上盘牵引构造背景的泰一段—垛二段复杂断鼻断块群，皆成为较富的油气聚集带。

三是无断阶的伸展断裂油气聚集带，如泰县、杨村东段断裂带。泰县断裂上盘发育张家垛正牵引构造，阜三段圈闭大，戴一段和垛一段圈闭小，形成较整装的富集油田；杨村断裂东段无断阶和牵引构造，油气很少。

四是走滑断裂油气聚集带，有吴堡、石港、杨村西段、铜城断裂带。这类断裂控制下盘泰一段、阜一段、阜三段断鼻断块群和上盘阜宁组、戴南组断块群，石港带戴南组呈左阶雁列展布断鼻断块群；吴堡断裂带富含油气，尤其下盘形成富集含油带，陈3断鼻油藏单块储量居盆地之首；石港带油气较富，尤其阜二段油藏含油面积较大；铜城带圈闭储层差，杨村断裂西段下盘目的层缺失、上盘圈闭少，这两带油气皆不富。

（2）斜坡型油气聚集带。系指次凹内坡及外围斜坡区带范围内的一系列油气田总和。根据斜坡形态差异，以及与油气聚集关系，分为2种聚集带。

一是阜二段主烃源灶多向供给的宽阔斜坡油气聚集带，有高邮凹陷北部斜坡带、金湖凹陷西部斜坡带、东部斜坡带和溱潼凹陷北部斜坡带。如图1-11-26所示，这些斜坡带分布众多油藏，高邮北部斜坡带是苏北盆地最富集的领域，探明储量占所属凹陷总量的35.27%，金湖西部斜坡带、东部斜坡带和溱潼北部斜坡带探明储量分别占所属凹陷总量的45.53%、35.32%和64.20%。油气分布共性点：斜坡区以三级构造的断鼻带、断鼻断块群为油气赋存主要场所，构成倾向主轴"串珠"状分布，翼部一系列油藏规模稍小，一起组成围绕烃源灶的扇形环带分布。如高邮凹陷韦庄断鼻带、沙埝断块断鼻带，金湖凹陷卞杨断鼻带、闵桥断背斜、刘庄—高集断鼻带，溱潼凹陷台兴、帅垛、边城断块断鼻带，成为各油气聚集带的油藏分布核心。油气分布差异点：高邮北部斜坡带沙花瓦、金湖西部斜坡带汉涧等地区，发育丰富的隐蔽性断层断块及油藏，而溱潼北部斜坡带帅垛地区发育岩浆岩体刺穿圈闭群油藏，近期又在俞垛—华庄地区发现了一定规模的阜三段、戴一段砂体变化隐蔽圈闭带。

二是单一供烃的窄斜坡油气聚集带。此类带油源由较小次凹单一层系供给，油藏分布少，储量规模小。如图1-11-25海安北凌、新街、海中、富安、丰北斜坡，白驹洋心斜坡带，油源为泰二段烃源灶，富安斜坡带储量最多；图1-11-26海安曲塘斜坡带以阜二段为烃源灶，油气储量较少（表1-11-14）。

（3）深凹低梁型油气聚集带。系指深凹带次凹间低梁领域赋存的一系列油气田总和，高邮深凹富民油气聚集带即属此类。该带位于真武、汉留断裂控制的深凹带，夹持于西部樊川、东部刘五舍次凹之间，在戴南组—三垛组形成了一些戴南组、三垛组复杂断块断鼻及岩浆岩体刺穿圈闭，以阜四段为烃源灶，油藏断块小、储量丰度较高。该带范围面积小，油气储量占比小。

2）不同圈闭类型的油藏分布

（1）构造油藏分布。苏北盆地探明石油储量主要来自构造圈闭，绝大部分产自断层控制的断鼻和断块圈闭油藏，少量产自逆牵引小断背斜油藏。因此，前述的含油系统平面、纵向，各储盖组合、层序体系域，以及各油气聚集带的油藏分布，代表着该区构造油藏分布特点，具体到各小类圈闭油藏，其分布特点如下。

表 1-11-14 苏北盆地各凹陷不同聚集带油气分布　　单位：10^4t

单元	油气聚集带	层位 类型	K_2t_1 构造	E_1f_{2+1} 构造	E_1f_{3+4} 构造	E_1f_{3+4} 复合	E_2d_1 构造	E_2d_1 复合	E_2d_1 岩性	E_2d_2 构造	E_2d_2 复合	E_2s_1 构造	E_2s_1 复合	E_2s_2 构造	小计
高邮	真武断裂带	断阶	21	1084											1105
		F 上盘					721	691	20	1581	945	1357	78		5393
	吴堡断裂带	F 上盘					247	21		8		23			299
		F 下盘	1480	508	257							11			2256
	深凹低梁带						370	19		230	11	279	10		919
	汉留断裂带	F 上盘		55			371	599	48	97	638	105	4	35	1952
		F 下盘					115			182					297
	北部斜坡带		121	3697	2718		116	6							6658
	小计		1622	5344	2975		1940	1336	68	2098	1594	1775	92	35	18879
金湖	西部斜坡带			3231	1031	14									4276
	东部斜坡带			2006	1203	47	9		52						3317
	石港断裂带			739	16		374								1129
	铜城断裂带			123	146		61			9					339
	杨村断裂带			121	110		100								331
	小计			6220	2506	61	544		52	9					9392
溱潼	泰州断裂带		215	300	177		245			60		433		51	1481
	北部斜坡带		24	67	1875		304	89		19		278			2656
	小计		239	367	2052		549	89		79		711		51	4137
海安	泰县断裂带			13	1387		122					13			1535
	曲塘斜坡带				247	95	6	7				49			404
	富安斜坡带等		850	19											869
	小计		850	32	1634	95	128	7				62			2808
白驹	洋心斜坡带		54												54
合计			2765	11963	9167	156	3161	1432	120	2186	1594	2548	92	86	35270

注：吴堡断裂下盘吴堡低凸起的储量计入高邮凹陷，包含 $K_2t_1+K_2c$ 层系。

一是小断背斜油藏：只分布在高邮凹陷真武、黄珏油田的局部区块和层段，位于真②断裂控制的戴南组—三垛组逆牵引破碎断背斜的核心区，个数少、规模小，储量仅占这些油田的很少比例。

二是断鼻油藏：广布于主力凹陷各区带、各组段，油藏规模较大、储量品位好。其中，反向断层断鼻油藏主要分布在高邮、金湖、溱潼、海安凹陷的各斜坡带，吴堡、石港、断裂下盘区带，以及高邮深凹低梁带，是油气聚集带的核心区和主要油藏，常呈断鼻油藏带展布，主含油层位是泰一段、阜一+二段、阜三+四段圈闭；同向断层断鼻油藏多见于真②、汉留、泰州、泰县断裂上盘区带，成为这些油气聚集带的主要富集油藏，含油层位以阜三段、戴一段、戴二段、垛一段为主，斜坡带也见少量这种油藏。

三是断块油藏：此类油藏数量最多，常与断鼻油藏相伴或同域出现。其中，反向断块与反向断鼻形成构造环境一样，油藏分布领域也一样，只是油藏规模一般小于断鼻的；交叉断层断块出现于各类油气聚集带，真武南部断阶带圈闭全属此类型，真②、汉留、泰州、泰县断裂上盘区带，以及溱潼凹陷北部斜坡阜三段广泛发育此类圈闭油藏。

四是隐蔽性断层油藏：主要分布在高邮凹陷北部斜坡带的沙花瓦、金湖凹陷西部斜坡带的汉涧地区阜三段，尤其沙花瓦地区形成了千万吨级探明储量规模的油藏群区，在一些复杂断裂带也见少量分布。

五是岩浆岩体刺穿油藏：仅在高邮深凹低梁带富民油田、溱潼凹陷北部斜坡带帅垛油田见到，前者由辉绿岩侵入岩墙遮挡圈闭，形成富民油田最富集的戴一段—垛一段油藏；后者由辉绿岩呈岩株侵入，形成了帅垛油田多样性储层、多层系含油、多类型油藏。

（2）隐蔽油藏分布。苏北盆地还有岩性、岩性—断层、地层—断层、断层—岩性圈闭，这些对象难以识别和准确描述，统称隐蔽圈闭，其探明石油储量占总量的很少一部分，分布与构造油藏明显不同。

① 泰州组—阜宁组隐蔽油藏分布特点：

一是领域局限。泰一段—阜四段计 6 个层系，仅阜三段探明隐蔽油藏储量 156×10^4 t（表 1-11-14）。其中，海安曲塘斜坡带探明 1 个阜三段断层—岩性油藏，金湖凹陷东西斜坡带探明 5 个阜三段岩性—断层油藏，这 5 个复合油藏都发育在阜三段较大断鼻构造上，受阜三段砂体尖灭影响，有效圈闭明显减小。此外，近期在海安凹陷北凌、新街次凹斜坡控制了 2 个泰一段复合油藏，溱潼凹陷北部斜坡带俞垛—南华地区控制了一些阜三段复合油藏。

二是类型单一。只有岩性砂体与断层复合类型。

三是相带单调。这些探明或控制的隐蔽油藏都位于三角洲前缘亚相末端薄层砂体带。

② 戴南组—三垛组隐蔽油藏分布特点：

一是领域较广。高邮、金湖、溱潼和海安凹陷戴一段、戴二段、垛一段不同程度发育隐蔽油藏，占全盆地隐蔽油藏储量的 95.4%，占戴南组—三垛组总储量的 28.86%（表 1-11-14）。

二是重点富集。高邮凹陷隐蔽油藏最多，探明储量占隐蔽油藏总储量的95.43%，主要发育在真武、汉留断裂上盘戴南组，即深凹带戴一段、戴二段，平面上环绕邵伯次凹周缘油田展布，纵向低位、湖侵、高位体系域皆有分布。

三是类型稍多。圈闭以岩性—断层、单断层—岩性、双断层—岩性、交叉断层—岩性为主，少量岩性圈闭，如邵8块戴一段油藏，以及地层超覆—断层圈闭，如溱潼北部斜坡带陈2块戴一段油藏。

四是相带多样。圈闭砂体有辫状河三角洲、扇三角洲、泥石流扇、水下冲积扇、浊积扇及浅湖滩坝等岩相。

可见，隐蔽油藏分布具有明显的盆属性、地域性、层系性和相带性特点。

二、油气运移聚集规律

苏北盆地油藏从凹陷内部到边缘、从下伏临近烃源灶到上覆远离油源，原油物性展布存在"近轻远重"稠化型油气运移差异聚集、"下重上轻"渗漏型油气运移分异聚集两种变化规律。

1. 稠化型油气运移差异聚集

系指输导层油气沿运移方向，石油的氧化、生物降解、水洗等稠化作用逐渐增强，导致原油的密度、黏度、胶质+沥青质的含量有规律地增大，即稠化型油气运移差异聚集规律。这种距离烃源灶"近轻远重"的油藏分布现象，在苏北盆地广泛存在。

平面上，油藏自内环带向外环带或次凹向斜坡，原油沿侧向运移方向逐渐稠化、物性变差。高邮、金湖、溱潼凹陷各斜坡油气聚集带，在同一油气运聚单元，自次凹烃源灶内部向边缘，油气沿侧向方向随运移距离增加，原油逐步稠化，油藏的原油密度、黏度逐渐增大，而饱和压力、油气比则逐渐降低（图1-11-28），直至油源枯竭，油藏环绕烃源灶中心自内斜坡向外斜坡，呈现轻质油、中质油、重质油的环带状展布。如金湖凹陷西部斜坡带高集、崔庄油田阜二段为轻质油→范庄油田、南湖油田阜二段为中质油→韩竹园构造阜二段油源枯竭，韩1井阜三段圈闭未充满，试获低产重质原油；图1-11-28a所示，油藏饱和压力、气油比随侧向运移距离增大而降低。高邮凹陷北部斜坡带赤岸油田自东到西阜一+二段油藏，由韦2块→韦15块→韦8块→韦5块→韦17块距油源渐远，原油密度由$0.854g/cm^3$→$0.868g/cm^3$→$0.901g/cm^3$→$0.920g/cm^3$→$0.941g/cm^3$，韦5圈闭满充，韦17圈闭充满度0.3；高邮北部斜坡带沙花瓦油田群、金湖东部斜坡带下闵杨油田群、溱潼北部斜坡带边城油田→北汉庄油田、帅垛油田→茅山油田，原油物性平面展布皆遵循这种规律变化（图1-11-28b）。

这种稠化型原油物性平面变化规律，不因侧向跨断块含油层位提高而改变。如金湖西部斜坡带安乐油田天60块→阳1块→阳3块油藏，含油层位由阜二段→阜三段→阜四段和戴一段，原油密度由$0.885g/cm^3$→$0.897g/cm^3$→$0.925g/cm^3$和$0.965g/cm^3$，金湖王龙庄、高邮沙埝、溱潼边城→北汉庄油田也如此，反映了区域规律的一致性。这些油藏都是自源原生型的，因此反映了侧向运聚原生油藏展布规律。

纵向上，油藏自下而上随含油层位提高、深度变浅，油气沿垂向运移稠化，密度下轻上重。

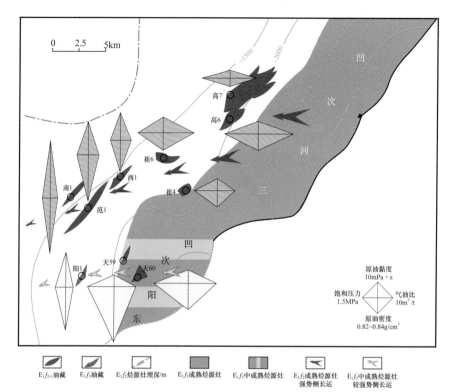

a. 金湖西斜坡原油物性菱形图

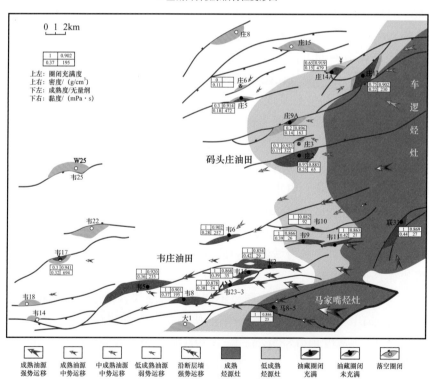

b. 高邮北斜坡原油物性变化图

图 1-11-28　苏北盆地斜坡带稠化型油气运移差异聚集

高邮、金湖、溱潼、海安等凹陷阜四段或阜二段烃源灶油气经断层运移，进入断层带叠置层系圈闭聚集，在同一运移方向上随着油气运移距离增大也发生不断稠化现象，自下而上油藏随着层位更新，原油密度呈由小变大的差异聚集现象。如高邮凹陷邵伯次凹周缘马家嘴、联盟庄、黄珏、邵伯、真武油田，油藏从戴一段→戴二段→垛一段皆呈这种变化规律（表1-11-15）；吴堡断裂带陈堡油田泰一段→阜一段原油密度由 $0.870g/cm^3 \rightarrow 0.910g/cm^3$。

表1-11-15　苏北盆地稠化型和渗漏型油气聚集与原油物性变化

油田	含油断块	层位	原油密度/g/cm³	原油黏度/mPa·s	聚集类型	油田	含油断块	层位	原油密度/g/cm³	原油黏度/mPa·s	聚集类型
真武	真11	$E_2s_1^4$	0.842	12.17	稠化型油气差异聚集	徐家庄	纪5	E_2s_1	0.849	15.44	稠化型油气差异聚集
		$E_2s_1^7$	0.829	6.57				E_2d_2	0.828	10.55	
		$E_2d_2^1$	0.826	5.9		邱家	邱1	E_2s_1	0.850	28.45	
		$E_2d_2^3$	0.823	8.6				E_2d_2	0.804	3.08	
		$E_2d_2^5$	0.813	4.15		曹庄	北块	$E_2s_1^7$	0.823	7.25	稠化型与渗漏型油气聚集
联盟庄	联12	E_2d_2	0.842	12.61				$E_2d_2^1$	0.853	20.88	
			0.831	9.61				$E_2d_2^3$	0.846	15.8	
		E_2d_1	0.825	8.52				$E_2d_2^5$	0.818	5.2	
			0.822	8.10				E_2d_1	0.811	2.22	
			0.821	7.45		富民	富18	E_2s_1	0.811	6.32	渗漏型油气分异聚集
黄珏	黄8	$E_2s_1^3$	0.918	130.3				E_2d_2	0.829	8.84	
		$E_2s_1^7$	0.859	28.33					0.830	6.87	
		$E_2d_2^1$	0.846	19.64				E_2d_1	0.870	15.65	
		$E_2d_2^2$	0.839	11.26		永安	永9	E_2s_1	0.836	7.19	
		$E_2d_1^2$	0.822	8.37				E_2d_1	0.859	13.55	

2.渗漏型油气运移分异聚集

在同期断层控制的叠置圈闭群地区，下伏圈闭聚集的油气达到断层封堵的最大油气柱高度时，部分油气沿断面向上泄漏和再聚集成藏，逃逸油气为经重力分异或层析作用的最上部轻质部分，滞留下底部的最重组分原油，形成沿垂向原油密度"下重上轻"的油藏分布，即渗漏型油气运移分异聚集规律。苏北盆地渗漏型油气垂向分异运移聚集及分布有下列2种情况。

一是区域盖层好的泰州组—阜宁组及同期断层活动区。如金湖凹陷下闵杨构造为阜一+二段、阜三段油藏叠合富集区，原油密度阜二段 $0.875 \sim 0.937g/cm^3$，阜三段 $0.872 \sim 0.892g/cm^3$，呈现下高上低特点；如闵16块阜二段原油密度 $0.937g/cm^3$，上覆闵

28块阜三段原油密度0.874g/cm³；下东阜一＋二段为油藏，阜三段是气顶油气藏；高邮凹陷沙垱油田沙19块阜一＋二段原油密度0.865g/cm³，阜三段原油密度0.838g/cm³。这些油藏皆为同期断层控制圈闭，成藏后因控圈断层再活动，促使油气从阜一＋二段油藏顶部沿断面发生"脉动式"泄漏，下伏原始油藏轻质组分逃逸，在上覆阜三段圈闭聚集成密度轻的次生油气藏，留下较重组分的残留油藏，形成"下重上轻"格局。

二是盖层质量不高的戴南组—三垛组及同期断层活动区。高邮凹陷富民油田富18块、永安油田永9块，表现为从戴一段→戴二段→垛一段油藏，原油密度下重上轻变化规律，其成因与盖层质量不高，下伏层位油气聚集后，从油藏顶部沿断面渗漏轻质油气，在上覆聚集形成的（表1–11–15）。

需要指出，油气垂向运移过程中同样发生氧化、降解等稠化作用，与重力分异或层析作用始终伴随，即原油物性垂向变化及分布规律，取决于稠化作用、渗漏作用那种占主导。因此，原油物性纵向变化规律是复杂的，在盖层质量不高地区，表1–11–15中的曹庄油田，为2种聚集相结合，或者难以看出差异。此外，重力分异或层析作用也体现在同一油藏，如陈堡油田赤山组、泰一段块状油藏，具有大油柱高度，重力分异明显，下部赤山组原油密度0.879g/cm³，上部泰一段为0.870g/cm³。

三、油气富集分布主控因素

1. 复杂断块油藏富集主控因素

1）成熟烃源灶和顺畅排烃是油气富集的前提

60多年勘探实践证明，苏北盆地油气资源整体欠丰，油气运移中途就衰竭殆尽，油源条件始终制约着勘探工作面上的展开。高邮、金湖、溱潼等主力凹陷油气侧向运移未抵斜坡外环带、垂向运移未到浅层1300m，斜坡中环带边缘局部聚集普通稠油小油藏，尚未发现有规模的普通稠油带，更没有发现重质稠油油藏；甩开外环带、（低）凸起、外围凹陷等边缘区带，圈闭预探纷纷落空，根源是缺乏丰富的油源。泰二段、阜二段、阜四段各套烃源岩的有机质丰度、类型差异很小，而体积、成熟度、排烃输导差异极大，导致各凹陷油气资源、供烃条件和油藏规模的显著差异，进而控制成藏与分布规律。

（1）成熟度决定烃源岩有效性及油源可供给的距离。苏北盆地典型的未成熟—低成熟油占总资源量的31%～45%，遍布全盆，已发现油藏探明储量占15.8%。但是近30年勘探证明，不存在非干酪根生成的未成熟—低成熟油。根据油岩对比和成熟度划分，全部原油来自镜煤反射率$R_o \geq 0.6\%$的烃源岩干酪根热降解产物，主要是$R_o \geq 0.7\%$的中成熟—成熟烃源灶，有低成熟、中成熟和成熟3种原油。高邮、金湖、溱潼、海安、白驹、盐城和洪泽凹陷都见到低成熟油，迄今仅探明高邮庄5、庄14块和金湖唐5、唐7块4个阜二段微油藏，合计储量60×10^4t，占含油系统储量的0.26%，占总储量的0.17%，其原油$C_{29}S/（S+R）$为0.15～0.19；其余原油$C_{29}S/（S+R）\geq 0.20$，大部分$C_{29}S/（S+R）\geq 0.30$。凡凹陷、（低）凸起烃源岩$R_o < 0.6\%$、SM＜0.14的，若无异地成熟烃源灶供源，则无油气显示，这些单元烃源岩全部无效；若凹陷烃源岩最高R_o为0.6%～0.7%，该领域成烃有效性很低，探井可见弱油气显示、个别微油藏，但不具备富集油藏的资源条件；只有烃源岩$R_o \geq 0.7\%$、SM≥0.20的凹陷，尤其SM≥0.3的烃源灶，

供源效果良好，是形成规模油气资源和富集油藏的前提。

油源对比表明，中成熟—成熟烃源灶油源丰富，原油品质好，不宜长距离运移，如高邮、金湖和溱潼斜坡带、浅层富集油藏带，都是成熟油聚集的。低成熟烃源灶油源欠丰，原油品质差，具"高密度、高黏度、高腊胶"特点，不宜远距离运移，为短距离运聚，如金湖唐港油藏、海安梁垛油藏、盐城朱家墩油藏、洪泽管镇油藏，都是近源或原地聚集形成的。

（2）"四要素"配合决定烃源灶效能。根据油源统计，苏北盆地各含油子系统的烃源灶效能可分3类：一是高效能富油子系统。有高邮凹陷阜二段、阜四段烃源灶和金湖凹陷阜二段烃源灶，已探明储量约占总储量的78.0%。二是中高效能较富油子系统。为溱潼凹陷、海安曲塘次凹阜二段烃源灶，探明储量占总储量的16.4%。三是低效能欠富油子系统。包括金湖三河、龙岗次凹和溱潼储家楼次凹阜四段烃源灶，高邮、溱潼、海安和白驹凹陷各次凹泰二段烃源灶，探明储量仅占总储量的5.6%，以及盐城南洋次凹阜二段烃源灶皆属此类。

这些子系统烃源灶效能高低、油气资源贫富，与烃源岩厚度、成熟度、初排烃流畅度及异常高压系统等要素密切有关。富油子系统具有阜四段、阜二段烃源岩厚度大、成熟度高、初排烃顺畅的特点，加之存在异常高压系统，其生烃量大、排烃效能高、油源规模大，圈闭充满度高，如海安曲塘次凹面积虽小，而阜二段烃源岩厚度大、成熟度高、异常压力高，形成"小而肥"的规模油源。贫油子系统存在烃源岩厚度、成熟度、初排烃流畅度一个或多个不利因素，造成烃源灶效能低、油源规模小，如高邮、溱潼泰二段烃源岩较上覆阜四段、阜二段更成熟，排烃也顺畅，但其厚度显著小于后者，加之烃源灶区断层多，不利于油气汇流，油源规模小；海安、白驹凹陷泰二段烃源岩厚度小、成熟度偏低，油源明显不足，圈闭充满度低，泰一段一亚段砂层组圈闭充满度介于0.26～0.9，泰一段二亚段、泰一段三亚段砂层组圈闭充满度更低；海安凹陷低成熟—中成熟原油具有密度、黏度、凝固点"三高"，饱和烃、饱芳比、轻重烃比、姥鲛烷植烷比"四低"特征。又如，海安、盐城凹陷阜二段烃源岩厚度大，除曲塘次凹外，其他次凹烃源灶成熟度偏低，又缺乏汲烃层（图1-11-12），初排烃不畅，即便盐城南洋次凹阜二段烃源灶压力系数高达1.55，阜三段砂体储层优于曲塘次凹的，也未能有效顺畅排烃形成良好的油源。

（3）资源规模决定供源半径及油藏规模。按油藏与烃源灶距离，供源半径平面依次增大是阜二段烃源灶＞阜四段烃源灶＞泰二段烃源灶，垂向依次增大是阜四段烃源灶＞阜二段烃源灶＞泰二段烃源灶；区域上，如图1-11-21至图1-11-23所示，高邮凹陷阜四段、阜二段烃源灶和金湖、溱潼凹陷阜二段烃源灶，油气侧向、垂向运移远，油源波及范围大，油藏成群、成带聚集展布，油藏高度较大，油柱高度可达数百米，与这些烃源灶的油气资源规模大、油源相对雄厚一些，如阜二段烃源灶，油气运移沿途聚集成藏，多数圈闭充满度达1（图1-11-24）。相反，其他贫油气资源的烃源灶，油源供给半径很小，油藏稀疏点缀分布，圈闭充满度低。

（4）"双高"领域赋存规模的富集油藏。从石油储量分布现状看，面积大、断陷期埋藏深的凹陷成烃好，油气资源相对丰富。如高邮、金湖、溱潼凹陷，海安曲塘次凹沉降—沉积埋藏史与溱潼凹陷一样，故"小而肥"。相反，海安多数次凹及临泽、白驹、盐城、洪泽凹陷，断陷期次凹规模小、沉降幅度浅，油气资源远不如前3个凹陷；而阜宁、涟水凹陷，坳陷期沉积剥蚀严重，断陷期持续无沉积，晚期沉降幅度又很小，油气资源很少，反映油气资源、油藏分布与各凹陷沉降、沉积埋藏演化密切相关。

苏北盆地勘探领域受油气资源严格制约，预测凹陷的层系、区带和三级构造供源状况，是降低勘探风险的核心。实践表明，三级构造或断块群输导储层的油气显示频度和强度，能很好反映该输导层系的油源供给优劣：高频度、高强度地区反映油气运移势强、油源供给较丰足，具有形成规模的富集油藏条件（图1-11-29）；油气显示频度、强度越高，聚集形成的油藏往往越多，单块油藏或断块群油田规模越大。如高邮凹陷韦庄、沙垫、花庄构造，金湖凹陷下闵杨、高集、崔庄构造，溱潼凹陷边城、帅垛构造，海安凹陷曲塘张家垛构造，其阜一＋二段、阜三段油气显示均具高频度、高强度的特点，这些"双高"的断鼻、断块群领域先后发现了一批富集的油藏群，成为该凹陷

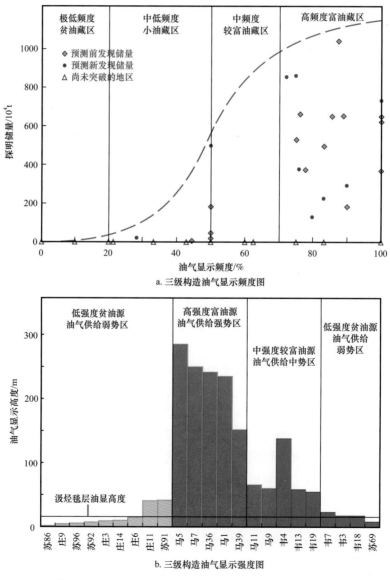

图1-11-29　苏北盆地三级构造油气显示频度、强度与供源条件、油藏规模关系

主力油田。反之，频度、强度较低，反映油气运移势弱、供源欠丰，聚集的油藏少、规模小，如金湖凹陷唐港构造油气显示频度较高、而强度较低，只生成少数微小油藏；而"双低"地区，一般难以成藏，如柘垛低凸起为"双低"领域，包括三维地震勘探在内，先后预探几十口井全部落空。

2）输导体系和盖层配置控制油气富集领域

（1）汲烃运载层既是油气中转站，又是聚集成藏的重要层系。泰州组—阜宁组烃源灶尽管呈"箕形"凹坡结构，其初次排油气接收系统依然受大型坳陷的储—盖组合影响，单向排烃是苏北盆地3套烃源岩油气初次运移的重要特征。泰二段烃源岩上覆厚层泥岩，全部下排烃进入泰一段大型砂体。金湖凹陷阜二段烃源岩上覆地层砂岩含量较低，下排烃进入阜一＋二段大型砂体；高邮凹陷阜二段烃源岩顶部及阜三段下部砂岩发育程度低，大部分下排烃进入阜一＋二段大型砂体，受断层发育、异常高压和局部岩浆岩刺穿影响，部分油气上排烃进入阜三段大型砂体；溱潼凹陷阜二段烃源岩下伏阜一段砂岩发育程度低，烃源灶区断层多，局部岩浆岩刺穿，主要上排烃进入阜三段砂体；海安凹陷曲塘次凹阜二段烃源灶下伏阜一段砂岩发育程度低，存在异常高压，裂缝发育，油气上排烃进入阜三段砂体。阜四段烃源岩在金湖凹陷西南隅下排烃进入阜四段大型砂体，其他地区阜四段下部暗色泥岩为非烃源岩，阜四段上部烃源岩生成的油气上排烃进入戴一段小型砂体。这些接收烃源岩初次排烃的砂体既起临时储存的中转站作用，也是油气二次运移聚集成藏的主要层系。

（2）运移输导体系使油气发散，盖层使油气纵向集中。一是戴南组—三垛组发育断层—层状储层输导体系，储层规模巨大，与巨厚的3套区域盖层配置，油气以侧向运移为主、垂向运移为辅，且垂向运移不是直线式，而是借助断层—砂体通道实现螺旋式垂向运移，输导体系将汲烃中转站油气运至低势区成藏，控制平面发散范围和聚集场所，区域盖层控制油气纵向聚集层系。泰二段、阜二段、阜四段区域盖层的储盖组合油藏储量占总储量的68.36％。区域盖层油藏一般具有单块面积较大、含油带较宽、油藏高度大、油柱高度大的特点，油层纵向多紧邻盖层较集中产出，油藏油水系统有统一、梯级、梳状等类型；若区域盖层被同期断层错开破坏，油气可向上逃逸，造成油层段分散、油水间互分布。二是戴南组—三垛组发育层状砂体—断层输导体系，戴一段盖层相对稳定，其余盖层皆不稳定，输导砂体规模小，二者相配，油气以垂向运移为主、侧向运移为辅，尤其活动性强的断裂面是垂向运移的主通道，油气分散聚集于纵向不稳定的储盖圈闭，戴一段—亚段—戴一段储盖组合储量较多，向上随油源发散损耗，油藏数量和储量逐渐减少，垛二段枯竭结束。此类油藏平面分布局限于烃源灶区及边缘，单块规模小、含油带较窄，油藏高度差别大，油柱高度小，油藏油水系统复杂，油层与水层常常间互出现。

3）断层起油气成藏和富集分布的多重关键作用

断层既起控源、控圈及控藏作用，同时也起控制复杂断块油气富集分布的重要作用。

（1）控制断块油藏规模。苏北盆地各油田，无论由单个整装油藏还是一批复杂断块油藏组成，都有断层控制的1～2个整装的富集油藏为基础，如真武油田真11块、真12块，陈堡油田陈3块，赤岸油田韦2块，高集油田高6块、高7块，杨家坝油田杨1块，张家垛油田张1块等油藏，单块探明储量超过 500×10^4t，张家垛油田张1断鼻阜三段含油面积8.98km²、探明储量近 1000×10^4t，陈堡油田陈3断鼻泰州组—赤山组含油面积1.2km²、探明储量高达 1000×10^4t 规模。此外，还有一批单块探明储量 $300 \times 10^4 \sim 500 \times 10^4$t 的整装油藏，这些富集油藏是油田储量、产量的核心区块。

富集油藏多数由断距较大、延伸较长的三级断层控制形成，也有少数由一、二级断层控制，如吴①断裂控制的陈3断鼻，泰县断裂控制的张1断鼻。而且，断层封闭性良好，有早期断层封堵，区域盖层封堵，砂岩含量小于18%地层封堵，低缓断面压力封堵等。这些规模大、封闭性好的断块，具有圈闭面积大、闭合幅度高、有效储集空间多、油气供给面宽、汇聚能力强的特点，可形成整装的富集油藏，油藏高度大、油柱高度大。相反，由延伸短的同期断层控制的圈闭，一般油层少、油藏小。

（2）控制含油气带的富集油藏群。苏北盆地断裂、斜坡、低梁含油气带，皆以断层控制形成的三级构造或相当的断鼻带、断块群为油气赋存主要对象，形成富集的复杂断块油藏群油田。如图1-11-21至图1-11-23所示，高邮凹陷沙埝、赤岸断鼻油藏带，花庄断块油藏群，真武、码头庄、许庄断背斜油藏群，富民复断鼻油藏群，吴堡断鼻断块油藏带；金湖凹陷闵桥断背斜油藏群，卞杨断鼻油藏带，崔庄、高集、范庄、石港断鼻断块油藏带；溱潼凹陷帅垛、边城扭动构造断鼻断块油藏带等，这些断层控制的构造高带成为聚集油藏最多、油气最富的区块。

4）两种成盆体制控制三带油气富集规律

（1）泰州组—阜宁组断陷主控斜坡带泰州组—阜宁组油气富集规律。原始统一湖盆控制大型生储盖组合和油气运聚框架。泰州组—阜宁组原型统一的坳陷湖盆，建造了泰二段、阜二段、阜四段大套烃源岩和3套巨厚盖层，以及泰一段、阜一段、阜二段、阜三段和阜四段大型砂体；原始烃源岩、盖层横向变化极稳定，砂体横向大规模连通、连片，构成了稳定的生储盖组合。后期湖盆解体，大型砂体被断层切割成大量的"切糕"状砂块，砂块与构造配置，组成众多的断鼻、断块；斜坡带3套区域盖层尽管受大量断层切割，依然保持整体的完整性，构成稳定的大型生储盖组合，成为控制油气纵横运移聚集的基本格架。

泰州组—阜宁组断陷箕形控制斜坡构造高带和油气聚集带。泰州组—阜宁组断陷箕形结构，提供向斜坡带上倾方向油气二次运移的势差和控制油气运移大趋势，如图1-4-26所示，斜坡带发育的一系列断鼻、断块群是油气运移途中成藏的最有利场所。斜坡带的继承性构造高带，与稳定生储盖组合、断层—大型砂体输导体系配置，控制油气以盖层下伏泰一段、阜一＋二段和阜三段砂岩作侧向运移为主，异地聚集成藏，形成斜坡断鼻断块油气富集带，油气垂向运移和调整成藏为次，构成纵向叠置富集的油藏带。

油气侧向运移方式控制稠化型差异聚集及扇形环带分布。平面上，阜二段成熟烃源灶油源丰富，自斜坡带内环到外环油气运移不断稠化、差异聚集，沿斜坡倾向呈"串珠"状富集断鼻油藏带、断块油藏群，沿走向呈扇形环带展布，中环带砂体好、圈闭多、规模大，油气最富，到中环带外缘圈闭充满度显著降低，外环带基本无油气。斜坡倾向、斜向的同期断层输导区，油气运移汇流较集中、波及边界远、聚集效率高，可长距离异地富集成藏；斜坡走向的同期断层输导区，油气运移波及面广、异地成藏范围近，且油气易向浅部新层位转移调整成藏。泰二段油源欠丰、供给距离短，主要在烃源灶内及边缘泰一段成藏。纵向上，常见阜一＋二段油藏、阜三段油藏叠置发育，在阜二段异常高压烃源灶区，发育裂隙系统，上覆输导体系可接收排出的油气和聚集成藏。

（2）戴南组—三垛组断陷主控深凹带戴南组—三垛组油气富集规律。戴南组—三垛组断陷控制下伏烃源岩演化及烃源灶格局，建造不稳定的储盖组合。戴南组、三垛组沉积埋藏决定了泰二段、阜二段、阜四段烃源岩成熟度高低，深凹断陷戴南组、三垛组厚，下伏烃源岩成熟好、油源富，尤以戴南组厚度影响最大；浅凹断陷戴南组、三垛组薄或无戴南组，下伏烃源岩成熟度低、油源贫或无油；断陷期无戴南组、三垛组沉积的凹陷、（低）凸起，烃源岩未成熟全部无效。由此形成了阜四段烃源灶油气平面不离深凹，泰二段、阜二段烃源灶油气平面远离深凹的断陷供源格局。高邮深凹带戴南组、三垛组最厚，阜四段烃源灶成熟、油源最富（图1-6-16），已探明储量占总储量的28.75%，居各含油子系统之首；金湖、溱潼深凹戴南组、三垛组厚度次之，烃源灶仅达中成熟—成熟，资源欠富。同时，戴南组、三垛组过补偿断陷湖盆，近物源、多水系，建设了各类扇体、滩坝岩相，砂体发育、规模小、相变快、连通差，纵横交错叠置，缺乏稳定的大套泥岩盖层，形成了丰富的不稳定储盖组合，大量断层沟通上下不同的砂体、相邻不同的断块储层，形成纵横交错的砂体—断层立体网络输导体系，便捷油气垂向运移和聚集。

戴南组、三垛组断陷控制深凹断裂上盘三级构造生长，成为深凹带油气聚集主要场所。断陷控凹诸断裂在上盘发生逆牵引、牵引，形成了较多的三级构造，如高邮凹陷真②断裂真武、黄珏逆牵引断背斜，汉留断裂永安、联盟庄牵引断鼻，吴①断裂周庄牵引构造复杂断块，溱潼凹陷泰州断裂陶思庄、洲城、储家楼、草舍等牵引断鼻断块。这些三级构造成为深凹带油气运移的主要指向，受诸多断层复杂化，成藏则由三级构造中独立的断鼻、断块圈闭完成，形成深凹区较富集的油田，如真武、永安油田。此外，深凹带不均衡沉降形成次凹和低梁构造带，后者成为油气富集的有利对象。

他源油气垂向运移控制深凹带油藏平面成带、纵向成串展布。平面上，深凹带阜四段烃源灶范围局限，下有排烃屏障、上缺区域盖层，戴一段汲烃砂体小、中转站砂体多，砂体—断层立体网络输导发育，油气强势垂向运移，侧向运移弱；如图1-11-27所示，戴南组、三垛组油藏平面不离深凹阜四段烃源灶，多数叠于烃源灶之上，高邮深凹带邵伯次凹油气侧向运移最远，运出烃源灶外部8km至黄马油田西部。主要沿一、二级断裂和三级断层通道周缘，油气以三级构造为中心聚集成藏，断鼻、断块含油面积小、含油带窄，多层段油层叠合连片可大致呈现三级构造的控油格局，沿深凹两侧成带展布；如高邮深凹带周缘的三级构造均富集油藏，南带有真武、曹庄、徐家庄油田，北带有联盟庄、永安油田，东带有周庄油田，中间有富民油田等，溱潼凹陷沿深凹陡带有洲城、角墩子、储家楼、草舍、陶思庄等油田。戴南组—三垛组断陷戴南组、三垛组断鼻、断块油藏规模明显小于泰州组—阜宁组断陷斜坡带泰州组、阜宁组同类圈闭油藏。纵向上，油藏沿通源断层两侧圈闭聚集，油层纵向不连续梳状分布，油水层间互、油水系统复杂；其中，高邮深凹含油层位多、含油层井段长，如真武油田真11块、真12块含油井段最大超过 1000m，金湖、溱潼深凹含油层位少、含油层井段短。在砂岩含量较低区，遵循稠化型油气运移差异聚集，构成上油藏组分重、下油藏组分轻的叠置规律，如真武油田；在砂岩含量较高区，遵循渗漏型油气运移分异聚集，形成上油藏组分轻、下油藏组分重的叠置现象，如富民油田。

（3）两期断陷联控断裂带油气富集规律。一、二级断裂主要由盆地基底断层在泰州组—阜宁组坳陷期生长，少数是坳陷期发育的补偿性断裂，持续活动至戴南组—三垛组断陷阶段，甚至到盐城期。控制形成成熟生烃次凹、断裂带局部构造和油气成藏，按照断裂油气聚集带差异分 3 种情况。

① 控制断阶带复杂小断块不均衡成藏。一是断阶带局部构造受断裂长期发育控制，形成极破碎的复杂断块群。如真①、真②伸展断裂控制宽断阶带形成一系列的泰一段、阜一段复杂断块，以许庄、方巷局部构造圈闭多；泰州断裂控制窄断阶带形成泰州组—三垛组不同层系的复杂小断块群，汉留断裂控制窄断阶带戴南组—三垛组复杂小断块群。二是主断裂控制的断块封闭性较好，而低序次断层控制的复杂小断块，其有效性取决于参与断层的封堵性，断层封堵差异性是该带断块成藏和油层纵向分布不均衡的原因之一。三是烃源灶多，油气以垂向运移为主，油层分布复杂。真武断阶带油源有低台阶阜二段烃源灶和次凹阜四段烃源灶，或二者混源成藏；泰州窄断阶带有次凹阜四段烃源灶、低台阶阜二段、泰二段烃源灶，不同局部供源条件差别大；汉留窄断阶带油源来自深凹带阜四段烃源灶。这些断阶带主输导通道是断层，一方面，油气自下而上垂向运移，阜宁组—戴南组油源最有利、成藏多；另一方面，油气自低台阶向中台阶、高台阶运移，中台阶油源近、断块圈闭多、砂体物性较好，油藏最多，低抬阶油源虽好，而砂体物性差不利于油气富集，高台阶油源欠丰、成藏少，圈闭充满度低。油层纵向分布相对分散，多见油水层间互，油藏油水系统复杂。烃源灶供源、砂体物性差异是该带断块不均衡成藏的另一因素。

② 控制走滑断裂雁列断鼻断块成藏富集带。一是吴堡、石港、铜城走滑断裂控制下盘泰州组—阜宁组局部构造生长发育，坳陷期形成了雁列展布的一批泰一段、阜一段、阜三段断鼻、断块，戴南组—三垛组断陷末期这些圈闭定形；同时，石港走滑断裂控制戴南组—三垛组断陷形成了雁列展布的一批戴南组断鼻、断块。二是走滑断裂及羽状雁列断层侧向封堵较好，即此带断鼻、断块有效性普遍高于断阶带的断块。三是两套烃源灶，各自供源为主，油藏较富集或含油面积大。高邮刘五舍次凹阜二段烃源灶，油气沿吴①断裂面墙侧向运抵陈堡构造，在赤山组、泰一段、阜一段、阜三段聚集成藏，刘五舍次凹阜四段烃源灶，油气主要向宋家垛构造泰一段供源成藏，这些构造油源丰富、砂体发育，形成了一系列的富集油藏；石港、铜城断裂带处于金湖凹陷中央，该地阜二段烃源岩中成熟、成熟，油源丰富，阜二段砂体薄、分布广，形成了低丰度的大面积阜二段油藏，以及较小规模的阜三 + 四段油藏；同时，三河次凹阜四段烃源灶，油气主要向石港带戴南组断鼻、断块供源，形成雁列展布的一批戴南组油藏群。

③ 控制伸展断裂上盘牵引断鼻成藏。泰县断裂控制海安曲塘次凹烃源灶，同时控制上盘阜宁组—垛一段形成牵引断鼻、断块，其中，泰州组—阜宁组断陷阜三段断鼻面积大、圈闭幅度高，戴南组—三垛组断陷戴一段、垛一段断鼻、断块面积小。这些圈闭紧

邻下伏阜二段异常高压成熟烃源灶，油气通过断层和裂缝输导渠道，向上覆圈闭供源，控制形成了苏北盆地单块含油面积最大、油柱高度最大的阜三段油藏，上覆叠置富集了"小而肥"的戴一段、垛一段油藏。

5）储层控制油藏储量丰度

苏北盆地 59 个油田探明储量平均丰度为 $109 \times 10^4 t/km^2$，高邮凹陷丰度最高，溱潼、金湖、海安、白驹凹陷丰度依次降低，最高丰度是最低的 26.4 倍。按照各油田中的构造油藏统计，储量平均丰度较全部油藏的稍高，高邮凹陷平均高出 $13 \times 10^4 t/km^2$，其他凹陷接近或不变（表 1-11-16）。

表 1-11-16　苏北盆地各油田及其构造油藏储量丰度区间

单位：$10^4 t/km^2$

凹陷	各油田总储量平均丰度区间			各油田构造油藏储量平均丰度区间		
	最高	最低	全凹平均	最高	最低	全凹平均
高邮	陈堡油田 448	联盟庄油田 71	133	陈堡油田 448	邵伯油田 56	146
金湖	杨家坝油田 158	李庄油田 17	85	杨家坝油田 158	李庄油田 17	83
溱潼	红庄油田 262	茅山油田 71	117	红庄油田 262	茅山油田 71	117
海安	李堡油田 165	海安油田 51	79	李堡油田 165	海安油田 52	84
白驹	白驹油田 44	白驹油田 44	44	白驹油田 44	白驹油田 44	44
全盆地	陈堡油田 448	李庄油田 17	109	陈堡油田 448	李庄油田 17	111

按照各层系的构造油藏统计，泰一段、赤山组油藏陈堡油田陈 3 断鼻最富，储量丰度达 $819 \times 10^4 t/km^2$，白驹油田泰一段油藏最贫，平均丰度 $44 \times 10^4 t/km^2$；阜一+二段油藏赤岸油田最富，平均丰度 $165 \times 10^4 t/km^2$，李庄油田阜一+二段油藏最贫，平均丰度 $17 \times 10^4 t/km^2$；阜三段油藏台兴油田最富，平均丰度 $129 \times 10^4 t/km^2$，石港油田桥 6 块阜三段油藏最贫，平均丰度 $10 \times 10^4 t/km^2$；戴南组、三垛组油藏真武油田最富，平均丰度 $291 \times 10^4 t/km^2$，淮建油田最贫，平均丰度 $33 \times 10^4 t/km^2$。

全盆地最富的构造油藏储量丰度比最贫的高出 81.9 倍，这是由复杂断块圈闭范围内有效储层体积大小决定的，油藏、油田的储量丰度规模与其所处的岩相带、砂体微相、厚度大小一致。赤山组基底为巨厚块状砂体，泰一段砂体多为厚—巨厚层状砂体，累计厚度大，只有海安、白驹凹陷泰一段砂体有薄—中厚层状的，该区油藏丰度明显低于高邮凹陷；阜二段砂体以薄—中层为主，部分厚层的，阜一段砂体以中厚—厚层为主，部分特厚层的，高邮凹陷阜一+二段油藏以阜一段油层为主，金湖则以阜二段油层为主，前者丰度明显高于后者；阜三段砂体以薄—中厚层为主，常见特薄层、厚层的，少见特厚层的，储量丰度取决于油藏所处微相带，桥 6 块处于三角洲前缘末端，台兴油田处于三角洲前缘主体，后者油藏丰度高于前者；戴南组、三垛组砂体以中厚—巨厚层为主，储层规模仅次于泰一段砂体，故戴南组、三垛组油藏丰度普遍高于阜宁组油藏的。由此可见，不同层系的储层控制着圈闭有效储集体积和油藏储量丰度的差异。

6）岩浆岩侵入影响局部油气富集分布

苏北盆地各组地层不同程度有侵入岩浆岩，侵入体有三种产状：一是岩床—岩枝式。这类最普遍，顺层或低角度穿层侵入泰州组—三垛组，如高邮北斜坡沙花瓦地区主要有 2 套这类辉绿岩，溱潼北斜坡茅帅储地区有 2 套近顺层、1 套穿层辉绿岩。二是岩墙式。岩浆岩高角度或近直立侵入，如高邮富民油田富 18 块。三是岩株式。岩浆岩呈岩柱状高角度侵入，如帅垛油田帅 5 岩株。这些地区岩浆岩侵入不同程度改变了正常的油气成藏模式。

（1）岩浆岩致密岩墙起遮挡圈闭作用，岩床起阻隔油源作用。高邮凹陷富民复断鼻构造向南倾覆，主体区有 3 套北东东走向的辉绿岩岩墙，将戴一段—垛一段复断鼻切割成北、中、南 3 个独立断鼻断块，圈闭北块最高、南块最深，南块圈闭戴二段、垛一段油层最多，油藏远比中块和北块富集，中块戴一段含油性明显好于南北两侧。油气不是以复断鼻最浅的北块高点最富集，而是紧邻岩墙部位最富集，含油层系多、油层数量多、油藏高度大，而富民油田无岩墙遮挡的油藏，含层系少、油层很少。溱潼凹陷帅垛油田也存在岩墙、岩株遮挡的油藏。可见，致密岩墙、岩株遮挡形成圈闭，继而控制岩墙两侧不同的油气运移和富集分布。辉绿岩侵入地区，岩床上、下同侧储层油气显示、富集规律相似，油藏供给烃源灶相同，原油成熟度相近，不同侧储层油气显示、富集分布差异大，原油来源、成熟度不同（图 1-11-19）。在辉绿岩侵入区，致密岩床起油气运移的分隔墙作用相当普遍，改变了正常的断层—砂体输导网络。

（2）岩浆岩刺穿变质岩带起输导体系作用，可形成特殊储层油藏。辉绿岩侵入阜二段、阜四段烃源岩，可使泥岩变质形成渗透性的特殊储层带，成为烃源灶初次运移载体和二次运移通道，辉绿岩穿插于阜二段烃源灶和阜三段储层间，变质带起阜二段油气输导层，绕开阜二段区域盖层，实现油气直接运移至阜三段成藏（图 1-11-19）。与此同时，岩浆岩侵入也可形成多种特殊类型的储层，形成相应的油藏。如高邮凹陷沙 18 井阜二段辉绿岩变质岩带油藏，日产原油 6t；金湖凹陷桥 6 井阜二段煌斑岩油藏，试获日产 8.7t 工业油流；溱潼凹陷帅 4 块阜四段隐爆角砾岩型油藏常规试油，2011 年 12 月 16 日投产以来已累计产油 6818t，苏 107 块阜三段辉绿岩下蚀变带油藏累计产油超过 5000t，岩株侵入上拱使顶部砂岩产生裂缝，改善了储层性能，形成局部高产，如帅 8、帅 5 井区油藏。

此外，成藏期前侵入的岩浆岩可改变原有良好组合，使之失效，如沙 7 块阜一段断鼻顶部储层遭辉绿岩侵入失效未成藏，而阜三段未遭破坏，富集油气成藏；成藏期后的岩浆岩侵入也可破坏原始油藏，使油气泄漏、油品变差而失效，如发 3 块阜三段残留油藏。岩浆岩侵入也使正常层序地震反射结构改变，起地震反射屏蔽等复杂化作用，造成下伏地层地震弱反射或无反射，极大地增加了复杂断块圈闭的识别和描述难度。

2. 隐蔽油藏富集主控因素

迄今，苏北盆地已发现隐蔽圈闭的数量、类型及其储量都较少，隐蔽油藏发育领域极不均、分布领域比较局限，其油气富集控制因素与复杂断块既有相似性，又有独特性，既受原型盆地构造—沉积控制，也受后期改造深刻影响。

1）泰州组—阜宁组隐蔽油藏富集主控因素

（1）隐蔽油藏特点。

一是隐蔽油藏发现数量少。与泰州组—阜宁组的同层位复杂断块油藏相比，隐蔽油藏发现极少、分布领域窄，仅在阜三段探明 6 个隐蔽油藏，其中，预探阶段仅发现 1 个海安凹陷曲塘次凹斜坡带曲 1 油藏，其他 5 个都是在阜一 + 二段油藏开发过程中在上覆地层偶然钻遇的阜三段微型复合油藏，分别为金湖凹陷东部斜坡带卞 4-2、卞 6-3、卞 13-2 三个油藏，以及西部斜坡带高 6-44、高 7-31 两个油藏。此外，溱潼凹陷北部斜坡带南华—仓吉地区控制了一些阜三段复合油藏，海安凹陷北凌、新街次凹控制了 2 个泰一段隐蔽油藏，还有高邮凹陷南部断裂带陈 3、周 43、周 38-2 等赤山组基底潜山—断层油藏都属于构造控制的油藏范畴。

二是隐蔽圈闭类型单一。海安凹陷曲 1 块为断层—岩性复合油藏，曲塘次凹斜坡北倾南翘，阜三段砂体向南抬升尖灭，与断层组成隐蔽圈闭，斜坡断层较少，隐蔽圈闭规模大。金湖凹陷 5 个隐蔽油藏均属于岩性—断层圈闭，生长在卞东、高 6、高 7 断鼻构造上，受阜三段砂体尖灭影响形成复合圈闭，其面积远小于局部构造。此外，海安凹陷控制的泰一段复合油藏，溱潼凹陷控制的阜三段复合油藏，也是断层—岩性圈闭。可见，所发现的泰州组—阜宁组隐蔽油藏类型比较单一，基本都属于断层—岩性或岩性—断层复合类型油藏。

三是隐蔽圈闭相带近似。这些已经探明或控制的隐蔽油藏，分属海安、溱潼、金湖凹陷的 5 个斜坡带，分阜三段、泰一段层系，组成复合圈闭的岩性要素，如图 1-5-9、图 1-5-13 所示，其岩相带和砂体类型都属大型三角洲前缘亚相的末端薄层砂体带，即薄层席状砂体、远沙坝砂体，也有的将曲塘次凹阜三段定为浅湖滩坝砂体。

（2）隐蔽圈闭成藏特点。

一是隐蔽圈闭形成控制因素。泰州组—阜宁组形成隐蔽圈闭，需满足如下条件：一是断块体规模要大于"切糕"状砂体大小，断块体越大，砂体越小，越有利于发育复合圈闭，如曲塘次凹斜坡区。二是砂体处于亚相末端的微相快速尖灭带，泰州组—阜宁组河流、三角洲相主体区，砂岩含量较高、砂体规模大、横向连通好，断块体与"切糕"状砂体规模相当，难形成隐蔽圈闭，勘探发现了大量的复杂断块油藏，却未见隐蔽圈闭踪迹。亚相末端微相的砂岩含量较低，砂体临近尖灭带，可与断层组成复合圈闭，故三角洲前缘亚相末端的席状、远沙坝、滩坝砂体是发育复合圈闭的有利地带。三是舌状砂岩尖灭体受断层截切，在泰州组—阜宁组沉积阶段"舌状体"原始产状反转，成为砂体上倾尖灭，或侧转呈侧向尖灭砂体，且砂体尖灭线与断层线高角度相交。前者如海安曲 1 块阜三段、台 19 块泰一段断层—岩性油藏，后者如溱潼南华、仓吉和金湖高集、卞东阜三段油藏。可见，三角洲前缘末端快速相变带、砂体产状反转，与斜坡区断层匹配叠加，是控制泰州组—阜宁组复合圈闭的主要因素。

二是隐蔽圈闭油气富集因素。泰州组—阜宁组隐蔽圈闭的油源条件、储盖组合、运移输导、断层作用、运聚规律等方面，都与复杂断块油气成藏相似，如卞东油田阜三段复合油藏由下伏阜一 + 二段油藏后期渗漏形成，遵循"上轻下重"油气运聚规律；高集油田阜三段、阜一 + 二段原油呈"上重下轻"规律，盖因高 6、高 7 断鼻阜一 + 二段油藏为早期断层控制，封闭性好，不会泄漏再调整到上覆圈闭成藏，油气是直接来自三河次凹阜二段烃源灶，运移路径较阜一 + 二段更远，遵循稠化型油气运移聚集规律。二者控制因素的不同点：一是隐蔽圈闭储层较少、砂体薄，油藏储量丰度明显低于构造的，海安凹陷张家垛油田，曲 1 区块阜三段隐蔽油藏储量丰度仅 $15 \times 10^4 t/km^2$，张 1 区块阜三段断鼻油藏储量丰度达 $106 \times 10^4 t/km^2$，是前者 7.1 倍；海安凹陷新街油田台 19 块泰一段隐蔽油藏控制储量丰度也明显低于该凹陷泰一段构造油藏的。二是圈闭形成条件苛刻，油藏局限分布在三角洲前缘亚相末端带，完全有别于遍地分布的构造油藏。

2）戴南组—三垛组隐蔽油藏富集主控因素

（1）隐蔽油藏特点。

一是隐蔽油藏数量较多、贫富不均。高邮、金湖、溱潼和海安凹陷戴南组、三垛组不同程度发现了一些隐蔽油藏，数量较多，但这些油藏分布极不均：一是区域发育不均。高邮凹陷隐蔽油藏最多，溱潼、金湖、海安凹陷各探明 1 个隐蔽油藏。二是层系分布不均。高邮凹陷戴一段、戴二段隐蔽油藏数量多、规模较大、储量丰度相对高，垛一段隐蔽油藏少、个体小、储量丰度低，溱潼、金湖、海安凹陷仅戴一段发现隐蔽油藏。三是油藏丰度不均。戴南组—三垛组断陷隐蔽油藏平均丰度 $71 \times 10^4 t/km^2$，明显低于复杂断块油藏平均丰度 $111 \times 10^4 t/km^2$（表 1–11–16）；按油田的隐蔽油藏均值统计，最高丰度是永安油田 $113.1 \times 10^4 t/km^2$，其次是边城油田 $106 \times 10^4 t/km^2$，马家嘴油田 $92 \times 10^4 t/km^2$，邵伯油田 $88 \times 10^4 t/km^2$，其余油田均低于隐蔽油藏丰度均值，最低丰度是花庄油田 $13.6 \times 10^4 t/km^2$。可见，各油田的隐蔽油藏储量丰度普遍较低，即便最富的永安隐蔽油藏，也低于永安构造油藏丰度 $139 \times 10^4 t/km^2$ 的均值、高邮凹陷构造油藏丰度 $146 \times 10^4 t/km^2$ 的均值。

二是隐蔽圈闭类型较多、重点分布。按照圈闭成因，探明隐蔽油藏有岩性、复合 2 大类，砂体上倾尖灭、岩性—断层、断层—岩性、地层超覆—断层圈闭 4 类 8 小类。其中，砂体上倾尖灭油藏 3 个，即金湖凹陷墩 2–2 块和高邮凹陷永 38、邵 8 块戴一段油藏；地层超覆—断层油藏 1 个，即溱潼凹陷陈 2 块戴一段油藏；岩性—断层、断层—岩性油藏最多，有 6 小类不同组合，合计占戴南组、三垛组断陷隐蔽油藏总储量的 93.55%。从圈闭分布看，重点领域突出：一是深凹区带为隐蔽圈闭主发育领域。斜坡带仅发现 3 个隐蔽油藏，即溱潼凹陷陈 2 块、高邮凹陷花 26 块和海安凹陷曲塘次凹红 101 块，其余大都是在高邮深凹带，即高邮凹陷戴南组、三垛组断陷真武、汉留断裂控制的上盘深凹带隐蔽油藏丰富。二是环邵伯次凹周缘圈闭最多。高邮深凹带邵伯次凹周缘分布 5 个油田，马家嘴、邵伯油田隐蔽圈闭占绝大部分，联盟庄、黄珏油田隐蔽圈闭多于构造圈闭，这 4 个油田的隐蔽油藏较富集，可形成叠合连片大面积含油的场面，占戴南组、三垛组断陷隐蔽油藏的 76.59%；真武油田以构造油藏为主，也有较多的小隐蔽油藏，这 5 个油田合计探明隐蔽油藏占 83.26%。三是纵向以戴一段、戴二段隐蔽油藏数量多、油气富集。四是低位体系域隐蔽油藏储量占 37.95%、湖侵体系域占 11.09%，高位体系域占 50.96%；三级层序高位体系域圈闭较多，这点与其他盆地低位体系域隐蔽圈闭最发育不同。

三是隐蔽圈闭砂体相带多样，共性是砂岩含量低。这些隐蔽油藏，储层分属水下冲积扇、泥石流扇、辫状河三角洲、三角洲、扇三角洲、浊积扇及浅湖滩坝等岩相，圈闭位于砂岩含量小于 30% 相带，砂岩含量 8%～20%，砂体平面呈条带状、舌状、朵叶状形态的相带，最有利于发育隐蔽圈闭。各类扇中水道、各洲前缘分流河道微相，砂体延伸较远，横向窄、连续性差，多呈条带状，而各类扇缘末端、各洲前缘末端如远沙坝、席状砂及浅湖滩坝微相，砂岩含量较低，砂体平面易形成舌状、朵叶状，成为形成隐蔽圈闭的有利相带。

（2）隐蔽圈闭成藏特点。

戴南组、三垛组隐蔽油藏主要在戴南组，下面着重探讨这些对象的油气富集控制因素。

一是物源—坡折控扇——沉积建模。苏北盆地戴南组断陷是由泰州组—阜宁组大型坳陷湖盆解体形成的分隔箕状凹陷，成盆古地质背景和沉积条件独特：一是戴南组断陷范围远小于泰州组—阜宁组残盆，也明显小于各凹陷自身。二是形成断裂、侵蚀、挠曲3大类与平面凸缘、凹缘2大类相结合的10种坡折带。三是拥有泰州组—阜宁组含大套泥质的新岩系、基底老岩系的双重物源体系，完全不同于泰州组—阜宁组沉积期只有基底单一物源，这点与渤海湾盆地也完全不同。四是环绕戴南组断陷密布近距多物源、短河多水系，与不同坡度、形态的坡折带耦合，控制各类扇相沉积演化、砂体发育状况（表1-11-17）。

表1-11-17　苏北盆地戴南组断陷不同体系域的物源—坡折—扇体关系

体系域	凸缘坡折——基底物源充沛		凹缘坡折——阜宁组新物源充沛		盆内坡折
	陡坡断裂（A型）：真许、小纪、祝庄、红庄、夏家营	缓坡侵蚀（C_1型）：沙埝、泥沛、闵桥	陡坡断裂（B型）：邵伯、黄珏、竹泓、小关、草舍	缓坡侵蚀（C_2型）：马家嘴、吕良、陈家舍、茅山	注断D型：联盟庄及两翼；挠曲E型：如花庄
HST（E_2d_2）	富砂辫状河三角洲、较富砂扇三角洲	极富砂辫状河三角洲	富泥扇三角洲、泥屑流扇	富泥三角洲、泥屑流扇	三角洲前缘末端、滩坝
TST（$E_2d_1{}^1$）	较富砂近岸水下扇、富砂扇三角洲	富砂三角洲	富泥近岸水下扇	富泥三角洲	三角洲前缘末端、滩坝、浊积扇
LST上（$E_2d_1{}^2$）	较富砂扇三角洲	富砂三角洲、富砂辫状河三角洲	富泥扇三角洲、泥屑流扇	富泥三角洲、泥屑流扇	三角洲前缘末端、滩坝、浊积扇
LST下（$E_2d_1{}^3$）	较富砂水下冲积扇	较富砂三角洲、富砂辫状河三角洲	泥屑流扇、泥石流扇	泥屑流扇	三角洲前缘末端、浊积扇

苏北盆地戴南组全部坐落于阜四段区域泥岩剥蚀面上，在断裂陡坡、侵蚀缓坡凸缘坡折带，基岩隆升高、距离近、向断陷突进，残留泰州组—阜宁组少、新物源含砂量高，基岩物源供给充分，建设富砂的沉积体系相区。高邮沙埝、金湖泥沛、闵桥沿缓坡侵蚀凸缘坡折带，发育富砂（辫状河）三角洲，砂岩含量达30%～90%；高邮真许、小纪、周北、溱潼红庄、祝庄，金湖夏家营沿断裂凸缘坡折带，建造较富砂水下冲积扇、扇三角洲、近岸水下扇等，砂岩含量20%～40%。凸缘坡折控制的这些相带主体区砂岩十分发育，只有推进到深凹带盆内注陷边缘断裂坡折带的前缘末端，或入水改造为浅湖

滩坝的部分，砂岩含量明显降低，才有一些砂体具备生成隐蔽圈闭的可能。

在断裂陡坡、侵蚀缓坡凹缘坡折带，被阜二段—阜四段大套泥岩围成凹缘，新物源丰富细小，基岩物源较远，发育富泥的沉积体系。如高邮凹陷马家嘴，金湖凹陷吕良、高集、溱潼陈家舍、茅山沿缓坡侵蚀凹缘坡折带，发育泥屑流扇、富泥三角洲；高邮凹陷联盟庄、黄珏、邵伯、肖刘庄、周南、竹泓，金湖凹陷小关、秦营，溱潼凹陷草舍沿断裂凹缘坡折带，建造泥屑流扇、泥石流扇，以及富泥水下冲积扇、扇三角洲、近岸水下扇，砂岩含量5%至不足20%（图1-11-30）。凹缘坡折控制的这些扇洲，其砂体形态多变、利于形成隐蔽圈闭；如水下沉积扇是勘探隐蔽油藏的重要方向。据此，建立了戴南组—三垛组断陷控制戴南组隐蔽圈闭形成的沉积相模式。

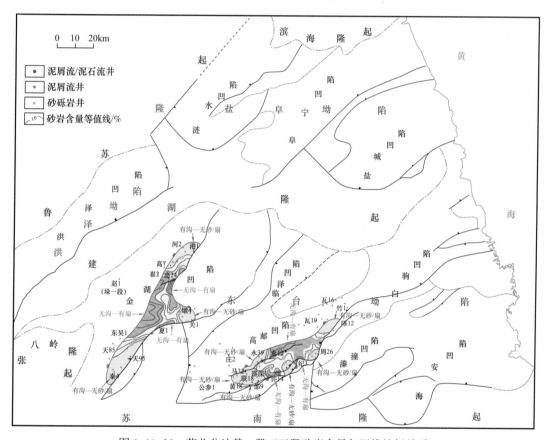

图1-11-30 苏北盆地戴一段三亚段砂岩含量与凹缘坡折关系

二是砂体—断层控圈——圈闭建模。戴南组—三垛组断陷戴南组凹缘坡折带、盆内坡折带控制的众多扇洲，砂岩含量虽较低，但砂体规模一般偏大，形态展布与地层产状难自然圈闭，需断层切割和参与，才能形成隐蔽圈闭：一是深凹带各类扇砂体较小、宽300~800m、延伸数千米不等，各种洲前缘末端砂体规模较前者大，这些砂体一般保持原下倾和侧向尖灭状，若上倾方受断层横切或斜切，可组成断层—岩性、岩性—断层复合圈闭，为区内最常见的隐蔽圈闭类型。如高邮断陷邵伯次凹周缘，马家嘴、联盟庄、黄珏、邵伯地区发育的泥石流扇和富泥水下冲积扇、扇三角洲、三角洲前缘末端、浅湖滩坝相区砂体，受单级断层或多级断层截切，控制形成了沿断裂上盘展布的一系列隐蔽圈闭。二是深凹带邵伯戴一段二亚段扇三角洲、永安戴一段一亚段三角洲前缘末端、墩塘戴一段二亚段辫状河三角洲前缘末端，受同沉积断层不断生长影响，上盘部分前倾砂体产状逆转，断截舌状砂体形成上倾尖灭圈闭，此类目标少见。三是戴南组、三垛组断陷戴南组箕状充填超覆沉积，形成斜坡地层超覆带，溱潼北斜坡戴一段二＋一亚段识别出 5 条超覆尖灭带，金湖西斜坡高集戴一段三＋二亚段有 2 条超覆尖灭带，高邮北斜坡沙埝南戴一段三＋二亚段有 3 条超覆尖灭带，其中，溱潼、金湖高集戴南组地层超覆带明显受凹缘坡折带影响，沉积砂泥比较低，超覆带砂体与断层配置，形成有效的断层—地层、地层—断层复合圈闭，陈 2、高 29A 井先后钻探成功。高邮北斜坡戴一段地层超覆带，由缓坡侵蚀凸缘坡折带控制建设，三角洲前缘砂岩多、砂体大，与断层似可组合成圈，而泥岩顶板薄、分布不稳，砂体尖灭线难准确落实，先后部署钻探了沙 10、沙 X64、沙 X67 等探井均落空。可见，无断层参与，亦无隐蔽圈闭，由此建立戴南组—三垛组隐蔽圈闭形成模式。

三是他源—输封控藏——成藏建模。戴南组—三垛组断陷戴南组、三垛组隐蔽圈闭与构造圈闭一样，油源来自下伏泰州组—阜宁组烃源灶，属他源成藏类型。其中，高邮、金湖凹陷为阜四段油源，溱潼凹陷为阜二段油源。因此，隐蔽圈闭成藏和油气富集控制因素，与同层位构造油藏有诸多相似之处，即受他源烃源灶、输导体系、盖层配置、断层作用、储层品质等因素耦合控制，深凹带也成为隐蔽油藏主富集区，同时，圈闭边界条件差异，成藏控因也有所不同。一是断层作为油气充泄唯一通道，具备输导—封堵双重性。断层—岩性、岩性—地层、砂体上倾尖灭和断层—低部位地层超覆的隐蔽圈闭，断层是油气注入和溢出、泄漏出隐蔽圈闭的唯一渠道，同时，断层封堵油气率要高于渗漏油气率，圈闭能俘获油气成藏。二是砂体与油气注入点高程关系控制隐蔽圈闭充满度。当隐蔽圈闭砂体高程浅于断层油气注入点时，砂体可俘获油气成藏，圈闭可满充，含油面积大、含油带宽（图 1-11-31a）；当砂体高程跨越油气充注点高程时，砂体高于注入点的部分可成藏，低于的部分不能充注油气为水层，圈闭不能满充，含油面积小、含油带较窄（图 1-11-31b、图 1-11-31c）；当砂体高程低于断层油气注入点时，不能俘获油气，圈闭无效，如黄 83 井落空就属此情况（图 1-11-31e）。由 2 条或多条断层控制的复合圈闭，油气富集更复杂，如图 1-11-31d 断块高部位永 X30 井戴一段二亚段砂体油气显示良好，测井解释几个油层，试油不是油水同层就是含油水层，反映该部位断层遮挡隐蔽砂体欠佳；构造低部位永 22、永 X22-1 井，戴一段二亚段砂体获得多套油层。据此，建立了戴南组、三垛组他源型隐蔽圈闭成藏和油气富集控制因素模式。

平面上，寻找凹缘坡折带，明确有利于发育隐蔽圈闭的沉积体系，刻画出主要单砂体平面展布形态，因隐蔽油藏单油砂体呈朵叶状、断舌状、三角状、条带状产出；纵向上，沿控烃源灶断裂、控扇坡折带、控圈闭砂体，油层紧贴断层呈"串珠"状分布；各含油砂体叠合，油藏叠合油砂体呈"裙边"状连片展布，其中，具局部构造背景的隐蔽砂体，平面含油面积大，纵向含油层数较多。由此，提出"定凹缘、沿断层、追双源、探扇砂"的部署思路及方法，简称"沿断、追源、探砂"，指导勘探效益显著。

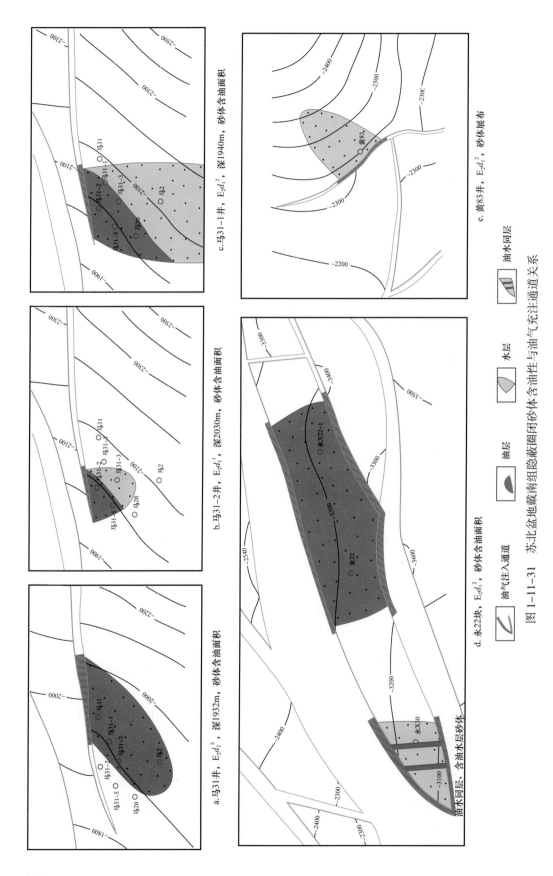

a. 马31井，$E_2d_2^5$，深1932m，砂体含油面积

b. 马31-2井，$E_2d_1^1$，深2030m，砂体含油面积

c. 马31-1井，$E_2d_1^2$，深1940m，砂体含油面积

d. 永22块，$E_2d_1^2$，砂体含油面积

e. 黄83井，$E_2d_1^2$，砂体展布

图 1-11-31　苏北盆地戴南组隐蔽圈闭砂体含油性与油气充注通道关系

第十二章　油气田各论

截至 2018 年底，苏北盆地高邮、金湖、溱潼、海安、白驹、盐城 6 个凹陷总计发现 60 个油气田（表 1-12-1），已经投入开发 57 个油气田。根据油田的地质特征、油藏类型、储量规模、开发特点和生产现状等因素，优选出真武、陈堡、沙埝、高集、赤岸、黄珏、闵桥、联盟庄、草舍、帅垛 10 个油田进行简要介绍，主要包括油田地质特征、油藏特征等基本情况，以及油田开发历程、油田开发现状等三个部分的描述。

表 1-12-1　苏北盆地油气田分布统计表

单元名称	油气田名称	油气田个数
高邮凹陷	真武、曹庄、许庄、邵伯、黄珏、马家嘴、联盟庄、永安、富民、肖刘庄、邱家、徐家庄、周庄、陈堡、码头庄、赤岸、沙埝、花庄、瓦庄	19
金湖凹陷	卞东、杨家坝、墩塘、闵桥、石港、淮建、金南、腰滩、吕家庄、李庄、刘庄、崔庄、高集、范庄、南湖、王龙庄、安乐、小关	18
溱潼凹陷	草舍、储家楼、角墩子、茅山、台兴、陶思庄、溪南庄、殷庄、淤溪、洲城、祝庄、边城、北汉庄、红庄、帅垛	15
海安凹陷	安丰、梁垛、新街、李堡、张家垛、海安	6
白驹凹陷	白驹	1
盐城凹陷	朱家墩	1

第一节　真　武　油　田

真武油田位于高邮凹陷深凹带南侧，是苏北盆地投入开发最早、开发时间最长的油田，也是第一个储量规模达千万吨级的整装断块油田，曾经创造了连续 17 年原油年产量保持在 $25 \times 10^4 t$ 以上纪录。

一、油田基本情况

真武油田地处江苏省扬州市江都区真武镇境内，1974 年苏 58 井钻探首获工业油流，1975 年开始石油会战之后，陆续发现真 11、真 12 等主力含油区块，并投入试采和注水开发。截至 2018 年底，共计发现垛一段、戴二段、戴一段三套含油层系（图 1-12-1），累计探明石油地质储量 $2136.64 \times 10^4 t$，含油面积 8.70km²。

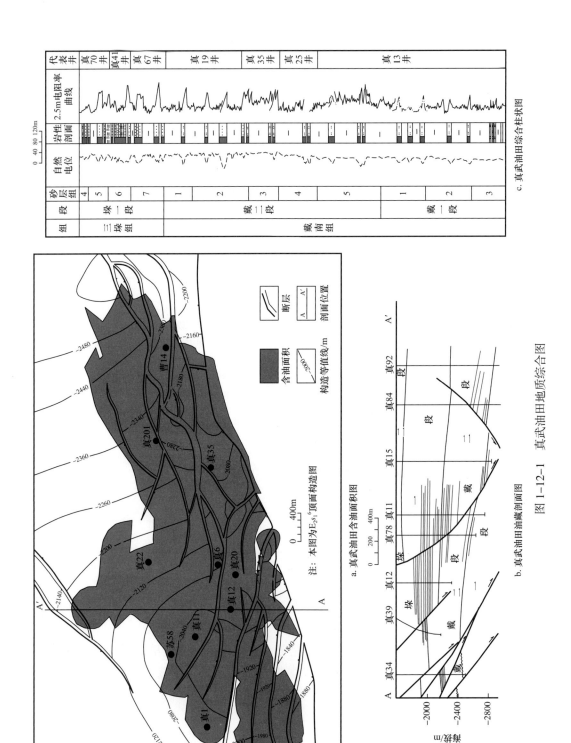

图 1-12-1　真武油田地质综合图

a. 真武油田含油面积图

注: 本图为 $E_2s_1^6$ 顶面构造图

断层

A——A'
剖面位置

含油面积

构造等值线/m

0　200　400m

b. 真武油田油藏剖面图

c. 真武油田综合柱状图

1. 地质特征

1）构造

真武油田是在真②号断裂下降盘逆牵引背斜构造背景上被断层复杂化的整装断块油田。主体构造为真②断裂下降盘发育的逆牵引断背斜，真②断裂为控制油田南界的同生大断层，断层落差 200～1900m，主断层派生出一系列北东向及北西走向正断层，将构造切割成多个断块，形成逆牵引断背斜、反向断层屋脊断鼻、同向断层屋脊断鼻、断块等圈闭类型，并呈自南而北逐次下降的展布格局。整体构造较为破碎，内部发育大小 22 条断层，分割为 11 个主要含油断块，其中真 11、真 12、真 35 块是三个主力含油断块区。

2）储层

真武油田主要发育古近系垛一段、戴二段、戴一段三套含油储层，可细分为 12 个含油砂层组。岩性主要为中细砂岩、粉砂岩和不等砾砂岩，少量含砾砂岩，碎屑组分以岩屑长石石英砂岩为主。砂岩受沉积相类型、成岩作用影响，储层物性差异大，由下至上具有变好的趋势，主力含油层系垛一段、戴二段以中、高渗透为主。垛一段主要发育河流沉积，属于中、高孔渗储层，孔隙度 23.8%～25.1%，渗透率 551.5～4532.2mD；戴二段处于滨浅湖—三角洲相带，属于中孔、中—低渗储层，孔隙度 17.8%～23.5%，渗透率 43.3～662.9mD；戴一段以湖相近岸水下扇沉积为主，属于中孔、低渗储层，孔隙度 17.4%～18.6%，渗透率 40.0～82.0mD。

2. 油藏特征

1）油藏类型

真武油田含油层系多，断层多，断块碎，构造复杂，受断层和岩性的影响，发育多种油藏类型。主要由小断背斜、断鼻和断块等构造油藏组成，构造翼部发育少量岩性—断层复合油藏，总体呈现层状砂岩多油水系统类型，油水系统复杂。

2）流体性质

真武油田油气资源丰富，纵向上含油层系多，含油井段长，原油性质好，地面原油密度 0.8249～0.8661g/cm³，地面原油黏度 4.7～13.8mPa·s，纵向自上而下呈变好的趋势，平面上同一含油层系原油性质没有明显变化。高含蜡、高凝固点、低含硫是其主要油品特征，凝固点 35～40℃，含蜡量 26.6%～34.7%，含硫量 0.26%～0.39%。油层属常温常压系统，平均地温梯度为 3.2℃/100m，油层原始压力系数为 0.92～1.05，油田饱和压力普遍低，在 2.18～9.08MPa 之间，地饱压差较大，原始气油比 13.3～97.3m³/t。地层水以 $NaHCO_3$ 型为主，总矿化度 11500～18000mg/L，总矿化度变化是自垛一段向下，戴二段、戴一段逐步变低。

二、油田开发历程

真武油田自 1975 年进行详探和试采起，开发过程分为 7 个阶段（图 1-12-2）。

1. 详探及试采阶段（1975—1977 年）

1974 年 11 月开始，苏 58、苏 61、苏 62 井先期投入试采。1975 年 7 月，真武油田会战第 1 口井真 6 井开钻，拉开了滚动勘探开发序幕。试采期间共有试采井 16 口，阶段末日产油 572.2t，累计产油 16.13×10⁴t，建成年原油生产能力 12.18×10⁴t。

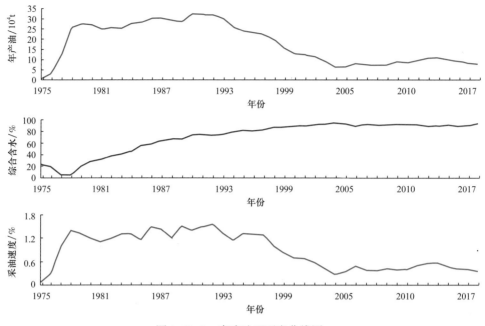

图 1-12-2　真武油田开发曲线图

2. 开发初期阶段（1978—1980 年）

1978 年 10 月，开始实施初步开发方案。以真 11、真 12、真 16 三个主要断块为主，分垛一段、戴二段两套层系开发，按 500m 不规则三角形井网，实施早期边缘注水开发，主体部位东部实施滚动探边，新钻开发井 16 口。阶段期末油井开井 32 口，日产油 703.8t，累计产油 96.65×10⁴t。

3. 第一次细分调整阶段（1981—1985 年）

针对初期开采实施过程中暴露出垛一段油藏层间物性差异大、单井控制储量过高、储量动用程度差、部分开发单元注采井网不完善等问题，编制实施稳产调整方案，完成油田第一次细分调整开发。真 12 断块垛一段油藏细分为垛一段四、五亚段，垛一段六亚段及垛一段七亚段三套层系开发的井网调整；同时继续滚动勘探，发现了真 84 断块戴二段、戴一段油藏。阶段新钻井 20 口，投产油井 21 口，期末日产油 678t，平均年产油 26.08×10⁴t，实现了 5 年持续稳产。

4. 第二次细分调整阶段（1986—1989 年）

由于细分调整开发也暴露出较大问题，层系注采失衡、部分主力层系水淹严重，为此实施第二次细分调整开发，相继实施"真 11 断块、真 16 断块垛一段七亚段、真 12 断块垛一段开发调整和真 24、真 80 井区、真 84 井区注采调整"等方案。此阶段共钻井 24 口，投产油井 8 口，投（转）注水井 9 口，实施增产措施 74 井次。阶段产油 120.81×10⁴t，平均年产油 30.2×10⁴t，平均采油速度 1.56%，油田保持了 12 年稳产。

5. 加密调整控水稳油阶段（1990—1997 年）

在第二次细分调整基础上，对真 11、真 12 断块主力开发单元采取"重点突出、分块治理、集中完善"的调整方针，实施"真 12 断块调整、真武油田'八五'阵地仗"等举措。1990 年油田产油 31.36×10⁴t，在开发 13 年后达到原油产量高峰。

1993年以真11、真12断块为先导，实施"稳油控水"示范区实施方案，取得了较好开发效果。同时在真111井区、真35断块滚动扩边，为油田持续稳产提供了物质基础。

6. 产量快速递减阶段（1998—2005年）

因主力开发单元采出程度高、综合含水高、套损井多，以及国际油价下行、调整工作量减少等原因，油田进入快速递减阶段，年均总递减率达10.53%～24.3%。该阶段主要以地质研究为主，完成真12、真11断块油藏调整方案。对"双高"开发单元改变液流方向，调整注采结构；对中、低开发单元整体完善注采井网；对"双低"开发单元分单元实施注采配套；强化真武以东地区的滚动扩边。

7. 挖潜治理低速稳产阶段（2006—2018年）

油田进入特高含水期，挖潜对象为高度分散的剩余油。通过实施综合治理和综合调整方案，真12断块重点挖潜动用局部剩余油，真11断块戴二段实施注采井网完善、局部井网重建、精雕细刻局部构造，真24、真84块缩小注采井距、完善注采井网，真201、真202块滚动完善，真35断块东滚动完善，真84断块戴一段井网完善。

三、油田开发现状

针对真武油田断层繁多、构造复杂、油气富集程度差异大、含油井段长、储层物性差异大、层间及平面非均质性强、油藏天然能量差异悬殊、油水关系复杂等特点，在40多年勘探开发进程中，通过不断的细分调整、加密调整和滚动扩边，以及控水稳油和高含水期综合治理等许多技术和做法，取得了较好的开发效果，为复杂断块油田长期有效开发树立了成功的典范。

截至2018年底，油田共有采油井142口，开井106口，日产液2267.2t，日产油142.7t，年产油5.53×10^4t，综合含水93.7%，累计产油732.14×10^4t，采油速度0.26%，采出程度34.27%。共有注水井60口，开井41口，日注水2998.3m^3，年注水$106.7 \times 10^4 m^3$，累计注水$3550.1 \times 10^4 m^3$，注采比0.83。

第二节　陈　堡　油　田

陈堡油田位于高邮凹陷深凹带东南侧与吴堡低凸起结合部位，是苏北盆地内单个断块石油储量规模、储量丰度均居首位的整装断块油田，也是苏北盆地迄今为止原油年产量最高的油田，投入开发后以2%的采油速度连续十年原油年产量保持在30×10^4t以上。

一、油田基本情况

陈堡油田位于江苏省兴化市陈堡、沈伦镇境内，地处苏北里下河地区，河湖交错，水网密布，地表条件比较复杂。1997年钻探陈2、陈3井获得高产油流，1998年投入开发。截至2018年底，共计发现古近系阜一段、阜三段、白垩系泰州组及赤山组四套含油层系，累计探明石油地质储量1612×10^4t，含油面积3.60km^2。其中陈3断块探明储量丰度高达$819 \times 10^4 t/km^2$。

1. 地质特征

1）构造

陈堡油田构造特征较为简单，构造位置位于高邮凹陷与吴堡低凸起结合部位，为受吴①、吴②走滑断裂和分支断层控制形成的断鼻、断块构造，主要分为陈2、陈3两个整装含油断块（图1-12-3）。陈堡地区处于吴①与吴②走滑断裂首尾相接的构造变换带部位，有利于形成断鼻、断块圈闭。其中，吴①断裂控制发育出推起隆覆构造，形成了长条形不对称、多层系的陈3断鼻构造，高点埋深1540~2040m；在吴①与吴②断裂夹持的狭窄变换带内，受断层切割形成陈2断鼻构造，高点埋深1820~2300m。

2）储层

陈堡油田主要发育阜一段、阜三段、白垩系泰州组及赤山组四套含油储层，可细分为16个含油砂层组。阜宁组主要为三角洲前缘和滨—浅湖泊沉积，岩性以粉、细砂岩为主，储层厚薄不均，非均质性较强，其中：阜三段具有高孔中渗特点，平均孔隙度28.7%，平均渗透率343mD；阜一段具有中孔中渗特点，平均孔隙度19.6%~24%，平均渗透率106~321mD。泰州组主要为扇三角洲和三角洲前缘沉积，岩性以粉—细砂岩和中—细砂岩为主，底部发育含砾砂岩，储层厚度较大，具有中孔中渗特点，平均孔隙度22.3%，平均渗透率382.9mD。赤山组为盆地基底残留地层，主要为一套河流沉积，岩性主要为粉、细砂岩夹泥质粉砂岩，砂体发育稳定，储层中孔低渗，物性较差，平均孔隙度21.8%，平均渗透率9.9mD。

2. 油藏特征

1）油藏类型

陈堡油田总体为局部受少量断层复杂化的整装断鼻、断块构造油藏，其中，陈2断块阜三段和陈3断块阜一段为层状多油水系统砂岩油藏，陈2断块阜一段和陈3断块泰一段为具有统一油水界面的层状砂岩油藏，陈3断块赤山组与泰州组底部油藏属同一油水系统，属于具有统一油水界面的块状油藏。陈堡油田天然能量较为充足，阜三段油藏以弱边水驱动为主，阜一段油藏以边水驱动为主，泰州组与赤山组油藏以边底水驱动为主。

2）流体性质

陈堡油田含油层系多，含油井段长，不同断块、不同层位原油性质差异大，地面原油具中等密度0.8618~0.9187g/cm³、中—高黏度15.12~123.7mPa·s、高含蜡量10.67%~23.65%、中凝固点28~37℃、低含硫量10.67%~23.65%等特征，平面上，陈2断块原油性质要好于陈3断块，纵向上由上至下原油性质逐步变差。油藏属常温常压系统，油层埋深1685~2370m，油藏温度58~84℃，原始压力系数1.0左右。原始油藏压力19.0~20.8MPa，饱和压力2.75~6.36MPa，地饱压差大，在11.4~19.4MPa之间，多属低饱和油藏。陈2断块地层水总矿化度16177~24168mg/L，为NaHCO₃型；陈3断块阜一段地层水总矿化度22975mg/L，为NaHCO₃型，泰州组、赤山组地层水总矿化度38941~42496mg/L，为Na₂SO₄型。

二、油田开发历程

截至2018年底，陈堡油田投产已历时21年，开发历程分6个阶段（图1-12-4）。

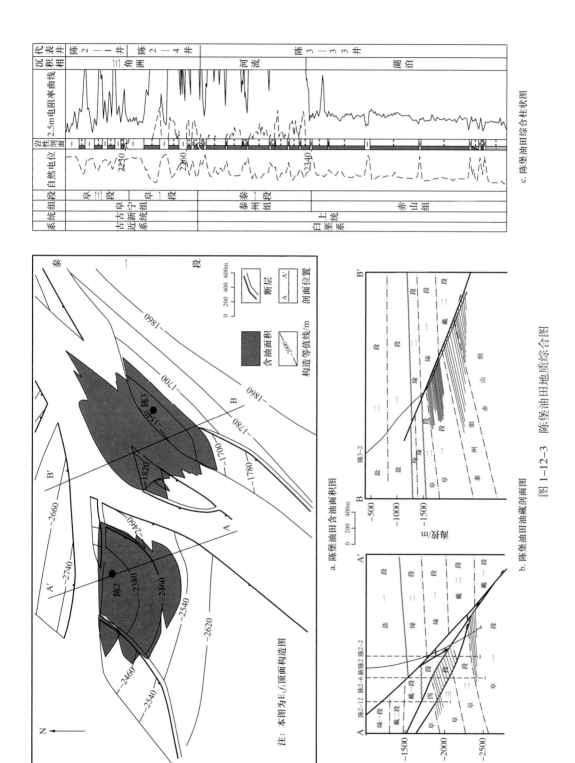

c. 陈堡油田综合柱状图

a. 陈堡油田含油面积图

注：本图为E_1f_1顶面构造图

b. 陈堡油田油藏剖面图

图 1-12-3　陈堡油田地质综合图

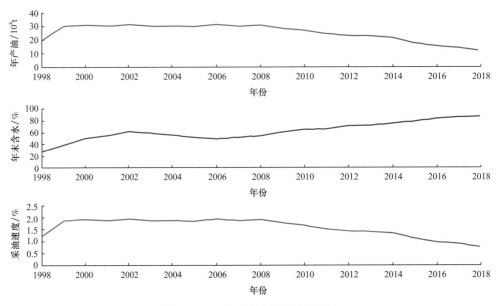

图 1-12-4　陈堡油田开发曲线图

1. 详探及试采阶段（1997—1998 年）

1997 年陈 2、陈 3 井钻探分别试获工业油流，随即投入试采。试采初期，陈 2 断块划分为阜三段一亚段、阜三段二亚段和阜一段三套层系开发，按 300m 井距布井，采用早期注水开发，逐层段上返的开发方式；陈 3 断块划分为阜一段和泰一段 + 赤山组两套开发层系，按 200m 井距布井，早期利用天然能量开采，逐层段上返的开发方式。通过整体部署、分批实施、整体控制、优化调整等建产原则，实施 8 口关键滚动开发井，逐步探明了含油面积与储量规模，含油层系由 2 套增加到 5 套，探明石油地质储量由 $505 \times 10^4 t$ 增加到 $1287 \times 10^4 t$，年产能建设规模由初步设计 $13 \times 10^4 t$ 调整到 $30 \times 10^4 t$。在复杂水网地区，仅用 14 个月就建成 $30 \times 10^4 t/a$ 原油生产能力。

2. 开发初期阶段（1999—2000 年）

通过投入早期注水开发、局部完善井网等措施，陈 2 断块三套开发层系都保持了较高的采油速度（1.9% 以上）。陈 3 断块滚动扩边，新增了泰州组含油面积，新发现了下伏赤山组低阻油藏。期末共投产油井 60 口，投（转）注水井 6 口，日产油 800t，累计产油 $80.9 \times 10^4 t$。

3. 第一次细分调整阶段（2001—2004 年）

针对陈 3 断块开发暴露的问题，实施第一次细分调整。陈 3 断块阜一段由一套开发层系细分为阜一段一 + 二亚段、阜一段三 + 四亚段两套开发层系，并投入注水开发；陈 3 断块泰州组、赤山组一套开发层系细分两套（$K_2 t_1^{1+2}$、$K_2 t_1^3 + K_2 c$），井型上对泰一段三亚段采用常规井 + 水平井组合开采，同时对泰州组、赤山组油藏部分油井实施合理提液。该阶段钻井 35 口，新建产能 $11.5 \times 10^4 t/a$，日产油 909.8t，达到年产油 $30 \times 10^4 t$ 以上历史高峰。

4. 第二次细分调整阶段（2005—2008 年）

针对第一次细分调整后开发暴露的问题，将陈 3 断块阜一段三 + 四亚段细分为阜一段三亚段和阜一段四亚段两套层系开采，实施油井 6 口、注水井 4 口，分层注水；将陈 2 断块阜三段一亚段细分为两套开发层系（$E_1 f_3^{1-1}$—$E_1 f_3^{1-11}$、$E_1 f_3^{1-12}$—$E_1 f_3^{1-15}$），完善阜三段二亚段层系注采井网，投产新井 12 口、投转注水井 4 口，日产液从 173.8t 上升到 398t，日产油从 71.1t 上升到 171t。通过二次细分调整与井网完善，油田开发状况明显改善，含水上升速度得到有效控制。该阶段钻井 45 口（油井 32 口，注水井 13 口），新建产能 $11.1 \times 10^4 t/a$。

5. 加密调整控水稳油阶段（2009—2012 年）

根据各含油层段储层差异大的特征，开展以减少层间干扰、实施井网重组、强化水平井应用、提高水驱动用程度，改善注水开发效果为代表的综合调整。陈 2 断块阜三段南油藏的薄油层，以水平井与老井侧钻组合井网实施精细挖潜。陈 3 断块对阜一段一＋二亚段、阜一段三亚段层系进行细分加密调整，并对阜一段三亚段、四亚段两套开发层系实施井网重组；泰州组、赤山组油藏实施以水平井和高效聪明井为主的细分调整，同时注水开发。全油田产量相对稳定，含水上升速度减缓，含水稳定在 56% 左右。

6. 中高含水综合治理阶段（2013—2018 年）

进入中高含水阶段后，通过细分开发、层系调整、井网重组、井网完善等综合治理，达到"大网套小网"，以网驱油，以水驱油的目的，增加了注水储量，保持了单井产液量。挖掘剩余油效果明显，特别是赤山组油藏日产油从 26.4t 提高到 83.1t，采油速度提高了 3 倍。随着开发的深入，油价持续走低，工作重点由细分加密逐渐转为以流场调整为主要手段的效益开发。立足精细油藏描述开展剩余油研究及水平井的拓展应用，层系重组、井网优化调整，人工边水、细分注水等能量补充工作。该阶段钻井 52 口（油井 43 口，注水井 9 口），新建产能 $5.23 \times 10^4 t/a$，阶段末采收率 40.7%。

三、油田开发现状

针对含油层系多、含油井段长、含油面积小、油气富集程度高、不同单元原油性质差异大等特点，陈堡油田投入开发 20 多年来，成功地运用丛式井组、整体布井、防碰绕障技术，以及在开发初、中期采用水平井分类应用等技术，实现了从"逐层段上返"到"细分层系、储量均衡动用"立体开发模式、从"按砂层组自然层段分层"到"按砂体展布形态与物性特征跨层组合"立体细分模式、从"平面开发"到"水平井与常规井立体组合开发"模式的转变，对江苏油田长期稳产和增储上产起到了极大的推动作用，同时也形成了具有苏北盆地水乡油田特色的开发技术。

截至 2018 年底，油田共有采油井 154 口，开井 141 口，日产液 2455.5t，日产油 316.3t，年产油 $12.26 \times 10^4 t$，综合含水 87.12%，累计产油 $528.24 \times 10^4 t$，采油速度 0.76%，采出程度 32.77%。共有注水井 77 口，开井 70 口，日注水 $2789.7 m^3$，年注水 $112.1 \times 10^4 m^3$，累计注水 $963.3 \times 10^4 m^3$，注采比 0.59。

第三节　沙　埝　油　田

沙埝油田位于高邮凹陷北部斜坡带，由 30 多个含油断块组成，属于典型的复杂小断块油藏，截至 2018 年底苏北盆地是发现含油断块最多、储量规模最大的复杂断块群油田。

一、油田基本情况

沙埝油田地处江苏省高邮市三垛镇境内，1979 年苏 122 井钻探首次在戴南组发现工业油流，1994 年沙 7 井钻探发现阜宁组主力含油层系，1995 年投入开发。截至 2018 年底，共计发现戴一段、阜三段、阜二段、阜一段四套含油层系，累计探明石油地质储量 $2558.71 \times 10^4 t$，含油面积 $25.29 km^2$。

1. 地质特征

1）构造

沙埝油田是在高邮凹陷北部斜坡带整体呈北高南低单斜背景上，发育大量的北东东、东西走向的小断层切割形成一系列断鼻、断块组成的复杂断块群油田（图 1-12-5），主要由沙 7、沙 19、沙 20、沙 26 等 30 多个含油断块组成。

2）储层

沙埝油田主要发育戴一段、阜三段、阜二段、阜一段四套含油层系，可细分为 10 个含油砂层组。主力含油层系阜宁组以砂岩储层为主，岩性主要为长石岩屑石英细砂岩、粉砂岩，少量生物灰岩和辉绿岩侵入体。阜一段、阜二段属于滨浅湖亚相滩坝沉积，阜三段属于三角洲前缘亚相沉积。不同的沉积环境造成不同层位储层物性差异较大，总体呈阜三段储层物性较好，阜二段储层物性次之，阜一段储层物性相对较差，阜二段石灰岩物性最差。平面上，物性变化较大，同层位不同断块物性差异明显。阜一 + 二段砂岩平均孔隙度 8.8%～21.7%，平均渗透率 21.6～128.6mD，碳酸盐含量普遍较高，平均 14.3%～18.7%；纵向上，阜二段三亚段、阜一段一亚段储层物性要好于阜一段二亚段、三亚段。沙 19 断块阜一段二亚段、三亚段储层物性最差，为低孔特低渗储层，需经压裂改造以提高储层渗流能力。阜三段砂岩孔隙度 16.8%～32.7%，平均 26.3%，渗透率 1.8～5334.4mD，平均 304.1mD，碳酸盐含量较低，平均小于 3.7%。戴一段砂岩平均孔隙度 23.8%、平均渗透率 100.7mD。

2. 油藏特征

1）油藏类型

沙埝油田主要为断鼻、断块构造油藏，部分油层局部受岩性影响，构成岩性—断层油藏。其中阜一 + 二段呈多油层的层状砂岩基本统一油水系统油藏；阜三段既有多油层的层状砂岩统一油水系统油藏，也有多油层的层状砂岩梳状多油水系统油藏；戴一段为多油层的层状砂岩多油水系统油藏，不同的油砂体有不同的油水界面深度。

2）流体性质

地面原油中等密度 $0.7379～0.9229 g/cm^3$，中等黏度 4.14～203.55mPa·s，中等凝固点 28～37℃，低含硫 0.09%～0.52%。溶解气油比低，地层饱和压力 3.58～4.11MPa，地饱压差 17.65MPa 左右。纵向上阜三段地层原油性质好于阜一 + 二段。地层水总体以 $NaHCO_3$ 型、$CaCl_2$ 型主，少量为 Na_2SO_4 型、$MgCl_2$ 型。阜一 + 二段地层水总矿化度 36526～46567mg/L，阜三段地层水总矿化度 14775～28646mg/L，戴一段地层水总矿化度 20615mg/L。平均地温梯度 3.1℃ /100m，油层原始压力系数 1.0 左右，属正常温压系统。

二、油田开发历程

至 2018 年底，沙埝油田投产 20 多年，开发历程可分 4 个阶段（图 1-12-6）。

1. 开发早期阶段（1994—1997 年）

1994 年沙 7、沙 11 井阜三段油藏投入试采，以沙金产能建设模式编制开发方

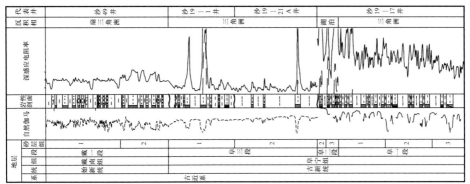

c. 沙埝油田综合柱状图

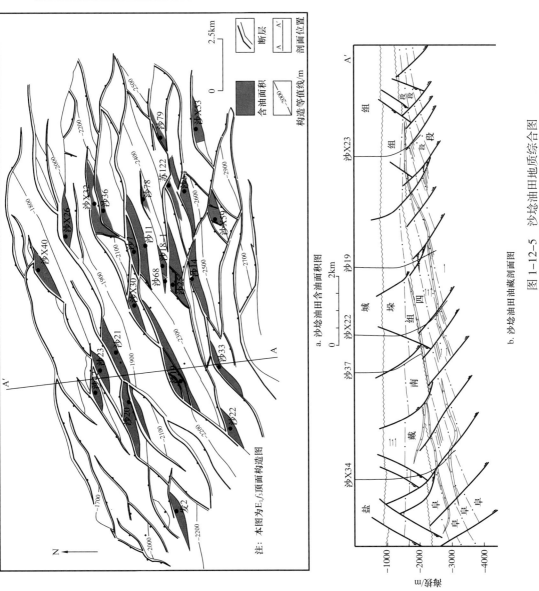

a. 沙埝油田含油面积图

b. 沙埝油田油藏剖面图

图 1-12-5 沙埝油田地质综合图

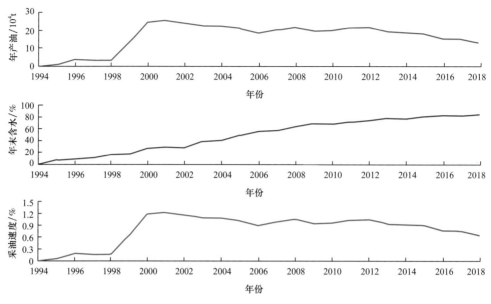

图 1-12-6　沙垬油田开发曲线图

案，采用一套层系开发，以阜三段一亚段为主，兼采阜三段二亚段，采用早期边缘注水开发。由于初期采油速度较高，早期注水没有跟上，致使地层压力下降较快（0.54～0.64），导致产量递减较快。1996 年底，沙 7 断块投产油井 16 口，投（转）注水井 3 口，日产油 100.9t，综合含水 12.8%，建成原油年产 3.5×10⁴t 生产能力。

2. 滚动开发增储上产阶段（1998—2000 年）

1998 年相继钻探沙 19、沙 20、沙 21、沙 23、发 2 等断块取得成功，拉开了沙垬油田主力断块产能建设序幕。先后投入开发沙 19、沙 20、沙 26 等含油断块主力开发单元，探明石油地质储量 1163×10⁴t，建成 20×10⁴t 年原油生产能力。阶段末沙垬油田投产油井总数 93 口，日产油 634t，年产油 24.08×10⁴t，累计产油 47.62×10⁴t。

3. 注水开发调整稳产阶段（2001—2010 年）

为解决初期开发中大套合注，层间矛盾突出的问题，沙 20、沙 23 等断块实施细分注水，实现了开发早期持续稳产。此后，在细分注水的基础上，又开展细分层系开发，提高了储量动用程度。同时，外围区块滚动勘探先后发现沙 30、沙 32、沙 11-2、沙 36、沙 40、沙 42、沙 49、沙 53、沙 18-1、沙 25 等含油断块，这些断块规模较小，每年新建 1×10⁴t 左右产能，实现了部分产量接替。阶段末累计产油 98.3×10⁴t，平均年产油 19.6×10⁴t。

4. 综合调整控水稳油阶段（2011—2018 年）

主力区块开展局部加密、细分层注水、缩小注采井距、化学驱等综合治理。发 2、沙 19、沙 7 等弱边水区块挖潜油水边界附近剩余油，沙 23 断块设计 6 口调整井，实施后新井投产初期日产油 26.7t，新建产能 0.8×10⁴t/a；沙 26 断块缩小非主力层注采井距，改善注水开发效果；沙 7 断块实施化学驱，日产油水平由调整前的 40.2t 上升最高至 65.4t，含水由 79.7% 下降至 69.4%。阶段末油井总数由 231 口上升到 247 口，平均年产油 17.7×10⁴t，阶段累计产油 141.4×10⁴t。

三、油田开发现状

沙垎油田是苏北盆地储量规模超过 $2000 \times 10^4 t$ 的主力油田，具有含油层系多、含油断块多、单块储量规模小、砂岩非均质性强等特点。多年来在复杂断块滚动勘探开发增储研究技术指导下，不断发现新的含油断块，为油田增储上产、稳产奠定了资源基础。老区稳产上采取的局部加密、细分层注水、缩小注采井距、化学驱等综合治理措施，对全油田原油产量的持续稳产起到了重要的推动作用。

截至 2018 年底，油田共有采油井 259 口，开井 225 口，日产液 1891.0t，日产油 321.2t，年产油 $12.37 \times 10^4 t$，综合含水 83.74%，累计产油 $393.72 \times 10^4 t$，采油速度 0.61%，采出程度 19.33%。共有注水井 140 口，开井 106 口，日注水 2174.2m³，年注水 $81.6 \times 10^4 m^3$，累计注水 $1256.2 \times 10^4 m^3$，注采比 1.02。

第四节　高集油田

高集油田位于金湖凹陷西部斜坡带，主力区块大部分位于淮河入江水道上，是苏北盆地储量规模和原油产能最大的水上油田。

一、油田基本情况

高集油田位于江苏省金湖县陈桥、金北镇境内，1975 年东 66 井钻探首先发现阜宁组油藏，1995 年高 6、高 7 井钻探发现富集含油断块，并相继投入开发，截至 2018 年底，共计发现阜一段、阜二段等两套含油层系，累计探明石油地质储量 $1052.39 \times 10^4 t$，含油面积 10.11km²。

1. 地质特征

1）构造

高集油田区域构造处于金湖凹陷西斜坡中段，是在东南倾的古斜坡背景上，被走向北北东—北东、主要倾向北北西的弧形断层切割形成的一系列反向断鼻、断块圈闭，个别为同向断鼻，聚集形成的复杂断块群构造。主要有高 6、高 7、高 11、高 14、高 15 等主力含油断块（图 1-12-7）。

2）储层

高集油田主要发育阜一段、阜二段、阜三段三套含油层系，可细分为 5 个含油砂层组。储层主要以砂岩为主，阜二段含少量生物灰岩，储层大多为中孔、低渗，以三角洲前缘沉积和滨浅湖沉积为主。砂岩储层岩性主要为长石岩屑石英的粗粉砂岩、极细砂岩、细砂岩，孔隙式胶结为主，接触孔隙式胶结次之。碳酸盐岩储层岩性主要有虫管灰岩、核形石灰岩、鲕状灰岩、藻屑灰岩等。砂岩储层平均孔隙度 $14.1\% \sim 19\%$，平均渗透率 $26.3 \sim 94.5 mD$。碳酸盐岩储层物性变化较大，孔隙度 $1\% \sim 22\%$，平均 $12\% \sim 16.8\%$；渗透率一般小于 $1 \sim 457 mD$，平均 56.5mD。

2. 油藏特征

1）油藏类型

按照圈闭类型，高集油田阜一 + 二段皆为断鼻、断块油藏，阜三段为断块、岩性—

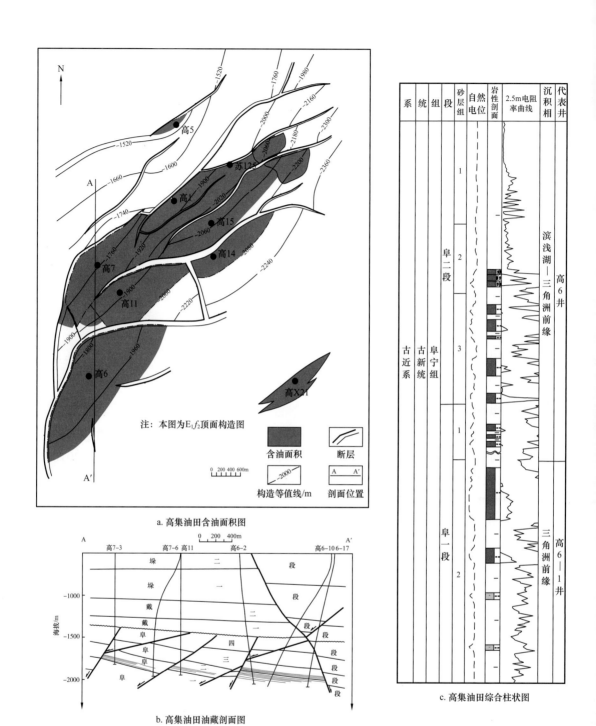

a. 高集油田含油面积图

b. 高集油田油藏剖面图

c. 高集油田综合柱状图

图 1-12-7　高集油田地质综合图

断层油藏。按照油水关系，总体属于受构造控制，局部受一段规模氧化油环影响的复合性层状边水油藏，高 6、高 7 块阜一 + 二段油藏呈梯级多油水系统变化特点，断块顶部油层油水界面最低。

2）流体性质

高集油田地面原油性质中等，从阜二段到阜一段、从油藏高部位到低部位油水界面附近，原油密度逐步变大，黏度逐步增高，在阜一段油水界面附近形成一定规模的稠油及氧化油带。地面原油密度 0.8451～0.8744g/cm³，地面原油黏度 10～31.06mPa·s，凝固点 32～35℃，含蜡量 20.42%～23.57%。油藏具有饱和压力低、地饱压差大、原始气油比低、地下原油黏度低的特点。地温梯度 3.47℃/100m，油层原始压力系数 0.97～1.0，属正常温度压力系统。地层水为 NaHCO₃ 型，总矿化度 6428～8l67mg/L。

二、油田开发历程

高集油田自 1995 年主力油藏试采，到 2018 年底，经历 5 个开发阶段（图 1-12-8）。

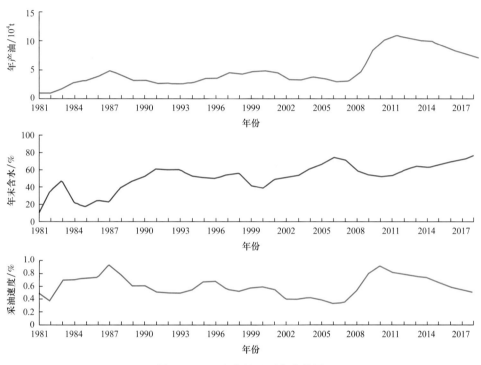

图 1-12-8　高集油田开发曲线图

1. 试采产能建设阶段（1995—1996 年）

1995 年高 6、高 7 井投入试采，并按产能建设会战模式进行开发，高 6 断块两套层系 400m 井距，高 7 断块一套层系 380m 井距，优先实施高 7-1、高 6-16、高 6-1、高 6-7 井，落实断层、油水边界后，将总井数由原来的 24 口增加到 36 口。阶段末，投产油井 28 口，日产油 316.3t，平均单井日产油 10.3t，建成年产原油生产能力 12×10⁴t。

2. 注水开发稳产阶段（1996—2000 年）

1996 年高 6-8 井投入阜二段试注，同年底相继有 8 口注水井投（转）注，调整阜一段二亚段层系注采井网，部署新井 4 口，投（转）注水井 3 口。通过加强注水，高 6 断块产量基本保持在日产油 220t，高 7 断块 4 口注水井先后投（转）注，地层压力有所恢复，原油产量稳中有升。同时，周边滚动发现高 11、高 14 断块油藏。阶段末共投产油井 38 口，日产油 295t，注水开发较好地保持了地层压力，保证油田年产 10×10⁴t 水平上持续稳产。

3. 第一次细分调整稳产阶段（2001—2007 年）

2001 年主力区块重组层系开发，实施试验井组。2003 年进行细分层系及滚动调整，开发层系由两套细分为三套，新建原油生产能力 $6.5 \times 10^4 t$。新发现区块采用一套层系井网开发，投产油井 7 口，投（转）注水井 3 口，建成原油生产能力 $2 \times 10^4 t/a$。阶段末共投产油井 127 口，日产油 280t，保证了油田在年产 $10 \times 10^4 t$ 水平上稳产。

4. 第二次细分调整稳产阶段（2008—2010 年）

通过高 6 断块调整可行性研究，第二次细分调整高 6 断块开发方案，阜一段二亚段砂层组细分为两套开发层系，阜二段三亚段砂层组采取注—提组合方式进行有效提液，非主力层系阜一段一亚段砂层组首先实施完善井网，逐步提高地层压力水平，然后实施压裂改造后逐步提液。部署水平井 4 口，常规采油井 20 口，投转注 12 口，实施后高 6 断块日产油从 23.6t 上升至 293.8t。阶段末油田共投产油井 119 口，日产油 290.6t，保持了油田持续稳产。

5. 第三次细分调整完善阶段（2011—2018 年）

2010 年滚动勘探发现高 20 含油断块，实现大高集含油连片，由此启动新的产能建设。重点进行注采井网完善，提高储量动用，结合滚动评价实施产能建设。实施油井 32 口，注水井 10 口，日产油从 2010 年底的 300.9t，最高上升到 2012 年中的 345.6t。高 7 断块区以滚动完善为主，高 15、高 20、高 21 块采取整体压裂方式开发。高 6 断块阜二段三亚段开展第三次细分调整，细分成两套层系（$E_1f_2^{3-1}$—$E_1f_2^{3-3}$、$E_1f_2^{3-5}$），上层系利用小井网＋压裂提高储量动用，下层系抽稀井网，利用大井网开发。2016 年高 6 断块进行"水动力学方法"调整，通过强化井网转换、动态调配、优化流场，自然递减率降低至 4.83%。至 2018 年底，高集油田共投产油井 160 口，阶段累计产油 $82.88 \times 10^4 t$，平均年产油 $10.36 \times 10^4 t$。

三、油田开发现状

在高集油田 21 年稳产过程中，调整思路不断创新，调整措施不断深入。通过多次细分层系调整，发挥各类油层潜力，延长油田稳产期。通过实施油藏、井筒、地面一体化改善水驱技术，缓解开发三大矛盾，实现了高效开发。

截至 2018 年底，油田共有采油井 160 口，开井 145 口，日产液 1573.1t，日产油 160.1t，年产油 $6.54 \times 10^4 t$，综合含水 89.82%，累计产油 $251.42 \times 10^4 t$，采油速度 0.62%，采出程度 23.89%。共有注水井 93 口，开井 82 口，日注水 $2075 m^3$，年注水量 $69.5 \times 10^4 m^3$，累计注水 $907.0 \times 10^4 m^3$，注采比 1.10。

第五节 赤岸油田

赤岸油田位于高邮凹陷西端，是在斜坡背景上发育一系列断层切割形成的复杂断块群油田（图 1-12-9），是苏北盆地低渗透油藏和稠油油藏实现有效开发的典型代表。

一、油田基本情况

赤岸油田地处江苏省扬州市邗江区赤岸乡与仪征市大仪集境内，1996 年钻探

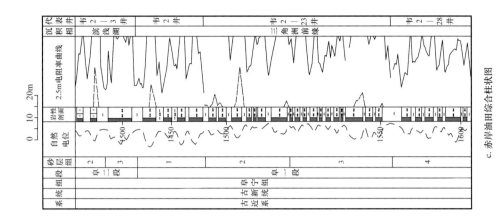

c. 赤岸油田综合柱状图

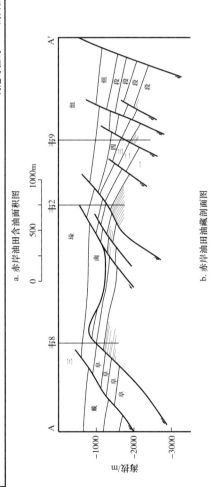

a. 赤岸油田含油面积图

b. 赤岸油田油藏剖面图

图 1-12-9　赤岸油田地质综合图

韦 2 井首次取得勘探突破，同年投入开发，后续又陆续发现韦 5、韦 8 等主力含油断块。截至 2018 年底，共计发现阜一段、阜二段两套含油层系，累计探明石油地质储量 $1784.90 \times 10^4 t$，含油面积 $11.27 km^2$。

1. 地质特征

1）构造

赤岸油田所处的韦庄构造位于高邮凹陷北部斜坡带西部，阜宁组整体呈西高、东低的斜坡背景，地层受一系列走向东西、倾向南的断层切割，使得各断块体地层南断、北倾形成一系列断鼻、断块圈闭群，以局部受小断层复杂化的断鼻、断块为主，计有韦 2、韦 5、韦 8、韦 9 和韦 15 共 8 个含油断块。油藏埋深较浅，主力断块含油丰度高。

2）储层

赤岸油田含油层系单一，油层集中，主要发育古近系阜二段、阜一段两套含油层系，可细分为 6 个含油砂层组。储层主要为砂岩，见少量石灰岩。阜一段为三角洲平原分流河道、前缘水下分流河道、河口坝、远沙坝、席状砂和天然堤相等砂体，阜二段属浅湖滩坝、远岸台地碳酸盐岩浅滩沉积。砂岩储层岩性以长石岩屑石英粉砂岩、细砂岩为主，胶结致密，平均孔隙度 13.4%～23.8%，平均渗透率 6.1～95.1mD，各断块物性差异较大，总体上为中孔低渗储层。石灰岩储层岩性以亮晶（泥晶）鲕粒灰岩为主，含陆屑粒屑灰岩及含陆屑灰岩次之，平均孔隙度 10.2%，渗透率一般小于 1mD。

2. 油藏特征

1）油藏类型

按照圈闭类型，赤岸油田主要由断鼻、断块构造油藏组成。按照油水关系，韦 8 断块为层状储层上部统一油水系统叠加下部梳状多油水系统油藏，其他断块皆为层状储层统一油水系统油藏。

2）流体性质

赤岸油田地面原油密度 0.8327～0.9404g/cm³，黏度 17.42～926mPa·s，各断块地面原油性质差异明显。按油品性质分两类：一类是以韦 2 断块为代表的中等密度、中等黏度稀油，地面原油密度 0.8237～0.8890g/cm³，黏度 17.42～27.62mPa·s，含蜡量 17.12%，凝固点 35～37℃；另一类是以韦 5、韦 6、韦 8 断块为代表的普通稠油，地面原油密度 0.8960～0.9094g/cm³，黏度 110～926mPa·s，含蜡量 10.4%～12.8%，凝固点 16～26℃。随油藏埋深增大、原油性质变好，平面上高部位油品略好于低部位，垂向上阜二段原油性质好于阜一段。地层水为 $NaHCO_3$ 型，总矿化度 16264～25830mg/L，总体呈由东往西地层水矿化度逐渐降低。油藏属于常温常压系统，油层埋深 1390～1494m，油藏温度 64～67℃，油层平均地温梯度 3.27℃/100m，原始压力系数 0.95～1.05，原始油层压力 14.0～15.3MPa，饱和压力 3.93～4.02MPa，多属低饱和油藏。

二、油田开发历程

截至 2018 年底，赤岸油田投产已 22 年，开发历程分为 5 个阶段（图 1-12-10）。

1. 试采产能建设阶段（1996—1997 年）

1996 年韦 22 断块投入开发试采，采用一套层系、不规则三角形基础井网，井距 300～350m，共布井 30 口，早期注水开发。阶段末，共投产油井 31 口，日产油 321t，

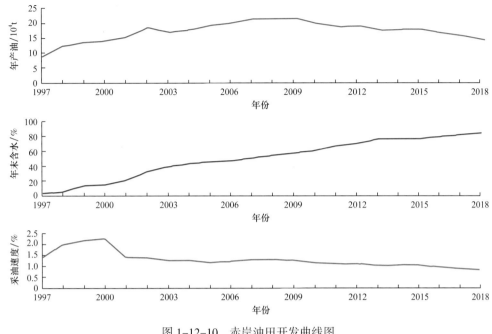

图 1-12-10 赤岸油田开发曲线图

平均单井日产油 10.4t，新建年原油生产能力 11×10^4t，实现当年探明储量、当年动用开发、当年实现注采配套。

2. 完善注采开发阶段（1998—2000 年）

1998 年韦 2 断块加强油藏注水开发管理，抓好动态分析、动态配注和分层注水，综合含水基本稳定，原油生产保持良好稳产势头。1999 年在断块高部位完钻 5 口调整井均获成功，并投入生产。韦 5 断块普通 Ⅱ 类稠油开展蒸汽吞吐热采先导试验，部分结蜡严重的井开展微生物清防蜡工艺现场应用。同时对韦 2、韦 5 块边底水油藏进行了油层水力压裂试验。阶段末投产油井 42 口，投（转）注水井 12 口，日产油 360t，保持较好的稳产效果。

3. 增储上产阶段（2000—2005 年）

通过油田周边新区块滚动评价勘探，连续取得新发现，新增石油地质储量 1063×10^4t。老区块完善注采井网、细分层注水的注采调整和油井酸化、压裂、卡堵水、调补层等增产措施，全油田含水上升速度得到有效控制，综合含水基本控制在 45% 以下，保证了赤岸油田增储上产 16×10^4t 水平。

4. 初步调整阶段（2006—2010 年）

韦 2 断块稳产综合调整方案将阜一段二亚段至四亚段一套层系调整成阜一段二亚段、阜一段三亚段和四亚段两套层系，韦 8 断块通过增加注水井点实施边部 + 内部面积注水，韦 9、韦 11、韦 15 断块高部位加密调整，韦 5 断块通过地应力与注采井网配套优化，提高效果明显。同时，开展稠油油藏及三次采油提高采收率试验，也取得一定效果。赤岸油田年产油最高达到 21.4×10^4t，采油速度保持 1.1% 以上，综合含水控制在 60% 之内，改善了油藏开发效果，提高了水驱储量动用程度，延长了油田稳产期，提高了采收率。

5. 调整完善保持稳产阶段（2011—2018 年）

通过全过程含油饱和度跟踪、流场调整、油水过渡带挖潜及新技术工艺应用，加强油水井管理和动态调配，实现产量与效益稳定。

三、油田开发现状

赤岸油田作为复杂断块群油田典型代表，储层岩性复杂，既有砂岩，还有生物灰岩；油品类型复杂，既有稀油，又有稠油，针对低渗透油藏早期注采同步、稠油油藏常规注水、油水过渡带剩余油效益挖潜等取得了比较好的效果，在实践中摸索出了一套相对有效的经验和做法，保证了长期稳定生产。

截至 2018 年底，油田共有油井 243 口，开井 226 口，日产液 2113.4t，日产油 331.4t，年产油 12.88×10^4t，综合含水 84.54%，累计产油 347.05×10^4t，采油速度 0.74%，采出程度 20%。共有注水井 103 口，开井 87 口，日注水 2922m³，年注水 103.8×10^4m³，累计注水 1221.6×10^4m³，注采比 1.14。

第六节　黄珏油田

黄珏油田位于高邮凹陷深凹带西端，属于受构造、岩性双重因素控制形成的复杂小断块油藏（图 1–12–11）。受地下地质和地面复杂双重条件的限制，开发难度比较大，早在 20 世纪 80 年代就开创了国内湖泊地区建人工岛打丛式井组开发水下油田的先例，进入 21 世纪之后又书写了苏北盆地滚动勘探开发复杂小断块隐蔽油气藏的成功案例。

一、油田基本情况

黄珏油田位于江苏省扬州市邗江区黄珏镇境内，主体区块濒临邵伯湖，地面水网密布，河汉众多。1979 年黄 1 井试获工业油流，并开始试采，1983 年投入开发。截至 2018 年底，共计发现垛一段、戴二段、戴一段、阜二段、阜一段五套含油层系，累计探明石油地质储量 1390.49×10^4t，含油面积 13.29km²。

1. 地质特征

1）构造

黄珏油田所处区域构造较为复杂，主体构造由真②–2 断裂在下降盘逆牵引形成的短轴破断背斜，被诸多次级断层切割成为一系列断鼻、断块群，含油层系垛一段、戴二段、戴一段；次级构造处于真②–2 断裂上升盘与真①断裂夹持的断阶带，油气聚集于阜一段、阜二段。

2）储层

黄珏油田主要发育垛一段、戴二段、戴一段、阜二段、阜一段五套储层，可细分为 19 个含油砂层组。储层均为砂岩，主要为一套河湖相的沉积，其中：阜宁组三角洲沉积，平均孔隙度 14.45%、渗透率 7.5mD，属低孔特低渗储层；戴南组扇三角洲—近岸水下扇沉积，戴一段平均孔隙度 13.38%、渗透率 3.29mD，属低孔特低渗储层；戴二段平均孔隙度 21.78%、渗透率 504mD，属中孔中渗储层；垛一段河流沉积，平均孔隙度 24.0%、渗透率 624.31mD，属中孔高渗储层。

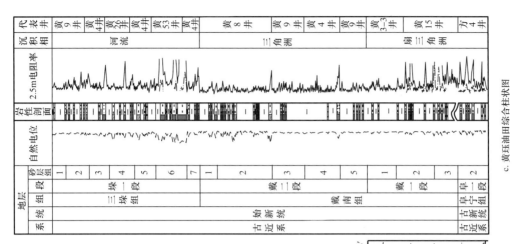

c. 黄珏油田综合柱状图

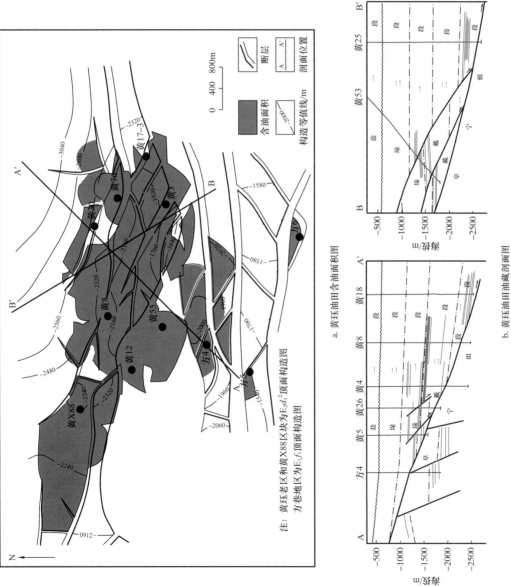

a. 黄珏油田含油面积图

注：黄珏老区和黄X88区块为E₁d₁²顶面构造图
方巷地区为E₁f₁顶面构造图

b. 黄珏油田油藏剖面图

图 1-12-11　黄珏油田地质综合图

2.油藏特征

1）油藏类型

黄珏油田主要由断鼻、断块等构造油藏和断层—岩性、岩性—断层油藏组成。其中阜一＋二段为断鼻、断块油藏，三垛、戴南组有断鼻、断块油藏，也有断层—岩性、岩性—断层复合油藏，后者储量占58.45%。按油水关系，油藏皆属层状储层多油水系统类型，砂体含油带宽窄不一。

2）流体性质

黄珏油田含油井段长，原油性质变化大，总体属稀油范畴，纵向上稠下稀，地面原油中等密度（0.8231～0.9471g/cm³），中—高黏度（4.89～449.04mPa·s），高含蜡量（15.7%～40.6%），中凝固点（16～44℃）。纵向上，从戴一段到垛一段原油密度逐渐增大、黏度增高。根据原油高压物性分析，黄珏油田具有饱和压力普遍低（1.03～17.48MPa），个别油藏较高，原始气油比不高（8.3～96.4m³/t）的特点。地层水为$NaHCO_3$型，总体矿化度8824.9～10844.41mg/L。地层温度符合高邮凹陷地温与深度关系，属正常温度系统；油层原始地层压力系数0.91～1.30，多数属常压系统，少数呈高压系统。

二、油田开发历程

黄珏油田自1979年投入试采，到2018年底，开发过程经历5个阶段（图1-12-12）。

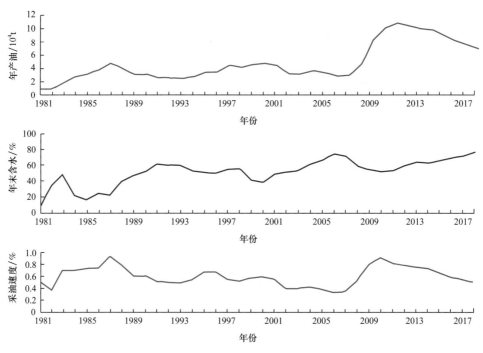

图1-12-12　黄珏油田开发曲线图

1.详探试采初期开发阶段（1979—1985年）

1979年黄1井戴二段试获工业油流，投入试采，其后相继发现黄3、黄8等主力含油断块，并先后投入试采，1983年投入开发，1985年开展试注工作。阶段末，共投产油井20口，年产油3.91×10⁴t，阶段产油11.73×10⁴t。

2. 完善井网注水开发阶段（1986—1990 年）

1986 年 4 口井投（转）注，由于油层非均质性强、注采井网不完善，注水后平面矛盾突出。1987 年进行开发方案调整，加强边缘注水，同时增加断块顶部点状注水。阶段末，共钻井 51 口，有生产井 26 口，投转注水井 8 口，年产原油最高达到 4.91×10^4t，阶段产油 16.02×10^4t。

3. 稳产期开发调整阶段（1991—2001 年）

通过对构造范围内 12 条断层进行重新组合和评价认识，1993 年展开对黄珏油田进行第二次综合调整，部署钻探一批新井，加深主力含油区块剩余油分布认识，进行注采井网调整。1995 年进一步部署三维地震满覆盖面积 $34.1km^2$，深入研究构造格局、沉积相和注采矛盾，完成 21 口调整井和开发井，并实施大量调补层等工作。阶段末共投入生产井 49 口，阶段产油 37.3×10^4t。

4. 递减期调整阶段（2002—2007 年）

针对油田内部小断层进行深化研究，以及戴南组油藏中低渗储层综合研究，按照缩小注采井距、提高油层控制程度、完善注采井网、补充地层能量的思路部署钻探调整井，并投转注新井，实施后部分井组效果明显。阶段末日产油 99t，年产油 2.99×10^4t。

5. 滚动扩边及内部调整阶段（2008—2018 年）

针对黄珏油田产量递减形势，开展全区域多层系综合评价研究。在南部断阶带评价钻探发现阜宁组新层系断夹块构造油藏，新增探明储量 221×10^4t，在主体构造北翼滚动评价钻探发现戴南组岩性油藏，新增探明储量 231×10^4t。在黄珏老区内部主力含油区块针对不同层系采取不同策略：戴一段二亚段缩小注采井距，增加对储量的控制程度；戴二段一亚段局部打加密井，提高注采连通率；垛一段六亚段部署水平井，挖潜高部位剩余油。通过系列调整共钻井 137 口，其中：油井 102 口（含水平井 10 口），年产油大幅上升，最高年产油达到 10.8×10^4t。阶段末，黄珏油田油井总数 169 口，平均年产油 8.72×10^4t。

三、油田开发现状

黄珏油田的开发是一个认识不断深入、思路不断创新、调整手段不断丰富的过程。从投入开发至今，纵向上立体开发，兼顾多套层系，优化砂体组合，提高砂体钻遇率和动用程度；平面上小井距开发，兼顾多砂体，优化选井注采完善，提高水驱控制程度，提高水驱波及体积；高含水期后转变注采井网，增加水驱方向、井网完善的区域，针对注水困难，采取酸压增注，进而油井实现配套的调、堵、卡、提等措施。实现了从"逐层段上返"到"多砂体兼顾"立体开发模式的转变，实现了从"以地质认识角度按砂层组自然层段分层"到"以油藏开发按单砂体沉积相划分"的细分模式的转变，实现了断块油藏从"以砂层组为单位平面小井距注采完善开发"到"以砂体为单位立体水驱效益开发"模式的转变，为黄珏油田这样的复杂断块岩性油藏长期稳产打下基础。

截至 2018 年底，油田共有油井 168 口，开井 137 口，日产液 696.9t，日产油 163.9t，年产油 6.29×10^4t，综合含水 76.47%，累计产油 171.47×10^4t，采油速度 0.45%，采出程度 12.33%。共有注水井 59 口，开井 36 口，日注水 $701.0m^3$，年注水 $28.1 \times 10^4m^3$，累计注水 $437.5 \times 10^4m^3$，注采比 0.89。

第七节 闵桥油田

闵桥油田位于金湖凹陷东南部下闵杨断隆带，属于典型的复杂小断块油藏，构造复杂，储层也复杂，既有砂岩油藏，还有玄武岩和生物灰岩等多种类型油藏，代表了苏北盆地特殊类型油藏的勘探开发成效。

一、油田基本情况

闵桥油田处于江苏省金湖县闵桥镇境内，1976年苏81井钻探首获工业油流，1979年闵4、闵8井钻探分别获得突破，并投入试采。截至2018年底，发现阜一段、阜二段、阜三段三套含油层系，探明石油地质储量 1762×10^4t，含油面积 20.22km^2。

1. 地质特征

1）构造

闵桥油田区域构造处于金湖凹陷东部下闵杨断隆带，整体构造形态为被一系列近东西、北东东走向断层切割复杂化的堑式断背斜，平面上分割成闵南、闵中、闵北3个断块区，由35个含油断块组成（图1-12-13）。闵桥构造断层极其发育，多组断层交叉关系复杂，成因可分为三种：一是吴堡组—三垛组沉积期持续活动断层，断距100～250m，控制主要断鼻构造面貌，又是油气运移的主要通道；二是活动时间稍长的断层，断距60～150m，具有控制油气聚集和成藏规模作用；三是伴生小断层，对油气聚集影响不大，对开发井网完善具有较大影响。

2）储层

闵桥油田主要发育阜一段、阜二段、阜三段三套含油储层。储层类型较为复杂，除阜三段砂岩外，还有阜一+二段玄武岩、阜二段生物灰岩。其中：阜三段细分为3个砂层组；阜一+二段玄武岩含油细分阜二段二亚段（A）、阜二段三亚段（B）和阜一段一亚段（C）3个岩段，对A、B、C岩段细分为17个岩流组（一个岩流组代表基本同期的多次熔岩流叠合）。阜一+二段玄武岩为喷溢相，储层有自碎角砾状熔岩相带、气孔—杏仁状熔岩带、致密块状熔岩带岩石；阜二段为浅湖碳酸盐岩台地相；阜三段属特大型三角洲前缘亚相。阜一+二段喷溢相地层主要由气孔—杏仁状玄武岩、致密玄武岩、淬碎角砾岩、自碎角砾岩、岩屑角砾岩构成。阜二段还有粗粉砂岩、细砂岩和鲕粒灰岩、生物碎屑灰岩。阜三段以长石岩屑石英粉砂岩、细砂岩为主，胶结方式接触—孔隙式为主，胶结疏松。阜一+二段喷出岩除致密玄武岩孔隙度低外，各种岩性基块多呈中—高孔隙度，基块渗透率普遍很低，渗透率一般小于1mD，渗透率大于1mD样品一般有宏观裂缝。阜二段碳酸盐岩主要发育构造裂缝，平均孔隙度11.7%、渗透率8.9mD。阜三段砂岩以中孔、中—低渗储层为主，平均孔隙度23.1%、平均渗透率197.5mD。

2. 油藏特征

1）油藏类型

阜一+二段为统一油水系统块状油藏，阜三段为多油水系统层状砂岩油藏。

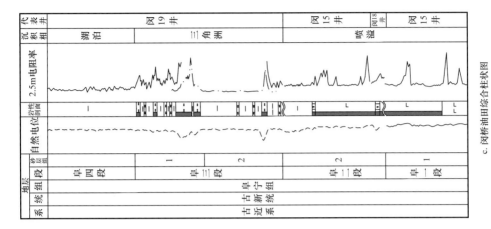

c. 闽桥油田综合柱状图

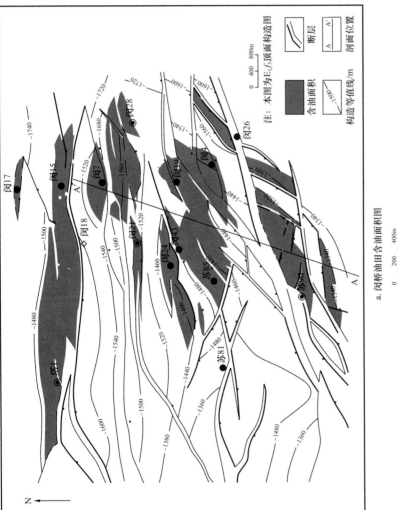

a. 闽桥油田含油面积图

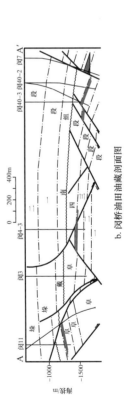

b. 闽桥油田油藏剖面图

图 1-12-13　闽桥油田地质综合图

2）流体性质

阜三段砂岩油藏地面原油密度为 $0.8695 \sim 0.8773\mathrm{g/cm}^3$，黏度 $26.31 \sim 73.60\mathrm{mPa \cdot s}$，凝固点 $36 \sim 42\,^\circ\!\mathrm{C}$，部分断块含蜡、含硫。阜一 + 二段火山岩油藏地面原油密度 $0.8881 \sim 0.9392\mathrm{g/cm}^3$，黏度 $66.57 \sim 980.1\mathrm{mPa \cdot s}$，凝固点 $21 \sim 38.5\,^\circ\!\mathrm{C}$。各断块黏度差异大，部分断块黏度高。层系上由下至上原油性质逐渐变好。油藏为常温常压系统，油层埋深 $1252 \sim 1748\mathrm{m}$，原始油层压力 $14.3 \sim 16.8\mathrm{MPa}$，饱和压力 $2.81 \sim 2.97\mathrm{MPa}$，多属低饱和油藏。地层水水型主要为 $NaHCO_3$ 型，总矿化度一般为 $15909 \sim 20597\mathrm{mg/L}$。

二、油田开发历程

闵桥油田自 1976 年发现，至 2018 年底，开发过程经历 5 个阶段（图 1-12-14）。

1. 零散井试采阶段（1976—1989 年）

1976 年，苏 81 井钻遇阜二段生物灰岩获油层 5.2m，试获日产原油 24.7t；同年苏 85 井于阜二段生物灰岩酸化后日产原油 17.7t，阜三段砂岩试获日产原油 18.3t；1979 年，闵 4 井、闵 8 井于阜三段钻遇油层，抽汲分别日产原油 12.3t、19.2t。1976—1979 年，闵桥断背斜钻 16 口探井，6 口获工业油流，发现 5 个出油井区，试采井初期采用 3 ∼ 5mm 油嘴自喷生产，自喷期很短，停喷后转抽油生产，但生产一段时间后产能低，基本不出液。1988 年 2 月油井因低产全部关井，累计产油 $2.75 \times 10^4\mathrm{t}$。

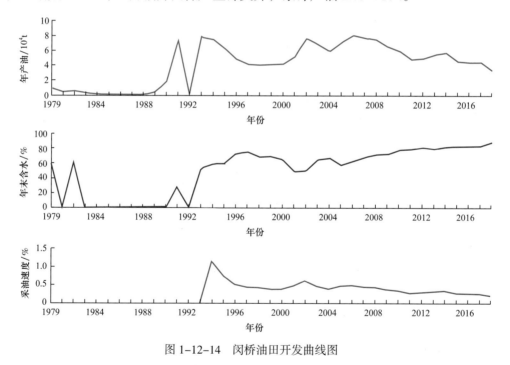

图 1-12-14　闵桥油田开发曲线图

2. 产能建设阶段（1990—1994 年）

1989 年，闵 7 井于阜一 + 二段喷溢玄武岩段钻获含油储层 11 层 37.4m，试油测液面折算日产原油 14.6t，投入试采机抽初期日产原油 35 ∼ 41t，首次在苏北盆地阜二段火成岩获得高产油流。随后部署实施三维地震精查构造，通过进一步预探和滚动评价，闵 7、闵 15、闵 16、闵 17、闵 18、闵 20、闵 21 等断块陆续形成阜一 + 二段喷出岩油藏产能建设场面，建成年原油生产能力 9×10^4t。由于对玄武岩油藏开发研究不深入，初期基本按照砂岩油藏模式，对闵中、闵南区砂岩油藏实施滚动开发，兼顾闵北、闵中喷出岩油藏，按三角形井网布井，井距 250～350m，采用点状加边缘注水，共部署井位 25 口，其中油井 20 口，注水井 5 口。1992 年，闵桥油田年产油达到顶峰 9.1×10^4t，基本探明闵中、闵北断块区含油层系，形成阜一＋二段、阜三段两套开发层系基础井网。阶段末投入开发断块 10 个，投产油井 54 口，日产油 215.7t。

3. 完善注水开发阶段（1995—2001 年）

阜一＋二段喷溢岩油藏投入了注水开发后，发现水窜严重，油井含水上升快；未投入注水开发的小断块因地层能量供应不足，产量递减快；多数油井因高含水关井或活动收油生产。阜三段砂岩油藏实施早期注水开发，注水见效明显，但见效半年后油井见水，含水上升快，10 个月后含水达到 70% 以上。阜三段构造破碎，注采井网虽然得到完善，但因内部小断层分隔，仅部分油井见注水效果，导致油井得不到能量补充，产量下降。1997 年，闵南断块阜三段油藏列入难采储量项目，钻开发井 3 口，投产后日产油10.4t。该阶段初期，由于阜一＋二段喷溢岩油藏产量递减幅度大，全油田年综合递减率在 20% 以上，投入开发新断块多为难采储量，无法弥补产量递减，导致全油田产量递减明显。阶段末，投产油井 82 口，开井 50 口，日产油 128t，年产油 4.76×10^4t，累计产油 68.05×10^4t。

4. 滚动增储稳产阶段（2002—2005 年）

通过不断滚动勘探开发，先后开展闵 18、闵 20、闵 24、闵 40、闵 35、闵 4 等断块产能建设会战，完钻油井 57 口、注水井 19 口，建成年原油生产能力 5.7×10^4t，扭转油田产量下降局面，油田含水得到较好控制。阶段末，年产油 6.12×10^4t，保持良好的稳产态势。

5. 调整完善控制递减阶段（2006—2018 年）

2006 年起，对闵 20、闵 23、闵 28、闵 35、闵 40 等区块进行局部调整加密。2013 年，在闵 20、闵 40、闵 28 断块加密完善注采井网，实现油田产量稳定，充分利用侧钻井挖潜剩余油，提高了经济效益。2006—2015 年，闵桥油田共投产油井 78 口（其中侧钻井 17 口），投转注水井 42 口（其中侧钻井 3 口）。通过局部调整加密完善注采井网，减缓油田产量递减，控制含水上升率，阶段内平均年产量递减率为 5.2%，平均含水上升率为 0.2 个百分点。2016—2018 年，闵桥地区通过侧钻等低成本方式挖潜，完善井网。同时 2016 年闵南地区实施勘探评价井闵 X47 井，钻遇阜二段油层，投产初期日产油 9t。阶段末年产油 3.3×10^4t，采油速度 0.2%，综合含水 87.9%。

三、油田开发现状

闵桥油田属于比较典型的复杂小断块油田，不仅构造复杂，储层也很复杂，40 多年来经历了几上几下的滚动勘探过程，取得了较好的勘探开发效果，对江苏油田"九五"以来原油产量的稳产和上产起到了一定的推动作用，同时也形成了自己独具特色的喷溢岩油藏开发、砂岩油藏注水和滚动增储等技术。

截至 2018 年底，油田共有油井 159 口，开井 110 口，日产液 819.2t，日产油 99.2t，年产油 3.52×10^4t，综合含水 87.89%，累计产油 159.91×10^4t，采油速度 0.21%，采出

程度 9.38%。共有注水井 53 口，开井 30 口，日注水 375.0m³，年注水 18.3×10⁴m³，累计注水 356.7×10⁴m³，注采比 0.60。

第八节　联盟庄油田

联盟庄油田位于高邮凹陷深凹带北侧，具有断层多、断块碎，含油层系多、含油井段长，储层非均质性强，油水关系复杂等特点，油田主体区块属于高饱和岩性油藏，开发难度比较大。

一、油田基本情况

联盟庄油田地处江苏省扬州市江都区昭关镇境内，1983 年联 2、联 3 井分别在戴二段、戴一段获自喷油流，次年投入开发。截至 2018 年底，共计发现垛一段、垛二段和戴一段、戴二段及阜二段五套含油层系，累计探明石油地质储量 788.69×10⁴t，含油面积 11.06km²。

1. 地质特征

1）构造

联盟庄油田主体构造处于高邮凹陷汉留断裂下降盘，是一个由断鼻、断块油藏与断层—岩性复合油藏组成的复杂断块油田（图 1-12-15），以联 10 井为界，分联西、联东两个区块。联西区戴南组整体构造形态呈向东南倾覆的断鼻，内部被数条低序次小断层复杂化，分成多个小型断块和断鼻，同时受砂体快速相变影响，可与断层双控，形成复合圈闭，主要包括联 3、联 6、联 7 等含油断块；联东区戴南组砂岩含量相对少、砂体侧变迅速，与汉留断裂双控，主要形成断层—岩性复合圈闭，如联 40—联 38—联 9 连片含油隐蔽油藏。

2）储层

联盟庄油田主要发育有垛一段、垛二段和戴一段、戴二段及阜二段五套储层，可细分为 14 个含油砂层组。戴南组沉积体系明显受汉留断裂坡折带控制，主要发育三角洲前缘—浅湖滩坝—滨浅湖相，联东区砂岩发育程度好于联西区。三垛组处于河流—三角洲相，砂岩较发育。戴南组岩性主要为岩屑长石石英粉砂—粗砂岩，胶结物以方解石、白云石为主，接触式、接触—孔隙式胶结。三垛组岩性主要为长石岩屑石英细砂—粗砂岩，胶结物以灰质为主，泥质充填物常见，孔隙式、接触式、孔隙—接触式胶结。由于沉积类型、埋深等条件的不同，储层差异比较大。砂岩平均孔隙度 11.3%～23.3%、渗透率 20.1～1780mD，平面上联西区砂岩物性总体好于联东区，纵向上上部砂层组储层物性明显好于下伏地层。戴一段二 + 三亚段砂层组物性主要为低孔低渗储层；戴一段一亚段、戴二段砂层组主要为中孔中渗储层；垛一段六亚段、七亚段砂层组属中高孔高渗储层。

2. 油藏特征

1）油藏类型

联盟庄油田主要由一批断鼻、断块油藏和断层—岩性复合油藏组成，其中构造油藏占 30%，复合油藏占 70%。油水系统复杂，主要属于层状砂岩多油水系统类型，含油带

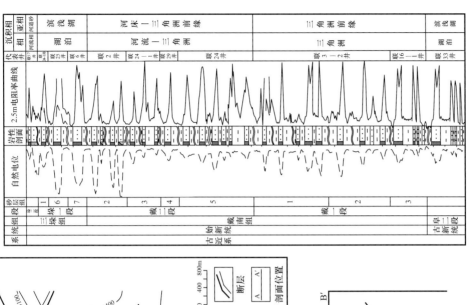

c. 联盟庄油田综合柱状图

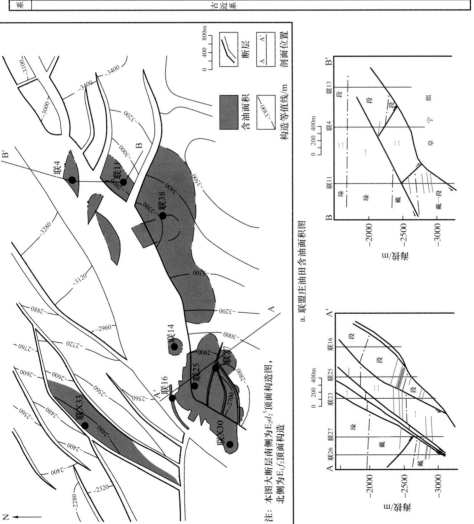

a. 联盟庄油田含油面积图

注：本图大断层南侧为E$_2$d$_2$^{5}顶面构造图，
北侧为E$_1$f$_1$顶面构造

b. 联盟庄油田油藏剖面图

图 1-12-15　联盟庄油田地质综合图

- 393 -

宽窄不一。

2）流体性质

联盟庄油田属于低密度、低黏度、低含硫、高含蜡、高饱和油气藏，地面原油密度 0.7993～0.8552g/cm³，黏度 3.03～35.34mPa·s，含蜡量 20.32%～27.5%，凝固点 29～35℃，不同层位原油性质自下而上呈逐渐变差趋势。原始气油比 84.3～142m³/t，天然气成分中烃类含量较高（平均 97.78%），天然气相对密度 0.6876，油层属常温常压系统，其中戴一段、戴二段油层为高饱和压力、常压系统油藏。联 38 井戴一段属中高饱和压力、常压系统油藏为主，部分高压系统油藏。地层水主要为 NaHCO₃ 型，总矿化度 7137～13711mg/L。

二、油田开发历程

截至 2018 年底，联盟庄油田投产已历时 35 年，开发历程大致分 4 个阶段（图 1-12-16）。

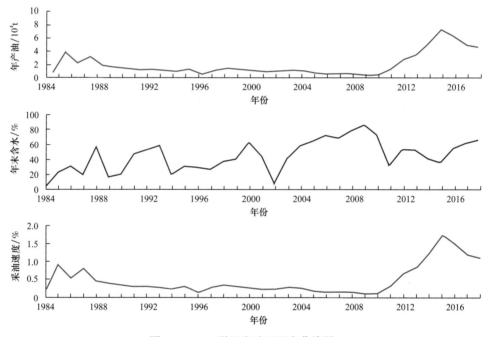

图 1-12-16　联盟庄油田开发曲线图

1. 详探及试采阶段（1981—1984 年）

1981 年，起实施预探，联 2、联 3 井戴南组分别试获工业油气流。1984 年，联西区联 3、联 7 等井相继投入试采，初期多采用 3～5mm 油嘴自喷生产，单井日产油 13.7～34.7t，生产气油比 80～207m³/t。试采中表现出初期产能较高，但油藏天然能量不足，地饱压差小，随着地层压力下降，很快由初期弹性驱动转入溶解气驱动，产量不断下降，生产气油比急剧上升。阶段末油井总数 8 口，日产油 75.8t，累计产油 0.85×10⁴t。

2. 完善注水阶段（1985—1987 年）

1986 年，联西区主体部位实施开发方案采用戴一段、戴二段两套层系，不规则三角形井网和边外注水。部署油井 15 口、注水井 5 口，实际投产 8 口油井，投（转）

注 2 口注水井，没有达到方案指标要求。阶段末油井 18 口，日产油 73.7t，年产油 3.31×10^4t，累计产油 10.38×10^4t。

3. 低速开采阶段（1988—2008 年）

联西区注水开发以后，陆续投（转）注水井 6 口，先后将联 6、联 7-1、联 3-2 各断块投入注水开发，对应油井初期都有不同程度效果，但由于当时注采比偏高，注水井大段合注，造成注入水单层突进严重，油井见效后很快暴性水淹，原油产量大幅下降。到 1994 年底，6 口注水井全部关停。此阶段，长期处于天然能量开发，地层压力不断下降，地层原油脱气严重，加上开发调整和增产措施工作量少，油田处于低速开采，年产油 $0.8 \times 10^4 \sim 1 \times 10^4$t。阶段末，油井总数 17 口，日产油 18.8t，年产油 1.85×10^4t，累计产油 34.04×10^4t。

4. 二次开发阶段（2009—2018 年）

2009 年，联西区新钻联 36、联 37 井开展注水试验，实施二次开发，联东区则部署钻探联 38 井发现戴南组岩性油藏，为恢复和重建注采井网奠定基础。2011 年，又进行储层精细评价工作，为油田二次开发奠定基础。2012 年，部署联西区产能建设方案，新钻或侧钻一批采油井，2014 年，再次实施产能建设会战，进一步完善井网，投转注一批注水井大规模恢复注水。此阶段共新钻采油井 33 口，投（转）注及恢复老井注水 16 口，实现井网重建、层系重组，提高储量水驱控制和动用程度。油田年产油从 0.15×10^4t 升至 5.81×10^4t，恢复动用储量 207×10^4t，采收率提高 7.0%。

三、油田开发现状

联盟庄油田是一个开发类型较多的综合性油藏，主体部位联西区是高饱和岩性油藏。通过高饱和岩性油藏开发调整技术、井网优化重组研究等技术，二次开发取得了较好的效果，为苏北盆地其他地区二次开发提供良好的参考与借鉴。

截至 2018 年底，油田共有油井 67 口，开井 56 口，日产液 345.3t，日产油 114.9t，年产油 4.05×10^4t，综合含水 66.73%，累计产油 58.14×10^4t，采油速度 0.97%，采出程度 13.90%。共有注水井 17 口，开井 14 口，日注水 375.6m³，年注水 13.9×10^4m³，累计注水 106.5×10^4m³，注采比 0.58。

第九节　草　舍　油　田

草舍油田位于溱潼凹陷南部断裂带，是华东分公司投入开发较早的油田之一，具有含油层位多、构造复杂、物性差异大、开发难度大等特点。

一、油田基本情况

草舍油田位于江苏省东台市溱东镇境内，1974 年苏 38 井钻探首次突破工业油流，1978 年苏 115、苏 130 井分别试获高产油流，次年投入试采。截至 2018 年底，共计发现埠一段、戴二段、戴一段、阜三段、阜一段、泰一段 6 套含油层系，探明石油地质储量 533.27×10^4t，含油面积 2.43km²。

1. 地质特征

1）构造

草舍油田构造位置在溱潼凹陷南部泰州断裂带中段，主体构造为泰州断裂控制形成的逆牵引破碎断背斜，受北东走向几条较大断层切割，平面上由东南向西北逐级下掉呈现高、中、低三个台阶，形成草南、草中、草北三个含油断块；同时，各台阶受众多低序次小断层纵横交错分割，形成了极破碎的复杂小断块群（图1-12-17），共有六套含油层系。其中：草南断块含油层系为阜一段、泰一段；草中断块为戴一段、阜三段；草北断块则为垛一段、戴二段、戴一段。油气聚集于独立的四级断鼻或断块中，主要含油层系埋深2000～3300m。

2）储层

草舍油田储层岩性主要是岩屑长石砂岩、长石砂岩，少量含砾砂岩，中、细、粉砂结构，以中—细砂为主。阜三段以泥质胶结为主，碳酸盐胶结为辅，其余组段均以碳酸盐胶结为主，泥质为次，胶结类型以孔隙式为主。泰一段砂岩平均孔隙度13.04%～15.74%，渗透率10～100mD；阜一段砂岩平均孔隙度14.43%，渗透率以1～50mD为主；阜三段砂岩平均孔隙度11.5%～15.79%，渗透率差异较大；戴一段砂岩平均孔隙度18.85%～25.14%，平均渗透率112.56～700.5mD；垛一段和戴二段砂岩物性比戴一段好，为高孔渗储层，储层物性总体非均质性很强。

2. 油藏特征

1）油藏类型

草舍油田主要由断块、断鼻构造油藏组成，垛一段为底水驱动的块状砂岩统一油水系统油藏，戴二段、戴一段为底水驱动的块状砂岩统一油水系统油藏，阜三段、阜一段为弹性驱动的多层状砂岩多油水系统油藏，泰一段为弹性驱动的块状砂岩统一油水系统油藏。

2）流体性质

草舍油田垛一段、戴二段地面原油密度0.8531～0.9250g/cm³，黏度17.54～141.40mPa·s，含蜡量0～19.5%，凝固点27～39℃，含硫量0.11%～1.07%；戴一段地面原油密度0.8485～0.8747g/cm³，黏度15.76mPa·s，含蜡量11.95%～46%，凝固点28～41℃，含硫量0.14%～0.74%；阜三段、阜一段和泰一段原油性质相似，地面原油密度0.8568～0.9100g/cm³，黏度11.2～335.23mPa·s，含蜡量15.31%～28.3%，凝固点34～43.5℃，含硫量0.34%～0.83%。

草舍油田属正常温度、常压—高压系统，其中，戴一段油藏原始压力系数0.947～1.012，属常压系统；阜三段油藏原始压力系数0.99～1.257，阜一段油藏原始压力系数1.026～1.287，皆属常压—高压系统；泰一段油藏原始压力系数1.17，属偏高压系统。地层水为Na_2SO_4型，总矿化度垛一段18280～34160mg/L，戴二段27200～29320mg/L，戴一段24590～29010mg/L，阜宁组油藏未见水，泰一段4630～38530mg/L。

二、油田开发历程

草舍油田自1979年投入试采，至2018年底，大致可分为4个开发阶段（图1-12-18）。

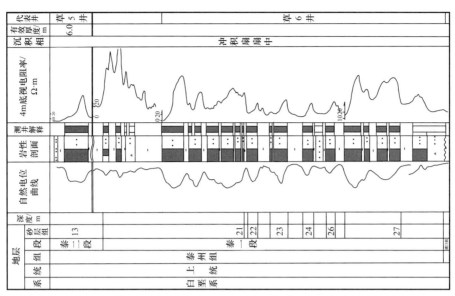

c. 草舍油田综合柱状图

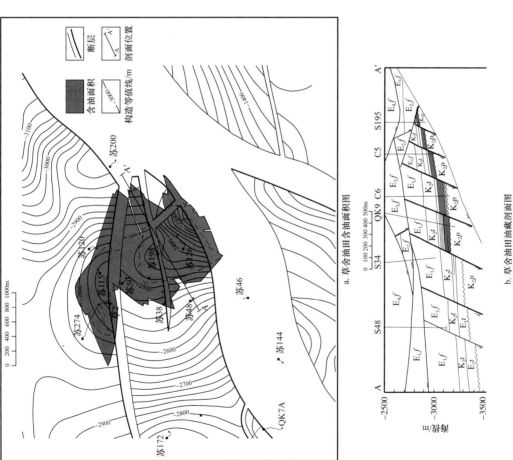

a. 草舍油田含油面积图

b. 草舍油田油藏剖面图

图 1-12-17　草舍油田地质综合图

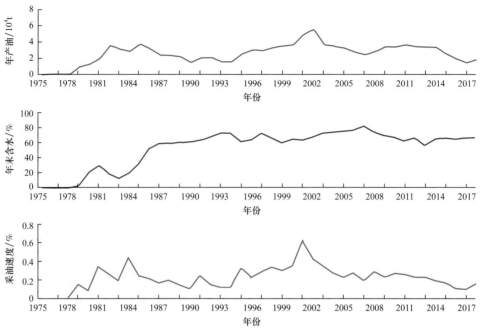

图 1-12-18　草舍油田开发曲线图

1. 滚动评价及弹性能量开发阶段（1979—1989 年）

早期油田主要以滚动勘探开发为主，三垛组、戴南组油藏以天然能量驱动开采，投产初期油井大多自喷、产量高，但含水上升快，产量递减快。阜宁组油藏依靠弹性能量开发，因边底水较弱，一般需压裂投产，压裂日增油 2～6t，但产量递减快。泰州组油藏油层段部射开投产，笼统采油，初期产能较高，但递减快、降压快。

2. 加密调整及注水开发阶段（1990—1994 年）

三垛组、戴南组油藏仍以天然能量驱动开发为主，阜一段油藏继续运用弹性能量和压裂改造开采。同时，针对泰州组油藏产量递减快、地层压降快的问题，采取加密井投产、内部点状注水等措施，原油产量稳步提高，平均年产油 1.02×10^4t，年采油速度 0.82%，是前期弹性开发阶段末期的 2.6 倍。

3. 完善井网注水开发阶段（1995—2005 年）

三垛组、戴南组油藏以新井投产、堵水、调层为主要稳产手段，首轮以井网加密进行层间和井间接替，产量回升，综合含水从前期的 92% 降至 68%。但也出现层间窜槽严重，套损频繁，措施有效期短，生产时效低等问题。通过重新研究油田构造和油藏特征，开展井间剩余油挖潜，挖潜产量迈上新台阶，2002 年产油达 2.39×10^4t，综合含水降至 84%。阜一段油藏开始注水开发，由于物性、连通性都较差，注水效果欠佳。泰州组油藏继续井网调整，部分新井投产，部分老井转注，形成 2 注 7 采较完善的基础开发井网，原油年产量稳步上升，2002 年产油 2.5×10^4t，采油速度达 2%，年产量提高 2.5 倍，注采效果总体较好。

4. 再调整注气注水开发阶段（2005—2018 年）

三垛组、戴南组油藏实施 10 口加密井，调整挖潜剩余油，阶段末累计产油 45.10×10^4t。阜三段油藏 2013 年主体部位实施开发方案，形成 5 注 13 采井网，产油量 31.7t/d，并随注气井正常工作，产量回升至 38t/d，阶段末共有油井 12 口，日产油 25.26t，累计采油 4.74×10^4t。阜一段低渗透油藏针对注水开发效果差现状，开展单井注 CO_2 试验，与水驱相比，注气稳定，见效明显，增产稳定。泰州组油藏注 CO_2 开采，自主体部位注 CO_2 后，日产油从 30.72t 上升到最高的 86.9t，增产 2.83 倍，含水从 67.2% 降到 31.6%。后期注气主渗流通道形成，采油井气窜明显，注气井逐渐转注水。同时开展化学调驱，改注水后经历初期产水上升快，调驱后产水逐渐下降，效果明显。阶段末累计产油 56.21×10^4t。

三、油田开发现状

草舍油田是华东油气分公司投入开发较早的油田之一，油藏含油层位多、构造复杂、物性差异大，驱动方式多样。多年来，在复杂小断块滚动勘探开发研究指导下，不断高效调整，为油田上产稳产提供了储量基础；针对低渗透单元，开展了国内最早的 CO_2 驱油试验，建成中国石化 CO_2 驱工业化推广应用示范基地；老区稳产上采取的局部加密、缩小注采井距、CO_2 驱、水气交替驱等综合治理措施，对全油田原油产量的持续稳产起到了较大的推动作用。

截至 2018 年，油田共有油井 47 口，开井 30 口，日产液 153t，日产油 55.3t，年产油 2.1×10^4t，综合含水 63.87%，累计产油 111.9×10^4t，采油速度 0.40%，采出程度 20.99%，自然递减率 12.84%。共有注水（气）井 13 口，注气井开井 4 口，日注气 85.62t，注水井开井 4 口，日注水 120.1m^3，年注水 2.68×10^4m^3，累计注水 115.3×10^4m^3，注采比 1.34。

第十节　帅垛油田

帅垛油田位于溱潼凹陷北斜坡中段内坡区，是一个在斜坡背景上发育起来被一系列断层复杂化的破碎背斜，局部又受岩浆岩柱侵入影响的复杂小断块油田。

一、油田基本情况

帅垛油田地处江苏省兴化市戴南镇境内，水网地貌，地面条件复杂。2010 年钻探帅 1 井试获高产油流，次年投入试采，截至 2018 年底，共计发现阜三段、戴一段两套含油层系，累计探明石油地质储量 859.93×10^4t，含油面积 7.72km^2。

1. 地质特征

1）构造特征

帅垛油田构造位置在溱潼凹陷北斜坡中段内坡区，是一个在斜坡背景上发育起来被一系列断层复杂化的破碎背斜，局部又受岩浆岩柱侵入影响的复杂小断块油田（图 1-12-19）。戴南组构造主要由 1 个断背斜、2 个断鼻和 2 个断块组成，高点埋深 -2440～ -2360m。阜宁组构造主要由 4 个断鼻、断块圈闭组成，高点埋深 2720～2760m。

2）储层特征

帅垛油田发育阜三段、戴一段两套主要储层。阜三段属三角洲前缘水下分流河道、河口坝、远沙坝、席状砂微相砂体，砂体自北向东南减薄；平面上砂体稳定展布、可连续追踪，垂向上单砂体厚度较薄，砂体层数较多。戴一段属于扇三角洲前缘亚相

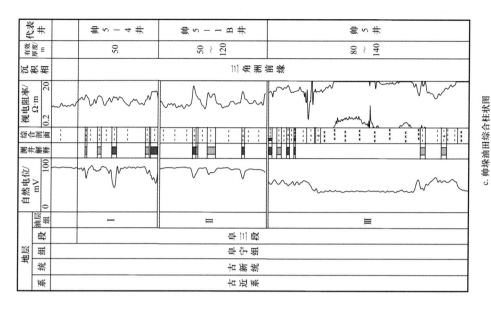

c. 帅垛油田综合柱状图

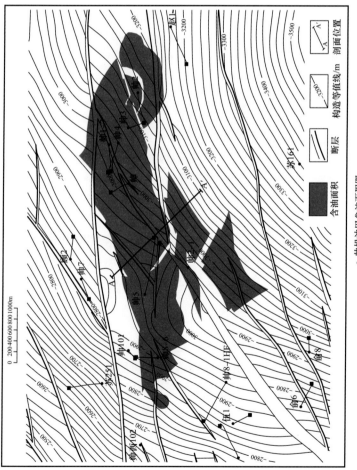

a. 帅垛油田含油面积图

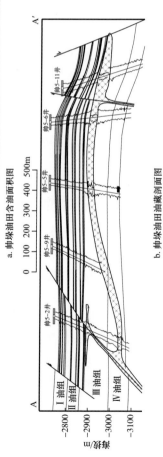

b. 帅垛油田油藏剖面图

图 1-12-19　帅垛油田地质综合图

带，发育水下分流河道、河口坝、席状砂微相砂体。阜三段以粗粉砂岩为主，细砂岩次之，孔隙度10.8%～20.5%，平均17.38%，渗透率0.63～14.53mD，平均5.55mD，为中低孔低特低渗储层。戴一段为粉砂岩、细砂岩、中砂岩、含砾砂岩及细砾岩，孔隙度18.0%～34.8%，平均25.8%，渗透率88.7～2901.9mD，平均602.0mD，为中高孔渗储层。

2.油藏特征

1）油藏类型

帅垛油田由复杂小断背斜、断鼻和断块构造油藏组成，属于层状砂岩多油水系统油藏。

2）流体性质

阜三段地面原油密度0.854～0.925g/cm³、黏度平均44.27mPa·s，含硫量0～0.4%，凝固点30.5～40℃；地层水为$CaCl_2$型，总矿化度约28577mg/L；原始地层压力27.99mPa，饱和压力低为4.46mPa，地层压力系数1.02，平均地温梯度3.02℃/100m。戴一段地面原油密度0.867～0.893g/cm³、黏度平均97mPa·s，含硫量0.26%～0.817%，凝固点35～39℃，为低含硫的中质油品；油田地层水以$NaHCO_3$型为主，总矿化度30516mg/L左右；原始地层压力系数0.997，平均地温梯度2.51℃/100m。皆属正常地温、压力系统。

二、油田开发历程

帅垛油田从2011年发现并投入试采，到2018年底，主要经历两个开发阶段（图1-12-20）。

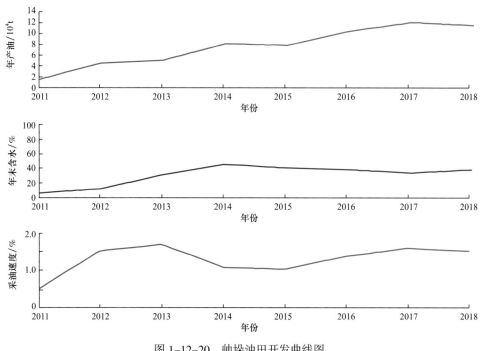

图1-12-20 帅垛油田开发曲线图

1. 滚评建一体化阶段（2010—2012 年）

2010 年首先钻探帅 1 井测井解释油层 3 层 8.3m，采用常规测试，在 5mm 油嘴工作制度下，自喷获得日产 32.5t 高产油流。随后，分别于帅垛构造南、北断块实施了滚动勘探评价帅 2、帅 3 井，分别试获 3.12～23.1t/d 工业油流并转入投产，当年动用戴一段油藏，部署开发井 20 口（3 注 17 采），新建产能 3.2×10^4t/a。

2. 滚动扩边开发阶段（2013—2018 年）

2013 年先后在帅垛油田中西部成功实施帅 5、帅 3-5 井 2 口探井，获得工业油流，进一步通过滚动扩边 + 井网调整，最终形成 9 注 78 采开发井网，原油年产量实现翻番，日产油由 123t 上升至 292.3t，2018 年产油 10.42×10^4t，成为华东油田的主力生产区块。

三、油田开发现状

帅垛油田在滚动勘探开发评建一体化为指导思想，通过滚动勘探、油藏评价、整体建产三步行实现"五个当年"，即"当年发现、当年评价、当年方案、当年建产、当年投产"，最终使得帅垛油田主体高效建产。截至 2018 年，油田共有油井 74 口，开井 67 口，日产液 515.4t，日产油 292.3t，年产油 10.42×10^4t，综合含水 43.28%，累计产油 60.76×10^4t，采油速度 1.42%，采出程度 8.28%，自然递减率 4.89%。共有注水井 17 口，开井 15 口，日注水 397.8m³，年注水 13.27×10^4m³，累计注水 44.36×10^4m³，注采比 0.77。

第十三章　典型油气勘探案例

本章通过对五个二级构造区带勘探案例的总结分析，从不同角度展示了复杂断裂带、复杂断块群、复杂断块隐蔽油气藏，以及特殊类型油气藏等苏北盆地典型油气藏勘探走过的艰难历程和曲折过程，以及所取得的勘探成果和经验教训，以期对同类盆地油气勘探工作有所启迪和借鉴作用。

第一节　高邮凹陷北斜坡复杂断块群勘探案例

高邮凹陷北斜坡区域构造位于高邮凹陷北部斜坡带中东部，东与刘陆次凹相连，西以车逻鞍槽与西北斜坡相隔，南与刘五舍及樊川次凹相邻，北以缓坡与柘垛低凸起接壤，勘探面积约 800km² （图 1-13-1）。该区地处江苏省江都、高邮、兴化三市（区）接合部，属于苏北里下河水乡地区，地势低平，河汊众多，地面和地下地质条件比较复杂。从 20 世纪 50 年代开始油气普查，经过 60 余年勘探开发，先后发现沙埝、花庄、瓦庄三个油田，60 多个含油断块（断鼻），泰一段、阜一段、阜二段、阜三段及戴一段 5 套含油层系，总计探明石油地质储量 4375 × 10⁴t，含油面积 44.15km²，截至 2018 年底，苏北盆地已经发现石油地质储量规模最大的复杂断块群油区。通过长期坚持不懈的

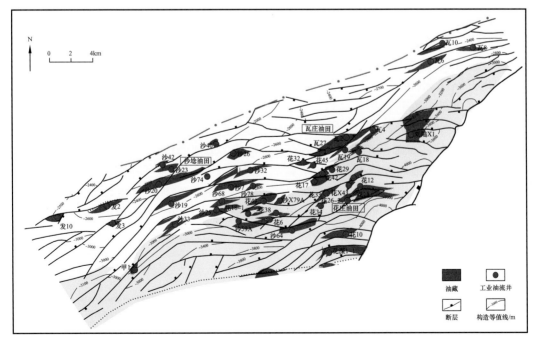

图 1-13-1　高邮凹陷北斜坡勘探成果图

地震勘探技术攻关，以及不断的勘探认识创新、勘探思路创新和勘探方法创新，其艰难的勘探突破发现、发展和滚动勘探、评价开发过程及其取得的成果和认识，堪称苏北盆地复杂断块群油气藏勘探的一个缩影。

一、勘探历程

高邮凹陷北斜坡是苏北盆地最早展开油气普查勘探的区带，油气勘探历程大致可分为四个阶段。

1. 模拟地震区域普查勘探阶段（1958—1982 年）

20 世纪 50—60 年代苏北盆地早期油气普查时期，主要利用光点地震和重磁资料，部署钻探一批浅井重点解剖三垛重力高，首次钻探发现三垛组油砂。70 年代高邮凹陷进行磁带地震普查时，发现沙埝、花庄、卸甲庄等一批构造，期间选择局部圈闭钻探 14 口探井，在戴南组、阜宁组钻探发现大量的油气显示，仅有苏 122 井试获工业油流。之后主要围绕沙埝地区又先后部署钻探 10 口探井，仅有一口井试获低产油流，勘探效果特别不理想。

2. 数字地震构造详查勘探阶段（1983—1990 年）

20 世纪 80 年代中后期，江苏油田先后采用 48 道和 120 道数字地震仪进行地震详查，发现和落实许多局部构造圈闭，除了在沙埝构造部署钻探了 6 口探井，同时又在花庄、河口、卸甲庄等局部构造先后部署钻探了 7 口探井，虽然钻探见到不少油气显示，但仅有两口井试获工业油流。这一阶段由于地下地质构造条件复杂，加上二维地震资料的局限性，构造落实程度比较低，整体勘探效果依然没有大的起色。

3. 三维地震区带突破勘探阶段（1991—2004 年）

进入 20 世纪 90 年代，高邮凹陷斜坡地区开始整体连片部署三维地震勘探，首先在沙埝主体构造钻探的沙 7、沙 11 井获得重要突破，后续钻探的沙 19、沙 20 井又连续发现阜二段、阜一段整装富集区块，初步在沙埝构造高带形成 1000×10^4 t 储量规模的勘探场面。接着在花庄地区钻探的花 3A、花 6 两口探井分别在戴一段试获日产 37.1t 和工业油流 28.2t，在瓦庄地区钻探的瓦 2、瓦 3 井阜三段分别试获日产 34t、工业油流 23.4t，进一步甩开钻探瓦 X6 井又发现阜一段和泰州组两套含油层系，并首次在泰州组试获日产工业油流 28.6t，在花瓦构造高带形成又一个 1000×10^4 t 储量规模的增储场面。

4. 高精度地震精细评价勘探阶段（2005 年以后）

2003 年之后，高邮凹陷北斜坡开始三维地震二次采集，2012 年又开始整体部署、连片实施高精度三维地震精查，地震资料品质进一步提高，通过开展复杂小断块精细评价勘探、不同层系立体勘探，进一步提高了勘探成功率，发现了一批以阜三段油藏为主要含油层系的复杂小断块油藏，新增探明储量拿到两个 1000×10^4 t 以上，保证了苏北盆地原油产量持续增储上产。

二、勘探成果与做法

20 世纪 90 年代初期，苏北盆地已经过了 30 余年的油气勘探，特别是从油田会战以来近 20 年勘探的兴盛期，勘探人员经历了无数次成功的喜悦，也有过无数次挫折的困惑，在边实践、边认识、边总结探索前进的过程中，逐步积累了对苏北盆地石油地质条件及成藏特征的认识。尤其是 20 世纪 80 年代末、90 年代初油气勘探地质理论及其评价技术的发展和应用，极大地推动了地质认识的深化，勘探思路的转变，有力促进了高邮凹陷北斜坡油气勘探的重要突破和持续增储上产，迎来苏北盆地又一个发展的高峰期。

1. 瞄准重力高带，着眼构造背景，早期勘探几上几下难获突破

高邮凹陷北斜坡一直是苏北盆地油气勘探的重要领域，早在苏北盆地初期普查阶段就投入了大量的勘探工作。20 世纪 50—60 年代石油部门针对高邮凹陷北部地区三垛重力高，依靠光点地震资料先后部署钻探了十多口探井，没有取得突破发现。60—70 年代地矿单位针对沙埝、三垛、花庄等局部构造，先后部署钻探了 20 多口探井，除少数几口井有点发现外，大多数探井钻探失败。70—80 年代苏北盆地展开石油会战之后，尽管早期勘探投入主要集中在深凹带，但斜坡带勘探评价工作一直没有间断，特别是江苏油田在斜坡带的沙埝、花庄、卸甲、河口等局部构造相继钻探了 10 多口外甩探井，除甲 1 井获得低产油流外，其余探井均告落空，区域成藏条件一度受到质疑。为何斜坡勘探经历了 30 余年，几上几下一直未能获得突破，主要原因是区内复杂的地下地质条件。

苏北盆地素有地质家考场之称，不仅地面湖泊、河流、沼泽、鱼塘星罗棋布，而且地下断层纵横交错，构造十分破碎。高邮凹陷北斜坡就是其中的一个典型代表，其复杂性主要体现在如下几个方面：一是斜坡区域内广泛发育多期、多套复杂断裂系统，纵向上相互切割，平面上相互叠置，使得勘探目标区块十分破碎。二是斜坡区域内广泛发育两套顺层或穿层分布的辉绿岩，由于辉绿岩的屏蔽作用，严重地干扰了主要勘探目的层的地震反射和断层的识别，使得主要勘探目的层构造难以落实。三是斜坡区域内发育有多套储盖组合（图 1-13-2），勘探目的层系较多，但多数目的层系主要是顶部含油，并且含油带比较窄，大多数探井不是钻遇断层、断缺含油井段，就是钻到构造的低部位而告落空。除上述三个主要的复杂地质条件外，地震勘探技术也是影响勘探工作未能实现突破的一个非常重要的因素。20 世纪 80 年代之前主要是进行二维地震勘探，对于这种复杂地区，二维地震技术很难满足复杂地质要求，而且地震资料的处理技术也相对滞后，解决不了辉绿岩覆盖区主要勘探目的层被辉绿岩地震反射屏蔽的影响，使得有些勘探目的层的构造特征难于认识清楚。正是这些复杂的地质条件和相对滞后的勘探技术形成了斜坡带勘探的主要风险。

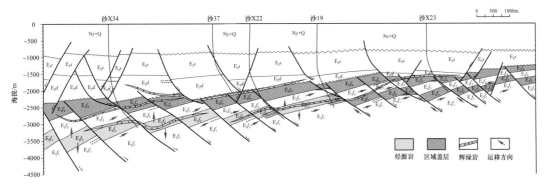

图 1-13-2　高邮凹陷北斜坡成藏模式图

2. 创新地质认识，转变勘探思路，开启斜坡勘探接替新征程

由法国石油地球化学家 B P Tissot 创立的有机质干酪根晚期生油理论，在世界油气勘探上取得重大突破，也在我国的石油勘探史上取得了辉煌成果。"七五"以前，苏北盆地会战初期就在干酪根晚期生油理论的指导下，主要围绕着深凹带成熟生油区进行勘探部署，从而发现了真武、曹庄、富民、黄珏等一批高产富集油田，为建立江苏油田增储上产基地奠定了重要基础。同时在这一理论的指导下，苏北盆地会战初期油气勘探主要集中在高邮、金湖等主力凹陷成熟区深凹带及其两侧断裂构造带，广阔的斜坡领域一直没有取得战略性突破而被视同为勘探"禁区"。但随着沿深凹带及其两侧断裂构造带可供勘探的有效区块和比较大的钻探目标越来越少，油气发现逐渐减少，1987—1992 年六年时间里，高邮深凹带没有发现一个相对整装构造油藏，只在原有老油田周围零星发现一些小断块，勘探效益逐年下降，勘探逐渐走入了低谷。

20 世纪 80 年代中后期，随着金湖凹陷卞闵杨断隆带（东部斜坡）勘探突破发现，运用原油、油砂、生油岩等丰富的化验分析资料进行地球化学综合研究，发现了阜宁组优质生油岩具有早期非干酪根生烃和晚期干酪根生烃的"双峰生烃"现象，并用大量的实际资料建立了适合苏北盆地特点的数学地质模型，认为苏北盆地不仅发育成熟生油岩，而且在广大斜坡地区有可能发育分布低成熟—未成熟生油岩，资源潜力比较大。根据创新的生油理论和生烃模式，重新对苏北盆地进行资源量计算和区带潜力排队评价，高邮凹陷北斜坡、金湖凹陷西斜坡阜宁组资源潜力位居各区带前列，由此明确了下步勘探战略重点，即以斜坡带阜宁组为主攻目标区带，为勘探目标的战略转移奠定了理论基础。以这一认识突破为契机，加上逐步成熟的复杂断块勘探配套技术与滚动勘探开发一体化机制结合，苏北盆地油气勘探顺利实现了区带、层系和凹陷接替，奠定了 90 年代开启的苏北盆地储量、产量增长最快的发展阶段。

含油气系统理论是 20 世纪 80 年代末、90 年代初再次受到人们广泛关注的一种地质理论。根据这个理论，勘探人员对苏北盆地的地质特征进行深入细致的分析研究，并取得了许多新的认识，主要观点有三个方面。第一，从盆地沉积发展史看，主要存在三套大的沉积体系。早期的泰州组、阜宁组为坳陷型广湖盆沉积体系，以远物源控制沉积；中期的戴南组、三垛组为断陷湖盆沉积体系，以近物源控制沉积；后期的盐城组为河流相冲积平原沉积体系，盆地沉积主体是早、中期沉积体系。第二，从烃源岩的沉积环境看，盆地发展早期，总体上是较稳定的沉降，为广湖泊沉积形成了三套生油能力较强的烃源岩。这是盆地内油气生成的物质基础，但这三套烃源岩的分布和演化在不同凹陷内存在较大的差别。第三，从盆地构造发展史看，两次大的构造运动形成了两个区域性的不整合面，在纵向剖面上划分为上、中、下三套构造层。上述三套沉积体系、三套烃源岩、三套构造层在盆地内形成了上、中、下三个含油气系统。截至 20 世纪 90 年代初，高邮凹陷发现的油气主要集中在上部含油气系统，而中、下部含油气系统发现很少，并且中、下部含油气系统的油气主要分布在北部斜坡带和南部断裂带。这一新认识更加坚定了重上斜坡勘探的决心。

3. 聚焦主体高带，攻关地震瓶颈，勘探突破发现沙埝油田

高邮凹陷北斜坡整体上为一宽缓的鼻状构造背景，呈南北向展布，由多个断鼻、断块群复合而成，面临生油次凹，生储盖配套条件好，构造圈闭以断鼻、断块为主，以

北掉弧形正断层切割南倾地层为特征，具有非常有利的石油地质条件。20世纪90年代初，随着苏北盆地勘探重心逐步向斜坡带勘探转移，按照"整体部署，分步实施，突出重点，适时调整"的部署原则，首先在斜坡中部的沙垱主体构造高带部署实施了斜坡带第一块三维地震，1993年利用三维地震资料部署钻探的沙7、沙11两口探井在阜三段见到了良好的油气显示，并试获高产油流，由此发现了沙垱油田。但勘探突破工作并不是一蹴而就的，沙垱地区突破之后又相继钻探了13口探井，除新发现沙14、沙16、沙18三个小的含油断块外，其余的探井均告失败，探井成功率只有29%。虽然部署实施了比较先进的三维地震勘探，但是由于主要目的层受火成岩干扰，成像效果差，断点不清晰，构造落实程度低，整体勘探效果欠佳。在进一步加强火成岩复杂区地质规律深化研究的基础上，重点展开了地震资料采集、处理和解释一体化技术攻关，对区域构造及油气成藏规律有了进一步的认识，"九五"期间相继钻探发现了沙19、沙20等主力含油区块和阜一段、阜二段主力含油层系，新增探明石油地质储量 1102×10^4t，为沙垱油田2001年达到年产原油 25×10^4t 历史最高水平奠定了重要基础。

（1）重点研发水网地区地震采集技术。激发和接收是地震采集两个最主要的环节，激发接收条件的好坏直接影响到采集资料的质量，地震资料攻关首先必须从源头抓起。沙垱地区水网河流密布，水产养殖场和低洼台田众多，大面积的深水（>1.5～2.0m）水域可以气枪激发，但在浅水、围养区、水草区和芦苇荡等水域及台田中气枪无法使用。针对激发专门研制出了一套适合浅滩、沼泽、水草区作业的浅水钻井平台，工作水深在0.35～1.5m。使得原来只能空白或大量偏移的激发炮井，得以正点实施，有效地解决了激发均匀性和激发能量问题。在接收方面，重点做好组合检波与耦合，在水中通过对沼泽检波器与压电检波器的对比，以及水底三角铁盘形、圆盘形和新型检波器耦合器的对比等大量的试验分析，最终总结出不同水域、不同水底条件下的检波和耦合方式。

（2）不断完善宽方位高覆盖三维地震技术。沙垱地区的地震资料品质不足，主要原因是目的层埋藏较深，火成岩有屏蔽，以及断层发育、构造破碎等影响，宽方位采集能使采集的数据尽量满足三维地震处理对其在空间采样上的均匀化要求，有利于三维地震处理质量的提高，同时面向勘探地质目标的三维地震采集参数设计更有利于勘探目标的实现。从施工方法考虑，提高覆盖次数，提升深层优势频带，改善信噪比，增加断面信息，尤其是提高横向覆盖次数，将有效覆盖和炮检距的分配上侧重于 T_2^5、T_3^1 和 T_3^3 波组面上，有利于解决中深层资料较差的问题。"十五"期间，随着设备能力的提升，沙垱地区的地震采集基本使用较宽的方位角和较高的纵横向覆盖次数。从早期的4线4炮，普遍提高到8线8炮（8线6炮）以上，甚至12线21炮高纵横排列比的全三维地震观测，地震资料品质，尤其是中深层的资料，取得了明显的改进，信噪比有了很大的提高。

（3）持续攻关火成岩强反射层压制处理技术。沙垱地区发育多期侵入岩，大面积分布，勘探目的层由于火成岩的强反射被屏蔽，导致层位标定和反射层追踪困难，断层位置难以确定，圈闭难以落实，长期以来一直是困扰勘探人员的主要难题，为此，必须在加强地震资料处理技术攻关上狠下功夫。火成岩对有效反射的影响主要是其反射系数大，使得火成岩的反射能量特别强，屏蔽了下伏岩层的反射能量，使得火成岩下的有效反射目的层能量十分弱，在地震剖面上常出现空白带。因此，如何消除火成岩的影响，有效压制火成岩强反射，突出目的层的弱反射，一直是沙垱地区地震资料处理的重点攻关课题。"九五"期间，科研人员发展了以"气囊法"为代表的压制火成岩强轴、相对提高其上下弱波反射的处理方法和手段，对勘探攻关起到了很大的推动作用。"十五"以后在宽方位高覆盖的地震资料处理上，寻求合理地压制火成岩强干扰，适当增强弱反射层波组特征，努力提高断层与断块的成像效果，主要形成了三大措施：一是针对火成岩的强能量采取措施，采用预测反褶积技术提高弱层的波组特征和分辨率，采用反 Q 滤波补偿技术提高弱反射能量，采用反射强度增益技术降低强弱振幅的比值，采用小时窗增益技术提高弱层成像效果；二是开展火成岩发育区针对性速度处理，研究多种方法压制多次波，使用小时窗增益速度分析法增强有效波能量等手段，有效提高火成岩区资料信噪比；三是应用叠前偏移技术，解决火成岩高速层对上覆和下伏地层成像的畸变，从而提高地震解释目的层位的成像精度。

（4）优化厘清复杂多期断裂系统组合。苏北盆地构造演化过程中经历多期构造运动，多期断裂相互交织、切割，构造极其复杂。沙垎地区就是两期断裂系统相互交织的典型地区（图1-13-3），早期发育一系列北掉断层，后期既发育北掉断层，也发育南掉断层，两期断层相互交切，组合关系复杂，合理的解释纵向上断层的交切关系是断裂发育区的关键。研究发现，高邮北斜坡地区阜宁期形成一系列以北掉断层为主的反向正断层，这些断层发育时期主要为吴堡期，多数断层后期几乎不活动。而后期的三垛运动使斜坡中部形成反向断层与顺向断层相间排列的断裂格局，斜坡北部形成以顺向断层为主的断裂格局，这一组断层和早期的吴堡运动产生的断层是两套断裂体系，同时，早期断层可能受到了后期构造运动的改造。对于上、下构造层倾向一致的北倾反向断层的关系，通过考察两期断层平面展布特征的平面展布法加以判别，而对于后期活动南倾断层与早期北倾断层的关系则通过考察地层厚度及断层断距地层厚度法进行研究。

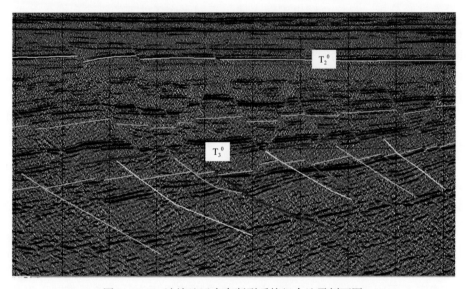

图1-13-3 沙垎地区多套断裂系统组合地震剖面图

（5）努力提高低信噪比区地震解释精度。为提高低信噪比地区地震资料解释精度，整体上解释网格密度由以往200m网格三维地震解释，变化为200m网格整体解剖与加密到100m，甚至逐道的目标解释相结合；解释层位由过去相对单一目的层位解释，变化为多层复合目的层位解释与基干剖面上的全层位对比解释相结合；低信噪比资料区弱反射层的横向追踪，总结形成了井剖面控制法、随机剖面法、多套资料优选对比法、地层厚度法、区域构造法等地震层位解释技术；对于跨构造单元地区的解释成图采用复杂构造条件下变速成图技术。通过加强圈闭精细识别和精细解释，沙埝地区基本保持了较高的勘探成效，"九五"期间沙埝地区钻探井25口，10口获工业油流，探井成功率提高到40%。

4. 甩开高带两翼，突破新层新带，拓展评价发现花瓦油田

通过第一轮钻探初步认为：该区下构造层不只存在一个构造带，自西向东存在发财庄、沙埝、沙埝东三个有利构造带，具有明显的"东西分带，南北分块"特点，自南向北大致存在十多个反向"屋脊带"，这些反向"屋脊带"分别由北凸、北倾的三级弧形断层控制，弧形断层之间还发育了次一级断层，将构造进一步复杂化形成断鼻、断块群。随着勘探的逐步深入，沙埝构造主体实现含油连片，东西两翼地区由于地震资料品质差，断层难以识别，一度认为圈闭不发育。在这些地区如何寻找落实构造圈闭，成为勘探能否进一步展开的关键。通过深化地质评价，加强运距网络研究，重新认识构造格局，落实断裂组合关系，发现了一片新天地。

（1）甩开钻探构造两翼，发现阜三段主力油藏。早在20世纪70年代，地矿部门曾在沙埝东部钻探了东42、东49、苏128等探井，在阜宁组见有不同程度油气显示，虽未见工业油流，但初步显示了良好勘探前景。80年代针对沙埝构造东部单家庄、王家墩等地区二维数字地震资料进行了较为详细的解释，发现了一批构造并部署钻探未见油气显示，钻后分析认为失利的主要原因还是构造不够落实。20世纪90年代根据三维地震资料，沙埝地区率先在沙7断块勘探取得重要突破之后，沿构造主体高带发现主力含油区块和主力含油层系，接着在其东、西两翼陆续开始部署分步实施三维地震连片精查。首先在西翼通过落实发财庄构造，钻探发现发2、发3等含油区块。东翼展开的第一块河口三维地震并没有良好的圈闭发现，进一步向东部署的河口东三维地震初步解释的构造面貌也并不尽如人意，主控断层走向近东西向，与地层走向近乎平行，难以形成圈闭，与沙埝构造主体存在很大差别。通过对构造演化、断裂发育等方面的不断深入研究，发现该区除发育近东西向的大断层外，还发育一些呈北东、北西走向的小断层，它们与东西向断层共同组成了一些断块圈闭。这种由三条断层共同控制的断块圈闭，虽然构造形态不佳，构造落实程度也存在疑虑，但其他石油地质条件十分有利。2002年，甩开钻探的瓦2井跨出了东扩的重要一步，钻探发现阜三段油层12层35.5m，试油获得日产34.0t工业油流。后续又部署钻探瓦X3井阜三段解释油层4层10.5m，试获日产23.4t的工业油流。通过两口探井钻探，探明石油地质储量380×10^4t，形成了瓦庄油田增储上产新战场。

（2）深化区带立体勘探，发现泰州组原生油藏。"九五""十五"时期，含油气系统理论及成藏体系理论为基础的资源评价技术逐步应用，深化了凹陷、层系、区带资源潜力认识。通过引进含油气系统理论，对油气成藏各要素及成藏的动态过程做了系统研究，在此基础上进行含油气系统划分与研究，明确了不同含油气系统的平面分布及纵向叠置，不同含油气系统存在的东西差异和上下差异，以及不同的运聚成藏特点，引领了勘探从深凹向斜坡，从单一层系勘探向多层系兼探思路的转变。为了揭示各含油气构造（断块群）由于构造、运聚等成藏条件的不同，而形成的含油气贫富差异性，油气成藏体系被引入进来，重点强调了油源、输导体系和圈闭之间相互关联、相互制约的"系统性"，以最终能运聚成藏的有效油气资源为评价目的。在实际应用中，将高邮凹陷细分为 16 个油气成藏体系，开展的油气成藏规律和剩余资源量分布研究，进一步明确了高邮北斜坡勘探潜力在斜坡的内、外侧，以及泰州组新层系。按照"精细勘探，立体勘探，二次勘探"部署思路，斜坡外侧浅层系、内坡深部低渗透领域、斜坡东部泰州组油藏成为进一步滚动勘探的重要方向。2004 年，在完成三维地震进一步向东部甩开部署实施的基础上，经评价优选在瓦庄东构造带中部断鼻构造部署预探井，瓦 X6 井在泰州组钻探获得日产 28.55t 工业油流，由此在高邮凹陷首次发现泰州组原生油藏，探明石油地质储量 $544 \times 10^4 t$，开辟了瓦庄东增储上产新天地。

（3）精细储层评价研究，突破内斜坡低渗透油藏。高邮凹陷内斜坡区域紧邻成熟生油岩，石油地质条件非常有利，但阜宁组目的层埋深相对较大，一直制约着勘探的深入。随着勘探程度的提高，相继开展了以亚段、砂层组和砂体为研究单元的储层评价研究逐步细化，运用沉积相和沉积微相识别技术、精细地层对比技术，系统开展了高精度沉积微相研究，探索研究砂体的几何形态、空间展布规律。通过透光和偏光镜鉴技术、铸体技术、荧光分析技术、X 射线衍射技术、包裹体分析技术及电镜分析化验技术等对储层岩石学特征、储集性能全面进行研究和评价，分析研究内坡低渗透储层形成的主控因素。针对低渗透储层演化规律的研究，分析沉积微相与油气富集之间的关系，部署风险探井的钻探，取得了突破性的进展，深化了地质认识。大量研究表明，沉积微相控制着砂体的形成与演化，包括砂体厚度、储层物性特征等，其中分支河道和河口沙坝砂体由于原始储集条件较好，经过后期改造后不仅残留孔隙度较高，其渗透性也好，有利于酸性流体的渗流和碎屑颗粒的溶解，形成大量次生溶蚀孔隙。通过全区 18 条骨干剖面，以及 140 多口探井的反复对比，将阜三段划分为三个亚段 10 个砂层组，编制高精度沉积微相图，精细刻画河道与砂体，分析成岩作用，预测有利相带。根据研究成果，在内坡区预测出的砂体发育主水道区钻探的一系列钻井均发现了富集油藏，打开了低渗透领域的勘探空间。

5. 创新评价技术，精细落实圈闭，滚动挖潜发现规模储量

2005 年，沙瓦地区开始三维地震二次采集工作。2012 年，又开始整体部署、连片实施高精度三维地震勘探，地震资料品质进一步提高，有力地促进了弱反射层精细识别、火成岩发育区精细评价、隐蔽性断层精细描述等地震资料精细解释系列技术的发展，勘探重点转向构造带翼部、三维地震区块结合部、地震资料相对较差的复杂区，开展了精细评价勘探挖潜和不同层系滚动立体钻探，发现了一批以阜三段油藏为主力含油层系，包括戴南组构造岩性油藏和阜宁组复杂断块油藏，保证了苏北盆地原油产量持续增储上产。

（1）梳理斜坡区构造模式，构造高带之间落实"次高带"。阜宁组是高邮凹陷北斜坡主要的含油层系，但在早期勘探中，斜坡东部地区始终没有形成勘探突破。存在的主要问题是区域构造背景不发育，看不到有利的圈闭目标。如何认识该地区的构造格局和断裂组合，是地质评价需要解决的又一重要问题。"十五"期间，通过对圈闭形成展布规律性的总结研究发现，苏北盆地圈闭发育区往往成排成带展布，或沿构造高带成排分布，或沿控凹断裂带呈"串珠"状分布。苏北盆地作为改造残留的箕状断陷，斜坡成为下构造层的主体构造单元，在区域拉张和右旋扭动双重应力作用下，产生近东西方向的

挤压应力分量，在广阔的斜坡上形成一系列相间排列的北北西和近南北向褶皱高带，被一系列阶梯状的北北东、北东东或近东西向的正断层交切，构成了雁行状排列的断块、断鼻或复断鼻构造带，沿构造高带发育的断鼻、断块圈闭也是油气富集的重要场所。通过梳理斜坡构造基本模式，进一步搞清斜坡构造展布规律，分析认为斜坡东部阜宁组"过于宽缓平坦"可能是假象。后期勘探精度不断提高后，确实在沿花瓦构造高带连续勘探发现了一系列含油构造圈闭。

（2）攻关弱反射技术瓶颈，地震层位综合标定"无中生有"。沙埝地区阜三段主要目的层属三角洲前缘亚相砂泥互层，地层横向非均质性强，地震反射能量弱、不稳定，加上穿插在其内部的辉绿岩对地层反射有强烈的屏蔽和干扰作用，妨碍了对目的层位置和产状的认识。常规的层位标定方法，如区域速度、VSP速度、地震测井、单井合成记录、波组特征法和间接引层标定等方法，并不能解决 T_3^1 反射层的标定和横向追踪问题。通过多年勘探实践和总结，针对火成岩发育的低信噪比资料区，逐渐形成了以合成地震记录为基础的综合层位标定和解释技术。综合标定是以合成地震记录标定获得的时深关系为基础，将测井、地质分层、岩性、油水关系、试油成果，以及油层生产情况等信息在三维地震剖面上的相应位置表现出来，赋予地震剖面更加丰富的地质含义，以地震剖面上的标志层和主要目的层为标志，对由单井标定的地层进行点、线、面的反复循环对比，力求使所有井点的层序与其波组特征有统一的对应关系，再结合区域构造特征、地层组合、沉积环境等信息，实现合成地震记录为主的综合层位标定。主要包括：多层标定法、多井标定法、多曲线标定法、地层接触关系及地震相特征法等。通过这些方法，从线、面和空间上对层位标定结果进行循环检查，从而有效提高层位标定的精度，为复杂断块圈闭的精确识别奠定重要基础。

（3）系统研究地震相特征模式，侵入岩发育区"由躲到攻"。加强火成岩与断层的相互关系研究，探索适合区带特点的地震综合解释方法，目的是有效地提高构造解释的精度。高邮北斜坡地区有多套辉绿岩侵入体，各套辉绿岩在空间互相叠置，关系复杂。其所具有的高速性、穿层性和厚度不稳定性，对下伏地层形成了强烈的屏蔽和干扰，导致岩下地层反射波组特征不清楚，产状变形，解释难度大。长期以来，对于比较棘手的火成岩发育区，研究人员在地震资料处理解释过程中一直比较习惯的是采取"躲避"的策略和"压制"的办法，由此带来了有利含油区带虽然勘探程度比较高，但还存在有不少所谓的"储量空白区"。通过深入攻关研究发现，辉绿岩的侵入虽然干扰了正常的反射，造成断层识别困难，但辉绿岩反射特征的变化，对断层的识别也有一定的帮助。当侵入岩穿越早期断层时，受断层两侧地层和断面的影响，断层两侧侵入岩体厚度和产状会发生突变，从而导致侵入岩地震反射振幅、频率、相位等地震相特征的横向突变，通过精细研究其地震相的平面变化规律，识别呈线状分布的地震相突变点来帮助判别早期断层的存在，是一种可行和有效的方法。进一步细化研究晚期侵入沉积地层的火成岩岩体变化模式和地震反射特征，结合地震正演模型实验，系统建立了侵入岩地震相特征与断层关系的六种典型对应模式（图1-13-4）。沙瓦地区利用侵入岩地震相特征断层识别模式，结合其他方法进行断层有效判别（陈军等，2011），大大提高了构造解释精度，发现和落实了一大批构造圈闭，先后钻探发现了沙61、沙78、瓦19、花43等含油断块，取得了良好的勘探效果。

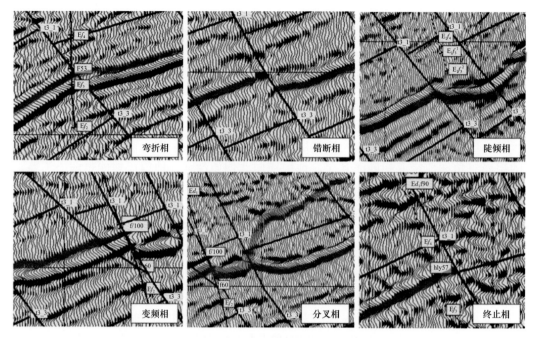

图1-13-4 侵入岩在断层部位地震相类型

（4）创新隐蔽性断层识别技术，实现"小断层控制富油藏"。苏北盆地随着勘探工作的不断深入，斜坡东部地区勘探逐渐由构造高带向构造带翼部拓展，地层走向与断层走向不匹配，过去认为这些地区没有好的构造，圈闭不发育。而区域构造应力分析认为，受边界断裂走滑作用的影响，除了发育近东西向断裂体系外，应该还存在北东向的断裂体系，只是这组断层夹持在东西向狭窄断块间，断距小，延伸短，在火成岩干扰区和低信噪比区，常规解释手段难以发现，具有一定的"隐蔽性"，而这些低序级隐蔽性小断层对形成有利的断块圈闭起着决定性的作用。依据区域构造应力分析，这类"隐蔽性断层"主要是在局部引张应力环境下形成的平行于边界断层展布的吴堡期小断层。在边界断层附近，由于边界断层的活动，在距边界断层一定范围内产生与边界断层垂直的局部张应力，局部应力与区域伸展应力叠加后会改变区域内的应力场，直接影响内部断层的发育和展布，有利于早期断层封闭和断块富集成藏（图1-13-5）。勘探实践证实，20～40m断距的早期小断层可控制形成含油层段达100～200m的比较富集的层状油藏。按照"小断层可以控制富油藏"的勘探思路，通过应用随机测线法、相干体切片、数据融合技术及三维地震可视化等手段，开展"隐蔽性断层"的识别、评价和描述工作，先后发现和落实了花17、瓦18、花38、沙79等一大批原先看不到、摸不透，或者忽略掉的断块圈闭，为沙瓦结合部滚动勘探持续取得新突破和新发现奠定了重要基础。

（5）进一步发展完善滚动勘探开发一体化评价模式，有效提高复杂小断块勘探效益。多年来，江苏油田从苏北盆地复杂小断块油藏勘探开发的实际出发，通过不断的总结、摸索和实践，逐步形成了一套工作模式——滚动勘探开发一体化，即用一口探井或少量探井加滚动评价井落实一个断块或一个断块群，提交探明储量并完成产能建设同步实施。勘探开发一体化指以石油地质综合研究为龙头，以配套技术系列为支撑，以各学科的攻关技术为手段，加强各项目之间的串联和衔接，勘探开发工作一体化展开，高

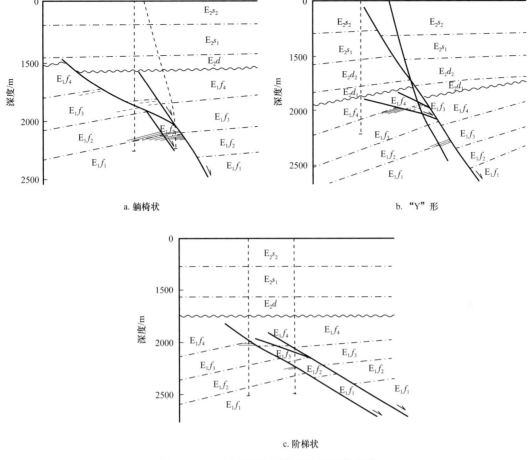

图 1-13-5 沙花瓦地区隐蔽性断层模式图

效益、高节奏滚动勘探开发复杂断块小油田。特别是"十五"以来，滚动勘探开发一体化更加完善，勘探开发相互渗透、互为一体，在探井得手后，开发快速响应，向前延伸，多学科协同，多专业协作，加快勘探开发两个程序之间的衔接，降低运作风险，提高滚动勘探开发节奏，达到增加效益的目的。油田产能建设按照"滚动中发现、滚动中建设、滚动中调整"和"建设一块、准备一块、评价一批"的思路，实行项目化管理，新老区结合，集中实施，形成规模，控制投资，提高效益。通过实施勘探开发一体化，产能建设周期由原来 3～4 年或更长，缩短至 1～2 年，成本大大降低，投资回报加快，风险降低，综合效益大幅提高。1998 年，沙埝油田在构造主体部位发现沙 19、沙 20 两个整装断块油藏，用一年时间进行滚动勘探开发，新增探明储量 789×10^4 t，新建产能 20×10^4 t。2000 年之后，针对周边 10 个小断块进一步展开滚动评价，新建产能 12×10^4 t，助力沙埝油田年产原油达到 25×10^4 t 最高水平。2002 年，瓦庄油田瓦 2 含油断块勘探取得新的发现，提交控制储量 687×10^4 t，开发提前介入，勘探开发工作一体化展开，用一年左右的时间滚动评价，探明石油地质储量 380×10^4 t，新建原油产能 7×10^4 t。2004 年，瓦 6 含油断块勘探取得新突破，当年新增预测储量 720×10^4 t，随即投入滚动勘探开发，一年时间基本完成油藏评价，探明石油地质储量 544×10^4 t，新建原油产能 7.9×10^4 t。

地质认识的深化，勘探思路的转变，配套技术的发展，运行机制的完善，带来了丰硕的勘探成果和良好的勘探开发效益，在"九五"勘探取得重要突破发现，拿到沙埝油田第一个 1000×10^4t 储量规模含油区带的基础上，"十五"以来高邮凹陷北斜坡滚动勘探获得了更大的突破与发展，沿沙花瓦高带地区陆续又探明了 3 个 1000×10^4t 储量规模的含油区带，增储上产勘探场面不断扩大，呈现了沿构造高带整体含油、断块单独成藏、多层交互、叠合连片的油气富集格局，成为苏北盆地复杂断块群最为富集的含油区带之一。

三、勘探启示

苏北盆地"小碎贫散"的复杂小断块地质特征和城镇水网密布的复杂地面条件，从客观上决定了勘探思路和勘探方法不同于大盆地、富凹陷、整装大油田勘探，只有通过精雕细刻、精查细找的思路和方法才能适应复杂的地表、地下地质条件，以积少成多、积小为大、积沙堆塔来达到提高勘探开发效益的目的。高邮凹陷北斜坡油气成藏条件优越，通过勘探认识、勘探思路、勘探技术、勘探方法的不断创新，勘探人员克服了断块构造破碎、火成岩穿插发育、多次波干扰严重，以及地震波组弱反射不易识别、隐蔽性断层难以落实等诸多困难，紧密围绕构造主体高带，以地震技术攻关为抓手，以落实构造圈闭为重点，从寻找弧形断鼻、复杂断块油藏入手，按照"先大后小、先易后难"的思路循序渐进展开精细的滚动勘探开发一体化评价，也能够取得良好的勘探开发效益。

第二节　高邮凹陷深凹带隐蔽油气藏勘探案例

高邮深凹带位于高邮凹陷南部，总体构造呈现为受南北两侧控凹大断裂夹持的狭长区带，勘探面积约 $400km^2$，区内勘探总体经历了由早期整装富集构造油藏突破，以及复杂小断块构造油藏不断发现，再到复杂断块隐蔽油藏勘探探索、突破和逐步拓展发现的过程。经过多年的勘探实践，高邮深凹带及其两侧断裂带油气勘探取得了丰硕的成果，先后发现 15 个油气田，探明石油地质储量 12256×10^4t。特别是"十五"以来，新发现戴南组隐蔽油气藏探明储量 3110×10^4t（图 1-13-6），逐渐发展形成了一套适合苏北盆地复杂断块隐蔽油气藏勘探特点的精细地质建模与储层预测技术，为苏北盆地主力凹陷老区勘探成功实现转型发展奠定了重要基础。

一、勘探历程

高邮深凹带是苏北盆地油气勘探最早取得突破的区带之一，40 多年勘探历程大致划分为四个阶段。

1. 整装富集断块构造油藏勘探突破阶段（1975—1986 年）

以源控论为指导，以深凹带及其两侧断裂带发育的断背斜、断鼻、断块构造圈闭为目标，以三垛、戴南组为主要目的层系，相继发现了真武、曹庄、富民、黄珏、联盟庄等比较整装富集的断块构造油藏。

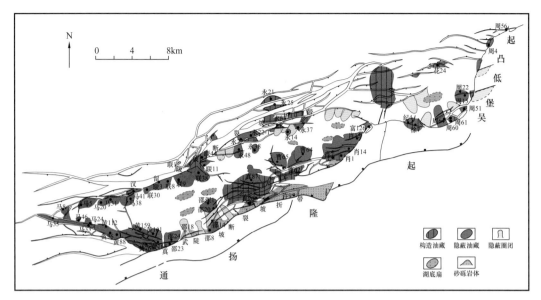

图 1-13-6　高邮凹陷戴南组隐蔽油气藏勘探成果图

2.复杂小断块油藏滚动勘探与隐蔽油藏探索阶段（1987—2000年）

随着勘探不断深入，以深凹带及其两侧断裂带发育的复杂小断块构造油藏为重点目标，相继钻探发现了徐家庄、邱家、肖刘庄、邵伯、周庄、宋家垛等小油田和含油构造，与此同时开始尝试针对高邮凹陷西部戴南组的地质异常体和地层超覆目标，进行隐蔽油气藏的探索性研究，但未取得预期效果。

3.复杂断块隐蔽油藏勘探突破阶段（2001—2010年）

学习和借鉴胜利油田陆相断陷湖盆隐蔽油气藏勘探经验，以高精度层序地层学理论为基础，重点开展沉积微相、砂体展布、油藏模式和成藏规律再认识，先后在深凹带西部联盟庄、马家嘴、黄珏、邵伯等地区部署钻探戴南组隐蔽油气藏相继取得勘探重要突破和发现。

4.复杂断块隐蔽油藏多类型区带拓展阶段（2011年以后）

高邮深凹带隐蔽油藏勘探场面不断扩大，勘探领域由西部向中、东部进一步拓展，勘探类型也不断丰富，先后在黄马、邵黄、永联、肖徐、周宋等油田结合部拓展勘探取得新发现，逐步形成环凹整体含油迭合连片勘探场面。

二、勘探成果与做法

进入21世纪之后，随着主力凹陷油气勘探的深入，苏北盆地勘探程度越来越高，寻找有规模构造圈闭的难度越来越大，与此同时，国内陆相高成熟探区隐蔽油气藏勘探取得长足进展。在深刻分析形势任务和资源条件的基础上，勘探人员按照"八个统筹兼顾"的指导思想，大力推进勘探方向"六个转移"，确立了"立体勘探、精细勘探、二次勘探"的战略思路，"十五"勘探规划明确提出了"加强苏北盆地隐蔽油气藏勘探"战略部署。

1.强化基础，细分层序，复杂断块隐蔽油气藏勘探先导攻关看到曙光

"十五"以前，高邮凹陷戴南组主要勘探对象为复杂断块构造油藏，但在滚动勘探

开发中，发现位于深凹带西部的黄珏、马家嘴、联盟庄等油田含油范围已超出断背斜、断块的圈闭范围，而且构造圈闭内砂岩变化大，油水关系复杂，具有构造、岩性双重控制的油藏特征。在"碰"到这些隐蔽油藏后，勘探人员也一直尝试有目的地寻找，曾在高邮、金湖凹陷分别钻探了雷1、雷2、河参1、马4、马20、马25、沙10等井，但都没有获得成功。分析失利原因，主要是缺乏成熟理论和方法的指导，对隐蔽油藏规律性认识和针对性技术的研究也不够深入。

从2001年开始，依托中国石油化工集团公司勘探先导攻关项目，以高精度层序地层学理论为基础，通过多学科、产学研联合攻关，首次系统建立了苏北盆地中生界—新生界层序地层格架，综合地震、测井、钻井、岩心、古生物等资料，将苏北盆地古近系及上白垩统泰州组划分为2个Ⅰ级层序、4个Ⅱ级层序、11个Ⅲ级层序，并以四级层序——体系域为研究单元，甚至五级层序——准层序（或准层序组），确定沉积相类型，研究其分布和演化规律。层序划分精度较早期地震地层学层序提高了近十倍，尤其是四、五级层序的划分对隐蔽油气藏勘探研究具有重要意义。

在精细分析的基础上，利用地质资料为骨干资源，以沉积相和沉积微相为核心，以地震预测砂体为手段，从地质背景、层序和体系域发育特征、层序地层模式、沉积相类型及分布等方面重点对 SⅢ$_5$、SⅢ$_6$、SⅢ$_7$（E$_2$d）进行精细研究。戴南组发育的断裂坡折、不同的沉积体系、多种沉积相类型、良好的储盖组合使其成为隐蔽圈闭发育和隐蔽油气藏形成的有利场所，特别是层序 SⅢ$_6$ 湖侵体系域为全区发育的区域性盖层，因此成为隐蔽油藏勘探的主要目的层系。

综合分析认为，高邮凹陷戴南组各层序的低位和高位体系域砂岩发育程度适中，具备隐蔽圈闭发育的有利条件。其中，三角洲、扇三角洲分支河道砂体，水下扇扇中水道砂体砂岩含量适中，埋深适中，是形成隐蔽油气藏的良好储集条件。各层序的湖侵体系域盖层发育，或者泥岩相对发育段，具有良好的储盖配置关系，由此确定戴南组是苏北盆地形成隐蔽油气藏的最有利层系，高邮凹陷是戴南组形成隐蔽油气藏的有利地区。

2. 精细研究，突破难点，初步实现由"碰"到"找"历史性转变

国内外勘探实践表明，大中型含油气盆地发现的隐蔽油气藏可占总探明储量的30%～60%，蕴藏着丰富的资源和巨大的潜力，但同时因为其复杂性和不确定性，成为举世公认的勘探难题。苏北盆地与中国东部大多数中生代—新生代盆地一样，具有断陷湖盆的沉积背景，多种沉积体系和沉积相类型与湖泊沉积的交织发育等隐蔽油气藏发育的有利条件，但同时存在着在构造背景、沉积特征和油源条件等诸多差异，具有自己独特的油藏类型和成藏规律。

（1）他源型隐蔽油气藏，有利区带选择难。苏北盆地主要烃源层系阜宁组与有利圈闭主要发育层系戴南组分属不同的二级层序，隐蔽油气藏的形成必须有有效的沟通渠道，导致有利区带的选择较为困难。

（2）多流短源富砂建造，砂体描述预测难。戴南组沉积期是苏北盆地断陷湖盆的发育期，沉积体系规模普遍较小，表现为近源、短流、多物源、多沉积体系、多砂体类型的沉积特征，导致砂体描述和储层预测较为困难。

（3）成藏主控因素复杂，勘探目标评价难。由于盆地内断层非常发育，隐蔽圈闭成藏既受相带、砂体、构造和断层等诸多因素的控制，又有烃源灶、供油通道、封闭保存

等条件的影响，导致成藏主控因素复杂，勘探目标评价较为困难。

通过对高邮凹陷已知油藏的解剖发现，绝大多数为与断层相关的构造—岩性油藏，其储量占已发现储量的96.5%，另有少量砂岩上倾尖灭和地层超覆油藏。这是因为苏北盆地不同于渤海湾盆地，其断陷期沉积的戴南组储层与坳陷期沉积的阜宁组烃源岩垂向相距较远，必须要断层作为运移通道，断层在油气成藏过程中起到了决定性作用。通过对砂层和圈闭的精细解剖，进一步明确了戴南组隐蔽油藏成藏必须具备的基本条件：一是邻近油源区必须有沟通油源的途径；二是必须具有相对较低的砂地比；三是油气充注点和断层封闭性决定圈闭充满程度，由单断层控制的断层—岩性圈闭的成藏关键在于砂体与地层走向关系和油气充注点位置，由双断层控制的断层—岩性圈闭的成藏关键在于高部位断层的封闭性。

按照源外型隐蔽油气藏形成条件，戴南组具有"断砂控圈、他源成藏"的地质特点，不能生搬硬套他人现成的经验，必须提出符合自身情况的勘探思路。针对高邮凹陷发育大型三角洲砂体沉积，容易形成断层—岩性圈闭的情况，初步提出了"断阶为床、断坡控砂、断层输导、砂体控藏、分层叠合、联片含油"的成藏模式，2002年，首先沿汉留断裂带下降盘在联盟庄与马家嘴油田结合部地区，具有一定构造背景的东部河道主体部署钻探联X30井，戴南组解释油层6层20.1m，油水同层3层12.2m，试获日产49.08t高产油流，这是苏北盆地按照隐蔽油气藏勘探思路部署钻探获得成功的第一口探井。2003年，针对西边的分支河道主体部署钻探马X31井，16mm油嘴放喷折算日产原油96t。2004年进一步在黄马结合部砂体钻探马33井，戴南组解释油层9层25.1m。

"十五"期间，以高邮凹陷西部联盟庄—马家嘴地区为突破口，按照"沿断、追源、探砂"的勘探思路，先后部署钻探了7口以戴南组隐蔽油气藏为主要目标的探井获得成功，隐蔽油气藏勘探实现了由"碰"到"找"的历史性转变。初步实践表明，苏北盆地尽管形成隐蔽油气藏的先天条件不足，但局部地区仍然具有形成富集成藏的条件。

3. 大胆探索，精细建模，深凹带西部形成环凹叠合连片含油场面

面对苏北盆地复杂的地质状况，如何认清该地区的地质特点、找准隐蔽油气藏的成藏规律、形成适合该地区的勘探技术方法是隐蔽油气藏勘探需要解决的关键问题，"精细地质建模"正是在这一背景下应运而生，通过地质模式的构建可以弥补勘探技术和方法的不足，突破区带选择、砂体预测和目标评价中的勘探技术难点。

（1）精细沉积建模，明确有利区带。沉积建模是在构造背景、坡折类型、沉积物源、沉积相类型、沉积相带纵横向演化特征研究的基础上，明确沉积类型和规模，确定隐蔽圈闭形成的有利相带。戴南组按照五—六级层序进一步细分单元，建立高邮凹陷高精度层序地层格架，为沉积模式的建立寻找可靠的理论依据。通过对凹陷内二百多口取心井、近万米岩心进行观察描述，利用大量翔实的分析化验资料，确定各层序单元的沉积体系、微相类型、砂体展布及演化规律，建立了"南北沉积分带、东西岩相划域"的沉积模式（图1-13-7）。高邮凹陷戴南组沉积时，北部缓坡带地形相对宽缓、开阔，形成单物源、源远流长的大型三角洲沉积；南部陡坡带地形相对狭窄、陡峭，形成多物源、短源近流的小型扇三角洲、近岸水下扇沉积；中央深洼区地势相对较陡，构造坡折发育，且南部陡坡带和北部缓坡带物源发育，在扇三角洲或三角洲前缘末端受各类事件作用发生重力滑塌，形成湖底扇沉积。北部缓坡带三角洲前缘前端，南部陡坡带扇三角

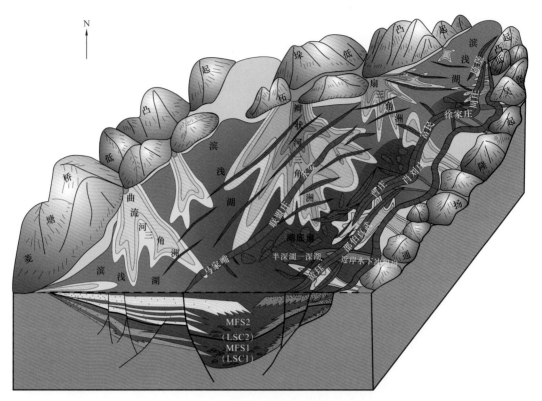

图 1-13-7　高邮凹陷戴南组沉积模式图

洲前缘、近岸水下扇扇中水道，以及深凹区湖底扇是隐蔽圈闭形成的有利相带。综合考虑构造、岩相和体系域，高邮凹陷西部邵伯次凹戴南组泥包砂相域最易发育隐蔽圈闭，湖侵体系域盖层发育，具有良好的储盖配置关系，是寻找隐蔽油藏最佳场所，中部樊川次凹砂泥岩相域和东部刘五舍次凹砂包泥相域的戴一段低位体系域和湖侵体系域是较有利层段地区。

（2）精细砂体建模，刻画有利目标。以砂层组为单元，用沉积建模指导解剖砂体，精细描述砂体类型、规模形态、时空展布及发育机制，建立砂体地质模式，是隐蔽油藏勘探研究过程中的重要一环。北部缓坡带主要发育三角洲前缘分支河道和滩坝砂体，受断裂坡折的控制作用较强，具有单层厚度小、个体多、沿断裂随机分布的地质模式特征，砂体可对比性较差，横向连通程度非常有限，一般不超过500m，古地貌分析和断裂演化特征研究是预测和描述此类砂体的有效手段；南部陡坡带主要发育近岸水下扇和扇三角洲前缘分流河道砂体，受物源方向的控制作用较强，具有单层厚度相对较大、有规律的沿河道延伸方向分布的地质模式特征，沿物源方向砂体连通程度相对较高，个别砂体的长度超过1000m，垂直物源方向砂体连通程度相对较低，砂体宽度多在300～400m之间，追踪水道发育方向是预测和刻画此类砂体的重要手段。

（3）精细油藏建模，找准勘探方向。利用沉积和砂体建模，对已知油藏进行解剖，分析研究油藏类型、输导体系、供烃来源、充注保存、富集规律及成藏动力学等特征，继而建立成藏模式，是隐蔽油藏勘探过程中的关键一步。研究表明，隐蔽油气藏主要处于成熟烃源岩发育区，上覆湖侵体系域泥岩与下伏低位体系域砂岩是油气成藏的最佳储盖组合。油气成藏依靠断层直接沟通油源，具有含油井段长、纵向上含油砂体呈"串珠"状分布的特点。受断裂体系差异发育的影响，砂岩百分含量介于10%~25%的区带，最有利于隐蔽油气藏形成。深大油源断裂是沟通烃源和圈闭的最有效途径，断裂坡折带控制砂体的形成和分布，控凹断裂、油源通道、断裂坡折"三位一体"的有效结合构成了隐蔽油气藏分布的主要领域（图1-13-8）。在上述认识的基础上，建立了"多级坡折或缓坡"和"单级坡折或陡坡"两类隐蔽圈闭成藏模式。对于多级坡折或缓坡，发育戴南组三角洲或扇三角洲水道、滩坝砂体，圈闭模式主要为断层—沟道砂，其次为断层—滩坝砂，主要采用"沿断层、追双源、占高位、探砂体"的勘探方法；对于单级坡折或陡坡，发育戴南组水下扇扇中砂体、扇根砂砾岩体，圈闭模式主要有扇根封—扇中储，断层—扇中砂体圈闭模式，对于前者可采用"找扇体、定扇根、探扇中"的勘探方法，后者仍采用缓坡带的勘探方法，并指出不同模式控制下岩性油藏的勘探领域，降低了预探盲目性。

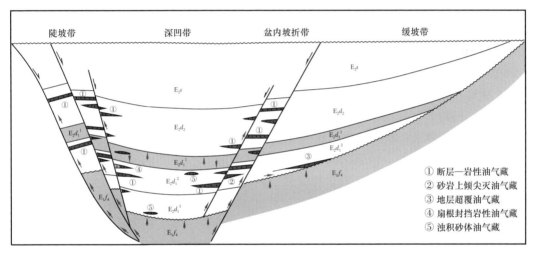

图1-13-8　高邮凹陷戴南组隐蔽油气藏成藏模式图

在深凹北侧缓坡带砂控—断控型隐蔽油藏勘探连续取得突破发现的同时，勘探思路不断拓宽，进一步瞄准深凹南侧陡岸带，提出了断陷层序"物源—坡折—扇体"对应关系，为编制高精度沉积微相、预测砂体分布和隐蔽圈闭发育位置及描述提供了理论支撑，极大地推进了隐蔽油气藏勘探进程。2008年邵14井钻探发现油层3层12.4m，试油射开戴二段油层，8mm油嘴自喷初期获日产94.38t的高产油流，证实了存在由扇根砂砾岩封挡、扇中砂岩作储层的扇控型隐蔽油藏。2009年进一步向深洼部位甩开部署风险探井邵深X1井，钻探发现戴一段油层1层5.1m，常规试油抽汲日产油0.03t，压裂后获日产3.0m³的低产油流。通过油源对比分析表明原油来自戴一段一亚段，属于自生自储型的砂岩透镜体油藏，不仅揭示了深洼区具备形成湖底扇砂岩透镜体油藏的条件，而且证实了戴一段具备生烃能力，为今后进一步迈入深洼拓展勘探坚定了信心。

"十一五"期间，针对黄珏、马家嘴、邵伯等地区分布的近岸水下扇扇中水道、扇三角洲前缘分支河道等砂体，根据陡坡带"源—坡"耦合控砂模式，先后成功钻探了8口以戴南组隐蔽油气藏为主要目标的探井，实现了勘探对象由缓坡砂向陡坡扇的拓展，高邮深凹带西部邵伯次凹戴南组隐蔽油气藏勘探初步形成了环凹叠合连片含油场面。

4. 创新技术，完善流程，逐步趋向全区带多类型评价拓展

随着高邮凹陷隐蔽油气藏勘探的深入展开，隐蔽油气藏呈现多层系、多类型、多样化的发展趋势，以往简单的停留在亚段级别的粗犷式储层预测方式已经无法满足高精度储层预测的要求，研究人员逐步将戴南组划分为 8 个亚段、14 个砂层组、28 个小砂层层组，开展横向地层对比和岩相对比，研究的最小单元从以前的 200～300m 厚的地层精细到 20～30m 厚的地层，由此对精细储层预测提出了更高的要求。

（1）创新技术攻关，精细储层预测。储层预测一直是苏北盆地隐蔽油气藏勘探的技术瓶颈难点，戴南组砂层具有单砂层薄、多砂层变、砾岩常见、泥岩不稳定的特点，各相带上单砂体厚度一般都较薄，多为 2～5m，局部多期水道叠加可以形成较厚的砂体，最大单层厚度也可达 10～20m。就现有地震资料分辨率而言，目标砂体厚度往往小于地震垂向分辨率，从地震剖面上无法直接识别单砂体。同时，高邮凹陷地震资料品质受构造破碎、野外地表等因素影响，利用地震资料提高储层预测精度难度大。从高邮凹陷发育的隐蔽圈闭类型看，主要有断层—岩性圈闭、砂岩上倾尖灭圈闭、湖底扇圈闭、地层超覆圈闭等类型，隐蔽圈闭的发育与构造面貌往往息息相关。因此，构造背景精细解释成为识别隐蔽圈闭的前提和基础，精准的层位标定、合理的断层识别和组合、微幅构造的识别则是解释关键。勘探人员根据客观实际摸索出一套创新性的砂体预测和圈闭描述方法，通过相控储层定性定量地震预测技术，预测小砂层组叠合砂体，逼近单砂体形态刻画圈闭。同时，针对建模中的难点，采用平衡剖面、小层精细对比、输导构建、油藏解剖等联合技术攻关，解决地质建模问题。

（2）完善技术流程，精细刻画圈闭。隐蔽油气藏勘探成功的关键是在寻找有利沉积相带的基础上，明确各类砂体分布特征和成藏特征，继而指导圈闭的识别和描述。陆相箕状断陷盆地虽然沉积体系发育具有对应性、油藏类型分布具有有序性，但由于物源、构造背景，以及生储盖组合的差异性，决定了各盆地或凹陷沉积体系、砂体分布特征和隐蔽油气藏成藏模式存在差异，继而导致在隐蔽圈闭识别的关键技术上也各有千秋，因此没有完整的模式和技术可以套用。基于上述认识，立足高邮凹陷自身的石油地质特点，通过多年的勘探实践，在前人摸索研究和实践反馈基础上，逐步形成了"层序地层建格架，沉积研究定区带，砂体研究追目标，油藏解剖寻规律，储层预测找靶点"的完整技术流程，建立了主要以"古地貌定区、区内定相、相内定砂"为核心内容，多项技术相互组合的"三定法"砂体识别技术系列。其中，相对古地貌恢复技术、地震相分析技术，以及在地震沉积学的指导下，在宏观沉积体系研究的基础上，应用 90° 相位漂移剖面识别法、地震属性"三优化"和 Strata—Jason 叠后联合反演等实用多技术组合定量刻画砂体分布技术是戴南组储层预测的关键技术。

（3）多类型评价，全区带拓展。2010 年，在联盟庄油田东部钻探断层—岩性型隐蔽油气藏，联 X38 井发现油层 21 层 52.8m，新增探明石油地质储量 $298 \times 10^4 t$，实现了联西和联东断鼻构造之间单斜背景下的连片含油。2011 年，在永安油田南部针对缓坡带砂岩上倾尖灭型油藏部署钻探永 38 井，综合解释油层 11 层 40.3m，新增控制储量 $420 \times 10^4 t$，拓展了樊川次凹隐蔽油气藏的勘探新突破。2013 年，在曹庄油田东部针对扇控型复合油藏钻探曹 X64 井取得新的发现。2014 年，在肖刘庄油田西部钻探肖 X14 井发现长井段多层系复合油藏。2016 年，在周庄油田南部钻探周 64A 井获得成功，实现了刘五舍次凹隐蔽油气藏拓展勘探的新突破。2017 年，在肖刘庄油田西部钻探肖 X15 发现阜宁组、戴南组两套层系，各类油层 22 层 222.5m，试油射开戴南组油层获得日产油 15.38m³，日产气 23238m³。2018 年，在黄珏与邵伯油田结合部钻探邵 X23、邵 X24 两口井获得成功，新增控制储量 246×10⁴t。2019 年，在瓦庄油田东部部署风险探井刘陆 X1 井取得成功，新增储量 791×10⁴t，东部刘陆次凹首次钻探发现阜三段岩性油藏。

"十二五"以来，按照"滚动西部，评价中部，拓展东部，不断探索新类型"勘探思路，精细地质建模指导下的隐蔽圈闭识别和储层预测技术，在高邮深凹带隐蔽油气藏勘探进一步向纵深推进实践中发挥了重要作用，先后部署钻探 24 口探井取得成功，新增探明和控制石油地质储量 2490×10⁴t。高邮凹陷隐蔽油气藏勘探在不同地区、不同层系、不同类型的拓展和延伸，实现了跨越式的发展，并不断丰富、发展具有苏北盆地特色的复杂小断块隐蔽油气藏勘探理论和技术。

三、勘探启示

通过"十五"以来的勘探实践，高邮深凹带戴南组复杂断块隐蔽油气藏勘探从无到有，从小到大，从单点突破到局部叠合连片，再到不同地区、不同类型的拓展和延伸，实现了跨越式的发展，成功实现了高邮凹陷勘探目标的转型、勘探领域的接替、勘探储量的持续增长。从高邮凹陷客观地质条件出发，针对岩性目标，从缓坡砂到陡坡扇及湖底扇，逐步建立完善了一套具有苏北盆地特色的高精度层序地层研究、沉积微相分析、高分辨率地震资料处理、地震属性分析和地震反演技术为核心内容的隐蔽圈闭评价技术，开拓了一片以高邮凹陷戴南组复杂断块隐蔽油藏为主体的规模储量勘探场面。勘探实践表明：勘探思路的转变，为隐蔽油藏勘探不断取得突破发现拓宽了视野；勘探认识的创新，为隐蔽油藏勘探不断取得拓展延伸指明了方向；勘探技术的进步，为隐蔽油藏勘探场面不断发展壮大提供了关键支撑。

第三节　金湖凹陷石港断裂带勘探案例

石港断裂带位于金湖凹陷中部，西临三河次凹，东接桥河口鞍槽和唐港—塔集构造带，南北纵贯延伸约 42km。地理位置位于江苏省金湖、宝应两县境内，区内地势平坦，河流纵横，地面海拔 5～10m。该区油气勘探始于 1975 年，1980 年苏 147 井钻探首次发现工业油流，由于构造破碎，勘探几经上下，历经波折，代表了苏北盆地复杂断裂带精雕细刻滚动勘探的经典案例。经过四十余年的勘探开发，截至 2018 年底，先后发现石港、腰滩、金南、吕庄等油田，阜二段、阜三段和戴一段三套含油层系，20 多个含油断块，探明和控制石油地质储量 1767×10⁴t，含油面积 18.20km²（图 1–13–9）。

一、勘探历程

根据石港断裂带勘探进程，主要分为四个勘探阶段。

1. 早期勘探发现阶段（1975—1989 年）

1975 年，根据磁带地震资料，江苏省石油勘探指挥部在石港断裂带钻探第一口探井东 70 井，于阜一段、阜二段见到油气显示。1980 年，钻探苏 147 井在戴一段见 3 个

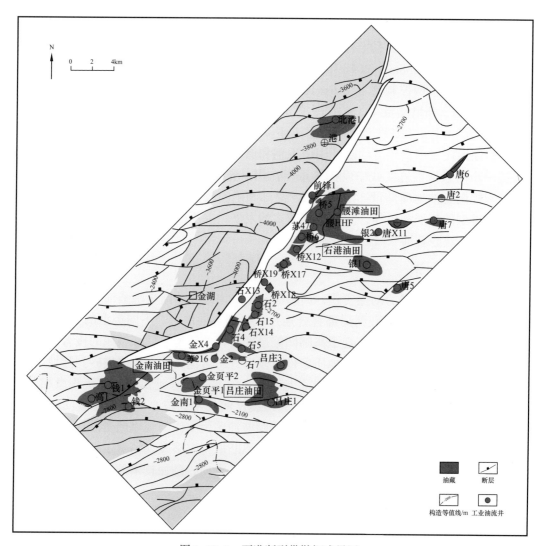

图 1-13-9 石港断裂带勘探成果图

含油气层，试获日产 13.7t 工业油流。同时，江苏石油勘探开发会战指挥部依据二维地震资料，在桥河口构造先后部署钻探 4 口探井，其中 1984 年钻探的桥 3 井在阜二段钻遇 1 层 3m 油层，经试油抽汲求产，获得日产油 4.1t，酸化增产后获得日产 9.1t 工业油流。至 1985 年，该区先后钻探了 13 口探井，由于二维地震资料的局限性，仅有两口井获得工业油流。

2. 整体勘探突破阶段（1990—2000 年）

20 世纪 90 年代，石港断裂带陆续展开三维地震勘探，地震资料品质明显提高。江苏石油勘探局沿断裂带具有局部构造背景的断块先后部署钻探 15 口探井取得重要进展，其中 8 口井获得工业油流，在中部地区扩展了桥河口含油构造，在南部地区新发现石庄、金南两个含油构造。同期，华东石油地质局在南北两个构造高点勘探取得新突破，部署钻探了 9 口探井，7 口井获得工业油流，发现腰滩、金南两个油田。

3. 滚动勘探评价阶段（2001—2012 年）

2000 年之后，石港断裂带开始部署实施三维地震二次采集，深化构造、储层及油藏工程研究，对各储量区块进行分类评价，同时开展滚动勘探和评价开发。江苏油田分公司先后部署钻探了12口探井，5口井试获工业油流，其中桥12井在戴南组发现油层7层36.3m，试油获得日产15.5t工业油流，桥河口断块含油构造得到进一步落实。2006年，石港油田作为低品位储量整体投入开发动用。

4.高效勘探挖潜阶段（2013年以后）

随着地球物理勘探技术的发展，特别是高精度三维地震采集和逆时偏移地震处理技术推广应用，针对石港断裂带开展地震资料处理解释攻关研究取得明显成效。2013年以来，江苏油田分公司按照高效勘探挖潜思路，先后部署钻探石X14、石15、桥X17、桥X18、桥X19等5口探井全部成功，进一步扩大了石港断裂带上升盘戴南组勘探成果，形成了不同含油系统上下兼顾、立体勘探新局面。与此同时，华东油气分公司沿石港断裂带下降盘三河深凹区阜宁组致密油藏展开新一轮的评价研究，并取得重要突破，显示了良好的勘探潜力。

二、勘探成果与做法

长期以来，石港断裂带断裂复杂、构造破碎、圈闭落实难度大、断裂控藏作用认识不清一直是制约该区带油气勘探的主要难题。截至2018年底，该区发现的油藏主要集中在阜宁组和戴南组，其中阜宁组油藏主要是在20世纪90年代连续突破发现，2013年以后推进高效勘探，又发现一批以戴南组为主要聚集层系的局部富集含油断块，两次油气勘探发现进程都是围绕地震资料品质明显改善、断裂构造系统及其控藏作用重新认识的背景之下取得，是苏北盆地复杂断裂带精雕细刻评价勘探的一个缩影。

1.二维地震发现构造，区带钻探取得初步突破

1975年，根据磁带地震资料，江苏省石油勘探指挥部先后在石港断裂带上升盘发现了金南、淮胜两个断鼻构造，并在中部淮胜构造部署钻探第一口探井东70井，在戴南组、阜宁组见到油气显示，电测解释为油水同层，经试油未获油流。其后，进一步部署钻探苏147井在戴一段见3个含油气层，并试油获日产13.70t原油，初步实现了石港断裂带油气勘探突破。然而，同期在南部金南构造上钻探的4口井，全部落空，仅见到了一些油气显示。

20世纪80年代，通过引入数字地震仪，江苏石油勘探开发会战指挥部在石港构造带进行二维数字地震详查，针对在中部构造地震解释发现的桥河口构造，先后部署钻探4口探井，其中桥3井在阜二段钻遇1层3.0m油层，经试油抽汲求产获得日产油4.1t，酸化增产后获得日产9.1t工业油流。

早期区带评价阶段，通过两轮13口井的钻探，虽然发现了两个小型油藏，但总体勘探效果并不理想。主要是由于二维地震资料的局限性，石港断裂带虽然是一条区域性大断裂，但断裂系统整体特征并不清晰。尤其是在南、北两端，断裂带走向解释并不明确，沿断裂带构造圈闭并不发育，只有中部和南端两个具有一定规模正向背景的构造隐约可见，但被断层切割复杂化的构造圈闭并不太落实。

断裂特别发育、构造异常破碎是复杂断裂带的主要特征，苏北盆地发育的数百条断层，多呈正断层形式。在这一背景下，研究人员将苏北盆地内的断裂（包括石港断裂）基本当作张性断层来认识，而且主要在于其倾向、走向、生长性等一般性特征的描述，

忽视了同一应力场系统下，不同方位断裂性质可能存在差异的情况，忽略了不同性质断裂活动可能对油气藏形成的不同控制作用。地质认识的不完善、二维地震资料不能满足复杂断裂带圈闭识别精度导致石港断裂带油气勘探长期不能形成有效突破。

2. 建立走滑断裂模式，整体解剖断裂构造带

20 世纪 90 年代初期，为了弄清石港断裂带断裂系统特征，提高构造解释准确性和圈闭落实程度，进一步明确石港断裂带断层发育及展布特征，江苏石油勘探局沿石港断裂构造带整体部署三维地震，分五个年度逐步实施，总计完成满覆盖面积 152.79km²。相比二维地震资料，三维地震资料在资料品质、波组特征、断层成像、信噪比和分辨率上均有所提高。在三维地震资料精细构造解释基础上，从分析主断层基本特征入手，打破苏北盆地区域大断层常规解释，提出走滑断层新模式，按照新认识重新评价区带、落实构造和描述圈闭，选择有利圈闭进行钻探，勘探成功率明显提高。

区域应力分析认为：苏北盆地位于郯庐断裂带东侧，为燕山晚期中生界—古生界基础上发育起来的新生代叠合盆地，石港断裂带位于苏北盆地西部，距郯庐断裂带比较近，受郯庐断裂影响比较大。晚白垩世—古近纪郯庐断裂发生伸展作用与右行走滑运动，在此双重作用下，苏北盆地部分早期形成的大型逆断层发生反转形成正断层，原来的大断层由左行压扭转换为右行张扭，进而发展成为控制盆地边缘和内部凹凸格局的一、二级断层，并控制沉积沉降中心的演化和转移。根据右行力偶扭动共生构造组合模式，郯庐断裂右行走滑，可在苏北盆地不同位置诱导产生一系列不同类型的低序次构造。真武、杨村等大断层处于张性破裂方位，形成正断层，盖层兼具斜滑特点，石港、吴堡等大断层处于同向剪切位移方向，表现为右行张扭走滑断层，与前者有明显差异。

走滑断裂主断层两侧强烈挤压和横向拉张作用是产生伴生构造的主要动力，同时也决定了局部构造的样式及展布。纵向上，石港主断层向上撒开生长时，在断面拐弯处因扭动受阻造成应力集中，使两侧地层受挤压增强，上盘形成平行的强制单斜层，下盘在挤压和上抬等共同作用下形成平行的强制褶曲，构成石港断裂带局部构造的基本骨架。二者上倾方均被扭断层封挡，横向上又被近东西向雁列断层分割，形成上盘雁列断块和下盘断鼻、断块圈闭，平面上紧贴主断层呈带状展布，是两侧生油次凹油气运移聚集有利的构造圈闭（图 1-13-10）。

走滑断裂主断面走向总体为线性，局部多呈犬牙状或舒缓波状，这样必然会影响横向上应力分布的均衡性。在弯曲处，水平扭动受阻而增压，产生局部应力集中，形成推覆隆起构造，可能成为强制单斜或褶曲的中心高点之一。据对 T_3^3 构造分析，石庄、淮胜和前锋三个鼻状构造为上升盘的主体构造，它们都位于断面走向的外凸部，即应力集中区，属推覆隆起作用的产物，两侧构造属它们的翼部。T_2^4 上盘石庄破断鼻和下盘桥河口断鼻也位于断面外凸部，同属推覆隆起构造。与此对应，在断面内凹部，释压拉张，形成断块圈闭。断裂带南段金南地区主断层转以拉张性质为主，断阶发育，又位于三河次凹与龙岗次凹交界处，构造位置相对较高，为断鼻构造的形成和长期发育提供了有利环境，故金南构造具独特性，以断鼻为主，从吴堡期至三垛期继承性生长，有别于石港其他地区的构造。那些由应力集中所形成的主体圈闭是最有利的含油气构造，是首要的勘探目标，其两翼为扩大战果目标。

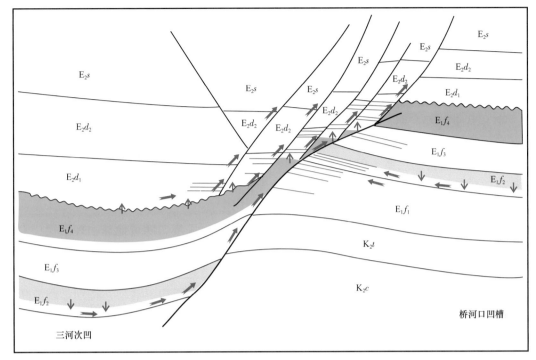

图 1-13-10 石港断裂带油气成藏模式图

在南部石庄、金南地区，先后钻探金2、石2、石4、石5等7口探井，4口井发现工业油流。其中：石2井在戴一段发现油层1层3.5m，油水同层2层6.3m，经测试获日产原油13.28t；石4井在阜二段发现油层、油干层6层12.2m，试油酸化后获日产原油11t；石5井在阜二段发现油干层3层4.6m，经试油获日产原油24.1t。在中部桥河口地区，部署钻探桥5、桥6、桥7等6口探井，其中3口井获得勘探突破发现。桥6井于阜三段、阜二段发现油层4层16.6m，经对阜三段试油，酸化后试获日产原油7.7t，对阜二段试油，酸化后试获日产17.7t工业油流；桥7井在戴一段钻遇油层7层29.3m，阜三段、阜二段钻遇油层、油干层9层15.6m，经对阜二段试油，酸化后获得日产原油5.9t，对戴一段试油，获得日产104t高产油流。

在此期间，江苏石油勘探局在石港断裂带发现七个含油断块，发现阜二段、阜三段、戴一段三套含油层系，探明石油地质储量505×10^4t，含油面积13.0km^2。华东石油地质局同期也在连片部署实施三维地震基础上，在南端金南地区钻探苏208、苏216两口探井，并获得工业油流。其中苏208井发现阜二段油层6层15.1m，试获日产3.2t原油；苏216井发现阜二段油层，试获日产原油5.6t。在中部腰滩、淮建地区，部署钻探苏211、苏218、苏222、苏227、苏264、苏285等一批探井，其中苏211井在戴南组、阜二段获得勘探新发现，苏227井在阜一段、阜二段共钻遇油层6层10.9m，对阜一段常规测试获日产3.05t工业油流，经压裂后日产油达8.77t。苏264井在戴一段底块砂岩钻遇含油层2层8.4m，含油致密层4层6.2m，经测试获日产原油10.64t，期间，华东石油地质局发现腰滩油田并投入开发。

依托三维地震资料构造解释，结合区域应力场分析，开展断裂体系及活动特征研究，提出石港断裂是一条受制于郯庐断裂的离散型右行走滑断裂的新认识，理顺断裂带局部构造发展演化分布规律，解决了长期困扰区带勘探的构造模式和成藏规律，并提出勘探部署思路及钻探目标，实现了石港断裂带整体解剖勘探的突破发现。

3. 重构断裂构造组合，高效勘探戴南组油藏

长期以来，石港断裂带勘探目的层主要为阜宁组，由于阜宁组油藏埋藏深、储层物性差、储量丰度低，开发成本高、效益低，虽然石港油田早在 20 世纪 80 年代就已发现，90 年代就已经探明，但直到"十一五"期间，江苏油田分公司才作为低品位储量投入开发。地质评价认为，戴南组砂岩储层发育、埋深浅、物性好、产量高，可作为推进高效勘探的重点目的层系，但相比阜宁组，戴南组断裂更复杂，构造更破碎，加之地震资料品质较差，信噪比低，构造解释多解性大，断层组合难度大，导致戴南组勘探成功率低，影响了石港断裂带深化拓展勘探的整体进展。

2005 年在石庄—桥河口地区部署实施三维地震二次采集，随着地球物理勘探技术的发展，特别是逆时偏移地震处理方法推广应用，利用基于 GPU 集群的三维地震波动方程叠前逆时偏移三维地震处理技术针对石港断裂带开展复杂断裂成像技术攻关。石港断裂带戴南组地震资料存在的主要问题是波组特征不明显，断面不清晰，特别是调节断层断点位置难以落实，断层成像需要加强。通过构建基于 GPU 集群的叠前逆时偏移处理系统，建立以提高初始速度模型精度、提高叠前深度偏移道集质量、提高剩余曲率拾取准确性、提高层析反演精度为手段的逐步逼近建模及优化技术，断层成像效果得到有效改善。在资料精细构造解释基础上，先后部署钻探桥 X12、桥 X13、石 X12、石 X13 四口井全部获得成功。其中桥 X12 井在戴一段发现油层 10 层 55.5m，试油获得日产原油 13.3t；桥 X13 井在戴一段发现油层 1 层 2.0m，试油获得日产原油 27.4t。

2015 年进一步部署实施高精度三维地震采集攻关，三维地震满覆盖面积 110.52km^2，反射面元 20m×20m。针对断裂带圈闭控制断层发育及展布特征，将该区以往北西向地震采集方位变为南北向，变方位采集之后断裂成像更加清晰，尤其是近东西向圈闭控制断层更加清楚，波组特征得到进一步加强，确保断层组合更加合理，圈闭落实程度更高。在资料品质大幅改善的基础上，进一步深化石港断裂带断裂体系和构造样式研究，重建戴南组构造层主干断层组合模式，进而提出新的勘探部署思路及钻探目标。

石港断裂带发育上下两套断裂体系，下构造层（阜宁组）断裂形成于吴堡期，在北北西拉张应力作用下，以强拉张、弱走滑为主，表现为羽状或梳状断层发育特征（图 1-4-16a）。上构造层（戴南组）断裂发育于三垛期，主张应力方向变为近南北向，以强烈的斜向伸展活动为主，走滑作用明显增强，表现为典型的走滑断层特征（图 1-4-16b），形成了相互平行的左阶雁列断层发育模式。

石港主断裂下构造层表现为主体北东走向的单一断层，断面较为陡立，其旁侧多分布一系列均匀分散的同向正断层，平面上多表现为与主断层斜交的近东西向断层。但在上构造层，石港断裂带不再具有单条稳定的主断面，而是由一系列呈雁列状斜列断层组成，构造样式发生明显改变。前期上构造层平面组合模式为走滑背景下的各雁列断层呈斜列式相交于主位移带，主要构造圈闭类型也为斜列断层两两相交组成的大幅度锐角断块。新的断层组合模式上构造层为雁列断层互不斜交，而是呈相互平行的左行左阶式排列，形成的构造圈闭类型为两条走滑断层相互夹持的中、小幅度的小型断背斜。雁列断层的转换部位，其应力处于挤压状态，是正向构造发育的有利区。每个雁列断层转换部

位都具有微幅背景，圈闭大多为具构造背景的断鼻、断块，更有利于油气聚集成藏，是上构造层优质钻探目标。

在整体构造格局把握和断层形成机理研究的基础上，以地质模式为指导，开展地震地质精细解释，主要利用基干剖面及切片控制法、随机线法、平面一致性技术和断层趋势面法等开展解释研究，断层位置更加准确可靠，构造格局更加合理。新发现和落实了一系列两两平行雁列断层间夹持的断鼻圈闭，使上构造层勘探方向由以往的断夹块为主调整到断裂调节带内雁列断层之间的断鼻。先后部署钻探石X14、石15、桥X17、桥X18、桥X19五口探井连续取得成功，其中，石X14井戴一段试油抽汲日产油7.88m³，戴二段试油抽汲日产油3.74m³；桥X17井戴一段试油获得日产15.15m³工业油流，戴二段试油获得日产9.73m³工业油流；桥X18井在戴一段试获日产23.88m³工业油流；桥X19井在戴一段试获日产30.93m³高产油流。这一阶段总计新增控制石油地质储量508×10⁴t，含油面积2.64km²，有力拓展了石港断裂带以戴南组为主要目的层系的高效勘探增储目标，初步实现了石港断裂带戴南组勘探由"有产量、无储量"向"有产量、有储量"，由"有发现、难动用"向"一发现、即动用"，由"太复杂、难富集"向"有规律、找大块"三个重要转变，彻底改变了石港断裂带以往勘探层系单一、勘探开发效益不高的局面。

4. 加强评价技术攻关，探索阜宁组致密油藏

金湖凹陷阜二段自上至下发育三套地层，上部厚约100m泥岩段是有利盖层，中部厚约180m泥灰岩段是主力烃源岩，并具有一定的储集性能，下部砂泥岩互层段是金湖探区的主力产油层，整个阜二段含油层段具有连片含油的特征，勘探潜力大。在"源储一体，致密连片，富砂富油"认识的基础上，华东油气分公司组织展开以整体评价阜宁组致密油藏，落实规模可动用储量为指导思想，沿石港断裂带展开新一轮系统的评价研究。

2013年，通过老井反馈与储层预测、油层再认识，首先于石港断裂带南部金南地区部署钻探钱1井，在阜二段钻遇3层差油层，压裂后获得日产26t的工业油流。随后，通过进一步评价钻探，钱102井获得阜二段油层1层20.9m，七尖峰段泥灰岩试获最高日产油12.93t，金2-1HF井阜二段试获最高日产油21t，稳定日产油4t，显示出阜二段含油潜力。同时，通过钱103、陈庄1、金南1、金南3等一批井的成功钻探，改变了对该区阜三段有效储层下限界定的认识。陈庄1井在孔隙度仅为8%，声波时差为234μs/m的层段压裂日产油1.11t，拓展了阜宁组有效储层的分布范围。

2014年，在石港断裂带北部依托高精度二次采集叠前深度和叠前时间偏移资料，应用层序地层学、沉积微相分析、储层预测技术，结合构造解释、输导体系及成藏综合评价，优选圈闭部署钻探北港1井阜宁组两个层段取得新的发现，其中阜二段泥页岩压裂试获日产油5.68t，阜三段致密砂岩压裂试日产油4.37t。

2015年，部署钻探水平井北港1-1HF井发现良好油气显示，阜三段测井解释油层5层10m，阜二段水平段长度523.94m，测井解释油层289.5m。采用大斜度井、滑溜水加砂压裂技术，单段试获日产22.03t的工业油流，北港1-1HF井的突破对苏北盆地普遍发育的阜二段泥灰岩油藏有效动用具有带动意义。

通过北港1-1HF井，以及前期钱王庄区块的钱1井、钱102井压裂试油结果表明，

金湖凹陷阜二段利用工程工艺技术压裂改造后，能够获得可观的产量，实现规模储量的有效动用，为盘活低渗、特低渗和致密油藏资源提供了崭新的思路（图1-13-11）。评价研究认为：北港地区阜三段发育水下分流河道砂，储层发育，物性较好；阜二段烃源岩发育缝洞型储层，具有水下古隆起构造背景，水动力较强，发育鲕粒滩，有利于后期压裂改造；区内泥岩段欠压实现象明显，有可能存在高压异常。因此，沿石港断裂带下降盘三河深洼区发育有阜三段砂岩油藏、阜二段滩相石灰岩油藏和泥灰岩致密油藏，以及非常规页岩油藏，显示了良好的勘探潜力。

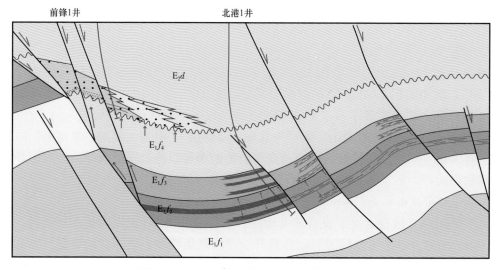

图1-13-11　金湖凹陷三河深凹成藏模式图

三、勘探启示

石港断裂带构造破碎，圈闭落实难度大，勘探几经上下，历经波折。经过40余年的勘探，随着地球物理勘探技术的不断进步，从二维地震到三维地震、再到高精度三维地震勘探，从常规处理到叠前时间偏移处理、叠前深度偏移处理，再到叠前逆时偏移处理技术，每一次技术的进步均带来地震资料品质的逐步提高，由此带来了地质认识的不断深化。从早期的拉张断裂，到后来的走滑断裂，再到近期的走滑应力体系下上下断裂系统不同断裂组合模式的认识，每一次地质认识的深化都带来勘探思路的转变和勘探突破的发现。石港断裂带应该还有良好的勘探潜力，断裂带北部尚未取得突破，断裂带下降盘深洼区也有良好的资源潜力，特别是阜宁组非常规致密油和页岩油勘探领域有待进一步攻关探索，相信随着勘探技术的不断提高，地质认识的不断深化，一定会有更多的勘探新突破和新发现。

第四节　溱潼凹陷西斜坡勘探案例

溱潼西斜坡位于江苏省兴化、姜堰两市（区），属于苏北里下河水网地区，地势平坦，河湖纵横。区域构造上处于溱潼凹陷西北部，区内发育一系列北东向主干断层，以及北东东次级序断层，组成若干"锐角"断块构造，主要含油层系垛一段、戴一段和阜三段，先后发现边城、帅垛、北汉庄等油田，累计探明石油地质储量 $1271.21 \times 10^4 t$，含油面积 $46 km^2$（图 1-13-12）。

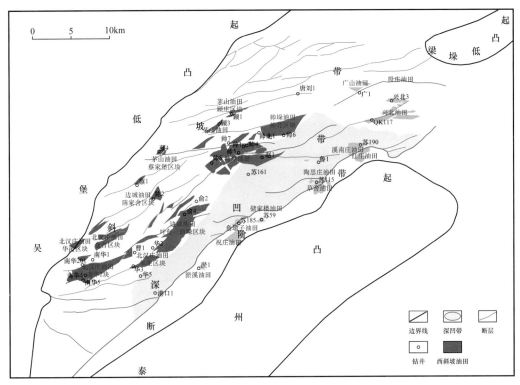

图 1-13-12 溱潼凹陷西北斜坡勘探成果图

一、勘探历程

1. 早期勘探发现阶段（1970—1989 年）

溱潼西斜坡的勘探始于 20 世纪 60 年代后期，通过磁带地震普查发现了叶甸断块，1970 年部署实施探井苏 25 井在戴南组、阜三段见到良好的油气显示，并试获低产油流。其后在二维数字地震资料解释的基础上，发现了内斜坡的西边城构造。

2. 复杂断块勘探突破阶段（1990—2008 年）

1990 年，在西边城构造开始部署实施三维地震勘探，精细落实断块构造。1998—2000 年，先后在构造西断块高部位部署了苏 256、苏 257、苏 259、苏 261、苏 271 五口探井，均在阜三段中钻遇油砂、油浸显示。2003 年通过三维地震资料连片处理，部署实施苏泰 286 井在阜三段上砂层组试获日产 30.65t 高产油流，由此证实边城构造阜三段是一个具有工业开发价值的油藏。2004—2006 年，在叶甸构造部署苏 288、苏泰 289、叶西 1 三口滚动探井获得成功，从而发现了叶甸油区。

3. 复合型油藏勘探评价阶段（2008 年以后）

2008 年以来，全面开展构造—岩性复合型油藏勘探。首先在仓场区块部署钻探仓 1 井试油获得 6.18t 工业油流揭开了西斜坡区带勘探的序幕。同年，于俞垛圈闭实施俞 1 井三垛组试油获得日产 3.9t，首次在北斜坡获得构造控制的三垛组油气突破。2010 年部署帅 1 井垛一段测井解释油层 1 层 2.9m，戴一段获得日产 32t 的高产油流，该井的突破发现了三垛组、戴南组复合油气藏。2014年，在陈家舍圈闭部署陈2井在戴一段钻遇油层1层13.1m，常规测试试获日产61.4t高产油流，首次实现了戴南组超覆尖灭带类型的油藏突破。2012年以来，依托高精度二次采集三维地震资料，应用沉积微相分析、储层预测技术，加强岩性圈闭与低序级断层圈闭识别，开展阜三段输导体系、成藏规律研究，相继部署钻探了蔡1、顾2、仓3、俞4、华2、南华1等一批探井，均试获工业油流，发现了俞垛—华庄、蔡家堡—帅垛、曹桥—陈家舍三个千万吨级含油气带。

二、勘探成果案例

漆潼凹陷西斜坡带位于草舍—戴南—史家堡构造高带。勘探实践表明，长期发育的构造高带与斜坡带砂体的叠置区是油气运移的有利指向区，是油气富集成藏的主要场所。但是，长期以来，西斜坡带断裂复杂、构造破碎、圈闭落实难度大，同时，该带断鼻型圈闭的油藏宽度比较窄，油水关系复杂，造成了一直未有大的发现。2008年以来，漆潼凹陷西斜坡勘探工作紧紧围绕戴南组、阜宁组主力含油层系，通过层序地层学和地震沉积学等新技术、新方法的应用，夯实基础研究，解放思想，转变思路，立足区带评价和整体部署，实现了岩性油藏勘探工作从无到有、从点上突破到全面展开的新局面。

1. 利用三维地震，开展区带评价，系统建立成藏模式

综合研究表明，漆潼西部斜坡带发育继承构造高带，处于油气运聚优势区。阜三段夹持在阜二段和阜四段两套主力生油层中，主要为湖泊三角洲前缘沉积，砂体自北向南展布，是油气运移的通道和油气富集的主要层位。该带发育茅山、叶甸两条近东西走向区域走滑断裂带，形成于三垛期，与油气成藏期相匹配，对油气起纵向输导作用。这两组断裂带将西斜坡分成三个含油区带。紧邻深凹的前排俞垛—华庄含油区带主要发育阶式断块油藏；茅山与叶甸断裂带之间的曹桥—陈家舍含油气区带，主要发育阜三段断鼻型、堑块型、阶式断块油藏，同时发育戴南组超覆尖灭油藏和戴南组地层不整合油藏；茅山断层是区域重要的导油断层之一，围绕茅山断裂带的蔡家堡—帅垛含油区带，既有戴南组断块、断鼻油藏，阜三段断块、断阶油藏，还发育有戴南组超覆尖灭油藏、阜三段下倾尖灭油藏，还存在与火山活动有关的油藏类型（图1-13-13），蔡家堡—帅垛含油区带具有立体成藏，连片含油的场面。

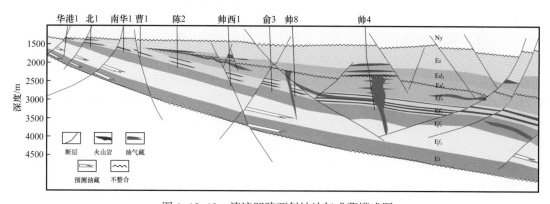

图1-13-13　漆潼凹陷西斜坡油气成藏模式图

通过基础研究，明确了阜三段、戴南组的成藏主控因素，形成了漆潼凹陷隐蔽油藏评价思路。通过烃源及油藏精细地球化学分析，认为漆潼凹陷内斜坡带紧邻深凹，油源

丰富；以层序地层学与高分辨地震探测技术为核心，应用先进的解释技术、属性分析、正反演和地质综合评价等多种勘探技术，研究阜三段和戴南组沉积分布特征，精细刻画阜三段和戴南组砂体空间展布形态，指出有利储集相带，落实了一批阜宁组、戴南组地层—岩性圈闭。

1）内坡找阜三段下倾尖灭，发现并落实两个千万吨级含油区

溱潼凹陷阜三段储层主要为大型湖泊三角洲沉积，砂体自北向南展布，西部斜坡带处于三角洲前缘亚相。精细沉积微相研究表明，帅垛—俞垛—曹桥—南华一线（代表井为帅5井、俞2井、曹1井、南华1井）主要为三角洲前缘河口坝—远沙坝沉积，被北东向、北北东向断层切割，易形成大规模连片分布的构造—岩性油藏。同时阜三段夹持于阜二段、阜四段两套主力烃源岩之间，是油气运聚的主要层系。

俞垛—华庄地区处于西部斜坡带内侧，紧邻生油主凹，构造位置有利。该地区为一系列北东向主干断层与北东东向次级序小断层组成的"锐角"断块，开口指向深凹，易于汇聚油气。该区带阜三段砂体下倾尖灭，主要形成下倾型的构造—岩性油藏，因此优选作为勘探重点区带。2011年，通过俞2井实现了突破，解释油层9层22m，对3044～3059m进行试油，压裂后日产油5.7t。通过整体部署、分步实施的方法，2012年钻探的华2、华3、俞4等井均获工业油流，含油构造带由10km拓展到20km，落实含油面积15.14km^2，阜三段提交控制石油地质储量1348×10^{4}t。

帅垛地区处于俞垛地区东北部，成藏分析表明，该地区戴南组油藏是在茅山断层与火山岩作用下形成的次生油藏，下伏阜三段位于主力烃源岩阜二段上方，是西部斜坡带茅山断裂带的主要成藏层系，具有较大的勘探潜力。因此在对断裂带圈闭条件进行分析的基础上，结合储层预测，在帅垛地区部署了帅4井、帅5井、帅6井、帅7井、帅8井等，其中帅4井阜三段压裂后产油4.3t/d，帅5井阜三段钻遇油层5层12.3m，压裂后产油25t/d。2013年，帅4井—帅5井区新增阜三段含油面积7.34km^2，新增预测石油地质储量618.73×10^{4}t；2014年，帅6井—帅7井区提交预测石油地质储量335.74×10^{4}t，并落实帅5井区控制石油地质储量411.19×10^{4}t；2015年，通过进一步评价，在帅8井、帅5井低部位又新增预测石油地质储量635.08×10^{4}t，并落实帅6井—帅7井区、帅5井区、帅8井区控制石油地质储量633.09×10^{4}t。

2）瞄准戴一段岩性目标，发现超覆尖灭型岩性油藏

溱潼凹陷戴南组勘探一直集中于断阶带的构造油藏，岩性油藏勘探一直未获突破。"十二五"期间通过开展古地貌、层序地层及沉积相精细研究，明确了戴一段扇三角洲沉积体系自东南向西北展布，砂体往斜坡逐层超覆尖灭，呈现裙边状分布。同时斜坡发育一系列北东向大断层，可作为油气纵向输导通道，戴一段上部最大湖泛面附近沉积了多套稳定泥岩盖层，油气成藏条件优越。

2011年，针对帅垛地区部署的首口探井帅1井即获突破，戴一段测井解释油层1层9.4m，5mm油嘴试油日产油32t，发现了帅垛油田。通过整体评价部署，帅垛地区戴一段岩性油藏共落实探明石油地质储量352.85×10^{4}t，且全部动用，年产原油8×10^{4}t，占华东油气分公司苏北探区的22%。

2013年，甩开探索，针对陈家舍地区超覆尖灭带部署了陈2井，戴一段在1879～1904m井段测井解释油层1层13.1m，常规测试获日产油61t的高产油流，首

次实现了陈家舍地区的突破，陈2块落实含油面积0.84km²，提交探明石油地质储量88.93×10⁴t。又通过帅北1井、帅8-6井相继发现了戴一段MSC1、MSC2时期的岩性油藏，新增含油面积2km²，新增控制石油地质储量90.87×10⁴t。

通过勘探开发统一讨论井位部署，开发井跨块滚动评价，从单一含油块扩大到多含油块，从单一含油层系到多含油层系，落实商业开发储量1026×10⁴t，建产能10.6×10⁴t，帅垛油田实现了五个当年，即"当年发现、当年评价、当年方案、当年建产、当年投产"。

3）外坡找阜三段滩坝，发现南华—仓吉富集含油区带

2014年，依托苏北盆地重大先导项目，厘定了物源和沉积类型。明确阜三段物源来自北部，溱潼西南斜坡—曲塘次凹发育浅湖滩坝砂，为岩性勘探有利区，溱潼西南斜坡带南华周边地区是空白区带。

依托储层预测技术，预测出南华地区岩性分布，为降低勘探风险，三垛组、阜三段立体勘探。南华1井阜三段（1662.3～1663.2m）解释油层1层0.9m，常规试获日产油7.4t。南华1井钻探突破预示着溱潼西南斜坡带阜三段岩性油藏勘探良好的前景。

2015年，对垒块背景的岩性目标部署南华2井，常规测试产油10.7t/d。认为低部位储层更好，部署的南华201井钻遇油层4层5.5m，常规试油日产10.9t。2016年，提交探明储量77.15×10⁴t，控制储量232.75×10⁴t，发现了南华2块整装油藏。

2017年，以主控断层和滩坝砂复合控油的思路为指导，在南华1、南华2获得突破的基础上，向南拓展南华4块，落实南华周边商业储量规模。南华4井常规试油日产油12.78t，南华5井常规测试日产油3.03t。2018年，借鉴南华岩性勘探经验，仓吉岩性勘探再获新突破。在南华滩坝砂油藏勘探启示下，认为仓吉地区发育滩坝微相，是岩性成藏有利部位。建立三角洲前缘—滩坝岩性成藏模式，利用薄砂层波形反演储层预测技术，针对阜三段上砂层组开展储层预测，落实圈闭11个，圈闭面积30.34km²，预测资源量2542×10⁴t。优选有利目标部署探井9口，7口井获得成功，落实优质储量1017×10⁴t。

2. 狠抓"三基"，强化"四精"，全面实施立体勘探

充分利用溱潼凹陷连片处理和二次采集地震资料，加强构造特征、构造演化分析，结合层序格架、沉积微相、砂体展布和生油岩供烃能力研究，开展地震资料的精细解释，重新梳理断裂系统，建立成藏模式。根据成藏分析结果，在不同区带、不同目标区块开展部署工作。

一是强化地震资料目标处理、精细解释，夯实圈闭资料基础。针对岩性、断块两类目标，开展6块三维地震目标处理，总面积1690km²。叠前叠后联合，帅垛—陈家舍地区主频提高8～10Hz（阜三段主频达到30Hz左右，戴南组主频35Hz左右），优势频带7～85Hz，分辨率明显提高，为砂体精细描述创造了条件。

二是强化相控模式指导下的岩性目标精细预测。细化西斜坡小层沉积相研究，编制了主力层系小层砂厚及沉积相图，明确了主力含油层有利勘探区带。应用波形反演技术，解决了阜三段薄层砂岩预测问题。如南华地区地震资料主频低（25Hz），一套波阻代表31m地层，而储层厚度普遍为2～5m，油层、干层、泥岩、水层波阻抗难以有效区分，用常规的反演手段很难解决。应用波形反演技术，获得的地震反演剖面的储层与钻井揭示油层具有较好的对应关系，2m薄层能够识别。

三是强化经济评价和精细效益分析。坚持"效益为先"，根据勘探目标规模、埋深、

储层物性，对经济效益好的浅层目标进行专项经济评价，结合 PetroV 评价系统，建立不同区块、不同层位、不同埋深、不同油价下勘探目标动态经济评价体系，为高效勘探提供决策依据。

四是强化老井复查及精细成藏分析。通过南华 2 块四性关系对比，认为南华—曹桥阜三段可能连片含油，提出利用曹 2 等老井复试，既降低勘探投资，又可能扩大储量规模。针对帅垛、陈家舍等典型油藏解剖，开展油气成藏过程分析及成藏模式研究，建立油藏分布的有序性和富集的差异性模式，形成了"沿斜坡、顺断层、追岩性"的勘探思路，有效指导钻井部署，提高探井成功率。

通过狠抓勘探"三基"（基本功、基础图件、基础资料），强化"四个精细"研究，夯实井位基础，提升勘探部署质量，相继发现了俞垛—华庄、陈家舍—曹桥、帅垛—蔡家堡三个千万吨级含油区带。

三、勘探启示

（1）转变勘探思路，瞄准区带目标，重新评价认识，是溱潼凹陷西斜坡岩性勘探取得成功的必要条件。溱潼凹陷是典型的小型断陷盆地，自 20 世纪 60 年代以来，经过多年的勘探，丰度较高且未被发现的构造油气藏越来越少。为了打破勘探瓶颈，实现油田增储上产，油气勘探思路由前期构造圈闭为主要勘探对象，转变为阜三段、戴南组为主的构造—岩性复合圈闭为主要勘探对象，充分借鉴国内其他油田的勘探经验，体现了"新探区应借鉴成熟探区的勘探经验，成熟探区应提出新的勘探思路"的勘探哲学。

（2）夯实基础研究，形成了以沉积体系研究为核心的溱潼凹陷隐蔽油藏评价思路，是溱潼凹陷西斜坡岩性勘探取得成功的基础。通过基础研究，明确了阜三段、戴南组的成藏主控因素，形成了溱潼凹陷隐蔽油藏评价思路。通过烃源及油藏精细地球化学分析，认为溱潼凹陷内斜坡带紧邻深凹，油源丰富；以层序地层学与高分辨地震探测技术为核心，应用先进的解释技术、属性分析、正反演和地质综合评价等多种勘探技术，研究阜三段和戴南组沉积分布特征，精细刻画阜三段和戴南组砂体空间展布形态，指出有利储集相带，落实了一批阜宁组、戴南组地层—岩性圈闭；初步探索火成岩识别技术，根据地震相和测井相识别火成岩体，预测有利火成岩储层分布。

（3）依靠技术进步，强化"四个精细"研究，是溱潼凹陷岩性油藏勘探取得成功的关键。充分利用溱潼凹陷连片处理和二次采集地震资料，加强构造特征、构造演化分析，结合层序格架、沉积微相、砂体展布和生油岩供烃能力研究，开展地震资料的精细解释，重新梳理断裂系统，建立成藏模式。根据成藏分析结果，在不同区带、不同目标区块开展部署工作。

第五节　海安凹陷曲塘次凹勘探案例

曲塘次凹区域构造位于海安凹陷西南部，地理位置位于江苏省海安市曲塘镇。截至 2018 年底，勘探发现油气赋存于阜宁组和戴南组砂岩储层中，含油层系包括戴二段、戴一段、阜三段、阜二段、阜一段五套；发现张家垛、海安两个油田，累计探明石油地质储量 1939.18×10^4t，含油面积 26.75km^2（图 1-13-14）。

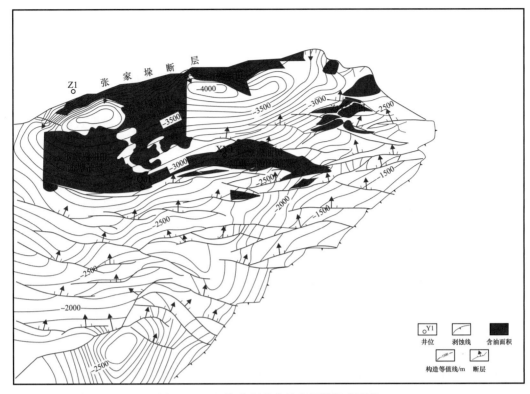

图 1-13-14　海安凹陷曲塘次凹勘探成果图

一、勘探历程

1. 早期勘探突破阶段（1970—1998 年）

海安凹陷地震勘探工作始于 20 世纪 60 年代末，70 年代初由二维模拟地震资料发现张家垛构造。1976 年，江苏省石油勘探指挥部在张家垛构造高点部位钻探井苏 88 井，在阜三段发现油气显示 9 层 17.2m，测井解释有差油层 4 层 5.8m，经压裂试获工业油流 4.14t/d，实现了曲塘次凹油气勘探突破。1982 年，江苏石油勘探开发会战指挥部在构造边部钻探张 1 井，于阜三段见油气显示 2 层 14m，测井解释各类油层 3 层 9.2m。1998 年，华东石油地质局在构造高点部署钻探评价井苏 250 井，于阜三段测井解释有油层 6 层 10.18m。

2. 规模油藏评价阶段（2009—2012 年）

2008 年以后，在三维地震、沉积微相精细研究基础上，通过构造和岩性油气勘探，迅速扩大了张家垛油田储量规模。首先对张家垛构造二维地震资料重新认识，于张家垛构造中段部署钻探张 101 井，在阜三段发现油层 7 层 17.4m，经压裂试获日产原油 6.15t，同年提交石油探明储量 134.06×10⁴t，含油面积 2.03km²。2010 年，在海安凹陷曲塘次凹完成 286km² 三维地震采集工作，对张家垛构造重新进行构造精细解释，先后在张家垛构造高带部署钻探张 2、张 3B、张 4B、张 5 四口探井，其中张 3B 井阜三段常规测试获得日产 23.8t 商业油流，东部张 3 斜 1 井阜三段获得日产 51.44t 高产油流。2012 年，张 101 井阜三段上砂层组常规试油获日产原油 3.6t，大斜度张 3-2HF 井分段压裂试获日产 152.74t 的高产油流，为张家垛油田规模勘探取得的重大突破。同时上报张家垛油田垛一段、戴一段、阜三段新增探明储量 $1021.49 \times 10^4 t$，含油面积 $8.89 km^2$。

3. 隐蔽油藏勘探阶段（2012 年以后）

2011 年，通过烃源岩及储层匹配关系的深入研究，在深凹带南部部署钻探曲 1 井，在阜三段上砂层组试获日产油 7.06t。随后钻探了曲 101 井，在阜三段上砂层组均见油迹—油砂不同级别的较好油气显示，于阜三段上砂层组部署实施了水平井曲 101-1HF 扩大产能，测井解释有油层 10 层 115.3m，压开阜三段上砂层组第 5、8、13、15 层油层（3376.4～3526.0m）合试，获得日产油 50.93t。随着钻探展现良好的油气成果，勘探逐渐深入到深凹带，在深凹带较低部位钻探了曲 2 井及水平井曲 2-1HF，均在阜三段上砂层组见到较好油气显示，进一步揭示曲塘次凹及南部斜坡带阜三段具有含油连片的特征。2014 年按照曲塘次凹满凹含油的认识，进一步探索曲塘次凹东部，部署钻探向阳 1 井，在阜三段钻遇油层 4 层 7.7m，并试获工业油流。在东部完钻胡集 1 井上砂层组也有良好的显示，钻遇油层 1 层 2.6m，进一步揭示了向阳区块具有良好的勘探开发前景，标志着张家垛—曲塘油田 $3000 \times 10^4 t$ 整装储量区带的落实。

二、勘探成果案例

1. 转变勘探思路，瞄准区带目标，重新评价认识

海安凹陷油气勘探工作始于 20 世纪 60 年代，70 年代以来通过全区进行 2km×4km 测网的地震面积普查和局部详查达到 0.5km×0.5km 测网。按照"查构造、追高点、求突破"的勘探思路，部署了苏 88 等 9 口井，除苏 88 井阜三段压裂试获日产油 4.14t 外，其余只见到低级别油气显示。当时认为张家垛地区阜三段油层相对较薄、埋藏深、圈闭小，同时由于斜坡带多个构造评价落空，泰州组勘探也没有获得工业油流的突破。因此，对海安凹陷南部形成的结论是"皮厚肉薄"，资源有限。2008 年以来，随着对研究区资源规模、油藏类型，以及成藏主控因素认识的不断深化，勘探工作发生了三个重要转变。

（1）主要勘探层系的转变。海安凹陷发育阜二段、阜四段、泰二段三套优质烃源岩，其中阜二段品质最好，有机质丰度高，TOC 在 0.66%～3.01% 之间，平均为 2.23%。纵向上，阜二段泥灰岩段有机质丰度最高，TOC 最高值达到 3.01%，S_1+S_2 为 17.6mg/g；阜四段泥灰岩段 TOC 平均值达到 1.2%，S_1+S_2 为 4.7mg/g。主力烃源岩阜二段烃源岩有机质类型以 I 型为主，阜四段烃源岩有机质类型为 I—II 型。阜二段沉积早期到晚期，黄铁矿、白云石含量逐渐降低，伽马蜡烷、$\beta-$ 胡萝卜烷含量也逐渐降低，反映沉积环境由强还原到弱还原。湖平面逐渐上升，但水体盐度逐渐降低，反映蒸发作用减弱，古气候由干旱变为潮湿。品质良好的烃源岩为生烃提供了重要基础，通过对沉积体系及构造演化的分析，夹于阜二段与阜四段两套优质烃源岩之间的阜三段砂岩被确认是海安凹陷南部最主要的运聚层系（图 1-13-15）。

（2）有利勘探区带的转变。钻井资料表明，随着埋深增加，声波时差对数与深度呈线性减小，在 1000～1700m 和 2100～2700m 处偏离正常压实趋势线，表现出明显的异常高压特征。运用伊顿法对张家垛油田的异常高压展开研究。纵向上存在两个高压带，第一个异常压力带出现在盐一段，岩性呈泥岩、粉砂质泥岩与砂岩、含砾砂岩、砂砾岩互层分布，压力系数均大于 1.2，东区压力系数大于 1.3；第二个异常压力带大约出现在

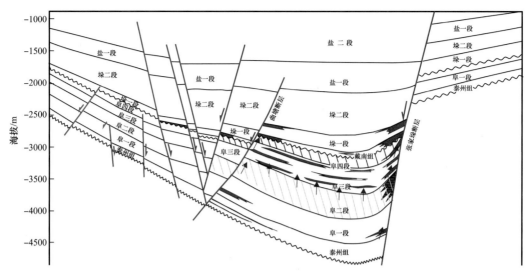

图 1-13-15　曲塘次凹油气成藏模式图

三垛组下部之下，厚层泥岩与薄层细砂岩互层分布，异常高压发育明显，压力系数 1.4 占主导地位，局部地层压力系数在 1.5 以上，在阜四段附近出现最强异常高压，形成所谓的压力封存箱结构。区内阜宁组是一套相对封闭的体系，阜二段厚 100～400m，阜四段厚 100～300m。阜二段、阜四段沉积速率较快，具有形成异常高压的条件。同时，研究区处于北部大型三角洲前缘末端，物源来自北部，砂地比较低，为 10%～30%，形成了排水不畅的异常高压环境。因此，阜宁组发育异常高压，泥岩异常高压可以为高效排烃提供充足动力。研究表明，曲塘次凹由于存在异常高压，阜三段内部形成了油气"封存箱"，油气具有近源成藏、箱内富集的特点，由此调整勘探思路，把勘探重点由斜坡区转向深洼区为主。

（3）主要勘探目标类型的转变。在"高效排烃"理论基础上，重新认识资源评价，通过计算海安凹陷南部平均排聚系数为 9.23%，曲塘次凹预测资源量为 $9085 \times 10^4 t$，为第三次资源评价结果的近 5 倍，完全改变了原先"资源有限"的认识。针对深洼区内，除了早期勘探发现的沿控凹大断层下降盘形成的大型鼻状构造之外，其他地区构造圈闭相对不发育，特别是主要目的层系阜三段砂地比较低，储层相对不很发育，由此形成了针对性的"瞄准区带，立足阜三，寻找岩性"的勘探思路，进一步拓展勘探目标由探索构造油气藏转为寻找阜三段岩性油气藏为主。

在新思路指导下，坚持区带整体评价，2009 年，通过二维地震资料重新处理解释，落实苏 88 井含油圈闭面积可达 $3.3km^2$，部署钻探评价井张 101 井，重启曲塘次凹评价勘探。该井在阜三段钻遇油层、差油层 9 层 18.5m，对 2918.3～2953.5m 井段压裂后试获日产油 6.15t；对 2831.3～2834.2m 井段常规测试日产油 3.65t，地层压力系数 1.253。2010 年，在新采集的曲塘三维地震资料的基础上，查明了张家垛构造的基本形态，为一北东—南西向展布的鼻状构造带，长约 7km，平均宽 1km，沿构造高带钻探张 2、张 3B、张 4B、张 5 四口探井，同时在西部实施了张 2-1、张 2-2B、张 4 斜 1 等开发井，其中张 2 井阜三段压裂后日产油 13t，戴南组常规试油获得日产油 23t，获得了重要突破。同时，分别在构造东、西高点部署的张 3 等井也取得了良好勘探成果。"十二五"

期间，累计探明石油地质储量 1358.38×10^4t。

2. 以层序地层学为基础，全方位展开岩性油藏勘探

海安凹陷南部曲塘—李堡地区新生代盆地结构上以东西—北东东向展布的不对称半地堑为特征，凹陷内沉积了古新统—渐新统。古近系的基本结构为北深南浅、北断南超、北厚南薄，呈中间开阔、东西收敛的箕状凹陷。阜三段沉积受古地形控制，整体物源来自北部建湖隆起，砂体具有深凹发育、斜坡减薄特征，在内斜坡带形成上倾尖灭，因此，内斜坡及深凹带是油气长期运聚指向。通过不断拓展思路，开展以层序地层学为基础、储层预测为核心的综合研究工作，全方位展开构造岩性油藏勘探，思路创新指引海安凹陷南部勘探再上一个台阶。

1）以层序地层学为基础，精细评价沉积微相

在前人研究成果的基础上，通过对岩相、痕迹化石、测井相、地震相、粒度累计概率曲线等特征的研究发现，阜三段应为能量较弱的浅湖亚相，发育滩砂、坝砂、浅湖泥三种沉积微相类型。滩坝砂岩孔隙度和渗透率较高，是较好的油气储层。坝砂中粒度相对较粗且干净的平行层理细砂岩为主要的储层，厚度 2～4m。滩砂主要发育细砂岩、粉砂岩、泥质粉砂岩，层薄，粒度较细，与泥岩互层发育，储集物性相对较差。坝砂沉积微相砂体厚度较大，延伸较短；滩砂沉积微相厚度较薄，延伸较远。坝砂集中发育在东、西两区，中部主要发育滩砂。阜三段埋深接近 3000m，但储层碎屑颗粒以点—线接触为主。其主要原因有二：一是欠压实作用形成的高压可以抑制上覆地层的压实作用，使原生粒间孔更好地保存下来；二是塑性岩屑少，塑性岩屑在上覆地层压实作用下，由于形变可以堵塞粒间孔而使原生粒间孔遭到破坏。阜三段储层中骨架颗粒主要为石英和长石，岩屑极少，所以由于压实作用导致塑性颗粒形变而破坏的孔隙不明显。因此，阜三段滩坝砂砂体分布稳定，储集物性好，成为张家垛油田主力产油层。

2）以地质统计学反演为手段，精细描述岩性圈闭

从海安凹陷的地震资料来看，目的层阜三段主频为 17Hz，分辨率偏低，向阳—胡集地区断层发育，地震能量整体偏弱。因此主要通过地震拓频提高地震资料分辨率，开展地质统计学反演，精细描述砂体。从井上标定结果来看，地质统计学反演的结果比波阻抗反演结果分辨率有了明显的提高，能更好地反映出井间物性、砂体的连续性，表现出了更多的细节，更忠实于实际地质情况。从钻井结果来看，以井控为主的地质统计学反演在向阳—胡集地区的砂体预测结果更加贴合实际，证明了以井控为主的地质统计学反演更能有效地反映砂体分布的细节。

3）以成藏主控因素为指导，精细评价有利目标

海安凹陷南部阜三段发现张家垛、曲塘两个大型构造—岩性油藏，分布于陡坡带及深凹带。油源为阜二段，上砂层组通过曲塘断层输导，高带富集，低部位含水，下砂层组由阜二段直接供烃，连片含油。

平面上，岩性油藏围绕生烃洼陷展布受沉积微相控制。阜三段油藏构造上主要分布于曲塘次凹，区域上主要分布于生烃洼陷，成熟烃源岩分布范围控制油气展布，在陡坡带及深凹—斜坡的有利部位成藏。在有利成藏部位，油气富集与沉积微相关系密切。坝砂为Ⅰ类储层，岩性为细砂岩，原生粒间孔、粒内溶孔发育，孔喉结构较好，黏土矿物含量相对较低，以绿泥石和高岭石居多，水敏性弱，但存在一定酸敏。滩砂为Ⅱ—Ⅲ类

储层，岩性为粉砂岩、泥质粉砂岩，微孔发育，孔喉结构较差，Ⅱ类储层黏土矿物含量相对较高，绿泥石和伊/蒙混层居多，存在水敏和酸敏；Ⅲ类储层黏土矿物含量相对非常高，以伊/蒙混层为主，高岭石和绿泥石少，以水敏为主。油层主要分布于物性较好的坝砂发育区，滩砂仅见油迹显示，未成藏。钻井部署在坝砂微相且异常压力存在时，通常可获得高产油流。

纵向上，主要生储盖组合决定岩性油气藏的分布层位。区内发育两套生储盖组合：阜二段（生）—阜三段下砂层组（储）—中部泥岩段（盖）；阜二段（生）—阜三段上砂层组（储）—阜四段（盖）。阜三段上砂层组由于中部存在近 50m 的泥岩段，无法满凹含油，油气顺断层运移至高部位物性较好、盖层保存条件好的区域成藏，因此以构造—物性控油为主。阜三段下砂层组则以垂向近源运移为主，油气通过微裂缝、断层输导，具有连片含油趋势，离凹陷生烃源灶越近、储层物性越好则越富集，主要为物性控藏。

随着曲塘次凹呈现满凹含油的证实，为了进一步探索曲塘次凹东部的向阳圈闭阜三段储层发育情况及含油气性，2014 年，在向阳区块部署了向阳 1 井，阜三段钻遇油层、差油层 4 层共 7.7m，下砂层组压裂试油获得日产油 5.76t，上砂层组压裂试获日产油 8.96t，从而发现了向阳区块，同时在向阳区块的东部完钻胡集 1 井在阜三段也有良好的显示，钻遇油层 1 层 2.6m，进一步揭示了向阳区块具有很好的勘探开发前景。向阳—胡集岩性圈闭的成功标志着张家垛—曲塘 3000×10^4t 整装规模储量的诞生。

三、勘探启示

曲塘次凹历经 50 年勘探，一度停滞不前。随着勘探技术的进步和地质认识的提高，通过转变勘探思路，加强基础研究，依托三维地震技术进步，全凹陷地震整体精细编图，储层精细预测，深入开展全盆地沉积相研究，深化进行资源评价再认识，建立了"阜三段是凹陷主力输导层，断层、火成岩控运，岩相控聚，构造岩性控藏"的全新理念，进一步确立了在内斜坡深凹带找致密油藏，在坡垒带找构造断块油藏和次生油藏，在外斜坡古地形高带前缘找岩性油藏，全方位开展构造—岩性复合型油藏勘探取得良好成效，基本落实了张家垛—曲塘油田 3000×10^4t 储量规模含油区带。

第十四章　油气资源潜力与勘探方向

通过苏北盆地勘探历史进程中重要阶段油气资源评价，以及最新一轮油气资源评价，重点介绍苏北盆地石油地质资源分布状况和资源潜力情况，提出下步勘探重点领域和重点方向。由于苏北盆地天然气与页岩油气资源情况专门有章节介绍发现和分布规模很小，本章主要涉及常规石油地质资源评价情况。

第一节　资　源　评　价

油气资源评价通常应用的方法主要有油气成因法、统计法和类比法三大类。成因法适用于石油勘探的各个阶段，统计法适用于勘探程度较高的地区，类比法适用于勘探程度较低的地区，三大类方法中又包括有多种具体方法。苏北盆地历史上先后五次系统组织开展了油气资源评价工作，其中"十五"以来，第三次油气资源评价（2000年）、新一轮动态油气资源评价（2012年）及"十三五"油气资源评价（2018年）三次资源评价覆盖面最全、评价方法最多。这三轮油气资源评价都对盆地的资源状况进行了系统的研究，但三次评价对资源的概念有不同的定义，采用的评价方法也各有侧重。第三次油气资源评价重点对盆地的远景资源量进行评价研究，主要采用以成因法为核心、结合其他方法的评价方法；而新一轮动态油气资源评价，则主要强调地质资源量（可探明资源）和可采资源量的研究，重点采用统计法和类比法进行评价。2018年展开的"十三五"油气资源评价充分吸收了盆地历年来所取得的研究和勘探成果，通过细分评价单元，针对不同勘探程度的评价单元选取适应性评价方法进行综合评价，评价结果更清楚地反映了近年来苏北盆地的勘探趋势与发现规律（表1-14-1）。

表1-14-1　苏北盆地历次石油地质资源评价结果对比表　　　　单位：10^8t

评价区	1985年第一次油气资源评价	1994年第二次油气资源评价	2000年第三次油气资源评价	2012年新一轮动态油气资源评价	2018年"十三五"油气资源评价
高邮凹陷（含临泽凹陷）	2.48	2.02	2.94	2.95	3.21
金湖凹陷	0.68	1.35	1.69	1.37	1.87
溱潼凹陷	0.61	0.71	0.70	0.80	1.32
海安凹陷	0.64	0.52	0.72	0.60	1.48
白驹凹陷	0.01	0.08	0.15	0.10	0.10
盐城凹陷	0.30	0.23	0.26	0.10	0.13

评价区	1985年第一次油气资源评价	1994年第二次油气资源评价	2000年第三次油气资源评价	2012年新一轮动态油气资源评价	2018年"十三五"油气资源评价
洪泽凹陷		0.11	0.18	0.13	0.13
涟阜凹陷			0.16	0.11	0.03
合计	4.72	4.79	6.80	6.16	8.27
主要评价方法	主要应用氯仿沥青"A"法	主要应用氯仿沥青"A"法、盆地模拟法等	成因法为主，辅以统计法	主要应用统计法和类比法	成因法、统计法和类比法相结合

一、第三次油气资源评价（2000年）

根据苏北盆地的演化、热史、烃源岩分布、区带及圈闭等研究成果，建立针对性的地质模型，应用油气成因法（盆地模拟BASIMS、氯仿沥青"A"法、热解法及有机碳法）、经验外推法（Petrimes区带评价）和勘探目标分析法（TrapDES圈闭评价），对油气资源量进行定量评价，最后采用特尔菲（Delphi）技术进行加权、组合，解决各种方法对资源预测的差别，第三次资源评价汇总得出苏北盆地石油远景资源量为6.80×10^8t。第三次资源评价与前两次资源评价相比，评价的地域范围有较大扩大，针对苏北盆地高邮、金湖、盐城、海安、洪泽、阜宁、涟南及涟北八个凹陷进行了评价。在地球化学研究的基础上，识别并确定苏北盆地三套"有效烃源岩"，细划为阜四段上部、阜二段、泰二段下部优质烃源岩，而前期资源评价中主要对阜四段、阜二段、泰二段全套暗色泥岩进行评价。首次在苏北盆地利用AlogR技术，建立测井资料与有机碳的数学关系，避免了单点有机质丰度数据统计的不连续性和不确定性，确保有机质丰度和有效烃—岩厚度的可靠性。首次利用苏北盆地内代表性烃源岩开展温压釜模拟实验，结合热解模拟实验，建立区域性产油、气模型。在排聚系数的确定方面，考虑了凹陷的勘探成果及成藏规律，针对高勘探程度相对较高地区，做了大量的统计，部分地区、部分层位的排聚系数相比前期资源评价有所提高，特别是低成熟、未成熟油研究由机理探索和定性评价向定量评价发展，为低成熟、未成熟油资源评价和勘探分析奠定了重要基础。

二、新一轮动态油气资源评价（2012年）

国土资源部于2004年组织开展新一轮资源评价，以及2012年后续进行的动态资源评价，根据苏北盆地油气地质特点、勘探程度等，主要采用统计法和类比法进行评价。其中：勘探程度较高的地区，如高邮、金湖和溱潼凹陷，主要采用统计法；勘探程度较低的地区，如海安、白驹、临泽、洪泽、涟阜和盐城凹陷，主要采用类比法。2004年新一轮油气资源评价和2012年后续进行的动态油气资源评价结果，苏北盆地预测石油地质资源量分别为4.2679×10^8t和6.1648×10^8t。新一轮两次评价使用的同样方法，评价结果相差比较大，各项数值均明显增加，2012年后续进行的动态资源评价更能反映出苏北盆地现实资源状况，以高邮北斜坡为例，2004年新一轮初步评价用于计算油气藏只有 31 个，探明储量 3487×10^4t，2005 年以后，又新发现 34 个油气藏，新增探明储量 3124×10^4t，计算样本数增加了一倍多，油气藏总数达到 65 个，获探明储量 6611×10^4t。样本数增加，勘探程度也相应增加，更能反映出油藏规模特征，计算结果更加可靠。

三、"十三五"油气资源评价（2018 年）

"十三五"油气资源评价是在苏北盆地经历了两个阶段储量、产量连续增长和发展高峰，以及主力凹陷、主要区带和重点层系勘探程度相对较高的情况下展开的新一轮系统的油气资源评价，为了保证新一轮资源评价的准确性、适用性、合理性和科学性，特别强调主要依据各探区勘探程度及资料情况，针对性选取与之相适应的评价方法。对于勘探程度相对较高的高邮、金湖、溱潼和海安凹陷，主要选用盆地模拟法、统计法和类比法相结合的方法，在含油气系统划分的基础上，在各凹陷含油气系统内部，依据输导体系结构、油气物性、地球化学参数、成熟度特征，以及运聚期流体势平面展布等，将各凹陷的主要含油气系统划分为 76 个油气运聚单元（高邮凹陷 23 个、金湖凹陷 18 个、溱潼凹陷 7 个、海安凹陷 28 个），并分级分类建立了评价刻度区和类比区。盐城凹陷和涟阜地区等勘探程度较低，主要采用盆地模拟法和类比法。"十三五"油气资源评价结果苏北盆地预测石油地质资源量 8.2711×10^8t。同第三次资源评价相比，资源量变化比较大的区带主要是高邮深凹带、溱潼深凹带，以及海安凹陷曲塘次凹等二级区带，较好反映了这些区带的勘探现状和勘探态势，评价结果更为合理。盐城、临泽和涟阜等外围地区主要烃源岩成熟程度较低、勘探程度低，至今没有大的勘探发现的区带，资源量下降幅度较大，主要是基于近二十多年来，对低成熟油藏勘探成果发现少、规模小、效益差和成功率低等勘探现状和客观认识。

第二节　资源状况

一、资源分布

"十三五"油气资源评价苏北盆地石油地质资源总量为 8.2711×10^8t，主要从构造单元、含油层系和埋藏深度三个方面统计分析资源分布状况。

1. 构造单元分布

苏北盆地石油地质资源量主要分布在高邮、金湖、溱潼和海安凹陷，地质资源量为 7.8436×10^8t，占 94.83%，其中高邮凹陷 3.1725×10^8t、金湖凹陷 1.8694×10^8、溱潼凹陷 1.3205×10^8t、海安凹陷 1.4812×10^8t（图 1-14-1）。

2. 层系分布

苏北盆地石油资源绝大多数分布于新生界古近系，分上、中、下三套含油气系统（图 1-14-2）。其中，石油地质资源量在上含油气系统为 1.9321×10^8t，占 23.36%；中含油气系统为 5.5890×10^8t，占 67.57%；下含油气系统为 0.7500×10^8t，占 9.07%。

3. 深度分布

苏北盆地石油地质资源主要分布在中深层（2000～3500m），石油地质资源量 5.2301×10^8t，占总量的 63.23%；其次为浅层（<2000m），石油地质资源量 2.1485×10^8t，

占 25.98%；深层（3500~4500m）和超深层（>4500m）分布比较少，石油地质资源量分别只有 $0.8175 \times 10^8 t$、占 9.88% 和 $0.075 \times 10^8 t$、占 0.91%（图 1-14-3）。

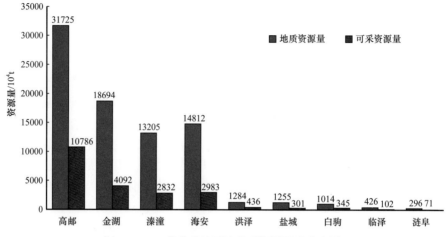

图 1-14-1　苏北盆地石油地质资源凹陷分布图

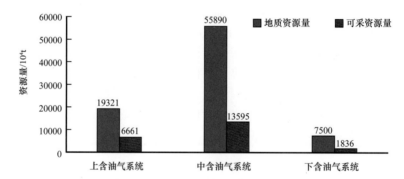

图 1-14-2　苏北盆地石油地质资源层位分布柱状图

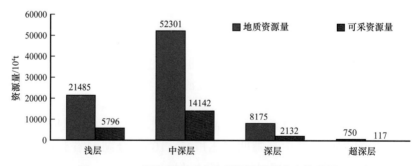

图 1-14-3　苏北盆地石油地质资源深度分布柱状图

二、资源潜力

截至 2018 年底，苏北盆地累计探明石油地质储量 $3.5833 \times 10^8 t$，探明程度为 43.32%，剩余石油地质资源量为 $4.6878 \times 10^8 t$，剩余资源平均丰度为 $2.37 \times 10^4 t/km^2$。

1. 凹陷潜力

苏北盆地各凹陷之间的勘探程度和剩余资源各不相同（图 1-14-4），差异比较大。其中高邮、金湖、溱潼、海安等主力凹陷尽管勘探程度相对比较高，但剩余资源量合计 4.2656×10^8t，占苏北盆地剩余资源总量的91.00%，下步勘探潜力仍然比较大。其中：高邮凹陷探明程度59.62%，剩余资源量 1.2811×10^8t，占27.33%；金湖凹陷探明程度50.82%，剩余资源量 0.9194×10^8t，占19.61%；溱潼凹陷探明程度34.52%，剩余资源量 0.8647×10^8t，占18.45%；海安凹陷探明程度18.96%，剩余资源量 1.2004×10^8t，占25.61%。

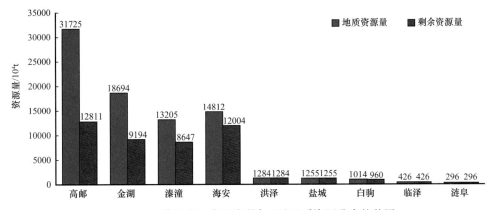

图1-14-4 苏北盆地分凹陷剩余石油地质资源分布柱状图

2. 层系潜力

苏北盆地主要发育上、中、下三套含油气系统（图1-14-5）。统计分析表明，尽管中部含油气系统已探明储量占总探明储量比例最高（69.30%），但由于其资源量比较丰富，该层系探明程度（44.39%）仍低于上部含油气系统（51.65%），其剩余资源量占总剩余资源量比例也最高（66.30%）。因此，按层系划分勘探潜力大小，顺序应当是中部含油气系统→下部含油气系统→上部含油气系统。

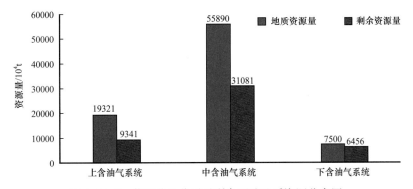

图1-14-5 苏北盆地分层系剩余石油地质资源分布图

3. 区带潜力

苏北盆地剩余石油地质资源量超过 1000×10^4t 的区带有12个（图1-14-6），从大到小依次为高邮深凹及两侧断裂带、溱潼凹陷北部斜坡带、海安凹陷曲塘次凹、高邮凹陷北部斜坡带、金湖凹陷石港断裂带、金湖西部斜坡带、海安凹陷北部次凹、海安凹陷海中断隆带、溱潼深凹及南侧断裂带、金湖凹陷下闵杨断隆带、金湖凹陷铜城—杨村断裂带、海安凹陷南部次凹。

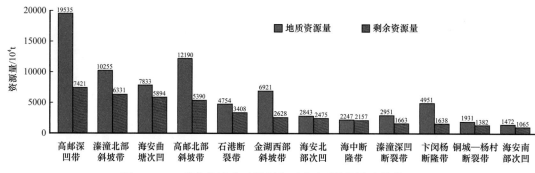

图 1-14-6 苏北盆地分区带剩余石油地质资源分布柱状图

第三节 勘 探 方 向

根据剩余油气资源分布状况、区带成藏条件分析，以及可预见的技术发展趋势，苏北盆地下步仍然是以高邮、金湖、溧潼和海安凹陷等主力含油凹陷作为重点勘探方向。

一、高邮凹陷

高邮凹陷位于苏北盆地东台坳陷中部，总体构造上呈现南陡北缓、南断北超的典型箕状断陷形态，从南往北由南部断阶带、中部深凹带和北部斜坡带三个次级构造单元组成。凹陷主体部位已经三维地震满覆盖，并且勘探有利区带多已部署实施高精度三维地震。截至 2018 年底，共发现油田 19 个，累计石油探明储量 18914×10^4t，"十三五"资源评价预测石油地质资源量 3.17×10^8t，探明程度 59.62%，虽然整体勘探程度比较高，但是，作为苏北盆地内油气成藏条件最为有利的富油凹陷，剩余资源量 1.28×10^8t，勘探潜力仍然比较大。主力区带东西两端油田延伸带、控凹断裂构造带局部富集含油断块、重点含油区带内部储量空白区、勘探程度比较低的非构造隐蔽油气藏、内斜坡大面积分布阜宁组低—特低渗和致密油气等应该是下步勘探重点方向。

1. 斜坡带

高邮凹陷北斜坡邻近生烃源灶，具有阜二段、阜四段两套主要烃源岩，油源充足，可形成上、中、下三套主要成藏组合。区内北东—近东西断层发育，多期构造运动形成一系列不同层系的断鼻、断块群，成为油气运移聚集的有利场所。其中内斜坡紧靠深大断裂沟通阜四段油源区，较发育的上构造层圈闭及良好的储盖配置形成以阜四段—三垛组、戴南组成藏组合为重点的有利目标区；在斜坡主体部位及外侧为阜二段—阜一段、阜二段和阜三段，以及泰二段—泰一段成藏组合的有利目标区，生储盖配套有利，加上断裂多期次活动，形成阜三段、阜二段、阜一段及泰一段多套含油层系的油气富集带。高邮凹陷北斜坡主体部位已全部实现三维地震连片，勘探程度较高。下步勘探重点围绕中外斜坡构造高带、内斜坡低渗、特低渗和致密油发育区带，以及下部成藏系统泰州组三个层次展开。

中外斜坡构造高带。北斜坡中外坡由一系列断块、断鼻圈闭组成，构造高带呈近南北向分布，油源条件优越，发育阜三段—阜四段、阜一段—阜二段有利储盖组合，由于

T_3^1、T_3^3 反射波组特征不清（弱反射），加之辉绿岩的穿插破坏，圈闭落实程度不高。下步勘探需要加强高精度三维地震资料处理，进一步提高资料信噪比和断层成像精度。

内斜坡阜宁组低渗、特低渗和致密油发育区。北斜坡已经发现的阜一段油田或含油构造主要集中在中外坡，而内坡带地区发现较少，是下一步勘探突破的重点地区。由于内坡带阜宁组埋深较大，目的层火成岩发育，地震资料较差，储层评价及圈闭落实是勘探突破的关键。阜一段沉积时处于浅水三角洲，物源主要来自西北部建湖隆起，由于北斜坡古地形坡度较缓，物源供给较为充分，北东—南西向展布的砂体发育，砂岩含量在30%以上。受沉积成岩作用影响，阜一段以中、低孔—特低渗透致密储层为主，但油气的充注、异常高压在一定程度上抑制了压实作用，对储层孔隙起到一定的保护作用。从高邮凹陷北斜坡阜一段压力系数分布来看，内斜坡地区压力系数普遍超过1.05，在现有工艺条件下，3200m 具有较好的产液能力。该领域一旦突破，将对阜一段勘探的南北拓展及北斜坡的资源接替起到重要作用。

下部成藏系统泰州组含油层系。高邮凹陷东部泰二段与海安凹陷泰二段烃源岩相似，泰一段砂岩发育，具备形成原生油气藏的有利条件，早在2004年钻探的瓦6井在泰州组获得成功，首次发现高邮凹陷泰州组自生自储油藏，证实东部地区阜二段、阜四段、泰二段三套烃源岩均已成熟，具备多层系立体勘探的潜力。泰州组油气成藏规律研究表明，影响泰州组成藏的关键因素在于油源条件、圈闭落实和断层侧向封挡。岩心地球化学指标证实，泰二段底部"六尖峰"泥灰岩段已达到好—很好级别烃源岩，北斜坡中东部地区基本处于成熟烃源岩分布范围内。

2. 断裂带

复杂断裂带一直是高邮凹陷储量发现的重点领域，主要发育真武断裂带、汉留断裂带和吴堡断裂带，均具备油源条件有利、勘探层系丰富、油藏类型多样、可兼探目标多的特点，但构造破碎，油水关系复杂。多年勘探成果表明，该带具有较好的成藏条件和较大的勘探潜力，依然是下步勘探增储的重点领域。

真武断裂带是指深凹南侧真①断裂和真②断裂所夹持的狭长地带，包括紧靠真②断层下降盘的地区。真武断裂断距较大，断阶带及真②断层下降盘成藏为下生上储式，由于整个断阶带及下降盘直接面向生油深凹，成藏条件有利。真武断裂带因抬升剥蚀的差异性，导致各区带储盖组合存在差异。真武断裂带由于具有得天独厚的油源条件，是油气成藏极其有利的地区，分析认为构造落实是勘探的关键。下步勘探需要加强高精度三维地震资料处理，提高资料品质，落实有利目标；另一方面加强戴南组、泰州组多层系拓展，继续探索正向构造单元结合部，该领域油源条件优越、保存条件优于正向单元，具有勘探程度低、勘探潜力大的优点。

汉留断层是深凹北侧发育的二级断裂带，也是重要的油气聚集带，已在下降盘发现众多隐蔽油藏，西部马家嘴、联盟庄及永安地区评价勘探连连得手，形成多层系叠合连片含油场面。上升盘紧邻深凹，阜四段烃源岩生成的油气沿汉留断裂—砂体多级调整聚集成藏，同样具有较好的成藏条件。汉留断裂带在联盟庄—永安地区表现为呈雁列式展布的张扭性正断层，雁列断层之间的转换带，由于主控断层差异性活动，在转换断阶内形成局部构造背景，有利于油气富集，关键是要圈闭落实。汉留断裂西段的黄马地区夹持于汉留和真武断裂之间，发育近东西向和东西—北西向弧形两组断层，断层剖面上为复式地堑，平面上为斜交式，控制形成的圈闭类型以反（顺）向断块、断鼻为主，阜宁组、戴南组深浅层兼探，是下步勘探拓展的现实有利地区。

吴堡断裂紧邻生油深凹，泰二段、阜二段、阜四段三套烃源岩均已成熟生烃，区域性大断层纵向沟通烃源岩，油源条件有利，钻井在盐城组、三垛组、戴南组、阜宁组、泰州组、赤山组、浦口组，以及中生界—古生界潜山云灰岩均见有油气显示，是多层系立体勘探的现实地区，已在阜宁组、泰州组发现陈堡、周庄油田。截至2018年底，吴②断层下降盘勘探程度低，是高邮凹陷为数不多的勘探空白区之一。类比分析认为，吴②断层下降盘油气成藏条件良好，多层系圈闭发育，其中阜三段为主要勘探层系。从阜三段一砂层组的砂岩百分含量来看，砂体呈北东—南西向展布，具有水下分流河道砂体与河道间相间分布的沉积特征，在垂直吴②断层方向上，砂体发生减薄或尖灭，具备形成断层岩性油气藏的有利条件。加强地震资料的处理解释及砂体识别描述，在钻探断块圈闭的同时，积极探索断层—岩性油藏。

3. 深凹带

"十五"期间，高邮凹陷联30井在戴南组构造—岩性油藏勘探首次取得突破，按照"沿断、追源、占高、探砂"勘探思路，沿缓坡带马家嘴、联盟庄、黄珏地区戴南组构造岩性油藏接连获得成功，呈现迭合连片含油趋势。同时沿真武断裂带积极探索陡坡带"扇控型"岩性圈闭，邵伯地区钻探获得成功，邵深1井首次发现戴南组原生油藏。其后，戴南组隐蔽油藏不断深化油气富集规律，建立了"多级坡折""单级坡折"等隐蔽圈闭成藏模式，形成了针对陡坡带、缓坡带和深洼区等不同类型砂体的"三模一测"研究方法和技术系列，高邮凹陷隐蔽油气藏在区带和类型上均取得一系列突破和发现，逐渐成为苏北盆地老区勘探增储的重要领域。按照"滚动西部，评价中东部，不断探索新类型"的勘探思路，高邮深凹带隐蔽油气藏勘探，区带上进一步挖潜邵伯次凹，重点评价樊川次凹，积极拓展刘五舍次凹和刘陆次凹，层系上兼顾戴南组、三垛组、阜宁组等不同层系迭合连片，类型上立足断层—岩性油藏，逐步探索缓坡砂、陡坡扇，以及深洼区湖底扇等多种类型，仍然具有形成数千万吨级的增储规模。

二、金湖凹陷

金湖凹陷位于苏北盆地东台坳陷西部，主要由三河、汊涧、龙岗和范水四个次凹，石港、铜城、杨村三条控凹断裂带，以及西部斜坡、宝应斜坡和卞闵杨断隆带等次级构造单元组成。全区主要区带大部分已被三维地震覆盖，勘探发现18个油气田，累计探明石油地质储量 $9500 \times 10^4 t$，"十三五"油气资源评价预测石油地质资源量 $1.87 \times 10^8 t$，探明程度50.82%。截至2018年底，油气发现主要集中在西斜坡中部构造高带和卞闵杨构造带两个成熟区带，三河次凹内坡、龙岗和汊涧次凹斜坡、杨村断裂带等地区勘探程度相对较低。已探明储量主要集中在中含油气系统，上含油气系统勘探程度相对较低，已发现油藏主要为构造油气藏，随着勘探的不断深入，隐蔽油气藏勘探逐步展现出良好的勘探潜力。

1. 西部斜坡带

西部斜坡带整体位于金湖凹陷西部，自古新世以来，始终保持着东倾西抬的古斜坡构造面貌，内部构造复杂，具有南北分块、东西分带的构造特征，已在西斜坡发现了刘庄、高集、崔庄、南湖等构造高带，这些构造高带多呈南北向或北西向分布，且已发现多个富集油藏。西斜坡由于储层、盖层及三级断层发育程度在平面上的差异，形成油气聚集层位和丰度也存在一定差异性，导致平面上勘探程度存在不同。

三河斜坡北部勘探程度相对较低，"十二五"期间，通过实施三维地震，发现了一批有利圈闭，钻探河X5井在阜二段钻遇25m的生物灰岩，证实存在生物灰岩发育区。阜二段砂岩储层较发育，推测存在北部物源。油源对比结果表明，河X5井阜二段原油来自阜二段烃源岩，成熟度明显比邻区低，综合分析认为可能来自本地低成熟油，因此，内坡—中坡油源条件更为有利。

东阳斜坡勘探程度相对较高，但断裂系统复杂，仍有一定勘探潜力。重点是加强已钻探井再分析，通过精细地层对比，从单井上识别小断层，以及结合地震资料，综合评价识别隐性断层。其次加强油藏再认识，分析油藏在平面上和纵向上的展布规律，进一步理顺断层组合关系，重新进行构造精细研究。关键是落实圈闭，特别是对隐蔽性断层的识别和落实，是下步挖潜的主要地区之一。

汉涧斜坡勘探程度低，勘探潜力大。截至2018年底，发现含油断块主要分布于内坡带，区域地层褶皱幅度低，构造高带不明显，圈闭较不发育。因此，理顺断层规模大的显性主断裂展布规律的基础上，利用各种物探技术手段描述、识别北东向隐性断层存在的可能发育位置，从而发现和落实更多的圈闭，具有较大的勘探潜力。

2. 断隆带

卞闵杨断隆带夹持在龙岗与汜水两个次凹之间，加上"古隆今隆"的构造高带优势，使得其成藏条件十分优越。早在20世纪80年代，勘探发现卞东、杨家坝、墩塘及闵桥等整装构造油藏，累计发现探明储量$3290 \times 10^4 t$，纵向上含油层位主要为阜一段、阜二段和阜三段，墩塘南部发现戴南组岩性油藏，但阜一段、泰州组勘探程度比较低。下步勘探重点有三个方向：一是近凹内坡戴南组岩性油藏，充分利用高精度三维地震资料，加强沉积微相研究和砂体预测，扩大隐蔽油藏勘探规模；二是外围地区阜宁组，尤其是勘探程度相对较低的东南部，优选圈闭进行评价勘探挖潜；三是泰州组、阜一段中深部层系，加强油气运聚研究，进一步落实中深层圈闭，具有勘探突破潜力。

3. 断裂带

石港断裂是金湖凹陷三河次凹的边界断裂，呈北东走向展布。石港断裂带即石港断裂上下盘及其派生断裂形成的复杂断裂构造带。该区带油气较为富集，已在戴南组、阜宁组累计发现石油地质储量1000多万吨，是金湖凹陷立体勘探最为有利的地区之一。其中戴南组发育多套有利储盖组合，紧临三河次凹，阜四段烃源岩生成的油气可以通过砂岩储层的侧向运移和断层垂向运移在戴南组聚集成藏，油源条件十分优越。含油层位主要集中于戴一段中上部和底部，具有含油井段长、油藏幅度小、储层物性好、自然产能高等特点。下步勘探需要进一步加强地震资料精细处理，提高资料品质，落实有利圈闭。加强戴南组油藏解剖，进一步分析油藏特征和成藏控制因素，逐步拓展断裂带中北段断块构造圈闭。积极开展下部阜一段、泰州组储盖组合及输导条件研究，着力深部层系勘探突破。

铜城断裂带是金湖凹陷中部地区汉涧、龙岗生油次凹之间的一个构造高带，具有龙岗、汉涧双向供油特点，油源条件十分有利。铜城断层南段表现为逆断层的特点，断面具有一定的封闭性，但与之相交的北掉反向正断层为长期活动的张性断层，有利于油气的运移，易形成上下层位叠合成藏。铜城断裂带圈闭十分发育，整体来看，具有背斜形态，只是被多条断层复杂化，油水关系也被断层分割而复杂化。下步勘探应重点分析局部泥岩盖层分布、断层断距对侧向封堵条件的影响，寻找保存条件好的圈闭进行钻探。

杨村断裂带位于金湖凹陷南部，是沟通龙岗—汊涧次凹烃源岩和油气运移的良好通道。该断裂带以铜城断层为界分为东西两段，西段走向为北东向，属走滑断裂体系，发育一系列的"入"字形断裂，与杨村断层呈锐角相交，呈多米诺式依次排列。东段走向近北东东—东西向，属张性断裂，受其控制，平面上沿断裂下降盘形成了具有拉张特点的成排平行分布的宽缓断鼻构造，共同构成了由杨村断层控制形成的断阶型构造带。杨村断裂带下降盘紧邻龙岗次凹，有阜四段和阜二段两套成熟烃源岩，具有较好的油源条件，但勘探程度较低，其周边的铜城断裂带及墩塘、小关地区在戴南组和阜宁组都发现大量的油气显示并已成藏。综合分析认为具有较好的成藏条件，是勘探挖潜的有利区，可以作为金湖凹陷拓展的重点地区。

4. 戴南组隐蔽油藏

金湖凹陷油源对比表明，戴南组油气大多来源阜四段烃源岩，少量为阜二段烃源岩。截至 2018 年底，在金湖凹陷发现关 5、桥 12 等构造油藏和墩 2-2 等岩性油气藏，累计发现探明储量 614×10^4t，探明程度仅 23%，与阜宁组探明程度 64% 相比，具有较大的勘探潜力。从构造背景来看，金湖凹陷戴南沉积期呈南断北超的箕状断陷湖盆特征，且具有多物源、多沉积体系、多类型砂体发育的沉积特点，砂岩横向变化快，利于形成隐蔽圈闭。陡坡带往往离物源较近，容易形成扇控型岩性油气藏；深凹带易于形成断层—砂岩及透镜体等孤立砂岩油藏；斜坡带利于形成沿断层分布的构造岩性油气藏。综合成藏条件及砂体的展布规律，认为三河深凹带及龙岗地区隐蔽油气藏相对发育，而且成藏条件比较有利。三河深凹带主要发育湖底扇，龙岗地区主要发育地层超覆及岩性油气藏。

三、溱潼凹陷

溱潼凹陷位于东台坳陷中部，为一个南深北浅、南厚北薄、南断北超的半地堑断陷。自南向北划分为断阶带、深凹带、斜坡带三个构造带。截至 2018 年底，勘探发现 20 个油田，探明石油地质储量 4558×10^4t，"十三五"资源评价预测石油地质资源量 1.32×10^8t，探明程度 34.52%。下步勘探方向主要分布在断阶带复杂断块油藏、深凹带构造岩性油藏和致密砂岩油藏、斜坡带隐蔽油藏等领域。

1. 断阶带

溱潼凹陷断阶带整体走向北东，部分被近东西向（个别为近南北向）断层错断。控制凹陷发育的主干断层断距 1000～2000m，剖面上表现为同沉积断层，沿主干断层往往发育一系列同向北掉的次级正断层，断距小于 500m，致使形成阶状结构。断阶带油气藏沿控凹断裂呈"串珠"状分布，断层的规模、性质等决定了油气藏富集程度。断阶带油藏受构造高带控制，一般发育在边界断裂的转换带。断阶带的阶状结构使地层间具有良好的整体封堵条件，含油层系多。油气的复合成藏是其一个显著特征，而且复合油气藏主要分布在具二阶结构的断阶带，断阶内部地层均向泰州凸起抬升，并且紧靠断阶的深凹都有着良好的鼻状构造背景，形成富集含油构造。

根据阶状结构的发育特征，可分成东段、中段和西段。东段次级断层不甚发育，主要为一阶结构，主干断层下降盘发育有次一级羽状断裂，组成数个墙角状断块构造，已发现溪南庄、红庄油（气）田。中段是断阶带最复杂的断块，因次级断层的发育造成二阶甚至三阶阶状结构，沿次级断裂派生出来的断层极为发育，由此形成多个局部构造，已发现草舍、陶思庄、角墩子、储家楼、洲城、祝庄、淤溪 7 个油田。西段是断阶带上勘探程度最低的地区，主要为三阶结构。近期评价认为断阶带戴南组发育陡坡扇，具有近源成藏的优势，勘探潜力大。

2. 深凹带

中部深凹带紧临南部断阶带，轴向与主干断层平行，呈北东向展布。主要发育有俞垛、溱潼、时堰等次凹，地层厚度大，各组段地层发育齐全，历次构造运动表现不明显，是凹陷主要油源所在地。主干断层控制各次凹的沉积与演化，各次凹的深浅、大小与相邻断阶的规模呈正相关，且深凹的位置多发育于断阶带两组不同方向断层的结合部，两次凹之间发育有构造高带。

溱潼凹陷油气富集特征比较明朗，具有前排富集的特点，因此邻近深凹的构造和构造岩性圈闭群依然是下一步寻找规模储量的主要阵地。早期发现苏 20 井戴南组低幅背斜油藏和三垛组背斜油藏，近期钻探结果表明，三垛组发育辫状河水道和三角洲前缘近端坝沉积，砂体发育，埋藏浅（1700～2300m），物性好，是寻找小而肥油藏的有利区。现阶段受地表条件约束，地震成像较差，如能进一步提高成像精度，有可能发现复杂断块和潜山油气藏。该区带阜三段物源主要来自溱潼凹陷南部物源，发育三角洲前缘河道砂体和远端沙坝，断层与砂体斜交容易形成构造岩性复合油藏。

3. 斜坡带

斜坡带具备良好的油气富集条件，靠近生烃中心，且有较大的汇烃单元。地处有利沉积相带和有利的构造带上，断块构造较发育。控制枢纽带的断裂规模较大，有利于油气垂向、侧向运移聚集成藏。斜坡带油气藏以生油深凹为中心环带分布，北东向和北东东向展布的近油源构造高带和长期继承性发育的古隆起背景为油气富集区，储层优劣决定油藏储量丰度。

斜坡带阜三段构造岩性油藏是溱潼凹陷近年增储上产的主要领域，自 2009 年仓场阜三段发现油气藏后，在西部斜坡掀起了阜三段小断块勘探小高潮。在西北部内斜坡俞垛—华庄构造带、叶甸断裂带、茅山—帅垛地区均取得较好的勘探效果。戴一段岩性圈闭也是斜坡带勘探的主要目的层系，近几年在帅垛发现戴南、三垛组构造岩性油藏，在陈家舍钻探首次实现了戴南组超覆尖灭带类型的油藏突破。据估算溱潼外斜坡戴一段（Ⅱ、Ⅲ砂层组）、内斜坡戴一段（Ⅳ、Ⅴ砂层组）地层岩性圈闭比较发育，勘探潜力大。

四、海安凹陷

海安凹陷地处苏北盆地东台坳陷东南缘，为晚白垩世发育起来的箕状断陷。海安凹陷经历了长期的构造演化活动，凹陷内部构造分割性强，二级主干断层将凹陷分为几个相对独立的次级构造单元，形成"七凹一隆"的构造格局。区内构造主体部位基本已经实现三维地震覆盖，先后发现安丰、新街、李堡、张家垛等六个油田，探明石油地质储量 2808×10^4 t，"十三五"资源评价预测石油地质资源量 1.48×10^8 t，探明程度 18.96%，总体勘探程度较低。

海安凹陷具有泰二段、阜二段两套主要优质生油层，主要发育泰州组、阜宁组、戴南组、三垛组等多套勘探目的层系，储层类型多样，有砂岩、火成岩、泥岩裂缝等多种类型。下步勘探主要以泰州组、阜宁组两套含油层系为重点目标，按照"低成熟、近源、短聚"成藏模式，深化成藏条件评价认识，以构造精细解释为核心，扩大构造油藏勘探成果；加强各个次凹细分层系沉积微相研究和砂体精细预测，积极探索各类隐蔽油藏及与构造共同控制的复合型油藏；加强控凹断裂带和构造转换带评价研究，拓展上部含油系统和下部潜山型油气藏，扩大勘探领域，真正实现上下叠合勘探的理念。

1. 北部次凹

富安—丰北次凹面积较大，已在富安次凹西斜坡发现了安丰油田，富安断层下降盘发现富安 1 块含油构造，在丰北次凹斜坡带发现梁垛油田和安 11 块含油构造，含油层位从阜一段到泰一段，累计获得探明石油地质储量 433×10^4 t，是海安凹陷油气相对富集的两个次凹。

富安次凹具备多层系、多类型勘探的地质条件。从层系上说，在三垛组、阜宁组、泰州组等多个层系见到油气显示，各层系均具有较好的储盖组合。从类型上看，受沉积微相影响，除构造油藏外，富安次凹、曹撒构造带西侧还具备岩性、地层超覆，以及火成岩上倾尖灭等多种油藏类型。泰一段一砂层组物源主要来自北西方向，属于曲流河三角洲前缘亚相沉积，砂体主要以水下分支河道、河口坝砂为主，呈北西—南东向展布，并向两侧逐渐减薄尖灭，与海安凹陷北东向或近东西走向断层相互配置，易形成构造—岩性复合型圈闭。富安东部斜坡发育火成岩，主要分布在泰州组和阜一段到阜三段中。钻井揭示区内辉绿岩及其变质带钻进过程中钻井液漏失严重，火成岩裂缝系统极为发育，储集空间较好。火成岩的存在，一方面为油气提供了储集空间，另一方面有利于油气的输导，火成岩及其变质带是一个值得重视的勘探领域。

孙家洼次凹位于海安凹陷最北部，主要发育泰一段、阜一段、阜三段三套砂岩储层，泰一段、阜一段砂岩发育，具有砂层厚、分布稳定等特点，泰一段砂岩累计厚度 $30 \sim 50$ m，阜一段底部砂岩一般厚 $20 \sim 40$ m。区内钻探揭示泰一段、阜三段见到油气显示，其中安 16 井试获低产油流，且原油成熟度较高，SM 达到 0.347，证实孙家洼次凹同样具有较大勘探潜力。

2. 海中断隆带

海中断隆带位于海安凹陷中部，为南北断层夹持形成的凹中隆构造高带。区内油气显示活跃，显示层位在泰州组、阜宁组。烃源岩评价认为泰二段、阜二段在海中断隆带鞍槽部位处于低成熟—成熟阶段，东、西部埋藏变浅的地区基本处于低成熟阶段。区内发育砂岩、火成岩和变质岩三类储层。砂岩储层主要发育在泰一段及阜一段底部，火成岩极其发育，共有 3 套玄武岩与 2 套辉绿岩，其中阜二段玄武岩、泰州组辉绿岩、阜三段辉绿岩全区分布广泛。玄武岩喷发和辉绿岩侵入一方面可以加速烃源岩的成熟生油，另一方面辉绿岩侵入对围岩的热烘烤产生的变质带往往成为良好的储层。截至 2018 年底，海中断隆带 13 口油气显示井中，有 6 口井在火成岩或围岩中见到了油气显示，其中安 2 井在阜二段玄武岩储层中试获日产 5.96m³ 的工业油流。所以，火成岩特殊岩性体应该是下步勘探的一个重要方向。

3. 南部次凹

新街—海北次凹位于海安凹陷东南部，是两个由近东西向大断层控制的北断南超箕状次凹，在斜坡带已发现多个阜一段、泰州组含油构造，发现新街、李堡两个油田，累计探明石油地质储量 411×10⁴t。地质综合评价认为，该区油源条件比较好，可多层系兼顾。西部泰一段发育三角洲水下分流河道砂体，储集条件较为有利。综合区域沉积相及钻井资料分析认为，泰一段一砂层组物源来自西北方向，主要为三角洲前缘、前三角洲至浅湖—半深湖亚相沉积。砂体主要分布在三角洲前缘区，发育水下分流河道、河口坝、远沙坝、前缘席状砂等微相。受泰一段沉积时原始古地貌控制，该区表现为充填—超覆的沉积特征，沉积范围由西向东逐渐扩大，西部泰一段发育齐全，厚度较大，向东逐渐超覆减薄，这种沉积背景为多种类型的油气藏提供了有利条件。

4. 曲塘次凹

曲塘次凹位于海安凹陷西南部，是由北东东向大断层控制的北断南超箕状次凹，北部陡坡带沿大断层下降盘钻探发现张家垛大型鼻状构造油藏，主要发育戴二段、戴一段、阜三段、阜二段、阜一段等含油层系，南部缓坡带沿深凹带南侧内斜坡和东部斜坡勘探先后发现曲塘、向阳—胡集两个区块阜三段构造—岩性油藏，探明石油地质储量 1939.18×10⁴t，仍具有进一步拓展勘探的潜力。

曲塘斜坡带主要目的层阜三段油藏平面上围绕生烃洼陷展布，总体受沉积微相影响，具有物性控藏特征。纵向上具"二元"成藏特征：上砂层组为油气顺断层运移而在高部位物性较好、盖层保存条件好的区域成藏，因此以构造—物性控油为主；下砂层组则为垂向近源运移为主，具有叠合连片含油趋势，离凹陷生烃源灶越近，储层物性越好则富集，主要为物性控藏。胡集地区整体上位于曲塘斜坡带构造高部位，戴南组埋深一般在 2200m 以上，由北西向南东逐渐出现上倾尖灭的特征，容易形成岩性圈闭。砂岩之间的泥岩隔层厚度较大，盖层条件良好，容易保存油气，戴一段直接和下伏阜四段生油岩不整合接触，油气运移通道比较畅通，形成有效圈闭的可能性很大，是下一步勘探的首选目标区带。

五、外围凹陷

1. 盐城凹陷

盐城凹陷位于盐阜坳陷东部，区内发育南洋、新洋两个次凹，其中南部次凹主体部位二维地震测网密度达 0.5km×0.5km～1km×1km，完成三维地震满覆盖，其他地区勘探程度比较低。盐城凹陷阜二段烃源岩厚度大、有机质类型较好、丰度高，属于极好、好烃源岩，平面上在南洋、新洋次凹均有分布。但成熟度总体偏低，基本处于低成熟—成熟阶段。储层主要包括泰州组、阜三段、阜一段砂岩和阜二段泥岩裂缝。盐城 1 井在阜二段泥岩、泥灰岩裂缝地层中途测试获得日产 31.4t 的高产油流，显示具有较好的储集性能。区内还存在下伏中生界—古生界烃源岩提供的成熟油气资源，可以形成"朱家墩"型古生新储气藏。截至 2018 年底，勘探发现朱家墩油气田，探明天然气地质储量

$22.22 \times 10^8 m^3$，石油地质预测储量 $511 \times 10^4 t$。

按照"深源浅找、古源新找、多源兼找、立体勘探"的总体思路，盐城凹陷下步勘探重点围绕古生界气源的成藏组合，针对主要的勘探目的层系，以阜一段和泰州组为主，落实圈闭目标，寻找断鼻、断块和构造岩性型圈闭。积极拓展下部中生界—古生界，明确有利成藏区带，在油气成藏分析的基础上，利用地震资料构造解释和岩性预测的成果，针对各主要勘探目的层系的有利目标评价，开展地震部署和钻探工作。

2. 白驹凹陷

白驹凹陷位于东台坳陷东北部，为一北东东走向南断北超的半地堑，自北向南分大丰次凹、施家舍断阶（裂）带、洋心次凹、草堰断阶带四个次级单元。在泰州组一段勘探获得油气突破，发现白驹油田，探明石油地质储量 $54 \times 10^4 t$。白驹凹陷主要烃源岩发育于泰二段和阜二段，有机碳含量 $0.6\% \sim 2.95\%$，类型以 I—II$_1$ 型为主，综合评价为好烃源岩，其中泰州组有效烃源岩区域分布广，泰一段上亚段以滩坝沉积为主，储层厚度大，具备良好的成藏条件。洋心次凹泰州组烃源岩大范围成熟，主要发育滩坝砂沉积，滩坝相连，具有满凹含砂，纵横向储层局部富集。源内成藏区以砂体横向输导形成滩坝砂岩性圈闭油藏为主，源外成藏区主要靠通源断层 + 砂体横向输导形成断块构造圈闭油藏，具有良好的勘探潜力。

3. 洪泽凹陷

洪泽凹陷地跨苏皖两省，构造位置处于盐阜坳陷的西部，苏北盆地西北部边缘发育的一个凹陷。区内发育顺和集、管镇及苏巷三个次凹，地表近半区域为洪泽湖区覆盖，一定程度影响区域评价工作。管镇次凹已取得工业油流突破，发现管 1、管 3、管 4、管 5、管 10 等含油区块，顺和集次凹钻井也见油气显示，苏巷次凹近期钻探的明探 2 井表明，阜四段烃源岩条件好，有机碳含量为 $0.6\% \sim 2.5\%$，平均 1.4%，最高热解峰温 $431 \sim 446 ℃$，平均 $439 ℃$，生烃潜量 $5 \sim 16 mg/g$，平均 $11 mg/g$，已经达到中—高丰度、低成熟—成熟烃源岩级别。初步评价认为苏巷次凹西北斜坡带戴一段以辫状河三角洲平原—前缘的水下分流河道为主，砂岩储层发育，区带整体成藏条件有利，具有较好的勘探前景。

第二篇
下扬子中生界—古生界

第一章 概　况

第一节 自 然 地 理

下扬子区包括苏鲁造山带以南、郯庐断裂以东、江绍断裂以北的江苏全境、安徽东南部、江西东北部、浙江北部，以及黄海的大部分区域，总面积 $23 \times 10^4 km^2$，可供油气勘查面积 $17 \times 10^4 km^2$（图 2-1-1）。

区内地形由平原、丘陵和山地构成，地势南东高、北低。北部江苏、浙江北部及安徽东部地区地势平坦，以平原为主，主要有黄淮平原、江淮平原、滨海平原、苏南平原、浙北平原，以及钱塘江塑造的长江三角洲平原，地势低平，河湖众多，海拔高程在50m 以下。中部以丘陵为主，大小盆地错落分布于丘陵山地之间，宁镇山脉横亘东西，沿长江南岸屹立于镇江、南京之间；茅山山脉纵贯江南中部，宜兴、溧阳山地伏卧于苏皖境界；紫金山、髻山、黄塔顶都是区内海拔 400m 以上的山峰。东南部浙西北地区地形以丘陵、山脉、盆地为主，中部发育金衢盆地，平均海拔 800m；西南部皖南沿江一带为海拔高程 200～400m 的低山丘陵区。

我国第一大河——长江蜿蜒于该区的南部，自西而东波涛滚滚流入东海，是研究区的主要水上航道。近年来，沿江开辟了南通港、张家港、镇江港、南京港等重要远洋港口。淮河流过该区中部，举世闻名的古老大运河，纵贯南北，是研究区内又一主要内河水运干线。

区内湖泊众多，星罗棋布，素有"水乡泽国""鱼米之乡"之称。我国五大淡水湖泊之洪泽湖、太湖、巢湖，以及高邮湖、邵伯湖、白马湖、石臼湖、滆湖、阳澄湖、嘉兴南湖、千岛湖等大小湖泊和纵横织网的河流一起构成如繁星蛛网般的河湖地理景观。

该区属亚热带向暖温带过渡的湿润季风气候区。春夏之交为梅雨季节，夏季盛行偏南风，夏秋之际多台风，冬季以偏北风为主。平均最低气温 $-3～-1$℃，平均最高气温$26～29$℃。雨量多集中在春夏之交，冬季雨量最少，年降水量 1500～2000mm。良好的气候，优越的地势，使其成为我国重要的农业基地之一。

水陆交通便利，近南北、东西向铁路、高铁网络可以连通全区主要城市。公路交通非常发达。机场主要有合肥、南京、上海、杭州、苏州、无锡、常州及扬泰机场，可以通达世界各地。水路主要有上海港、北仑港、温州港、马尾港等。

全区人口密集，是中国人口最稠密的地区之一。区内经济、科学、文化、教育发达，是我国轻工业和农业的重要基地，在国民经济中占有相当重要地位，各方面发展更为迅速。

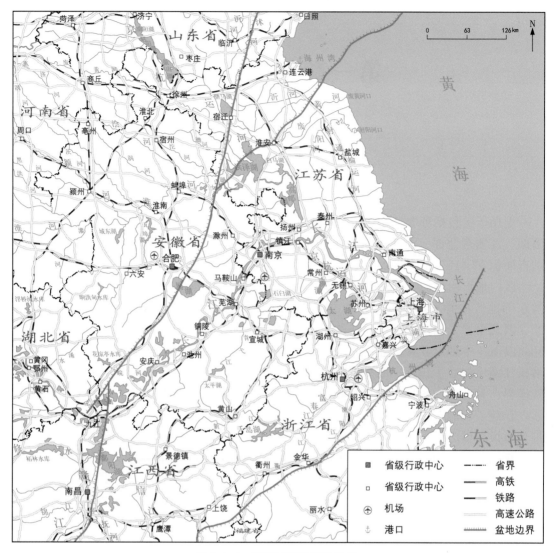

图 2-1-1　下扬子区地理位置图

第二节　油气勘探简况

　　20 世纪 30 年代，浙江长兴煤矿上二叠统龙潭组砂岩中流出液体原油；1948 年，谢家荣认为南京—上海一带志留系—三叠系是江南地区广泛油气苗的可能生油层，对这一地带找油提出了乐观的评价。1946—1950 年，王纲道在江苏南部太湖附近及无锡、昆山、江阴等地进行的 1∶1 万和 1∶2.5 万比例尺重力测量，获得研究区第一份地球物理勘探成果。中华人民共和国成立后，华东地质局 322 队于 1955 年发现安徽省宣城泾县煤田井下龙潭组砂岩含油、南京幕府山采石场下二叠统栖霞组石灰岩晶洞裂隙油苗和研究区中栖霞组和长兴组石灰岩普遍具沥青味，引起地质部门广泛重视。

一、勘探工作量

自 1956 年 2 月地质部第一次全国石油普查工作会议提出开展苏、浙、皖三省及其毗邻地区的石油地质调查工作，并组建华东石油普查大队系统开展油气苗调查工作以来，下扬子区油气勘探工作已有 60 余年历史，截至 2018 年底勘探程度仍很低。

下扬子区勘探程度极不均衡，截至 2018 年底，全区被 1：100 万重磁覆盖；高精度非地震及地震、钻井等工作量主要集中在苏、皖地区及南黄海海域东经 124° 以西的地区；在海域与陆区的中间沿海岸线存在一个数十千米的地震空白区。

苏、皖地区完成航磁（1：5 万、1：10 万）21265km²；1：5 万重力 18696km²，MT 区域剖面 6312 个物理点、面积测量 8000km²；建场法勘探 9 条 127km；二维地震 363 条 10004.79km（含模拟线 80 条 1468.42km）。全区共有 288 口探井钻及海相中生界—古生界，集中分布在句容、伏牛山煤矿、泰州低凸起、真武断裂带、博镇低凸起、荻垛、滨海、黄桥等局部地区，区域上的探井较少。南黄海海域总体勘探程度较低，重力测网为 1：25 万～1：50 万；磁力总计 41491km，构建了 1：50 万测网；二维地震 65369km。全区仅有 7 口探井钻及海相中生界—古生界，主要分布于中部隆起区及南部凹陷区。

60 余年的勘探在下扬子区发现了大量的油气显示，在黄桥地区发现泰兴致密油藏，在句容地区容 2 井（最高折算日产 6.6t）、容 3 井（最高折算日产 10.1t）和真武地区真 43 井寒武系（日产 1.7t）获油流，在盐城发现朱家墩天然气田，在黄桥地区发现 CO_2 气田。

二、勘探历程

自 1956 年国家正式组建勘探队伍对该区进行油气勘探至今，下扬子区中生界—古生界的勘探经历了区域普查、早期勘查、研究—攻关、区带评价—目标优选 4 个阶段（毛凤鸣等，2005）。

1. 区域普查阶段（1956—1963 年）

先后完成全区 1：20 万重力、航磁测量，约 14000 的地震勘探（光点），进行了电法、地球化学、放射性、细菌勘探。依据重磁电资料，围绕油苗、钻井油气显示，在江苏局部地区打"堆堆井"192 口。除见到多层油气显示外，证实苏北地区发育有中生界—古生界沉积盖层，证明其大地构造属性为扬子准地台的一部分，初步确定了江苏地区的主要构造单元。

2. 早期勘查阶段（1970—1985 年）

1969 年 12 月，镇江东风煤矿上二叠统大隆组页岩中发现原油 2.6t，上二叠统和下三叠统青龙组石灰岩浅油层的会战自此开始。期间在镇江伏牛山煤矿附近钻探不及 1000m 的探井 13 口，在句容钻探浅井 4 口，在宁镇山中钻探深井——苏 32 井。在伏牛山煤矿附近的 10 口井见到下三叠统青龙组石灰岩晶洞、裂隙型油气显示。苏 32 井在钻及泥盆系砂岩时，发生钻井液外溢，并析出少量可燃天然气，点燃后火焰高达 1m。东风 4 井在青龙组石灰岩中共获原油 88.5kg，东风 l3 井先后累计捞获原油 3858.9kg，各井获得原油总计 5485.38kg。终因油气藏破坏严重，该阶段未能取得突破性成果。1973 年，油气勘探重点转向苏北古近系，暂时结束了中生界—古生界的勘探。

1975 年，华北任丘震旦系古潜山油气田发现后，江苏地区集中了较大的钻探力量在江都—吴堡—博镇古潜山带和刘庄断裂带上勘探古潜山油气藏，首次在苏北真43井寒武系白云岩中获得 4m³/d 的低产原油。1979 年，钻探容 2 井、容 3 井，在下三叠统石灰岩中获得 6.6m³ 和 10.1m³ 工业油流。

这一时期油气勘探是在既缺乏地质研究，又无地球物理勘探准备的情况下，仅从局部油气显示出发的勘探实践。遂在 1980 年提出"从区域着眼，逐步搞清其区域石油地质条件，在此基础上加强资源评价研究，为 1985 年以后的勘探准备条件，争取有所突破"的勘探研究思路，开始了"六五"以来的海相中生界—古生界的系统研究和参数井钻探工作。"六五"期间，开展了地层、沉积相、有机地球化学、区域构造地质、地球物理构造等 11 个专题研究和综合研究。认为江苏下扬子区中生界—古生界受后期改造强烈，其中上古生界构造较为复杂，下古生界较为宽缓、简单；明确了油气资源的基本格局为下古生界以气为主，上古生界油气并存；评价句容—常州地区为近期勘探的有利地区，在苏北黄桥地区发现了大型含烃二氧化碳气田，多数钻井发现油气显示，为油气地质研究提供了重要信息。

3. 研究—攻关阶段（1986—1994 年）

"七五"和"八五"期间开展了盆地评价和区带评价的专题研究和综合研究，优选句容—常州地区为有利勘探区。在此基础上，按勘探程序在句容—常州地区投入 1：5万高精度重、磁细测和地震攻关试验与勘探；为建立中生界—古生界浅"吨油井基地"，于 1993 年、1994 年先后钻探容 5、容 6、容 7 井，容 5 井在白垩系和下三叠统中见良好的油气显示；对容 3 井重新试油，未取得预期效果。

4. 区带评价—目标优选阶段（1995 年以后）

"六五"到"八五"的评价研究认为，"志留系泥岩是构造滑脱面，纵向上存在 4 套形变层，上古生界复杂，下古生界相对稳定"，以及"60% 生烃量来自下寒武统，好的白云岩溶孔储层位于寒武系、震旦系"，据此提出"以下古生界为主、找气为主、大中型构造为主的以下古生界大中型构造为主"的勘探方针，勘探重点从以苏南为主转到针对全区的"整体评价、区域展开、重点突破"上来。1997 年在句容地区实施科探井——圣科 1 井，在青龙组见油迹显示 10 层 27.5m、荧光显示 1 层 4.5m，在龙潭组见油斑显示 2 层 3m、油迹显示 2 层 7m、荧光显示 1 层 1.5m，在青龙组综合解释裂缝型可能油气层 1 层 4.5m；发现中生界—古生界存在晚期生烃的过程，后期构造运动引起的薄皮运动对下古生界构造原始封存条件具破坏作用，下古生界大中型构造判别难度大，截至2018 年底技术手段尚不能揭示下古生界内幕，未获得勘探突破。1999 年在盐城朱家墩地区发现古生新储天然气藏，气源对比及成藏演化史分析认为，气源来自古生界，为晚期成藏，提出下扬子区多期生烃、晚期成藏理论与立体勘探思路。

中国石化成立南方海相油气勘探项目经理部，将下扬子海相中生界—古生界油气勘探纳入整个扬子区海相中生界—古生界勘探之中，提出"深源浅找、古源新找、多源兼找、立体勘探"思路，以及"进入盆地、加大深度、上提层位"的勘探方针和"大盐城"战略，加强了对有利构造带地震攻关。联合江苏油田，华东石油局开展三项资料评估，对有利区进行了地震采集处理攻关。在盐阜、黄桥地区开展地震采集与方法试验（其中盐阜地区 494km、黄桥地区 144km），发现了一批具有勘探前景的印支—燕山期不整合圈闭；对潜山、望江、无为、南陵等盆地及周边地区物化探资料处理与综合研究；对望江—潜山地区油气地质条件进行了评价；在浙江煤山地区开展了1:2.5万比例80km²重力精查；于2001年在黄桥地区钻探长1井，2004年在盐城地区钻探兴桥X1井，2005年在海安地区钻探台X8井，勘探效果均不佳。

2007年以来，中国石化江苏油田从下扬子整体出发，开展了新一轮的区带评价与目标优选研究，进一步落实了苏北盐城—阜宁、东台—大丰、海安—黄桥地区为下扬子区海相中生界—古生界油气勘探的有利区带，于2017年在江都—东台构造带部署二维地震攻关线3条72.81km，在盐城地区钻探盐气X1井，由于古生界内幕构造不落实，未获油气发现。华东油气分公司开展了黄桥地区构造特征研究及勘探目标评价。2009年对评价出的黄桥上古生界有利成藏区所钻的CO_2采气井进行测井资料二次解释，对华泰3井龙潭组顶部解释的砂岩油层实施复试，获日产1.1～1.2t的工业油流，成为黄桥地区第一口油气突破井。此后在黄桥有利构造带实施三维地震勘探，部署实施溪平1井，在龙潭组顶部砂岩常规测试日产油5.51t，上交探明石油地质储量102.23×10^4t；在句容地区对容2井葛村组砂岩开展压裂复试，试获最高日产0.26t稳定油流，对青龙组进行酸化压裂测试，获日产1.2～1.5t稳定工业油流；钻探的句北1井在龙潭组中途测试获0.48t低产油流，揭示了句容地区良好的含油气前景，扩大了下扬子油气勘探成果，拓展了勘探层序，坚定了下扬子区勘探信心。

2013—2014年，中国石化组织江苏油田、华东油气分公司、中国石化石油勘探开发研究院开展联合攻关，提出下扬子中部地区（对冲带及两侧）地层保存相对较全，变形相对较弱，具有较好的勘探基础。2014年华东油气分公司在该区进行下古生界地震攻关试验，采用长排列、深激发的工作方式，共实施地震测线840km，获得下古生界可连续追踪的反射波组，发现下古生界构造——锡北圈闭。2015年针对该构造实施探井东深1井，探索锡北构造下古生界含气性。该井钻深6800m，全井未见逆断层，钻遇地质界面深度与地震揭示深度和结构吻合，但该井下寒武统岩性主要为斜坡相灰质白云岩、白云岩，缺少盆地相、陆棚相暗色泥岩；高家边组底部实钻主要为陆棚相砂、泥岩互层沉积，缺少盆地相连续暗色泥岩相，未获发现。

此外，自2011年以来，下扬子区开展了页岩气调查与勘探工作。中国石化华东油气分公司在皖南宣城地区针对下古生界钻探了宣页1井；中国海油在无为地区针对上古生界钻探了徽页1井；中国地质调查局在宣泾地区钻探了港地1、皖宣页1、皖宣地1、南地1、泾页1等井，在巢含地区钻探了皖含地1、皖含地2、皖巢地1等井，在江苏地区钻探了苏地1、苏地2等井，在江西萍乐坳陷针对二叠系钻探了赣丰地1井；江苏省页岩气勘探有限公司在南京汤山和仑山地区钻探了汤地1、汤地2井和苏页1井；南京大学在仑山地区钻探仑山3号和5号钻孔，除港地1井在二叠系大隆组见裂缝含油、气测异常显示，在龙潭组见气测异常外，其余井均无所获。

历经上述60余载勘探，在下扬子区评选出了黄桥、句容、海安、盐城—阜宁等勘探有利区，同时也发现了一批圈闭目标，但地震资料品质难以细化地质结构，发现和落实圈闭目标仍是制约该区油气勘探的关键因素。

第二章　地层和沉积演化

下扬子区沉积基底为前震旦系浅变质岩，盖层为晚震旦世以来沉积的海相中生界—古生界和陆相中生界—新生界。

第一节　地层沉积特征

一、基底特征

下扬子区海相中生界—古生界具有双层基底结构特征（马力等，2004）。下基底构造层由1700Ma前中条运动固结的新太古代—古元古代结晶变质岩系组成，包括胶南群（Ar_2Jn）、胶东岩群（Ar_3）、东海群（Ar_2Dn）、胸山组（Ar_3）、海州群（Pt_1）等。其同位素年龄集中在2500～3000Ma之间；原岩均为以沉积建造为主的火山—沉积岩系，发育磁铁石英岩和TTG岩套；普遍经历了角闪岩相的变质，局部变质深达麻粒岩相；经历了多期构造变形，混合岩化强烈（邓红婴等，1999）；岩石物理性质具有弱—中等磁性，且存在不同程度的剩余磁化强度，磁力ΔT异常图上具正磁异常特征；研究区仅局限分布于苏北—南黄海盆地东部（图2-2-1），地表出露于大别—胶南造山带。

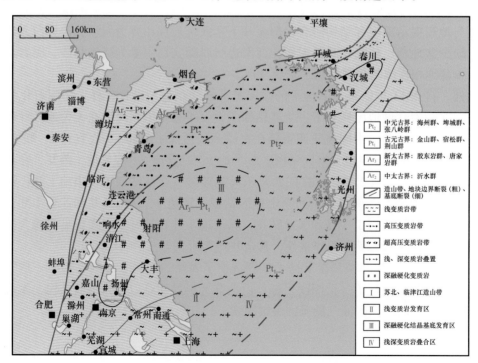

图 2-2-1　南黄海及邻区前南华系变质结晶基底结构示意图

上基底构造层是 800～1000Ma 前的晋宁运动固结中元古代—新元古代中—浅变质褶皱岩系，如双桥山群（$Pt_{2-3}Sq$）、上溪群（Pt_2）、双溪坞群（Pt_2Sh）、张八岭群（Pt_2）、宿松群（Pt_2）、坤城群（Pt_{1-2}）等，主要是一套裂谷型或有限小洋盆型的沉积，与下基底构造层之间通常以角度不整合接触（邓红婴等，1999）。岩石自身无磁性或微弱磁性，磁力 ΔT 异常图上具有负磁异常的特征。广泛分布于研究区，出露于镇江、海州—连云港、胶东、滁县张八岭地区，上海金山地区钻井中亦见及。

上、下基底构造层分布的不一致性，造就了下扬子区基底的不均质性，这种不均质性对海相中生界—古生界的保存与改造具有重要影响。

二、盖层沉积特征

晋宁运动后，下扬子区进入稳定的地台型海相沉积阶段，接受了厚达 10000 余米的海相沉积，各沉积分区地层名称如图 2-2-2 所示，典型岩性如图 2-2-3 所示，地层沉积特征分述如下（江苏省地质矿产局，1984，1989；徐学思，1997；安徽省地质矿产局，1987；安徽省地质矿产局区域地质调查队，1990；李玉发，1997；浙江省地质矿产局，1989；江西省地质矿产局，1984）。

1. 上震旦统沉积相与展布

上震旦统属晋宁事件之后下扬子区发育的第一世代盆地的一部分，具有两台两盆的沉积格局，发育了局限台地—台地边缘浅滩—台地前缘斜坡—盆地相较为完整的沉积相带。盆地相区位于滁州和皖南现今"江南隆起"的范围，向西与中扬子海盆连通；岩性以灰黑色纹层状硅质岩为主，间夹泥质白云岩、碳质页岩。盆地相的东西两侧及其向北东延伸过渡至苏南地区为台地前缘斜坡相区，再向东西外延即为苏北及浙西、上海两大碳酸盐岩台地区。地层总体呈北东—南西向展布，厚度由南向北增厚，变化范围为23.6～900m。

2. 下寒武统—上志留统沉积相与展布

下寒武统—上志留统属下扬子区第二世代盆地沉积，始于桐湾事件之后的早寒武世海侵，结束于广西事件，是在第一世代盆地沉积格局上进一步发展演化条件下的沉积。

1）寒武系沉积相与展布

早寒武世属最大海侵期，沉积相主要以台地前缘斜坡—盆地相为主，广泛发育于南京—扬州—如皋一线以西北地区和九江—石台—宁国—长兴—启东地区，岩石类型以灰黑色硅质页岩、粉砂质页岩、碳质页岩为主，是区内重要的烃源岩。仅在上述两盆地相之间的宿松—马鞍山—巢湖—南通一线发育了开阔台地—台地前缘斜坡相，岩石中夹透镜状粉晶灰岩、粉晶—细晶交代白云岩。揭示地层厚度 51.4～723.63m。

中寒武世基本上保持着早寒武世"两台两盆"的沉积格局，陆棚相区位于休宁—宁国—广德一带和盱眙—滁州西北一带，岩石类型以深灰—灰黑色薄层状泥质粉晶—微晶灰岩为主。台地相区位于两个陆棚相带之间，岩石类型主要为灰紫、紫红、土黄、灰色薄层状微晶—粉晶白云岩，交代残余内碎屑白云岩，灰紫、土黄色纹层状泥质微晶白云岩，深灰色具交代残余结构的粉晶、微晶白云岩，局部地区见蒸发岩台地相膏质白云岩。揭示地层厚度 15.0～670.2m。

晚寒武世继承和发展了中寒武世"两台两盆"的沉积格局（图 2-2-4）。其东北侧的陆棚相和斜坡相范围已明显扩大，而局限台地相的北界则向南推移，蒸发岩台地相有所扩大，南部可到扬州地区。揭示地层厚度 10.0～831.8m。

地层系统 \ 地区		浙西		皖东南		长江沿岸			构造旋回
三叠系	T₂	青龙组			杨家桥组	铜头尖组		黄马青组	印支旋回
						月山组			
						东马鞍山组		周冲村组	
	T₁		政堂组	南陵湖组	大冶组	扁担山(南陵湖)组		上青龙组	
				和龙山组		和龙山组		下青龙组	
				殷坑组		殷坑组			
二叠系	P₂	大隆组	长兴组	大隆组	长兴组	大隆组		长兴组	海西旋回
		龙潭组	礼贤组	龙潭组		龙潭组			
	P₁	堰桥组	冷坞组	孤峰组		武穴组	银屏组	堰桥组	
			丁家山组			孤峰组	孤峰组	孤峰组	
		栖霞组		栖霞组		栖霞组			
石炭系	C₃	船山组		船山组		船山组			
	C₂	黄龙组		黄龙组		黄龙组			
	C₁	叶家塘组		和州组		和州组			
				高骊山组		高骊山组			
		珠藏坞组		王胡村组		金陵组			
泥盆系	D₃	西湖组		五通组		五通组			
	D₁₋₂								
志留系	S₃	大白地组	唐佳坞组	举坑组		茅山组			加里东旋回
	S₂	康山组		大白地组		坟头组			
	S₁	大白地组		河沥溪组		陈夏村组		高家边组	
		安吉组							
		堰口组		霞乡组		高家边组			
奥陶系	O₃	张村坞组	文昌组	新乡组		五峰组			加里东旋回
		于潜组	长坞组						
		黄泥岗组		黄泥岗组		三元之组			
	O₂	砚瓦山组		砚瓦山组		宝塔组	三元之组	宝塔组	
		胡乐组		胡乐组		庙坡组		宁国组	
		宁国组				小滩组	牯牛潭组		
							大湾组		
	O₁	印渚埠组		谭家桥组		四碾潘组	红花园组	红花园组	
						大滩组			
						长凹口组	分乡组	仑山组	
							上欧冲组		
寒武系	€₃	西阳山组		西阳山组		塘村组	车水桶组	观音台组	
						青坑组	琅琊山组		
		华严寺组		华严寺组		团山组	龙蟠组		
	€₂	杨柳寺组		杨柳寺组		杨柳寺组		炮台山组	
	€₁	雷公坞组		雷公坞组		黄柏岭组	黄栗树组	幕府山组	
		荷塘组		荷塘组					
震旦系	Z₂	西峰寺组		皮园村组		灯影组			震旦旋回
				蓝田组		陡山坨组		马迹山组	
								嘉山组	
		雷公坞组		蓝田冰碛层		苏湾组		高桥组	
	Z₁								

图 2-2-2　下扬子区震旦系—三叠系地层对比图

地层				岩性		沉积相		剖面位置
系	统	组	代号	岩性剖面	岩性简述	亚相	相	
三叠系	中统	周冲村组	T_2z		含膏溶角砾岩、薄层叠层藻灰岩、叠层藻含云质灰岩	潟湖潮坪	蒸发台地	镇江大力山
	下统	青龙组	T_1q		上部为鲕粒灰岩夹泥晶灰岩；中部发育灰质云岩、云质鲕粒灰岩；下部为薄—中厚层鲕粒灰岩、白云质灰岩；底部为一套泥页岩	鲕滩 云质潟湖 鲕滩	台地—台地边缘	长兴狮石山
二叠系	上统	大隆组	P_2d		深灰—灰黑色硅质泥岩、硅质泥岩	前缘	三角洲	江宁湖山
		龙潭组	P_2l		灰黑色含碳质泥岩夹泥质粉砂岩，灰色中—细砂岩夹煤线	陆棚—盆地		
	下统	孤峰组	P_1g		黑色放射虫硅质岩、硅质泥岩夹硅质岩			
		栖霞组	P_1q		上部为硅质层夹燧石结核灰岩；下部为臭灰色富含生物屑泥晶灰岩	开阔台地		
石炭系	上统	船山组	C_2		浅灰色生物屑泥晶灰岩，夹细晶白云岩	局限—开阔台地		江宁孔山
	下统	金陵组	C_1		浅棕灰色生物屑灰岩，夹杂色泥岩、砂岩、细晶白云岩及生物屑泥晶灰岩			
泥盆系	上统	五通组	D_3w		上段为灰色细粒石英砂岩，夹含泥质铁质粉砂岩；下段为浅中粒石英砂岩，含砾粗砂岩	河流		
志留系	上统	茅山组	S_3m		紫色泥质砂岩、细粒石英砂岩、岩屑石英砂岩	泥坪	潮坪	
	中统	坟头组	S_3f		上段为黄绿色粉砂质泥岩，泥质粉砂岩；下段为灰黄色岩屑石英砂岩夹泥质粉砂岩	沙泥坪		江宁县汤山镇汤头村—侯家塘水库
	下统	高家边组	S_1g		上段为黄绿色泥岩，砂质泥岩；中段为黄绿色硅质泥岩、含硅质粉砂质泥岩夹岩屑石英砂岩；下段为灰色硅质泥岩，含硅质粉砂质泥岩夹碳质泥岩	陆棚		
奥陶系	上统	五峰组	O_3		灰黑色硅质页岩夹泥质凝灰岩	盆地		句容—仑山
	中统	汤山组	O_2		泥岩及基质瘤状灰岩、瘤状生物泥晶灰岩	局限台地		江宁汤山
	下统	仑山组	O_1		上部为灰色团块砂屑、生物灰岩；下部为砂屑白云岩、细晶白云岩			句容 江宁汤山
寒武系	中上统	观音台组	$\in_{2-3}g$		灰黑、浅灰色砂屑白云岩、石灰质白云岩、白云质灰岩夹硅质岩	开阔—局限台地		句容—仑山
		炮台山组	$\in_2p$		黄灰色砂屑藻团块细—粉晶白云岩、灰质白云岩夹颗粒云质灰岩、藻叠层石			
	下统	大陈岭组	$\in_1d$		纹层状泥质白云岩夹泥质粉砂岩	斜坡—盆地		
		荷塘组	$\in_1h$		硅质页岩、粉砂质页岩夹白云质砂岩			
震旦系	上统	灯影组	Z_2dn		上部为重结晶白云岩、纹层状藻白云岩、砂屑白云岩；中部为石英砂岩与砂屑白云岩互层；下部为石灰岩、泥质灰岩与砂质灰岩互层	局限台地—斜坡		浙江余杭泰山

图 2-2-3 下扬子区海相中生界—古生界地层柱状图

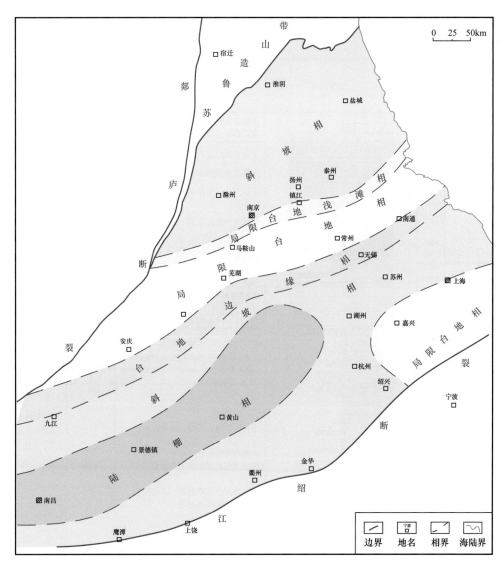

图 2-2-4　下扬子区晚寒武世沉积相图

2）奥陶系沉积相与展布

奥陶系属区内第二世代盆地海进稳定期的沉积，普遍为一套碳酸盐岩台地沉积。中奥陶世，海水略有变浅，形成了富含生物碎屑的微晶灰岩。之后，海水加深，形成了晚奥陶世以硅质页岩为主的盆地—陆棚沉积。奥陶系总的沉积格局是寒武系"两台两盆"的发展。

早奥陶世，沉积水体略有加深，除在天长—滁州、无锡—宁国发育陆棚相外，大部分地区为台地相。岩石类型仑山组主要以亮晶砂屑、砾屑灰岩为主，部分为交代粉晶—细晶白云岩，厚 100～300m；红花园组主要以生物碎屑灰岩为主，厚 100～300m；大湾组和牯牛潭组沉积期水体变浅，岩石类型主要以灰色微晶生物屑灰岩和棕红色瘤状灰岩为主，沉积厚度稳定，揭示地层厚度在 40m 左右。

中奥陶世，沉积水体更浅，"两盆（棚）"已经萎缩，除湖州、宁国一带仍保持着台地前缘斜坡—陆棚相外，其他地区均被开阔台地相所替代，形成了一套以浅海碳酸盐岩台地相为主的沉积。岩石类型为粉红、灰（棕）色（含）泥质生物屑微晶灰岩和生物屑微晶灰岩，夹灰绿色瘤状灰岩，厚度变化不大，一般在30m左右。

晚奥陶世，水体明显加深，沿开化—宁国—常州—南通一线以西为陆棚—盆地相，东南地区则为无障壁海岸相。陆棚—盆地沉积以深灰、灰黑色硅质页岩、硅质岩为主，是区内重要的烃源岩之一；无障壁海岸沉积为厚—块状中、细粒长石石英砂岩夹粉砂质泥岩，顶部夹有砂砾岩。该套地层厚度差异悬殊，最小可小于10m，揭示最大厚度为1389.9m。

3）志留系沉积相与展布

晚奥陶世沉积之后，区内海退速度加快，海水进一步变浅，形成了一套完整的海退序列：无障壁海岸相—陆棚相的碎屑岩沉积。根据各时期的沉积特征，可将该区从东南往西北依次划分为后滨—前滨、前滨—临滨、陆棚沉积，而且随海退规模的加强，沉积相依次向西后退，相带均呈北东—南西向展布，从而改变了晚震旦世—奥陶纪"两台两盆"的沉积格局。

早志留世沉积环境与晚奥陶世五峰期相同，仍属盆地—陆棚沉积，盆地相位于宜兴—安吉—宁国和滁州—金湖一带，为一套灰、黑色笔石页岩、硅质岩，是区内第三套重要的烃源岩；其后快速沉积了一套以生物贫乏的泥岩夹砂岩组合，现残余最大厚度大于4000m。

中志留世海水进一步撤离该区，与此同时，陆源物质供应大量增多，普遍发育无障壁海岸环境的前滨和临滨两个亚相，岩石类型主要为灰白色细砂岩、岩屑石英细砂岩夹黄绿色粉砂岩、砂质页岩，砂岩颗粒分选好，磨圆一般到较好。沉降中心位于太湖—湖州—安吉一带，揭示地层最大厚度大于1000m。

晚志留世水体更浅，沉积环境转变为后滨和前滨两个亚相；岩石类型主要为灰、浅灰、紫红色中厚层状岩屑石英砂岩，夹薄层灰黄、浅紫红色泥岩、粉砂质泥岩、粉—细砂岩；地层厚度差异悬殊，由西北向西南逐步加厚，以无锡—长兴—安吉一带厚度最大，揭示地层厚度为50～2100m。

3. 上泥盆统—下二叠统沉积相与展布

志留纪晚期广西事件后，下扬子区普遍抬升，在泥盆纪海进过程中形成第三世代盆地。它与早古生代陆缘海盆地的最大区别是沉积水体浅、分异性弱。

1）上泥盆统沉积相与展布

上泥盆统属无障壁海岸相碎屑岩沉积，岩石类型以灰白、浅灰色厚层状石英砂岩为主，夹薄层细砂岩和含砾砂岩，底部普遍为紫红色石英砾岩、含砾砂岩，中、上部主要为土黄、灰白、灰黑色泥岩、粉砂质泥岩夹粉砂岩、细砂岩和劣质薄煤层及煤线。地层厚度比较稳定，一般为150～200m。

2）石炭系沉积相与展布

石炭系是晚泥盆世海侵进一步发展后的沉积，由于海侵规模不大，海平面较低，且变化较为频繁，早石炭世主要为一套以海岸相碎屑岩为主的沉积。晚石炭世海侵范围扩大，形成了由极为繁盛的浅水型蜓、珊瑚等海相化石堆积的浅水碳酸盐台地沉积，沉积相带呈北东—南西向展布。

（1）下石炭统岩关阶沉积相与展布。

区内东南和西北受陆源影响较强，发育潮坪相，岩石类型以碎屑岩为主，厚度可达55m（西北部仅见于滨海一带，又名老坎组）；大丰—南京一带受海水影响较大，发育局限台地相，岩石类型以生物碎屑灰岩为主（金陵组），厚度一般为 4～5m。

（2）下石炭统大塘阶沉积相与展布。

包括高骊山组、和州组和老虎洞组。高骊山组沉积在苏北地区以潮坪—潟湖相杂色碎屑岩为主，在苏皖南及浙西地区以有障壁海岸相含煤碎屑岩为主；和州组为碳酸盐岩台地相石灰岩沉积；老虎洞组为一套穿时的白云岩，残余厚度全区严重不均，除海区残余厚度较大外，大部分地区小于 10m。下石炭统沉积厚度变化较大，在江阴—高淳一带厚度仅 10～20m，而在其西北和东南两侧厚达 90～100m。

（3）上石炭统沉积相与展布。

上石炭统海进幅度较大，全区大部分为开阔台地相，岩石类型有（含）生物碎屑泥晶灰岩、泥晶藻团块灰岩、核形石泥晶灰岩等。局限台地仅分布于西北部滨海—天长一带，岩性以灰白、灰色泥晶灰岩、粉晶白云岩、白云质灰岩为主，次为含生物碎屑泥晶灰岩、藻团块泥晶灰岩，夹有灰黑、灰黄、紫红色泥岩、碳质页岩和薄层砂岩。上石炭统厚度在海安—溧阳—宣城一带较薄，一般小于 100m；两侧较厚，南京地区可达 180m。晚石炭世末期，海水曾一度变浅。

3）下二叠统沉积相与展布

二叠纪早期（栖霞组沉积期）开始海侵，水域宽广、生物丰富。茅口晚期进入海退时期，东吴事件导致该盆地消亡。因而栖霞组沉积期、茅口组沉积期沉积分别具有海进和海退特征。

（1）栖霞组沉积相与展布。

栖霞组主要为浅陆棚相碳酸盐岩沉积，岩石类型为生物碎屑泥晶灰岩、泥晶灰岩、硅质岩夹薄层状富含有机质的泥灰岩、灰质白云岩；局部见浅滩相泥晶生物碎屑灰岩、红藻屑泥晶灰岩、生物碎屑泥晶灰岩、砂屑泥晶灰岩（江纳言，1994）。北部滨海地区发育潮坪—潟湖亚相的含煤碎屑岩沉积。区内揭示地层厚度一般为 100～200m，最大可达 400m 以上。

（2）孤峰组沉积相与展布。

孤峰组为早二叠世海侵高峰期的沉积，大部分地区为浅海陆棚相灰黑色泥岩、页岩、硅质泥岩和硅质岩，仅在浙西北—上海一带为潮坪—潟湖亚相泥岩、粉砂岩、细砂岩和砂质灰岩沉积。地层厚度 50～150m。

4.上二叠统—中三叠统沉积相与展布

早二叠世末的东吴事件，结束了下扬子区海相中生代—古生代第三世代沉积盆地的发展历史。之后，海侵再次影响该区，在渐趋夷平的准平原上，沉积了第四世代沉积盆地晚二叠世吴家坪期的煤系地层。海侵经长兴期—殷坑期的发展达到极盛，沉积了长兴组／大隆组、青龙组下段海进沉积；然后经巢湖期过渡到土隆期的海退过程，沉积了青龙组上段、周冲村组、黄马青组和范家塘组的海退沉积；印支事件完成华北板块和扬子板块的拼接，扬子海消失，海相沉积盆地消亡。

1）上二叠统吴家坪阶沉积相与展布

上二叠统吴家坪阶龙潭组发育有障壁海岸相（潮坪—潟湖、海湾亚相）和河流—三角洲相。有障壁海岸沉积以深灰、灰色泥岩、粉砂岩、细砂岩为主，夹煤层（图 2-2-5），宁国—溧阳—常州一带夹薄层生物屑灰岩。河流—三角洲相主要发育于浙西北—上海—

南黄海南部凹陷一带，南黄海常州 24-1-1 井揭示砂岩较为发育，属三角洲沉积。揭示地层厚度 22～270m。

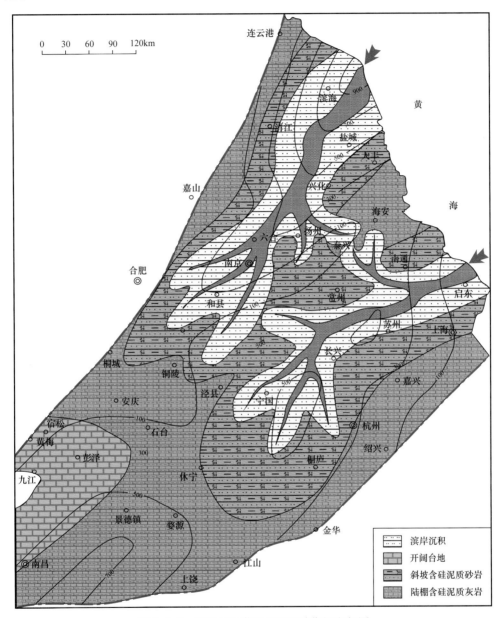

图 2-2-5　下扬子区茅口组沉积晚期沉积相图

2）上二叠统长兴阶沉积相与展布

沉积水体加深，以开阔台地相和浅海陆棚相为主。开阔台地相发育于宁国—宜兴—南通一线东南地区和滨海—盱眙地区，称长兴组；岩石类型以浅灰、灰白色厚—块状生屑含泥粉晶灰岩、微晶灰岩、生物灰岩为主，夹白云质细晶灰岩或灰质细晶白云岩，厚度为 13～234.5m。浅海陆棚相发育于宁国—宜兴—南通一线西北地区，称大隆组，岩石类型为深灰、灰黑色泥岩、硅质泥（页）岩、钙质泥岩，夹薄层硅质岩、粉晶灰岩、泥灰岩，厚度一般在 20～50m。

3）下三叠统—中三叠统沉积相与展布

早三叠世，海侵继续发展并进入相对稳定期，沉积了陆棚—台地相的泥质岩和碳酸盐岩。中三叠世早期开始海退，沉积了一套闭塞环境的膏盐地层和中三叠世—晚三叠世的河湖泊沉积，成为一套海退沉积层序。

（1）下三叠统青龙组沉积相与展布。

青龙组下段具西北深、东南浅的沉积特征，自西北向东南依次发育陆棚—盆地、台地前缘斜坡、台地边缘礁滩和开阔—局限台地相（图2-2-6）。陆棚—盆地相位于宁国—溧阳—海安一线以西地区，岩石类型下部以深灰色页岩、钙质页岩为主，夹薄层泥质微晶灰岩，向上石灰岩增多。台地边缘礁滩相主要分布在景德镇—休宁—无锡—南通一带，岩石类型为亮晶砂屑灰岩、鲕粒灰岩、核形石灰岩、砂屑及鲕粒白云岩等（冯增昭，1988）。台地前缘斜坡相和开阔—局限台地相则分别发育于台地边缘礁滩两侧，区内多小于500m。

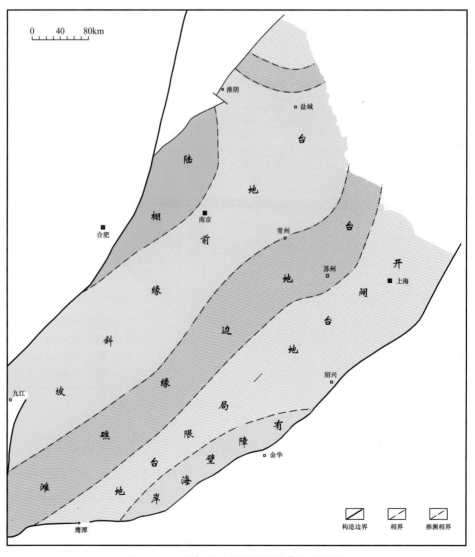

图2-2-6　下扬子区早三叠世晚期沉积相图

青龙组上段沉积格局与早三叠世早期相同，唯水体变浅，沉积相带由东南向西北迁移，沉积厚度可达900m。

（2）中三叠统周冲村组沉积相与展布。

海水基本退出该区，仅在芜湖—南京—黄桥一线沉积了干旱的潟湖—海湾相纹层状微晶白云岩、微晶灰岩、灰黄色角砾岩、硬石膏岩、变晶硬石膏岩，厚度多介于300～600m。

（3）中三叠统黄马青组沉积相与展布。

大部分地区为浅水滨海沉积，岩石类型下部为灰、深灰色细粒长石石英砂岩与粉砂岩互层；上部为紫红、暗紫红色薄—厚层砂砾岩、砂岩、泥岩。沉积中心位于安庆—南京—南通一带，揭示地层厚度600～800m。

第二节　沉积盆地演化

在下扬子区地表地质、地震与非地震资料的基础上，以区域性的不整合或假整合面为依据，结合岩石组合及沉积相、火山活动等，对下扬子区主要构造运动及构造事件进行了划分（表2-2-1）。对下扬子区沉积、构造有明显控制作用的构造运动有晋宁运动、加里东运动、印支运动、燕山运动及喜马拉雅运动。晋宁运动主要以挤压为主，形成了下扬子区统一的褶皱基底；加里东运动主要以整体抬升为主，形成了五通组底部的区域性假整合面；印支运动（包括金子运动和象山运动）和早燕山运动，主要以挤压逆冲推覆为主，对海相中生界—古生界实体的变形和改造强烈；中燕山运动主要以走滑、挤压为主，火山活动强烈；晚燕山和喜马拉雅运动主要以伸展断陷为主，在进一步改造海相中生界—古生界沉积实体的同时，在其上沉积了厚层的陆相沉积盖层。

上述各期构造运动决定了不同时期盆地的性质和格局，构造演化则在对海相中生界—古生界沉积实体叠加、改造，形成叠合盆地的同时，使得下扬子区不同区块海相沉积实体的赋存状态及变形各不相同。

自晋宁运动Ⅰ幕（古—中元古代）形成扬子地块褶皱基底、晋宁运动Ⅱ幕华北—扬子—华夏地块拼接形成古中国大陆以来，下扬子区即已进入陆内演化阶段，先后发育了晚震旦世—晚志留世陆缘海盆地、晚泥盆世—早三叠世陆表海盆地、中三叠世—中侏罗世陆相前陆盆地、晚侏罗世—早白垩世陆相火山岩盆地和晚白垩世—第四纪陆相断—坳陷盆地5期不同性质的盆地（图2-2-7），形成了受多期构造运动改造与叠加的叠合盆地。

一、晚震旦—晚志留世陆缘海盆地

该盆地为晋宁运动（新元古代）地体拼接后扬子地块边缘发育的陆缘海盆地。受造山后伸展垮塌作用影响，具有受滁河断裂、江南断裂、临安—马金断裂等同沉积伸展断裂控制的陆内裂谷盆地性质。盆地沉积、沉降格局表现出明显的分区分带性，具有"两台两盆"的特征（中奥陶世后北部滁州海槽逐渐关闭，演变为"两台一盆"）。台地位于宿松—南京—泰州一带及江山—杭州—上海一带，岩石类型以白云岩、生物碎屑灰岩

表 2-2-1 下扬子区构造运动与叠合盆地演化阶段划分表

界	系	统	组	代号	年代/Ma	构造阶段	构造运动		构造运动性质	盆地类型
新生界	第四系	全新更新统	东台组	Qd	2.6	西太平洋活动大陆板块边缘阶段	东台运动	喜马拉雅期	差异升降	坳陷盆地
	新近系	上新中新统	盐城组	Ny	23.3					
	古近系	渐新统			32		三垛运动		伸展拉张	断陷盆地
		始新统	三垛组	E_2s			真武运动			
			戴南组	E_2d	56.5		吴堡运动			
		古新统	阜宁组	E_1f	65					
中生界	白垩系	上统	泰州组	K_2t	83		仪征运动	燕山期		
			赤山组	K_2c	95		（晚燕山运动）			
			浦口组	K_2p			中燕山运动		走滑、挤压	火山岩盆地
		下统	葛村组	K_1g	137		（黄桥转换事件）			
	侏罗系	上统	大王山组	J_3d						
			龙王山组	J_3l						
			西横山组	J_3x	152		早燕山运动			
		中统	北象山组	J_2b					逆冲、推覆	前陆盆地
		下统	钟山组	J_1z	205		象山运动	印支期		
	三叠系	上统	范家塘组	T_3f	227					
		中统	黄马青组	T_2h			金子运动			
			周冲村组	T_2z	241					
		下统	青龙组	T_1q	250					
古生界	二叠系	上统	大隆组	P_2d		稳定大陆板块边缘阶段	东吴运动	海西期	振荡运动	陆表海盆地
			龙潭组	P_2l	257					
		下统	孤峰组	P_1g						
			栖霞组	P_1q	277					
	石炭系	上统	船山组	C_2c	295					
			黄龙组	C_2h						
		下统	老虎洞组	$C_{1-2}l$						
			和州组	C_1h						
			高骊山组	C_1g						
			金陵组	C_1j	354					
	泥盆系	上统	五通组	D_3w			广西运动			
		中—下统								
	志留系	上统	茅山组	S_3m						陆缘海盆地
		中统	坟头组	S_2f						
		下统	高家边组	S_1g	438			加里东期		
	奥陶系	上统	五峰组	O_3w						
			汤头组	O_3t						
		中统	汤山组	O_2t						
		下统	牯牛潭组	O_1g						
			大湾组	O_1d						
			红花园组	O_1h						
			仓山组	O_1l	490					
	寒武系	上统	观音台组	ϵ_3g						
		中统	炮台山组	ϵ_2p						
		下统	幕府山组	ϵ_1m	543		桐湾运动		裂陷	
新元古界	震旦系	上统	灯影组	Z_2dn						
		下统	陡山沱组	Z_1h	680					
	南华系	上统	南沱组	Nh_2n						
		下统	莲沱组	Nh_1l	800		晋宁运动			
中元古界	蓟县系—长城系		张八岭组			前扬子板块阶段		晋宁期		海槽

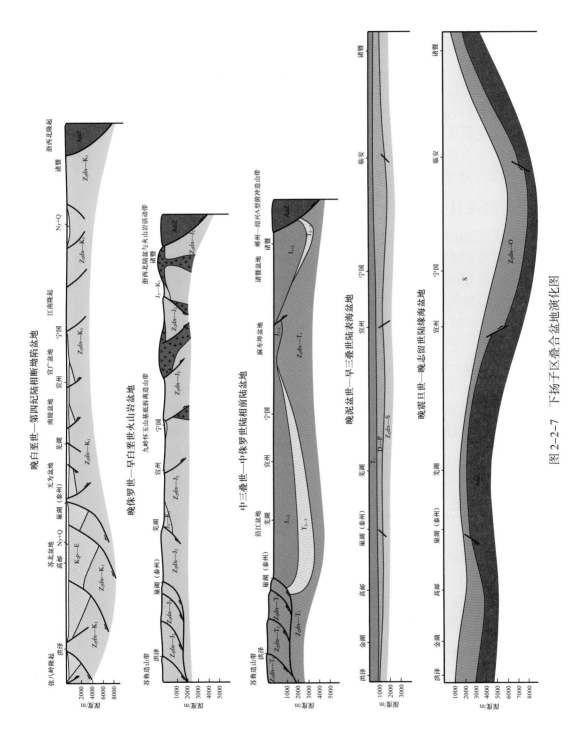

图 2-2-7 下扬子区叠合盆地演化图

为主，厚度多介于2000~3000m。盆地位于滁州地区及石台—宁国—安吉一带，岩石类型以硅泥质岩、条带状泥岩与石灰岩为主。滁州地区沉积厚度大于3884m，主要为寒武纪—早奥陶世沉积贡献。石台—宁国—安吉一带沉积厚度达6000余米，为早古生代继承性沉积中心；但晚奥陶世—早志留世沉积贡献巨大，安吉地区该套地层厚度大于4000m。受沉积格局控制，该期盆地内发育上震旦统皮园村组及下寒武统幕府山组（或荷塘组）硅泥质岩（厚度可达500m以上）、上奥陶统五峰组及下志留统高家边组硅质岩及笔石页岩（泾县—宁国地区厚达798m）两套烃源岩层。受沉降作用影响，上述沉积中心区下古生界烃源岩在早古生代晚期即已进入成熟阶段的生排烃高峰期。

志留纪晚期受华南强烈的加里东事件影响（扬子地块和华夏地块对接），研究区整体抬升，并在浙皖赣区晚震旦世—早古生代地层发生强烈的褶皱变形（余心起等，2006），结束了陆缘海盆地演化阶段。

二、晚泥盆世—早三叠世陆表海盆地

晚泥盆世受碰撞后伸展垮塌作用影响，研究区自北而南开始逐渐下沉接受沉积，全区进入陆表海盆地演化阶段。由于地形差异小、水体浅，沉积分异性不明显，唯在加里东运动形成的江南隆起区沉积厚度较薄，特别是晚泥盆世—早石炭世该区并未接受沉积，直至晚石炭世才演化为水下隆起或链状孤岛（李双应，1994），接受沉积，形成巨大的碳酸盐岩台地。陆表海盆地沉积以台地相—有障壁海岸相的（含）生物灰岩及碳质泥岩、碎屑岩为主，其中石炭系—下二叠统以生物灰岩、泥灰岩为主，水体最深的地区位于淳安—富阳—杭州一带，沉积了厚层富含有机质的栖霞组臭灰岩，仅二叠系厚度即可达1000余米；另一次级沉积中心位于铜陵—句容—滁州一带，沉积了厚达1289m的下三叠统泥灰岩、灰泥岩，是区内主要的生油层之一。

陆表海盆地沉降格局经历了早期（晚泥盆世—石炭纪）南高北低→晚期（早二叠世晚期—早三叠世）东南高、西北低转变的过程。受沉降格局及早古生代江南隆起分隔作用影响，在铜陵—句容—常州（可能延伸至南黄海南部坳陷）及淳安—富阳—杭州发育两个次级沉降中心。淳安—富阳—杭州区沉降主要发生在石炭纪—二叠纪，沉积厚度可达2000m；铜陵—句容—常州一带则为晚古生代—早三叠世继承性的沉降中心，沉积厚度累计2000余米。

早三叠世晚期，研究区北部开始抬升、水体变浅。至中三叠世受华南板块（包括扬子地块和华夏地块）与华北板块陆—陆碰撞造山作用影响，研究区西北、东南抬升，海水自东北和西南退出，除沿江地区接受了周冲村组蒸发潟湖泊沉积外，其他地区均已抬升成为蚀源区，结束了下扬子区陆表海盆地演化阶段。

三、中三叠世—中侏罗世陆相前陆盆地

早三叠世末，华北板块南移，与华南板块陆—陆碰撞，导致研究区大部分地区海相中生界—古生界抬升、褶皱、剥蚀，形成苏鲁造山带及宿松、巢湖、滁州一带的北东向褶皱群。仅在造山带前缘皖南沿江一带（包括宿松、怀宁—枞阳、芜湖、南京地区）发生挠曲沉降，接受了中三叠统—上三叠统陆相碎屑岩沉积，假整合或不整合于下伏地层之上。在南京、芜湖、怀宁—枞阳发育三个沉积中心，沉积了以钙质粉砂质泥岩、页

岩、粉砂岩、细砂岩为主的湖泊沉积，厚度可达1790m；向江南隆起区，沉积厚度逐渐减薄、岩性变粗，至休宁一带厚度介于138～361m，岩性为浅灰黑色燧石砾岩夹杂色含砾砂岩、砂岩、杂色砾岩，为盆地边缘沉积。此时，江南断裂带以南主要受江南隆起作用影响，并没有明显的来自东南向西北的主动挤压力（常印佛等，1991），因此挠曲沉降并不明显，仅在金华以北地区沉积了296m厚的粗碎屑岩。

晚三叠世末，受太平洋板块北移影响，华南板块整体向北推移，由于受到苏鲁造山带和华北板块整体南移的阻挡和相向挤压，导致滁河断裂以北地区逆冲推覆褶皱加强。同时，怀玉造山带前缘沿江绍断裂带发生挠曲沉降，在金紫尖、麻车埠、马涧等地沉积了厚达3030.8m的中侏罗统马涧组及渔山尖组陆相磨拉石含煤碎屑岩。沉积具有明显的不对称性，东南部岩性粗、厚度大，并以断裂与古生代地层接触；往西北方向岩性逐渐变细，厚度减小，叠置在上古生界之上。

与此同时，沿江一带前陆盆地继承性的沉积了中侏罗统—下侏罗统象山群碎屑岩。盆地具有强烈的不对称性，西北侧造山带前缘怀宁、桐城、枞阳地区沉积以砂、砾相粗碎屑岩为主，物源主要来自苏鲁造山带（尚彦军等，1999）。向东至当涂、南京两个沉积中心，沉积以粉砂岩、细砂岩与泥岩等细碎屑岩为主，厚度可达2119.4m，物源主要来自陆块内部（尚彦军等，1999），角度不整合于上三叠统之上。至江南隆起区，沉积厚度变薄，并且超覆于上三叠统及其以下地层之上；在长兴温塘一带厚约792m，超覆于青龙组之上；在休宁晓角及歙县分别超覆不整合于中石炭统黄龙组及前震旦系之上，岩性以长石石英砂岩、岩屑石英砂岩为主，底部发育十余米砾岩，厚度达1414.5m。向东南可能与金紫尖、麻车埠、马涧一带前陆盆地沉积连为一体。虽然该区中侏罗统仅残存于北东向褶皱坳陷带，可能与中侏罗世末的早燕山运动切割、破坏作用有关。与中三叠世—晚三叠世盆地相比，早侏罗世—中侏罗世盆地沉积范围向东、向南明显发生扩展，苏北的江都、泰州及滨海等地钻孔均揭示有该套沉积，反映早侏罗世—中侏罗世挠曲沉降作用有所加强，全区（滁州断裂以东、江绍断裂以西地区）在造山带前缘挠曲的同时，整体下沉，早期分隔性的单向前陆盆地统一为一体，形成双前陆盆地。

总体来说，该期盆地受挤压挠曲作用影响，主要分布于苏鲁造山带及怀玉山板内造山带之间的区域。沉积厚度最大的区域位于造山带前缘沿江一带及兰溪—诸暨一带。其中沿江一带上三叠统黄马青群和中侏罗统—下侏罗统象山群均发育，为一继承性的沉积盆地，沉积厚度累计达3000m；浙西兰溪—诸暨一带沉积主要以中侏罗统为主，厚度达3030.8m；二者之间区域沉积厚度较薄，除受挠曲作用影响外，还可能与后期剥蚀作用有关，截至2018年底仅在休宁、长兴等地局部残存。中侏罗世末的早燕山运动期，南东→北西向挤压应力加剧。受此影响，逆冲推覆及褶皱不断由造山带向盆地内部迁移、扩展，在沿江一带形成对冲格局的同时，切割、破坏了早期前陆盆地的沉积体。将早侏罗世—中侏罗世沉积卷入构造变形，部分被暴露地表遭受剥蚀，部分被逆掩于推覆体下盘及临安—马金断裂、萧山—球川断裂、绩溪断裂等北东向逆断层下盘，形成临岐—临安、枫树岗—梅城、常山—诸暨三个北东向中侏罗统条带（图2-2-8）。

四、晚侏罗世—早白垩世火山岩盆地

晚侏罗世，太平洋板块向东亚大陆俯冲，中国东部构造发展进入了滨太平洋构造域。在此背景下，东亚大陆与大洋板块发生左旋对扭，形成了以郯庐断裂系为代表的、大规模的北北东—北东向左行平移断裂的同时，由于大洋板块的快速俯冲在东亚大陆边缘造成了短暂的火山弧环境，出现了大规模的中酸性、钙碱性为主的岩浆活动，自此开始了火山岩盆地演化阶段。

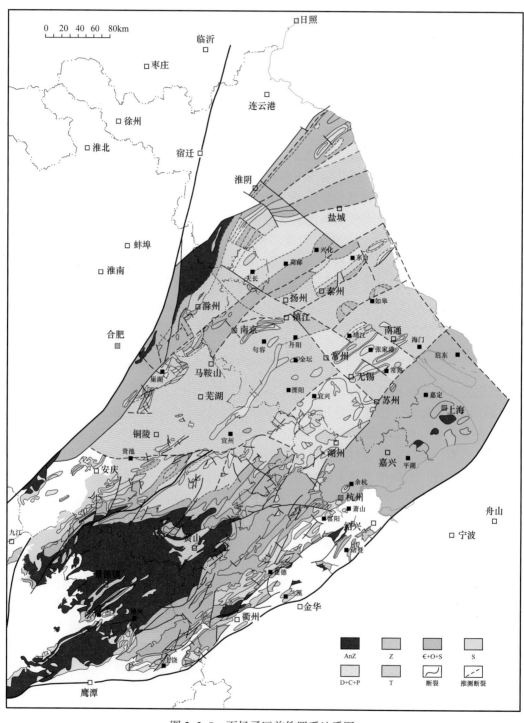

图 2-2-8　下扬子区前侏罗系地质图

受郯庐断裂带左行平移影响，区内北北东向走滑断裂发生张剪运动，火山岩浆沿切割较深的走滑断裂的张裂处喷发，在火山喷发过程中，火山喷发与沉积充填作用间歇出现，形成多旋回的火山岩夹火山沉积层；在火山喷发间歇期和火山作用期后，常常在火山洼地或边缘断凹地带堆积以火山碎屑为主的河湖泊沉积，形成一系列的火山喷发沉积盆地，如溧水、溧阳、庐江、繁昌、当涂和宁芜等火山岩沉积盆地。盆地形态多呈"带"状或"串珠"状分布，没有明显边界；盆地内物质成分复杂，分选差，分布范围局限，盆地与盆地之间彼此不相连，呈孤立状态；沉积厚度具有明显的不均衡性，多介于 100～1000m，局部地区厚度较大，马鞍山地区达 2042m。

早白垩世，葛村组为零星分布的小型山间盆地沉积，呈条带状与北东向走滑断裂相伴生。与此同时，在局部地区出现了走滑挤隆构造，老地层覆于上侏罗统和下白垩统（J_3—K_1）之上（图 2-2-9）。反映了区内强烈挤压后的调整恢复过程，具有"压""张"脉动性质，表现为"热喷发"至"冷收缩"的构造演化特点，总体上属于构造活动相对稳定的时期，形成了厚度较大的上覆盖层。

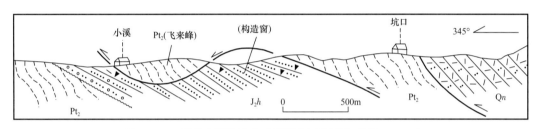

图 2-2-9　歙县小溪构造窗实测剖面（据常印佛等，1991）

五、晚白垩世—第四纪陆相断—坳陷盆地

晚白垩世，太平洋板块的俯冲方向由北西转向西，俯冲速率明显降低，下扬子区构造背景由挤压转为伸展拉张。早期倾向北西、南东方向的逆冲断层在拉张作用下发生反转，形成一系列单断或半地堑式的箕状盆地、地堑型盆地，下扬子区进入陆相断—坳陷盆地演化阶段。

上白垩统浦口组是黄桥转换事件构造背景由挤压转为拉张后沉积的第一套地层，呈"毯"状不整合于下伏不同地层之上，沉积范围广，厚度大，具有填平补齐的坳陷型盆地沉积特征。喜马拉雅运动早期，伸展拉张作用加剧，断裂两侧差异升降幅度增大，开始控制泰州组及阜宁组沉积厚度，靠近断层沉积厚度明显大于远离断层一侧，并形成一系列伸展断陷。受早、中燕山期对冲格局控制，断陷盆地大体以庐江—南京—海安为界，北部断裂倾向北西，断陷沉积呈"南断北超"，形成溧潼凹陷、金湖凹陷、高邮凹陷、洪泽凹陷等；南部断裂倾向南东，断陷沉积呈"北断南超"，形成了无为、南陵、宣广盆地等。考虑到该时期断裂仅控制沉积厚度，并不控制沉积相，因此，仍具有坳陷型盆地沉积特征。吴堡—三垛运动期，全区块断和拉张翘倾作用进一步加剧，统一湖盆解体，形成相互分隔的典型箕状断陷。晚期，随着箕状凹陷充填后水体变浅、水域扩大，部分相邻凹陷趋于连片。至新近纪，断层的控制作用减弱或不起控制作用，沉积以充填超覆的形式进行，形成统一的大型坳陷盆地，盆地具有古近纪分隔性半地堑被新近纪和第四纪平底锅式的坳陷所统一的特征，这种断陷向坳陷转化的特征对整个中国东部盆地来说是普遍的。

该期盆地沉积、沉降主要发生于构造活动比较强烈的苏北盆地，并形成了金湖、高邮、洪泽、溱潼、海安等几个次级沉积、沉降中心；这些次级沉降中心主要位于靠近伸展断层一侧，如高邮凹陷的边界断层（真武断层）附近厚度超过 6000m。此外，需要说明的是上白垩统浦口组局部地区残留厚度较薄，据苏南圣科 1 井相关资料推算其原始沉积厚度可达 3000m 以上，据宜兴茗岭青龙组石灰岩裂缝充填物（方解石）碳氧同位素测试结果，该区青龙组埋藏深度曾达 2900～3400m，据此推算该区浦口组沉积厚度也在 2600～3100m 之间；但其后的喜马拉雅运动该区主要以抬升剥蚀为主，致使浦口组剥蚀残存仅 260 余米。正是由于上述地层的叠加，才使得苏北盆地上古生界烃源岩增熟、生烃。

下扬子区自晚震旦世以来经历了 5 个演化阶段，对应发育 5 期盆地。盆地沉降格局经历了由北东高、南西低（早古生代）→南高、北低（晚泥盆世—石炭纪）→南东高、北西低（早二叠世晚期—早三叠世）转化的过程。受此影响，盆地沉积、沉降中心也经历了由早古生代（包括晚震旦世）石台—宁国—安吉一带→晚古生代铜陵—句容—常州及淳安—富阳—杭州（向海上可能延伸至南黄海南部坳陷）→晚三叠世—中侏罗世皖南沿江一带及兰溪—诸暨一带（包括怀宁—枞阳、芜湖、南京等地）→晚白垩世—第四纪苏北—南黄海盆地内部迁移的过程。盆地沉积、沉降中心的迁移不仅决定了烃源岩的分布及其后期演化序列、储层成岩演化序列及孔隙演化过程，还决定了含油气系统的转化过程及最终的成藏现状。

第三章 构 造

下扬子区位于苏鲁造山带、华北板块与华南陆内造山带之间，中古生界构造变形与下扬子地块和华北克拉通印支期—燕山期的碰撞造山，以及苏鲁造山带、华南陆内造山带的形成、演化密切相关。

第一节 区域构造特征

下扬子区位于扬子板块东北缘，其西北以嘉山—响水断裂、郯城—庐江（郯庐）断裂与苏鲁造山带及华北板块为界；西南以团风—麻城断裂与中扬子地块为界（马力等，2004）；东南以江绍断裂与华夏古陆为界（郭念发，1996）；向东跨过南黄海海域，以朝鲜半岛西缘断裂与中朝地块为界（郝天珧等，2004），包括苏鲁造山带以南、郯庐断裂以东、江绍断裂以北的江苏省全部、安徽省东南部、江西省东北部、浙江省北部及黄海的大部分区域。受资料限制，以前对盆地的东部边界位置尚不清楚。郭彤楼（2004）认为下扬子区东部边界应在朝鲜半岛以东，可能位于东海日本海地块。严溶等（2006）认为朝鲜半岛中南部自北而南可划分为狼林地块、临津江褶皱带、京畿地块、沃川褶皱带及岭南地块5个北东构造单元（图2-3-1），可与我国东部的构造单元对比。狼林地块对应于华北板块，京畿地块对应于下扬子地块，岭南地块对应于华南地块，临津江褶皱带与大别胶南（苏鲁造山带）褶皱带为同一褶皱带（图2-3-1）。

下扬子区所在的扬子板块与中朝板块、华南板块等一样，均经历了太古宇和元古宇的陆核阶段，新元古代—早二叠世的古全球构造阶段，新元古代早期实现了成台过渡。下扬子区构造演化与扬子板块的发展、演化，以及扬子板块和华南板块、扬子板块和中朝板块在古全球构造阶段内的离散、聚合等相关，中生代—新生代的新全球构造阶段特提斯洋的闭合、太平洋板块的形成及俯冲等构造事件是影响其构造演化的主导因素（张训华等，2014）。

一、构造事件及特征

1. 加里东期

伴随着华夏古陆对下扬子的影响加强并快速隆升，下扬子转变为类前陆盆地。志留纪早期快速沉积了巨厚的碎屑岩地层，晚期小幅隆升进入短暂剥蚀期，缺失晚志留世与早泥盆世—中泥盆世沉积。此时，早期南北两侧断裂带初步深入古生界，并以南侧断裂带为边界控制了加里东期下扬子类前陆盆地的形成。晚泥盆世，北秦岭地区继续进行着由北向南的缩合与碰撞造山，而其山南则开始处于前陆隆升伸展环境，开始重新接受沉积。中二叠世晚期开始，区域沉降不断加剧，并沿着滁河断裂、江南断裂等早期大型断裂发生裂陷活动，并在上述两条断裂夹持的景德镇、宁国、南京一带以发育燧石结核灰

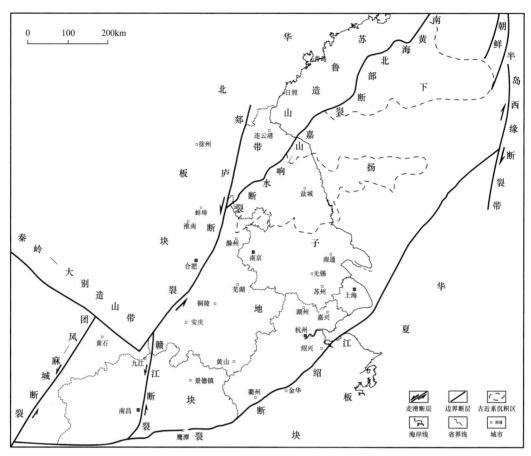

图 2-3-1　下扬子区区域构造位置图

岩、硅质灰岩、层状硅质岩及硅泥质等代表较深水相的沉积组合为特征，形成该区断陷盆地的基本面貌。

2. 印支期至燕山早期

中三叠世末，在扬子地块与华北地块陆—陆碰撞，及太平洋板块向东亚大陆板块之下俯冲这两大动力机制控制下，下扬子地块沿江地区开始形成近东西向前陆褶皱带，地壳抬升结束了海相沉积历史，与下伏地层呈假整合接触关系，下扬子整体构造变形强度不大。在三叠系以下沉积层中形成线状不对称褶皱，陡翼发育高角度逆冲断层，此时期以褶皱变形为主，大规模逆冲推覆构造不发育。因此，推测下扬子北缘印支期褶皱为大型宽缓背向斜，中侏罗统—下侏罗统堆积在晚印支期复向斜区的负地形中，断裂及岩浆活动不发育。中侏罗世末—晚侏罗世进一步挤压走滑，强化了早期的褶皱变形，形成紧闭倒转褶皱，沿软弱层发育大型逆冲推覆构造，并切过印支期形成的紧闭倒转褶皱，如含山半西山。

下扬子挤压构造主要发育在燕山期构造界面和加里东构造界面之间，构造样式以冲断、褶皱和推覆构造为主。

1）拆离滑脱式构造

据大量地震、MT 剖面解释及前人研究成果，这种构造样式在下扬子区普遍存在。其特点是志留系底面和基底与盖层之间的不整合面是区域性压性拆离面。此种顶、底滑脱面，其底板断层为前震旦系基底滑脱面，顶板断层为志留系层间滑脱面，界于顶、底板断层之间的下古生界构造形变相对较弱，以发育宽缓断坪和断坡褶皱为主。而顶板断层之上的上古生界及中生界构造形变极为复杂，地震和地表资料均显示发育大量冲断层和相关褶皱，除边界冲断层向下收敛于基底滑脱面上外，其余断层基本收敛于志留系滑脱面上（图2-3-2）。

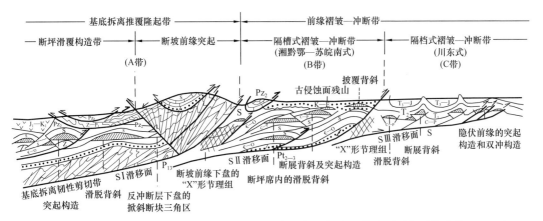

图2-3-2　扬子区古生代改造盆地基底拆离构造与油气圈闭类型模式图（据孙肇才等，1991）

上述构造样式的形成与介质条件、边界条件和应力状况密切相关，其运动学模式可分为以下几步：

（1）挤压初期：应力沿基底滑脱面向前传递，盖层首先褶皱变形，并在薄弱部位产生断层，向上冲断。

（2）挤压应力持续作用，产生两种情况：一是在发育软弱层的情况下，沿软弱层发育层间滑脱面，早期向上的冲断层并入层间滑脱面形成双层构造；二是在不发育软弱层的情况下，早期断层向上冲形成通天断层，冲断片沿断面向前滑移，构成叠瓦状冲断构造。

（3）应力继续传递，当前面存在砥柱或冲断片已无法再向前移动时，于主干冲断层上盘产生反向次级冲断层，形成反冲构造。

这种构造样式主要形成于晚印支期南北对冲挤压构造期，常见于苏皖南区与滁巢地区，苏北盆地金湖、高邮及滨海—盐城地区当时也可能为这种构造变形模式。该构造变形的最大特点是逆冲—推覆断层上盘是挤压力的主要承受体和耗散体，通常可以把上盘分成三部分：前锋、中带和根带。前锋是应力集中区，形变最为强烈，地层产状陡而多变，有时发生倒转，厚度明显伸缩。小褶皱十分发育，形态复杂。中带则构造相对简单，伴生和派生的构造有一定的方位。根带表现为强烈的挤压，形成陡倾的定向面，地层小断层及褶皱轴面一般均变陡，常常发现轴面直立的紧闭小褶皱。

2）相向构造

两条断层相向逆冲，导致下盘地层发生挠曲或构成一个构造三角带的构造类型。主要发育于晚印支期南北对冲的构造过渡带，即沿江地区、宁镇山脉一带。由于受双向正面挤压，加之早期地层为刚性的厚层碳酸盐岩，对冲带往往形成宽缓的褶皱类型，地层层序正常且保存较好。

3）逆冲—推覆构造

主要形成于燕山早期左行走滑期侧向挤压推覆构造期，分布于大型走滑断裂附近，如苏、浙、皖交界区（前已论述）与苏皖沿江地区。该类构造主要特点是在平面上形成一系列雁列式褶皱，剖面上形成多个推覆体岩片相互叠置，下盘地层常出现倒转，但传播距离并不远，为近距离的逆冲、推覆。在侧向挤压推覆的后方往往受到走滑拉张形成拉分盆地，如苏皖南地区的众多呈左行雁列排列的中生代火山岩盆地。具体有以下几种构造形式。

叠瓦状逆冲构造，其特点是由一系列单冲式逆掩断层夹冲断片组成。冲断层往往是上部通天下部收敛于滑脱面上，如枞阳—宿松断层、江南断裂附近南陵盆地。而冲断层之间的断夹片则往往发育断弯褶皱，断弯褶皱沿应力传播方向由紧闭倒转褶皱渐变为开阔褶皱。

断展、断弯式褶皱与逆冲断层活动相关的褶皱类型，也是下扬子区主要的褶皱样式。

断弯褶皱发育于基底拆离推覆隆起带的前缘冲断带，如现今的皖南、滁州—巢湖前陆褶皱冲断根带等地区。断展褶皱则发育于苏南地区（江阴背斜、孤山背斜）及滁州—巢湖前陆褶皱中带。

断隆带主要发育于南北推覆构造中带，如苏南常熟、江阴、靖江等地。

3. 燕山中期

中侏罗世末，下扬子北缘进一步继承性板内造山，并受郯庐断裂强烈左行走滑的影响，前陆褶皱带进一步改造为北东向前陆褶皱逆冲带，逆冲断裂发育，拆离滑脱变形明显，并形成逆冲推覆构造。下扬子南缘进一步板内造山，逆冲推覆构造更发育，前锋可能向北已推进到高坦—周王断裂一带。

该期强烈左行走滑构造进一步强化和改造了早期近东西向大型宽缓背向斜构造，褶皱变得更加紧密，原近东西向褶皱逐渐被改造成北东走向，并呈雁列式展布。大型走滑断裂附近局部受侧向挤压作用而发育大量近南北走向的推覆构造。

1）走滑构造

主体形成于燕山期左行走滑挤压构造期，以发育背向式逆冲构造为特征，多条逆冲断层呈向下收敛，总体呈背形或向形的似花状构造。主要分布在淳化、仪征等沿江地带。

2）反转构造

多期构造反转是该区典型的构造演化特征，早期挤压构造的样式与晚期伸展的方式有很大成因联系。搞清楚早期挤压构造与晚期伸展构造之间的组合关系对后续油气运移、成藏及保存的研究具有重要意义。这里我们将该区的反转构造组合类型划分3种。

（1）早期逆冲—推覆、晚期强烈正断。

早期发育脆性中高角度冲断层，不存在海相中生界—古生界滑脱层，褶皱以中—高幅为主，晚期正断活动强烈，掀斜作用不明显，多形成断块、断鼻构造。下古生界保存较全，印支面为上古生界不同层位。分布于盐城、射阳、大丰等海滨地区。

（2）早期逆冲—推覆、晚期强烈正断掀斜。

早期发育中高等强度逆掩活动，前缘发育复杂褶皱类型，以紧闭式斜卧甚至倒转褶皱为主，不存在海相中生界—古生界滑脱层，晚期发生强烈的正断掀斜，形成成带分布断阶带。古生界实体地区差异大，印支面为古生界的不同层位。主要分布于高邮南部、金湖等地区。

（3）早期逆掩滑脱、晚期伸展掀斜。

早期发育逆冲挤压滑脱褶皱，存在志留系滑脱层，晚期中等强度掀斜正断，断块褶皱变形变位、类型复杂。滑脱层以下早期地层变形相对较弱，仅形成较宽缓的褶皱，晚期正断切割分块。印支面残留主要为上古生界的不同层位。分布于东台坳陷对冲带两侧地区、无为地区、句容地区。

4. 晚燕山—喜马拉雅期

由早期的挤压体制转化为伸展体制，构造断陷反转与断块掀斜，形成一系列伸展断陷盆地。该期右行走滑作用产生的北西向构造活动强烈，形成了一组北西向正断层并控制了北西向断陷盆地内次级凹陷的发育。下扬子区盆地"东北分带，西北分块"的构造格局最后定型。

断裂、断块、断阶构成了该区中生代—新生代构造的三个典型特点。断裂、断块、断阶构成主要是中生代—新生代左行和右行剪切交替作用下形成的。早期逆冲冲断构造由于应力的松弛造成冲断片沿先期断裂回滑，使得早期被断裂腰斩的褶皱形成断鼻，同时断块内部可能新生反向调节断层，形成双断式伸展构造—断块。由单断式伸展构造形成的断阶，主要发育在逆冲前峰带后部，以早期逆断层反转形成的阶梯状正断层为特点。

古近纪末晚喜马拉雅期构造变形特点是沿江新生代盆地群大规模隆升，基本缺失渐新统和中新统。局部地区发育自西北向东南的逆冲推覆构造，如郯庐断裂带卷入古近系红层，发育糜棱岩带。

二、断裂系统

据区域地质及地震资料，结合重力、磁力异常图、现今地质图、前侏罗系地质图等分析，下扬子区发育北北东（包括北东）、北西、近东西向三组断裂（图2-3-3）。

北北东向（包括北东向）断裂：依据形成时间可进一步划分为早古生代（包括震旦纪）活动断裂和中生代—新生代活动断裂。早古生代活动断裂包括郯庐断裂、江绍断裂、江南断裂、临安—马金断裂等，为长期继承性活动大断裂；断裂规模大，延伸远，一般都为深断裂或大断裂，切割深度可达岩石圈底部，甚至到莫霍面；控制早古生代沉积，如滁河断裂、江南断裂及临安—马金断裂，控制早古生代"两台两盆"的沉积格局；印支—燕山期发生复活，控制陆相前陆盆地的沉积格局及分布范围、火山岩分布。中生代活动断裂包括真武断裂、洪泽断裂、杨村断裂等，形成于印支—燕山期逆冲推覆作用，断层倾向北东或南西，多为古近纪—新近纪断陷盆地或箕状断陷的边界断层，控制着古近系—新近系的分布与相带展布。

北西向断裂：包括淮阴—东台断裂、老嘉山断裂、苏锡常断裂和南黄海17号断裂等，形成于燕山中期构造运动，燕山晚期及喜马拉雅期活动强烈。具有平移断层的特征，切割北东向活动断层，起调节北东、南西构造变形的作用。将研究区切割成东西分块的构造格局。

近东西向断裂：包括湖州—嘉善断裂、周王断裂、南黄海7、9、18号断裂等，形成于印支—燕山晚期，喜马拉雅期仍有活动。切割北东向断裂，对研究区沉积的控制作用不明显，主要是调节构造变形的作用。

上述三组不同级别的断裂系统在控制不同时期沉积格局的同时，相互切割、错断，形成了下扬子区南北分带、东西分块的构造格局。

第二节　构造单元划分及特征

下扬子地区位于苏鲁造山带、华北板块、华南陆内造山带之间，其海相中生界—古生界构造变形与上述造山带、板块形成、演化密切相关。因此，本节对下扬子区海相中生界—古生界构造单元划分主要以造山带理论为基础，结合区内海相中生界—古生界构造变形与样式进行划分。

一、构造单元划分

下扬子地区存在北部苏鲁造山带的前陆褶断带、南部九岭—怀玉造山带的陆内褶断带两套前陆变形系统（图2-3-3），据此将下扬子区海相中生界—古生界划分为北部前陆褶断带、南部陆内褶断带和夹于二者之间的对冲带等2个二级构造单元。依据主干地震剖面的解释及前人的相关研究成果，北部前陆褶断带和南部陆内褶断带在变形程度与构造样式上呈有规律的空间变化，随着远离造山带与郯庐断裂带变形减弱，从而可以自北向南将北部前陆褶断带划分为根带、中带与峰带三级构造单元；将南部陆内褶断带自南而北划分为根带、中带和峰带3个三级构造单元（由于南北两套前陆变形系统的峰带形成对冲峰带，且无明显界限，并未对冲峰带进行细分，而是作为一个二级构造单元）。对于勘探程度相对较高，资料较为丰富的北部前陆褶断带，依据三级构造单元内地质结构特征，进一步划分出2个冲断带、9个推覆体作为四级构造单元。这些四级构造单元皆呈北东东向展布，明显受控于该方向的逆冲—推覆构造。南部陆内褶断带又可进一步划分2个推覆带和1个冲断带3个四级构造单元（表2-3-1）。

表2-3-1　下扬子区海相中生界—古生界构造单元划分一览表

级别	名称				
一级	扬子板块（下扬子地区）				
二级	北部前陆褶断带			南部陆内褶断带	
三级	根带	中带	峰带	中带	根带
四级	涟水—滨海冲断带	宝应南推覆体	南京—镇江对冲带	句容—黄桥滑脱褶皱带	怀玉山基底推覆隆起带
	盱眙—洪泽冲断带	射阳推覆体	泰兴—海安对冲带	九江—广德—无锡冲断褶皱带	衢州—上海走滑变形带
		盐城北推覆体			
		建湖—大丰推覆体			
		小海推覆体			
		天长—兴化推覆体			
		江都—东台推覆体			

二、构造单元特征

1. 北部前陆断褶带

基于前陆断褶带理论，对钻井、地震资料相对丰富的苏北地区海相中生界—古生界，依据变形程度和构造样式变化特征，将其自北向南依次划分为根带、中带和峰带3个三级构造单元（图2-3-3、表2-3-1）。其中根带由于北西向的淮阴—东台断裂分隔，

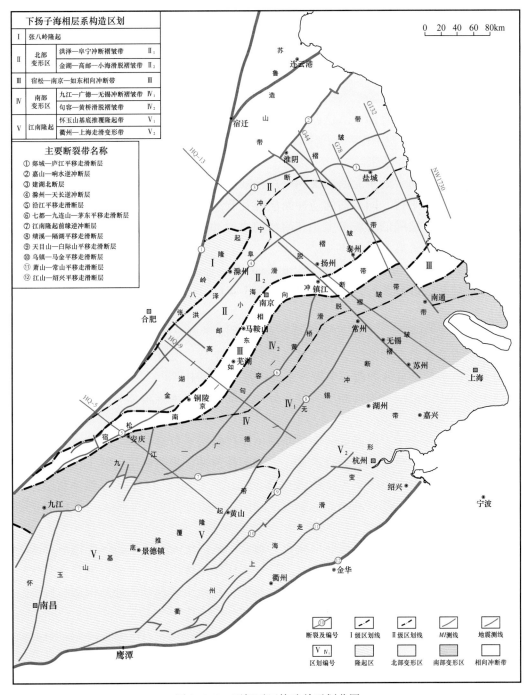

图 2-3-3　下扬子区构造单元划分图

又可细分为东北部的涟水—滨海冲断带和西南部的盱眙—洪泽冲断带两个四级构造单元；中带可以细分为宝应南推覆体、射阳推覆体、盐城北推覆体、建湖—大丰推覆体、小海推覆体、天长—兴化推覆体和江都—东台推覆体 7 个推覆体（四级构造单元）；峰带可进一步划分为南京—镇江对冲带和泰兴—海安对冲带。

1）根带

根带位于嘉山—响水断裂南侧，紧邻苏鲁造山带，被北西向的淮阴—东台断层分割成西部的盱眙—洪泽冲断带与东部的涟水—滨海冲断带。海相中生界—古生界叠瓦扇构造，为强变形带。

（1）盱眙—洪泽冲断带。

该冲断带处于北西向淮阴—东台断层以西，介于嘉山—响水断裂与杨村断层之间，主要由涟水断层、苏家嘴断层、洪泽断层、石岗断层、杨村断层等一系列密集发育的平行、同倾向逆冲断层组合而成。这些逆冲断层呈上陡下缓的铲形，向下收敛在盖层与基底之间的滑脱构造带上（图 2-3-4），属于薄皮构造，不同于北部造山带内的厚皮构造。

（2）涟水—滨海冲断带。

涟水—滨海冲断带处于北西向淮阴—东台断层以东，介于嘉山—响水断裂与阜①断层之间。为一系列平行、同倾向的逆冲断层叠瓦状组合成叠瓦扇构造，这些断层皆向下收敛在盖层与基底之间的滑脱带上。其南缘的主逆冲断层为阜①断层。该处叠瓦状逆断层产状较陡，十分密集（图 2-3-4）。

盱眙—洪泽与涟水—滨海冲断带，断裂构造特征为密集的同向逆断层组合成叠瓦扇，具有前陆断褶带根带上的典型特征（图 2-3-4）。

2）中带

中带分布范围最广，是海相前陆变形带的主体。为大型铲状逆冲—推覆断层所控制。内部发育叠瓦状逆冲断层，局部被反冲断层复杂化。受北西向淮阴—东台断层的分割，盆地下的中带又可分为西部中带、东部中带与南部中带。

（1）西部中带以闵桥逆冲断层为界，分为北部的宝应南推覆体与南部的天长—兴化推覆体。

宝应南推覆体介于石港断层与闵桥断层（杨村断层东延部分）之间。该推覆体是受大型闵桥逆冲—推覆断层控制的推覆体。大型闵桥逆冲—推覆断层上陡下缓，下部沿盖层与基底间滑脱层发育（图 2-3-4）。陡立部分的闵桥逆冲断层由若干条逆冲断层组成一逆冲带，其西段北缘后期被利用成为金湖凹陷的边界正断层，而东段被后期临泽正断层所错断。

天长—兴化推覆体介于闵桥断层与真①和吴①断层之间。该推覆体受控于其南缘的大型真①和吴①断层逆冲—推覆断层。天长—兴化推覆体内部，也是以发育叠瓦状逆冲断层为主要特征。推覆体内部局部出现反冲断层，从而出现局部的冲起构造与构造三角带（图 2-3-4），使逆冲断层的组合更加复杂。

（2）东部中带位于淮阴—东台断层以西，小海断层以北，阜①断层以南。自北向南分别为射阳推覆体、盐城北推覆体、建湖—大丰推覆体和小海推覆体。这四个推覆体平面上呈北东东向延伸，北部被一条北西向断层所分割。推覆体前缘皆是由一个大型的铲状逆冲—推覆断层所控制，其上又发育多条叠瓦状逆冲断层（图 2-3-5）。每个推覆体的

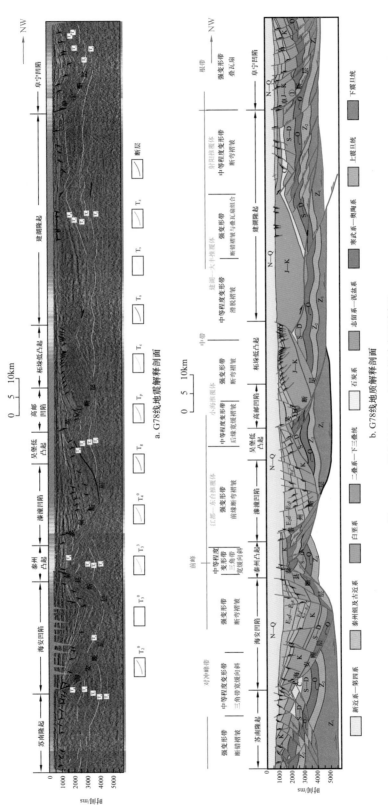

图 2-3-4　苏北地区 G78 测线综合解释剖面

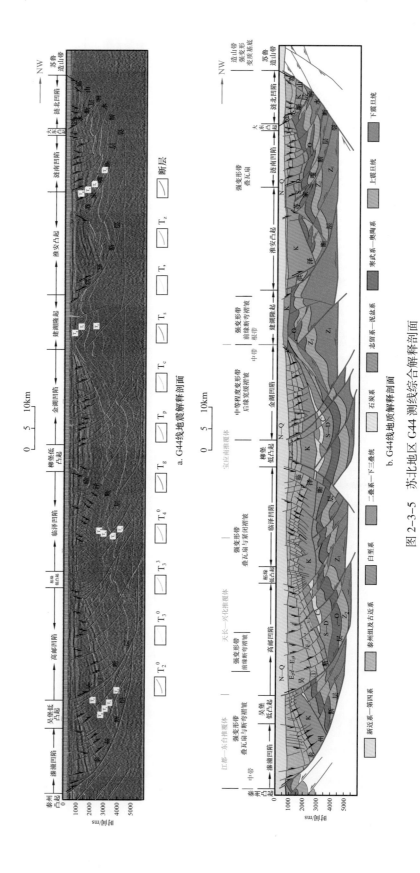

图 2-3-5 苏北地区 G44 测线综合解释剖面

底面是盖层与基底之间的滑脱带，前峰是变陡的大型逆冲带。每个推覆体的前缘压在前一个推覆体的后缘之上。四个推覆体南界上的大型逆冲带，在随后的盆地伸展期又被利用为控盆的正断层，且正断层多是沿着逆冲带的顶面发育。

（3）南部中带推覆体是一个北东东向连续的推覆体，称为江都—东台推覆体（图2-3-5）。该推覆体的北界自西向东为真①断层、吴①断层和小海断层，而南界为泰州断层。该推覆体的南侧转变为对冲峰带。南部中带受控于泰州铲形逆冲—推覆断层的推覆体，推覆体前缘为泰州断层和一系列次级逆冲断层呈叠瓦状组合而成的逆冲带，逆冲带上盘出现了反冲断层；推覆后缘沿着盖层与基底间滑脱带发育。泰州断层在喜马拉雅期发生反转成为溱潼凹陷的主控边界断层。

总之，在断裂构造样式，苏北地区中带上的各个推覆体具有相似性，皆为大型铲状逆冲—推覆断层所控制，内部又发育叠瓦状逆冲断层，局部出现反冲断层而复杂化。

3）峰带

与南部陆内褶断带的峰带叠加，形成对冲峰带。对冲峰带的北界为泰州断层，南界出现在海安断层南缘。该对冲峰带北部的海安断层和富安断层是两条大型向东南逆冲的主干断层，属于北部前陆变形系统；南部较多地出现了向西北的逆冲（如泰县断层）断层，属于南部陆内变形系统，二者在剖面上组合形成典型的对冲构造，对冲构造之间存在较大范围的构造三角带，是海相中生界—古生界最稳定、构造变形最弱、保存最好的地区（图2-3-6）。黄桥地区N12等井的连井剖面揭示了对冲带及其南、北两侧峰带的构造特征。剖面上南北两侧峰带海相中生界—古生界构造变形强烈，均以被逆断层复杂化的褶皱为主要变形样式。其中位于北部峰带上的N12井石炭系—二叠系褶皱被逆断层断错；褶皱轴面南西倾且较为紧闭，断层上、下盘地层可对接。南部峰带边界断层上陡下缓，向深部滑脱；其上发育的两条北东倾的次级逆断层将海相中生界—古生界复式向斜切割、错断，并将苏146井处志留系逆冲推覆至二叠系之上；而对冲带内部海相中生界—古生界构造变形相对较弱，主要以褶皱为主，断层不发育。

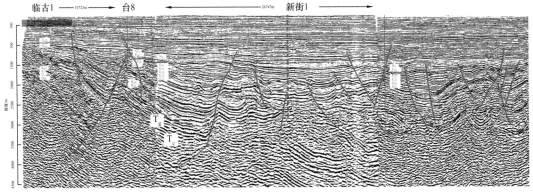

图2-3-6 苏北盆地南缘对冲峰带地震解释剖面图

平面上，对冲峰带西部海相中生界—古生界变形强，地层的倒转与重复现象常见。构造变形以叠瓦状逆冲断层与褶皱相伴出现为主，褶皱样式多变，褶皱以线状紧闭褶皱为主要特征，褶皱轴面时而倾向北，时而倾向南；在叠瓦状逆冲断层内部主要出现断错褶皱，对冲断层之间会出现三角带向斜，反冲断层之上会有冲起背斜。对冲峰带东部海相中生界—古生界变形程度明显弱于西部，褶皱较为宽缓，特别是其中的构造三角带内，褶皱更加宽缓，呈较大型向斜或复向斜形式；叠瓦状逆冲断层内部主要为宽缓的断错褶皱，其轴面倾向与逆冲断层一致。总之，东部对冲峰带内褶皱以宽缓型为主要特征。由于对冲构造的存在，褶皱的类型与样式多变，常见构造三角带、冲起构造及叠瓦内部宽缓的断错褶皱。对于弱变形的对冲峰带，断裂构造较褶皱构造更为发育和强烈。

苏北地区海相中生界—古生界内的逆冲—推覆构造在空间上具有明显的变化规律。在主要逆冲断层的走向上，随着接近郯庐断裂带而成为北北东向（平行于郯庐断裂带），而远离者变化为平行苏鲁造山带的北东—北东东向。这种走向的变化规律指示其形成同时受到苏鲁造山带与郯庐断裂带的控制，但是以前者的控制为主。

在逆冲构造运动方向方面，苏北盆地所在的北部前陆褶断带上占优势者是向东南的逆冲。其内部局部出现的向西北逆冲属于反冲构造。只是在峰带上，由于复合了南部陆内变形系统的逆冲构造，出现了既有向东南也有向西北的逆冲断层，从而成为对冲峰带。

在变形分带方面，北部前陆褶断带紧邻苏鲁造山带与郯庐断裂带部位皆出现了根带，向东南变化为较宽的中带，最远者为峰带，呈现为有规律的变化。根带上皆为密集的叠瓦状逆冲断层组合成叠瓦扇，代表了最强的前陆逆冲变形。而中带上为若干个推覆体的组合，受控于各个大型铲状逆冲—推覆断层，内部又发育叠瓦状逆冲断层。对比中带的逆冲构造，自西北向东南，随着远离苏鲁造山带与郯庐断裂带呈现出逆冲断层密度变小的规律，指示了变形程度的降低。对比根带与峰带，明显前者的逆冲断层密度是大于后者。区内的峰带以出现对冲构造为特征。西部的峰带变形要强于东部，明显呈现在逆冲断层的密度上。北部前陆变形系统的根带、中带与峰带皆呈现出西窄东宽的现象，在变形带宽度变化上呈现了协调的变化规律。

2. 南部陆内断褶带

1）根带皖南—浙西—勿南沙基底滑脱冲断区

西界沿江断裂，北界周王断裂—湖苏断裂—南黄海 F_3 断裂，东界江绍断裂—南黄海 F_1 断裂，西南界休宁断裂—遂州—德兴断裂。

基本变形特征：（1）存在基底和盖层之间的滑脱面；（2）未见大位移志留系滑脱和无大规模后期的反转回滑；（3）各级断裂密度大，多见收敛于灯影组下部的向正北、西北方向逆冲的高角度断层；（4）出露地层以下古生界为主，上、下古生界构造层区内以紧闭褶皱为主（图 2-3-7）。

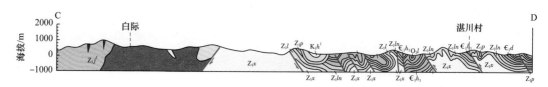

图 2-3-7 皖南白际—湛川剖面

2）中带特征

中带北界沿江断层、泰州断层，南界海安断层，向东与海上南部坳陷相接。

区内下古生界发育齐全，厚度相对稳定；上古生界出露多，剥蚀严重；中生界—新生界发育程度明显低于苏北地区，中带上几乎缺失。构造以志留系滑脱为特征，滑脱面上、下构造层变形不一致，上古生界变形中等，以隔挡褶皱为主要样式、下古生界变形较弱，以宽缓褶曲为主。志留系以上地层具有较为复杂的逆冲推覆特点，形成被断层复杂化了的紧闭、倒转褶皱。存在两期滑脱推覆，一期表现为志留系推覆到二叠系、三叠系之上，一期表现为志留系推覆到侏罗系、白垩系之上。平面上，构造变形自西向东逐渐减弱。东部江阴—南通弱推覆带印支面之下地层总体为上古生界乃至三叠系青龙组，钻井及露头均证实纵向上地层层序正常；陆上部分构造样式的特点是区域内上古生界至中三叠统—下三叠统发育褶皱和推覆构造。海上地震解释剖面具有连续可追踪的下三叠统青龙组反射波组和上二叠统反射波组；可解释断裂密度小；变质基底结构层、下古生界结构层、上古生界结构层变形均较弱，以单斜、宽缓波状弯曲的构造样式为特征；地层层序正常（图2-3-8）。西部南京—镇江强推覆带由于紧邻郯庐断裂，变形强，逆冲断层密度远高于东部。

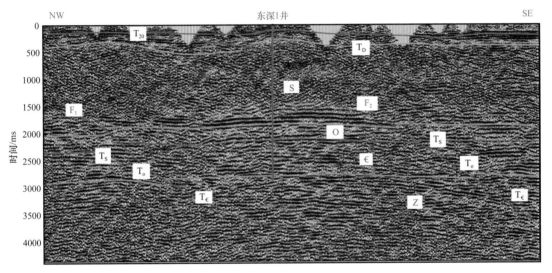

图 2-3-8 过东深 1 井地震解释

3）峰带特征

综上所述，南部陆内褶皱峰带和北部前陆褶皱峰带相遇，形成对冲峰带。峰带内部海相中生界—古生界残存较好，局部有上三叠统、中侏罗统—上侏罗统及白垩系分布。区内构造变形较为简单，体现在断裂密度低、构造层弯曲褶皱程度低；且构造层内部层序基本正常，上构造层、下构造层基本协调。平面上构造变形总体东部比西部简单，海上比陆上简单。东南缘李堡地区峰带内海相地层反射较好，海相地层以宽缓褶皱为特征，属于弱变形对冲峰带的构造样式。剖面上，北凌断层与反向的海北断层之间属于一冲断背斜，将对冲带的褶皱复杂化（图2-3-9）。

下扬子区前陆褶断带海相中生界—古生界的逆冲—推覆构造在空间上具有明显的变化规律。在紧邻北部苏鲁造山带和南部九岭、怀玉造山带部位皆为由密集的叠瓦状逆冲断层组合而成的叠瓦扇构造，代表了最强的前陆逆冲变形，划为根带。向东南和西北为由若干个受大型铲状逆冲—推覆断层控制的推覆体，推覆体内部往往发育叠瓦状逆冲断层，划为中带。再向南和北至沿江一带则以对冲构造为特征，变形主要以宽缓褶皱为主，断层不发育，划为峰带。中带自造山带向沿江地区，随着远离苏鲁造山带、郯庐断裂带与九岭、怀玉造山带，呈现出逆冲断层密度变小、变形程度降低的规律。峰带自西向东，逆冲断层密度变小，海相中生界—古生界构造变形变弱。总体来说，下扬子区前陆变形系统的根带、中带与峰带皆呈现出西窄东宽的现象，在变形带宽度变化上呈现了协调的变化规律。

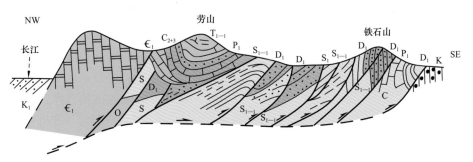

图 2-3-9　宁镇地区劳山—铁石山剖面

第四章 烃 源 岩

下扬子区海相中生界—古生界发育 6 套主要泥页岩层段，分别是下寒武统的黄柏岭组（$\epsilon_1 hb$）/ 荷塘组（$\epsilon_1 h$）/ 幕府山组（$\epsilon_1 m$）、下奥陶统的宁国组（$O_1 n$）、上奥陶统—下志留统的五峰组（$O_3 w$）—高家边组（$S_1 g$）、下二叠统的孤峰组（$P_1 g$）、上二叠统龙潭组（$P_2 l$）、上二叠统大隆组（$P_2 d$）。

第一节 烃源岩展布及地球化学特征

一、下寒武统

1. 泥页岩分布

下寒武统荷塘组在下扬子地区发育广泛，在宁镇地区称为幕府山组，滁县地区称为黄栗树组，皖西南部称为黄柏岭组。在滁州—盐城地区暗色泥页岩厚度 50～250m，其中来安—天长—高邮—盐城地区一带厚度在 200m 以上，向两侧逐渐减薄；浙西、皖东南地区包括荷塘组和大陈岭组下寒武统暗色泥页岩地层厚度变化较大，泥页岩厚度在 100～600m 之间，整体呈中心往四周递减趋势，极值分别出现在池州市石台地区和淳安—德清一带，厚约 600m；由池州至南京方向厚度逐渐减小且变化较平缓，南京地区厚度在 100m 左右，淳安—德清往东南方向杭州—桐庐—江山一带厚度骤变，地层厚度直接从 600m 减到 100m（图 2-4-1）。另外两个极值之间区域地层厚度在 400m 以上，存在 2 个北东向沉积中心，依次为石台—泾县沉积区，淳安—德清沉积区。根据各个沉积中心的露头剖面和钻井资料，这两个沉积中心烃源岩类型主要为黑色碳质页岩和硅质页岩，均具有较好的生烃潜力。

2. 有机质丰度

下扬子地区下寒武统有机质丰度普遍较高，其中高值区主要集中在中南部的石台—宁国—苏州一带和北部的滁州—六合一带，TOC 范围在 2.0%～8.0% 之间（表 2-4-1）。滁州—盐城一带 TOC 范围在 2%～4% 之间，石台—宁国—苏州一带平均 TOC 范围在 4%～8% 之间，表现为西好东差的特点。

3. 有机质类型

下扬子区下古生界烃源岩的演化程度相对较高，因而评价时主要参照那些随演化程度增加而变化不大的指标，如干酪根碳同位素、氯仿沥青"A"组成中的饱芳比等。分析表明，幕府山组烃源岩干酪根碳同位素均小于 –29‰，饱芳比一般大于 3，生烃母质以 I 型为主（表 2-4-2）。

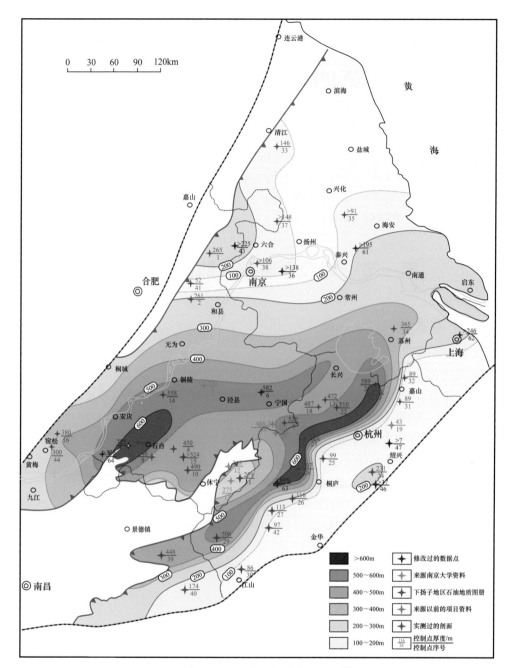

图 2-4-1　下扬子地区下寒武统暗色岩厚度等值线图

表 2-4-1　下扬子地区岩石热裂解测试数据统计表

剖面	TOC/%		C_{org}/%		氯仿沥青"A"/（μg/g）		S_1+S_2/（mg/g）	
	范围	均值	范围	均值	范围	均值	范围	均值
柘林坝剖面	0.8～13.48	7.61	2.43～13.21	7.84	0.50～9.79	3.17	0～0.01	0
罗村剖面	0.33～6.72	2.5	0.87～10.55	4.16	0.43～3.39	1.61	0～0.01	0

剖面	TOC/%		C_{org}/%		氯仿沥青 "A" / (μg/g)		S_1+S_2/ (mg/g)	
	范围	均值	范围	均值	范围	均值	范围	均值
太蔡岭剖面	1.58～4.74	3.16	1.61～4.24	2.93	5.5～31.77	18.64	0	0
刘家桥剖面	3.45～6.84	5.15	4.68～5.72	5.2	1.58～16.70	9.14	0～0.01	0
蓝田剖面	0.08～9.25	2.97	0.01～9.25	2.80	4.98～24.29	14.16	0～0.03	0.01
洪村剖面	0.85～4.33	2.59	0.79～4.28	2.54	18.56～19.97	19.27	0～0.01	0.01
岩寺村剖面	1.7～8.18	5.88	2.92～14.4	9.07	6.64～65.54	26.84	0.01～0.04	0.03
红桃村剖面	0.27～16.85	7.31	0.21～16.33	7.25	15.06～24.1	19.15	0～0.03	0.02
黄栗树剖面	0.14～0.24	0.19	0.11～0.22	0.17	8.78～14.52	11.65	0～0.02	0.01
幕府山剖面	3.95	3.95	3.77	3.77	48.41	48.41	0.12	0.12
总体	0.08～16.85	5.01	0.01～16.33	5.38	0.43～65.54	12.69	0～0.12	0.01

表 2-4-2　下扬子区下古生界烃源岩有机质类型统计表

层位	岩性	干酪根碳同位素 /‰	饱芳比	有机质类型	备注（井号及剖面）
S_1g	深灰色泥岩	−29.75～−29	2.5～3.8	I	宁镇露头、周参1井
O_3w	深灰色硅质泥岩	−29.5～−29.29	3.7～6.43	I	获3井、许24井
ϵ_1m	黑色碳质页岩	−36.72～−35.32		I	宁镇露头、ZK2井

4. 有机质热演化程度

下扬子地区下寒武统有机质演化程度较高，成熟度由皖南盆地区向两侧台地逐渐降低，九江、景德镇、黄山及开化淳安地区受火山岩影响 R_o 在 4.0% 以上；安庆—溧阳—南通以南，湖州—苏州以西下古生界主要处于盆地、陆棚及斜坡部位，曾经埋深大，处于过演化成熟阶段，潜山、南陵、无为、金坛凹陷及苏北凹陷整体埋深较大，R_o 在 3.0% 以上；其他区域处于成熟—高成熟演化阶段，R_o 在 2.0%～3.0% 之间（图 2-4-2）。

二、中奥陶统—下奥陶统

奥陶系下统泥页岩层分布主要集中于南部，呈北东向展布，推测沉积中心位于宁国一带，厚度主要在 100～600m 之间，分布比较局限。该套泥页岩层有机质丰度普遍较低，TOC 在 1.0% 以下，仅在宁国地区南部和桐庐地区有机质丰度相对较高，在 0.5%～1.0% 之间；成熟度与寒武系接近，推测在平面上有非常明显的分带性：沿着无为—铜陵—宁国—长兴—苏州—上海一带为界，之南区域 R_o＞3%，之北区域成熟度逐渐降低。

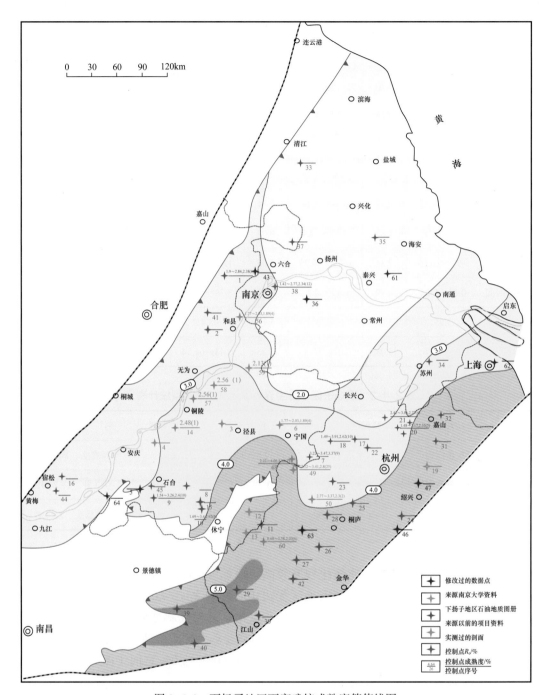

图 2-4-2　下扬子地区下寒武统成熟度等值线图

三、上奥陶统一下志留统

1. 泥页岩分布

典型剖面包括滁县三元支、和县三道坝口、无为沿山、怀宁大排山和江宁汤山侯家塘剖面等，典型井包括仑山5、汤山2、汤地2、苏页1、ZK10、ZK11、N4、苏174、皖含地1和皖南地1井等。根据露头及钻井资料，高家边组烃源岩纵向上主要发育于其下部鲁丹阶（图2-4-3），厚为40～80m，岩性为黑色页岩、硅质页岩、碳质泥岩，风化后

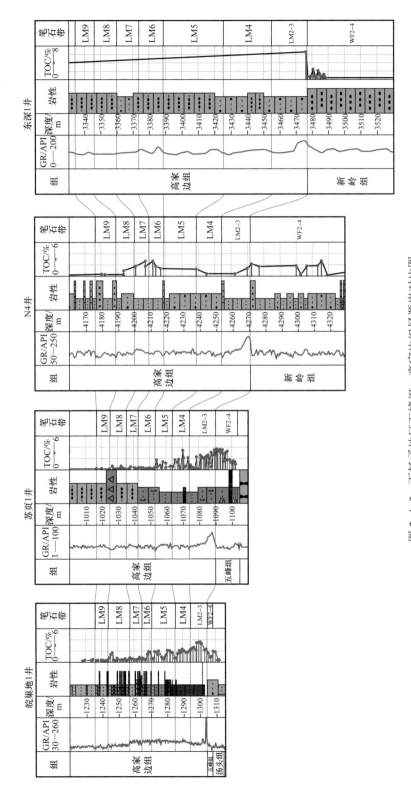

图 2-4-3　下扬子地区五峰组—高家边组烃源岩对比图

常呈灰白色，而顶部页岩或泥岩多呈灰绿、灰黄色。

平面上主要分布于苏皖中部镇江—南京—和县—安庆一带广泛发育（图2-4-4），厚度较薄，多小于60m，部分区域在60～100m之间。具有自和县—南京—汤山—句容一带向南向北厚度变薄、品质变差的趋势。镇江—句容地区的ZK10及ZK11井揭示有效厚度98m；向北至苏北盆地内部，由于钻井仅揭示多为中上部地层，因此对高家边组底部黑色泥页岩的分布还难以准确把握，但结合区域沉积构造背景推测该套烃源岩在苏北地区应广泛发育。向南至南部黄桥—如东—南通一带相变为浅水陆棚笔石页岩、砂岩沉积，烃源岩厚度减薄，且泥质含量减少，黄桥地区N4井揭示该套烃源岩74m，东深1井揭示相变为含粉砂质泥岩，品质较差。此外，虽然江南地层分区靠北的区域也有少部分页岩分布，但多数已变质成板岩，特别是在皖南和浙西北地区，底部烃源岩段由于后期构造运动多遭受剥蚀或缺失。

2. 有机质丰度

下扬子区下志留统下段烃源岩有机质丰度较高，ZK10井该段泥岩TOC高达2.08%，均值1.33%；都4井该段TOC均值1.03%；N4井该段泥岩TOC在0.54%～2.67%之间，均值1.29%；汤山和仑山地区钻井揭示该套烃源岩品质更好（表2-4-3）。皖南地1井该段TOC为0.72%～2.41%；皖含地1井该段TOC为0.33%～2.81%，可见巢湖—南京—镇江一带高家边组泥页岩品质较好。

表2-4-3　下扬子地区五峰组—高家边组页岩参数统计表

井号	笔石带	厚度/m	TOC/%	硅质含量/%	黏土矿物含量/%
苏页1	L4-5	37	0.16～3.45/0.81（38）[①]		
	L2-3	19	0.17～3.68/2.44（29）		
	WF	7	1.0～1.8/1.36（6）		
仑山5号	L4-5	23	0.15～1.35/0.47（17）	38.4～56.7/45.6（17）	29.7～54/45.8（17）
	L2-3	16	0.37～3.59/1.54（16）	43.5～67.7/54.1（16）	26.8～48/37.48（16）
汤山3号	L6-7	42	0.23～2.77/0.7（24）	39.1～65.6/45.79（24）	15.6～52/43.93（24）
	L4-5	41	0.2～4.33/1.5（32）	29.7～69.8/51.03（29）	23.4～52.7/39.2（29）
	L2-3	32	0.21～4.6/2.29（30）	22.5～72.6/52.83（30）	20.2～61.8/37.94（31）
汤地2	L6-7	51	0.22～2.59/0.86（22）		
	L4-5	34	0.26～3.29/1.47（34）		
	L2-3	13	1.04～4.78/3.08（14）		

①范围/平均值（样品数）。

区域上，高家边组高TOC值泥页岩段发育中心与沉积中心不重合，高TOC值区主要分布在南京—扬州—泰州一带，烃源岩TOC指标一般在1.5%～2.5%之间；向西北和东南TOC数值降低，泥页岩厚度逐渐变薄，有机质丰度逐渐变差。

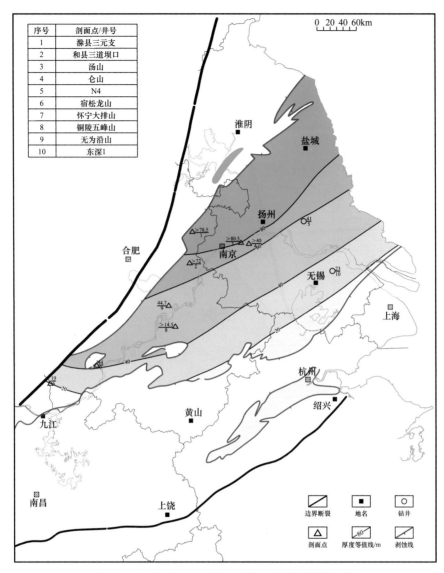

序号	剖面点/井号
1	滁县三元支
2	和县三道坝口
3	汤山
4	仑山
5	N4
6	宿松龙山
7	怀宁大排山
8	铜陵五峰山
9	无为沿山
10	东深1

图 2-4-4　下扬子地区下志留统地层厚度等值线图

3. 有机质类型

下扬子区志留系下统烃源岩干酪根碳同位素介于 –29.75‰～–29‰，小于 –29‰；氯仿沥青 "A" 组成中的饱芳比一般大于 3，生烃母质以 I 型为主（表 2-4-2）。

4. 有机质热演化程度

下扬子地区志留系成熟度在平面上分带性非常明显，大部分地区成熟度小于 1.6%，属于成熟区块；但是在石台—常州—杭州—桐庐—开化夹持的区域内，从边部到中心，成熟度逐渐增高，从 1.6%～4.0%，最高值可以达到 5.0% 以上，很明显该区域整体属于过成熟阶段（图 2-4-5）。

四、下二叠统孤峰组

1. 泥页岩分布

下扬子地区孤峰组暗色泥页岩地层厚度变化较平缓，大部分区域处于 30～90m 范围，大于 90m 的范围很小。在东北部的海安—大丰一线，厚度大于 60m、小于 90m，在中南部的南京—长兴—泾县—九江—黄梅—安庆—铜陵—无为围绕的区域内，厚度普遍大于 60m（图 2-4-6）。

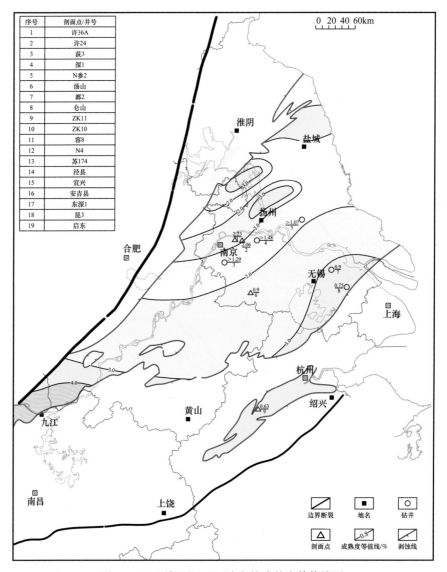

序号	剖面点/井号
1	许36A
2	许24
3	荻3
4	深1
5	N参2
6	汤山
7	都2
8	仑山
9	ZK11
10	ZK10
11	容8
12	N4
13	苏174
14	泾县
15	宜兴
16	安吉县
17	东深1
18	昆3
19	启东

图 2-4-5　下扬子地区下志留统成熟度等值线图

2. 有机质丰度

下扬子地区二叠系孤峰组有机质丰度高值区主要集中在九江—安庆—铜陵—无为—南京—长兴夹持的区域及北部海安—大丰一带，TOC 在 3.0% 以上，如泾县昌桥 TOC 为 2.92%～4.46%，平均值 3.79%，巢县平顶山 TOC 为 3.52%～3.56%，平均值 3.54%。

3. 有机质类型

下扬子地区二叠系孤峰组烃源岩干酪根类型以Ⅲ型为主，部分为Ⅱ₁型，有少量为Ⅰ型和Ⅱ₂型，海相中生界—上古生界烃源岩的有机质类型相对较差（图 2-4-7）。

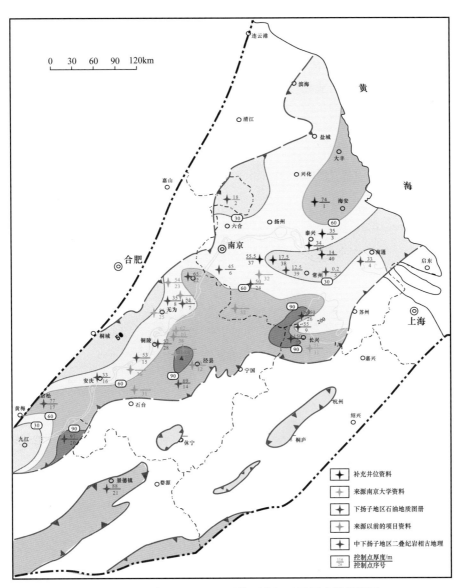

图 2-4-6 下扬子地区下二叠统孤峰组地层厚度等值线图

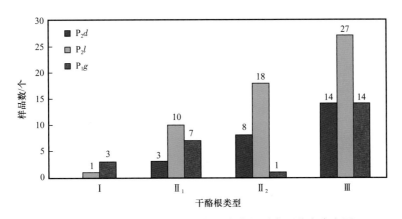

图 2-4-7 下扬子地区二叠系烃源岩有机质类型分布直方图

4.有机质热演化程度

下扬子地区孤峰组成熟度较高的区域主要集中在泾县地区，成熟度 R_o 可达到 2.0%，处在热演化成熟阶段，然后往四周逐渐降低，另外海安地区成熟度 R_o 在 1.5%～2.0% 之间；下扬子地区南部地层成熟度 R_o 普遍大于 1.0%，处于未成熟—成熟转化阶段（图 2-4-8）。

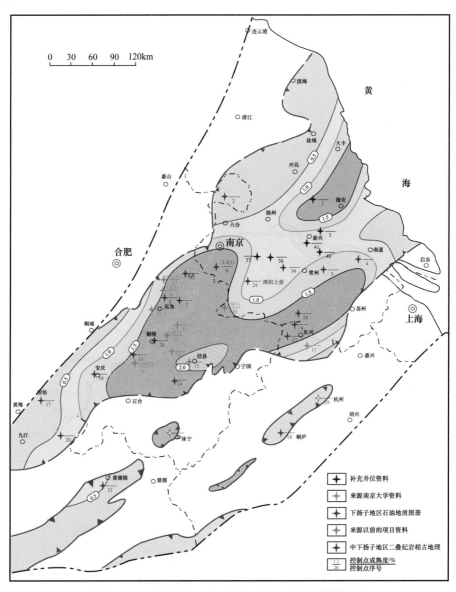

图 2-4-8　下扬子地区下二叠统孤峰组成熟度等值线图

五、上二叠统龙潭组

1.泥页岩分布

龙潭组烃源岩主要发育于下段及上段，岩性以黑色页岩、碳质页岩及煤为主；下扬子地区二叠系地层主要出露于东至—泾县—宁国—广德—安吉—湖州一线以北、巢湖—含山—南京—镇江一线以南的广大区域，整体上呈北东—南西向条带状分布，主要分布于黄桥、句容、长兴、无为沿江一带，厚度为50～200m。苏北地区除滨海地区厚度大于150m外，其他地区厚度一般小于150m（图2-4-9）。

编号	剖面位置	编号	剖面位置
1	滨1-4井	17	苏145井
2	兴桥X1井	18	宿松
3	引1井	19	杨桃山
4	海1井	20	泾县宴公堂
5	新苏159井	21	宜城九连山
6	台X8井	22	周王
7	江宁天宝山	23	宜兴硎1井
8	圣科1井	24	长兴煤山
9	句参2井	25	宜兴
10	华23井	26	宜兴善73-1
11	镇江伏牛山	27	湖州南皋桥
12	N12井	28	无锡文林
13	N13井	29	靖江
14	苏174井	30	江阴云53井
15	N5井	31	沙洲沙塘
16	长1井		

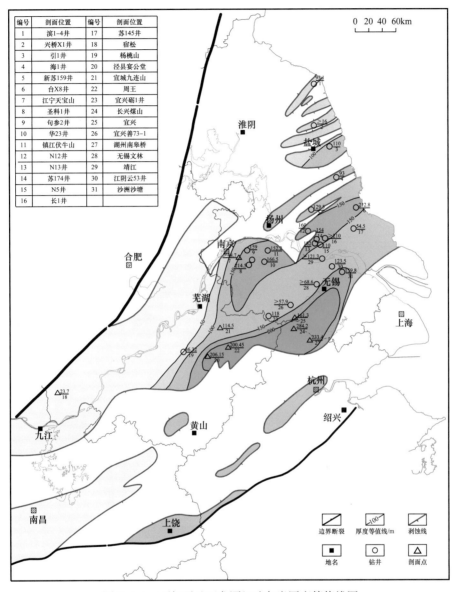

图 2-4-9　下扬子地区龙潭组暗色岩厚度等值线图

2. 有机质丰度和类型

苏北地区泥岩有机碳多介于0.6%～2.0%，平均1.68%；有机质类型以Ⅲ型和Ⅱ₂型为主（图2-4-7）；总体属较好—好烃源岩。苏南黄桥地区泥岩TOC分布范围0.66%～5.82%，平均2.49%；S_1+S_2平均3.44mg/g；综合评价为较好烃源岩；碳质泥岩TOC分布范围6.02%～58.16%，平均13.38%；S_1+S_2平均8.65mg/g，综合评价为好烃源岩。句容地区泥岩有机碳含量为0.12%～3.87%，平均1.95%，大于0.6%的占60%；S_1+S_2平均2.76mg/g，综合评价为好烃源岩。巢湖—无为地区泥岩有机碳含量为0.48%～4.43%，平均1.19%；S_1+S_2平均0.30mg/g，为好烃源岩。

3. 有机质热演化程度

龙潭组烃源岩成熟度与其上覆大隆组和下伏孤峰组差别不大，除滨海地区受构造边界异常热流体影响，热演化程度较高外，其他地区龙潭组烃源岩热演化程度适中，主要以生油为主。区内台 X8 井、溪 1 井、苏 174 井见的显示均以油为主。

六、上二叠统大隆组

1. 泥页岩分布

下扬子地区大隆组暗色泥页岩地层厚度变化较平缓，总体上来看，主要在 0～25m、25～50m、50～75m、75～150m 这 4 个范围之间，整体上从西北往东南方泥页岩地层厚度呈递增趋势，可以明显看到 3 个厚度大于 75m 的区域，分别是大丰地区、长兴—苏州一带、九江地区和大丰一带（图 2-4-10）。

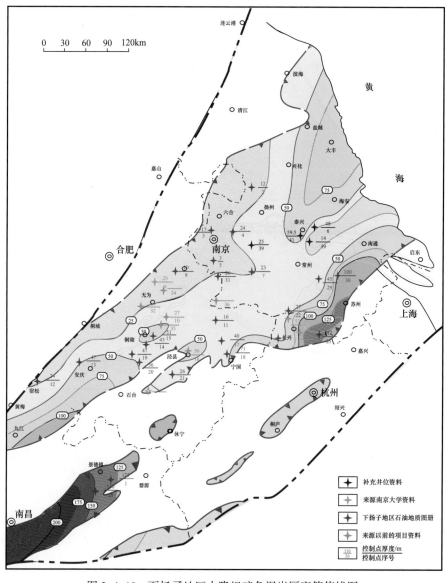

图 2-4-10　下扬子地区大隆组暗色泥岩厚度等值线图

2. 有机质丰度

下扬子地区二叠系上统有机质等值线图呈北东向展布，高值区呈现条带展布，集中在南京—扬州—无为—铜陵—安庆一带，TOC 在 4.0% 以上，如南京江宁天宝山 TOC 在 3.95%～4.52% 之间，平均值 4.15%。研究区内，从西北角往东南角，TOC 逐渐降低，从 4.0% 降低到 2.0%。

3. 有机质热演化程度

下扬子地区上二叠统有机质成熟度较高的区域主要集中在安庆—桐城地区和苏州地区，成熟度 R_o 都在 3.0% 以上，处于过成熟阶段；其中，安庆—桐城一带成熟度 R_o 值在 4.0%～5.0% 之间。在平面图上明显可见研究区内成熟度 R_o 在 1.0%～2.0% 之间，大部分区域处于热演化成熟阶段（图 2-4-11）。

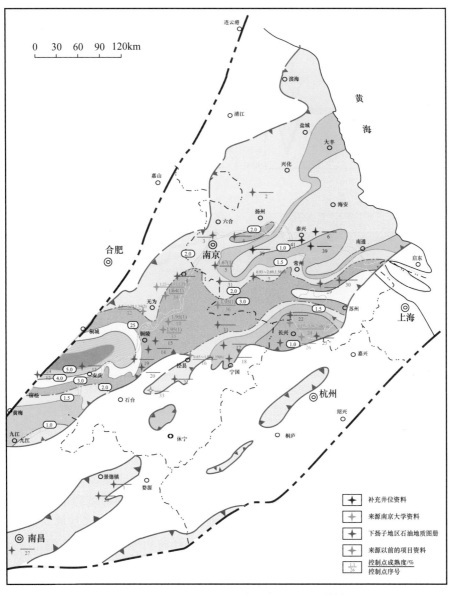

图 2-4-11　下扬子地区上二叠统大隆组成熟度等值线图

第二节 烃源岩成烃演化

一、热演化史

下扬子地区海相中生界—古生界烃源岩的热演化史及成烃史与不同时期的沉降特征关系密切，不同沉降单元的沉降史、埋藏史及热史存在差异（图2-4-12），决定着海相中生界—古生界烃源岩的演化过程。沉降中心由西南向东北的迁移决定了海相中生界—古生界烃源岩的动态演化特征，使得烃源岩成烃在时间上具有阶段性、空间上具有分带性。

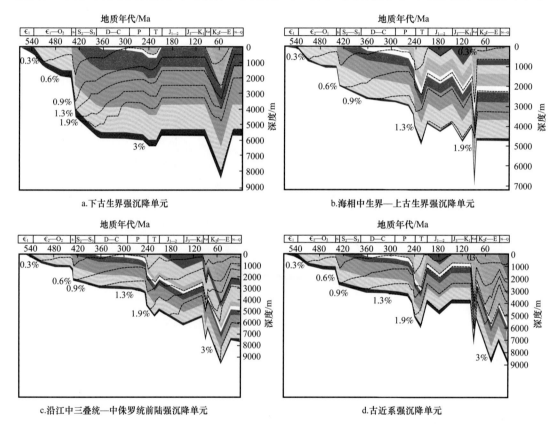

图 2-4-12　下扬子地区不同强度沉降单元埋藏史图及热演化史图

总体上，下扬子地区海相中生界—古生界成烃期可分为五个阶段，即加里东期、海西期—早印支期、晚印支期—中燕山期、晚燕山期及喜马拉雅期。

加里东期为下古生界强沉降时期，石台—宁国—安吉一带下寒武统荷塘组在加里东末期即达到过成熟阶段。苏北—南黄海中部加里东末期的沉降幅度较小，下寒武统正处在成熟生油阶段，下志留统—上奥陶统烃源岩演化程度较低，处在未成熟—低成熟阶段。

海西期—早印支期，下扬子地区稳定沉积了一套海相地层，厚度在整个下扬子地区变化较小。下志留统—上奥陶统烃源岩成熟生排烃并进一步演化至高成熟阶段。下寒武统幕府山组烃源岩则达到高成熟—湿气阶段。

晚印支期—中燕山期，下扬子地区整体以抬升剥蚀为主，而在沿长江两岸北东向条带上沉积了中三叠统—中侏罗统，厚达 2000m 以上，促使下伏海相中生界—上古生界烃源岩成熟及下古生界烃源岩的进一步增熟。

晚燕山期，是下扬子地区海相中生界—上古生界烃源岩的主要成熟生排烃期。该时期浦口组沉积晚期为广湖泊沉积，沉积范围广、厚度大（厚达 2000~3000m），海相中生界—上古生界普遍成熟，苏南地区海相中生界—上古生界晶洞油均形成于这一时期。晚燕山期末沿江前陆强沉降单元海相中生界—上古生界烃源岩演化至湿气阶段，其他地区海相中生界—上古生界 R_o 为 0.5%~1.0%。该时期苏北—南黄海中部下志留统—上奥陶统烃源岩也处在湿气阶段（R_o 为 1.3%~2.0%），下寒武统以生干气为主（$R_o > 2.0\%$）。沿江前陆强沉降单元下志留统—上奥陶统也达到干气阶段（$R_o > 2.0\%$）。

喜马拉雅期，沉降作用主要发生在苏北—南黄海地区。海相中生界—古生界烃源岩基本上保持了晚燕山期的成熟演化状况。苏北—南黄海地区古近纪湖盆中沉积岩厚度巨大，下伏的海相中生界—古生界烃源岩进一步深埋成烃。该区海相中生界—上古生界处于高成熟—湿气阶段（R_o 为 1.0%~2.0%），下志留统—上奥陶统处于湿气—干气阶段（R_o 为 1.3%~2.5%），下寒武统以生干气为主（$R_o > 2.5\%$）。

总体来说，下扬子地区烃源岩层位众多，但是由于资料条件的限制，下古生界资料相对较少，上古生界仅有三处获得过工业油气流。从已有的黄桥和句容地区的钻井资料看，寒武系烃源岩的生油高峰期为早三叠世—中三叠世（R_o 为 0.7%~1.3%），主生气期为晚三叠世—晚侏罗世（R_o 为 1.3%~2.6%），液态烃裂解生气始于侏罗纪之后（对应的 R_o 为 1.6%~3.5%）。常州地区 CZ-2015nw4200 地震剖面 SP3500 虚拟井由于志留纪厚度巨大，导致寒武系烃源岩早期受热温度高，生烃早。晚古生代处于生油高峰期，主生气期为晚二叠世—晚三叠世，液态烃裂解生气为中三叠世—中侏罗世（对应的 R_o 为 1.6%~3.5%）。中生界—上古生界烃源岩的演化以黄桥和句容地区为例详述如下。

黄桥地区二叠系烃源岩在埋深 1200m 时，即早侏罗世，进入低成熟阶段；至早白垩世末，二叠系底部烃源岩 R_o 为 0.56%；随后地层抬升，结束初次生烃过程；晚白垩世，地层大幅度沉降，烃源岩埋深 1600m 时，即晚白垩世末，烃源岩开始进入晚期生烃阶段，成熟度增加；埋深至 2000m，烃源岩进入成熟阶段，至今，二叠系烃源岩仍处于成熟阶段，是生烃高峰期。三叠系青龙组烃源岩在埋深 1200m 时，即早侏罗世，进入低成熟阶段，至早白垩世末，三叠系底部烃源岩 R_o 为 0.51%；随后地层抬升，结束初次生烃过程；晚白垩世，地层开始大幅度沉降，烃源岩埋深 1500m 时，即古近纪，烃源岩开始进入二次生烃阶段；至今，烃源岩仍处于低成熟阶段。由于印支运动，地层发生抬升剥蚀，处于低成熟阶段的二叠系、三叠系烃源岩停止生烃，此时其成熟度未达到生烃高峰，其停止生烃的时间为 165Ma，即中侏罗世末。在白垩纪末，发生构造沉降，烃源岩受热温度升高，但地层温度分别超过两套烃源岩抬升时的最高温度时，二叠系、三叠系烃源岩进入二次生烃，时间为距今 65Ma，随着埋深增加烃源岩进入成熟阶段，之后由于地层在喜马拉雅期运动期间抬升，使烃源岩至今一直处于成熟阶段。因烃源岩初次生烃终止时的成熟度较低，所以当其埋藏深度增加时很容易达到二次生烃的生烃门限，烃源岩的成熟度也随之升高。

句容地区二叠系底部烃源岩在埋深 1600m 左右，即早三叠世，开始进入低成熟期；埋深 2200m 左右，底部烃源岩开始进入成熟阶段，至早白垩末二叠系底部烃源岩的成熟度达到 1.15%，随后地层抬升，初次生烃结束，即初次生烃结束时烃源岩 R_o 值为 1.15%；晚白垩世地层开始沉降，超过抬升前的最大埋藏深度和受热温度，烃源岩进入二次生烃作用阶段，当埋深至 3300m 时，底部烃源岩开始进入过成熟阶段，之后二叠系烃源岩达最大成熟度为 1.39%；二叠系栖霞组烃源岩处在高成熟—过成熟阶段，孤峰组、龙潭组、大隆组烃源岩处在成熟阶段，处于生烃高峰期。二叠系、三叠系烃源岩在早白垩世发生抬升，处于成熟阶段的烃源岩停止生烃，其停止生烃的时间为 120Ma，即早白垩世，此时底层埋藏深度为 3000m。在白垩纪末，地层又发生构造沉降作用，二叠系、三叠系烃源岩进入二次生烃，距今 90Ma 时，底层埋深为 2900m，随着埋深增加栖霞组烃源岩进入高成熟—过成熟阶段，而孤峰组、龙潭组、大隆组、青龙组下段烃源岩一直处于成熟阶段。

二、晚期生烃、晚期成藏

晚期生烃是针对中燕山期强烈构造运动及岩浆活动造成早期油气藏破坏而提出的，指早白垩世末以后构造运动相对减弱条件下由晚白垩世和古近纪沉积引起的增熟生烃。晚期生烃的地球化学证据如下。

（1）同一地区或相邻地区存在两组同源但不同成熟度的油。据油源研究取得的认识，句容、黄桥地区发现的油主要来自下三叠统和上二叠统烃源岩。通过油样甲基菲指数推算，句容和黄桥地区存在两组成熟度不同的油：大部分油源自 R_o 为 0.7%～1.2% 的成熟烃源岩，少部分来自 R_o 为 1.6%～1.7% 的高成熟烃源岩，这一特殊现象在其他盆地很少见。从根本上讲，油成熟度差异是由烃源岩成熟度差异引起的。推覆和倒转褶皱可使同层烃源岩变为上下叠置，当后期埋深超过前期埋深增熟情况下，就会造成烃源岩成熟度的纵向差异，"同源不同成熟度油"的出现应与此有关。

（2）同一层生烃层的成熟度平面变化较大。如二叠系烃源岩，部分地区处于成熟阶段，部分地区已达到高成熟甚至过成熟阶段。三叠纪前下扬子地区处于被动大陆边缘，构造稳定，二叠系—三叠系厚度变化不大，该时期埋深导致二叠系烃源岩成熟度平面变化也不大。印支—早燕山运动时期，该区处于总体抬升阶段，不能造成烃源岩的进一步增熟，所以这一差异在印支末以前的稳定沉积期和早燕山构造变动期不能形成。而白垩系—古近系深埋是导致增熟作用的根本原因。

下古生界烃源岩演化低值点存在于早期逆冲断层的前缘隆起上，晚白垩世以来未进一步深埋，这些演化低值点的存在证实中燕山事件前下古生界烃源岩还远未达到过成熟。黄桥地区 N2 井下寒武统 R_o 约 1.7%，甲基菲分布进一步证实烃源岩成熟度较低。

（3）一些推覆、倒转地层剖面为海相烃源岩晚期增熟生烃提供直接证据。圣科 1 井倒转向斜剖面中，向斜上翼二叠系埋深 570～670m，R_o 为 0.71%～0.89%；下翼重复出现的二叠系，埋深为 2074～2424m，R_o 为 1.32%～1.55%。向斜上、下翼成熟度差异应来自后期再次深埋产生的成熟度调整。海参 1 井、滨海地区推覆倒转地层剖面同样具这一特征。

（4）句容地区黏土矿物演化、裂变径迹和包裹体测温资料提供了后期烃源岩增熟的证据。句容地区容 6 井浦口组底部样品伊/蒙混层矿物中蒙皂石层间比为 20%，推测古地温为 105℃；磷灰石裂变径迹测试结果也反映其曾经历大于 115℃ 的古地温。结合该区古地温梯度，推测晚白垩世沉积厚度应超过 3000m，后于白垩纪末—古近纪初发生抬升。另据该区龙潭组样品包裹体测温资料，该区印支面以下中生界—上古生界曾经受90～160℃地温。综合推断该区海相中生界—古生界烃源岩在白垩纪末—古近纪初又经历了一次深埋，埋深大于3000m。这一深度超过了印支—早燕山运动大规模抬升前的深度，对烃源岩具有明显的增熟作用。

（5）部分中生界—古生界油气显示证实海相烃源岩存在晚期增熟成烃及再次充注过程。

海安凹陷台X8井上二叠统龙潭组见2层（3068～3069.5m，3117～3118m）2.5m油迹显示，油气源对比分析认为油源为海相中生界—上古生界。该井二叠系油砂饱和烃色谱明显分为前后两部分，前一部分峰型饱满，正构烷烃分布较全，表明水洗氧化及生物降解作用较小；后一部分谱图的基线明显隆升，出现一个大鼓包，指示不可解译的复杂化合物（UCM），水洗氧化或生物降解作用明显（代表了早期形成油气的破坏过程），反映该井二叠系至少经历了两期以上油气充注，早期（推测为中燕山期，该时期构造抬升剥蚀最为普遍）充注的油气遭到破坏，晚期（晚燕山期—喜马拉雅期）海相烃源岩再次深埋成烃并保存下来。此外，阜宁X1井下石炭统油气源分析也证实该井油气来自海相中生界—上古生界，而且在石炭系油砂饱和烃色谱中未见明显的次生蚀变特征，表明现今油气保存条件良好；但在饱和烃中检测出丰度较高的25-降藿烷，指示早期经历过严重的生物降解。另外，油砂抽提物非烃及沥青质含量较高，综合分析认为该井石炭系至少经历两期以上油气充注，早期油气藏遭到破坏，后期有油气的再次生成及充注，从而进一步证实该区海相中生界—古生界烃源岩存在晚期生烃过程。

第三节　油气源对比

虽然仅发现朱家墩气藏、黄桥CO_2气藏及少量出油点，但下扬子地区海相中生界—古生界大量油气显示证实该区有较大的海相油气勘探前景，落实这些油气藏及含油气构造的油气来源对该区的油气勘探选区有重要意义。

一、句容地区油源

句容地区的中生界—上古生界原油与海相中生界—上古生界烃类具有较好的亲缘关系，证据如下：

（1）句容地区原油饱和烃色谱形态与三叠系青龙组泥质岩、石灰岩及二叠系龙潭组泥质岩抽提物饱和烃色谱形态相似性较高，指示二者同源（图2-4-13）。

（2）富含长链三环萜（C_{28}—C_{30}长链三环萜）是海相中生界—上古生界烃源岩的典型特征，这与句容地区原油中高含量的长链三环萜相一致。

（3）句容地区原油$\delta^{13}C$值介于−28.5‰～−27‰，与海相中生界—上古生界偏腐殖母岩一致，比新生界原油$\delta^{13}C$值（−31.5‰～−29‰）重，而下古生界烃类$\delta^{13}C$值一般小于−29‰。

（4）原油V/Ni比大于1（1.31～3.95），含硫较高，是海相原油的典型特征。对该区海相中生界—古生界烃源岩成熟度分析结果表明，句容地区原油的成熟度与海相下三叠统—上二叠统烃源岩的成熟度大体相当。

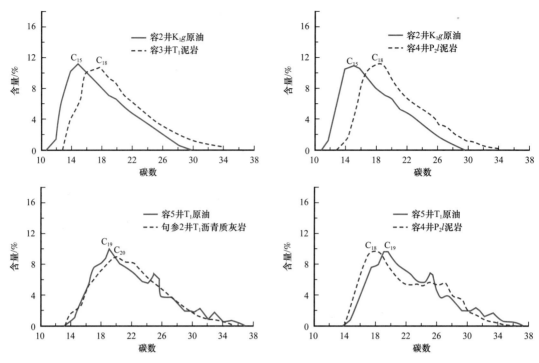

图 2-4-13　句容地区原油及海相中生界—上古生界烃源岩抽提物饱和烃色谱对比

二、黄桥地区烃源

1. CO_2 气源

CO_2 气源分析主要依靠 $\delta^{13}C_{CO_2}$，以 $-10‰$ 为界，无机来源 CO_2 的 $\delta^{13}C_{CO_2}$ 值一般重于 $-10‰$，有机成因 CO_2 的 $\delta^{13}C_{CO_2}$ 值轻于 $-10‰$。根据 CO_2 的 $\delta^{13}C_{CO_2}$ 值，黄桥 CO_2 气属无机成因。二氧化碳气并非碳酸盐岩烘烤形成，黄桥 CO_2 气田经 20 年开发，气源充足，绝不是仅靠碳酸盐岩分解所能提供，且烘烤碳酸盐岩成因的二氧化碳 $\delta^{13}C_{CO_2}$ 值更重，黄桥地区下二叠统栖霞组石灰岩和方解石热解所释放的 CO_2 碳同位素值在 $1.8‰$～$3.86‰$，平均为 $2.66‰$。

根据 CO_2 的浓度、碳同位素值及其在纵向上的变化规律，可将该区 CO_2 划分为三种不同类型。

第一类为高纯 CO_2 气藏，以白垩系浦口组—志留系坟头组气层为主，CO_2 含量一般大于 95%。黄桥深层高纯 CO_2 的 $\delta^{13}C_{CO_2}$ 值较大，为 $-4.06‰$～$-2.65‰$，属典型无机成因。

第二类为含烃 CO_2 气藏，主要分布在志留系坟头组，CO_2 平均含量为 73.1%，$\delta^{13}C_{CO_2}$ 值为 $-5.5‰$，重于 $-10‰$，仍以无机成因为主，但比第一类偏轻，可能是下古生界有机质生成 CO_2 部分混入并发生交换的结果。

第三类为高氦高氮浅层气藏含 CO_2 气体，CO_2 气体 $\delta^{13}C_{CO_2}$ 值较小，为 $-10.6‰$～$-8.09%$，可能与 CO_2 的运移分馏作用有关，也可能与深层 CO_2 驱替上托烃类同位素交换的结果。

2. CO_2 气伴生烃源

黄桥二氧化碳气藏有多层位产出 CO_2 伴生轻质油（坟头组—浦口组）。部分凝析油样品长链三环萜相对丰富，与句容地区原油的特征相似，属同一体系，来自海相中生界—上古生界。

部分伴生烃类中有下古生界的贡献，特别是深层海相地层产出的伴生烃类。如苏174井泥盆系五通组及志留系茅山组伴生轻质油的双环萜分布与典型的句容地区上古生界及苏北盆地古近系烃类特征均具有显著差别（图2-4-14）。苏174井伴生的烃气体更具有腐泥来源的特征（$\delta^{13}C_1$ 为 $-40.02‰$，$\delta^{13}C_2$ 为 $-30.74‰$，$\delta^{13}C_3$ 为 $-28.6‰$），与塔里木、四川盆地寒武系—奥陶系海相腐泥气具有可比性（图2-4-15），来自下古生界的可能性较大。

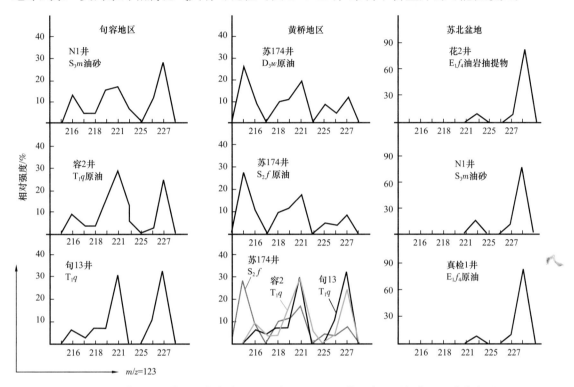

图 2-4-14 苏 174 井伴生烃与句容地区上古生界原油、苏北古近系烃类双环萜分布图
峰号：214、215、216、218、219、220、221 为双环萜烷，分子式 $C_{15}H_{28}$，分子量 208；217 为烷基环己烷，
分子式 $C_{14}H_{28}$，分子量 196；225、226、227、228 为双环己烷，分子式 $C_{16}H_{30}$，分子量 222

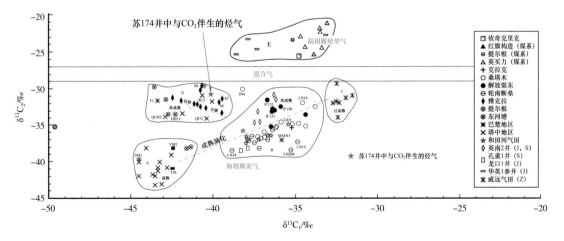

图 2-4-15 黄桥二氧化碳伴生烃与国内寒武系—奥陶系海相腐泥气、陆相腐殖气对比
A—塔中地区，寒武系来源成熟海相腐泥气；B—塔东、塔北、和田河等，寒武系来源为主的高成熟海相腐泥气；C—威远气田，寒武系来源过成熟海相腐泥气；D—塔北、塔中，奥陶系来源为主的高成熟海相腐泥气；E—塔里木陆相腐殖型气

3.He 气气源

截至 2018 年底，He 同位素是识别幔源、壳源氦气的唯一手段。幔源氦的 ^{3}He/^{4}He 值变化范围较窄，正常为 $1.2×10^{-5}$，放射成因的 ^{3}He/^{4}He 约 $2×10^{-8}$。黄桥浅层气田的 ^{3}He/^{4}He 约为大气 He 同位素值的 3~4 倍，介于壳源和幔源 He 同位素值之间，指示氦气既有壳源也有幔源成因。黄桥浅层气藏底部存在 2.0~6.0m 高自然伽马值砂层，其铀平均含量 0.00187%，钍平均含量达 0.00118%，^{40}K 平均含量 5.89%，铀/钍 1.58。该类放射性物质蜕变产生氦气可能对浅层气藏有贡献。

三、朱家墩气藏气源

朱家墩气藏主要赋存于阜一段底及泰州组，天然气探明地质储量为 $22.22×10^8m^3$。朱家墩天然气成熟度高，甲烷含量 90.82%~96.12%，气体相对密度 0.57~0.6102，甲烷化系数一般大于 95%，以干气为主（表 2-4-4）。

表 2-4-4 朱家墩气藏天然气组分统计表

井号	深度 /m	层位	CH_4/%	C_2H_6/%	C_3H_8/%	N_2/%	CO_2/%	气相对密度	甲烷化系数 /%
盐参 1	3766.0~3782.6	E_1f_1	96.12	1.37	0.26	1.65	0.48	0.5762	98.21
盐参 1	4028~4050.6	K_2t_1	92.26	2.64	0.4	4.37	0.11	0.5932	96.58
盐参 1	4028~4050.6	K_2t_1	92.44	2.63	0.41	4.16	0.17	0.5925	96.61
盐城 1	3788~3799	E_1f_1	95.53	1.62	0.27	1.18	1.24	0.5835	97.91
盐城 1	3942.8~3976.0	K_2t_2	92.04	3.24	1.06	1.56	1.05	0.6099	94.70
盐城 1	3942.8~3976.0	K_2t_2	91.89	2.84	0.99	2.16	1.49	0.6102	95.37
盐城 1	4010~4018	K_2t_1	95.66	1.46	0.4	1.63		0.57	97.97
盐城 1	4010~4018	K_2t_1	93.89	3.41	0.17	2.32	0.2	0.5835	96.33
盐城 3	4980	D_3w	90.82	1	0.07	7.95	0.15	0.59	98.84

朱家墩天然气具有较高成熟度，远高于苏北古近系油伴生气及古近系—泰州组岩石吸附烃（图 2-4-16）。轻烃指标中 2，4-DMP/2，3-DMP（2，4-二甲基戊烷/2，3-二甲基戊烷）约 2.5。应用 1997 年 Mango 推导出的生油层成烃温度 T 与 2，4-DMP/2，3-DMP 的函数方程式：T（℃）=140+15ln（2，4-DMP/2，3-DMP），求得烃类的生成温度约 154℃，折算 R_o 为 1.4%~1.95%。以 3℃/100m 的地温梯度推算，气源岩埋深约 4700m，可排除来自上部泰州组的可能。

总之，朱家墩气藏源岩母质类型偏向腐殖型，气体主要来源于二叠系，具有混源性，主要有以下几个依据：（1）应用乙丙烷碳同位素和国内知名油气田对比，朱家墩天然气属煤型气，其轻烃中 2-甲基戊烷至甲基环己烷（C_6—C_8）$\delta^{13}C$ 始终大于 −27‰，与乙烷、丙烷及丁烷碳同位素相一致，是Ⅲ型母质的特征。（2）通过钢瓶采集气样在无水情况下做色谱进样时，C_6—C_8 轻烃组成富含芳香烃系列化合物（苯、甲苯），属煤系特征。（3）朱家墩气乙烷碳同位素明显轻于下扬子地区上古生界煤系干酪根碳同位素（−25‰），气源非单一的煤系。前人对朱家墩气藏的气源岩也有多方论证，认为天然气具有混源特征，如 V 形鉴别图上，朱家墩气样品点均落入混源区。气体碳同位素系列局部倒转，可能也是混源特征的一种表现，推测有偏腐泥气源岩的贡献。（4）通过 $^{40}Ar/^{36}Ar$ 定年，朱家墩气藏的气源主要来自二叠系。由于天然气以腐殖型气为主，气源应来自二叠系腐殖型泥质岩（包括龙潭组、孤峰组及大隆组）。孤峰及大隆组的厚度较小，龙潭组为气源岩可能性大。另外，天然气中有偏腐泥生烃母质的贡献，应用气 / 岩碳同位素对比（表 2-4-5），二叠系栖霞组石灰岩及下寒武统泥质岩热解气碳同位素与朱家墩气乙烷碳同位素都较为接近，均有成为气源岩的可能。

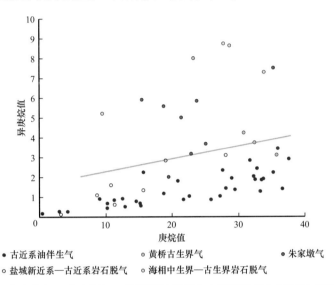

图 2-4-16　朱家墩气、古生界气、岩石脱气及苏北古近系油伴生气轻烃成熟度对比图

表 2-4-5　苏北中生界—古生界烃源岩热解气与盐参 1 井天然气碳同位素对比

井号	岩性	层位	原 R_o/%	加热后 R_o/%	$\delta^{13}C$/‰			
					C_1	C_2	C_3	C_4
容 2	深灰色泥灰岩	T_1x	0.604	1.5	−37.4			
				2	−33.4			
91-2	黑色泥岩	P_2d	0.86	1.5	−36.5	−31.7	−30.4	−31.9
				2	−29.2	−24.4	−22.7	−26.9
黄验 1	灰黑色泥岩	$P_{1-2}l$	1.18	1.5	−30.5	−25.8	−23.9	−19.6
				2	−26.4	−21.9	−21.5	−17.9
苏 174	灰黑色灰岩	P_1q	1.0	1.5	−32.1	−30.7	−29.8	−24.5
				2	−30.9	−27.7	−27.3	−21.6
获 3	黑色泥岩	O_3w	1.73	1.5	−35.6	−32.7	−31	−33.1
苏 121	灰黑色泥岩	ϵ_1m	2±	2.5	−32.1	−28	−25.7	−20
盐参 1	天然气	E_1f_1			−37.8	−27	−25.6	−25.4

四、浙西古油藏烃源

皖南—浙西地区的油气显示以地表沥青显示为主，古油藏的存在见证了大规模油气破坏过程。截至 2018 年底烃源岩及沥青的演化程度高，但通过化合物比率、化合物基团对比及碳同位素比较等方法仍有可能追踪探索沥青油气源，认为油气源主要为下古生界。

（1）余杭泰山古油藏的烃源主要为下寒武统荷塘组泥质岩。

饱和烃色谱特征分析表明，泰山古油藏与下寒武统泥质岩及上震旦统碳酸盐岩中的烃类相似，均具有单峰特征，主峰碳为 C_{18}。寒武系碳酸盐岩抽提物饱和烃色谱则具有双峰特征，与沥青差别较大。

沥青稳定碳同位素分析表明，沥青 $\delta^{13}C_{PDB}$ 为 $-29‰ \sim -26‰$，与区内下寒武统碳质岩及震旦系藻灰岩碳同位素相似，与苏南地区中奥陶统—下奥陶统泥质岩碳同位素具有较大差别。

沥青主要分布于下寒武统荷塘组邻近地层中，越近荷塘组沥青脉产出地点和条数越多，并可见到自荷塘组向外穿插现象。

（2）康山古油藏的烃源主要来自中奥陶统—下奥陶统。

利用芳香烃指纹对比，认为康山沥青与临安宁国组黑色泥岩指纹相似，都具有高菲、高含硫芳香烃、高四甲基菲系列化合物。

饱和烃气相色谱分析表明，康山脉沥青与宁国组宁村笔石页岩有一定相似性，呈前峰型，C_{22}、C_{28} 都有一个低谷，Pr/Ph 都较小（图 2-4-17）。

红外分析表明，康山沥青与贵州凯里奥陶系虎 47 井原油相似，康山沥青由海相原油演化而来（图 2-4-18）。

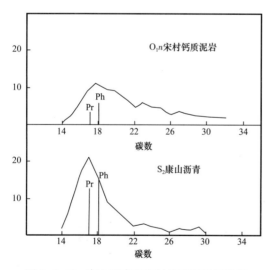

图 2-4-17　康山沥青和宋村笔石页岩气饱和烃色谱碳数分布图

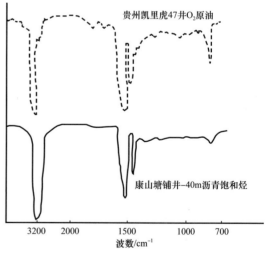

图 2-4-18　康山沥青与贵州凯里虎 47 井原油红外光谱对比图

中奥陶统—下奥陶统笔石岩母质中，一般掺杂有动物型成分，脂类及甾族分子相对丰富，母质类型较好，这与康山沥青中稳定碳同位素较轻一致（$\delta^{13}C_{PDB}$ 在 $-32‰ \sim -30‰$ 之间）。

第五章　储　　层

下扬子地区中生界—古生界主要有两类储层，分别为碳酸盐岩类储层和碎屑岩类储层，碳酸盐岩储层主要是下古生界震旦系灯影组滩相白云岩储层、上寒武统台地浅滩相储层和奥陶系台地边缘礁滩相储层；碎屑岩储层为二叠系龙潭组致密砂岩。

第一节　碎屑岩储层

下扬子地区碎屑岩储层主要发育在中志留统坟头组、上志留统茅山组、上泥盆统五通组、下石炭统老坎组及上二叠统龙潭组等几套地层。总体上储层物性差，为致密砂岩储层。

一、储层特征

依据王允诚等（1981）砂岩储层分类评价标准，结合区内砂岩孔隙类型、毛细管压力参数等，制定了下扬子地区砂岩储层分类评价标准（表2-5-1）。

表2-5-1　下扬子地区砂岩储层分类评价表

级别		主要孔隙类型	物性		汞毛细管压力特征			$R_d/\mu m$	评价
			孔隙度/%	渗透率/mD	p_d/MPa	p_{c50}/MPa	S_{min}/%		
I	a	A、B、C	13～20	10～100	0.1～0.3	0.5～1.5	20～35	2.5～7.5	很好
	b	A、B、C	13～20	5～50	0.3～0.5	1.5～3	20～35	1.5～2.5	好
	c	A、B、C	12～18	1～20	0.5～0.7	1.5～5	25～35	1.0～1.5	较好
II	a	B、C、D	9～12	0.2～1	0.7～0.9	3～6	25～45	0.8～1.0	中等
	b	B、C、D	7～9	0.1～0.5	0.9～1.1	6～9	35～45	0.6～0.8	中等—差
III		C、D	4～7	0.05～0.1	1.1～3	9～12	>45	0.6～0.3	很差
IV		C、D	<4	<0.05	>3	>9	>45	<0.3	非储集岩

注：p_d—排驱压力；p_{c50}—中值压力；S_{min}—最小非饱和孔隙体积；R_d—最大连通孔喉半径；A—粒间孔；B—次生溶孔、铸膜孔；C—杂基内溶孔；D—晶间孔。

1. 中志留统坟头组

坟头组为一套滨岸环境砂泥岩沉积，主要发育近滨和前滨两个相带。区域上地层厚度差异较大，沉降中心位于长兴—安吉一带，最厚大于2000m。江宁汤头村坟头组剖面厚349.98m，可分为上下两段，上段主要为近滨沉积，岩性为黄绿、黄灰色粉砂质泥岩、泥质粉砂岩夹石英砂岩；下段主要为前滨沉积，砂岩较发育，岩性主要为灰黄色石英砂岩，夹黄绿色泥岩、粉砂质泥岩、粉砂岩（图2-5-1）。

坟头组砂岩类型主要为细粒岩屑石英砂岩，少量岩屑砂岩。砂岩颗粒分选中等，磨圆度主要为次圆状—次棱角状，颗粒之间以线或凹凸接触为主，少量点接触。碎屑颗粒中石英含量一般为74%～84%，平均79%；岩屑含量较高，平均含量达到17.5%。砂岩填隙物中杂基成分主要为泥质，含量4%～17%；胶结物主要为硅质和铁矿胶结；黏土矿物以伊利石、伊/蒙混层、高岭石为主，其中伊利石含量一般为40%～65%，高岭石为9%～22%，伊/蒙混层中蒙皂石含量一般为10%～15%。砂岩孔隙类型主要为次生溶孔、杂基微孔，局部见微裂缝，连通性差，为中、小孔—微、小喉，孔隙度介于0.18%～12.1%，平均4.20%，孔隙度小于4%的样品占53.1%。渗透率介于0.01～4.94mD，平均0.36mD，小于0.05mD的占59.4%（图2-5-2）。排驱压力达2.677～7.186MPa，中值压力为5.936～28.54MPa，最大连通孔喉半径仅0.107～0.288μm。总体表明储层主要为Ⅳ类（非储集岩），部分为Ⅲ类储层。

2. 上志留统茅山组

茅山组沉积期海水进一步退却，水体更浅，主要沉积了一套紫红色砂岩夹薄层泥岩组合。岩性为紫红、紫灰、灰白色石英杂细砂岩、含砾岩屑杂细砂岩、含泥—泥质中细砂岩；砂岩中交错层理发育，为前滨—后滨沉积（图2-5-1）。地层厚度差异较大，无锡—安吉一带厚度最大达2000m以上，宁镇及苏北地区厚度小于100m，江宁汤头村茅山组剖面厚度仅为33.02m。

茅山组砂岩主要为中、细粒石英砂岩、岩屑石英砂岩，分选中等，碎屑颗粒主要为次圆—次棱角状，颗粒之间以线接触或凹凸接触为主。岩屑颗粒中石英含量较高，平均80.8%；岩屑含量平均达17.1%，以沉积岩和火成岩岩屑为主，少量变质岩屑。砂岩填隙物中杂基成分主要为泥质，含量为1%～25%，平均12.2%；胶结物主要为硅质和铁矿胶结，分别为1.3%和1.6%；黏土矿物以伊利石、伊/蒙混层为主，其中伊利石含量一般为44%～73%，伊/蒙混层中蒙皂石含量10%～15%，高岭石及绿泥石含量一般小于10%。砂岩孔隙类型为粒间孔、晶间孔及次生溶孔，孔隙较少且较分散，中、小孔—小喉；孔隙度0.32%～7.3%，平均3.63%，孔隙度小于7%的样品占98.3%；渗透率0.0096～76.6mD，平均2.0mD，小于0.1mD的样品占65.4%（图2-5-3）。排驱压力为2.567MPa，中值压力为4.991MPa，最大连通孔喉半径仅0.3μm。储层主要为Ⅲ—Ⅳ类储集岩，极少量Ⅱ类储集岩。

3. 上泥盆统五通组

五通组是一套滨岸相碎屑岩沉积，区域上分布稳定，厚度一般为150～200m，可分为上下两个岩性段。江宁孔山五通组剖面厚154.34m，下段观山段厚95.45m，以灰白、浅灰色厚层状石英砂岩为主；上段擂鼓台段厚58.89m，岩性为土黄、灰白、灰黑色泥岩、粉砂质泥岩夹粉砂岩、细砂岩（图2-5-4）。

五通组砂岩主要为中细粒石英砂岩，底部及下部普遍含砾石，上部少量岩屑石英砂岩。砂岩颗粒分选差—中等，磨圆度主要为次棱角—次圆状，颗粒之间以线或凹凸接触为主。碎屑颗粒中石英含量高，一般为80%～97%，平均92.2%；岩屑、长石含量低，平均6%和1.5%。砂岩填隙物中杂基主要为泥质，含量低；胶结物为少量硅质和铁。黏

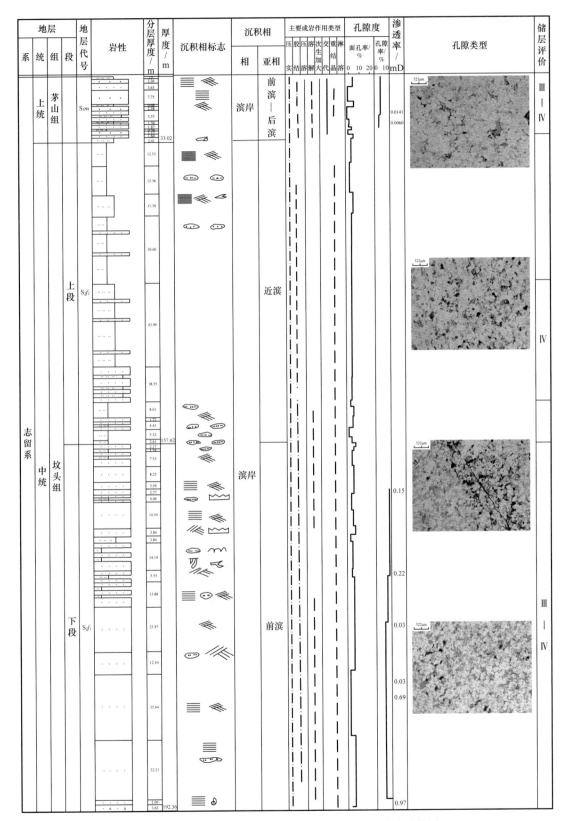

图 2-5-1 江宁汤山志留系坟头组—茅山组储层综合柱状图

土矿物以伊利石、伊/蒙混层为主，其中伊利石含量较高，一般为61%～89%，蒙皂石含量9%～22%，高岭石和绿泥石含量很少，小于5%。砂岩孔隙类型主要为石英再生长晶间孔、粒间孔和溶孔，中、小孔—中、小喉；孔隙度一般为0.28%～6.2%，平均2.47%，其中80.4%的样品小于4%；渗透率一般为0.0067～25.4mD，平均为0.80mD，70.2%的样品小于0.05mD（图2-5-5）。排驱压力为0.754MPa，中值压力为1.793MPa，最大连通孔喉半径为1.02μm。综合表明储层物性差，主要为Ⅳ类储集岩，少部分为Ⅲ类储集岩。

4.上二叠统龙潭组

龙潭组主要为一套障壁环境的潮坪沉积，厚度一般为200～400m，普遍发育黑色碳质泥岩及煤层，区域上可对比。据宁镇地区钻孔资料，龙潭组可分为三段。上段主要为含碳泥页岩夹石灰岩及中—细砂岩，中段为中细砂岩夹泥页岩及煤层，下段为粉砂质泥岩、泥质粉砂岩夹粉砂岩及细砂岩（图2-5-6）。苏174井钻遇龙潭组142.5m，主要为黑色泥岩夹灰色中—细砂岩、粉砂岩。

龙潭组砂岩主要为中—细粒岩屑石英砂岩、长石石英砂岩、岩屑砂岩及长石砂岩。颗粒分选中等—差，磨圆主要为次圆状，颗粒之间以点—线接触为主，部分线—凹凸接触。碎屑颗粒中石英含量为44%～92%，平均74%；岩屑含量为5%～40%，平均21%；长石含量相对较低，平均5%。砂岩填隙物中，杂基成分主要为泥质，含量1%～30%，平均10%；胶结物主要以方解石为主，少量为白云石及硅质、铁矿，方解石含量在1%～25%之间，平均10%，白云石含量为2%～28%。黏土矿物以伊/蒙混层、伊

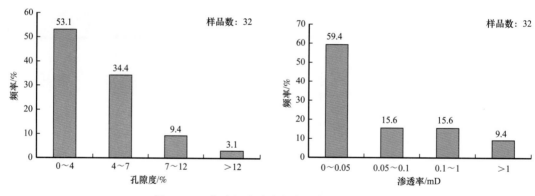

图 2-5-2　坟头组孔隙度与渗透率分布直方图

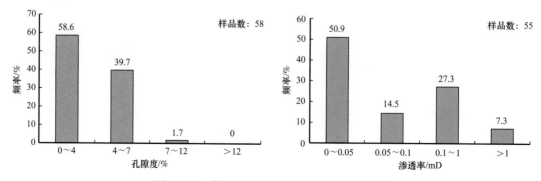

图 2-5-3　茅山组孔隙度与渗透率分布直方图

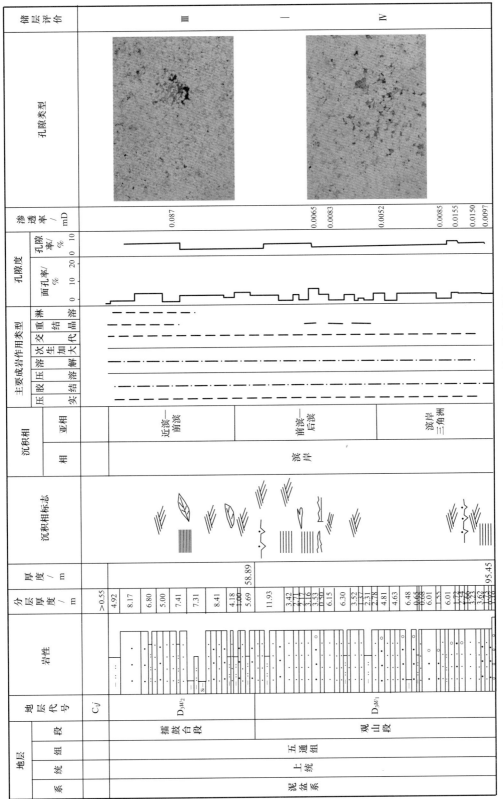

图 2-5-4 江宁孔山五通组储层综合柱状图

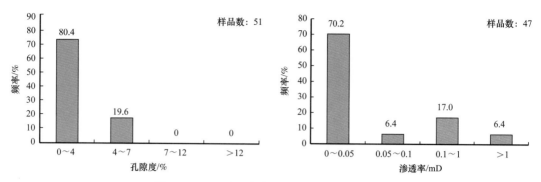

图 2-5-5　五通组孔隙度与渗透率分布直方图

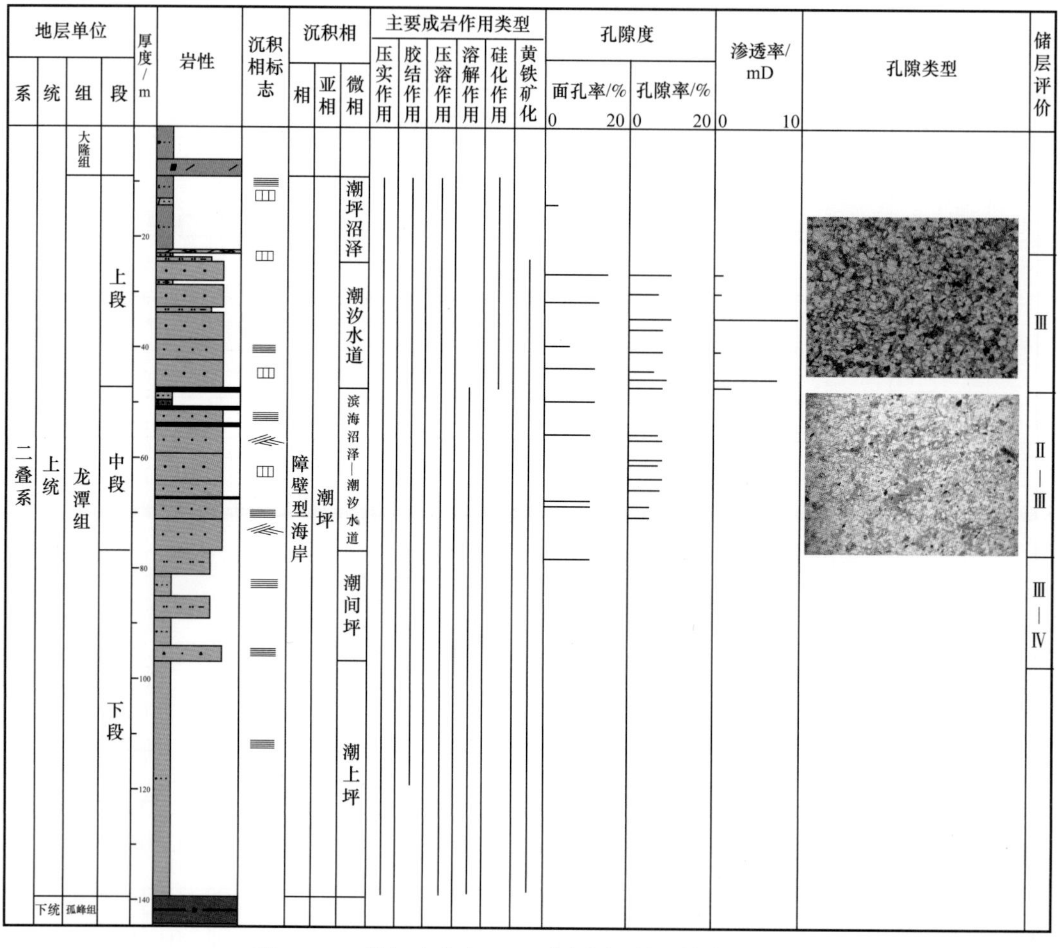

图 2-5-6　镇江小力山 91-2 孔龙潭组储层综合柱状图

利石为主，伊/蒙混层含量为 36%～58%，伊利石含量 16%～45%，伊/蒙混层中蒙皂石含量小于 15%，高岭石和绿泥石含量小于 10%。砂岩孔隙类型为粒间孔、次生溶孔和石英再生长晶间孔，多呈不规则形，局部见微裂缝，为中、小孔—中、小喉。孔隙度范围 0.26%～14.91%，平均为 5.55%，小于 4% 的样品占 42%，4%～12% 区间样品占 55.7%；渗透率 0.0024～6.48mD，平均 0.66mD，小于 0.05mD 的样品占 45.6%，0.05～1mD 的样品占 40.4%（图 2-5-7）。排驱压力 0.288～1.451MPa，中值压力 0.782～3.127MPa，最大连通孔喉半径 0.531～2.67μm。龙潭组储层主要为Ⅱ—Ⅲ类储层，部分Ⅳ类和Ⅰ类储层，储集性能中等—差。

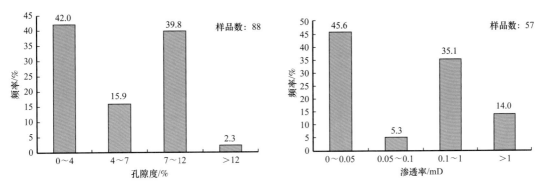

图 2-5-7　龙潭组孔隙度与渗透率分布直方图

下扬子地区砂岩储层岩性致密，物性条件普遍较差。其中老坎组和龙潭组物性条件相对较好，主要为Ⅱ—Ⅲ类储层，部分达Ⅰ类储层，是区内最好的砂岩储层。坟头组、茅山组和五通组砂岩基质孔渗条件较差，主要为Ⅲ—Ⅳ类储集岩。需要说明的是，以上评价结果并未考虑裂缝对砂岩储集性能的影响，钻探表明五通组及茅山组裂缝发育，储集能力得到较大改善，在局部地区形成裂缝型或裂缝—孔隙型储层，是区内不容忽视的有利储层之一。

二、成岩作用对储层的影响

下扬子地区碎屑岩储层经历了多期构造运动及强烈的成岩作用改造，压实、胶结、溶蚀、交代等沉积作用对储层的影响至关重要。现以勘探及研究程度最高的龙潭组储层为例，详述如下。

1. 压实作用对储层的影响

下扬子地区古生界中主要碎屑岩储层为龙潭组，显微镜下观察可见，龙潭组储层的压实作用为中等—强烈，颗粒紧密堆积，机械压实作用的强度高，是导致研究区砂岩原生孔隙丧失及储层孔隙度、渗透率降低的主要原因之一。在早期成岩阶段发生的机械压实作用下，龙潭组储层中的岩石颗粒之间多为线接触和凹凸接触，偶尔出现缝合接触。云母碎片在压实作用下发生明显的塑性变形，质软的泥岩岩屑在压实作用下被挤入孔隙中形成假杂基，从而阻塞孔隙空间，导致原生粒间孔大量丧失，渗透率急剧降低。随着埋深的增加，由于各种胶结和溶蚀作用的增强，压实作用对储层物性的影响逐渐减弱，但压实作用持续于整个龙潭组沉积期，因此压实作用是导致研究区龙潭组砂岩孔隙丧失、储层孔隙度和渗透率降低的主要因素。其中埋深 1800～2000m 区间，孔渗条件较好，说明该区溶蚀作用较发育。

2. 胶结作用对储层的影响

黄桥地区龙潭组砂岩中自生黏土矿物胶结物主要为伊/蒙混层、伊利石、高岭石和绿泥石。

（1）绿泥石胶结物：黄桥地区龙潭组所见的绿泥石胶结物主要表现为绿泥石的孔隙充填，因此它对研究区储集物性的影响主要表现为破坏性。

（2）伊/蒙混层和伊利石胶结物：龙潭组储层中伊/蒙混层黏土矿物含量很高，它是蒙皂石向伊利石转化的过渡产物，其遇水膨胀后易堵塞孔喉，对储集物性起破坏作用。伊利石主要表现为纤维状或发丝状，造成储层砂岩孔喉减小，弯曲度增加，储集物性变差，严重时可使砂岩完全丧失储集性能。

（3）高岭石胶结物：龙潭组储层中自生高岭石胶结物大部分是含油气酸性流体与长石颗粒发生水岩反应的产物，可以很少或大量原地沉淀于溶蚀孔隙中。在区内储层孔隙中绿泥石和微裂缝不发育，后期机械压实作用强烈，孔隙喉道急剧减小，储层渗流能力变差，长石溶蚀后生成的高岭石胶结物原地沉淀，导致区内储集物性变差。尽管高岭石的集合体充填于孔隙中，减少了原始粒间孔隙度，但是自生高岭石的大量发育常常意味着大量次生溶蚀型孔隙的产生，且有时自生高岭石颗粒堆积疏松，晶间孔隙非常发育。因此，在区内储层中，高岭石胶结物对储层的影响是双重的。

3. 溶蚀作用对储层的影响

区内溶蚀作用主要发生在石英表面及边缘、长石颗粒表面及内部，其次为岩屑。颗粒的溶蚀有两种情况：一种是石英、长石、岩屑等颗粒边缘遭受溶蚀或直接溶蚀成溶蚀粒内孔；另一种是长石及岩屑等颗粒先为碳酸盐矿物交代，碳酸盐矿物再被溶蚀形成溶蚀粒内孔及溶蚀粒间孔。由溶蚀作用造成的次生溶孔发育普遍，形成了大量的次生孔隙如长石溶孔、岩屑溶孔和碳酸盐粒内溶孔等，极大地改善了储层的物性（图2-5-8、图2-5-9）。

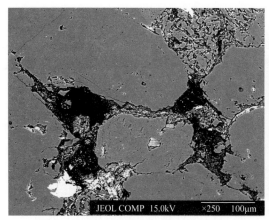 

图 2-5-8　溶蚀产生大量次生孔隙　　　　图 2-5-9　长石粒内溶孔
　　（溪 2 井，1631.2m）　　　　　　　　　（溪 1 井，1874m）

4. 交代作用对储层的影响

交代作用对储层物性的影响一般较小。通过薄片和电镜观察到的交代作用主要有碳酸盐交代石英和岩屑、长石及长石颗粒的黏土化等。黄桥地区溪1井的龙潭组储层中交代作用不显著，主要表现为方解石交代石英颗粒，而溪2井的交代作用较为发育，主要表现为长石、云母的黏土化或碳酸盐对石英、长石颗粒的交代。

综上所述，认为成岩作用对物性的影响既有建设性也有破坏性。压实作用、碳酸盐和黏土矿物的胶结作用破坏储层孔隙度、降低渗透率；溶蚀作用的发育则保存了原生粒间孔隙并且产生次生溶蚀孔隙，改善了储层的物性。

三、储层评价

1. 坟头组

坟头组砂岩纵向上主要发育在下段，横向上在广德—安吉一带砂岩厚度最大，多在 500m 以上，其中安吉孝丰剖面厚度达 768m；江宁—铜陵地区厚度 100～200m；海安—南通地区厚度 50～150m；洪泽地区砂岩相对不发育，厚度小于 50m（图 2-5-10）。

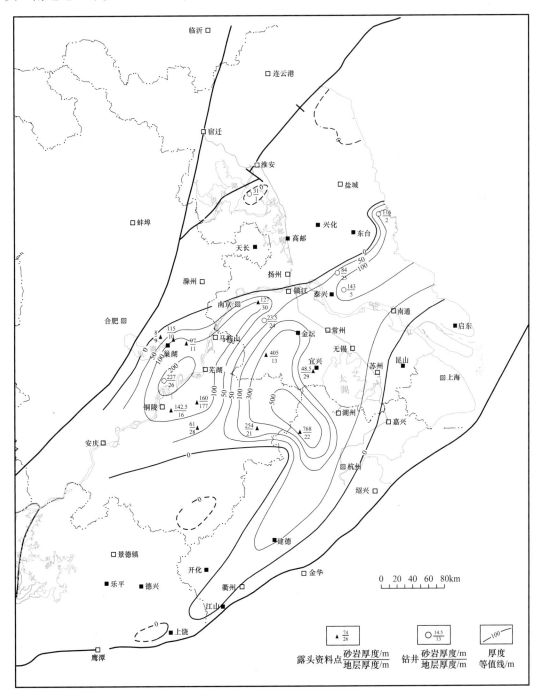

图 2-5-10　下扬子地区中志留统坟头组残留砂岩厚度图

坟头组砂岩类型主要为细粒岩屑石英砂岩，少量岩屑砂岩。砂岩孔隙类型主要为次生溶孔、杂基微孔，局部见微裂缝，连通性差，为中、小孔—微、小喉，储层物性差，孔隙度介于0.18%～12.1%，孔隙度小于4%的样品占53.1%；渗透率介于0.01～4.94mD，小于0.05mD的占59.4%，主要为Ⅲ—Ⅳ类储集岩。句容—泰州—大丰一线西北地区，主要为近滨沉积，砂岩厚度较薄，砂岩主要为粉砂岩、泥质粉砂岩，储层物性极差，为Ⅳ类储集岩。句容—泰州—大丰一线东南地区，主要为前滨相带沉积，砂岩较发育，以中细粒岩屑石英砂岩为主，具备一定储集性能，主要为Ⅲ类储集岩。坟头组砂岩裂隙不发育，孔隙连通性差，储集性能差。

2. 茅山组

区内茅山组砂岩厚度差异大，无锡—广德—安吉一带厚度最大，大于1000m；皖南太平三峰庵砂岩厚度也达962m；铜陵—江宁—常州一带厚度小于200m，江宁孔山残留厚度仅为27.4m；洪泽、滨海地区砂岩厚度小于50m，分布范围局限（图2-5-11）。

茅山组砂岩主要为中—细粒石英砂岩、岩屑石英砂岩，孔隙类型为少量粒间孔、石英再生长晶间孔及次生溶孔；孔隙度0.32%～7.3%，平均3.63%，孔隙度小于7%的样品占98.3%；渗透率0.0096～76.6mD，小于0.1mD的样品占65.4%，储层主要为Ⅲ—Ⅳ类储集岩。

铜陵—句容—泰州—大丰一线东南为后滨沉积，砂岩中泥质含量相对较高，主要为非储集岩，部分Ⅲ类储集岩；该线西北地区为前滨相带沉积，砂岩成分成熟度高，储集条件相对较好，以Ⅲ类储集岩为主。苏174井茅山组2341.52～2342m发育裂缝13条，砂岩储集性能得到明显改善。可见在断裂附近或构造高部位，茅山组裂缝发育，具备一定储集条件，可形成裂缝—孔隙型储层。

3. 五通组

五通组砂岩主要发育在下段，砂岩含量高，厚度稳定，一般在100～150m之间，无为—芜湖、宜兴—常州地区厚度为150m以上（图2-5-12）。

五通组砂岩主要为中细粒石英岩状石英砂岩，岩性致密、性脆，岩石易断裂而形成大量裂缝，砂岩孔隙类型主要为裂缝、石英再生长晶间孔、粒间孔和溶孔，孔隙度一般为0.28%～6.2%，平均2.47%，其中80.4%的样品小于4%；渗透率一般为0.0067～25.4mD，平均0.80mD，70.2%的样品小于0.05mD，可见砂岩基质孔渗条件差，主要为Ⅳ类储集岩，少部分Ⅲ类储层。在断裂附近或构造高部位，五通组砂岩可以形成裂缝型或裂缝—孔隙型储层，为区内潜在的重要储层。

4. 龙潭组

龙潭组砂岩主要发育在中、下部，滨海地区滨Ⅰ-10井钻遇砂岩最厚，达201m；苏南—皖南大部分地区厚度一般为50～100m，其中广德西边村178m，无锡妙桥妙191厚166m；大丰—海安地区厚15～30m（图2-5-13）。

龙潭组砂岩主要为中—细粒岩屑石英砂岩、长石石英砂岩、岩屑砂岩及长石砂岩。砂岩孔隙类型为粒间孔、次生溶孔和石英再生长晶间孔。孔隙度范围0.26%～14.91%，平均为5.55%，小于4%的样品占42%，4%～12%区间样品占55.7%；渗透率0.0024～6.48mD，

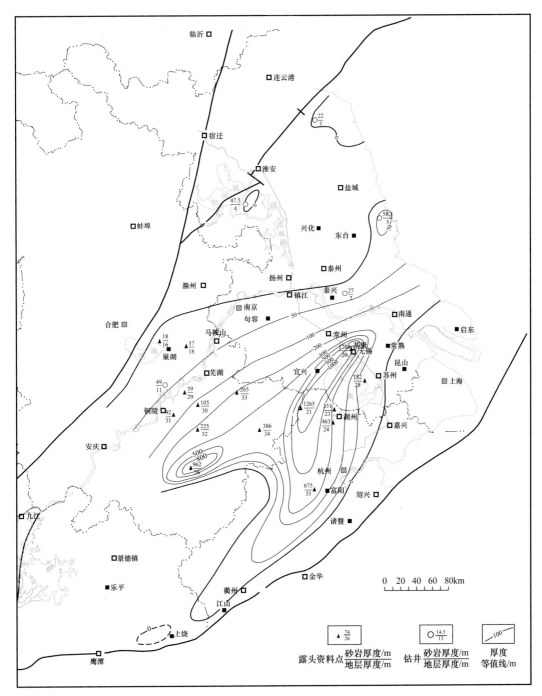

图 2-5-11　下扬子地区上志留统茅山组残留砂岩厚度图

平均为 0.66mD，小于 0.05mD 的样品占 45.6%，0.05～1mD 的样品占 40.4%。龙潭组砂岩主要为 Ⅱ—Ⅲ 类储层，少量达 Ⅰ 类储层。龙潭组裂缝不发育，溶蚀孔隙较发育，储层类型主要为孔隙型储层。区内龙潭组油气显示普遍，苏 174 井及长兴、广德煤矿井中见原油充填，在句容、黄桥及海安地区见良好油气显示。龙潭组砂岩是区内最具勘探潜力的储层。

综上所述，下扬子地区砂岩储层岩性致密，物性条件普遍较差。其中龙潭组和老坎组物性条件较好，次生孔隙发育，为孔隙型或裂缝—孔隙型储层，是下扬子地区最有利、最重要的砂岩储层。五通组和茅山组裂缝普遍发育，特别是在大断裂附近或构造高部位，可以形成裂缝—孔隙型储层，是区内潜在的重要储层。

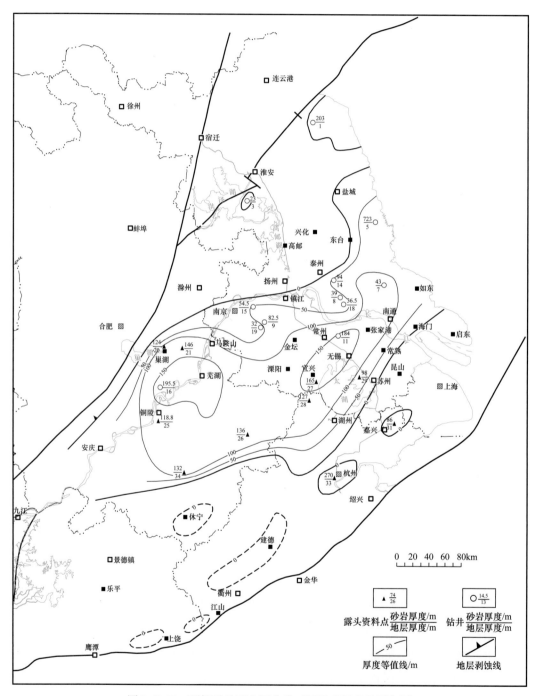

图 2-5-12　下扬子地区上泥盆统五通组残留砂岩厚度图

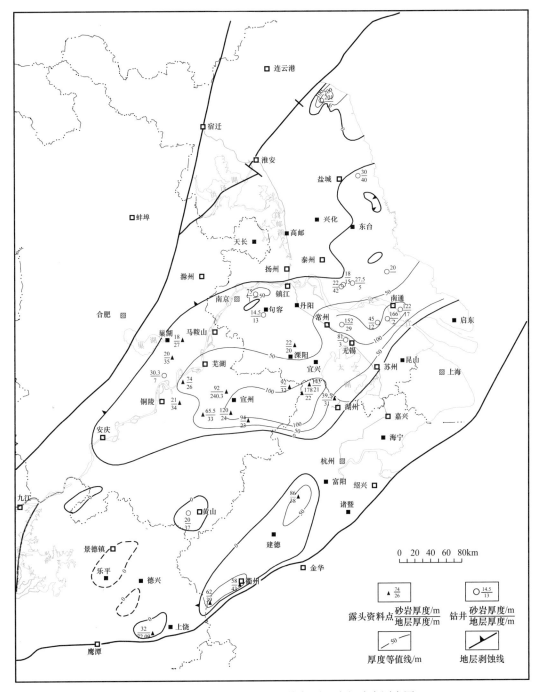

图 2-5-13　下扬子地区上二叠统龙潭组残留砂岩厚度图

第二节　碳酸盐岩储层

下扬子地区海相中生界—古生界碳酸盐岩储层研究程度比较低。在大量文献调研的基础上，以 73 口井及 73 个露头共计 2600 个岩石物性数据、1206 个岩石薄片和 50 口探井录井显示及测井解释资料为基础，落实了储层发育的重点层位，认为下扬子地区海相中生界—古生界碳酸盐岩储层主要围绕青龙组、观音台组、炮台山组、灯影组高能礁滩相带鲕（豆）粒白云岩（或石灰岩）、亮晶砂屑白云岩、细—中晶白云岩、粉晶白云岩分布区，以及印支（燕山）岩溶风化壳发育。

主要依据如下：

（1）截至 2018 年底，中国已发现的大型碳酸盐岩油气田的储层多数位于古风化面附近（如塔河油田、任丘油田、千米桥油田、靖边气田等），岩石类型主要以白云岩（靖边气田）和礁滩相白云岩（或石灰岩）为主（如塔中 I 号坡折带凝析气田、普光气田）。

（2）薄片鉴定表明，白云岩（特别是鲕粒白云岩、亮晶砂屑白云岩、细—中晶白云岩）、鲕粒灰岩孔隙发育。

（3）统计表明岩石物性最好的几类岩石依次为鲕粒白云岩、礁白云岩、粉晶—中晶白云岩、鲕粒灰岩、泥微晶白云岩，泥微晶灰岩及礁灰岩物性最差；与朱莲芳（1995）统计的我国各类碳酸盐岩的物性特征一致，即石灰岩特别是亮晶灰岩孔隙度低，而白云岩孔隙度最高。

（4）物性统计表明，除老虎洞组、观音台组、灯影组白云岩平均孔隙度大于2%，青龙组、栖霞组、观音台组和灯影组碳酸盐岩平均渗透率大于2mD外，下扬子地区其他层位碳酸盐岩孔隙度、渗透率均低于碳酸盐岩储层标准下限（表 2-5-2）。

表 2-5-2　下扬子地区海相碳酸盐岩孔隙度、渗透率一览表

物性\层位	孔隙度 /%				渗透率 /mD			
	最小值	最大值	平均值	样品数	最小值	最大值	平均值	样品数
T_1	0.1	15.75	1.33	414	0.003	1483	8.291	341
P_2l			1.3	1			0.018	1
P_1q	0.16	41.7	1.09	129	0.003	218	4.541	99
C_3c	0.18	2.78	1.22	65	0.01	3.84	0.319	38
C_2h	0.2	23.4	1.55	43	0.01	30.5	1.326	37
C_1l	0.7	5	2.83	13	0.012	0.023	0.018	4
C_1h	0.33	2.1	1.22	8	0.0127	1.26	0.184	8
C_1j	0.55	1.6	0.98	4	0.0144	0.525	0.202	4
O_3s	0.6	1.3	0.92	6	0.0144	0.0254	0.021	6
O_2	0.72	4.78	1.94	21	0.02	0.34	0.104	20
$O_{1-2}t$	0.19	2.9	0.95	10	0.0112	0.43	0.082	7
O_1g	0.38	3.5	1.53	9	0.0119	0.61	0.095	9
O_1h	0.37	8	1.77	31	0.0109	2.46	0.234	28
O_1l	0.23	5.5	1.5	71	0.013	47.1	0.948	59

物性 \ 层位	孔隙度 /%				渗透率 /mD			
	最小值	最大值	平均值	样品数	最小值	最大值	平均值	样品数
$\in_3 g$	0.02	16.7	2.19	269	0.01	1164	2.475	251
$\in_2 p$	0.02	14.63	1.69	179	0.005	33.1	0.749	169
$\in_1$	0.13	10.8	1.41	22	0.0134	0.34	0.106	17
$Z_2 dn$	0.05	27.7	2.96	116	0.004	188	4.694	91

注：该表统计了下扬子地区 73 口井，73 个露头共计 2600 个数据。

（5）截至 2018 年底，已发现的优质储层主要集中分布于印支（燕山）岩溶风化壳（$K_2 p/Pz_1$、$Q—E/Pz_1$）附近（如兴参 1 井观音台组、江 2 井炮台山组）和高能礁滩相带（镇 4 井灯影组、丹阳建山镇灯影组、长兴狮石山青龙组）。

综上所述，认为下扬子地区海相中生界—古生界碳酸盐岩储层发育重点层位应包括印支（燕山）岩溶风化壳及鲕粒白云岩、礁白云岩、粉晶—中晶白云岩、鲕粒灰岩发育的层位，即青龙组、观音台组、炮台山组、灯影组 4 个层位和印支（燕山）岩溶风化壳。其中灯影组储层主要发育于底部及顶部鲕粒白云岩、藻礁白云岩、藻白云岩发育层段，炮台山组及观音台组储层主要发育于中段，青龙组主要发育于中上段（图 2-5-14）。这里之所以将青龙组纳入储层发育重点层位，除青龙组鲕粒灰岩孔隙发育外，更主要的原因在于青龙组是下扬子地区非常重要的生油层，2018 年底已发现的油气主要集中分布于该层。

一、储层特征

1. 灯影组

发育鲕粒滩礁型和白云岩内幕型两种类型储层。岩石类型主要为台地边缘礁滩相亮晶砂屑白云岩、鲕粒白云岩、藻叠层石白云岩、葡萄状白云岩、细—粉晶白云岩及局限台地相藻叠层石白云岩、砾屑微晶白云岩、藻纹层白云岩（图 2-5-14）。

储集空间以沿鲕粒或砂屑等颗粒边缘或内部发生溶蚀形成的粒间溶孔、粒内溶孔、溶洞、晶间（溶）孔为主，次为构造裂缝。葡萄状藻白云岩、栉壳状白云岩孔隙类型以充填未盈的残余溶孔为主，孔隙度多大于 2%；江山五家岭、余杭泰山古油藏、绍兴坡塘古油藏灯影组藻礁白云岩储层以成岩过程中的重结晶作用及深埋藏溶蚀作用形成的白云石晶间孔及晶间溶孔为主。

储层孔隙度介于 0.05%～27.7%，平均 2.96%；孔隙度大于 2% 的样品占 48.3%。渗透率介于 0.004～188mD，平均 4.69mD；分布以 0.02～0.25mD 及大于 1mD 为主，分别占 39.1% 和 28.3%（图 2-5-15）。储层总体以Ⅲ类为主，孔隙类型以孔隙型及裂缝—孔隙型为主。

储层孔喉半径分布较集中（以丹阳建山镇灯影组鲕粒白云岩为例），多介于 0.63～1.6μm，占 72.4%（图 2-5-16a），平均 0.561μm，具有分选较好的中等孔喉特征。排驱压力 0.692MPa；分选系数 0.293；歪度 0.629，具有分选极好粗歪度的特征（图 2-5-16b），总体评价储集性能中等—好。

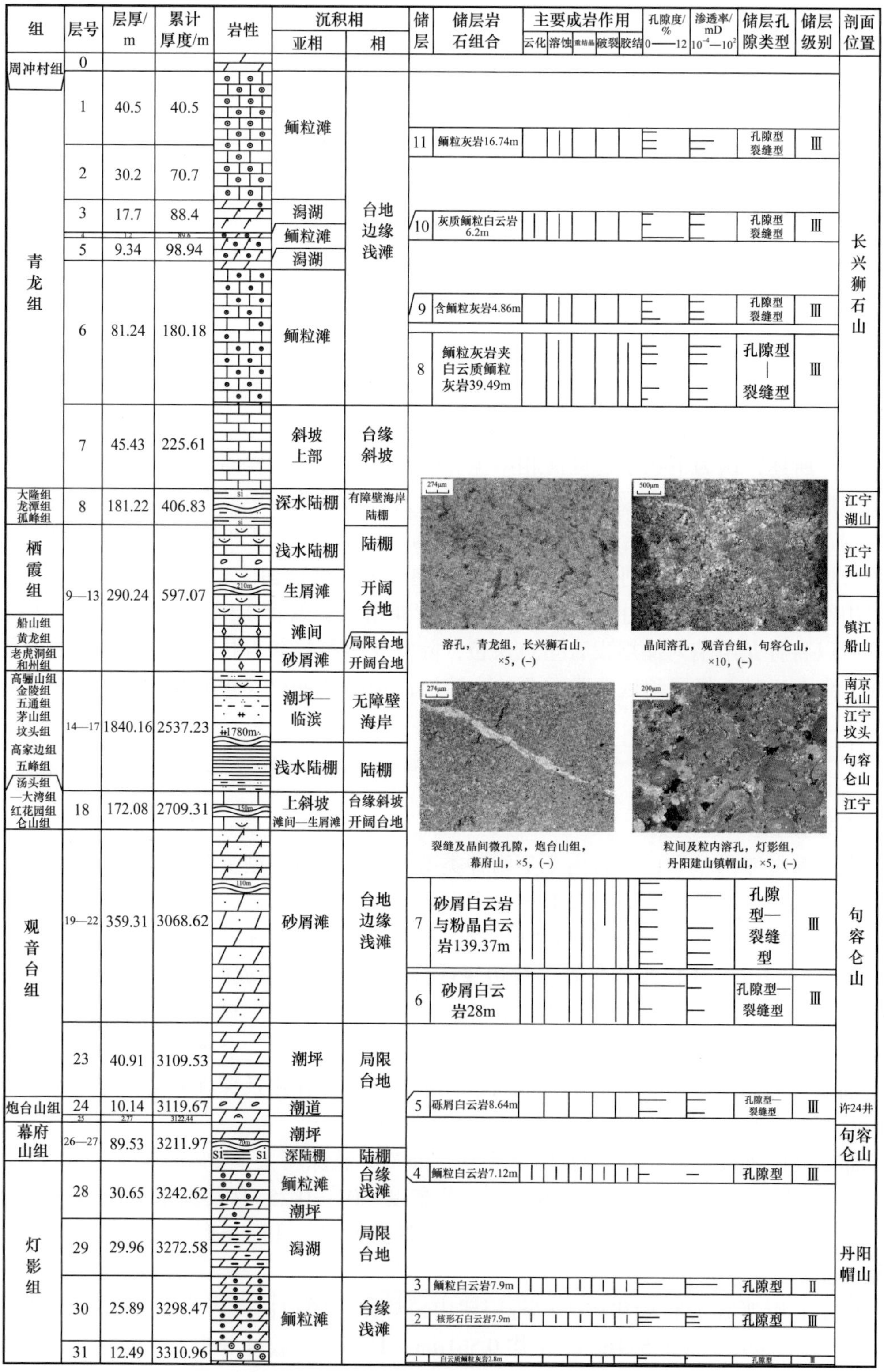

図中表格内容：

组	层号	层厚/m	累计厚度/m	岩性	沉积相 亚相	沉积相 相	储层	储层岩石组合	主要成岩作用 (云化 溶蚀 重结晶 破裂 胶结)	孔隙度/% 0—12	渗透率/mD 10^{-4}—10^2	储层孔隙类型	储层级别	剖面位置
周冲村组	0													
青龙组	1	40.5	40.5		鲕粒滩	台地边缘浅滩	11	鲕粒灰岩16.74m				孔隙型 裂缝型	III	长兴狮石山
	2	30.2	70.7											
	3	17.7	88.4		潟湖		10	灰质鲕粒白云岩6.2m				孔隙型 裂缝型	III	
	4	1.7	89.8		鲕粒滩									
	5	9.34	98.94		潟湖									
	6	81.24	180.18		鲕粒滩		9	含鲕粒灰岩4.86m				孔隙型 裂缝型	III	
							8	鲕粒灰岩夹白云质鲕粒灰岩39.49m				孔隙型—裂缝型	III	
	7	45.43	225.61		斜坡上部	台缘斜坡								
大隆组 龙潭组 孤峰组	8	181.22	406.83		深水陆棚	有障壁海岸陆棚								江宁湖山
栖霞组	9—13	290.24	597.07		浅水陆棚 生屑滩 滩间 砂屑滩	陆棚 开阔台地 局限台地 开阔台地								江宁孔山 镇江船山
高骊山组 金陵组 五通组 茅山组 坟头组	14—17	1840.16	2537.23		潮坪—临滨	无障壁海岸								南京孔山 江宁坟头 句容仑山
高家边组 五峰组 汤头组 大湾组 红花园组 仑山组	18	172.08	2709.31		浅水陆棚 上斜坡 滩间—生屑滩	陆棚 台缘斜坡 开阔台地								江宁 句容仑山
观音台组	19—22	359.31	3068.62		砂屑滩	台地边缘浅滩	7	砂屑白云岩与粉晶白云岩139.37m				孔隙型—裂缝型	III	句容仑山
							6	砂屑白云岩28m				孔隙型—裂缝型	III	
	23	40.91	3109.53		潮坪	局限台地								
炮台山组	24	10.14	3119.67		潮道		5	砾屑白云岩8.64m				孔隙型—裂缝型	III	许24井
	25	2.77	3122.44		潮坪									
幕府山组	26—27	89.53	3211.97		深陆棚	陆棚								句容仑山
灯影组	28	30.65	3242.62		鲕粒滩 潮坪	台缘浅滩	4	鲕粒白云岩7.12m				孔隙型	III	
	29	29.96	3272.58		潟湖	局限台地	3	鲕粒白云岩7.9m				孔隙型	II	丹阳帽山
	30	25.89	3298.47		鲕粒滩	台缘浅滩	2	核形石白云岩7.9m				孔隙型	III	
	31	12.49	3310.96				1	白云质鲕粒灰岩2.8m				孔隙型	III	

图版照片说明：
溶孔，青龙组，长兴狮石山，×5，(-)　　274μm
晶间溶孔，观音台组，句容仑山，×10，(-)　　500μm
裂缝及晶间微孔隙，炮台山组，幕府山，×5，(-)　　274μm
粒间及粒内溶孔，灯影组，丹阳建山镇镇帽山，×5，(-)　　200μm

图 2-5-14　江苏下扬子地区碳酸盐岩储层综合柱状图

2. 炮台山组

储层类型以鲕粒滩礁型及白云岩内幕型为主。岩石类型以亮晶砂屑白云岩、粉晶白云岩、粉晶—泥晶白云岩为主；局部为细粉晶白云岩、角砾状白云岩、含石膏溶孔的微晶白云岩（图 2-5-14）。储集空间以沿裂缝发育的溶孔、溶洞、晶间（溶）孔为主。

储层孔隙度介于 0.02%～14.63%，平均 1.69%；分布以小于 2% 及 2%～6% 为主，分别占 72.1% 和 22.3%。渗透率介于 0.005～33.1mD，平均 0.75mD；分布以 0.02～0.25mD 和 0.25～1mD 为主，分别占 52.0% 和 20.4%（图 2-5-17）。储层总体以Ⅲ类为主，Ⅱ类较少，孔隙类型以裂缝—孔隙型及孔隙型为主。

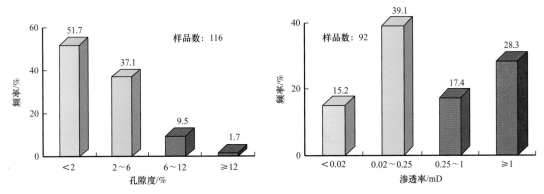

图 2-5-15　灯影组孔隙度与渗透率分布直方图

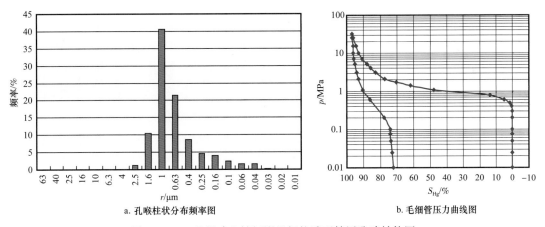

a. 孔喉柱状分布频率图　　　　　　b. 毛细管压力曲线图

图 2-5-16　丹阳建山镇灯影组鲕粒滩型储层孔隙结构图

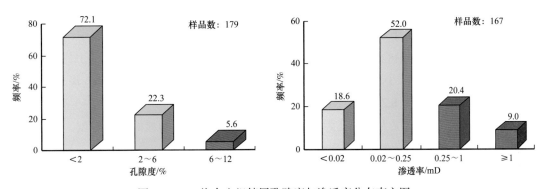

图 2-5-17　炮台山组储层孔隙度与渗透率分布直方图

3. 观音台组

储层类型以鲕粒滩礁型及白云岩内幕型为主。岩石类型主要为细晶颗粒白云岩、含颗粒细晶白云岩、细晶砂屑白云岩、细—中晶白云岩、角砾状砾屑白云岩（图2-5-14）。储集空间以粒内（间）溶孔、溶洞及晶间（溶）孔为主。

储层孔隙度介于0.02%~16.7%，平均2.19%；分布以小于2%及2%~6%为主，分别占72.4%和17.1%。渗透率介于0.01~120.39mD，平均2.48mD；分布以0.25~1mD之间及大于1mD为主，分别占45.5%和50.1%（图2-5-18）。表明储层以Ⅲ类为主，Ⅱ类及Ⅰ类很少，孔隙类型以裂缝型—孔隙型及裂缝型为主。

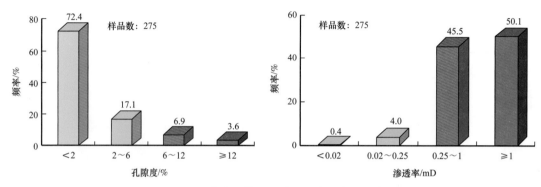

图2-5-18　观音台组储层孔隙度与渗透率分布直方图

4. 青龙组

发育鲕粒滩型及裂缝型储层。

1）鲕粒滩型储层特征

鲕粒滩型储层岩石类型以鲕粒灰岩、鲕粒灰质白云岩、砂屑灰岩、细晶白云岩为主（图2-5-14）。孔隙度介于0.47%~15.75%，平均3.09%；渗透率介于0.02~26.06mD，平均为1.31mD。储集空间以粒内（间）溶孔及沿裂缝发育的溶孔为主，缝合线次之，总体属于差—中等储层。长兴狮石山剖面揭示该类储层厚72.8m；WX5-ST1井揭示该套储层厚度大于25m，孔隙度介于6%~8%；苏133井1839~2001.5m井段粒屑白云岩裂隙及针孔状溶孔、晶间孔发育，局部粒屑灰岩重结晶，形成小晶洞（如1406.69~1409.86m和1769.81~1775m井段）。此外，该类储层局部层段岩石中丰富的沥青含量表明，该套鲕粒灰岩具有一定的储集性能，曾是较好的储层。

2）裂缝型储层特征

裂缝型储层主要见于容2、容3井，广泛发育于泥微晶灰岩、灰质泥岩中；储集空间类型以裂缝为主，次为沿裂缝发育的溶孔、溶洞及缝合线。储层孔隙度介于0.1%~15.75%，平均为1.33%；分布以小于2%及2%~6%为主，分别占83.6%和14.7%。渗透率介于0.003~1483mD，平均为8.29mD；分布以0.02~0.25mD为主，占56.4%（图2-5-19），表明储层物性较差，以非储层为主。孔隙度与渗透率比较，渗透率明显好于孔隙度，表明储层类型以裂缝型为主，孔隙度与渗透率关系图也反映了上述特征。

5. 印支（燕山）古风化岩溶储层

印支（燕山）古风化岩溶储层见于兴参1井（图2-5-20）、江2井及CZ35-2-1井。

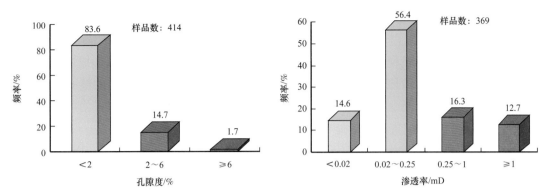

图 2-5-19　青龙组储层孔隙度与渗透率分布直方图

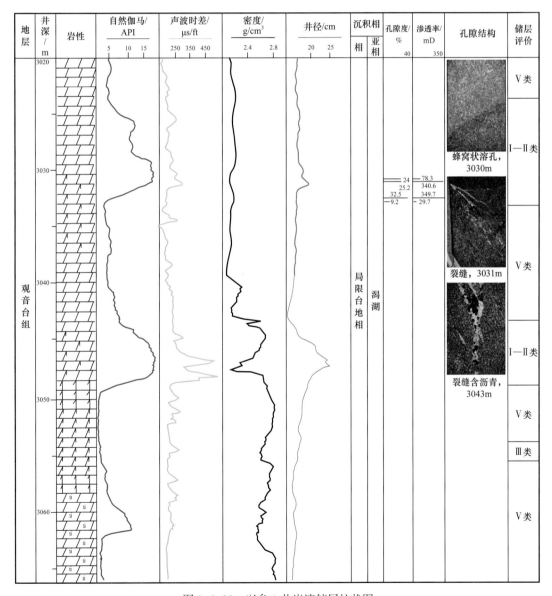

图 2-5-20　兴参 1 井岩溶储层柱状图

岩石类型多样，包括泥微晶白云岩、结晶白云岩及粒屑白云岩和泥微晶灰岩、结晶灰岩、粒屑灰岩等，以白云岩为主，颗粒白云岩及结晶白云岩尤为发育。

储集空间主要由埋藏阶段地下流体沿不整合面（如兴参1井）溶蚀形成的溶孔、溶洞、缝洞及表生成岩阶段遭受风化淋滤（如常州35-2-1井）作用形成的缝孔洞经埋藏成岩阶段后残余的孔洞组成。此外，活动性张性断层沟通地表大气淡水，沿断层面附近溶蚀形成的孔洞也是油气的主要储集空间（如苏121井和圣科1井）。

储层岩石物性相对较好，孔隙度介于0.02%～41.7%，平均为2.58%；分布以小于2%及2%～6%为主，分别占68.7%和21.4%。渗透率介于0.0039～1164.1mD，平均为10.18mD；分布以0.02～0.25mD和0.25～1mD为主，分别占52.4%和23.8%（图2-5-21）。表明储层物性较好，以Ⅱ类为主，部分为Ⅰ类和Ⅲ类储层。研究区多数钻井发生钻具放空、钻井液漏失等现象，反映岩溶洞穴发育，且渗透性好，具有较好的储集性能。

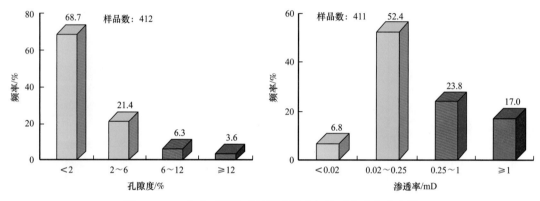

图2-5-21 印支面岩溶型储层孔隙度与渗透率分布直方图

兴参1井观音台组白云岩岩心样品、梅街地区栖霞组石灰岩露头样品的毛细管压力曲线具有较粗歪度的特征（图2-5-22），反映孔喉大小分布较集中，且孔喉频率分布的对称性较好，具有较好的储渗性能。

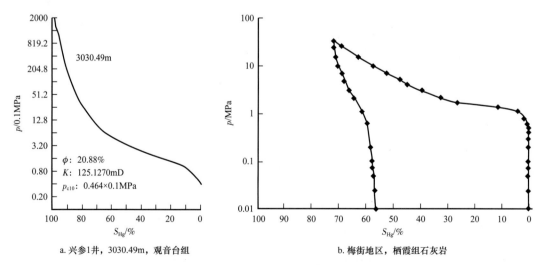

a. 兴参1井，3030.49m，观音台组　　　b. 梅街地区，栖霞组石灰岩

图2-5-22 印支面岩溶储层毛细管压力曲线特征

上述分析表明，灯影组及印支（燕山）面储层物性最好，以Ⅲ类为主，部分为Ⅱ类；炮台山组和观音台组储层物性相对较差，以Ⅲ类为主，Ⅱ类及Ⅰ类很少；青龙组储层物性最差，多为非储层，仅部分为Ⅲ类储层。

二、储层发育的控制因素

1. 古风化岩溶储层发育的控制因素

古风化岩溶储层受岩溶面出露的岩石类型和印支—中燕山期岩溶地貌控制。以兴化古潜山上钻探的兴参1井和兴古1井印支（燕山）期古风化岩溶储层发育为例。兴参1井在3018.5～3032.5m井段（距印支面0～18m）寒武系观音台组白云岩中发现高孔渗的优质岩溶储层，但距其3km处钻探的兴古1井在该潜山岩溶面并未揭示这套储层，岩石孔隙度平均仅为1.48%。二者岩溶储层发育天壤之别的原因在于岩溶面出露的岩石类型与结构和印支—中燕山期古风化岩溶地貌不同（李亚辉等，2011）。

（1）岩溶面出露岩石类型控制溶蚀程度。

虽然兴古1井与兴参1井岩溶面出露的均为观音台组白云岩，但二者白云岩的结构和白云石自形程度等明显不同。兴参1井为粉晶—细晶白云岩，晶体自形程度中等，多为半自形，线接触，可见溶蚀形成的铸模孔（图2-5-23a）；兴古1井为细粉晶白云岩，晶体自形程度较差，镶嵌接触（图2-5-23b）。稳定同位素分析表明，兴古1井细粉晶白云岩 $\delta^{13}C$ 为 $-1‰$，$\delta^{18}O$ 介于 $-9.5‰～-9.4‰$，Z 为 $120.5～120.6$，形成于弱还原的海相咸化环境；兴参1井细晶白云岩 $\delta^{13}C$ 为 $0.95‰$，$\delta^{18}O$ 为 $-9.21‰$，Z 为 149.8，形成于强还原的海相咸化环境。二者岩溶面基质沉积环境存在明显差异，导致岩石类型及结构不同，为岩溶储层差异奠定了物质基础，一般认为粗结构碳酸盐岩比细结构更易溶蚀（蒋小琼等，2008），碎裂状灰质白云岩在深埋条件下更易发生溶解（杨俊杰等，1995；崔振昂等，2007；肖林萍，1997）。

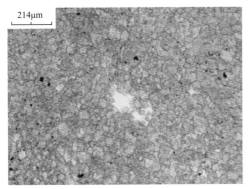 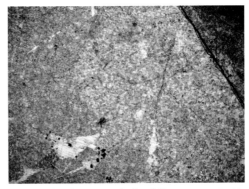

a. 粉—细晶白云岩，€₂g，兴参1井，井深3030.5m，×10，(-)　　b. 细粉晶白云岩，€₂g，兴古1井，井深2965.8m，×25，(-)

图2-5-23　苏北盆地兴古1井与兴参1井岩溶面基岩微观照片

（2）浦口组沉积前古地貌决定岩溶强度。

兴古1井与兴参1井钻遇地层存在以下差异：①兴古1井比兴参1井多发育一层厚约200m的浦一段砾岩，兴古1井浦口组厚度比兴参1井大283.5m；②兴古1井三垛组厚度比兴参1井大145.5m；③兴古1井盐城组和东台组厚度比兴参1井小239m。反映印支—中燕山期，兴参1井位于岩溶高地（或斜坡），溶蚀强度大；而兴古1井位于岩溶洼地，溶蚀强度相对较弱。三垛期末，兴化古潜山发生了强烈的翘倾运动，在改变了古潜山岩溶面格局（岩溶面埋深由兴参1井处浅、兴古1井处深转变为兴古1井处浅、兴参1井处深）的同时，引起地下流体活跃，为岩溶储层差异奠定了动力基础（图2-5-24）。

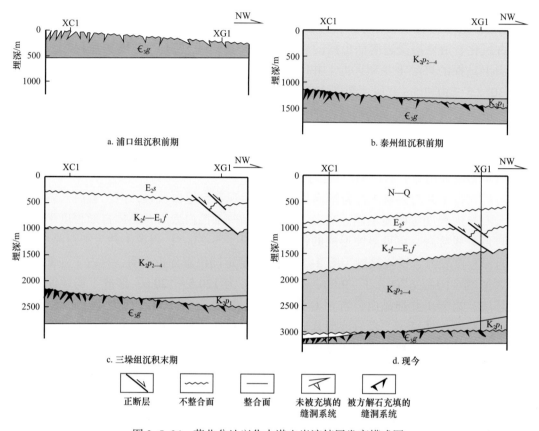

图 2-5-24　苏北盆地兴化古潜山岩溶储层发育模式图

（3）风化淋滤时间控制岩溶强度。

不整合面附近碳酸盐岩遭受风化剥蚀时间越长，对碳酸盐岩的改造作用越强，埋藏阶段越易发生溶蚀。兴参1井风化淋滤时间比兴古1井长，也是导致二者岩溶储层差异的原因之一。南黄海多数钻井均在印支面石灰岩中钻遇了优质岩溶储层，如CZ35-2-1井钻遇该类储层64.7m，CZ12-1-1井钻遇该类储层4m以上；其原因主要在于遭受风化淋滤时间较长，远大于盆地内部地区。

2. 内幕型储层发育的控制因素

对鲕粒滩礁型及白云岩内幕型储层，沉积相及岩石类型、埋藏溶蚀作用、构造保存作用是影响储层孔隙发育的重要因素。有利的沉积相和岩石类型是优质储层发育的基础，发生过有利的成岩作用（特别是溶蚀和重结晶作用），形成的次生孔隙被油气及时充注，并被保存下来是储层发育的必要条件。统计表明，高能礁滩相鲕粒白云岩（或石灰岩）、礁白云岩其岩石物性明显好于泥微晶白云岩（或石灰岩），结晶白云岩要明显好于泥微晶白云岩，白云岩化的岩石要明显好于石灰岩（表2-5-3）。

表 2-5-3 下扬子地区不同类型岩石物性统计表

岩石类型	孔隙度 /%	渗透率 /mD	层位	采样位置
鲕粒白云岩	0.3～10.8/4.85（18）	0.0202～0.366/0.130（12）	Z_2dn、T_1q	丹阳帽山、镇 4 井、长兴狮石山
礁白云岩	3.4～5.8/4.2（3）	0.0909～0.465/0.276（3）	Z_2dn	江山新塘坞
粉晶—中晶白云岩	0.2～3.71/2.03（13）	0.0122～0.42/0.096（11）	$\in_3g$、$\in_2p$、$C_{1-2}l$	汤山、含山、缠岭、苏 103 井
鲕粒灰岩	0.5～3/1.80（24）	0.0189～0.266/0.036（24）	T_1q	长兴狮石山
泥微晶白云岩	0.2～4.2/1.475（20）	0.01～10.4/0.976（18）	$\in_3g$	兴古 1 井
生物碎屑灰岩	0.18～8/1.29（141）	0.01～6.34/0.37（105）	C_2h、C_3c、O_1h	汤山、仑山、宜兴、N2 井等
泥微晶灰岩	0.1～6.3/1.08（364）	0.003～11/0.455（292）	T_1q	容 1 井、茗岭等
礁灰岩	0.6～1.3/0.92（6）	0.0182～0.0254/0.021（6）	O_3s、$P_{1-2}l$	三衢山、东华村

注：范围 / 平均值（样品数）。

三、储层评价

结合不同成因类型储层控制因素及钻井资料对上述各层系储层预测及评价如下，评价标准见表 2-5-4。

1. 印支（燕山）古风化岩溶储层评价

Ⅰ—Ⅱ类储层：发育于印支面下古生界白云岩与浦二段及其以上地层接触区域、石灰岩与新近系接触区域。分布于苏北盆地、南黄海中央隆起区及苏南昆山地区。苏北盆地内部主要分布于北东向低凸起及断裂带的下古生界白云岩出露（印支面）区，如泰州低凸起、吴堡低凸起、柘垛低凸起、淮安凸起、真武断裂带、滨海隆起、建湖隆起东端及刘庄、海安等地区，上覆地层多为浦二段及其以上地层；苏南昆山地区也是发育于印支面出露的下古生界白云岩区域；南黄海中部地区主要发育于上古生界石灰岩中，上覆地层为新近系。该类储层录井显示多见钻具放空、钻井液漏失等现象，溶蚀孔洞发育。

Ⅲ类储层：发育于印支面白云岩与浦一段及其以下地层接触区域、石灰岩（青龙组鲕粒灰岩、砂砾屑灰岩）与古近系接触区域。主要分布于广德—南通一带和上饶—绍兴—上海一带及南黄海南部坳陷 CZ12-1-1 井区域。广德—南通一带及南黄海区该类储集岩为上古生界灰岩（下三叠统青龙组台地边缘相鲕粒灰岩），上覆浦口组上部及古近系；上饶—绍兴—上海一带储层为下古生界白云岩，上覆侏罗系及白垩系。该类储层孔洞较为发育，录井显示具钻井液漏失、涌水等现象。

其他地区为Ⅳ类储层或非储层分布区。

2. 内幕储层评价

以钻井资料为基础，结合不同结构类型区构造变形强度、沉积沉降史、烃源岩热演化史、下古生界成岩演化史及典型岩石孔隙演化图（图 2-5-25），对储层发育的 4 个重点层位（不包括印支面）进行了分区评价，评价标准见表 2-5-4，评价结果如下。

表2-5-4 下扬子地区海相中生界—古生界碳酸盐岩储层预测依据及评价标准

物性		录井显示	测井解释	沉积相	岩石类型	成岩作用			储层类型
孔隙度/%	渗透率/mD					溶蚀作用	重结晶作用	破裂作用	
12≤φ	1≤K	钻具放空、严重漏失	孔洞层	蒸发台地—局限台地相	白云岩及石灰岩	强	—	强	Ⅰ—Ⅱ类
6≤φ<12	0.25≤K<1	漏失、井涌、钻速加快	孔洞层、裂缝层及油气水层	礁滩相	鲕粒白云岩、砂砾屑白云岩、细晶颗粒白云岩	强	弱—中等	弱—中等	Ⅱ—Ⅲ类
2≤φ<6	0.1≤K<0.25			局限台地相	葡萄状藻白云岩、叠层石白云岩、细—中晶白云岩、细粉晶白云岩	中等	弱—中等	弱	Ⅲ类
				礁滩相	鲕粒（白云质）灰岩、亮晶砂屑白云岩	强	弱—中等	弱	Ⅲ类
φ<2	K<0.1	油气水层	非储层	局限台地—开阔台地相	细粉晶、微晶白云岩	弱—中等	弱—中等	弱—中等	Ⅲ—Ⅳ类
				局限台地相—斜坡相	泥微晶白云岩、粉晶白云岩、泥微晶灰岩	弱	弱	—	Ⅳ类
		无明显显示		斜坡相—盆地相	泥微晶灰岩、含泥质灰岩	弱	弱		非储层

注：物性标准据四川盆地，预测依据（包括沉积相、岩石类型及成岩作用）据研究区岩石物性统计结果。

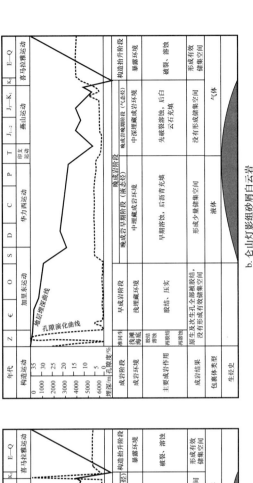

图2-5-25 下扬子地区不同结构区典型岩石储层孔隙演化图

1）灯影组储层评价

Ⅱ—Ⅲ类储层：发育于台地边缘礁滩相，呈条带状分布于安庆—丹阳—如皋和开化—建德—湖州—嘉定一带，另在南京及博镇—戴窑地区局部发育。储层岩石类型为亮晶砂屑白云岩、鲕粒白云岩、藻叠层石白云岩、葡萄状白云岩及细—粉晶白云岩；储集空间以粒间溶孔、溶洞及晶间（溶）孔为主。余杭泰山、绍兴坡塘、荻3井、句容仑山等地薄片鉴定表明其曾是重要的油气储层；残余孔隙度介于0.3%～27.7%，平均达4.04%，仍是较好的储层；储层厚度介于45～118.9m。

Ⅲ类储层：主要分布于苏北—南黄海中部泰州市以东地区，岩石类型以葡萄状藻白云岩、藻叠层石白云岩、砾屑微晶白云岩、藻纹层白云岩为主；埋藏溶蚀作用较强，构造变形弱；储层孔隙度介于0.4%～9.7%，平均2.94%；储集空间以溶孔及晶间（溶）孔为主，属较好的储层；储层厚度介于14～142.4m。

Ⅲ—Ⅳ类储层：主要分布于宿松—巢湖—大丰一带（向海上继续延伸），主要沿北东—南西向宁巢台地分布。储层岩石类型与苏北—南黄海中部发育的Ⅲ类储层相似，唯不同之处在于该区埋藏溶蚀作用相对较弱，构造变形较强；储集空间以溶孔及晶间（溶）孔为主；孔隙度介于0.8%～10.1%，平均3.18%，储层厚度一般介于65.8～148m。

2）炮台山组储层评价

储层纵向上分布于该组中段，横向上主要分布于台地边缘礁滩相带及苏北—南黄海中部地区及其外围地区，总体属于Ⅱ—Ⅳ类储层。

Ⅱ—Ⅲ类储层：分布于台地边缘礁滩相，呈带状分布于宁巢台地南北两侧淮阴—金湖—巢湖一带和贵池—常州—苏州—启东一带。由于露头有限，尚未采集到该类储层样品，但据灯影组该类型储层特征分析，储集性能较好。

Ⅲ类储层：分布于苏北—南黄海中部泰州市以东地区，岩石类型以亮晶砂屑白云岩、粉晶白云岩、粉晶—泥晶白云岩为主；埋藏溶蚀作用较强，构造变形弱；储层孔隙度介于0.2%～8.51%，平均2.28%；储集空间以溶孔、溶洞为主，局部为晶间（溶）孔；苏121井揭示该类储层厚68m。

Ⅲ—Ⅳ类储层：围绕苏北—南黄海中部Ⅲ类储层分布区发育，具体分布于宿松—铜陵—扬州—大丰一线及镇江—靖江—南通一线；岩石类型以细粉晶白云岩、角砾状白云岩、含石膏溶孔的微晶白云岩为主；有机溶蚀作用及构造保存条件略差于Ⅲ类储层分布区；孔隙度介于0.6%～5.7%，平均2.61%；储集空间以溶孔、溶洞及缝洞为主，局部为晶间（溶）孔；许24井揭示该套储层厚达83.2m。

3）观音台组储层评价

储层纵向上分布于该组中段；横向上主要分布于台地边缘礁滩相带、苏北—南黄海中部地区及其外围地区，总体属于Ⅱ—Ⅳ类储层。

Ⅱ—Ⅲ类储层：呈带状分布于宁巢台地南北两侧洪泽—天长—南京一带和贵池—芜湖—宜兴—富阳—绍兴一带台地边缘礁滩相带；岩石类型以细晶颗粒白云岩、含颗粒细晶白云岩、细晶砂屑白云岩、细—中晶白云岩为主；储层孔隙度介于0.8%～10%，平均2.37%；储集空间以粒内（间）溶孔及晶间（溶）孔为主；储层厚度可达164.6m。

Ⅲ类储层：分布于苏北—南黄海中部泰州市以东地区；岩石类型以细—中晶白云岩、角砾状砾屑白云岩为主；埋藏溶蚀作用较强，构造保存条件有利；孔隙度介于

0.63%～2.73%，平均 1.88%，储集空间以溶孔、溶洞及晶间（溶）孔为主；苏 103 井揭示该类储层厚度大于 5.6m。

Ⅲ—Ⅳ类储层：围绕苏北—南黄海中部Ⅲ类储层分布区发育，具体分布于大丰—镇江—南通—萧山以东、以南地区；岩石类型以细—粉晶白云岩、粉晶白云岩、角砾状粉晶白云岩、粉晶灰质白云岩为主；有机溶蚀作用及构造保存条件略差于Ⅲ类储层分布区；孔隙度介于 0.5%～3%，平均 1.55%；储集空间以溶孔、溶洞、缝洞为主，局部为晶间（溶）孔；许 9 井揭示该类储层厚达 81.2m。

4）青龙组储层评价

青龙组主要发育鲕粒滩礁型储层及裂缝型储层，裂缝型储层主要受仪征—吴堡期构造应力场及局部构造控制。鉴于开展大区域构造应力场分析可信度有限及青龙组裂缝型储层储集能力有限两方面因素，对青龙组储层预测及评价主要是在沉积相及岩石类型分析的基础上，结合生烃强度进行的，结果如下。

Ⅲ类储层：分布于长兴—宜兴—无锡—南黄海 WX5—ST1 井一线的台地边缘礁滩相带，储集岩以鲕粒灰岩、细晶白云岩为主；储层岩石类型有利，有机溶蚀作用强烈（露头见大量的油气显示，镜下见粒内溶孔发育）；孔隙度介于 0.47%～15.75%，平均 3.09%；长兴狮石山剖面揭示储层厚度可达 72.8m。

Ⅳ类储层：储集岩以泥微晶灰岩、泥灰岩为主；孔隙度介于 0.1%～15.75%，平均仅为 1.29%；虽然埋藏溶蚀作用强烈，但由于岩石类型不利，储集空间以构造裂缝为主，储集能力有限；容 2、容 3 井揭示该类储层厚十余米，N6 井揭示厚度 123.1m。

第六章　储盖组合和保存条件

下扬子地区中生界—古生界主要发育下寒武统幕府山组、下志留统高家边组、上二叠统龙潭组、下三叠青龙组和上覆陆相浦口组泥岩等区域性盖层，与下伏储层构成上、下两套良好的储盖组合（图2-6-1）。

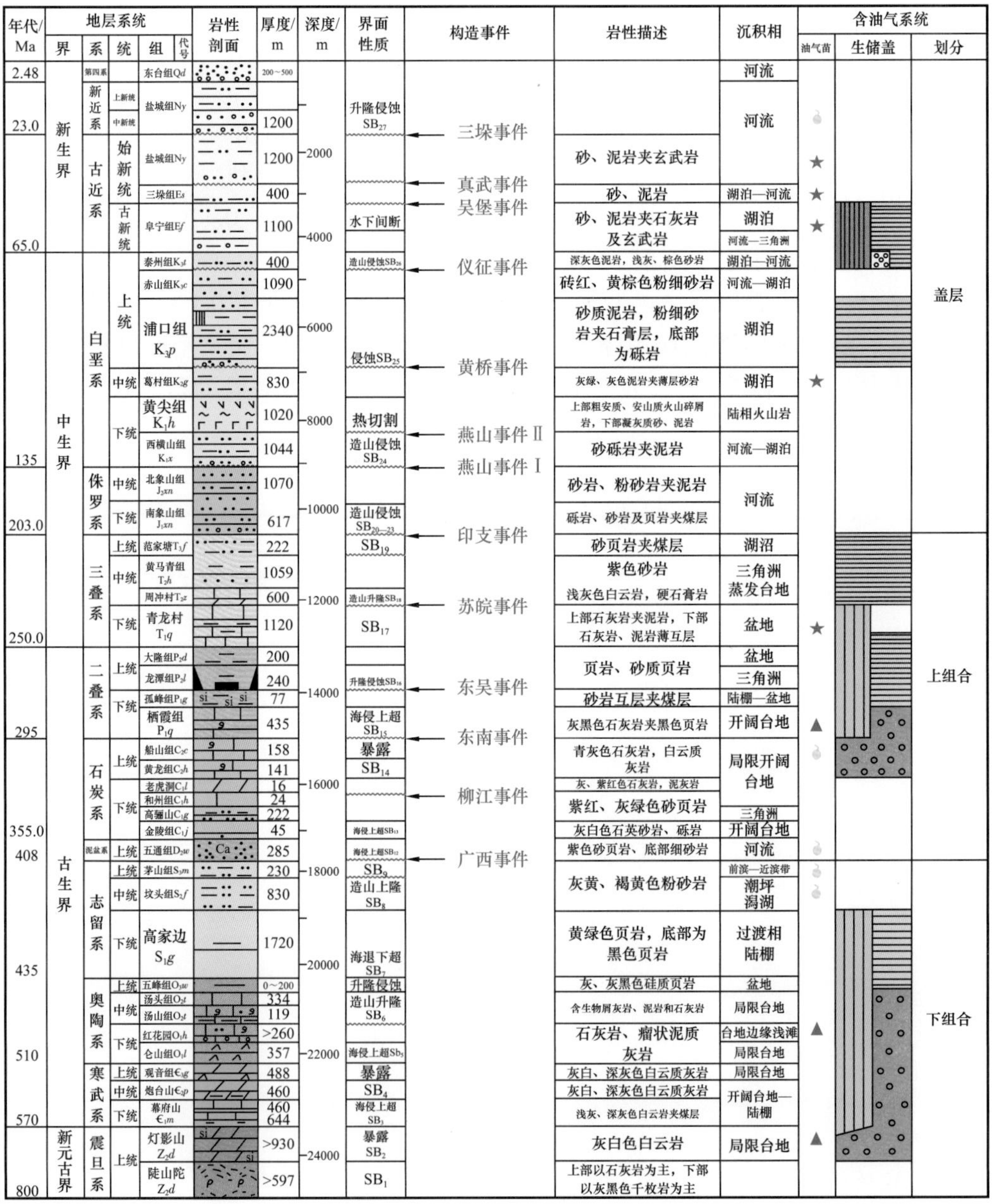

图 2-6-1　下扬子地区生储盖组合分布图

第一节　储盖组合

下扬子地区下组合主要烃源层为下寒武统、上奥陶统—下志留统烃源岩，有机质丰度高，有机质类型以腐泥型为主；而作为储层的刚性裂隙层内部均有厚度不等的泥岩夹层，次生裂隙的广泛发育极大地改善了致密岩石的孔渗能力，使之成为有效储集岩；志留系高家边组是下古生界的一个最理想区域性盖层，泥岩岩性致密，地层厚度大，区域分布稳定。因此生储盖配置较为有利，形成下组合良好的生储盖组合：下寒武统烃源岩、寒武系和震旦纪储层、寒武系盖层；志留系、奥陶系烃源岩，志留系—奥陶系储层，志留系盖层。

上组合主要烃源层为二叠系和下三叠统泥岩或碳酸盐岩，下扬子地区揭示二叠系—三叠系的探井相对较多。下二叠统栖霞组以石灰岩为主，孤峰组以泥岩为主；上二叠统龙潭组为含煤沉积，大隆组以泥岩为主。主要存在碳酸盐岩及碎屑岩两套储层：一类为在成岩作用过程中形成、由原始粒间孔隙构成的原生孔隙储层；另一类为由岩石裂隙溶隙等构成、次生的裂隙孔隙储层。在这两类储层中，碳酸盐岩及碎屑岩的原生孔隙度较低，但海相地层的裂隙系统却相当发育，特别是在刚性致密的碳酸盐岩和块状石英砂岩中，裂隙、溶隙改善了原生孔隙的储集能力，使低孔隙度、低渗透率原生孔隙储集岩变成良好的储集岩。中三叠统周冲村组膏岩和浦口组膏岩、泥岩是良好的区域性盖层，象山群、葛村组和冷水坞组泥岩可当局部盖层，另外烃源层本身也有一定的封堵能力。生储盖组合主要有：志留系为烃源岩，志留系茅山组、泥盆系五通组砂岩、下石炭统碳酸盐岩为储层，二叠系栖霞组石灰岩、孤峰组页岩为盖层的组合；二叠系自生自储组合；二叠系、三叠系烃源岩，印支面碳酸盐岩缝洞型储层，中生界区域盖层构成的下生上储组合；二叠系、三叠系烃源岩，中生界砂岩储层，中生界盖层构成的古生新储组合。

第二节　保存条件

下扬子地区区域性盖层主要是下寒武统幕府山组、下志留统高家边组、上二叠统龙潭组、下三叠统青龙组和上覆陆相浦口组泥岩盖层；膏盐岩盖层以中三叠统周冲村组膏岩和浦口组含膏盐岩层为代表，这种类型盖层在局部地区较为发育，仅作为局部盖层，但膏盐岩盖层一般封盖性较佳。

一、区域性盖层

1. 高家边组盖层

1）盖层分布

扬子地层区寒武纪—志留纪地层分布广泛，发育齐全，岩性复杂，区域变化大。大致以江南断裂为界，分为下扬子地层分区与江南地层分区。下扬子地层分区晚奥陶世晚期五峰组硅质页岩与早志留世高家边组页岩可作为油气的区域性盖层。五峰组灰黑色硅质页岩、碳质页岩厚度小（一般在 10m 左右），晚奥陶世晚期的宜昌上升使得五峰组与上覆高家边组多呈平行不整合接触。因此，早志留世高家边组页岩是下扬子地层分区主要的油气区域性盖层。

下扬子区内高家边组分布范围总体上是，北以嘉山—响水深断裂为界、南以江南深断裂为界呈条带分布。从埋藏情况看，长江以北全部埋藏于地下，苏南及安徽、浙赣地区均有不同程度的出露，苏南如江宁汤山、句容高家边村、溧阳等，安徽如怀宁大排山、庐江棋盘山、无为沿山、铜陵五峰山、南陵谢家圩等。其中，怀宁大排山的高家边组总厚度达1491.17m。

下扬子地层分区高家边组以深灰、灰黑色泥、页岩为主。江南地层分区志留系以安吉一带最为发育，自下而上可分为安吉组、大白地组、康山组、茅山组。安吉组和高家边组属于同一层位，只是命名不同。安吉组岩性为粉砂质泥岩、粉砂岩夹细砂岩；大白地组岩性以粉砂至细砂岩为主夹泥岩；康山组以海滩—潮坪相砂泥岩为主；灰绿、紫红色岩屑石英砂岩夹少量泥质粉砂岩则为茅山组的岩性组合。

江南地层分区的下志留统盖层条件显然不如下扬子地层分区。志留系内的相同层位比较，下扬子地层分区盖层评价好于江南地层分区。

下扬子地层分区收缩构造发育，早志留世高家边组页岩是一重要的构造拆离面，区域上难以找到连续完整的高家边组剖面，因此，野外露头其厚度不易准确确定。

从钻井情况看，全区有数口井不同程度地揭示高家边组，基本分布在江苏地区。如黄桥地区的N4井保存了从二叠系栖霞组至震旦系灯影组的连续剖面（仅寒武系中下部断缺），该井高家边组视厚1719.9m。

2）盖层参数

高家边组是下古生界的区域性盖层，在志留系中泥岩厚度最大。高家边组泥质岩盖层由于时代老、经历埋深大、压实作用及成岩作用强烈，表现出低孔隙度、低渗透率、高突破压力的特点。根据实测样品分析结果，黏土矿物主要由片状伊利石组成，呈半定向—定向排列。孔隙度一般为0.2%～1.1%，平均0.49%，其中94.1%的样品孔隙度小于1%；渗透率在10^{-6}mD左右变化；密度平均2.74g/cm³，最大可达2.88g/cm³；突破压力12.88～85.9MPa，平均值为34.2MPa。尽管微孔结构分析表明，高家边组盖层微裂缝较发育，但微裂缝的连通性尚难确定，从突破压力数值来看，在无纵向连通的裂缝情况下，仍保持较强的封闭能力。根据盖层参数评价标准，高家边组应属于Ⅰ—Ⅱ类好盖层。

2. 龙潭组盖层

龙潭组属陆棚—沼泽沉积，岩性主要为深灰、灰黑色硅质页岩、泥岩、碳质泥岩、砂质泥岩。岩性较纯，分布范围广，揭露该套地层的钻井、钻孔主要分布在滨海及东部小海、黄桥地区。苏南既有钻井揭示又见于地表露头，钻井集中分布在句容地区。安徽主要以露头为主。

平面上龙潭组泥质岩盖层在区内除西北部基本缺失外，大部分地区尚有保存。它有四个厚度中心，分别为黄桥地区、句容地区、溧阳地区和安徽广德地区，其泥质岩厚度均大于150m，龙潭组泥质岩单层厚1～20m的泥质岩有20余层，特别是上部海相泥岩段岩性较稳定，分布广，厚度较大，是该区较好的盖层分布区。而在皖南中西部繁昌—马鞍山一线以西龙潭组泥质岩普遍小于50m。

望江盆地安庆地区龙潭组岩性：下部为灰黄色—灰绿色砂岩与泥岩互层，中部为灰黄、深灰色中粗粒中厚层长石石英砂岩、粉砂岩、砂质页岩、碳质页岩夹煤层，作为泥质岩盖层的厚度在 30～50m 之间。

九江地区龙潭组为一套含煤的或碳质页岩的细碎屑岩夹硅质、泥质灰岩沉积，厚 1.9～20.5m，龙潭组泥质岩盖层的厚度一般在 10m 之内。

二叠系盖层物性条件优，从圣科 1 井和长 1 井分析资料看，龙潭组泥岩孔隙度 1.33%～2.62%、平均 2.56%；渗透率 0.0119×10^{-2}～5.11×10^{-2}mD、平均 0.876×10^{-4}mD；突破压力最大为 29.25MPa、平均 18.24MPa；龙潭组盖层在平面变化上分布稳定，物性差异不大，以低孔低渗高突破压力为其特征。根据实测样品分析结果，黏土矿物主要以伊利石和高岭石为主，呈微定向排列，有较强的可塑性。微孔结构分析也表明，龙潭组裂缝并不发育。多口钻井，如 NC4、长 1、S174、N4 井气测数据同样表明，在龙潭组之下，地层中气体（CO_2 和 CH_4）含量比上覆地层中的气体要明显增多，且差异显著；NC4 井的 1700m、N4 井的 2000m，且其都深埋地下，可作为有效盖层。

综合考虑盖层厚度、分布连续性、盖层物性及成岩演化阶段，我们认为，黄桥地区是这套盖层的有利保存单元，不仅因为盖层厚度大，物性和连片性好，黄桥气田的发现也证明了这一点；而滨海、大丰、句容、溧阳和安徽广德部分地区及无锡—张家港地区，南陵—无为地区其泥质岩盖层厚度均大于 50m，且连续性较好，成岩演化适中，是该区这套盖层较有利—中等保存单元；其余地区则盖层厚度均小于 50m，且连续性较差，为盖层封盖条件较差区，但不排除局部有较强的封盖能力。总之，龙潭组泥质岩盖层不仅是龙潭组储盖组合的直接盖层，同时也是上古生界成油组合良好的区域性盖层。

3. 青龙组盖层

青龙组下段的暗色泥岩和碳酸盐岩在下扬子区属于陆棚—台地相，泥岩盖层位于青龙组下部，平面厚度稳定，一般在 100m 以上；膏盐盖层呈"串珠"状分布，一般在 50m 上下。沿江的南陵、句容和泰州地区是泥岩盖层厚度高值区，且连片性好。外围地区包括九江地区、潜山—安庆、庐江及无为等地泥岩盖层厚度也均在 100～400m 之间。

从钻井样的测试结果看（第三次资源评价成果），孔隙度较小，一般在 1.5% 以下，单从孔隙度考虑属于好—较好类区域盖层。结合厚度、连片性判断：苏南—如皋一线为青龙组泥岩盖层较有利保存单元，外围地区包括九江地区、潜山—安庆、庐江及无为等地泥岩盖层也均在 100～400m 之间，但盖层分布局限，评价为中等保存单元，其余地区则为中等—差保存单元。

青龙组膏盐盖层呈"串珠"状分布，但也不排除其局部的有效封盖性。从已有钻井资料来看，无锡 5-ST1 井下青龙组上部 700m 范围内含多层硬石膏岩和灰质泥岩，厚十几米至几十米，具良好的封闭性能，是值得重视的盖层。

4. 周冲村组膏盐盖层

周冲村组膏盐盖层是在中三叠世早期的蒸发岩台地相内发育的一套膏盐、硬石膏、白云岩层段，其沉积范围比较广泛，主要发育于沿江苏皖南地区，在地表表现为膏溶角砾岩。受早燕山以来的强烈构造变形和大幅度的剥蚀，其稳定性和连续性遭到破坏，现今，呈块状或带状分布。江苏沿江地区膏盐岩主要发育于常州、南京一带，泰兴黄桥地区也有分布，厚度一般大于 100m，最厚处可达 400m。皖南地区膏盐岩北东向展布于九江码头镇大北山—宿松座山杨福村—安庆月山—无为一带，厚度一般为20~200m，最厚处可达600m。

黄桥地区周冲村组分布比较局限，主要分布在长生构造东南，仅N7井及长1井有所揭示，厚达400余米，岩性为含膏白云岩及膏岩层，为潮坪—潟湖沉积。按岩性可分为三段：上段灰白色膏质云岩、云质膏岩、灰色含膏泥质云岩，偶夹灰黑色泥质云岩，视厚60m，膏岩层厚4.5m；中段为灰白色含云膏岩、云质石膏岩夹灰、灰白色膏质云岩、泥质云岩，视厚210m，膏岩层厚186m；下段为灰黑色泥质云岩、深灰色含膏泥质云岩、灰色含膏云岩，视厚142m，膏岩层厚33m。其中，中段的大套膏岩层是较有利的盖层。

从句容地区苏32井的钻井综合柱状图上看，青龙组储层顶部存在较厚的膏岩层（460.8m的黄马青组石膏层），同时从前侏罗系基岩地质图上看出，句容外围存在三叠系，因此推断，与苏32井处于同一构造的湖熟—秣陵构造很可能有这套膏盐层。

无为地区N参4井揭示，含膏层段视厚度为96.5m，膏盐层总厚度达45m。但在望江—潜山盆地的安庆、宿松、九江均有出露，厚度一般在20~200m。

安庆地区周冲村组露头剖面上有宽度约40m的大套黄色膏溶角砾岩，安庆白岭金矿ZK83井中钻遇石膏层，厚度大于200m，未见底。

宿松地区杨福村西膏溶角砾岩露头厚50~80m。

九江地区瑞昌码头镇下三叠统—中三叠统周冲村组第二岩性段，岩性为黑色中厚层状白云质灰岩夹角砾状白云质灰岩，角砾状白云质灰岩单层厚20~30cm，颜色微黄带暗红色，与宿松含膏角砾状白云质灰岩相似，应为含膏白云岩层段。

在江苏沿江地区常州一带、南京一带，泰兴黄桥地区，皖南南陵、无为地区及安庆地区，宿松地区等评价为好—较好地区，其他地区则为中等—差。

现今周冲村组膏盐岩盖层虽受早燕山以来的强烈构造变形和大幅度的剥蚀，其稳定性和连续性遭到破坏，不能作为区域性盖层，但在分布较好地区，可作为良好的局部盖层。

5. 浦口组盖层

浦口组盖层是盆地进入相对稳定期形成的一套广湖泊沉积，泥质岩及膏盐岩位于该组中上部。最大厚度达千米以上，其有效封盖是该组中上部的泥岩段，苏北地区主要是粉砂质泥岩、泥岩和含膏泥岩（淮阴地区有厚度很大的盐层）；苏皖地区主要为砂质泥岩、泥岩和泥质粉砂岩互层，厚度明显薄于苏北地区。在覆盖区一般属于湖泊沉积，在苏北地区属于浅湖—深湖沉积，在苏皖南属于滨湖沉积。

区域上浦口组厚度总体表现为北厚南薄特征。浦口组现今保存状况受晚燕山—喜马拉雅期构造运动改造程度控制，使浦口组凹存凸缺，呈孤立、分散状产出。

浦口组是上古生界—中三叠统海相层系良好的区域性盖层。平面上浦口组泥质岩有三个厚度中心，分别为淮安地区、柘垛地区和海安地区，其泥质岩厚度均大于600m，且泥质岩很纯，砂质夹层薄甚至没有，为该区最好的盖层分布区。淮安地区在浦二段和浦三段发育有厚达千米左右的石膏和盐岩地层，因而尤以淮安地区为佳。

浦口组盖层突破压力1.05~45.5MPa，一般为8~20MPa；常规物性渗透率0.008~1.047mD，孔隙度0.6%~15.72%，中值半径0.13~12.06nm，岩石密度2.3~2.54g/cm³，

显示较好的微观封盖性。

浦口组盖层厚度围绕海安、高邮、阜宁三个沉降中心呈减薄状分布，三个中心泥质岩厚度均大于 600m，且泥质岩很纯，砂质夹层薄甚至没有，为该区最好的盖层分布区。除此以外长江以北地区浦口组一般属于较好—中等类盖层。苏皖南地区包括句容—常州地区、潜山、无为—南陵盆地和望江盆地的浦口组泥质岩盖层厚度均大于 100m，且有合适的埋深，成岩程度适中（R_o 为 1%～1.5%），也评价为较好—中等类盖层。其他地区则评价为封盖不利区。与海相区域盖层（龙潭组、下三叠统）相比，浦口组盖层物性相对较差，但其厚度较大，分布更广，因而为上古生界—下三叠统海相层系良好的区域性盖层。

二、保存条件影响因素

下扬子地区海相层系在地史上经历了多期构造运动，其中最主要的有印支运动、燕山运动和喜马拉雅运动，这三次构造运动对其盖层均有不同程度的剥蚀，对油气保存条件的影响各不相同。

1. 构造演化与隆升剥蚀对保存条件的影响

下扬子地区古生代以来经历了挤压冲断、走滑、伸展、反转等多期次的构造运动，复杂的构造演化历史及后期构造作用对油气藏的形成、保存有重要影响。

印支期前陆变形，变形强度大，而且影响范围广，几乎整个下扬子地区都卷入了强烈的前陆变形。该期前陆变形中，下扬子海盆受近南北向强烈挤压而缩短，估计大约缩短了 40%。变形过程中的褶皱隆起使许多地方的海相地层受到了不同程度的剥蚀，在江南基底隆起带的原始海盆中沉积几乎被剥蚀殆尽。因构造抬升、褶皱运动强烈，两地的志留系及其以上的海相地层被完全剥蚀，震旦系—奥陶系出露地表，早期形成的油气藏被破坏。

印支期前陆变形的同时还在沿江地区形成前陆盆地，堆积了厚逾 5000m 的陆相碎屑岩。这一狭义的处于南北对冲带之间的前陆区海相地层得以较好地保存，一些地区的中二叠统—上二叠统泥质岩盖层被保存下来，一些弱变形区甚至残留了部分中三叠统膏盐盖层。

晚侏罗世—早白垩世，下扬子地区发生大型走滑挤压及强烈的火山岩活动。这一期构造活动对油气的影响主要表现在两个方面：第一，发育的走滑断裂切割了原先保留下来的海相沉积实体，进一步恶化该区保存条件。但走滑断裂所产生的负面影响多局限于走滑断裂附近，不会造成大规模的区域隆升。第二，该期存在一次较为强烈的火山岩浆活动，主要表现为较大面积的火山喷发和局部的岩浆底辟。火山喷发破坏了盖层的连续性或直接对油气藏造成破坏，其对保存条件的影响是显而易见的；而岩浆底辟只在苏皖南的一些局部地区发育。

喜马拉雅期的构造活动是油气圈闭的最终定型期，直接影响现今油气藏的形成与分布，构造隆升的规模与期次是油气藏能否得到有效保存的关键。喜马拉雅期构造运动有吴堡、真武、三垛和盐城运动等，但波及范围最广、剥蚀时间最长、造成剥蚀量最大的是三垛事件，其次是真武事件。三垛组沉积末发生的三垛事件使苏北地区整体隆升剥蚀，剥蚀与沉积间断时间长达 23Ma。据估算，三垛事件在金湖、洪泽、高邮等中西部地区造成的构造抬升剥蚀幅度明显要高于东部的盐城、白驹及海安等凹陷。利用多种方法计算金湖、洪泽与高邮三个凹陷的隆起带、斜坡带及凹陷区的绝对剥蚀量，计算结果表明不同构造部位剥蚀量差别明显，隆起带、斜坡带剥蚀量可能上千米，而凹陷区可能只有几百米。根据地震剖面分析法推测，东部几个凹陷的相对剥蚀量普遍在 0～500m（隆起带与凹陷区同样差异明显）之间，其中海安凹陷又明显低于其他几个凹陷。喜马拉雅期构造隆升剥蚀虽然对油气藏的形成与保存产生影响，但其剥蚀的幅度不足以对整个陆相层系的保存体系造成严重破坏，特别是苏北盆地浦口组盖层被较好地保存了下来。交替性地隆起与断/坳陷对油气藏保存的影响主要表现为对油气进行重新分配、运移、成藏。

2. 断裂构造作用对保存条件的影响

断裂构造作用与隆升剥蚀作用一样，它主要也是对盖层连续性的破坏。断裂作用对保存条件的影响主要体现在活动的强度和性质上，下扬子地区的断裂是多期次、经过多次反转，每一期断层活动的性质与断层的封闭性不同对盖层及保存条件影响也不同。其中长期活动的大断裂和正断层对保存条件的破坏作用最大。因此，评价断裂活动对下扬子地区油气保存条件的影响要区分断裂的活动方式及影响范围。

下扬子地区发育的北东向的大断层均为中生代—新生代长期活动、切割基底较深的同生大断裂，如真武断裂、海安断裂、盐城断裂等。它们的同生性表现在对断层两侧的地层沉积厚度的一定控制作用和对地层保存程度的明显控制。由于断层的长期活动，在大断层的下降盘形成断陷。箕状凹陷中地层的厚度大、保存条件较好、埋藏深，是海相烃源层的发育区，对晚期生烃相当有利，箕状凹陷边界断裂体系在这样的油气运聚环境中起着重要的作用。同时，由于北东向大断层的扭动作用形成各种类型构造圈闭发育的构造隆起带，多为寻找"新生古储""古生新储"油气藏的有利地区。

下扬子地区断裂普遍发育，断裂除密度大外，类型也多，主要可分为三大类（表2-6-1）。

表 2-6-1　下扬子地区主要断裂性质及封闭性统计表

断层名称	断开层位	断距/m	产状	断层性质	特征	封闭性
盱眙—淮阴—响水	前 Z—Mz		NW	逆（压）→正	长期	中等
滁河—六合—大丰	Z—K—E	约 1000	NW	正→逆→正	长期	中等
巢县—江都—小海	前 Z—K—E	600～1600	NW ∠ 60°	逆→正	长期	中等
无为北—望江	前 Z—K—E	1500～3000	NW ∠ 55°～73°	逆→正（K 倾向 SE）	长期	中等
沿江	Pz		SE	逆→正	多期次	差
湖熟—南陵—高坦	前 Z—€—K—E	约 800	SE ∠ 51°	逆→正（K 以来倾向 SE）	长期	中等
江南	前 Z—€—K	500～1600	SE ∠ 67°	逆→正（T$_2$以来）	长期	中等
江阴—溧阳	Pz—K$_2$	2500	SE ∠ 68°	逆	长期	中等

断层名称	断开层位	断距/m	产状	断层性质	特征	封闭性
茅东	前 Z—S—E	3000	SE ∠ 21°～51°	逆	长期	中等
屯溪—崇明	前 Z—S—K	2500	SE → SW ∠ 51°	逆	长期	中等
淳安—崇明	Pz—J—K		SE	逆	多期次	中等
建德—南汇	Z₁—O₃—J₃—K₂	>5000	SE	逆	多期次	中等
江山—绍兴	前 Z—Mz		SE	逆→正	长期	中等
苏（州）（无）锡常（州）	S—T—J₃—K		∠ 64°～80°	平移	燕山	较差
建湖—大同	K—E—N	4000～5000	NW	正	燕山—喜马拉雅	较好

1）平行褶皱构造轴面的基底逆冲断层，有的后期常转化为正断层

这类断层具明显的挤压性质，主要发育于印支期—早燕山期，断层面多呈下部开启、上部封闭状态，对油气藏有保护作用，如真武断裂、盐城断裂。但有时断裂带附近的岩石常发生破碎，造成糜棱岩化，岩石产生热变质，变质带宽度大小不一，如作为扬子板块与华南板块分界的江绍断裂带，变质带宽度大于 2000m，而破碎和热变质作用对油气藏造成的破坏，不是特别严重。逆冲断层或逆掩断层造成新地层被老地层掩覆，可形成山下盆、盆下盆、台下盆等，增加了找油气的新领域，对油气的保存起到了有利的作用，但也使地下构造复杂化，增加了寻找油气藏的难度。同时，也可能使油气发生热变质作用，使得液态石油变为固体沥青，如余杭泰山古油藏。

2）斜切褶皱构造轴面的北北东、东西、南北向的断层

这类断层发育于晚侏罗世—早白垩世的燕山期，断裂的结果使得油气层发生大规模平错，岩石发生破碎，两侧地层受到挤压，这类断层平移距离大，对油气藏产生的破坏作用强烈，加上派生热变质的影响，对油气藏的保存很不利。

3）后期反转正断层或同沉积断层

主要为晚燕山期—喜马拉雅期形成，由于下扬子地区圈闭均离不开断层，而后期反转正断层封闭性往往不理想。所以，断层的封闭性评价在成藏研究中占有重要地位。

一般认为，正断层属开放性断层，逆断层、剪切断层属封闭性断层，而实际情况并非如此简单。当逆断层变为圈闭的破坏性断层时，无疑是开放的。此外，断层断距、两侧岩性及其固结程度等都有一定关系。固结成岩程度低并兼有泥岩时，逆断层及挤滑断层具有良好的涂抹效应，因而常常是封闭的；岩石固结成岩程度高显脆性时，岩石破裂形成断层破碎带，则可能是开放的。逆断层长期停止活动，断层破碎带经充填固结，也可能转为封闭性断层。

断裂系统的封存状况比较复杂。在一个偌大的地质空间内，有封存条件差、与地表相通的，也有保存相对好的。推测远离大断裂且发育良好的圈闭、未反转的逆断层、与

柔性地层间互的储层保存条件应当较好。

3. 岩浆活动对保存条件的影响

对下扬子地区二叠系—三叠系海相油气藏保存条件有影响的岩浆活动主要为印支期、早燕山期—晚燕山期、喜马拉雅期的岩浆活动。

印支期侵入岩属于花岗岩类，岩体规模很小，零散分布于下扬子地区的皖南、浙北一带和苏北个别凹陷内，常呈北东向分布。在印支期，由于上古生界主要烃源层大部分地区均未进入生油高峰期，对油气保存的影响不大，主要是对皖南、浙北一带加里东期的油气藏造成破坏。

燕山期侵入岩有早、晚两期之分，燕山晚期侵入岩分布零星，对油气藏的影响很小，严重影响古生界油气藏保存的主要是燕山早期侵入岩。燕山早期，除少数深断陷区的烃源层已开始进入生油高峰期外，其他大部地区仍未进入成熟生油高峰期，加之该区的岩浆侵入活动的分布范围有限，对油气藏破坏作用不明显。例如，浙西煤山钻孔下虽然侵入岩将煤层烘烤消失，但仍有冒油现象。相反，在某些烃源岩低热演化区，适度的岩浆活动反而对提高有机质成熟度、加快生烃是有帮助的。在明显受到岩浆侵入影响的地区，如镇江石马岩体所在区，高淳大花山，松岭—砺山煤田，宜兴湖滏、小张墅煤田，常州—上黄煤田，无锡、江阴、张家港、常熟、苏州西部等区，由于影响程度不同，其上古生界烃源岩 R_o 达到 1.3%～3.1% 的高成熟—过成熟阶段。

因此，对下扬子地区来说，岩浆活动对保存条件的影响主要体现在对下古生界油藏的破坏，本来油藏中的石油变质程度已很高，进一步加温只会加快石油热演化，使油气向固体沥青发展，岩浆活动还会刺穿和破坏圈闭，破坏构造的完整性和盖层封闭性，对油气藏保存是不利的。

4. 水文地质条件及保存

下扬子地区钻遇古生界的钻井较少，地层水资料更少，在不同构造部位钻井反映出的地层水性质差异很大，水化学场在平面上与纵向上分布变化规律不明显。总体上下扬子地区地层水的总矿化度不高，一般小于 35g/L，且苏南普遍低于苏北。苏北盆地区凹陷边缘通常是大气水下渗淡化区，凹陷内部地层水的矿化度相对较高。

高邮凹陷的震旦系—白垩系地层水矿化度除南断阶带上的许庄地区外均在 2g/L 以上，最大达 100g/L 以上。在南断阶上剥蚀面附近地层水矿化度最低，仅 10g/L 左右，一般埋深小于 2000m 时其矿化度低于 10g/L。水型由浅到深则由 $NaHCO_3$ 型或 Na_2SO_4 型变为 $MgCl_2$ 型和 $CaCl_2$ 型；由于中生界—古生界下部为海相沉积并且埋藏深，造成局部封闭环境，从而使地层水矿化度升高，Cl^- 富集，但在上部的风化壳上及大断层附近破碎带上，由于古大气水的长期淋滤交换形成一个厚度在 200～300m 的低矿化度带，水型为 $NaHCO_3$ 型，矿化度在 10g/L 以下。

造成下扬子地区海相层系地层水复杂的因素有多种，除遭受多次构造抬升、暴露外，更重要的原因是邻近通天断裂。

黄桥地区仅少数井地层水矿化度在 20g/L 左右，多数井低于 10g/L。句容地区地层水矿化度普遍较低，绝大多数低于 10g/L，不管埋深多大，个别井层大于 20g/L。

根据水化学资料对江苏地区做了保存条件划分：盐城凹陷、金湖凹陷东部、高邮凹陷北部、白驹凹陷、海安凹陷均属于水交替阻滞区，即Ⅰ类保存区；金湖凹陷西部、通扬隆起、苏南古生界浅埋区均属于自由水交替区，保存条件较差，属Ⅲ类保存区；二者之间地带属缓慢水交替区，为Ⅱ类保存区。开放性断层主要是真武断裂西段，向东则转为封闭，溱潼凹陷南界断裂的部分地段（东段）可能是开放的（图2-6-2）。

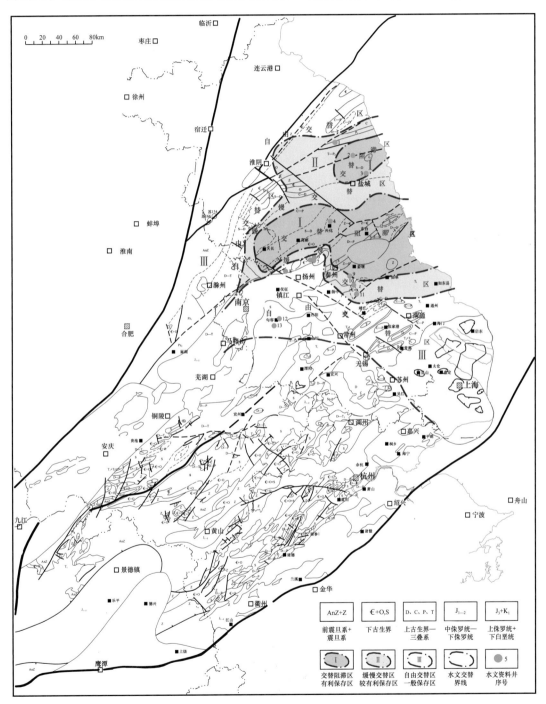

图 2-6-2　下扬子地区海相中生界—古生界水文条件保存评价图

三、保存条件有效性分析

在油气运聚过程中起到了封盖作用的盖层即为有效盖层，具有空间与时间两方面的涵义。一套盖层随埋深的增大从不具封闭能力及这种能力逐渐增强，是在地史过程中逐渐演化的。区域性盖层分布广、厚度大、横向分布稳定，当其位于成熟烃源岩及储集岩上方时，就基本上在成因上控制了相关油气分布，这样的盖层为区域有效盖层。从时间上看，盖层具有封盖能力的时间越早，可封盖的烃量就越多；若这套盖层的连续性在后期未被断层等破坏，那么这一盖层在时间上就是有效的。而有效保存则是指油气单元不仅处于统一的区域盖层之下，而且其周边具有阻止油气散失的遮挡条件，包括深向斜分隔、压扭性断层的遮挡、岩性变化等封闭条件。

1. 盖层有效性

1）封闭演化史、有效封盖时间与埋深

在成岩演化过程中，随埋深增加盖层的排替压力逐渐增大，陈章明等（1990）曾指出盖层的排替压力达到 1MPa 时，就开始具备一定的封盖能力。因此，可将盖层初具封盖能力的时间与埋深分别称为封烃门限时间与封烃门限深度。若后期不遭受改造，随埋深增大，其封闭能力相应增大。

一般而言，泥质沉积物进入半固结成岩阶段即已具有较好的封盖能力，其深度在 1500m 左右或 R_o=0.4%。

2）盖层封盖史与烃源岩排烃史的匹配关系

一般而言，若盖层封烃门限时间不晚于烃源岩排烃期，则二者之间具有有效的匹配关系。

前已述及，泥质沉积物的埋深在 1500m 左右或 R_o=0.4% 进入半固结成岩阶段时具有较好的封盖能力。据此推断，下志留统高家边组区域性盖层对于下志留统高家边组烃源岩及下寒武统烃源岩来说，盖层封烃门限时间略晚于烃源岩排烃期，匹配关系有效性尚可。

3）盖层烃浓度封闭的有效性

研究烃浓度封闭作用主要需确定何时盖层中的烃浓度值大于其下伏地层中的烃浓度值。地层孔隙水中含气浓度的大小主要受到温度、压力、地层水矿化度等条件的影响，随温压的增大，其含气浓度增大，而当盖层为富有机质岩石且具异常高压时，就很容易形成烃浓度封闭。因此，确定异常压力值的临界值及对应的时间与埋深是研究的重点。

下扬子地区下志留统高家边组区域盖层本身就是富含有机质的烃源岩，容易形成烃浓度封闭，其作为盖层烃浓度封闭的封烃门限时间可能比根据成岩作用推测的封烃门限时间要早。

2. 封盖体系评价

1）以浦口组为盖层的封盖体系

浦口组可作为印支期—燕山期之后形成的古生古储型、古生新储型和新生古储型油气藏的盖层，因而在评价以浦口组为盖层的封盖体系过程中主要考虑了浦口组的岩性、厚度、埋深等因素，并结合了地层水分析资料及泥岩欠压实等资料，而未考虑中生界—

古生界构造变形强弱。据此可将以浦口组为盖层的中生界—古生界油气保存条件评价为
三类（图2-6-3）。

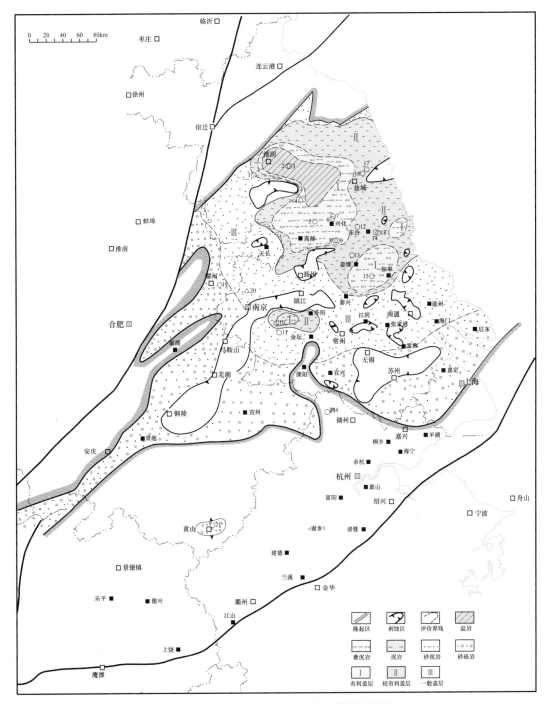

图2-6-3 下扬子地区浦口组保存条件评价图

Ⅰ类区：主要分布于淮安凹陷、柘垛地区和海安凹陷。浦三段、浦四段泥质岩厚度
一般大于500m，淮安地区浦口组为盐湖相，沉积了巨厚的膏盐层，使得该区浦口组泥
岩有明显的欠压实带存在（其余地区只在个别单井见有上白垩统泥岩欠压实现象，不具

有区域意义）。区内分布高矿化度地层水（盐城凹陷最高为 39.190g/L、泰州凸起最高为 26.78g/L）和中矿化度地层水（海安凹陷基本在 20～25g/L）。

Ⅱ类区：分布于Ⅰ类地区边部如阜宁—射阳、东台—大丰等地区，浦三段、浦四段泥质岩厚度 200～500m，盖层评价为Ⅱ类区域。

Ⅲ类区：浦三段、浦四段泥质岩厚度小于 200m，主要分布在苏南地区。

2）以龙潭组为盖层的封盖体系

龙潭组可作为古生古储型油气藏的区域性盖层，因而在评价以龙潭组为盖层的封盖体系时重点以中生界—古生界构造变形强度和龙潭组盖层评价结果为主要依据，并参照了局部地区的地层水分析资料。

Ⅰ类区：包括小海—大丰地区和南黄海南部凹陷的中部地区等，属海相中生界—古生界构造变形相对简单的地区。

Ⅱ类区：主要位于黄桥—如东地区。其龙潭组泥岩厚度 100～200m。虽然该区上古生界构造变形稍强，地层水矿化度中等—低（该区水化学资料变化大），但该区因为有浦口组作为间接盖层，且有黄桥气田作为实例，所以划为Ⅱ类区。

3）以高家边组为盖层的封盖体系

高家边组可作为古生古储型油气藏的区域性盖层，评价过程中主要参考了中生界—古生界构造变形强度和高家边组的岩性、厚度及分布等因素，据此将其划分为两类。

Ⅰ类区：分布于苏中、南通—南黄海和宁镇—宜兴的西北部区域。盖层岩性以泥、页岩为主，厚度巨大，最厚处为 3000m 左右，基本深埋。且构造活动强度相对较弱，其中苏中地区中生界—古生界构造变形最弱，南通—南黄和宁镇—宜兴地区下古生界变形较弱，因而其保存条件相对较好。

Ⅱ类区：分布于荻垛—高邮—盐城环形区域和泾县—广德—长兴一带。前者高家边组盖层深埋于地下、岩性细，但被断层改造作用强烈，残留厚度不大。后者高家边组厚度虽大，但其岩性为粉、细砂岩夹泥岩，且常常出露于地表；盖层参数较差，为较差均质性盖层。

第七章　油气藏形成与分布

下扬子地区与海相中生界—古生界有关的油气藏发现数量少，截至 2018 年底，仅可通过有限的已发现油气藏、出油点、油气显示，对其油气分布特征、油气运聚特征、油气成藏控制因素等进行简要分析。

第一节　油气显示特征

下扬子地区海相油气显示类型多样，平面上宏观分带性特征明显，从西北—东南可分为三个带，即北带的烃气、油、无机二氧化碳气显示，中带的油、无机二氧化碳气显示，南带的固体碳沥青显示（图 2-7-1）。

北带是指西北部苏北古近系盆地、南黄海北部凹陷及南部凹陷。油显示多出现在靠近箕状断陷主断裂两侧，如高邮凹陷南断阶，吴堡低凸起，泰州凸起，射阳、引水沟凸起等。其中重要的油显示包括真 43 井寒武系原油（累计产油 95t），台 X8 井二叠系龙潭组油显示，老塘 1 井泥盆系五通组原油及南黄海 CZ6-1-1 井 3820～3827m 段原油（试油日产 2.45t）等，显示层位以下古生界为主，其次为上古生界。烃气主要指那些已经证明或怀疑属于古生界来源但储存在古生界至古近系的天然气显示，重要的有盐城朱家墩气田，海安凹陷安 6 井、安 15 井阜一段气显示及盐城 3 井五通组气显示等。

北带油气显示多样，油气来源也较为复杂。该区古近系生油岩发育，特别是东台坳陷生油岩埋深大，成熟度高，已发现多个古近系油气田。古近系箕状断陷附近海相地层中的油气显示多来自古近系（真 43 井、关 X6 井等），属新生古储范畴。由于古近系厚度大，促使下伏海相烃源岩进一步增熟生烃。总体上，海相中生界—上古生界演化适中，以生油为主（台 X8 井、阜宁 X1 井、CZ6-1-1 井油显示），局部地区可以成气（朱家墩气藏）。油气显示集中在海相中生界—上古生界内幕及印支面附近，部分沿断裂向上运移，赋存在古近系。下古生界烃源岩演化程度较高，理论上有高成熟—过成熟气生成，但在北带并未得到证实。另外深大断裂附近二氧化碳气显示普遍，分析认为与黄桥地区二氧化碳同属无机成因。

中带陆上南至泾县—宁国，北到宁镇、泰兴黄桥一带，沿北东向展布，延伸至南黄海。该区的特点是海相中生界—上古生界保存完整，地面油苗最为丰富，井下以油显示为主、二氧化碳气为次，少数烃气。分布地点为南陵、巢湖、句容、镇江、黄桥等。比较重要的有：黄桥二氧化碳气田，溪桥浅层气田，江都地表油苗，句容地区容 2 井、容 3 井短时工业油流井（容 2 井、容 3 井分获初产 6.6m³/d 和 10.1m³/d 的工业油流），镇江、宣城地区煤矿的十多口出油井，短时喷气的苏 32 井，宜兴南新镇水井油苗等。油气显示层位以上古生界和中生代白垩系、侏罗系、三叠系为主。油显示普遍原因在于晚燕山期中生界—上古生界烃源岩成熟生排烃，喜马拉雅期沉积岩厚度小，保存条件不利。

中带油气多赋存在海相中生界—上古生界碳酸盐岩溶孔缝洞系统中。探井中海相中生界—上古生界油显示丰富，露头海相中生界—上古生界碳酸盐岩中多见原油渗出。通过油气源对比，中带海相中生界—上古生界碳酸盐岩中原油特征与海相中生界—上古生界烃源岩抽提物亲缘性好，属自生自储。中带二氧化碳气主要分布在黄桥地区，以无机幔源成因为主。

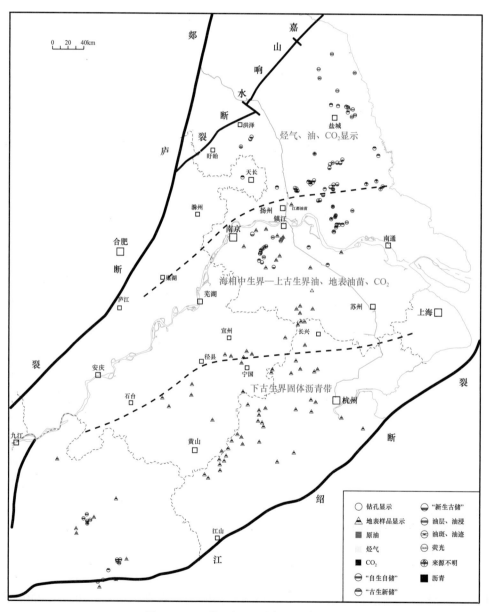

图 2-7-1 下扬子地区油气显示类型图

南带是指石台—宁国—安吉地区，油气显示类型单一，以固体的脉状和孔隙性残留碳沥青为主。沥青在皖南太平及石台一带多有分布，在浙西的吉安、临安、淳安等地分布更为普遍，层位以志留系、奥陶系及寒武系为主。如太平碳沥青矿，固体碳沥青充填在下志留统霞乡组暗色泥岩裂隙中。这种在下古生界泥岩盖层裂隙中充填的沥青预计在成藏期后经构造挤压、盖层裂隙产生、液态油气通过裂隙大量散失、重质沥青残留富集、进一步深埋热演化固化等一系列地质作用中形成，沥青进一步固化、热演化应在印支—燕山期。

南带沥青面上分布广，越靠近下古生界烃源层产出条数越多，并可见从烃源层向外穿插现象。通过下古生界生烃岩的成熟演化进程推断，结合古油藏研究及沥青分析，烃源为下古生界。截至 2018 年底，南带主要残留早古生代—前震旦纪地层，缺少中生代—新生代地层覆盖，保存条件极差，基本属无勘探价值的地区，但它记录了"古油藏"兴亡的历史，证实下古生界烃源岩巨大的生烃能力。

第二节　油气运聚特征

通过重点油气显示分析，结合油气源及油气赋存状况，下扬子地区海相中生界—古生界主要存在以下几种油气运聚模式。

一、新生古储潜山式油气成藏特征

新生古储潜山式油气藏是由古近系成熟生油层供源，以海相中生界—古生界碳酸盐岩缝洞为储层。受华北任丘油田外部勘探形势的影响，20 世纪 70 年代末在苏北地区曾掀起寻找该类型油气藏的热潮，钻遇古生界探井 45 口，主要位于江都隆起—吴堡凸起及泰州凸起上，并在真 43 井寒武系白云岩中累计产出 95.1t 原油。

苏北盆地古近系烃源岩成熟度高，已大量生排烃，特别是高邮凹陷深凹带及金湖凹陷环龙岗次凹带，古近系油源条件最为有利。印支期—燕山期海相碳酸盐岩多出露地表，有利于形成溶蚀孔洞储层，且由于构造运动强烈，裂缝储层也较为发育，钻遇该类储层时多伴有井漏及钻具放空等现象。

该类油气成藏的关键因素在于古近系烃类及海相中生界—古生界储层间的输导条件不利。苏北地区上白垩统浦口组发育，浦口组上部泥质岩发育，厚度大，质纯。浦口组下部砂砾岩的储集物性差，一般不能作为有效的储层，因此即使浦口组上部泥质岩遭到剥蚀，浦口组砂砾岩也可充当油气运移的隔层。另外，苏北地区海相中生界—古生界断层发育，断层以高角度断层为主，多为一系列相互叠置的冲断片，虽然有利于油气的垂向运移，但油气的横向运移受到限制，也不利于油气的横向输导。

除真 43 寒武系含油气构造，近年来苏北地区多见新生古储的油气显示。从油气显示的规律来看，油气显示多出现在控凹深大断裂附近（如真武断裂带附近许庄、真武地区，杨村断裂带小关地区），说明新生古储油气成藏的形成与深大断裂附近浦口组断缺及断裂的输导作用有关。江都地表古近系原油的认证，证实高邮深凹带的古近系油气成熟度高，运移能力强，后期可有效保存下来。在特定地区新生古储式油气藏仍具有较好的勘探前景。

结合真 43 井寒武系含油气构造运聚模式，新生古储成藏模式如图 2-7-2 所示，古近系烃类从烃源岩中排出，经断层、断面及砂岩等输导层向海相中生界—古生界碳酸盐岩溶蚀储层及裂缝中运移，并在合适的部位聚集成藏。

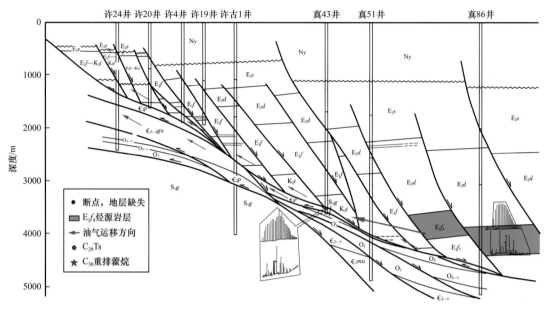

图 2-7-2　新生古储油气成藏模式图（以真 43 井油藏为例）

二、古生新储式油气运聚特征

古生新储式油气藏以朱家墩气藏为代表，是由海相中生界—古生界烃源层供烃，以陆相碎屑岩为储层的成藏组合。

由于中燕山期强烈的构造抬升，之前形成的海相油气藏多遭到破坏。只有晚白垩世以来沉降幅度较大的地区，海相烃源岩才有继续供烃的可能。因而晚期生烃中心主要分布在古近系沉积岩较厚的区域，区内已有多口探井证实海相烃源岩晚期生烃的存在。苏北盆地古近系发育多套砂岩，砂岩的储集性能好，储集条件有利。

对于古生新储油气藏，油气保存条件至关重要，朱家墩气藏的存在得益于其优越的盖层及油气保存条件。朱家墩气藏发现后，盐阜地区钻探了多口井（盘 X1 井、盐城 4 井及兴桥 X1 井等），均以失利告终，分析认为这些井的失利均为保存条件较差，或是断层通天，或为侧向封挡不利。水化学特征分析进一步证实这些地区存在缓慢水交替，保存条件相对不利。除朱家墩地区外，海安地区也具有类似古生新储成藏条件和成藏模式。

另外海安凹陷古近系多见疑似古生界来源气显示，显示集中在海中断隆带及新街地区，显示层位主要在阜一段及泰州组。海中断隆及新街地区阜一段及泰州组气的组分偏干，与典型的海安凹陷油伴生气（安 3 井、安 13 井及台 7 井湿气）具有显著不同，与古生新储的朱家墩气相似（图 2-7-3），因而推测该区古生新储式油气藏可能具有较好的勘探前景。

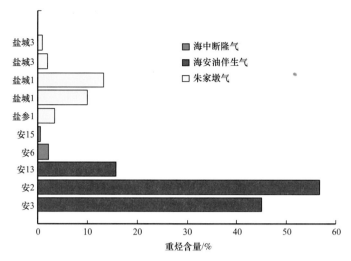

图 2-7-3　海中断隆气、海安油伴生气及朱家墩气中重烃含量对比图

三、古生界内幕含油气构造及成藏特征

古生界内幕油气藏是由海相中生界—古生界供烃，以海相中生界—古生界碳酸盐岩溶孔缝洞、海相碎屑岩及印支期—燕山期不整合面为储层的成藏组合，台 X8 井二叠系、阜宁 X1 井石炭系及老塘 1 井泥盆系的含油气构造均属此种类型。

该类油气藏同样需要海相中生界—古生界烃源岩晚期供烃，因此晚白垩世以来较大的沉降幅度是油气成藏的必要条件。

从油气显示来看，储层是控制古生界内幕油气成藏的关键因素。油气运聚模式有两种：一种为烃源层与输导层配置关系好，生烃层直接向输导层排烃，或在断层调节下生烃层与输导层侧向对接排烃后经二次运移聚集成藏，台 X8 井二叠系含油构造即为这种聚集方式（图 2-7-4）；另一种是烃类生成后沿断层面向上运移，经不整合面等输导层时横向运移，并在合适的部位聚集成藏。

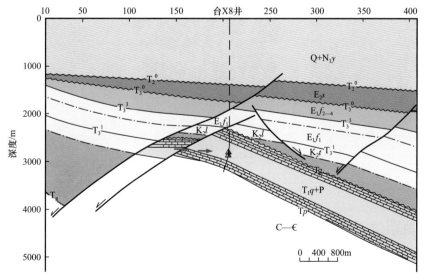

图 2-7-4　海安凹陷新街三维 Inline300 测线地震地质解释剖面

第三节　油气成藏控制因素

油气藏的形成与保存受诸多因素控制，下扬子地区与海相中生界—古生界有关的油气藏发现数量少，仅可通过有限的油气藏、出油点、油气显示及部分探井失利因素，对其进行初步的分析，形成以下认识。

一、晚印支期—中燕山期运动对早期形成的油气藏起破坏作用

晚侏罗世—早白垩世，扬子板块与华北板块剧烈碰撞，导致下扬子地区从基底到盖层的逆冲—推覆，使包括中侏罗统—下侏罗统在内的中生界—古生界遭受强烈挤压形变，如南京扬坊山—长林村可见三叠系推覆叠置在中侏罗统—下侏罗统之上，高淳大金山可见二叠系推覆叠置在上侏罗统之上，句容茅山古生界推覆叠置在下白垩统之上，说明晚侏罗世—早白垩世末是推覆构造最为发育时期。

晚印支期—中燕山期强烈的构造运动使海相实体在地下的赋存状况变得非常复杂，真武断裂带的探井揭示海相中生界—古生界表现为叠瓦冲断，代表多期逆冲推覆过程。部分探井，如圣科1井及海参1井等海相中生界—上古生界出现倒转，表明晚印支期—中燕山期构造活动的强度较大。

由于构造运动强度大，中燕山事件前形成的海相油气藏大都遭到破坏，苏北地区为古近系覆盖的海相地层中见到大量沥青显示，见证了构造运动对油气的破坏作用（图2-7-5）。台X8井二叠系油砂饱和烃色谱、阜X1井石炭系油砂饱和烃色谱及饱和烃中丰富 C_{25} 降藿烷的存在也表明早期有过油气的大规模破坏过程。

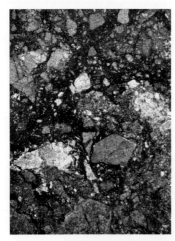  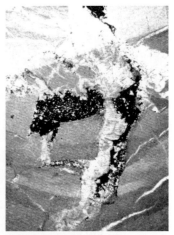

a. 江2井炮台山组　　　　　　b. 真86井汤头组　　　　　　c. 海参1井栖霞组

图2-7-5　苏北地区海相地层中沥青显示

二、晚期生烃中心控制油气藏的分布

由于晚印支期—中燕山期强烈构造运动对早期形成油气藏的破坏，晚白垩世以来海相地层的增熟成烃对油气成藏意义重大。

通过海相烃源岩动态演化分析，基本上落实了下扬子地区各套海相生烃层在不同地质时期的热演化状况。中燕山事件前，苏北—南黄海地区下寒武统烃源岩的热演化程度较高，以生干气为主（$R_o > 2.0\%$），剩余生烃潜力较小。上奥陶统—下志留统烃源岩的 R_o 约 1.3%，具有一定剩余生烃潜力。海相中生界—上古生界烃源岩总体上以低成熟为主（除沿江地区），烃源岩 R_o 为 0.5%~0.7%，具有较大的剩余生烃潜力。

晚期生烃中心不仅与海相烃源岩中燕山事件前的热演化程度有关，而且与晚白垩世以来沉降幅度关系密切。现今发现的海相油气藏及油气显示，包括朱家墩气藏、台 X8 二叠系油显示及阜宁 X1 井石炭系油显示等均在古近系及上白垩统沉积岩厚度较大地区。

苏北盆地东部古近系烃源岩的成熟生烃期均属晚期，且古近系烃源岩与海相中生界—古生界烃源岩在喜马拉雅期具有相同的地温场。通过苏北盆地东部古近系烃源岩埋深与烃源岩中镜质组反射率对数的线性关系并向下延拓，就可以推算海相中生界—古生界烃源岩晚期再次深埋成烃的最小深度。如中燕山事件前海相中生界—上古生界烃源岩 R_o 为 0.5%~0.7%，以喜马拉雅期地温梯度推算，对应埋深应在 3000m 左右，即要使海相中生界—上古生界进一步深埋成烃，晚白垩世以来埋深必须大于 3000m。同理，上奥陶统—下志留统进一步增熟成烃埋深约 4250m，下寒武统进一步增熟成烃的埋深约 5200m。结合海相中生界—上古生界及下古生界烃源岩现今埋深，预测了下扬子地区海相烃源岩晚期生烃范围。

三、陆相中生界—新生界覆盖对晚期形成的油气藏保存意义重大

陆相中生界—新生界覆盖对晚期形成油气保存和聚集具有重要作用，体现在以下几方面。

第一，下扬子地区海相中生界—古生界受断层切割严重，且由于岩石成岩程度高而具有脆性，断裂裂隙十分发育，这导致地表及地下水交替相对活跃，从而油气保存条件变差。由此可见，陆相地层"庇护"对海相油气的保存至关重要。研究表明，从古生界水矿化度与埋深关系看，尽管大多数不成规律，但当海相中生界—古生界上覆陆相地层厚度超过 2500m 时，地层水矿化度明显上升，表明保存条件逐渐变好（陈安定，2003）。

第二，陆相中生界—新生界泥质岩中常常存在欠压实现象。它的存在表明泥岩微孔道对流体压力传导具有很强的阻滞能力，断裂及裂隙系统未能打破这种"暂时"的压力不平衡。烃类要穿过这样的封闭层，不仅要克服一般地层所具有的微孔毛细管阻力，而且要有超过异常压力带的"过剩压力"。欠压实段常发育于陆相中生界—新生界烃源岩中，可能与烃源岩的生烃作用具有一定的成因联系，因此常常具有压力封闭及烃浓度封闭机理，对下伏中生界—古生界的油气具有较强的封闭作用。

第三，不同沉积相的泥质岩，其水介质动力条件不同，沉积环境动荡，泥质岩含砂量就高，形成微斜层理、小透镜体、水动力搅动界面等微渗空间的可能性大，横向上岩性和厚度变化的可能性也大。微斜层理等微渗漏空间，对盖层封闭性来说是不利的影响因素，这种不利因素在盖层埋深 2000~3000m（即大约在早成岩期）范围内尤其明显。含砂量高及微斜层理等微渗漏空间增大，渗透率增大，突破压力减小，使盖层封闭性能相对降低。当泥质岩盖层埋深大于 3000m 时（早成岩晚期—晚成岩期），由于压实作用

强烈，结构致密，砂质和泥质紧密镶嵌在一起，大大降低了泥质岩的孔隙度及渗透率，此时泥质岩盖层封闭能力明显增强。由此可见，较厚的陆相中生界—新生界覆盖对海相油气的保存是必要的。

苏北—南黄海地区陆相中生界—新生界泥质岩发育，阜二段泥岩全区稳定分布，埋深适中。同时陆相中生界—新生界泥岩厚度较大，可塑性强。据普赛尔研究，盖层突破时间与其厚度为指数关系，突破时间随盖层厚度的增加呈指数倍数增长。较厚泥质岩及陆相地层是海相中生界—古生界，特别是海相中生界—上古生界油气成藏的必要条件。

第八章 典型油气田（藏）

截至 2018 年，下扬子地区海相中生界—古生界勘探先后发现了黄桥、泰兴两个油气田，以及句容、泰山等少量油气藏，累计探明石油地质储量 $102.24 \times 10^4 t$，探明天然气地质储量 $142.01 \times 10^8 m^3$。此外，朱家墩油气田天然气也是来自海相中生界—古生界烃源岩。下面通过构造特征、油气层分布特征，以及油气成藏模式等方面对 5 个典型油气田（藏）进行简要介绍。

第一节　泰　兴　油　田

一、概况

泰兴油田位于江苏省泰兴市黄桥镇，2009 年华东油气分公司在前期钻探的二氧化碳采气井——华泰 3 井进行复试，在古生界二叠系龙潭组砂岩油层试获日产 1.2t 的工业油流，二氧化碳气 $2.5 \times 10^4 m^3/d$，由此发现泰兴油田，截至 2018 年底探明石油地质储量 $102.24 \times 10^4 t$，含油面积 $2.66 km^2$。龙潭组上部致密砂岩油层夹在大隆组、龙潭组、孤峰组烃源岩中，自生自储。华泰 3 井龙潭组原油与溪 2 井龙潭组烃源岩对比具亲缘关系；溪平 1 井原油与溪 1 井龙潭组油砂对比具亲缘关系；包裹体分析存在两期成藏过程，成藏期主要在侏罗纪和晚白垩世时期，主要为晚期生烃。

二、成藏主要因素和组合特征

黄桥地区主要发育两大套生油岩，下古生界（含上震旦统）烃源岩和上古生界—下三叠统烃源岩。其中下古生界（含上震旦统）烃源岩主要油源层分布在上震旦统、下寒武统，上古生界烃源岩主要分布在二叠系。但下古生界烃源岩处于高成熟—过成熟演化阶段，因演化程度高，晚期虽有生烃潜力，但已接近枯竭。根据油源对比，龙潭组油藏优质烃源岩主要是二叠系—下三叠统的栖霞组灰岩、孤峰组泥岩、龙潭组泥岩、大隆组泥岩、青龙组灰岩。

溪桥构造龙潭组油藏的烃源岩主要为上二叠统龙潭组、大隆组。龙潭组在黄桥地区沉积厚度较大，单井揭示地层厚度 100～400m，岩性多为泥岩和砂岩，部分地区夹有煤层，烃源岩厚度 80～200m，在长 1 井和 N7 井区烃源岩厚度最大，并沿 N6 井、N9 井、溪 1 井和 N13 井方向烃源岩厚度依次递减，在区块西北端 N2 井和 N4 井之间也有较厚的沉积，最大厚度在 160m 以上。大隆组单井揭示地层厚度较薄，为 10～60m，岩性多为泥岩，烃源岩厚度 5～40m，在 S174 井区残留厚度较大，N6 井与 S174 井厚度相当，其他单井揭示厚度不大，烃源岩展布为以 N6 井和 S174 井区为中心，向四周烃源岩厚度减小。

龙潭组于石台南通陆棚滨岸沉积相区，发育一套海陆交互的含煤碎屑沉积；大隆组处于盆地沉积区，发育一套页岩夹硅质岩、石灰岩的陆源碎屑沉积。青龙组处于深水、浅水陆棚区，以沉积碳酸盐岩为主。龙潭组烃源岩分布较广，厚0～249.6m，大隆组厚度较薄，为0～57.7m。龙潭组和大隆组烃源岩主要为泥岩，有机质类型都以II_2型为主。龙潭组镜质组反射率0.98%～1.24%，处于成熟阶段，大隆组镜质组反射率在0.97%～1.56%，处于成熟—高成熟阶段，青龙组石灰岩镜质组反射率在1.02%左右，处于成熟阶段。龙潭组和大隆组泥岩有机碳含量相似，介于0.22%～5.82%，平均值分别为2.49%和2.71%，青龙组石灰岩有机碳含量介于0.12%～0.55%，平均0.34%。龙潭组泥岩的生烃潜力和总烃含量优于大隆组泥岩，二者均评价为较好的烃源岩。青龙组烃源岩虽然有机碳含量偏低，但其有机质类型好，氯仿沥青"A"含量和总烃丰度高，分别达到529μg/g和341μg/g，是区内成熟度稍低的优质生油岩，具有很高的晚期生烃潜力。

黄桥地区上二叠统龙潭组和大隆组烃源岩主要为泥岩，龙潭组泥岩的正构烷烃和生物标志化合物特征相似，但存在一定的内部差异。一类龙潭组泥岩正构烷烃为后峰型，重排甾烷含量很低，C_{27}—C_{28}—C_{29}常规甾烷呈"L"形分布，C_{27}常规甾烷显著高于C_{29}常规甾烷，孕甾烷和升孕甾烷含量较低，C_{19}—C_{24}三环萜烷含量较低；另一类龙潭组泥岩的上述特征相反，正构烷烃呈前峰型，重排甾烷含量高，C_{27}常规甾烷相对于C_{29}常规甾烷没有体现出绝对优势，孕甾烷和升孕甾烷含量很高，高出甾烷峰值，C_{19}—C_{24}三环萜烷含量很高，甚至高于藿烷。大隆组泥岩与第二类龙潭组泥岩较为相似，C_{27}常规甾烷相对于C_{29}常规甾烷没有体现出绝对优势，孕甾烷和升孕甾烷含量很高，高出甾烷峰值，但是正构烷烃呈双峰型，植烷高于姥鲛烷，重排甾烷含量远低于常规甾烷，C_{19}—C_{24}三环萜烷含量也较高，但没有高于藿烷。因数据有限，可以计算生物标志化合物参数的样品较少，大隆组1个，龙潭组3个，这四个样品的各项生物标志化合物参数没有显著区别（表2-8-1），大隆组和龙潭组及龙潭组内部的差异主要通过谱图展示。

龙潭组储层岩性为石英岩屑砂岩，为一套典型三角洲沉积，孔隙胶结为主，杂基主要为泥质，胶结物少。现有储层物性及测井解释成果显示，黄桥地区龙潭组碎屑岩储层物性总体上具有特低孔隙度—低孔隙度及低渗透率的特征。这反映了压实致密的特征，但其在构造演化的晚期形成了大量的构造裂缝，一般裂缝未充填—部分充填，提高了储层的连通性和孔隙性。局部高孔隙度、高渗透率的砂岩是烃类主要的储集空间。龙潭组含油层段砂岩的孔隙度一般为3.6%～28%，平均8.96%，而渗透率除个别样品可以达到较高外，其余均在0.04～0.23mD之间，平均0.1mD。溪1井、溪2井的测井解释成果也显示了类似的特征，孔隙度一般小于10%，渗透率一般小于0.9mD。

对于溪桥构造最直接有效的盖层主要为龙潭组—大隆组泥质岩、下青龙组顶部泥岩段，二叠系泥岩盖层的厚度可以达到250m左右，烃源层本身还具有一定的封盖能力。区域盖层为浦口组中上部厚达400m左右的含膏泥质岩，封盖性能较好。根据CO_2产层的排替压力较低和CO_2气藏的压力系数不同（浦口组1.35、栖霞组1.31、船山—黄龙组1.07）认为上述盖层均具有较好的封盖能力。

表 2-8-1　黄桥地区二叠系烃源岩生物标志化合物参数表

层位		P_2d	P_2l			P_1g	
井号		N9	N9	黄验 1		黄验 1	N9
深度 /m		1775～1795	1970～1980	1714～1717	1772～1773	1808～1813	2020～2025
岩性		黑色泥岩	灰黑色泥岩	灰黑色泥岩	黑色泥岩	黑色泥岩	黑色泥岩
规则甾烷	C_{27}/%	36	37	37	34	38	39
	C_{28}/%	26	26	27	26	24	18
	C_{29}/%	38	37	36	40	38	43
C_{27} 重排 /（重排 + 规则）甾烷		0.19	0.15	0.12	0.13	0.20	0.14
$C_{31}R/C_{30}$ 藿烷		0.47	0.27	0.21	0.28	0.30	0.25
C_{19}/（$C_{19}+C_{23}$）三环萜烷		0.34	0.32	0.17	0.26	0.00	0.00
伽马蜡烷指数		2.67	1.81	2.28	2.80	7.93	1.55
C_{22}/C_{21} 三环萜烷		0.18	0.30	0.30	0.18	0.00	0.19
C_{24}/C_{23} 三环萜烷		0.78	0.62	0.79	0.67	0.74	0.51
莫烷 / 藿烷		0.16	0.21	0.17	0.20	0.24	0.15
甾烷 / 藿烷		0.71	0.60	0.46	0.55	1.17	0.46
C_{26}/C_{25} 萜烷		1.47	0.50	0.65	0.95	0.00	0.73
$C_{29}Tm/C_{30}$ 藿烷		0.65	0.47	0.61	0.59	4.97	0.53
$C_{29}\alpha\alpha\alpha20S$/（$20S+20R$）		0.37	0.42	0.41	0.35	0.38	0.46
$C_{29}\beta\beta$/（$\beta\beta+\alpha\alpha$）		0.35	0.39	0.40	0.35	0.37	0.42
$C_{27}Ts$/（$Ts+Tm$）		0.48	0.56	0.40	0.52	0.60	0.53
（孕 + 升孕甾烷）/C_{29} 甾烷		0.57	0.44	0.33	0.43	0.58	1.01

三、油藏特征

1. 原油特征

龙潭组原油的物理性质显示，原油含硫量均较低，介于 0.15%～0.18%，含蜡量为 2.08%～3.4%，原油较轻，密度约 0.8g/cm³。但溪平 1 井龙潭组原油的运动黏度和初馏点均高于溪 3 井龙潭组原油，反映了黄桥地区龙潭组原油组分上的差异，溪平 1 井龙潭组原油的重组分要高于溪 3 井。用溪 3 井龙潭组油斑砂岩和溪平 1 井龙潭组黑色原油的甲基菲指数（MPI-1）计算原油的成熟度对应的镜质组反射率分别为 1.87% 和 1.83%，显示原油为高成熟原油。

2. 油源分析

黄桥地区顾高 1 井栖霞组含油石灰岩的正构烷烃和生物标志化合物特征比较一致，正构烷烃分布完整，呈后峰型，少数为前峰型，植烷略高于姥鲛烷。C_{27}—C_{28}—C_{29} 常规甾烷呈 V 形分布，C_{27} 常规甾烷和 C_{29} 常规甾烷均未体现出显著优势，含有一定量的孕甾烷和升孕甾烷，重排甾烷含量低，C_{27}—C_{28}—C_{29} 重排甾烷呈反 L 形分布，C_{29} 重排甾烷优势。正构烷烃特征相似，C_{19}—C_{24} 三环萜烷含量较低。部分含油石灰岩显示生物降解特征。

栖霞组含油石灰岩的各项生物标志化合物参数与龙潭组原油存在一定的差异，栖霞组含油石灰岩抽提物具有相对较高的姥植比，明显偏低的重排甾烷含量，较高的 $C_{31}R/C_{30}$ 藿烷，较低的伽马蜡烷指数，较高的 C_{24}/C_{23} 三环萜烷，相对低的甾烷 / 藿烷，明显低的孕甾烷和升孕甾烷含量（表 2-8-2）。显示了上二叠统、下二叠统赋存烃类的来源差异。

表 2-8-2 黄桥地区油砂和含油石灰岩的生物标志化合物参数表

参数		溪 3 井	顾高 1 井	顾高 1 井	顾高 1 井	顾高 1 井
		P_2l	P_1q	P_1q	P_1q	P_1q
		1595.5～1595.6m	1748.9～1749m	1751m	1751.8～1751.9m	1755.9～1756m
		油斑细砂岩	石灰岩	石灰岩	石灰岩	石灰岩
Pr/Ph		0.76	1.15	0.81	0.84	0.68
Pr/n–C_{17}		0.54	0.66	0.68	0.71	0.74
Ph/n–C_{18}		0.52	0.60	0.68	0.65	0.66
规则甾烷	C_{27}/%	37	33	35	36	35
	C_{28}/%	18	21	23	20	20
	C_{29}/%	45	46	42	44	45
C_{27} 重排 /（重排 + 规则）甾烷		0.25	0.19	0.12	0.13	0.11
$C_{31}R/C_{30}$ 藿烷		0.16	0.29	0.23	0.24	0.25
C_{19}/（C_{19}+C_{23}）三环萜烷		—	0.15	0.15	0.11	—
伽马蜡烷指数		2.38	1.90	1.03	0.95	0.75
C_{22}/C_{21} 三环萜烷		—	0.33	0.41	0.30	—
C_{24}/C_{23} 三环萜烷		0.68	0.82	0.71	0.79	0.91
莫烷 / 藿烷		—	—	0.16	0.11	0.11
甾烷 / 藿烷		0.57	0.32	0.38	0.37	0.35
C_{26}/C_{25} 萜烷		1.11	1.13	1.06	0.93	1.01
$C_{29}Tm/C_{30}$ 藿烷		0.56	0.48	0.45	0.48	0.43
$C_{29}\alpha\alpha\alpha20S$/（$20S$+$20R$）		0.48	0.41	0.46	0.45	0.43
$C_{29}\beta\beta$/（$\beta\beta$+$\alpha\alpha$）		0.36	0.48	0.42	0.44	0.46
Ts/（Ts+Tm）		0.52	0.49	0.41	0.48	0.53
（孕 + 升孕甾烷）/C_{29} 甾烷		4.29	0.89	0.42	0.74	0.49

因没有黄桥地区栖霞组烃源岩的生物标志化合物参数参与分层聚类分析，顾高1井栖霞组含油石灰岩与其他层系烃源岩和原油的聚类分析结果显示，栖霞组含油石灰岩没有呈现与上二叠统或下三叠统烃源岩的相关性，可以排除上述两组烃源岩对栖霞组油藏的贡献。

此外，虽然没有参数进行对比，但通过谱图特征可以进行对比。顾高1井栖霞组含油石灰岩的正构烷烃和生物标志化合物特征与N7井栖霞组泥岩的谱图特征非常相似，显示了其成因相关性。同时栖霞组含油石灰岩与S174井和N4井志留系泥岩的谱图特征也较为相似。因此，栖霞组油藏的原油可能来自栖霞组本身烃源岩的贡献，同时兼有下古生界志留系烃源岩的贡献。

四、成藏演化

位于龙潭组沉积厚度最大处的N7井烃源岩热演化模拟结果显示二叠系和三叠系烃源岩挤压期成熟状态高于伸展期成熟状态，并且属于持续生烃型，二叠系和三叠系烃源岩一致处于生烃门限以内。二叠系龙潭组流体包裹体的均一温度分布范围也很广，除了75～85℃这一峰值之外，其他温度较均一，也展示了持续充注的特征（图2-8-1）。75～85℃这一峰值对应于中三叠世二叠系龙潭组烃源岩进入生油门限的时间，印支运动早期（中三叠世末期）开始的扬子陆块和华北陆块的碰撞造山作用，使下扬子地区承受由北向南的挤压作用，持续到燕山早期（中侏罗世），挤压期龙潭组烃源岩进入生油门限，并在侏罗纪达到高成熟状态，所以黄桥地区龙潭组油藏存在挤压期的第一次原油充注，原油聚集在印支早期—燕山早期褶皱变形形成的圈闭之中。燕山早期—燕山中期（中侏罗世—早白垩世），下扬子地区开始承受由南向北的陆内挤压作用，进一步褶皱变形，但龙潭组沉积中心处于下扬子地区的中部，距离南缘挤压作用较远，构造波及程度弱，沉积中心的龙潭组烃源岩一直处于生油门限之内，持续生烃。持续生烃一直延续到燕山晚期—喜马拉雅早期，下扬子地区构造作用发生反转导致的断陷时期。伸展期地层沉降，原油持续充注。因此，黄桥地区龙潭组油藏属于挤压期成藏，混合伸展期成藏的类型。

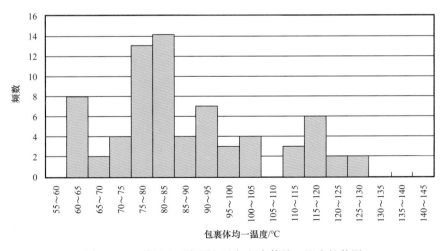

图2-8-1　黄桥地区龙潭组油气包裹体均一温度柱状图

第二节　句　容　油　藏

句容地区的油气显示众多，占总探井数的 83%。油气显示层位广，包括陆相中生界的浦口组、葛村组及海相中生界—古生界青龙组、龙潭组、栖霞组、黄龙组和五通组等。储集类型有砂岩孔隙，石灰岩、火山岩裂缝、溶洞，泥岩裂缝等。1979 年在容 2 井、1980 年在容 3 井三叠系获得最高折算日产 6.6m³ 和 10.1m³ 的短暂工业油流，取得了中生界—古生界油气勘探的初步突破。

一、构造特征

句容地区含油气构造位于句容—葛村隆起带上，内部结构属于早、中燕山期形成的向南东倾伏的倒转向斜下翼"冲断席"部位，据钻井揭示，这里青龙组至龙潭组多次交替重复，断裂十分发育，地层破碎严重（图 2-8-2）。

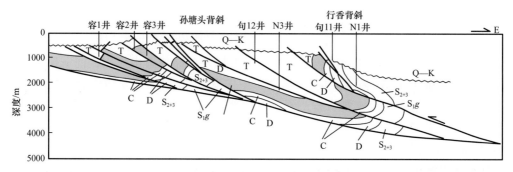

图 2-8-2　句容地区钻井地质解释剖面图

二、油气藏类型

容 2 井、容 3 井含油气构造以断块为背景（图 2-8-3），但不属于断块型油藏，而是储集于构造裂缝及溶蚀孔洞中的缝洞油藏（图 2-8-4），缝洞中充满原油。缝洞具相对封闭性，单个缝洞系统容积是有限的，整个高带可能存在多个缝洞系统，系统与系统之间连通性较差，主要依据如下：

（1）原油赋存在与地面潜水相隔绝的缝洞体系中。分析表明，句容地区原油物性差异较大，但成熟度大体相当，说明成熟度不是其主要成因。海相中生界—上古生界残余油主要赋存在与地面大气水不相连通的密封体系中，若存在水洗，残余油将难以保留，原油中较齐全正构烷烃分布也说明这一点。原油次生变化的主要形式是轻组分散失。

（2）容 2 井、容 3 井含油气构造互不连通。容 2 井、容 3 井原油产出层位均为三叠系，两井相距仅数百米，但相互不连通，原油性质和成熟度截然不同，推测二者是处在两个冲断片上的互相独立的含油气构造。

（3）原油试采过程证实缝洞容积是有限的，产层的缝洞系统连通性较差。凡出油井段均存在"负压"现象，容 1 井二叠系为 0.49MPa/100m，容 2 井三叠系为 0.15MPa/100m，容 3 井三叠系为 0.24MPa/100m，大大低于静水柱压力，这本身就反映了自身封闭性。

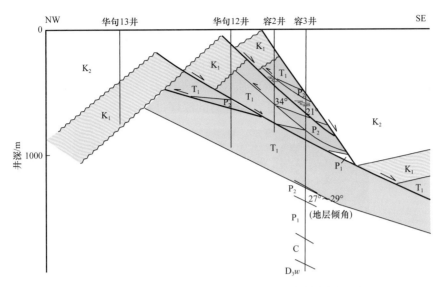

图 2-8-3 句容地区容 2 井、容 3 井含油气构造剖面图

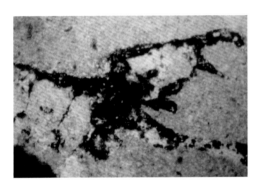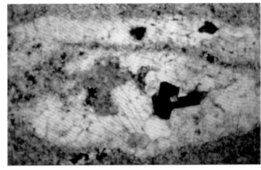

图 2-8-4 句容地区容 3 井三叠系石灰岩缝洞含油情况

一个值得注意的现象是，容 3 井裸眼测试 12 年后，又一次出现产油小高潮，最高日产达 5.5m³，说明在测试过程中有其他曾经不连通的缝洞储集体连通了。此外，容 2 井三叠系青龙组酸化后测试获原油 11.1m³，后经两次酸化分别增油 25.8m³ 和 25.1m³，由此说明三叠系青龙组裂缝—溶洞系统尽管相互独立，但绝不是 1~2 个，是由多个缝洞系统组成的网络。

三、成藏期分析

通过分析容 3 井及容 8 井多块中生界—古生界砂岩及碳酸盐岩样品中与烃类共生盐水包裹体均一温度，句容地区油气成藏期只有一期。如容 8 井浦口组样品包裹体均一温度约 110℃，容 3 井栖霞组样品包裹体均一温度约 160℃，二者样品深度相差 1200m 左右，以 3℃/100m 的地温梯度推算，两块样品中烃类包裹体于同一时期形成。由于容 8 井样品取自浦口组，从而推测海相烃源岩成熟生烃在黄桥转化事件之后，成藏期为晚燕山—喜马拉雅期。

综合应用黏土矿物、裂变径迹及包裹体测温等参数分析，认为成藏期为晚燕山期，浦口组和赤山组厚度曾达 3000m 以上，现今浦口、赤山组厚度较小是因为该区仪征运动较强的结果。由此可见，晚白垩世以来，特别是泰州组沉积前、赤山组沉积后句容地区有过大幅度抬升剥蚀，剥蚀厚度之大超乎想象。结合包裹体资料，容3井栖霞组（现埋深1628m）成烃时的埋深曾达4800m左右（假设地温梯度为3℃/100m），仪征期的剥蚀厚度就达3000m左右，石灰岩可见到轻质烃类向外排出，并残留了明显数量的沥青，指示沥青的热裂解成因（图2-8-5），证实烃源岩的深埋过程。

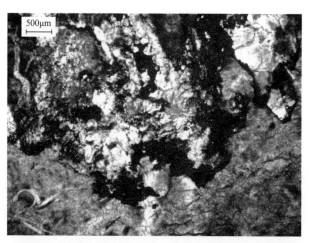

图2-8-5　句容地区容3井溶孔及裂缝中固体沥青显示

句容地区海相中生界—上古生界存在两类荧光有机包裹体，一类为非常细小的黄绿色—蓝绿色荧光有机包裹体，另一类为二叠系栖霞组荧光有机包裹体；前者的油质轻，后者油质略重，包裹体中烃类甲基菲指数也证实二者存在成熟度差异。包裹体中不同成熟度的烃类，并不是海相中生界—上古生界具有多期成烃过程，而是中燕山期剧烈的构造运动造成烃源岩埋深差异所造成。包裹体中不同成熟度的烃类存在证明了海相中生界—上古生界成烃期为黄桥事件之后。

结合埋藏史分析，句容地区海相中生界—上古生界来源的油气大体均在晚白垩世发生充注，距今100—80Ma时期成藏。

第三节　泰山古油藏

一、概况

余杭泰山地区位于印渚东辉凸起之上，该区上古生界以上的地层均已被剥蚀，仅残留下古生界，出露地层主要是震旦系—奥陶系泥岩、砂岩和碳酸盐岩。泰山古油藏构造上属下扬子构造区钱塘坳陷的印渚东辉凸起。油藏内有沥青显示，主要分布在上震旦统西峰寺组和下寒武统荷塘组内，下奥陶统宁国组碎屑岩和中奥陶统—下奥陶统笔石页岩层间也有少量发现。

二、成藏要素及特征

浙西北下古生界发育有三套区域性生油层，即上震旦统陡山沱组、下寒武统荷塘组和中奥陶统—下奥陶统。对泰山古油藏有贡献的烃源层主要为上震旦统和下寒武统烃源岩。上震旦统烃源岩主要为灰黑色有机质丰富的碳酸盐岩，有机质丰度较高，是较好的生油岩。下寒武统荷塘组主要生油岩为黑色页岩、石煤夹少量碳酸盐岩，生油层厚度变化大，有机质丰度最大区域在开化、淳安一带。

泰山古油藏储层主要为震旦系上统西峰寺组滩相陆源碎屑岩、内碎屑灰岩和礁相的碳酸盐岩及下寒武统荷塘组石英砂岩。上震旦统西峰寺组上部石英砂岩为主要储层，顶部为藻白云岩，储集空间主要为次生溶蚀孔、洞、缝及藻纹层孔隙；下寒武统荷塘组中—细粒石英砂岩的储集空间类型主要为次生溶孔及原生残余孔隙。

该区发育两套区域盖层。第一套区域盖层为下寒武统荷塘组的黑色硅质页岩、碳质页岩；第二套盖层是上奥陶统（部分地区包括中奥陶统—下奥陶统）的泥页岩，广泛覆盖于古油藏之上，对古油藏有很好的保护作用。根据现有的沥青显示情况推论，在古油藏遭断裂破坏之前，荷塘组曾是主要的区域盖层。该区除西峰寺组上部的粉砂质泥岩可作为较好的局部性盖层外，上震旦统和下寒武统内部的局部性盖层不很理想。

通过泰山古油藏残留沥青的油源对比，确定该区原油具有下寒武统及上震旦统双重烃源的混源特征，且主要烃源分布于西侧被动大陆边缘盆地相区。

三、成藏演化与破坏

泰山古油藏地区圈闭形成时间在奥陶纪前，礁圈闭、岩性圈闭形成于晚震旦世中晚期，地层不整合圈闭形成于早寒武世，基底隆起型背斜圈闭开始形成于早寒武世、晚寒武世；生油层进入生油门限时间大体在晚奥陶世。圈闭形成时间早于生油岩，有利于捕获油气。生油门限大量生油期在志留纪，并于志留纪末开始生气，生气高峰在中石炭世。印渚东辉凸起西侧的坳陷盆地下寒武统烃源岩成熟的时间要早些，大致在早奥陶世—中奥陶世进入生油门限，晚奥陶世—早志留世进入生油高峰，早志留世生油结束进入生气阶段。生油岩进入生油门限开始生油后，生成的石油开始运移，并在背斜、礁体隆起、假整合面及岩性变化等储层富集起来形成以上各种类型油藏。总的看来，该区不同单元各生油层大量生油期都在加里东期—晚奥陶世和志留纪，晚奥陶世前是生油岩逐渐成熟化的时期。泥盆纪后，大多数上震旦统、下寒武统生油岩已进入生干气阶段。下扬子地区加里东运动以升降为主，晚志留世末泰山地区遭到剥蚀，由于盖层厚度大，未实质性地破坏保存条件，后又继续接受晚古生代沉积；随着上覆地层增厚，古地温逐渐增高，原油不断热演化、演变成气体和流塑状沥青，到印支运动前泰山地区油藏深埋于地下达 5000m 以上，温度高达 180℃以上，石油在长时期高温作用下出现了重力分异及胶沥青化。强烈的印支—燕山运动导致了古油藏中的气态烃的再分配和运移。印支运动是一次褶皱造山运动，使古油田区地层发生褶皱、断裂，古油田中气体逸散或再分配，储集有沥青的深部地层部分出露地表。燕山期多次构造运动，使褶皱变得更加紧密，由单一的背斜变成复背斜，多期断裂和岩浆活动把整个古油田切割成多个破碎残块，构造裂隙发育造成盖层圈闭性能的丧失，天然气逸散，沥青变质程度更加升高，形成了现今泰山古油藏的面貌。

第四节　朱家墩气藏

朱家墩气藏位于苏北盆地盐城凹陷南洋次凹深凹，是下扬子区唯一的海相工业烃类气藏，气层主要赋存在古近系阜一段底部及上白垩统泰州组，截至 2018 年底天然气探明地质储量为 $22.22 \times 10^8 m^3$。

一、构造特征

朱家墩构造是由盐②、盐③两条北掉断层所夹持的断背斜，T_3^4 圈闭面积 $6.1 km^2$，高点埋深 3740m，闭合幅度约 60m。背斜的轴部偏于盐③断层一侧，截至 2018 年底盐城 1 井、盐参 1 井均认为钻在该背斜的轴部，长轴方向为北东方向，长约 4km，短轴方向为北西向，长约 1.5km，在背斜高部位发育一条小断层，搭在盐③断层上，断层延伸长度约 2km，断层切割地层为阜一段和泰州组（图 2-8-6）。

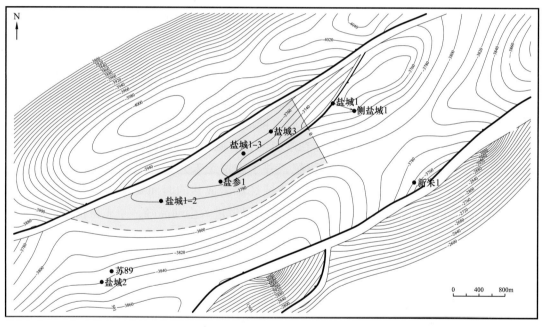

图 2-8-6　朱家墩气藏 T_3^4 反射层构造图

二、气层分布特征

朱家墩气藏主力气层主要分布在阜一段底部，气层单层厚度可达 10m 以上，气藏分布规律与主砂体分布规律基本一致，气层埋深 3740～3798m。泰二段气层的规模比较小，以气水同层为主。多个气层复合叠置可以在横向上构成复合连片的分布样式，截至 2018 年底气层主要分布在朱家墩构造的西部。

三、储盖特征

朱家墩气藏的储层物性明显受到沉积相带的控制，阜一段底部砂体储集物性较好。阜一段底部砂体由河流沉积作用形成，形成的水动力较强，粒度相对较粗、分选较好，粒间孔隙发育且连通性好。自西向东（盐参1—盐城1—盐城4井）阜一段底部砂体发育程度及储层物性均逐渐变差。泰二段砂体形成于浅湖环境的近岸水下扇沉积，扇根为砂砾岩，分选差，扇端沉积水动力较弱，粒度细，胶结作用下原生孔隙被充填而形成致密层，部分地区为扇中水道沉积，水动力较强，沉积物粒度相对较粗、分选较好，形成较好的储层。

泥盆系五通组石英砂岩颗粒间紧密接触，一般不能作为孔隙性储层。但由于岩石硬度较大，且印支运动后具有多期挤压抬升及拉张走滑，构造应力变化使地层中产生大量裂缝，盐城3井五通组曾有短暂的喷气，砂岩裂缝也是潜在的储层。

朱家墩气藏的盖层为阜一段中、上部泥岩和阜二段泥岩，泥质岩厚达800m左右，全区分布稳定。泥岩孔隙度一般小于10%，渗透率一般小于0.1mD，属Ⅰ—Ⅱ类盖层，为阜一段底部砂岩储层提供了良好的遮盖条件。

朱家墩地区泰二段岩性以暗色泥岩为主，夹有薄层泥质粉砂岩、细砂岩，泥岩常含灰质；泥岩累计厚度一般大于100m，含量一般都大于60%；从盐参1井和盐城1井泥岩的黏土矿物成分分析，蒙皂石大量脱水转化成伊利石，已进入晚成岩期，有利于形成局部有效盖层。

四、成藏期次

前人对朱家墩气藏成藏期曾做过大量研究工作，主要是根据储层中流体包裹体的均一温度，推算烃类充注时储层大致埋深，结合埋藏史进一步分析成藏时间。

盐城凹陷阜一段和泰州组储层中与烃类共生的盐水包裹体均一化温度为91~125℃，主频分布范围为95~105℃。由此认为，盐城凹陷天然气成藏温度为100℃左右（马安来等，2001），成藏时储层的埋深约3000m。埋藏史曲线上，均一温度对应时段有两个，即三垛期及盐城期均有成藏可能。

通过对朱家墩构造阜一段圈闭发育史分析，认为阜一段沉积以后，朱家墩构造形态一直存在。但三垛期末圈闭面积小，圈闭不具备大量捕获油气的能力。也就是说，早期可能有油气充注成藏，但三垛运动也会破坏早期形成的油气藏，朱家墩气藏主要形成于盐城期（图2-8-7）。

五、成藏模式

综上所述，朱家墩气藏的气源主要来自上古生界二叠系。生烃史研究表明，二叠系烃源岩在印支事件前以未成熟—低成熟为主，晚白垩世以来，特别是古近纪以来盐城地区的沉降幅度较大，促使二叠系烃源岩增熟生烃（图2-8-8），为油气成藏提供了必要的物质基础。

朱家墩构造属断背斜构造，圈闭类型好。构造顶部的阜二段及阜一段泥岩厚度大，质纯、封盖能力特强，有效阻止了气体的向上逸散。

朱家墩气田的盐②、盐③断层对气田形成起到了关键作用。两条断层的发育史有较大的不同。盐②断层发育时间长，盐一段沉积期断层活动逐渐减弱，直到盐二段沉积期才停止活动，长期活动的断层为晚期生成的油气提供了运移通道。盐③断层的形成虽早于盐②断层，但发育时间短，戴南组沉积期已停止活动，断层早活动、早停止为气藏有效封闭起到至关重要作用。

朱家墩气藏的成藏模式如图2-8-9所示。

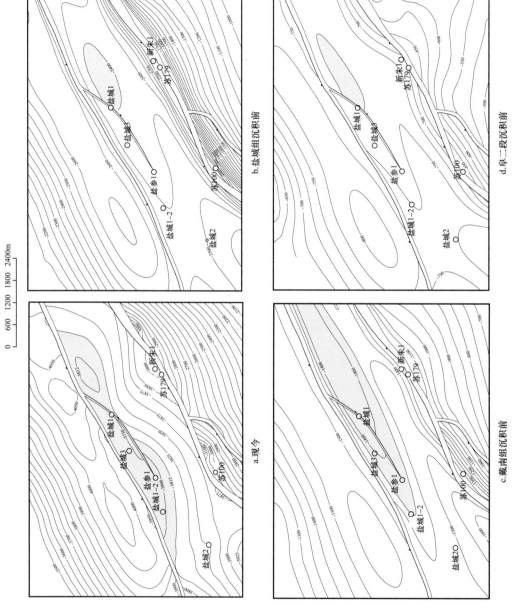

0 600 1200 1800 2400m

a.现今

b.盐城组沉积前

c.戴南组沉积前

d.阜二段沉积前

图 2-8-7 朱家墩气藏气阜一段圈闭发育史图

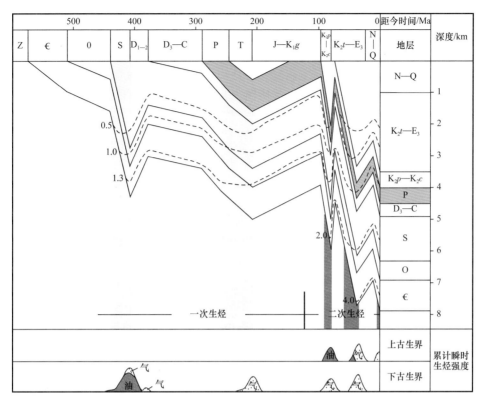

图 2-8-8　盐城凹陷古生界烃源岩三史图

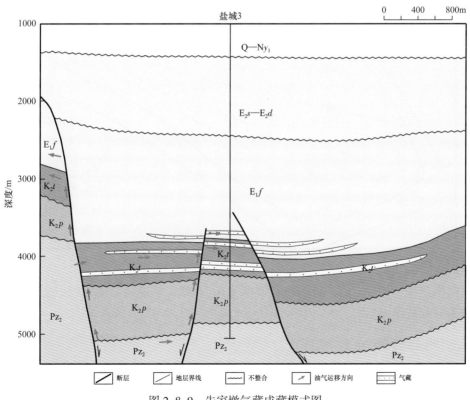

图 2-8-9　朱家墩气藏成藏模式图

第五节 黄桥 CO_2 气田

黄桥 CO_2 气田位于江苏省泰兴市黄桥镇，1983 年华东石油地质局部署钻探的苏 174 井在海相地层栖霞组试获日产 $20×10^4m^3CO_2$ 气流，发现当时国内最大的含轻烃 CO_2 气田，截至 2018 年底探明地质储量 $142.01×10^8m^3$，含气面积 $28.0km^2$。主要产气层为泥盆系五通组、石炭系黄龙组—船山组、二叠系栖霞组，以及白垩系浦口组。气田实际包括上、下两个气藏，二者上下叠置，气体组成有异，但成因上有紧密联系。

一、构造及圈闭特征

黄桥构造主体属于印支—燕山期逆冲带前锋断裂（曲塘断裂）后缘的次级推覆席，早期海相中生界—古生界总体为一个背斜构造。圈闭闭合高度为 90m，内由三个高点构成，背斜轴向北东，枢纽线自西向东分为两岔，一支走向北北东，另一支走向北东东，均向北东方向倾伏（图 2-8-10）。该构造经历了早期（印支期—燕山早期—燕山中期）推覆、逆掩和晚期拉张过程。晚印支—中燕山期的推覆构造奠定了黄桥背斜的基本形态，后期（ K_2p—Q）拉张块断使之成为地垒中的背斜构造。

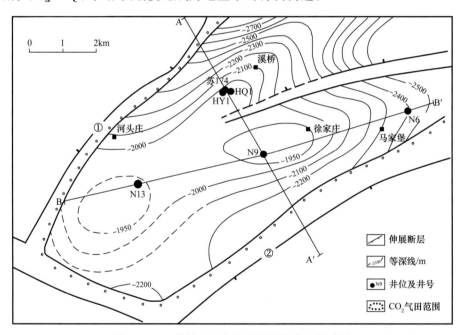

图 2-8-10 黄桥 CO_2 气田下石炭统底面构造图

浅层构造处于海相中生界—古生界内幕构造上部，是近南北向的椭圆形构造，属岩性—构造复合型圈闭。

二、气层分布

气层的平面分布受构造边界控制，纵向上深部气层主要分布在泥盆系五通组—二叠系栖霞组，但含气层位随裂缝系统可上窜至大隆组、青龙组及浦口组下部。气层的储集空间主要为裂缝，因此气藏无统一的气水界面，气层间的压力系数也不同（浦口组1.35，栖霞组1.31，船山组—黄龙组1.066）。浅部气藏主要分布于盐二段中部砂岩中（图2-8-11），截至2018年底有四口井（浅1井、浅2井、浅4井、浅14井）获工业气流，气藏具统一的气水界面（377m），界面之下有0.6m的气水过渡带，其间夹有很薄的油环，底水活跃，压力梯度接近1。

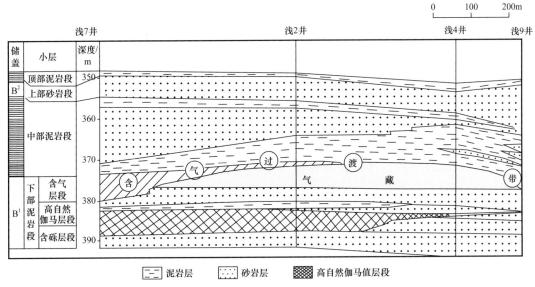

图2-8-11　黄桥二氧化碳气田浅层含氦天然气藏剖面图

三、储盖层特征

黄桥高纯度CO_2气主要储集在泥盆系五通组砂岩、二叠系石灰岩及三叠系石灰岩中。统计分析表明，储集岩基质孔渗极低，碳酸盐岩中58.4%的样品孔隙度小于1%，平均为1.46%，95.5%的样品渗透率小于1mD；碎屑岩孔隙度平均为1.7%，按照常规储层物性评价标准，都不能作为商业性油气藏的储集岩。CO_2高产的关键是发育大量的次生缝、洞，特别是微孔隙普遍发育。裂隙的存在大大地改善了储层的储集性能及连通性，使储层的渗透性大幅度提高，1%的裂缝孔隙度相当于5%~8%的原生孔隙度的储集能力（朱立华等，2002）。

浅层气藏储层是河流边滩沉积砂体，胶结疏松，物性极佳，平均孔隙度约35%，渗透率大于1000mD。物性及含气饱和度由气藏向四周逐渐变差。盖层为浦三段、浦四段含膏泥岩及膏盐层，厚度可达400m左右，有效地防止气体逸散。虽然CO_2气藏上部孤峰组—龙潭组—大隆组皆以泥岩为主，具一定的封盖能力，但由于CO_2气已沿裂缝上窜至孤峰组、大隆组、N9井的青龙组及N6井的浦口组下部砂岩段，并形成$2×10^4m^3/d$的工业产能，表明气藏盖层还是浦三段、浦四段（马力等，2004）。浅层气藏上部由10~15m的泥质岩和低渗透砂质岩组成。厚度不均的低渗透砂层（1~5m）渗透率约50mD，为下伏气层起到较好的封盖作用。分析表明气层之上的泥质岩盖层的突破压力为10.34~12.20MPa，中值半径2.4nm，小孔隙含量大于50%，该套相对低渗透层的存在是气藏得以保存的必备条件。

四、成藏期次

龚与觐等（1998）认为黄桥浅层气藏和深层气藏成藏期相同，大概为新近纪早期。刘德汉等（2005）综合分析认为，黄桥气田大体有三期充注，第1期在晚白垩世早期90Ma左右，以油气充注成藏为主；第2期在古新世60Ma左右，以油气充注为主，并伴有CO_2气运聚成藏现象；第3期在新近纪25Ma左右，CO_2气充注，并驱替了早期形成的烃类，这正是溪桥浅层气藏形成时间。深层CO_2气藏为多期成藏，成藏期分别为古近纪60Ma和新近纪25Ma。

五、成藏模式

黄桥气藏深、浅层烃类气体均由海相古生界有机质热解生成。岩浆侵入热事件作用促使烃源岩中的有机质和原油进一步演化，提供烃类气源，无机气来源于深部岩浆活动或地幔，黄桥气田CO_2气藏和浅层氦气藏为晚期成藏，浅层气藏是由深层气藏衍生形成。根据气体组分不同，又可分为有机气和幔源气混合成藏模式及二氧化碳气藏成藏模式。

1. 有机气和幔源气混合成藏模式

气藏存在有机—幔源两种来源气混合的两次以上的成藏过程。烃类成藏在先，然后在古近纪—新近纪多期岩浆活动的作用下，CO_2侵入在后，烃类被CO_2洗脱驱替，时间为中新世—上新世。浅层气藏是下部气藏受二氧化碳驱替托上来的烃类—非烃混合形成的气藏。结合国内外类似气藏特点，认为有机气、原油和幔源气混合成藏必须具备以下条件：存在运移幔源气的深大断裂；沿深大断裂发育富含有机质的沉积盆地；上述不同来源的气体沿深大断裂和其他运移通道（壳内断裂和不整合面等）（图2-8-12），多期次运移至有效圈闭中富集成藏。

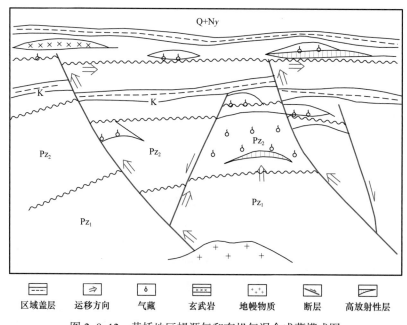

| 区域盖层 | 运移方向 | 气藏 | 玄武岩 | 地幔物质 | 断层 | 高放射性层 |

图 2-8-12　黄桥地区幔源气和有机气混合成藏模式图

2. 二氧化碳气成藏模式

黄桥地区大规模的火山喷发主要有晚侏罗世—白垩纪和古近纪—新近纪两期，该区二氧化碳聚集与后期的火山活动有关。黄桥二氧化碳气田和氦气藏的成藏时间在古近纪后期及更晚，气田处于喜马拉雅期强烈活动的近东西向的沿江深断裂与具有较强活动性的北东向断裂交会处附近。该处构造活动性强，火山运动频繁，古近纪后期及更晚发生了多期基性玄武岩岩浆喷溢，如在溪桥气藏的黄浅 11 井新近系盐城组底部曾钻遇玄武岩，就是受控于这两组走向的活动性断裂，并与这两组走向的共轭剪切断裂带的水平错动有关，也说明了断裂活动与岩浆分异产生的氦、氮和二氧化碳上涌密切相关。

根据黄桥 CO_2 气田无机天然气藏组分、无机气藏、深大断裂及火成岩体的关系研究，该气田的无机气藏成藏模式归纳如图 2-8-13 所示。在地球动力演化作用下，地幔岩石圈熔融，岩石圈断裂活动，幔源物质上涌，一部分直接涌出地表，一部分在壳内第一水平破裂带附近再分配，形成浅部岩浆房，在箕状断陷控凹断裂作用下，深部物质进一步向上运移，一小部分在沉积盖层内有效圈闭中形成无机气藏，一部分涌出地表。

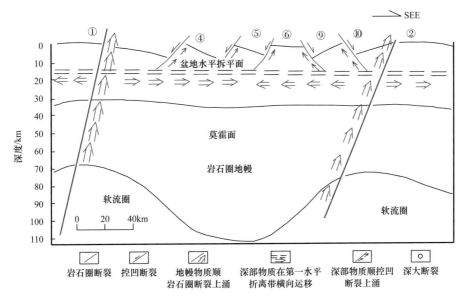

图 2-8-13 黄桥无机二氧化碳气藏成藏模式

第九章 油气资源潜力与勘探方向

在晚期成藏评价体系的指导下，通过研究区地质资料的系统分析、研究，对构造演化、油源、储层、保存、目的层和配套关系等地质特征进行综合评价，明确了油气资源潜力有利区。

第一节 资源潜力

一、油气资源评价方法

由于下扬子地区中生界—古生界勘探程度低，且原型盆地遭受后期强烈改造，区域上缺乏与之相似的可类比区，本次资源评价采用成因法，即排聚系数法。

下扬子地区早期油气藏经历印支期—燕山期构造运动后，遭到大幅破坏、调整，与晚期油气运聚、保存条件存在巨大差异，引起构造演化、热演化史差异，使得早期烃源岩与晚期能够提供二次生烃的烃源岩分布、厚度等均存在诸多差异，属两个不同的生排烃运聚体系。因此，针对下扬子地区的资源评价，以印支期—早燕山末期为界，将其划分为早期和晚期分别进行计算其资源量。

资源量计算以江苏油田探区 11 个四级构造单元及华东油气分公司三级构造单元为评价单元，选择中国石化所在的工区进行评价。

二、资源评价关键参数取值

排聚系数法首先求取烃源岩的生烃率，然后依据烃源岩的体积和研究区油气的排聚系数计算资源量，其中的关键参数有以下几个。

1. 原始有机碳恢复系数（CK）

采用热解资料计算：

$$D=0.83 \times 10^{-3} \times (HI_0-HI) / (1-0.83 \times 10^{-3} \times HI), \quad CK=1/(1-D)$$

式中 D——降解率；

HI_0——设定各类型原始氢指数（Ⅰ型为650，Ⅱ$_1$型为450，Ⅱ$_2$型350，Ⅲ型为150）；

HI——现今实测氢指数。

通过建立该地区 HI—R_o 关系图，使用回归线上的 HI 值计算出对应于 R_o 的 D，然后再计算出 CK。

2. 烃源岩产烃率

由于下扬子地区烃源岩缺少生排烃模拟实验样品数据，相关产烃率曲线主要取自与其烃源岩沉积环境相似的上扬子地区。

3. 排聚系数

石油排聚系数与下扬子地区华东局溪桥地区类比获得，盐阜地区和海安地区取 1.8%、2.4%；天然气排聚系数与上扬子川西南地区类比求取，盐城地区取 0.43‰，沿江江都—东台—如东地区取 1.10‰，江南句容—常州—泰州地区取 0.54‰~0.68‰，其他地区较低在 0.1‰~0.25‰ 之间。晚期天然气运聚系数主要通过朱家墩气藏类比求取，盐阜地区上、下古生界分别取 2.52‰、2.63‰，苏北其他地区在 2.37‰~2.57‰ 之间。

4. 可采系数

分别参考了下扬子地区朱家墩气藏和上扬子地区天然气藏，以及句容和黄桥油藏资料，通过类比求取古生界天然气可采系数 0.4、中生界—新生界天然气可采系数 0.7、石油可采系数 0.15。

三、油气资源量计算与评价

据中国石化资源量计算结果，下扬子地区总资源量折合油当量为 5.03×10^8 t（表 2-9-1）。

表 2-9-1　下扬子地区油气资源量汇总表

主要评价单元	资源量		资源丰度 /（10^4t/km^2）
	油 /10^4t	气 /10^8m^3	
涟水—滨海冲断带	160	52	0.16
盱眙—洪泽冲断带		57.5	0.26
宝应南推覆体		241.9	0.92
射阳推覆体	703	189.2	1.55
盐城北推覆体	735	221	2.43
建湖—大丰推覆体		355.8	1.23
天长—兴化逆冲构造带		258.7	0.81
江都—东台推覆体		552.9	3.97
泰兴—李堡对冲带	8615	446.3	2.91
南通—如东地区		13.7	0.07
黄桥	5858.5	47	3.09
句容—溧水	3522.2	15.9	1.07
南陵—无为	110.6	3.5	
潜山—望江	1999.9	306.2	
合计	22326.6	2795.7	

整体来看，受早期油气保存条件及晚期生烃影响，江都—东台推覆体、泰兴—李堡对冲带及盐城北推覆体、黄桥地区资源丰度较大，资源丰度在 2.4×10^4t/km^2 以上。其中

江都—东台推覆体具备最有利的油气运聚条件，油气主要源于下古生界早期生烃，是早期天然气藏勘探有利区；泰兴—李堡对冲带上古生界烃源岩残存好，位于优质烃源岩发育区，丰度最高，且具备晚期生烃条件，石油资源丰富，是上古生界油气勘探有利区；盐城北推覆体早期保存条件差，尽管有上古生界烃源残存，但烃源岩品质差，生烃能力弱，应以下古生界为气源的天然气勘探为主。

四、历次资源评价简介

从历次资源评价均认为下扬子地区具有较丰富的资源潜力（表 2-9-2），以下古生界为主，以生气为主；区带上上古生界以句容地区、泰兴—海安地区为主，下古生界以江都—东台地区及盐城地区为主。

表 2-9-2　下扬子地区历次油气资源评价方法及结果对比表

完成年份	资源评价轮次	总资源量		评价方法
		油 /10^4t	气 /10^8m^3	
1987	第一次油气资源评价	23604～59010	2650.8～5301.6	氯仿沥青 "A" 法
2000	第三次油气资源评价	16500	4170	盆地模拟法
2018	"十三五" 油气资源评价	22326.6	2795.7	有机碳法

第二节　勘探方向

以中生界—古生界实体的保存程度和稳定性、烃源岩的分布与晚期生烃潜力为主要参数，结合构造运动幅度、区域盖层的厚度和连续性、岩浆活动、上覆陆相地层的保存状况、地震资料评估、圈闭条件等，对下扬子地区上古生界和下古生界分别进行评价。

一、下扬子上古生界勘探方向

1. 晚期成藏有利区带评价

中三叠世—晚三叠世至早侏罗世—中侏罗世的印支运动，扬子板块受到华北板块南东向碰撞挤压和华南板块北西向的碰撞挤压。下扬子地区处于南东—北西向强烈的挤压应力环境，中生界—古生界主要发育对冲推覆模式，并具有对冲挤压构造特点。对冲挤压构造模式的两个推覆体系的前缘抵触，有的是平缓区相抵触，有的是断褶区甚至是冲断区相抵触或交叉，前缘因抵触而发生变形，变形的强度取决于推覆的幅度。尽管对冲复向斜带因推覆前缘抵触而变形，但仍然是对冲推覆体系中相对稳定的区块。主要在沿江一带发育北东向的对冲复向斜带，在其两侧依次发育一系列北东向的滑脱构造带、逆冲推覆带。对冲推覆主要以下志留统高家边组泥岩为滑脱层，其上古生界—三叠系卷入对冲推覆体系。对冲复向斜带构造相对稳定，上古生界—三叠系连续沉积，地震资料品质较好，能部分识别沉积构造。同时含油气体系发育较好，因此对冲推覆构造中沿江对冲复向斜带是下扬子地区上古生界构造最稳定的区带。其中由于各个区带所处构造位置不同，远离盆缘冲断推覆体的对冲带，其构造稳定性最好，从稳定性入手，可评价出黄桥、句容两个有利区块，研究认为南陵、望江区块相对稳定。

受资料限制，油源主要分析烃源岩厚度、有机质类型、热演化程度及油源对比；储层较复杂，具有缝洞型和致密砂岩两类储层，龙潭组主要发育砂岩储层，埋藏相对较浅，储层致密，主要考虑砂岩的后生成岩作用和成岩演化，碳酸盐岩裂缝溶洞充填物特征及形成期次研究。保存主要考虑盖层厚度、岩性及构造活动时的断裂破坏程度3个方面，成藏配置主要对构造与油气形成的时间和空间配置进行分析。通过对各项指标的分析，明确了油气有利成藏区带的参数标准：

优质烃源岩厚度：大于100m为Ⅰ类区，100～50m为Ⅱ类区；

有利沉积相带：三角洲前缘分流河道相、开阔台地滩相为Ⅰ类区；

有利成岩相带：中成岩碱化溶蚀带裂缝发育、溶蚀淋滤带孔缝洞发育为Ⅰ类区；

盖层发育程度：大于400m为Ⅰ类区，200～400m为Ⅱ类区；

目的层埋深：1000～3000m为Ⅰ类区，小于1000m和3000～5000m为Ⅱ类区；

地震资料：波组可连续追踪。

2. 有利区带评价结果

依据上述评价参数标准，开展下扬子地区有利区带评价，通过对研究区主要石油地质特征及成藏条件的综合分析，对成藏体系的保存、储层、烃源岩、成藏配置、供烃方式等地质因素进行了评价，认为下扬子地区沿江地区为上组合油气成藏有利区带。

3. 有利目标综合评价

在有利区带评价的基础上，通过晚期有效烃源岩、储层、盖层、圈闭综合评价，评价出有利目标。龙潭组钻井揭示，产油的HT3井1650～1669m砂岩，其声波时差值达300～360μs/m，类似于周波跳越现象，其中侧向和深侧向电阻率值相等，均在200Ω·m左右，说明HT3井油层段可能含有水平裂缝。龙潭组砂岩储层的优劣很大程度受砂岩裂缝的发育程度控制，探索预测裂缝的有效方法是该区提高勘探成效的一个重要方面。通过研究已有钻井资料揭示的优质储层发育特征，进行各地震属性的敏感性分析及类比，结合最新地震资料解释成果，井震结合在黄桥三维地震工区寻找印支面碳酸盐岩缝洞及龙潭组碎屑岩裂缝的敏感地震属性，对断层及微裂缝等不同级别的裂缝体系敏感性属性研究。在此基础上对黄桥三维地震区有利储层印支面及龙潭组顶界面断层平面展布特征及有利微裂缝发育区进行预测。结合印支面顶面构造特征开展黄桥、句容地区大区域有利缝洞分布区的预测，研究有利储层横向展布特征，优选有利目标。

结合龙潭组致密砂岩沉积特征，寻找有利相带。龙潭组碎屑岩储集空间主要以次生孔隙中的粒间孔、粒内溶孔及铸模孔为主，可见少量的成岩缝及构造缝，次生孔隙明显受控于岩石的矿物成分、成熟度及成岩作用类型，在此基础上提出了龙潭组致密砂岩"优储控带"模式——"中成岩期碱化溶蚀优储，优势厚层砂岩相有利控带"，指出了三角洲河口坝和水下分流河道等以溶蚀相为主的有利储层成岩分布区。

下扬子地区龙潭组砂岩为三角洲—滨岸碎屑沉积体系，龙潭组沉积除桐城、铜陵、泾县、休宁、江山以西和以南地区及东部的海安地区为滨岸—浅海相外，在盆地中发育了大面积的三角洲沉积。区内发育两个由北东向南西方向推进的大型三角洲进积体，主物源方向为北东和北东东向，在三维地震区东部、北部和西南部龙潭组发育三个来自正东—东南的三角洲前缘朵状体，显示由东南到西北迁移特点。连井剖面上龙潭组砂岩东南部厚，西北减薄。全区整体的孔隙度较差，孔隙度大部分在6%～11%之间，在三角洲前缘带孔隙度最大可达15%。

通过对下扬子地区油气地质条件的综合评价，认为黄桥、句容地区是晚期成藏的有利目标区。

二、下扬子下古生界勘探方向

通过构造分析，处于稳定克拉通基底之上的无锡—黄山断隆带早期盆地沉积，先天油气资源充足。印支期—早燕山期隆升幅度3000～4000m，上古生界部分遭受剥蚀，局部残留，保留志留系，盖层条件好。而后受晚燕山、喜马拉雅运动改造较弱，对其原生下古生界油气藏影响较小，优选其为勘探有利区。

在黄山—无锡断隆带内部，以泾县—湖州走滑断裂为界，可将该区明显分为北部黄桥—无锡低褶带和南部江南隆起。其中，黄桥—无锡低褶带构造明显稳定于江南隆起，无论是印支期—早燕山期还是晚燕山期—喜马拉雅期，该区始终为低隆升区，志留系广泛分布，盖层条件优越。同时，该区受后期构造运动影响较小，总体拉张较弱，保存条件优越。因此，确定该区为有利区带。依照现今古生界发育情况，将其划分为四个三级构造单元，由北至南分别是黄桥凹陷、江阴凸起、常州凹陷和无锡低凸起。结合现今地表露头和地震资料，分析认为无锡低凸起底部基底完整，无大规模推覆叠加，仅有小幅度褶曲隆升。整个构造带下古生界内幕主要地震波组完整可识别，确定其为有利区带。

1. 常规气勘探有利区

朗溪—宜兴I类常规气有利区。构造位置处于黄桥—无锡低褶带构造稳定区；其烃源岩主要为荷塘组盆地—陆棚相硅质、碳质泥岩、灰质泥岩，暗色泥岩厚度在50～250m之间，TOC为1.0%～3.0%，R_o为3%～3.5%，烃源岩指标好；储层主要为上寒武统、下奥陶统台地边缘滩相鲕粒颗粒灰岩、砾屑灰岩、生屑灰岩及白云岩；盖层为志留系高家边组，残留厚度在1000～1800m之间。从成藏来看，荷塘组主生气期在早二叠世以后，此时高家边组盖层及上寒武统、下奥陶统储层已经形成，能够较好储存及保存，因此该区构造稳定、烃源岩指标好，具备一定储盖条件，且邻近石台—安吉生烃中心，综合评价为I类常规气勘探有利区（图2-9-1）。

铜陵—贵池II类常规气有利区。面积12913km²，资源量5812×10⁸m³，构造位置处于江南隆起前缘，构造复杂；其烃源岩主要为荷塘组陆棚相碳质泥岩、灰质泥岩，暗色泥岩厚度在50～250m之间，TOC为1.0%～2.0%，R_o为2.5%～3.5%，烃源岩指标好。储层主要为上寒武统、下奥陶统台地边缘滩相、局限台地相鲕粒颗粒灰岩、白云岩、砾屑灰岩、生屑灰岩及叠层石灰岩；盖层为志留系高家边组残留区，残留厚度在600～1000m之间。从成藏来看荷塘组主生气期在早二叠世以后，此时高家边组烃源岩及上寒武统、下奥陶统已经形成，能够较好储存及保存，因此该区烃源岩指标高，具备一定储盖条件，且邻近石台—安吉生烃中心，但由于构造复杂，综合评价为II类常规气勘探有利区。

泰兴—如皋II类常规气有利区。构造位置处于黄桥—无锡低褶带构造稳定区；其烃源岩主要为幕府山组陆棚相碳质泥岩、灰质泥岩，暗色泥岩厚度在50～150m之间，

TOC 为 2.0%～4.0%，R_o 为 2.0%～3.0%，烃源岩指标较好；储层主要为灯影组、上寒武统、下奥陶统台地边缘滩相、局限台地相，岩性主要为鲕粒颗粒灰岩、砾屑灰岩、生屑灰岩及藻白云岩、白云岩；盖层为志留系高家边组，残留厚度在 1200～1600m 之间。从成藏来看荷塘组主生气期在早二叠世以后，此时高家边组盖层及灯影组、上寒武统、下奥陶统储层已经形成，能够较好保存，因此该区烃源岩指标好，具备一定储层及保存条件，但是由于烃源岩厚度相对较薄，综合评价为 II 类常规气勘探有利区。

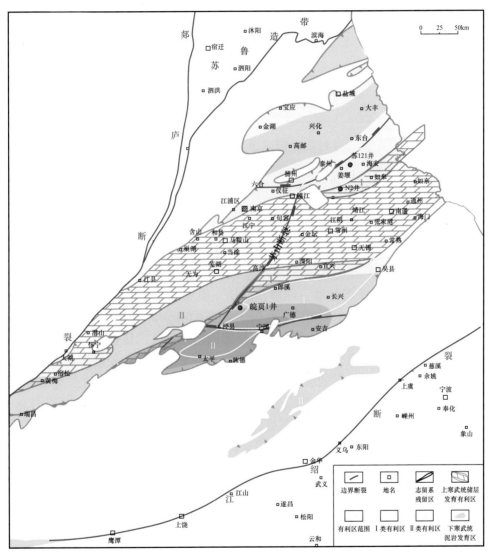

图 2-9-1 下扬子地区综合评价图

2. 页岩气勘探有利区

自 2011 年以来，下扬子地区陆续开展了页岩气地质调查与勘查工作，多家单位先后钻探了 18 口页岩气探井和钻孔，除港地 1 井在二叠系大隆组见到裂缝含油和气测异常显示，在龙潭组见到气测异常之外，其余井均无所获，说明非常规页岩油气资源勘探工作的复杂性和艰巨性。根据前期评价研究认为，下扬子地区中生界—古生界是我国有利的页岩油气远景区之一，特别是下寒武统荷塘组、奥陶系与志留系之交的五峰组—高家边组，以及二叠系龙潭组和大隆组暗色泥岩 TOC 高（表 2-9-3），页岩储层参数与北美页岩有较高程度的相似性，具有良好的页岩油气资源前景。通过构造分析、烃源潜力及其页岩储层参数评价，确定页岩气勘探有利区。

表 2-9-3　下扬子地区页岩油气资源潜力指标统计表

地层	厚度 /m	TOC/%	R_o/%	有机质类型	脆性矿物含量 /%
大隆组	30～50	0.64～11.44	1.21～1.31	II_2 型	>60
龙潭组	50～120	1.96～9.64	1.09～1.34	II_2—III 型	
孤峰组	10～40	2.35～5.21	1.33～1.36	II_2 型	51.7～78.5
高家边组	60～100	1.5～3	−2.5～1.5	I、II_1 型	38.7～69
荷塘组	300～700	4.5～5.76	2～4	I 型	>65

广德—长兴 I 类页岩气有利区。构造位置处于黄桥—无锡低褶带构造稳定区；其烃源岩主要为荷塘组盆地—陆棚相硅质、碳质泥岩及硅质岩，暗色泥岩厚度在 300～500m之间，TOC 为 3%～5%，R_o 为 3%～5%，烃源岩指标好；平均孔隙度 4.5%，平均渗透率 0.0125mD；处于志留系高家边组残留区，具备较好保存条件。荷塘组主生气期在早二叠世以后，此时高家边组盖层已经形成，能够较好保存，因此该区构造稳定、烃源岩指标高，具备一定储层及保存条件，综合评价为 I 类页岩气有利区。

太平—泾县 II 类页岩气有利区。构造位置处于江南隆起前缘，其构造相对复杂；其烃源岩主要为荷塘组盆地—陆棚相硅质、碳质泥岩及硅质岩，暗色泥岩厚度在 500～800m 之间，TOC 为 4%～7.3%，R_o 为 3.5%～4.0%，烃源岩指标好；平均孔隙度 4.5%，平均渗透率 0.0125mD；处于志留系高家边组残留区，具备较好保存条件。荷塘组主生气期在早二叠世以后，此时高家边组盖层已经形成，能够较好保存，因此该区烃源岩指标好，泥页岩具备一定储层及保存条件，但是由于构造相对复杂，烃源岩成熟度太高，综合评价为 II 类页岩气有利区。

淳安—桐庐地区 II 类页岩气有利区。构造位置处于余杭冲断带，其构造相对复杂；其烃源岩主要为荷塘组盆地—陆棚相硅质、碳质泥岩及硅质岩，暗色泥岩厚度在 100～300m 之间，TOC 为 3%～5%，R_o 为 3.5%～4.5%，泥岩厚度大、TOC 高，但是成熟度偏高；泥页岩物性较差，平均孔隙度 1.27%，平均渗透率 0.04mD；处于志留系高家边组残留区，具备较好保存条件。从成藏来看荷塘组主生气期在早二叠世以后，此时高家边组盖层已经形成，能够较好保存，因此该区烃源岩有机质丰度高，具备一定储层及保存条件，但是由于构造相对复杂、烃源岩成熟度太高，综合评价为 II 类页岩气有利区。

第三篇
其他中小盆地

在苏浙皖闽探区广袤大地上发育众多中生界—新生界中、小型盆地（图3-0-1）。除苏北盆地以外，西北部分布有周口、合肥、黄口等盆地（坳陷），中部沿江两侧分布着望江—潜山、南陵—无为、句容—常州等盆地，南方浙闽地区分布有宁波、金衢、长河、举岚等一系列小盆地。20世纪80年代以来，展开过石油地质评价研究，以及投入勘探实物工作量的主要有周口、黄口、合肥、宁波、举岚5个盆地（坳陷）。

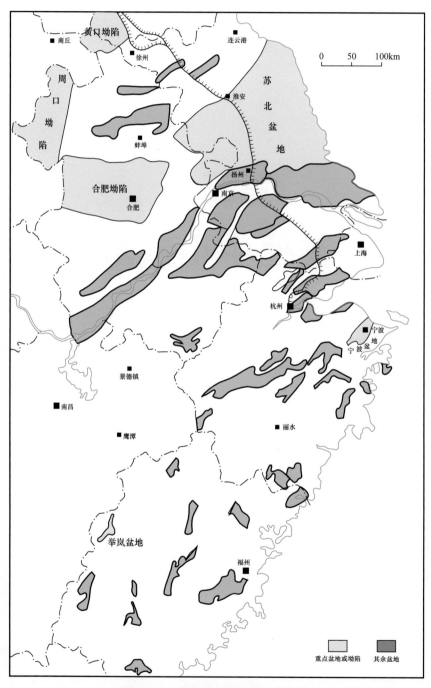

图 3-0-1 苏皖浙闽探区盆地分布图

第一章 周口坳陷（阜阳地区）

周口坳陷东部安徽部分，习惯上称为阜阳地区，位于安徽省西北部，黄淮平原南端。西端与河南省接壤，南界淮河，东面紧邻两淮产煤区。行政上归阜阳市、亳州市管辖，面积约 10000km²。该区地表为平原地貌，地形由西北向东南倾斜，海拔 17.5～105m。阜阳地区构造位置处于华北地块与大别造山带之间，东以阜阳断裂、南以长山隆起、北以太康隆起为界（图 3-1-1）。

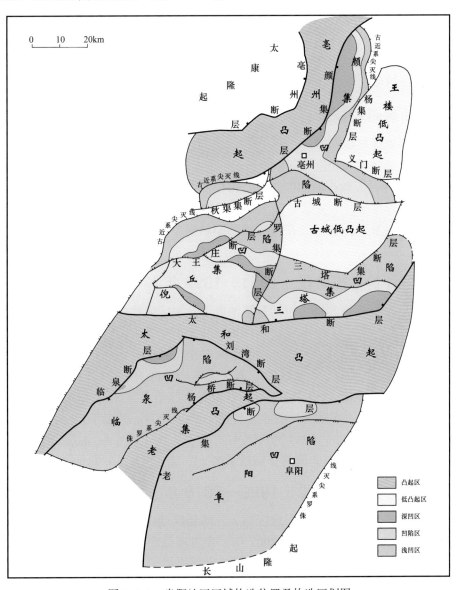

图 3-1-1 阜阳地区区域构造位置及构造区划图

第一节 勘 探 历 程

自 1955 年以来，地质部、煤炭部、石油工业部、中国石油及中国石化等多家单位先后在阜阳地区开展了大量的勘探工作。区内现有二维地震测线 9882km，在倪丘集凹陷、古城低凸起测网密度最大，局部可达 1km×1km，颜集凹陷次之，测网密度 1km×1km～1km×2km，临泉凹陷局部达 1km×2km，其他地区仅有零星测线。现有钻井 21 口，进尺 68899m，其中 12 口井见到油气显示，1 口井试获低产油流。该区勘探历程可划分为四个阶段。

一、地质普查勘探阶段（1955—1973 年）

地矿部门先后在该区完成 1：100 万重力、磁力概查，1：10 万重力详查和磁力普查，1：50 万电测预查，1：20 万区域地质测量和少量地震普查。华东煤建公司钻探阜 1、阜 2、阜 3、阜 5、阜 6、阜 7、阜 8、阜 10 及亳 1 共 9 口浅井（井深＜1200m），初步确定了区域地质构造格架。

二、石油普查勘探阶段（1973—1980 年）

石油工业部地球物理勘探局、安徽石油勘探开发公司，以及地质部华北石油地质局先后在倪丘集、三塔集和鹿邑等凹陷开展地震普查工作，发现有利构造，并对主要目标实施钻探。1973 年，安徽石油勘探开发公司在倪丘集凹陷地震普查发现的光武构造上钻了第一口参数井阜深 1 井，完钻井深 3300m，揭露了一套古近系—新近系红色砂、泥岩地层，并发现油气显示。其后又在倪丘集凹陷钻探阜深 2、阜深 3 井，在三塔集凹陷钻探阜深 4 井。

三、区域评价勘探阶段（1981—1999 年）

1981 年，继续在安徽北部（包括阜阳地区）开展区域地质评价，石油工业部地球物理勘探局和安徽石油勘探开发公司分别在倪丘集凹陷、颜集凹陷进行 1km×2km 测网构造详查和十字剖面概查，在临泉凹陷钻探阜深 5 井。地质矿产部华北石油地质局先后钻探南 4、南 5、南 6、南 11 等多口深井，其中南 6、南 11 井在二叠系和寒武系发现裂隙含油和油迹砂岩及气显示。1987 年 5 月，在倪丘集凹陷大王庄构造上钻南 12 井，设计井深 3500m，目的层为石炭系—二叠系，钻达 1609～1671m 井段于古近系下部发现良好油气显示，提前于 1749.72m 下油层套管完钻，射开顶部 2 层 6.4m 油层试获日产 3t 的工业油流，其后又在南 12 井南北两侧分别钻了南 13、南 14 井均未见油层。

四、区带评价勘探阶段（1999—2018 年）

1999 年以后，江苏油田将阜阳地区列入外围新区勘探重点部署计划，先后完成二维地震普查和局部详查测线 2350km。2002 年，在古城低凸起部署实施古城 1 井，完钻井深 2220m，在勘探区带、层系及成藏条件评价方面取得了新的认识。2010 年，在颜集凹陷完成二维地震攻关试验线 5 条 167km，实施目标线 27 条 530km。2012 年，在倪丘集凹陷、古城低凸起实施地震普查和局部详查测线 30 条 896km，在颜集凹陷部署钻探凤凰 X1 井，完钻井深 4100m，为阜阳地区进行全面地质评价提供了依据。这些实物工作量的投入为区带评价勘探工作逐步深入乃至取得突破奠定了重要基础。

第二节 地　　层

根据钻井揭示，阜阳地区在太古宇基底之上自下而上依次发育前寒武系，下古生界寒武系、奥陶系，上古生界石炭系、二叠系，中生界三叠系、白垩系，新生界古近系、新近系及第四系（表 3-1-1）。

表 3-1-1　阜阳及周边地区地层简表

地层系统					地层厚度 /m	岩性简述
界	系	统	组	代号		
新生界	第四系		平原组	Qp	0～300	土黄、棕黄色黏土、砂层及砂砾岩
	新近系	上新统	明化镇组	N_2m	200～700	浅棕红、棕黄色泥岩与砂岩互层
		中新统	馆陶组	N_1g	150～500	浅灰绿、浅灰白色砂岩与灰褐色泥岩互层，底部为砾岩
	古近系	始新统	界首组	E_2j	1600～2300	棕、棕红色砂岩、泥岩夹砂砾岩
		古新统	双浮组	E_1sh	692～1077	棕褐色砂岩、泥岩，底部为角砾岩
中生界	白垩系	下统	临泉组	K_1l	500～4000	上部紫红、灰色泥岩与砂岩不等厚互层；下部褐灰色泥岩、含砾砂岩
	三叠系	下统	和尚沟组	T_1h	192～323	紫红、鲜红色细粒长石石英砂岩与粉砂岩互层
			刘家沟组	T_1l	110～>128	下部泥岩、砂质泥岩夹细—粗粒石英砂岩，底部中粗粒石英砂岩，上部砖红色泥岩、砂质泥岩夹中细砂岩
上古生界	二叠系	上统	石千峰组	P_2sh	117～886	紫红、灰绿色泥岩、砂岩，成韵律
			上石盒子组	P_2s	376～506	以砂、泥岩为主，夹薄层硅质岩，与中—粗砾砂岩呈韵律互层
		下统	下石盒子组	P_1x	110～325	深灰色泥岩、粉砂岩、长石石英砂岩成韵律，含煤 3～18 层
			山西组	P_1s	42～109	灰、灰白色砂岩为主，夹灰黑色泥岩、碳质泥岩、煤层及煤线
	石炭系	上统	太原组	C_2t	95～160	灰色灰岩、深灰色泥岩，夹煤层、煤线及碳质页岩和砂岩
			本溪组	C_2b	3～40	灰、灰白色铝土质泥岩、铝土岩

地层系统					地层厚度 /m	岩性简述
界	系	统	组	代号		
下古生界	奥陶系	中统	老虎山组	O_2l	34～41	灰、黄灰色中厚层灰质白云岩、白云岩夹薄层中厚层灰岩
		下统	马家沟组	O_1m	150～315	下部为灰、深灰色中厚—厚层灰岩夹蓝灰色厚层灰岩，上部为灰、黄灰色中厚层灰岩
			萧县组	O_1x	250	下部为灰、蓝灰色中厚层灰岩，上部为灰黄、灰白色中厚层白云岩与蓝灰色灰岩互层
			贾汪组	O_1j	4～34	下部为灰黄、红色中薄层白云岩，底部砾岩，上部为紫、黄绿色页岩和砂质页岩与黄色薄层白云质灰岩互层
			韩家组	O_1h	21	下部为灰黄、肉红色白云岩夹页片状泥质白云岩，上部为灰黄色中薄—中厚层含硅质条带白云岩
	寒武系	上统	凤山组	$\in_3f$	65～196	灰、灰白色白云岩夹深灰色泥岩及云质泥岩
			长山组	$\in_3c$	22～66	褐灰、深灰色白云岩，底部为含云质泥岩
			崮山组	$\in_3g$	49～110	灰、褐灰色白云岩、黄灰色鲕粒白云岩夹褐灰色鲕粒云质灰岩
		中统	张夏组	$\in_2z$	170～265	灰、深灰色鲕粒灰岩、云质灰岩夹鲕粒灰质白云岩
			徐庄组	$\in_2x$	85～150	灰、棕褐色页岩与灰色粉砂岩及鲕粒灰岩不等厚互层
		下统	毛庄组	$\in_1m_2$	40～112	灰、棕褐色鲕粒灰岩与棕色页岩呈略等厚互层
			馒头组	$\in_1m_1$	150～326	深灰色鲕粒灰岩、藻屑灰岩夹褐棕色页岩及灰绿色粉砂岩
			猴家山组	$\in_1h$	79～150	砂质灰岩及磷矿层，含磷砾岩，中部为灰质白云质灰岩
			凤台组	$\in_1f$	10～151	白云质砾岩为主，顶部为灰绿色页岩，底部为砾岩
	前寒武系					

一、下古生界

下古生界寒武系和奥陶系在全区稳定沉积，缺失志留系，据南6井揭示下古生界厚度1126.0m。寒武系地层齐全，钻井揭示地层厚度在800m左右。奥陶系缺失中、上统，下统马家沟组平行不整合于寒武系之上，钻井揭示地层厚度在300m左右。

二、上古生界

上古生界主要分布在颜集凹陷、倪丘集凹陷和古城低凸起，临泉凹陷、三塔集凹陷及阜阳凹陷缺失上古生界。凤凰X1井上古生界厚度1513m。石炭系包括本溪组和太原组，厚度在150m左右。二叠系包括下二叠统山西组、下石盒子组和上二叠统上石盒子组、石千峰组，厚度在1300m左右。

三、中生界

阜阳地区中生界只有三叠系和白垩系，缺失侏罗系。三叠系在全区均有不同程度的剥蚀，残存地层主要分布在颜集凹陷和倪丘集凹陷，而古城低凸起、临泉凹陷、三塔集凹陷及阜阳凹陷三叠系被剥蚀殆尽。颜集凹陷凤凰X1井三叠系相对较全，地层为下三叠统刘家沟组、和尚沟组和二马营组，地层厚度为1652m。白垩系主要分布在临泉凹陷和阜阳凹陷，颜集凹陷、倪丘集凹陷、三塔集凹陷只在深凹带保存有白垩系，古城低凸起缺失该套地层。临泉凹陷的阜深5井钻遇到下白垩统临泉组，其地层厚度为825m。

四、新生界

新生界古近系、新近系和第四系覆盖全区，地层最厚在3000m以上。古近系主要包括古新统双浮组和始新统界首组，双浮组厚度90～925m，界首组厚度在198～892m之间。新近系包括中新统馆陶组和上新统明化镇组，馆陶组厚度117～439m，明化镇组厚度在359～795m之间。第四系平原组厚度200m左右，岩性为灰黄、棕黄色黏土层、粉砂质黏土层与粉砂层、细砂层、含砾砂层互层，顶部为土黄色表土层。

第三节　构　　造

一、区域构造背景

阜阳地区所在的周口坳陷位于华北板块南部、大别造山带北部、郯庐断裂系的西部，是在近东西向秦岭—大别造山带和北北东向郯庐断裂系共同影响下，于华北地台上经印支期—早燕山期、中燕山期和喜马拉雅期构造运动发展起来的中生代—新生代叠合盆地（坳陷）。

国内多数学者根据盆地基底、沉积、构造、岩浆活动等特征，将周口坳陷所属的华北板块地质历史划分为三个发展阶段，即前华北板块发展阶段、华北板块稳定大陆边缘发展阶段和滨太平洋活动带发展阶段。前华北板块发展阶段整体表现为地块整体拼接，构成了华北板块的雏形；华北板块稳定大陆边缘发展阶段总体表现为在稳定背景下发生的频繁振荡和整体升降运动，加里东、海西事件造成华北板块整体抬升，导致区域性的地层缺失，先后形成了陆缘海盆地和陆表海盆地；滨太平洋活动带发展阶段是华北板块最活跃、构造改造最强烈的阶段，这一阶段的印支、燕山、喜马拉雅事件先后导致华北板块与扬子板块碰撞、拼接，并参与中国大陆板块与库拉板块、太平洋板块、印度板块的相互作用，经历了近海内陆盆地至弧后盆地的叠加演化过程。

二、主要断裂特征

阜阳地区受多期构造运动的影响，形成了一系列不同期次、不同走向、不同级别的断裂。

按照断裂发育期次可划分为印支期—早燕山期、中—晚燕山期和喜马拉雅期断层。印支—早燕山期断层多表现为逆断层；中—晚燕山期既发育有正断层，也有逆断层；喜马拉雅期断层基本为正断层。

按照断层走向可以划分为三组：第一组为近东西向断层，规模大、活动时间长，控制了其他方向断层的生长、发育；较大型的近东西向断层一般起源于印支期的逆冲推覆断层，在古近纪伸展期回返成为正断层，比如刘湾断层、三塔集断层。第二组为北东向断层，属于中生界—新生界断陷的边界断裂，控制了中生界—新生界的沉积，其成因多为早白垩世大型北北东向左行平移断层的派生断层，如临泉断层、老集断层等。第三组为北西向断层，属于凹陷内的喜马拉雅期断层，断层规模小，对地层沉积无控制作用。

按照断层级别可划分为二、三级和四级断层。二级断层主要为分割凹陷与凸起或者是控制凹陷沉积特征的断层，如太和断层、颜集断层及罗集断层等；三级断层主要为凹陷内部起到进一步分割作用的断裂或是控制凹陷与低凸起界线的断裂，如三塔集断层、秋渠集断层及古城断层等（表 3-1-2）；四级断裂为喜马拉雅期拉张作用形成的小型正断层。

表 3-1-2　阜阳地区主要断层要素表

断裂名称	断层级别	断层性质	走向	最大断距 /m	活动期	边界特征
亳州断层	二级	先平移，后正断	北东	8000	中燕山期—喜马拉雅期	亳州凸起西界
颜集断层	二级	先平移，后正断	北东	8000	中燕山期—喜马拉雅期	颜集凹陷西界
罗集断层	二级	先逆断，后正断	北北东	1000	燕山期—喜马拉雅期	倪丘集凹陷东界
太和断层	二级	先平移，后正断	近东西	6000	中燕山期—喜马拉雅期	太和凸起北界
刘湾断层	二级	先逆断，后正断	北西西	6000	印支期—喜马拉雅期	临泉凹陷东北界
临泉断层	二级	先平移，后正断	北东	4100	中燕山期—喜马拉雅期	临泉凹陷西北界
老集断层	二级	先平移，后正断	北东	3000	中燕山期—喜马拉雅期	阜阳凹陷北界
古城断层	三级	正断	北东—东西	2000	中燕山期—喜马拉雅期	古城低凸起北界
三塔集断层	三级	先逆断，后正断	北东	4000	印支期—喜马拉雅期	三塔集凹陷北界
秋渠集断层	三级	正断	北东	2800	晚燕山期—喜马拉雅期	分割倪丘集凹陷
大王庄断层	三级	先逆断，后正断	北东	4500	燕山期—喜马拉雅期	分割倪丘集凹陷

三、构造单元划分

根据中生界—新生界分布特点，将阜阳地区构造单元划分为"五凹三凸"：即北部颜集凹陷，中部倪丘集凹陷、三塔集凹陷和古城低凸起，南部太和凸起、临泉凹陷、阜阳凹陷和老集凸起（图 3-1-1）。

颜集凹陷：位于大型的北北东向阜阳断裂的西侧，燕山期是受断裂带的左行平移及其东盘的走滑隆升共同控制下发育的走滑型断陷，其向南延伸至古城低凸起；喜马拉雅期阜阳断层和古城断层发生了拉张活动，形成了拉张型断陷。凹陷主体位置古生界、中生界保存较好，同时沉积了巨厚的新生界，推测新生界最大厚度可达 5000m。

倪丘集凹陷：形成于喜马拉雅期，凹陷为新生界沉积物所充填，最大沉积厚度达 3000m 以上。

三塔集凹陷：三塔集凹陷是喜马拉雅期受控于高公庙断层与太和断层之间的拉张型断陷，其下盘的深凹带新生界最大沉积厚度达 4000m 以上。

古城低凸起：古城低凸起在燕山期受阜阳断裂的走滑控制，形成了局部凸起；在喜马拉雅期受控于古城断层和高公庙断层再次整体抬升，导致古近系基本没有沉积，新近系和第四系直接覆盖在古生界之上。

太和凸起：夹持于太和断层和刘湾断层之间的地垒，在喜马拉雅期遭受整体抬升剥蚀，第四系直接覆盖在震旦系之上。

临泉凹陷：经历两次改造成型。第一次为燕山期，受控于阜阳断裂及其旁侧断裂左行平移背景下形成的走滑型断陷；第二次为喜马拉雅期，受临泉、老集断层共同控制形成的拉张型断陷，深凹带新生界最大沉积厚度达 5000m 以上。

阜阳凹陷：基本特征与临泉凹陷相似。

老集凸起：形成于燕山期，为受控于老集断层和杨桥断层所形成的北东向地垒，古生界、中生界在燕山期被剥蚀，仅沉积厚度较薄的新生界。

四、构造演化阶段

根据地层沉积、构造发育情况，阜阳地区经历了"三挤、两张"五个构造演化阶段（图 3-1-2）。

1. 古生代克拉通盆地演化阶段

早古生代开始，该区与整个华北地台一致，进入克拉通盆地的演化阶段，地壳稳定沉降，海水侵入，发育了厚 1000～1200m 的海相碳酸盐岩沉积；至晚奥陶世，受加里东运动影响整体抬升；直到中石炭世，地壳再次稳定下沉，接受了上古生界厚近 2000m 的海陆交互相碎屑岩沉积。随着海水的继续退去，继续沉积了厚 2000m 左右的三叠系。

2. 印支—早燕山期隆升、挤压变形阶段

这一时期是由稳定克拉通沉积逐渐演化为差异升降、构造变形阶段。阜阳地区主要以挤压褶皱、逆冲和抬升剥蚀为主，形成了北北西和近东西向的复式背斜、向斜。构造活动强度由南往北逐渐减弱，具体表现为太和凸起以南的三塔集、临泉、阜阳凹陷三叠系及石炭系—二叠系基本被剥蚀；倪丘集凹陷和古城低凸起三叠系被剥蚀殆尽，二叠系顶部部分遭受剥蚀；而颜集凹陷由于构造活动强度较弱，地层保存相对完整，仅三叠系

顶部遭受剥蚀。

3. 中燕山期构造变形与走滑盆地形成阶段

中燕山期阜阳断裂带在左行平移活动中东盘为主动盘，东盘向北运动使得位于其西盘的颜集凹陷和临泉凹陷处于拉分状态，在构造运动中形成了凹陷的雏形。这一时期盆地的规模小、分隔性强，区内以挤压隆起为主，各凹陷缺失上白垩统。

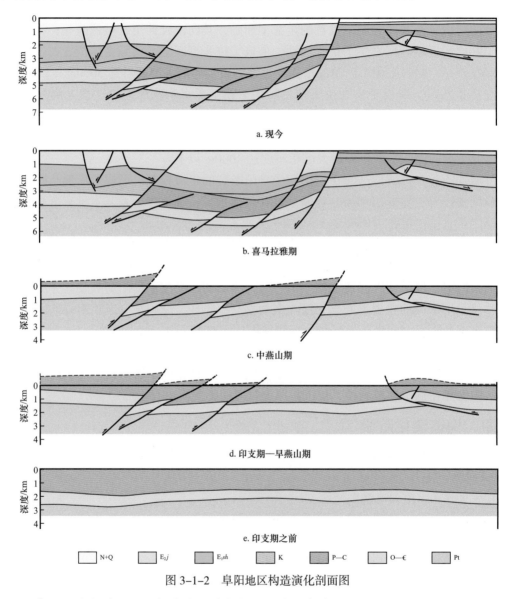

a. 现今

b. 喜马拉雅期

c. 中燕山期

d. 印支期—早燕山期

e. 印支期之前

| N+Q | E₂j | E₁sh | K | P—C | O—∈ | Pt |

图 3-1-2 阜阳地区构造演化剖面图

4. 喜马拉雅期（古近纪）伸展活动与断陷盆地形成阶段

古近纪阜阳地区整体处于伸展构造运动状态，差异升降明显，形成了一系列拉张型断陷，构成了现今构造格局。同时每个凹陷的分隔性进一步增强，凹陷内快速沉降并沉积了巨厚的河湖相碎屑岩，其地层沉积及分布严格受控于边界断层，箕状断陷特征明显。由于不同凹陷的边界断裂活动强度存在差异，导致各凹陷地层沉积厚度不同，其中临泉、三塔集、倪丘集和颜集凹陷古近纪为相对沉降区，而老集凸起、太和凸起、古城低凸起和亳州凸起为隆起剥蚀区。

5. 喜马拉雅期（新近纪—第四纪）坳陷盆地形成阶段

阜阳地区新近纪以来，受挤压应力的影响，使古近纪断陷盆地抬升、消亡，结束了断陷盆地的演化。但是，这一时期的构造作用力并不强烈，没有发现显著的逆冲断层活动或褶皱作用。在新近纪—第四纪期间，阜阳断裂以西的阜阳地区处于较低的地势，接受了河流沉积，形成了整体均衡的沉降坳陷，成为统一的河淮平原的组成部分。

综上所述，阜阳地区的盆地演化经历了古生代稳定克拉通盆地、早白垩世走滑拉分盆地、古近纪断陷盆地，以及新近纪—第四纪坳陷盆地演化过程，形成了现今的叠合盆地。

第四节　成藏条件

一、烃源岩

阜阳地区主要发育两套烃源岩，分别是上古生界石炭系—二叠系煤岩、泥岩和中生界白垩系暗色泥岩。石炭系—二叠系煤岩、泥岩有机质丰度高、分布稳定，是主要烃源岩层；白垩系暗色泥岩有机质丰度较低，为非—差烃源岩。

1. 石炭系—二叠系

1）烃源岩展布

石炭系—二叠系为一套海陆过渡沉积，地层包括太原组、山西组、下石盒子组及上石盒子组，岩性主要为煤岩、暗色泥岩、碳质泥岩、石灰岩和砂岩。其中煤层厚度一般在30～40m之间，局部可达50m，暗色泥岩厚度一般为20～100m。受印支—燕山期南强北弱差异剥蚀影响，阜阳地区石炭系—二叠系烃源岩主要分布在太和断裂以北，包括颜集凹陷、倪丘集凹陷和古城低凸起。

2）烃源岩丰度

煤和暗色泥岩均为有效烃源岩。煤岩分布稳定、生烃潜力高，有机碳含量在50%以上，氯仿沥青"A"含量在1.23%～3.60%之间，烃含量在2056～7024μg/g之间，生烃潜量为146.63mg/g，属好烃源岩（表3-1-3）。暗色泥岩有机碳含量在0.26%～2.61%之间，氯仿沥青"A"含量在0.0059%～0.2110%之间，烃含量在17～202μg/g之间，生烃潜量为1.28～1.72mg/g，主要为中等烃源岩。

3）烃源岩有机质类型

煤岩的显微组分以镜质组为主，具有典型的腐殖型（Ⅲ）干酪根特征；暗色泥岩与一般陆相烃源岩特征明显不同，其有机质类型与煤岩接近，主要为腐殖型（Ⅲ），同时也含有富氢的混合型母质（Ⅲ—Ⅱ$_1$）。

4）烃源岩热演化

阜阳地区石炭系—二叠系烃源岩现今镜质组反射率呈"南低北高"的特点，其中古城低凸起烃源岩热演化程度最低，南6井实测镜质组反射率介于0.72%～0.86%，以生油为主；倪丘集凹陷烃源岩热演化程度适中，南14井实测镜质组反射率为0.97%～1.35%，以生油为主；颜集凹陷凤凰X1井实测镜质组反射率在2.0%以上，以生气为主。

表 3-1-3　阜阳及邻区石炭系—二叠系烃源岩有机质丰度表

层位	岩性	C/%		氯仿沥青"A"/%		HC/（μg/g）		S_1+S_2/ mg/g	综合判别
		范围	平均/块	范围	平均/块	范围	平均/块		
P_2s	泥岩	0.36~0.88	0.62/2	0.0059~0.0316	0.0188/2	17~62	39.5/2	1.72/22	差
	煤岩	56.29~57.78	57.04/2	1.99~2.94	2.47/2	5426~5674	5558/2	146.63/11	好
P_1x	泥岩	1.46~1.88	1.67/2	0.056~0.088	0.072/2	133~175	154/2		中等
	煤岩	62.31~62.71	62.51/2	1.23~3.60	2.15/3	2056~6132	4104/2		好
P_1s	泥岩	2.26~2.53	2.40/2	0.009~0.100	0.055/2	36~202	119/2		中等
	煤岩	59.91~62.80	61.36/2	1.49~2.10	1.80/2	3702~4344	4023/2		好
C_2t	泥岩	1.43~4.61	3.02/2	0.054~0.211	0.13/2	780~200	490/2		好
	石灰岩	0.26~0.86	0.55	0.036~0.073	0.053/4	68~271	167/4	1.28/2	
	煤岩	63.06	63.06	2.34	2.34	7024	7024		

2. 白垩系

暗色泥岩主要分布在临泉凹陷和阜阳凹陷。其中临泉凹陷阜深 5 井（未钻穿白垩系）钻遇白垩系暗色泥岩累计厚度为 192m。根据阜深 5 井实测数据，临泉组上段暗色泥岩有机质丰度很低，有机碳含量最高仅 0.26%，氯仿沥青"A"含量 0.004%，为非生油岩；下段暗色泥岩有机质丰度略有增高，有机碳含量最高 0.42%，氯仿沥青"A"含量 0.006%，但仍属于非生油岩评价范畴；虽然阜深 5 井的白垩系暗色泥岩实测数据有机质丰度低，但由于阜深 5 井未能钻穿白垩系，因此无法掌握该区白垩系暗色泥岩真实生烃能力，还需要更多资料予以佐证。阜阳凹陷由于缺少实测资料，烃源岩发育情况尚不明确。

二、储层

阜阳地区发育石炭系—二叠系碎屑岩和下古生界碳酸盐岩两套储层。

1. 石炭系—二叠系碎屑岩储层

1）储层空间展布

储集岩为海陆过渡相障壁岛、潮坪相砂岩，纵向上主要分布于山西组、下石河子组、上石河子组，石千峰组砂岩储层发育，但在区域上分布局限，只在深凹残留。其中上石河子组砂岩厚 30~46.3m，分布于倪丘集凹陷和颜集凹陷深凹带，向坡带砂岩厚度逐渐减薄。下石河子组砂岩厚 7.0~48.5m，南 6 井揭示累计厚达 48.5m，分布于倪丘集凹陷和古城低凸起，向北、向东厚度逐渐减薄，颜集凹陷凤凰 X1 井揭示砂岩累计厚度不到 10.0m。上石河子组砂岩厚 102~370m，分布于倪丘集凹陷深凹带，南 11 井揭示砂岩累计厚达 370m，向北、向东厚度逐渐减薄，颜集凹陷凤凰 X1 井揭示砂岩累计厚度不到 100m。

2）储层岩石结构

山西组砂岩储层主要为浅灰、灰白色细砂岩、泥质粉砂岩和粉砂岩。砂岩呈颗粒支撑结构，次圆—次棱角状，点—线式接触，接触—孔隙式胶结。下石河子组砂岩储层主要为浅灰色细砂岩、泥质粉砂岩和粉砂岩。砂岩呈颗粒支撑结构，次圆—次棱角状，点—线式接触，接触—孔隙式胶结。上石河子组砂岩储层主要为浅灰色细砂岩、泥质粉砂岩。

3）储层储集物性

砂岩储层成岩作用较强，岩石致密、物性差，总体属低孔隙度、低渗透率储层。据8口井83块钻井取心样品物性分析，孔隙度最大8.4%、最小0.06%、平均仅3.3%；渗透率最大33.37mD、最小0.007mD、平均0.64mD。砂岩自然电位曲线近乎平直，只有个别井测井解释具有较好的物性，比如南4井上石河子组测井解释最大孔隙度8.4%，最大渗透率12.6mD；南16井测井解释上石河子组最大孔隙度7.3%，最大渗透率854.5mD。

4）孔隙发育特征

砂岩储层原生孔隙欠发育，现存多为次生溶蚀孔，粒间孔隙和粒内孔隙均不发育，镜下所见多为微孔隙和裂隙，裂隙多为燕山期、喜马拉雅期构造运动形成的构造缝，缝体少部分被充填，充填物主要为泥质或碳酸盐矿物；多为毛细管孔隙，反映该区成岩作用较强，砂岩的储集空间主要为次生溶蚀孔隙及裂隙。

2. 下古生界岩溶储层

1）岩溶储层发育特征

主要发育于加里东面下奥陶统和上寒武统碳酸盐岩。下古生界海相碳酸盐岩广泛发育且厚度大，受后期构造抬升运动影响，出露的碳酸盐岩遭受长期的风化剥蚀和大气淡水的淋滤溶蚀，形成岩溶储层。岩溶储层发育段钻井中可见钻速加快、防空、蹩跳钻及井漏、井涌等现象，并在多口井试获水层。另岩心可见岩溶角砾岩及溶蚀孔洞缝，如古城1井岩心中可见岩溶角砾岩，具角砾支撑、基质支持结构，角砾、基质成分主要为碳酸盐矿物，含少量石膏、芒硝；南6井岩心见高角度溶蚀缝及中小型溶蚀孔洞，孔洞呈"葫芦"状或"串珠"状。

2）物性特征与解释评价

古城1井溶蚀角砾岩实测孔隙度为18.08%，渗透率为16600mD，具高孔隙度、高渗透率的特点，而上马家沟组角砾白云岩基质孔隙度为0.5%～1.0%，渗透率为0.0135～0.226mD，反映储层物性与所处岩溶带差异溶蚀有关。结合岩心实测资料，以及常规测井解释成果，可将岩溶储层划分为三类：I类储层，孔洞、裂缝均发育，孔隙度大于5%，具有很好的储集性能，可以作为油气的储层；II类储层，溶蚀孔洞、裂缝较发育，孔隙度2%～5%，具有较好的储集性能，可以作为天然气的储层；III类储层，孔洞、裂缝欠发育，孔隙度小于2%，储集性能很差，不能作为油气储层。

三、盖层

根据现有资料，阜阳地区对油气成藏具有封盖作用的区域盖层主要有三套：石炭系—二叠系泥岩和煤岩盖层、本溪组底部铝土岩盖层，以及双浮组泥岩盖层。

1. 石炭系—二叠系泥岩、煤岩

泥岩分布稳定，其单层厚度一般在5～10m之间，部分地区可以达到15m。煤岩一般厚度在2～3m之间，单层最大厚度可以达到10m，也可作为良好的盖层。除此之外，石炭系—二叠系部分地区的致密砂岩，物性较差，推测也具备封盖能力。

2. 本溪组底部铝土岩盖层

由海相泥岩、铝土质泥岩、粉砂质泥岩及铝土岩组成，其中铝土质泥岩和铝土岩全区均有分布，其单层最厚可达 21.6m，累计厚度可达 43.6m，是下古生界风化壳储层的区域性盖层。

3. 双浮组泥岩盖层

属砂泥岩互层沉积，泥岩占地层厚度的 55% 以上，单层厚度在 0～20m 之间，最厚可达 30m，但泥岩横向连续性较差，综合评价认为可作为砂岩储层的区域性盖层。

四、成藏组合

根据上述烃源岩、储层、盖层综合评价，阜阳地区以石炭系—二叠系为烃源岩存在两套成藏组合：即以石炭系—二叠系煤岩、碳质泥岩、暗色泥岩为烃源岩，寒武系—奥陶系岩溶层为储集岩，本溪组铝土岩为盖层，成藏组合类型为上生下储型；以石炭系—二叠系煤岩、碳质泥岩、暗色泥岩为烃源岩，石炭系—二叠系内部砂岩为储层，石炭系—二叠系泥质岩为盖层，成藏组合类型为自生自储型。

第五节　资源评价与勘探方向

一、资源评价

"十三五"期间，应用盆地模拟技术，对阜阳地区石炭系—二叠系煤系烃源岩的生烃量及资源量进行重新预测。通过对研究工区不同凹陷、不同层系油气聚集量的模拟计算，阜阳探区的天然气资源量为 $5245 \times 10^8 m^3$，石油资源量为 $1.709 \times 10^8 t$，其中晚期生成的天然气资源量为 $522 \times 10^8 m^3$，石油资源量为 $4320 \times 10^4 t$。从阜阳地区油气资源分布来看，倪丘集凹陷和古城低凸起主要以生油为主，也可生气。其中倪丘集凹陷石油资源量为 $1.077 \times 10^8 t$，天然气资源量为 $1275 \times 10^8 m^3$；古城低凸起石油资源量为 $0.632 \times 10^8 t$，天然气资源量为 $211 \times 10^8 m^3$；颜集凹陷则以生气为主，天然气资源量达 $3759 \times 10^8 m^3$。

二、勘探方向

颜集凹陷是阜阳探区地层保存最完整的地区，烃源岩厚度大、丰度好、成熟度高。区内钻探已经在古生界常规测试获得天然气，取心井段解析气试验同样具有较高的含气量，证实颜集凹陷具备形成规模天然气藏的地质条件。古城低凸起和倪丘集凹陷油气显示丰富，上古生界石炭系—二叠系烃源岩成熟度适中，同时区域内可能还有晚期生烃的过程，既可以寻找早期油气藏，还可以找晚期油气藏，勘探类型多样，具备在古生界形成规模油气藏的潜力。

第二章 黄口坳陷

黄口坳陷位于苏、鲁、豫、皖四省交界处，属于中生界—新生代断陷盆地，面积约4500km²，其中苏皖境内约2270km²。地面几乎被第四系覆盖，大部分属洪泛冲积平原，地面高程一般为26～47m，东部山丘起伏，高程200m左右，最高峰大洞山海拔361m。境内仅京杭运河可以通航，其余的河流比较短小，大多汇注微山湖。黄口坳陷区域地质上属于华北地台鲁西隆起区的东部，北以丰沛断层与丰沛隆起相隔，西南以商丘断层与太康隆起相邻，东南超覆于砀山隆起之上，整体呈东西向的带状分布（图3-2-1）。

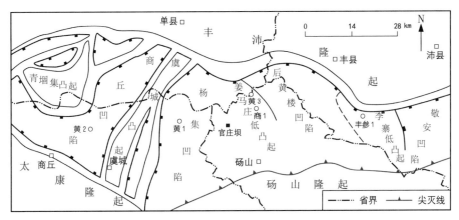

图3-2-1 黄口坳陷构造区划图

第一节 勘探历程

黄口坳陷地质勘探工作主要分为四个阶段。

一、矿产地质调查阶段（1957年前）

1957年之前，多为矿产地质调查，先后有华东煤田地质勘探局、江苏省煤炭工业局、江苏省冶金工业局等单位的地质和物探队伍进行过煤田、铁矿、铝土矿的勘探。

二、区域地质概查阶段（1957—1977年）

1957年，地质部地球物理勘探局进行了1∶100万航空磁测及1∶100万重力测量。1959年，江苏省冶金工业局曾在铜山县、邳县一带进行1∶10万电法普查。1960年，地质部航测大队在苏皖北部地区进行了1∶10万航空磁测及放射性测量。1974年，国家计划委员会地质总局航测队在该区进行了1∶5万航磁测量，1974—1976年，江苏省地质局区域地质调查队进行了1∶20万徐州区域地质调查工作，并编制出版了地质、矿产报告及 1：20 万地质图、矿产图。

三、区域油气普查阶段（1978—1981 年）

地质部第四物探大队在黄口坳陷作了 1：10 万的区域重力面积普查和 4km×4km～4km×8km 的六次覆盖地震区域普查，共做地震测线 46 条长 1982km，其中在江苏境内约 500km。在此期间，地质部第五和第九地质普查大队在黄口坳陷的河南、山东境内钻了黄 1、黄 2、黄 3 三口参数井，进尺 9156.93m，编制了黄口工区地震区域普查工作阶段报告，以及石油普查阶段报告及有关图件。

四、区域评价勘探阶段（1982—1994 年）

1982 年，江苏石油勘探开发公司开始在黄口坳陷东部的丰、沛、铜地区进行地震普查和局部详查，分四个年度共完成二维地震测线 1898.95km，大多为模拟地震测线，主体测网密度为 1km×2km～2km×4km。1986 年在黄口坳陷东部李寨低凸起食城构造上部署钻探丰参 1 井，气测录井在下二叠统和上石炭统泥岩和细砂岩中见气测异常 7 层 8.5m，甲烷含量 93%～99%，无丁烷及其以上组分，气测异常井段经 MFE 裸眼测试产水，无油气，完钻井深 3945.63m，完钻层位为奥陶系。通过参数井钻探，基本明确了黄口东部地区构造轮廓，初步证实有古、中、新三套可能的生油（气）层系，展示了具有形成油气藏条件的石油地质资源潜力。

1987 年，中原石油管理局在黄口坳陷中西部地区展开区域评价工作，完成二维数字地震测线 3448.04km，初步了解区内中生界由东向西增厚的趋势。在黄口中西部姜马庄构造部署钻探商 1 井，至井深 3630m 进入侏罗系—白垩系暗色泥岩段，在 3713～3718m 井段取心见泥岩裂缝含沥青，证实侏罗系—白垩系具有生油能力，完钻井深 4002.60m。

第二节　地　层

地层发育较为齐全，区内所钻煤田和水文探井，井深多小于 1000m，揭示层位不多。盆地内已钻的 5 口深井，其中黄 1、黄 2 井均未钻穿古近系，黄 3 井仅钻至下白垩统顶部，丰参 1 井钻穿了中生界—新生界及上古生界煤系，至下古生界奥陶系终孔，所揭示的地层最全。现主要根据丰参 1 井资料，将地层特点分述如下。

一、第四系（Q）

第四系平原组（Qp）岩性为土黄色黏土、泥质粉砂与砂质黏土互层，含钙质结核，偶含铁锰质结核，视厚度 114.5m。与下伏明化镇组呈假整合接触。

二、新近系（N）

1. 明化镇组（Nm）

上部为土黄、棕黄色泥岩、粉砂质泥岩，偶夹细砂岩、细砾岩。砾石成分以石英为主，其次为长石，少许燧石岩块，砾径 1～5mm。下部为土黄、棕黄色细砾岩、砂砾岩、含砾砂岩，夹少量砾质泥岩和砂岩。视厚度 93.5m。与下伏馆陶组呈整合接触。

2. 馆陶组（Ng）

上部为棕黄—浅灰绿色泥岩、砂质泥岩，夹少量细砂岩、细砾岩，底为灰白色细砾岩，粒径一般 1～2mm。下部为灰黄、棕黄色泥岩，夹粉砂质泥岩和泥质粉砂岩，底为灰黄色含砾砂岩。视厚度 95m。与下伏宋庄组呈不整合接触。

三、古近系（E）

1. 宋庄组（Es）

顶部为浅棕、灰色泥岩、含膏泥岩、膏质泥岩和粉砂质泥岩，石膏呈团块状和星点状；其下为浅棕色泥岩、砂质泥岩、泥质粉砂岩、粉砂岩，夹少量细砂岩和不等砾岩；再其下为灰紫色不等砾砂岩、含砾砂岩、砂砾岩、细砾岩夹浅棕色泥岩、砂质泥岩和泥质粉砂岩。粒径一般 1～10mm。视厚度 380m。与下伏汶口组呈不整合接触。

2. 汶口组（Ew）

岩性为浅棕色泥岩、粉砂质泥岩、泥质粉砂岩，中下部夹棕、浅灰色粉砂岩，偶夹含砾砂岩。底部为紫红色砂砾岩、棕红色含砾砂岩夹粉砂质泥岩，粒径一般为 1～5mm，最大达 5～10mm。视厚度 378m。与下伏下白垩统呈不整合接触。

四、下白垩统（K₁）

1. 青山组（K₁q）

上部为灰、深灰色石英安山岩，橄榄石（伊丁石）玄武岩夹棕色粉砂质泥岩和含砾砂岩；中部为紫灰、紫棕、灰绿色砂砾岩、细砂岩与棕色粉砂质泥岩、泥岩呈不等厚互层；下部为浅紫、紫、灰紫色泥质粉砂岩，夹细砂岩。粉砂质泥岩常含少量石膏，呈星点状，团块状或纤维状。视厚度 219m。

2. 丰县组（K₁f）

可分为两段：上段岩性为灰、深灰、灰黑色泥岩、粉砂质泥岩与泥质粉砂岩、粉砂岩呈不等厚互层，下部夹少量细砂岩，不等砾岩；下段为灰、深灰、紫灰色泥岩、粉砂质泥岩与灰色泥质粉砂岩、细砂岩呈不等厚互层，该段水平微细层理及交错层理发育。视厚度 851m。与下伏侏罗系呈整合接触。

五、中—上侏罗统（K₂₋₃）

上部为浅紫色泥岩、泥质粉砂岩夹少量浅紫色细砂岩、粉砂岩及浅灰、灰色泥岩、粉砂岩；中部为棕紫、紫色泥岩、泥质粉砂岩夹粉砂岩、细砂岩和含砾不等砾砂岩；底部为紫色含砾不等砾砂岩、细砂岩夹粉砂质泥岩，局部见冲刷面及泥砾和斜层理。视厚度 335.5m。与下伏上二叠统石千峰组呈不整合接触。

六、上二叠统（P₂）

1. 石千峰组（P₂sh）

共分三段：上段为紫色泥岩、泥质粉砂岩、粉砂岩，普遍具有条带状构造并含少量石膏，石膏呈星点状分布，视厚度 80.5m；中段以暗紫色泥岩、粉砂质泥岩为主，夹粉砂岩、细砂岩，顶部夹一层灰绿色细砂岩，底部夹一层浅灰色不等砾砂岩，视厚度170.5m；下段上部为紫色泥岩、粉砂质泥岩与浅灰色细、中砂岩互层，下部以浅肉红、浅灰绿色中砂岩为主夹紫色泥岩，视厚度140m。与下伏上石盒子组呈整合接触。

2. 上石盒子组（P_2s）

上部为紫、杂色泥岩、粉砂质泥岩与浅肉红、灰色中、细砂岩、含砾砂岩呈不等厚互层；中部为深灰、灰黑色泥岩、粉砂质泥岩与浅、灰色细、中砂岩、含砾砂岩呈不等厚互层，夹少量煤线；下部为灰、深灰、杂色泥岩、粉砂质泥岩与灰、浅灰色粉砂岩，细、中砂岩不等厚互层，底部为浅灰色含砾砂岩。视厚度475.5m。与下伏下石盒子组呈整合接触。

七、下二叠统（P_1）

1. 下石盒子组（P_1x）

顶部为灰白色中砂岩夹杂色泥岩、粉砂质泥岩；上部为灰、深灰色粉砂岩，中砂岩与泥岩、粉砂质泥岩呈不等厚互层，顶为一层煤线；下部为灰、深灰、杂色泥岩、粉砂质泥岩夹浅灰色细砂岩及薄煤三层，偶夹碳质泥岩。煤层单层厚度小于1m，底部为浅灰色中砂岩。视厚度209m。与下伏山西组呈整合接触。

2. 山西组（P_1s）

为灰、深灰色泥岩、粉砂质泥岩与深灰色中、细砂岩呈不等厚互层，夹少量薄层碳质泥岩。下部夹煤二层，煤层单层厚度小于1m。底部为灰、浅灰色细砂岩，裂隙及波状层理发育。视厚度83.5m。与下伏太原组呈整合接触。

八、上石炭统（C_2）

1. 太原组（C_2t）

灰、深灰色泥岩与石灰岩呈不等厚互层，中夹有浅灰色中、细砂岩、薄层碳质泥岩及煤层。其中煤层8层，单层厚度一般小于1m；石灰岩11层，单层厚度一般1～5m，溶洞、裂隙发育。视厚度99.5m。与下伏本溪组呈整合接触。

2. 本溪组（C_2b）

上部为深灰色泥岩；中部为浅灰、灰白色石灰岩夹灰、深灰、杂色泥岩、中砂岩；下部为杂色泥岩、紫红色含铁质泥岩。视厚度24m。与下伏奥陶系中统白土组呈假整合接触。

九、奥陶系（O）

1. 中统白土组（O_2b）

浅棕灰、浅灰色白云岩。上部夹石灰岩、白云质灰岩。视厚度54m。与下伏马家沟组呈整合接触。

2. 下统马家沟组（O_1m）

岩性为深灰、灰色石灰岩，夹少量白云质灰岩。视厚度大于114m（未见底）。

十、寒武系（∈）

根据区内煤炭及水文浅井和地面露头资料，寒武系以介壳相碳酸盐岩为主。地层发育齐全，各组之间连续沉积，岩性变化不大，总厚900m左右。与下伏震旦系呈假整合接触。

十一、震旦系（Z）

见中下部新兴组、岖山组、贾园组、赵圩组及倪园组。岩性为灰色石灰岩、泥灰岩夹灰黄色页岩及长石石英砂岩，出露厚度大于256m。与下伏泰山群呈不整合接触。

十二、太古宇（Ar）

泰山群，以灰色花岗片麻岩及角闪斜长片麻岩为主，钾氩法测定同位素年龄为1928～2640Ma。

第三节　构　　造

黄口坳陷在印支运动末期近东西向区域性断裂的基础上，经燕山期运动改造，在古近纪沿丰沛断裂形成坳陷。航磁从南向北 ΔT 异常值由600nT平缓地变为 -800nT，表明结晶基底的北倾。布伽重力密集带与丰沛断裂的位置吻合，该区地质资料品质较好。

一、断裂

区内发育北西西和北北东走向的两组区域性大断层，控制坳陷的形成与演化（表3-2-1）。

表3-2-1　黄口坳陷主要断层要素表

断层名称	性质	走向	倾向	长度/km	断距	
					层位	落差/m
丰沛断层	正断层	北西西	南	约110	T_g	3500～8500
商丘断层	正断层	北西西	北	约50	T_g	3500～5400
青堌集断层	正断层	北北东	南东东	约20	T_g	4800～5400
八里堂断层	正断层	北北东	北西西	约35	T_g	1900～2300
于贤集断层	正断层	北北东	南东东	约45	T_g	1100～4500

1. 丰沛断层

控制了黄口坳陷的北界，在航磁、重力、电测深、地震和卫星照片上都有清晰的反映。断层总体走向为北西西向，由一组南倾阶梯式正断层组成，沿断裂呈"串珠"状分布有中生代以来的小型侵入体及中基性火山喷发岩。断层断距大于3000m，断层形成时期可能始于晚侏罗世后期或更早一些，自喜马拉雅旋回以来，丰沛断层南侧持续下陷，使得中生代—新生代断陷的形成与断裂活动同步发展。

2. 商丘断层

构成盆地西部南界，总体走向北西西，是一组阶梯状北倾正断层。

3. 青堌集断层

构成盆地西部边界，是一条东倾的正断层。

4. 八里堂断层

为虞城凸起西侧西掉的正断层，断面倾角较陡，主要控制古近系及中生界的沉积与分布。

5. 于贤集断层

为虞城凸起东侧正断层，断面下缓上陡，控制古近系及中生界沉积与分布。

二、构造单元

构造单元初步划分为四凹四凸，自西向东依次为青堌集凸起、商丘凹陷、虞城凸起、杨集凹陷、姜马庄低凸起、后黄楼凹陷、李寨低凸起和敬安凹陷。

1. 商丘凹陷

东界为八里堂断层，西界为青堌集断层，南界为商丘断层，北界为丰沛断层，是一北北东向地堑式凹陷。凹陷内所钻的黄2井，井深3208m，古近系未穿。

2. 虞城凸起

东西两侧被断层所夹持，为一北北东向地垒式凸起。据航磁资料，强磁性体最小埋深小于1.5km，南部抬升较高，向北倾伏。据地震资料解释，两侧断阶带由下古生界组成，古近系不整合于其上，其凸起核部为下古生界下部地层。

3. 杨集凹陷

北、西两侧分别以丰沛断层和于贤集断层为界，南与砀山隆起呈斜坡过渡。凹陷内所钻的黄1井，井深2745.37m，古近系未穿。

4. 姜马庄低凸起

北为丰沛断层相隔，南超覆于砀山隆起之上，在丰沛断层下降盘姜马庄构造上早期所钻黄3井，于井深2671.5m钻穿古近系进入白垩系，后期钻探的商1井在3630m进入侏罗系—白垩系暗色泥岩段，取心见到泥岩裂缝中含有沥青。

5. 后黄楼凹陷

呈北北西向展布，沉降中心在凹陷的西北侧，呈向西倾的单斜层，凹陷内有一系列沿走向延伸不远的北西向小断层，以断面西倾的正断层为主。在凹陷北部依附丰沛断层上，有两个局部构造，西为王沟断鼻，东为赵集断鼻。

6. 李寨低凸起

东西两侧各有一个重力低，西部为 -21mGal 的后黄楼重力负异常，东部为 -24mGal 的敬安重力负异常，反映出两个凹陷的轮廓，两个凹陷间的鞍部即为李寨低凸起，向南反映出斜坡面貌。李寨低凸起是一个与基岩潜伏隆起有关的继承性背斜构造，其北部有一轴向为北西西向的背斜圈闭，即食城背斜。在食城构造上部署钻探的丰参1井在下二叠统和上石炭统泥岩和细砂岩中发现有气测异常，于井深2466.5m钻穿中生界侏罗系进入古生界二叠系、石炭系和奥陶系。

7. 敬安凹陷

呈一向斜形态向南东方向抬起，古近系在近丰沛断层处埋深2200m。凹陷内已落实的局部构造有千里井、欧庄、包楼、袁寨断鼻和梁寨地层尖灭等圈闭。

第四节 烃 源 岩

该区主要发育新生界、中生界、古生界三套烃源岩层。

一、新生界古近系

古近系宋庄组顶部发育一套灰色含膏泥岩、粉砂质泥岩，夹硬石膏及少量油页岩。由于后期构造运动的影响，这套沉积曾遭受不同程度的剥蚀，残留厚度57～210.5m，区域分布差别较大，总体呈现为西厚东薄的特点。东部丰参1井含膏泥岩和粉砂质泥岩仅残留57m，这套暗色沉积的有机碳含量为0.19%。有机质为腐殖型，最高热解温度366℃，低于腐殖型有机质生烃温度432℃，但考虑到该井处于李寨低凸起，自古生代以来均为构造高部位，推测两侧后黄楼凹陷和敬安凹陷该套沉积的生油条件可能比李寨低凸起有所变好。西部黄1、黄2井暗色泥岩有机碳含量分别为0.96%、0.77%，已达到国内生油岩的较好标准。中部商1、黄3井揭示暗色泥岩有机碳含量平均分别为0.60%、0.55%，反映了古近系这套生油层区内分布差别较大，有机质丰度整体上具有西高东低的特征。从黄2井部分热解分析资料来看，氢指数常小于300mg/g，氧指数多在50～150mg/g之间，干酪根类型以腐殖—腐泥型为主。黄2井宋庄组灰色含膏泥岩热解S_2峰的温度并结合其他资料可以说明，钻遇的这套生油层尚处于未成熟阶段，推测随埋深增加，生油层的成熟度可能变好。

二、中生界白垩系

丰参1井在白垩系下统丰县组中发现较多的暗色泥岩，累计厚达503m，占该组厚度的59.1%。其中下段厚197m，上段厚306m。上段的中上部，18块样品的有机碳含量平均为0.67%～0.74%，属较好的生油层，上段的下部和下段，19块样品平均有机碳含量为0.20%～0.33%，属非生油岩或差生油岩。从有机质类型看，下段和上段的下部属腐殖型，上段的中部属腐殖—腐泥型，上段的上部属腐泥—腐殖型。从这套地层的沉积环境看，下段和上段的下部属滨湖—浅湖泊沉积，上段的中上部为半深湖—深湖泊沉积，这两种环境下的生物也构成了原始母质的差异。根据热解分析，丰县组上段最高热解温度一般为424～431℃，OEP为1.26～2.46，大部分大于2。丰县组下段中、下部最高热解温度一般为428～437℃，其热演化条件较上段好。从区域上看，在继承性较好的李寨低凸起两侧的后黄楼凹陷和敬安凹陷，该层系随着埋深加大，有机质丰度和成熟度增高。

三、古生界石炭系—二叠系

据丰参1井实钻资料和邻井资料分析，区内揭示石炭系—二叠系暗色泥岩厚464～753m，石灰岩厚32～70m，煤层厚11～15m。含煤层位分布于太原组、山西组和下石盒子组。

据丰参1井分析资料，煤的有机碳含量最高，太原组20号煤层（煤层采用徐州矿务局方案进行统一编号）有机碳含量为33.3%和77.25%，太原组石灰岩有机碳含量为

0.47%。暗色泥岩除上石盒子组较低以外，其余各组均达 1.06%～4.94%。据太原组石灰岩热解分析，S_2/S_3 为 0.76，Cp 有效碳 /TOC 为 6.5%，HI 为 46mg/g（TOC），S_1+S_2 为 0.37mg/g，属腐殖型；饱芳比为 0.77，非烃 + 沥青质为 68.16%，（非烃 + 沥青质）/总烃为 2.86，均属腐殖型。暗色泥岩烷烃色谱主峰碳数一般为 C_{23}—C_{29}，（$C_{21}+C_{22}$）/（$C_{28}+C_{29}$）小，一般为 0.97～1.83；姥鲛烷 / 植烷比值亦很小，一般为 0.22～0.71，有机质类型属腐殖型；族组分饱 / 芳为 0.27～0.75，非烃 + 沥青质为 51.05%～67.6%，（非烃 + 沥青质）/ 总烃仅 1.04～2.31，属腐殖型类型。下石盒子组 2 号煤层镜质组占 46%，惰性组占 53%，壳质组占 1%。太原组 4 号煤层镜质组占 90%，惰性组占 10%。这些均为典型腐殖煤特征，其有机质亦属腐殖型。

丰参 1 井石炭系—二叠系暗色泥岩和石灰岩，其有机碳含量都很高，但氯仿沥青"A"含量都很低，一般为 0.006%～0.06%，转化率也较低，氯仿沥青"A"含量 /C 为 0.87%～3.92%，烃 /C 为 0.45%～1.92%，热解分析 S_1+S_2 为 0.1～0.9mg/g。不同变质程度煤的转化率也不高，氯仿沥青"A"含量 /C 为 0.08%～1.59%，HC/C 为 0.08%～1.25%，也反映了腐殖型生气母岩有机质丰度高而产烃率低的特点。丰参 1 井上石盒子组和下石盒子组的暗色泥岩镜质组反射率一般为 0.7%～0.87%，太原组为 0.98%～1.05%。岩石热解最高峰温，上石盒子组一般为 457～469℃，下石盒子组—山西组为 465～477℃，太原组为 463～469℃，本溪组又增加到 482℃。据煤系暗色泥岩和太原组石灰岩的烷烃气相色谱资料可知，自上而下主峰碳数由 C_{23} 变至 C_{18} 或 C_{20}，OEP 由 1.17 变至 1.08，表明其有机质处于成熟阶段。

根据区域资料和丰参 1 井及邻区的有机地球化学分析资料来看，该区中生界—新生界的生油（气）条件虽然具备，但相对来说，上古生界石炭系—二叠系的煤成气生成条件比其他层系好。

第五节　储层及生储盖组合

根据丰参 1 井及邻区资料分析，该区发育两种储集类型和古近系、二叠系两套盖层。

一、储层条件

1. 砂岩储层

发育于新近系、古近系、白垩系、侏罗系及二叠系，储油物性以新近系和古近系较好。古近系宋庄组砂岩和粉砂岩是一套内陆浅湖沉积，单砂层厚 1.5～4.0m，泥质和钙质胶结物含量低，胶结疏松，孔隙度高达 25.7%～33.5%。下白垩统第一、三段和侏罗系中、上统砂岩亦属内陆浅湖泊沉积，单砂层厚一般 2.5～5m，砂岩中钙质胶结物含量明显增加，胶结致密，孔隙度一般为 4.7%～6.2%，渗透率小于 1mD。二叠系砂岩主要属滨海三角洲平原、潮间带上浅滩、沙坝环境下沉积，单砂层厚一般可达 1～3.5m。其中石千峰组一、二段属河湖泊沉积，单砂层厚一般可达 4～6m，石千峰组一般底部单层最厚可达 15m。

2. 石灰岩储层

奥陶系和石炭系太原组石灰岩的次生裂隙和溶蚀孔洞也是该区重要的储层类型。如徐州马坡煤矿，奥陶系马家沟组石灰岩裂隙、溶洞发育，最大溶洞直径达 2.5m，单位涌水量可达 0.38L/（s·m）；丰参 1 井马家沟组石灰岩中溶洞直径最大可达 2cm。

二、盖层条件

该区共有五套盖层。包括新近系明化镇组和馆陶组的泥岩，古近系宋庄组顶部含膏泥岩、薄层油页岩和石膏，古近系汶口组除底部含砂砾岩以外的绝大多数泥质岩类，石千峰组第三段砂质泥岩、泥岩，上、下石盒子组和山西组的泥岩和粉砂质泥岩。

三、生储盖组合

依据坳陷内生、储、盖层发育特征，分析有两种类型生储盖组合。

1. 上古生界生储盖组合

包括本溪组、太原组（生）—山西组、下石盒子组（储盖）；山西组、下石盒子组、上石盒子组（生）—石千峰组（储盖）。

2. 中生界—新生界生储盖组合

白垩系下统丰县组（生）—白垩系下统青山组（储）—古近系汶口组（盖或储盖）。

此外，尚可能存在新生界储盖组合和侧变式生储盖组合，即新生界储盖组合为古近系宋庄组（生）—新生界明化镇组、馆陶组（储盖）这一可能的生储盖组合。侧变式生储盖组合是由于生油（气）层以断层做油气运移的通道，并在侧向上和储盖层相接触，从而形成所谓"新生古储"或"古生新储"组合，石炭系—二叠系生成的煤成气通过断层向上运移，并在侧向上与下古生界接触，可以在古风化壳或石灰岩的次生裂隙和溶蚀孔洞中聚集，石灰岩或上覆泥质岩作为盖层，形成"古潜山"气藏。

第三章　合肥坳陷

　　合肥坳陷位于安徽省中西部，地跨合肥、定远、霍邱、颍上等县、市，是一个中生代—新生代断陷盆地。坳陷四周大多为山脉、丘陵所环绕，北以寿县断裂、定远断裂和蚌埠隆起为界，东以郯庐断裂与张八岭隆起为界，南以龙梅断裂为界和大别造山带相连，西北为吴集断裂和长山隆起，中生界—新生界覆盖的盆地面积约 $2 \times 10^4 \mathrm{km}^2$，地面大部分被第四系覆盖（图 3-3-1）。

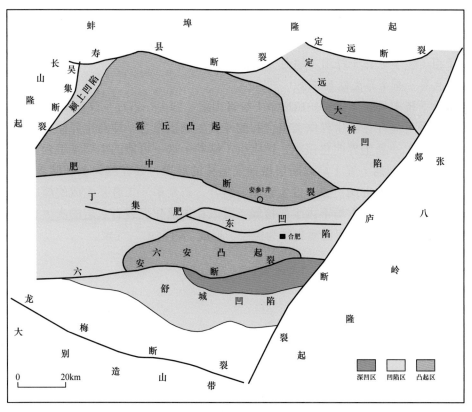

图 3-3-1　合肥坳陷构造区划图

第一节　勘探历程

　　合肥坳陷油气普查工作开始于 1958 年，其勘探历程可划分为四个阶段。

一、石油普查阶段（1958—1964 年）

　　完成 1∶20 万航磁、地面重、磁力普查，在盆地北部做过少量垂向电测深测量，并在部分地区进行了化探工作。该阶段在盆地内打了43口地质浅井（井深在1000m以内），总进尺25172m。通过上述工作，对盆地内构造单元进行了初步划分，并在盆地北部朱巷地区钻朱1井首次发现下白垩统朱巷组30多米厚暗色泥岩，分析认为是可能的生油岩。

二、模拟地震勘探阶段（1970—1976年）

完成地震测线1520.25km，其中光点地震剖面500km，所获地震资料质量较差，仅能用于研究区域地质构造。先后钻深井6口，总进尺16511m，地质浅井14口，进尺12293m。该阶段钻井未见直接油气显示，但对盆地内的基底、地质结构、中生代—新生代地层沉积发育情况及生储盖组合等有了进一步认识，证实下白垩统朱巷组生油岩在东部大桥次凹内比较发育，发现上白垩统响导铺组下段和古近系定远组有两套可能的生油岩。

三、数字地震勘探阶段（1988—1996年）

1988—1993年，中国石油天然气总公司物探局在合肥坳陷开展数字地震勘探，完成二维地震测线16条951km，以及5条MT区域剖面，将油气勘探主要目的层向下转移为石炭系—二叠系及侏罗系。1993—1996年，中国石油天然气总公司南方新区勘探项目经理部共完成23条数字地震测线1165km，后因石油、石化公司机构重组而中断。

四、综合评价勘探阶段（1998年至今）

1998年，胜利油田有限公司取得合肥坳陷的油气勘探权，开始新一轮综合勘探，完成二维地震覆盖面积3374.75km^2、重力覆盖面积27686km^2、化探24645km^2、航磁30416km^2、电法1191.3km、地面地质调查330km^2，钻探参数井1口，进尺5200m。通过安参1井的钻探，发现下侏罗统防虎山组含有80m厚的烃源岩，钻遇了石炭系—二叠系烃源岩，初步确立了坳陷北部的地层层序。通过重—磁—电—震联合研究，确定了断裂体系的展布状况，地面地质调查发现两处油苗。通过大量课题的研究，深化了地质认识，为进一步评价合肥坳陷的含油气远景及制定勘探部署奠定了基础。

第二节　地　　层

坳陷内除南部和东北部有零星露头外，几乎被第四系所覆盖，其下发育了以侏罗系和白垩系为主体的中生代—新生代陆相碎屑岩沉积，累计厚度超过8000m（表3-3-1）。

由于坳陷跨华北地台和大别造山带两大构造单元，因此坳陷南北中生代—新生代沉积有较大差异，加之大套中生代—新生代红层缺乏可靠化石资料，给地层划分和对比带来很大困难，除对下侏罗统、古近系和新近系划分有比较统一认识外，对中侏罗统—上白垩统的划分问题尚有争论。现将坳陷内的地层简述如下。

表 3-3-1　合肥盆地中生界—新生界地层简表

地层			厚度 /m		岩性		
系	统	组					
第四系			0~100		黏土、砂层、砾石层		
新近系			0~420		泥岩、粉砂岩，底部砾岩		
古近系		定远组	1200~1700		泥岩、砂岩、砾岩，中部夹膏盐岩		
		桑涧子组 戚家桥组	1053	1053~1783	砂岩、砂砾岩、砾岩，夹泥岩		
白垩系	上统	张桥组	>1000		粉—细砂岩、含砾砂岩夹泥岩		
		响导铺组	>1400		泥岩、砂岩		
	下统	朱巷组	972~2000		泥岩、砂岩、砾岩		
侏罗系	上统	周公山组	黑石渡组	>1400	>1500	砂岩、泥岩	火山岩夹砂岩、泥岩
			毛坦厂组		623~1033		
	中统	圆筒山组	凤凰台组	1303	843~2500	砂岩夹泥岩	砾岩
			三尖铺组		1814~2700		砂岩、含砾砂岩
	下统	防虎山组	300		砾岩、砂砾岩夹碳质页岩及煤线		

一、新太古界霍邱群（Ar₃h）

合肥坳陷北部基底，岩性为灰黑、少量青灰、灰绿色黑云母钾长石片麻岩。

二、上二叠统上石盒子组（P₂s）

主要为深灰、灰黑色砂质页岩及灰白、灰绿色中—细砂岩夹煤层，钻厚 213m。

三、侏罗系

1. 下侏罗统防虎山组（J₁f）

主要为一套巨厚层砾岩、砂砾岩为主的山麓洪积相堆积，夹碳质页岩和煤线，厚度约 300m。

2. 中侏罗统圆筒山组（J₂y）

分布范围几乎遍及全坳陷，已揭露的井揭示厚度 1303m，其岩性下段为紫红色粉砂质泥岩、细砂岩夹灰黑、青灰色泥岩；中段为暗棕红、灰白、浅灰色细砂岩；上段为暗棕红、紫红色细砂岩为主夹浅灰色细砂岩。在盆地南部边缘，岩性为一套陆相粗碎屑岩，可分为上下两部分。下部三尖铺组（J₂s）主要为一套紫红色具灰绿色条带、斑块的中—细砂岩、含砾砂岩，厚 1814~2700m，与前中生界梅山群或震旦系呈不整合接触；上部凤凰台组（J₂f）主要为一套暗紫红色巨砾岩和砾岩等，厚 843~2500m。

3. 上侏罗统周公山组（J₃z）

盆地内广泛分布，厚度大于 1400m，岩性下部为紫红、暗棕红色细—中砂岩夹少量暗紫红色薄层粉砂质泥岩；上部为浅棕褐色粉—细砂岩夹粉砂质泥岩。该组与下伏圆筒山组可能为整合接触。在盆地南部边缘，该统为边缘火山喷发相和火山碎屑岩沉积，可分为两个组。下部毛坦厂组（J_3m）为一套中性火山碎屑岩、熔岩夹砂砾岩和页岩，含费尔干蚌化石，厚623～1033m，与下伏中侏罗统呈不整合接触；上部黑石渡组（J_3h）主要为一套火山碎屑岩夹沉积岩，厚度大于1500m，与毛坦厂组呈假整合接触。

四、白垩系

沉积范围较侏罗系大为缩小，主要发育在盆地东部。

1. 下白垩统朱巷组（K_1z）

主要发育于东部大桥次凹，厚972～2000m。岩性下段为暗棕褐、深灰色泥岩及粉砂质泥岩，灰绿、灰白色细砂岩，棕红色砾岩，向坳陷东部厚度加大，岩性变细，深灰、灰黑色泥岩增多，其暗色泥岩累计厚度达600m；上段为棕褐色粉砂质泥岩、棕灰色细砂岩、棕红色砾状砂岩和砾岩。该组与下伏周公山组可能为不整合接触。

2. 上白垩统

分布范围进一步向东收缩，主要发育在郯庐断裂的西侧附近，在大桥次凹内有广泛的分布，厚度大于1400m，分上、下两个组。

1）响导铺组（K_2x）

下段下部为棕褐色粉砂质泥岩、灰绿色泥岩与浅棕灰色细砂岩互层，上部为棕褐色粉砂质泥岩、灰绿色泥岩；上段为浅棕褐色粉砂质泥岩夹浅棕灰色砂岩。该组在东部有火成岩侵入，发育有一套暗色泥岩，累计厚度169m，与下伏朱巷组呈整合接触。

2）张桥组（K_2z）

厚度大于1000m，浅棕红色细—粉砂岩为主夹含砾砂岩，下部夹深棕红色薄层泥岩，与下伏响导铺组呈假整合接触。

五、古近系

新生界沉积范围进一步收缩，仅局限于东北部的定远次凹和南部的舒城凹陷内。

1. 定远次凹

古近系分布面积约600km²，厚度在2500m左右。自下而上分为两个组。

1）桑涧子组（E_1s）

岩性为浅棕红色中—细砂岩、砂砾岩等，夹深棕红色泥岩，钻厚1053m，地表和井下分别见不整合在石炭系—二叠系和白垩系响导铺组之上。

2）定远组（E_1d）

厚1200～1700m，自下而上划分为五个岩性段。一、二段为棕褐色粉砂质泥岩与泥质粉砂岩互层，含石膏；三、四段以棕褐、深灰—灰黑色粉砂质泥岩为主夹粉砂岩，含岩盐及石膏等；五段以暗棕色泥质粗—细砂岩为主，偶夹泥灰岩。该组中部发育一套深灰、灰黑色泥岩和含膏泥岩，最大累计厚度为350m。

2. 舒城凹陷

古近系也可划分两个组。

1）戚家桥组（E_1q）

凹陷内广泛分布，主要为浅棕红色中—细砂岩、砂砾岩夹棕红色薄层泥岩，厚度

1053～1783m，与下伏上白垩统呈不整合接触。

2）定远组（E_1d）

分布范围向东收缩，岩性为棕褐、灰绿色泥岩夹浅棕红色细砂岩，合深 2 井 828～1235m 井段夹深灰绿色泥岩，累计厚度 189.5m。

六、新近系

仅分布在盆地西北角颍上凹陷，推测最大厚度近 1000m。岩性为青灰、灰棕色泥岩、粉砂质泥岩、粉砂岩，成岩性差，超覆在太古宇变质岩和中侏罗统—上侏罗统之上。

七、第四系

广布全盆地，一般厚 10～20m，最厚处可达 100m。上部岩性为棕黄色黄土，下部为流砂层、黏土层、砾石层互层。

第三节 构 造

一、区域构造背景

合肥坳陷处于华北地台、下扬子准地台和大别造山带三个不同的大地构造单元夹持之中，根据基底和盖层的发育情况及构造演化史，由两个构造性质截然不同的单元所组成。以六安深断裂为界，其北部肥北地区隶属于华北地台，是华北地台上的一个古生代隆起区，具有比较典型的地台性质；肥南地区属于大别造山带，基底由古元古界庐镇关群、新元古界佛子岭群和石炭系梅山群一套巨厚的浅变质岩系所组成，合肥坳陷只在中生代时期才组成一个统一的沉积单元。

二、主要断裂

合肥坳陷主要发育东西向、南北向和北北东向三组断裂。

1. 东西向断裂

1）肥中断裂

横贯坳陷中部。西起霍邱县四十里长山南麓，往东经寿县隐贤集南，过肥东县梁园镇后向东与郯庐断裂相交，长约 170km，为一隐伏断裂，在布格重力异常图上为一线性梯度异常带。该断裂主要控制了下侏罗统的分布。

2）六安断裂

西起霍山县叶集南，向东经六安市南、肥西防虎山南麓至肥西县东南与郯庐断裂相交。全长约 140km，向西延入河南省境内。该断裂是不同性质的基底岩系的重要分界线，对整个合肥坳陷的发展起着重要的作用。

3）龙梅断裂

在安徽境内西起金寨县皂鞭冲，向东经金寨县南侧、龙门冲至舒城县西汤池，长约 135km。它是一条宽约 4km 的断裂破碎带，主干断裂近于直立。

4）蜀山断裂

为重力资料解释的隐伏断裂，全长约155km。推测断面北倾，倾角较陡。

2. 南北向断裂

主要指四十里长山东侧的吴集断裂。北起颍上县南照集，向南经霍邱县周集西，在沈老庄之南同肥中断裂相交，长约50km。断裂西侧的霍邱群、寒武系组成一走向南北、向西倾斜的单斜构造；断裂东侧为新太古界霍邱群及上覆的中侏罗统—上侏罗统，在吴集之南见上侏罗统火山岩。

3. 北北东向断裂

为合肥坳陷与扬子准地台的分界线，指以郯庐断裂带为代表的新华夏系构造，横穿安徽中部，宽20～40km。该断裂带是中国东部一条十分重要的巨型构造带，具有长期、复杂的多旋回演变过程。

三、构造单元划分

根据坳陷的基底、盖层、断裂及中生代—新生代的沉积分布特征，可将合肥坳陷划分为六个二级构造单元。

1. 颍上凹陷

为新近纪凹陷，面积约$2570km^2$。估计在凹陷的中心部位新近系厚约1000m。新近系分别超覆在古太古界和中侏罗统之上。

2. 霍邱凸起

为中侏罗统—上侏罗统的分布区，面积约$3650km^2$。中侏罗统直接不整合于古太古界霍丘群之上。侏罗系厚度自西向东加厚，总厚约3000m。

3. 定远大桥凹陷

其北部的定远次凹，为古近系断陷，是淮南煤盆地向合肥坳陷的延伸部分，面积约$600km^2$。估计古近系厚约2500m，白垩系较薄，合深4井揭露白垩系厚仅100m；南部的大桥次凹，为白垩系凹陷，面积约$3600km^2$，白垩纪凹陷中心可能在大桥附近。中生代地层区域性向东倾斜，其厚度大于5000m。

4. 丁集肥东凹陷

面积约$4000km^2$，布格重力图上为一由许多呈东西向展布的线性异常带所组成，且正、负异常呈带状相间排列，断裂发育。除有中—上侏罗统及白垩系分布外，在其东端的重力负异常区内有古近系分布。

5. 六安凸起

为中—下侏罗统分布区，面积约$2000km^2$。缺失白垩系，其东端的重力负异常区有古近系分布。其南缘见下侏罗统不整合于太古宇之上。

6. 舒城凹陷

为中侏罗统—古近系的凹陷（可能缺失早白垩世沉积），面积约$4000km^2$。根据少量的地质资料推断，凹陷基底与华北地台截然不同，由古元古界庐镇关群、新元古界佛子岭群及石炭系梅山群组成；侏罗系多为类磨拉石建造、火山岩建造，凹陷南部上侏罗统火山岩广泛分布；中生界—新生界厚度在6000m以上，应属于大别造山带的中生代—新生代山前凹陷。

四、构造及沉积演化

合肥坳陷的地史发展过程，大致可分为三个阶段，前震旦纪地史发展阶段和震旦纪—三叠纪阶段已如前述，现着重叙述中生代—新生代阶段。合肥坳陷在中生代—新生代经历了早侏罗世填平补齐的充填式沉积—中侏罗世全面坳陷—晚侏罗世及白垩纪强烈断陷—新近纪萎缩直至消亡的全过程。但就区域构造性质而言，它却分别隶属两个性质不同的大地构造单元，以六安断裂为界，其北属华北地台，其南则是在大别造山带的基础上发展起来的中生代—新生代山前坳陷。从合肥坳陷的发生、发展的全过程分析，坳陷东部由于自燕山运动以来郯庐断裂的西侧长期处于沉降之中，侏罗系、白垩系发育比较完整，厚度达 5000～7000m，它们埋藏较深，保存条件良好。

第四节　烃　源　岩

合肥坳陷发育的烃源岩主要有寒武系海相泥岩、石炭系—二叠系海陆交互相煤系、下侏罗统陆相泥岩、下白垩统陆相泥岩、上白垩统陆相泥岩和古近系陆相泥岩（表 3-3-2）。

表 3-3-2　合肥坳陷烃源岩发育情况简表（据焦大庆等，2009）

层位	岩性	厚度 /m	主要发育区	分布面积 /km²	钻井揭示或露头
古近系	灰绿、灰黑色泥岩，含膏泥岩	130～350	定远次凹、颍上凹陷、肥东凹陷、舒城凹陷、郯庐断裂西侧	300	合深 2 井、合深 4 井、合深 5 井
上白垩统	暗色泥岩	100～300	大桥次凹浅—半深湖泊沉积	500	合浅 5 井、合深 6 井
下白垩统	暗色泥岩	500～1100	大桥次凹浅—半深湖泊沉积	1500	合浅 8 井、合深 9 井、合深 1 井、朱 1 井、朱 3 井、朱 4 井
下侏罗统	暗色泥岩，湖沼型煤层	200～400	盆地中部、东南部浅—半深湖泊沉积	1400	安参 1 井、防虎山地区
石炭系—二叠系	煤层	30～40	定远次凹、大桥次凹、肥中断裂两侧	6000	合深 4 井、坳陷南北缘
	暗色泥岩，含碳质泥页岩	400～500			
寒武系	泥页岩	20～30	四十里长山地区海相沉积		盆地西缘

一、寒武系

截至 2018 年底，合肥坳陷内尚无探井钻遇寒武系，但野外地质调查发现，在坳陷西缘四十里长山的吴集断裂上升盘，下寒武统凤台组本身具有完整的生储盖组合，并在储层中发现了明显的油浸和运移痕迹，镜下荧光显示明显。该套烃源岩厚度较大，暗色泥岩、碳质页岩和石煤的累计厚度 20～30m，多呈平缓的单斜层状分布。经研究确认，是一套海相泥质烃源岩。该区寒武系的有机碳含量极高，除煤山的样品外，其他样品的有机碳含量都大于6%，甚至达13%以上，应属于碳质页岩或石煤。但因为热演化程度很高，氯仿沥青"A"含量在0.0016%~0.0059%之间，远远低于较好烃源岩的下限值，转化率甚低，表明已非较好烃源岩。此外，这些寒武系样品的热解生烃潜量（S_1+S_2）也很低，在0.02~0.05mg/g之间，说明其现实生烃潜力不大。但这并不否定它在热演化程度较低的时候曾经是好的烃源岩。据有机显微组分分析，该寒武系烃源岩有机质类型为II_2—I型。镜质组反射率均在2.2%~3.5%之间，表明这些烃源岩处于过成熟阶段早期。

二、石炭系—二叠系

合肥坳陷的石炭系—二叠系煤系已被证实是华北地区的重要烃源岩。以地震资料为主，结合电法和重力资料发现，石炭系—二叠系残留分布区主要有两大块：坳陷西南部的六安断裂附近，呈条带状分布，面积约2000km²；坳陷东北部的郯庐断裂以西地区，称为淮南型石炭系—二叠系，面积约5000km²。其中烃源岩主要为煤层（厚为30~40m）、暗色泥岩及碳质泥（页）岩（厚为400~500m）。

商城—金寨石炭纪残留盆地的石炭系梅山群未曾钻遇，仅于盆地南缘的商城—固始—金寨地区见到浅变质的露头。梅山群有机质具有高有机碳含量、低氯仿沥青"A"含量、低总烃含量、低生烃潜量的"三低一高"的煤系烃源岩特点。据测定，梅山群有机质显微组分以镜质组分为主，含量为53.5%~89.5%，惰质组为10.5%~39.8%，壳质组分含量仅为0~6.7%；干酪根$\delta^{13}C$为–24.27‰~–19.89‰，呈III型干酪根的特点。在合肥坳陷南部的梅山群，煤和泥岩的镜质组反射率在2.35%~4.37%之间，已达到过成熟。这表明梅山群已有大量的油气生成，剩余生烃潜力不大。

定远大桥凹陷南缘的安参1井钻遇了含有大套暗色泥岩和灰质泥岩的石炭系—二叠系，但该套石炭系—二叠系已发生浅变质作用而成为板岩甚至千枚岩。有机碳含量和生烃潜量均远远低于烃源岩评价标准下限，地球化学分析表明，其T_{max}也高于490℃，处于过成熟生干气阶段，基本上没有生烃能力了。然而，在定远大桥凹陷的合深4井钻遇上二叠统石盒子组（未穿），从有机质丰度看，其中的暗色泥岩属于好烃源岩。据分析，合深4井二叠系泥岩可溶有机质普遍以高"非烃 + 沥青质"含量为特征，一般在50%以上，最高可达78.63%。饱和烃含量在6.89%~11.52%之间，芳香烃含量为10.89%~20.66%，且饱和烃 / 芳香烃比值一般小于1，表现为III型干酪根的特征。合深4井2306~2501m井段的二叠系镜质组反射率为0.9%~1.0%，T_{max}为450℃，表明仍处于成熟阶段，具备二次生气能力。

三、下侏罗统

下侏罗统防虎山组烃源岩主要分布在坳陷东部的凹陷中，含煤地层最厚可达200~400m。安参1井于2785~3015m处连续见到80多米厚的灰黑、灰色泥岩、砂质泥岩、碳质泥岩和劣煤，属浅湖—半深湖相。在坳陷南部肥西防虎山地区，下侏罗统露头属于辫状河沉积，暗色泥岩厚度仅1.3m，煤线厚0.13m。其有机质丰度较高，有机碳含量一般在2.0%~5.0%之间，最低为0.86%，碳质泥岩有机碳含量高达8.14%；氯仿沥青"A"含量为 0.015%～0.065%；总烃一般为 100～200μg/g，最高达到 542μg/g。但是岩石热解分析结果却指示其未能达到陆相烃源岩的标准，因为生烃潜量 S_1+S_2 为 0.32～0.59mg/g，多数低于陆相烃源岩的下限（0.5mg/g），为差烃源岩。安参 1 井下侏罗统防虎山组的暗色泥岩有机碳含量在 0.05%～0.23% 之间，平均为 0.13%；氯仿沥青"A"含量为 0.001%～0.0039%，平均为 0.0018%；生烃潜量 S_1+S_2 为 0～0.2mg/g，平均为 0.023mg/g，虽然达不到油源岩的标准，但有机碳含量还是达到了气源岩的下限标准（0.1%）。因此，防虎山地区钻遇的防虎山组暗色泥岩，可以成为合肥坳陷的气源岩之一。从 ZK5 井、ZK6 井显微组分组成看，镜质组占 53.04%～75.06%，惰质组占 23.65%～40.64%，壳质组占 4.03%～6.32%，可以确定为Ⅲ型干酪根。在安参 1 井，干酪根显微组分分析结果也证实，下侏罗统暗色泥岩的干酪根以Ⅲ型为主，少量为Ⅱ$_1$型。下侏罗统防虎山组 R_o 为 2.21%～3.04%，T_{max} 为 600℃；H/C 原子比为 0.415～0.56，说明烃源岩已进入过成熟阶段。在安参 1 井，下侏罗统暗色地层镜质组反射率为 2.2%～3.52%，表明也处于过成熟阶段。因此，下侏罗统防虎山组烃源岩只有生气能力。

四、下白垩统

下白垩统暗色泥岩主要赋存于朱巷组，分布在坳陷北部的定远大桥凹陷，属还原环境浅—半深湖泊沉积。下白垩统朱巷组烃源岩的有机质丰度具有"三低一高"的特点，即高有机碳含量、低氯仿沥青"A"含量、低总烃含量、低生烃潜量。合浅 8 井和合浅 9 井朱巷组暗色泥岩的有机碳含量在 0.39%～1.172% 之间，平均为 0.72%；氯仿沥青"A"含量除 2 块样品达到 0.068% 和 0.075% 以外，其余样品均在 0.02% 以下，介于 0.0026%～0.017%，峰值为 0.015%；总烃含量大都为 20～68μg/g，个别较高；生烃潜量 S_1+S_2 在 0.01～0.24mg/g 之间，平均为 0.14mg/g。因此，从有机质丰度看，除有机碳含量达到烃源岩标准，甚至为较好—好烃源岩以外，其余指标未达到烃源岩标准，转化率低。合浅 8 井和合浅 9 井朱巷组饱和烃含量为 12.19%～56.61%，平均为 24.89%；芳香烃含量为 11.63%～37.77%，平均为 19.85%；非烃含量为 9.18%～51.89%，平均为 32.89%；沥青质含量为 7.01%～46.95%，平均为 22.17%，饱和烃 + 芳香烃含量平均值可达 44.74%，具有Ⅲ型干酪根的特点。在合浅 8 井中，埋深 190～505m 的朱巷组样品镜质组反射率为 0.82%～1.57%，T_{max} 为 497～499℃，已进入成熟—高成熟阶段；H/C 原子比为 0.36～0.78，亦显示处于成熟—高成熟阶段。根据埋深与演化程度的对应关系，显然属于非正常演化，推测与郯庐断裂带在新生代的逆冲推覆作用造成的地热异常有关。因此，在远离郯庐断裂、大别山前冲断带及肥中断裂和肥西—韩摆渡断裂的广大地区，朱巷组烃源岩应该处于成熟阶段，虽然为差的烃源岩，但具有一定的生烃潜力，并且已处于成熟演化阶段，是坳陷内一套较重要的烃源岩。

五、上白垩统

上白垩统暗色泥岩主要分布于大桥次凹，为浅湖—半深湖泊沉积，面积约 500km^2，厚度 100～200m。该套暗色泥岩赋存于上白垩统响导铺组陆相碎屑岩系中，其最大残留厚度可达 3500m。这套暗色泥岩在大桥次凹合深 6 井 1247～1602m 井段钻遇，呈深灰色、含膏盐，单层厚度 2～6m，最大厚度 14m，累计厚度 169m。该生油岩具有低有机碳含量（一般在 0.3%～0.5% 之间）、高氯仿沥青 "A" 含量（一般在 0.106%～0.215% 之间）、低总烃含量（一般在 24.9～229μg/g 之间）、低生烃潜量（0.41～1.51μg/g）的特点，综合评价为较差烃源岩。其饱和烃与下白垩统泥质烃源岩类似，具有低饱和烃、低芳香烃、低沥青质和高非烃的特点；其干酪根显微组分组成及元素分析、热解分析、碳同位素分析结果亦与朱巷组烃源岩类似，干酪根为Ⅲ型。在合深 6 井 1300～1866m 处 R_o 为 0.473%～0.565%，T_{max} 为 432～486℃，OEP 值为 1.2 左右，表明已经进入成熟阶段。

六、古近系

古近系烃源岩赋存于定远组中，为湖泊相泥岩、页岩和含膏泥岩，在地震剖面上其顶、底反射较强，区内分布较稳定，可连续追踪。坳陷内有 4 口井钻遇，其中在定远次凹陷合深 4 井为咸水—半咸水深湖相的灰绿、灰黑色泥岩和含膏泥岩，累计厚度 130～200m；在舒城凹陷合深 2 井为微咸水浅湖—半深湖相深灰绿、棕褐色泥岩和页岩，共 49 层厚 189.5m。地震解释结果表明，古近系烃源岩主要发育于坳陷南部。根据有机质丰度分析结果，有机碳含量为 0.50%～0.93%，平均为 0.58%；氯仿沥青 "A" 含量为 0.0521%～0.4078%，平均为 0.2468%；总烃含量为 109～278μg/g，平均为 179μg/g；岩石热解参数生烃潜量 S_1+S_2 为 0.08～1.41mg/g，平均为 0.61mg/g；其中 S_1 含量较高，为 0.46～2.5mg/g，平均 0.958mg/g。因此，从有机质丰度上看，虽然有机碳含量较低，但仍高于泥质烃源岩有机碳含量的下限，而且氯仿沥青 "A" 含量及 S_1 较高。参考泥质烃源岩有机质丰度评价标准，合肥坳陷的古近系烃源岩达到了中等—较好烃源岩的级别。根据干酪根镜下鉴定，合肥坳陷的古近系烃源岩有机组分以镜质组和惰质组为主，约占 81%，而腐泥组和壳质组含量仅占 19%，鉴定指数小于 −50。干酪根类型以腐殖型为主。在热解分析中，其 H/C 原子比较低，为 0.89～1.52；O/C 原子比较高，为 0.10～0.20，表明以Ⅲ型干酪根为主。合肥坳陷定远次凹合深 4 井定远组的 T_{max} 为 440℃ 左右，镜质组反射率为 0.64% 左右；舒城凹陷合深 2 井定远组的 T_{max} 为 434～455℃，镜质组反射率也在 0.74% 左右。就整个舒城凹陷而言，古近系的镜质组反射率为 0.4%～1.15%。显然，合肥坳陷古近系的成熟度适中，已处于大量生油气阶段。

综上所述，古近系烃源岩总体表现为低碳、高氯仿沥青 "A" 含量和高 S_1 的特点，属中等烃源岩。其成熟度适中，虽然有机质的富集度低，但成烃转化率高。其中，坳陷南部的古近系成熟烃源岩分布面积广、厚度大。因此，古近系是合肥坳陷内的一套较好烃源岩，具有形成工业性油气聚集的物质基础，是重要的勘探目的层系之一，尤以舒城凹陷最为有利。

第五节　储　　层

合肥坳陷的储层主要有碎屑岩和碳酸盐岩两种。其中碎屑岩储层主要发育于上古生界石炭系—二叠系，中生界的侏罗系、白垩系及新生界的古近系；碳酸盐岩储层主要分布于下古生界及其以下地层。研究结果表明，合肥坳陷中生界—古生界碎屑岩储层的孔隙度和渗透率都比较低，属于低孔低渗型储层，新生界砂岩储集体的物性相对较好。

一、石炭系—二叠系

根据淮南地区钻井资料，石炭系—二叠系砂岩含量近30%～50%，单层厚度一般2～6m，最厚可大于20m。坳陷内安参1井钻遇1157m厚的石炭系—二叠系，顶部有200m厚的砂岩，其余均为泥岩或灰质泥岩（伴有轻微变质现象）。合深4井钻遇的石炭系—二叠系砂岩以岩屑石英砂岩为主，分选、磨圆度较好，成分成熟度较高，胶结类型有孔隙式、接触式和镶嵌式，砂岩孔隙度一般小于10%，平均渗透率为1mD，属差储层。在合肥坳陷南部，花园墙组（C_1h）以粗粒、中粗粒岩屑质石英砂岩或长石质岩屑砂岩为主，呈接触式、镶嵌式胶结；砂岩孔隙度为2.76%～5.18%，平均为2.84%，渗透率为0.0025～0.11mD。杨山组（C_1y）以中—粗粒石英砂岩为主，普遍含砾，砾石基本为硅质，分选、磨圆度较好，杂基含量较低，呈孔隙式、镶嵌式胶结；砂岩孔隙度为5.45%～7.49%，平均为6.26%，渗透率为0.0019～0.004mD。总之，石炭系砂岩孔隙度最高仅7%左右，渗透率平均为0.011mD，整体物性较差，为致密性的差—非储层。

二、侏罗系

侏罗系砂岩发育，单层厚度一般大于1m，最厚大于20m，砂岩一般占地层厚度的60%以上。上侏罗统周公山组砂岩以中粗、粗粒含砾不等砾砂岩为主，次为细砂岩。岩石类型以长石石英砂岩和长石砂岩为主，次为石英砂岩和长石质岩屑砂岩。岩石的成分成熟度和结构成熟度均较低，胶结类型主要为孔隙式。中侏罗统圆筒山组砂岩以细粒、粉细粒为主，次为粉粒和中砾砂岩。岩性以长石质石英砂岩为主，次为岩屑质石英砂岩、长石岩屑质砂岩和长石砂岩，岩石成分成熟度和结构成熟度中等—高，以孔隙式胶结为主。下侏罗统防虎山组以中粒、中粗粒为主，次为含砾砂岩或砂砾岩。砂岩分选、磨圆度差，杂基含量高，以岩屑砂岩为主，次为岩屑长石砂岩，成分成熟度低。其中杂基含量高的砂岩以基底式胶结为主，杂基含量低的砂岩以孔隙式或镶嵌式胶结为主。通常砂岩颗粒越小，分选、磨圆度越差，杂基含量越高，原始孔隙度就越低；反之，则越大。侏罗系砂岩孔隙度一般小于10%，渗透率除个别样品大于1mD外，绝大多数小于0.1mD，基本上属于低孔隙、微渗透率、微—细喉道型的差—非储层，但局部可能发育优质储层。从总体上看，砂岩储集物性由老至新依次变好，坳陷北部较南部好。例如，坳陷北部合深3井的孔隙度平均为8.29%，渗透率平均为0.164mD，而南部的肥8井孔隙度平均只有2.86%。

三、白垩系

白垩系储层主要分布于上白垩统响导铺组下段和下白垩统朱巷组上段。其中响导铺组下段以细砂岩为主，单层厚2～4m，最厚为5～10m，累计500m左右，占组厚的30%；成分和结构成熟度均较低，但压实、胶结作用不强烈，以原生孔隙为主；孔隙度为6.16%～18.59%，一般为10%，一般渗透率为6～7mD，属中等储层。朱巷组上段以细—中砂岩为主，单层厚度一般为2m，最厚为6.5m，累计200余米，占组厚的15%左右；岩石压实、胶结作用较强烈，以次生孔隙为主；孔隙度5.24%～7.94%，一般为

6%，渗透率普遍小于1mD，属差储层。

四、古近系

古近系砂岩发育。储层岩性主要为红灰、浅棕色中—细砾砂岩、含砾砂岩、粉砂岩，孔隙度为3.07%～22.3%，平均为10%，渗透率为0.20～5.09mD，平均为1.88mD。在合深5井的64～1362m井段，砂岩累计厚度628m，占该段总厚度的48%，分选中等，孔隙—接触式胶结，以原生孔隙为主。孔隙度一般在10%左右，最大值可达21%，渗透率为11～20mD，属中等储层。

综上所述，合肥坳陷中生界—古生界砂岩储层基本处于晚成岩阶段，储层物性比较差。由于合肥坳陷的烃源岩也以中生界—古生界为主，其生烃时间较早，研究中生界—古生界砂岩储层的演化过程与生烃过程的匹配关系，显然具有十分重要的意义。综上所述，依据砂岩储层的分类评价标准，把储层分为四大类，其中Ⅰ类属好储层，Ⅱ类中等，Ⅲ类差，Ⅳ类基本上为非储层。研究区砂岩储层综合评价结论如下：

（1）区内没有Ⅰ类好储层，仅有Ⅱ—Ⅳ类储层。

（2）Ⅱ类储层主要发育于古近系、白垩系、中侏罗统—上侏罗统砂岩中，在坳陷内广泛分布，以原生粒间孔为主，砂岩厚度大，泥岩厚度小。

（3）Ⅲ类储层主要产于淮南型石炭系—二叠系和中侏罗统—上侏罗统的砂岩，对储油来说属差储层，但对于储气而言，可以作为中等的储气层。

（4）Ⅳ类储层主要产于下侏罗统防虎山组，对储油来说，属非储层，但可以作为差的储气层。

第六节　盖层与生储盖组合

一、主要盖层类型及其时空分布

根据现有资料分析，合肥坳陷至少发育5套盖层，但并不是全坳陷广泛分布，多是局部性盖层。

1. 古近系定远组

在该组中上部发育灰黑色泥岩、粉砂质泥岩及含泥膏盐层。在合深2井，该组泥岩厚1107.5m，占组厚的37%，单层泥岩最大厚度可达30m。古近系中上部浅湖—半深湖相膏泥岩分布于舒城、定远大桥及丁集肥东凹陷。舒城凹陷合深2井揭露了古近系浅湖相泥岩及粉砂岩厚达900m，地震相表明其分布面积可达1500km²；据合深4井资料，井深26～1140m主要为浅湖—半深湖相泥岩及粉砂质泥岩，含大量石膏；合深5井揭露古近系40～1390m井段浅湖相泥岩及粉砂岩，也含石膏，均可作为较好的盖层。

2. 上白垩统响导铺组

该组主要岩性为棕褐色粉砂质泥岩。在合深1井，棕褐色粉砂质泥岩厚925.5m，占组厚的67.4%，单层泥岩最大厚度可达15m，并夹薄膏盐层。响导铺组浅湖—半深湖相膏泥岩分布于定远次凹及丁集肥东凹陷。据定远次凹合浅13井和合浅14井资料，浅湖—半深湖相含膏泥岩厚达800m以上，分布面积达600km²时，埋深浅，可作为优质盖层。

3. 下白垩统朱巷组

朱巷组主要是灰绿、灰黑色泥岩夹粉砂岩，合深 1 井厚度为 905.8m，占组厚的 57.7%，单层泥岩厚度可达 11.5m。合浅 8 井和合浅 9 井该组发育厚层灰黑色泥岩 600m 左右，胶结致密。下白垩统中上部浅湖—半深湖相主要残存分布于大桥次凹。据合深 1、合浅 8 和合浅 9 井资料，泥岩厚度可达 600m 以上，且含大量石膏层，其残存分布面积达 1400km²，应该说是一套优质区域盖层。

4. 下侏罗统防虎山组

地表露头泥岩较少，安参 1 井在其顶部钻遇 80m 厚的暗色泥岩，推测在安参 1 井东北部可能发育较厚的暗色泥岩。据安参 1 井钻井揭露，下侏罗统上部 2780～3015m 井段以浅湖—半深湖相泥岩及粉砂质泥岩为主，这套以暗色泥岩及粉砂质泥岩为主的细碎屑沉积既是一套潜在的烃源岩，也是较好的区域盖层。沉积相及地震相研究表明，其分布面积达 1500km²；滨—浅湖相粉砂岩及粉砂质泥岩的分布面积更大，可达 8000km²，也具有一定的油气封盖能力。从现有的地震资料看，至少肥中断裂以北地区的该套地层中的断层较少，但其成岩及演化程度较高。通过综合分析，认为该套地层对油气具备了一般至较好的封盖能力。

5. 石炭系—二叠系

盖层泥岩厚度大于 500m，占总厚的 50% 左右，单层泥岩最大厚度可达 33.3m。

二、主要生、储、盖组合

根据合肥坳陷生、储、盖层的发育状况，主要的生、储、盖组合类型以"下生上储上盖"为主，同时，在印支构造面附近还存在"上生下储上盖"型生、储、盖组合。"下生上储上盖"型组合主要有：下侏罗统（生）—中、上侏罗统至下白垩统（储、盖）组合，主要分布于舒城凹陷、丁集肥东凹陷及定远大桥凹陷；白垩系（生、储、盖）组合，主要分布于定远大桥凹陷的大桥次凹；古近系（生、储、盖）及下侏罗统、下白垩统（生）—古近系（储、盖）组合，主要分布于舒城凹陷、定远大桥凹陷的定远次凹及丁集肥东凹陷等。

合肥坳陷是一个具有一定远景的含油气探区，其与郯庐断裂带两侧已发现油气田的依兰伊通、下辽河、渤海湾等中生代—新生代断陷盆地大地构造背景相似，白垩系生油指标与已经获得工业油流的周口盆地谭庄凹陷巨厚白垩系生油层相似，因此，其油气勘探前景也应是乐观的。此外，坳陷内部及其周缘良好的油气显示情况，也说明该区深部可能存在有效烃源岩，2006—2007 年在合肥坳陷西南部大别山北坡的合武铁路线上，铁路施工时有 7 个隧道发生炮后天然气燃烧现象。因此，合肥坳陷的油气勘探远景是不容置疑的，油气勘探主要目的层是下寒武统、石炭系—二叠系、白垩系及古近系。截至 2018 年底，油气评价较为有利的地区是沿郯庐断裂西侧之大桥次凹，以及舒城凹陷的东段。

第四章 宁波盆地

宁波盆地位于浙江省东部杭州湾南岸，濒临东海，行政区划属宁波市，为燕山晚期（K）形成的地堑状断陷盆地。多家单位曾在盆地进行过不同目的的地质普查及油气勘探工作。1961年，进行1∶20万地质普查；1973—1979年，开展地质、地震、钻井等勘探工作和1∶10万、1∶5万重力详查；1981—1988年，进行了生油研究、油气资源评价和多次覆盖地震勘探，累计完成二维地震模拟测线132.14km，数字测线941.1km，测网密度4km×4km，局部达到2km×1km～1km×1km；钻井21口（中深井2口），进尺23342m，多口井在白垩系方岩组见到油气显示，未获工业油气流（图3-4-1）。

第一节　地　　层

地表为第四系覆盖，其下为下白垩统馆头组（K_1g）、朝川组（K_1c）、方岩组（K_1f），上统兰溪组（K_2l）等，总厚度4044～4532m。新近系零星分布，不整合于白垩系之上。

一、馆头组（K_1g）

由火山岩夹沉积岩组成，厚度560～813m。下部为紫红色厚层状砂砾岩、砾岩、泥质粉砂岩；中部由灰紫色含岩屑凝灰岩夹多层灰绿色泥质粉砂岩、砂岩及凝灰质砾岩组成；上部为紫灰色流纹质凝灰岩。与上覆朝川组呈假整合接触。出露于盆地西南缘及盆地西北部的局部地区。

二、朝川组（K_1c）

红色碎屑岩沉积，沉积厚度635～1035m。下部由樱红色厚层状泥岩、粉砂质泥岩组成；中部为紫灰色厚层状含砾砂岩、砂岩夹砂砾岩、粉砂质泥岩；上部由紫红色粉砂质泥岩、泥质粉砂岩夹少量砂岩组成。与上覆方岩组呈不整合接触，出露于盆地西南缘。

三、方岩组（K_1f）

由暗紫色碎屑岩、灰黑色泥质岩、含膏钙芒硝泥岩组成，厚度1321～2006m。下段（K_1f_1）为暗紫色厚—块状砂砾岩，厚450～650m，属山麓—河流相为主的沉积。中段（K_1f_2）下部由暗紫色泥岩、泥质粉砂岩组成，厚度353～420m，为河流—浅湖泊沉积；上部为灰黑色泥岩、粉砂岩泥岩夹含膏泥岩、石膏—钙芒硝泥岩，厚度134～406m，属水体较深的浅湖—半深湖泊沉积。上段（K_1f_3）下部由灰黑色泥岩、粉砂质泥岩夹石膏—钙芒硝泥岩、薄层泥质白云岩组成，厚度228～320m；上部为灰黑色泥岩与含膏泥岩、石膏—钙芒硝泥质岩不等厚互层，厚度156～210m，为盐湖沉积，是膏盐沉积发育的全盛时期。与上覆兰溪组整合接触。出露于盆地西南部。为盆地的主要生储油单元。

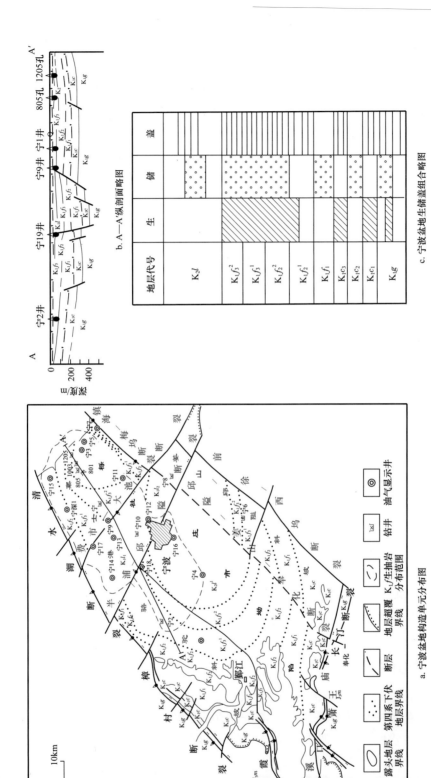

图 3-4-1　宁波盆地油气勘探成果图

四、兰溪组（K₂l）

由细碎屑岩夹火山岩组成，厚度大于1528m。下段（K_2l_1）为砖红、杂绿色泥质粉砂岩，偶夹砂岩薄层透镜体，厚度1000m；上段（K_2l_2）由紫红色粉砂质泥岩、泥质粉砂岩夹砂岩、砂砾岩和多层厚层状灰紫色橄榄玄武岩、玄武角砾岩组成，厚度大于528m。与上覆零星分布的新近系嵊县群呈不整合接触。

五、嵊县组（Ns）

兰溪组以上上白垩统沉积由于白垩纪末期燕山运动盆地块断隆升而被剥蚀殆尽，缺失古近系沉积。直至新近纪，盆地内局部才沉积了嵊县群，由砂砾岩、玄武岩组成，厚度10～50m，不整合于白垩系之上。

六、第四系（Q）

第四纪以来，盆地大部分地区，特别是东北部普遍下沉，为第四系沉积所覆盖，最大厚度120m。第四系下部为以砂砾石层为主的陆相沉积，厚度25～100m，上部为以灰黑、青灰色淤泥质亚黏土层为主的海陆过渡相，厚度25～50m，为第四系天然气的主要含气层段。

第二节　构　　造

一、基底

宁波盆地为燕山晚期（K）形成的地堑状断陷盆地，呈北东向展布。盆地基底由磨石山组（K_1m）火山岩间夹沉积岩组成，厚度3000～7500m。盆地基底于其四周（除东北部外）已出露，西北、东南缘为断层接触，西南缘为断层—超覆不整合接触；盆地内部则普遍埋于地腹，最大埋深4000m。

二、构造单元划分

根据盆地基底和盖层构造特征，将盆地划分为姜山—邱隘斜坡、栎社—庄市坳陷、集士港—骆驼斜坡三个一级构造单元（图3-4-1）。

1. 姜山—邱隘斜坡

断裂构造发育，由三条以北东向为主的断裂构成了与盆地走向一致的断裂带，又被北西向断裂切割，形成了9个以断块为主的构造圈闭。断裂带内地层倾向变化平缓，构造形态呈西倾的单斜，面积约500km²。

2. 栎社—庄市坳陷

为盆地的主体构造单元，呈北东向展布，被北西向费市—大池和半浦—邱隘断裂横切，分成了南、北、中三大块体。

北部为庄市凹陷，面积约11km²，朝川组最大埋深为3200m，视厚度约1000m；南部栎社凹陷较为开阔，面积约340km²，朝川组最大埋深为4000m，视厚度约1100m；

中部裘市地堑因受姚江同生断裂影响，方岩、兰溪组增厚，朝川组最大埋深4400m，面积小于30km²。

3.集士港—骆驼斜坡

与盆地走向一致，断裂和局部构造十分发育，以北东向、北北东向逆冲断裂为主，同时发育一些反向正断层，构成复杂的断裂构造带，面积约120km²，地层产状较陡，总体呈向东倾的单斜构造形态。

三、断裂

盆地发育有9条主要断裂，分为北东向、北西西向2个组系（表3-4-1）。北东向主要断裂控制盆地西北和东南两侧边界，断裂带比较明显，次级断裂发育，局部充填有各种岩脉。北西西向主要断裂控制盆地西南缘边界和裘市地堑的两侧边界，以平推正断层为主，两盘落差可达400～900m；除溪口—萧王庙（王庙）—长汀边界断裂为北东向断裂平错0.3～2km外，其余主要断裂均平错北东向断裂，北东盘相对西南盘往西北错动，平错距离0.4～1.1km。除控制盆地及其裘市地堑边界的主要断裂外，盆地边缘及其盆内的北东向、北西向一般断裂亦较发育，以断距不大的正断层为主。

表3-4-1　宁波盆地主要断裂特征

断裂组系	断裂名称	断裂分布及其特征
北东向	霞坑断裂	位于盆地西北缘，为盆地边界断裂，总体走向35°，长度均在20km以上；均为逆断层，断面倾向北西，倾角45°～55°，次级断裂发育，局部充填有各种岩脉
	樟村断裂	
	清水湖断裂	
	镇海—梅坳断裂	前二者位于盆地东南缘，为盆地边界断裂，后者位于盆地东南部；走向35°，长度10～30km以上；均为正断层，断面倾向北西，倾角大于45°，井下地层倾角45°～70°
	前徐—西坞断裂	
	邱隘—姜山—奉化断裂	
北西西向	费市—大池断裂	位于盆地东北部，为庄市向斜与裘市地堑分界断裂，走向320°，长度25km左右；为平推正断层，断面倾向南西，倾角60°左右
	半浦—邱隘断裂	位于盆地东北部，为栋社向斜与裘市地堑分界断裂；走向333°，长度28km左右；为平推正断层，断面倾向北东，倾角60°，落差900m
	溪口—萧王庙—长汀断裂	位于盆地西南缘，为盆地边界断裂，走向270°～335°，长度20km以上；为逆断层，断裂倾向南—南西，倾角45°～90°，为多条断层组成的断裂带

四、岩浆活动

盆地岩浆活动时有发生，以喷发为主。喷发活动主要位于馆头组沉积期和兰溪组沉积晚期。前者喷发活动比较强烈，由大套含岩屑凝灰岩、流纹质熔结凝灰岩组成，后者为间断喷发，由橄榄玄武玢岩、玄武角砾岩组成。方岩组和兰溪组沉积早期的喷发活动比较微弱，由多层玻屑凝灰岩组成。岩浆侵入活动微弱，岩体规模不大，分布零星，盆地边缘分布有花岗岩、花岗斑岩、霏细斑岩、流纹斑岩等岩体，呈岩瘤或岩脉产出，盆地中半数以上钻孔中钻遇安山玢岩、辉绿玢岩等岩脉。

第三节 成藏条件

由宁参 1 井在宁波盆地所处的构造位置说明，该井在盆地内有一定的代表性。

一、烃源岩

宁参 1 井泥岩分布较多（占地层厚度的 51.83%），特别是下白垩统方岩组中，泥岩平均占地层厚度的 62.68%。泥岩以灰绿、灰紫、紫、暗紫、棕及暗棕色为主，以灰、深灰、灰黑色为主的暗色泥岩却不发育，厚度不大，仅占地层厚度的 5.1%，主要发育在下白垩统方二段及方三段的上部。

宁参 1 井泥岩表现出低丰度的特点，其中方二段的暗色泥岩有机碳含量较其他各层段为高，平均为 0.46%，变化在 0.09%～1.66% 之间；有机碳含量大于 0.4% 的样品占分析样品数的 33.4%，基本达到了生油岩的标准。但生油潜量很低，最高也只有 0.226mg/g，远未达到生油岩的最低标准。方二段、方三段氯仿沥青 "A" 含量低，仅为 0.0030%～0.0140%，平均为 0.0067%；总烃含量为 18～77μg/g，平均 36.7μg/g，也未达到生油岩标准。

方岩组烃源岩干酪根的成分主要以深棕—棕黑色被膜状植物内部角质层等植物残体和植物孢子及高等植物的木质纤维组织经凝胶化作用形成的凝胶化组分及无定形组分为主。惰质体含量在 31%～57% 之间，无定形组分含量在 40%～68% 之间。类型指数变化在 –19.25～36.25 之间，为 II_2 及 III 型干酪根。泥岩的氯仿抽提物中，饱和烃含量较高，在 27.64%～84.26% 之间，平均 56.21%；芳香烃含量低，最高 5.36%；非烃含量高，平均 40.57%，在 15.01%～70.83% 之间；烃／有机碳低，在 2.93%～5.13% 之间。说明在成岩过程中，有机质逐渐降解成烃，但产烃率低，显示母源物质的质量较差，母质类型不好。

镜质组反射率变化在 0.88%～2.89% 之间，且大多数在 2.0% 以上，说明烃源岩中的有机质已经进入高成熟和过成熟的演化阶段。全井样品的 T_{max} 都大于 435℃，说明已进入成熟阶段，其中方岩组泥岩的 T_{max} 一般都大于 460℃，平均在 464～479℃ 之间，说明已进入过成熟阶段。

二、储层

宁参 1 井储层的岩性可分为陆源碎屑岩和火山碎屑岩两大类。火山碎屑岩占储集岩样品的 1/3，砂质岩的矿物组成以富含火山碎屑为特征，砂质岩普遍分选较差，具明显的近物源快速堆积特征，岩心薄片中几乎看不到原生孔隙，只有少量的次生孔隙分布。宁参 1 井 50 块岩心分析，样品的孔隙度变化在 0.12%～7.04% 之间，其中 22 块砂质岩样品的孔隙度均小于 3%，内有 16 块样品（占样品总数的 72%）的孔隙度小于 1%；29 块火山岩储层的样品中仅 3 块样品孔隙度大于 6%，内有 14 块样品（占样品总数的 48%）孔隙度小于 1%。全井所有样品的渗透率除 4 个样品大于 0.1mD 外，其余均小于 0.05mD。从取心井段各类储层的孔隙度、渗透率资料看，以方一段砂砾岩孔隙度最好，平均为 3.92%，其次为含砾中粗砂岩、中砂岩及玻屑凝灰岩；渗透率以方一段的中砂岩及朝川组的玻屑凝灰岩为佳。以孔隙性储层评价标准衡量，宁参 1 井的火山岩和砂质岩样品均属非储层。

三、盖层

由于该井绝大多数储集岩（包括砂质岩、凝灰岩）的孔隙度小于 3%，渗透率小于 0.05mD，地层中如果没有裂隙发育，这些储集岩本身就是很好的盖层。因此，储层与盖层的区别主要决定于它们的裂隙发育程度和裂隙渗滤能力的大小，地下裂隙的分布范围及其渗滤特性决定储集体的分布范围和特性，在多数情况下往往表现为非破裂系统对破裂系统的有效封闭。据测井资料分析，这些构造裂隙均属现代构造应力形成的裂隙，即宁波盆地的这类裂隙—孔隙系统的储集体是后期构造运动的产物。

另外，由于该井砂质岩富含火山物质，砂质岩在成岩作用早期，由于火山物质的水化作用和压实压溶作用，使砂质岩损失了 28% 以上的孔隙度，加上早期胶结作用的影响，砂质岩在生油岩生成油气以前的孔隙度减至 3%～5%。因此，在生油岩进入大量生油气的阶段，这些储集岩已不能成为油气运移的良好通道和储集空间，因而影响油气的大量运移和富集。

方岩组上覆的兰溪组可作为区域盖层，而方岩组内具封堵天然气能力的地层可作为直接盖层，包括含膏泥岩、泥岩和部分致密火山岩。

第四节　油气保存条件

宁波盆地是在下白垩统磨石山组火山岩夹沉积岩的基底上形成的以中白垩统—上白垩统为主体的地堑断陷盆地。经历了分隔的早白垩世馆头期断陷沉积，朝川期广盆、浅水坳陷沉积和方岩期浅湖—半深湖沉积。方岩组沉积晚期，盆地由全盛转入闭塞阶段，至兰溪期已处于萎缩阶段，仅在小范围内接受了湖相—河流相红色碎屑岩沉积。盆地形成早期以挤压应力为主，后期转为拉张。白垩纪末，区域性构造运动使地壳抬升，兰溪组遭剥蚀，古近系缺失。由于盆地断裂构造发育，火山活动频繁，对盆地内的油气保存有明显的影响。

一、构造断裂对油气藏形成与保存的影响

构造断裂对油气的影响具双重性。断裂、裂缝既可以改善储层的渗透性能，或作为油气运移的通道和储集场所，也可以破坏已形成的油气藏和逸散油气。这主要与断裂的发育情况、性质和形成时间有关。研究资料表明，宁波盆地具有早期生油后期成藏的地质条件，也就是在成岩后期伴随着构造断裂、裂缝的发育和裂隙—孔隙网络储集体的形成才发生油气的大规模运移和聚集。此时断裂、裂缝主要作为油气运移的通道和油气聚集的有效空间。但是其中高角度开启性断裂、裂缝极不利于油气的聚集。宁波盆地发展后期，在区域应力的作用下，主要形成张性断裂和高角度的张裂缝，因此断裂、裂缝对油气，特别是天然气保存的影响是不容忽视的。高角度的张性断裂、裂缝的发育为地表水向下渗流提供了通道，使地表水与地下水强烈交替，对油气的保存也是不利的。

二、火山活动对油气保存的影响

宁波盆地后期构造运动强烈，火山活动频繁，盆地基底及沉积盖层内都有火山岩发育，这些都不利于油气的保存。根据宁波盆地早期生油后期成藏的特点分析，火山活动对油气保存的影响主要是兰溪期及以后的火山活动，但这时的火山活动已很微弱，而前期的火山活动主要是加速有机质的热演化。当然过高的热演化也不利于油气的保存。根据有关资料，岩浆侵入活动对围岩有机质的热影响仅局限在 3～5km 之间，对烃源岩或已形成的油气藏的影响有限。

宁波盆地是以白垩系为主体的地堑状断陷盆地，宁参 1 井暗色泥岩主要分布于方二段和方三段上部，有机质丰度较低，其中方二段的暗色泥岩有机碳含量较其他层段高，平均为 0.46%，基本达到了生油岩标准；烃源岩中的有机质以陆源高等植物为主，仅掺有少量低等水生生物成分，具有较典型的腐殖型母质特征；方二段、方三段镜质组反射率平均值分别为 2.67% 和 2.93%，说明烃源岩中的有机质已进入高成熟和过成熟演化阶段。而方一段镜质组反射率平均值为 1.79%，朝川组仅 0.88%，有浅部地层热演化程度高而深部地层热演化程度反而较低的异常情况。但宁参 1 井毕竟处于斜坡区，在盆地坳陷区、沉积中心区，暗色泥岩应更发育，尤其是正处于成熟阶段的朝川组、馆头组，而广泛发育的构造裂缝成为油气重要的储集空间和运移通道，盆地内众多的油气显示充分说明了这一点，可见宁波盆地应有一定的油气勘探潜力。

第五章 举岚盆地

举岚盆地地处福建省西北部，位于华夏地块上的华南褶皱带内，面积约 1100km²，为燕山早期断坳和燕山晚期火山喷发的叠加盆地，该地区位于武夷山隆起带上，区内前中生代岩层大范围出露地表，勘探目的层为白垩系坂头组（K_1b）。

举岚盆地于 20 世纪 70 年代开始油气勘探工作，主要分两个阶段。第一阶段（1970—2011 年），福建省石油地质队于 1971 年在泰宁县大布镇双坪村白垩系坂头组出露区（面积约 6km²）进行了 1:5000 地质详查。1973 年开始钻浅井 19 口，总进尺 11634.06m。区内油气显示普遍，见有一处地面油苗及 16 口井见油气显示。试油井 3 口，举 1 井捞获原油 2.386m³，举 9 井捞获原油 1.665m³，并见气显示，举 7 井发生气喷，属湿气，均未获工业油气流。第二阶段（2012—2015 年），江苏油田于 2012 年开始进行了多轮次野外地质普查，并部署实施二维地震测线 11 条 321km，完成了新一轮区域石油地质评价（图 3-5-1）。

第一节 地质构造特征

一、盆地基底

举岚盆地为燕山早期（K_1b）的断坳陷盆地，北东向展布。基底由南园组（J_3n）火山岩组成。盆地基底出露于盆地东北缘，盆地内部则埋于地腹，埋深东北浅、西南深。

二、地层

举岚盆地发育地层包括下白垩统坂头组、白牙山组、沙县组和上白垩统崇安组。

1. 坂头组（K_1b）

为一套陆相沉积层，是该区生油含油层系，见于盆地中部及举 12 井以北、石帽山群火山岩之下。坂头组是盆地的主体地层，相变较大。按照岩性组合、岩相特征、沉积发展阶段及电测曲线形态，自下而上分为四段，区域上各段可对比。

1）坂一段（K_1b_1）

该段是一套以沉积岩为主、间夹 2～3 层火山碎屑岩的地层，相变较大，南粗北细，按岩性可细分为 5 个岩性带，在第 4、第 5 岩性带局部可见少量沥青、油迹、油斑显示，整体油气显示极差。厚度 118～213m，见于双坪村东部及西北部，多数钻井钻遇。

第一带：灰白、灰黑色砂砾岩、粉砂质泥岩，各井情况不同，有的含凝灰质，局部可见成层凝灰岩。一带假整合于南园组之上。

第二带：一套暗紫色为主的杂色中薄层状泥岩、粉砂质泥岩、细砂岩。分布广泛，可作坂一段标志层。

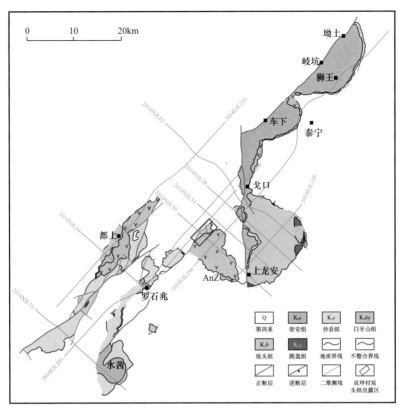

a.举岚盆地区域地质图

系	组	段	剖面	厚度/m	岩性简述	生	储	盖
K	K₁s				凝灰岩、流纹岩、玄武岩、安山岩，底部为砂砾岩			
		b		53.5				
		a		38				
	K₁b	4		177.53	砂岩、砂砾岩及粉砂岩、细砂岩			
		3		194.71	灰、灰绿色泥岩，泥、灰质粉砂岩			
		2		198.23	灰色砂砾岩、砂岩与粉砂质泥岩互层			
		1		210.55	粉砂质泥岩、泥质粉砂岩夹砂砾岩			
J	J₃n				火山熔岩、火山碎屑岩			

b.举岚盆地生储盖组合划分略图

图 3-5-1　举岚盆地油气勘探成果图

第三带：灰黑色细砂岩为主间夹砂砾岩和粉砂质泥岩，南粗北细。举15、举17井该带中下部夹一层厚约2m的硅质层，往北尖灭，在举18井该带含沸石，举13井变为火山角砾岩。

第四带：砂砾岩、层状火山角砾岩，南北分布不同，举17井以南为灰紫色沸石化层状火山角砾岩，间夹角砾、岩屑凝灰岩。角砾由灰绿、灰黑色安山岩组成，大小不一，分选极差。靠近下部渐显层理及微定向排列，显示流水搬运特征；举17井以北相变为灰白、青灰色厚层状砾岩、砂砾岩，间夹灰黑色中薄层细砂岩、粉砂质泥岩及泥岩。

第五带：砂砾岩与泥岩互层。南部为灰绿色块状砾岩、砂砾岩、含砾砂岩间夹灰绿色中薄层细—粉砂岩及灰黑色粉砂质泥岩、泥岩。砾岩、砂砾岩中的砾石主要由安山岩组成。该带往北逐渐变细，于举18井处变为灰黑色中薄层粉—细砂岩。局部为砂砾岩与灰黑色薄层粉砂质泥岩、泥岩互层。

2）坂二段（K_1b_2）

为砾岩、砂砾岩、砂岩与粉砂质泥岩、泥岩互层。具有较清楚的沉积韵律，不夹火山岩，其底部有一大套砂砾岩。该段油气显示良好，是较好的生油、储油层。按岩性可分六个半旋回。各旋回下部砾岩、砂砾岩中的砾石以安山岩为主，含较多的长石石英砂岩、粉砂岩及变质岩，砾石含量10%～50%，粒径一般为0.2～5cm，最大10～20cm，多为次圆状，分选较差；胶结物为砂质、铁质，部分为硅质，多为接触、充填式胶结。各旋回上部泥岩、粉砂质泥岩多为灰黑、黑色，常见水平微细层理。厚度195～232m。

3）坂三段（K_1b_3）

岩性以灰黑、灰绿色泥岩、粉砂质泥岩、灰质粉砂岩为主，上、下粗，中间细。分布于盆地中部，厚度182～225m。按岩性分三带。

下带属细砂岩带，以灰白、浅灰绿色中薄层泥质粉砂岩、细砂岩为主，局部含少量砾石，间夹黑、青灰色泥岩、粉砂质泥岩。细砂岩成分以石英为主，含少量长石及白云母，呈次圆状，分选较好，具水平微细层理。厚约37m。

中带为泥岩带，是一套灰黑、灰绿色叶片状泥岩、粉砂质泥岩、灰质泥岩，间夹少量中薄层细粉砂岩。粉砂质泥岩具密集水平微层理，顶部见有顺层排列的菱铁矿结核。裂缝、劈理发育，油气显示较好。厚约125m。

上带为细砂岩带，主要为黑白色中薄层细砂岩夹少量灰黑色粉砂岩、粉砂质泥岩。层理十分发育，砂岩成分由石英、长石及白云母组成，呈圆—次圆状，分选良好，胶结物为泥质、铁质，粉砂质泥岩具水平微细层理。厚度约42m。

4）坂四段（K_1b_4）

分布于盆地南部，厚度约178m，岩性以砂岩、砂砾岩为主，按岩性大体分三个带。

第一带厚约30m，下部为灰白色厚—块状含砾长石石英砂岩。砾石成分简单，由正长石、脉石英组成，含量5%～15%，粒径0.2～1cm，次圆状，分选较好。与下伏地层间有冲刷面。上部为蓝灰色厚层粉砂岩，局部夹细砂岩，厚度约20m，层理不明显。

第二带厚约50m，下部以灰白色—青灰色厚层砂砾岩、含砾长石石英粗砂岩为主，与蓝灰色粉—细砂岩互层。砾石粒径一般0.21～1cm，大的10cm，圆—次圆状，分选差。砂岩中含少量肉红色钾长石，常见大型交错层理及植物化石。上部为蓝灰色厚层状粉砂岩，局部为细砂岩。

第三带厚约 75m，是一套灰白色—青灰色砂砾岩，间夹长石石英砂岩及紫红色粉砂岩。砾石成分复杂，粒径一般为 0.2～0.5cm，大的为 30cm，圆—次圆状，分选差，交错层理发育。

2. 白牙山组（K_1by）

该组总厚度大于 727m，角度不整合于坂头组、南园组或漳平群之上。该组出露区地貌呈高山峻岭地形。白牙山组分为两个岩性段。

下段：底部为一套紫红、砖红色砾岩、砂砾岩夹细—粉砂岩。厚度不稳定，砾石成分复杂，分选差，磨圆度较好，呈圆—次圆状，砂质填充，相变较大。厚度大于 182m。

上段：是一套浅灰紫、紫红色酸性晶屑凝灰熔岩、角砾晶屑岩屑凝灰岩及流纹岩、安山岩等。厚度为 545m。

3. 沙县组（K_1s）

为绛紫色含钙质粉砂岩和灰色泥岩，夹砂岩、英安岩，偶夹泥灰岩、石膏及含铜砂岩。底部为砾岩、砂砾岩夹粉砂岩。厚度大于 1442m。

4. 崇安组（K_2c）

可以分为上、下两部分。上部为紫红色薄—中厚层粉砂岩夹砂岩、砂砾岩；下部为紫红色厚—巨厚层复成分砾岩、砂砾岩夹砂岩、粉砂岩。厚度大于 1903m。

三、构造

举岚盆地经历多期构造运动，盆地面貌复杂，由多个箕状断陷组成，主要分布在四个凹陷。其中：①号凹陷最大埋深 850m，最大保存厚度 900m；②号凹陷最大埋深 1950m，最大保存厚度 850m；③号凹陷最大埋深 2450m，最大保存厚度 950m；④号凹陷最大埋深 850m，最大保存厚度 300m。各凹陷主要断层的展布与各构造单元的边界断层的展布方向基本一致。①号凹陷断层呈北东走向，南北双断的构造格局。②号凹陷断层呈北北西和近东西走向，南北双断、西断东超的构造格局（图 3-5-2）。③号凹陷断层呈北北东走向，西断东超的构造格局。④号凹陷断层呈北东和北西走向，南断北超的构造格局。剖面上来看，断裂构造以简单的伸展构造为主，发育有反向和顺向翘倾断块、堑垒组合、牵引背斜、多级"Y"形组合等；偶见伸展—走滑构造的似花状构造。

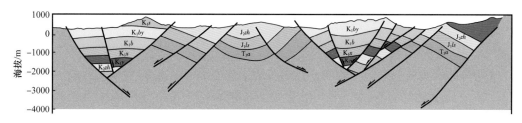

图 3-5-2　举岚盆地 NJL50 线地震地质解释剖面图

四、断裂

举岚盆地主要发育北东—北北东、南北、东西、北北西等四组断裂，皆为正断层，断距在 150～700m 之间，延伸长度最大的为 2-1 号断层，达到 26km，最小的只有 2km。

北东—北北东向断层主要控制盆地的沉积，为一级断层，如 1-1 号、2-8 号、3-1 号、4-1 号断层，另外一些北北西、东西向断层也明显控制着盆地内地层的沉积。总体来说，区内在断裂的规模上是北北东向最大，近东西向与北北西向断裂常限制在北北东向断裂之间，暗示前者发育较早，而后者发育较晚，由于地震覆盖与品质所限，盆地的控盆断层比较落实，而盆地内发育的断层通常只有一条测线，落实程度一般。

五、岩浆活动

坂头组沉积期盆地的岩浆活动不甚发育，仅在成盆早期坂一段（K_1b_1）沉积时局部见有喷发活动，由含凝灰质的碎屑岩组成，未见侵入岩。石帽山群沉积期盆地的岩浆活动发育，以喷发为主，由酸性晶屑凝灰熔岩、流纹岩、玄武岩等组成，局部见有侵入岩体。

第二节　石油地质条件

一、生储盖层及其组合条件

1. 生油层

主要位于坂二段、坂三段，由灰黑色泥岩、粉砂质泥岩、泥质粉砂岩组成，总厚度 292.5～447.6m。有机碳含量 0.158%～0.703%；氯仿沥青 "A" 含量多数为 0.026%～0.073%。

2. 储层

由坂头组砂岩、砂砾岩、含砾砂岩等组成，厚度 208.1～444.3m。孔隙度 0.66%～11.57%，平均 4.1%～6.8%；渗透率 0～33.80mD，平均 0.0691～1.333mD。储层渗透率比较低，属低—特低渗储层。

3. 盖层

由坂头组泥岩、粉砂质泥岩组成，多数为生盖同层，主要发育于坂三段。

4. 生储盖组合

盆地内坂头组的生油层、储层、盖层在纵向上组成了生储盖间互的组合，主要组合段位于坂二段、坂三段。生储盖层均比较发育，生盖合一。

二、运聚条件

盆地为断块状单斜盆地，褶皱构造不发育，未见背斜构造，主要发育断层及其断块构造，在坂头组出露范围内，分布有 33 个大小断块，为盆地油气的主要运聚场所。盆地的断层带及其断块构造普遍见有油气显示，洪水坑、举 1 井、举 7 井、举 9 井等主要油气苗均位于不同组系的断裂带上。如 F_{23} 断裂，为北东向逆断层，走向 30°、倾向北西、倾角 65°、长 4km、断距 200m。位于该断裂带上的举 1 井井深 139.80～293.98m 坂三段裂隙含油，经测试捞获原油 2.386m³。举 7 井则位于北北西向的正断裂带上，井深 321.0～321.90m、350.79～353.67m 坂头组孔隙含油、裂隙含气。

三、保存条件

盆地东北部勘探目的层坂头组均已出露地表，特别是坂二段、坂三段主要层段已在大部分地区出露，加之以正断层为主的多组断裂发育，保存条件较差。但由于坂头组的泥质岩比较发育，砂岩的渗透率低，故在局部断裂带及其断块上仍残存有局部的保存条件。举1井位于F_{23}逆冲断层带上盘，地表第四系6.8m以深为坂头组目的层，井深146m（K_1b_3）处捞获有少量原油，地表无油气显示，说明逆冲断裂和坂三段139.12m厚的泥、砂岩间互层对油气仍有一定的保存作用。

举岚盆地为剥留型盆地，地理条件复杂，山陡、林密、路窄、景区多，且地表多为火成岩覆盖区，给地震资料的采集带来很多困难，并对地震资料品质产生很大影响。资料表明尽管坂头组暗色泥岩具备一定的生油条件，但由于盆地残留坂头组烃源岩地区局限，且储层物性、运聚和保存条件较差，因此该盆地缺乏工业油气藏形成的基础条件。

参 考 文 献

安徽省地质矿产局，1987. 安徽省区域地质志［M］. 北京：地质出版社.

安徽省地质矿产局区域地质调查队，1990. 安徽省岩相古地理图册［M］. 合肥：科学技术出版社.

包建平，毛凤鸣，段云鹏，等，2004. 苏北盆地盐城凹陷天然气和凝析油的地球化学特征和成因［J］.
天然气地球科学，15（2）：103-109.

蔡希源，李思田，2003. 陆相盆地高精度层序地层学（基础理论篇）［M］. 北京：地质出版社.

蔡小李，1988. 苏北盆地介形类的演化与构造运动［J］. 石油勘探与开发，（6）：41-45，18.

蔡小李，1992. 苏北盆地井下首次发现小哺乳动物化石［J］. 古脊椎动物学报，（3）：184.

蔡小李，赵正忠，钱泽书，1992. 苏北盆地三垛组时代归属［J］. 石油学报，13（2）：150-153.

常印佛，刘湘培，吴言昌，1991. 长江中下游铜铁成矿带［M］. 北京：地质出版社.

陈安定，1998.“未熟油”与“未熟生烃”异议［J］. 地质评论，44（5）：470-477.

陈安定，2003. 苏北第三系成熟演化指标与深度关系的3种模式［J］. 石油实验地质，25（1）：58-63.

陈安定，2006. 苏北盆地第三系烃源岩排烃范围及油气运移边界［J］. 石油与天然气地质，27（5）：
630-636.

陈安定，2009. 苏北盆地油源判别指标研究［J］. 石油实验地质，29（4）：397-401.

陈军，2013. 正断层组合模式及其合理性分析［J］. 石油物探，52（2）：201-206.

陈军，鲍祥生，崔宝雷，等，2012. 正演技术在永安地区砂体预测中的应用［J］. 石油天然气学报，34
（4）：61-64，166.

陈军，陈岩，2001. 地震属性分析在储层预测中的应用［J］. 石油物探，40（3）：94-99，111.

陈军，李东亮，侯斌，2013. 弱地震反射层的断层定位方法［J］. 中国矿业，22（4）：123-126.

陈军，骆璞，2016. 薄砂体储层定量预测技术应用研究——以WZ工区为例［J］. 复杂油气藏，9（3）：
25-29.

陈军，周彬，陈剑铭，等，2011. 利用侵入岩地震相变化特征识别断层［J］. 石油地球物理勘探，46
（5）：790-794.

陈莉琼，2006. 苏北盆地形成演化与油气成藏关系研究［J］. 石油天然气学报（江汉石油学院学报），
（4）：180-181.

陈莉琼，李浩，刘启东，等，2009. 高邮凹陷吴堡断裂构造带对陈堡油田油气运移的控制作用［J］. 地
球学报，30（3）：404-412.

陈荣，2010. 溱潼凹陷低熟油生物标记物特征及成因机理探讨［J］. 内蒙古石油化工，16（13）：29-
31.

陈顺勇，俞昊，林春明，等，2013. 下扬子黄桥地区龙潭组储层流体包裹体特征及油气成藏期研究［J］.
石油实验地质，35（4）：389-394.

陈同飞，蒋阿明，张菲，等，2014. 薄砂体油层常规测井精细识别技术及其应用［J］. 石油天然气学报，
36（12）：117-121.

陈宪和，刘启东，杨小兰，2000. 苏北盆地金湖凹陷油气二次运移动力分析［J］. 石油勘探与开发，27
（4）：76-79.

陈宪和，朱煜，高国强，等，2012. 洪泽凹陷顺河次凹无水芒硝矿床精细描述［J］. 中国井矿盐，43
（4）：13-15.

陈友飞，1992. 苏北盆地与周围地区的新生代玄武岩及其形成的大地构造环境［J］. 福建师范大学学报（自然科学版），8（1）：94-103.

陈友飞，严钦尚，许世远，1993. 苏北盆地沉积环境演变及其构造背景［J］. 地质科学，26（2）：151-160.

陈章明，吕延防，1990. 泥岩盖层封闭性的确定及其与源岩排气史的匹配［J］. 大庆石油学院学报，14（2）：1-7.

崔振昂，鲍征宇，张天付，等，2007. 埋藏条件下碳酸盐岩溶解动力学实验研究［J］. 石油天然气学报，29（3）：204-207.

戴金星，1993. 天然气碳氢同位素特征和各类天然气鉴别［J］. 天然气地球科学，4（2/3）：1-40.

戴祖平，2012. 苏南西部石炭系碳酸盐岩成岩演化与储集特征［J］. 复杂油气藏，5（3）：19-22.

戴祖平，陈勇，于雯泉，2013. 高邮凹陷阜宁组一段储层成岩环境演化的流体包裹体证据［J］. 山东科技大学学报（自然科学版），32（5）：53-60.

戴祖平，漆家福，2012. 苏北盆地金湖—高邮凹陷构造样式探讨［J］. 石油天然气学报，34（6）：13-16，164.

邓红婴，周进高，赵宗举，等，1999. 中下扬子区震旦纪—中三叠世海相盆地类型及后期改造［J］. 海相油气地质，4（3）：38-45.

地质部石油普查勘探局，中国地质学会石油专业委员会，石油地质文集编辑委员会，1981. 石油地质文集：构造（3）［M］. 北京：地质出版社.

董桂玉，邱旭明，刘玉瑞，等，2013. 陆相复杂断陷盆地隐蔽油气藏砂体预测——以苏北高邮凹陷为例［M］. 北京：石油工业出版社.

杜民，陆永潮，2012. 溱潼凹陷阜一段层序地层格架及沉积体系研究［J］. 海洋石油，32（1）：33-38.

范迪富，徐宁玲，2015. 苏北盆地中低温地热资源成矿模式研究［J］. 水文地质工程地质，42（4）：164-170.

范善发，汪本善，史继扬，1986a. 苏北盆地第三系生油岩和原油中的生物标记物及其油源对比［J］. 石油学报，7（2）：1-11.

范善发，汪本善，史继扬，等，1986b. 苏北盆地东台坳陷下第三系油源对比［J］. 地球化学，（2）：147-159.

方涛，2015. 金湖凹陷杨村断裂带油气成藏特征研究［J］. 内蒙古石油化工，（13）：123-127.

费富安，1988. 对苏北含油盆地下第三系古环境和古气候的探讨［J］. 沉积学报，6（1）：21-28.

冯晓杰，渠永宏，王洪江，1999. 中国东部早第三纪海侵问题的研究［J］. 西安工程学院学报，21（3）：9-13.

冯增昭，1988. 下扬子地区中下三叠统青龙群岩相古地理研究［M］. 昆明：云南科技出版社.

冯增昭，1991. 中下扬子地区二叠纪岩相古地理［M］. 北京：地质出版社.

傅强，2005. 微量元素分析在高邮凹陷古近纪湖泊演化中的应用［J］. 同济大学学报（自然科学版），33（9）：1219-1223，1239.

傅强，李益，张国栋，等，2007. 苏北盆地晚白垩世—古新世海侵湖泊的证据及其地质意义［J］. 沉积学报，25（3）：380-385.

傅学斌，2009. 小型箕状断陷盆地构造—沉积模式与油气成藏——以苏北管镇次凹为例［J］. 地质科技情报，28（2）：77-80.

高锡兴，1994. 中国含油气盆地油田水［M］. 北京：石油工业出版社.

格雷泰纳，1982. 孔隙压力的基本原理通常所引起的后果及其构造地质含意［M］. 陈荷立，汤锡元，译. 北京：石油工业出版社.

龚洪春，曹家玉，2003. 溱潼凹陷边城—叶甸地区构造解释及储层预测［J］. 矿物岩石，23（2）：90-93.

龚建明，陈建文，孙晶，等，2016. 下扬子高家边组烃源岩展布及其对南黄海盆地的启示［J］. 海洋地质前沿，32（1）：43-47.

龚与觐，曾维雄，1998. 苏北黄桥二氧化碳气田——一种特殊的成藏类型［J］. 石油实验地质，20（4）：66-70.

顾家裕，郭彬程，张兴阳，2005. 中国陆相盆地层序地层格架及模式［J］. 石油勘探与开发，32（5）：11-15.

郭令智，施央申，孙岩，等，1988. 下扬子区前陆盆地逆冲推覆构造的研究［J］. 南京大学学报（自然科学版），24（1）：1-9.

郭念发，1996. 下扬子盆地与区域地质构造演化特征及油气成藏分析［J］. 浙江地质，12（2）：19-27.

郭念发，郑绍贵，1999. 苏北盆地天然气成藏特征及选区评价［J］. 天然气工业，19（3）：19-27.

郭彤楼，2004. 下扬子地区中古生界叠加改造特征与多源多期成藏［J］. 石油实验地质，26（4）：319-323.

郝天珧，Mancheol S，刘建华，等，2004. 黄海深部结构与中朝—扬子块体结合带在海区位置的地球物理研究［J］. 地学前缘，11（3）：51-61.

何炎，1987. 苏北早第三纪有孔虫［J］. 古生物学报，（6）：721-727，779-780.

侯读杰，王铁冠，1993. 中国陆相沉积中的低熟油气资源［J］. 石油勘探与开发，（6）：38-45.

侯读杰，王铁冠，李贤庆，等，1996. 洪泽凹陷低熟原油的饱和烃化合物组合［J］. 沉积学报，14（4）：39-45.

侯建国，2001. 利用含氮化合物研究苏北盆地油气运移［J］. 江汉石油学报，23（z1）：31-33.

侯建国，2001. 苏北盆地复杂断块群综合勘探技术及其发展方向［J］. 西安石油学报（自然科学版），16（4）：9-12.

侯建国，陈安定，肖秋生，等，2001a. 盐城天然气藏的发现及其战略意义［J］. 西安石油学报（自然科学版），16（4）：5-8.

侯建国，陈安定，肖秋生，等，2001b. 盐城天然气藏地质特征及其勘探意义［J］. 石油实验地质，23（2）：183-185，190.

侯建国，林承焰，姚合法，等，2004. 断陷盆地成藏动力系统特征与油气分布规律——以苏北盆地为例［J］. 中国海上油气，16（6）：361-364.

侯建国，任丽华，董春梅，2005. 有机包裹体技术在油气运移与聚集中的应用研究［J］. 石油实验地质，27（4）：409-413.

侯祐堂，陈德琼，杨恒仁，等，1982. 江苏地区白垩纪—第四纪介形类动物群［M］. 北京：地质出版社.

侯祐堂，杨恒仁，1980. 中国中、新生代介形类动物群的特征及其生活环境的探讨［J］. 石油学报，（1）：21-30.

胡国艺，冉启贵，王铁冠，等，1997. 金湖凹陷阜宁组低熟烃源岩饱和烃组成及其生源探讨［J］. 沉积学报，15（S1）：138-141.

胡瑛，张枝焕，方朝合，2005. 溱潼凹陷低熟油生物标志物特征及成熟度浅析［J］. 石油与天然气地质，26（4）：512-517.

胡瑛，张枝焕，骆卫峰，2007. 溱潼凹陷低熟油的生烃母质特征及油源分析［J］. 新疆石油地质，28（1）：25-28.

花彩霞，2014. 下扬子句容地区海相上组合油气地质条件评价［J］. 地质学刊，38（2）：200-205.

花志兰，2005. 苏北盆地油气资源潜力与勘探方向［J］. 江苏地质，29（3）：139-142.

黄第藩，1996. 成烃理论的发展——（Ⅰ）未熟油及有机质成烃演化模式［J］. 地球科学进展，11（4）：327-335.

黄第藩，张大江，王培荣，等，2003. 中国未成熟石油成因机制和成藏条件［M］. 北京：石油工业出版社.

黄福堂，迟元林，黄清华，1999. 松辽盆地中白垩世海侵事件质疑［J］. 石油勘探与开发，26（3）：124-127.

黄藏淯，马晓东，臧素华，等，2014. 断层封闭性研究在溱潼凹陷草舍构造的应用［J］. 油气藏评价与开发，4（3）：29-31，37.

纪友亮，王勇，李清山，等，2012. 高邮凹陷古近系戴南组戴一段物源分析［J］. 同济大学学报（自然科学版），40（9）：1406-1413.

江纳言，贾蓉芬，王子玉，等，1994. 下扬子区二叠纪古地理和地球化学环境［M］. 北京：石油工业出版社.

江苏省地方志编纂委员会，2016.《江苏省志》丛书：石油志［M］. 南京：江苏凤凰教育出版社.

江苏省地质矿产局，1984. 江苏省及上海市区域地质志［M］. 北京：地质出版社.

江苏省地质矿产局，1989. 宁镇山脉地质志［M］. 南京：江苏科学技术出版社.

江苏省及上海市区域地层表编写组，1978. 华东地区区域地层表：江苏省及上海市分册［M］. 北京：地质出版社.

江苏油田志编纂委员会，1995. 江苏油田志 1975—1990［M］. 扬州：江苏石油报社.

江西省地质矿产局，1984. 江西省区域地质志［M］. 北京：地质出版社.

江夏，周荔青，2010. 苏北盆地富油气凹陷形成与分布特征［J］. 石油实验地质，32（4）：319-325.

姜在兴，2010. 沉积学［M］. 北京：石油工业出版社.

蒋阿明，2011. 苏北盆地低对比度油层特征及识别方法［J］. 石油天然气学报，33（6）：248-252，15.

蒋阿明，2014. 金湖凹陷 MQ 地区低阻油层含油饱和度确定方法［J］. 石油天然气学报，36（2）：78-83.

蒋阿明，陈同飞，张菲，等，2015. GJ 地区阜二段滩坝砂体薄油层识别［J］. 复杂油气藏，8（3）：1-5，21.

蒋阿明，李秋政，2018. Waxman-Smits 模型关键参数修正及解释应用——以苏北盆地高邮凹陷沙花瓦地区为例［J］. 石油实验地质，40（3）：448-453.

蒋阿明，田中元，孔祥礼，等，2010. 高邮凹陷低渗透砂岩储层含油饱和度确定方法研究［J］. 复杂油气藏，3（4）：23-27.

蒋阿明，童益珍，2017. YJB 阜宁组油层精细识别与"假性"干层的认识［J］. 期刊名称缺失，10（2）：33-37.

蒋小琼，王恕一，范明，等，2008. 埋藏成岩环境碳酸盐岩溶蚀作用模拟实验研究［J］. 石油实验地质，

30（6）：643-646.

焦大庆，张洪年，谢晓安，等，2009. 华北南部油气地质条件［M］. 北京：地质出版社.

焦里力，2012. 苏北盆地张家垛油田阜三段油气富集规律［J］. 石油与天然气地质，33（2）：166-173.

居春荣，黄杏珍，闫存凤，等，2005. 湖相碳酸盐岩在建立苏北盆地下第三系层序地层格架中的作用
［J］. 沉积学报，23（1）：113-121.

康育义，刘冠邦，王建华，1982. 苏北盆地西部下第三系的划分与对比［J］. 地层学杂志，（1）：9-19.

李道琪，1984. 苏北盆地古新统泰州组、阜宁组大相环境的讨论［J］. 地质学报，（1）：80-85.

李鹤永，2017. 利用声波时差计算烃源岩排烃效率适用性分析——以苏北盆地高邮凹陷阜四段为例
［J］. 复杂油气藏，10（2）：7-9.

李鹤永，邱旭明，刘启东，2009. 高邮凹陷戴南组一段暗色泥岩生烃条件再认识［J］. 复杂油气藏，2
（4）：17-22.

李鹤永，田坤，邱旭明，等，2016. 油气优势运移通道形成"三要素"分析——以苏北盆地高邮凹陷
XJZ 油田为例［J］. 石油实验地质，38（5）：577-583.

李建青，蒲仁海，武岳，等，2012. 江苏黄桥地区龙潭组沉积相与有利储层预测［J］. 石油实验地质，
34（4）：395-399.

李建青，夏在连，史海英，等，2013. 下扬子黄桥地区龙潭组流体包裹体特征与油气成藏期次［J］. 石
油实验地质，35（2）：195-198.

李守军，吴智平，马在平，1997. 中国东部早第三纪有孔虫的生活环境［J］. 石油大学学报（自然科学
版），21（2）：1-3，7.

李双应，金福全，1994. 下扬子盆地石炭纪的古地理［J］. 合肥工业大学学报（自然科学版），17（3）：
167-173.

李素梅，庞雄奇，金之钧，等，2002. 苏北金湖凹陷混合原油的地质地球化学特征［J］. 石油大学学报
（自然科学版），26（1）：11-15.

李素梅，曾凡刚，庞雄奇，等，2001. 金湖凹陷西斜坡油气运移分子地球化学研究［J］. 沉积学报，19
（3）：459-464.

李贤庆，包建平，王文军，1996. 苏北盆地下第三系烃源岩热演化研究［J］. 石油实验地质，18（1）：
96-105.

李亚辉，2000. 高邮凹陷北斜坡辉绿岩与油气成藏［J］. 地质力学学报，6（2）：17-22.

李亚辉，2006a. 高邮凹陷古水动力场及其与油气运聚的关系［J］. 中国石油大学学报（自然科学版），
30（3）：12-16.

李亚辉，2006b. 苏北盆地高邮凹陷构造转换带控油机制研究［J］. 石油实验地质，28（2）：109-112.

李亚辉，2014. 高邮凹陷隐蔽性断层圈闭样式与识别技术［J］. 中国石油大学学报（自然科学版），38
（4）：26-33.

李亚辉，段宏亮，2010. 苏北地区印支面岩溶储层储集空间形成时间探讨——以兴参 1 井为例［J］. 石
油天然气学报，32（3）：22-25，406.

李亚辉，段宏亮，邱旭明，等，2011. 苏北盆地古潜山岩溶储层形成机制探讨［J］. 石油实验地质，33
（5）：495-498.

李亚辉，段宏亮，谈迎，2010. 下扬子区海相中、古生界地质结构分区及其油气勘探选区意义［J］. 地
质力学学报，16（3）：271-280.

李亚辉，徐健，2006c. 高邮凹陷构造转换带控油机制研究与实践［J］. 石油天然气学报：江汉石油学院学报，28（5）：21-23，163.

李亚军，李儒峰，陈莉琼，等，2011. 苏北盆地金湖凹陷热史与成藏期判识［J］. 沉积学报，29（2）：395-401.

李玉城，2008. 苏北盆地高邮凹陷戴南组隐蔽油气藏研究［J］. 中国石油勘探，13（1）：21-27，8-9.

李玉发，姜立富，安徽省地质矿产局，1997. 安徽省岩石地层［M］. 武汉：中国地质大学出版社.

梁兵，2003. 金湖凹陷戴南组隐蔽油气藏研究［J］. 江汉石油学院学报，25（2）：35-36.

梁兵，2013. 高邮凹陷断层—岩性油气藏勘探技术与实践［J］. 中国石油勘探，18（4）：36-49，6.

梁兵，王焕弟，2003. 储层微裂缝预测技术［J］. 石油地球物理勘探，38（4）：400-404.

梁兵，杨建礼，张春峰，等，2007. 叠前弹性参数反演在黄珏油田的应用［J］. 石油勘探与开发，34（2）：202-206.

梁兵，张春峰，贺向阳，等，2004. 联盟庄地区戴南组岩性油气藏勘探分析［J］. 江汉石油学报，26（1）：15-16，141.

林畅松，潘元林，肖建新，等，2000. "构造坡折带"——断陷盆地层序分析和油气预测的重要概念［J］. 地球科学（中国地质大学学报），25（3）：260-266.

刘传联，成鑫荣，1996. 渤海湾盆地早第三纪非海相钙质超微化石的锶同位素证据［J］. 科学通报，41（10）：908-910.

刘传联，赵泉鸿，汪品先，2001a. 东营凹陷生油岩中介形虫氧、碳同位素的古湖泊学意义［J］. 地球科学（中国地质大学学报），26（5）：441-445.

刘传联，赵泉鸿，汪品先，2001b. 湖相碳酸盐氧碳同位素的相关性与生油古湖泊类型［J］. 地球化学，30（4）：363-367.

刘德汉，宫色，刘东鹰，等，2005. 江苏句容—黄桥地区有机包裹体形成期次和捕获温度、压力的PVTsim模拟计算［J］. 岩石学报，21（5）：1435-1448.

刘德良，孙先如，李振生，等，2006. 鄂尔多斯盆地奥陶系白云岩碳氧同位素分析［J］. 石油实验地质，28（2）：155-161.

刘方槐，颜婉荪，1991. 油气田水文地质学原理［M］. 北京：石油工业出版社.

刘平兰，2009. 苏北海安凹陷泰州组烃源岩评价［J］. 石油实验地质，31（4）：389-393.

刘启东，2012a. 高邮凹陷北斜坡阜三段砂体展布及油气运移特征［J］. 油气地质与采收率，19（5）：24-26，112.

刘启东，2012b. 高邮凹陷戴南组隐蔽油藏地质建模研究［J］. 复杂油气藏，5（4）：1-4，34.

刘启东，李储华，卢黎霞，2010. 高邮凹陷断层封闭性研究［J］. 石油天然气学报，32（2）：58-61.

刘启东，杨晓兰，刘世丽，2002. 金湖凹陷断层封闭性研究及应用［J］. 河南石油，16（5）：7-10.

刘世丽，2010. 金湖凹陷戴南组沉积相研究［J］. 石油天然气学报，32（3）：193-196.

刘世丽，段宏亮，章亚，等，2014. 苏北盆地阜二段陆相页岩油气勘探潜力分析［J］. 海洋石油，34（3）：27-33.

刘世丽，胡爱玉，李书瑜，2006. 金湖凹陷石港断裂带断层封闭性研究［J］. 海洋石油，26（4）：34-38，43.

刘伟，1997. 苏北溱潼凹陷戴南组一段次生孔隙形成与分布特征［J］. 岩性古地理，（2）：24-31.

刘伟，游有光，杨皋，1999. 苏北溱潼箕状凹陷的形成演化机制及油气成藏特征［J］. 断块油气藏，6

（6）：10-12，22.

刘喜欢，杨立干，龚志祥，等，2011. 金湖凹陷南部戴南组一段物源分析［J］. 复杂油气藏，4（4）：18-21.

刘喜欢，杨芝文，杨立干，2018. 金湖凹陷构造特征及圈闭类型［J］. 复杂油气藏，11（3）：6-11，51.

刘小平，徐健，2004. 高邮凹陷韦庄地区原油吡咯类含氮化合物运移分馏效应［J］. 地球科学（中国地质大学学报），29（4）：461-466.

刘玉瑞，2003. 利用油气显示频度优化勘探选区［J］. 新疆石油地质，24（5）：407-410.

刘玉瑞，2009. 苏北盆地断层封堵类型及定量评价［J］. 石油实验地质，31（5）：531-536.

刘玉瑞，2010a. 苏北后生断陷层序地层格架与沉积体系［J］. 复杂油气藏，3（1）：10-14，31.

刘玉瑞，2010b. 苏北盆地与南黄海盆地中—新生界成烃对比浅析［J］. 石油实验地质，32（6）：541-546，552.

刘玉瑞，2011a. 苏北后生断陷阜四段高位域的发现及其意义［J］. 复杂油气藏，4（2）：9-13.

刘玉瑞，2011b. 苏北盆地油藏类型与成因机制探讨［J］. 油气地质与采收率，18（4）：6-9，111.

刘玉瑞，2015. 声波时差法计算地层剥蚀量问题的斧正［J］. 复杂油气藏，8（2）：1-6，56.

刘玉瑞，2016a. 苏北盆地高邮凹陷戴南组物源—坡折控扇研究［J］. 石油实验地质，38（1）：23-31.

刘玉瑞，2016b. 苏北后生—同生断陷盆地油气成藏规律研究［J］. 石油实验地质，38（6）：721-731.

刘玉瑞，2017a. 苏北盆地戴南组泥屑流扇沉积［J］. 石油与天然气地质，38（3）：419-429.

刘玉瑞，2017b. 论苏北后生—同生断陷盆地性质［J］. 复杂油气藏，10（1）：1-8.

刘玉瑞，2019. 苏北盆地源岩无双峰生烃和未低熟油［J］. 石油实验地质，41（4）：461-474.

刘玉瑞，刘启东，杨小兰，2004. 苏北盆地走滑断层特征与油气聚集关系［J］. 石油与天然气地质，25（3）：279-283，293.

刘玉瑞，王建，2003. 苏北盆地复杂断块油气藏勘探及技术［J］. 江苏地质，27（4）：193-198.

娄国泉，2011. 高邮凹陷断裂对始新统油气成藏的控制作用［J］. 石油天然气学报，33（1）：1-5，164.

娄国泉，2012. 高邮凹陷SB油田砂泥岩薄互层储层预测方法［J］. 石油天然气学报，34（3）：75-79，166.

卢双舫，徐庆霞，刘绍军，等，2008. 评价生物气生成量、生成期的碳同位素平衡法及其应用［J］. 沉积学报，26（2）：308-313.

陆红梅，2000. 苏北盆地高邮凹陷陆相层序地层研究［J］. 断块油气田，7（1）：18-22，4.

陆黄生，秦黎明，刘军，等，2008a. 苏北盆地溱潼凹陷断阶带油气运移路径综合分析［J］. 中国地质，35（1）：67-78.

陆黄生，秦黎明，刘军，等，2009. 苏北盆地溱潼凹陷油气运聚模式［J］. 地质论评，55（3）：394-405.

陆黄生，杨永才，刘军，等，2008b. 苏北盆地溱潼凹陷断阶带油气藏的成藏期次［J］. 地质通报，27（5）：633-640.

陆克政，朱筱敏，漆家福，等，2003. 含油气盆地分析［M］. 青岛：石油大学出版社.

陆梅娟，于雯泉，王路，等，2013. 高邮凹陷阜一段含油砂岩成岩作用特征［J］. 复杂油气藏，6（4）：11-15.

陆英，孙自明，2008. 苏北盆地东部四陷上白垩统泰州组沉积相［J］. 古地理学报，10（3）：261-270.

罗怀忠，梁兴，张介辉，等，2010. 苏北盆地白驹四陷油气富集规律与成藏模式［J］. 天然气工业，30（9）：22-24，119-120.

罗开平，黄泽光，吕俊祥，等，2016. 下扬子区海相盆地改造与成藏关键要素［J］. 石油实验地质，38（6）：713-720.

骆卫峰，余文端，马晓东，等，2018. 苏北盆地海安凹陷南部岩性油藏勘探成果及启示［J］. 中国石油勘探，23（3）：56-63.

马安来，包建平，王培荣，等，2001. 盐城凹陷天然气藏成因研究［J］. 石油勘探与开发，28（6）：42-44.

马捷，李红军，曹露露，等，2013. 高邮凹陷戴南组层序地层格架与岩性圈闭关系［J］. 复杂油气藏，6（3）：15-19.

马力，陈焕疆，甘克文，等，2004. 中国南方大地构造和海相油气地质［M］. 北京：地质出版社.

马晓东，黄藏漪，卢占武，2013. 三维地震解释技术及其在苏北盆地溱潼凹陷的应用［J］. 地球物理学报，28（4）：1925-1934.

马英俊，2017. 苏北盆地金湖凹陷阜二段砂岩物性影响因素分析［J］. 石油实验地质，39（4）：477-483.

马英俊，李储华，李维，2017. 高邮凹陷垛一段沉积演化特征［J］. 复杂油气藏，10（2）：1-6.

毛凤鸣，2000. 高邮凹陷北斜坡辉绿岩形成时期的确定及其与油气关系［J］. 石油勘探与开发，27（6）：19-20.

毛凤鸣，陈安定，严元锋，等，2006. 苏北盆地复杂小断块油气成藏特征及地震识别技术［J］. 石油与天然气地质，27（6）：827-840.

毛凤鸣，戴靖，2005. 复杂小断块石油勘探开发技术［M］. 北京：中国石化出版社.

毛凤鸣，侯建国，2000. 盐城凹陷天然气和凝析油的成因及烃源岩研究［J］. 西安石油学院学报（自然科学版），15（6）：1-8，32.

毛凤鸣，侯建国，2001. 盐城凹陷朱家墩地区天然气储层特征［J］. 西安石油学院学报（自然科学版），（1）：8-15，5.

毛凤鸣，梁兵，刘启东，2013. 高邮凹陷断层—岩性油气藏勘探技术与实践［M］. 北京：石油工业出版社.

毛凤鸣，张金亮，许正龙，2002. 高邮凹陷油气成藏地球化学［M］. 北京：石油工业出版社.

闵望，喻永祥，陆燕，等，2015. 苏北盆地地热资源评价与区划［J］. 上海国土资源，36（3）：90-94，100.

牟荣，2006a. 复杂小断块圈闭识别描述方法——以苏北盆地为例［J］. 石油与天然气地质，27（2）：269-274.

牟荣，2006b. 三维叠前时间偏移技术在高邮东部小断块构造成像中的应用［J］. 中外能源，11（1）：26-29.

牟荣，2006c. 苏北盆地盐阜坳陷晚白垩世泰州组沉积相与沉积演化［J］. 石油天然气学报（江汉石油学院学报），（4）：161-166，448.

牟荣，2006d. 盐阜坳陷淮阴凹陷上白垩统浦口组沉积构造［J］. 新疆石油地质，27（6）：691-695.

牟书令，蔡希源，2007. 永无止境：中国石化"十五"油气勘探实践［M］. 北京：石油工业出版社.

穆日孔，范斯，1988. 东台坳陷区第三纪构造演化及其对油气聚集的控制作用［J］. 江苏地质，（4）：
　　6-12.

能源，杨桥，张克鑫，等，2009. 苏北盆地高邮凹陷晚白垩世——新生代构造沉降史分析与构造演化［J］.
　　沉积与特提斯地质，29（2）：25-32.

裴然，2017. 金湖凹陷三河地区阜二段滩坝砂体识别方法探讨［J］. 特种油气藏，24（4）：38-41.

彭柳，程秀梅，陈佳，等，2012. 苏北盆地金湖凹陷新建构造戴一段、阜一段储层特征［J］. 西部矿炭
　　工程，24（12）：30-33，37.

钱基，1999. 复杂油气藏建模问题——以苏北盆地为例［J］. 勘探家，（1）：24-26，6.

钱基，2000. 苏北盆地油气田的形成与分布特征［J］. 石油大学学报（自然科学版），24（4）：21-25，
　　124.

钱基，2001. 苏北盆地油气田形成与分布——与渤海湾盆地比较研究［J］. 石油学报，（3）：12-16，8.

钱基，韩征，2001a. 渤海湾盆地与苏北盆地勘探潜力对比研究［J］. 石油勘探与开发，28（1）：15-
　　18.

钱基，金之钧，张金川，等，2001b. 苏北盆地盐城凹陷深盆气藏［J］. 石油与天然气地质，22（1）：
　　26-29.

钱勤，李坤英，1996. 苏北盆地玄武岩地质年龄及地层时代［J］. 期刊名称缺失，17（Z1）：86-93.

钱荣钧，2007. 关于地震采集空间采样密度和均匀性分析［J］. 石油地球物理勘探，42（2）：235-244，
　　126.

钱泽书，陈永祥，何承全，1986. 苏北东台坳陷古新世至始新世非海相微体浮游藻类［J］. 古生物学报，
　　（1）：17-29，121-123.

钱泽书，郑亚惠，宋之琛，1993. 苏北盆地阜宁群孢粉［J］. 古生物学报，32（1）：49-63，137-140.

邱旭明，2001. 下扬子海相中、古生界地质结构特征及选区评价［J］. 江汉石油学院学报，23（S1）：
　　13-15.

邱旭明，2002. 扭动作用在苏北盆地构造体系中的表现及其意义［J］. 江汉石油学院学报，24（2）：5-7.

邱旭明，2003. 苏北盆地断块圈闭分类及油气成藏特征［J］. 石油与天然气地质，24（4）：371-374.

邱旭明，2004. 苏北盆地扭动构造油气藏［J］. 石油勘探与开发，31（3）：26-29.

邱旭明，2005. 苏北盆地真武——吴堡断裂带的构造样式及圈闭类型［J］. 石油天然气学报（江汉石油学
　　院学报），27（3）：278-280.

邱旭明，2008. 苏北盆地高邮凹陷油气输导特征及油气分布［J］. 石油与天然气地质，29（4）：437-
　　443.

邱旭明，李云翔，2009. 从江苏油田发展历程看苏北盆地当前勘探理论与技术的发展方向［J］. 复杂油
　　气藏，2（2）：1-3，71.

邱旭明，刘玉瑞，傅强，2006. 苏北盆地上白垩统——第三系层序地层与沉积演化［M］. 北京：地质
　　出版社.

邱旭明，严元锋，唐焰，2007. 苏北盆地下闵杨油田的发现及其意义［J］. 石油与天然气地质，28（5）：
　　615-620.

邱旭明，严元锋，唐焰，等，2014. 苏北盆地沙瓦油区滚动勘探方法研究［J］. 地质学刊，38（1）：
　　66-71.

邱占祥，邱铸鼎，1990. 中国晚第三纪地方哺乳动物群的排序及其分期［J］. 地层学杂志，14（4）：

241−260.

邱中建，龚再升，1999. 中国油气勘探——第三卷东部油气区［M］. 北京：石油工业出版社.

全国地层委员会，2017. 中国地层指南及中国地层指南说明书（2016 年版）［M］. 北京：地质出版社.

任红民，陈丽琼，王文军，等，2008. 苏北盆地晚白垩世泰州期原型盆地恢复［J］. 石油实验地质，30
　　（1）：52−57.

任红民，徐建，张伟青，等，2006. 高邮凹陷南部断阶带油气勘探潜力分析［J］. 海洋石油，26（2）：
　　13−17.

尚彦军，夏邦栋，杜延军，等，1999. 下扬子区侏罗纪—早白垩世盆地沉积构造特征及其演化［J］. 沉
　　积学报，17（2）：23−26.

史海英，2004. 地震属性聚类分析技术在苏北某油田的应用［J］. 石油物探，43（S1）：86−88.

史继扬，汪本善，范善发，等，1985. 苏北盆地生油岩中甾、萜的地球化学特征和我国东部低成熟的生
　　油岩与原油［J］. 地球化学，（1）：80−89.

舒福明，2004. 洪泽凹陷赵集次凹阜宁组四段盐岩沉积特征及成因［J］. 安徽地质，14（2）：81−85.

舒良树，王博，王良书，等，2005. 苏北盆地晚白垩世—新近纪原型盆地分析［J］. 高校地质学报，11
　　（4）：534−543.

宋宁，林春明，陈丽萍，2004. 未熟—成熟油混合后生物标志物参数的变化特征［J］. 新疆石油地质，
　　25（3）：267−269，282.

宋宁，王铁冠，陈莉琼，等，2010. 苏北盆地上白垩统泰州组油气成藏期综合分析［J］. 石油学报，31
　　（2）：180−186，195.

宋之琛，郑亚惠，刘金陵，等，1981. 江苏地区白垩纪——第三纪孢粉组合［M］. 北京：地质出版社.

孙肇才，邱蕴玉，郭正吾，1991. 板内形变与晚期次生成藏——扬子区海相油气总体形成规律的探讨
　　［J］. 石油实验地质，13（2）：107−142.

孙镇城，曹春潮，梁新献，等，1992. 关于沉积物中硼、镓含量划相指标的探讨［J］. 石油学报，13
　　（2）：42−46.

孙镇城，冯晓杰，杨藩，等，1997. 中国西部晚第三纪—第四纪有孔虫和钙质超微化石的发现及其地质
　　意义［J］. 现代地质，（3）：10−12，14−15.

孙镇城，杨革联，乔子真，等，2002. 我国咸化湖泊沉积中钙质超微化石特征及其地质意义［J］. 古地
　　理学报，4（2）：56−63.

唐建东，金勇，2011a. 小断块边底水油藏层系组合模式［J］. 石油与天然气地质，32（6）：897−902.

唐建伟，陈莉琼，2008. 高邮凹陷油气成藏体系划分及资源潜力分析［J］. 石油天然气学报，30（5）：
　　56−58，378.

唐建伟，陈莉琼，2011b. 高邮凹陷油气输导体系评价研究［J］. 复杂油气藏，4（2）：14−17，71.

唐焰，陈安定，冯武军，2005. 包裹体测温资料在苏北盆地高邮、金湖凹陷油气成藏期研究中的应用
　　［J］. 石油天然气学报，27（1）：19−20.

唐颖，邢云，李乐忠，等，2012. 页岩储层可压裂性影响因素及评价方法［J］. 地学前缘，19（5）：
　　356−363.

童晓光，1985. 中国东部早第三纪海侵质疑［J］. 地质评论，31（3）：261−267.

屠世杰，2010. 高精度三维地震勘探中的炮密度、道密度选择——YA 高精度三维勘探实例［J］. 石油
　　地球物理勘探，45（6）：926−936，792.

屠世杰，曾强，庞全康，等，2010. 江苏油田高精度三维地震采集技术及应用效果 [J]. 复杂油气藏，3（1）：37-41.

屠小龙，鲁慧丽，闫春，等，2013. 苏北盆地洪泽凹陷烃源岩研究在油气勘探中的作用 [J]. 内蒙古石油化工，39（2）：153-156.

汪本善，范善发，史继扬，等，1985. 苏北高邮凹陷下第三系生油岩的有机地化特征和生油门槛研究 [J]. 石油与天然气地质，6（1）：60-70.

汪品先，1992. 微体化石在海侵研究中的应用与错用 [J]. 第四季地质，12（4）：321-331.

汪品先，林景星，1974. 我国中部某盆地早第三纪半咸水有孔虫化石群的发现及其意义 [J]. 地质学报，（2）：175-183.

汪品先，闵秋宝，卞云华，1982. 关于我国东部含油盆地早第三纪地层的沉积环境 [J]. 地质评论，28（5）：402-412.

王朝红，2005. 溱潼凹陷油气成藏的几种模式 [J]. 内蒙古石油化工，31（10）：123-124.

王建国，程同锦，卢丽，等，2008. 烃类垂向微渗漏近地表显示与运移通道的关系——以苏北盆地盐城凹陷朱家墩气田为例 [J]. 石油实验地质，30（3）：302-306.

王启飞，阎泗民，卢辉楠，等，2001. 苏北洪泽凹陷古近系生物地层研究 [J]. 地层学杂志，（3）：182-187.

王世杰，董丽敏，林文祝，等，1995. 泥河湾组有孔虫化石群的锶同位素研究 [J]. 科学通报，40（22）：2072-2074.

王铁冠，钟宁宁，侯读杰，等，1995. 低熟油气形成机理与分布 [M]. 北京：石油工业出版社.

王铁冠，钟宁宁，侯读杰，等，1996. 陆相湖盆生物类脂物早期生烃机制研究 [J]. 中国科学（D 辑：地球科学），15（6）：518-524.

王铁冠，钟宁宁，侯读杰，等，1997. 中国低熟油的几种成因机制 [J]. 沉积学报，15（2）：75-83.

王伟锋，张美，2015. 洪泽凹陷赵集次凹阜宁组四段盐岩深水再沉积成因探讨 [J]. 沉积学报，33（2）：242-253.

王文娟，窦振亚，陈建文，等，2017. 下扬子陆域海相古—中生界烃源岩控制因素及其对南黄海盆地的启示 [J]. 海洋地质与第四纪地质，37（3）：138-146.

王文军，宋宁，姜乃煌，等，1999. 未熟油与成熟油的混源实验、混源理论图版及其应用 [J]. 石油勘探与开发，20（4）：34-37，6.

王燮培，费琪，张家骅，1990. 石油勘探构造分析 [M]. 武汉：中国地质大学出版社.

王仪诚，陈永祥，1992. 苏北盆地早第三纪海侵析疑 [J]. 石油学报，13（2）：137-142.

王仪诚，穆曰孔，居杏珍，等，1994. 中国油气区第三系（Ⅵ）：东南油气区分册 [M]. 北京：石油工业出版社.

王英民，金武弟，刘书会，等，2003. 断陷湖盆多级坡折带的成因类型、展布及其勘探意义 [J]. 石油与天然气地质，24（3）：199-203，214.

王云飞，1983. 抚仙湖现代湖泊沉积物中海绿石的发现及成因的初步研究 [J]. 科学通报，28（22）：1388.

王允诚，杨宝星，黄仰洲，1981. 砂岩储集岩的分类与评价 [J]. 石油实验地质，3（4）：293-298.

魏祥峰，张廷山，梁兴，等，2012. 白驹凹陷泰州组层序地层及沉积特征 [J]. 中国地质，39（2）：400-413.

吴崇筠，薛叔浩，1992. 中国含油气盆地沉积学［M］. 北京：石油工业出版社.

吴群，余文端，骆卫峰，等，2016. 苏北盆地溱潼凹陷岩性油藏勘探成果及启示［J］. 中国石油勘探，21（3）：99-107.

吴向阳，2005. 苏北盆地高邮凹陷北斜坡西部油气运移研究［J］. 石油实验地质，27（3）：281-287.

吴向阳，高德群，2011. 苏北盆地高邮凹陷阜宁组油气成藏期研究［J］. 中国石油勘探，16（4）：37-41，86.

吴向阳，李宝刚，2006. 高邮凹陷油气运移特征研究［J］. 中国石油大学学报（自然科学版），30（1）：22-25.

吴向阳，牟荣，石胜群，等，1999. 苏北盆地火成岩发育与构造演化的关系［J］. 勘探家，4（1）：44-47.

吴向阳，夏连军，陈晶，2009. 苏北盆地高邮凹陷构造再认识及对油气勘探的意义［J］. 石油实验地质，31（6）：570-575.

肖林萍，1997. 埋藏条件下碳酸盐岩实验室溶蚀作用模拟的热力学模型与地质勘探方向——以陕甘宁盆地下奥陶统马家沟组第五段为例［J］. 岩相古地理，17（4）：57-70.

肖秋生，2007. 苏北盆地气测资料特征及其解释应用［J］. 石油天然气学报，29（6）：66-68.

肖秋生，2011. 高邮凹陷东部阜宁组薄储层测井评价方法及其应用效果［J］. 中外能源，16（4）：53-56.

肖秋生，陈凤良，严元锋，等，2004. 江苏复杂小断块油气藏滚动勘探开发一体化的工作流程及其关键技术［J］. 安徽地质，14（4）：262-264.

肖秋生，朱巨义，2009. 岩样核磁共振分析方法及其在油田勘探中的应用［J］. 石油实验地质，31（1）：97-100.

徐健，2015. 高邮凹陷北斜坡韦码地区阜宁组油气富集差异分析［J］. 石油实验地质，（2）：164-171.

徐旭辉，高长林，黄泽光，等，2005. 中国盆地形成的三大活动构造历史阶段［J］. 石油与天然气地质，26（2）：155-162.

徐旭辉，江兴歌，朱建辉，2006. 断陷—拗陷原型迭加系统的生烃史——以苏北盆地溱潼凹陷为例［J］. 石油实验地质，28（3）：225-230.

徐旭辉，朱建辉，江兴歌，2007. 区带资源定量评价方法及在苏北盆地溱潼凹陷的应用［J］. 石油与天然气地质，28（4）：449-457.

徐学思，1997. 江苏省岩石地层［M］. 武汉：中国地质大学出版社.

许红，焦里力，蔡乾忠，等，2007. 苏北盆地中古生代油气勘探发现与生储盖组合特征及现实意义［J］. 海洋地质动态，23（9）：24-29，34.

许薇龄，1987. 苏北南黄海地质构造特征［J］. 上海国土资源，23（3）：54-64.

许正龙，2002a. 曲线重构技术在储层横向预测工作中的应用［J］. 石油实验地质，24（4）：377-380，384.

许正龙，2002b. 苏北朱家墩气田气源的新证据［J］. 高校地质学报，8（4）：423-428.

许正龙，翟爱军，2002. 苏皖下扬子区震旦纪—中三叠世海相层序地层［J］. 沉积与特提斯地质，22（2）：64-69.

鄢琦，周总瑛，2009. 中国东部断陷盆地石油资源丰度统计模型的建立［J］. 石油实验地质，31（3）：292-295，306.

严钦尚, 张国栋, 项立嵩, 等, 1979. 苏北金湖凹陷阜宁群的海侵和沉积环境 [J]. 地质学报, (1): 74-85, 95-96.

严溶, 周汉文, 曾雯, 等, 2006. 湖北宜昌崆岭群孔兹岩系地球化学特征 [J]. 地质科技情报, (5): 41-46.

杨斌, 梁兴, 马孝祥, 等, 2008. 苏北管镇次凹低成熟原油的地球化学特征 [J]. 新疆石油地质, 29 (5): 553-556.

杨彩虹, 曾广东, 李上卿, 等, 2014. 东海西湖凹陷平北地区断裂发育特征与油气聚集 [J]. 石油实验地质, 36 (1): 64-69, 82.

杨贵祥, 杨振升, 仲伯军, 2011. 单点单分量高密度地震采集技术及应用 [J]. 油气藏评价与开发, 1 (3): 12-18.

杨俊杰, 黄思静, 张文正, 等, 1995. 表生和埋藏成岩作用的温压条件下不同组成碳酸盐岩溶蚀成岩过程的实验模拟 [J]. 沉积学报, 13 (4): 49-54.

杨林, 史光辉, 李书瑜, 2006a. 铜城断裂带阜宁组油藏石油地质特征分析 [J]. 石油天然气学报 (江汉石油学院学报), 28 (3): 228-229.

杨林, 杨晓兰, 刘启东, 2006b. 金湖凹陷泰州组成藏条件研究 [J]. 安徽地质, 16 (1): 36-39, 54.

杨盛良, 1997. 下扬子区中生界构造特征及油气远景 [J]. 石油勘探与开发, 24 (3): 10-14, 96-97.

杨学英, 周山富, 2002. 江苏淮安地区上白垩统含盐地层孢粉组合序列 [J]. 地层学杂志, 26 (3): 193-196, 210-244.

杨彦敏, 奥立德, 刘金华, 等, 2012. 高邮凹陷深凹带戴一段古水体特征 [J]. 油气地质与采收率, 19 (4): 27-30, 113.

杨永才, 陆黄生, 张枝焕, 等, 2008. 溱潼凹陷红庄油田凝析油的油源及成藏期 [J]. 沉积学报, 26 (3): 531-539.

杨玉平, 钟建华, 段宏亮, 等, 2012. 高邮凹陷吴堡断裂带南段古近系剥蚀量计算及地质意义 [J]. 新疆石油地质, 33 (4): 453-455.

杨志承, 张敏, 李兴丽, 2014. 高邮凹陷赤岸油田烷基二苯并噻吩类示踪油气运移路径研究 [J]. 长江大学学报 (自科版) 石油/农学中旬刊, 11 (2): 15-17, 4-5.

姚洪生, 张勇, 蒋永平, 等, 2014. 苏北盆地溱潼凹陷新生代侵入岩蚀变带油藏地质特征 [J]. 石油实验地质, 36 (2): 153-159.

姚益民, 徐金鲤, 单怀广, 等, 1992. 山东济阳坳陷早第三纪海侵的讨论 [J]. 石油学报, 13 (2): 29-34.

伊伟, 王伟锋, 辛也, 2010. 高邮凹陷深凹带南部戴南组沉积演化研究 [J]. 复杂油气藏, 3 (2): 13-16, 64.

余心起, 张达, 汪隆武, 等, 2006. 浙皖赣相邻区加里东期构造变形特征 [J]. 地质通报, 25 (6): 676-684.

俞昌民, 王惠基, 1983. 多毛纲栖管化石 [J]. 古生物学报, (6): 706-708.

俞国华, 1996. 浙江省岩石地层 [M]. 武汉: 中国地质大学出版社.

俞昊, 2015. 下扬子黄桥地区龙潭组高 CO_2 油藏成藏模式 [J]. 海洋地质前沿, 31 (4): 21-27.

俞凯, 郭念发, 2001. 下扬子区下古生界油气地质条件评价 [J]. 石油实验地质, 23 (1): 41-46.

俞凯, 刘伟, 陈祖华, 2008. 苏北盆地溱潼凹陷草舍油田 CO_2 混相驱技术研究 [J]. 石油实验地质, 30

（2）：212-216.

喻永祥，闵望，孙雪峰，等，2015.苏北盆地阜宁—东台断坳地热水水化学特征及同位素分析［J］.江苏科技信息，（5）：70-73.

袁际华，柳广弟，2007.苏北盆地泰州组原油有机地球化学特征及成因［J］.西南石油大学学报，29（6）：34-38.

袁静，2013.沉积学原理·第2版［M］.北京：地质出版社.

袁静，董道涛，宋璠，等，2016.苏北盆地高邮凹陷深凹带古近系戴南组一段沉积格局与时空演化［J］.古地理学报，18（2）：147-160.

袁效奇，傅智雁，1992.河套盆地第三系有孔虫的发现及其生态环境的分析［J］.石油学报，13（2）：109-115.

臧素华，花彩霞，2013.金湖凹陷金南—腰滩地区戴南组一段高分辨率层序构型与砂体展布特征［J］.高校地质学报，19（3）：536-543.

曾宪章，1989.中国陆相原油和生油岩中的生物标志物［M］.兰州：科学技术出版社.

张朝锋，郭文，王晓鹏，2018.中国地热资源类型和特征探讨［J］.地下水，40（4）：1-5.

张国栋，1987.中国东部早第三纪海侵和沉积环境［M］.北京：地质出版社.

张厚福，高先志，等，1999.石油地质学［M］.北京：石油工业出版社.

张厚福，张万选，1989.石油地质学·第2版［M］.北京：石油工业出版社.

张淮，周荔青，李建青，2006.下扬子地区海相下组合油气勘探潜力分析［J］.石油实验地质，28（1）：15-20.

张建球，1996.下扬子区中、古生界构造演化与油气藏形成史［J］.石油与天然气地质，17（2）：146-149.

张金川，徐波，聂海宽，等，2008.中国页岩气资源勘探潜力［J］.天然气工业，28（6）：136-140.

张娟，陈晶，吴峰，2011.苏北盆地海安凹陷泰一段高分辨率层序地层研究［J］.复杂油气藏，4（2）：18-22.

张旗，王元龙，金惟俊，等，2008.晚中生代的中国东部高原：证据、问题和启示［J］.地质通报，27（9）：1404-1430.

张善文，2006.济阳坳陷第三系隐蔽油气藏勘探理论与实践［J］.石油与天然气地质，27（6）：731-740，761.

张涛，张弢颖，2011.洪泽凹陷近岸水下扇油气成藏特征［J］.岩性油气藏，23（5）：56-59.

张喜林，朱筱敏，杨俊生，2005a.苏北盆地高邮凹陷古近系戴南组地震相研究［J］.西安石油大学学报（自然科学版），20（3）：44-47.

张喜林，朱筱敏，钟大康，等，2005b.苏北盆地高邮凹陷古近系戴南组沉积相及其对隐蔽油气藏的控制［J］.古地理学报，7（2）：207-218.

张训华，侯方辉，孙军，等，2014.中国海及邻域宏观地质特征与构造演化［J］.海洋地质与第四纪地质，34（6）：1-8.

张雅君，2014.射线波阻抗反演在YA地区储层预测中的应用［J］.石油地球物理勘探，9（4）：759-765.

张雅君，2018.火山侵入岩区圈闭描述与评价方法研究——以高邮凹陷北斜坡沙—花—瓦地区为例［J］.复杂油气藏，11（3）：1-5.

张雅君，陆明华，2004. 地震属性分析在 ZB1 区块隐蔽油藏勘探中的应用 [J]. 石油物探，43（S1）：98-100.

张一勇，钱泽书，1992. 江苏北部始新统戴南组、三垛组孢粉植物群及古生态环境 [J]. 微体古生物学报，（1）：1-24，111-116.

张永鸿，1991. 下扬子区构造演化中的黄桥转换事件与中、古生界油气勘探方向 [J]. 石油与天然气地质，12（4）：439-448.

张渝昌，1997. 中国含油气盆地原型分析 [M]. 南京：南京大学出版社.

张运周，徐胜林，陈洪德，等，2018. 川东北旺苍地区栖霞组地球化学特征及其古环境意义 [J]. 石油实验地质，40（2）：210-217.

赵澄林，朱平，陈方鸿，2001. 高邮凹陷高分辨率层序地层学及储层研究 [M]. 北京：石油工业出版社.

赵霞飞，何起祥，许靖华，1983. 苏北油田都 3 井泰州组及阜宁组二段沉积环境分析 [J]. 石油实验地质，5（2）：94-99.

赵秀岐，周海民，张军勇，2005. 洪泽凹陷管镇次凹水下扇地震识别技术 [J]. 石油地球物理勘探，40（Z1）：86-90，107.

赵正忠，蔡小李，1993. 苏北盆地阜宁组的研究 [J]. 石油勘探与开发，2（4）：52-57.

浙江省地质矿产局，1989. 浙江省区域地质志 [M]. 北京：地质出版社.

郑开富，1998. 江苏地区第四系浅层天然气的分布与勘探前景 [J]. 天然气工业，18（3）：33-37.

郑开富，2004. 苏北地区浅层油气成藏特征与勘探前景 [J]. 天然气工业，24（7）：22-25.

郑开富，彭霞玲，2012. 赵集岩盐矿区地质特征与潜在的地质灾害 [J]. 复杂油气藏，5（3）：14-18.

郑开富，彭霞玲，2013. 苏北盆地上白垩统—第三系页岩油气成藏层位及有利区带 [J]. 地质学刊，37（1）：147-154.

郑开富，杨鹏举，何禹斌，2010. 下扬子区浦口组的岩石类型与油气封盖特征 [J]. 复杂油气藏，3（3）：9-12.

郑绍贵，郭念发，王宏相，2000. 江苏天然气藏及成藏模式 [J]. 天然气工业，20（2）：8-11.

郑亚惠，张树维，1986. 安徽天长 T_{103} 孔早中新世孢粉组合 [J]. 微体古生物学报，（2）：151-160，228-230.

郑瑶芳，1987. 高邮凹陷油气分布规律的探讨 [J]. 石油学报，8（2）：1-8.

《中国油气田开发志》总编纂委员会，2010. 中国油气田开发志：江苏油气区油气田卷 [M]. 北京：石油工业出版社.

《中国油气田开发志》总编纂委员会，2011. 中国油气田开发志：华东油气区油气田卷 [M]. 北京：石油工业出版社.

周方喜，2003a. 非线性大变形方法在金湖凹陷闵 7 块火山岩裂缝预测中的应用 [J]. 油气地质与采收率，10（1）：12-13.

周方喜，2003b. 赤岸油田韦 2 断块裂缝分布研究及应用 [J]. 油气地质与采收率，10（3）：14-16.

周健，林春明，张霞，等，2011. 江苏高邮凹陷古近系戴南组一段物源体系和沉积相 [J]. 古地理学报，13（2）：161-174.

周荔青，雷一心，2001. 中国主要陆相含油气盆地油气田规模特征 [J]. 中国石油勘探，6（2）：8-15.

周荔青，刘池洋，陆黄生，等，2004. 苏北盆地阜三段油气成藏规律［J］. 石油实验地质，26（2）：187-193.

周荔青，吴聿元，2007. 苏北盆地浅层油气藏类型及分布特征［J］. 石油实验地质，29（4）：334-339，344.

周荔青，张淮，2002. 中国海相残留盆地油气成藏系统特征［J］. 石油实验地质，24（6）：483-489.

周全春，包金松，刘海燕，1982. 苏北盆地始新统真武组与华北盆地孔店组介形类动物群的对比［J］. 石油实验地质，4（3）：225-230.

周山富，1982. 应用孢粉资料探讨苏北白垩——第三纪地壳运动［J］. 石油与天然气地质，3（3）：277-281.

周山富，1994a. 双气囊花粉与三垛运动［J］. 地质论评，40（5）：436-445.

周山富，1994b. 泰州组沼、水生植物孢粉及水盆演变［J］. 石油与天然气地质，15（2）：127-132.

周韬，2017. 苏北盆地海安凹陷曲塘次凹阜三段成藏条件分析［J］. 石油地质与工程，31（3）：15-18.

朱光，刘国生，牛漫兰，等，2003. 郯庐断裂带的平移运动与成因［J］. 地质通报，22（3）：200-207.

朱光，徐佑德，刘国生，等，2006. 郯庐断裂带中—南段走滑构造特征与变形规律［J］. 地质科学，41（2）：226-241，255.

朱光，张力，谢成龙，等，2009. 郯庐断裂带构造演化的同位素年代学制约［J］. 地质科学，44（4）：1327-1342.

朱建辉，江兴歌，张渝昌，等，2005. 苏北盆地海安凹陷曲塘—李堡地区新生代演化和油气响应评价［J］. 石油实验地质，27（2）：138-143.

朱静昌，张国栋，王益友，1992. 苏北盆地阜宁群时期的古气候和水介质的物理化学条件分析［J］. 岩相古地理，12（6）：8-16.

朱立华，郭念发，2002. 江苏黄桥 CO_2 气田储集层裂隙特征［J］. 石油勘探与开发，29（2）：67-70.

朱立华，张传林，仲健华，等，1999. 下扬子地区上泥盆统五通组沉积构造及其地球化学特征［J］. 沉积学报，17（3）：355-360.

朱莲芳，1995. 中国天然气碳酸盐岩储层形成的成岩模式［J］. 沉积学报，13（2）：140-149.

朱平，毛凤鸣，李亚辉，2008. 复杂断块油藏形成机理和成藏模式［M］. 北京：石油工业出版社.

朱夏，1983. 中国中新生代盆地构造和演化［M］. 北京：科学出版社.

朱夏，徐旺，1990. 中国中新生代沉积盆地［M］. 北京：石油工业出版社.

朱筱敏，康安，王贵文，2003. 陆相坳陷型和断陷型湖盆层序地层样式探讨［J］. 沉积学报，21（2）：283-287.

朱筱敏，刘长利，张亚雄，等，2008. 苏北盆地上白垩统泰州组砂岩成岩序列和储集层质量主控因素分析［J］. 古地理学报，10（5）：439-446.

朱有光，张水昌，赵文智，等，2007. 中国稠油区浅层天然气地球化学特征与成因机制［J］. 中国科学（D辑：地球科学），37（s2）：80-89.

祝厚勤，刘平兰，2003. 盐城凹陷朱家墩泰州组气藏形成机理研究［J］. 天然气地球科学，14（3）：220-223.

祝幼华，阎泗民，杨晓清，2004. 苏北盆地高邮凹陷D1井白垩纪—古近纪微体古生物地层及沉积环境

［J］. 微体古生物学报，21（3）：267-272.

祝幼华，钟石兰，杨晓清，2001. 苏北盆地阜宁组钙质超微化石由来初探［J］. 微体古生物学报，18（3）：268-273.

左国平，屠小龙，夏九峰，等，2009. 苏北盆地大丰—兴化地区油气成藏规律研究［J］. 中国石油勘探，14（2）：36-40.

附录　大事记

1956 年

2 月　地质部召开第二次全国石油普查工作会议，决定由华东地质局组建华东石油普查大队，开展苏、浙、皖三省及其毗邻地区石油地质调查工作。

是年　华东石油普查大队始于苏南及毗邻的浙皖丘陵山地进行石油地质调查，查证海相中生界—古生界油苗百余处，并提出进一步工作应转向平原覆盖区。

是年　地质部物探局航磁大队 904 队在华北平原南部，以及包括苏北平原在内的周围地区进行 1∶100 万航磁测量，根据成果解释认为苏北平原南部地区为一新的沉积坳陷。

1957 年

11 月　在苏北阜宁县十字河发现油苗。

是年　地质部物探局济南物探大队在江苏平原地区完成 1∶100 万重力测量，绘制了 1∶1 万布格重力异常图，划分了坳陷与隆起区，肯定了苏北坳陷的存在。

1958 年

2 月 27—28 日　中共中央总书记、国务院副总理邓小平在听取石油工业部汇报时指出："江苏要是有一吨油，就可以说江苏有石油工业了""苏北要增加工作量，这个地方如果搞出油来，那对沿海一带很有好处""苏北如果找到油，年产一百万吨，就值得大搞"。

7 月 20 日　石油工业部华北石油勘探处 32105 钻井队在江苏省阜宁县城北盐河岸边钻探苏北盆地第一口基准井——阜基 1 井，在新近系以下发现 470 余米的灰黑色阜宁组，具有很好的生储油条件。

8 月　石油工业部从新疆、四川、青海、玉门、银川和华北等石油单位抽调专业队伍组建华东石油勘探局，负责华东"五省一市"石油天然气普查工作，局机关设在上海。

10 月　地质部成立江苏石油普查大队和华东石油物探大队，开始了苏北盆地油气普查工作。

是年　地质部第一石油普查大队安徽区队成立，开始对合肥盆地及皖东南地区进行石油地质普查工作。

是年　浙江省地质局石油地质队成立，负责浙江省内的油气普查工作。

是年　华东石油勘探局组织重磁联队开始在北起沭阳—灌云，南到长江，西起运河，东至南黄海，面积为 41000km² 苏北平原地区，分年度进行 1∶10 万、1∶20 万重力、磁力详查。

1959 年

年初　中共江苏省委成立石油领导小组，协调地质、石油两部的勘探队伍在江苏地区的普查工作，在 1959 年第一次会议上研究确定了"以苏北为重点，兼顾苏南"的普查工作方针。

是年　华东石油勘探局在高邮凹陷北部三垛重力高部署钻探垛 5 井首次发现三垛组下部油砂。

是年　福建省地质局石油地质大队成立（1962 年并入地质部第六石油普查勘探大队），负责福建省内的油气普查工作。

1960 年

2 月　华东石油勘探局集中 4 个地震队在盐阜坳陷东部，北自苏北灌溉总渠，南至盐城—引水沟一线，西起高邮—淮安公路，东临黄海的 4500km² 范围内进行面积详查。同时，还使用一个地震队做如皋—新安镇的区域大剖面。

是年　江苏省地质局组建江苏省天然气队，在南通地区开展浅层气的勘探工作。

1961 年

11 月　华东石油勘探局的队伍大部分从江苏调往山东参加胜利油田会战。

1962 年

是年　地质部将江苏石油普查大队改称第六普查勘探大队，将原华东石油物探大队改为第六物探大队，直属地质部石油局领导，继续坚持该区的普查工作。

1963 年

7 月　石油工业部华东石油勘探局成立南方古生代研究队。

1964 年

5 月　地质部石油局第六普查勘探大队在高邮凹陷南部殷家庄地震隆起带南翼钻探苏 5 井，首次在三垛组发现原油随钻井液流出。

1965 年

是年　地质部石油局第六普查勘探大队在高邮凹陷北部花家庄地震构造钻探苏 8 井，首次在戴一段发现含油砂岩。

1966 年

5 月　地质部石油局第六物探大队首次使用引进的法国 CGGB–59 型模拟磁带地震仪在高邮凹陷殷家庄—花家庄地区进行了多次迭加方法试验。

1969 年

12 月　江苏镇江东风煤矿东大巷上二叠统大隆组页岩地层中流出原油 2.6t，引起了江苏省委领导的重视。

1970 年

3 月　国家计划委员会地质总局将第四物探大队和第五普查勘探大队从湖北调入江苏地区工作。

7月20日　第六普查勘探大队在溱潼凹陷戴南构造所钻的苏20井，在古近系戴二段试油获得日产原油14.5m³，这是苏北盆地钻获工业油流的第一口井。

是月　安徽石油普查队伍重新组建，成立安徽石油勘探处（后改为安徽石油勘探公司），在综合研究全省石油地质资料的基础上，首先选择了合肥盆地作为勘探对象。

8月　江苏省革命委员会石油勘探指挥所成立，统一领导地质部门下放的第四物探大队、第六物探大队、第五普查勘探大队，以及第六普查勘探大队，指挥所设在镇江。

1971年

是年　江苏省石油勘探指挥所第五普查勘探大队在海安凹陷南部潘庄构造钻探东12井，首次在阜一段发现油层1层3.4m。

是年　浙江省组建浙江省石油地质大队，归浙江省石油化学工业厅和石油工业部双重领导，继续开展浙江省内的油气普查工作。

是年　福建省再次组建福建省石油地质队，继续开展福建省内的油气普查工作。

1972年

1月9日　江苏省石油勘探指挥所第五普查勘探大队在溱潼凹陷祝庄构造钻探的东7井，在阜一段试获日产3.38m³原油，压裂后最高日产6.76m³，发现祝庄油田。

1973年

12月2日　江苏省石油勘探指挥所第五普查勘探大队在金湖凹陷卞塘构造钻探东45井，首次试获日产2.74m³低产油流。

是年　安徽石油勘探公司在安徽阜阳地区倪丘集凹陷地震普查发现的光武构造上钻探第一口参数井——阜深1井，完钻井深3300m，揭露了一套古近系红色砂、泥岩地层，并发现油气显示。

1974年

1月　江苏省革命委员会石油勘探指挥所更名为江苏省革命委员会石油勘探指挥部，其机关于1975年迁至扬州。

9月15日　江苏省石油勘探指挥部第六普查勘探大队在高邮凹陷真武构造部署钻探的苏58井钻遇三垛组、戴南组油砂岩，11月12日试油射开戴二段油层，获得日产原油55.8m³，由此发现真武油田。

12月9日　江苏省石油勘探指挥部第五普查勘探大队在金湖凹陷刘庄构造钻探东60井，在阜宁组试获日产原油5.5m³，天然气21×10⁴m³，由此发现刘庄油气田。

1975年

1月　江苏省石油勘探指挥部第六普查勘探大队在溱潼凹陷储家楼构造钻探苏59井，在戴南组钻遇油层，试油自喷获得日产168.4m³的高产油流，由此发现储家楼油田。

3月19日　石油化学工业部决定组建江苏石油勘探开发会战指挥部，并先后从胜利、四川、长庆、新疆、江汉、青海等石油单位成建制抽调石油勘探开发专业队伍参加会战。

4月23日　江苏石油勘探开发会战指挥部成立大会在北京召开，石油化学工业部康世恩部长讲话要求"关于会战布局，第一步上的十个钻井队，五个集中在真武庙构造上，五个要集中在永安镇构造上。要把油层情况搞得清清楚楚，打成样板井"。

7月18日　国务院副总理陈云在扬州听取江苏石油勘探开发会战指挥部、江苏省石油勘探指挥部的工作汇报，翌日又专程到真武油田现场视察，并指示"江苏有油，但情况复杂，你们要准备做长期、艰苦的工作，克服困难，坚持下去，就一定可以取得成果"。

7月20日　江苏石油勘探开发会战指挥部钻探的第一口探井真6井开钻，该井位于高邮凹陷真武构造，10月10日钻至2786m完钻，试油射开戴二段油层，用12mm油嘴日产原油40t。

10月　江苏石油勘探开发会战指挥部和江苏省石油勘探指挥部一起，邀请安徽石油勘探处、海洋地质调查所、石油化学工业部物探局、江苏省煤炭勘探公司、江苏省地质局等七个单位约50余人开展联合研究工作，编制了石油地质基本图幅，共同编制"五五"期间前三年勘探部署方案。

11月25日　江苏省革命委员会石油勘探指挥所在高邮凹陷富民庄构造钻探的苏63井，经试油求产垛一段油层，获得日产8.06t工业油流，从而发现了富民油田。

是月　江苏石油勘探开发会战指挥部和江苏省石油勘探指挥部联合召开内外"三结合"的江苏石油地质技术座谈会，著名地质学家朱夏作了题为"联想与对比"的发言。

12月24日　江苏石油勘探开发会战指挥部在高邮凹陷永安构造钻探永7井，完井试油在戴一段地层试获日产凝析油3.02t和天然气$1.91×10^4m^3$，由此发现永安油气田。

1976年

3月9日　江苏石油勘探开发会战指挥部在高邮凹陷永安构造钻探永2-1井，完井试油在垛二段地层抽汲日产油14.9t，苏北盆地首次在垛二段试获工业油流。

7月　安徽石油勘探处在金湖凹陷金塘构造钻探的天深6井，发现阜一段、阜二段油层，并试获日产原油$25.5m^3$，这是苏北盆地安徽天长地区首次突破工业油流。

8月23日　江苏省石油勘探指挥部第六普查勘探大队在金湖凹陷东部闵桥构造钻探苏81井，发现阜二段生物灰岩油层1层5.20m，并试获日产24.7t的工业油流，由此发现闵桥油田。

8月29日　江苏石油勘探开发会战指挥部在高邮凹陷真武构造钻探真11井，试获日产231t的高产油流。为此，会战指挥部于9月4日在真11井现场召开祝捷大会，时任江苏省委副书记许家屯前来参加。

1977年

7月20日　江苏石油勘探开发会战指挥部在高邮凹陷许庄构造钻探真18井开钻，完井后射开阜一段油层，试油获得日产5.3t工业油流，由此发现许庄油田。

10月25日　江苏石油勘探开发会战指挥部在高邮凹陷真武构造钻探真20井，试获日产原油1020.5t，会战指挥部于28日在真20井现场召开了千吨井祝捷大会。

10月26日　江苏石油勘探开发会战指挥部在苏南句容地区所钻的句参1井钻至1750m完钻，该井在416～1632m井段石炭系—二叠系和三叠系见到12处95.5m不同程度的油气显示。

年底　真武油田正式计算探明储量并投入开发，首次上报含油面积$3.17km^2$，探明

石油地质储量 848.4×10^4 t。

1978 年

3 月 江苏省革命委员会石油勘探指挥部总工程师朱夏的"中国中新生界含油气盆地的构造特征"和江苏省石油地质大队"苏北含油气区的发现"两个研究成果获全国科学大会奖。

7 月 江苏省革命委员会石油勘探指挥部改称江苏省石油勘探指挥部。

9 月 23 日 江苏石油勘探开发会战指挥部在高邮凹陷真武构造部署钻探以古潜山油藏为主要目的层的真 43 井开钻，1979 年 6 月 19 日完井，射开寒武系—奥陶系白云岩油层试获最高日产原油 4m³，累计产油 47.71t。

9 月 24 日 苏浙皖地区石油勘探开发会战指挥部成立大会在江苏省江都县邵伯镇举行，指挥部由江苏石油勘探开发会战指挥部、浙江省石油地质大队、安徽石油勘探处共同组成。

11 月 6 日 江苏省石油勘探指挥部在海安凹陷曲塘次凹部署钻探的苏 88 井发现阜三段油层，并试获日产 4.3t 的工业油流，从而发现张家垛油田。

是年 国家地质总局 611 重力分队开始分数个年度陆续完成洪泽湖、白马湖、宝应湖、高邮湖、邵伯湖等湖区 1∶10 万重力详查。

是年 刘庄油气田基本探明，并正式投入开发，探明石油地质储量 110×10^4 t，天然气地质储量 4.17×10^8 m³。

1979 年

2 月 8 日 江苏石油勘探开发会战指挥部在高邮凹陷南部断裂带上升盘周庄地区钻探的周 2 井，首次在新近系盐城组发现沥青气层，并试获日产天然气 17.2×10^4 m³。

4 月 25 日 江苏石油勘探开发会战指挥部在苏南句容凹陷钻探的容 2 井钻至798.59m 完钻，针对三叠系青龙灰岩油气显示井段进行裸眼测试，经小型酸化后抽汲获得日产 6.6m³ 的工业油流，这是苏南地区首次钻获工业油气流。

5 月 25 日 江苏石油勘探开发会战指挥部在高邮凹陷周庄地区钻探的周 4 井开钻，6 月 20 日完钻。经试油获得日产 51t 的高产油流，发现周庄油田。

10 月 江苏石油勘探开发会战指挥部从法国引进 SN338HR48 道数字地震仪装备数字化地震队。

12 月 10 日 江苏石油勘探开发会战指挥部在高邮凹陷黄珏构造钻探的黄 1 井，经试油在戴二段获得日产 7t 的工业油流，发现黄珏油田。

是月 江苏省石油勘探指挥部在溱潼凹陷钻探的苏 129 井试获工业油流，发现淤溪油田。

年底 江苏石油勘探开发会战指挥部原油产量踏上 30×10^4 t 台阶。

1980 年

3 月 22 日 江苏石油勘探开发会战指挥部在高邮凹陷曹庄构造钻探的曹 2 井，经试油获日产原油 14.9t，发现曹庄油田。

4 月 13 日 国务院副总理康世恩在石油工业部副部长黄凯、江苏省副省长汪冰石陪同下来江苏油田视察。

10月　江苏石油勘探指挥部在金湖凹陷石港断裂带钻探的苏147井于戴一段试获日产13.7t原油，发现腰滩油田。

1981 年

6月23日　江苏石油勘探开发会战指挥部在高邮凹陷马家嘴构造钻探的马3井开钻，9月29日完钻。经试油在戴二段首获日产原油14.4t，发现马家嘴油田。

9月23日　江苏石油勘探开发会战指挥部在高邮凹陷肖刘庄构造钻探的肖1井开钻，11月25日完钻。经试油，在戴一段首获日产凝析油5.20t、天然气$1.77\times10^4m^3$，发现肖刘庄油田。

1982 年

4月12日　石油工业部勘探司在杭州主持召开苏、浙、皖三省油气勘探会议。会议期间，江苏石油勘探开发会战指挥部与安徽石油勘探指挥部、浙江石油地质大队签订了在苏北盆地海安凹陷进行两年地震详查的承包合同。

9月　江苏省石油勘探指挥部在溱潼凹陷钻探的苏169井试获日产原油4.88t，从而发现了茅山油田。

10月11—19日　苏、浙、皖三省石油勘探开发成果交流会在安徽绩溪召开。

是月　安徽石油勘探指挥部2251、2253两个地震队和浙江省石油地质大队2295、2296两个地震队先后在江苏石油勘探开发会战指挥部承包海安凹陷的地震采集工作。至1984年1月，分别完成地震测线581.94km和592.55km的承包任务。

12月4日　江苏石油勘探开发会战指挥部在高邮凹陷联盟庄构造钻探的联2井开钻，次年4月24日完钻，经试油在戴二段获得日产原油36.8t，由此发现联盟庄油田。

1983 年

年初　江苏石油勘探开发会战指挥部编就"江苏油田1983—1990年勘探规划"，明确提出这一期间的六个主要探区，即高邮凹陷、金湖凹陷、海安凹陷、盐阜坳陷、柘垛低凸起及徐州地区，其中前三年主要以高邮凹陷、金湖凹陷为重点，又以高邮凹陷为主攻地区。

2月5日　江苏石油勘探开发会战指挥部在高邮凹陷徐家庄构造钻探的富11井开钻，4月6日完钻，下半年试油在戴一段首获日产原油14t，发现徐家庄油田。

3月16日　江苏石油勘探开发会战指挥部改称江苏石油勘探开发公司。

3月20日　地质矿产部决定将"江苏省石油勘探指挥部"改名为"地质矿产部华东石油地质局"，自此，开展以勘查海相为主、兼顾陆相，以"四新"（新领域、新地区、新构造、新层位）为主要内容的第二轮油气普查勘探工作。

是月　华东石油地质局在江苏省泰兴县黄桥镇钻探的苏174井在海相地层栖霞组采用控制头双油嘴12.7mm放喷，试获日产$20\times10^4m^3$二氧化碳气流，纯度达95%～98%，发现当时国内最大的黄桥含轻烃二氧化碳气田，探明和控制地质储量$26.1\times10^8m^3$。

8月1日　中共江苏石油勘探开发公司第一次代表大会首次提出"赶玉门，赶江汉，实现年产原油一百万（吨）"的奋斗目标。

12月24日　江苏石油勘探开发公司在高邮凹陷联盟庄构造钻探的联2井完钻,经试油在戴二段获日产36.8t的工业油流,发现联盟庄油田。

1984 年

3月20—26日　石油工业部勘探司在南京召开苏、浙、皖地区中古生界油气地质综合研究协调会;苏、浙、皖三省石油勘探单位,南京大学,南京古生物研究所,地矿所,贵阳地球化学研究所等15个单位80名代表参加会议,交流了26个学术报告,拟定了综合研究诸项课题。

5月　江苏石油勘探开发公司在海安凹陷安丰构造钻探的安3井,完钻经试油在泰一段首获日产原油5.80t,发现安丰油田。

9月25日　江苏石油勘探开发公司6029钻井队在高邮凹陷真武地区钻探参数井——真86井开钻,至1985年11月11日完钻,井深5131m,为当时在江苏境内钻探最深的一口井。

10月　石油工业部物探局313重力队来江苏油田,对高邮凹陷运河以东,小纪、江都以北,永安、富民以西地区展开1∶5万的高精度重力细测。

11月5日　江苏石油勘探开发公司在高邮凹陷富民庄构造部署钻探的富18井完钻,测井解释各类油层54层243.4m,这是江苏油田在苏北盆地钻获油层最厚的一口井,12月用10mm油嘴求产,获得日产289m^{3}的高产油流,由此发现了富民油田主力含油区块。

年底　江苏石油勘探开发公司原油产量结束在$30×10^4$t/a上下徘徊的局面,达到$40.79×10^4$t/a。

1985 年

5月22日　法国斯伦贝谢公司数控测井队到达江苏石油勘探开发公司开始数控测井技术服务,实际作业11个月,测井19口33井次。通过合作加速了测井数控化进程,为完善测井系列奠定了重要基础。

6月　华东石油地质局在泰兴县溪桥镇钻探的黄浅1井试获超浅层自喷含氦天然气流,首次发现溪桥含氦天然气藏。

7月8日　江苏石油勘探开发公司在高邮凹陷邵伯构造钻探的邵8井完钻,在戴一段发现油层2层7.4m,经试油获得日产原油8.9t工业油流,发现邵伯油田。

8月　江苏石油勘探开发公司与法国通用地球物理(CGG)公司签订的地震勘探服务合同正式开工,至1987年12月,历时两年时间,共完成二维地震测线1609.78km,三维地震面积34.6km^2。

10月　石油工业部物探局313重力队在海安凹陷南部雅周地区施工,至1986年3月共完成1∶5万高精度重力细测面积1300km^2。

是年　江苏石油勘探开发公司完成了苏北盆地第一轮油气资源评价。

是年　江苏石油勘探开发公司年产原油突破$50×10^4$t大关。

1986 年

1月　华东石油地质局钻探的苏174井投产,标志黄桥CO_2气田正式进入开发阶段。

5月8日　石油工业部批准江苏石油勘探开发公司易名为江苏石油勘探局。

是月　华东石油地质局6003井队在泰县梅垛乡施工的N4井，完钻井深5644.04m，创江苏地区深井纪录，并钻穿古生界地质剖面，在二叠系栖霞组获油流。

8月4日　江苏石油勘探局在邵伯湖自建"人工岛"钻井平台上施工的黄珏油田黄3丛式井组建成投产，开创了国内湖泊地区建岛打丛式井开发水下油田的先例。

9月16日　江苏石油勘探局在高邮凹陷南部断阶带竹墩构造部署钻探的纪1井，首次在浦口组和泰州组分别钻遇油层1层3.6m和油气层6层30.4m，经MFE测试分别获得日产4.0t的工业油流和$7.68×10^4m^3$的二氧化碳气。

12月　江苏石油勘探局在海安凹陷安曹断裂构造带上的安丰和梁垛构造钻探，安丰1、安12井分别试获日产22.7t、24.1t工业油流，标志海安凹陷油气勘探取得突破性进展，被石油工业部列为1986年11项重大突破之一。

是年　由江苏石油勘探局、安徽石油勘探公司、浙江石油地质大队、浙江石油地质研究所等单位合作完成的"苏、浙、皖、闽四省油气资源评价"获得石油工业部科技进步二等奖。

1987年

3月31日　江苏石油勘探局在江苏徐州丰沛铜地区的黄口坳陷部署钻探的丰参1井完钻，完钻井深3945.63m，并在古生界石炭系—二叠系和中生界白垩系钻遇大套暗色泥岩。

是月　浙江省石油勘探处改名为浙江石油勘探处，隶属石油工业部领导，承担浙江及其邻区的油气勘探工作。

4月9日　江苏石油勘探局在金湖凹陷下东构造钻探的下1井开钻，该井在阜二段试获日产原油37.3t，经酸化获得日产58.5t的工业油流，由此发现下东油田。

5月　华北石油地质局在南华北盆地周口坳陷倪丘集凹陷大王庄构造部署钻探的南12井，在古近系下部钻探发现良好油气显示，并试获低产油流，揭示了具有形成油气藏的基本石油地质条件。

7月5日　江苏石油勘探局在高邮凹陷小纪地区钻探的纪4井，试油射开戴二段油层，用6mm油嘴获得日产原油100.7t，发现徐家庄油田。

9月18—19日　国务委员康世恩在江苏省省长顾秀莲陪同下到江苏石油勘探局视察，并讲话强调："要在已经勘探开发的区块上还要下功夫，要精雕细刻，对下扬子地台要尽快地突破，不能停留在第三系局部盆地的勘探上。"

10月　江苏石油勘探局引进具有水陆两栖功能的MYRIASIS（Ⅰ）型遥测地震仪，及其配套的浅水、沼泽气枪震源系统，组建起了第一个水陆两栖地震队。

12月　江苏石油勘探局在金湖凹陷崔庄构造钻探的崔2井发现阜二段油层，经酸化后试获日产原油29.2t，发现崔庄油田。

年底　华东石油地质局在地质矿产部系统率先向全国油气储量委员会提交溱潼凹陷草舍、储家楼油田探明石油地质储量$111.56×10^4t$。

1988年

4月　江苏石油勘探局雇佣地质矿产部航空物探技术中心905队在苏南地区进行

1：5万航空磁测，至6月底共完成勘探工作量7030km²。

6月　江苏石油勘探局在金湖凹陷杨家坝构造钻探杨1井，发现阜二段油层，试油获日产原油23t，酸化后获得日产81.1t高产油流，从而发现杨家坝油田。

11月　江苏石油勘探局地调处2163和2180两个地震队联合组成一个240道地震队，在高邮凹陷邱家地区进行三维地震采集施工，这是江苏油田第一块自行设计、施工和解释的三维地震区块，施工面积54.8km²，满覆盖面积22.91km²。

是年　江苏石油勘探局完成的"江苏下扬子地区中、古生界油气地质综合研究"获得石油工业部科学技术进步奖二等奖。

1989 年

3月　江苏石油勘探局在金湖凹陷下闵杨断隆带南端墩塘构造钻探的墩1井发现阜二段油层，试油获得日产原油4.9t，由此发现墩塘油田。

4月　江苏石油勘探局根据人机联作地震解释新成果，在吴堡低凸起宋家垛构造钻探的周31井，经试油首次在泰州组中获得日产13.8t的工业油流。

7月　江苏石油勘探局在金湖凹陷闵桥构造钻探的闵7井阜二段火山岩取心井段见到裂缝、裂隙、孔洞含油，原油外溢，经试油获得日产原油35～41t，由此发现闵桥油田火山岩富集油藏。

9月　江苏石油勘探局在金湖凹陷西部斜坡带高集构造部署钻探的高1井发现阜二段油层，并试获日产3.96t工业油流，由此发现高集油田。

11月　华东石油地质局在海安凹陷张家垛油田苏88井进行了地质矿产系统第一口二氧化碳吞吐试验。

是年　中原石油管理局在黄口坳陷中西部姜马庄构造部署钻探的商1井完钻井深4002.60m，并在侏罗系—白垩系暗色泥岩段岩心裂缝中见到沥青，证实了具有生油能力。

1990 年

2月　华东石油地质局在溱潼凹陷钻探的苏190井试获工业油流，发现溪南庄油田。

是月　华东石油地质局在溱潼凹陷钻探的苏185井试获工业油流，发现角墩子油田。

4月　华东石油地质局在溱潼凹陷钻探的苏191井试获工业油流，发现殷庄油田。

是月　华东石油地质局在溱潼凹陷钻探的苏200井试获工业油流，发现陶思庄油田。

9月　江苏石油勘探局在盐城凹陷部署钻探的第一口探井——盐参1井开钻，次年5月钻至井深4025m完钻，首次在泰州组下部地层发现玄武岩储层，并试获日产天然气269m³。

年底　真武油田年产原油达到最高峰的31.36×10⁴t。

1991 年

1月　江苏石油勘探局在金湖凹陷西斜坡范庄构造钻探的范1井，试油射开阜二段生物灰岩含油储层，酸化后试获日产油7.9t，发现范庄油田。

5月　华东石油地质局承担的地质矿产部与日本石油公司签订"中日苏南地区地球物理调查合作项目"野外数据采集任务，项目历时3年在南京、镇江、常州、无锡面积

9600km^3 的工区内，部署施工 8 条 565km 地震测线。

10 月　在中国石油天然气总公司召开的全国储量预审和圈闭评价会议上，江苏石油勘探局在闵桥油田发现的火山岩油藏和金湖西斜坡范庄构造发现的生物灰岩油藏，被确定为当年全国十大油气发现中的两大重要发现。

11 月　江苏石油勘探局在洪泽凹陷部署钻探的第一口探井——兴隆 1 井在江苏省盱眙县开钻。

是年　江苏石油勘探局开始在洪泽湖区、高邮湖区，以及涟水等苏北盆地外围地区部署分年度完成 1∶5 万高精度重力测量和高精度航空磁测等勘探工作。

是年　浙江石油勘探处在宁波盆地部署钻探的第一口参数井——宁参 1 井在浙江省宁波市开钻。

1992 年

5 月　江苏石油勘探局在金湖凹陷西部斜坡带南湖构造钻探的南 1 井开钻，至 6 月 8 日完钻。经试油，该井首获日产原油 24.7t，发现南湖油田。

6 月　《中国石油地质志·卷八　苏浙皖闽油气区》由石油工业出版社出版发行。

8 月　华东石油地质局在首块三维地震工区内发现的洲城构造上施工 QK5 井，分别于戴一段、戴二段，以及垛一段试获日产 5.43t、33.77t、56.58t 的工业油流，发现洲城油田。

10 月　江苏石油勘探开发公司在金湖凹陷石港断裂带石庄构造钻探的石 2 井，试油射开戴二段油层获得日产 13.28t 的工业油流，发现石港油田。

1993 年

4 月　江苏石油勘探局在洪泽凹陷管镇次凹钻探的管 1 井发现戴南组油层，并首次试获日产 0.4t 低产油流。

8 月　江苏石油勘探局在高邮凹陷北部斜坡带码头庄构造钻探的庄 2 井发现阜一段、阜二段两套油层，并分别试获日产原油 18.1t、16.9t，发现码头庄油田。

9 月 11 日　华东石油地质局为实现江苏找油第一次突破的苏 20 井立碑纪念，全国人大常委会副委员长彭冲题词"把光和热带给江淮大地"（溱潼喜获工业油流志庆）纪念碑在江苏省兴化市戴南镇苏 20 井原址揭碑。

10 月　中国石油天然气总公司与英荷壳牌公司正式签订"苏北盆地江苏盐城、白驹、海安区块风险勘探合作合同"，由江苏石油勘探局反承包的地震勘探采集，至 1995 年 3 月，共完成 1584.65km 二维地震测线，并获得了壳牌公司颁发的百万人力时安全生产无事故证书。

11 月　江苏石油勘探局负责牵头完成"江苏下扬子地区第二次油气资源评价"。

1994 年

3 月 3—7 日　中国石油天然气总公司党组书记、总经理王涛率总公司机关勘探局、开发局、办公厅等部门领导，到江苏石油勘探局检查指导工作。在崔庄油田隆重召开会战誓师动员大会，王涛总经理参加动员大会并作重要讲话。

4 月　华东石油地质局在金湖凹陷钻探的苏 208 井试获工业油流，发现金南油田。

9 月　江苏石油勘探局在高邮凹陷北斜坡沙埝构造部署钻探的沙 7 井，试油射开阜三段油层，连抽带喷获得日产 34.9t 的工业油流，发现沙埝油田，实现斜坡带勘探里程碑式的重要突破。

是年　华东石油地质局全年生产原油 10.7353×10^4t，原油年产量首次踏上 10×10^4t 台阶。

是年　真武油田实现了连续 17 年年产原油稳产在 25×10^4t 以上。

1995 年

1 月　华东石油地质局在溱潼凹陷洲城油田完成地质矿产部系统和江苏省第一口水平井——苏平 1 井。

3 月　安徽石油勘探公司在金湖凹陷西部斜坡带朱庄构造钻探天 57 井发现阜二段油层，并试获日产 $4.66m^3$ 工业油流，此后又相继发现沈庄、铜庄、闵庄等含油断块，由此发现安乐油田。

5 月　江苏石油勘探局在金湖凹陷西部斜坡带高集构造部署钻探的高 6 井，发现高集油田主力含油区块，1996 年一次提交探明石油地质储量 650×10^4t。

10 月 8 日　江苏石油勘探局同时组织的高邮凹陷沙埝油田、金湖凹陷高集油田两个油田产能建设会战动员会，至次年上半年新建原油生产能力 12×10^4t，并全面投入开发。

12 月 26 日　江苏石油勘探局完成全年 100×10^4t 原油生产任务，其为江苏石油工业史上一次历史性的跨越。

12 月 27 日　中国石油天然气总公司在北京人民大会堂湖南厅举行大型座谈会，祝贺邓小平同志有关发展江苏石油工业的指示公开发表，祝贺江苏油田年产原油突破 100×10^4t。

1996 年

1 月　江苏石油勘探局承担的加拿大国际发展署援助项目"江苏下扬子地区海相中、古生界构造演化及成藏条件联合研究"，完成油气资源潜力和勘探开发研究成果报告。

4 月　华东石油地质局在溱潼凹陷台南构造钻探的苏 217 井，阜三段试获日产 16.41t 的工业油流，次年 1 月，苏 236 井试获自溢日产 53.6t 高产油流，在溱潼凹陷东斜坡发现台兴油田。

5 月，江苏石油勘探局在高邮凹陷北部斜坡带花庄构造钻探的花 3A 井，试油射开戴一段油层获得日产 $37.1m^3$ 工业油流，由此发现花庄油田。

9 月　江苏石油勘探局在高邮凹陷北部斜坡带韦庄构造部署钻探的韦 2 井，在阜一段、阜二段发现油层，并试获日产 22.7t 的工业油流，由此发现赤岸油田。1997 年 8 月，建成的原油年生产能力 11×10^4t，探明石油地质储量 619×10^4t。

1997 年

3 月　中国石油天然气总公司南方新区油气勘探项目经理部部署钻探的针对下扬子中古生界科学探索井——圣科 1 井，在苏南句容二圣桥开钻。

7 月 30 日　地质矿产部华东石油地质局更名为中国新星石油公司华东石油局（简称华东石油局）。

8 月　江苏石油勘探局在高邮凹陷南部断裂带上升盘（吴堡低凸起）部署钻探的陈

2、陈 3 井两口探井，分别试获 28.2t/d、68.9t/d 的高产油流，发现陈堡油田。

10 月　江苏石油勘探局在盐城凹陷南部朱家墩构造部署钻探的盐城 1 井，首次在阜二段发现泥灰岩裂缝储层，经 MFE 地层测试获得日产原油 31.4t，这是盐城凹陷及其盐阜坳陷首次突破工业油流。

12 月　江苏石油勘探局"复杂小断块群油气藏的综合勘探开发技术系列"获中国石油天然气总公司科技进步一等奖，在 1997 年中国石油天然气勘探工作会上，被列为全国石油系统推广的五大技术系列之一。

1998 年

4 月　江苏石油勘探局在高邮凹陷北斜坡沙埝断块群构造钻探的沙 18 井，在阜二段火成岩烘烤泥岩变质层段，试获日产 5.0t 工业油流，并首次提交探明储量。

5 月　江苏石油勘探局从中国石油天然气总公司划归中国石油化工集团公司领导。

9 月　江苏石油勘探局在高邮凹陷北斜坡沙埝断块群构造部署钻探的沙 19、沙 20 井两口探井，分别钻遇阜宁组厚油层并试获工业油流，由此发现沙埝油田富集含油区块，次年提交探明石油地质储量 $789×10^4t$，建成年产原油 $18×10^4t$ 规模。

11 月 3 日　中国石油化工集团公司发文，改革江苏石油勘探局和安徽石油勘探开发公司管理体制，决定将安徽石油勘探开发公司并入江苏石油勘探局。

12 月 11 日　江苏石油勘探局"高邮凹陷北斜坡精细圈闭评价及油藏描述方法研究"获中国石油化工集团公司科技进步一等奖。

12 月　江苏石油勘探局陈堡油田全面投入开发，共计投产油井 50 口，一次建成年产原油 $30×10^4t$ 规模，一次上报探明石油地质储量 $1287×10^4t$。

是年　华东石油局全年生产原油 $20.46×10^4t$，原油年产量跨上 $20×10^4t$ 台阶。

1999 年

1 月 7 日　江苏石油勘探局老井复查项目组对盐城凹陷盐参 1 井阜一段 24 号层重新试油过程中，采用等时试井控制放喷，获得日产天然气 $13×10^4m^3$、凝析油 3.7t，折算天然气无阻流量 $130×10^4m^3/d$，由此发现朱家墩气田。

5 月　华东石油局在金湖凹陷钻探的定向探井苏 264 井试获日产 10.64t 的工业油流，发现淮建油田。

9 月 16 日　江苏石油勘探局沙埝油田产能建设会战圆满结束，会战历时 9 个月，共完成钻井 51 口，进尺 $14.5×10^4m$，投产油井 37 口，日产原油 500t 以上，初步形成年产原油 $18×10^4t$ 规模。

是年　江苏石油勘探局科研项目"水网地区复杂小断块油田整体开发配套技术"获得中国石油化工集团公司科学技术进步奖二等奖。

2000 年

1 月 28 日　根据中国石油化工集团公司统一部署，江苏石油勘探局分离优良资产和人员，组建中国石油化工股份有限公司江苏油田分公司，江苏石油勘探局与江苏油田分公司分设分立。

2 月　江苏石油勘探局在盐城凹陷朱家墩构造南翼钻探的新朱 1 井，首次在盐城凹陷阜三段试获日产 5.06t 的工业油流。

3 月　华东石油局随中国新星石油公司整体并入中国石油化工集团公司。

6 月 25 日　江苏油田在盐城凹陷朱家墩构造钻探的盐城 3 井，钻至 5045m 完钻，并首次在古生界五通组石英砂岩中发现油气显示。

8 月 5 日　江苏石油勘探局科研项目"苏北盆地低熟—未熟油形成机理及其勘探战略研究"获江苏省科学技术进步奖一等奖。

11 月 26 日　江苏石油勘探局承担的中国石油化工集团公司重点科技攻关项目"江苏油田探区油气资源评价"在北京通过鉴定，标志着江苏油田第三次油气资源评价工作圆满结束。

是年　中日两国石油公司合作在溱潼凹陷东部斜坡进行了二维高分辨率地震试验研究，完成二维地震采集 18.01km。通过理论分析、地质模型验证、试验数据综合研究，摸索一套适用于苏北盆地高分辨率地震勘探采集处理方法技术。

是年　中国石油化工集团公司成立南方海相油气勘探项目经理部，将下扬子海相中古生界油气勘探纳入整个扬子区海相中古生界勘探之中，提出"深源浅找、古源新找、多源兼找、立体勘探"思路，以及"进入盆地、加大深度、上提层位"的勘探方针，加强了对有利构造带地震攻关。

2001 年

2 月 8 日　江苏油田完成的"陈堡油田滚动勘探开发综合研究"获得中国石油化工集团公司科学技术进步奖二等奖。

7 月　江苏油田在高邮凹陷许庄构造钻探的许浅 1 井，在三垛组、戴南组 1000 多米浅部层位发现油气层并试获高产油气流，初期自喷日产量达 100t 以上。

11 月　华东石油局在草舍油田中断块戴一段油藏开展剩余油挖潜，首次成功实施高效调整井——草 16 井，获自溢日产原油 52.59t。

是年　沙垜油田年产原油达到 25.10×10^{4}t 最高水平。

2002 年

2 月　按照中国石油化工集团公司的统一要求，华东石油局进行重组改制，分设为中国石化新星公司华东分公司（简称华东分公司）、中国石化新星公司华东石油局（简称华东石油局）。

4 月 10 日　胜利油田在合肥坳陷双墩构造部署钻探的参数井——安参 1 井，钻至井深 5200m 完钻，并在侏罗系砂岩地层见到气测显示和残留沥青。

5 月 28 日　江苏油田在高邮凹陷联盟庄油田西部探索隐蔽油气藏部署钻探的联 X30 井，在戴二段发现油层 6 层 20.1m，并首次试获日产 49.08t 的高产油流，标志着江苏油田首次在苏北盆地隐蔽油气藏勘探取得重要突破。

6 月 21 日　江苏油田在南华北盆地周口坳陷古城低凸起部署钻探的第一口区探井——古城 1 井在安徽省阜阳市太和县坟台乡开钻，钻井过程中在古生界寒武系、石炭系、二叠系等地层见到油气显示。

是月　中国石化新星公司华东分公司改名为中国石油化工股份有限公司新星公司华东分公司（简称华东分公司）。

11 月 25 日　江苏油田在高邮凹陷北斜坡瓦庄构造钻探瓦 2 井，发现阜三段各类油层 21 层 60.9m，并试获日产 34.0t 的工业油流，由此发现瓦庄油田。

2003 年

3 月 23 日　许浅 1 井发生江苏油田在苏北盆地会战以来最强烈的井喷，经过 150 多人抢险突击队 20 小时的顽强奋战，井口压力最终得到有效控制，这次井喷没有造成人员伤亡。

5 月 20 日　盐城市天然气工程通气仪式在盐城新四军纪念馆门前举行，朱家墩气田正式投入试采，日产天然气 5000m³。盐城市 1468 户居民率先用上油田开发的天然气，成为江苏省第一个使用本土管道天然气的城市。

5 月 30 日　根据中国石油化工集团公司管理体制调整的决定，中国石化新星公司华东石油局更名为中国石化集团华东石油局（简称华东石油局），中国石油化工股份有限公司新星华东分公司更名为中国石油化工股份有限公司华东分公司（简称华东分公司）。

6 月　江苏油田根据隐蔽油藏研究成果在高邮凹陷马家嘴油田东部部署钻探的马 X31 井，在戴二段试获日产 82.5t 高产油流，苏北盆地隐蔽油藏勘探工作取得了重要突破。

8 月　华东分公司在溱潼凹陷钻探的苏 286 井试获日产 30.65t 的工业油流，发现边城油田。

10 月 26 日　江苏油田沙瓦产能建设会战开始。会战预安排 3 个阶段、8 个月时间，计划钻井 51 口，进尺 $12.67 \times 10^4 m^3$，新建产能 $12 \times 10^4 t/a$ 以上。

11 月 4 日　江苏油田在海安凹陷新街次凹钻探的台 X5 井，发现泰州组油层并试获日产 12.35t 的工业油流，由此发现新街油田。

2004 年

8 月 12 日　江苏油田在高邮凹陷北斜坡瓦庄构造东部甩开钻探的瓦 X6 井，首次发现泰州组油层 6 层 18.4m，并试获日产 28.55t 的工业油流，这是高邮凹陷首次钻探发现泰州组原生油藏。

10 月 13 日　江苏石油勘探局第一口径向水平井——韦 5 井开始施工，10 月 27 日完工。

2005 年

3 月　华东分公司在溱潼凹陷钻探的苏 290 井试获日产 5.59t 工业油流，发现北汉庄油田。

4 月　江苏油田编著的《复杂小断块石油勘探开发技术》由中国石化出版社出版发行。

7 月　华东分公司部署在金湖凹陷吕家庄构造上的吕庄 1 井试获日产 $2.69m^3$ 油流，发现吕家庄油田。

是月　华东分公司草舍油田建成国内首座液态二氧化碳压注站，日注入量 150～300t，配注压力 30MPa，中国石化油气田开发重大先导试验项目——草舍油田泰州组油藏二氧化碳驱油提高采收率先导试验投入矿场试验，在草 8、草 21 井投注，当年累计注入二氧化碳2922.91t。

是年　江苏油田与胜利油田合作完成的"复杂断块油田提高采收率技术研究"获得中国石油化工集团公司2005年科学技术进步奖一等奖。

2006 年

4月13日　江苏油田第一口长半径阶梯式水平井——瓦6平1井顺利完钻。该井完钻井深3578.41m，最大井斜93.1°，水平位移1011m，水平段长347.55m，其中水平段穿越油层近300m。

8月　江苏油田在海安凹陷海北次凹李堡构造钻探的堡X1井，首次发现泰州组油层6层17.7m，并试获日产22.4t工业油流，由此发现李堡油田。

12月　浙江油田分公司在白驹凹陷洋心次凹部署钻探的丰探1井，在泰一段试获日产9.46m³工业油流，由此发现白驹油田。

2007 年

2月15日　中国石油化工股份有限公司正式批复江苏油田分公司"关于刘庄油气田采矿权及其相关资产整体转让给中国石油天然气股份有限公司用于储气库建设"。

6月29日　江苏油田和江苏嘉源化工有限公司30×10⁴t元明粉项目合作开发签约仪式在淮安市举行。此次与民营企业联手开发非烃类矿藏，是油田探索非烃类矿藏开发的一次创新。

11月　江苏油田在高邮凹陷永安地区使用ARIES数字地震仪，采用24线20炮施工方法，开始了第一块高精度三维地震采集工作，满覆盖面积137.61km²。

12月　江苏油田在李堡油田滚动勘探开发中部署钻探的堡1-3井，在泰一段第一砂层组见到单层55.8m巨厚油层，这是苏北盆地钻探发现的单层厚度最大的油层。

是月　江苏油田矿业开发总公司在江苏省淮安市获得固体矿产采矿许可证，批准矿区面积为3.4304km²，年采岩盐、芒硝规模270×10⁴t。

2008 年

1月4日　华东分公司在华港104井试获日产3.04t工业油流，首次在溱潼凹陷西北斜坡带阜一段获得工业油流勘探突破。

3月16日　江苏油田自1975年4月成立以来，全油田累计生产油气突破3000×10⁴t油当量，达到3015×10⁴t油当量。

4月2日　华东石油局与泰兴市政府在泰兴溪桥镇174井场共同举行黄桥气田二氧化碳气资源计量启动使用典礼。当地企业使用二氧化碳气资源从4月1日开始实行"一企一表一管"，计量收费，从此结束多年无偿无序使用二氧化碳气资源的历史。

7月10日　华东分公司重点挖潜井——草31井试获日产21t自喷高产油流。这是草舍油田南断块泰州组油藏自1981年开发以来的首口自喷井，反映草舍油田泰州组油藏自2005年注二氧化碳以来，地层能量得到了较好补充。

8月25日　华东分公司金湖凹陷新深2井采用大砂量（58m³）压裂取得成功，于阜一段试获日产20.1t工业油流，实现了石港断裂下降盘深层低渗油藏勘探重要突破，当年获得中国石油化工股份公司重大发现奖。

10 月 19 日　第九届全国政协副主席陈锦华在视察江苏油田时讲话提出："要解决中国石油问题，就要立足中国自己的实际，多种路子一起走，大庆是一种路子，胜利是一种路子，延长是一种路子，江苏油田是一种路子"。

11 月　浙江油田分公司在海安凹陷曲塘次凹双楼断块钻探的双 1 井，在阜宁组油层压裂获得日产 13.1t 的工业油流，首次在海安凹陷钻探发现工业油流，由此发现海安油田。

是年　陈堡油田连续十年以 2% 的采油速度年产原油保持在 $30 \times 10^4 t$ 以上。

2009 年

2 月 20 日　江苏油田在高邮凹陷深凹带部署钻探的风险探井——邵深 1 井完钻井深 4275m，在戴一段发现油层并试获日产 $2.3m^3$ 的低产油流，这是苏北盆地首次钻探发现戴南组原生油藏。

3 月 28 日　江苏油田在淮安市淮阴区赵集镇举行年产 $100 \times 10^4 m^3$ 硝水项目竣工投产仪式，标志着江苏油田在非烃类矿藏开发上取得又一重大成果，也标志着盐硝开发迈出了具有里程碑意义的一步。

7 月　华东分公司在溱潼凹陷红 101 井试获日产 3.2t 的工业油流，首次在溱潼凹陷垛二段获得工业油流。

10 月　华东分公司在溱潼凹陷顾 1 井阜三段试获日产 3.61t 的工业油流，发现顾庄油田。

是年　华东分公司在江苏省泰兴市黄桥地区前期钻探的二氧化碳采气井——华泰 3 井进行复试，在古生界二叠系龙潭组砂岩油层试获日产 1.2t 的工业油流，二氧化碳气 $2.5 \times 10^4 m^3$，由此发现泰兴油田。

2010 年

3 月 3 日　华东分公司在溱潼凹陷仓场构造仓 1 井阜三段试获日产 17.58t 的自喷工业油流，发现边城油田仓场区块阜三段油藏。

5 月 25 日　华东分公司在海安凹陷张家垛断阶带张 2 井阜三段试获日产 12.22t 的工业油流，2011 年又于戴南组首次试获日产 24.1t 的自喷油流，获得了张家垛油田滚动勘探的重要突破。

7 月 9 日　华东分公司在溱潼凹陷蔡家堡构造蔡 1 井阜三段试获日产 13.5t 的工业油流，发现边城油田蔡家堡区块。

7 月 22 日　江苏油田真 6 井被当年出版的《江苏省第三次全国文物普查新发现名录》载入其中，被列为现代工业文物点遗产。

2011 年

1 月 18 日　华东分公司在溱潼凹陷中部斜坡带帅垛构造帅 1 井戴南组试获日产 32.5t 高产自喷油流，发现帅垛油田。

3 月 15 日　江苏油田"高邮凹陷复杂断块油藏断层控制作用及勘探关键技术"获得中国石油化工集团公司科学技术进步奖一等奖。

7 月 24 日　华东分公司在溱潼凹陷兴北 3 井三垛组试获日产 3t 的工业油流，在溱潼凹陷东北斜坡浅层三垛组取得勘探突破。

12月15日　江苏油田在高邮凹陷汉留断裂带部署钻探的联38-1井，在阜四段泥页岩发现含油储层4层20.6m，压裂后首次获得日产4.1m³的工业油流。

2012年

1月8日　华东分公司在海安凹陷曲塘次凹曲1井于阜三段试获日产11.89t工业油流，首次实现了海安凹陷岩性油藏的工业油流突破。

3月1日　华东分公司在金湖凹陷石港断裂带金南构造部署的第一口页岩油水平井——金页平1井（后更名为金页-1HF井）分段压裂，于阜二段试获日产15t的工业油流，标志着苏北盆地在致密储层领域利用非常规技术取得了实质性进展。

7月16日　江苏油田在南华北盆地周口坳陷颜集凹陷部署钻探的第一口风险探井——凤凰X1井开钻，该井在古生界石炭系、二叠系见到气测异常15层28m，首次在显示层段所取岩心中解析出甲烷游离气并可点燃。

8月20日　江苏油田在高邮凹陷南部断裂带部署钻探的许38井，在阜二段泥页岩发现含油层2层29.0m，常规试油获得日产14.4m³的工业油流。

9月24日　华东分公司在海安凹陷张家垛油田曲塘区块曲101-1HF井采用2段4层进行分段压裂，于阜三段试获日产51.92t的高产油流，这是水平井技术首次成功应用于薄层致密油藏。次日张3-2HF井进行7段分段压裂，于阜三段试获日产152.7t的高产油流。

11月20日　国土资源部批准江苏油田申请登记的福建举岚、永泰等3个盆地油气勘查项目，登记矿权面积8533km²。

是年　江苏油田当年提交新增探明石油地质储量1078.62×10⁴t，标志着江苏油田连续17年新增探明储量超过1000×10⁴t，连续11年完成三级储量保持在三个1000×10⁴t以上。

2013年

8月5日　华东分公司在溱潼凹陷帅5井于阜三段试获日产24.8t的工业油流，揭示了帅垛油田阜三段及火成岩蚀变带的含油性，证实了帅垛地区是一个三垛组、戴南组、阜宁组多层系叠合成藏的油气富集区带。

12月2日　华东分公司在溱潼凹陷西斜坡陈家舍构造陈2井戴南组试获日产61.4t的高产油流，标志着溱潼凹陷戴南组超覆尖灭带油藏勘探获得重要突破。

12月27日　华东分公司"草舍油田泰州组油藏二氧化碳驱油提高采收率先导试验"荣获中国石油化工集团公司科学技术进步奖二等奖。

是年　江苏油田全年生产原油171.20×10⁴t，原油产量连续20年保持稳定增长，20年累计生产原油超过3000×10⁴t，创下国内东部老油田持续稳产上产时间最长纪录。

是年　华东分公司全年生产原油30.26×10⁴t，原油产量跨上30×10⁴t台阶。

2014年

6月13日　华东分公司在溱潼凹陷西斜坡南华1井阜三段垂深1530m试获日产7.41t的轻质原油，发现边城油田南华区块，这是溱潼凹陷首次发现滩坝砂岩性油藏。

7月28月　华东分公司在海安凹陷曲塘次凹南斜坡向阳1井于阜三段试获日产8.96t的工业油流，发现张家垛油田向阳区块。

12 月 19 日　华东分公司在苏北盆地生产原油 $35 \times 10^4 t$，同比增长 $5 \times 10^4 t$，增长幅度达 16.7%，实现原油产量"六连增"。

是年　江苏油田牵头负责完成国土资源部组织的"苏北盆地新一轮动态资源评价"。

是年　苏北盆地年产原油 $211.08 \times 10^4 t$、天然气 $0.63 \times 10^8 m$，合计年产油气当量达到 $217.38 \times 10^4 t$ 历史最高水平。

2015 年

1 月 9 日　江苏油田首席技师田明主导完成的"试油测试技术的创新与应用"获得国家科学技术进步奖二等奖。

3 月　按照中国石油化工股份公司油公司体制机制建设总体要求，中国石油化工股份有限公司华东分公司更名为中国石油化工股份有限公司华东油气分公司（简称华东油气分公司）。

12 月 6 日　江苏油田在江西弋阳盆地新区钻探的第一口参数井——弋参 1 井钻探进入主要目的层段冷水坞组取心在黑色泥岩裂缝中见到良好的油气显示。

2016 年

8 月　华东油气分公司在溱潼凹陷斜坡带溪北 1 井垛一段试获日产 26.5t 的工业油流，发现溪北庄油藏。

12 月 28 日　江苏油田在高邮凹陷黄珏油田东部部署钻探的黄 X166 井完钻，发现三垛组、戴南组各类油层 30 层 144.9m。由于地面水网和地下地质条件比较复杂，该井采用大井斜、大位移定向斜井设计，实现 1 口探井钻探穿越 5 个含油断块（砂体）的目的。

是年　华东油气分公司在金湖凹陷三河次凹页岩油部署钻探的北港 1-1HF 井，钻遇阜二段裂隙含油层 17 层 405.78m，压裂试获日产 22.03t 的工业油流。

2017 年

4 月 23 日　江苏油田在高邮凹陷肖刘庄油田东部部署钻探的肖 X15 井完钻，共计发现戴一段、戴二段和阜一段、阜二段、阜三段五套含油层系，累计各类油层 22 层 222.5m，试油射开 3638.2～3689.1m 井段 5 层 45.5m 油层，试获日产原油 $15.38m^3$、天然气 $2.32 \times 10^4 m^3$。

2018 年

1 月 6 日　华东油气分公司在溱潼凹陷西斜坡吉 2 井阜三段试获日产 9.6t 的工业油流，2 月 9 日仓西 2 井阜三段试获日产 10.35t 的工业油流，发现边城油田仓吉区块。这是溱潼凹陷西斜坡继南华之后发现的又一个滩坝砂岩性油藏。

5 月 22 日　江苏油田与高邮市地方企业合作的首口地热井——侧永 25 井试水成功，该井出口水温 52℃，所取热能主要为地方花木基地提供保温。

6 月 7 日　华东油气分公司在溱潼凹陷西斜坡仓吉区块的勘探评价井吉 3 井于阜三段下砂层组试获日产 6.27t 的工业油流，上砂层组试获日产 6.05t 的工业油流，在扩大仓吉阜三段上砂层组油气成果的同时，实现了仓吉阜三段下砂层组岩性勘探的突破。

12 月 8 日　华东油气分公司在溱潼凹陷东斜坡广 7 井于阜三段试获日产 3.53t 的工

业油流，实现了广山浅层阜三段稠油藏勘探的新发现。

是年　江苏油田牵头负责完成苏北盆地中国石化探区"十三五"油气资源评价。

是年　华东油气分公司全年生产原油 42.20×10^4t，原油年产量首次跨上 40×10^4t 台阶。

2019 年

3 月 11 日　华东油气分公司在溱潼凹陷西斜坡吉 5 井于阜三段常规试获日产 3.31t 的工业油流，实现了仓吉油藏向北的拓展。

3 月　江苏油田在高邮凹陷永安地区部署实施的苏北盆地第一块高密度三维地震勘探完成野外采集工作量，满覆盖面积 $70.2km^2$。

5 月 12 日　华东油气分公司在溱潼凹陷西斜坡仓西 3 井于阜三段试获日产 18.88t 的工业油流，实现了仓吉整装岩性油藏向东部构造低部位的拓展。

6 月 13 日　江苏油田在高邮凹陷北斜坡东部针对阜宁组隐蔽圈闭部署钻探的刘陆 X1 井，综合解释发现阜三段油层 6 层 16.5m，并试获日产 $8.15m^3$ 的工业油流，由此取得了高邮凹陷阜宁组隐蔽油气藏勘探的重要突破。

《中国石油地质志》

（第二版）

编辑出版组

总 策 划：周家尧

组　　 长：章卫兵

副 组 长：庞奇伟　马新福　李　中

责任编辑：孙　宇　林庆咸　冉毅凤　孙　娟　方代煊

　　　　　王金凤　金平阳　何　莉　崔淑红　刘俊妍

　　　　　别涵宇　邹杨格　潘玉全　张　贺　张　倩

　　　　　王　瑞　王长会　沈瞳瞳　常泽军　何丽萍

　　　　　申公显　李熹蓉　吴英敏　张旭东　白云雪

　　　　　陈益卉　张新冉　王　凯　邢　蕊　陈　莹

特邀编辑：马　纪　谭忠心　马金华　郭建强　鲜德清

　　　　　王焕弟　李　欣